# 机械结构
## 选用及创新技巧

潘承怡 解宝成 编著

化学工业出版社
·北京·

## 内容简介

机械结构设计是一种创造性劳动，巧妙的构型与组合是结构创造性设计的核心。

本书以图、表、文结合的方式，讲解了常用机械结构的一般选用原则、选用中应注意的问题，以及机械结构创新设计方法与技巧。主要内容包括：传动零部件结构选用技巧、轴系零部件结构选用技巧、连接结构选用技巧、杆类构件结构选用技巧、机架结构选用技巧、其他常用机构选用技巧、组合机构选用技巧、机械结构创新设计方法与技巧、基于TRIZ主要工具的机械结构创新技巧。

书中归纳了大量结构选用实例，总结了较好、较差对比图例，首选、次选对比关系，以及不宜、推荐等建议，力求给读者以更多明显、清晰的启示。

本书图表丰富、实例翔实，对广大机械工程技术人员的设计工作和新产品的开发工作具有现实的指导意义和较高的参考价值。

**图书在版编目（CIP）数据**

机械结构选用及创新技巧/潘承怡，解宝成编著. —北京：化学工业出版社，2022.8
ISBN 978-7-122-41279-9

Ⅰ.①机… Ⅱ.①潘… ②解… Ⅲ.①机械设计-结构设计 Ⅳ.①TH122

中国版本图书馆CIP数据核字（2022）第068849号

责任编辑：贾　娜　　装帧设计：史利平
责任校对：李雨晴

出版发行：化学工业出版社（北京市东城区青年湖南街13号　邮政编码100011）
印　　装：北京盛通数码印刷有限公司
787mm×1092mm　1/16　印张25½　字数635千字　2022年8月北京第1版第1次印刷

购书咨询：010-64518888　　售后服务：010-64518899
网　　址：http://www.cip.com.cn
凡购买本书，如有缺损质量问题，本社销售中心负责调换。

定　　价：128.00元　

# 前言

机械结构选用及创新是机械设计的重要组成部分，任何一台机器的产生最终都要落实在结构上，机械产品的结构特点将直接影响机械产品工作性能的好坏、制造成本的高低、经济效益的优劣。特别是随着科学技术的飞速发展，各种品质优良的机械产品不断问世，市场竞争十分激烈，对性能优异的机械结构需求日益增长，因此对机械结构的设计与选用也提出越来越高的要求。为了帮助广大读者特别是广大机械行业从业人员，在短期内尽快掌握一些基本的结构选用及创新技巧，更好地进行机械产品设计与开发，我们编写了本书。

机械结构设计不是简单重复性的工作，而是一种创造性劳动，巧妙的构型与组合是结构创造性设计的核心，在掌握机械工程结构设计知识的前提下，灵活运用各种创新原理和创新技法，创造出性能更完善的产品，获得更高的经济效益，一直是广大工程设计人员所致力追求的。

本书介绍了常用机械的一般选用原则和选用中应该注意的问题，在各章节的阐述中，较多地采用了对比的形式，以给读者在选用结构时提供技巧上的启发。笔者综合多年来教学、科研和工程实践经验，归纳了大量结构选用实例，总结了较好、较差对比图例，首选、次选对比关系，以及不宜、推荐等建议，力求给读者以更多明显、清晰的启示。

本书除了介绍常用机械结构的选用技巧，还介绍了机械结构创新设计方法与技巧，以及基于 TRIZ 的机械结构创新设计技巧，采用大量实例进行分析，给爱好创新的读者以启发。另外，本书在一些章节中引入了计算机辅助设计在机械结构设计中应用的实例，希望能对读者有所裨益。

本书注重基本知识和基本技法，突出实用性和工程性，内容简明扼要，讲解深入浅出，图、文、表并茂，可帮助读者在短时间内高效、优质地掌握常用机械结构选用及创新技巧，对广大机械工程技术人员的设计工作和新产品的开发工作具有现实的指导意义和较高的参考价值。

本书由潘承怡（第 1、 2、 3、 8、 9 章）和解宝成（第 4、 5、 6、 7 章）共同编著完成。

由于作者水平所限，书中难免有不妥之处，敬请读者批评指正。

**编著者**

# 目录

## 第 1 章　1

### 传动零部件结构选用技巧

1.1 ▶ 传动装置分类及选用原则 …… 1
1.1.1 机械传动的分类及特性 …… 1
1.1.2 选择机械传动的一般原则 …… 2
1.2 ▶ 摩擦轮传动结构选用技巧 …… 3
1.2.1 摩擦轮传动的类型、特点及材料 …… 3
1.2.2 摩擦轮和摩擦无级变速器结构选用技巧 …… 6
1.2.3 摩擦轮传动结构选用技巧实例 …… 10
1.3 ▶ 带传动结构选用技巧 …… 14
1.3.1 带轮的类型、特点及选用 …… 14
1.3.2 V 带轮结构形式的选用 …… 16
1.3.3 带轮结构应有利于受力与传力 …… 18
1.3.4 带传动的张紧 …… 21
1.3.5 V 带轮和带的装拆 …… 24
1.3.6 带传动形式的选择 …… 25
1.4 ▶ 链传动结构选用技巧 …… 27
1.4.1 链轮结构形式及材料的选择 …… 27
1.4.2 链轮齿数的选择 …… 28
1.4.3 链传动的布置 …… 29
1.4.4 链传动的张紧 …… 31
1.5 ▶ 齿轮传动结构选用技巧 …… 34
1.5.1 齿轮尺寸大小与结构形式的选择 …… 34
1.5.2 齿轮结构应有利于受力 …… 36
1.5.3 齿轮结构应有良好的工艺性 …… 39
1.5.4 齿轮传动形式的选择 …… 44
1.6 ▶ 蜗轮蜗杆传动结构选用技巧 …… 47
1.6.1 蜗轮尺寸大小与结构形式的选择 …… 47
1.6.2 蜗轮结构应有利于受力 …… 48
1.6.3 蜗轮结构应有良好的工艺性 …… 49
1.6.4 自锁蜗杆传动结构的选择 …… 49

1.6.5 蜗杆传动与齿轮传动形式的配置 …… 52
1.7 ▶ 减速器结构选用技巧 …… 53
1.7.1 常用减速器的形式、特点及应用 …… 53
1.7.2 常用减速器形式的选择 …… 55
1.7.3 减速器传动比分配 …… 62
1.7.4 减速器结构选用技巧 …… 73

## 第2章 84

## 轴系零部件结构选用技巧

2.1 ▶ 轴结构选用技巧 …… 84
2.1.1 轴结构设计准则 …… 84
2.1.2 轴结构选用应符合力学要求 …… 84
2.1.3 合理确定轴上零件的装配方案 …… 94
2.1.4 轴上零件的定位与固定 …… 95
2.1.5 轴的结构应满足工艺性要求 …… 101
2.2 ▶ 滑动轴承结构选用技巧 …… 106
2.2.1 滑动轴承结构特点及应用 …… 106
2.2.2 滑动轴承结构应有利于受力 …… 108
2.2.3 滑动轴承的固定 …… 113
2.2.4 滑动轴承的装拆与调整 …… 114
2.2.5 滑动轴承的供油 …… 117
2.3 ▶ 滚动轴承结构选用技巧 …… 120
2.3.1 滚动轴承的主要结构类型及其选用 …… 121
2.3.2 滚动轴承轴系支承固定形式与配置方式 …… 128
2.3.3 滚动轴承游隙及轴上零件位置的调整 …… 135
2.3.4 滚动轴承的配合 …… 136
2.3.5 滚动轴承的装拆 …… 138
2.3.6 滚动轴承的润滑与密封 …… 141
2.3.7 滚动轴承与滑动轴承的性能比较 …… 146
2.4 ▶ 联轴器与离合器结构选用技巧 …… 147
2.4.1 联轴器结构选用技巧 …… 147
2.4.2 离合器结构选用技巧 …… 158

## 第3章 165

## 连接结构选用技巧

3.1 ▶ 螺纹连接结构选用技巧 …… 165
3.1.1 螺纹主要类型、特点及应用 …… 165
3.1.2 螺纹连接主要类型、特点及应用 …… 166
3.1.3 螺纹连接结构选用技巧 …… 168
3.1.4 螺栓组连接结构选用技巧 …… 173
3.1.5 螺纹连接防松结构选用技巧 …… 181
3.2 ▶ 键连接结构选用技巧 …… 184

3.2.1 键连接的类型、特点及应用 …… 184
3.2.2 键连接的结构选用技巧 …… 186
**3.3 ▶ 花键连接结构选用技巧 …… 190**
3.3.1 花键连接的类型、特点及应用 …… 190
3.3.2 花键连接结构选用技巧 …… 191
**3.4 ▶ 销连接结构选用技巧 …… 192**
3.4.1 销连接的类型、特点及应用 …… 192
3.4.2 销连接结构选用技巧 …… 193
**3.5 ▶ 过盈连接结构选用技巧 …… 196**
3.5.1 过盈连接结构应符合力学要求 …… 196
3.5.2 过盈连接结构应满足工艺性要求 …… 198
**3.6 ▶ 焊接结构选用技巧 …… 200**
3.6.1 焊缝的基本形式、特点及应用 …… 200
3.6.2 焊接结构选用技巧 …… 200
**3.7 ▶ 胶接结构选用技巧 …… 208**
3.7.1 胶接接头的结构形式、特点与应用 …… 208
3.7.2 胶接结构选用技巧 …… 210
**3.8 ▶ 铆接结构选用技巧 …… 212**
3.8.1 铆接的结构形式与应用 …… 212
3.8.2 铆接结构选用技巧 …… 213

## 第 4 章 215

## 杆类构件结构选用技巧

**4.1 ▶ 连杆结构选用技巧 …… 215**
4.1.1 提高连杆强度、刚度和抗振性的结构 …… 215
4.1.2 连杆结构应有良好的工艺性 …… 217
4.1.3 连杆长度的调节结构 …… 218
**4.2 ▶ 推拉杆结构选用技巧 …… 219**
4.2.1 符合力学要求的推拉杆结构选用技巧 …… 219
4.2.2 推拉杆连接结构选用技巧 …… 222
4.2.3 推拉杆装配结构选用技巧 …… 225
**4.3 ▶ 摆杆结构选用技巧 …… 227**
4.3.1 摆杆顶端结构形式的选取 …… 227
4.3.2 符合力学要求的摆杆结构选用技巧 …… 228
4.3.3 摆杆结构调整与相关构件位置选用技巧 …… 231

## 第 5 章 236

## 机架结构选用技巧

**5.1 ▶ 机架结构选用原则及要点 …… 236**
5.1.1 机架结构选用原则 …… 236
5.1.2 机架结构选用要点 …… 237
**5.2 ▶ 机架结构选用技巧 …… 241**

5.2.1 铸造机架结构选用基本原则 …… 241
5.2.2 铸造机架结构选用技巧 …… 243
5.2.3 焊接机架结构选用基本原则 …… 250
5.2.4 焊接机架结构选用技巧 …… 251

## 第6章 257

### 其他常用机构选用技巧

**6.1 ▶ 棘轮机构选用技巧 …… 257**
6.1.1 棘轮机构形式、特点与应用 …… 257
6.1.2 棘轮齿形的选择 …… 257
6.1.3 棘轮参数的选取 …… 259
6.1.4 棘轮转角的调节方法 …… 259
**6.2 ▶ 槽轮机构选用技巧 …… 260**
6.2.1 槽轮机构形式、特点与应用 …… 260
6.2.2 槽轮槽数及圆柱销数的选取 …… 262
6.2.3 槽轮机构应有利于受力 …… 263
**6.3 ▶ 不完全齿轮机构选用技巧 …… 263**
6.3.1 不完全齿轮机构的形式、特点及应用 …… 263
6.3.2 不完全齿轮机构选用技巧 …… 264
**6.4 ▶ 螺旋传动结构选用技巧 …… 267**
6.4.1 传力螺旋传动结构选用技巧 …… 267
6.4.2 传导螺旋传动结构选用技巧 …… 270
6.4.3 调整螺旋传动结构选用技巧 …… 273

## 第7章 275

### 组合机构选用技巧

**7.1 ▶ 组合机构的分类、功能及应用 …… 275**
7.1.1 组合机构的分类 …… 275
7.1.2 组合机构的主要功能及应用 …… 278
**7.2 ▶ 常用组合机构选用技巧 …… 283**
7.2.1 凸轮-连杆组合机构选用技巧 …… 283
7.2.2 齿轮-连杆组合机构选用技巧 …… 287
7.2.3 凸轮-齿轮组合机构选用技巧 …… 294
7.2.4 综合型组合机构选用技巧 …… 298

## 第8章 303

### 机械结构创新设计方法与技巧

**8.1 ▶ 机构创新设计方法与技巧 …… 303**
8.1.1 常见机构的运动特性与选用技巧 …… 303
8.1.2 机构的变异、演化方法与技巧 …… 307
8.1.3 几种常用技巧型机构 …… 316
**8.2 ▶ 机械结构创新设计方法与技巧 …… 324**

8.2.1 结构元素的变异、演化方法与技巧 …… 325
8.2.2 实现功能要求的结构创新设计方法与技巧 …… 330
8.2.3 满足使用要求的结构创新设计方法与技巧 …… 333
8.2.4 满足工艺性要求的结构创新设计方法与技巧 …… 337
8.2.5 满足人机学要求的结构创新设计方法与技巧 …… 342
8.2.6 满足智能化要求的结构创新设计简介 …… 343
**8.3 ▶ 反求创新设计方法与技巧 …… 345**
8.3.1 反求创新设计的类型 …… 345
8.3.2 反求创新设计方法 …… 346
8.3.3 反求创新设计实例 …… 348

**第 9 章 352**
**基于 TRIZ 主要工具的机械结构创新技巧**

**9.1 ▶ TRIZ 主要创新工具概述 …… 352**
9.1.1 TRIZ 的核心思想和思维方式 …… 352
9.1.2 TRIZ 的主要创新工具 …… 353
**9.2 ▶ 发明原理与机械结构创新技巧 …… 354**
9.2.1 40 个发明原理及其选用技巧 …… 354
9.2.2 40 个发明原理及其在机械产品创新设计中的应用 …… 356
9.2.3 应用发明原理的机械结构创新实例 …… 373
**9.3 ▶ 技术矛盾与机械结构创新技巧 …… 376**
9.3.1 技术矛盾、矛盾矩阵及其选用技巧 …… 376
9.3.2 应用技术矛盾的机械结构创新实例 …… 386
**9.4 ▶ 物理矛盾与机械结构创新技巧 …… 388**
9.4.1 物理矛盾及其选用技巧 …… 388
9.4.2 分离原理及其选用技巧 …… 389
9.4.3 应用物理矛盾的机械结构创新实例 …… 392

**参考文献 396**

# 第1章 传动零部件结构选用技巧

## 1.1 传动装置分类及选用原则

机器的工作需要输入动力才能实现。动力是由原动机提供的，如电动机和柴油机等。通常条件下，原动机的速度和运动形式都是固定不变的。由于工作需要的不同，机器的速度和运动形式往往和原动机的这些参数不相吻合，因此需要通过机械传动装置来协调它们之间的关系。通过传动装置可实现增速、减速、变速和改变动力形式、力及力矩的大小等。传动装置是机械工程的重要组成部分。

### 1.1.1 机械传动的分类及特性

传动分为机械传动、流体传动和电传动三类。在机械传动和流体传动中，输入的是机械能，输出的仍是机械能；在电传动中，则把电能变为机械能或把机械能变为电能。

（1）机械传动的分类

机械传动分为啮合传动和摩擦传动，摩擦传动和啮合传动都可分为直接接触的传动和有中间机件的传动两种。机械传动的分类见表1-1。

表1-1 机械传动的分类

| 机械传动分类 | 直接接触的传动 | 有中间机件的传动 |
| --- | --- | --- |
| 摩擦传动 | 摩擦轮传动<br>摩擦无级变速器 | 带传动<br>绳传动<br>摩擦无级变速器 |
| 啮合传动 | 齿轮传动<br>蜗杆传动<br>螺旋传动<br>凸轮机构、连杆机构、组合机构 | 链传动<br>同步带传动 |

（2）机械传动的特性

摩擦传动的外廓尺寸较大，由于打滑和弹性滑动等原因，其传动比不能保持恒定，但它的回转体要远比啮合传动简单，即使精度要求很高，制造也不困难。摩擦传动运行平稳、无噪声。大部分摩擦传动（自动压紧的除外）都能起安全作用，可借助接触零件的打滑来限制传递的最大转矩。摩擦传动的另一优点是易于实现无级调速，无级变速装置中以摩擦传动作基础的很多。

啮合传动具有外廓尺寸小、效率高（蜗杆传动除外）、传动比恒定、功率范围广等优点。因为靠着金属元件间齿的啮合来传递动力，所以即使有很小的制造误差及齿廓变形，在高速时也将引起冲击和噪声，这是啮合传动的主要缺点。提高制造精度和改用螺旋齿可以减轻这一缺点，但不能完全消除。

以有齿的橡胶带作为中间挠性件的同步带传动，因为相啮合的一对齿中有一个是非金属元件，所以对制造精度要求不高。传动的圆周速度可达 100m/s。

各种机械传动的主要特性见表 1-2。

**表 1-2 各种机械传动的主要特性**

| 特性 | 摩擦传动 | | | 啮合传动 | | |
|---|---|---|---|---|---|---|
| | 摩擦轮传动 | 平带传动 | V 带传动 | 齿轮传动 | 蜗杆传动 | 链传动 |
| 传动效率 $\eta$,% | 80～90 | 94～98 | 90～96 | 95～99 | 50～90 | 92～98 |
| 圆周速度 $v_{max}$/(m/s) | 25(20) | 60(10～30) | 30(10～20) | 150(15) | 35(15) | 40(5～20) |
| 单级传动比 $i_{max}$ | 20(5～12) | 6(开式) | 10(7) | 8(10) | 1000(8～100) | 15(8) |
| 传动功率 $P_{max}$/kW | 200(20) | 3500(20) | 500 | 40000 | 750(50) | 3600(100) |
| 中心距大小 | 小 | 大 | 中 | 小 | 小 | 中 |
| 传动比是否准确 | 否 | 否 | 否 | 是 | 是 | 是(平均) |
| 能否用于无级调速 | 能 | 能 | 能 | 否 | 否 | 能(特种链) |
| 能否过载保护 | 能 | 能 | 能 | 否 | 否 | 否 |
| 缓冲、减振能力 | 因轮质而异 | 好 | 好 | 差 | 差 | 有一些 |
| 寿命长短 | 因轮质而异 | 短(可换带) | 短(可换带) | 长 | 中 | 中 |
| 噪声 | 小 | 小 | 小 | 大 | 小 | 大 |
| 价格(包括轮子) | 中等 | 价廉 | 价廉 | 较贵 | 较贵 | 中等 |

注：（ ）内为常用数字；对于蜗杆传动，$v_{max}$ 为最大相对滑动速度 $v_{s\,max}$。

### 1.1.2 选择机械传动的一般原则

（1）小功率传动

小功率传动宜选用结构简单、价格便宜、标准化程度高的传动，以降低制造费用。

（2）大功率传动

大功率传动宜优先选用传动效率高的传动，以节约能源、降低生产费用。齿轮传动效率最高，自锁蜗杆传动和普通螺旋传动效率最低。

（3）低速、大传动比传动

低速、大传动比传动有多种方案可供选择。

① 采用多级传动，这时，带传动宜放在高速级，链传动宜放在低速级。

② 要求结构尺寸小时，宜选用多级齿轮传动、齿轮-蜗杆传动或多级蜗杆传动。传动链应力求短些，以减少零件数目。

（4）传动形式的选择与两轴相互位置关系

① 链传动只能用于平行轴间的传动。

② 带传动主要用于平行轴间的传动，功率小、速度低时，也可用于半交叉或交错轴间

的传动。

③ 蜗杆传动主要用于两轴空间交错的传动，交错角为90°的最常用。

④ 齿轮传动适应各种轴线位置。

（5）工作中可能出现过载的设备

工作中可能出现过载的设备，宜在传动系统中设置一级摩擦传动，以便起到过载保护的作用，但摩擦有静电发生，在易爆、易燃的场合，不能采用摩擦传动。

（6）载荷经常变化、频繁换向的传动

载荷经常变化、频繁换向的传动宜在传动系统中设置一级能缓冲、吸振的传动（如带传动、链传动），或工作机采用液力传动（中速）或气力传动（高速）。

（7）工作温度较高、潮湿、多粉尘、易燃、易爆的场合

这种场合宜采用链传动或闭式齿轮传动、蜗杆传动。

（8）要求两轴严格同步的传动

要求两轴严格同步时，不能采用摩擦传动和流体传动，只能采用齿轮传动或蜗杆传动。

# 1.2 摩擦轮传动结构选用技巧

## 1.2.1 摩擦轮传动的类型、特点及材料

（1）摩擦轮传动的基本类型及特点

① 圆柱平摩擦轮传动。如图1-1所示为圆柱平摩擦轮传动，它又分外切和内切两种类型。主、从动轮的转向相反或相同。此种结构形式简单，制造容易，但所需压紧力较大，宜用于小功率传动的场合。

② 圆柱槽摩擦轮传动。如图1-2所示为圆柱槽摩擦轮传动，其特点是带有 $2\beta$ 角度的槽，侧面接触。因此，在同样压紧力的条件下，可以增大接触面间的法向压力，从而增大切向摩擦力，提高传动能力。但易发热与磨损，传动效率较低，并且对加工和安装要求较高。该传动适合于绞车驱动装置等机械中。

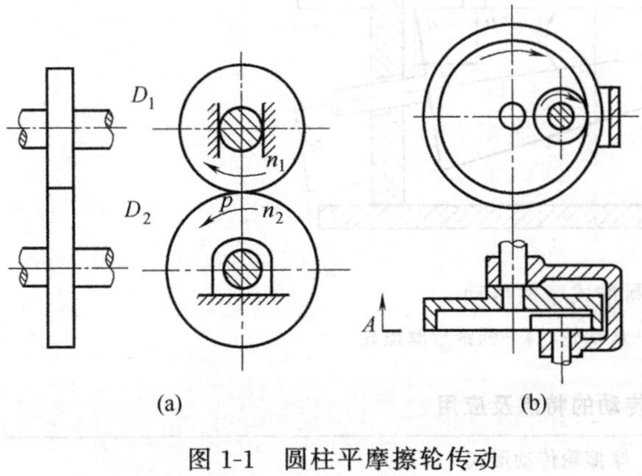

图1-1 圆柱平摩擦轮传动

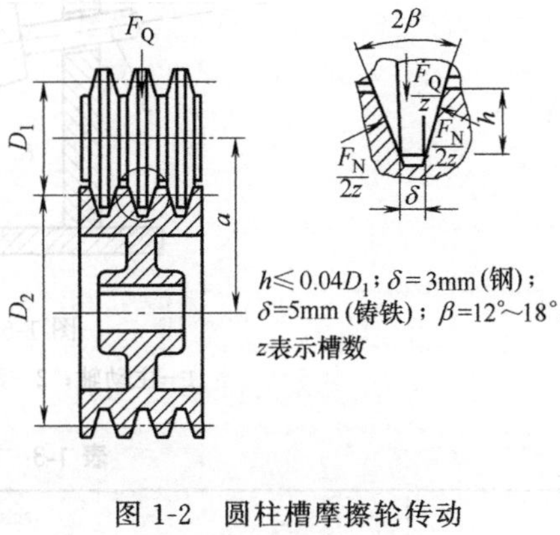

图1-2 圆柱槽摩擦轮传动

③ 圆锥摩擦轮传动。如图1-3所示为圆锥摩擦轮传动，可传递两相交轴之间的运动，两轮锥面相切。这种形式的摩擦轮传动结构简单，易于制造，但安装要求较高，常用于摩擦

压力机中。

④ 滚轮圆盘式摩擦传动。如图 1-4 所示为滚轮圆盘式摩擦传动，用于传递两垂直相交轴间的运动。此种结构形式需要压紧力较大，易发热和磨损。如果沿轴Ⅰ的方向移动滚轮，可实现正反向无级变速。此种结构常用于摩擦压力机中。

⑤ 滚轮圆锥式摩擦传动。如图 1-5 所示为滚轮圆锥式摩擦传动，滚轮 2 绕主动轴 1 转动，并可在主动轴 1 的花键上移动。该结构兼有圆柱和圆锥摩擦轮传动的特点，可用于无级变速传动中。

如图 1-1～图 1-3 所示的摩擦轮传动的传动比基本是固定的。而如图 1-4 和图 1-5 所示的摩擦轮传动的传动比是可调的。若主动轮以一定的转速回转，从动轮的转速可随两轮接触位置的不同而变化。这种从动轮转速可以调节、传动比可作相应改变的摩擦轮传动通常称为摩擦无级变速器。由于无级变速器中的从动轮转速可以在不停车的情况下调节至最佳工作速度，所以有利于提高产品质量和工作效率。

各种形式摩擦轮传动的特点及应用列于表 1-3 中。

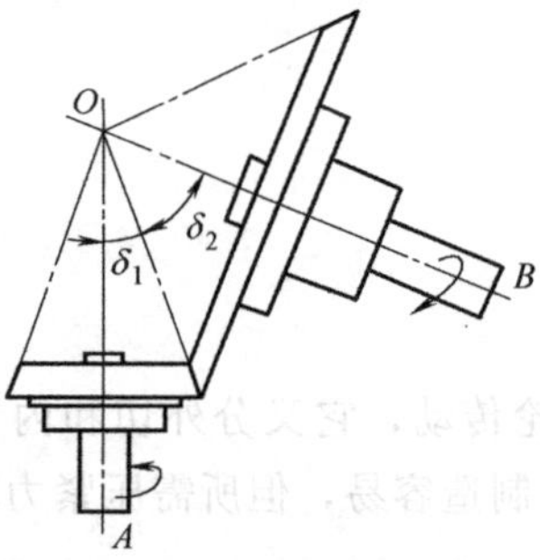


图 1-3 圆锥摩擦轮传动

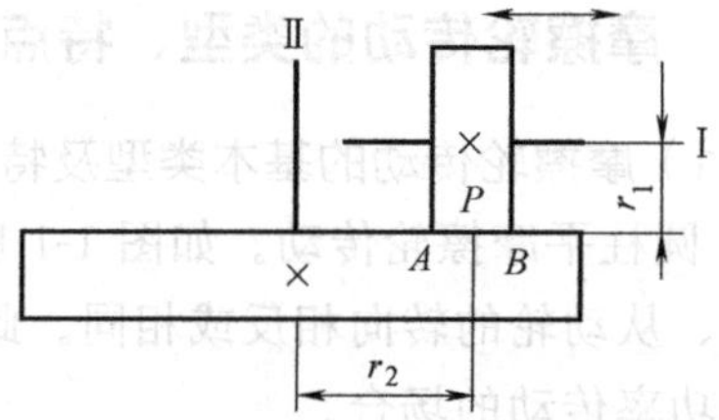


图 1-4 滚轮圆盘式摩擦传动

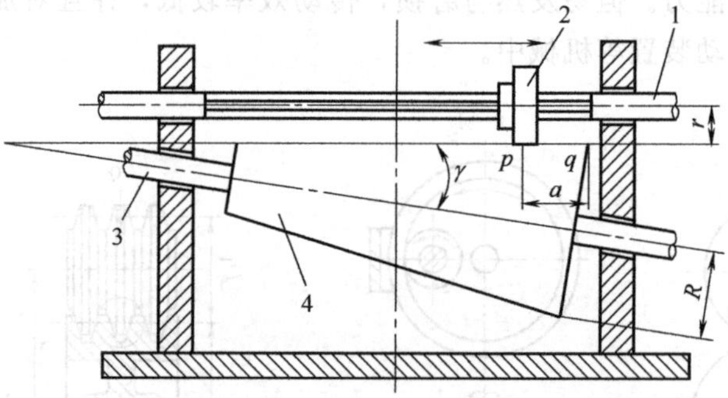


图 1-5 滚轮圆锥式摩擦传动

1—主动轴；2—滚轮；3—从动轮；4—圆锥形摩擦轮

表 1-3 摩擦轮传动的特点及应用

| 特性 | 摩擦轮传动形式 | | | | |
|---|---|---|---|---|---|
| | 圆柱平摩擦轮传动 | 圆柱槽摩擦轮传动 | 圆锥摩擦轮传动 | 滚轮圆盘式摩擦传动 | 滚轮圆锥式摩擦传动 |
| 传动效率 | 较低 | 低 | 较低 | 较定传动比高 | 较定传动比高 |

续表

| 特性 | 摩擦轮传动形式 | | | | |
|---|---|---|---|---|---|
| | 圆柱平摩擦轮传动 | 圆柱槽摩擦轮传动 | 圆锥摩擦轮传动 | 滚轮圆盘式摩擦传动 | 滚轮圆锥式摩擦传动 |
| 传动能力 | 一般 | 较圆柱平轮大 | 较圆柱平轮大 | 一般 | 较大 |
| 传动比 | 基本固定 | 基本固定 | 基本固定 | 可调 | 可调 |
| 压紧力 | 一般 | 较大 | 一般 | 较大 | 较大 |
| 磨损、发热 | 一般 | 易发热、磨损 | 易发热、磨损 | 易发热、磨损 | 易发热、磨损 |
| 结构 | 简单 | 较简单 | 简单 | 简单 | 较复杂，兼有圆柱和圆锥两者特点 |
| 工艺性 | 易制造 | 对加工安装要求较高 | 易制造，安装要求较高 | 易制造 | 要求较高 |
| 成本 | 低 | 较低 | 一般 | 一般 | 较高 |
| 应用场合 | 小功率 | 绞车驱动装置 | 两相交轴，如摩擦压力机 | 用于两垂直轴，如摩擦压力机 | 用于无级变速场合 |
| 两轴相互位置 | 平行 | 平行 | 相交 | 垂直相交 | 相交 |
| 几何滑动 | 无 | 有 | 无 | 有 | 有 |

(2) 摩擦轮材料

根据摩擦轮传动的工作特点，摩擦轮材料的选择应注意下列几点：弹性模量要大，以减小弹性滑动和功率损失；摩擦因数要高，以便提供更大的摩擦力，在传递同样大的圆周力时可减小两轮间的压紧力；表面接触强度要高，耐磨性要好，以便延长工作寿命等。可是，目前还没有能满足上述全部要求的材料，因此在选择材料时要根据具体情况，首先满足对传动提出的主要要求。

① 当要求结构紧凑、传动功率大、运转速度高时，最好选用淬火钢-淬火钢相配的轮面材料。如淬硬到 60HRC 以上的滚动轴承钢（GCr6、GCr9、GCr9SiMn、GCr15、GCr15SiMn 等）；渗碳淬硬到 60HRC 以上的镍铬钼类渗碳钢（15CrMn、20CrMn、22CrMnMo 等，渗碳深 1.2mm）；淬硬到 55HRC 以上的合金钢、工具钢和弹簧钢（42SiMn、40CrMoV、T10A、CrW5、60SiCrA、40Cr 等）。使用这种材料时，为使接触良好和减小磨损，要求传动有较高的制造精度和较低的表面粗糙度值（$Ra=0.8\sim1.6\mu m$）；为了提高寿命，通常都在油中工作，但这时摩擦因数较低，需要较大的压紧力。

② 当摩擦轮尺寸较大、转速较低时，可以采用铸铁-铸铁（或钢）相配的轮面材料。这种材料通常在开式传动和干摩擦下工作。为了提高传动的工作能力，铸铁表面可用急冷或表面淬火的方法进行硬化处理。

③ 当要求较高的摩擦因数和较小的噪声时，可以采用铸铁（或钢）-夹布胶木、皮革、压制石棉、纤维或橡胶等相配的轮面材料。这些材料因有较高的摩擦因数，故当传递同样大的圆周力时所需的压紧力较小，同时对制造精度和表面粗糙度的要求也较低。但由于这些非金属材料的弹性模量和强度均较金属材料低，所以传动效率较低，结构尺寸也较大。为避免过大的接触变形，通常都用皮革或橡胶等较软材料覆盖轮面，轮芯仍用金属制造。使用非金属材料的摩擦轮传动都在干摩擦下工作。

用于摩擦轮传动的各种材料组合的摩擦因数及工作性能参数见表 1-4。

表 1-4 摩擦轮传动的各种材料组合的摩擦因数及工作性能参数

| 摩擦轮传动材料副 | 工作条件 | 摩擦因数 $\mu$ | 许用接触应力 $[\sigma_H]$/MPa | 许用线性载荷 $[q]$/(N/mm) | 适用场合 |
|---|---|---|---|---|---|
| 淬火钢-淬火钢 | 油中 | 0.03～0.05 | (25～30)×HRC | — | 传动空间较小，转速较高，功率较大工作频繁 |
| 钢-钢 | 无润滑 | 0.1～0.2 | (1.2～1.5)×HBW | — | |
| 铸铁-钢或铸铁 | | 0.1～0.15 | $1.5\sigma_{Bb}$ | — | 传动空间较大，功率、转速一般，开式传动 |
| 夹布胶木-钢或铸铁 | | 0.2～0.25 | — | 40～80 | 传动功率较小，转速较低，间歇工作 |
| 皮革-铸铁 | | 0.25～0.35 | — | 20～30 | |
| 木材-铸铁 | | 0.4～0.5 | — | 5～15 | |
| 橡胶-铸铁 | | 0.45～0.6 | — | 10～30 | |

注：$\sigma_{Bb}$ 为铸铁的弯曲强度极限，MPa。

## 1.2.2 摩擦轮和摩擦无级变速器结构选用技巧

（1）摩擦轮和摩擦无级变速器应尽量避免几何滑动

两滚动体在接触区由于速度分布不同引起的相对滑动称为几何滑动。几何滑动的大小决定于滚动体的几何形状。如图 1-6（a）所示的圆柱与圆盘式摩擦传动，圆柱体在外表面上各点速度相同，圆盘上由内到外各点速度逐渐增加，因此二者接触时只有一个点（圆柱宽度的中点）速度相等，其他点都有相对滑动，这种由几何形状产生的滑动称为几何滑动。几何滑动使传动磨损增加，效率降低，这是摩擦轮和摩擦无级变速器设计必须考虑的问题。避免几何滑动的途径有二：a. 两轮接触线与回转体两轴平行，如圆柱平摩擦轮［图 1-6（b）］；b. 接触线的延长线与两滚动体回转轴线交汇于一点，如圆锥摩擦轮［图 1-6（c）］。

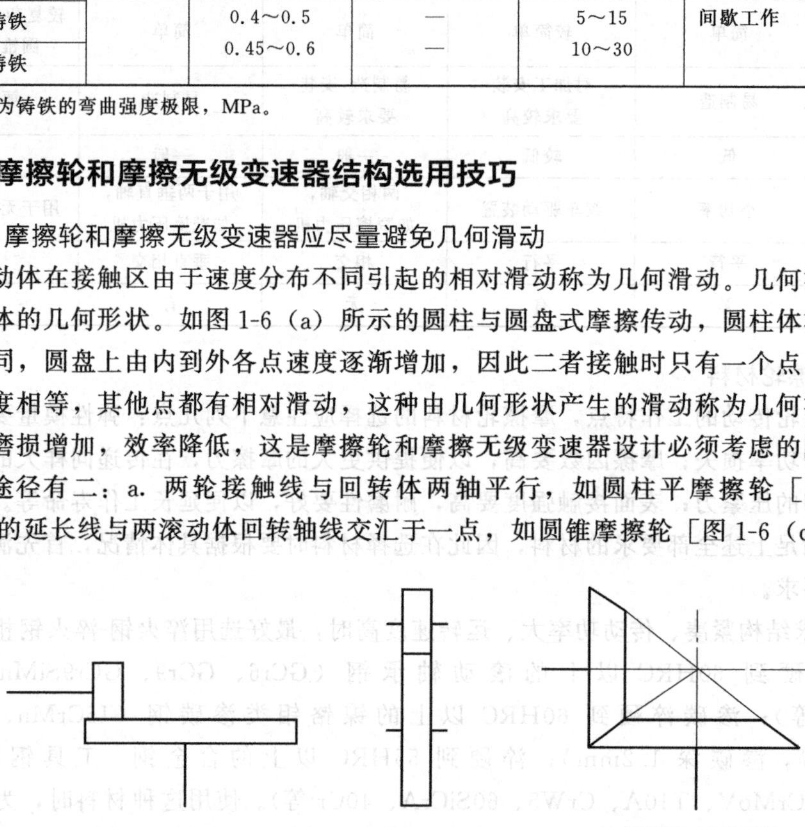

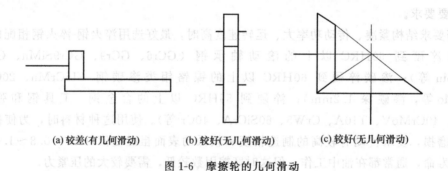

(a) 较差(有几何滑动)　(b) 较好(无几何滑动)　(c) 较好(无几何滑动)

图 1-6 摩擦轮的几何滑动

（2）圆锥摩擦轮转动的压紧弹簧应装在小圆锥摩擦轮上

一对圆锥摩擦轮工作时，靠轴向压紧弹簧产生摩擦力带动工作（图 1-7）。为产生一定

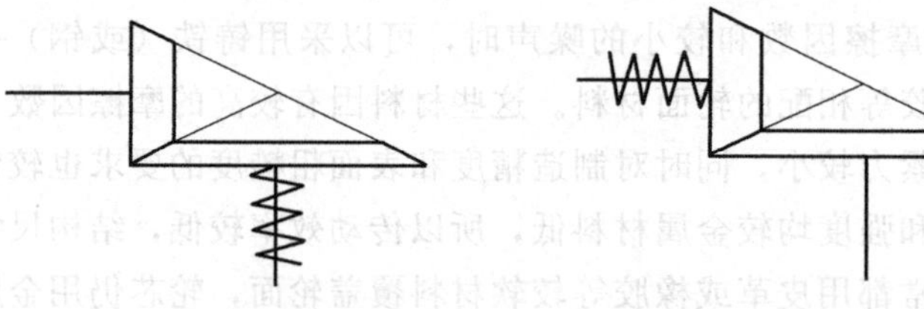

(a) 不合理　(b) 合理

图 1-7 圆锥摩擦轮转动的压紧弹簧安装位置

的压力，大小轮的轴向力不同，小轮轴向力小，大轮轴向力大，因此如果弹簧装在小轮上则所需轴向力较小，弹簧尺寸可以小一些。图 1-7（a）为不合理结构，图 1-7（b）为合理结构。

（3）应增加传力途径并把压紧力化作内力

摩擦轮传动和摩擦无级变速器的缺点之一是所需压力较大。如转动所需圆周力为 $F_t$，轮间摩擦因数为 $\mu$，则所需压力为 $N=F_t/\mu$。若摩擦因数 $\mu=0.05\sim0.2$，则 $N=(5\sim20)F_t$。为减小所需压力，常用措施有：a. 增加传力途径；b. 把压紧力化为内力。如图 1-8（a）所示，滚锥平盘式（FU 型）无级变速器较好地运用了以上两个方法。传动输入转矩 $T_1$，输出转矩 $T_2$。输入转矩经齿轮 $z_1$、$z_2$ 分两路传给圆盘，每个圆盘通过两个滚锥传给中间圆盘，共有四个接触点传递摩擦力（四个途径）。最后带动两个中间圆盘 A、B，输出合成转矩 $T_2$。由弹簧产生的压力 $Q$ 通过圆盘 A、B 直接压紧滚锥，使压力的产生成为封闭的内力。如图 1-8（b）所示的普通结构则不能将压紧力化为内力。

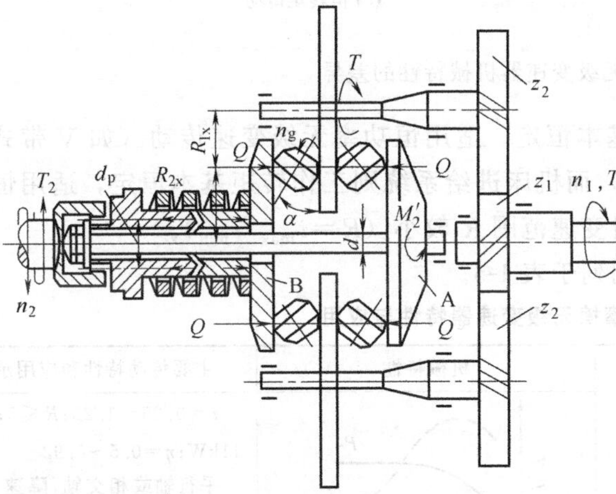


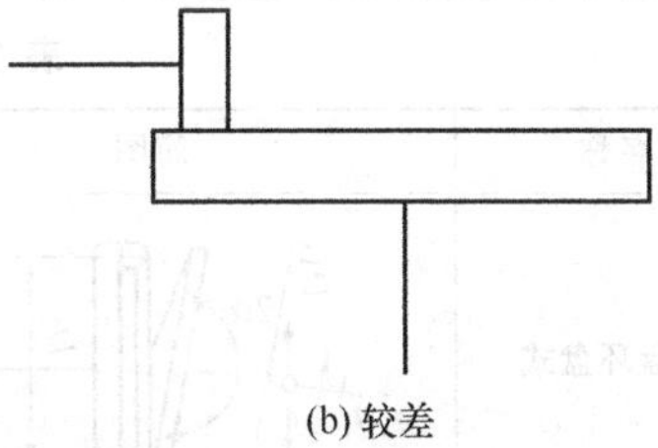


图 1-8 增加传力途径并把压紧力化作内力

（4）无级变速器的机械特性应与工作机和原动机相匹配

无级变速器的机械特性是指在一定输入转速下，输出轴的功率 $P_2$ 或转矩 $T_2$ 与输出转速 $n_2$ 之间的关系。机械无级变速器的机械特性除与传动形式有关外，还决定于加压装置的特性。

机械无级变速器的机械特性可以分为以下 3 类。

① 恒功率。在传动过程中输出功率保持不变，输出转矩与输出转速呈双曲线关系，载荷的变化对转速影响小，工作中稳定性好，能充分利用原动机的全部功率。

② 恒转矩。在传动过程中输出转矩保持恒定，输出功率与输出转速成正比关系，不能充分利用原动机的功率，常用于工作机转矩恒定的场合。

③ 变功率变转矩。其特点介于上述二者之间。

各种无级变速器的机械特性是有差异的。如图 1-9 所示，结构相同，但输入轴与输出轴不同时，其机械特性也不同。如图 1-9（a）所示为恒功率传动，如图 1-9（b）所示为恒转矩传动。

设计无级变速器时应使无级变速器的机械特性与工作机和原动机相匹配。例如，机床的

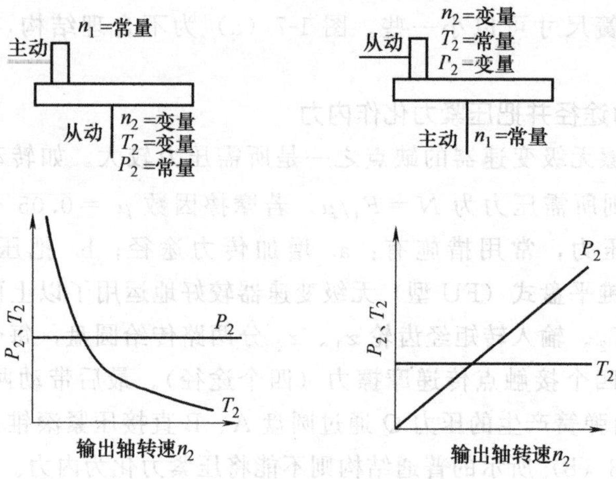


(a) 恒功率传动　　　　(b) 恒转矩传动

图 1-9　无级变速器机械特性的差异

主传动系统在变速范围内，传递功率基本恒定，适用恒功率无级变速传动（如 V 带式、滚锥平盘式、菱锥锥轮式无级变速器等），而机床进给系统则工作转矩基本恒定，适用恒转矩无级变速器。恒功率式无级变速器一般变速范围 $R$ 较小（$R=i_{\max}/i_{\min}$）。

常用的摩擦无级变速器特性与应用列于表 1-5。

**表 1-5　摩擦无级变速器特性与应用**

| 名称 | 简图 | 机械特性 | 主要传动特性和应用示例 |
|---|---|---|---|
| 锥盘环盘式 | 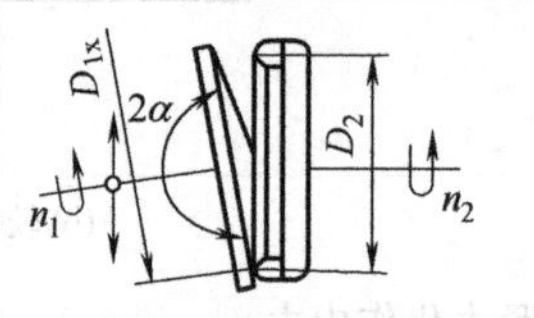 | 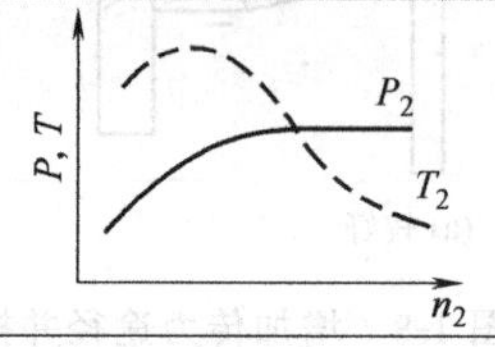 | $i=0.25\sim1.25$；$R\leqslant5$；$P_1\leqslant11\text{kW}$；$\eta=0.5\sim0.92$<br>平行轴或相交轴，降速型，可在停车时间调速；用于食品机械、机床、变速电机等 |
| 弧锥环盘式 | 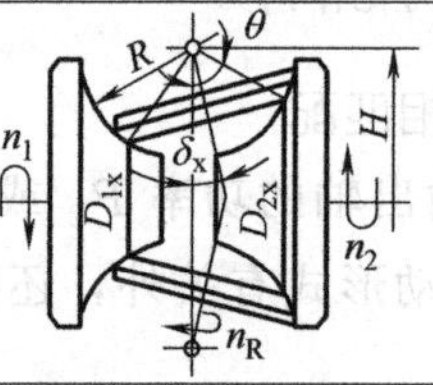 | 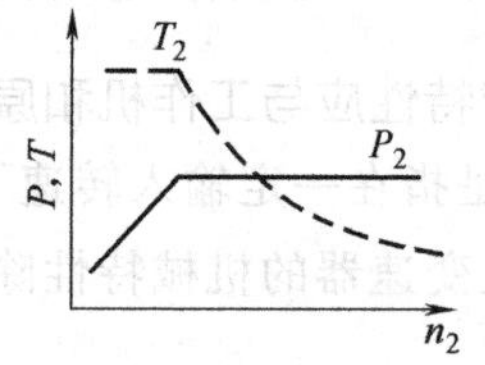 | $i=0.22\sim2.2$；$R=6\sim10$；$P_1=0.1\sim10\text{kW}$；$\eta=0.9\sim0.92$<br>同轴或相交轴，升、降速型；用于机床、拉丝、汽车等 |
| 钢球内锥轮式 | 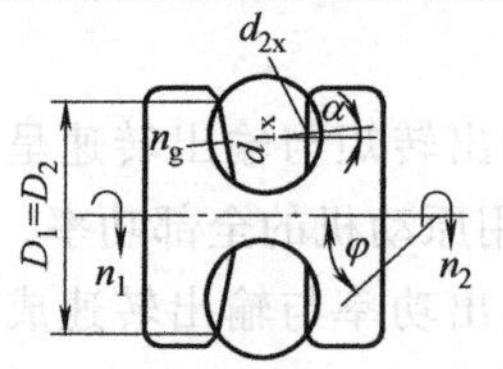 | 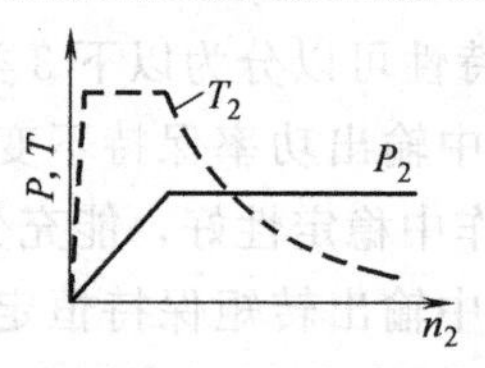 | $i=0.1\sim2$；$R=10\sim12(2)$；$P_1=0.2\sim5\text{kW}$；$\eta=0.85\sim0.90$<br>同轴，升、降速型，可逆转；用于机床、电工机械、钟表机械、转速表等 |
| 转臂输出行星锥盘式 | 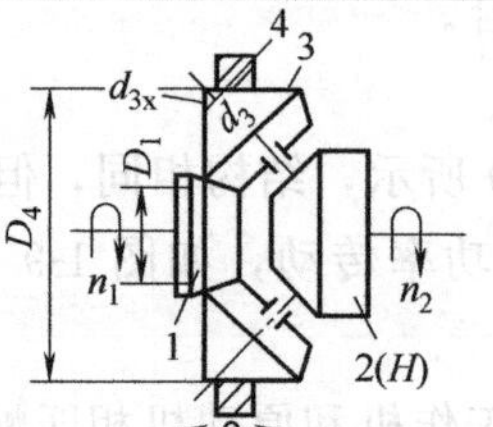 | 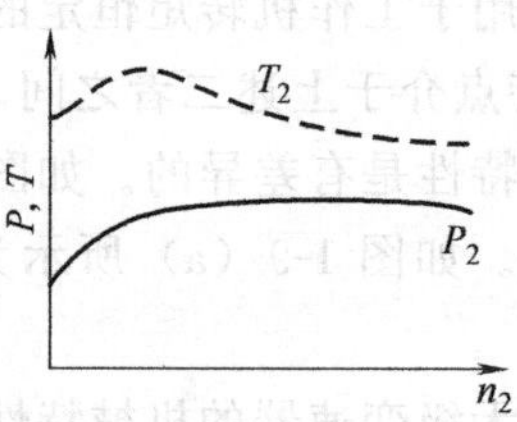 | $i=1/6\sim1/4$；$R\leqslant4$；$P_1\leqslant15\text{kW}$；$\eta=0.6\sim0.8$<br>同轴，降速型；用于机床、变速电机等 |

续表

| 名称 | 简图 | 机械特性 | 主要传动特性和应用示例 |
|---|---|---|---|
| 单变速带轮式 | 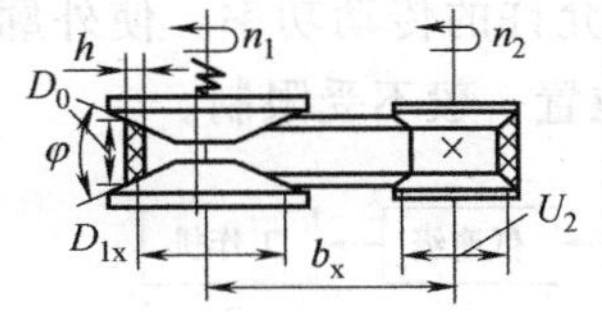 | 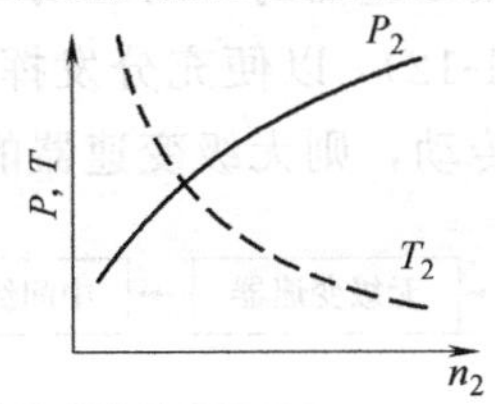 | $i=0.50\sim1.25$；$R=2.5$；$P_1\leqslant25\text{kW}$；$\eta\leqslant0.92$<br>平行轴，降速型，中心距可变；用于食品工业等 |
| 普通V带、宽V带、块带式 | 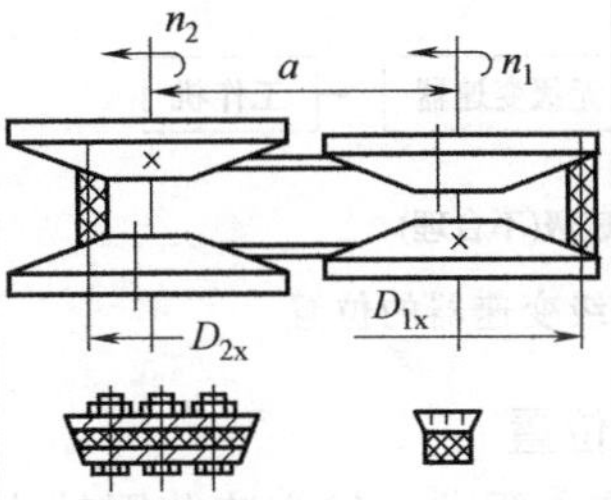 | 视加压弹簧位置而异，在主动轮上时为近似恒功率，在从动轮上近似为恒转矩 | $i=0.25\sim4$（宽V带、块带）；$R=3\sim6$（宽V带）；$P_1\leqslant55\text{kW}$；$R=2\sim10(16)$（块带式）；$P_1\leqslant44\text{kW}$；$R=1.6\sim2.5$（普通V带）；$P_1\leqslant40\text{kW}$；$\eta=0.8\sim0.9$<br>平行轴，对称调速，尺寸大；用于机床、印刷、电工、橡胶、农机、纺织、轻工机械等 |

（5）V带无级变速器的带轮工作锥面的母线不是直线

如图1-10（a）所示，靠在轴向移动主动与从动圆锥改变V带在轮上的位置以实现无级变速的，称为V带无级变速器。带轮工作面采用曲面是保证带长为一定值时在任何位置都能有适当的张紧力。图1-10（b）是不合理的结构，图1-10（c）是合理的结构。盘面圆弧曲线计算公式可查阅有关资料。

（6）合理设置摩擦无级变速器加压装置的位置

如图1-11所示为采用恒压加压装置（如弹簧）的宽V带变速器，做恒功率变速时加压弹簧应设置在主动轴上［图1-11（a）］；而做恒转矩变速时，则应放在输出轴上。因为，恒功率变速时，当输出转速最高时，两主动轮彼此靠得最近，弹簧放松，压紧力最小；反之，输出转速最低时，则弹簧压紧力最大。所以压紧力大致与输出转速成反比，基本上可获得恒功率输出特性。恒转矩变速［图1-11（b）］，输出转速最低时，两从动轮靠得最近，弹簧压紧力最小。输出转速最高时，则弹簧被压缩，压紧力最大，这样也基本获得了恒转矩输出特性。

从保证可靠而又灵敏的加压要求出发，自动加压装置一般应装在转矩最大的轴上，即降速型变速器，加压装置应设在从动轴上；升、降型变速器，主、从动轴上各设一个加压装置。

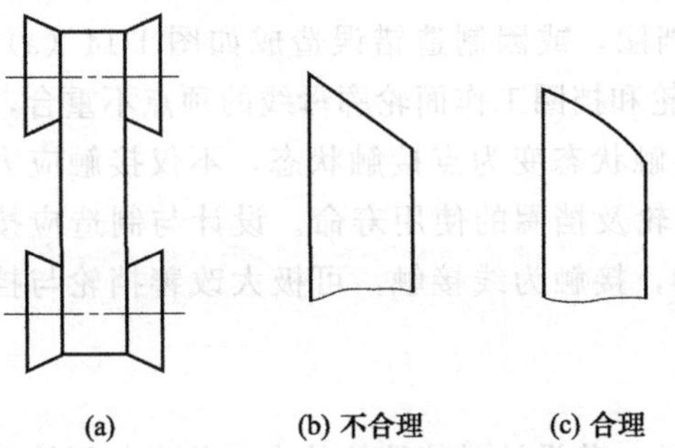

图1-10　V带无级变速器的带轮工作锥面

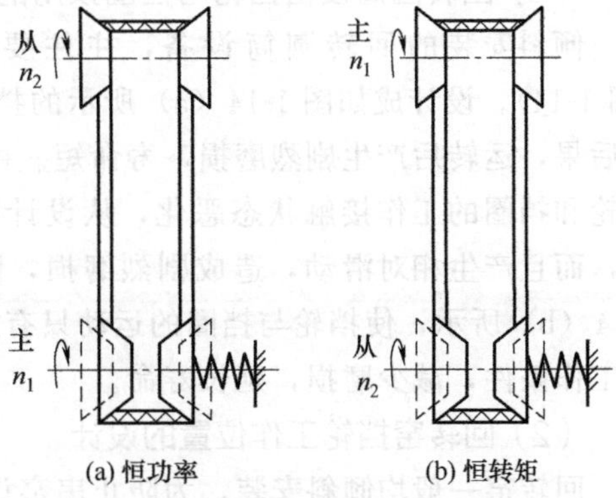

图1-11　摩擦无级变速器加压装置的位置

（7）恒功率传动系统中无级变速器宜布置在传动系统的高速端

当传动系统中有机械无级变速器时，对恒功率的传动，应将无级变速器布置在高速端，最好与电动机直接连接（图 1-12），以便充分发挥其允许的传动功率，使外廓尺寸缩小，降低制造难度；对于恒转矩的传动，则无级变速器的位置一般不受限制。

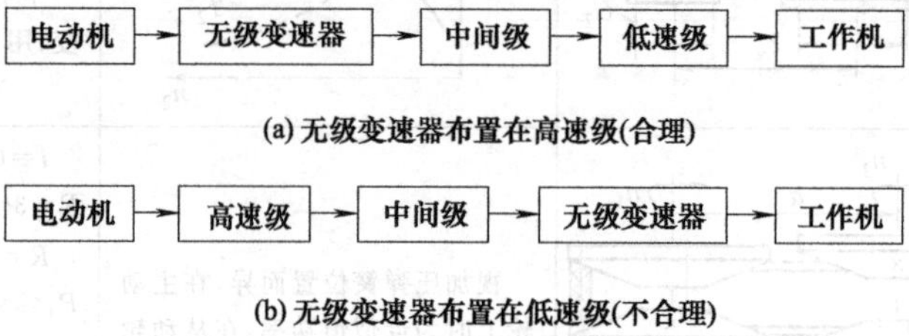


图 1-12　恒功率传动系统中无级变速器的位置

（8）串联变速系统中无级变速器的变速范围和位置

在机械传动系统中，若无级变速器的机械特性符合要求，但变速范围较小，不能满足要求，则可以将有级变速器与其串联，以扩大变速范围。若无级变速器与有级变速器串联，有级变速器的变速范围 $R_2$ 宜略小于无级变速器的变速范围 $R_1$，一般取 $R_2=(0.94\sim0.96)R_1$。串联时应注意无级变速器应置于高速级，以保证在全部变速范围内能实现连续的无级变速。图 1-13（a）合理，图 1-13（b）不合理。

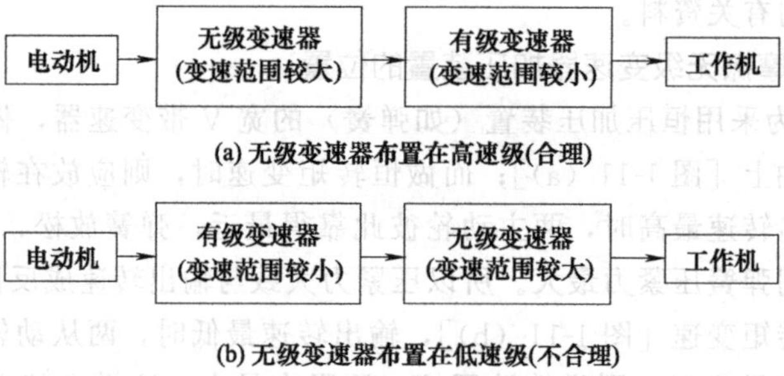


图 1-13　串联变速系统中无级变速器的位置

## 1.2.3　摩擦轮传动结构选用技巧实例

（1）回转圆筒设备挡轮与挡圈顶角的设计

倾斜安装的回转圆筒设备，往往要设置挡轮和挡圈，作为受力装置或信号装置（图 1-14）。设计成如图 1-14（a）所示的挡轮和挡圈，或因制造错误造成如图 1-14（a）所示后果，运转后产生剧烈磨损，寿命短。由于挡轮和挡圈工作面轮廓母线的顶点不重合，使挡轮和挡圈的工作接触状态恶化，从设计的线接触状态变为点接触状态，不仅接触应力增大，而且产生相对滑动，造成剧烈磨损，降低挡轮及挡圈的使用寿命。设计与制造应按图 1-14（b）所示，使挡轮与挡圈的运动只有纯滚动，接触为线接触，可极大改善挡轮与挡圈的工作条件，减少磨损，延长寿命。

（2）回转窑挡轮工作位置的设计

回转窑一般均倾斜安装，为防止串窑设置挡轮，若设计时使挡轮的中心位置与回转窑纵向中心线重合，但实际工作中并不能实现二者重合，这是因为回转窑一般均采用松套轮带结构，轮带内径与筒体垫板外径间存在间隙，该间隙随磨损而加大。由于该间隙的存在，会使挡轮的安装中心线偏离回转窑筒体实际回转中心线。不正确的调窑也会造成类似结果。当挡轮中心线处于筒体实际回转中心线回转方向外侧时，如图 1-15（a）所示，挡轮与轮带摩擦向上方倾斜，有向上分力作用于挡轮，作为起支承作用的挡轮，此力的数值是相当大的，将造成振动、挡轮盖连接螺栓拉断、挡轮座地脚螺栓拉断及挡轮倾翻等事故。回转窑运转过程中，永远不使挡轮与回转窑之间的摩擦力产生向上的分力即可避免上述事故发生，如图 1-15（b）所示，在设计上应使挡轮中心线向窑体中心线窑体回转方向的内侧移动一个距离 Δ，这样挡轮与轮带的接触点在窑体中心线窑体回转方向内侧，摩擦力的方向是向下倾斜的，垂直分力的方向是向下的，在安装及使用中，要确保正确调窑并控制轮带处的间隙，以确保挡轮实际工作位置的正确。此时，挡轮若采用滚动轴承，最好采用调心轴承。

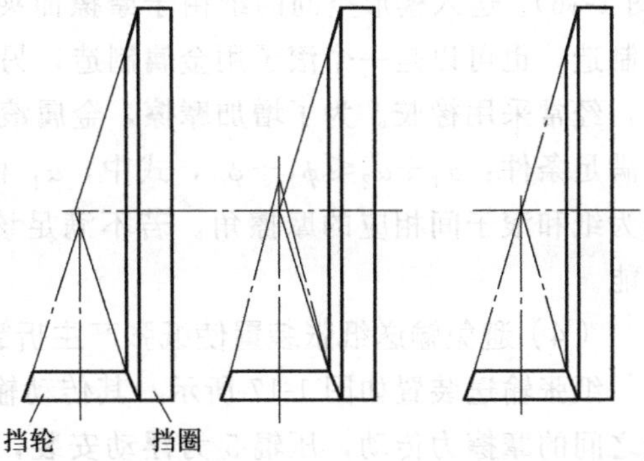

(a) 不合理　(b) 合理

图 1-14　挡轮与挡圈顶角的设计

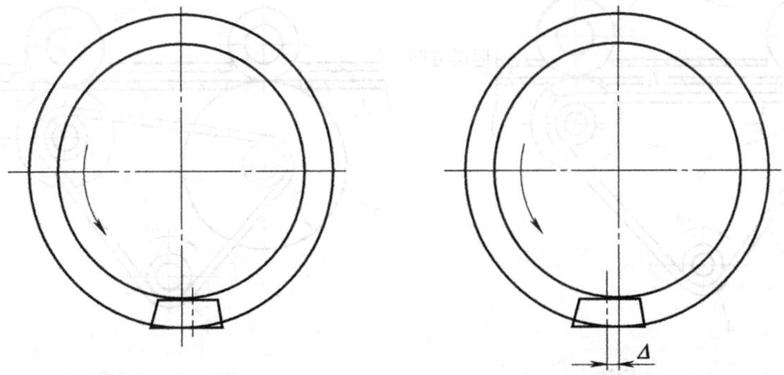

(a) 不合理　(b) 合理

图 1-15　回转窑挡轮工作位置

（3）送纸滚轮与纸的接触角之和应小于纸和滚轮摩擦角之和

如图 1-16 所示，这种机构主要用于传送纸。该机构通常由两个用弹簧压紧的滚子构成

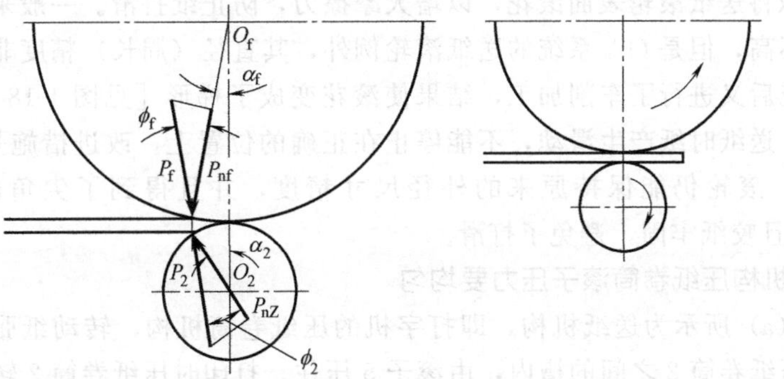

(a) 夹住纸张　(b) 送纸

图 1-16　输送纸张摩擦传动机构

(图 1-16)。送入楔形空间的纸由于摩擦而夹在两滚子之间［图 1-16 (a)］。两个滚子可由金属制造，也可以是一个滚子用金属制造，另一滚子由与纸接触时有高摩擦因数的弹性材料制成，经常采用橡胶。为了增加摩擦，金属滚子有时滚花。当纸插入时，为了保证夹住纸，必须满足条件：$\alpha_1+\alpha_2 \leqslant \phi_1+\phi_2$，式中，$\alpha_1$ 和 $\alpha_2$ 分别为送纸滚轮与纸的接触角；$\phi_1$ 和 $\phi_2$ 分别为纸和滚子间相应的摩擦角。若不满足该条件，则因传递的摩擦力不足而无法实现送纸功能。

（4）避免输送纸张装置使纸张产生折皱

纸张输送装置如图 1-17 所示，其传动输送纸张过程主要是通过输送辊 1、2 和压轮 5 与纸之间的摩擦力传动，压辊 5 为浮动安装，以其自重对纸张产生一定压力，当输送辊 1、2 旋转时，便可输送纸张前进。

设计纸张输送装置，应以不使纸张产生折皱为原则。理想工作状态下的设计是两输送辊半径 $r_1=r_2$，但由于制造误差，两辊半径不能完全相等，若输入辊半径 $r_1$ 大于输出辊半径 $r_2$，则输送辊 1 的输送速度大于输送辊 2 的输送速度，所以纸张将会产生折皱。改进措施如图 1-17 (b) 所示，使输送辊 2 的半径 $r_2$ 大于后面的输送辊 1 的半径 $r_1$，这样纸张在输送过程中便可始终受到一定的拉力作用，纸张就不会产生折皱了。

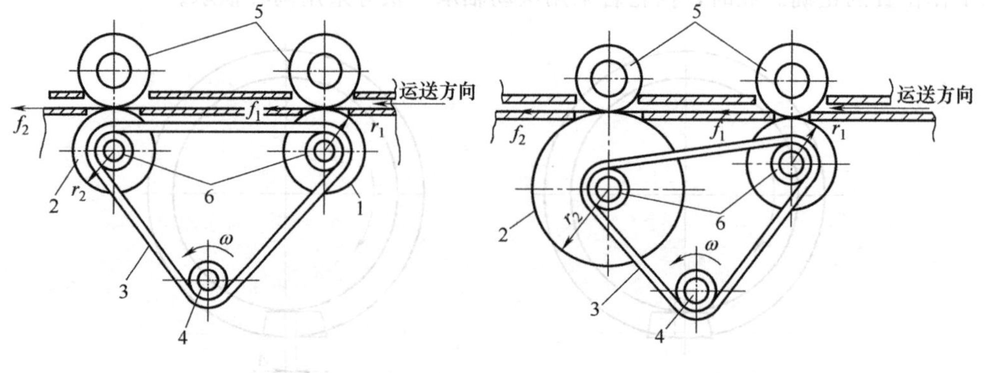


(a) $r_2=r_1$(不宜)　　(b) $r_2>r_1$(正确)

图 1-17　输送纸张装置辊轮半径的确定

1，2—输送辊；3—传动带；4—主动轴；5—压辊；6—从动轴

（5）送纸滚轮表面结构的改进

如图 1-18 所示送纸机构中，OA 送纸机构中需要正反两个方向送纸，为了把积累误差控制到最小，拟将送纸滚轮表面滚花，以增大摩擦力，防止纸打滑。一般来说，滚花时对直径的精度要求不高，但是 OA 系统的送纸滚轮例外，其直径（周长）精度非常重要。为保证外径尺寸，滚花后又进行了车削加工，结果使滚花变成了梯形［见图 1-18 (a)］，造成滚轮咬纸深度不够，送纸时纸产生滑动，不能停止在正确的位置上。改进措施是不用滚花方法，改用滚切方法，滚轮仍能保持原来的外径尺寸精度，并且得到了尖角的滚花效果［见图 1-18 (b)］，且咬纸牢固，避免了打滑。

（6）送纸机构压纸卷筒滚子压力要均匀

如图 1-19 (a) 所示为送纸机构，即打字机的压纸卷筒机构，转动纸张放松杆 1，将纸插入导轨 3 和压纸卷筒 2 之间的槽内，由滚子 5 压住。打印时压纸卷筒 2 转动，纸前进，在压纸卷筒 2 和另一导轨 4 之间通过，一直到被滚子 10 夹住。弹簧 9 将滚子压靠在卷筒上。转动纸张放松杆 1，通过方轴 7 使滚杆 6 和 8 张开，从而放松纸。

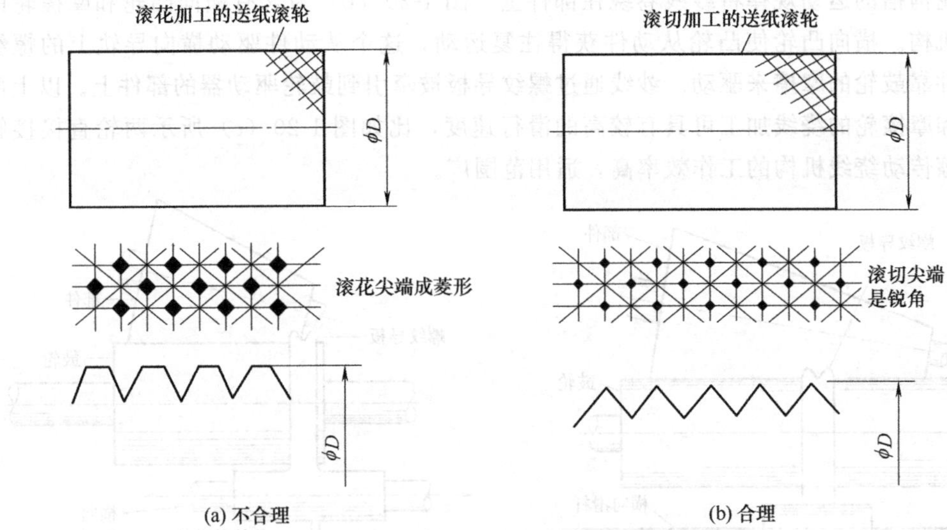


图 1-18　送纸滚轮表面结构的改进

送纸机构应保证纸张可直线行进。因此，驱动滚子（例如图 1-19 中的压纸卷筒）应为准确的圆柱形，并且在整个纸宽上滚子压力应是均匀的。如图 1-19（b）所示的结构很难使安装在整个纸宽上的滚子 5 的压力均匀，因为细长滚轴易于挠曲，这样位于滚筒两端的滚子 6′施加的压力比接近杆 5′的滚子的压力要小。为使滚子压力均匀，可采用图 1-19（c）结构，每个滚子 5 在滚杆 6 上自动定位，两个滚子施加的压力是对称相等的，每个滚子的压力可以分别调整，操作更加方便。

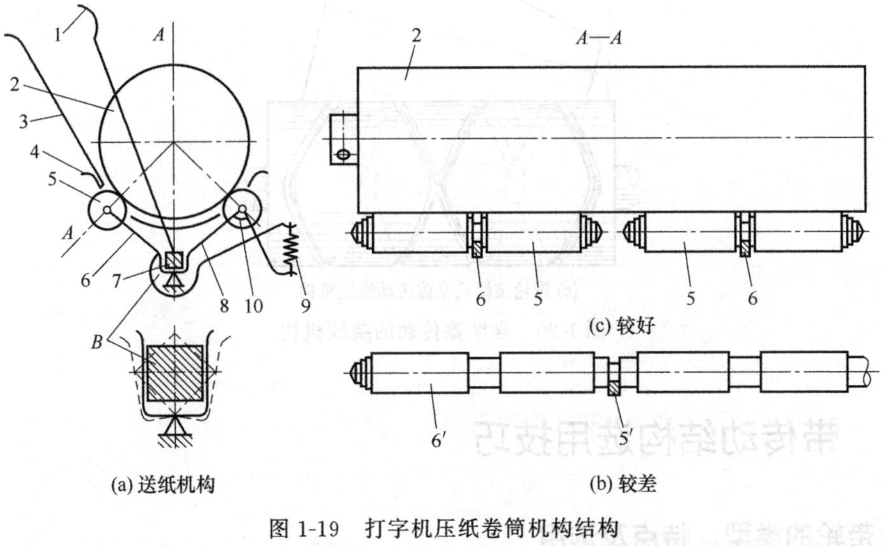


图 1-19　打字机压纸卷筒机构结构

1—纸张放松杆；2—压纸卷筒；3，4—导轨；5，6′，10—滚子；5′—杆；6，8—滚杆；7—方轴；9—弹簧

（7）绕线机构中的摩擦轮传动

如图 1-20（a）、（b）所示为两种含有凸轮和摩擦轮的绕线机构。图 1-20（a）为含有圆柱凸轮和摩擦轮的组合机构。鼓轮通过摩擦来驱动部件，一个带尖顶的凸轮滑块安装在螺纹导板的底部，与凸轮槽相配合，使与横向滑杆相配合的螺纹导板进行往复运动，从而按下部

多槽凸轮沟槽的运动规律将纱线卷绕在部件上。图 1-20（b）为含有横向凸轮和摩擦轮的组合绕线机构。横向凸轮使凸轮从动件获得往复运动，这个从动件驱动横向导轨上的螺纹导板。部件靠鼓轮的摩擦来驱动。纱线通过螺纹导板被牵引到鼓轮驱动器的部件上。以上两种含凸轮和摩擦轮的绕线加工可具有较高的滑行速度，比如图 1-20（c）所示两轮直接接触的单一摩擦传动绕线机构的工作效率高，适用范围广。

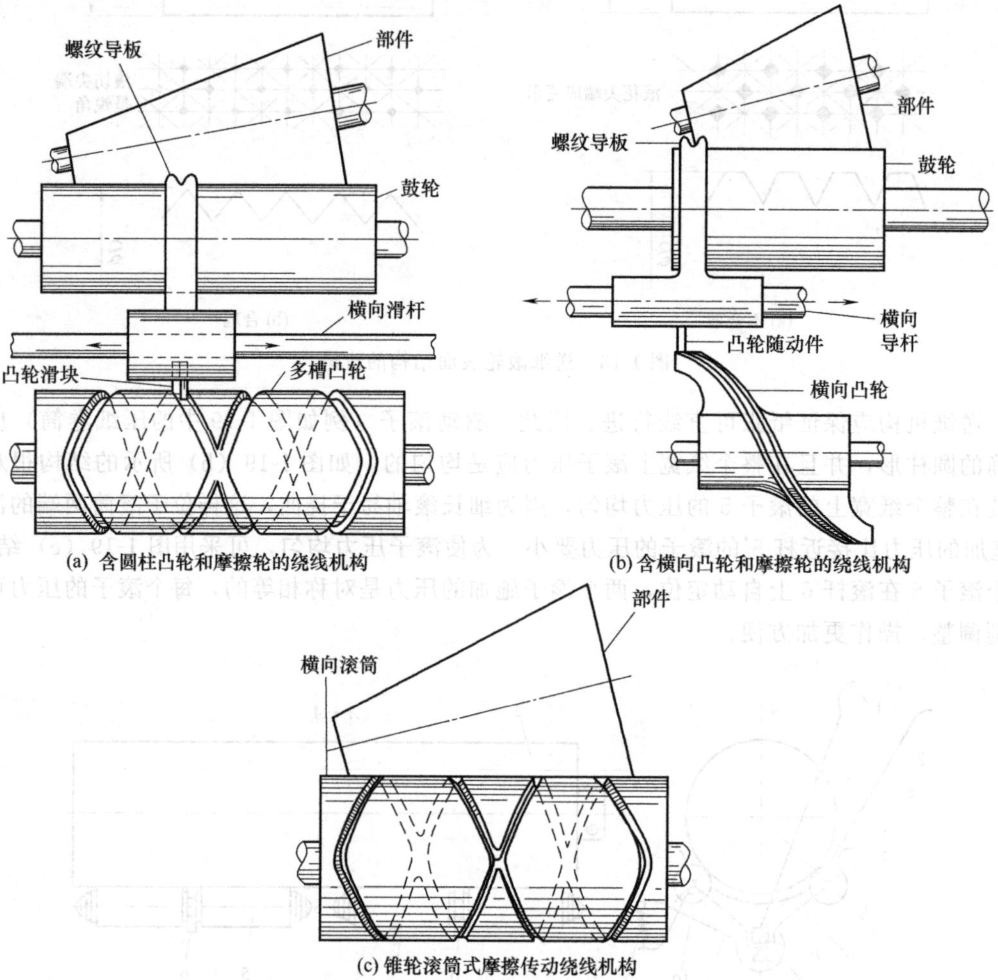


图 1-20　含摩擦传动的绕线机构

# 1.3 带传动结构选用技巧

## 1.3.1 带轮的类型、特点及选用

带传动按工作原理可分为摩擦传动和啮合传动两大类，常见的是摩擦带传动。摩擦带传动根据带的截面形状分为平带、V 带、多楔带和圆形带等。啮合带传动可分为同步齿形带传动和齿孔带传动。

（1）平带传动

如图 1-21（a）所示为平带传动。平带传动靠带的环形内表面与带轮外表面压紧产生摩擦力。平带传动结构简单，带的挠性好，带轮容易制造，大多用于传动中心距较大的场合。

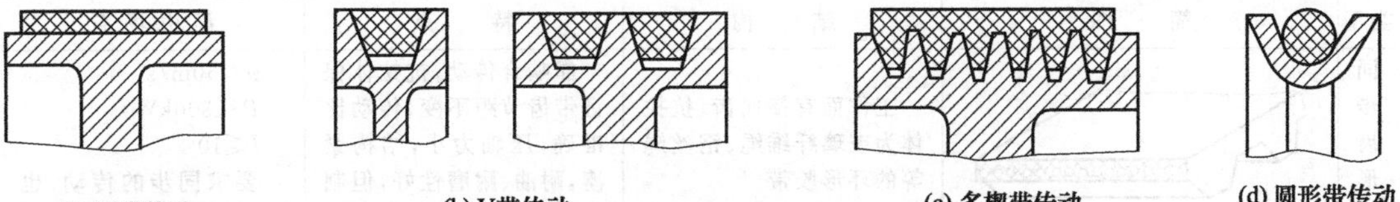

(a) 平带传动　(b) V带传动　(c) 多楔带传动　(d) 圆形带传动

图 1-21　不同截形的摩擦带传动

（2） V带传动

如图 1-21（b）所示为 V 带传动。V 带传动靠带的两侧面与轮槽侧面压紧产生摩擦力，与平带传动相比，当带对带轮的压力相同时，V 带传动的摩擦力大，故能传递较大功率，结构也较紧凑，且 V 带无接头，传动较平稳，因此 V 带传动应用最广。

（3）多楔带传动

如图 1-21（c）所示为多楔带传动。多楔带传动靠带和带轮的楔面之间产生的摩擦力工作，兼有平带和 V 带的优点，适宜于要求结构紧凑且传递功率较大的场合，特别适用要求 V 带根数较多或轮轴线垂直于地面的传动。

（4）圆形带传动

如图 1-21（d）所示为圆形带传动。圆形带传动靠带与轮槽压紧产生摩擦力，常用于低速小功率传动，如缝纫机、磁带盘的传动等。

（5）同步齿形带传动

如图 1-22 所示为同步齿形带传动。同步齿形带传动属啮合带传动的一种，工作时带上的齿与轮上的齿相互啮合以传递运动和动力。常用于数控机床、纺织机械、烟草机械等。

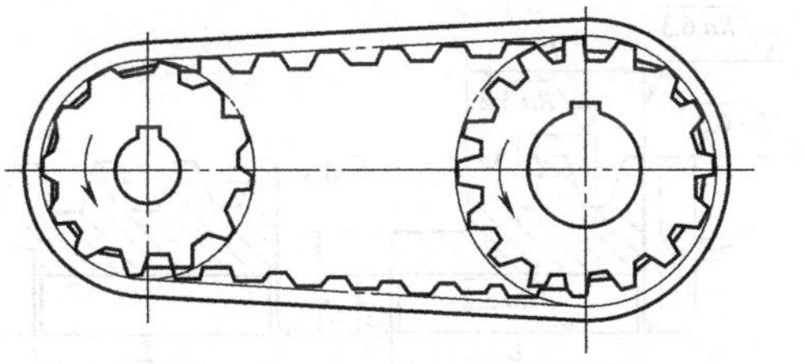

图 1-22　同步齿形带传动

带传动主要类型、特点及选用见表 1-6。

**表 1-6　带传动主要类型、特点及选用**

| 类型 | 简　图 | 结　构 | 特　点 | 荐用场合 |
|---|---|---|---|---|
| 普通V带 |  | 抗拉体为胶帘布或绳，横截面为梯形，楔角为 40°，带高与节宽之比为 0.7 的环形胶带 | 结构紧凑，传动平稳，较平带摩擦力大、允许包角小、传动比大、初拉力小 | $v<30\text{m/s}$<br>$P<700\text{kW}$<br>$i\leqslant10$<br>广泛应用 |
| 普通平带 | 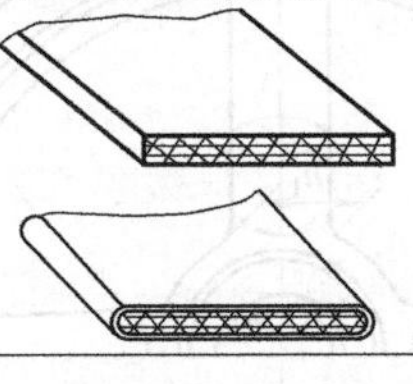 | 用数层胶帆布粘合而成，有叠层式和包层式两种，可制成有胶壳和无胶壳的 | 结构简单，带挠性好，抗拉强度高，易制造，价廉，耐湿性好，耐油性差 | $v<25\sim30\text{m/s}$<br>$P<500\text{kW}$<br>$i\leqslant6$<br>多用于中心距较大的场合 |
| 多楔带 | 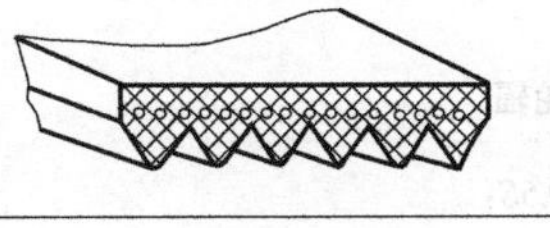 | 在平带基体下有若干纵向 V 形楔的环形胶带，工作面为楔面 | 兼有平带和 V 带优点，挠性好，摩擦力大，结构紧凑，比 V 带传动平稳 | 适于结构紧凑且传递功率较大的场合，尤其适于要求根数多或轮轴线垂直于地面的传动 |
| 圆形带 | 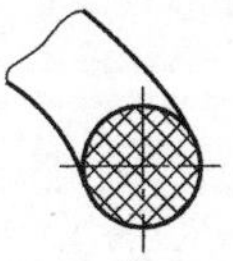 | 横截面为圆形，有圆皮带、圆绳带、圆锦纶带等 | 结构简单，各方向均能传动，摩擦力较小 | $v<15\text{m/s}$<br>$i=0.5\sim3$<br>用于较小功率 |

续表

| 类型 | 简图 | 结构 | 特点 | 荐用场合 |
| --- | --- | --- | --- | --- |
| 同步齿形带 | 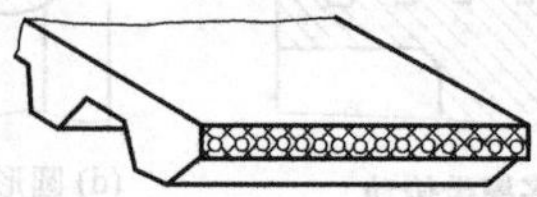 | 工作面有横向齿，抗拉体为玻璃纤维绳、钢丝绳等的环形胶带 | 靠啮合传动，抗拉体保证带齿节距不变，传动比准确，压轴力小，结构紧凑，耐油、耐磨性好，但制造安装要求高 | $v<50\text{m/s}$<br>$P<300\text{kW}$<br>$i\leqslant 10$<br>要求同步的传动，也可用于低速传动 |

## 1.3.2 V带轮结构形式的选用

（1）根据带轮尺寸大小、带型号和轴孔直径选择带轮结构形式

带轮通常由以下三部分组成：轮缘——用以安装传动带的部分；轮毂——与轴接触的配合的部分；轮辐或辐板——用以连接轮缘和轮毂的部分。

带轮按尺寸大小做成不同的结构形式，分为实心式（S型）、辐板式（P型）、孔板式（H型）和轮辐式（E型），图1-23所示为V带轮结构形式。

V带轮的结构应根据带轮基准直径、带的型号以及带轮轴孔直径选取，具体带轮结构形式和辐板厚度的选取见表1-7。

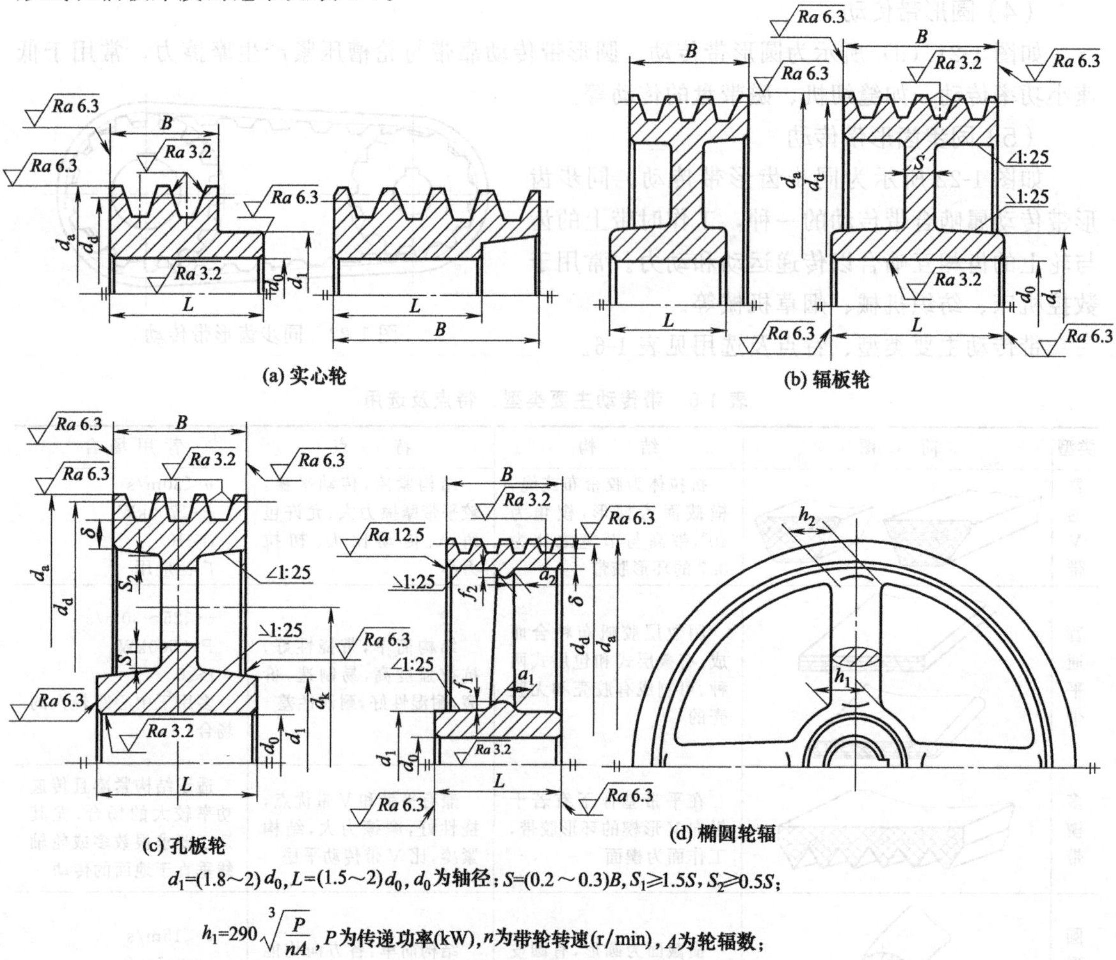


$d_1=(1.8\sim2)d_0$, $L=(1.5\sim2)d_0$, $d_0$为轴径；$S=(0.2\sim0.3)B$, $S_1\geqslant1.5S$, $S_2\geqslant0.5S$；

$h_1=290\sqrt[3]{\dfrac{P}{nA}}$，$P$为传递功率(kW)，$n$为带轮转速(r/min)，$A$为轮辐数；

$h_2=0.8h_1$, $a_1=0.4h_1$, $a_2=0.8a_1$；$f_1=0.2h_1$, $f_2=0.2h_2$

图1-23　V带轮结构形式

表 1-7　V 带轮结构形式和辐板厚度的选取

mm

| 槽型 | 孔径$d_a$ | 带轮基准直径 $d_d$ | | | | | | | | | | | | | | | | | | | | | | | | | | | | | | | | | | | | | | 槽数$z$ |
|---|---|---|---|---|---|---|---|---|---|---|---|---|---|---|---|---|---|---|---|---|---|---|---|---|---|---|---|---|---|---|---|---|---|---|---|---|---|---|---|---|---|
| | | 50、56 | 63、67 | 71 | 75 | 80 | 90、95 | 100 | 106 | 112 | 118 | 125 | 132 | 140 | 150 | 160 | 170 | 180 | 200 | 212 | 224 | 236 | 250 | 265 | 280 | 300 | 315 | 355 | 375 | 400 | 425 | 450 | 475 | 500 | 530 | 560 | 600 | 630 | 710 | 750~2500 | |
| | | 辐板厚度 $S$ | | | | | | | | | | | | | | | | | | | | | | | | | | | | | | | | | | | | | | | |
| Z | 12 14 | | | | | | | 6 | | | | | | 7 | | | | 8 | | | | | | | | | | | | | | | | | | | | | | | 1~2 |
| | 15 18 | | | | | | | 7 | | | | | | | | | | | | | | | | | | | | 四 | | | | | | | | | | | | | 1~3 |
| | 20 22 | | | | 实 | | | | | | | | | | | | | | 四 | | | | | | 12 | | | | | | | | | | | | | | | | 1~4 |
| | 24 25 | | | | | | | | | | | 8 | | | | 9 | | | 10 | | | | | | | | | | | | | | | 六 | | | | | | | 1~4 |
| | 28 30 | | | | | | | | | | | | | 辐 | | | | 10 | | | | | | | | 六 | | | 椭 | | | | | | | | | | | | 1~4 |
| | 32 35 | | | | | | | | | | | | | | | | | | | | | 孔 | | | | | | | | | | | | | | | | | | | 2~4 |
| A | 16 18 | | | | | | | | | | | | | | | | | | 12 | | | | | | | | | | | | | | | | | | | | | | 1~3 |
| | 20 22 | | | | | | | | | | | 10 | | | 11 | | 12 | | | | 13 | | | | 14 | | | | | | | | | | | | | | | | 1~4 |
| | 24 25 | | | | | | | | | | | | | | | | | | | | | | | | | | | 圆 | | | | | | | | | | | | | 1~5 |
| | 28 30 | | | | | | | | | | | | | | 12 | | | 13 | | 14 | | | 15 | | 16 | | | | | | | | | | | 椭 | | | | | 1~6 |
| | 32 35 | | | | | | | | | | | | | | | | | | | | | 板 | | | | | 16 | | | | | | | | | | | | | | 2~6 |
| | 38 40 | | | | | | | | | | | | | | | | 板 | | | | | | | | | | 孔 | | 辐 | | | | | | | | | | | | 2~6 |
| | 42 45 | | | | | | | | | | | | 心 | | | | | | | | | | | | | | | 18 | | | | | | | | | | | | | 2~8 |
| B | 32 35 | | | | | | | | | | | | | | | | | | | | 16 | | | | | | | | | | 轮 | | | | | | | | | | 2~8 |
| | 38 40 | | | | | | | | | | | | | | | | 14 | | 16 | | | | 轮 | 18 | | 18 | | 20 | | | | | | | | | 圆 | | | | 2~6 |
| | 42 45 | | | | | | | | | | | | | | | | | | | | | | | | | | | | | | | | | | | | | | | | 3~6 |
| | 50 55 | | | | | | | | | | | | | | | | | | | | | 18 | | | 18 | | 20 | | 22 | | 24 | | | | | | | | | | 3~6 |
| | 60 65 | | | | | | | | | | | | | | | | | | | | | 轮 | | | | | | | | | | | | | | | | | | | 3~6 |
| C | 42 45 | | | | | | | | | | | | | | | | | | 18 | | | | | 20 | | 22 | | 24 | | | | | | | | | | | | | 2~6 |
| | 50 55 | | | | | | | | | | | | | | | | | | | | | 20 | | | | | 22 | | 板 | | | | | | | | | | | | 3~6 |
| | 60 65 | | | | | | | | | | | | | | | | | | | | | | 22 | | | | 24 | | | | | | | | | | 辐 | | | | 3~7 |
| | 70 75 | | | | | | | | | | | | | | | | | | | | 轮 | | | | | 24 | | | | | | | | | | | | | | | 3~7 |
| | 80 85 | | | | | | | | | | | | | | | | | | | | | | | | | | | 25 | 26 | | | 28 | | 30 | | | | | | | 5~9 |
| | 90 95 | | | | | | | | | | | | | | | | | | | | | | | | | | | | | | | | | | | | | | | | 5~10 |
| D | 60 65 | | | | | | | | | | | | | | | | | | | | | | | | | | | | | | | | | | | | | | | | 3~6 |
| | 70 75 | | | | | | | | | | | | | | | | | | | | | | | | | | 22 | | 25 | | | | | | | | | | | | 3~6 |
| | 80 85 | | | | | | | | | | | | | | | | | | | | | | | | | | | | | | 28 | | | | | | | | | | 3~7 |
| | 90 95 | | | | | | | | | | | | | | | | | | | | | | | | | | | | 26 | 28 | | 轮 | | 30 | | 32 | | | 轮 | | 3~7 |
| | 100 110 | | | | | | | | | | | | | | | | | | | | | | | | | | | | | | 30 | | | 32 | | | 34 | | | | 5~9 |
| | 120 130 | | | | | | | | | | | | | | | | | | | | | | | | | | | | | | | | | | | | | | | | 6~10 |
| E | 80~95 | | | | | | | | | | | | | | | | | | | | | | | | | | | | | | | | | | 28 | | | | | | 3~6 |
| | 100 110 | | | | | | | | | | | | | | | | | | | | | | | | | | | | | | | | | | | | | | | | 5~7 |
| | 120 130 | | | | | | | | | | | | | | | | | | | | | | | | | | | | | | | | | | | 30 | | 32 | | | 5~7 |
| | 140 150 | | | | | | | | | | | | | | | | | | | | | | | | | | | | | | | | | | | | 34 | | | | 6~10 |

（2）V 带轮轮缘截面尺寸的选取

① V 带轮轮槽的尺寸　根据带的型号由表 1-8 选取。

**表 1-8　普通 V 带轮的轮槽尺寸**　　mm

| 槽型 | | | Y | Z | A | B | C | D | E |
|---|---|---|---|---|---|---|---|---|---|
| 轮槽尺寸 | $h_{amin}$ | | 1.6 | 2 | 2.75 | 3.5 | 4.8 | 8.1 | 9.6 |
| | $h_{fmin}$ | | 4.7 | 7 | 8.7 | 10.8 | 14.3 | 19.9 | 23.4 |
| | $e$ | | 8 | 12 | 15 | 19 | 25.5 | 37 | 44.5 |
| | $f$ | | 7 | 8 | 10 | 12.5 | 17 | 24 | 29 |
| | $\delta_{min}$ | | 5 | 5.5 | 6 | 7.5 | 10 | 12 | 15 |
| 带轮宽度 $B$ | | | $B=(z-1)e+2f$（$z$ 为带轮轮槽数） | | | | | | |
| 带轮外径 $D_w$ | | | $D_w=D+2h_a$ | | | | | | |
| $\varphi$ | 32° | 对应的基准直径 | ≤63 | — | — | — | — | — | — |
| | 34° | | — | ≤80 | ≤118 | ≤180 | ≤315 | — | — |
| | 36° | | >63 | — | — | — | — | ≤475 | ≤630 |
| | 38° | | — | >80 | >118 | >180 | >315 | >475 | >630 |

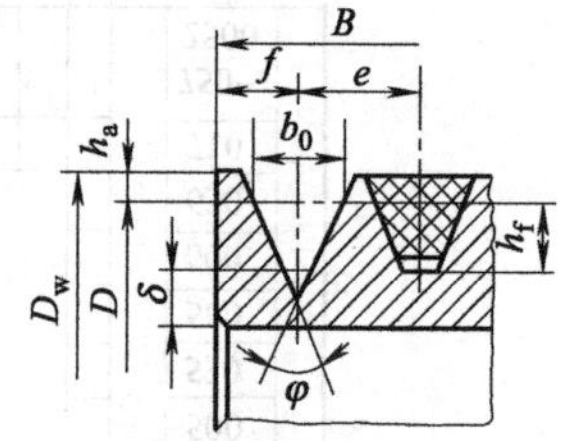


② V 带轮轮槽角 $\varphi$ 应小于 V 带的楔角　普通 V 带楔角为 40°，而 V 带轮轮槽角小于 40°，一般为 32°、34°、36°、38°。这是因为带绕在带轮上时受弯曲，会产生横向变形，使带的楔角变小，且带轮直径越小，带的楔角就变得越小。为使带轮的轮槽工作面和 V 带两侧面接触良好，V 带轮轮槽角应小于 V 带的楔角。

## 1.3.3　带轮结构应有利于受力与传力

（1）小带轮基准直径不宜过小

两带轮直径不相等时，带在小轮上的弯曲应力较大。对每种型号的 V 带都限定了相应带轮的最小基准直径 $d_{min}$，设计时小带轮 $d_1$ 的取值一般不允许小于 $d_{min}$。$d_{min}$ 值见表 1-9。

**表 1-9　普通 V 带带轮最小基准直径**　　mm

| 型号 | Y | Z | A | B | C | D | E |
|---|---|---|---|---|---|---|---|
| $d_{min}$ | 20 | 50 | 75 | 125 | 200 | 355 | 500 |

小带轮基准直径 $d_1$ 小，当传动比一定时，可使大带轮直径减小，则带传动外廓空间减小，当大带轮直径一定时，可增大传动比，但小带轮上的包角减小，使传递功率一定时，要求有效拉力加大，另外除带与带轮的接触长度与直径成正比地缩短外，V 带是一边按带轮半径反复弯曲一边快速移动，因而对于 V 带的断面，弯曲半径越小越难弯曲，容易打滑，而且 $d_1$ 越小［图 1-24（a）］，弯曲应力 $\sigma_{b1}$ 越大，使带的寿命降低。所以应适当选取 $d_1$ 值，使 $d_1>d_{min}$，并取为标准值［图 1-24（b）］。

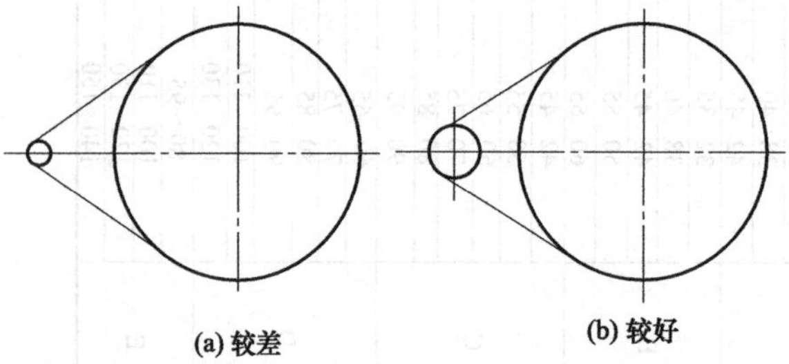


图 1-24　小带轮直径的合理选择

（2）平带小带轮的微凸结构

为使平带在工作时能稳定地处于带轮宽度中间而不滑落，应将小带轮制成中凸形，图 1-25（a）、（b）所示为不合理结构，图 1-25（c）所示为合理结构。中凸的小带轮有使平带自动居中的作用。若小带轮直径 $d_1=40\sim112$mm，取中间凸起高度 $h=0.3$mm；当 $d_1>$

112mm 时，取 $h/d_1=0.003\sim0.001$，$d_1/b$ 大的 $h/d_1$ 取小值，其中 $b$ 为带轮宽度，一般 $d_1/b=3\sim8$。

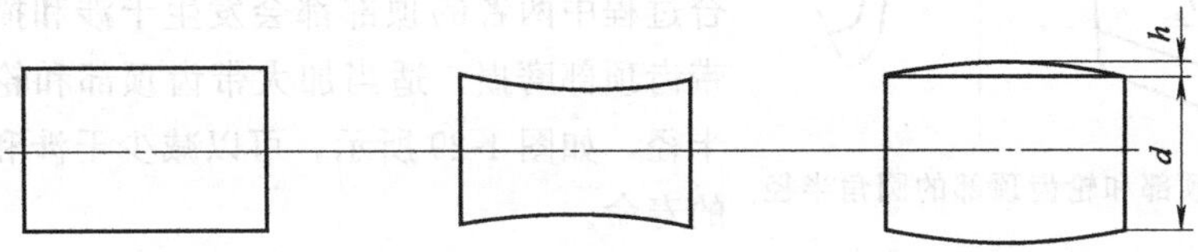


图 1-25　小带轮的结构

（3）高速平带带轮的开槽结构

带速 $v>30\text{m/s}$ 为高速带，它采用特殊的轻而强度大的纤维编织而成。为防止带与带轮之间形成气垫，应在小带轮轮缘表面开设环槽，如图 1-26 所示。

（4）同步带轮结构要求

① 挡圈结构　同步带轮分为无挡圈、单边挡圈和双边挡圈三种结构形式，如图 1-27 所示。同步带在运转时，有轻度的侧向推力。为了避免带的滑落，应按具体条件考虑在带轮侧面安装挡圈。

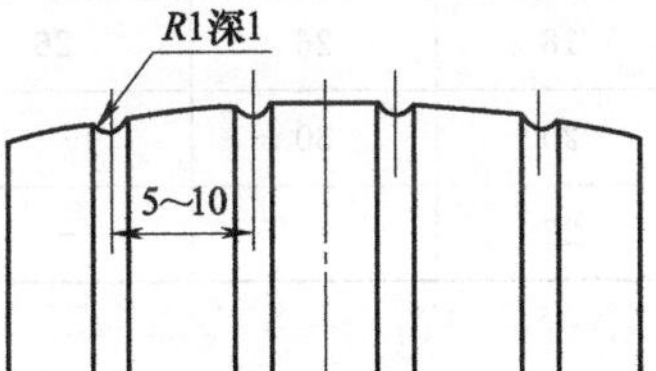


图 1-26　高速带轮开槽结构

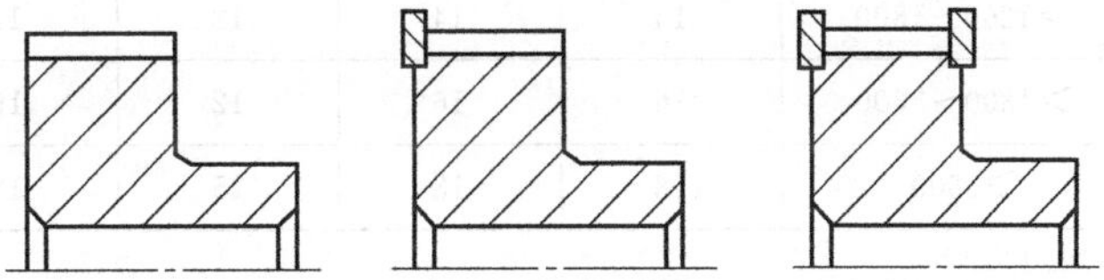


图 1-27　同步带轮挡圈结构形式

挡圈的安装建议为：在两轴传动中，如图 1-28（a）所示，不装挡圈的结构尽量不采用；两个带轮中必须有一个带轮两侧装有挡圈，如图 1-28（b）所示，或两轮的不同侧边各装有一个挡圈；当中心距超过小带轮直径的 8 倍时，由于带不易张紧，两个带轮的两侧均应装有挡圈；在垂直轴传动中，由于同步带的自重作用，应使其中一个带轮的两侧装有挡圈，而其他带轮均在下侧装有挡圈，如图 1-28（c）所示。

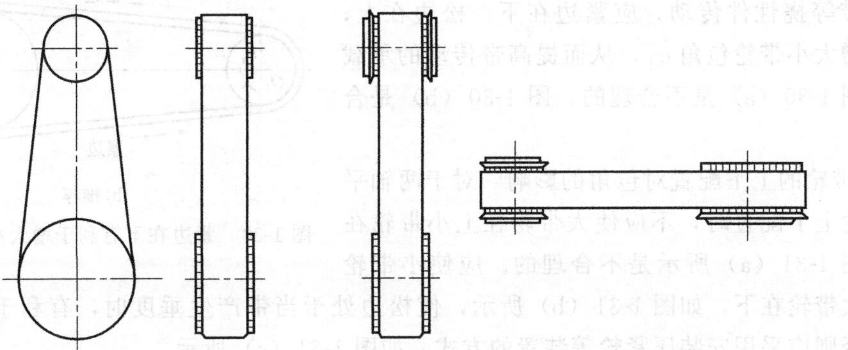


图 1-28　同步带轮挡圈的安装

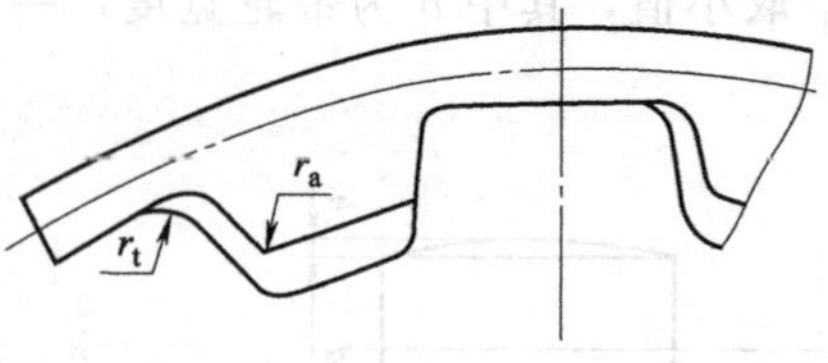

图 1-29　带齿顶部和轮齿顶部的圆角半径

② 同步带齿顶和轮齿顶部的圆角半径的选择　同步带的齿和带轮的齿属于非共轭齿廓啮合，所以在啮合过程中两者的顶部都会发生干涉和撞击，因而引起带齿顶部磨损。适当加大带齿顶部和轮齿顶部的圆角半径，如图 1-29 所示，可以减少干涉和磨损，延长带的寿命。

③ 同步带轮外径的偏差　同步带轮外径为正偏差，可以增大带轮节距，消除由于多边形效应和在拉力作用下使带伸长变形所产生的带的节距大于带轮节距的影响。实践证明，在一定范围内，带轮外径正偏差较大时，同步带的疲劳寿命较长。

④ 小带轮齿数的选择　同步带轮齿数的选择应考虑到同时啮合齿数的多少，一般要求同步带与带轮的同时啮合齿数 $z_m \geqslant 6$。各种型号同步带的小带轮许用最少齿数见表 1-10。

**表 1-10　同步带小带轮许用最少齿数 $z_{min}$**

| 小带轮转速 $n_1$/（r/min） | 型号 | | | | | | |
|---|---|---|---|---|---|---|---|
| | MXL | XXL | XL | L | H | XH | XXH |
| ≤900 | 10 | 10 | 10 | 12 | 14 | 22 | 22 |
| ＞900～1200 | 12 | 12 | 10 | 12 | 16 | 24 | 24 |
| ＞1200～1800 | 14 | 14 | 12 | 14 | 18 | 26 | 26 |
| ＞1800～3600 | 16 | 16 | 12 | 16 | 20 | 30 | — |
| ≥3600 | 18 | 18 | 15 | 18 | 22 | — | — |

（5）增大包角 α 以提高承载力

① 小带轮包角不能太小　由于小带轮的包角小于大带轮的包角，所以打滑都是发生在小带轮上，要提高带传动的承载能力，则小带轮包角不能太小。一般要求带与小带轮包角必须满足 $\alpha_1 \geqslant 120°$，个别情况下，最小可到 90°。若不满足，应适当增大中心距或减小传动比来增加小带轮包角 $\alpha_1$。

② 紧边在下有利于增大小带轮包角　对于平带、V 带等挠性件传动，应紧边在下，松边在上，有利于增大小带轮包角 $\alpha_1$，从而提高带传动的承载能力。图 1-30（a）是不合理的，图 1-30（b）是合理的。

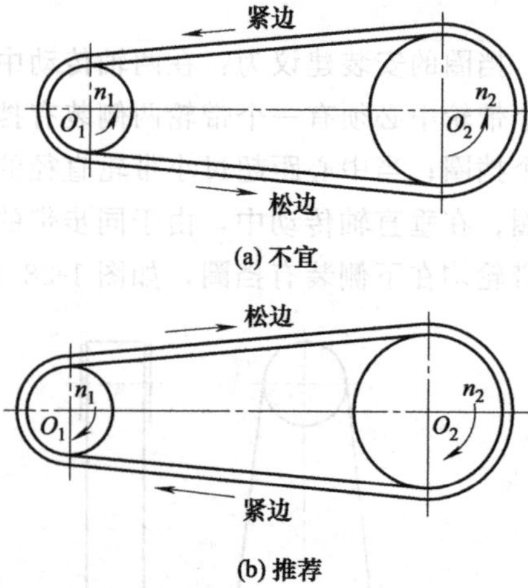

图 1-30　紧边在下有利于增大小带轮包角

③ 带轮的上下配置对包角的影响　对于两轴平行的带轮上下配置时，不应使大带轮在上小带轮在下，如图 1-31（a）所示是不合理的。应使小带轮在上，大带轮在下，如图 1-31（b）所示，使松边处于当带产生垂度时，有利于增大 $\alpha_1$ 的位置。否则应采用安装压紧轮等装置的方式，如图 1-31（c）所示。

④ 压紧轮的设置　以增加小带轮包角为目的的压紧轮，应安装在松边、靠近小带轮的外侧，如图 1-32 所示。

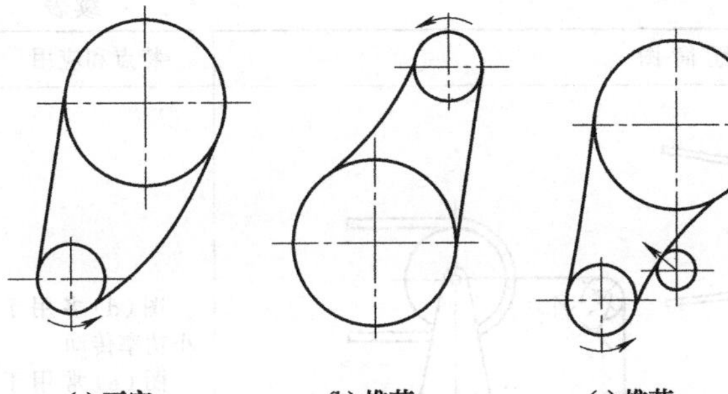

(a) 不宜　　(b) 推荐　　(c) 推荐

图 1-31　带轮的上下配置对包角的影响

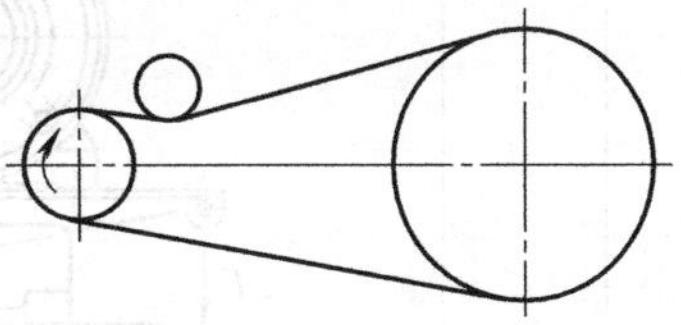

图 1-32　压紧轮的位置

## 1.3.4 带传动的张紧

（1）张紧装置类型、特点和应用

由于带的材料不是完全的弹性体，因而带在工作一段时间后会发生塑性伸长而松弛，使张紧能力降低。因此，带传动需要有重新张紧的装置，以保持正常工作。张紧装置分定期张紧和自动张紧两类，其特点和应用见表 1-11。

表 1-11　带传动张紧装置

| 类　型 | | 装置简图 | 特点和应用 |
|---|---|---|---|
| 定期张紧 | 中心距可调 | 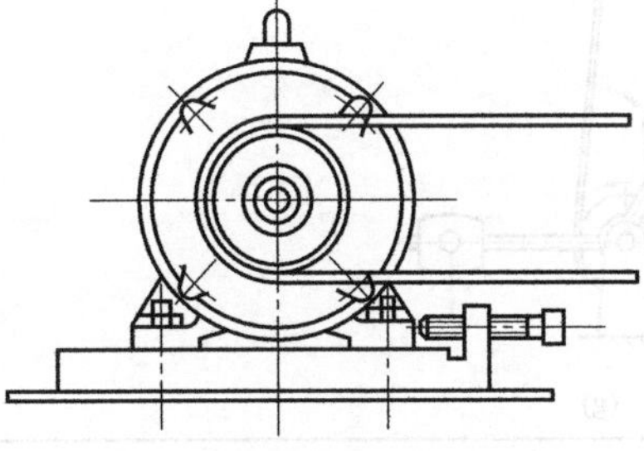 (a) 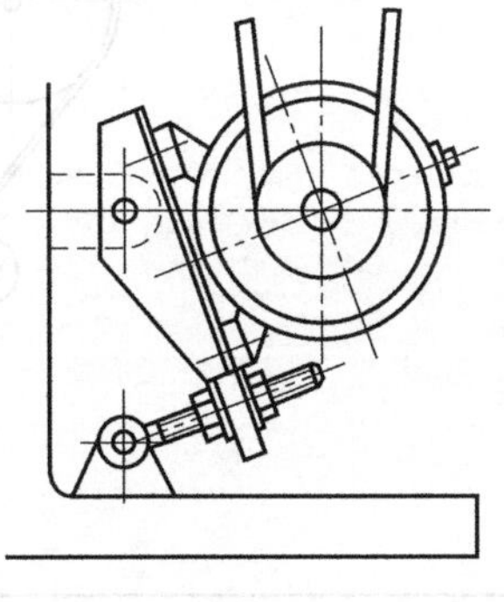 (b) | 图(a)适用于水平或接近于水平传动<br>图(b)适用于垂直或接近垂直的传动 |
| | 中心距不可调 | 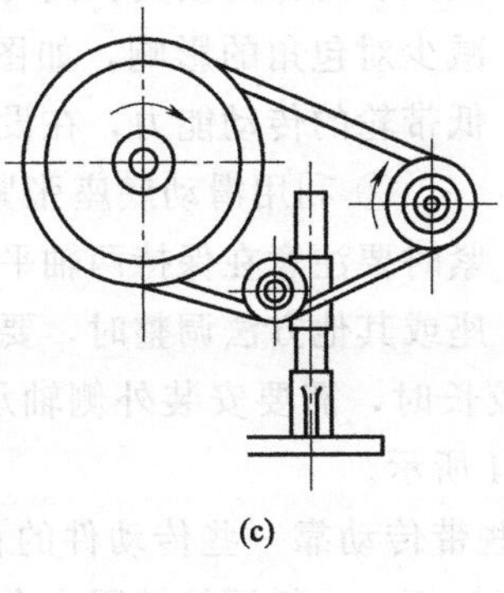 (c) | 图(c)张紧轮装于松边内侧以免反向弯曲降低寿命，且不能逆转 |

续表

| 类型 | | 装置简图 | 特点和应用 |
|---|---|---|---|
| 自动张紧 | 中心距可调 | 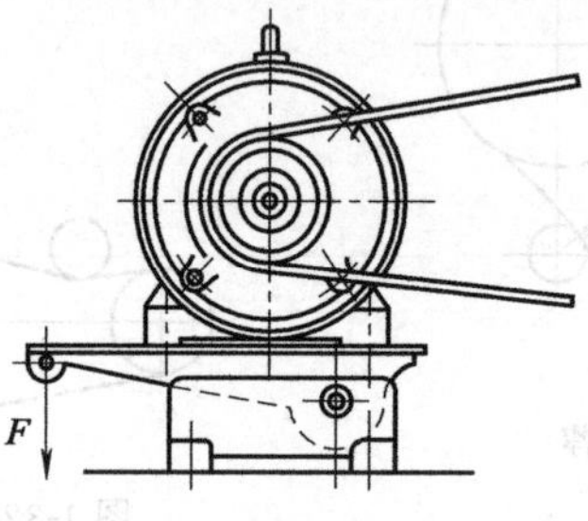  (d) 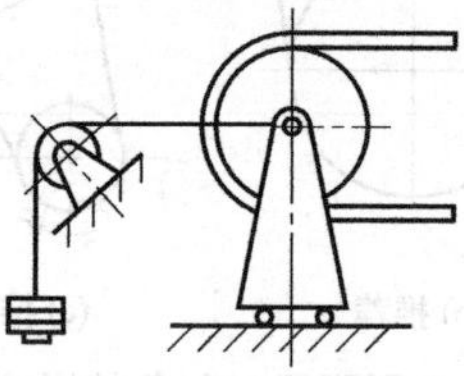 (e) 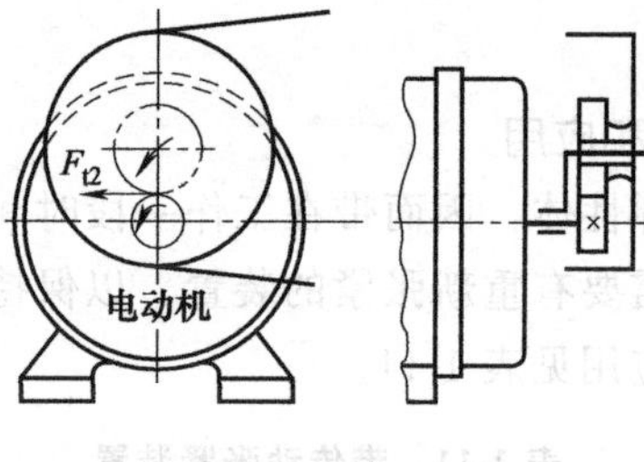  (f) | 图(d)多用于小功率传动<br>图(e)常用于带的试验装置，不能用于高速<br>图(f)张紧力大小随传动功率成正比变化，压轴力比其他张紧方法小得多，轴承与带的寿命较长，效率较高 |
| | 中心距不可调 | 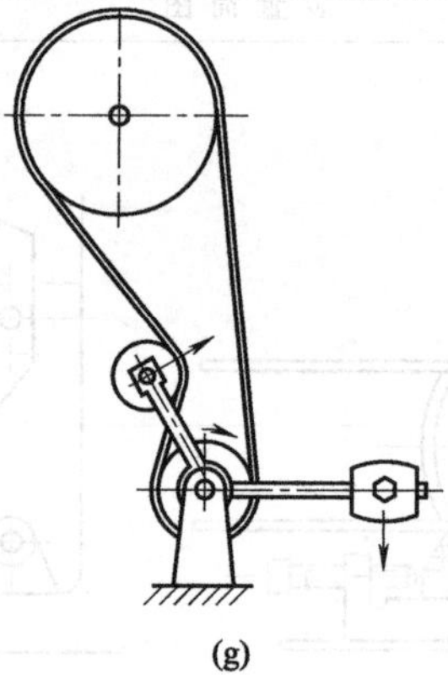 (g) | 图(g)张紧轮装于松边外侧靠近小带轮，以增大包角，结构紧凑，但对寿命影响较大，且不能逆转 |

（2）张紧辅助装置

① 张紧轮的设置　V 带、平带的张紧轮一般应安装在松边内侧，使带只受单向弯曲，以减少寿命的损失；同时张紧轮还应尽量靠近大带轮，以减少对包角的影响，如图 1-33 所示。张紧轮的使用会降低带轮的传动能力，在设计时应适当考虑。

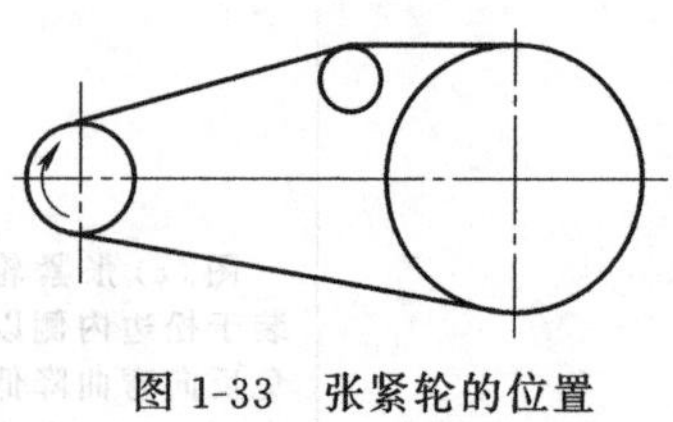

图 1-33　张紧轮的位置

② 利用滑动底座张紧应保持两轴平行移动　定期张紧时要注意在保持两轴平行的状态下进行移动，在利用滑座或其他方法调整时，要能在施加张紧力的状态下平行移动。例如，在带轮较宽，外伸轴较长时，需要安装外侧轴承，并将该轴承装在共有的底座上，调整时使底座滑动，如图 1-34 所示。

③ 自动张紧的辅助装置　有些带传动靠一些传动件的自重产生张紧力。如图 1-35（a）所示，把小带轮和电动机固定在一块板上，板用铰链固定在机架上，靠电动机和小带轮的自

重在带中产生张紧力，但当传动功率过大，或启动力矩过大时传动带将板上提，上提力超过其自重时，会产生振动或冲击。这种情况下，可在板上加辅助的螺旋装置，以消除板的振动，如图 1-35（b）所示。

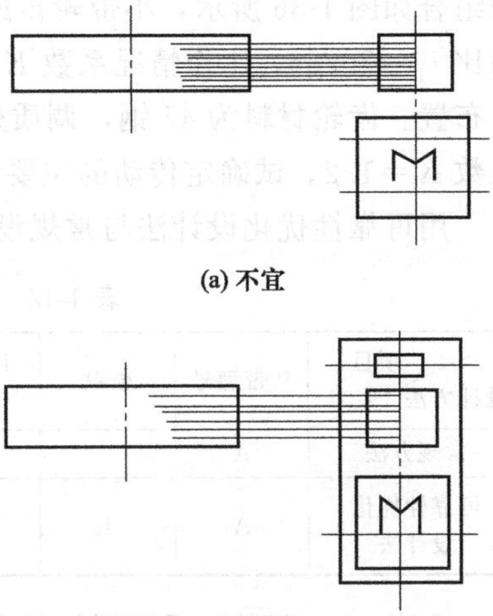

(a) 不宜

(b) 推荐

图 1-34 利用滑动底座的张紧结构

（3）带传动-齿轮传动组合的自动张紧装置

① 结构 图 1-36 所示为自动张紧带传动-齿轮传动简图。小齿轮 3 与大带轮 2 同轴固连并通过摆杆 6 悬挂于机架上。当小带轮转动时，通过带驱动大带轮和小齿轮一起转动，再通过小齿轮驱动大齿轮转动，由大齿轮输出转矩。传动带在小齿轮圆周力以及大带轮和小齿轮自重的作用下自动张紧。小齿轮上的圆周力越大，张紧力越大，反之则减小，如此使带的张紧力可按传递载荷的大小进行自动调节。压轴力比其他张紧方法小得多，轴承与带的寿命较长，效率较高。

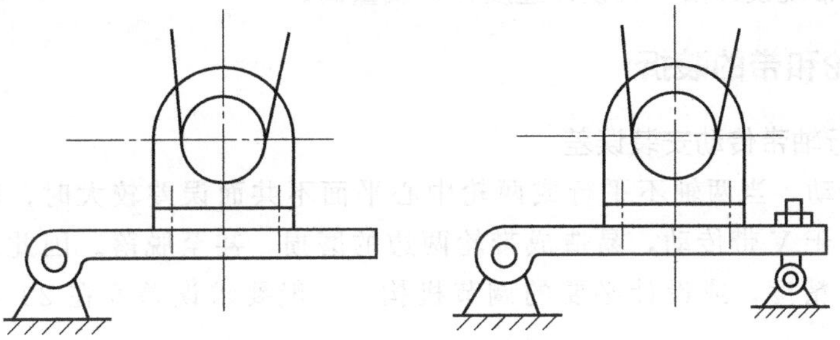

(a) 不宜

(b) 推荐

图 1-35 自动张紧的辅助装置

图 1-36 所示的张紧装置与表 1-10 中图（f）的工作原理相同，但更适合于承载力大、速度较高且有冲击振动的场合。

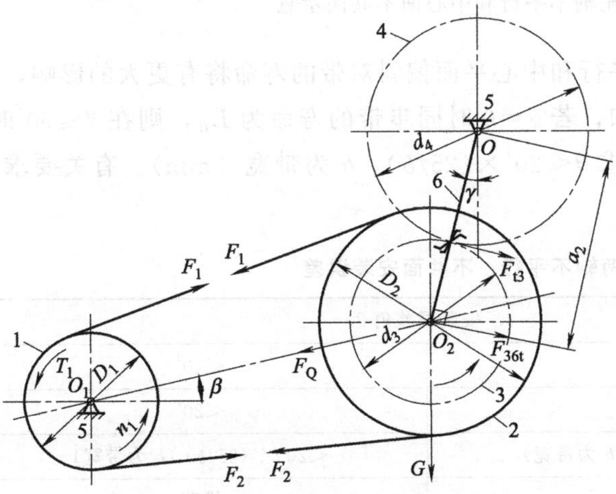


图 1-36 自动张紧带传动-齿轮传动

1—小带轮；2—大带轮；3—小齿轮；4—大齿轮；5—机架；6—摆杆

② 可靠性优化设计 自动张紧带传动-齿轮传动是一种新型组合传动机构，涉及带传动与齿轮传动两部分，若采用常规设计比较繁琐，而且很难取得最佳设计结果。为此，以带传动可靠性为主要约束条件，以带的根数最少和齿轮体积最小为目标函数，对该装置进行可靠性优化设计，可在保证带传动可靠度的同时迅速取得一组最佳结构参数，设计方法先进，极大地提高了设计速度与设计质量，为这种新型传动提供了有效的设计保证。

③ 设计实例分析 用可靠性优化设计法设计某自动张紧带传动-齿轮传

动组合如图 1-36 所示，小带轮传递的功率 $P_1=7.5\text{kW}$，转速 $n_1=1440\text{r/min}$，带传动的传动比 $i_1=2.286$，工作情况系数 $K_A=1.2$，齿轮传动的传动比 $i_2=3$，带传动两轮连心线水平布置。齿轮材料为 45 钢，调质处理，齿轮许用接触应力 $[\sigma_H]=560\text{MPa}$，齿轮传动载荷系数 $K=1.2$。试确定传动的主要参数和尺寸。

用可靠性优化设计法与常规设计法获得的设计结果对比列于表 1-12。

**表 1-12 可靠性优化设计与常规设计结果对比**

| 设计方法 \ 项目 | V 带型号 | 根数 | 齿轮总体积 /mm³ | 体积比 | 可靠性 | 设计效果 | 结论 |
|---|---|---|---|---|---|---|---|
| 常规方法 | A | 5 | $3.2\times10^6$ | 1 | 不明确 | 一般 | 可靠性优化设计法明显优于常规设计法 |
| 可靠性优化设计法 | A | 4 | $2.7\times10^6$ | 0.84 | 99.6% | 带根数最少、齿轮体积最小 | |

由表 1-11 可见，采用可靠性优化设计法较常规设计法，带的根数由 5 根减少到 4 根，齿轮总体积减小了 16%，实现了带根数最少、齿轮体积最小、可靠度为 99.6% 的最优设计结果，明显优于常规设计法，且设计速度快，质量高。

## 1.3.5 V 带轮和带的装拆

（1）两平行轴带传动安装误差

对于平带传动，当两轴不平行或两轮中心平面不共面误差较大时，传动带很容易由带轮上脱落；对于 V 带传动，易造成带轮两边的磨损，甚至脱落。因此设计时应提出要求并保证其安装精度，或设计必要的调节机构。一般要求误差 $\theta$ 在 $20'$ 以内，如图 1-37 所示。

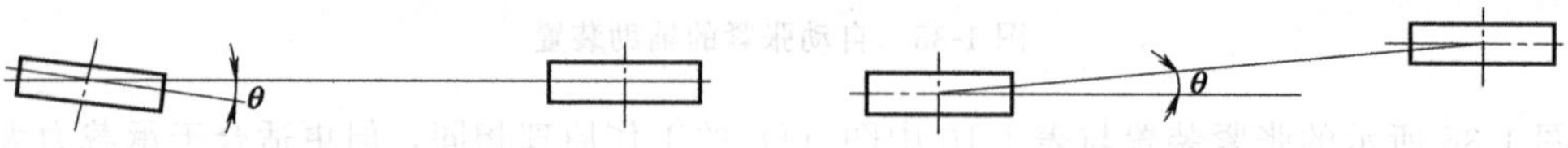


(a) 两轴不平行　　(b) 中心平面不一致

图 1-37 带传动两轮轴不平行和中心面不共面示意

对于同步齿形带传动，两轮轴线不平行和中心平面偏斜对带的寿命将有更大的影响，因此安装精度要求更高。据试验及分析得知，若 $\theta=0$ 时同步带的寿命为 $L_0$，则在 $\theta\leqslant60'$ 时，带的寿命为 $L=L_0(1-\theta'/75')$，因此要求 $\theta<20'\times(25/b)$，$b$ 为带宽（mm）。有关要求列于表 1-13 中。

**表 1-13 带传动两轴不平行、不共面安装误差**

| 项目 | 安装误差角 $\theta$ | |
|---|---|---|
| 平带 | $\geqslant20'$ | $<20'$ |
| V 带 | $\geqslant20'$ | $<20'$ |
| 齿形带 | $\geqslant20'\times(25/b)$（$b$ 为带宽） | $<20'\times(25/b)$（$b$ 为带宽） |
| 结论 | 不宜 | 推荐 |

（2）V 带的轮槽与带的安装

图 1-38 所示为 V 带轮槽与带的三种安装方式，显然图 1-38（a）和图 1-38（b）都是

不正确的，图 1-38（a）中轮槽底部和带之间没有缝隙，会使带不能与槽的两侧面楔紧，从而减小摩擦力的传递，另外槽的上端比带高出，未全部与带接触，也会影响传力。而图 1-38（b）中带的顶面高出了槽，同样会使带的传力减小。只有图 1-38（c）才是正确的结构。

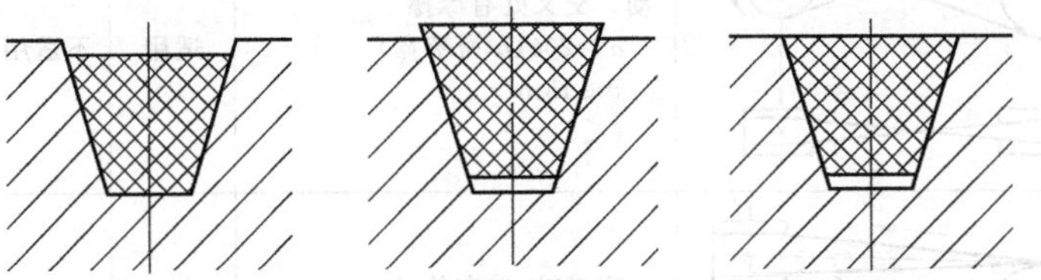

(a) 不宜　　(b) 不宜　　(c) 推荐

图 1-38　V 带的轮槽与带的安装

（3）带轮的支承位置

传动带的寿命通常较低，有时几个月就要更换。在 V 带传动中同时有几条带一起工作时，如果有一条带损坏就要全部更换。图 1-39（a）所示带轮在两轴承中间，更换带不方便。对于无接头的传动带最好设计成悬臂安装，即支承只在一侧，且带与带轮暴露在外，如图 1-39（b）所示。此时可加一层防护罩，拆下防护罩即可更换传动带。

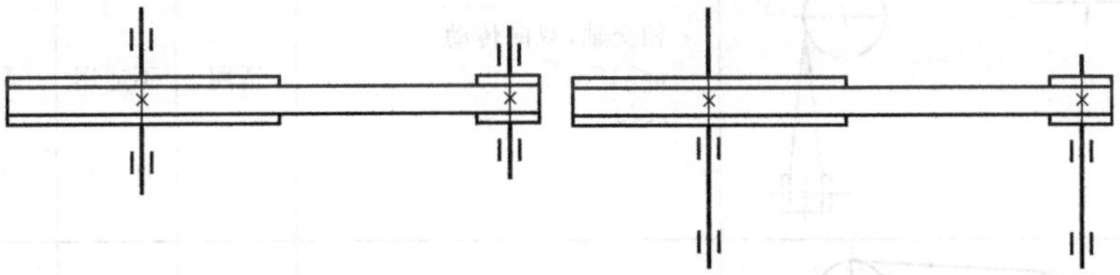

(a) 较差　　(b) 较好

图 1-39　带传动支承装置要便于更换带

## 1.3.6　带传动形式的选择

（1）带传动形式、特点及选用

带传动形式、特点及选用见表 1-14。

**表 1-14　带传动形式、特点及选用**

| 传动形式 | 简　图 | 特　点 | 带型选用 | | | |
|---|---|---|---|---|---|---|
| | | | 平带 | V 带 | 圆形带 | 同步齿形带 |
| 开口传动 | 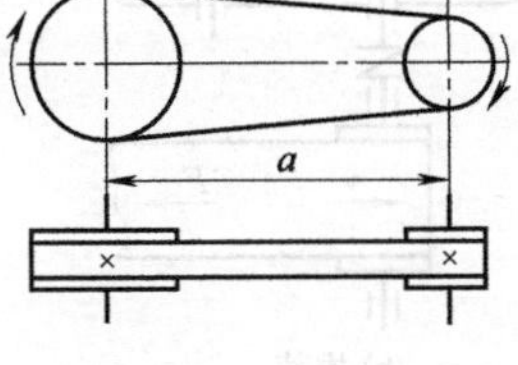 | 平行轴、双向、相同转向传动<br>$v \leqslant 25 \sim 50m/s$（$v > 30m/s$ 适用于高速带、同步齿形带）<br>$i \leqslant 5$（V 带、同步齿形带 $i \leqslant 7$） | 适用 | 适用 | 适用 | 适用 |

续表

| 传动形式 | 简 图 | 特 点 | 带型选用 | | | |
|---|---|---|---|---|---|---|
| | | | 平带 | V带 | 圆形带 | 同步齿形带 |
| 交叉传动 | 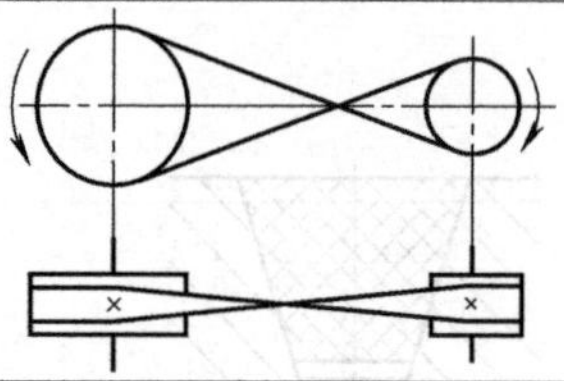 | 平行轴、双向、相反转向传动。交叉处有摩擦<br>$a>20b$($b$ 为带宽)<br>$v\leqslant15$m/s<br>$i\leqslant6$ | 适用 | 不适用 | 适用 | 不适用 |
| 半交叉传动 | 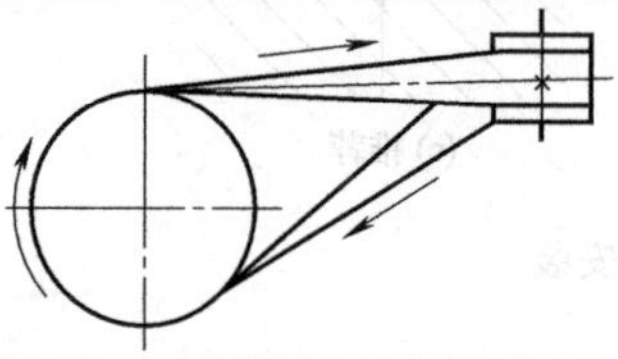 | 交错轴，单向传动<br>$v\leqslant15$m/s<br>$i\leqslant3$ | 适用 | 不宜 | 适用 | 不适用 |
| 有张紧轮的平行轴传动 | 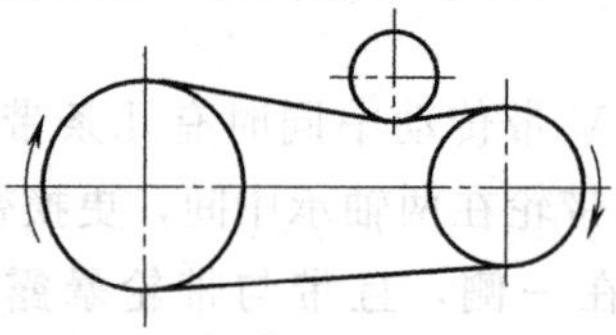 | 平行轴、单向、相同转向传动。用于 $i$ 大 $a$ 小的场合<br>$v\leqslant25\sim50$m/s($v>30$m/s 适用于高速带、同步齿形带)<br>$i\leqslant10$ | 适用 | 适用 | 适用 | 适用 |
| 有导轮的相交轴传动 | 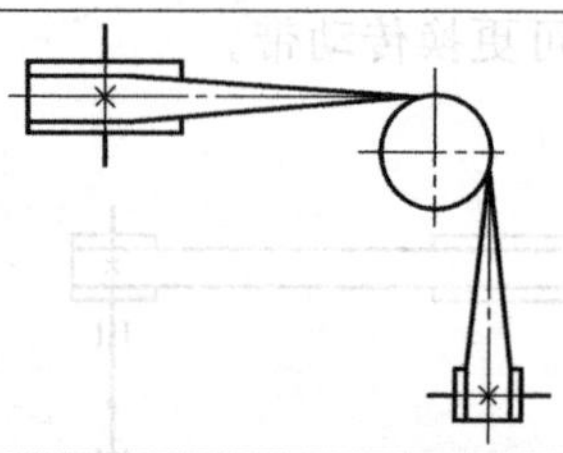 | 相交轴，双向传动<br>$v\leqslant15$m/s<br>$i\leqslant4$ | 适用 | 不适用 | 适用 | 不适用 |
| 多从动轮传动 | 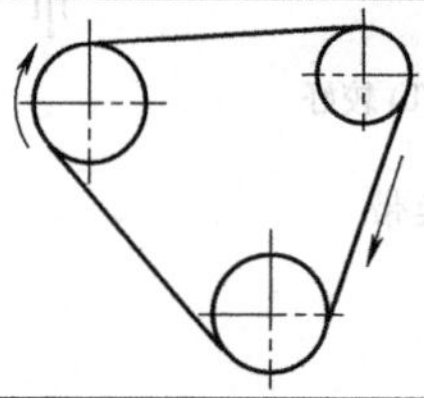 | 简化传动结构，带的挠曲次数多，寿命短<br>$v\leqslant25$m/s<br>$i\leqslant6$ | 适用 | 适用 | 适用 | 适用 |

（2）带传动与齿轮传动形式的配置

由于带传动能缓冲、吸振、传动平稳，且过载时引起打滑，对其他零件起保护作用，所

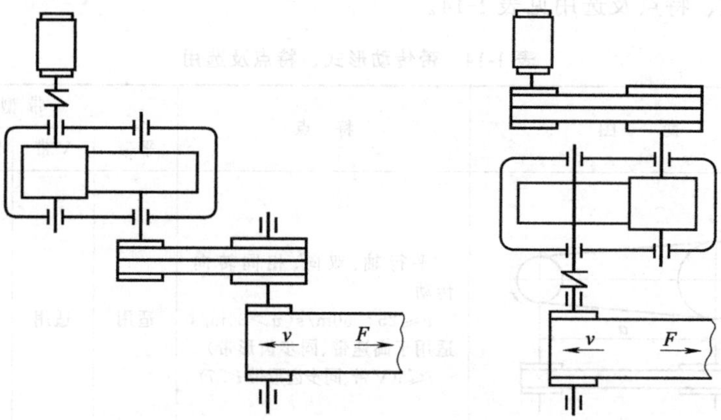


(a) 不宜　　(b) 推荐

图 1-40　齿轮传动与带传动的配置

以一般应将带传动布置在运动链的最高级（常与电动机相连）。例如图 1-40 所示带式运输机的两级减速传动装置中，图 1-40（a）将齿轮传动置于高速级，不仅不能充分发挥带传动缓冲、吸振、平稳性能好的特点，而且由于带布置在低速级，受力较大，带的根数将增多，带轮尺寸和重量也将显著增大，显然图 1-40（a）方案是不合理的，而图 1-40（b）比较合理。

# 1.4 链传动结构选用技巧

## 1.4.1 链轮结构形式及材料的选择

（1）根据链轮尺寸大小选择结构

滚子链轮的结构通常根据大小选取，一般小直径的链轮多制成整体式（图 1-41）；中等尺寸的链轮可制成腹板式或孔板式（图 1-42）；大直径的链轮常采用齿圈可以更换的组合式，齿圈和轮毂可用不同材料制造，齿圈损坏后便于更换，齿圈与轮毂的连接方式可以是焊接式或螺栓连接式（图 1-43）。

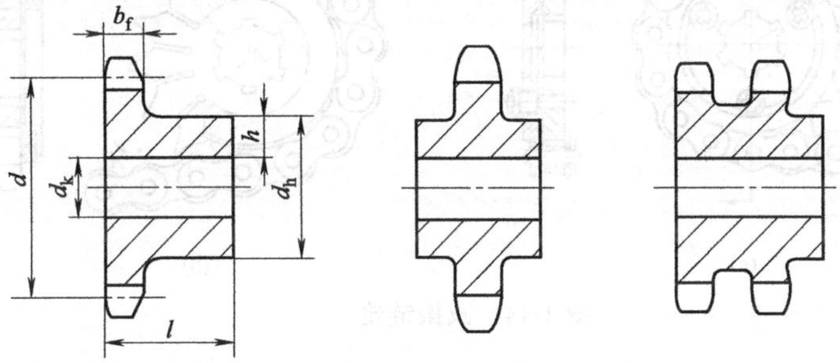


$h=K+d_k/6+0.01\,d, l=3.3h, l_{min}=2.6h, d_h=d_k+2h$

$d<50$mm, $K=3.2$mm; $d=50\sim100$mm, $K=4.8$mm; $d=100\sim150$mm, $K=6.4$mm, $d>150$mm, $K=9.5$mm

图 1-41 整体式链轮结构

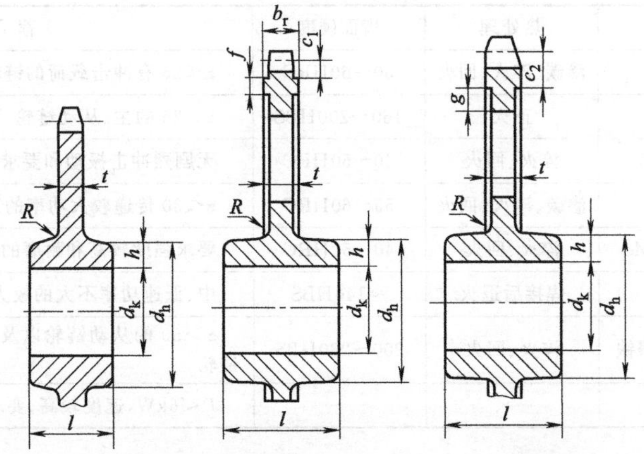


$p=9.525\sim15.875$mm　$z\leqslant80$　　$p=9.525\sim15.875$mm　$z>80$　　$p\geqslant19.05$mm　$z$ 不限

$h=9.5\text{mm}+d_k/6+0.01d, l=4h, d_h=d_k+2h, c_1=0.5p, c_2=0.9p, f=4\text{mm}+0.25p, g=2t$

图 1-42 腹板式、孔板式链轮结构

(2) 链轮的减振结构

对于链传动，由于是非共轭啮合，所以在工作时会产生冲击振动。经分析，确知在链条啮入处引起的冲击、振动最大。为改变这种情况，可在链条或链轮的结构上进行变形设计。图 1-44（a）所示是链轮的端面加装橡胶圈，橡胶圈的外圆略大于链轮齿根圆，当链条进入啮合时，首先是链板与橡胶全接触，当橡胶圈受压变形后，滚子才到达齿沟就位。图 1-44（b）所示的链轮齿沟处开有径向沟槽，降低了链轮的刚度，便于缓冲吸振，同时此链轮的两侧面还加装有橡胶减振环，用以减少啮合冲击。

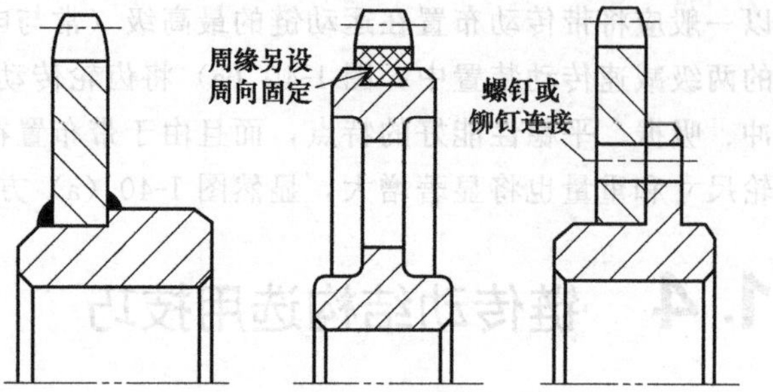

图 1-43　组合式链轮结构

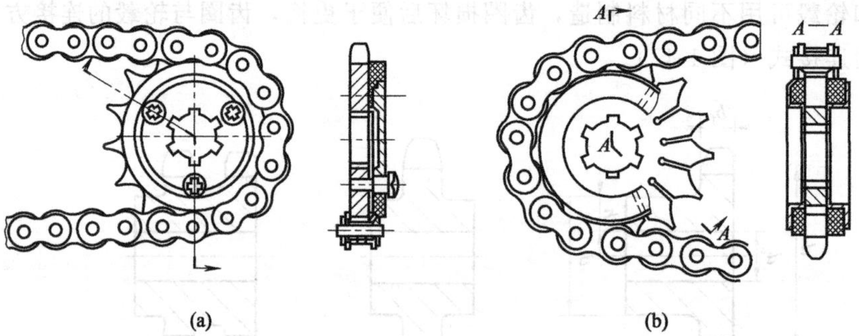

图 1-44　减振链轮

(3) 链轮材料、热处理及荐用范围

链轮材料应具有足够的强度和耐磨性，与大链轮相比，小链轮轮齿啮合次数多，所以小链轮的材料性能要求高些。常用链轮材料、热处理及荐用范围见表 1-15。

表 1-15　常用链轮材料、热处理及荐用范围

| 材料牌号 | 热处理 | 齿面硬度 | 荐用范围 |
|---|---|---|---|
| 15、20 | 渗碳、淬火、回火 | 50～60HRC | $z<25$ 有冲击载荷的链轮 |
| 35 | 正火 | 160～200HBS | $z>25$ 的主、从动链轮 |
| 45、50、45Mn、ZG45 | 淬火、回火 | 40～50HRC | 无剧烈冲击振动和要求耐磨的主、从动链轮 |
| 15Cr、20 Cr | 渗碳、淬火、回火 | 55～60HRC | $z<30$ 传递较大功率的重要链轮 |
| 40Cr、35SiMn、35CrMo | 淬火、回火 | 40～50HRC | 要求强度较高和耐磨的链轮 |
| Q235、Q255 | 焊接后退火 | ≈140HBS | 中、低速功率不大的较大链轮 |
| 不低于 HT200 的灰铸铁 | 淬火、回火 | 200～280HBS | $z>50$ 的从动链轮以及外形复杂或强度要求一般的链轮 |
| 夹布胶木 | — | — | $P<6$kW，速度较高，要求传动平稳、噪声小的链轮 |

## 1.4.2 链轮齿数的选择

(1) 链轮齿数不宜过少或过多

如图 1-45 所示，由 $d=p/\sin(180°/z)$ 可见，在 $d$ 一定的情况下，减小 $z$ 将使 $p$ 增大，

这会造成：多边形效应的增大，使传动平稳性降低，动载荷加大，铰链及链条与链轮的磨损增大。因此 $z_1$ 不能过少，动力传动中可按表 1-21 有关小链轮推荐齿数进行选取。但从减小传动尺寸考虑，对于大传动比的链传动建议选取较少的链轮齿数。通常链轮的最少齿数 $z_{min}=17$，当链速很低时，允许小链轮最少齿数为 9。

如图 1-45 所示，套筒和销轴磨损后，链节距的增长量 $\Delta p$ 和节圆由分度圆的外移量 $\Delta d$ 的关系为 $\Delta d=\Delta p/\sin(180°/z)$。当节距 $p$ 一定时，齿高就一定，允许节圆外移量 $\Delta d$ 也就一定，齿数越多，允许不发生脱链的节距增长量 $\Delta p$ 就越小，链的使用寿命就越短。另外，在节距一定的情况下，$z_2$ 过大，将增大整个传动尺寸。故通常限定链轮最多齿数 $z_{max}=120$。

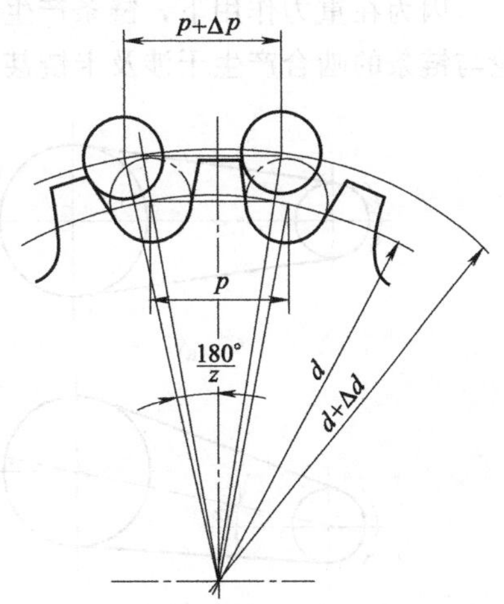

图 1-45 链节伸长对啮合的影响

（2）链轮齿数选取应考虑均匀磨损问题

链轮齿数的选取应考虑链轮与链的均匀磨损问题，由于链节数 $L_p$ 一般应选偶数，以免使用过渡链节使链板产生附加弯矩，所以两链轮的齿数应尽量选取与链节数互为质数的奇数。有关选取见表 1-16。

**表 1-16 链轮齿数的选择**

| 链速 | 小链轮齿数 | 齿数极限值 |
|---|---|---|
| $v<0.6$m/s | $z_1\geqslant9$ | 推荐 $z_{min}=17$，$z_{max}=120$ |
| $v=0.6\sim3$m/s | $z_1\geqslant15\sim17$ | |
| $v=3\sim8$m/s | $z_1\geqslant21$ | |
| $v>8$m/s | $z_1\geqslant23\sim25$ | |

（3）链轮齿数与传动比的关系

主、从动链轮齿数差别大则传动比大，但当传动比过大时，链在小链轮上的包角过小，将减少啮合齿数，易出现跳齿或加速轮齿的磨损。因此，通常限制链传动的传动比 $i<6$，推荐的传动比为 2～3.5。当 $v<2$m/s 且载荷平稳时，传动比可达 10。有关传动比与小链轮齿数的选取可参见表 1-17。

**表 1-17 考虑磨损和传动比的齿数选取**

| 考虑因素 | 链轮与链均匀磨损 | | | 小链轮齿数 $z_1$ 与传动比 $i$ 范围 | | | |
|---|---|---|---|---|---|---|---|
| 参数关系和范围 | 链轮齿数 $z$ 与链节数 $L_p$ 的关系 | | | $i=1\sim2$ | $i=2.5\sim4$ | $i=4.5\sim6$ | $i\geqslant7\sim10$ |
| | 倍数 | 不能整除 | 互为质数 | $z_1=31\sim27$ | $z_1=25\sim21$ | $z_1=22\sim17$ | $z_1=17$ |
| 结论 | 差 | 较好 | 最好 | 考虑传动平稳，$z_1$ 宜多；考虑结构紧凑，$z_1$ 宜少 | | | |

## 1.4.3 链传动的布置

（1）链轮的最宜布置

两链轮中心连线最好成水平［图 1-46（a）］或与水平面成 45°以下倾角 $\alpha$［图 1-46（b）］，比较利于啮合和传动。

（2）链轮不能水平布置

因为在重力作用下，链条产生垂度，特别是两链轮中心距较大时，垂度更大，为防止链轮与链条的啮合产生干涉及卡链甚至掉链的现象发生，禁止将链轮水平布置（图 1-47）。

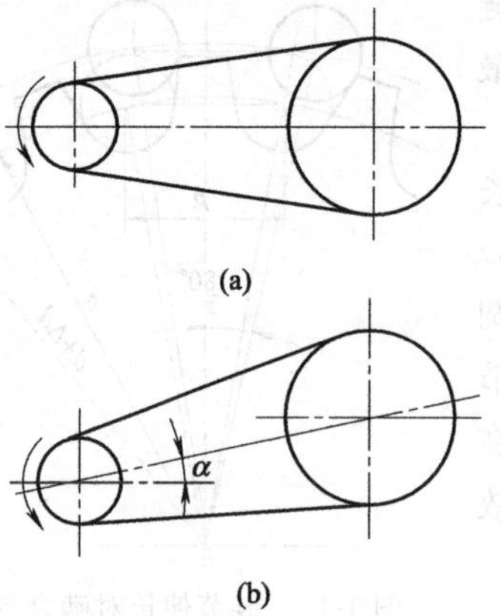


图 1-46　链轮的最宜布置

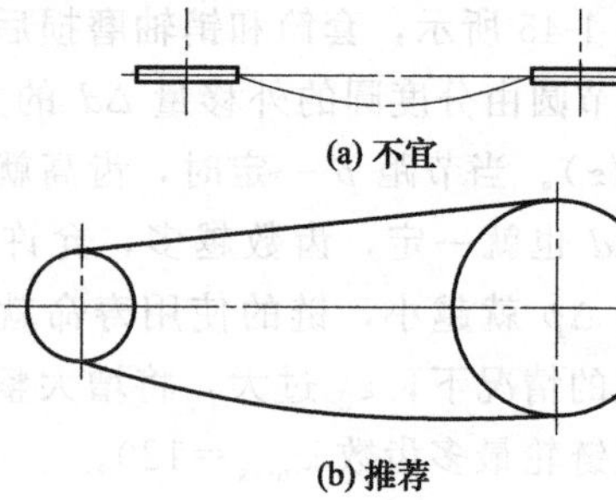


图 1-47　链轮的布置

（3）链传动的垂直布置

两链轮轴线在同一铅垂面内，链条下垂量的增大会减少下链轮的有效啮合齿数，降低传动能力，如图 1-48（a）所示。为此可采取如下措施：中心距设计为可调的；设计张紧装置，如图 1-48（b）所示；上、下两链轮偏置，使两轮的轴线不在同一铅垂面内，小链轮布置在上，大链轮布置在下，如图 1-48（b）所示。

（4）多链轮传动布置形式

在一条直线上有多个链轮时，考虑每个链轮啮合齿数，不能一根链条将一个主动链轮的功率依次传给其他链轮，如图 1-49（a）所示。在这种情况下，只能采用多对链轮进行逐个轴的传动，如图 1-49（b）所示。

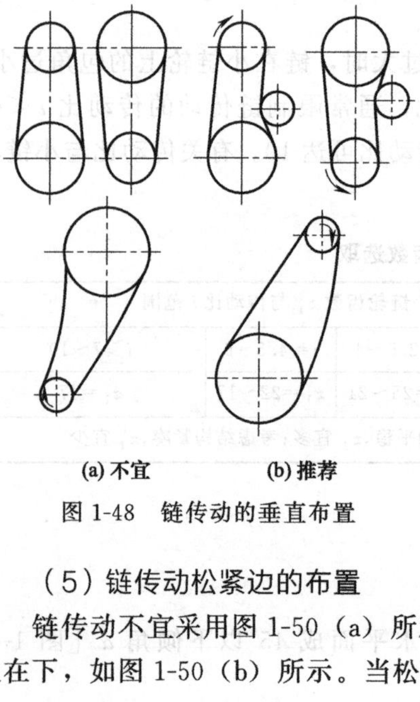


图 1-48　链传动的垂直布置

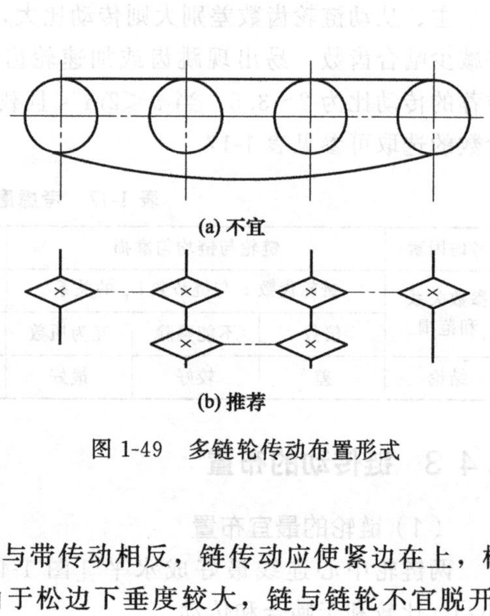


图 1-49　多链轮传动布置形式

（5）链传动松紧边的布置

链传动不宜采用图 1-50（a）所示结构形式。与带传动相反，链传动应使紧边在上，松边在下，如图 1-50（b）所示。当松边在上时，由于松边下垂度较大，链与链轮不宜脱开，有卷入的倾向。尤其在链离开小链轮时，这种情况更加突出和明显。如果链条在应该脱离时未脱离而继续卷入，则有将链条卡住或拉断的危险。因此，要避免使小链轮出口侧为渐进下垂侧。另外，中心距大、松边在上时，会因为下垂量的增大而造成松边与紧边相碰，故应避免。实在不能避免时，应采用张紧轮，如图 1-50（c）所示。

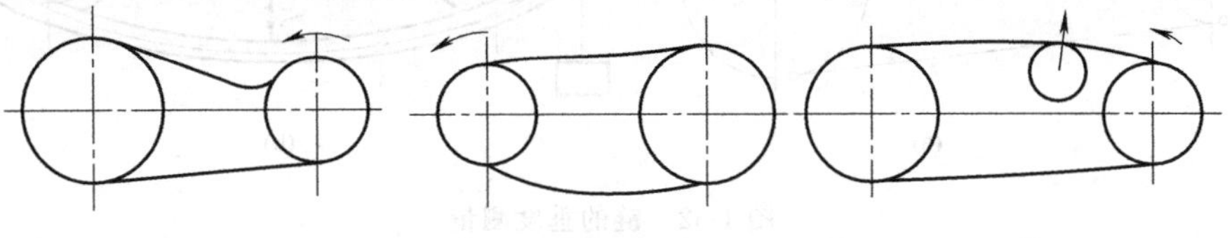


图 1-50　链传动松紧边的布置

（6）链传动与齿轮传动的配置

由于链传动瞬时传动不均匀，高速运转时不如带传动和齿轮传动平稳，所以一般将链传动布置在低速级。如图 1-51 所示带式运输机的两种传动方案中，图 1-51（a）将链传动布置在高速级易引起冲击、振动。链传动在高速下运转，由于链速的不均匀性（多边形效应）和动载荷作用，极易引起跳齿、咬链或脱链等现象，对传动不利。而图 1-51（b）比较合理。

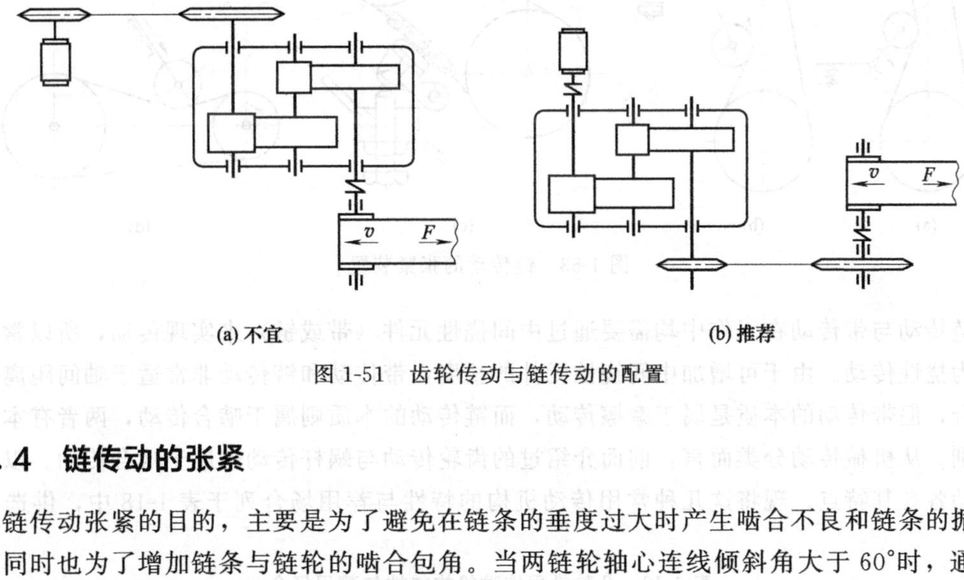


图 1-51　齿轮传动与链传动的配置

## 1.4.4　链传动的张紧

链传动张紧的目的，主要是为了避免在链条的垂度过大时产生啮合不良和链条的振动现象，同时也为了增加链条与链轮的啮合包角。当两链轮轴心连线倾斜角大于 60°时，通常设有张紧装置。

（1）链传动的张紧程度

链传动的张紧程度可用测量松边垂度 $f$ 的大小来表示。图 1-52 为近似测量 $f$ 的方法，即近似认为两轮外公切线与垂边最远点的距离为垂度 $f$。推荐的允许垂度值为 $f=(0.01\sim0.02)a$。

（2）张紧方法

张紧链传动一般采用以下方法。

① 用调整中心距的方法张紧　对于滚子链传动中心距的调整量可取 $2p$。

② 用缩短链长的方法张紧　当链传动没有张紧装置时，可采用缩短链长，即去掉链节的方法使磨损伸长的链条重新张紧。

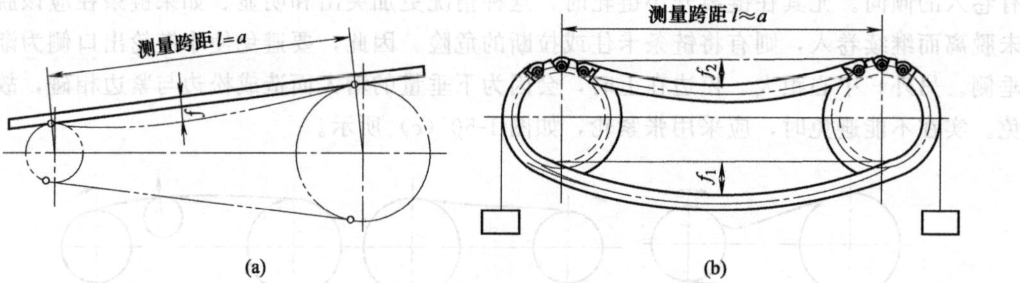


图 1-52　链的垂度测量

③ 采用张紧装置　当中心距不可调时，可采用张紧轮传动（图 1-53）。张紧轮一般压在松边靠近小链轮处，它可以是链轮，也可以是无齿的滚轮。张紧轮的直径应与小链轮的直径接近。张紧轮有自动张紧［图 1-53（a）、（b）］及定期张紧［图 1-53（c）、（d）］，前者多采用弹簧、吊重等自动张紧装置，后者可用螺旋、偏心等调整装置。

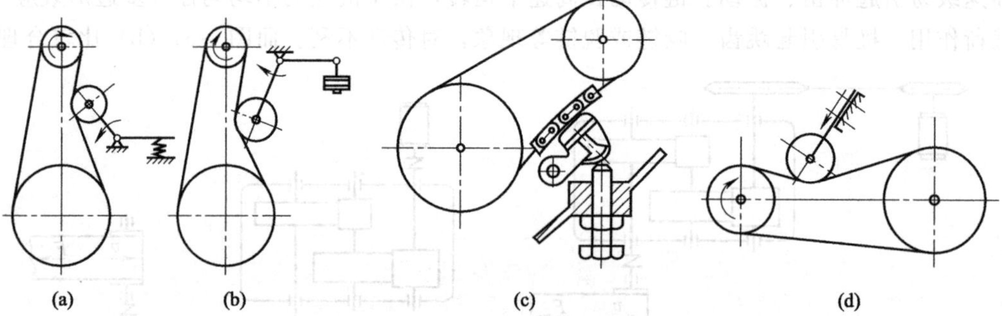


图 1-53　链传动的张紧装置

链传动与带传动在工作中均需要通过中间挠性元件（带或链）来实现传动，所以常将两者称为挠性传动。由于可增加中间挠性元件的长度，带传动和链传动非常适于轴间距离较大的场合，但带传动的本质是属于摩擦传动，而链传动的本质则属于啮合传动，两者有本质上的区别。从机械传动分类而言，前面介绍过的齿轮传动与蜗杆传动也属于啮合传动。以上四种传动各有其特点，现将这几种常用传动机构的特性与荐用场合列于表 1-18 中，供选用时参考。

**表 1-18　几种常用传动机构特性与荐用场合**

| 指标＼类型 | | V 带传动 | 滚子链传动 | 齿轮传动 | | 蜗杆传动 |
|---|---|---|---|---|---|---|
| | | | | 圆柱齿轮 | 锥齿轮 | |
| 常用功率/kW | | 50～100 | ≤100 | 极小至 60000 | | 800 |
| 单级传动比 | 常用值 | 2～4 | 2～5 | 3～5 | 2～3 | 10～40 |
| | 最大值 | 8(15) | 6(10) | 8 | 5 | 80 |
| 传动效率（不计轴承中的摩擦损失） | 闭式传动 | — | 0.97～0.98 | 0.96～0.99 | | 自锁：0.40～0.45<br>不自锁：0.70～0.98 |
| | 开式传动 | 0.92～0.97 | 0.90～0.93 | 0.92～0.95 | | 自锁：0.30～0.35<br>不自锁：0.60～0.93 |

续表

<table>
<tr><th rowspan="2">类型<br>指标</th><th rowspan="2">V带传动</th><th rowspan="2">滚子链传动</th><th colspan="2">齿轮传动</th><th rowspan="2">蜗杆传动</th></tr>
<tr><th>圆柱齿轮</th><th>锥齿轮</th></tr>
<tr><td>许用线速度/(m/s)</td><td>25～30</td><td>40</td><td colspan="2">20～50</td><td>15～35<br>(滑动速度)</td></tr>
<tr><td>外廓尺寸</td><td>大</td><td>大</td><td colspan="2">小</td><td>小</td></tr>
<tr><td>传动精度</td><td>低</td><td>中等</td><td colspan="2">高</td><td>高</td></tr>
<tr><td>工作平稳性</td><td>好</td><td>较差</td><td colspan="2">一般</td><td>好</td></tr>
<tr><td>自锁功能</td><td>无</td><td>无</td><td colspan="2">无</td><td>可有</td></tr>
<tr><td>过载保护作用</td><td>有</td><td>无</td><td colspan="2">无</td><td>无</td></tr>
<tr><td>使用寿命</td><td>短</td><td>中等</td><td colspan="2">长</td><td>中等</td></tr>
<tr><td>缓冲吸振能力</td><td>好</td><td>中等</td><td colspan="2">差</td><td>差</td></tr>
<tr><td>制造和安装精度要求</td><td>低</td><td>中等</td><td colspan="2">高</td><td>高</td></tr>
<tr><td>润滑要求</td><td>无</td><td>中等</td><td colspan="2">高</td><td>高</td></tr>
<tr><td>环境适应性</td><td>不能接触酸、碱、油类、爆炸性气体</td><td>好，可在高温和潮湿环境下工作</td><td colspan="2">一般</td><td>一般</td></tr>
<tr><td rowspan="2">常用场合</td><td rowspan="2">中心距较大、能缓冲吸振、传动精度要求不高的场合，适于在高速级工作，如农业机械、食品机械、汽车、自动化设备等</td><td rowspan="2">要求工作可靠、中心距大、低速重载、工作环境恶劣的场合，以及不宜采用齿轮传动的场合，如摩托车、自行车</td><td colspan="2">闭式传动精度高，可保证良好的润滑和精确啮合，因此广泛应用于汽车、机床行业。开式传动成本低，维护简单，可用于低精度、低速传动，如建筑用搅拌机</td><td rowspan="2">用于两轴交错90°的减速传动，广泛应用于机床、起重、运输、冶金、矿山、轻工和化工行业</td></tr>
<tr><td>圆柱齿轮用于两平行轴间传递运动，应用最广</td><td>锥齿轮用于两相交轴间传递运动，由于精加工困难，允许圆周速度较低，应用不如圆柱齿轮广泛</td></tr>
</table>

传动装置的外形尺寸和重量大小与其传递的功率和速度大小相关，也与零件材料有关。以上条件相同时，传动装置的外形尺寸和重量主要取决于传动形式。一般来说，齿轮传动和蜗杆传动的结构比较紧凑。表 1-19 给出了某种特定功率、传动比下，不同传动方式传动装置的尺寸和质量。可以看出，在传动比小时，蜗杆传动的尺寸和质量最小。但当传动比很大时，由于蜗轮直径的增大和轴承结构尺寸的增大，其外廓尺寸就不能保持最小，此时可考虑选用齿轮传动，如行星摆线针轮、谐波齿轮传动等。但此类齿轮减速器结构较复杂，制造精度要求较高，在设计中一般按样本选用。

**表 1-19　常用盘状零件传动的尺寸、质量和成本比较**（功率 $P=75\text{kW}$，传动比 $i=4$）

| 传动类型 | V带传动 | 滚子链传动 | 齿轮传动 | 蜗杆传动 |
|---|---|---|---|---|
| 圆周速度/(m/s) | 23.6 | 7 | 5.85 | 5.85 |
| 中心距/mm | 1800 | 830 | 280 | 280 |
| 轮宽/mm | 130 | 360 | 160 | 60 |
| 质量大概值/kg | 500 | 500 | 600 | 450 |
| 相对成本 | 1 | 1.4 | 1.65 | 1.25 |

# 1.5 齿轮传动结构选用技巧

## 1.5.1 齿轮尺寸大小与结构形式的选择

（1）齿轮轴

如图 1-54 所示，对于直径较小的钢制齿轮，当为圆柱齿轮时，若齿根圆到键槽底部的距离 $e<2m_t$（$m_t$ 为端面模数），当为锥齿轮时，按小端尺寸计算而得的 $e<1.6m$ 时，可选择将齿轮和轴做成一体，称为齿轮轴，这时齿轮与轴必须采用同一种材料制造。

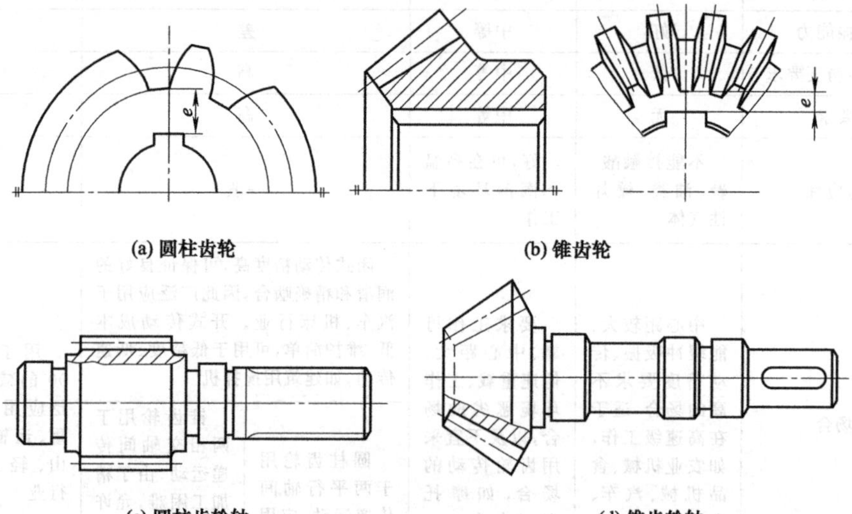

(a) 圆柱齿轮　(b) 锥齿轮

(c) 圆柱齿轮轴　(d) 锥齿轮轴

图 1-54　齿轮轴

如果齿轮的直径比轴的直径大得多，则应把齿轮和轴分开制造，如下述的实心轮、腹板轮、轮辐式齿轮或组合式齿轮等。

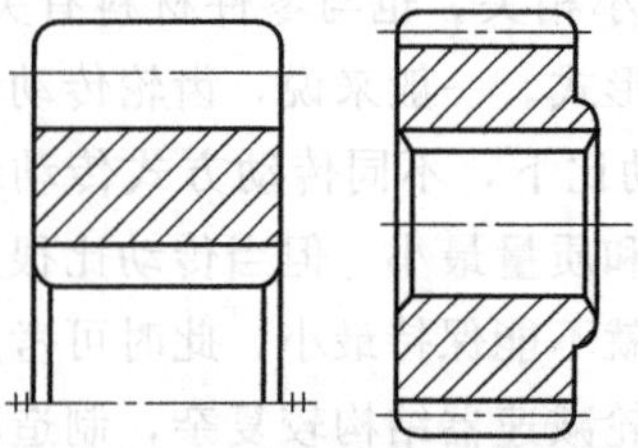

图 1-55　实心结构齿轮

（2）实心结构齿轮

当齿顶圆直径 $d_a\leqslant160$mm 时，而齿根距齿槽底距离 $e>2$mm 时，可将齿轮做成图 1-55 所示的实心结构。轴与齿轮分开制造，然后再安装在一起，比较合理。

（3）腹板式结构齿轮

当齿顶圆直径 $d_a\leqslant500$mm 时，通常采用图 1-56 所示的孔板式结构或腹板式结构。齿轮可以是锻造的，也可以是铸造的。锻造齿轮适用于受力较大的情况；铸造齿轮则适用于受力较小的情况，尤其不耐冲击。

（4）轮辐式结构齿轮

当齿顶圆直径为 $400\text{mm}\leqslant d_a\leqslant1000$mm 时，可选用轮辐式结构，如图 1-57 所示。由于齿轮较大，常采用铸铁或铸钢制成。

（5）组合式结构齿轮

为了节约贵重金属，对于大尺寸的齿轮可采用组装结构，即齿圈采用贵重金属制造，齿

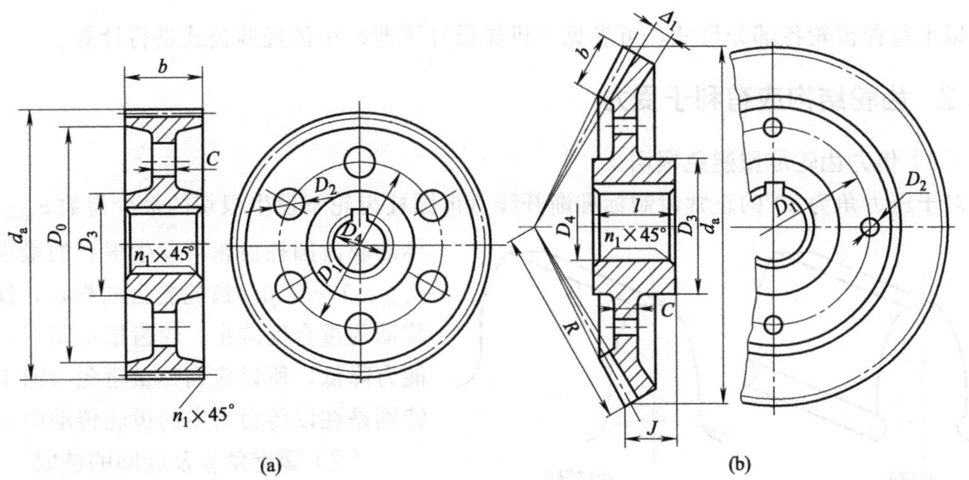


图 1-56 腹板式结构齿轮

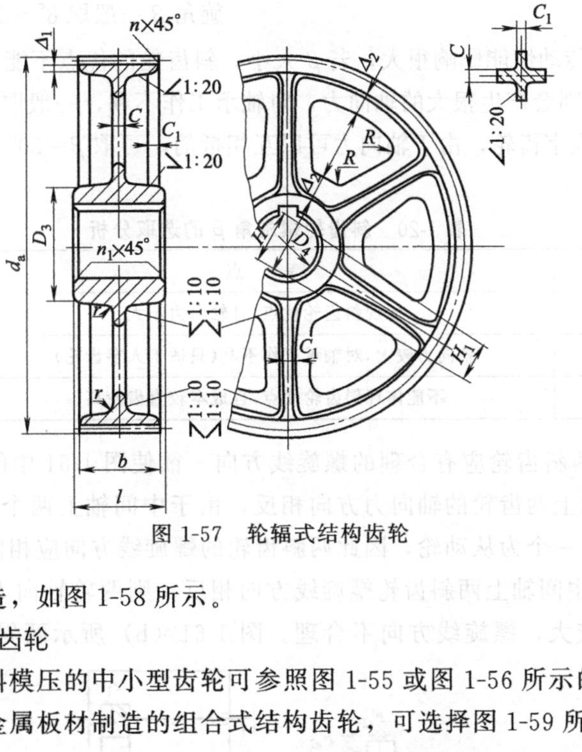


图 1-57 轮辐式结构齿轮

芯可用铸铁或铸钢制造，如图 1-58 所示。

（6）非金属材料齿轮

用尼龙等工程塑料模压的中小型齿轮可参照图 1-55 或图 1-56 所示的结构。对于尺寸较大的用夹布塑胶等非金属板材制造的组合式结构齿轮，可选择图 1-59 所示的结构。

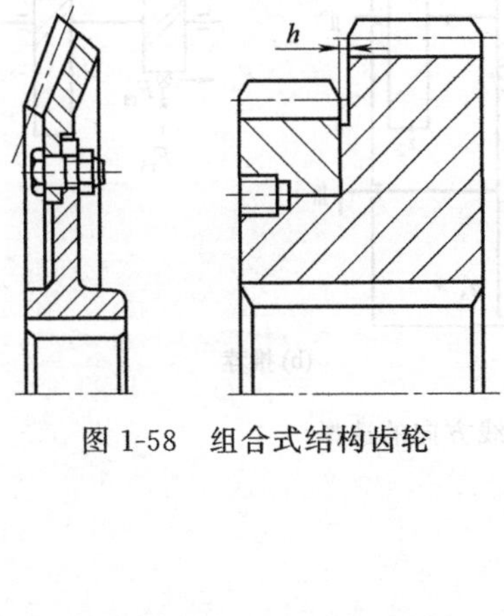


图 1-58 组合式结构齿轮

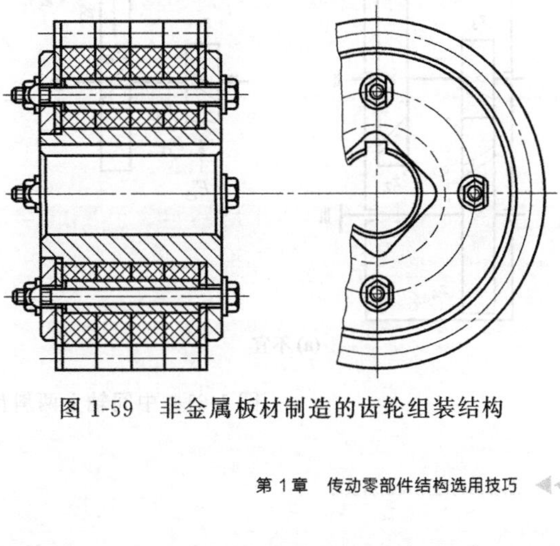

图 1-59 非金属板材制造的齿轮组装结构

以上每种齿轮各部分尺寸，可参见《机械设计手册》中的经验公式进行计算。

### 1.5.2 齿轮结构应有利于受力

（1）传力齿轮尽量避免根切

对于压力角为20°的正常齿制标准渐开线直齿圆柱齿轮不发生根切的最少齿数 $z_{min}=17$，标准斜齿圆柱齿轮不发生根切的最少齿数 $z_{min}=17\cos^3\beta$。齿轮轮齿的根切，使齿轮传动的重合度减小，轮齿根部削弱，承载能力降低，所以应当尽量避免（图 1-60），特别是在以传力为主的齿轮传动中。

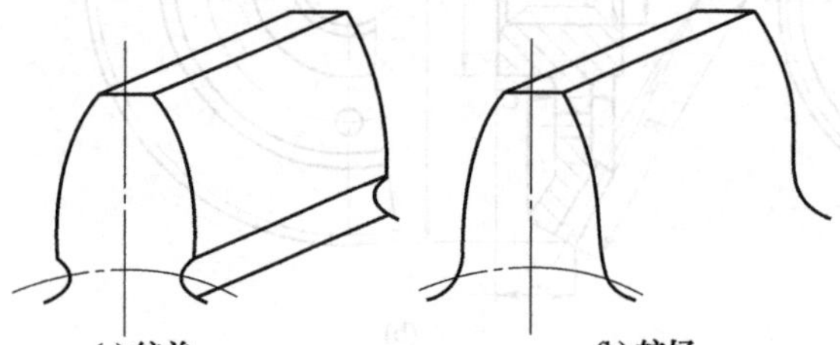

图 1-60　轮齿的根部

（2）螺旋角 $\beta$ 及旋向的选取

① 斜齿轮螺旋角 $\beta$ 的选取　斜齿轮螺旋角 $\beta$ 一般取 8°～20°为宜。斜齿轮螺旋角 $\beta$ 的大小，对斜齿轮传动性能影响很大，若 $\beta$ 太小，斜齿轮的优点不能充分体现，而成本较直齿轮高；若 $\beta$ 太大，则会产生很大的轴向力，对轴承工作不利，一般取 $\beta=8°\sim20°$为宜，最大不宜超过 30°。对于人字齿轮，由于轴向力可以互相抵消，可取 $\beta=20°\sim35°$。以上分析对比见表 1-20。

**表 1-20　斜齿轮螺旋角 $\beta$ 的选取分析**

| 方　案 | $\beta$ 值 | 特　点 | 结　论 |
|---|---|---|---|
| 1 | 8°～20° | 体现斜齿轮优点，且轴向力不大 | 推荐 |
| 2 | 20°～35° | 轴向力较大，对轴承工作不利（只适于人字齿轮） | 不宜 |
| 3 | ＜8° | 不能体现斜齿轮优点，且成本较直齿轮高 | 不宜 |

② 中间轴上的两斜齿轮应有合理的螺旋线方向　欲使图 1-61 中的中间轴Ⅱ两端轴承受力较小，应使中间轴上两齿轮的轴向力方向相反，由于中间轴上两个斜齿轮旋转方向相同，但一个为主动轮，另一个为从动轮，因此两斜齿轮的螺旋线方向应相同，才能使中间轴受力合理。图 1-61（a）中间轴上两斜齿轮螺旋线方向相反，则两轮轴向力方向相同，将使中间轴右端的轴承受力较大，螺旋线方向不合理。图 1-61（b）所示两斜齿轮的螺旋线方向相

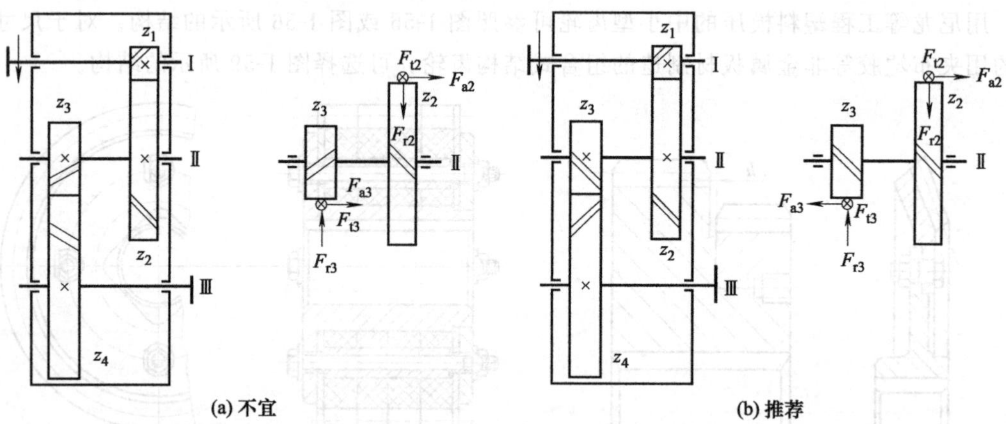

图 1-61　中间轴上两斜齿轮螺旋线方向的选择

同，中间轴受力合理。

③ 螺旋线方向应使齿轮轴向力指向轴肩　在斜齿轮传动中，由于螺旋角在两个相啮合的齿轮上会产生一对方向相反的轴向力，对于单个斜齿轮啮合传动，只要旋转方向不变，则轴向力的方向各自一定，因此将单个斜齿轮固定在轴上时，应使齿轮轴向力指向轴肩。图 1-62（a）所示螺旋线方向的选择不合理，图 1-62（b）所示螺旋线方向的选择合理。

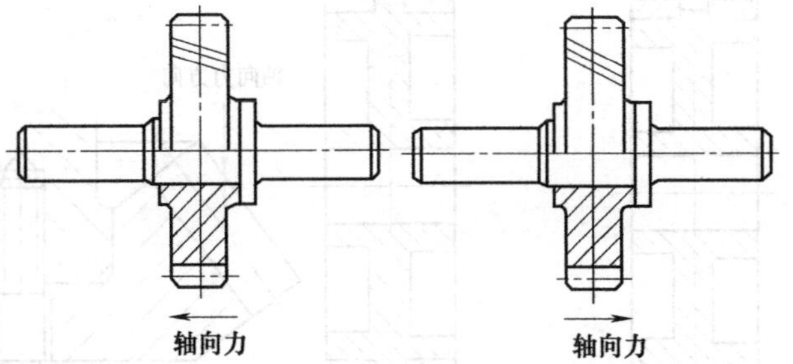

图 1-62　螺旋线方向应使齿轮轴向力指向轴肩

④ 螺旋线方向应使齿轮轴向力指向支反力较小的轴承　如图 1-63 所示轴系，两轴承支反力 $F_{r2}>F_{r1}$，图 1-63（a）齿轮产生的轴向力 $F_a$ 指向支反力较大的轴承Ⅱ，对轴承Ⅱ的工作不利，轮齿旋向选择不合理。为使轴承受力合理，应使齿轮产生的轴向力 $F_a$ 指向支反力较小的轴承Ⅰ，并以此原则选取斜齿轮的螺旋线方向，如图 1-63（b）所示。

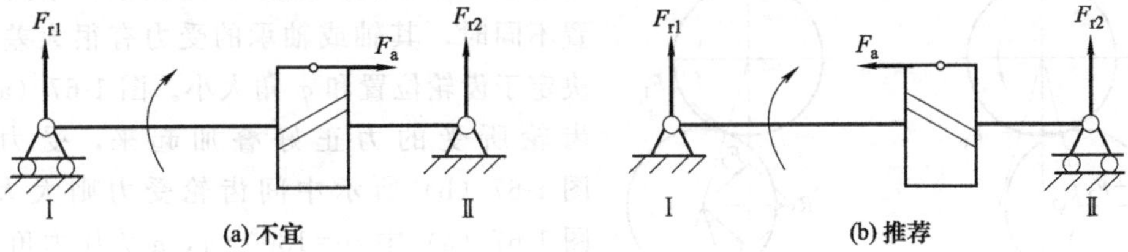

图 1-63　螺旋线方向应使齿轮轴向力指向支反力较小的轴承

⑤ 人字齿轮应合理选择齿向　当一根轴上只有单个齿轮时，为了消除斜齿轮的轴向力对轴承产生的不良影响，可采用人字齿轮传动。

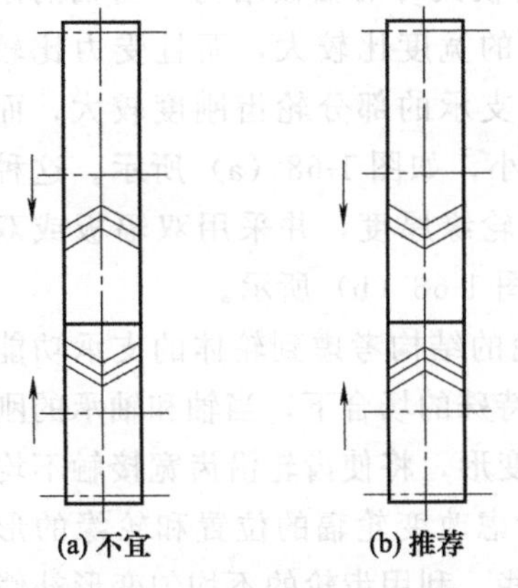

图 1-64　人字齿轮齿向的选择

在采用人字齿轮传动时，为了避免在啮合时润滑油挤在人字齿的转角处［图 1-64（a）］，在选择人字齿轮轮齿方向时，要使轮齿啮合时，人字齿转角处的齿部首先开始接触，如图 1-64（b）所示，这样就能使润滑油从中间部分向两端流出，保证齿轮的润滑。

⑥ 两个齿圈镶套的人字齿轮齿向的选择　用两个齿圈镶套的人字齿轮（图 1-65），只能用于转矩方向固定的场合，不能应用在带正反转的传动中，因在这种传动中会使镶套的两齿圈松动。同时在选择轮齿齿向时，应使齿轮轴向力方向朝向齿圈中部。若采用图 1-65（a）所示的齿向，轴向力向外，则容易使两齿圈外移，对工作不利，所以齿向选择不合理。图 1-65（b）所示轴向力向里，齿向选择合理。

（3）组合锥齿轮结构要注意受力方向

直齿锥齿轮只受单方向的轴向力，轴向力始终由小端指向大端，所以组合的锥齿轮结构应注意使轴向力由支承面承受，而不要作用在紧固它的螺钉或螺栓上［图 1-66（a）］，避免螺钉或螺栓受到拉力的作用，应使其作用在轮毂或辐板上［图 1-66（b）］。

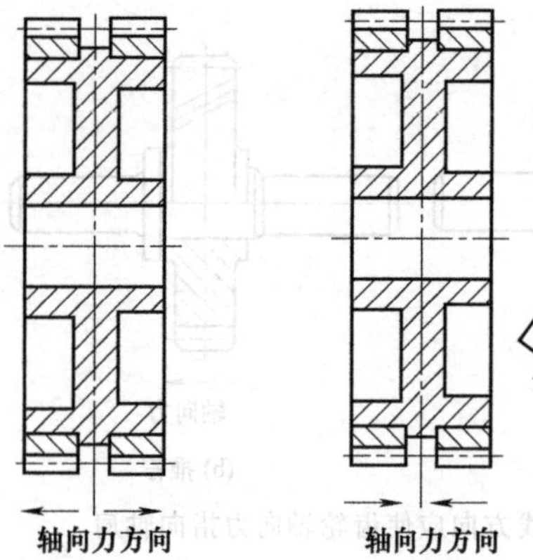


(a) 不宜　(b) 推荐

图 1-65　两齿圈镶套的人字齿轮齿向选择

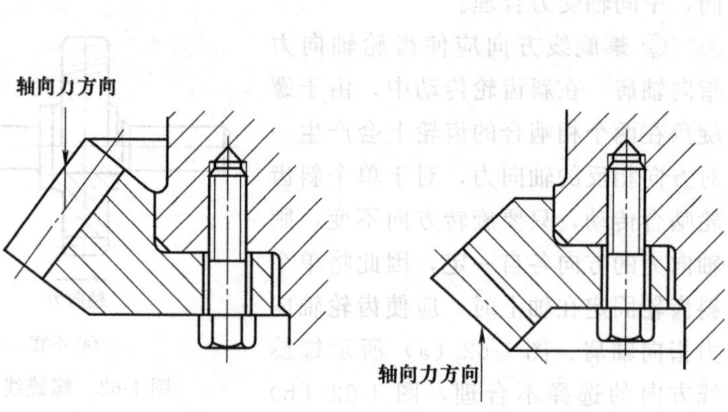


(a) 不宜　(b) 推荐

图 1-66　组合式直齿锥齿轮结构

（4）齿轮布置应考虑有利于轴和轴承的受力

对于受两个或更多力的齿轮，当布置位置不同时，轴或轴承的受力有较大的不同，设计时必须仔细分析。如图 1-67 所示，中间齿轮位置不同时，其轴或轴承的受力有很大差别，它决定于齿轮位置和 $\varphi$ 角大小。图 1-67（a）中间齿轮所受的力正好叠加起来，受力最大。图 1-67（b）所示中间齿轮受力则大大减小。图 1-67（a）中 $\varphi=180°-\alpha$，$\alpha$ 为压力角。

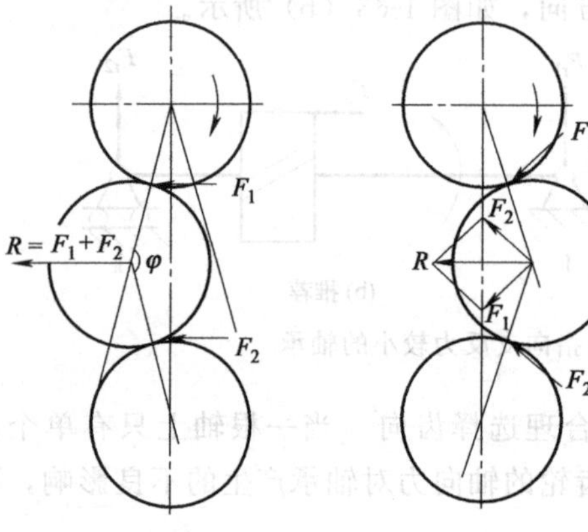


(a) 不宜　(b) 推荐

图 1-67　齿轮布置应考虑有利于轴和轴承受力

（5）改善轮齿受力不均的齿轮结构

① 轮齿宽度较大时的辐板结构　当轴的刚度非常高，齿轮的宽度比较大，而且受力比较大时，在有辐板支承的部分轮齿刚度较大，而其他部分刚度较小，如图 1-68（a）所示。这种情况下，宜加大轮缘厚度，并采用双辐板或双层辐条，以保证沿齿宽有足够的刚度，使啮合受力均匀，如图 1-68（b）所示。

② 改变齿轮刚度补偿轴与轴承的变形　如前所述，齿轮的结构考虑到轮体的支承功能和较小的转动惯量，通常均采用对称的结构形式。但在某些特殊的场合下，当轴和轴承的刚度较差，如支承跨距较大或非对称布置时，由于轴和轴承的变形，将使齿轮沿齿宽接触不均匀，从而造成轮齿的偏载。为改善这种不良受力状况，可考虑改变轮辐的位置和轮缘的形状，使沿齿宽受力大处齿轮刚度小些，受力小处齿轮刚度大些，利用齿轮的不均匀变形补偿轴和轴承的变形，如图 1-69 所示。

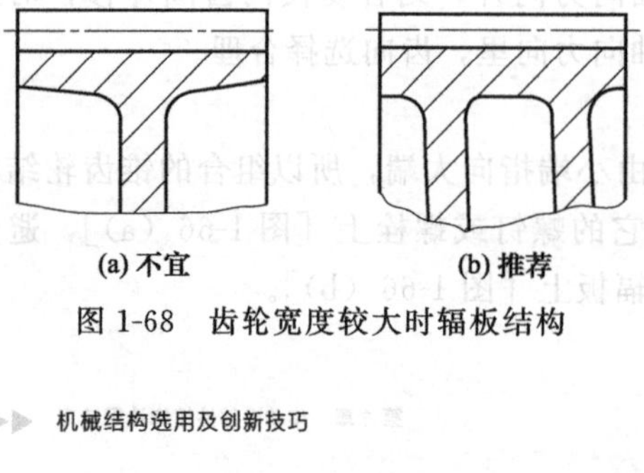

(a) 不宜　(b) 推荐

图 1-68　齿轮宽度较大时辐板结构

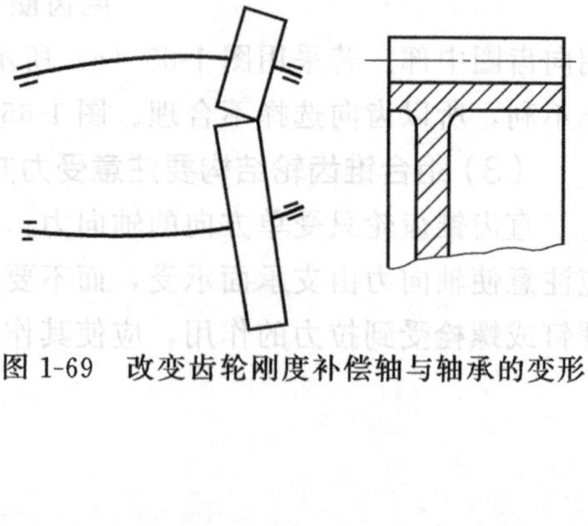

图 1-69　改变齿轮刚度补偿轴与轴承的变形

## 1.5.3 齿轮结构应有良好的工艺性

（1）加工工艺性

① 锥齿轮的轮毂不应超过根锥　锥齿轮的外形常常与轮齿加工方法有关。齿轮的轮毂长度及形状除了考虑强度、刚度及轴的配合要求外，还应考虑加工方法的要求。例如，用切齿刀盘加工，齿轮的轮毂不应超过根锥，如图 1-70 所示，图 1-70（a）的结构不合理，图 1-70（b）的结构合理。

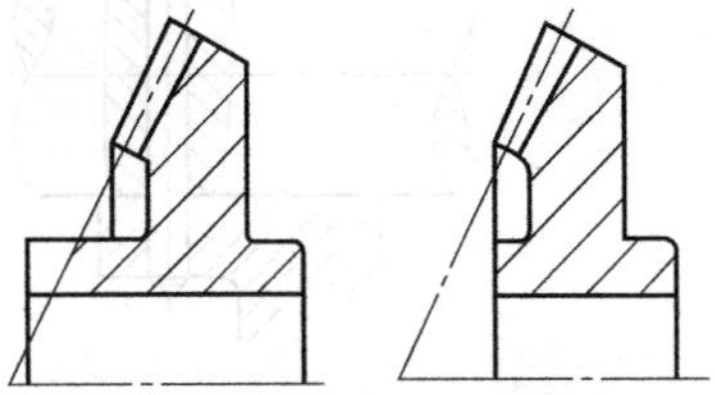


图 1-70　锥齿轮的轮毂不应超过根锥

② 批量生产的齿轮形状要适宜叠装加工　对于批量或大量生产的齿轮，如果一个一个地切齿加工，不仅生产率低，而且尺寸精度也不一致。因此，设计时应考虑提高切削效率的重叠加工法。为了进行重叠加工，原则上要设计便于重叠加工的几何形状，如果齿轮轮毂宽度大于齿宽，如图 1-71（a）所示，不仅叠装的数量少，而且叠装后间隙大，切齿时会产生振动，影响加工质量，因此轮毂宽度应与齿宽相同为好，如图 1-71（b）所示。

③ 双联或三联齿轮要考虑加工时刀具切出的距离　在设计双联或三联齿轮时，图 1-72（a）所示结构未考虑足够的刀具切出距离，即 $a$ 值太小，不合理。无论是插齿还是滚齿加工，都要按所采用刀具的尺寸、刀具运动的需要等，定出足够的尺寸 $a$，如图 1-72（b）所示。当结构要求 $a$ 值很小，不能满足要求时，可采用过盈配合结构，如图 1-72（c）所示。

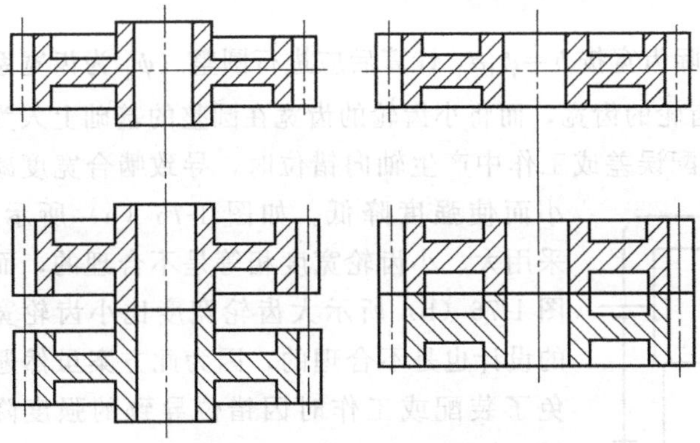


图 1-71　齿轮的重叠加工

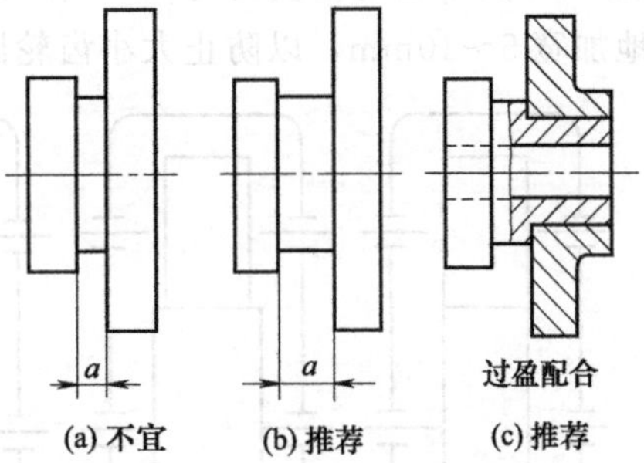


图 1-72　双联齿轮加工的结构尺寸要求

④ 齿轮与轴的连接要减少装配时的加工　为了将齿轮进行轴向和周向的固定，可采用径向圆锥销和键加紧定螺钉的固定方法，如图 1-73（a）、图 1-73（b）所示。但这两种方法都要求配作，在安装时进行这些加工效率较低，应尽量避免。较为理想的方法是：用键做周向固定，加用轴用弹簧卡环或圆螺母等做轴向固定，如图 1-73（c）所示，可避免配作。

⑤ 成批生产的齿轮用棒料　对于生产批量很大的齿轮，采用齿轮棒料精密切削成形，既经济又可提高齿轮加工精度。图 1-74（a）为单个切削，图 1-74（b）为棒料切削。

⑥ 多联齿轮模数尽可能一致　为减少多联齿轮加工过程中的换刀次数，提高加工效率，应尽可能选择同一模数的齿轮。图 1-75（a）中各齿轮模数不同，图 1-75（b）中各齿轮模数相同，显然后者加工性能好。

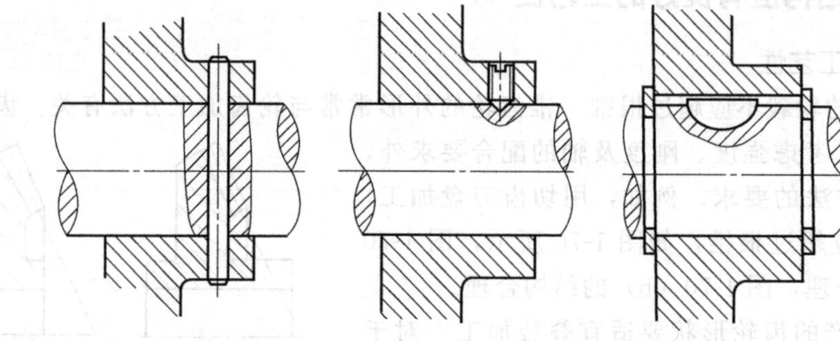

(a) 不宜　(b) 不宜　(c) 推荐

图 1-73　减少装配加工

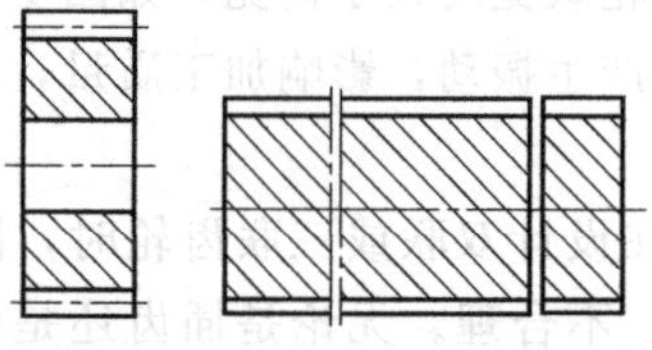

(a) 较差　(b) 较好

图 1-74　成批生产的齿轮用棒料

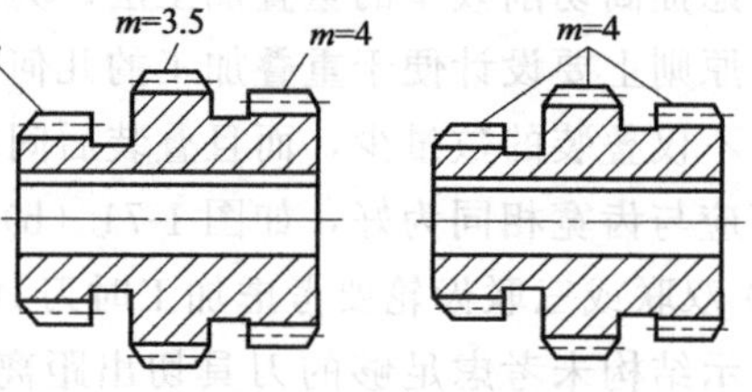


(a) 较差　(b) 较好

图 1-75　多联齿轮模数尽可能一致

（2）便于安装与调整

① 齿轮宽度的确定　圆柱齿轮的实际齿宽按 $b=\psi_d d_1$ 计算后应进行圆整（$\psi_d$ 为齿宽系数，$d_1$ 为小齿轮分度圆直径），作为大齿轮的齿宽，而将小齿轮的齿宽在圆整的基础上人为地加宽 5～10mm，以防止大小齿轮因装配误差或工作中产生轴向错位时，导致啮合宽度减小而使强度降低。如图 1-76（a）所示，采用大、小齿轮宽度相等是不合理的，而图 1-76（b）所示大齿轮宽度比小齿轮宽的设计也是不合理的，因为此方案虽然避免了装配或工作时因错位导致的强度降低，但因为大齿轮比小齿轮体积大，相对于图 1-76（c）方案浪费材料，图 1-76（c）所示为合理结构。

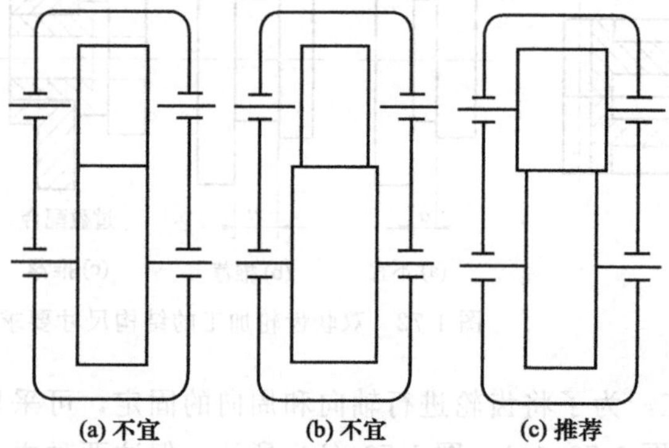

(a) 不宜　(b) 不宜　(c) 推荐

图 1-76　齿轮宽度的选取

② 锥齿轮轴必须双向固定　直齿锥齿轮无论转动方向如何，其轴向力始终向一个方向，但其轴系的轴向位置仍应双向固定，否则运转时将有较大的振动和噪声，这是因为与圆柱齿轮相比锥齿轮制造、安装精度较低，工作时容易产生振动和噪声。图 1-77（a）所示结构不合理。图 1-77（b）所示结构合理。

③ 箱体内齿轮应考虑从箱体一端装入　如图 1-78（a）所示，轴上齿轮外径大于轴承孔，必须在箱体内进行装配，操作很不方便。而图 1-78（b）齿轮外径小于轴承孔，则可将轴上零件在箱体外组装后一次装入箱体，拆卸也很方便。

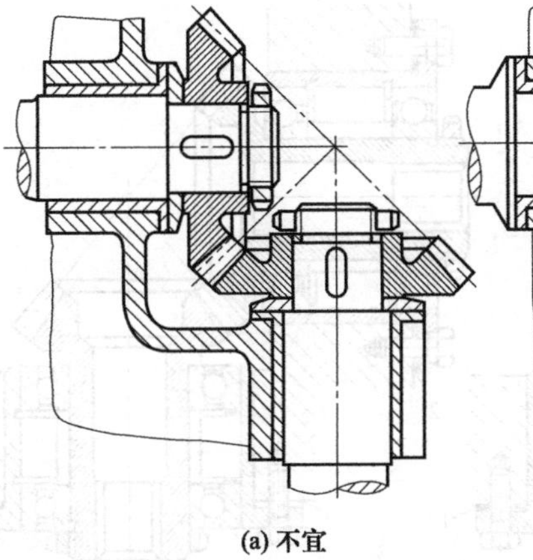

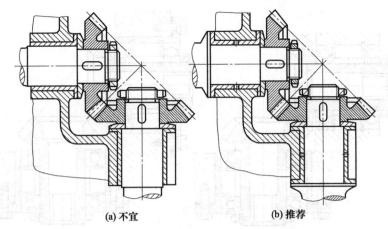

图 1-77　直齿锥齿轮轴的双向固定结构

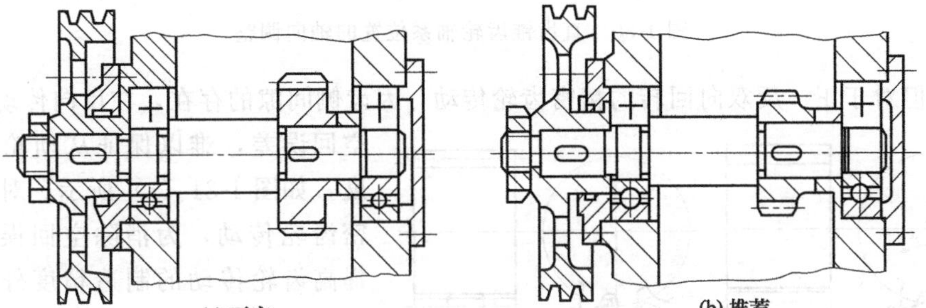

图 1-78　箱体内齿轮应考虑从箱体一端装入

④ 相邻件的固定和拆换互不妨碍　如图 1-79（a）所示，欲拆下小齿轮，必须拆下固定齿轮的轴及其相邻有关零件，这种情况给装拆带来很多不必要的麻烦。若改为图 1-79（b）所示的结构，小齿轮的装拆与相邻件的固定和拆换互不妨碍，是比较合理的。

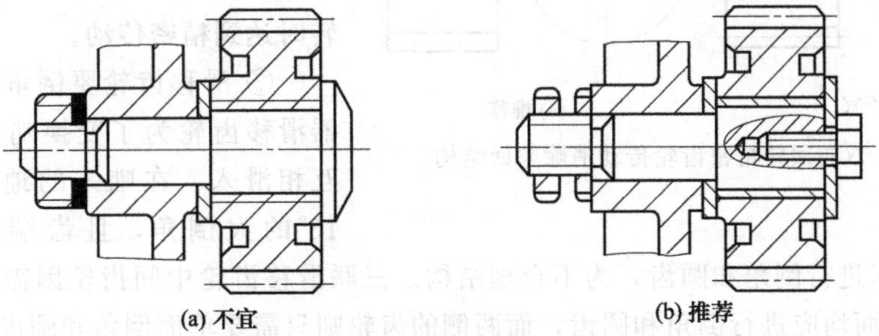

图 1-79　相邻件的固定和拆换互不妨碍

⑤ 大、小锥齿轮轴系位置都应能进行双向调整　锥齿轮的正确啮合条件要求大、小锥齿轮的锥顶在安装时重合，其啮合面居中而靠近小端，承载后由于轴和轴承的变形使啮合部分移近大端。如图 1-80（a）所示，只有一个齿轮能进行轴向调整，不能满足要求。如图 1-80（b）所示，为了调整锥齿轮的啮合，通常将其双向固定的轴系装在一个套杯中，套杯则装在外壳孔中，通过增减套杯端面与外壳之间垫片的厚度，即可调整轴系的轴向位置。

⑥ 双向回转精密齿轮传动应控制空回误差　在齿轮传动中，为了润滑和补偿制造误差的需要，相互啮合的齿轮副之间具有齿侧间隙，这对一般传动及单向回转的齿轮传动是没有

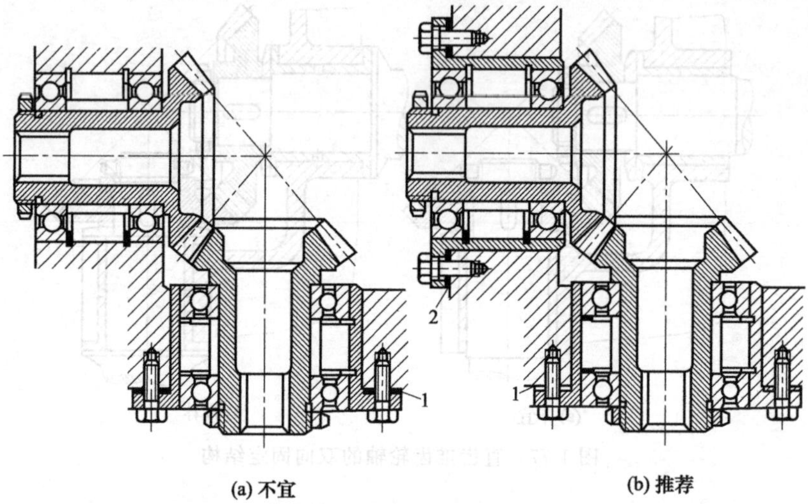


图 1-80　直齿锥齿轮轴系位置的轴向调整

问题的，但对于正、反双向回转的精密齿轮传动，因齿侧间隙的存在，在反向传动中会引起空回误差，难以保证从动轮的回转精度，如图 1-81（a）所示。对于这类精密齿轮传动，为消除空回误差，除了提高齿轮传动的制造精度外，还可在结构方面改进，如将相同尺寸的三个齿轮中的中间一个齿轮，改为三个相同的薄齿轮，安装时相互错开一个微小的转角，以消除齿侧间隙，调整好侧隙后，用螺钉将三片齿轮固紧，如图 1-81（b）所示，这样可保证正、反转时达到精密传动。

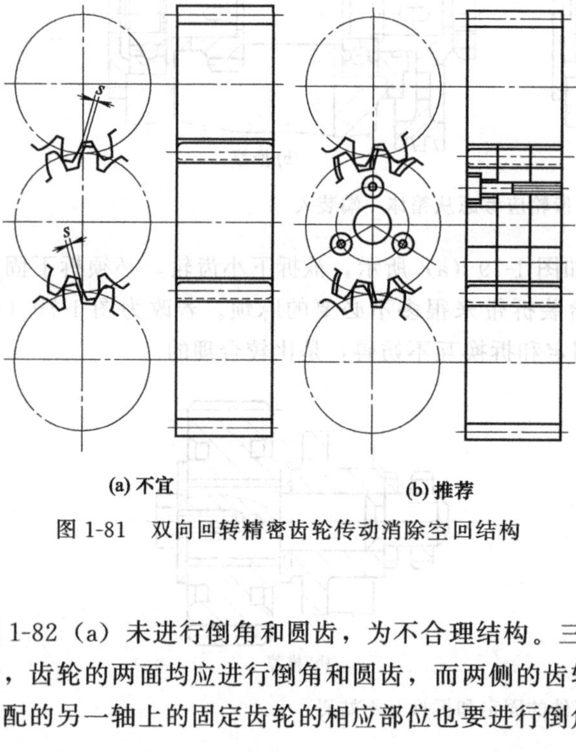


图 1-81　双向回转精密齿轮传动消除空回结构

⑦ 滑移齿轮要倒角和圆齿　变速器滑移齿轮为了变换啮合齿轮时容易互相滑入，在啮入的地方要有 12°～15°的大倒角，且齿端要进行圆齿。图 1-82（a）未进行倒角和圆齿，为不合理结构。三联滑移齿轮中间齿轮因需要双向滑移啮合，齿轮的两面均应进行倒角和圆齿，而两侧的齿轮则只需要单面倒角和圆齿。与滑移齿轮相配的另一轴上的固定齿轮的相应部位也要进行倒角和圆齿，如图 1-82（b）所示。

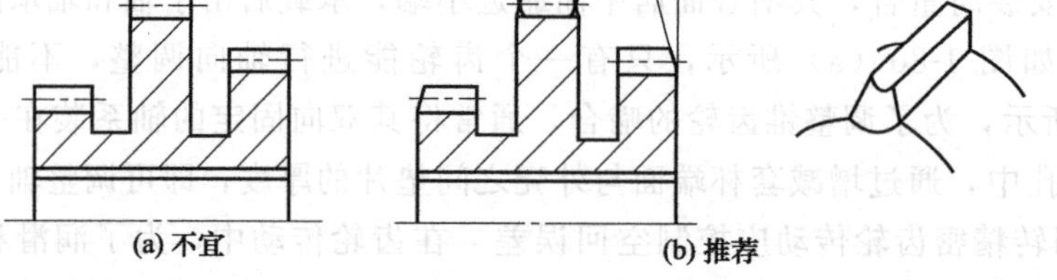


图 1-82　变速器齿轮应倒角和圆齿

（3）便于维修

① 采用齿轮装配单元便于维修　如图 1-83（a）所示的齿轮传动轴系，支承均在箱体上，装拆、维修均较麻烦。若改为 1-83（b）所示，将齿轮组成为单独的齿轮箱，则便于分别装配和维修，提高工作效率。

② 大尺寸齿轮应考虑磨损后的修复　图 1-84（a）所示为一较大齿轮，轴孔磨损后很难修复，可考虑如图 1-84（b）所示，在轴孔内加套，则易于修复。

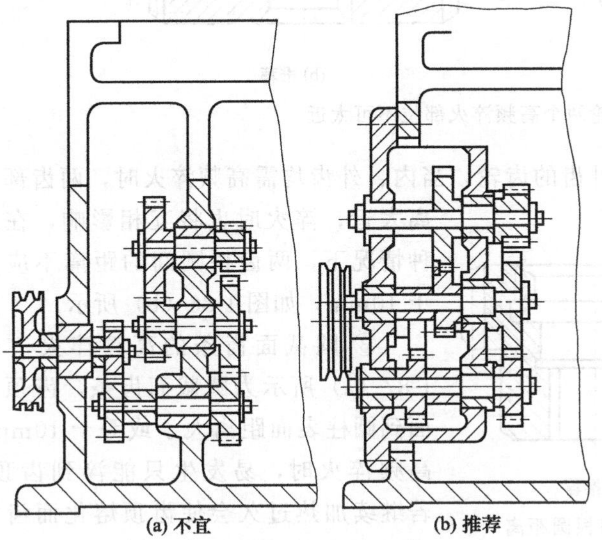

图 1-83　采用齿轮装配单元便于维修

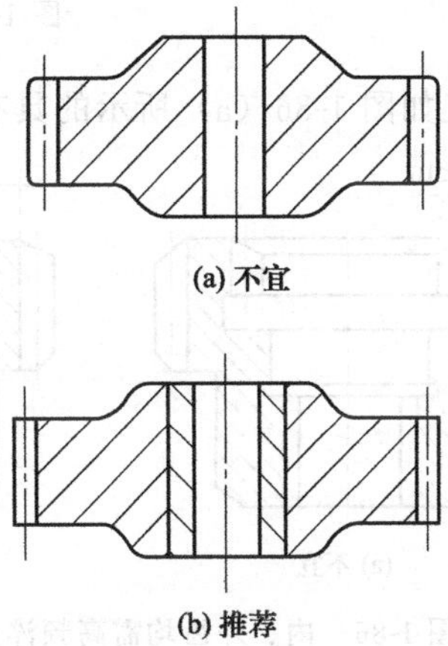

图 1-84　大尺寸齿轮应考虑磨损后的修复

（4）齿轮材料与热处理工艺

① 齿轮常用材料、热处理及力学性能和推荐范围　见表 1-21。

表 1-21　齿轮常用材料、热处理及力学性能和推荐范围

| 材料 | 牌号 | 热处理方法 | 硬度 | 强度极限 $\sigma_b$/MPa | 屈服极限 $\sigma_s$/MPa | 推荐范围 |
|---|---|---|---|---|---|---|
| 优质碳素钢 | 45 | 正火<br>调质<br>表面淬火 | 169～217HBS<br>217～255HBS<br>48～55HRC | 580<br>650<br>750 | 290<br>360<br>450 | 低速轻载<br>低速中载<br>高速中载或低速重载，冲击很小 |
| | 50 | 正火 | 180～220HBS | 620 | 320 | 低速轻载 |
| 合金钢 | 40Cr | 调质<br>表面淬火 | 240～260HBS<br>48～55HRC | 700<br>900 | 550<br>650 | 中速中载<br>高速中载，无剧烈冲击 |
| | 42SiMn | 调质<br>表面淬火 | 217～269HBS<br>45～55HRC | 750 | 470 | 高速中载，无剧烈冲击 |
| | 20Cr | 渗碳淬火 | 56～62HRC | 650 | 400 | 高速中载，承受冲击 |
| | 20CrMnTi | 渗碳淬火 | 56～62HRC | 1100 | 850 | |
| 铸钢 | ZG310-570 | 正火<br>表面淬火 | 160～210HBS<br>40～50HRC | 570 | 320 | 中速、中载、大直径 |
| | ZG340-640 | 正火<br>调质 | 170～230HBS<br>240～270HBS | 650<br>700 | 350<br>380 | |
| 球墨铸铁 | QT600-2<br>QT500-5 | 正火 | 220～280HBS<br>147～241HBS | 600<br>500 | — | 低、中速轻载，有小的冲击 |
| 灰铸铁 | HT200<br>HT300 | 人工时效<br>低温退火 | 170～230HBS<br>187～235HBS | 200<br>300 | — | 低速轻载，冲击很小 |

② 齿轮两个高频淬火部位不可太近　如图 1-85（a）所示双联齿轮，齿部两端距离太近，两齿部淬火时将互相影响。这种情况下，两齿部距离至少要大于或等于 8mm，如图 1-85（b）所示。

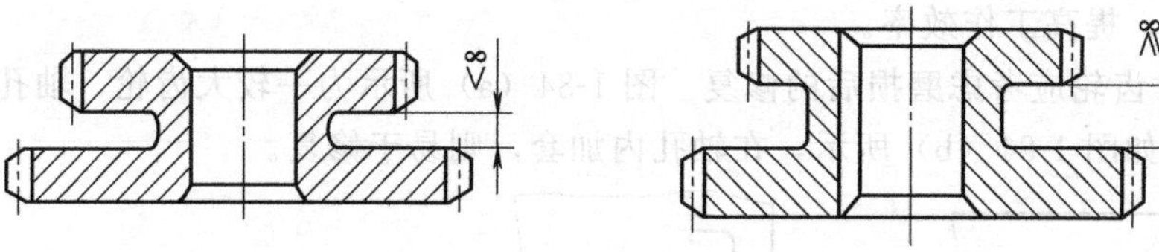


(a) 不宜　　(b) 推荐

图 1-85　齿轮两个高频淬火部位不可太近

又如图 1-86（a）所示的具有内、外齿的齿轮，当内、外齿均需高频淬火时，两齿部距离太近，淬火时也将互相影响，在这种情况下，两齿根圆间的距离不应小于 10mm，如图 1-86（b）所示。

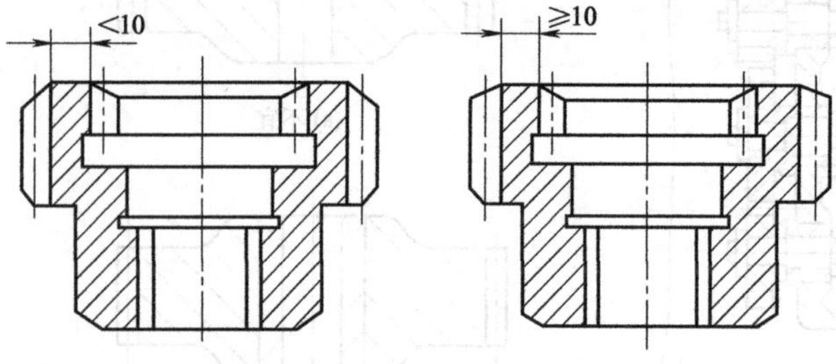


(a) 不宜　　(b) 推荐

图 1-86　内、外齿均需高频淬火时两齿根圆距离

③ 圆截面齿条的高频淬火　图 1-87（a）所示为圆截面齿条，齿顶平面到圆柱表面距离大于或等于 10mm，高频淬火时，易发生只能淬到齿顶，若继续加热过久会使齿顶熔化而齿根淬不上火的现象，在这种情况下，应使齿顶平面到圆柱表面距离小于 10mm，如图 1-87（b）所示为宜。

④ 非金属材料齿轮要避免形成阶梯磨损　对高速、轻载及精度不高的齿轮传动，为了降低噪声，常用非金属材料，如夹布塑胶、尼龙等制作小齿轮，大齿轮仍用钢和铸铁制造。图 1-88（a）中非金属材料的小齿轮齿宽比金属材料的大齿轮宽，运行过程中易使小齿轮发生阶梯磨损，为了不使小齿轮在运行过程中发生阶梯磨损，小齿轮的齿宽应比大齿轮的齿宽小些，以免在小齿轮上磨出凹痕，如图 1-88（b）所示。

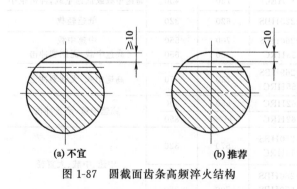

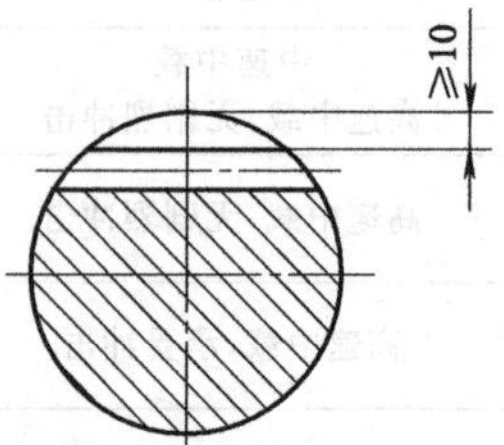


(a) 不宜　　(b) 推荐

图 1-87　圆截面齿条高频淬火结构

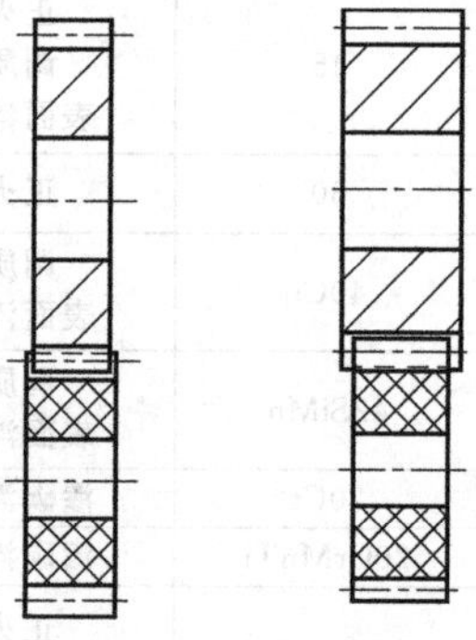

(a) 不宜　　(b) 推荐

图 1-88　避免非金属材料齿轮阶梯磨损

## 1.5.4 齿轮传动形式的选择

（1）考虑结构空间位置选用原则

齿轮传动形式的选择，应首先考虑满足实际工作中结构空间位置的要求，如各传动轴相

互位置关系。直齿圆柱齿轮与斜齿圆柱齿轮一般适于两平行轴间传动，螺旋齿（斜齿特例）圆柱齿轮也适于相错轴间的传动，而锥齿轮只能用于相交轴间的传动。现将圆柱齿轮、锥齿轮分别采用直齿、斜齿时，对两轴平行、相交、相错时的适用情况列于表 1-22 中。

**表 1-22　齿轮传动形式选择与两轴相互位置关系**

| 齿轮形式 / 两轴位置 | 圆柱齿轮 | | 锥齿轮 | |
|---|---|---|---|---|
| | 直齿 | 斜齿 | 直齿 | 斜齿 |
| 两轴平行 | 适用 | 适用 | 不适用 | 不适用 |
| 两轴相交 | 不适用 | 不适用 | 适用 | 适用 |
| 两轴相错 | 不适用 | 适用 | 不适用 | 不适用 |

（2）考虑传动能力选用原则

斜齿轮与直齿轮相比，由于斜齿轮强度比直齿轮强度高，且传动平稳，所以传递功率较大、速度较高时宜选用斜齿轮传动，斜齿轮不产生根切的最少齿数小于直齿轮，也可使其结构较为紧凑。直齿轮与斜齿轮传动性能的比较列于表 1-23 中。

**表 1-23　直齿轮与斜齿轮传动性能比较**

| 类型 / 性能 | | 直齿轮 | 斜齿轮 |
|---|---|---|---|
| 重合度 | | 较小 | 较大 |
| 强　度 | | 较低 | 较高 |
| 平稳性 | | 较差 | 较好 |
| 不产生根切的最少齿数 | | $z_{min} \geqslant 17$ | $z_{min}=17\cos^3\beta<17$（$\beta$ 为螺旋角） |
| 适于工作速度 | | 低速 | 高速 |
| 承载能力 | | 较低 | 较高 |
| 结论 | 高速、大功率场合 | 不宜 | 适宜 |

（3）考虑齿轮传动精度选用原则

① 合理选择齿轮类型　不同类型的齿轮所能达到的精度是不同的。圆柱齿轮（包括直齿与斜齿）的精度最高，蜗杆蜗轮次之，而锥齿轮精度最低，所以当要求传动精度较高时，应首选圆柱齿轮，其次是蜗杆蜗轮，除在结构要求情况下，一般不宜采用锥齿轮。

有关各类齿轮传动精度对比列于表 1-24 中。

**表 1-24　各类齿轮传动精度对比**

| 齿轮类型 | | 圆柱齿轮 | 蜗杆蜗轮 | 圆锥齿轮 |
|---|---|---|---|---|
| 传动精度 | | 最高 | 一般 | 较低 |
| 结论 | 传动精度要求较高时 | 首选 | 次选 | 不宜 |

② 合理布置齿轮传动链　合理布置齿轮传动链，可以提高传动系统的传动精度，设计齿轮传动链时应注意以下几点。

a. 提高最末一对齿轮制造精度　如图 1-89 所示的减速齿轮传动链中，齿轮 1 为主动轮，齿轮 4 为最后一级从动轮。若四个齿轮各轮转角误差总值分别为 $\delta_{\varphi\Sigma(1)}$、$\delta_{\varphi\Sigma(2)}$、$\delta_{\varphi\Sigma(3)}$ 和 $\delta_{\varphi\Sigma(4)}$，传动比分别为 $i_{12}$、$i_{34}$，则此时在输出轴上的转角误差总值为

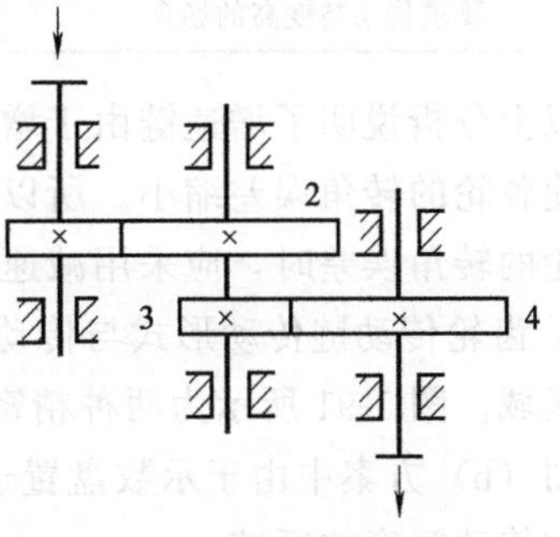

图 1-89　减速齿轮传动链

$$\delta_{\varphi\Sigma(14)}=\delta_{\varphi\Sigma(4)}+\frac{\delta_{\varphi\Sigma(3)}}{i_{34}}+\frac{\delta_{\varphi\Sigma(2)}}{i_{34}}+\frac{\delta_{\varphi\Sigma(1)}}{i_{12}i_{34}} \tag{1-1}$$

由式（1-1）可见，对从动轴传动精度影响最大的是最后一个齿轮的制造精度，所以对传动精度要求较高时，应考虑提高最后一个齿轮的制造精度。就本例来说，应使 4 轮制造精度最高，若使 1 轮制造精度最高则是不合理的。四个齿轮制造精度的选择对整个齿轮传动系统传动精度的影响情况列于表 1-25 中。

**表 1-25　图 1-89 中齿轮制造精度选择方案对比**

| 方案＼齿轮序号 | 齿轮制造精度 1轮 | 2轮 | 3轮 | 4轮 | 传动系统传动精度 | 结论 |
|---|---|---|---|---|---|---|
| Ⅰ | 较低 | 一般 | 较高 | 最高 | 较高 | 推荐 |
| Ⅱ | 最高 | 较高 | 一般 | 较低 | 较低 | 不宜 |

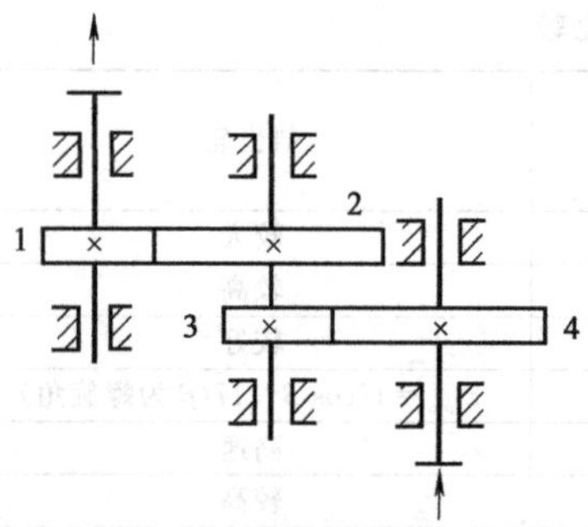

图 1-90　增速齿轮传动链

b. 减速传动链较增速传动链传动精度高　若将图 1-89 减速传动链改为增速传动链（其他条件不变），如图 1-90 所示，即 4 轮为输入轮，1 轮为输出轮，则从式（1-1）不难看出，后者的传动精度将大为降低，其对比可用以下例子具体说明。

设各齿轮的转角误差总值相等，即 $\delta_{\varphi\Sigma(1)}=\delta_{\varphi\Sigma(2)}=\delta_{\varphi\Sigma(3)}=\delta_{\varphi\Sigma(4)}=\delta_{\varphi\Sigma}$，并取 $i_{12}=3$，$i_{34}=4$，则采用增速链时，$i_{43}=\frac{1}{4}$，$i_{21}=\frac{1}{3}$。其他条件完全相同。现将减速链与增速链传动误差对比列于表 1-26 中。

**表 1-26　减速链与增速链传动误差对比**

| 传动链类型 | | 减速链 | 增速链 |
|---|---|---|---|
| 第 1 级传动比 | | $i_{12}=3$ | $i_{43}=\frac{1}{4}$ |
| 第 2 级传动比 | | $i_{34}=4$ | $i_{21}=\frac{1}{3}$ |
| 各齿轮转角误差总值 | | $\delta_{\varphi\Sigma(1)}=\delta_{\varphi\Sigma(2)}=\delta_{\varphi\Sigma(3)}=\delta_{\varphi\Sigma(4)}=\delta_{\varphi\Sigma}$ | |
| 输出轴转角误差总值 | | $\delta_{\varphi\Sigma(14)}=0.583\delta_{\varphi\Sigma}$ | $\delta_{\varphi\Sigma(41)}=19\delta_{\varphi\Sigma}$ |
| 传动精度 | | 较高 | 较低 |
| 结论 | 要求传动精度高的场合 | 推荐 | 不宜 |

以上分析说明了增速链由于增速作用使各轮的转角误差放大，而减速链则可以通过减速作用使各轮的转角误差缩小。所以当设计要求减少由于传动链中各零件的制造误差而引起的从动轮的转角误差时，应采用减速链。

c. 齿轮传动链传动形式与传动精度　尽量使齿轮传动链中某些区域成为不影响传动精度的区域。图 1-91 所示为两种精密机械齿轮传动系统方案，图（b）方案较图（a）方案好，因为图（b）方案中由于示数盘置于输出轴上，因此从手轮到最末一级从动轮之间，便成了不影响传动精度的区域。

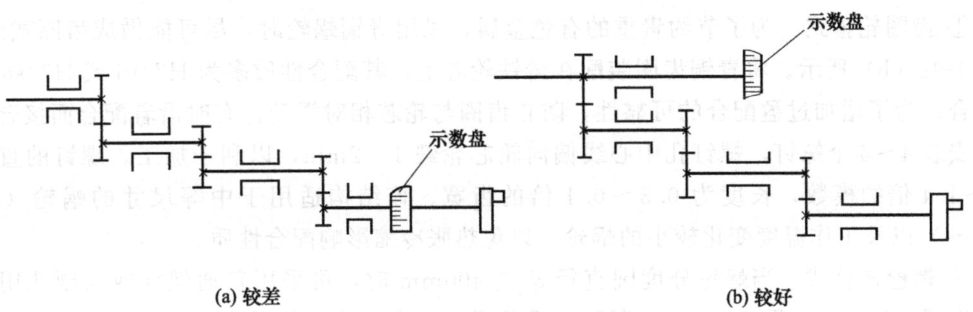


图 1-91　配置示数盘的两种传动方案

（4）传动效率与齿轮传动形式的选择

在现代机械传动中，对机械传动的效率要求越来越高，所以在选择齿轮传动形式时应予以考虑。各种齿轮传动形式效率的比较列于表 1-27 中，仅供选型时参考。

**表 1-27　传动效率与齿轮传动形式**

| 传动形式 | | 圆柱齿轮 | 锥齿轮 | 蜗杆蜗轮 |
|---|---|---|---|---|
| 传动效率 | | $\eta=0.94\sim0.98$<br>较高 | $\eta=0.92\sim0.97$<br>比较高 | $\eta=0.7\sim0.94$<br>较低 |
| 结论 | 要求效率高 | 首选 | 次选 | 慎选 |
| | 要求自锁 | 不可用 | 不可用 | 适用 |

# 1.6　蜗轮蜗杆传动结构选用技巧

## 1.6.1　蜗轮尺寸大小与结构形式的选择

蜗轮的结构通常根据尺寸的大小，可分别选择整体式与组合式。

（1）整体式

图 1-92（a）所示为整体式蜗轮。整体式蜗轮适用于蜗轮分度圆直径小于 100mm 的场合，通常用铸铁、铝合金和青铜制造。整体式蜗轮多用于受力不大的场合。

（2）组合式

当蜗轮分度圆直径较大时，为了节省贵重金属，一般采用组合式结构。组合式蜗轮可分为三种结构：齿圈轮箍式、螺栓连接式和拼铸式。

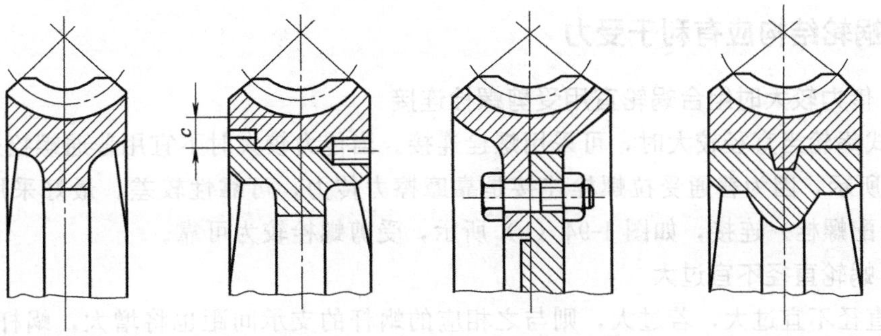


图 1-92　蜗轮的结构

① 齿圈轮箍式　为了节约贵重的有色金属，采用青铜蜗轮时，尽可能做成齿圈式结构，如图 1-92（b）所示。将青铜齿圈装配在铸铁轮芯上，其配合性质多为 H7/r6 或 H7/s6 的过盈配合。为了增加过盈配合的可靠性，防止齿圈与轮芯相对滑动，有时沿着配合面接合缝圆周上安装 4～6 个螺钉，螺钉孔中心线偏向轮芯轮毂 1～2mm，以利于加工。螺钉的直径取 1.2～1.4 倍的模数，长度为 0.3～0.4 倍的齿宽。该结构适用于中等尺寸的蜗轮（$d_2 \leqslant$ 400mm）以及工作温度变化较小的蜗轮，以免热胀冷缩影响配合性质。

② 螺栓连接式　当蜗轮分度圆直径 $d_2 > 400$mm 时，可采用普通螺栓或铰制孔用螺栓连接齿圈和轮芯，如图 1-92（c）所示。后者更好，这种结构装拆比较方便，多用于尺寸较大或易于磨损的蜗轮。

③ 拼铸式　图 1-92（d）所示为拼铸式蜗轮，将青铜齿圈浇铸在铸铁轮芯上，然后再切齿，在浇注前在轮芯上预先制出榫槽，以防止齿圈工作时滑动。该结构适用于中等尺寸、批量生产的蜗轮。

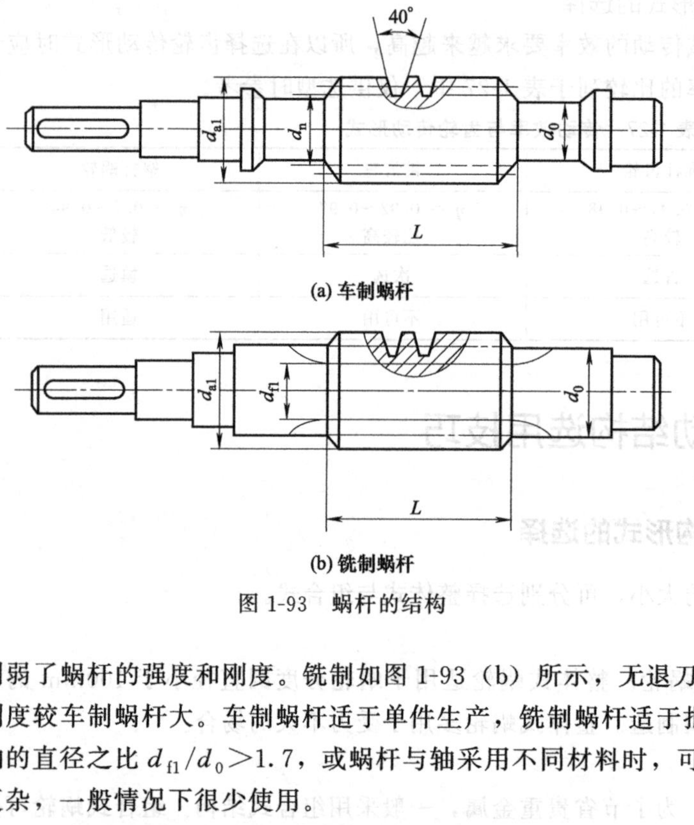

图 1-93　蜗杆的结构

蜗杆螺旋部分的直径一般与轴径相差不大，因此蜗杆多与轴做成一体，称为蜗杆轴。整体式蜗杆轴如图 1-93 所示，常用车或铣加工。车制如图 1-93（a）所示，仅适用于蜗杆齿根圆直径 $d_{f1}$ 大于轴径 $d_0$ 时，车制蜗杆是在轴上直接车出螺旋部分，有退刀槽，削弱了蜗杆的强度和刚度。铣制如图 1-93（b）所示，无退刀槽，且 $d_{f1}$ 可小于 $d_0$，所以其刚度较车制蜗杆大。车制蜗杆适于单件生产，铣制蜗杆适于批量生产。当蜗杆根圆与相配的轴的直径之比 $d_{f1}/d_0 > 1.7$，或蜗杆与轴采用不同材料时，可采用装配式，这种结构工艺较复杂，一般情况下很少使用。

蜗轮与蜗杆各部分尺寸可参见《机械设计手册》中的公式进行计算。

## 1.6.2　蜗轮结构应有利于受力

（1）传力较大时组合蜗轮宜用受剪螺栓连接

组合式蜗轮当直径较大时，可采用螺栓连接。当传力较大时不宜用普通螺栓连接，如图 1-94（a）所示，因为普通受拉螺栓连接是靠摩擦力传力，可靠性较差。最好采用受剪螺栓（铰制孔精配螺栓）连接，如图 1-94（b）所示，受剪螺栓较为可靠。

（2）蜗轮直径不宜过大

蜗轮直径不宜过大，若过大，则与之相应的蜗杆的支承间距也将增大，蜗杆刚度减小，从而影响啮合精度，甚至不能正常工作。一般，当蜗轮直径大于 400mm 时，除了应进行蜗杆刚度计算外，还应考虑相应的蜗杆轴，不宜采用如图 1-95（a）所示的双支点固定结构，因这种结构由于轴较长，热膨胀伸长量较大，轴承将要受到较大的附加轴向力，使轴承运转不灵活，甚至轴承卡死压坏，这时宜采用一端固定一端游动的支承结构［图 1-95（b）］。

### 1.6.3 蜗轮结构应有良好的工艺性

（1）组合式蜗轮紧定螺钉位置应利于加工

为了节约贵重的有色金属，常将蜗轮制成组合式结构，轮缘为青铜，轮芯为铸铁或钢。

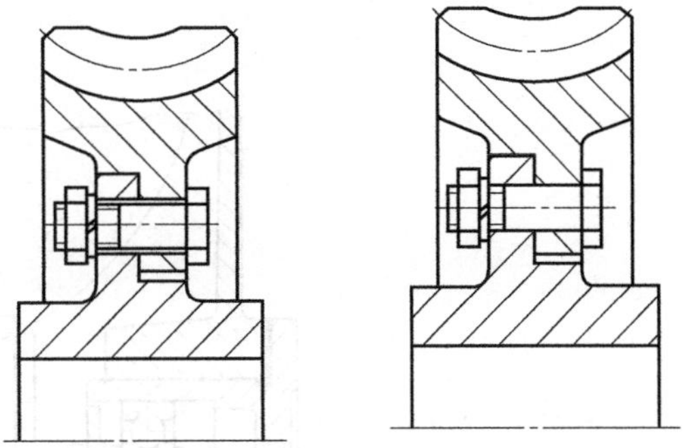

图 1-94　传力较大时组合蜗轮宜用受剪螺栓连接

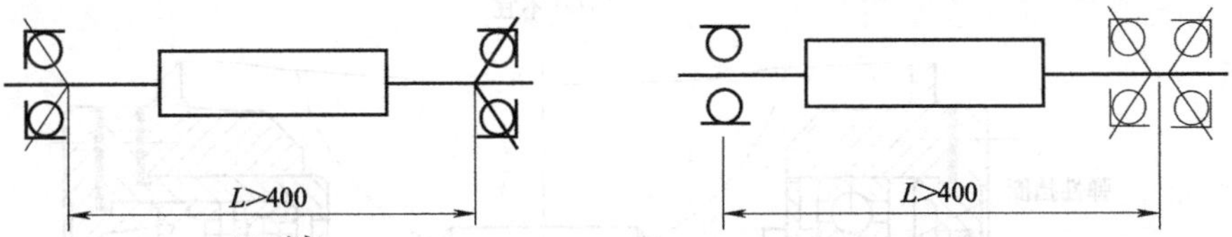

图 1-95　蜗轮较大蜗杆轴较长时的支承结构

组合式蜗轮采用压配式时，轮缘与轮芯的配合常用 H7/r6，并在接合缝处加装 4～6 个紧定螺钉（骑缝螺钉），以增强连接的可靠性。螺钉中心不能钻在接合缝上，如图 1-96（a）所示，这样加工困难，因为轮缘与轮芯硬度相差较大，加工时刀具易偏向材料较软的轮缘一侧，很难实现螺纹孔正好在接合缝处，为此，应将螺纹孔中心由接合缝向材料较硬的轮芯部分偏移 $x=1\sim2\text{mm}$，如图 1-96（b）所示。

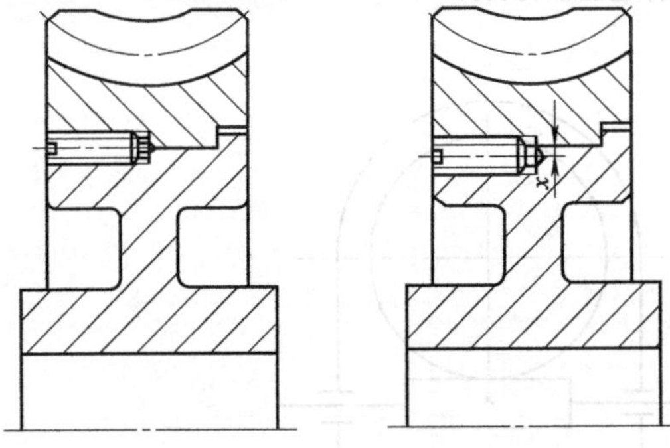

图 1-96　紧定螺钉位置应利于加工

（2）蜗轮与蜗杆应能顺利装拆

蜗杆轴支承在整体式机座上时，要注意设计时应使蜗杆外径尺寸小于套杯座孔内径尺寸，否则蜗杆轴将无法装拆，如图 1-97（a）所示，此时必须重新设计蜗轮与蜗杆的几何尺寸或调整其他有关结构尺寸，以满足装拆要求。图 1-97（b）所示为正确结构。

（3）冷却用风扇不宜装在蜗轮轴上

当蜗杆传动仅靠自然通风冷却满足不了热平衡温度要求时，可采用风扇吹风冷却，但注意风扇不应装在蜗轮轴上，如图 1-98（a）所示。由于蜗杆的转速较高，因此，吹风用的风扇必须装在蜗杆轴上，如图 1-98（b）所示。冷却蜗杆传动所用的风扇与一般生活中的电风扇不同，生活中的电风扇向前吹风，而冷却蜗杆用的风扇向后吹风，风扇外有一个罩起引导风向的作用。

### 1.6.4 自锁蜗杆传动结构的选择

（1）自锁条件的选择

理论上蜗杆传动的自锁条件为 $\gamma\leqslant\rho_v$，式中，$\gamma$ 为蜗杆导程角；$\rho_v$ 为蜗杆和蜗轮间的当

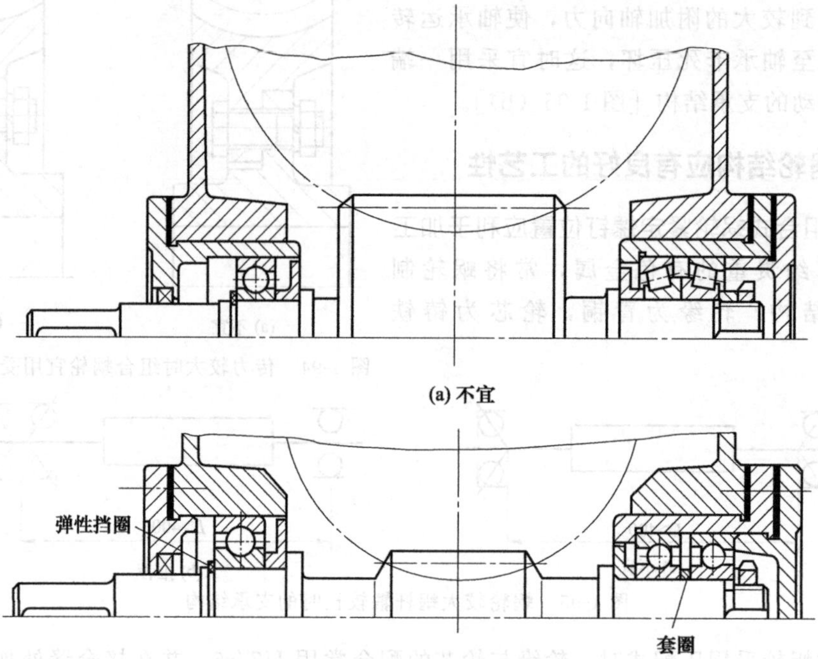

(a) 不宜

(b) 推荐

图 1-97　蜗轮与蜗杆应能顺利装拆

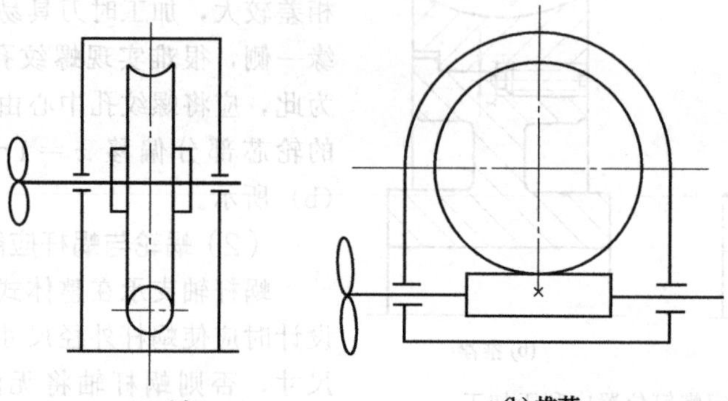

(a) 不宜　　(b) 推荐

图 1-98　冷却用风扇不宜装在蜗轮轴上

量摩擦角。为可靠起见，设计时应取 $\gamma<\rho_v-(1^\circ\sim2^\circ)$，而取 $\gamma=\rho_v$ 的自锁临界值，或取 $\rho_v-\gamma<1^\circ$ 接近临界值的 $\gamma$ 值，自锁均是不可靠的。

蜗杆传动自锁处于临界状态时，$\gamma=\rho_v$，其效率

$$\eta=\frac{\tan\gamma}{\tan(\gamma+\rho_v)}=\frac{\tan\gamma}{\tan2\gamma}=$$

$$\frac{\tan\gamma}{2\tan\gamma/(1-\tan^2\gamma)}=0.5-\frac{\tan^2\gamma}{2}$$

由上式可见，$\eta$ 必小于 50%。

以上理论分析表明，蜗杆传动自锁时，其效率恒小于 50%，所以对于自锁的蜗杆传动要求效率 $\eta>50\%$ 是无法实现的。

有关蜗杆传动自锁条件的选择列于表 1-28 中。

**表 1-28 蜗杆传动自锁条件的选择**

| $\gamma$ 与 $\rho_v$ 关系 | 结论 | 分析 |
|---|---|---|
| $\gamma<\rho_v$ 且 $\gamma<\rho_v-(1°\sim2°)$ | 推荐 | 自锁条件 $\gamma\leqslant\rho_v$，而 $\gamma<\rho_v-(1°\sim2°)$，自锁可靠性大 |
| $\gamma<\rho_v$ 但 $\rho_v-\gamma<1°$ | 不宜 | $\gamma$ 取值接近自锁临界状态，自锁不可靠 |
| $\gamma=\rho_v$ | 不宜 | 自锁处于临界状态，很难实现 |
| $\gamma>\rho_v$ | 不宜 | 理论上不成立 |
| 自锁时效率 | 理论表明：自锁时效率 $\eta<50\%$ | |

（2）蜗杆自锁不可靠需设置辅助装置

在一般情况下，可以利用蜗杆自锁固定某些零件的位置。但对于一些自锁失效会产生严重事故的情况，如起重机、电梯等装置，不能只靠蜗杆自锁的功能把重物停止在空中，如图 1-99（a）所示，要采用一些更可靠的辅助止动装置，如应用棘轮等，如图 1-99（b）所示。

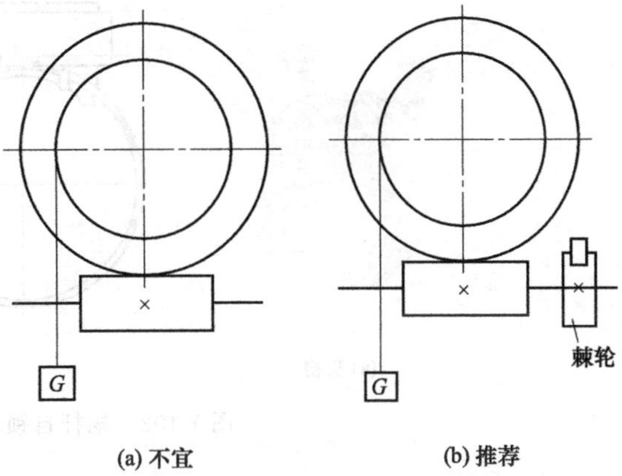

图 1-99 蜗杆自锁不可靠需设置辅助装置

（3）自锁蜗杆传动不宜用于有较大惯性力的机械

一些具有较大惯性力的机械，不宜采用自锁蜗杆直接传动。例如图 1-100（a）所示的大型搅拌机，采用了自锁蜗杆传动，当停车时，电动机和蜗杆停止转动，然而由于搅拌器巨大惯性力作用会继续转动，与搅拌器相连的蜗轮也会继续转动，由于自锁作用，蜗轮是不可能作为主动轮而驱动蜗杆的，所以极易导致蜗轮轮齿折断。在这种情况下，应另选用其他传动，改成齿轮传动为宜，如图 1-100（b）所示。即使是不具有自锁作用的蜗杆传动，由于其摩擦力较大，也很少能实现蜗轮主动，因此也最好不要选用。

（4）自锁蜗杆不宜作制动器使用

蜗杆机构自锁作用是不够可靠的，因为它磨损时就有可能失去自锁作用，会导致发生严重事故，因此对于起重机、电梯等自锁失效会引起严重后果的机械装置，不要用自锁蜗杆机构作制动器使用，图 1-101（a）所示是不合理的。如采用蜗杆传动需制动时，必须另设制

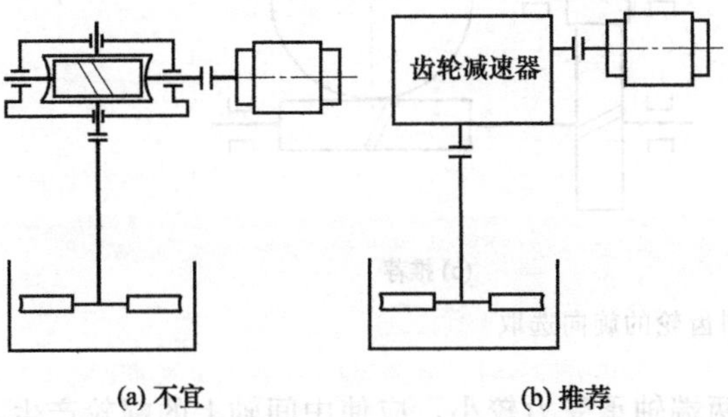

图 1-100 自锁蜗杆传动不宜用于惯性力大的机械

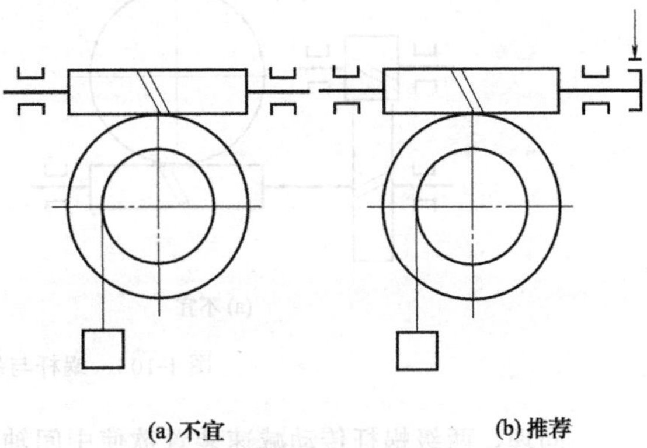

图 1-101 自锁蜗杆不宜作为制动器使用

动器或停止器，如图 1-101（b）所示，蜗杆机构本身只起辅助的制动作用。

（5）蜗杆自锁功能的移植

如图 1-102 所示为一种巧妙的蜗杆自锁功能移植的连接软管用卡子，这是一种利用蜗杆蜗轮传动自锁原理制成的软管卡子。卡圈（相当于蜗轮）顶部有齿，与蜗杆啮合，用旋具拧动蜗杆头部的一字形槽，蜗杆转动，使与其啮合的环状蜗轮卡圈相应转动，软管被箍紧在与其连接的刚性管子上。这种功能移植的创新结构锁紧功能十分有效，已广泛应用在管道的连接与维修上。

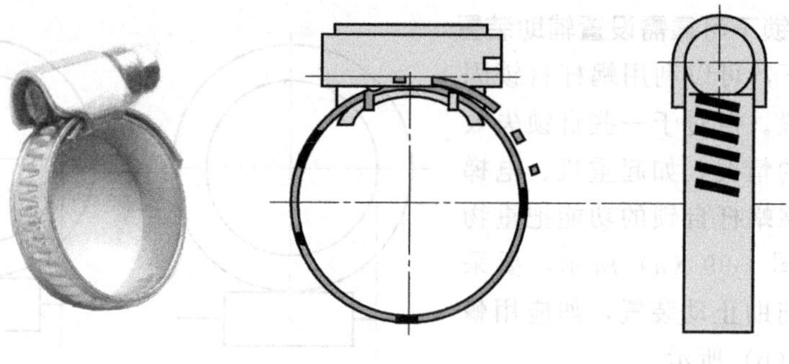

(a) 实物　　(b) 结构

图 1-102　蜗杆自锁功能移植的卡子

## 1.6.5　蜗杆传动与齿轮传动形式的配置

（1）轮齿旋向的选择

齿轮-蜗杆传动或蜗杆-齿轮传动中间轴上常有两个轮，选取旋向时应注意使中间轴上的轴向力尽量小些。如图 1-103 所示为斜齿轮-蜗杆减速传动装置。图 1-103（a）所示大斜齿轮与蜗杆旋向相反，则两轮轴向力方向相同，将使中间轴某一端的轴承受力较大，所以蜗杆与大斜齿轮旋向选择不合理。欲使中间轴两端轴承受力较小，应使中间轴上大斜齿轮产生的轴向力与蜗杆产生的轴向力方向相反。如图 1-103（b）所示，由于中间轴上的大斜齿轮与蜗杆旋向相同，但一个为主动轮，另一个为从动轮，两轮产生的轴向力方向相反，互相抵消一部分，使中间轴受力更合理。

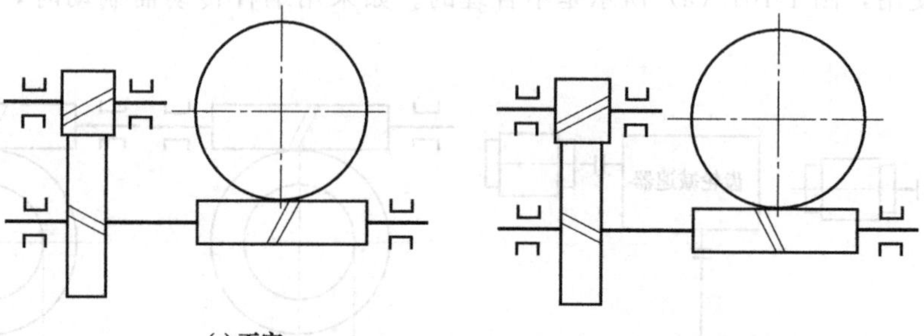

(a) 不宜　　(b) 推荐

图 1-103　蜗杆与斜齿轮的旋向选取

同理，两级蜗杆传动减速装置欲使中间轴两端轴承受力较小，应使中间轴上的蜗轮产生的轴向力与中间轴上的蜗杆产生的轴向力方向相反。如图 1-104（a）所示中间轴上蜗轮与蜗

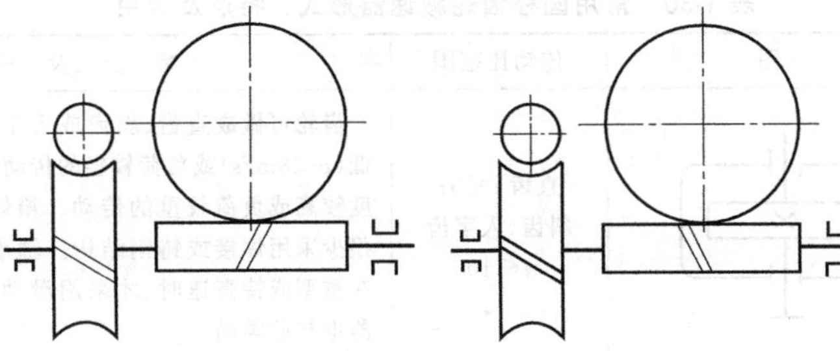


图 1-104　两级蜗杆传动轮齿旋向的选取

杆轮齿旋向相反是不合理的。应使中间轴上的蜗轮与蜗杆旋向相同，如图 1-104（b）所示。

（2）蜗杆传动与齿轮传动的配置选择

蜗杆传动的主要优点是结构紧凑、工作平稳，与多级齿轮传动相比，蜗杆传动的零件数目少，结构尺寸小，重量轻，缺点是传动效率比齿轮低。蜗杆传动与齿轮传动配置时，若齿轮传动在前，如图 1-105（a）所示，则由于蜗杆传动置于低速级，传递转矩大，更体现蜗杆传动结构尺寸小的优点，所以整体传动系统结构紧凑；而图 1-105（b）将蜗杆传动置于高速级，由于速度较高，有利于在啮合处形成油膜，提高传动效率，且蜗杆尺寸小（转矩小），节省有色金属。上述两种方案各有其特点，选择方案时，应根据具体工作条件和使用要求综合考虑其利弊决定，现将两种方案对比与选用列于表 1-29 中。

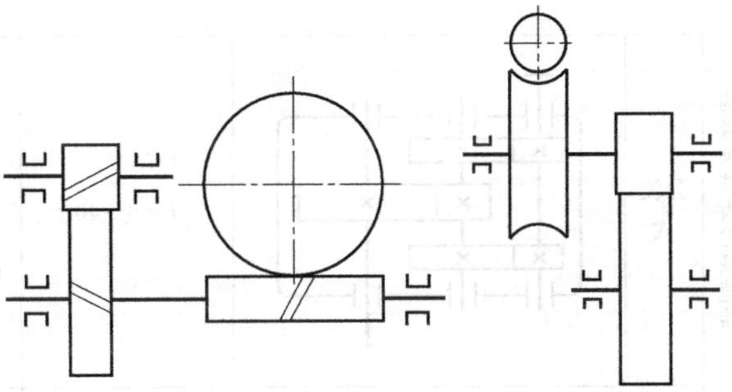


图 1-105　齿轮传动与蜗杆传动的配置

表 1-29　齿轮传动与蜗杆传动的配置

| 方案 / 性能 | 齿轮-蜗杆 | 蜗杆-齿轮 | 方案 / 性能 | | 齿轮-蜗杆 | 蜗杆-齿轮 |
|---|---|---|---|---|---|---|
| 结构尺寸 | 较小 | 较大 | 结论 | 要求传力为主 | 不宜 | 推荐 |
| 传动效率 | 较低 | 较高 | | 要求结构紧凑 | 推荐 | 不宜 |
| 承载能力 | 较低 | 较高 | | 要求传动精度高 | 推荐 | 不宜 |
| 传动精度 | 较高 | 较低 | | 节省贵重有色金属 | 不宜 | 推荐 |

# 1.7　减速器结构选用技巧

## 1.7.1　常用减速器的形式、特点及应用

减速器的形式很多，可以满足各种机器的不同要求。按传动类型，可分为齿轮、蜗杆、蜗杆-齿轮等减速器；按传动的级数，可分为单级和多级减速器；按轴在空间的相互位置，可分为卧式和立式减速器；按传动的布置形式，可分为展开式、同轴式和分流式减速器。表 1-30～表 1-32 列出了常用的减速器形式、特点及应用。

表 1-30　常用圆柱齿轮减速器形式、特点及应用

| 类　型 | | 简　图 | 传动比范围 | 特 点 及 应 用 |
|---|---|---|---|---|
| 单级圆柱齿轮减速器 | | 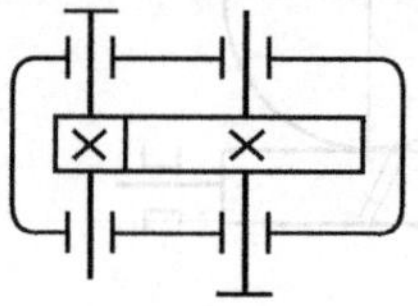 | 直齿 $i \leqslant 5$；斜齿、人字齿 $i \leqslant 10$ | 齿轮可做成直齿、斜齿或人字齿。直齿用于速度较低($v<8\mathrm{m/s}$)或负荷较轻的传动；斜齿或人字齿用于速度较高或负荷较重的传动。箱体通常采用铸铁制成，很少采用焊接或铸钢结构。轴承采用滚动轴承，只有在重型或特高速时，才采用滑动轴承。其他形式减速器也与此类同 |
| 两级圆柱齿轮减速器 | 展开式 | 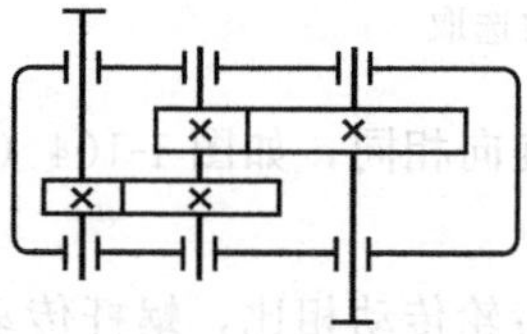 | $i=8\sim40$ | 是两级减速器中最普通的一种，结构简单，但齿轮相对轴承的位置不对称，因此，轴应设计得具有较大的刚度，并使高速级齿轮布置在远离转矩的输入端，这样，轴在转矩作用下产生的扭转变形将能减弱轴在弯矩作用下产生弯曲变形所引起的载荷沿齿宽分布不均的现象。建议用于载荷比较平稳的场合。高速级可做成斜齿，低速级可制成直齿或斜齿 |
| | 分流式 | 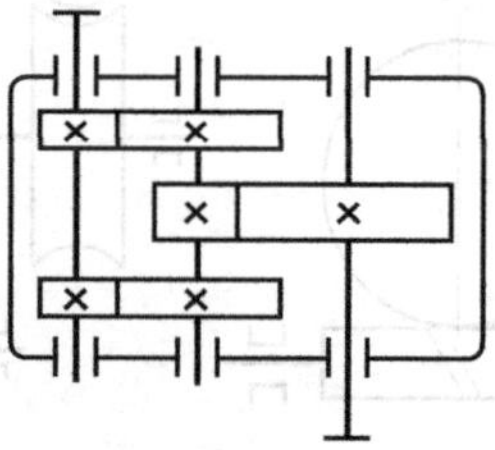 | $i=8\sim40$ | 高速级是双斜齿轮传动，低速级齿轮为人字齿或直齿。结构复杂，但低速级齿轮与轴承对称，载荷沿齿宽分布均匀，轴承受载也平均分配。中间轴危险断面上的转矩是传动转矩的一半。建议用于变载荷的场合 |
| | 同轴式 | 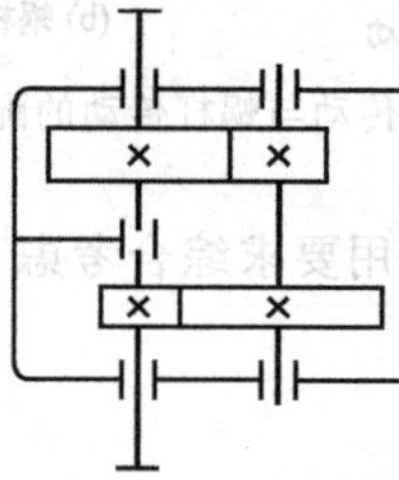 | $i=8\sim40$ | 减速器长度较短，两对齿轮浸入油中深度大致相等。但减速器的轴向尺寸及重量较大；高速级齿轮的承载能力难于充分利用；中间轴较长，刚性差，载荷沿齿宽分布不均，仅能有一个输入和输出轴端，限制了传动布置的灵活性 |

表 1-31　常用圆锥及圆锥-圆柱齿轮减速器形式、特点及应用

| 类　型 | 简　图 | 传动比范围 | 特 点 及 应 用 |
|---|---|---|---|
| 单级圆锥齿轮减速器 | 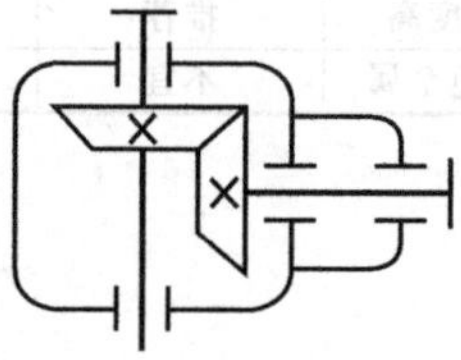 | 直齿 $i \leqslant 3$；斜齿、曲齿 $i \leqslant 6$ | 用于输入轴和输出轴两轴线垂直相交的传动，可制成卧式或立式。由于锥齿轮制造较复杂，仅在传动布置需要时才采用 |
| 圆锥-圆柱齿轮减速器 | 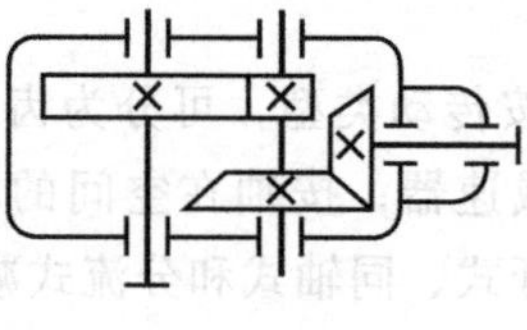 | $i=8\sim15$ | 特点同单级锥齿轮减速器。锥齿轮应布置在高速级，以使锥齿轮的尺寸不致过大，否则加工困难，锥齿轮可制成直齿、斜齿或曲齿，圆柱齿轮可制成直齿或斜齿 |

表 1-32　常用蜗杆及蜗杆-齿轮减速器形式、特点及应用

| 类型 | | 简图 | 传动比范围 | 特点及应用 |
|---|---|---|---|---|
| 单级蜗杆减速器 | 蜗杆下置式 | 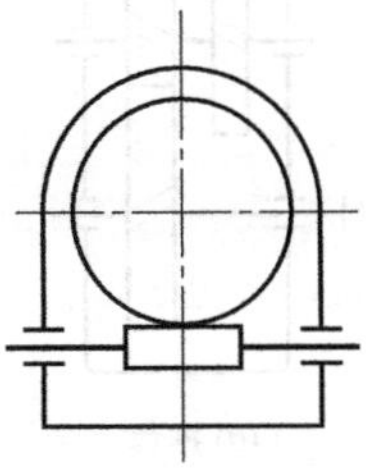 | $i=10\sim80$ | 蜗杆布置在蜗轮的下边，啮合处的冷却和润滑都较好，同时蜗杆轴承的润滑也较方便。但蜗杆圆周速度太大时，油的搅动损失太大，一般用于蜗杆圆周速度 $v<4\sim5\mathrm{m/s}$ |
| | 蜗杆上置式 | 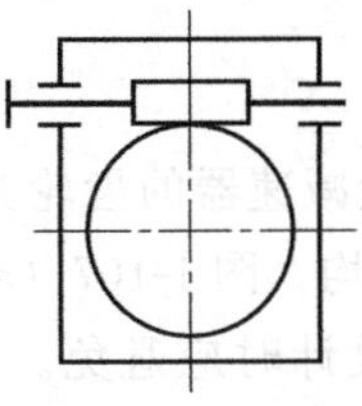 | $i=10\sim80$ | 蜗杆布置在蜗轮的上边，装拆方便，蜗杆的圆周速度允许高一些，但蜗杆轴承润滑不太方便，需采用特殊的结构措施 |
| 齿轮-蜗杆减速器 | | 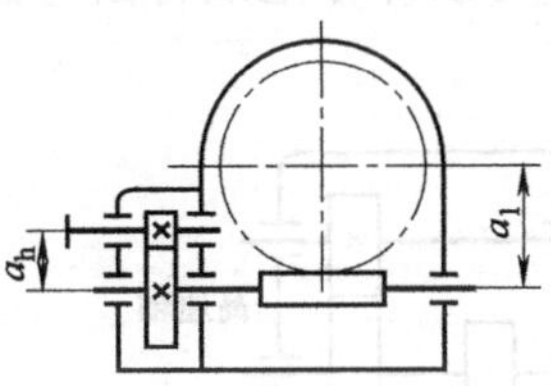  $a_h \approx a_1/2$ | $i=35\sim150$ | 齿轮在高速级，蜗杆在低速级，结构紧凑 |
| 蜗杆-齿轮减速器 | | 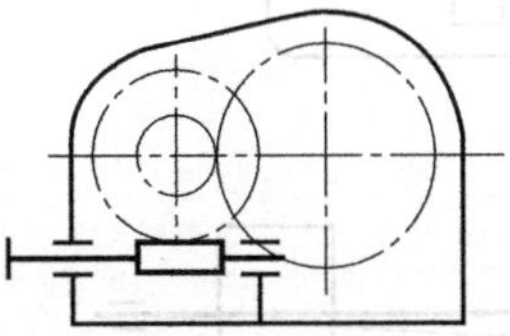 | $i=50\sim250$ | 蜗杆在高速级，齿轮在低速级，效率较高 |

## 1.7.2　常用减速器形式的选择

减速器的主要功能是降低转速和增大转矩。它是一个重要的传力部件，因此其结构设计着重解决的问题是：在传递要求功率和实现一定传动比的前提下，使结构尽量紧凑，并具有较高的承载能力。

（1）圆柱齿轮减速器形式的选择

1）两级展开式圆柱齿轮减速器形式选择

① 采用斜齿轮时应注意的问题　斜齿轮传动由于重合度大、传动平稳等优点，适于高速，所以展开式圆柱齿轮减速器的高速级宜采用斜齿轮，低速级可采用直齿轮［图 1-106（c）］或斜齿轮［图 1-106（d）］。若反之，高速级采用直齿轮而低速级采用斜齿轮［图 1-106（a）］则是不合理的。

若高速级与低速级均采用斜齿轮，应注意中间轴上两斜齿轮的齿轮旋向，应能使其轴向力互相抵消一部分（或全部抵消），如图 1-106（d）所示，而图 1-106（b）所示齿轮旋向不

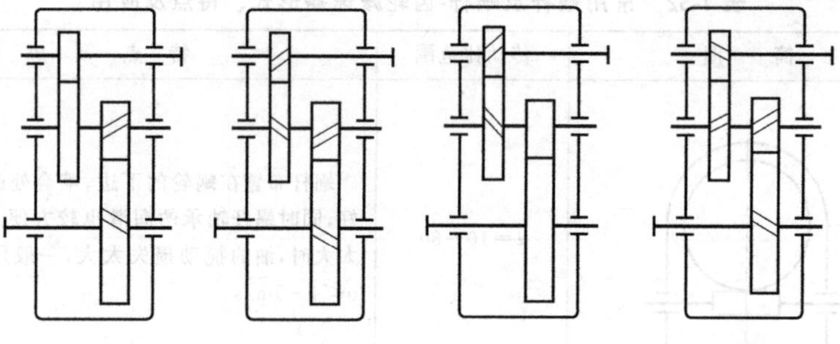

图 1-106　两级展开式圆柱齿轮减速器的不同形式

符合上述要求，是不合理的。

② 应使高速级齿轮远离转矩输入端　两级展开式圆柱齿轮减速器的齿轮为非对称布置，齿轮受力后使轴弯曲变形，引起齿轮沿宽度方向的载荷分布不均，图 1-107（a）高速级齿轮靠近转矩输入端，载荷分布不均现象比图 1-107（b）严重，设计时应避免。若将齿轮布置在远离转矩输入端［图 1-107（b）］，轴和齿轮的扭转变形可以部分地改善因弯曲变形引起的齿轮沿宽度方向的载荷分布不均。

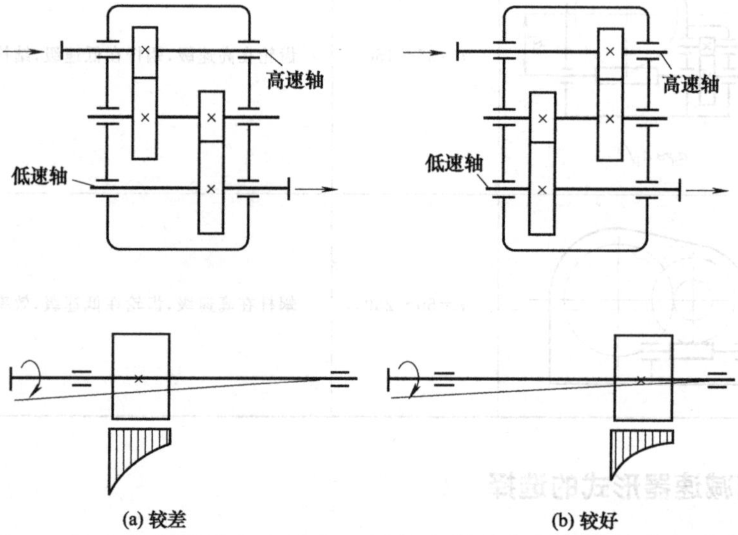

图 1-107　高速级齿轮应远离转矩输入端

2）两级分流式圆柱齿轮减速器形式选择

① 传递大功率宜采用分流传动　大功率减速器采用分流传动可以减小传动件尺寸。如展开式二级齿轮减速器［图 1-108（a）］若低速级采用分流传动［图 1-108（b）］，轴受力是对称的，齿轮接触情况较好，轴承受载也平均分配。所以大功率传动宜选用分流式减速器。

② 频繁约束载荷下宜采用分流传动　图 1-109 为混凝土穿孔钻具简图，采用两级齿轮减速电动机直接驱动钻具的结构。图 1-109（a）为两级展开式，为减小齿轮减速机构体积，将电动机出轴制成轴齿轮（齿轮 1）。正常作业时，一般不会有什么问题，但当过载时，如钻具碰到混凝土中的钢筋之类物件后，穿孔阻力矩将增加许多倍，这样大大增加了齿轮啮合

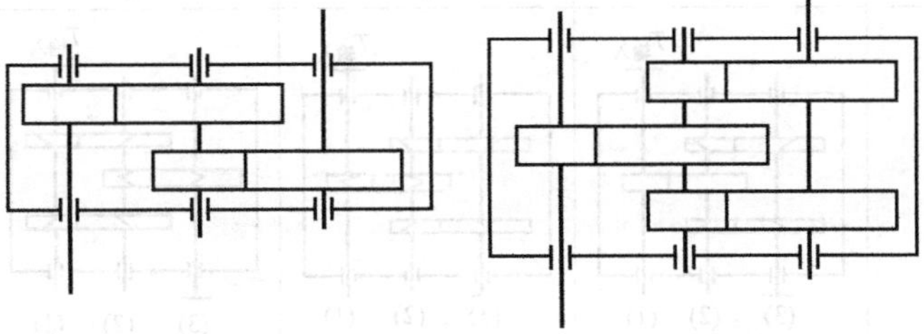


图 1-108　传递大功率宜采用分流传动

面上的作用力，使悬臂安装的电动机轴齿轮发生挠曲变形，同齿轮 2 的正常啮合受到破坏，因此极易发生异常磨损而损坏。图 1-109（b）在电动机出轴两侧对称配置了齿轮 2 和齿轮 3，使电动机的轴齿轮由一侧啮合变成两侧啮合，使载荷得到分流，齿面上受力降低了一半，同时也防止了轴较大的挠曲变形，因而避免了齿轮因异常磨损而损坏。

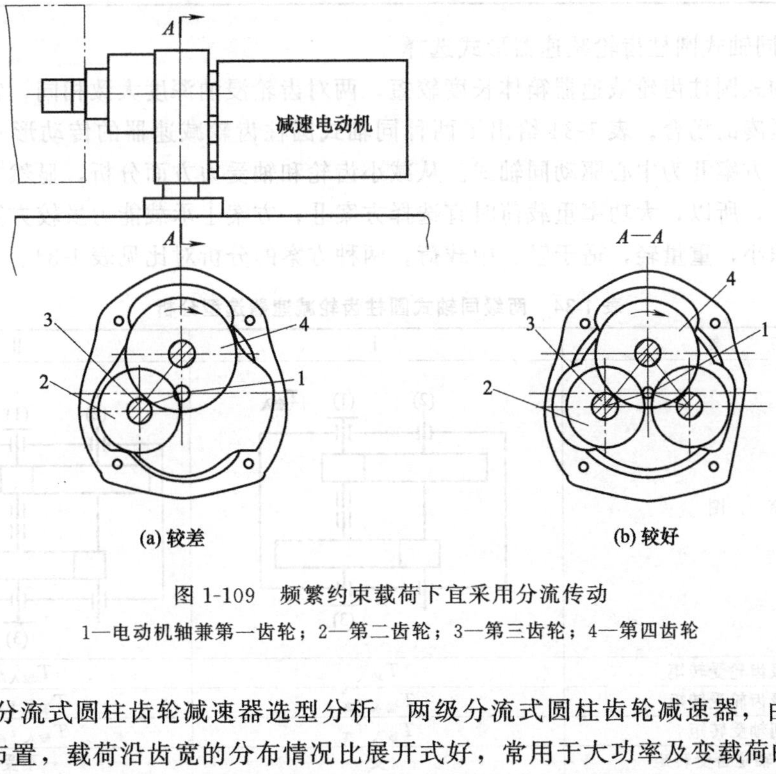


图 1-109　频繁约束载荷下宜采用分流传动

1—电动机轴兼第一齿轮；2—第二齿轮；3—第三齿轮；4—第四齿轮

③ 两级分流式圆柱齿轮减速器选型分析　两级分流式圆柱齿轮减速器，由于齿轮两侧的轴承对称布置，载荷沿齿宽的分布情况比展开式好，常用于大功率及变载荷的场合。由于低速级齿轮受力较大，所以使低速级齿轮单位载荷分布均匀尤为重要，现列出四种传动形式进行分析，如表 1-32 所示。方案Ⅰ、Ⅱ为低速级分流式，方案Ⅲ、Ⅳ为高速级分流式，分流级的齿轮均制成斜齿，一边右旋（左旋），另一边左旋（右旋），以抵消轴向力，这时应使其中的一根轴能做少量轴向游动，以免卡死齿轮，另一级为人字齿或直齿。

当低速级齿轮采用软齿面时，由于软齿面接触疲劳强度较低，为减少每对低速级齿轮传递的转矩，宜采用方案Ⅰ或Ⅱ；当低速级齿轮采用硬齿面时，由于硬齿面承载能力较高，并从结构紧凑的角度出发宜采用方案Ⅲ和Ⅳ，各方案选择对比分析列于表 1-33。

**表 1-33　两级分流式圆柱齿轮减速器选型分析**

| 方案 | | Ⅰ | Ⅱ | Ⅲ | Ⅳ |
|---|---|---|---|---|---|
| 简图 | | 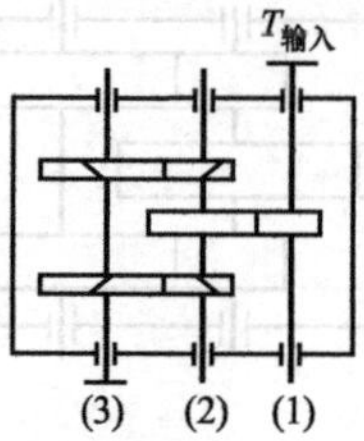 | 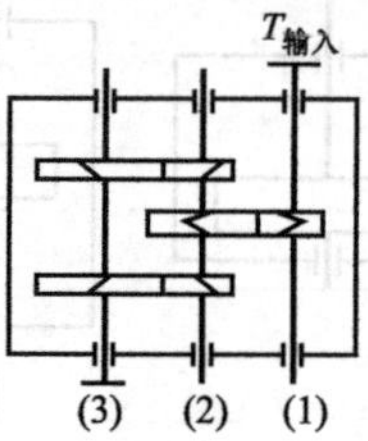 | 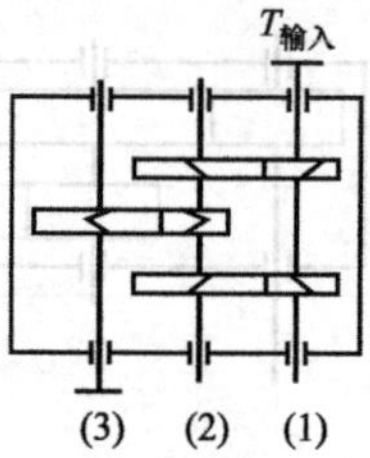 | 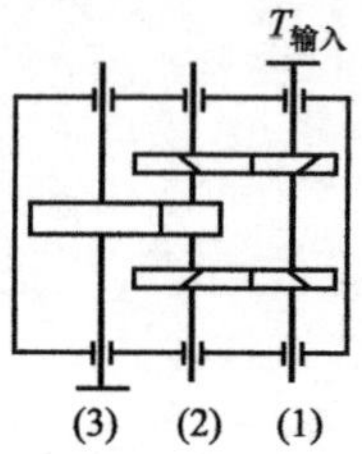 |
| 高速级 | 齿轮布置 | 两轴承中间 | 两轴承中间 | 靠近轴承 | 靠近轴承 |
| | 齿轮转矩 | $T_{输入}$ | $T_{输入}$ | $T_{输入}/2$ | $T_{输入}/2$ |
| 低速级 | 齿轮布置 | 靠近轴承 | 靠近轴承 | 两轴承中间 | 两轴承中间 |
| | 齿轮转矩 | $T_{输入}\ i_{高}/2$ | $T_{输入}\ i_{高}/2$ | $T_{输入}\ i_{高}$ | $T_{输入}\ i_{高}$ |
| 中间轴危险截面受转矩 | | $T_{输入}\ i_{高}/2$ | $T_{输入}\ i_{高}/2$ | $T_{输入}\ i_{高}/2$ | $T_{输入}\ i_{高}/2$ |
| 游动支承 | | (2) | (1)(2) | (1)(2) | (1) |
| 结论 | 低速轴齿轮软齿面 | 较好 | 较好 | 较差 | 较差 |
| | 低速轴齿轮硬齿面 | 较差 | 较差 | 较好 | 较好 |

3）两级同轴式圆柱齿轮减速器形式选择

两级同轴式圆柱齿轮减速器箱体长度较短，两对齿轮浸油深度大致相同，常用于长度方向要求结构紧凑的场合。表 1-34 给出了两种同轴式圆柱齿轮减速器的传动形式，方案Ⅰ为普通同轴式，方案Ⅱ为中心驱动同轴式。从减小齿轮和轴受力方面分析，显然方案Ⅱ比方案Ⅰ承载能力大，所以，大功率重载荷时宜选择方案Ⅱ；方案Ⅰ承载能力虽较方案Ⅱ低，但结构简单，体积小，重量轻，适于轻、中载荷。两种方案的分析对比见表 1-34。

**表 1-34　两级同轴式圆柱齿轮减速器选型分析**

| 方案 | | Ⅰ | Ⅱ |
|---|---|---|---|
| 简图 | | 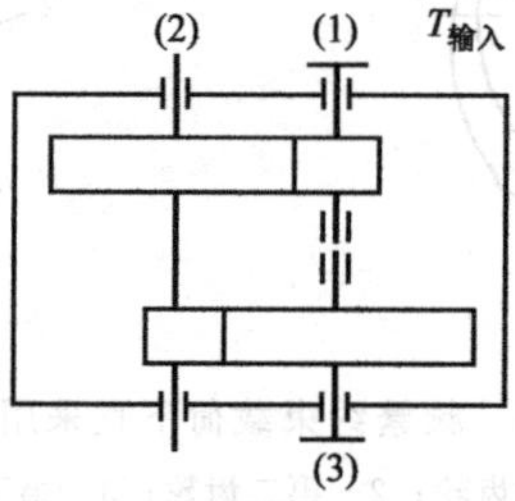 | 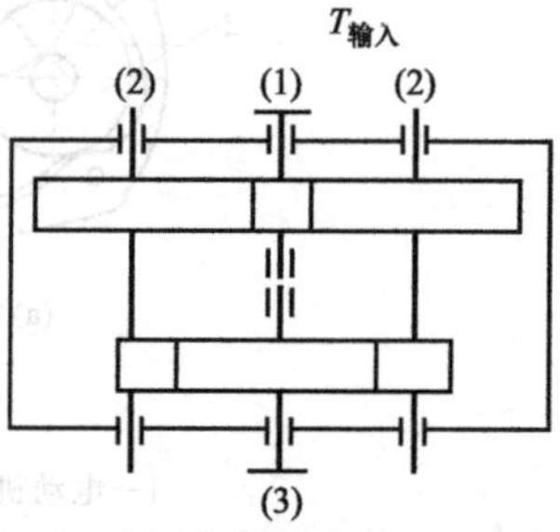 |
| 高速级齿轮受转矩 | | $T_{输入}$ | $T_{输入}/2$ |
| 低速级齿轮受转矩 | | $T_{输入}\ i_{高}$ | $T_{输入}\ i_{高}/2$ |
| 中间轴受转矩 | | $T_{输入}\ i_{高}$ | $T_{输入}\ i_{高}/2$ |
| (1)、(3)轴是否受转矩 | | 受 | 不受 |
| 结论 | 轻、中载荷 | 较好 | 较差 |
| | 重载荷 | 较差 | 较好 |

## (2) 圆锥-圆柱齿轮减速器形式的选择

1）圆锥齿轮传动应布置在高速级

如图 1-110（a）所示，将圆锥齿轮布置在低速级不合理。由于加工较大尺寸的圆锥齿轮有一定困难，且圆锥齿轮常常是悬臂布置，为使其受力小些，应将圆锥齿轮传动作为圆锥—圆柱齿轮减速器的高速级（载荷较小），如图 1-110（b）所示，这样圆锥齿轮的尺寸可以比布置在低速级［图 1-110（a)］减小，便于制造加工。

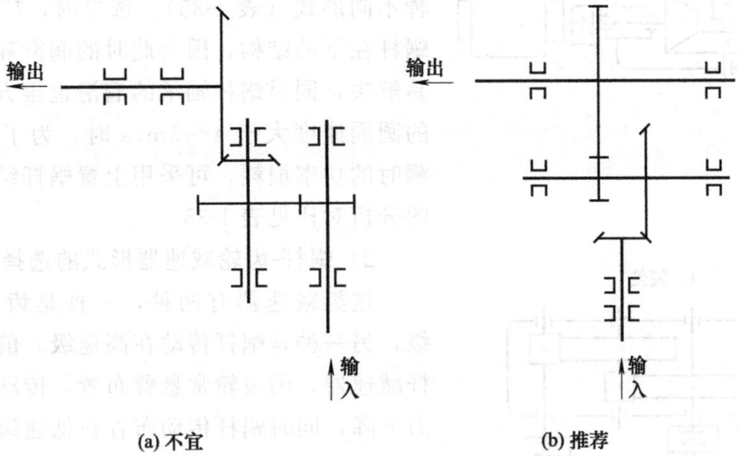


图 1-110 圆锥齿轮传动应布置在高速级

2）不宜选用大传动比的圆锥-圆柱齿轮散装传动装置

对于传动比较大，而且对工作位置有一定要求的传动装置，往往传动级数较多，结构也比较复杂。如图 1-111 所示的链式悬挂运输机的传动装置，电动机水平布置，链轮轴与地面垂直而且转速很低，这就要求传动比大，而且轴要成 90°布置。如采用图 1-111（a）所示的圆锥齿轮、圆柱齿轮传动的结构，这些传动装置作为散件安装，精度不高，缺乏润滑，安装困难，寿命较短；若改为传动比较大的一级蜗杆传动［图 1-111（b)］，安装方便，但效率较低；采用传动比大、效率高的行星传动或摆线针轮减速器，改用立式电动机直接装在减速器上，是很好的方案［图 1-111（c)］。

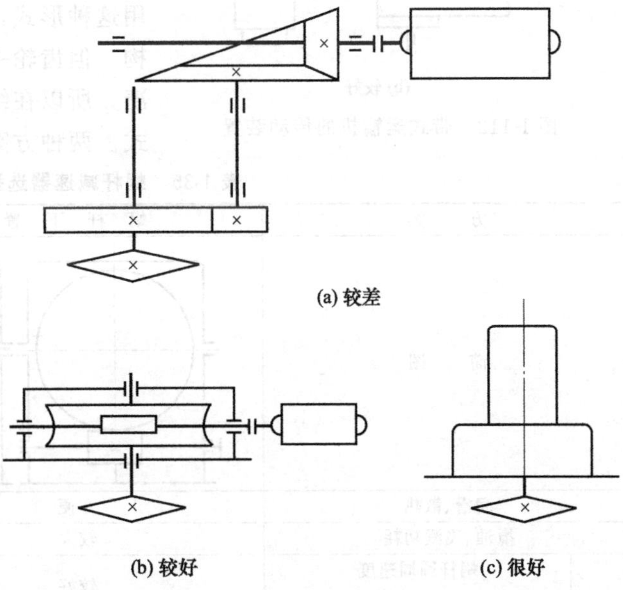


图 1-111 不宜选用大传动比圆锥-圆柱齿轮散装传动装置

3）两级圆柱齿轮减速器与圆锥-圆柱齿轮减速器的对比选择

圆柱齿轮尤其是斜齿圆柱齿轮传动，具有传动平稳、承载能力高、容易制造等优点，应优先选用。

如图 1-112 所示为带式运输机的两种传动方案，图 1-112（b）采用两级展开式圆柱齿轮减速器，图 1-112（a）采用圆锥-圆柱齿轮减速器。由于圆柱齿轮制造简单，运转平稳，承载能力高，宜优先选用。

（3）蜗杆及蜗杆-齿轮减速器形式的选择

1）单级蜗杆减速器形式的选择

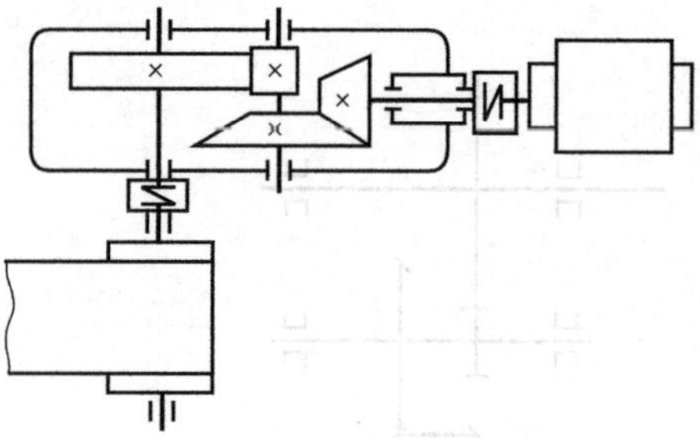

(a) 较差

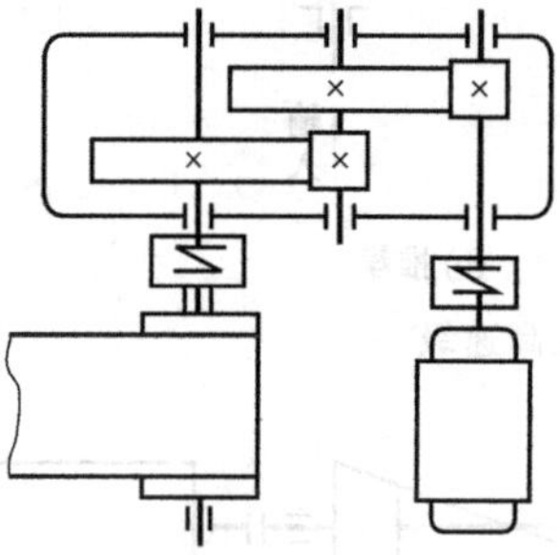

(b) 较好

图 1-112　带式运输机的传动装置

单级蜗杆减速器主要有蜗杆在上和蜗杆在下两种不同形式（表 1-35）。选择时，应尽可能地选用蜗杆在下的结构，因为此时的润滑和冷却问题较容易解决，同时蜗杆轴承的润滑也很方便。但当蜗杆的圆周速度大于 4～5m/s 时，为了减少搅油和飞溅时的功率损耗，可采用上置蜗杆结构。两种方案的分析对比见表 1-35。

2）蜗杆-齿轮减速器形式的选择

这类减速器有两种，一种是齿轮传动在高速级，另一种是蜗杆传动在高速级。前者即齿轮一蜗杆减速器，因齿轮常悬臂布置，传动性能和承载能力下降，同时蜗杆传动布置在低速级，不利于齿面压力油膜的建立，又增大了传动的负载，使磨损增大，效率较低，因此当以传递动力为主时，不宜采用这种形式，而应采用蜗杆传动布置在高速级的结构。但齿轮-蜗杆减速器比蜗杆-齿轮减速器结构紧凑，所以在结构要求紧凑的场合下，可选用此种形式。两种方案的分析对比见表 1-36。

**表 1-35　蜗杆减速器选型分析**

| 方　案 | | 蜗　杆　下　置 | 蜗　杆　上　置 |
|---|---|---|---|
| 简　图 | | 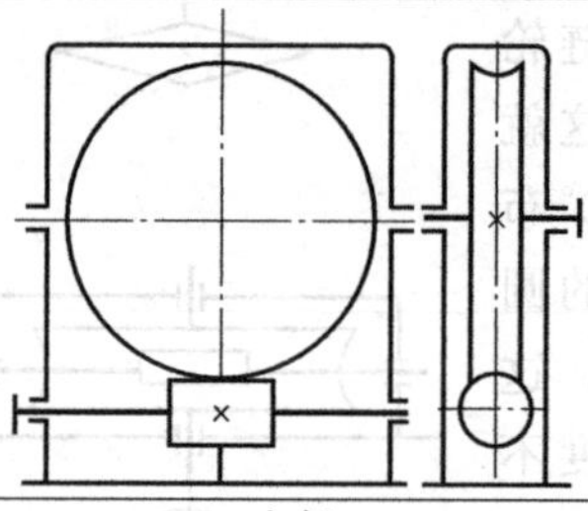 | 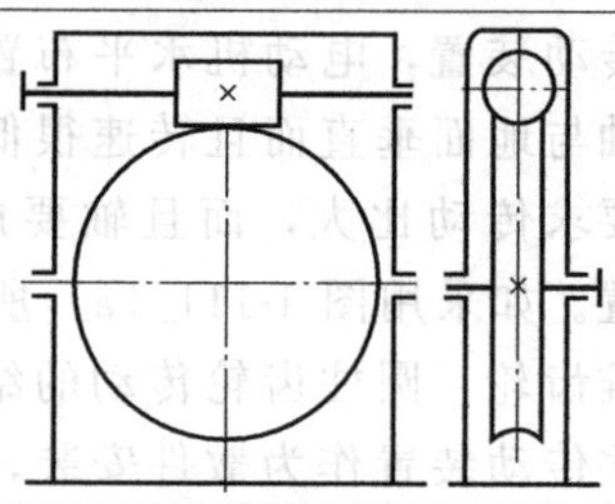 |
| 润滑、散热 | | 方便 | 不方便 |
| 搅油、飞溅功耗 | | 较大 | 较小 |
| 结论 | 蜗杆圆周速度 $v<4\sim5\text{m/s}$ | 较好 | 较差 |
| | 蜗杆圆周速度 $v>4\sim5\text{m/s}$ | 较差 | 较好 |

**表 1-36　蜗杆-齿轮减速器选型分析**

| 方　案 | 齿轮-蜗杆 | 蜗杆-齿轮 |
|---|---|---|
| 简　图 | 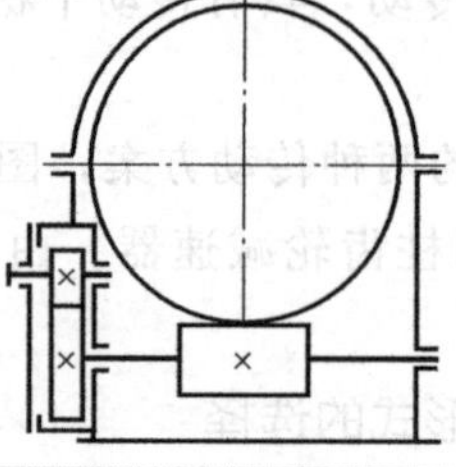 | 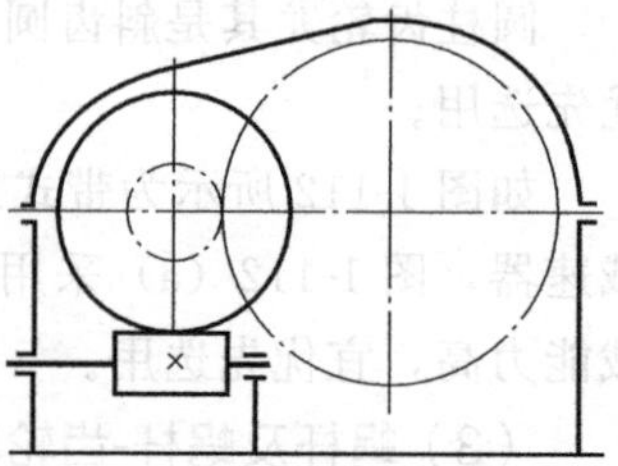 |
| 齿轮布置 | 大齿轮悬臂 | 非对称 |

续表

| 方　案 | | 齿轮-蜗杆 | 蜗杆-齿轮 |
|---|---|---|---|
| 蜗杆传动油膜 | | 不易形成 | 易形成 |
| 承载能力 | | 较低 | 较高 |
| 结构尺寸 | | 较小 | 较大 |
| 结论 | 传力为主($i=35\sim150$) | 较差 | 较好 |
| | 要求结构紧凑($i=50\sim250$) | 较好 | 较差 |

(4) 减速器的安装调整

1) 轴装式减速器便于安装调整

许多机械的传动装置，如图 1-113 (a) 所示，常可以分为电动机、减速器、工作机（图中所示为运输机滚筒）三个部分，各用螺栓固定在地基或机架上。各部分之间用联轴器连接，这些联轴器一般都用挠性的，即对其对中要求较低。但是为了提高传动效率，减少磨损和联轴器产生的附加力，在安装时还是尽量提高对准的精度，这就使安装调整的工作繁重。若改用轴装式减速器［图 1-113 (b)］就可避免这些麻烦。减速器的伸出端上装有带轮，用带传动连接电动机和减速器，减速器输出轴为空心轴，套在滚筒轴上，并用键连接传递转矩，轴装式减速器不需要底座，在减速器的壳体上装有支承杆，杆的另一端可以固定在适当的位置以防止减速器转动。输入轴可围绕输出轴调整到任意合适的位置。

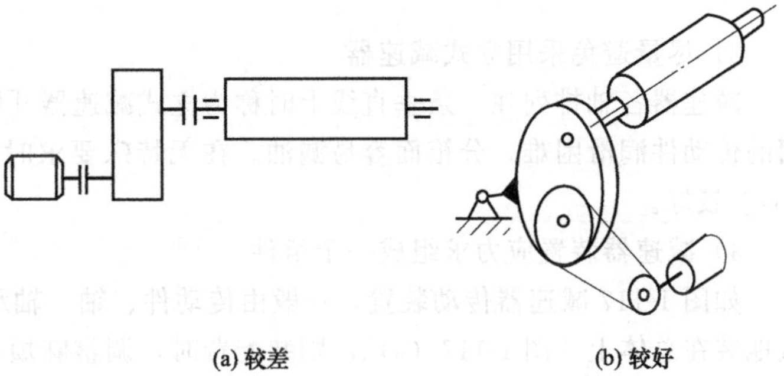


图 1-113　轴装式齿轮减速器便于安装调整

轴装式齿轮减速器具体形式如图 1-114 所示。

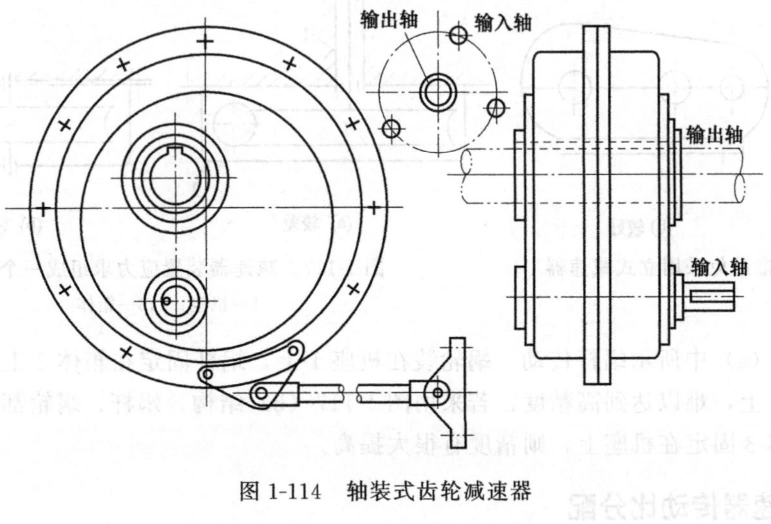


图 1-114　轴装式齿轮减速器

2) 减速器底座与电动机一体易于安装调整

如图 1-115 (a) 所示传动系统，电动机、减速器、底座分别设置，安装时，电动机、减速器不易对中，同轴度误差较大，运转中若一底座稍有松动，将会造成整个系统运转不平稳，且阻力增加，影响传动质量。若如图 1-115（b）所示将电动机底座与减速器底座作为一个整体，则便于安装调整，且运转情况良好。

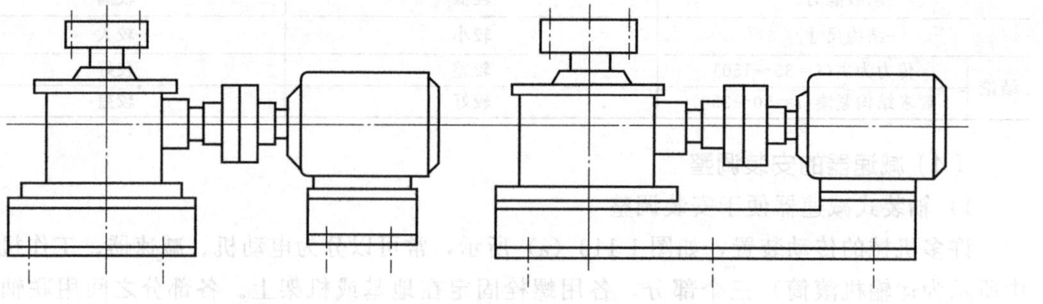

(a) 较差　　(b) 较好

图 1-115　减速器底座与电动机一体易于安装调整

3）尽量避免采用立式减速器

减速器各轴排列在一条垂直线上时称为立式减速器［图 1-116（a）］，其主要缺点是最上面的传动件润滑困难，分箱面容易漏油。在无特殊要求时，采用普通卧式减速器［图 1-116（b）］较好。

4）减速器装置应力求组成一个组件

如图 1-117 减速器传动装置，一般由传动件、轴、轴承和支座等组成。这些零件如果分散地装在总体上［图 1-117（a）］，则装配费时，调整麻烦，而且难以保证传动质量，因为各轴之间的平行度、中心距等难以达到较高的精度。若把轴承的支座连成一体，轴承、轴、传动件等都固定在它的上面，再由箱体把这些零件封闭成一个整体［图 1-117（b）］，则不但可以解决单元性和安装精度问题，而且可以改善润滑、隔离噪声、防尘防锈、保证安全、延长寿命等，使传动质量提高。

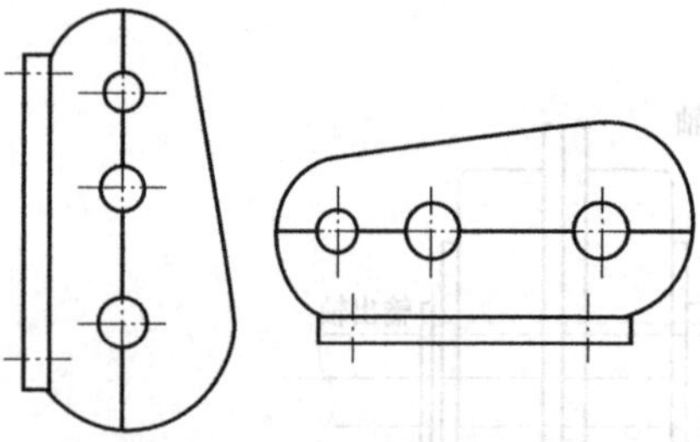

(a) 较差　　(b) 较好

图 1-116　尽量避免采用立式减速器

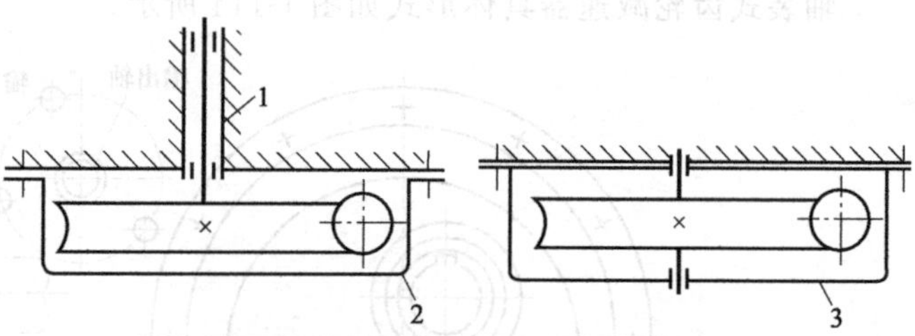


(a) 较差　　(b) 较好

图 1-117　减速器装置应力求组成一个组件

1—机座；2,3—箱体

图 1-117（a）中所示蜗杆传动，蜗轮装在机座 1 上，蜗杆固定在箱体 2 上，再把箱体 2 固定在机座 1 上，难以达到高精度，若采用图 1-117（b）结构，蜗杆、蜗轮都安装在箱体 3 中，再将箱体 3 固定在机座上，则精度有很大提高。

## 1.7.3　减速器传动比分配

（1）单级减速器传动比的选择

当减速器的传动比较大时，如果仅采用一对齿轮传动（单级传动），必然会使两齿轮的尺寸相差很大，影响减速器的平面布局，使其结构不够紧凑，例如图 1-118（a）所示的传动比 $i=6$ 的单级圆柱齿轮减速器，就比图 1-118（b）的 $i=6=i_1 i_2=2\times3$ 的两级圆柱齿轮减速器所占的平面面积大很多，所以单级减速器的传动比不宜过大。一般对于圆柱齿轮，当传动比 $i<5$ 时，可采用单级传动，大于 5 时，最好选用两级（$i=6\sim40$）和三级（$i>40$）的减速器。

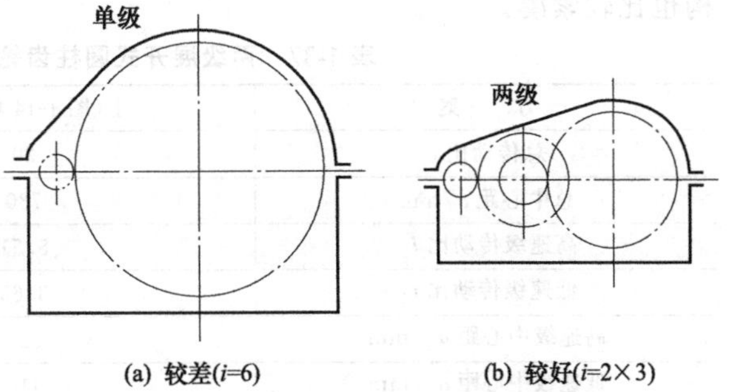

图 1-118　单级传动比对减速器结构的影响

对于圆锥齿轮减速器，采用直齿时单级传动比 $i\leqslant3$，斜齿或曲齿时，单级传动比 $i\leqslant6$，对于蜗杆减速器，单级传动比为 $i=10\sim80$。

（2）两级和两级以上减速器传动比分配

在设计两级及两级以上的减速器时，合理地分配各级传动比是很重要的，因为它将影响减速器的外廓尺寸和重量以及润滑条件等，现以两级圆柱齿轮减速器为例，说明传动比分配一般应注意的几个问题。

1）尽量使传动装置外廓尺寸紧凑

如图 1-119 所示两级圆柱齿轮减速器，在总中心距和传动比相同时，粗实线所示方案（高速级传动比 $i_1=5.51$，低速级传动比 $i_2=3.63$）具有较小的外廓尺寸，这是由于 $i_2$ 较小时，低速级大齿轮直径较小的缘故。

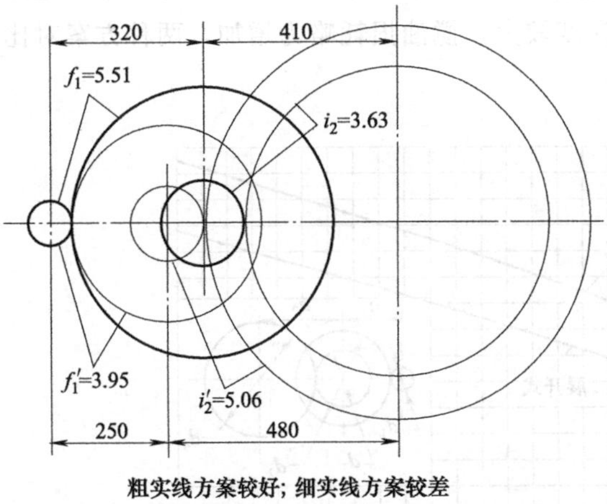

图 1-119　两级圆柱齿轮减速器传动比分配对比

理论分析表明，若两级小齿轮分度圆直径相同，两级传动比分配相等时，可使两级齿轮传动体积最小，但此时两级齿轮传动的强度相差较大，一般对于精密机械，特别是移动式精密机械，常采用这一分配原则。

2）尽量使各级大齿轮浸油深度合理

圆周速度 $v\leqslant12\sim15\text{m/s}$ 的齿轮减速器广泛采用油池润滑，自然冷却。为减少齿轮运动的阻力和油的温升，浸入油中齿轮的深度以 1～2 个齿高为宜（图 1-120），最深不得超过 1/3 的齿轮半径。为使各级齿轮浸油深度大致相当，在卧式减速器设计中，希望各级大齿轮直径相近，以避免为了各级齿轮都能浸到油，而使某级大齿轮浸油过深而造成搅油功耗增加。通常两级圆柱齿轮减速器中，低速级中心距大于高速级，因而，应使高速级传动比大于低速级，例如图 1-119 粗实线方案，可使两级大齿轮直径相近，浸油深度较为合理。图 1-119 中粗实线与细实线两种方案的对比分析见表 1-37。

对于两级展开式圆柱齿轮减速器，一般主要是考虑满足浸油润滑的要求，如图 1-120 所示，如前所述应使两个大齿轮直径 $d_2$、$d_4$ 大小相近。在两对齿轮配对材料相同、两级齿宽系数 $\Psi_{d1}$、$\Psi_{d2}$ 相等的情况下，其传动比分配，可按图 1-121 中的展开式曲线选取，这时结构也比较紧凑。

表 1-37　两级展开式圆柱齿轮减速器传动比分配比较

| 方　　案 | Ⅰ(图 1-14 粗实线) | Ⅱ(图 1-14 细实线) |
|---|---|---|
| 总传动比 $i$ | 20 | 20 |
| 总中心距 $a$/mm | 730 | 730 |
| 高速级传动比 $i_1$ | 5.51 | 3.95 |
| 低速级传动比 $i_2$ | 3.63 | 5.06 |
| 高速级中心距 $a_1$/mm | 320 | 250 |
| 低速级中心距 $a_2$/mm | 410 | 480 |
| 两级大齿轮浸油深度 | 合理 | 不合理 |
| 外廓尺寸 | 较小 | 较大 |
| 结论 | 较好 | 较差 |

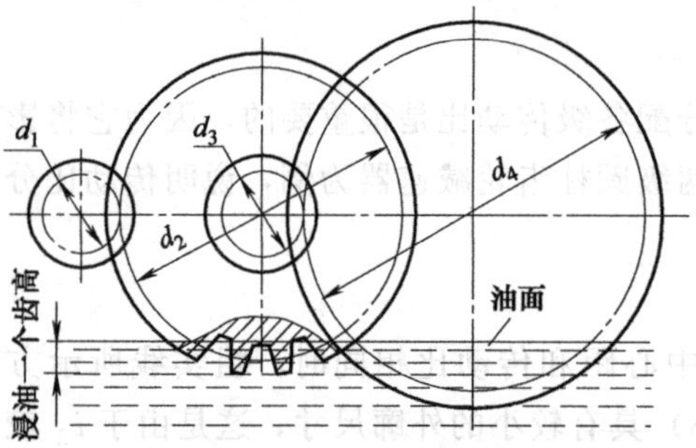


图 1-120　两级展开式圆柱齿轮减速器浸油润滑

对于两级同轴式圆柱齿轮减速器，为使两级大齿轮浸油深度相等，即 $d_2=d_4$，两级传动比分配可取 $i_1=i_2=i^{1/2}$，式中 $i$ 为总传动比，$i_1$、$i_2$ 分别为高速级与低速级传动比。此种传动比分配方案虽润滑条件较好，但不能使两级齿轮等强度，高速级强度有富裕，所以其减速器外廓尺寸比较大，如图 1-122 中的细实线所示。图 1-122 中粗实线为按接触强度相等条件进行传动比分配（按图 1-121）的尺寸，显然比前者结构紧凑，但后者高速级的大齿轮浸油深度较大，搅油损耗略为增加，两种方案对比见表 1-37。

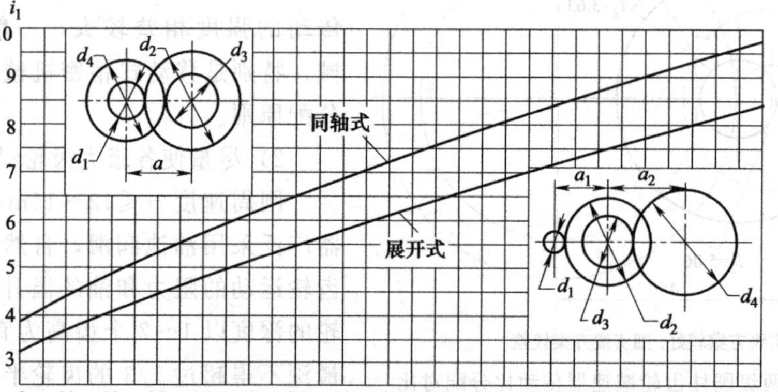


图 1-121　两级圆柱齿轮减速器传动比分配

$i_1$—高速级传动比；$i$—总传动比

3）使各级传动承载能力近于相等的传动比分配原则

对于展开式和分流式两级圆柱齿轮减速器，当高速级和低速级传动的材料相同、齿宽系数相等，按轮齿接触强度相等条件进行传动比分配时，应取高速级的传动比 $i_1$ 为

$$i_1=\frac{i-1.5\sqrt[3]{i}}{1.5\sqrt[3]{i}-1}$$

式中，$i$ 为减速器的总传动比。

对于两级同轴式圆柱齿轮减速器，为使两级在齿轮中心距相等的情况下，能达到两对齿轮的接触强度相等的要求，在两对齿轮配对材料相同、齿宽系数 $\Psi_{d1}/\Psi_{d2}=1.2$ 的条件下，其传动比分配可按图 1-121 中同轴式曲线选取。这种传动比分配的结果，高速级大齿轮 $d_2$ 会略大于低速级大齿轮 $d_4$（见图 1-122 中的粗实线），这样高速级大齿轮浸油比低速级大齿轮深，搅油损耗会略增加。前例总传动比 $i=20$ 条件下，按等润滑和等强度分配传动比的两种方案的对比见图 1-122 和表 1-38。

一般在传递功率较大时，应尽量考虑按等强度原则分配传动比。

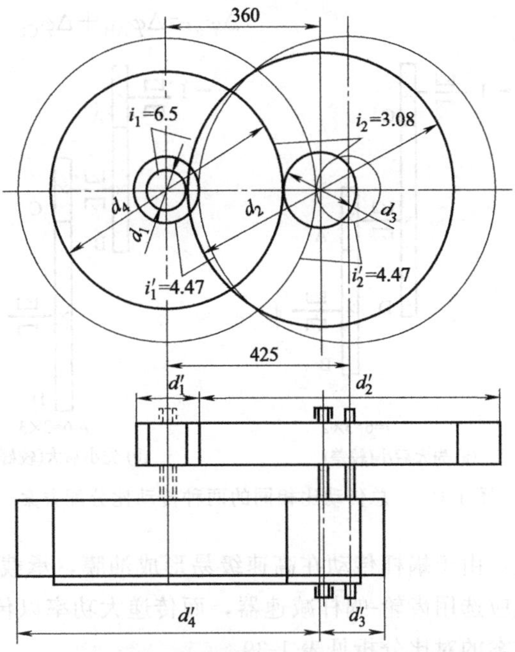


图 1-122 两级同轴式圆柱齿轮减速器传动比分配

4）要考虑各传动件彼此之间不发生干涉

如图 1-123 所示两级展开式圆柱齿轮减速器中，由于高速级传动比分配过大，例如取 $i_1=2i_2$，致使高速级的大齿轮的轮缘与低速级的大齿轮轴相碰。

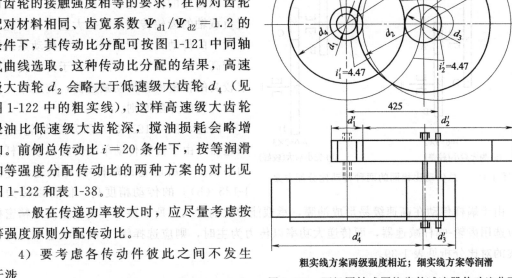

表 1-38 两级同轴式圆柱齿轮减速器传动比分配比较

| 方案 | | Ⅰ(图 1-122 粗实线) | Ⅱ(图 1-122 细实线) |
|---|---|---|---|
| 总传动比 $i$ | | 20 | 20 |
| 高速级传动比 $i_1$ | | 6.5 | 4.47 |
| 低速级传动比 $i_2$ | | 3.08 | 4.47 |
| 高速级中心距 $a_1$/mm | | 360 | 425 |
| 低速级中心距 $a_2$/mm | | 360 | 425 |
| 结论 | 满足等润滑 | 较差($d_2>d_4$) | 较好($d'_4=d'_2$) |
| | 满足等强度(传递功率较大) | 较好 | 较差 |
| | 结构紧凑 | 较好 | 较差 |

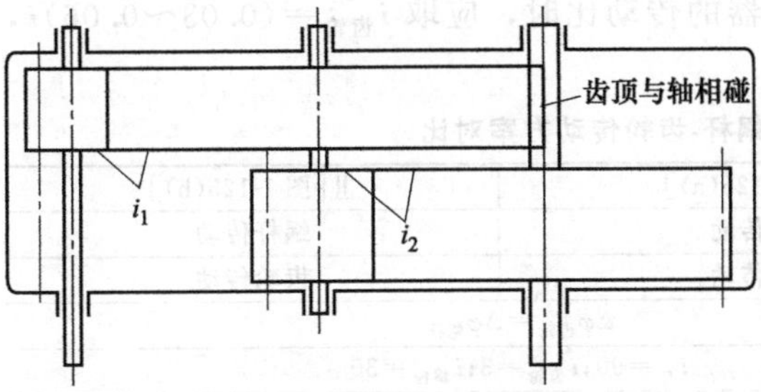


图 1-123 高速级大齿轮与低速级大齿轮轴相碰

5）提高传动精度的传动比分配原则

图 1-124 所示为总传动比相同的展开式圆柱齿轮减速传动的两种传动比分配方案，它们都具有完全相同的两对齿轮 A、B 及 C、D，其中 $i_{AB}=2$，$i_{CD}=3$。显然两种方案的不同点是：在图 1-124（b）所示方案中，齿轮副 A、B 布置在高速级；而图 1-124（a）所示方案中，齿轮副 C、D 布置在高速级。如果各对齿轮的转角误差相同，既 $\Delta\varphi_{AB}=\Delta\varphi_{CD}$，则图 1-124（b）所示方案中，从动轴Ⅱ的转角误差为

$$\Delta\varphi_b=\Delta\varphi_{CD}+\Delta\varphi_{AB}/i_{CD}=\Delta\varphi_{CD}+\Delta\varphi_{AB}/3$$

而图 1-124（a）所示方案中，从动轴Ⅱ的转角误差为

$$\Delta\varphi_a = \Delta\varphi_{AB} + \Delta\varphi_{CD}/i_{AB} = \Delta\varphi_{AB} + \Delta\varphi_{CD}/2$$

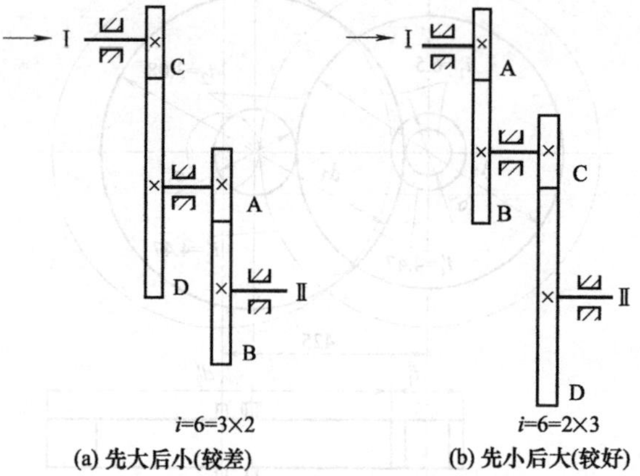


图 1-124 总传动比相同的两种传动比分配方案

比较以上两式，可见 $\Delta\varphi_a > \Delta\varphi_b$，所以按图 1-124（b）所示方案，使靠近原动轴的前几级齿轮的传动比取得小一些，而后面靠近负载轴的齿轮传动比取得大些，即“先小后大”的传动比分配原则，可使传动系统获得较高的传动精度。因此，对于传动精度要求较高的精密齿轮传动减速器，应遵循“由小到大”的分配原则。

同理，图 1-125（a）所示的齿轮-蜗杆减速器，由于齿轮传动单级传动比较蜗杆传动小很多，所以它比蜗杆-齿轮减速器［图 1-125（b）］的传动精度高，但若以传力为主，由于蜗杆传动在高速级易形成油膜，承载能力比前者大，所以要求传动精度高的精密机械应选用齿轮-蜗杆减速器，而传递大功率以传力为主时，则应选择蜗杆-齿轮减速器。两种方案的对比分析见表 1-39。

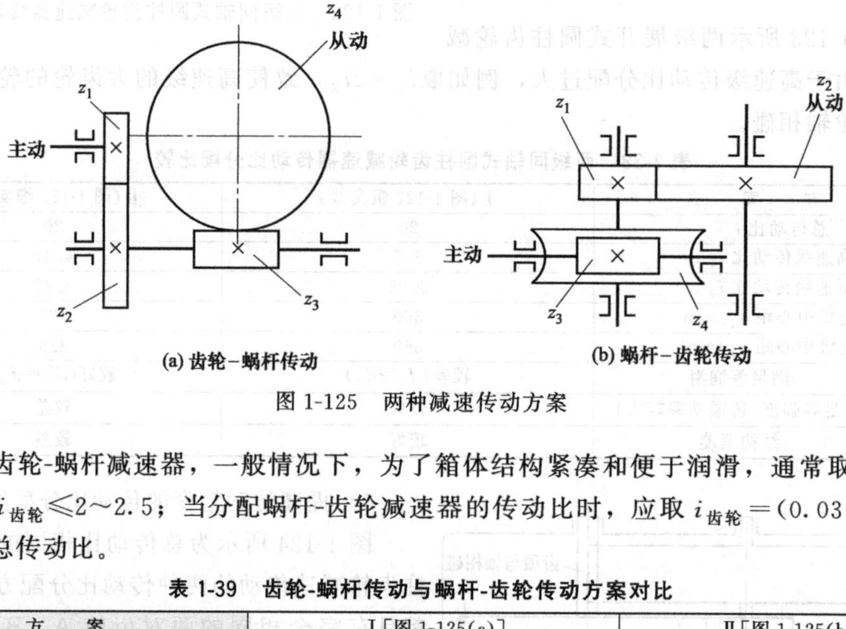


图 1-125 两种减速传动方案

对于齿轮-蜗杆减速器，一般情况下，为了箱体结构紧凑和便于润滑，通常取齿轮传动的传动比 $i_{齿轮} \leqslant 2 \sim 2.5$；当分配蜗杆-齿轮减速器的传动比时，应取 $i_{齿轮} = (0.03 \sim 0.06)i$，其中 $i$ 为总传动比。

**表 1-39 齿轮-蜗杆传动与蜗杆-齿轮传动方案对比**

| 方案 | | Ⅰ[图 1-125(a)] | Ⅱ[图 1-125(b)] |
|---|---|---|---|
| 高速级 | | 齿轮传动 | 蜗杆传动 |
| 低速级 | | 蜗杆传动 | 齿轮传动 |
| 转角误差 | | $\Delta\varphi_{齿轮} = \Delta\varphi_{蜗杆}$ | |
| 传动比 | | $i_{总} = 90; i_{齿轮} = 3; i_{蜗杆} = 30$ | |
| 输出轴转角误差 | | $\Delta\varphi_a = \Delta\varphi_{齿轮}/30 + \Delta\varphi_{蜗杆}$（较小） | $\Delta\varphi_b = \Delta\varphi_{蜗杆}/3 + \Delta\varphi_{齿轮}$（较大） |
| 传动精度 | | 较高 | 较低 |
| 承载能力 | | 较小 | 较大 |
| 结论 | 精密传动 | 推荐 | 不宜 |
| | 大功率传力为主 | 不宜 | 推荐 |

（3）采用现代设计方法分配传动比

上述一些传动比分配原则，要想严格地同时满足，一般情况下是不可能的，应根据使用要求、结构要求和工作条件等，区分主次，灵活运用这些原则，合理进行各级传动比的分配。但由于多数分配原则采用经验公式进行传动比分配，算法粗糙，常需反复试算、修正才能得到满意的结果，手工计算十分麻烦。如果对各级传动比分配原则，给出理论计算式，并采用现代设计方法，则可大大提高设计速度与设计质量。举例说明如下。

1）圆锥-圆柱齿轮减速器最佳传动比分配

如图 1-126 所示圆锥-斜齿圆柱齿轮减速器，已知总传动比 $i=15$，小圆锥齿轮上的工作转矩 $T_1=44.5\text{N}\cdot\text{m}$，两级传动载荷系数 $K_1=K_2=1.2$，许用接触应力 $[\sigma_{H1}]=[\sigma_{H2}]=675\text{MPa}$，圆锥齿轮齿宽系数 $\Psi_R=0.3$，圆柱齿轮齿宽系数 $\Psi_d=1$，试按等润滑条件、最小间隙（$\Delta$）条件（大圆锥齿轮与低速轴不相碰条件）及最小长度条件分配传动比。

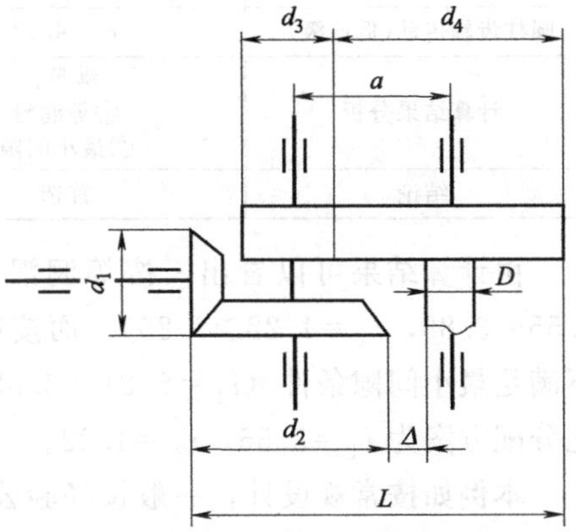

图 1-126　圆锥-斜齿圆柱齿轮减速器简图

① 按接近等润滑条件分配传动比解析式

$$i_2^3(i_2+1)-1.52C^3 i=0 \tag{1-2}$$

式中，$i_2$ 为低速级斜齿圆柱齿轮传动的传动比。

由式（1-2）解得 $i_2$，即可求得圆锥齿轮传动比 $i_1$。

$$C=C_1/C_2$$

$$C_1=586\sqrt[3]{\frac{K_1 T_1}{\Psi_R(1-0.5\Psi_R)^2[\sigma_{H1}]^2}}$$

$$C_2=378\sqrt[3]{\frac{K_2 T_1}{\Psi_d[\sigma_{H2}]^2}}$$

式（1-2）为既满足强度条件又满足接近等润滑条件的最佳传动比方程，该方程为一高次方程，一般手工计算很困难，可通过计算机求解。

② 按最小间隙（$\Delta$）分配传动比的解析式

$$i_2 \geqslant \sqrt[4]{\frac{8C^3 i}{(1.92-G)^3}}-1 \tag{1-3}$$

式中，$G=D/a$，$a$ 为圆柱齿轮传动中心距，$D$ 为低速级轴径，$a$、$D$ 可由强度计算及结构确定。式（1-3）满足最小间隙 $\Delta\approx 0.04a$。

③ 按最小长度（$L$）条件分配传动比解析式　由图 1-126 可见，减速器的名义长度为 $L=0.5d_2+a+0.5d_4$，由有关文献可推导出

$$L=C_1\sqrt[3]{\frac{i^2}{i_2^2}}+C_2\sqrt[3]{\frac{i(i_2+1)^4}{i_2^2}}+C_2\sqrt[3]{ii_2(i_2+1)}$$

为使减速器的长度最短，令 $\frac{dL}{di_2}=0$，得

$$-2C\sqrt[3]{\frac{i^2}{i_2^5}}+2(i_2-1)\sqrt[3]{\frac{i(i_2+1)}{i_2^5}}+(2i_2+1)\sqrt[3]{\frac{i}{i_2^2(i_2+1)^2}}=0 \tag{1-4}$$

式（1-4）为既满足强度条件又满足最小长度条件的最佳传动比方程。由式（1-4）解得

的 $i_2$ 可求得 $i_1$，式（1-4）为一超越方程，手工计算很困难，可通过计算机求解。

将已知数据代入式（1-2）～式（1-4），通过计算机可迅速准确求得满足上述不同传动比分配原则的各级传动比，见表 1-40。式（1-2）～式（1-4）的推导见有关文献。

**表 1-40　圆锥-圆柱齿轮减速器传动比分配理论计算值分析**

| 分配原则 | 接近等润滑 | 最小间隙条件 | 最小长度条件 |
|---|---|---|---|
| 总传动比 | $i=i_1i_2=15$ | | |
| 圆锥齿轮传动(高速级) | $i_1=3.55$ | $i_1<3.88$ | $i_1=5.81$ |
| 圆柱齿轮传动(低速级) | $i_2=4.22$ | $i_2\geqslant3.86$ | $i_2=2.58$ |
| 计算结果分析 | 满足：<br>①等润滑<br>②最小间隙 | 满足：最小间隙<br>不满足：等润滑 | 满足：最小长度<br>不满足：最小间隙<br>大锥轮与低速轴相碰 |
| 结论 | 首选 | 次选 | 不可取 |

由计算结果可以看出，按等润滑条件确定的传动比也同时满足最小间隙条件（$i_1=3.55<3.88$，$i_2=4.22>3.86$），而按最小长度条件分配的传动比既不满足等润滑条件，也不满足最小间隙条件（$i_1=5.81>3.88$，$i_2=2.58<3.86$），应予以舍去，所以最佳的传动比分配方案为 $i_1=3.55$，$i_2=4.22$。

本例如按常规设计，一般按经验公式取圆锥齿轮传动比 $i_1\approx(0.22\sim0.28)i$，至于最小间隙条件需试算、试画，最后才能决定取舍，设计比较麻烦。

2）三级圆锥-圆柱齿轮减速器最佳传动比分配

如图 1-127 所示三级圆锥-圆柱齿轮减速器，已知总传动比 $u=50$，低速级大圆柱齿轮上的工作转矩 $T=45\text{N}\cdot\text{m}$，三级传动载荷系数 $K_1=K_2=K_3=1.2$，许用接触应力 $[\sigma_{H1}]=[\sigma_{H2}]=[\sigma_{H3}]=675\text{MPa}$，圆锥齿轮齿宽系数 $\Psi_R=0.3$，斜齿圆柱齿轮齿宽系数 $\Psi_{d2}=1$，$\Psi_{d3}=1.2$。试按等润滑条件、最小间隙条件及最小长度条件分配传动比。

① 按接近等润滑条件分配传动比解析式　等润滑条件解析式为

$$\begin{cases}1.15^3c_1(u_2+1)u_2-c_2u_3^2(u_3+1)=0\\c_1(u_3+1)u_2^3u_3-0.19u=0\end{cases}\tag{1-5}$$

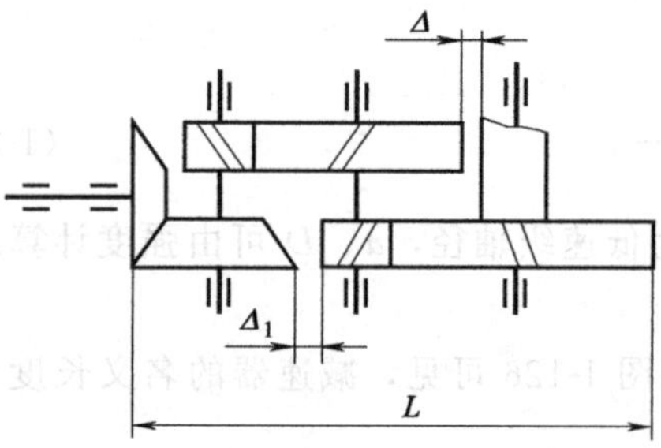


图 1-127　圆锥-斜齿圆柱齿轮减速器简图

式中，$u_2$ 为中间级传动比；$u_3$ 为低速级传动比；$c_1=c_z/c_g$；$c_2=c_d/c_g$。

$$c_g=96^3K_1/\{(1-0.5\Psi_R)^2\Psi_R[\sigma]_{H1}^2\}$$

$$c_z=237^2K_2/([\sigma]_{H2}^2\Psi_{d2})$$

$$c_d=237^2K_3/([\sigma]_{H3}^2\Psi_{d3})$$

式（1-5）中，$u_2$、$u_3$ 为待求量，求得 $u_2$、$u_3$ 后可求得高速级传动比 $u_1$。

② 按最小间隙分配传动比解析式　最小间隙传动比解析式为

$$\begin{cases}0.484c_2(u_3+1)^4-c_1u_2u_3(u_2+1)\geqslant0\\\sqrt[3]{\dfrac{c_1(u_2+1)^4}{u_2^2}}-0.5\sqrt[3]{\dfrac{u}{u_2^2u_3}}-(0.06u_3+1.06)\sqrt[3]{\dfrac{c_2(u_3+1)}{u_3}}\geqslant0\end{cases}\tag{1-6}$$

式（1-6）中，$u_2$、$u_3$ 为待求量，求得 $u_2$、$u_3$ 后可求得高速级传动比 $u_1$。

③ 按最小长度条件分配传动比解析式　由有关文献可推导出

$$L=\sqrt[3]{c_g T}\left[0.5\sqrt[3]{\frac{u}{u_2^2 u_3^2}}+\sqrt[3]{\frac{c_1(u_2+1)^4}{u_2^2 u_3}}+(2u_3+1)\sqrt[3]{\frac{c_2(u_3+1)}{u_3^2}}\right]$$

上式表明，$L$ 是 $u_2$ 与 $u_3$ 的函数。

为使减速器的长度最短，令 $\frac{\partial L}{\partial u_2}=0$，$\frac{\partial L}{\partial u_3}=0$，得最小长度条件传动比解析式为

$$\begin{cases} c_1 u_3(u_2+1)(u_2-1)^3-0.125u=0 \\ (4u_3^2+u_3-2)\sqrt[3]{\frac{c_2 u_2^2}{(u_3+1)^2}}-\sqrt[3]{c_1(u_2+1)^4 u_2}-\sqrt[3]{u}=0 \end{cases} \tag{1-7}$$

式 (1-7) 为既满足强度条件又满足最小长度条件的最佳传动比方程。由式 (1-7) 解得 $u_2$、$u_3$ 后可求得 $u_1$，式 (1-5)～式 (1-7) 均为非线性方程组，手工计算很困难，可通过计算机求解。

将已知数据代入式 (1-5)～式 (1-7)，通过计算机可迅速准确地求得满足上述不同传动比分配原则的各级传动比。计算结果列于表 1-41 中。式 (1-5)～式 (1-7) 的推导见有关文献。

**表 1-41　三级圆锥-圆柱齿轮减速器传动比分配理论计算值分析**

| 分配原则 | | 接近等润滑 | 最小间隙条件 | 最小长度条件 |
|---|---|---|---|---|
| 总传动比 | | $u=u_1u_2u_3=50$ | | |
| 圆锥齿轮传动(高速级) | | $u_1=4.56$ | 满足式(4-5) | $u_1=4.54$ |
| 圆柱齿轮传动(中间级) | | $u_2=3.65$ | 满足式(4-5) | $u_2=4.2$ |
| 圆柱齿轮传动(低速级) | | $u_3=3.0$ | 满足式(4-5) | $u_3=2.62$ |
| 计算结果分析 | | 满足:①等润滑<br>②最小间隙<br>不满足:最小长度 | 左右两组结果均满足最小间隙条件 | 满足:①最小长度<br>②最小间隙<br>不满足:等润滑 |
| 结论 | 考虑三级展开式减速器长度最小为宜 | 次选 | 必要条件(必须满足) | 首选 |
| | 考虑润滑方便 | 首选 | 必要条件(必须满足) | 次选 |

注：考虑减速器为三级传动，尺寸不宜太长，建议按最小长度条件取 $u_1=4.54$，$u_2=4.2$，$u_3=2.62$。

3) 两级圆柱齿轮减速器最小质量传动比分配

图 1-128 所示两级斜齿圆柱齿轮减速器，已知总传动比为 $u$，$d_1$、$d_2$、$d_3$、$d_4$ 分别为各级齿轮分度圆直径，$b_1$、$b_2$ 为高速级和低速级轮齿宽度，$T_1$ 为作用在高速级小齿轮上的转矩。两级传动载荷系数 $K_1=K_2=K$，许用接触应力 $[\sigma_{H1}]=[\sigma_{H2}]=[\sigma_H]$，试按最小质量条件分配传动比。

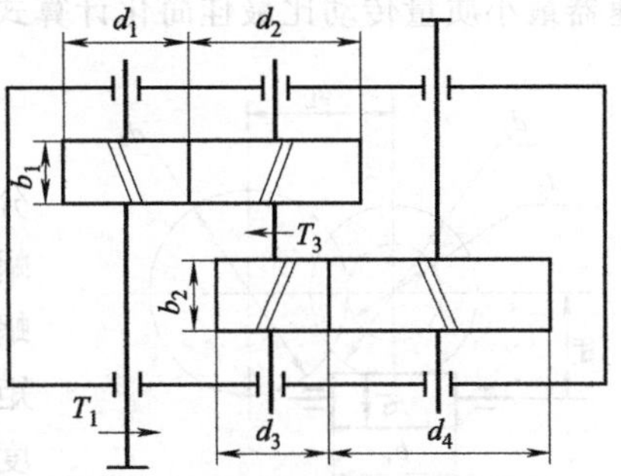

图 1-128　两级圆柱齿轮减速器简图

齿轮减速器的质量主要取决于减速器齿轮的体积，从图 1-128 可见，减速器齿轮的体积为

$$V=\frac{\pi}{4}(b_1d_1^2+b_1d_2^2+b_2d_3^2+b_2d_4^2)$$

由有关文献可得满足接触强度条件下减速器齿轮的体积为

$$V=\frac{719^3\pi K T_1}{4\sigma_{\mathrm{Hlim}}^2}\left[\frac{u_1+1}{u_1}+(u_1+1)u_1+\frac{u_1(u+u_1)}{u}+\frac{u(u+u_1)}{u_1}\right] \tag{1-8}$$

式中，$u_1$ 为高速级传动比。

要使齿轮减速器质量最小，令 $\frac{\mathrm{d}V}{\mathrm{d}u_1}=0$，则得

$$\left(2+\frac{2}{u}\right)u_1^3+2u_1^2-(u^2+1)=0 \tag{1-9}$$

式（1-9）即为齿轮减速器满足接触强度和最小质量的最佳传动比方程。解式（1-9）求得 $u_1$，然后可求 $u_2$。式（1-9）为一高次方程，手工计算较困难，可借助计算机求解。

以上传动比分配仅满足质量最小，并没有考虑等润滑（即各级大齿轮浸油深度大致相等）条件，一般满足等润滑的经验设计式为 $u_1/u_2\approx1.25\sim1.5$，其中，$u_1$、$u_2$ 分别为高速级传动比与低速级传动比。为使传动比分配既满足质量最小，又满足等润滑，可对式（1-9）的计算结果作进一步分析。现取 $u=6\sim22$ 等一系列值，则可由式（1-9）求得一系列相对应的 $u_1$ 与 $u_2$，一些计算结果列于表 1-42 中。可见，与 $u_1/u_2\approx1.25\sim1.5$ 相对应的总传动比 $u\approx13.5\sim20$，也就是说此范围内的总传动比，才能同时满足最小质量和等润滑条件，所以此范围内的总传动比是设计时的首选。

**表 1-42　$u$、$u_1$、$u_2$ 和 $u_1/u_2$ 的值**

| $u$ | 6 | 8 | 10 | 12.5 | 13 | 13.5 | 14 | 14.5 | 16 | 18 | 20 | 22 | … |
|---|---|---|---|---|---|---|---|---|---|---|---|---|---|
| $u_1$ | 2.258 | 2.799 | 3.302 | 3.889 | 4.0 | 4.11 | 4.22 | 4.33 | 4.651 | 5.062 | 5.458 | 5.841 | … |
| $u_2$ | 2.657 | 2.858 | 3.029 | 3.215 | 3.25 | 3.285 | 3.32 | 3.35 | 3.440 | 3.556 | 3.664 | 3.766 | … |
| $\frac{u_1}{u_2}$ | 0.85 | 0.98 | 1.09 | 1.21 | 1.23 | 1.25 | 1.27 | 1.29 | 1.35 | 1.42 | 1.49 | 1.55 | … |
| 分析 | 满足最小质量，不满足等润滑 | | | | | 满足最小质量，满足等润滑 | | | | | 满足最小质量，不满足等润滑 | | |
| 结论 | 次选 | | | | | 首选 | | | | | 次选 | | |

式（1-9）计算较麻烦，为使计算方便，采用曲线拟合法（最小二乘法），通过计算机程序，将表 1-41 中数据拟合成如下公式

$$u_1^*=0.6118u^{0.7313} \tag{1-10}$$

计算结果表明式（1-9）和式（1-10）的计算误差 $\Delta=|(u_1-u_1^*)/u_1|=0.004$，这说明使用式（1-10）和式（1-9）的计算结果几乎完全相符。式（1-10）作为两级斜齿圆柱齿轮减速器最小质量传动比最佳简化计算式，求解快速、准确，且能满足减速器质量最小。

4）蜗杆-齿轮减速器最小质量传动比分配

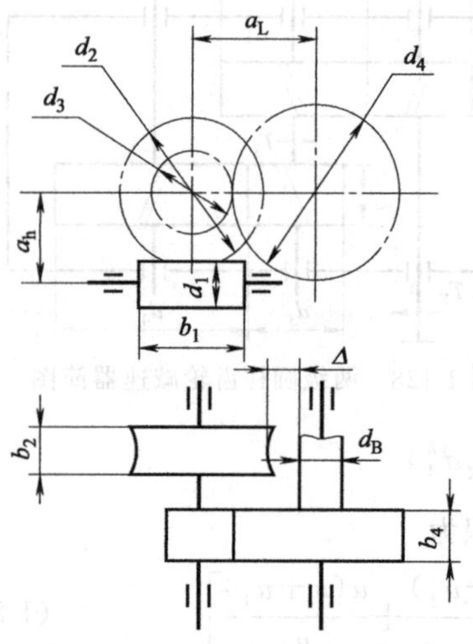

图 1-129　蜗杆-齿轮减速器简图

图 1-129 所示为蜗杆-齿轮减速器，$d_1$、$d_2$、$d_3$、$d_4$ 分别为蜗杆、蜗轮、小齿轮、大齿轮分度圆直径，$b_1$ 为蜗杆螺旋部分长，$b_2$ 为蜗轮宽度，$b_4$ 为齿轮宽度，$\Delta$ 为蜗轮分度圆与低速轴之间的间隙，已知大齿轮轴传递的转矩 $T_3=10^3\text{N}\cdot\text{m}$，总传动比 $i=80$，蜗杆选用 40Cr，硬度为 45～50HRC，蜗轮选用 ZCuSn10P1，蜗轮许用接触应力 $[\sigma_H]_h=155\text{MPa}$，大、小齿轮选用 45 钢调质，许用接触应力 $[\sigma_H]_L=391\text{MPa}$，齿轮齿宽系数 $\Psi_d=1$，蜗杆传动与齿轮传动载荷系数 $K_h=K_L=1.2$，齿轮传动效率 $\eta=0.97$。试按最小质量分配传动比。

① 蜗杆-齿轮减速器最小质量传动比方程　由图 1-129 可见，减速器质量主要由各轮所占的总体积 $V$ 所决定。

$$V=\pi[d_1^2b_1+d_2^2b_2+(d_3^2+d_4^2)b_4]/4 \tag{1-11}$$

又由文献［39］可得满足接触强度条件下，减速器各轮所占的总体积 $V$ 为

$$V=2\pi C_h T_3[3/i+0.68/i_L+C\Psi_d(1/i_L+1/i_L{}^2+i_L+1)] \tag{1-12}$$

式中，$i_L$ 为低速级齿轮传动的传动比；$C=C_L/C_h$。

$$C_L=453^3 K_L/(2[\sigma_H]_L^2\Psi_d\eta)$$

$$C_h=5350^2 K_h/([\sigma_H]_h^2\eta)$$

要使齿轮减速器质量最小，可令 $dV/di_L=0$，得

$$C\Psi_d i_L^3-(\Psi_d C+0.68)i_L-2\Psi_d C=0 \tag{1-13}$$

式（1-13）即为蜗杆-齿轮减速器在满足接触强度条件下，按最小质量条件求得的最佳传动比方程。由式（1-13）解出 $i_L$，便可求得高速级蜗杆传动的传动比 $i_h$。将已知数据代入式（1-13），通过计算机解得 $i_L=2.15$，于是 $i_h=80/2.15=37.2$。

② 蜗杆-齿轮减速器最小间隙传动比方程

$$0.14C(i_L+1)^4-i_L(6i_L/z_1 i+1)^3\geqslant 0 \tag{1-14}$$

式（1-14）即为满足最小间隙条件的传动比方程。该方程为一高次方程，手工计算比较困难，可通过计算机求解。

取 $z_1=2$，将已知数据代入式（1-14）解得 $i_L=1.798$，则 $i_h=80/1.798=44.49$。

③ 本例现代设计方法结果与传统计算法对比　传统计算法一般推荐 $i_L\approx(0.03\sim0.06)i$，本例 $i=80$，则 $i_L=2.4\sim4.8$，算法比较粗糙，且存在一定的盲目性，很难得到质量最小的结构，有时还可能造成蜗轮与低速轴相碰的后果。现将其计算结果与现代设计方法结果对比如下（表 1-43）。

5）两级蜗杆减速器传动比分配的优化设计

如图 1-130 所示两级蜗杆减速器，Ⅰ轴为输入轴，Ⅱ轴为输出轴，$a_1$、$a_2$ 分别为高速级和低速级蜗杆传动中心距。已知高速级蜗杆轴传递转矩 $T_1=26345\text{N}\cdot\text{mm}$，总传动比 $i_t=200$，蜗杆选用 40Cr，蜗轮选用 ZCuSn10P1，蜗轮许用接触应力 $[\sigma_H]_h=155\text{MPa}$，蜗杆传动载荷系数 $K_1=K_2=1.2$，传动效率 $\eta_1=\eta_2=0.82$。为使结构紧凑，试采用优化设计法进行传动比分配。

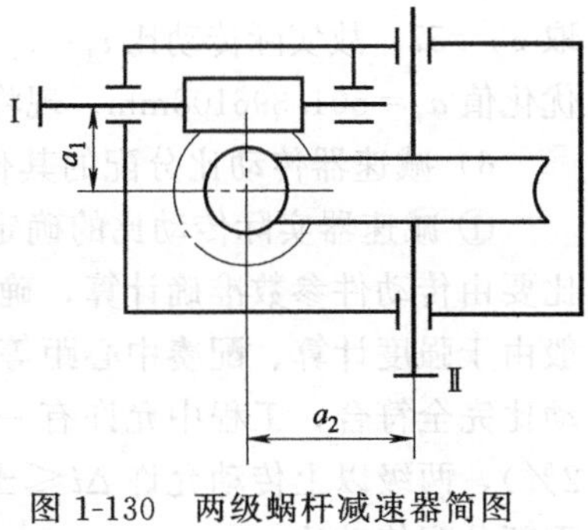

图 1-130　两级蜗杆减速器简图

由图 1-130 可见，减速器结构尺寸大小主要取决于两级传动中心距之和 $a_t=a_1+a_2$。所以，要使减速器结构紧凑，总体尺寸较小，可取 $a_t$ 最小为目标函数，进行优化设计。

**表 1-43　本例现代设计方法结果与传统计算法对比**

| 分配原则 | 最小质量条件满足式(1-13) | 最小间隙条件满足式(1-14) | 传统设计法 $i_L\approx(0.03\sim0.06)i$ |
|---|---|---|---|
| 总传动比 | $i=i_L i_h=80$ | | |
| 蜗杆传动的传动比 $i_h$（高速级） | $i_h=37.2$ | $i_h<44.49$ | $i_h=33.33\sim16.67$ |
| 圆柱齿轮传动的传动比 $i_L$（低速级） | $i_L=2.15$ | $i_L\geqslant1.798$ | $i_L=2.4\sim4.8$ |
| 计算结果分析 | 满足：①最小质量<br>②最小间隙<br>结构紧凑，重量轻，省材料 | 满足最小间隙，但不一定满足最小质量 | 不满足最小质量，与最小质量理论值 $i_L=2.15$ 相比，$i_L=2.4\sim4.8$ 尺寸较大，结构不紧凑，浪费材料 |
| 结论 | 首选 | 必要条件（必须满足） | 次选 |

① 建立目标函数　令 $a_t=x$，高速级传动比 $i_1=x_1$，两级蜗杆传动的蜗杆特性系数 $q_1=x_2$，$q_2=x_3$，由文献［40］建立如下目标函数：

$$F_{\min}(x)=\left(1+\frac{z_1x_1}{x_2}\right)\sqrt[3]{K_1T_1\eta_1\left(\frac{169x_2}{z_1[\sigma_{H2}]}\right)^2/x_1}+\left(1+\frac{z_3i_t}{x_1x_3}\right)\sqrt[3]{K_2T_1\eta_1\eta_2\left(\frac{169x_1x_3}{z_3[\sigma_{H4}]}\right)^2/i_t}$$

② 建立约束条件　设计参数 $i_1$、$q_1$、$q_2$ 应符合标准规范，其边界条件为

$$i_{1\min}=7\quad i_{1\max}=40$$
$$q_{1\min}=8\quad q_{1\max}=12$$
$$q_{2\min}=8\quad q_{2\max}=12$$

故约束条件为

$$g_1(x)=x_1-7\geqslant0\quad g_2(x)=40-x_1\geqslant0$$
$$g_3(x)=x_2-8\geqslant0\quad g_4(x)=12-x_2\geqslant0$$
$$g_5(x)=x_3-8\geqslant0\quad g_6(x)=12-x_3\geqslant0$$

③ 运算结果

$$x_1=12.7631433\quad a_1=146.638641$$
$$x_2=11.9989441\quad a_2=354.781766$$
$$x_3=11.9998165\quad a_t=501.396108$$

按标准进行相应圆整，实际最优结果为

$$x^*=[x_1,x_2,x_3]^T=[i_1,q_1,q_2]^T=[12.76,12,12]^T$$

由 $i_1=12.76$，可求得低速级传动比 $i_2=200/12.76\approx15.67$。

④ 优化方法与传统计算方法对比　传统的两级蜗杆传动的传动比分配一般按经验公式 $i_1=i_2\approx i^{1/2}$ 估算，本例 $i_1=i_2\approx200^{1/2}=14.14$。取 $z_1=4$，则 $z_2=4\times14.14=56.56$，圆整后取 $z_2=57$，故实际传动比 $i_1=i_2=z_2/z_1=57/4=14.25$，其总中心距 $a_t=574.5$mm，远大于优化值 $a_t=501.396108$mm。现将以上优化结果与传统手工计算结果的对比列于表 1-44 中。

6）减速器传动比分配的其他有关问题

① 减速器实际传动比的确定　上述各级传动比的分配只是初步选定的数值，实际传动比要由传动件参数准确计算，确定各轮齿数 $z_1$、$z_2$、$z_3$…、$z_n$ 等之后，才能最后确定。一般由于强度计算、配凑中心距等要求，各级传动的齿数之比（传动比）很难与初始分配的传动比完全符合，工程中允许有一定误差，对单级齿轮传动，允许传动比误差 $\Delta i\leqslant\pm(1\%\sim2\%)$，两级以上传动允许 $\Delta i\leqslant\pm(3\%\sim5\%)$。若不满足，则应重新调整传动件参数，甚至重新分配传动比。

**表 1-44　优化值与传统手工计算结果对比**

| 参数 | 优化理论值 | 按规范处理结果 | 传统手工计算结果 |
|---|---|---|---|
| $a_1$/mm | 146.638641 | 155 | 172.5 |
| $a_2$/mm | 354.781766 | 370 | 102 |
| $a_t$/mm | 501.396108 | 525 | 574.5 |
| $i$ | 200 | 200 | 200 |
| $i_1$ | 12.7631433 | 12.5 | 14.25 |
| $i_2$ | 15.67012101 | 15.5 | 14.25 |
| $q_1$ | 11.9989441 | 12 | 12 |
| $q_2$ | 11.9998165 | 12 | 10 |
| $m_1$/mm | 4.730278742 | 5 | 5 |
| $m_2$/mm | 9.588696378 | 10 | 12 |
| 计算结果分析 | 可实现总体尺寸最小，结构紧凑，但理论计算值不符合国家标准规范 | 总体尺寸较小，结构紧凑，符合国家标准规范 | 总体尺寸较大，结构不紧凑，很难实现尺寸最小 |
| 结论 | 体积最小的理论依据 | 首选 | 次选 |

减速器装配工作图上的技术特性表中，必须标注最后计算出的实际传动比，标注初始分配的传动比是错误的。某两级展开式圆柱齿轮减速器，其总传动比 $i=11.42$，其初始传动比分配与实际传动比的确定及标注见表 1-45。

② 传动比的取值　对平稳载荷，各级传动比可取整数；对周期性变载荷，各级传动比宜取质数，或有小数的数，以防止部分齿轮过早损坏。

③ 标准减速器传动比分配　对标准减速器，应按标准系列分配各级传动比。对非标准减速器，可参考上述各传动比分配原则。

**表 1-45　两级圆柱齿轮减速器传动比的确定及标注**

| 各级传动比 | | 高速级传动比 $i_1$ | 低速级传动比 $i_2$ | 说明与结论 |
|---|---|---|---|---|
| 总传动比 | | $i=11.42$ | | 方案给定 |
| 初始传动比分配 | | $i_1=3.85$ | $i_2=2.96$ | 试分配 |
| 各轮齿数 | | $z_1=33$<br>$z_2=126$ | $z_3=35$<br>$z_4=102$ | 经设计得 |
| 各级实际传动比 | | $i_{1'}=z_2/z_1=3.82$ | $i_{2'}=z_4/z_3=2.91$ | 满足传动比误差<br>$\lvert\Delta i\rvert<(3\%\sim5\%)$ |
| 各级实际传动比误差 | | $\lvert\Delta i_1'\rvert=0.8\%$ | $\lvert\Delta i_2'\rvert=1.7\%$ | $<2\%$，合适 |
| 实际总传动比 | | $i'=11.12$ | | 实际值 |
| 实际总传动比误差 | | $\lvert\Delta i'\rvert=2.6\%$ | | $<(2\%\sim3\%)$，合适 |
| 装配图上技术特性表中标注 | 总传动比 | 11.12 | | 正确 |
| | | 11.42 | | 错误 |
| | 各级传动比 | 3.82 | 2.91 | 正确 |
| | | 3.85 | 2.96 | 错误 |

## 1.7.4 减速器结构选用技巧

（1）减速器的箱体应具有足够的刚度

减速器的箱体刚度不足，会在加工和工作过程中产生不允许的变形，引起轴承座孔中心歪斜，在传动中产生偏载，影响减速器的正常工作。因此在设计箱体时，首先应保证轴承座的刚度。

1）保证轴承座具有足够的刚度

① 在轴承座附近加支承肋　图 1-131（a）所示轴承座附近没有加支承肋，箱体刚性较差。为使轴和轴承在外力作用下不发生偏斜，确保传动的正确啮合和运转平稳，轴承支座必须具有足够的刚度，为此应使轴承座有足够的厚度，并在轴承座附近加支撑肋，如图 1-131（b）所示。

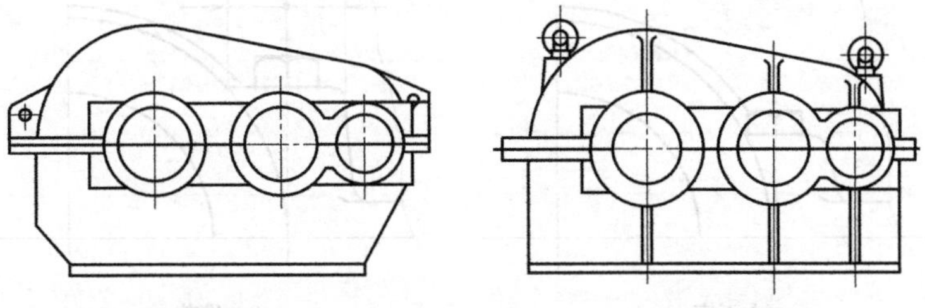

(a) 较差　　(b) 较好

图 1-131　轴承座附近加肋提高箱体刚度

② 剖分式箱体要加强轴承座处的连接刚度　为便于轴系部件安装和拆卸，减速器箱体常制成沿轴心线平行剖分式。对于这种剖分式箱体在安装轴承处，必须注意提高轴承座的连接刚度，禁止采用图 1-132（a）结构，因为其支承刚性不足，会造成轴承提前损坏。为此轴

承座孔附近应制出凸台，以加强其刚度［图 1-132（b)］，两侧的连接螺栓也应尽量靠近（以不与端盖螺钉孔干涉为原则），以增加连接的紧密性和刚度。

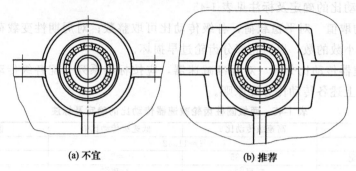

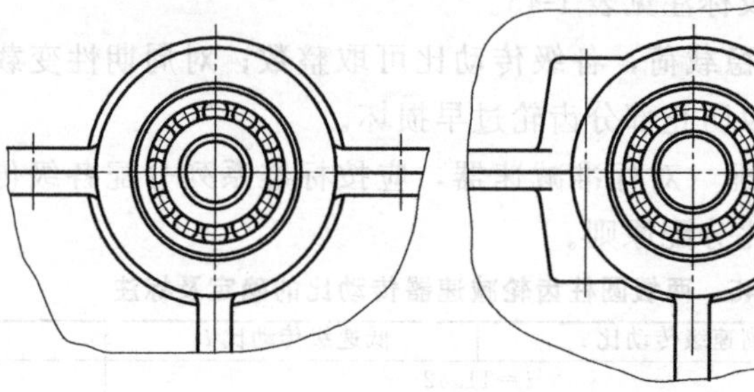

(a) 不宜　　(b) 推荐

图 1-132　剖分式轴承座的刚度

③ 轴承座宽度与轴承旁连接螺栓凸台高度的确定　对于剖分式箱体，设计轴承座宽度时，必须考虑螺栓扳手操作空间。图 1-133（a）所示结构扳手难以操作，图 1-133（b）则比较合理。轴承座宽度的具体值 $L$ 与机盖厚 $\delta$、螺栓扳手操作空间 $c_1$、$c_2$ 等有关［图 1-133（c)］。

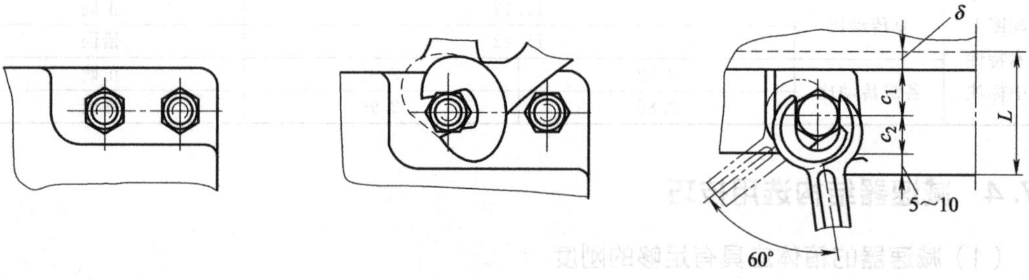


(a) 不宜　　(b) 推荐　　(c) 轴承座尺寸

图 1-133　轴承座宽度的确定

轴承旁连接螺栓凸台高度的设计，也应满足扳手操作要求，一般在轴承尺寸最大的轴承旁螺栓中心线确定后，根据螺栓直径确定扳手空间 $c_1$、$c_2$，最后确定凸台的高度。图 1-134（a）不能满足扳手空间，因为凸台高度不够。图 1-134（b）满足扳手空间要求。

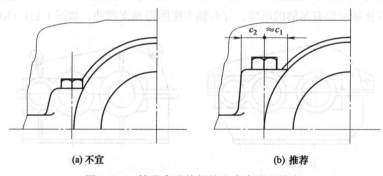

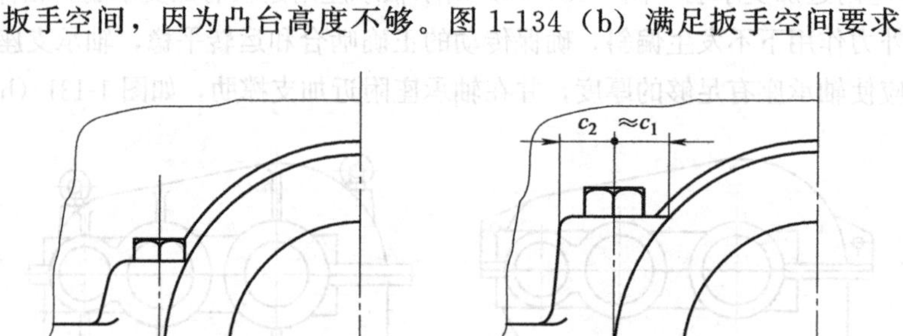


(a) 不宜　　(b) 推荐

图 1-134　轴承旁连接螺栓凸台高度的确定

2）箱缘连接凸缘与底座凸缘的确定

① 箱缘连接凸缘应有一定的厚度　为保证整个箱体的刚度，对于剖分式箱体必须首先保证上箱盖与下箱体连接的刚度。如果将凸缘厚度取为与箱体壁厚相同［图 1-135（a)］，将

不能满足箱缘连接刚度的要求，是不合理的。为此，箱缘连接凸缘应取得厚些，一般按设计规范确定，如图 1-135（b）所示。

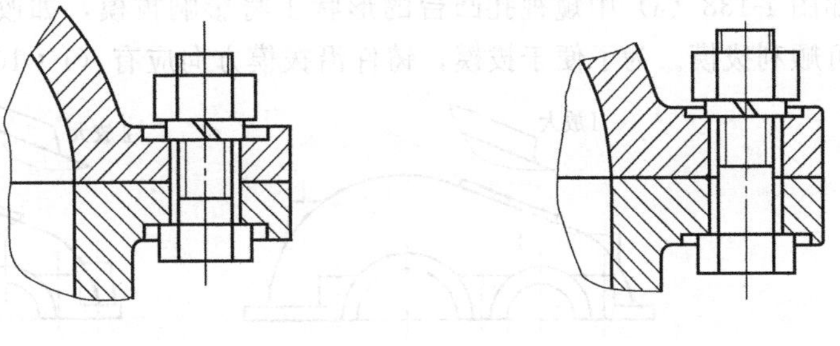

图 1-135　箱缘连接凸缘应有一定的厚度

箱缘连接凸缘宽度设计也应满足扳手空间，一般也是根据箱缘连接螺栓的直径确定相应的扳手空间 $c_1$、$c_2$ 后，再进一步确定箱缘凸缘的宽度。

② 箱体底座凸缘宽度的确定　图 1-136（a）所示箱体底座凸缘刚度差，是不合理的结构。为保证整个箱体的刚度，箱体底座底部凸缘的接触宽度 $B$ 应超过箱体底座的内壁，并且凸缘应具有一定厚度，如图 1-136（b）所示。

箱体底座箱壁外侧长度 $L$，也应满足地脚螺栓扳手空间，一般根据地脚螺栓直径确定相应的扳手空间 $L_1$、$L_2$（见有关设计规范），应使 $L = L_1 + L_2$。

（2）箱体结构要具有良好的工艺性

箱体结构工艺性的好坏，对提高加工精度和装配质量、提高劳动生产率，以及便于检修维护等方面有直接影响，故应特别注意。

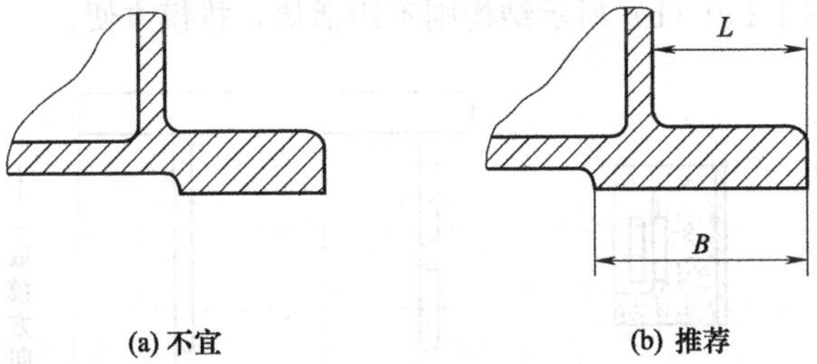

图 1-136　箱体底座凸缘结构

1）铸造工艺的要求

在设计铸造箱体时，应考虑到铸造工艺特点，力求形状简单、壁厚均匀、过渡平稳、金属不要局部积聚。应注意的问题分述如下。

① 不要使金属局部积聚　由于铸造工艺的特点，金属局部积聚容易形成缩孔，如图 1-137（a）轴承座结构和图 1-137（c）形成锐角的倾斜肋，均属不好的结构，而图 1-137（b）和图 1-137（d）所示属较好的结构。

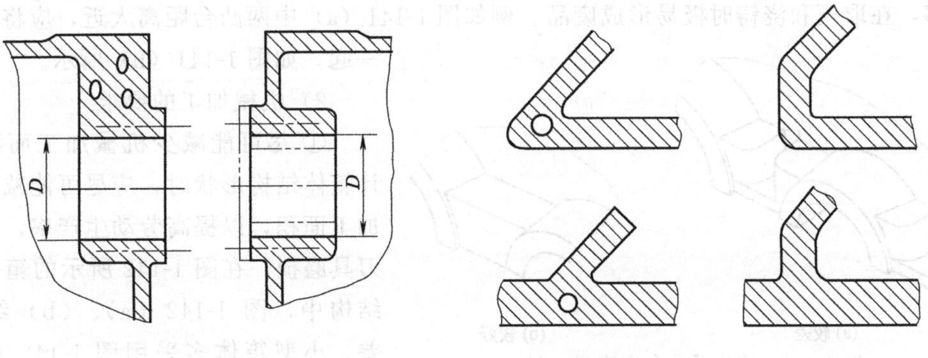

图 1-137　不要使金属局部积聚

② 箱体外形宜简单，使拔模方便　设计箱体时，应使箱体外形简单，以便拔模方便。如图 1-138（a）中窥视孔凸台的形状Ⅰ将影响拔模，如改为图 1-138（b）中Ⅱ的形状，则可顺利拔模。为了便于拔模，铸件沿拔模方向应有（1∶10）～（1∶20）的拔模斜度。

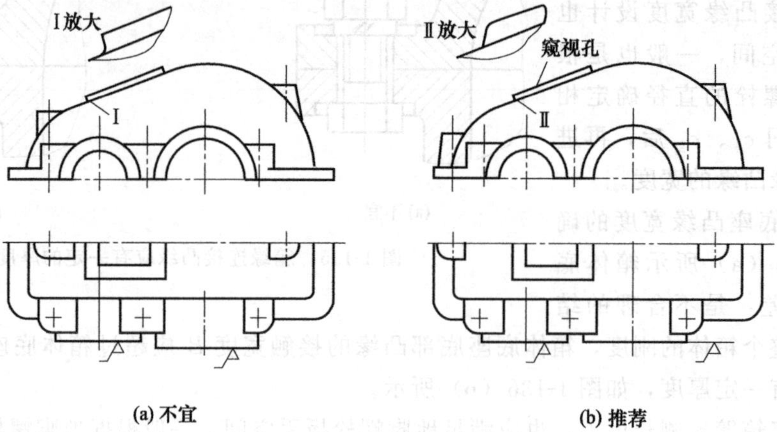

图 1-138　箱体拔模与表面加工工艺性

③ 尽量减少沿拔模方向的凸起结构　铸件表面如有凸起结构，在造型时就要增加活块，所以在沿拔模方向的表面上，应尽量减少凸起，以减少拔模困难。如图 1-139 所示为有活块模型的拔模过程，当箱体表面有几个凸起部分时，应尽量将其连成一体，以简化拔模过程。例如图 1-140（a）所示结构需用两个活块，而图 1-140（b）所示结构则不用活块，拔模方便。

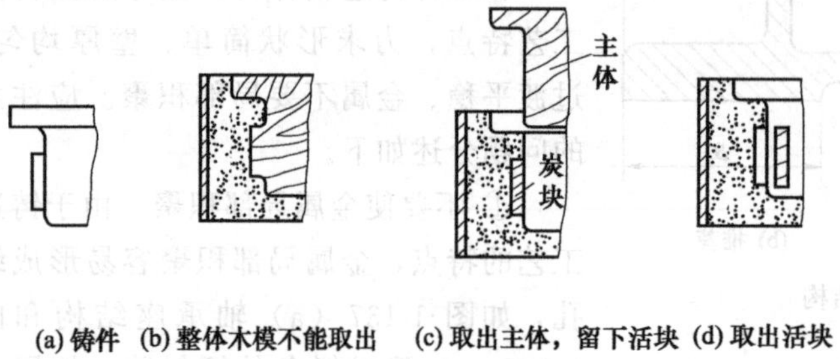

图 1-139　有活块模型拔模过程

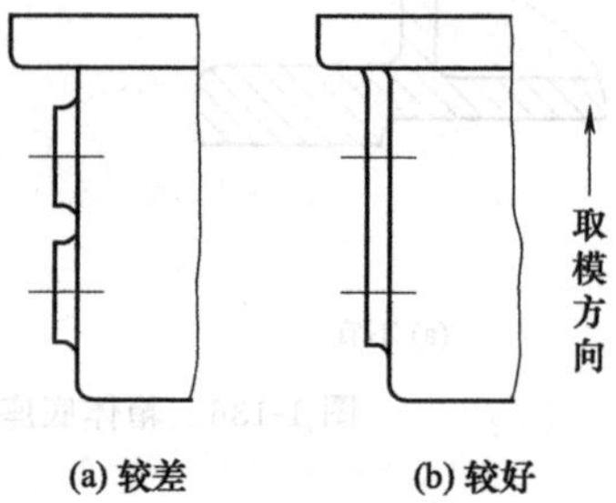

图 1-140　将凸起部分连成一体

④ 较接近的两凸台应连在一起，避免狭缝　箱体上应尽量避免出现狭缝，否则砂型强度不够，在取模和浇铸时极易形成废品。例如图 1-141（a）中两凸台距离太近，应将其连在一起，如图 1-141（b）所示。

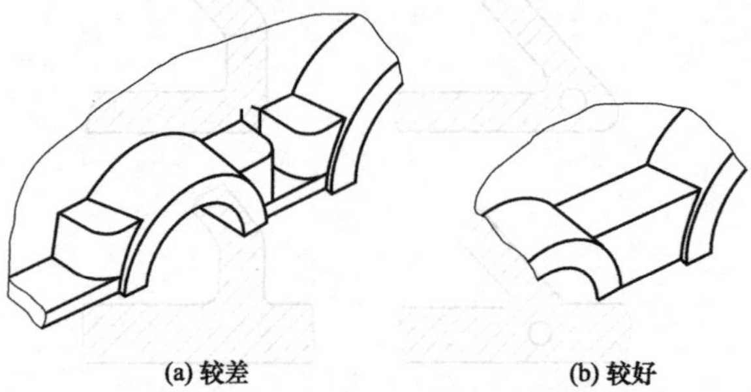

图 1-141　较接近凸台应连到一起

2）机械加工的要求

① 尽可能减少机械加工面积　设计箱体结构形状时，应尽可能减少机械加工面积，以提高劳动生产率，并减少刀具磨损，在图 1-142 所示的箱体底面结构中，图 1-142（a）、（b）结构较差，小型箱体多采用图 1-142（c）结构，图 1-142（d）结构最好。

② 尽量减少工件和刀具的调整次数　为了保证加工精度并缩短加工工时，应尽量减少

机械加工时工件和刀具的调整次数。例如，同一轴线的两轴承座孔直径应尽量一致，以便镗孔和保证镗孔精度。又如同一方向的平面，应尽量一次调整加工，所以各轴承座端面都应在同一平面上，如图 1-138（b）所示。

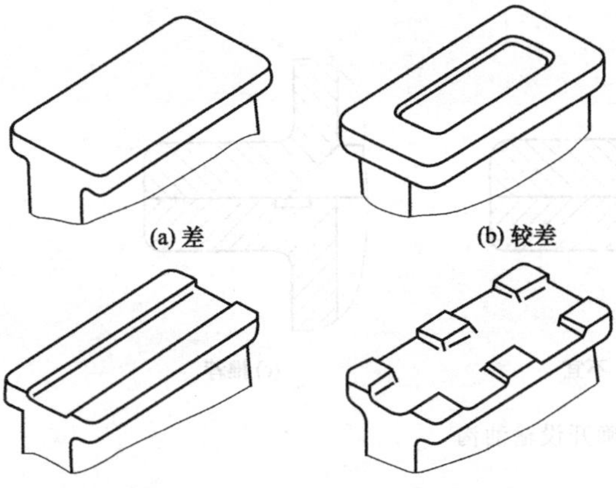

图 1-142　箱体底面结构

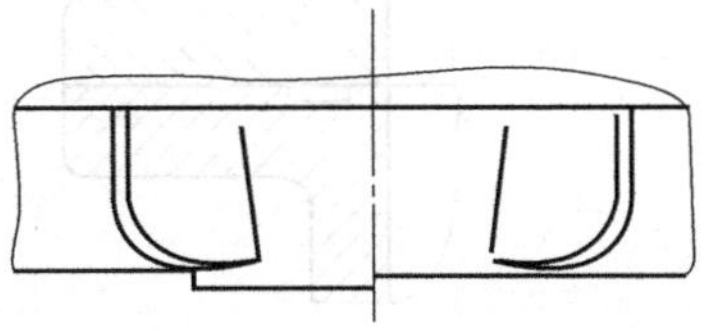

图 1-143　加工面与非加工面应分开

③ 加工面与非加工面应严格分开　箱体的任何一处加工面与非加工面必须严格分开。例如，箱体上的轴承座端面需要加工，因而应凸出，如图 1-143 左侧所示，而图 1-143 右侧所示是不合理的。

（3）减速器润滑结构

1）减速器箱座高度的确定

对于大多数减速器，由于其传动件的圆周速度 $v<12\text{m/s}$，故常采用浸油润滑。图 1-144（a）所示大齿轮齿顶圆距油池底部太近，搅动油时容易使沉渣泛起，不合理，应将箱体加高。图 1-144（b）表示传动件在油池中的浸油深度，对于圆柱齿轮一般应浸入油中一个齿高，但不应小于 10mm，同时为避免传动件回转时将油池底部沉积的污物搅起，大齿轮齿顶圆到油池底面的距离应不小于 30～50mm。

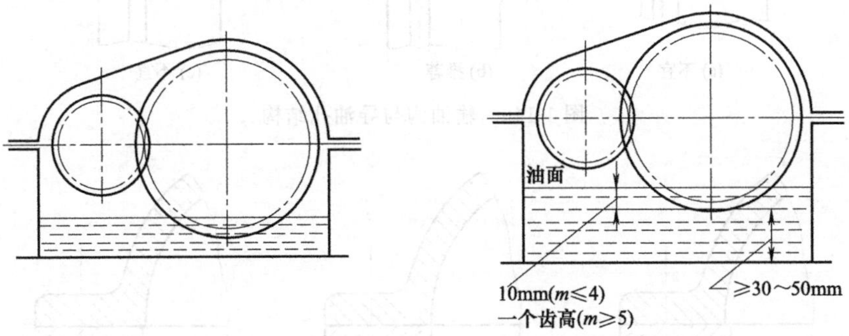

图 1-144　减速器油面及油池深度

当油面及油池深确定后，箱座高度也基本确定，然后再计算出实际装油量 $V_0$ 及传动的需油量 $V$，设计时应满足 $V_0 \geqslant V$，若不满足应适当加高箱座高度，直到满足为止。

2）输油沟与轴承盖导油孔的设计

① **正确开设输油沟** 当轴承利用齿轮飞溅起来的润滑油润滑时，应在箱座的箱缘上开设输油沟，输油沟设计时应使溅起的油能顺利地沿箱盖内壁经斜面流入输油沟内。图 1-145（a）、（b）所示的设计，箱盖内壁的油无法或很难流入输油沟内，均属不合理结构。正确结构如图 1-145（c）所示。

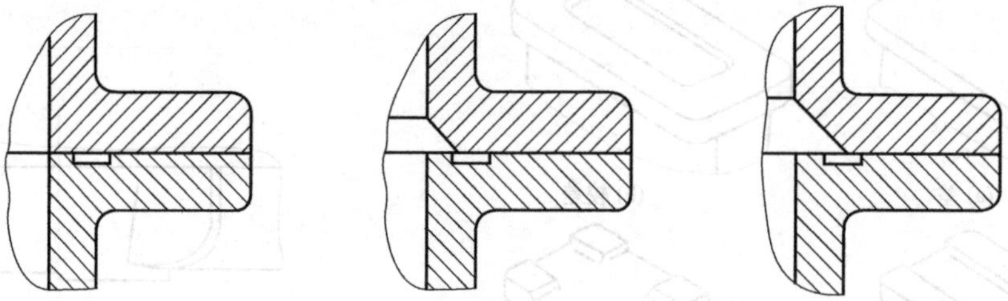

(a) 不宜　(b) 不宜　(c) 推荐

图 1-145　正确开设输油沟

又如图 1-146（a）所示，输油沟位置开设不正确，润滑油大部分流回油池，也属不正确结构，应改为图 1-146（b）所示形式。

② **轴承盖上应开设导油孔** 为使输油沟中的润滑油顺利流入轴承，必须在轴承盖上开设导油孔，如图 1-146（b）所示，而图 1-146（c）由于轴承盖上没有开设导油孔，润滑油将无法流入轴承进行润滑。

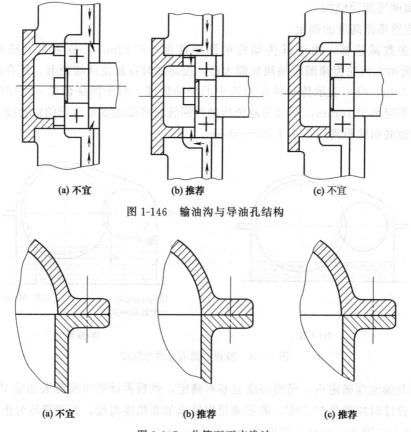

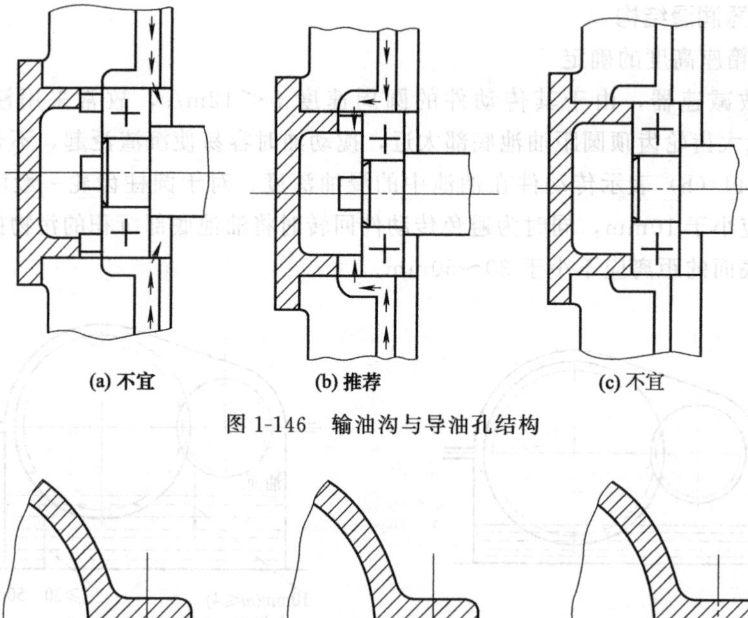

(a) 不宜　(b) 推荐　(c) 不宜

图 1-146　输油沟与导油孔结构

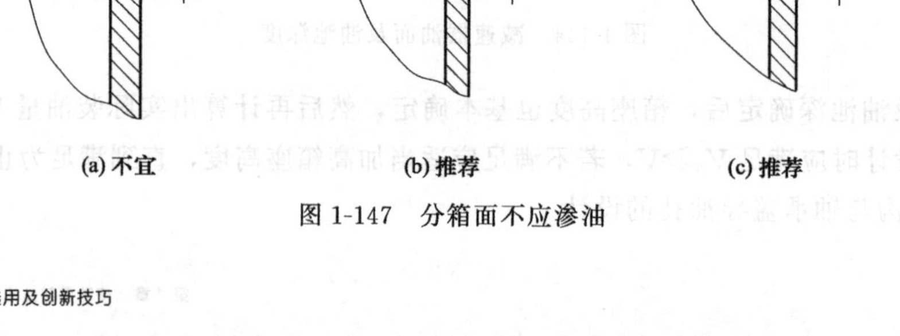

(a) 不宜　(b) 推荐　(c) 推荐

图 1-147　分箱面不应渗油

3）分箱面要防止渗油

① 分箱面上不要积存油　从分箱面渗油，主要是由接合面的毛细管现象引起的，在这种情况下，即使油完全没有压力也容易渗出。为了防止这种现象，首要条件是不使油积存在接合面上。如果积存在接合面上，如图 1-147（a）所示，则油比较容易渗出，图 1-147（b）、（c）所示结构则较好。

② 分箱面上不允许布置螺纹连接　轴承盖与箱体的螺钉连接，不应布置在分箱面上［图 1-148（a）］，因为这样会使箱体中的油沿分箱面通过螺纹连接缝隙渗出箱外，图 1-148（b）所示螺钉的布置比较合理。

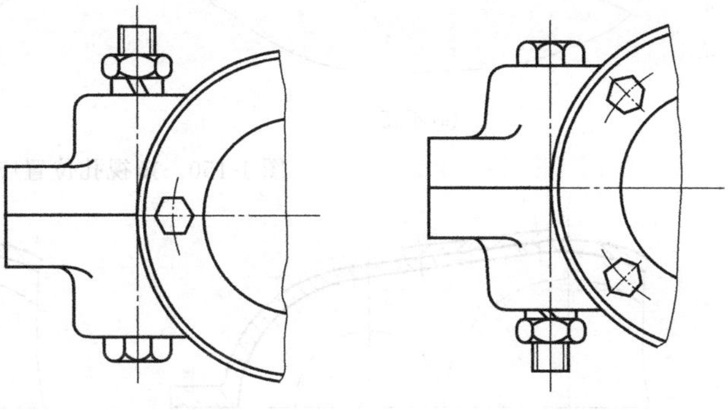

(a) 不宜　　(b) 推荐

图 1-148　分箱面上不允许布置螺钉

③ 不应在分箱面上加任何填料　为防止减速器箱体漏油，不应在分箱面上加垫片等任何填料［图 1-149（a）］，允许涂密封油漆或水玻璃［图 1-149（b）］。因为垫片等有一定厚度，改变了箱体孔的尺寸（不能保证圆柱度），破坏了轴承外圈与箱体的配合性质，轴承不能正常工作，且轴承孔分箱面处会漏油。

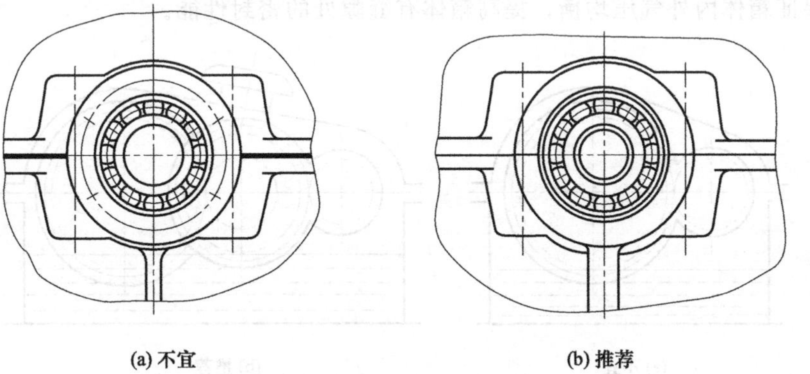

(a) 不宜　　(b) 推荐

图 1-149　分箱面上禁止加任何填料

（4）减速器附件结构

1）窥视孔

① 窥视孔的位置应合适　图 1-150（a）所示窥视孔设置在大齿轮顶端，观察和检查啮合区的工作情况均很困难，属不合理结构。窥视孔应设置在能看到传动件啮合区的位置［图 1-150（b）］，并应有足够的大小，以便手能伸入进行操作。

② 箱盖上开窥视孔处应有凸台　图 1-151（a）箱盖在窥视孔处无凸起，不便加工，且窥视孔距齿轮啮合处较远，不便观察和操作，窥视孔盖下也无垫片，易漏油，属不合理结构。箱盖上安放盖板的表面应进行刨削或铣削，故应有凸台［图 1-151（b）］，且窥视孔盖板下应加防渗漏的垫片。

2）减速器应设置通气器

图 1-152（a）所示减速器未设置通气器，属不合理结构。减速器运转时，机体内温度升

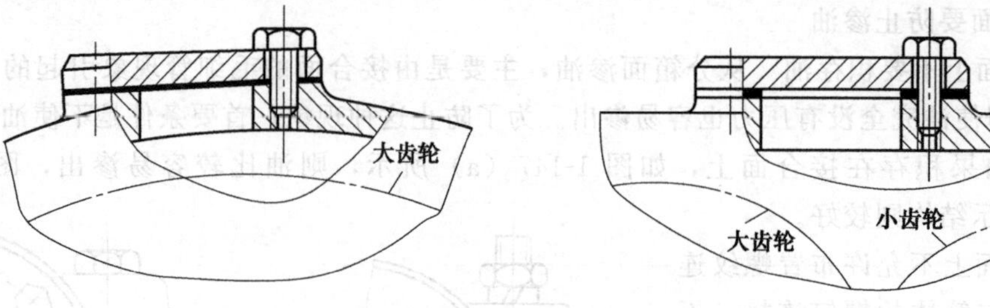

图 1-150　窥视孔位置应合适

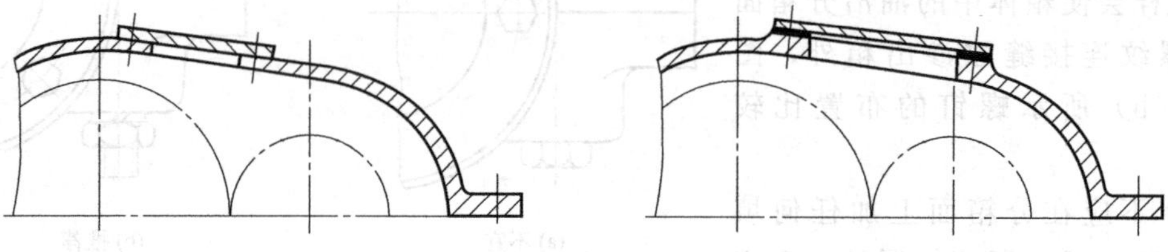

图 1-151　箱盖上开窥视孔处应有凸台

高，气压增大。由于箱体内有压力，容易从接合面处漏油，对减速器密封极为不利。所以应在箱盖顶部或窥视孔盖上安装通气器［图 1-152（b）］，使箱体内热胀气体通过通气器自由逸出，以保证箱体内外气压均衡，提高箱体有缝隙处的密封性能。

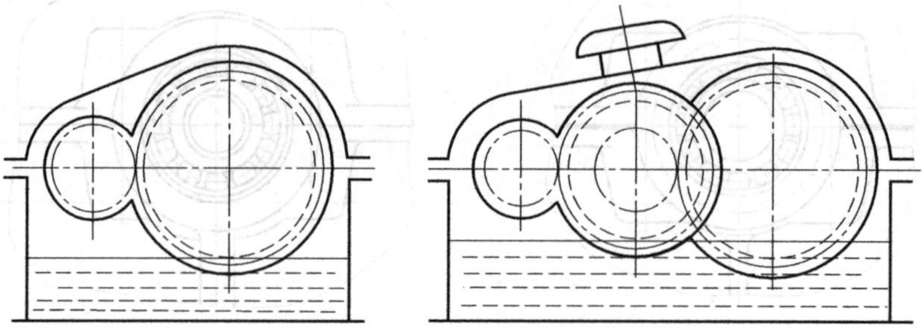

图 1-152　减速器应设置通气器

3）油面指示装置

油面指示装置的种类很多，有油标尺、圆形油标、长形油标、管状油标等。油标尺由于结构简单，在减速器中应用较广，下面就有关油标尺结构设计应注意的问题分述如下。

① 油标尺座孔在箱体上的高度应设置合理　如图 1-153（a）所示，油标尺座孔在箱体上的高度太低，油易从油标尺座孔溢出，图 1-153（b）所示则比较合理。

又如图 1-153（c）所示，油标尺座孔太高或油标尺太短，不能反映下油面的位置，图 1-153（b）所示比较合理。

② 油标尺座孔倾斜角度应便于加工和使用　油标尺座孔倾斜过大，如图 1-154（a）所示，座孔将无法加工，油标尺也无法装配。图 1-154（b）所示结构油标尺座孔位置高低、倾斜角度适中（常为 45°），便于加工，装配时油标尺不与箱缘干涉。

③ 长期连续工作的减速器油标尺宜加隔离套　图 1-155（a）所示油标尺形式，虽然结

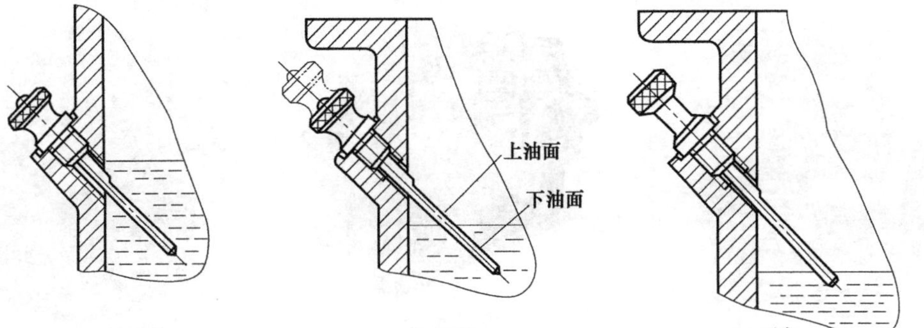


图 1-153　油标尺在箱体上的高度

构简单，但当传动件运转时，被搅动的润滑油常因油标尺与安装孔的配合不严，而极易冒出箱外，特别是对于长期连续工作的减速器更易漏油。可在油标尺安装孔内加一根套管，如图 1-155（b）所示，润滑油主要在上部被搅动，而油池下层的油动荡较小，从而避免了漏油。

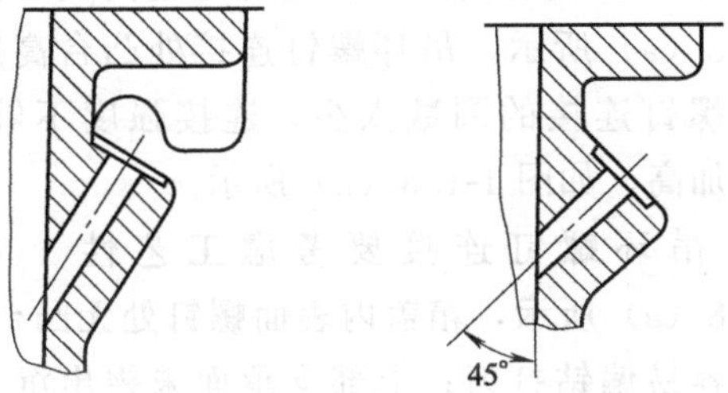

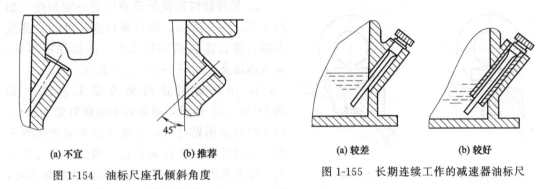

图 1-154　油标尺座孔倾斜角度

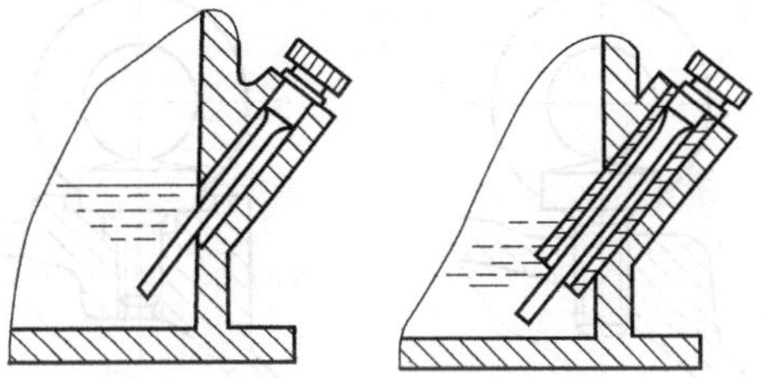


图 1-155　长期连续工作的减速器油标尺

4）放油装置

① 放油孔结构　放油孔不宜开设得过高，否则油孔下方与箱底间的油总是不能排净［图 1-156（a）］，时间久了会形成一层油污，污染润滑油。

螺孔内径应略低于箱体底面，并用扁铲铲出一块凹坑，以免钻孔时偏钻打刀［图 1-156（b）］。图 1-156（c）未铲出凹坑，加工工艺性不如图 1-156（b）所示结构。

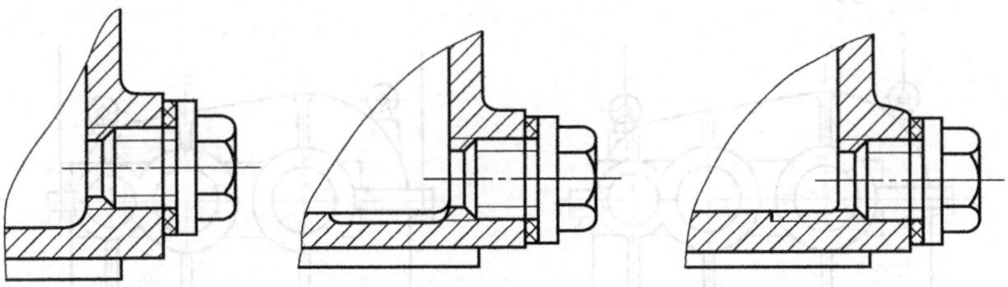


图 1-156　放油孔的结构

② 放油孔位置　放油孔开设的位置要便于放油，如开在底脚凸缘上方且缩进凸缘里［图 1-157（a）］，放油时油易在底脚凸缘上面横流，不便于接油和清理，底脚凸缘上容易产生油污。一般应将放油孔开在箱体侧面无底脚凸缘处［图 1-157（b）］或伸到底脚凸缘的外端面处［图 1-157（c）］。

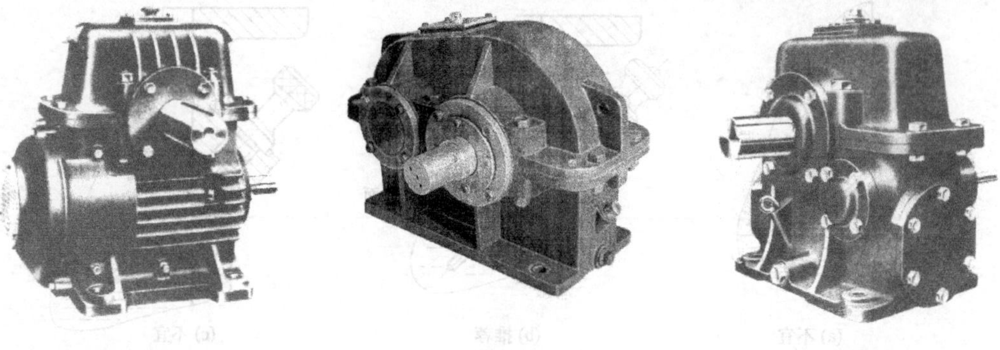

(a) 不宜　　(b) 推荐　　(c) 推荐

图 1-157　放油孔的位置

5）起吊装置

① 吊环螺钉与箱盖的连接

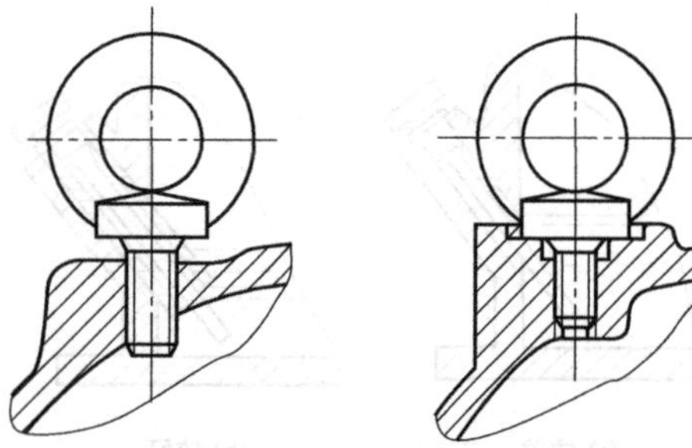

(a) 不宜　　(b) 推荐

图 1-158　吊环螺钉与箱盖连接的设计

a. 吊环螺钉连接处凸台应有一定高度　如图 1-158（a）所示，吊环螺钉连接处凸台高度不够，螺钉连接的圈数太少，连接强度不够，应考虑加高，如图 1-158（b）所示。

b. 吊环螺钉连接要考虑工艺性　如图 1-158（a）所示，箱盖内表面螺钉处无凸台，加工时容易偏钻打刀；上部支承面未锪出沉头座；螺钉根部的螺孔未扩孔，螺钉不能完全拧入，综上原因，吊环螺钉与箱体连接效果不好，图 1-158（b）所示结构较为合理。

② 减速器重量较大时不宜使用吊环或吊耳吊运整个箱体　减速器箱盖上设置的吊环或吊耳，主要是用来吊运箱盖的，当减速器重量较大时，禁止使用吊环或吊耳吊运整个箱体［图 1-159（a）］，只有当减速器重量较小时，才可以考虑使用吊环或吊耳吊运整机。减速器较重时，吊运下箱或整个减速器应使用箱座上设置的吊钩［图 1-159（b）］。

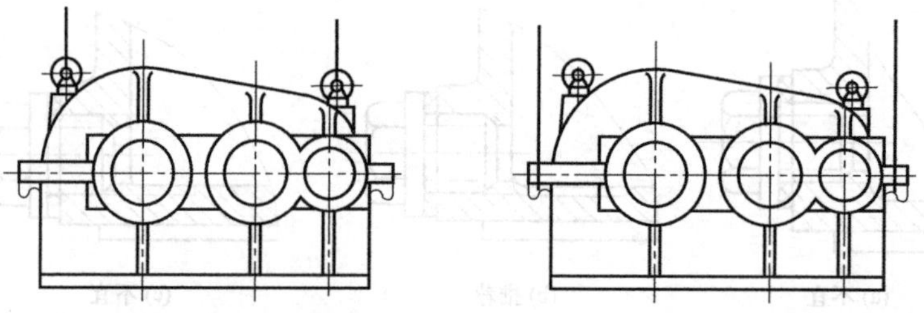

(a) 不宜　　(b) 推荐

图 1-159　减速器重量较大时不宜使用吊环或吊耳吊运整个箱体

6）启盖螺钉

为便于上、下箱启盖，在箱盖侧边的凸缘上装有 1～2 个启盖螺钉。启盖螺钉上的螺纹长度应大于凸缘厚度［图 1-160（c）］，钉杆端部要制成圆柱形、大倒角或半圆形，以免顶坏螺纹。图 1-160（a）结构启盖螺钉螺纹长度太短，启盖时比较困难。图 1-160（b）下箱体上不应有螺纹，也属不合理结构。

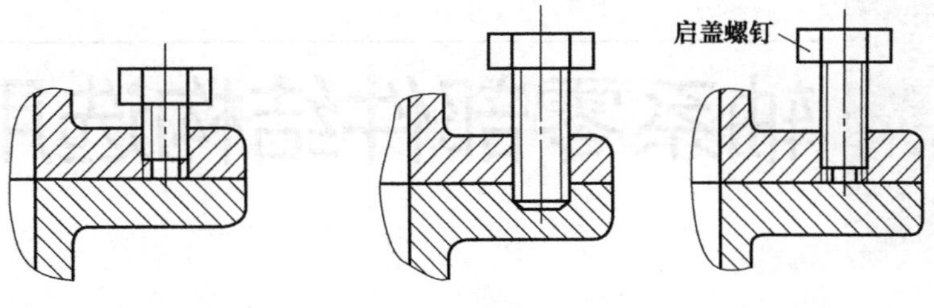


图 1-160　启盖螺钉的结构

7）定位销

为保证剖分式箱体轴承座孔的加工精度和装配精度，在箱体连接凸缘的长度方向上应设置定位销，两定位销相距尽量远些，以提高定位精度。图 1-161（a）所示结构定位销太短，安装拆卸不便。定位销的长度应大于箱盖和箱座连接凸缘的总厚度［图 1-161（b）］，使两头露出，便于安装和拆卸。

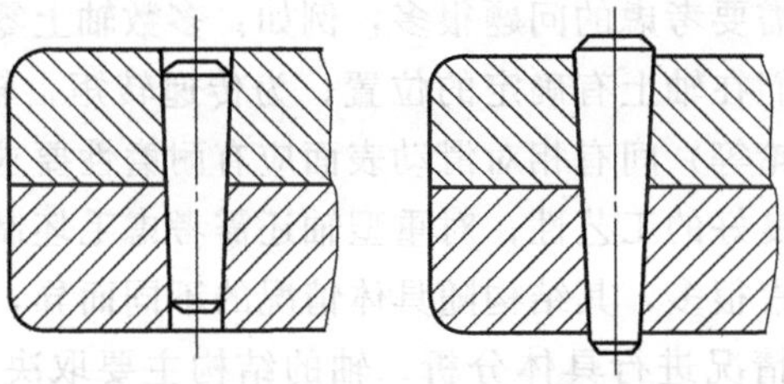


图 1-161　定位销的结构

第2章

# 轴系零部件结构选用技巧

## 2.1 轴结构选用技巧

### 2.1.1 轴结构设计准则

在设计轴的结构时，需要考虑的问题很多，例如：多数轴上零件不允许在轴向移动，需要用轴向固定的方法使它们在轴上有确定的位置；为传递转矩，轴上零件应进行周向固定；轴与其他零件（如滑移齿轮等）间有相对滑动表面应有耐磨性要求；轴的加工、热处理、装配、检验、维修等都应有良好的工艺性；对重型轴还需考虑毛坯制造、探伤、起重等问题。

由于影响轴结构的因素很多，其结构随具体情况的不同而异，所以轴没有标准的结构形式，设计时必须针对不同情况进行具体分析。轴的结构主要取决于：轴上载荷的性质、大小、方向及分布情况；轴上零件的类型、数量、尺寸、安装位置、装配方案、定位及固定方式；轴的加工及装配工艺以及轴的材料选择等。一般应遵循的原则如下。

① 轴的受力合理，有利于提高轴的强度和刚度。

② 合理确定轴上零件的装配方案。

③ 轴上零件应定位准确，固定可靠。

④ 轴的加工、热处理、装配、检验、维修等应有良好的工艺性。

⑤ 应有利于提高轴的疲劳强度。

⑥ 轴的材料选择应注意节省材料，减轻重量。

### 2.1.2 轴结构选用应符合力学要求

（1）轴结构选用应有利于减小受力

① 合理布置轴上零件、减小轴所受转矩　合理布置轴上零件能改善轴的受载状况。如图 2-1 所示的转轴，动力由轮 1 输入，通过轮 2、3、4 输出。按图 2-1（a）布置，轴所受的最大转矩为 $T_{max}=T_2+T_3+T_4$；若按图 2-1（b）布置，将图 2-1（a）中的输入轮 1 的位置改为放置在输出轮 2 和 3 之间，则轴所受的转矩 $T_{max}$ 将减小为 $T_3+T_4$。

又如图 2-2 所示的卷扬机卷筒的两种结构方案中，图 2-2（a）的方案是大齿轮将转矩通过轴传到卷筒，卷筒轴既受弯矩又受转矩，图 2-2（b）的方案是卷筒和大齿轮连在一起，转矩经大齿轮直接传给卷筒，因而卷筒轴只受弯矩，与图 2-2（a）的结构相比，在同样载荷

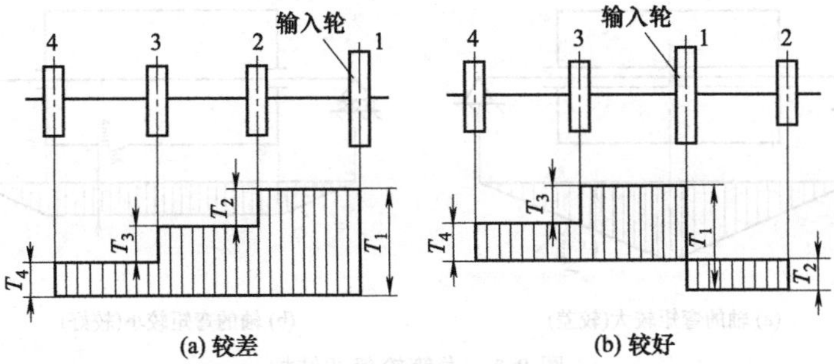


图 2-1　轴上零件的布置

作用下，图 2-2（b）中卷筒轴的直径显然可比图 2-2（a）中的直径小。

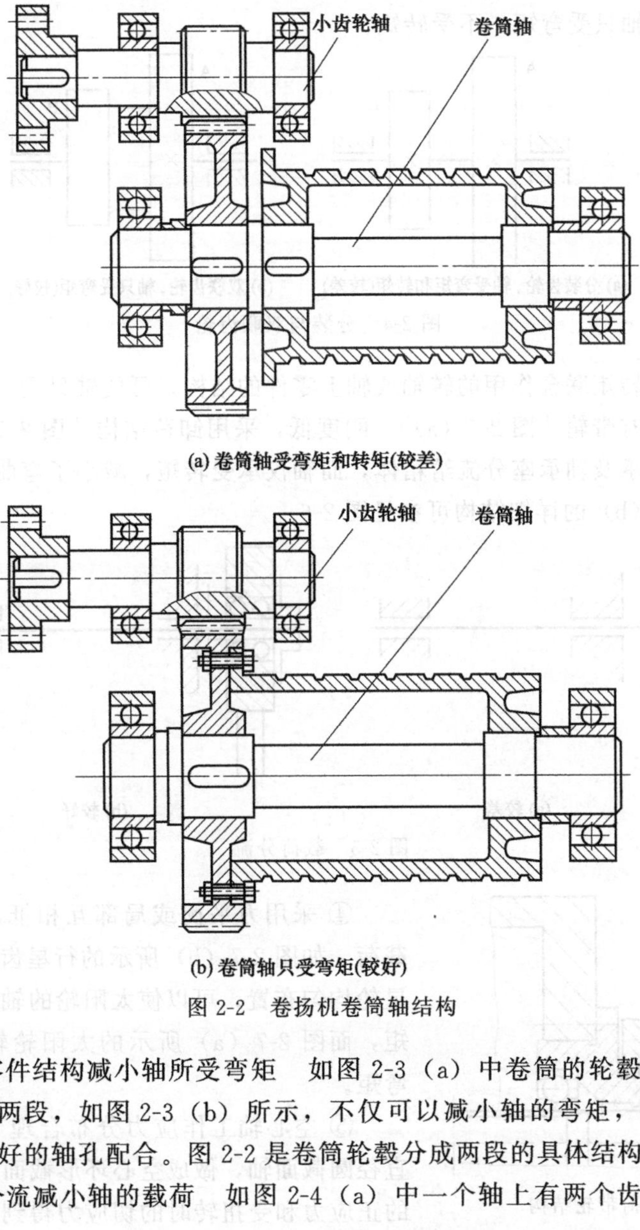


图 2-2　卷扬机卷筒轴结构

② 改进轴上零件结构减小轴所受弯矩　如图 2-3（a）中卷筒的轮毂很长，轴的弯矩较大，如把轮毂分成两段，如图 2-3（b）所示，不仅可以减小轴的弯矩，提高轴的强度和刚度，而且能得到良好的轴孔配合。图 2-2 是卷筒轮毂分成两段的具体结构。

③ 采用载荷分流减小轴的载荷　如图 2-4（a）中一个轴上有两个齿轮，动力由其他齿

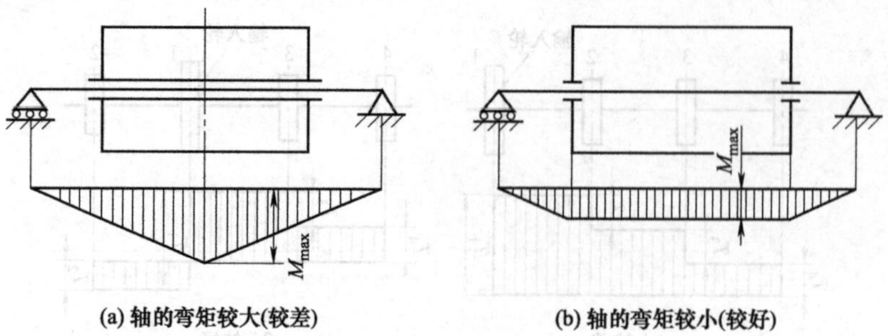


图 2-3　卷筒轮毂的结构

轮（图中未画出）传给齿轮 A，通过轴使齿轮 B 一起转动，轴受弯矩和转矩的联合作用。如将两齿轮做成一体，即齿轮 A、B 组成双联齿轮，如图 2-4（b）所示，转矩直接由齿轮 A 传给齿轮 B，则此轴只受弯矩，不受转矩。

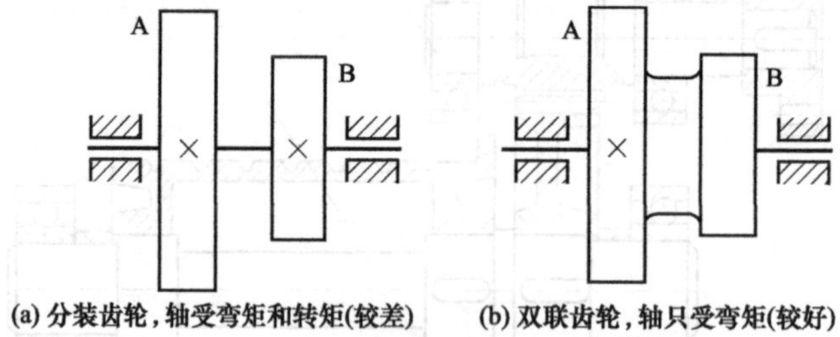


图 2-4　分装与双联齿轮

改进受弯矩和转矩联合作用的转轴或轴上零件的结构，可使轴只受一部分载荷。某些机床主轴的悬伸端装有带轮［图 2-5（a）］，刚度低，采用卸荷结构［图 2-5（b）］可以将带传动的压轴力通过轴承及轴承座分流给箱体，而轴仅承受转矩，减小了弯曲变形，提高了轴的旋转精度。图 2-5（b）的详细结构可参见图 2-6。

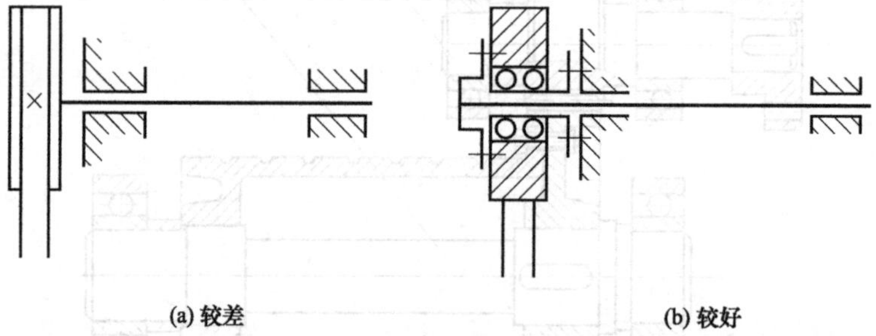


图 2-5　载荷分流

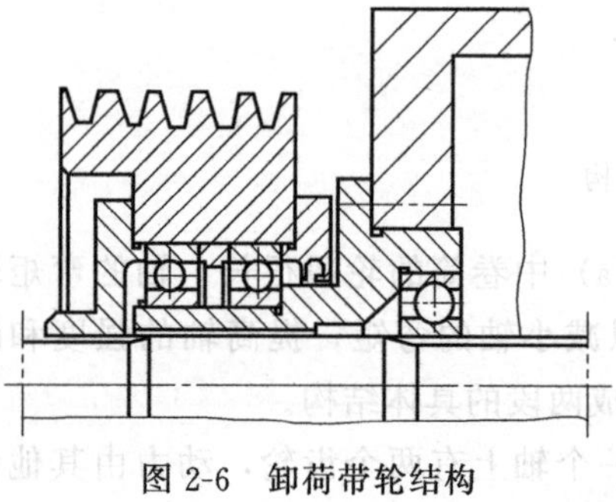

图 2-6　卸荷带轮结构

④ 采用力平衡或局部互相抵消的办法减小轴的载荷　如图 2-7（b）所示的行星齿轮减速器，由于行星轮均匀布置，可以使太阳轮的轴只受转矩，不受弯矩，而图 2-7（a）所示的太阳轮轴不仅受转矩还受弯矩。

⑤ 空心轴工作应力分布合理节省材料　对于大直径圆截面轴，做成空心环形截面能使轴在受弯矩时的正应力和受扭转时的切应力得到合理分布，使材料

得到充分利用，如采用型材，则更能提高经济效益。如图 2-8 所示，解放牌汽车的传动轴 $AB$ 在同等强度的条件下，空心轴的重量仅为实心轴重量的 1/3，节省大量材料，经济效益好。两种方案有关数据对比列于表 2-1。

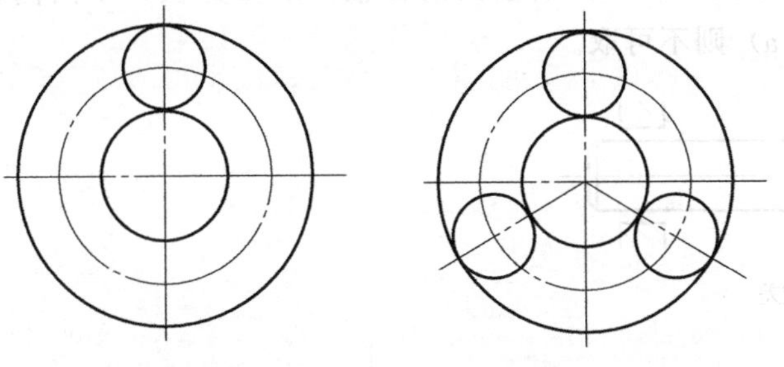

(a) 太阳轮轴受弯矩和转矩(较差)　(b) 太阳轮轴只受转矩(较好)

图 2-7　行星齿轮减速器

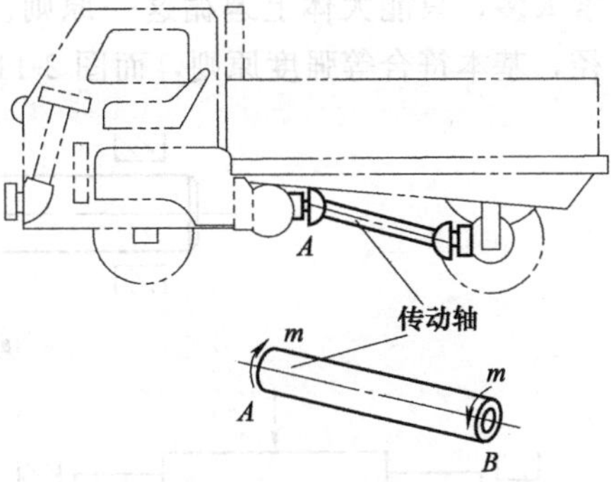


图 2-8　汽车的空心传动轴

**表 2-1　汽车传动轴结构方案对比**

| 类型 / 项目 | 空心轴 | 实心轴 | 类型 / 项目 | 空心轴 | 实心轴 |
|---|---|---|---|---|---|
| 材料 | 45 钢管 | 45 钢 | 强度 | 相同 | |
| 外径/mm | 90 | 53 | 重量比 | 1∶3 | |
| 壁厚/mm | 2.5 | — | 结构性能 | 较好 | 较差 |

对于传递较大功率的曲轴，也可采用中空结构，采用中空结构的曲轴不但可以减轻轴的重量和减小其旋转惯性力，还可以提高曲轴的疲劳强度。若采用图 2-9（a）的实心结构，应力集中比较严重，尤其是在曲柄与曲轴连接的两侧，对曲轴承受疲劳交变载荷极为不利。图 2-9（b）结构不但可使原应力集中区的应力分布均匀，使圆角过渡部分应力平坦化，而且有利于后工艺热处理所引发的残余应力的消除。

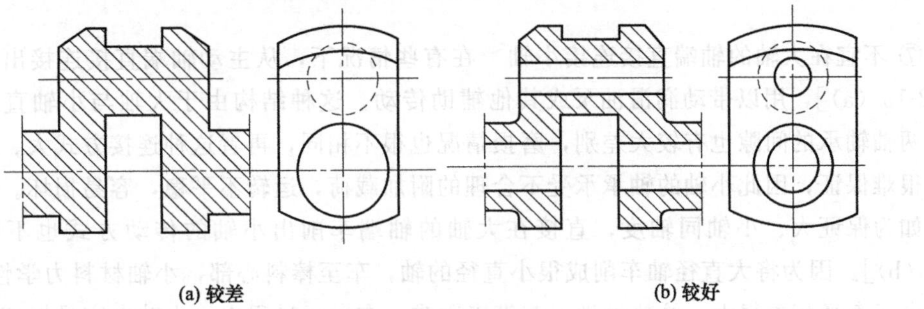

(a) 较差　(b) 较好

图 2-9　空心曲轴

值得指出的是，在空心轴上使用键连接时，必须注意轴的壁厚，注意不要造成因开设键槽，而使键槽部位的壁厚变薄［图 2-10（a）］，因为这有可能使轴的强度过分变弱，从而导致轴的破坏，因此一般空心轴上均选用薄形键。此外，对需要开键槽的空心轴，仍要适当增加其壁厚［图 2-10（b）］。

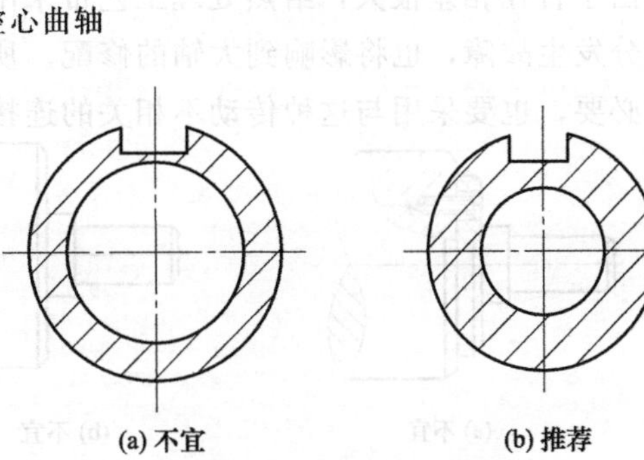

(a) 不宜　(b) 推荐

图 2-10　空心轴上的键槽

⑥ 等强度设计原则　轴的强度条件是通

过最大工作应力等于或小于材料许用应力来满足的，这样，最大应力以外的地方的应力均未达到许用值，材料未得到充分利用，造成浪费，重量大，运转时也耗能，解决此问题的理想做法是使轴的应力处处相等，即等强度［图 2-11（a）］，但实际上由于轴结构设计的相关因素太多，只能大体上遵循这一原则。如图 2-11（b）所示的阶梯轴，中段直径大于两侧轴径，基本符合等强度原则，而图 2-11（a）则不可取。

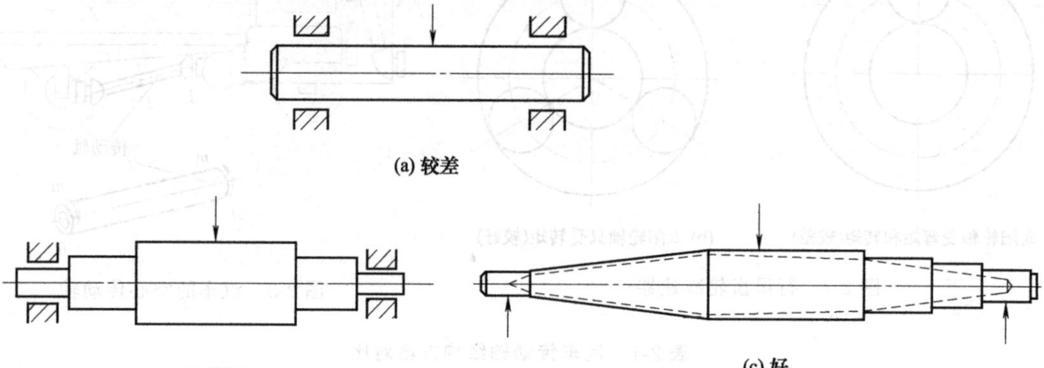

(a) 较差　(b) 较好　(c) 好

图 2-11　阶梯轴符合等强度原则

图 2-12（a）减速器的齿轮轴，其中段齿根圆直径小于两侧的轴径，则违背等强度原则，可考虑修改轴的结构，或重新调整齿轮传动的有关参数，如图 2-12（b）所示结构则较为合理。

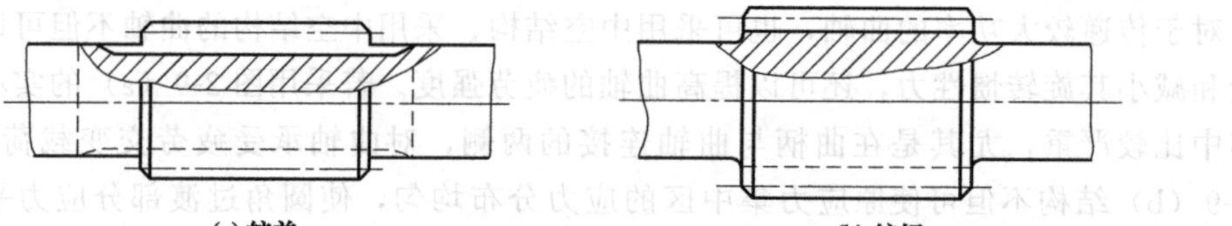

(a) 较差　(b) 较好

图 2-12　齿轮轴应符合等强度原则

⑦ 不宜在大轴的轴端直接连接小轴　在有些情况下，从主动轴端直接连接出一根小轴［图 2-13（a）］，用以带动润滑油泵或其他辅助传动，这种结构由于大轴与小轴直径相差较大，两轴轴承的间隙也有较大差别，磨损情况也很不相同，再者这种连接方式大、小轴的同轴度很难保证，因此小轴的轴承承受不合理的附加载荷，运转不平稳，容易损坏。

如为保证大、小轴同轴度，直接在大轴的轴端车削出小轴的传动方式也不可取［图 2-13（b）］。因为将大直径轴车削成很小直径的轴，车至棒料心部，小轴材料力学性能降低；其次由于直径相差很大，给热处理工艺带来困难，在搬运过程中，小轴也容易损坏；另外小轴部分发生故障，也将影响到大轴的修配。所以要尽量避免这种大、小轴直接传动的方式，如有必要，也要采用与这种传动不相关的连接方式，如图 2-13（c）所示。

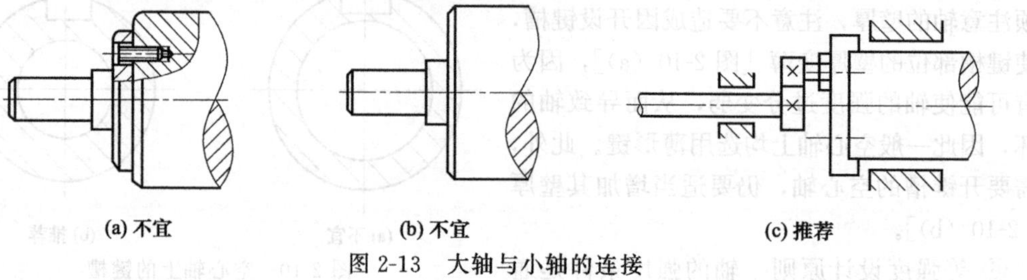

(a) 不宜　(b) 不宜　(c) 推荐

图 2-13　大轴与小轴的连接

（2）轴结构选用应有利于提高刚度

① 轴上齿轮非对称布置应远离转矩输入端 当轴上齿轮处于非对称布置时，如两级圆柱齿轮减速器高速轴上的小齿轮［图 2-14（a）］，由于轴受载荷后弯曲变形，小齿轮轴线 $O_1O_1$ 不再与大齿轮轴线 $O_2O_2$ 平行，因而造成两轮沿接触线载荷分布不均，即载荷集中，这种由弯曲变形造成的偏载情况可大致用图 2-14（b）描述。又由于轴与齿轮的扭转变形也会产生偏载，如图 2-15 所示，当转矩 $T_1$ 由主动轮的左端输入［图 2-15（a）］，左端扭角大，则载荷偏向齿的左端，其偏载情况如图 2-15（b）中的 $c$ 曲线，而当转矩由右端输入［图 2-14（a）］，则载荷偏向齿的右端，其偏载情况如图 2-15（b）中的 $d$ 曲线。

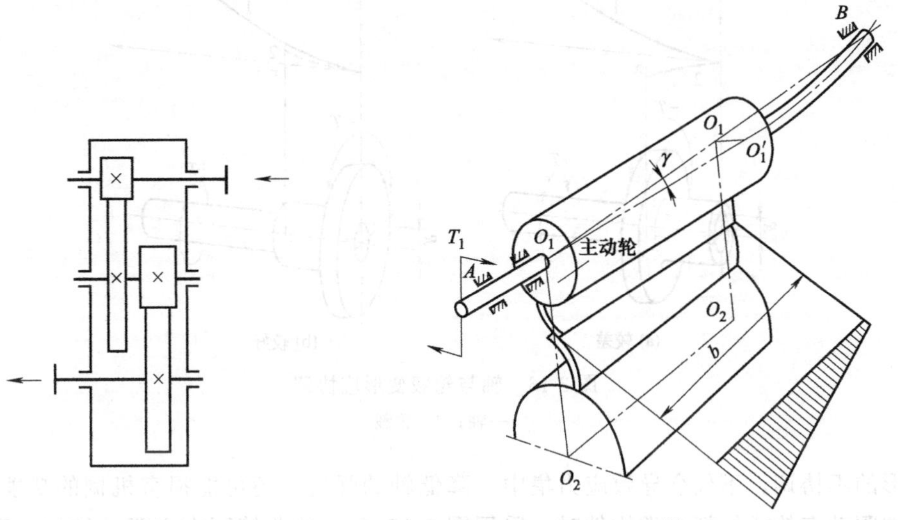


图 2-14 轴弯曲变形引起的偏载

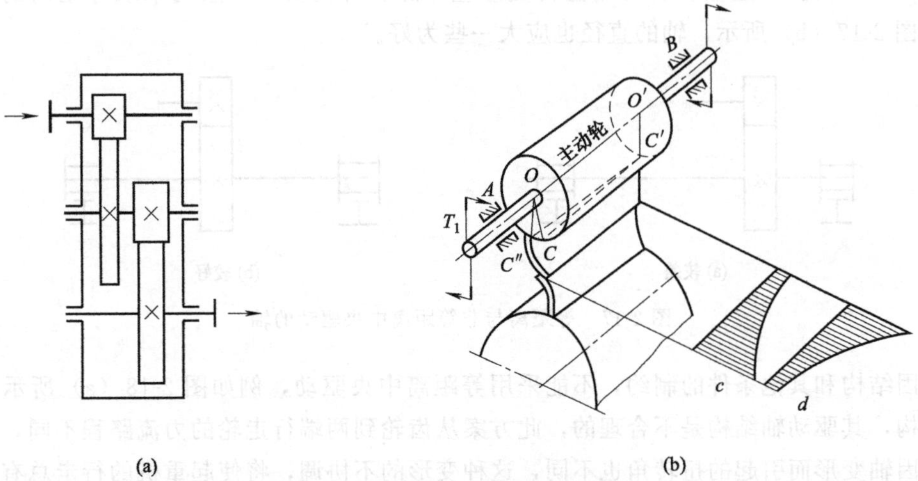


图 2-15 轴扭转变形引起的偏载

综合图 2-14 与图 2-15 弯曲变形和扭转变形的共同作用，显然转矩从右端输入，即齿轮远离转矩输入端［图 2-14（a）］，可以使轴的扭转变形补偿一部分轴的弯曲变形引起的沿轮齿方向的载荷分布不均，使偏载现象得以缓解。而图 2-15（a）则为不合理的布置，此方案弯曲变形与扭转变形引起的偏载的综合作用，将使载荷集中现象更为严重。

② 轴的变形应协调　轴与轮毂的配合常采用键与过盈配合的方法，此时在轴的结构设计上要注意轴与轮毂之间的变形协调。如图 2-16 所示轴与轴上零件布置的两种方案：图 2-16（a）中 $x$ 处轴和轮毂扭转变形的方向相反，即两者的变形差很大，严重的变形不协调将导致较高的应力集中，降低结构的强度，当转矩有波动时，轴毂间易产生相对滑动，引起磨损，加大疲劳断裂的危险，图 2-16（b）所示结构，在 $x$ 处轴和轮毂扭转变形的方向相同，变形不协调情况大为改善，强度得到很大提高。

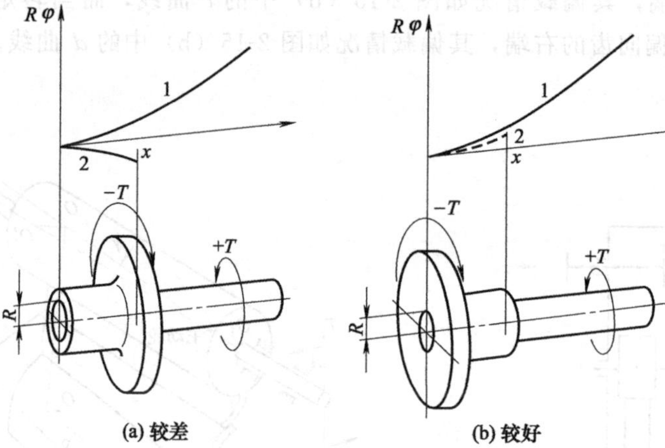


图 2-16　轴与轮毂变形应协调

1—轴；2—轮毂

变形的不协调，不仅会导致应力集中，降低轴的强度，还可能损害机械的功能。例如，在轴两端驱动车轮或杠杆一类构件时，采用图 2-17（a）的非等距中央驱动结构，则由于驱动力到两边车轮的力流路程不同，轴的两端将引起扭转变形差，从而导致轴左、右两端相互动作失调，为防止产生左、右两端扭转变形差，除特殊需要，一般均采取等距离的中央驱动，如图 2-17（b）所示，轴的直径也应大一些为好。

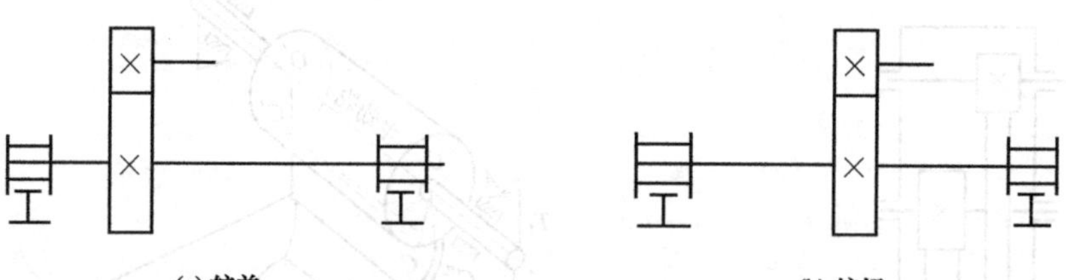


图 2-17　等距离与非等距离中央驱动的轴

如因结构和其他条件的制约，不能采用等距离中央驱动，例如图 2-18（a）所示起重机行走机构，其驱动轴结构是不合理的，此方案从齿轮到两端行走轮的力流路程不同，所以两行走轮因轴变形而引起的扭转角也不同，这种变形的不协调，将使起重机的行走总有自动转弯的趋势，完全损害了起重机的行走功能，是不可取的。为防止轴两端的扭转变形差，应设法将驱动齿轮两侧轴的扭转刚度设计得相等，如图 2-18（b）所示。

③ 轴的刚度与轴承的组合方式　支承方式和位置对轴的刚度影响很大，简支梁的挠度与支点距离的三次方（集中载荷）或四次方（分布载荷）成正比，所以减小支点距离能有效地提高梁的刚度。

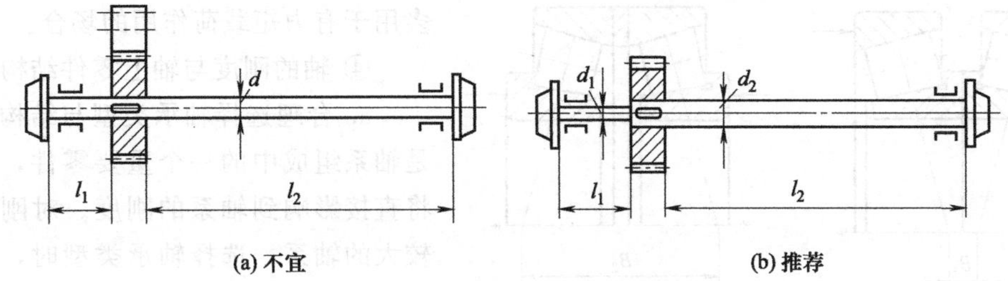


图 2-18 起重机行走机构驱动轴

尽量避免采用悬臂结构，必须采用时，也应尽量减小悬臂长度。图 2-19 所示悬臂结构［图 2-19（a）］、球轴承简支结构［图 2-19（b）］和滚子轴承简支结构［图 2-19（c）］，它们的最大弯矩之比为 4∶2∶1，最大挠度之比为 16∶4∶1。

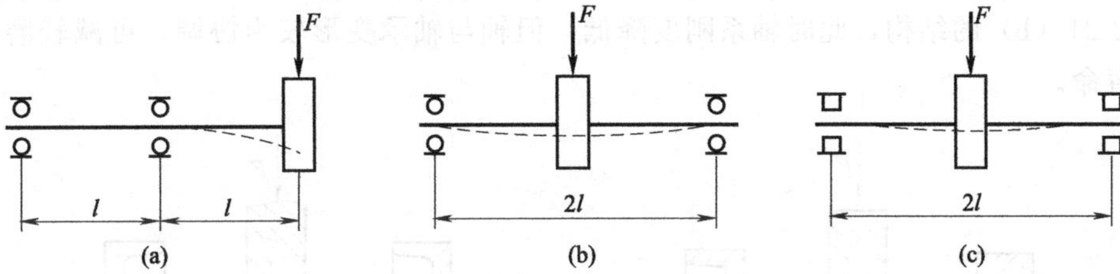


图 2-19 支承方式和位置与轴的挠度

对于分别处于两支点的一对角接触轴承，应根据具体载荷位置分析其刚性：载荷作用在两轴承之间时，面对面安装布置的轴系刚性好；而当载荷作用在轴承外侧时，背对背安装布置的轴系刚性好。其分析见表 2-2。

**表 2-2 角接触轴承不同安装形式对轴系刚度的影响**

| 安装形式 | 工作零件(作用力)位置 | |
|---|---|---|
| | 悬 伸 端 | 两 轴 承 间 |
| 面对面<br>（正装） | 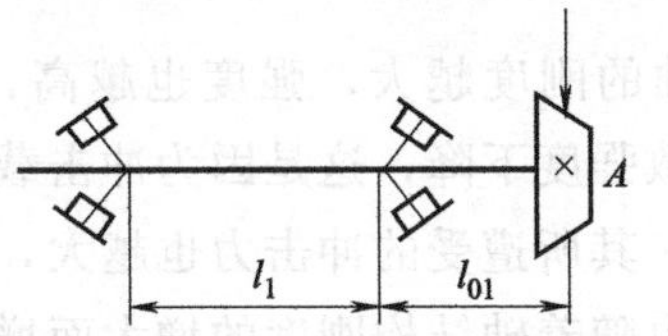 | 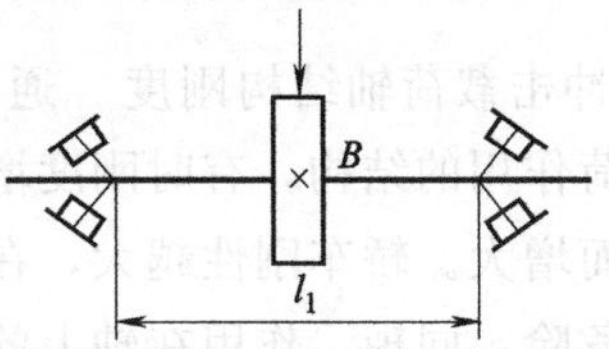 |
| 背对背<br>（反装） | 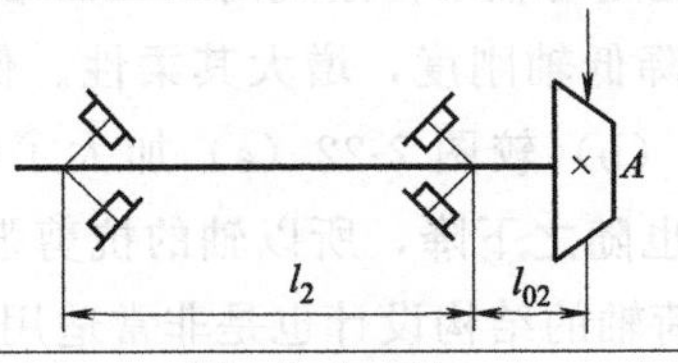 | 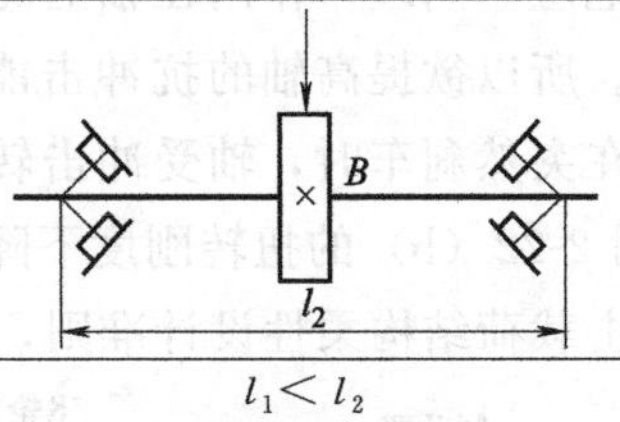 |
| 对比 | $l_2 > l_1, l_{02} < l_{01}$<br>工作端 $A$ 点挠度 $\delta_{A2} < \delta_{A1}$<br>背对背刚性好 | $l_1 < l_2$<br>$B$ 点挠度 $\delta_{B1} < \delta_{B2}$<br>面对面刚性好 |

对于一对角接触轴承并列组合为一个支点时，其组合方式不同，支承刚性也不同，轴系的刚性也不同。如图 2-20（a）所示，为面对面安装方案（正装），轴上支反力的作用点距离为 $B_1$，图 2-20（b）所示为背对背安装方案（反装），两轴支反力在轴上的作用点距离为 $B_2$，显然 $B_2$ 大于 $B_1$，所以采用图 2-20（b）方案时，支承有较高的刚性，对轴的弯曲力矩有较高的抵抗能力。如果轴系弯曲较大或轴承对中性较差，应选择刚性小的正装，而反装则

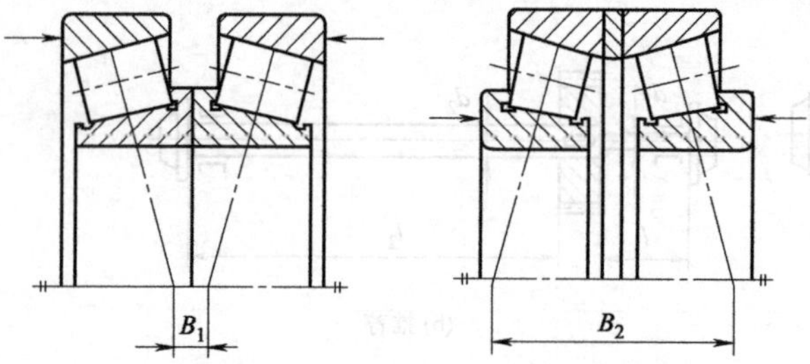


(a) 正装 (b) 反装

图 2-20 角接触轴承的正装与反装

多用于有力矩载荷作用的场合。

④ 轴的刚度与轴上零件结构

a. 合理选择轴承类型与结构 轴承是轴系组成中的一个重要零件，其刚度将直接影响到轴系的刚度。对刚度要求较大的轴系，选择轴承类型时，宽系列优于窄系列，滚子轴承优于球轴承，双列优于单列，小游隙优于大游隙。选用调心类轴承可降低轴系刚度。

对于滑动轴承，由于弯曲载荷作用，轴在轴承端边常会出现端边挤压，从而引起轴承磨损［图 2-21（a）］。为避免对轴承的损害，对于轴径较长（宽径比 $B/d>1.5$）的轴承，可采用图 2-21（b）的结构，此时轴系刚度降低，但轴与轴承变形较为协调，可减轻磨损，延长轴承寿命。

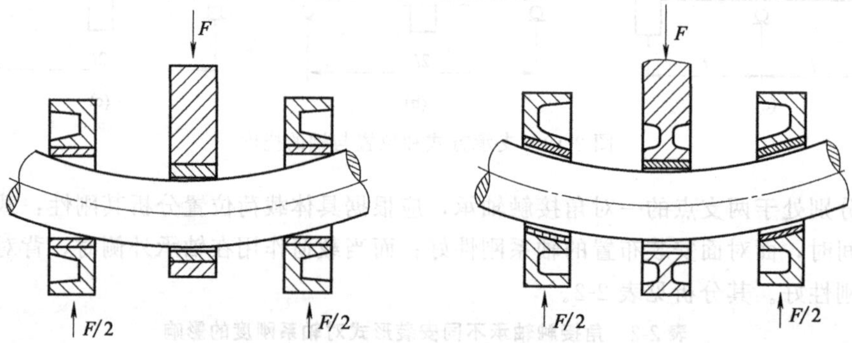


(a) 较差 (b) 较好

图 2-21 轴与轴承协调变形结构

b. 受冲击载荷轴结构刚度 通常人们认为轴的刚度越大，强度也越高，但这不尽然，受冲击载荷作用的结构，有时刚度增大反而会导致强度下降，这是因为冲击载荷随着结构刚度的增大而增大。轿车刚性越大，在发生车祸时，其所遭受的冲击力也越大，其中的驾乘人员也就更危险。同理，作用在轴上的冲击载荷，也随着轴结构刚度的增大而增大，因而轴的强度下降。所以欲提高轴的抗冲击能力，应适当降低轴刚度，增大其柔性。例如图 2-22 所示的砂轮在突然刹车时，轴受冲击转矩，图 2-22（b）较图 2-22（a）加大了轴的长度，即 $l>l'$，图 2-22（b）的扭转刚度下降，冲击转矩也随之下降，所以轴的抗剪强度反而上升。这种受冲击载荷结构柔性设计准则，对受冲击载荷轴的结构设计也是非常适用的。

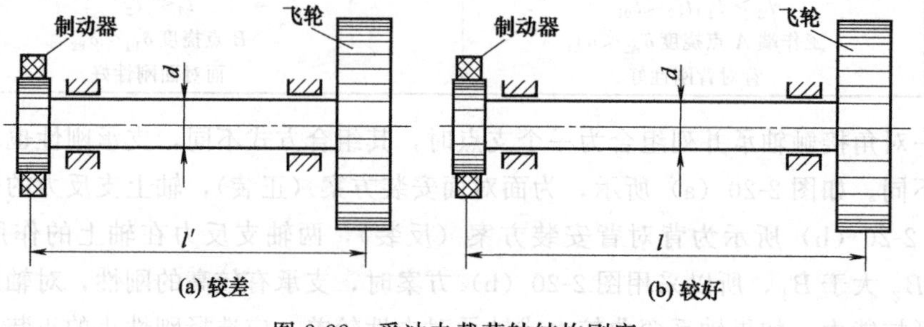


(a) 较差 (b) 较好

图 2-22 受冲击载荷轴结构刚度

（3）轴结构选用应有利于提高疲劳强度

大多数轴是在变应力条件下工作的，其疲劳损坏多发生于应力集中部位，因此设计轴的结构必须要尽量减少应力集中源和降低应力集中的程度。其常用的措施如下。

① 避免轴的剖面形状及尺寸急剧变化　在轴径变化处尽量采用较大的圆角过渡（图 2-23），当圆角半径的增大受到限制时，可采用凹切圆角、过渡肩环等结构（图 2-24）。

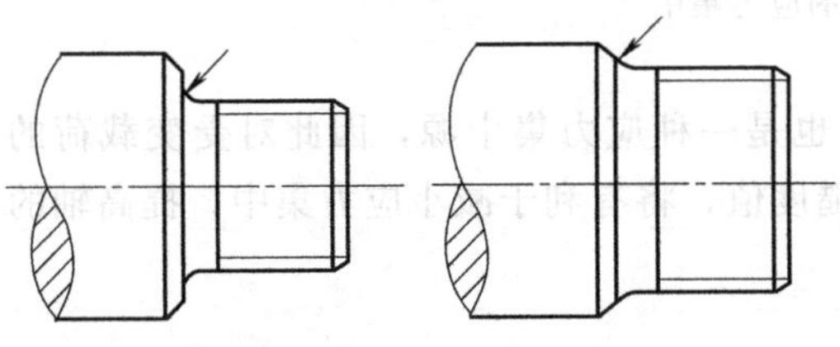

(a) 较差　(b) 较好

图 2-23　轴肩圆角半径

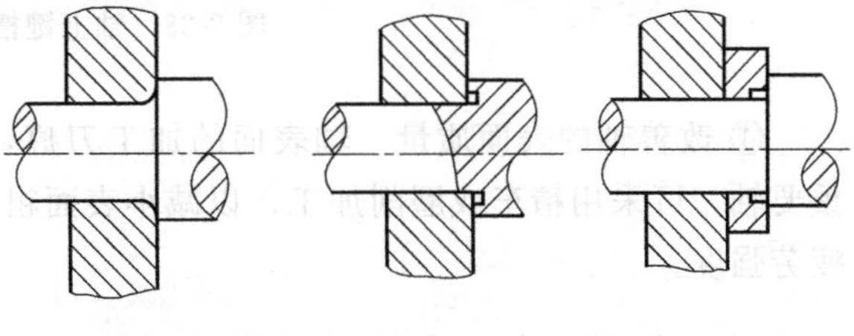

(a) 较差　(b) 较好　(c) 较好

图 2-24　减小圆角处的应力集中

② 降低过盈配合处的应力集中　当轴与轮毂为过盈配合时，配合的边缘处会产生较大的应力集中［图 2-25(a)］，为减小应力集中，可在轮毂上开卸载槽［图 2-25（b)］，轴上开卸载槽［图 2-25（c)］，或者加大配合部分的直径［图 2-25（d)］。由于配合的过盈量越大，引起的应力集中也越严重，所以在设计中应合理选择零件与轴的配合。

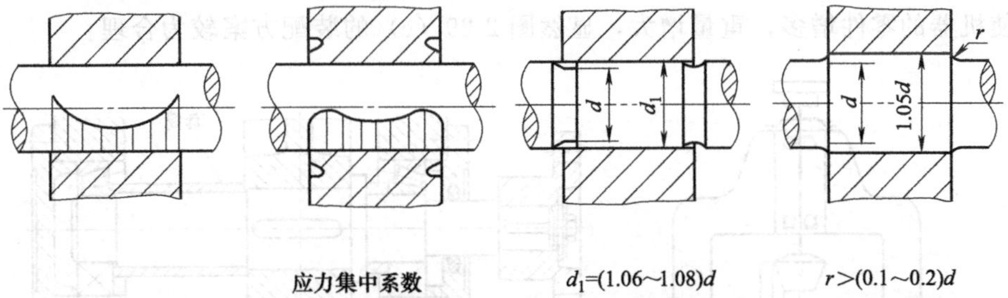


(a) 不宜　(b) 推荐 应力集中系数 $K_\sigma$ 约减小15%～25%　(c) 推荐 $d_1=(1.06\sim1.08)d$ $K_\sigma$ 约减小40%　(d) 推荐 $r>(0.1\sim0.2)d$ $K_\sigma$ 约减小30%～40%

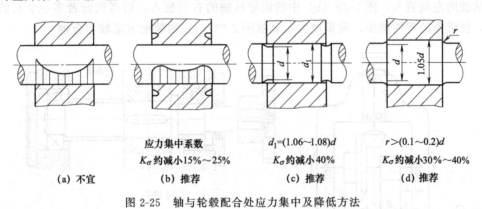

图 2-25　轴与轮毂配合处应力集中及降低方法

③ 减小轴上键槽引起的应力集中　轴上有键槽的部分一般是轴的较弱部分，因此对这部分的应力集中要给予注意，必须按国家标准规定给出键槽的圆角半径 $r$（图 2-26）；为了不使键槽的应力集中与轴阶梯的应力集中相重合，要避免把键槽铣削至阶梯部位（图 2-27）；用盘铣刀铣出的键槽要比用端铣刀铣出的键槽应力集中小（图 2-28）；渐开线花键的应力集中要比矩形花键小，花键的环槽直径 $d$ 不宜过小，可取其等于花键的内径 $d_1$（图 2-28）。

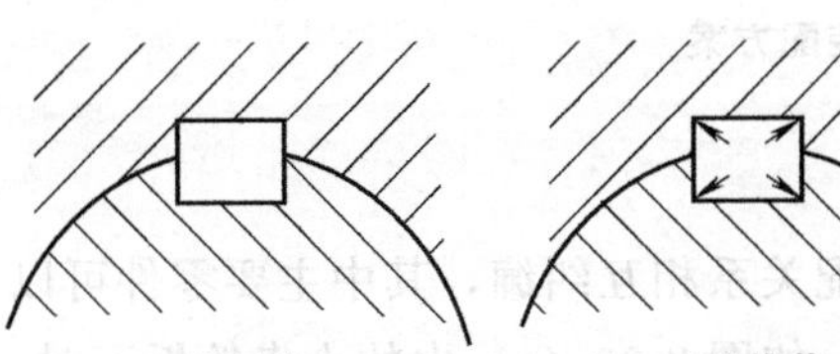

(a) 不宜　(b) 推荐

图 2-26　键槽圆角半径

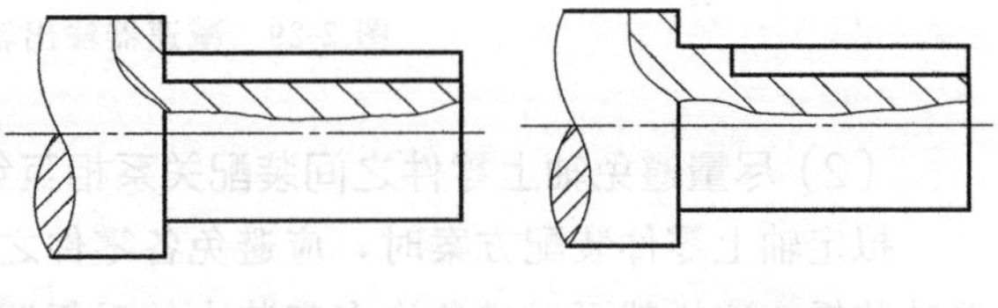

(a) 不宜　(b) 推荐

图 2-27　避免把键槽铣削至阶梯部位

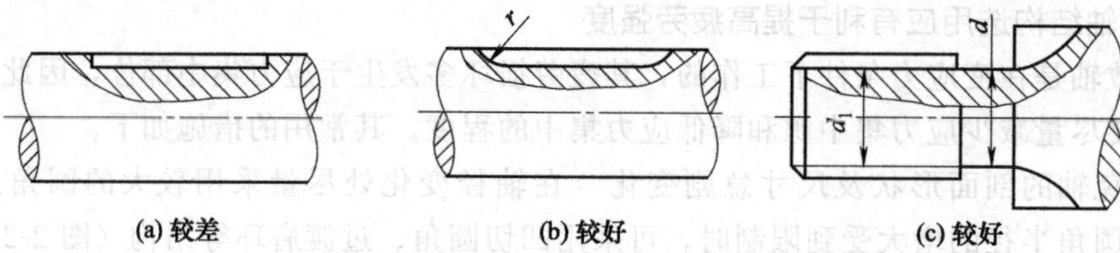


图 2-28　轴上键槽的应力集中

④ 改善轴的表面质量　轴表面的加工刀痕，也是一种应力集中源，因此对受变载荷的重要轴，可采用精车或磨削加工，以减小表面粗糙度值，将有利于减小应力集中，提高轴的疲劳强度。

## 2.1.3　合理确定轴上零件的装配方案

轴的结构形式与轴上零件位置及其装配方案有关，拟定轴上零件的装配方案是进行轴结构设计的前提，它决定着轴结构的基本形式。装配方案就是轴上主要零件的装配方向、顺序和相互关系。拟定装配方案时，一般应考虑几个方案，分析比较后择优选定。

（1）尽量减少轴上零件数目及重量

如图 2-29（a）所示的圆锥-圆柱齿轮减速器输出轴的两种装配方案，图 2-29（c）中的齿轮从轴的左端装入，图 2-29（b）中的齿轮从轴的右端装入，后者较前者多一个长的定位套筒，使机器的零件增多，重量增大，显然图 2-29（c）的装配方案较为合理。

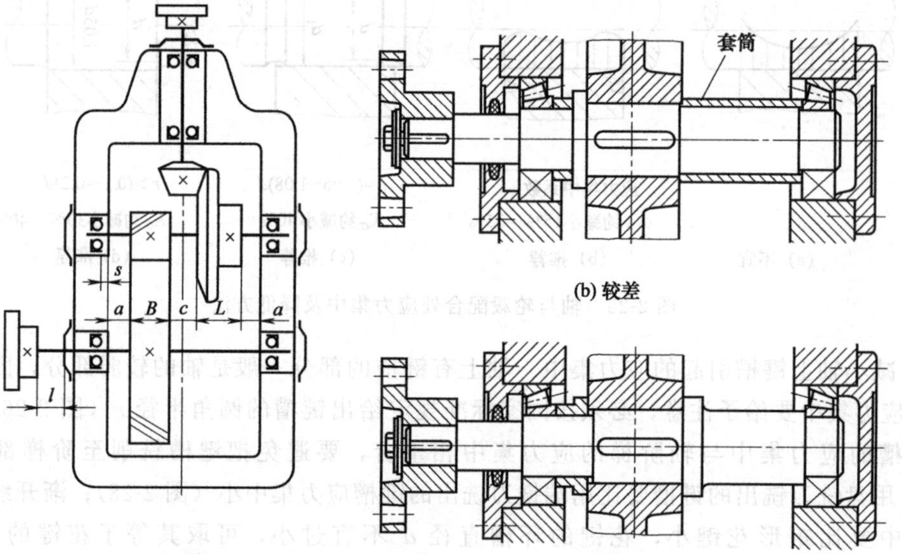


图 2-29　减速器输出轴上零件装配方案

（2）尽量避免轴上零件之间装配关系相互纠缠

拟定轴上零件装配方案时，应避免各零件之间的装配关系相互纠缠，其中主要零件可以单独装拆，这样就可以避免许多安装中的反复调整工作。如图 2-30（a）中的小齿轮拆下时，必须拆下轴左侧的零件，图 2-30（b）的结构则比较合理。

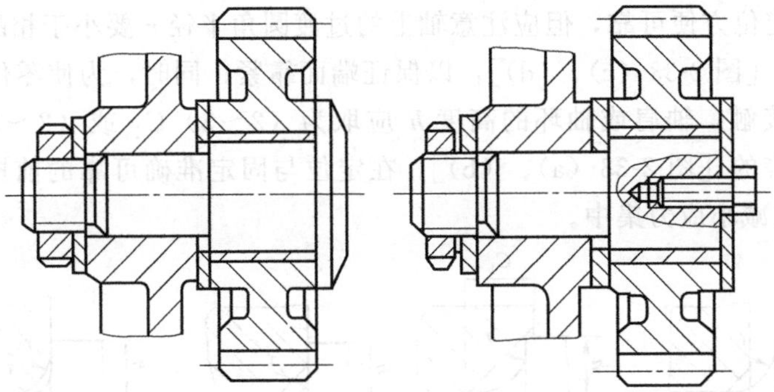

(a) 较差　　(b) 较好

图 2-30　拆一个零件避免拆下其他零件

(3) 同一轴上零件尽可能考虑能从箱体一端成套装配

如图 2-31 (a) 所示轴的两端分别装在箱体 1 和箱体 2 内，装配很不方便，可考虑如图 2-31 (b) 所示，将轴分为 3、4 两段，用联轴器 5 连接，箱体 1 成为单独装配单元，从而使装配工作大为简化。

## 2.1.4 轴上零件的定位与固定

轴上的每一个零件均应有确定的工作位置，既要定位准确，还要牢固可靠，下面对轴上零件的轴向定位与固定、周向固定及结构形式的选用分述如下。

(1) 轴上零件轴向定位与固定

零件在轴上沿轴向应准确定位和可靠固定，使其有准确的位置，并能承受轴向力而不产生轴向位移。常用的轴向定位与固定方法一般是利用轴本身的组成部分，如轴肩、轴环、圆锥面、过盈配合，或者是采用附件，如套筒、圆螺母、弹性挡圈、挡环、紧定螺钉、销钉等。

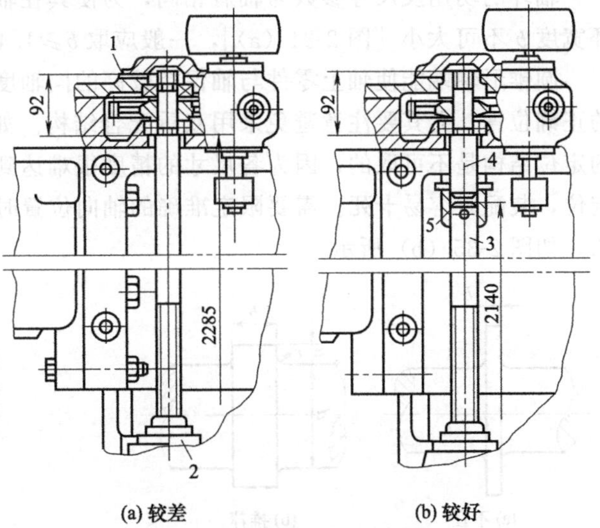


(a) 较差　　(b) 较好

图 2-31　轴与箱体的装配

1,2—箱体；3,4—轴段；5—联轴器

① 轴肩和轴环　如不采用定位轴肩或轴环等方法，则很难限定零件在轴上的正确位置［图 2-32 (a)］。为使零件安装到轴的正确位置上，轴一般制成阶梯形轴肩或轴环［图 2-32 (b)］。

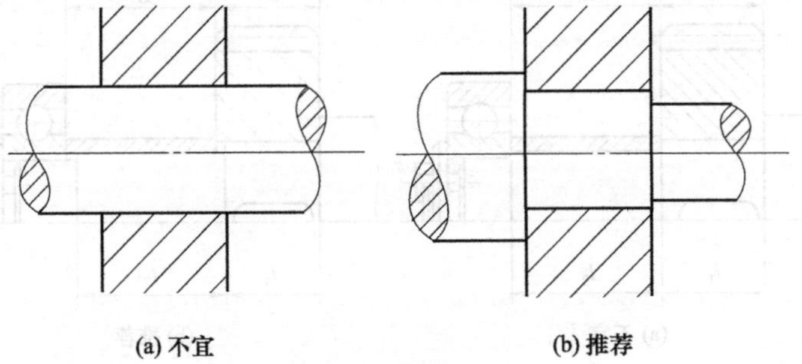

(a) 不宜　　(b) 推荐

图 2-32　应采用轴肩和轴环定位

轴肩或轴环定位方便可靠，但应注意轴上的过渡圆角半径 $r$ 要小于相配零件的倒角尺寸 $C_1$ 或圆角半径 $r_1$ [图 2-33 (c)、(d)]，以保证端面靠紧；同时，为使零件端面与轴肩或轴环有一定的平面接触，轴肩或轴环的高度 $h$ 应取为 (2～3) $C_1$ 或 (2～3) $r_1$。$r>C_1$ 和 $h<C_1$ 都是不允许的 [图 2-33 (a)、(b)]。在定位与固定准确可靠的前提下，应尽量使 $h$ 小些，$r$ 大些，以减小应力集中。

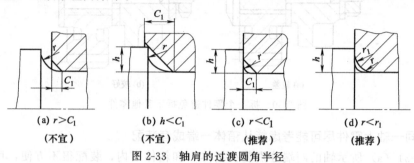

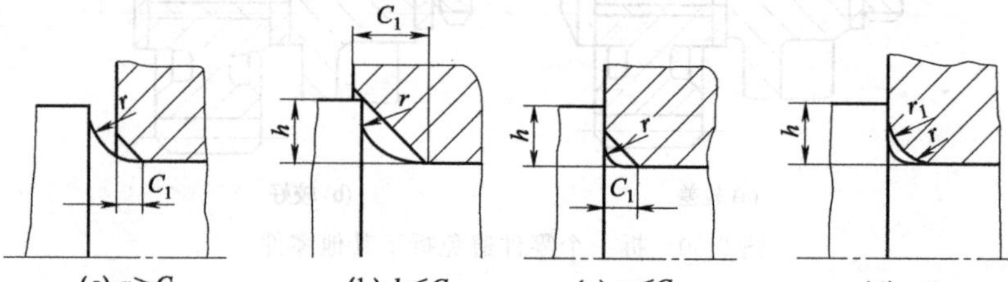


图 2-33　轴肩的过渡圆角半径

轴环的功用及尺寸参数与轴肩相同，为使其在轴向力作用下具有一定的强度和刚度，轴环宽度 $b$ 不可太小 [图 2-34 (a)]，一般应取 $b\geqslant 1.4h$ [图 2-34 (b)]。

圆锥形轴端能使轴上零件与轴保持较高的同轴度，且连接可靠，但不能限定零件在轴上的正确位置，尤其要注意避免采用双重配合结构。如图 2-35 (a) 所示，采用锥体配合阶梯的定位结构是不可取的，因为各尺寸的精度很难达到预期的理想程度，所以难以实现正确的定位，装配时容易卡死。需要限定准确的轴向位置时，只能改用圆柱形轴端加轴肩才是可靠的，如图 2-35 (b) 所示。

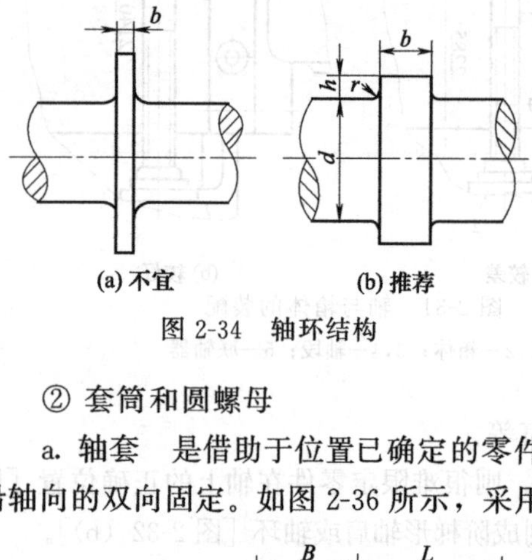


图 2-34　轴环结构

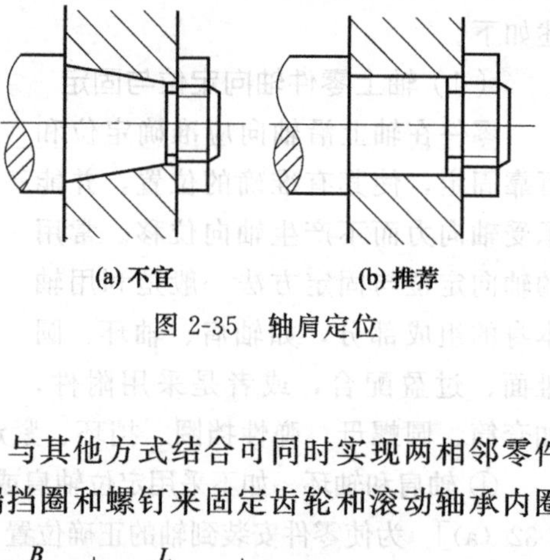


图 2-35　轴肩定位

② 套筒和圆螺母

a. 轴套　是借助于位置已确定的零件来定位的，与其他方式结合可同时实现两相邻零件沿轴向的双向固定。如图 2-36 所示，采用轴套、轴端挡圈和螺钉来固定齿轮和滚动轴承内圈

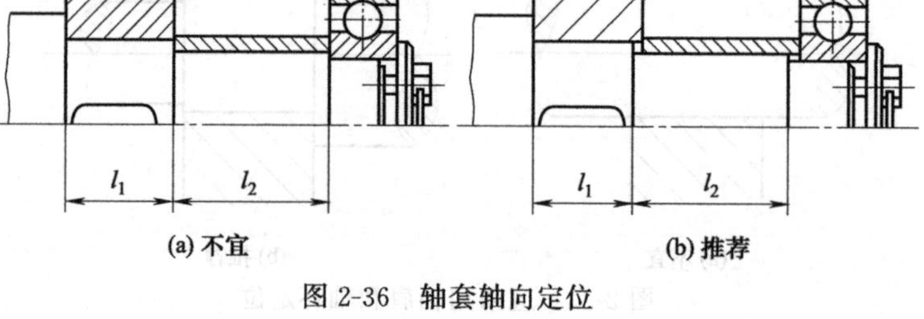


图 2-36　轴套轴向定位

的情况，为使定位准确和固定可靠，装齿轮的轴段长度 $l_1$ 应略小于齿轮轮毂的宽度 $B$［图 2-36（b）］，一般取 $l_1=B-(2\sim3)\text{mm}$，又（$l_1+l_2$）应略小于（$B+L$），$L$ 为轴套长。图 2-36（b）为不合理的结构，其中 $B=l_1$，$B+L=l_1+l_2$，由于加工误差等极易造成套筒两端面与齿轮、轴承两端面间出现间隙，致使轴上零件不能准确定位与可靠固定。若取 $B<l_1$，$B+L<l_1+l_2$，则上述问题将更为严重。

采用轴套定位，可减少轴肩数目或降低轴肩高度，从而缩小轴径，简化轴结构，避免、减少应力集中，但轴上零件数目增加，且因限制重量一般套筒不宜过长，如因条件特殊，轴与轴套配合部分必须较长时，应留有间隙，图 2-37（a）为不合理结构，合理结构如图 2-37（b）所示。又由于套筒与轴配合较松，所以轴套不宜用于高转速的轴上。

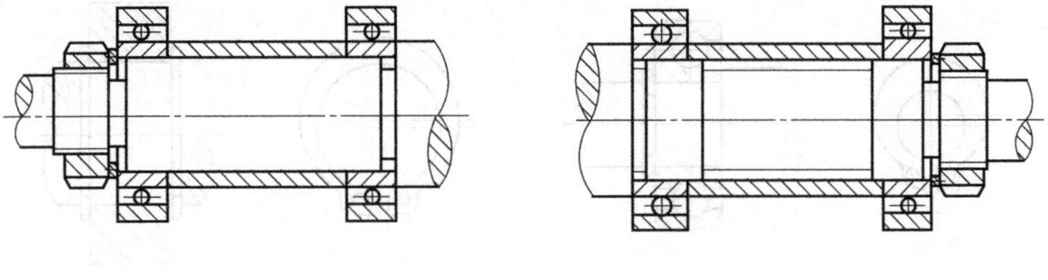

(a) 不宜　　(b) 推荐

图 2-37　轴与套筒配合较长时应留有间隙

b. 圆螺母　一般用于固定轴端零件，也可在零件之间距离较大、且允许在轴上车制螺纹时，用来代替套筒固定轴中段的零件［图 2-38（a）］，以减轻结构重量。为防止螺母松动，常采用双螺母或圆螺母加止动垫圈的方式防松，采用止动垫圈时，要注意止动垫圈外侧卡爪折入螺母槽中后，常有止动不灵的情况，这是因为止动垫圈内侧舌片处于轴上螺纹退刀槽部分，止动垫圈未能起到止转作用［图 2-38（b）］，因此轴上的螺纹退刀槽必须加工得靠里一些［图 2-38（c）］，以确保安装时内侧舌片处于止动沟槽内，而不是在退刀槽内。

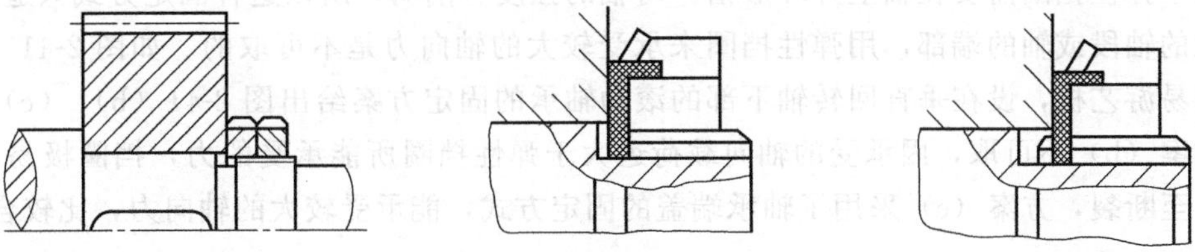

(a) 推荐　　(b) 不宜　　(c) 推荐

图 2-38　止动垫圈在轴上的安装

与前述套筒定位问题类似，采用螺母压紧安装在轴上的零件时，如果轴的配合部分长 $l$ 和安装在轴上零件的轮毂长 $L$ 相等［图 2-39（a）］，则螺母极易在压到零件之前就碰到了轴，因而出现压不紧的情况，不能实现轴上零件的定位与可靠固定，一般应使轴的配合部分长 $l$ 略小于零件轮毂长 $L(2\sim3)\text{mm}$［图 2-39（b）］，以保证有一定的压紧尺寸差。

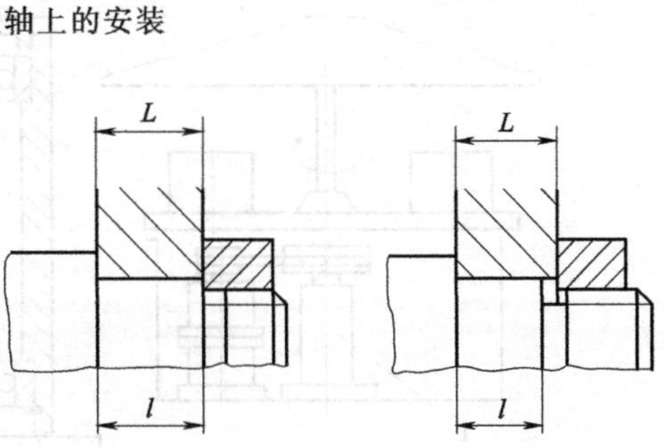


(a) 不宜　　(b) 推荐

图 2-39　零件轴向定位的压紧尺寸差

c. 旋转轴上螺纹旋向　用螺母固定轴上零

件时，为了防止在启动、旋转和停止时松弛，螺纹的切制应遵照轴的旋向有助于旋紧的原则，如果是向左旋转则为左旋螺纹，如为向右旋转则为右旋螺纹。但对于在驱动一侧装有制动器，反复进行快速减速、快速停止等例外轴系，则应与此相反。

③ 弹性挡圈与轴端挡圈

a. 弹性挡圈　大多与轴肩联合使用［图 2-40（a）］，也可在零件两边各用一个挡圈［图 2-40（b）］，使零件沿轴向定位和固定，其结构简单，装拆方便。弹性挡圈一般不用于承受轴向载荷，只起轴向定位与固定作用，所以为防止零件脱出，弹性挡圈一定要装牢在轴槽中［图 2-40（a）、（b）］，如果把弹性挡圈不适当地装入轴槽或倾斜安装［图 2-40（c）］，即使在轻微的轴向力反复作用下，弹性挡圈也很容易脱落。图 2-40（d）为正确安装的放大图。

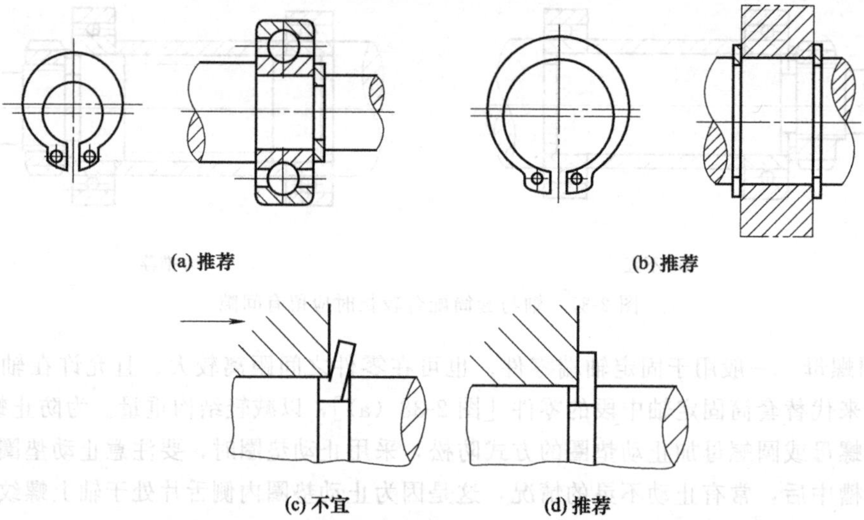


图 2-40　弹性挡圈的轴向定位与固定

由于弹性挡圈需要在轴上开环形槽，对轴的强度有削弱，所以这种固定方式只适用于受力不大的轴段或轴的端部，用弹性挡圈来承受较大的轴向力是不可取的。如图 2-41（a）所示的简易游艺机，设在垂直回转轴下部的滚动轴承的固定方案给出图 2-41（b）、（c）两种，显然方案（b）不可取，因承受的轴向载荷远大于弹性挡圈所能承受的力，挡圈极易变形脱落，甚至断裂，方案（c）采用了轴承端盖的固定方式，能承受较大的轴向力，比较合理。

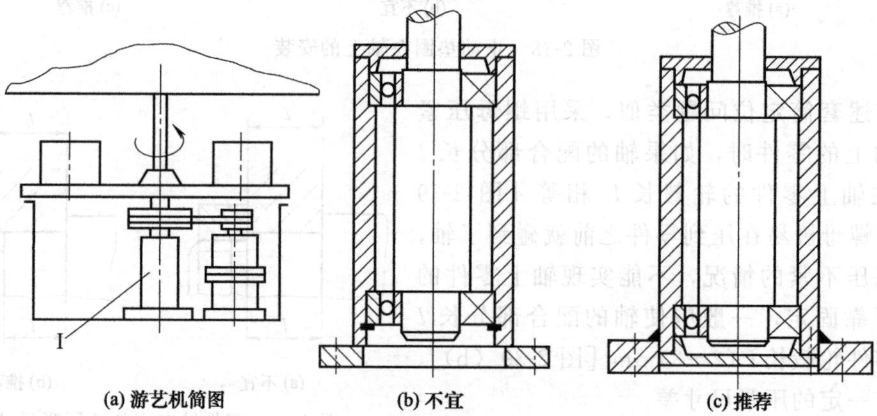


图 2-41　立轴上滚动轴承的固定

b. 轴端挡圈　一般与轴肩结合，可使轴端零件获得轴向定位与双向固定，挡圈用螺钉紧固在轴端，并压紧被固定零件的端面［图 2-42（b）］。此种方法简单可靠，装拆方便，能承受振动和冲击载荷，为使挡圈在轴端更好地压紧被固定零件的端面，同前面采用轴套、螺母定位一样，应使轴的配合部分长小于轴上零件配合部分长(2～3)mm。图 2-42（a）为不可取的结构。

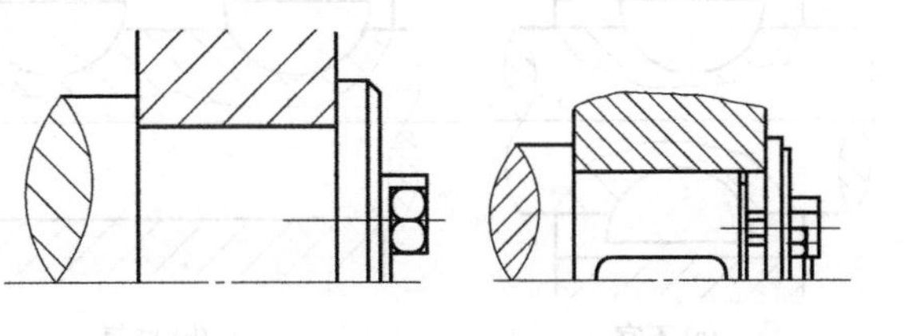

(a) 不宜　　(b) 推荐

图 2-42　轴端挡圈的定位与固定

④ 轴承端盖　用螺钉［图 2-43（b）下半部分］或榫槽［图 2-43（b）上半部分］与箱体连接，而使滚动轴承的外圈得到轴向定位，在一般情况下，整个轴的轴向定位也常利用轴承端盖来实现，如图 2-43（b）所示。采用轴承端端盖轴向固定时，要注意勿使轴承端盖的底部压住轴承的转动圈，如图 2-43（a）中，转动件滚动轴承内圈与静止件轴承端盖相接触，摩擦严重，甚至使轴无法转动。

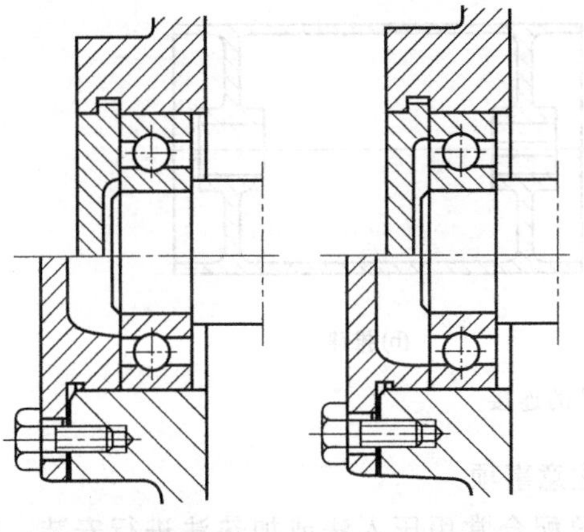

(a) 禁用　　(b) 推荐

图 2-43　轴承端盖的轴向定位与固定

（2）轴上零件周向固定

轴上传递转矩的零件除轴向定位与固定外，还需周向固定，以防零件与轴之间发生相对转动。常用的周向固定方法，有键连接、花键连接、销连接、紧定螺钉、过盈配合、型面连接等。与轴结构设计较为相关的一些具体问题叙述如下。

① 轴上多个键槽位置的设置　轴与毂采用两个键连接时，轴上键槽位置要保证有效的传力和不过分削弱轴的强度。当采用两个平键时，要避免轴受不平衡载荷［图 2-44（a）］，一般两键设置在同一轴段上相隔 180°的位置，有利于平衡和轴的截面变形均匀性［图 2-44（b）］。当采用两个楔键时，为不使轴与毂之间传递转矩的摩擦力相互抵消［图 2-45（a）］，两键槽应相隔 120°左右为好［图 2-45（b）］。当采用两个半圆键时，为不过分削弱轴的强度［图 2-46（a）］，则应设置在轴的同一母线上［图 2-46（b）］。在长轴上要避免在一侧开多个键槽或长键槽［图 2-47（a）］，因为这会使轴丧失全周的均匀性，易造成轴的弯曲，因此要交替相反在两侧布置键槽［图 2-47（b）］，长键槽也要相隔 180°对称布置。

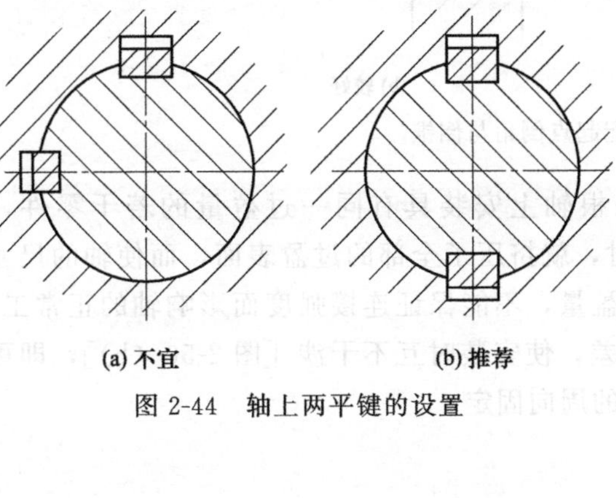

(a) 不宜　　(b) 推荐

图 2-44　轴上两平键的设置

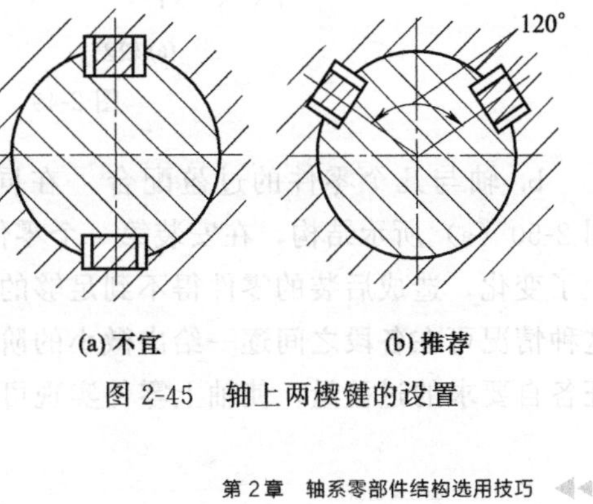


(a) 不宜　　(b) 推荐

图 2-45　轴上两楔键的设置

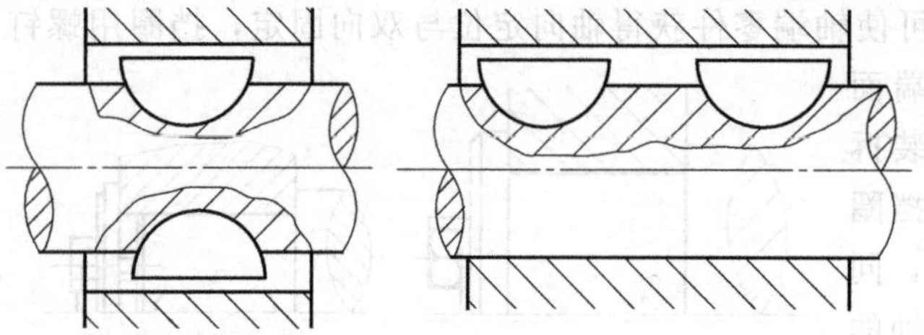

(a) 不宜　　(b) 推荐

图 2-46　轴上两半圆键的设置

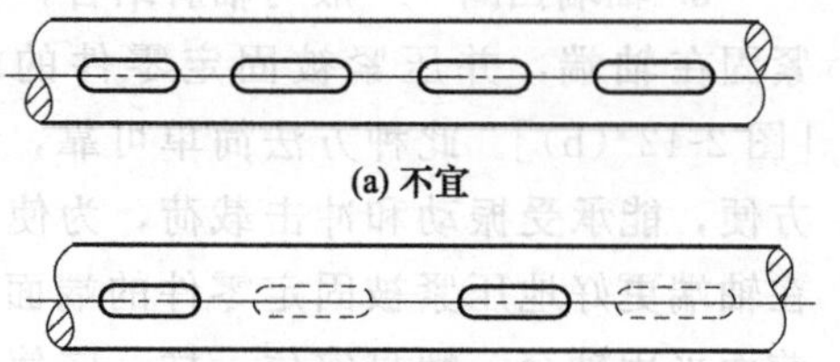

(a) 不宜

(b) 推荐

图 2-47　长轴上多个键槽的设置

轴与轴上零件采用键连接时，要考虑键槽的加工与轴、毂连接的装配问题。图 2-48（a）所示为带式输送机驱动滚筒，用两个键与轴相连接，由于两个键槽的加工是两次完成的，键槽的位置精度不易保证，因此轴与滚筒的装配有一定的困难，可改为仅在一个轮毂上加工一个键槽，另一端采用过盈配合［图 2-48（b）］，这样则解决了装配困难的问题。若两端均采用过盈配合可不用键。

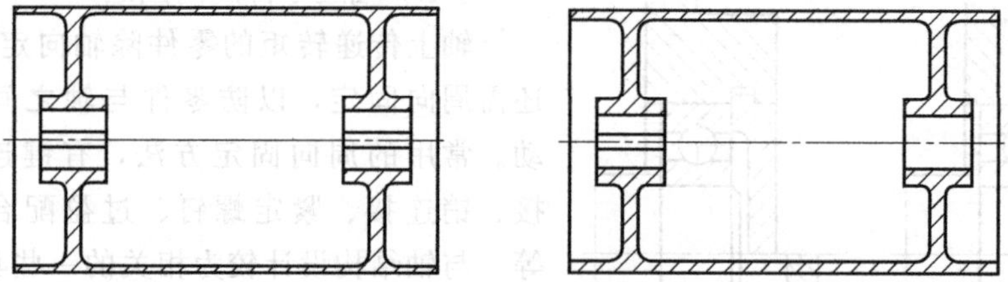

(a) 不宜　　(b) 推荐

图 2-48　滚筒与轴的连接

② 轴与轴上零件采用过盈配合周向固定时的注意事项

a. 装配起点倒角与倒锥　轴、毂连接采用过盈配合常用压入法或加热法进行安装，装拆都不方便，所以要特别注意减小其装拆困难的程度。将零件装到轴上时，即使不是过盈配合，如果装配的起点呈尖角，在安装时将很费事［图 2-49（a）］，为了使安装容易和平稳，应将两零件或者至少其中一个零件的起点制成倒角或倒锥［图 2-49（b）］。

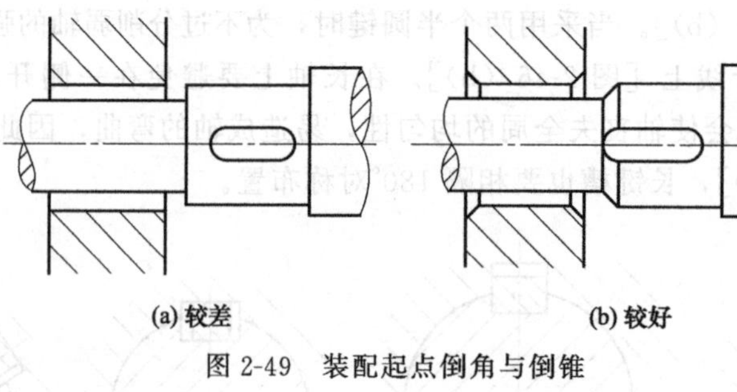

(a) 较差　　(b) 较好

图 2-49　装配起点倒角与倒锥

b. 轴与几个零件的过盈配合　在同一根轴上安装具有同一过盈量的若干零件，如图 2-50（a）所示结构，在安装第一个零件时，就挤压了全部的过盈表面，而使轴的尺寸发生了变化，造成后装的零件得不到足够的过盈量，不能保证连接强度而影响轴的正常工作。这种情况可在各段之间逐一给出微小的阶梯差，使安装时互不干涉［图 2-50（b）］，即可保证各自要求的过盈量，使轴上零件实现可靠的周向固定。

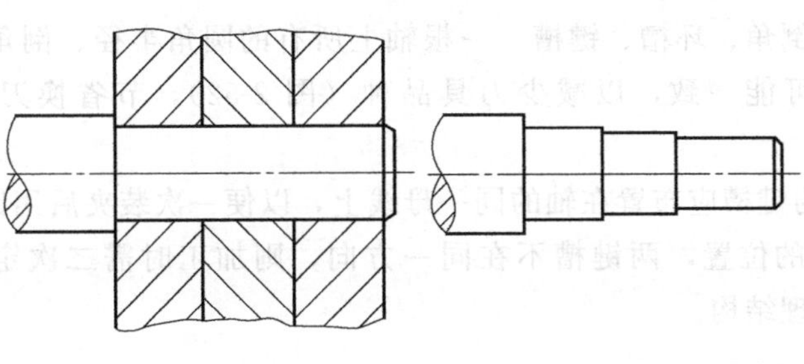


图 2-50　轴与几个零件的过盈配合

同一零件在轴上有几处过盈配合时，也要符合上述要求。如图 2-48 所示，滚筒与轴的两处配合，若均采用过盈配合，则也应给出微小的尺寸差，满足过盈量的要求以保证连接强度。

c. 轴向两配合表面同时安装时的结构选择　两处装配起点的尺寸为同时安装时［图 2-51（a）］，即使有充分的锥度也难以使两处相关位置吻合，因此要错开两处的相关位置，首先使一处安装，以此为支承再安装另一处［图 2-51（b）］，这样就会方便得多。

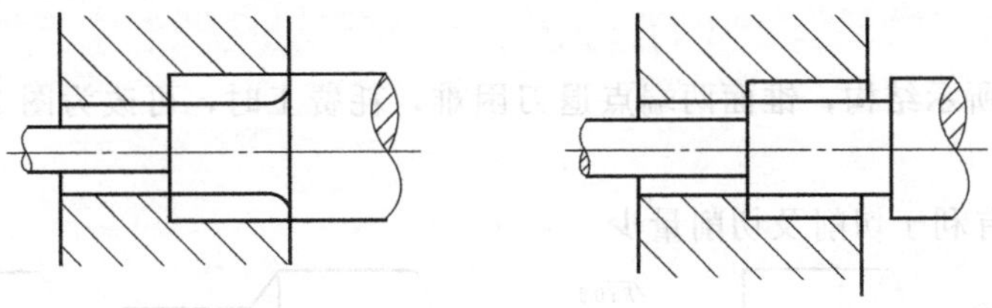


图 2-51　两配合表面不要同时装配

## 2.1.5　轴的结构应满足工艺性要求

### （1）加工工艺性

轴的结构应便于轴的加工。一般轴的结构越简单，工艺性越好，因此在满足使用要求的前提下，轴的结构应尽量简化。

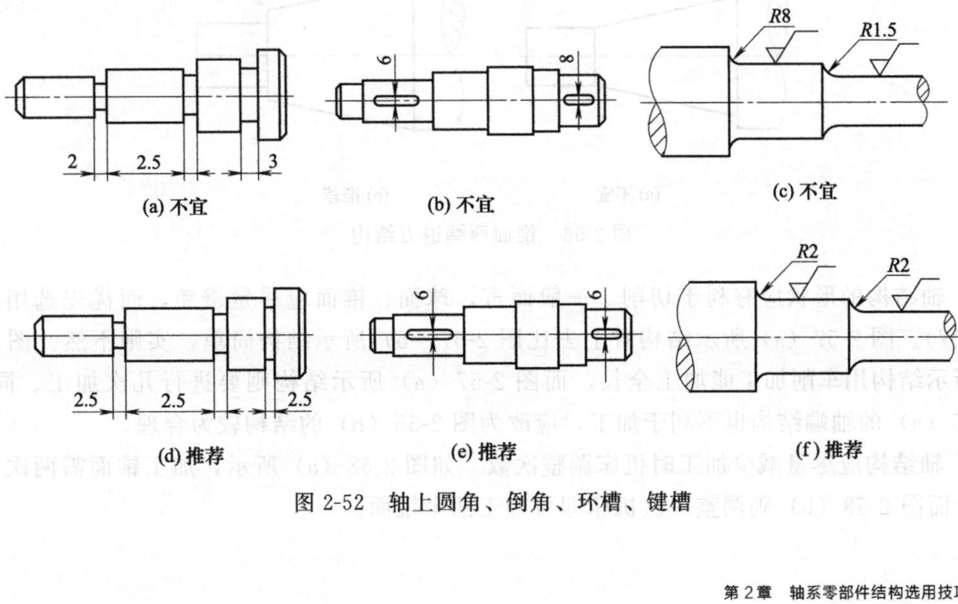


图 2-52　轴上圆角、倒角、环槽、键槽

① 轴上圆角、倒角、环槽、键槽　一根轴上所有的圆角半径、倒角尺寸、环形切槽和键槽的宽度等应尽可能一致，以减少刀具品种（图 2-52），节省换刀时间，方便加工和检验。

轴上不同轴段的键槽应布置在轴的同一母线上，以便一次装夹后用铣刀铣出。如果布置成图 2-53（a）所示的位置，两键槽不在同一方向，则加工时需二次定位，工艺性差。图 2-53（b）所示为合理结构。

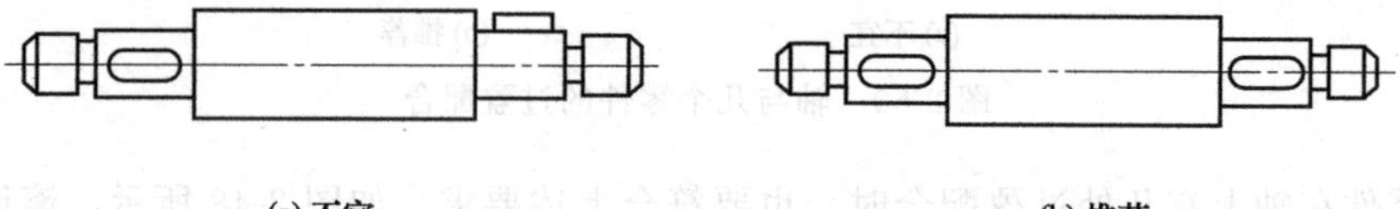

(a) 不宜　　(b) 推荐

图 2-53　轴上键槽的布置

② 越程槽与退刀槽　轴的结构中，应设有加工工艺所需的结构要素。例如，需要磨削的轴段，阶梯处应设砂轮越程槽（图 2-54）；需切削螺纹的轴段，应设螺纹退刀槽（图 2-55）。

图 2-56（a）所示结构，锥面两端点退刀困难，耗费工时，可改为图 2-56（b）的结构，则比较合理。

③ 轴结构应有利于切削及切削量少

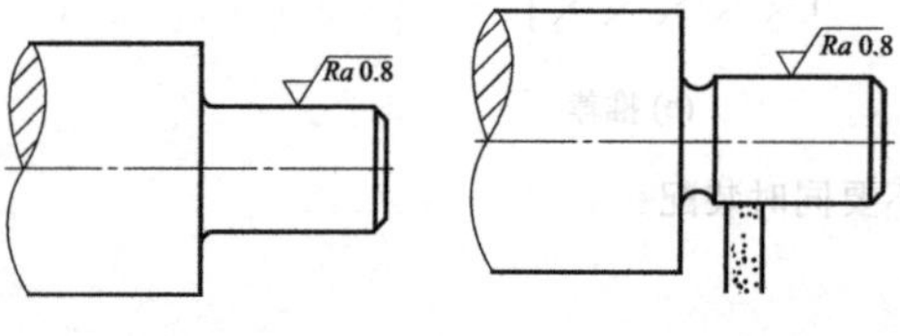


(a) 不宜　　(b) 推荐

图 2-54　砂轮越程槽

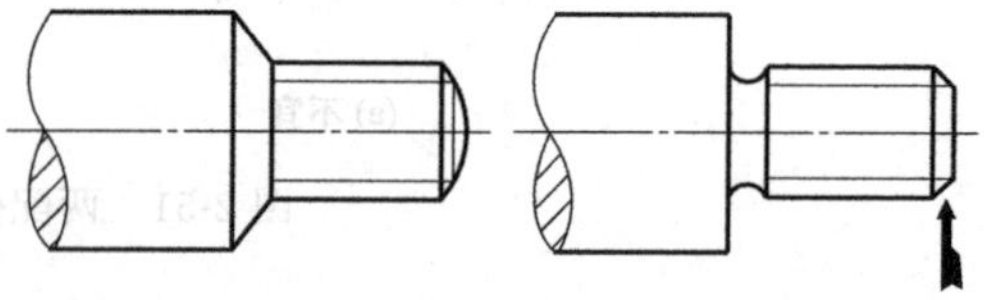

(a) 不宜　　(b) 推荐

图 2-55　螺纹退刀槽

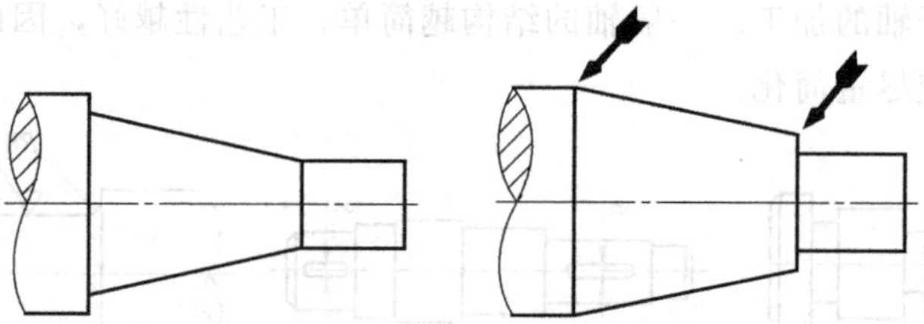

(a) 不宜　　(b) 推荐

图 2-56　锥面两端退刀结构

a. 轴结构的形状应有利于切削　一般而言，球面、锥面应尽量避免，而优先选用柱面（图 2-57）。图 2-57（a）所示结构看上去比图 2-57（b）所示结构简单，实则不然。图 2-57（b）所示结构用车削加工能加工全长，而图 2-57（a）所示结构则要进行几次加工。同理，图 2-55（a）的轴端结构也不利于加工，应改为图 2-55（b）的结构较为合理。

b. 轴结构应尽量减少加工时机床调整次数　如图 2-58（a）所示，加工锥面需两次调整机床，而图 2-58（b）则调整一次机床即可加工两个锥面。

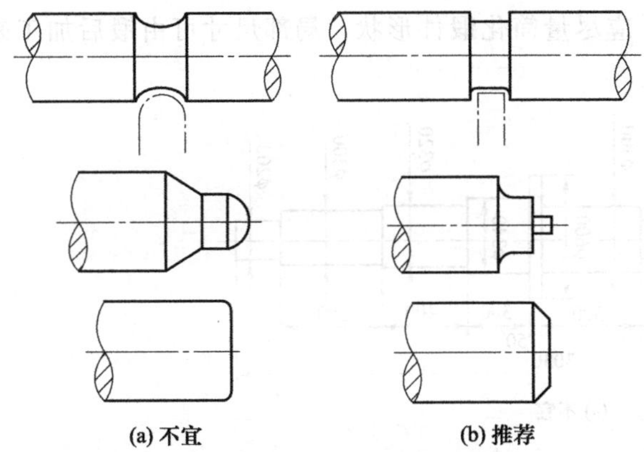


图 2-57　轴结构应有利于切削

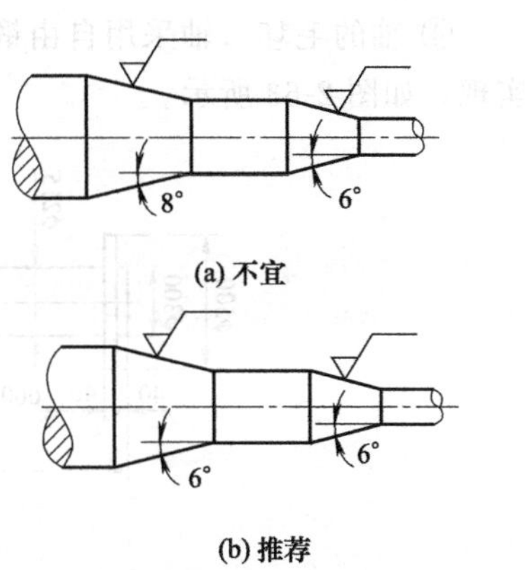


图 2-58　尽量减少加工时机床调整次数

c. 轴与孔相配时复杂加工表面宜在轴上　当轴与孔两零件相配时，如果其中有一些比较复杂的结构，把这些复杂的结构设计在轴上往往比设计在孔的内表面更好，因为轴比孔的加工更为容易，更易保证加工精度。图 2-59（b）比图 2-59（a）所示结构更合理。

d. 轴上钻小直径深孔　在轴上钻小直径的深孔，加工非常困难［图 2-60（a）］，钻头易折断，钻头折断了取出也非常困难，所以一般要根据孔的深度尽可能选用稍大的孔径，或者采用向内依次递减直径的方法［图 2-60（b）］。

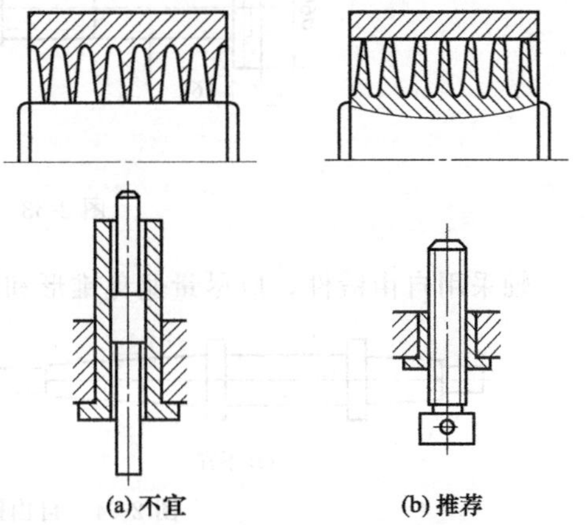


图 2-59　复杂加工表面宜在轴上

e. 轴的结构应尽量减少切削量　图 2-61（a）所示结构有切削量过大问题，可以考虑将整体结构改为组合结构，如图 2-61（b）所示，可以减少切削量，降低成本。又如图 2-62（a）所示结构切削量也过大，且受力状况不良，可考虑在不妨碍功能的前提下改为图 2-62（b）所示的平稳过渡的结构。

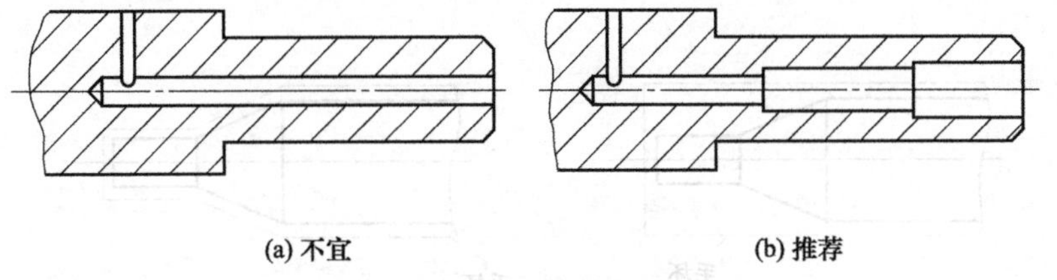


图 2-60　在轴上钻细长孔困难

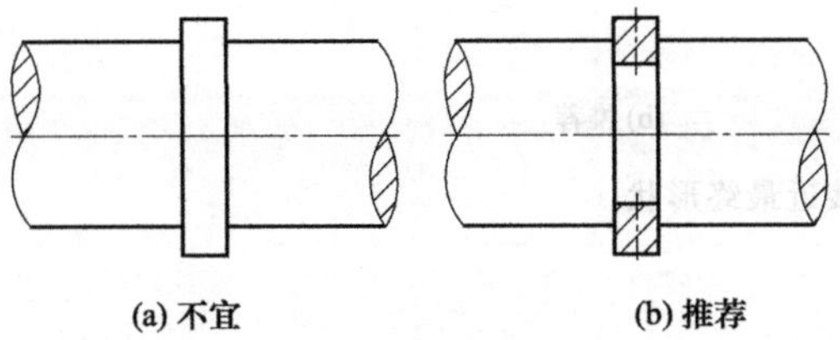


图 2-61　采用组合结构减少切削量

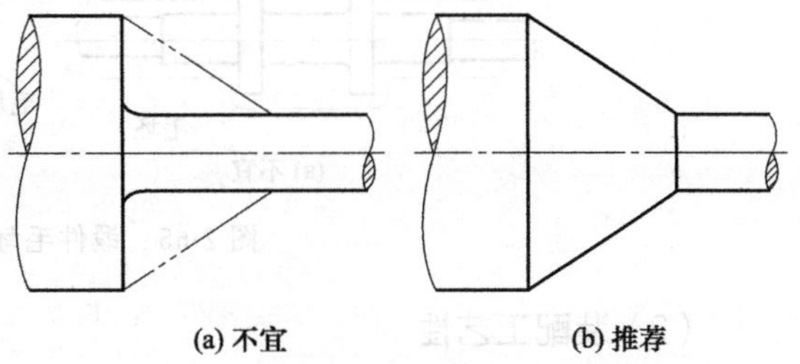


图 2-62　采用平稳过渡结构减少切削量

④ 轴的毛坯　轴采用自由锻毛坯时，应尽量简化锻件形状，局部尺寸可由锻后加工来实现，如图 2-63 所示。

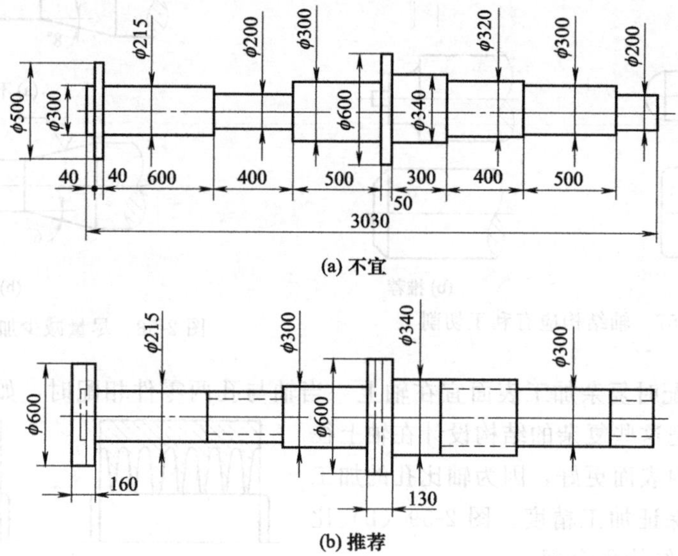


图 2-63　自由锻形状宜简化

轴采用自由锻件，应尽量避免锥形和倾斜平面（图 2-64）。

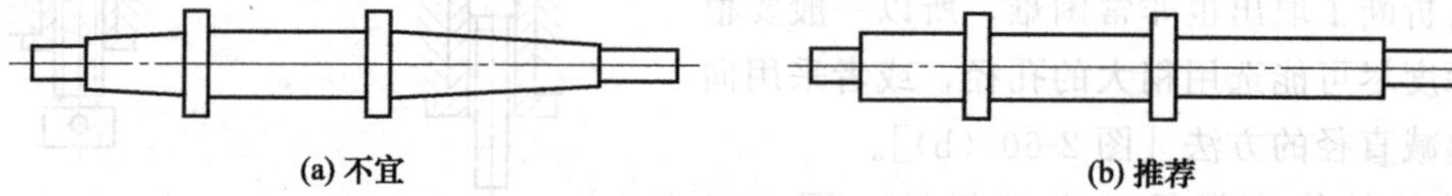


图 2-64　自由锻件避免锥形和倾斜平面

无论是锻造还是轧制，毛坯芯部的力学性能都大大低于表面，因此应尽量锻造成接近最终形状的毛坯，避免切削零件的外周，如图 2-65（a）所示，径向切削过深，接近毛坯芯部，不如图 2-65（b）所示结构，其既保持了热处理后的力学性质，又减少了机械加工量。

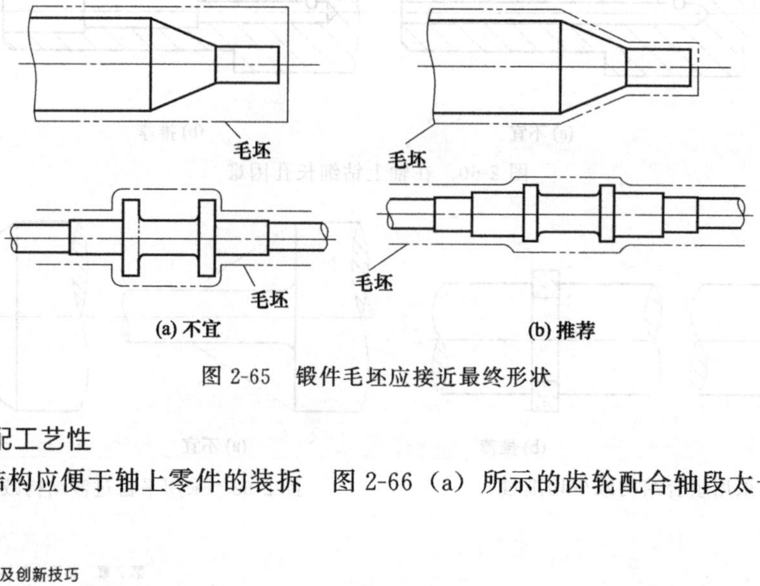


图 2-65　锻件毛坯应接近最终形状

（2）装配工艺性

① 轴的结构应便于轴上零件的装拆　图 2-66（a）所示的齿轮配合轴段太长，为避免装

拆时擦伤配合表面，应将配合的圆柱表面制成阶梯形，如图 2-66（b）所示；为防止毂在轴上楔住［图 2-67（a）］，可增加导向长度［图 2-67（b）］；轴上过盈配合轴段的装入端应设倒角或加工成导向锥面，若还附加有键，则键槽应延长到圆锥面处，以便装拆时轮毂上键槽与键对中［图 2-67（c）、（d）］；也可在同一轴段的两个部位采用不同的尺寸公差，如图 2-67（d）所示，装配时前段采用间隙配合 H7/d11，后段采用过盈配合 H7/r6，这样也可使轴与齿轮的装配较为方便。

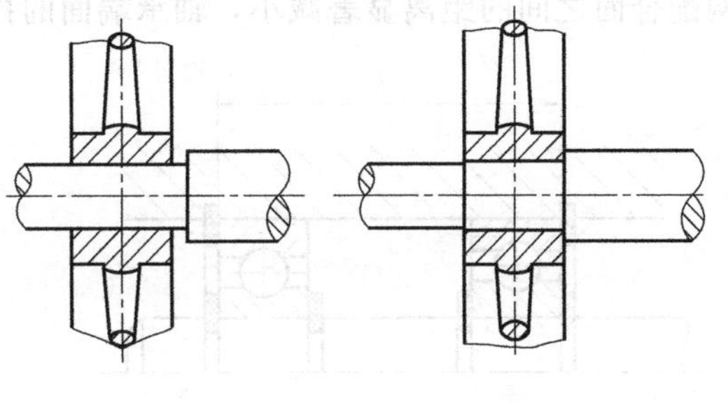

(a) 不宜　　(b) 推荐

图 2-66　配合圆柱面应有阶梯

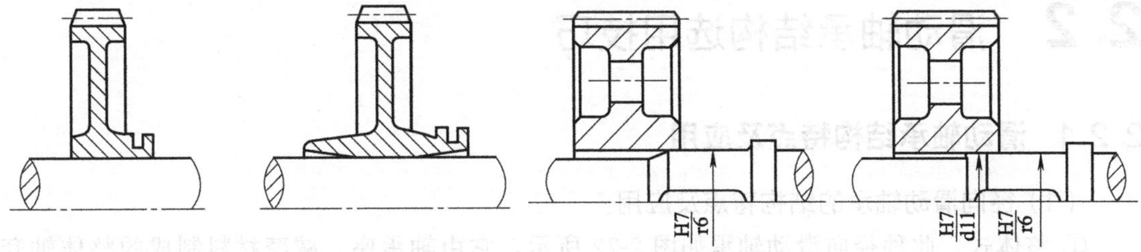


(a) 不宜　　(b) 推荐　　(c) 推荐　　(d) 推荐

图 2-67　轴毂连接导向结构

固定轴承的轴肩高度应小于轴承内圈厚度，一般不大于内圈厚度的 3/4（图 2-68）。如轴肩过高，如图 2-68 双点画线所示，将不便于轴承的拆卸。

图 2-69 是一热装在轴颈上的金属环，若如图 2-69（a）所示结构，拆下金属环将是很困难的。需在一端留有槽，以便拆卸工具有着力点，如图 2-69（b）所示。

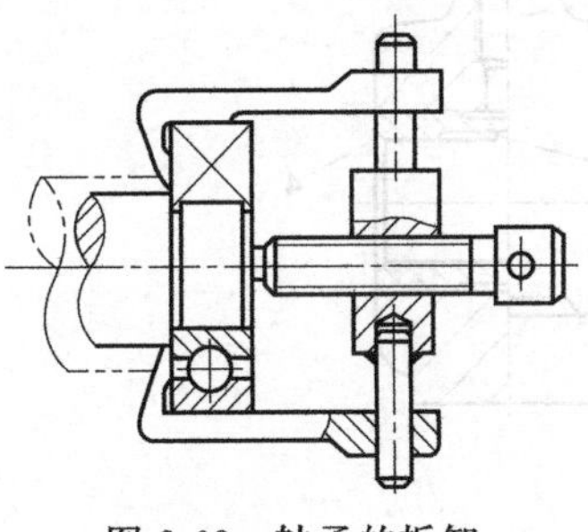

图 2-68　轴承的拆卸

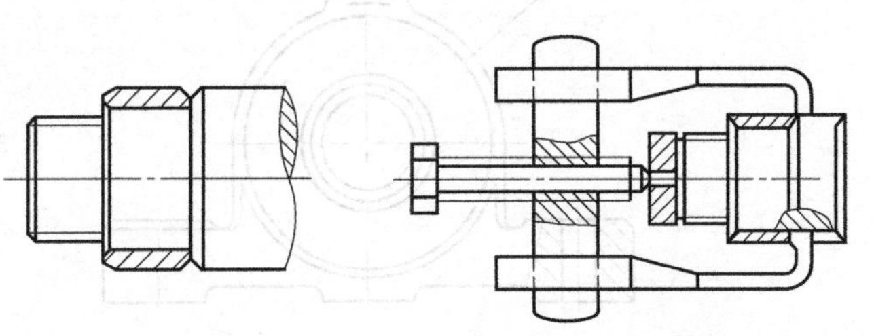

(a) 不宜　　(b) 推荐

图 2-69　热装金属环的拆卸

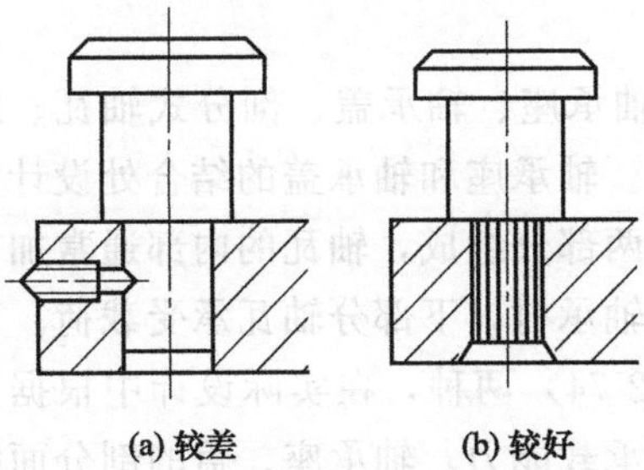

(a) 较差　　(b) 较好

图 2-70　简化轴端装配

② 简化装配　如图 2-70（a）所示，将轴端改为滚花［图 2-70（b）］，与其配合件为过盈配合，则效果更好，这种简化装配的结构尤其有利于自动装配。

③ 配合尺寸与配合精度　同样加工精度要求，配合公称尺寸越小，加工越容易，加工精度也越容易提高，因此在结构设计时，应使有较高配合精度要求的工作面的面积和两配合面之间的距离尽可能小。图 2-71 所示轴的轴向固定应尽可能在一个轴承上实现，这样由

于两配合面之间的距离显著减小，轴承端面的挡圈的配合精度可提高很多。

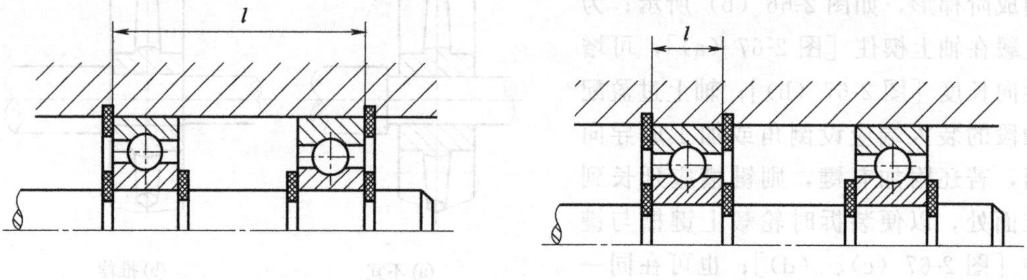


图 2-71　减小配合公称尺寸提高配合精度

# 2.2　滑动轴承结构选用技巧

## 2.2.1　滑动轴承结构特点及应用

（1）径向滑动轴承的结构特点及应用

① 整体式　此种径向滑动轴承如图 2-72 所示，它由轴承座、减摩材料制成的整体轴套等组成。轴承座上方设有安装润滑油杯的螺纹孔及输送润滑油的油孔，轴承座用螺栓与机座连接固定。整体式滑动轴承结构简单、易于制造、成本低廉，但在装拆时轴或轴承需要沿轴向移动，使轴从轴承端部装入或拆下，因而装拆不便。此外，在轴套工作表面磨损后，轴套与轴颈之间的间隙（轴承间隙）过大时无法调整。所以这种轴承多用于低速、轻载、间歇性工作并具有相应的装拆条件的简单机器中，如手动机械、农用机械等。

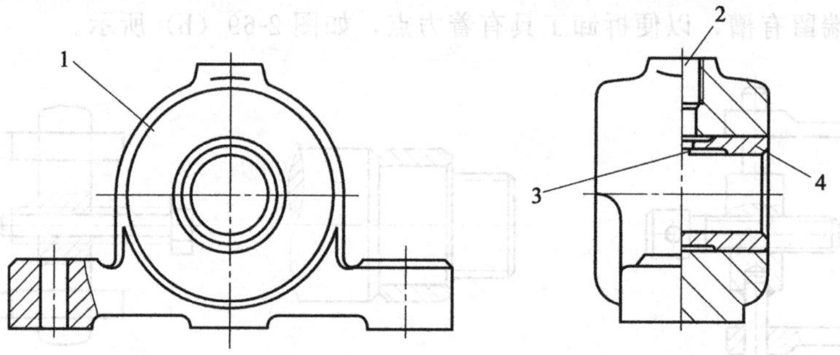


图 2-72　整体式滑动轴承

1—轴承座；2—油孔；3—油槽；4—轴套

② 剖分式　此种径向滑动轴承如图 2-73 所示，它由轴承座、轴承盖、剖分式轴瓦、螺栓或双头螺柱等组成。轴承盖上开设有安装油杯的螺纹孔。轴承座和轴承盖的结合处设计成阶梯形以便定位对中，并防止错位。剖分式轴瓦由上、下两部分组成，轴瓦的内部通常加一层具有减摩性和耐磨性由比较贵重的有色金属合金构成的轴承衬，下部分轴瓦承受载荷。剖分式径向滑动轴承的剖分面有水平（图 2-73）、倾斜（图 2-74）两种，在实际设计中根据具体情况而定，但是，剖分面不能开在承载区内，防止影响承载能力。轴承座、盖的剖分面间放有垫片，轴承磨损后，可用适当地调整垫片厚度和修刮轴瓦内表面的方法来调整轴承间

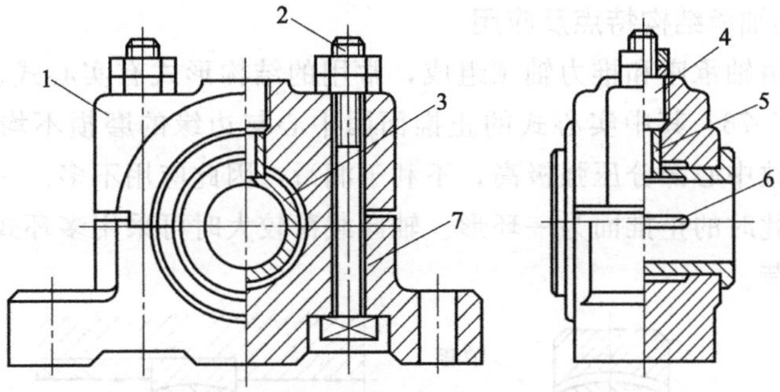

图 2-73　水平剖分式径向滑动轴承

1—轴承盖；2—螺栓；3—轴瓦；4—油孔；

5—轴瓦固定套；6—油槽；7—轴承座

隙，从而延长轴瓦的使用寿命。对开式滑动轴承装拆方便，易于调整轴承间隙，应用很广泛。

整体式与剖分式滑动轴承特点及应用对比列于表 2-3 中。

③ 自动调心式　此种径向滑动轴承适用于刚性较差的轴系，其结构形式如图 2-75 所示。这种滑动轴承的特点是：轴瓦外表面做成球面形状，与轴承盖及轴承座的球状内表面相配合，轴瓦可以自动调位以适应轴颈在轴弯曲时所产生的偏斜。当轴承宽度 $B$ 和轴承孔直径 $d$ 之比（宽径比）大于 1.5 时，应采用这种轴承。

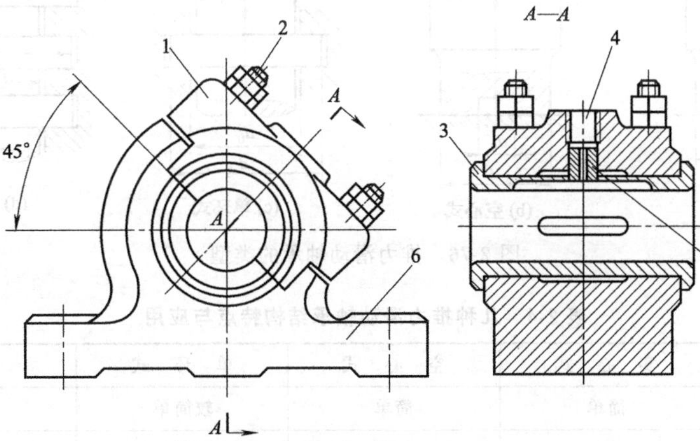

图 2-74　倾斜剖分式径向滑动轴承

1—轴承盖；2—螺栓；3—轴瓦；4—油孔；5—轴瓦固定套；6—轴承座

**表 2-3　整体式、剖分式滑动轴承特点与应用对比**

| 类　型 | 整体式 | 剖分式 |
|---|---|---|
| 结构 | 简单 | 复杂 |
| 制造成本 | 较低 | 较高 |
| 装拆 | 较难 | 容易 |
| 磨损后轴承间隙 | 不可调 | 可调 |
| 寿命 | 较短 | 较长 |
| 应用 | 低速、轻载、间歇工作 | 广泛 |

（2）推力滑动轴承结构特点及应用

推力滑动轴承由轴承座和推力轴颈组成，常用的结构形式有实心式、空心式、单环式、多坏式几种，见图 2-76。其中实心式的止推面因中心与边缘的磨损不均，造成止推面上压力分布不均匀，以致中心部分压强极高，不利于润滑，因此应用不多。一般机器中通常采用空心式及单环式，此时的止推面为一环形。轴向载荷较大时可采用多环式轴颈，多环式结构还可以承受双向载荷。

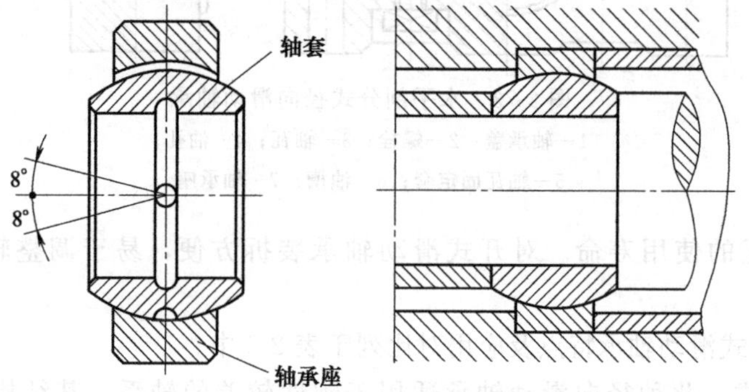


图 2-75 自动调心式滑动轴承

有关上述几种推力滑动轴承结构特点与应用列于表 2-4 中。

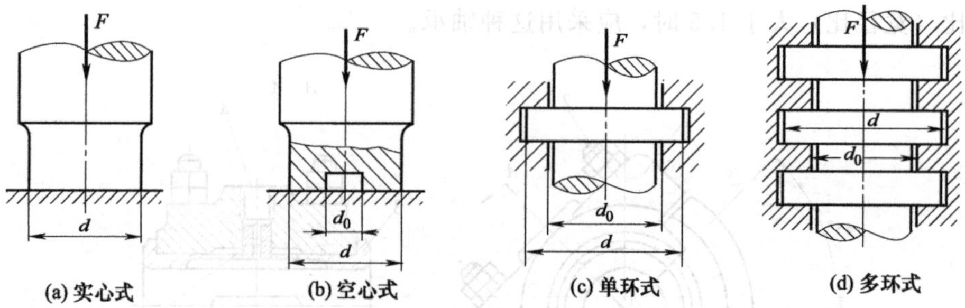


图 2-76 推力滑动轴承的类型

表 2-4 几种推力滑动轴承结构特点与应用

| 类 型 | 实 心 式 | 空 心 式 | 单 环 式 | 多 环 式 |
|---|---|---|---|---|
| 结构 | 简单 | 简单 | 较简单 | 较复杂 |
| 制造成本 | 低 | 低 | 较低 | 较高 |
| 止推面压力分部 | 不均匀 | 较均匀 | 较均匀 | 各环间不均匀（环数 2～5 为宜） |
| 润滑状态 | 较差 | 较好 | 较好 | 较好 |
| 载荷方向 | 单向 | 单向 | 单向 | 双向 |
| 应用 | 较少 | 广泛 | 广泛 | 较少（载荷大、双向场合） |

## 2.2.2 滑动轴承结构应有利于受力

（1）轴承受力合理

① 符合材料特性的支承结构　钢材的抗压强度比抗拉强度大，铸铁的抗压性能更优于

它的抗拉性能。在有些情况下，滑动轴承支承的结构设计应根据受力状况将材料的特性与应力分布结合起来考虑，使结构设计更为合理。例如图 2-77 的滑动轴承的铸铁支架，从受力和应力分布状况可以看出，图 2-77（a）支座结构不够合理，而图 2-77（b）中的拉应力小于压应力，符合材料特性。

② 减少轴承盖的弯曲力矩　图 2-78 为一连杆的大头，图 2-78（a）较图 2-78（b）轴承盖所受弯曲力矩大。这种场合的紧固螺栓，设计时应使其中线靠近轴瓦的会合处为宜［图 2-78（b）］。

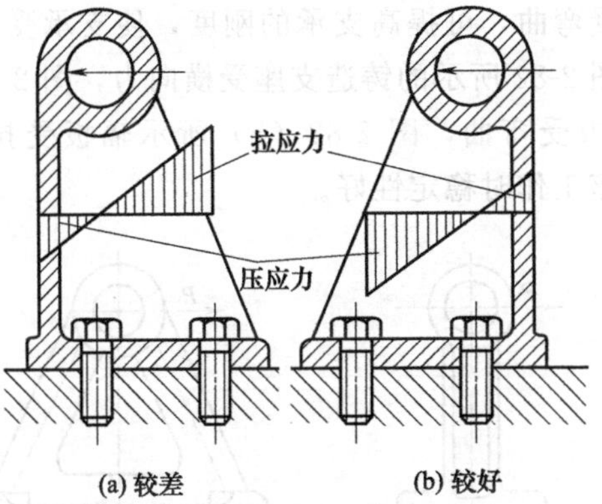


图 2-77　两铸铁支座受力比较

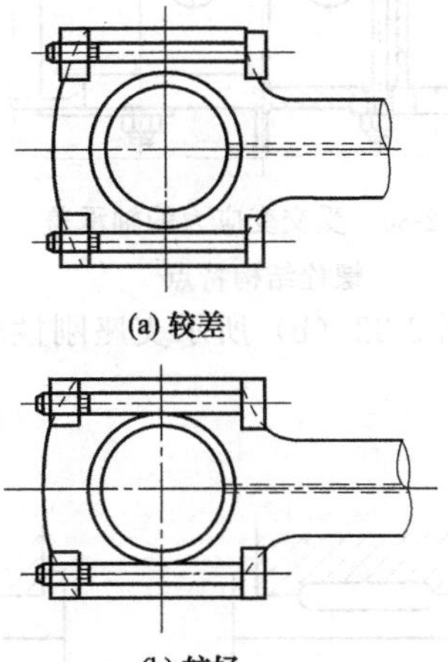


图 2-78　减少轴承盖的弯曲力矩

③ 载荷向上时轴承座应倒置　剖分式径向滑动轴承主要是由滑动轴承的轴承座来承受径向载荷的，而轴承盖一般是不承受载荷的，所以当载荷方向朝上时，为了使轴承盖不受载荷的作用，禁止采用图 2-79（a）的安装方式，而应采用图 2-79（b）的倒置方式，即轴承盖朝下。

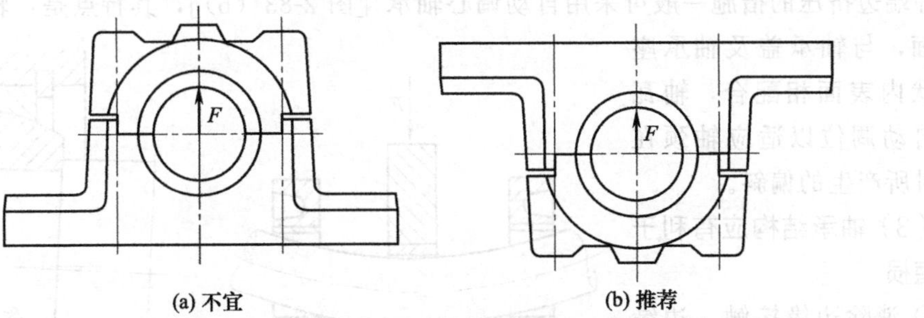


图 2-79　载荷向上时剖分滑动轴承的安装

④ 受交变应力的轴承盖螺栓宜采用柔性螺栓　当滑动轴承工作中，轴承盖连接螺栓受交变应力时，为使轴承盖连接牢固，提高螺栓承受交变应力的能力，可采用柔性螺栓，在螺栓长度满足轴承结构条件下，采用尽可能大的螺栓长度，或将双头螺栓的无螺纹部分车细，其直径大约等于螺纹的内径，如图 2-80 所示。不宜采用短而粗的螺栓，因为这种螺栓承受交变应力的能力较差。

⑤ 避免重载、温升高的轴承轴瓦“后让”　通常轴瓦与轴承座接触面在中间开槽或挖空以减少精密加工面［图 2-81（a）］，但承受轴承载荷，特别是承受重载荷的轴承，如果轴

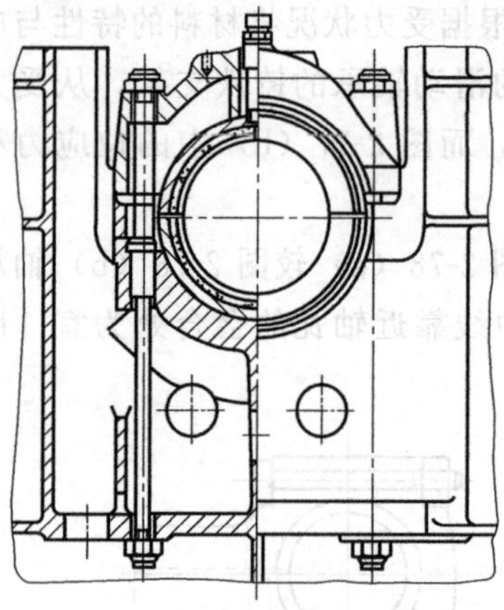

图 2-80 受交变应力的轴承盖螺栓结构特点

瓦薄，由于油膜压力的作用，在挖窄的部分会向外变形，形成轴瓦“后让”，“后让”部分则不构成支承载荷的面积，从而降低了承载能力。

为了加强热量从轴承瓦向轴承座上传导，对温升较高的轴承也不应在两者之间存在不流动的空气包。在以上两种场合，都应使轴瓦具有必要的厚度和刚性，并使轴瓦与轴承座全部接触［图 2-81（b)］。

（2）轴承支座应满足刚度要求

① 提高支座的刚度　合理设计轴承支座的结构，用受拉、压代替受弯曲，可提高支承的刚度，使支承受力更为合理。例如图 2-82 所示的铸造支座受横向力，图 2-82（a）所示结构辐板受弯曲，图 2-82（b）所示辐板受拉、压，显然图 2-82（b）所示支座刚性较好，轴承支座工作时稳定性好。

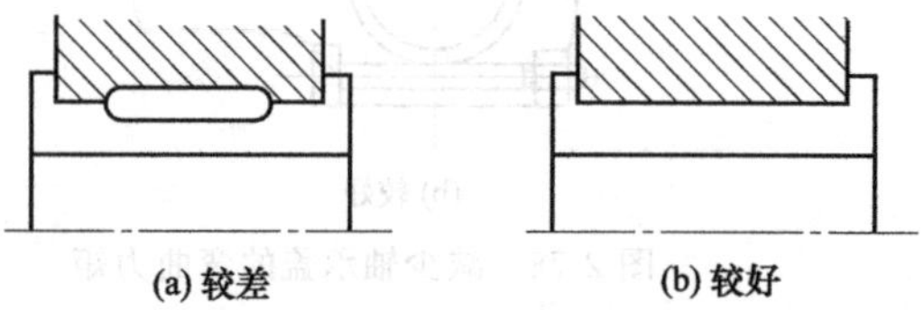


图 2-81 避免重载、温升高的轴承轴瓦“后让”

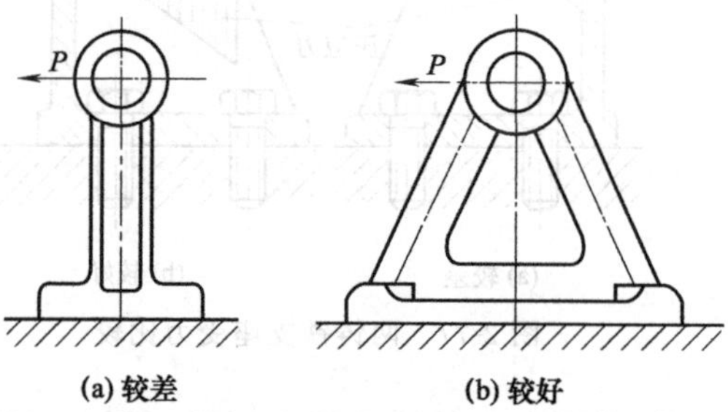


图 2-82 提高轴承支座的刚度

② 轴系刚性差可采用自动调心轴承　轴系刚性差轴颈在轴承中过于倾斜时［图 2-83（a)］，靠近轴承端部会出现轴颈与轴瓦的边缘接触，出现端边的挤压，使轴承早期损坏。消除这种端边挤压的措施一般可采用自动调心轴承［图 2-83（b)］，其特点是：轴瓦外表面制成球面，与轴承盖及轴承座的球状内表面相配合，轴瓦可以自动调位以适应轴颈在弯曲时所产生的偏斜。

（3）轴承结构应有利于减少磨损

① 消除边缘接触　边缘接触是滑动轴承中经常发生的问题，它使轴承受力不均，加速轴承磨损，例如图 2-84（a）所示的中间齿轮的支承，作用在轴承上力是偏心的，它使轴承一侧产生很高的边缘压力，加速轴承的磨损，是不合理的结构。图 2-84（b）增大了轴承宽度，受力情况得到改善，但受力仍不均匀。比较好的结构是力的作用平面应通过轴承的中心，如图 2-84（c)、

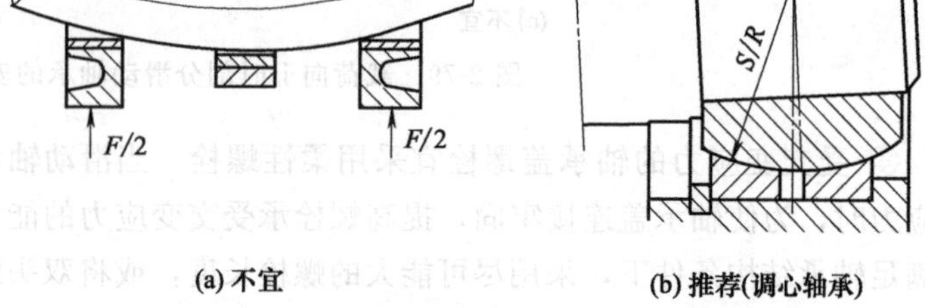

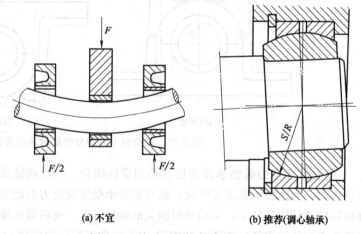


图 2-83 轴系刚性差宜采用调心轴承

(d) 所示。

支承悬臂轴的轴承最易产生边缘接触，例如图 2-85 (a) 所示一小型轧钢机减速器轴采用的滑动轴承。为了均衡轧钢机工作时的载荷，在减速器 3 的高速轴上悬臂安装了一小直径的飞轮 4。由于飞轮是悬臂安装，轴挠度较大，对轴承产生偏心力矩，轴承在接近飞轮的一侧产生较大的边缘压力，加之飞轮旋转时产生剧烈的径向颤抖、振动，轴承将磨损严重，甚至烧坏轴承。若改用图 2-85 (b) 的结构，在飞轮的外侧增加一个滑动轴承 7，悬臂轴便成为双支承，减少了轴的挠度，消除了偏心力矩产生的边缘接触，可使减速器正常运转，轧钢机正常工作。

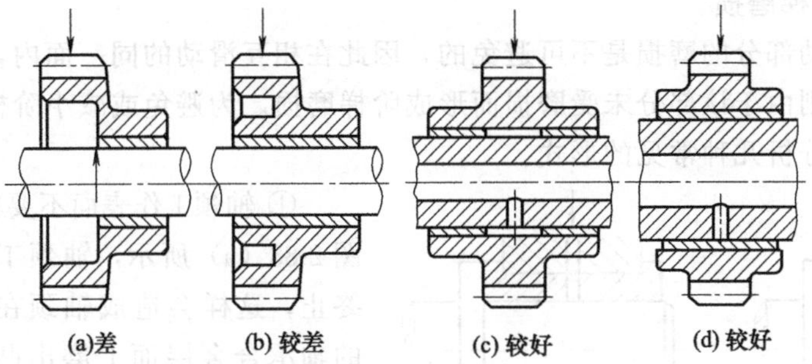


图 2-84　中间齿轮的支承装置

② 不要使轴瓦的止推端面为线接触　滑动轴承的滑动接触部分必须是面接触，如果是线接触 [图 2-86 (a)、(b)]，则局部压强将异常增大，从而成为强烈磨损和烧伤的原因。因此，轴瓦止推端面的圆角必须比轴的过渡圆角大，必须保持滑动轴承的滑动接触部分有平面接触，如图 2-86 (c)、(d) 所示。

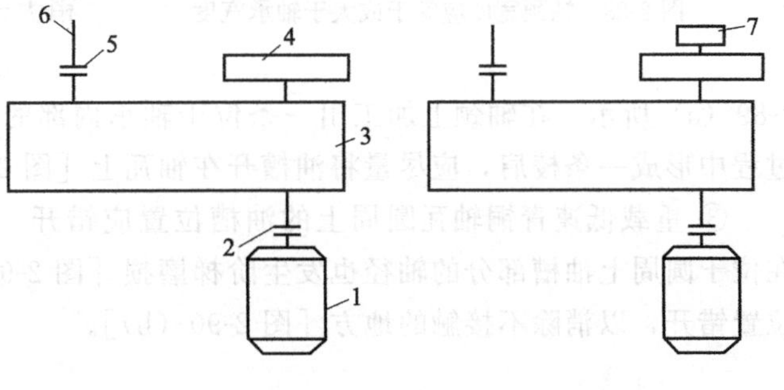


图 2-85　悬臂轴的支承轴承产生边缘压力

1—电动机；2,5—联轴器；3—减速器；
4—飞轮；6—轧机轴；7—轴承

③ 止推轴承与轴颈不宜全部接触　非液体摩擦润滑止推轴承的外侧和中心部分滑动速度不同，止推面中心部位的线速度远低于外边，磨损很不均匀，若轴颈与轴承的止推面全部接触 [图 2-87 (a)、(b)]，则工作一段时间后，中部会较外部凸起，轴承中心部分润滑油更难进入，造成润滑条件恶化，工作性能下降，为此可将轴颈或轴承的中心部分切出凹坑，不仅改善了润滑条件，也使磨损趋于均匀 [图 2-87 (c)、(d)]。

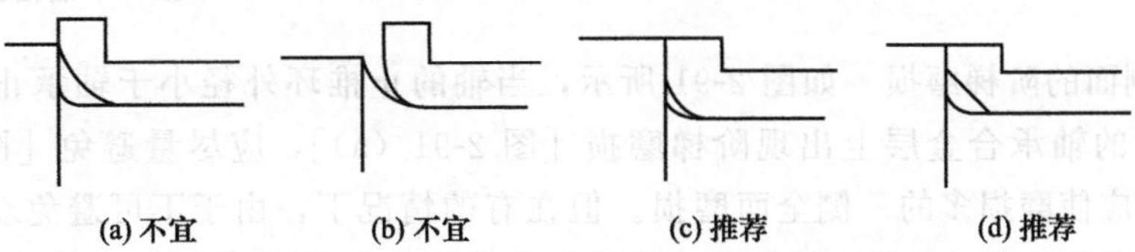


图 2-86　轴瓦的止推端面应保持平面接触

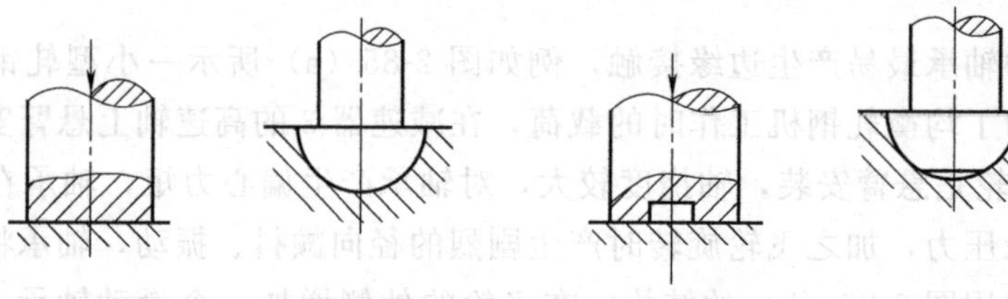

图 2-87　止推轴承与轴颈不宜全部接触

（4）防止阶梯磨损

滑动轴承滑动部分的磨损是不可避免的，因此在相互滑动的同一面内，如果存在着完全不相接触部分，则由于该部分未受磨损而形成阶梯磨损。为避免或减小阶梯磨损，应采用适当的措施，下面分析几种常见的形式。

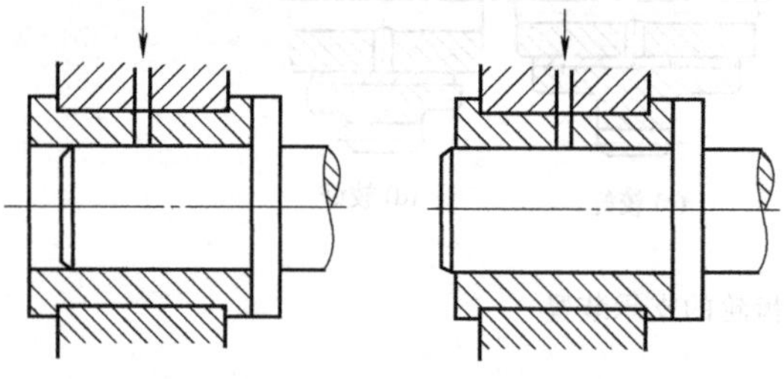

图 2-88　轴颈宽度应等于或大于轴承宽度

① 轴颈工作表面不要在轴承内终止　如图 2-88（a）所示，轴颈工作表面在轴承内终止，这样会造成轴颈在磨合时将在较软的轴承合金层面上磨出凸肩，它将妨碍润滑油从端部流出，从而引起温度过高并造成轴承烧伤。这种场合可将较硬轴颈的宽度加长，如图 2-88（b）所示，使之等于或稍大于轴承宽度。

② 轴承内的轴颈上不宜开油槽　如图 2-89（a）所示，在轴颈上加工出一条位于轴承内部的油槽，也会造成阶梯磨损，即在磨合过程中形成一条棱肩，应尽量将油槽开在轴瓦上［图 2-89（b）］。

③ 重载低速青铜轴瓦圆周上的油槽位置应错开　对于青铜轴瓦等重载低速轴承轴瓦，在位于圆周上油槽部分的轴径也发生阶梯磨损［图 2-90（a）］，这种场合可将上下半油槽的位置错开，以消除不接触的地方［图 2-90（b）］。

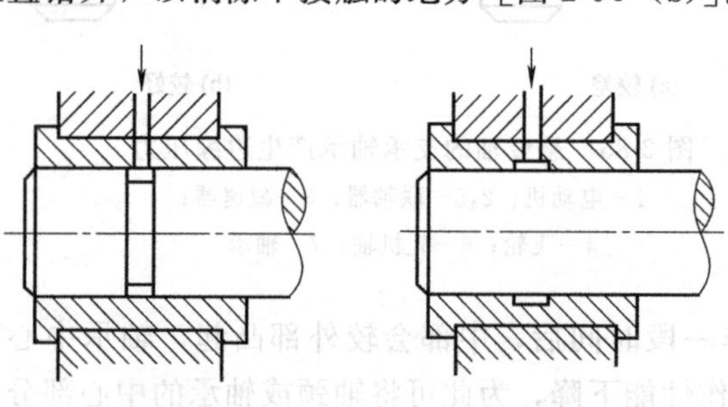

图 2-89　轴承内的轴颈上不宜开油槽

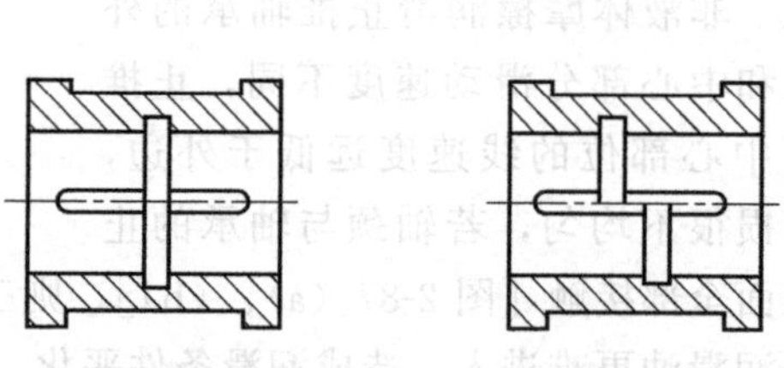

图 2-90　上下半油槽错开

④ 轴承侧面的阶梯磨损　如图 2-91 所示，当轴的止推环外径小于轴承止推面外径时，也会造成较软的轴承合金层上出现阶梯磨损［图 2-91（a）］，应尽量避免［图 2-91（b）］，原则上其尺寸应使磨损多的一侧全面磨损。但在有的情况下，由于不可避免双方都受磨损，最好能够避免修配困难的一方（如轴的止推环）出现阶梯磨损［图 2-91（c）］，如图 2-91（d）所示较为合理。

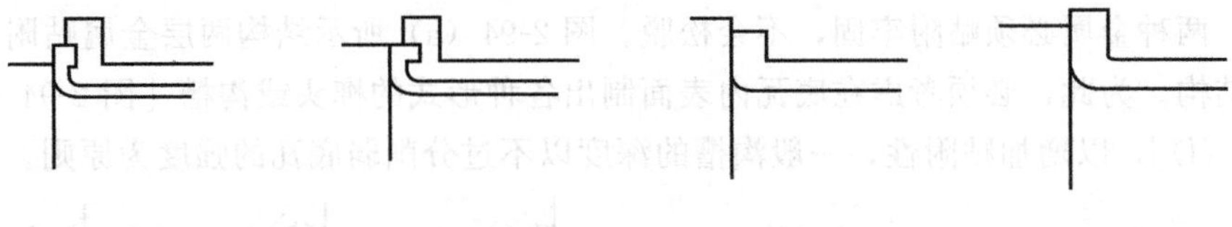

(a) 较差　(b) 较好　(c) 较差　(d) 较好

图 2-91　轴承侧面的阶梯磨损

## 2.2.3 滑动轴承的固定

（1）轴瓦的固定

① 轴瓦的轴向固定　轴瓦装入轴承座中，应保证在工作时轴瓦与轴承座不得有任何相对的轴向和周向移动。滑动轴承可以承受一定的轴向力，但轴瓦应有凸缘，不宜采用图 2-92（a）的结构。单方向受轴向力的轴承的轴瓦，至少应在一端设计成凸缘，如图 2-92（b）所示；如果双方向受有轴向力，则应在轴瓦的两端设计成凸缘，如图 2-92（c）所示。无凸缘的轴瓦不能承受轴向力。

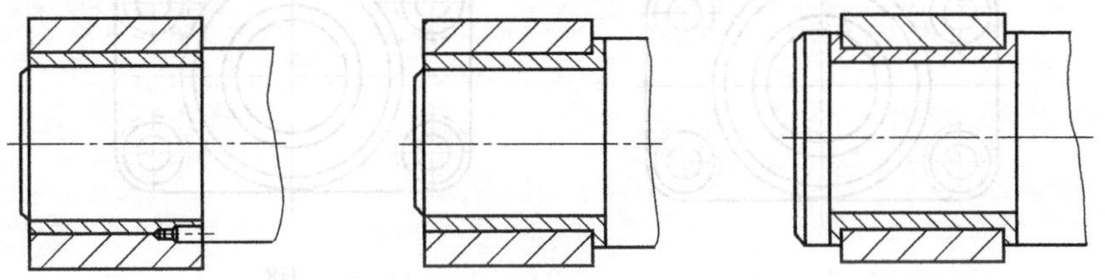

(a) 不宜　(b) 推荐　(c) 推荐

图 2-92　轴瓦的轴向固定

② 轴瓦的周向固定　滑动轴承的轴瓦不但应轴向固定，周向也应固定，即防止轴瓦的转动。为了使轴不移动就能较方便地从轴的下面取出轴瓦，应将防止转动的固定元件安装在轴承盖上，尽量避免如图 2-93（a）所示安装在轴承座上。防止轴瓦转动的方法一般有如图 2-93（b）所示的三种。

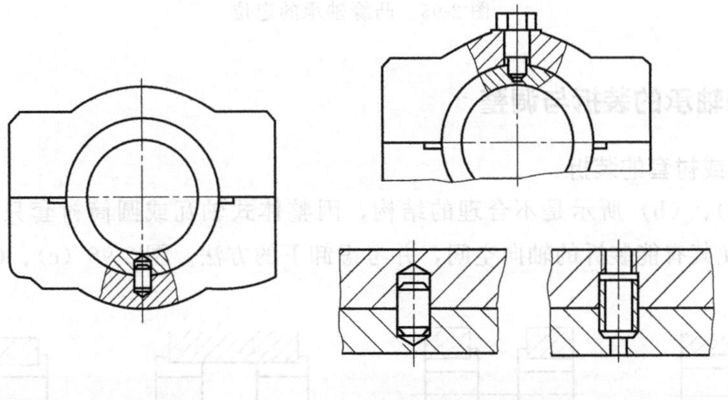

(a) 较差　(b) 较好

图 2-93　轴瓦的周向固定

③ 双金属轴瓦两金属应贴附牢固　为提高轴承的减摩、耐磨和跑合性能，常应用轴承合金、青铜或其他减摩材料覆盖在铸铁、钢或青铜轴瓦的内表面上以制成双金属轴承。双金

属轴承中，两种金属必须贴附牢固，不会松脱。图 2-94（a）所示结构两层金属贴附牢固性差，属不合理结构。为此，必须考虑在底瓦内表面制出各种形式的榫头或沟槽［图 2-94（b）、（c）、（d）、（e）、（f）］，以增加贴附性，一般沟槽的深度以不过分削弱底瓦的强度为原则。

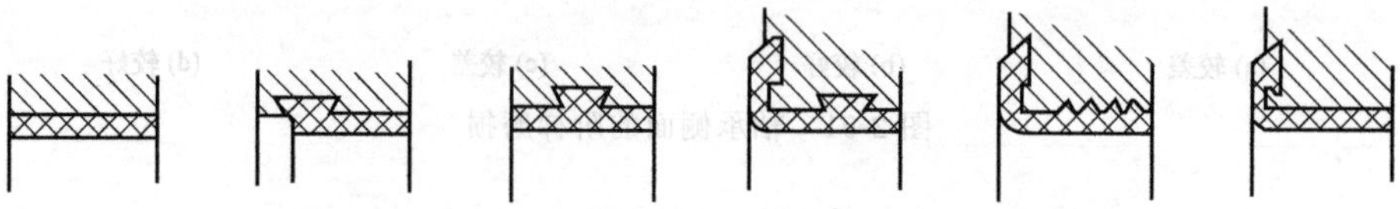

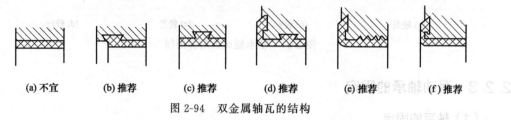

(a) 不宜　(b) 推荐　(c) 推荐　(d) 推荐　(e) 推荐　(f) 推荐

图 2-94　双金属轴瓦的结构

（2）凸缘轴承的定位

凸缘轴承的特征是具有凸缘，安装时要利用凸缘表面定位。因此，不宜采用图 2-95（a）所示的结构，因这种结构不但不能正确地确定轴承位置，而且使螺栓受力不好，所以凸缘轴承应有定位基准面，如图 2-95（b）所示。

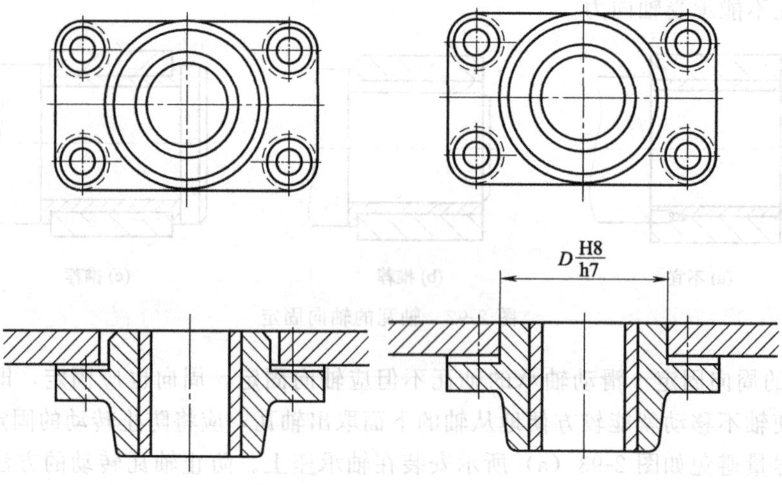


(a) 不宜　(b) 推荐

图 2-95　凸缘轴承的定位

## 2.2.4　滑动轴承的装拆与调整

（1）轴瓦或衬套的装拆

图 2-96（a）、（b）所示是不合理的结构，因整体式轴瓦或圆筒衬套只能从轴向安装、拆卸，所以要使其有能装拆的轴向空间，并考虑卸下的方法。图 2-96（c）、（d）所示为合理结构。

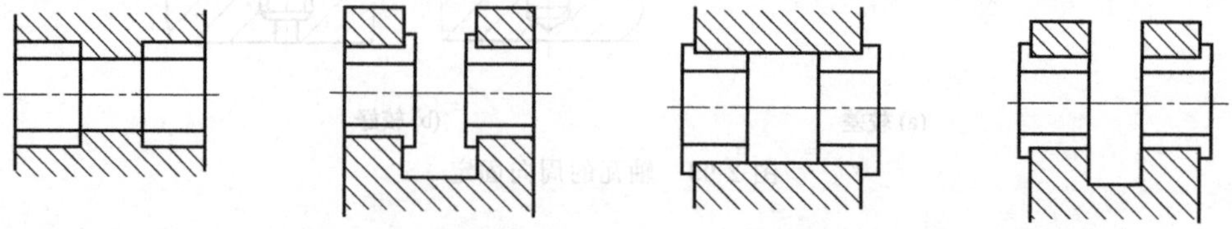

(a) 不宜　(b) 不宜　(c) 推荐　(d) 推荐

图 2-96　轴瓦或衬套的装拆

（2）避免错误安装

错误安装对装配者而言是应该尽量避免的，但设计者也应考虑到万一错误安装时，不至于引起重大损失，并采取适当措施。如图 2-97（a）所示轴瓦上的油孔，安装时如反转 180°装上轴瓦，则油孔将不通，造成事故，如在对称位置再开一油孔［图 2-97（b）］，或再加一油槽［图 2-97（c）］，则可避免由错误安装引起的事故。

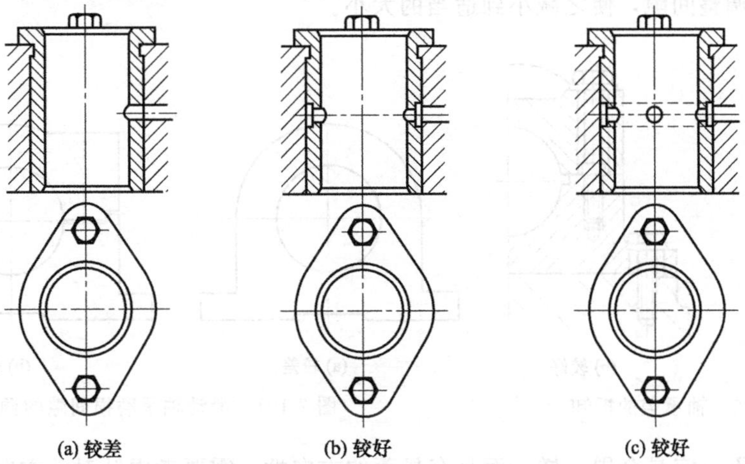


图 2-97　避免轴瓦上油孔位置的错误安装

又如为避免图 2-98（a）上下轴瓦装错，引起润滑故障，可将油孔与定位销设计成不同直径，如图 2-98（b）所示。

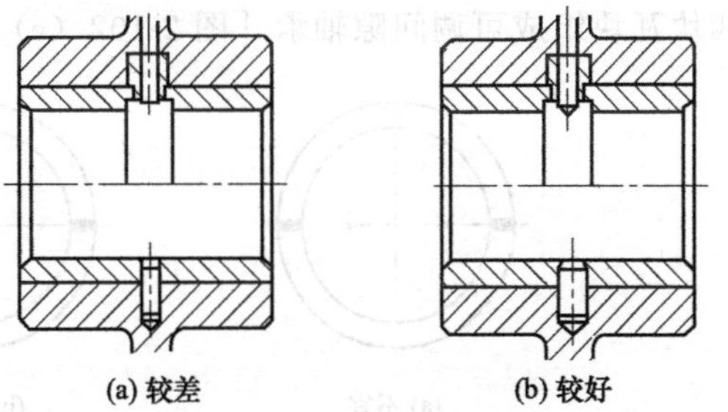


图 2-98　避免上下轴瓦装错

又如轴承座固定采用非旋转对称结构［图 2-99（a）］，应避免轴承座由于前后位置颠倒，而使座孔轴线与轴的轴线的偏差增大，可采用图 2-99（b）、（c）的结构，将两定位销布置在同一侧，或使两定位销到螺栓的距离不等，即可避免上述错误的产生。

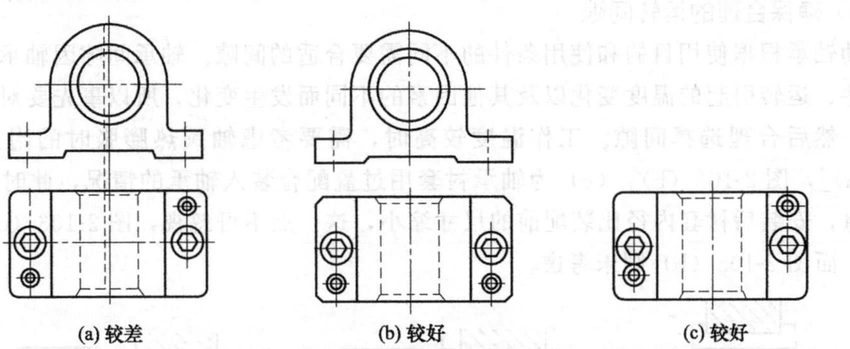


图 2-99　避免轴承座前后位置颠倒

（3）拆卸轴承盖时不应同时拆动底座

零件装拆时应尽可能不涉及其他零件，这样可避免许多安装中的重复调整工作，例如图 2-100（a）所示拆下轴承盖时，底座同时也被拆动，这样在调整轴承间隙时，底座的位置也必须重新调整，而图 2-100（b）所示拆轴承盖时则不涉及底座，减少了底座的调整工作。

（4）磨损间隙的调整

图 2-101（a）所示的整体式圆柱轴承磨损后间隙调整很困难。滑动轴承在工作中发生磨损是不可避免的，为了保证适当的轴承间隙，要根据磨损量对轴承间隙进行相应的调整。如图 2-101（b）所示，剖分式轴承可在上盖和轴承座之间预加垫片，磨损后间隙变大时，减少垫片厚度可调整间隙，使之减小到适当的大小。

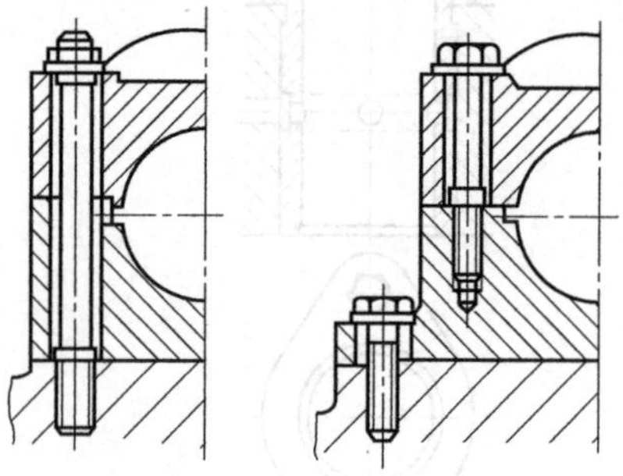

(a) 较差　(b) 较好

图 2-100　轴承盖的拆卸

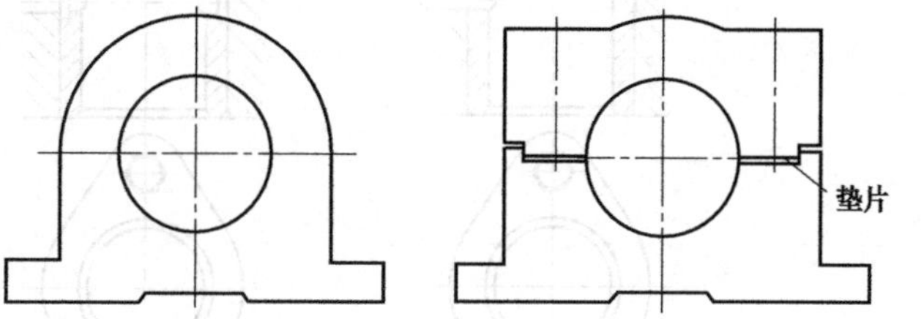


(a) 较差　(b) 较好

图 2-101　滑动轴承磨损间隙的调整

磨损间隙不一定是全周一样，而是有显著的方向性，需要考虑针对此方向的易于调整的措施或结构。如采用调整垫片应注意间隙调整方向［图 2-102（a）、（b）］，也可采用三块或四块瓦块组成可调间隙轴承［图 2-102（c）］。

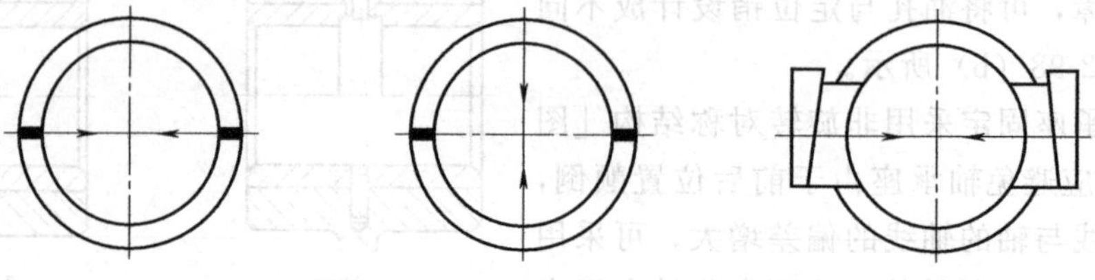

(a) 不宜　(b) 推荐　(c) 推荐

图 2-102　磨损间隙的方向性及其调整

（5）确保合理的运转间隙

滑动轴承根据使用目的和使用条件的不同需要合适的间隙。轴承间隙因轴承材质、轴瓦装配条件、运转引起的温度变化以及其他因素的不同而发生变化，所以事先要对这些因素进行预测，然后合理选择间隙。工作温度较高时，需要考虑轴颈热膨胀时的附加间隙［图 2-103（a）］，图 2-103（b）、（c）为轴承衬套用过盈配合装入轴承的情况，此时由于存在装配过盈量，安装后衬套内径比装配前的尺寸缩小，这一点不可忽视，图 2-103（c）考虑了这一问题，而图 2-103（b）则未考虑。

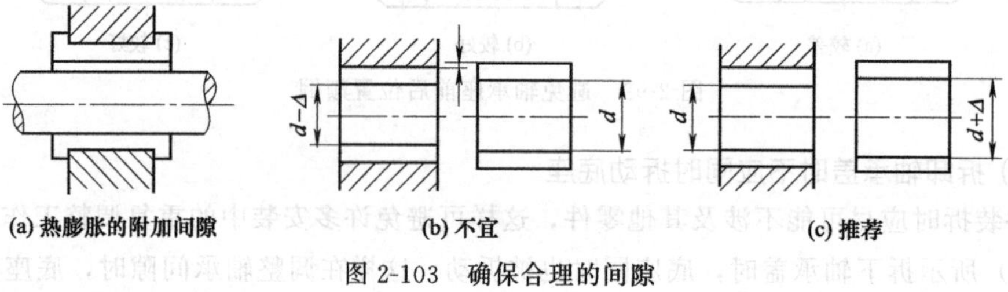


(a) 热膨胀的附加间隙　(b) 不宜　(c) 推荐

图 2-103　确保合理的间隙

(6) 曲轴支承的胀缩问题

曲轴支承多采用剖分式滑动轴承。图 2-104 (a) 所示几处轴承轴向间隙很小或未留间隙，热膨胀后则容易卡死。由于曲轴的结构特点，为保证发热后轴能自由膨胀伸缩，只需在一个轴承处限定位置，其他几个轴承的轴向均留有间隙，如图 2-104 (b) 所示。

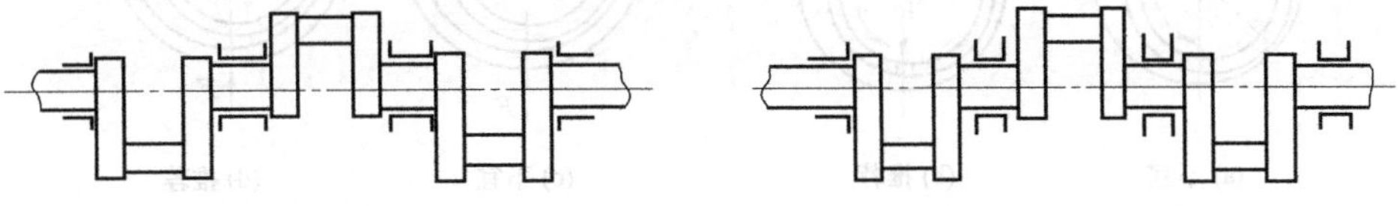

(a) 不宜　　(b) 推荐

图 2-104　曲轴的支承

(7) 仪器轴尖支承结构

图 2-105 是仪器上常用的滑动摩擦轴尖支承，工作时运转件轴尖与承导件垫座之间应保持适当的间隙 $BC$ ($B_1C_1$)，以使轴尖工作时转动灵活不卡死。图 2-105 (a) 中，$AB=BC/\sin45°$，图 2-105 (b) 中，$A_1B_1=B_1C_1/\sin30°$，尽管工作间隙两者相等，即 $BC=B_1C_1$，但 $A_1B_1=\sqrt{2}\,AB$，这说明当轴尖支承间隙相同时，锥角为 90°的轴尖轴向移动较小，而锥角为 60°的轴尖轴向移动较大，因此，仪器轴尖支承的锥角取图 2-105 (b) 所示的 60°时，较图 2-105 (a) 所示的 90°时容易调整，也较容易达到装配要求。

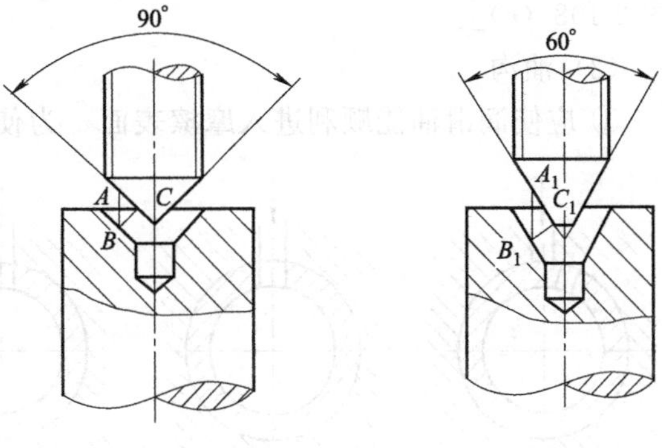


(a) 较差　　(b) 较好

图 2-105　轴尖支承锥角与间隙调整

## 2.2.5 滑动轴承的供油

(1) 油孔

① 润滑油应从非承载区引入轴承　不应把进油孔开在承载区 [图 2-106 (a)]，因为承载区的压力很大，显然压力很低的润滑油是不可能进入轴承间隙中的，反而会从轴承中被挤出。当载荷方向不变时，进油孔应开在最大间隙处。若轴在工作中的位置不能预先确定，习惯上可把进油孔开在与载荷作用线成 45°之处 [图 2-106 (b)]，对剖分轴瓦，进油孔也可开在接合面处 [图 2-106 (c)]。

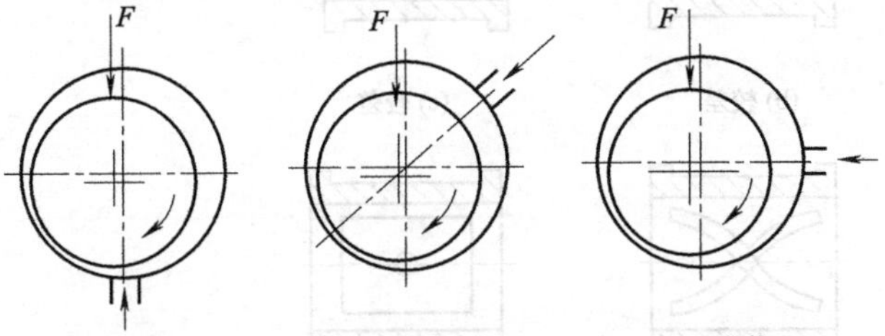


(a) 不宜　　(b) 推荐　　(c) 推荐

图 2-106　润滑油从非承载区引入轴承

如果因结构需要从轴中供油时，若油孔出口在轴表面上 [图 2-107 (a)]，则轴每转一转油孔通过高压区一次，轴承周期性地进油，油路易发生脉动，因此最好制出三个油孔 [图 2-107 (b)]。

若轴不转，轴承旋转，外载荷方向不变时，进油孔不应从轴承中引入 [图 2-107 (c)]，而应从非承载区由轴中小孔引入 [图 2-107 (d)]。

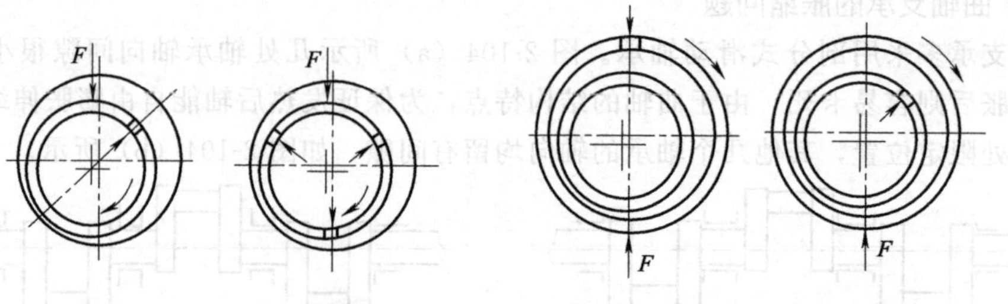

图 2-107 从轴中供油的结构

② 加油孔不要被堵塞 加油孔的通路部分，如果由于安装轴瓦或轴套时，其相对位置偏移或在运转过程中其相互位置偏移，其通路就会被堵塞［图 2-108（a）］，从而导致润滑失效，所以可采用组装后对加油孔配钻的方法［图 2-108（b）］，以及对轴瓦增设止动螺钉［图 2-108（c）］。

（2）油沟

① 应使润滑油能顺利进入摩擦表面 为使润滑油顺利进入轴承全部摩擦表面，要开油沟使油、脂能沿轴承的周向和轴向得到适当的分配。

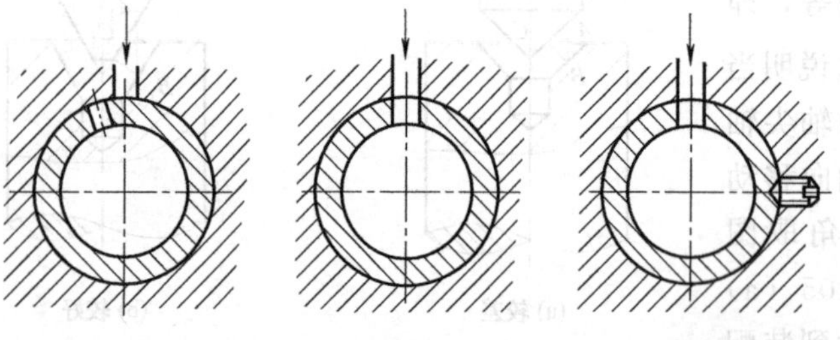

图 2-108 加油孔不要被堵塞

若只开油孔［图 2-109（a）］，润滑较差。油沟通常有半环形油沟［图 2-109（b）］、纵向油沟［图 2-109（c）］、组合式油沟［图 2-109（d）］和螺旋槽式油沟［图 2-109（e）］，后两种可使油在圆周方向和轴向方向都能得到较好的分配。载荷方向不变的轴承，可以采用宽槽油沟［图 2-109（f）］，有利于增加流量和加强散热。油沟在轴向都不应开通。

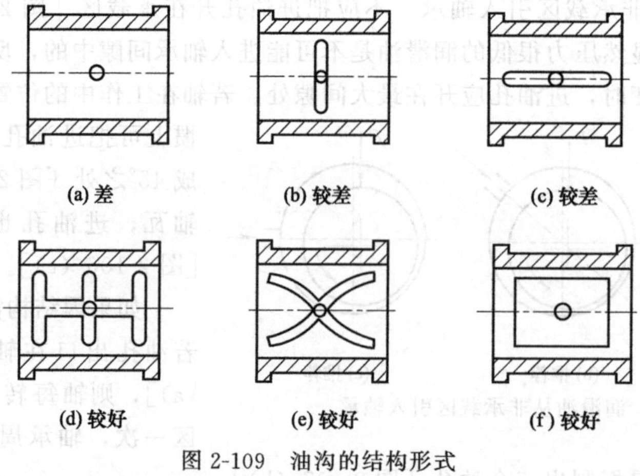

图 2-109 油沟的结构形式

② 液体动力润滑轴承不可将油沟开在承载区 对于液体动力润滑轴承，油沟不应开在承载区，因为这会破坏油膜并使承载能力下降（图 2-110）。对于非液体摩擦润滑

轴承，应使油沟尽量延伸到最大压力区附近，这对承载能力影响不大，却能在摩擦表面起到良好的储油和分配油的作用。用作分配润滑油脂的油沟要比用于分配稀油的宽些，因为这种油沟还要求具有储存干油的作用。

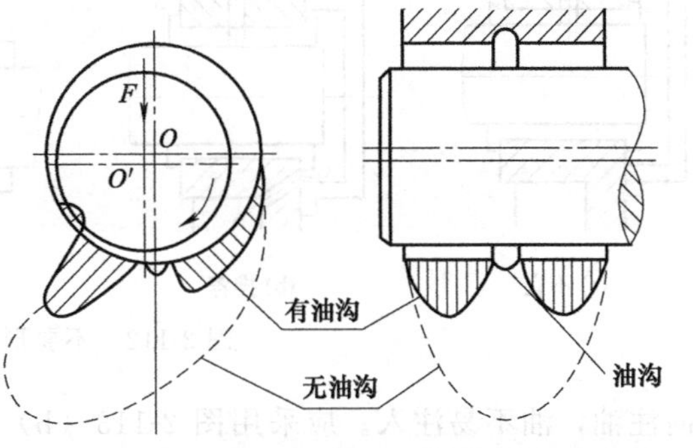

图 2-110　不正确的油沟布置降低油膜承载力

（3）油路要顺畅

① 防止切断油膜的锐边或棱角　为使油顺畅地流入润滑面，轴瓦油槽、剖分面处不要出现锐边或棱角［图 2-111（a）］，而要尽量制成平滑圆角［图 2-111（b）、（c）］，因为尖锐的边缘会使轴承中油膜被切断，并会造成刮伤。

轴瓦剖分面的接缝处，相互之间多少会产生一些错位［图 2-111（d）］，错位部分要做成圆角［图 2-111（e）］或不大的油腔［图 2-111（f）］。

在轴瓦剖分面处加调整垫片时［图 2-111（g）］，要使垫片后退少许［图 2-111（h）］。

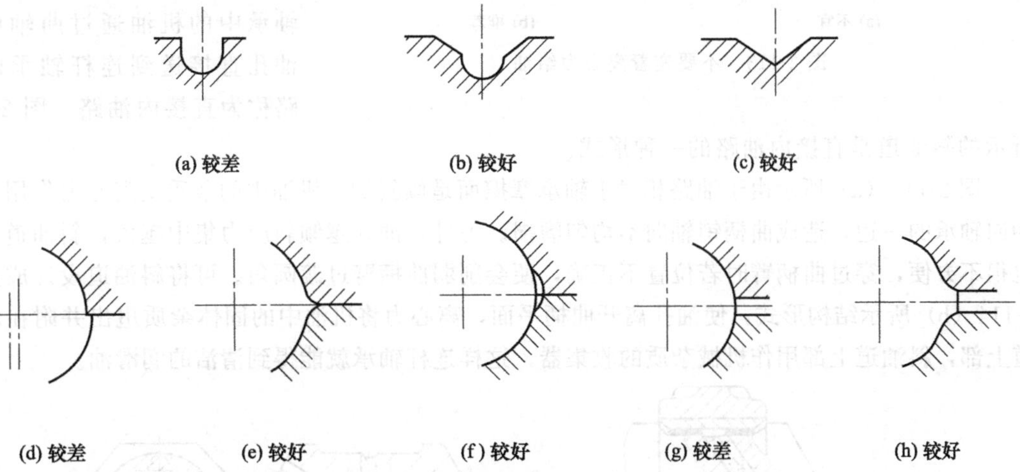

图 2-111　防止切断油膜的锐边或棱角

② 不要形成润滑油的不流动区　对于循环供油，要注意油流的畅通。如果油存在着流到尽头之处，则油在该处处于停滞状态，以致热油聚集并逐渐变质劣化，不能起到正常的润滑作用，容易造成轴承的烧伤。

图 2-112（a）所示轴承端盖是封闭的或是轴与轴承端部被闷死，则油不流向端盖或闷死的一侧，油在那里处于停滞状态，造成上述所说不能正常润滑，甚至烧伤等事故。如果在端盖处设置排油通道，从轴承中央供给的油才能在轴承全宽上正常流动［图 2-112（b）］。

在同一轴承中，为了增加润滑油量而从两个相邻的油孔处给油［图 2-112（c）］，润滑油向里侧的流动受阻，油分别流向较近的出口，不流向中间部分，使中间部分油流停滞，容易造成轴承烧伤，可采用图 2-112（d）所示结构，在轴承中部空腔处开泄油孔，也可使油由轴承非承载区的空腔中引入，如图 2-112（e）所示。

③ 不要逆着离心力给油　在同样转速下的旋转轴上，大直径段的离心力大于小直径段的离心力，因此润滑油路的设计，不应采用图 2-113（a）的形式，因为这样是逆大离心力方

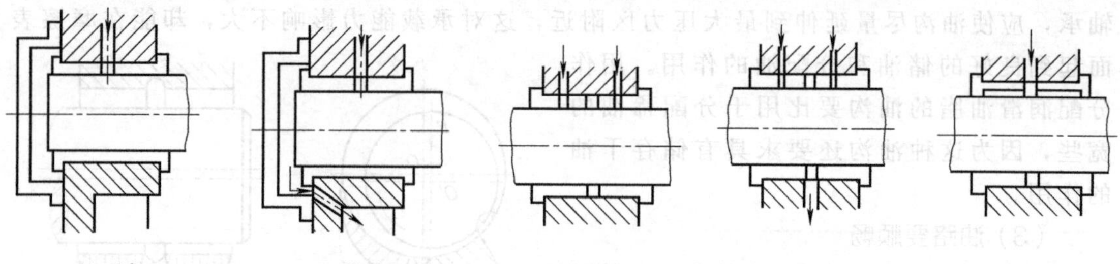

图 2-112　不要形成润滑油的不流动区

向注油，油不易注入。应采用图 2-113（b）方式，从小直径段进油，再向大直径段出油，油容易由小离心力向大离心力方向流动，从而可保证润滑的正常供油。

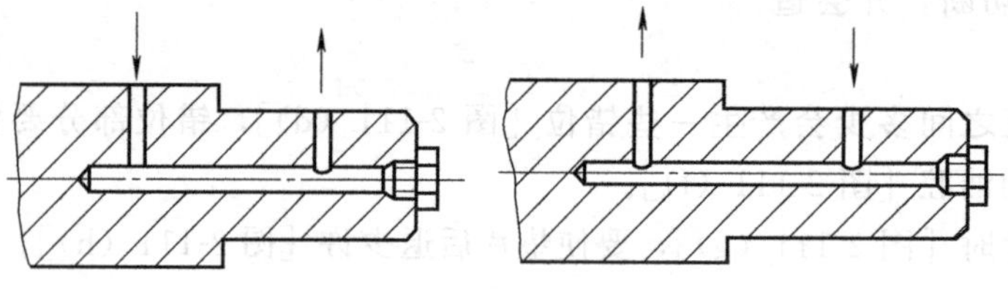

图 2-113　不要逆着离心力给油

④ 曲轴的润滑油路　内燃机中主轴承中的机油必须通过曲轴的润滑油路才能到达连杆轴承。曲轴的润滑油路可用不同的方式构成，主轴承中的机油通过曲轴内的油孔直接送到连杆轴承的油路称为直接内油路。图 2-114 所示的斜油道是直接内油路的一种形式。

图 2-114（a）所示由于油路相对于轴承摩擦面是倾斜的，机油中的杂质受离心力作用总是冲向轴承的一边，造成曲柄销轴向不均匀磨损。另外，油孔越倾斜应力集中越大，斜油道加工也很不方便，穿过曲柄臂时若位置不正确，便会削弱曲柄臂过渡圆角。可将斜油道设计成如图 2-114（b）所示结构形式，使油孔离开曲柄平面，离心力将机油中的固体杂质甩出并附在斜油道上部，斜油道上部用作机械杂质的收集器，这样连杆轴承就能得到清洁的润滑油。

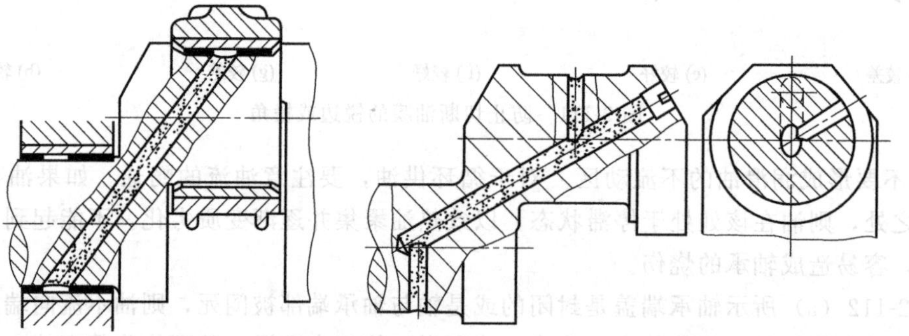

图 2-114　曲轴的润滑油路

# 2.3　滚动轴承结构选用技巧

常用的滚动轴承绝大多数已经标准化，其结构类型和尺寸均是标准的，因此在设计滚动轴承时，除了正确选择轴承类型和确定型号尺寸外，还需合理设计轴承的组合结构，要考虑轴承的配置和装卸、轴承的定位和固定、轴承与相关零件的配合、轴承的润滑与密封和提高轴承系统的刚度等。正确的类型选择和尺寸的确定以及合理的支承结构设计，都将对轴承的受力、运转精度、提高轴承寿命和可靠性、保证轴系性能等起着重要的作用。下面就这些方面应注意的问题加以分析。

## 2.3.1 滚动轴承的主要结构类型及其选用

### (1) 滚动轴承的主要结构类型及特性

滚动轴承的结构类型很多，常用滚动轴承的结构、性能和特点见表 2-5。

表 2-5 常用滚动轴承的结构、性能和特点

| 轴承名称 | 结构简图 | 类型代号 | 标准编号 | 基本额定动载荷比 | 极限转速比 | 主要性能及应用 |
|---|---|---|---|---|---|---|
| 调心球轴承 | 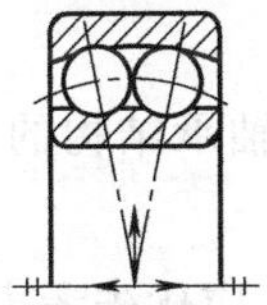 | 1 | GB 281 | 0.6 ～ 0.9 | 中 | 调心性能好，内、外圈之间在 2°～3°范围内可自动调心。主要承受径向载荷和不太大的轴向载荷。适用于刚性较小的轴及难以对中的场合 |
| 调心滚子轴承 | 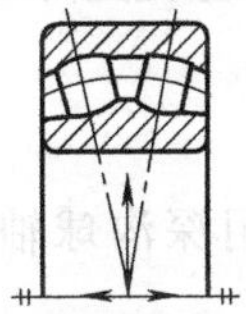 | 2 | GB 288 | 1.8 ～ 4 | 低 | 调心性能好，能承受很大的径向载荷和不太大的轴向载荷 |
| 圆锥滚子轴承 | 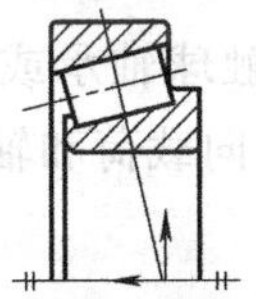 | 3 | GB 297 | 1.5 ～ 2.5 | 中 | 能同时承受径向载荷和轴向载荷，承载能力大，外圈可分离，安装方便，一般成对使用。适用于径向和轴向载荷都较大的场合 |
| 滚针轴承 | 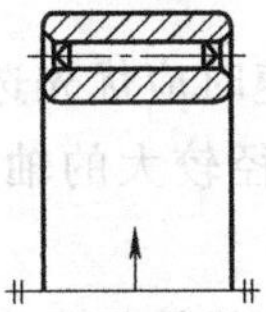 | NA | GB 5801 | — | 低 | 良好的径向承载能力，较差的轴向承载能力和调心能力 |
| 推力球轴承 | 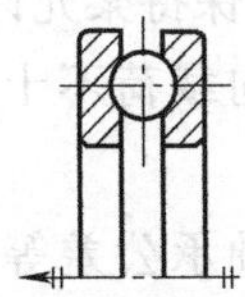 | 5 | GB 301 | 1 | 低 | 套圈可分离，只能承受单向轴向载荷 |
| 深沟球轴承 | 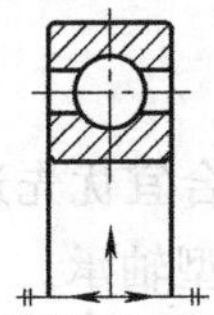 | 6 | GB 276<br>GB 4221 | 1 | 高 | 主要承受径向载荷，也可承受一定的轴向载荷，价格低廉，应用最广 |
| 角接触球轴承 | 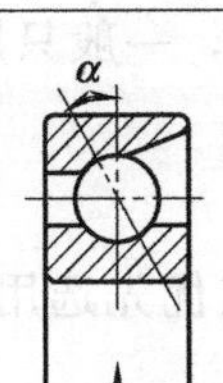 | 7 | GB 292 | 1 ～ 1.4 | 高 | 能同时承受径向载荷和单向轴向载荷，公称接触角越大，轴向承载能力也越大，一般成对使用 |

续表

| 轴承名称 | 结构简图 | 类型代号 | 标准编号 | 基本额定动载荷比 | 极限转速比 | 主要性能及应用 |
|---|---|---|---|---|---|---|
| 圆柱滚子轴承 | 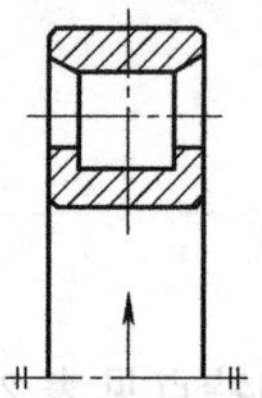 | N | GB 283 | 1.5～3 | 较高 | 能承受较大的径向载荷，不能承受轴向载荷。适用于重载和冲击载荷，以及要求支承刚性好的场合 |

注：基本额定动载荷比、极限转速比是指同一尺寸系列轴承与深沟球轴承之比（平均值）。

（2）滚动轴承结构选用原则

选用滚动轴承结构时，必须了解轴承的工作载荷（大小、性质、方向）、转速及其他使用要求，正确选择轴承结构应考虑以下主要因素。

① 轴承载荷　轴承所受载荷的大小、性质和方向是选择轴承结构的主要依据。以下选用原则可供考虑。

a. 相同外形尺寸下，滚子轴承一般较球轴承承载能力大，应优先考虑。

b. 轴承承受纯的径向载荷，一般可选用向心类轴承。

c. 轴承承受纯的轴向载荷，一般可选用推力类轴承。

d. 承受径向载荷的同时，还有不大的轴向载荷时，可选用深沟球轴承、接触角不大的角接触球轴承或圆锥滚子轴承。

e. 承受轴向力较径向力大时，可选用接触角较大的角接触球轴承或圆锥滚子轴承，或者选用向心轴承和推力轴承组合在一起的结构，以分别承担径向载荷和轴向载荷。

f. 载荷有冲击振动时，优先考虑滚子轴承。

② 轴承的转速

a. 球轴承与滚子轴承相比，有较高的极限转速，故在高速时应优先选用球轴承。

b. 高速时，宜选用同一直径系列中外径较小的轴承，外径较大的轴承，宜用于低速重载的场合。

c. 实体保持架较冲压保持架允许高一些的转速，青铜实体保持架允许更高的转速。

d. 推力轴承的极限转速均很低。当工作转速高时，若轴向载荷不十分大，可考虑采用角接触球轴承承受纯轴向力。

e. 若工作转速超过样本中规定的极限转速，可考虑提高轴承公差等级，或适当加大轴承的径向游隙等措施。

③ 轴承的刚性与调心性能

a. 滚子轴承的刚性比球轴承高，故对轴承刚性要求高的场合宜优先选用滚子轴承。

b. 支点跨距大、轴的弯曲变形大或多支点轴，宜选用调心型轴承。

c. 圆柱滚子轴承用于刚性大，且能严格保证同轴度的场合，一般只用来承受径向载荷。当需要承受一定轴向载荷时，可选择内、外圈都有挡边的类型。

④ 轴承的安装和拆卸

a. 在轴承座不剖分而且必须沿轴向安装和拆卸轴承时，应优先选用内、外圈可分离的轴承，如圆锥滚子轴承、圆柱滚子轴承等。

b. 在光轴上安装轴承时，为便于定位和拆卸，可选用内圈孔为圆锥孔（用以安装在锥形的紧定套上）的轴承。

⑤ 经济性

a. 与滚子轴承相比，球轴承因制造容易、价格较低，条件相同时可考虑优先选用。

b. 同型号尺寸公差等级为 P0、P6、P5、P4、P2 的滚动轴承价格比为 1∶1.8∶2.3∶7∶10。在满足使用要求的情况下，应优先选用 0 级（普通级）公差轴承。

（3）滚动轴承类型的选择

① 滚动轴承类型选择应考虑受力合理　滚动轴承由于结构的不同，各类轴承的承载性能也不同，选择类型时，必须根据载荷情况和轴承自身的承载特点，使轴承在工作中受力合理，否则，将严重影响轴承以及整个轴系的工作性能，乃至影响整机的正常工作。下面仅就一些选型受力不合理情况进行分析。

a. 一对圆锥滚子轴承不能承受较大的轴向载荷和径向载荷

轴同时受到较大的轴向载荷和径向载荷时，不能采用只有两个圆锥滚子轴承的结构，如图 2-115（a）。因为在大轴向载荷作用下，圆锥滚子、滚道发生弹性变形，使轴的轴向窜动量超过预定值，径向间隙增大，因此在径向载荷作用下，发生冲击振动，轴承将很快损坏。可考虑改为图 2-115（b）所示的形式，在左端改用轴向可以滑动的圆柱滚子轴承，这样，左端的圆柱滚子轴承即使在右端承受较大轴向载荷时产生微小轴向位移，也不会引起左端的径向间隙，从而避免了因径向力作用而造成的振动和轴承损坏。

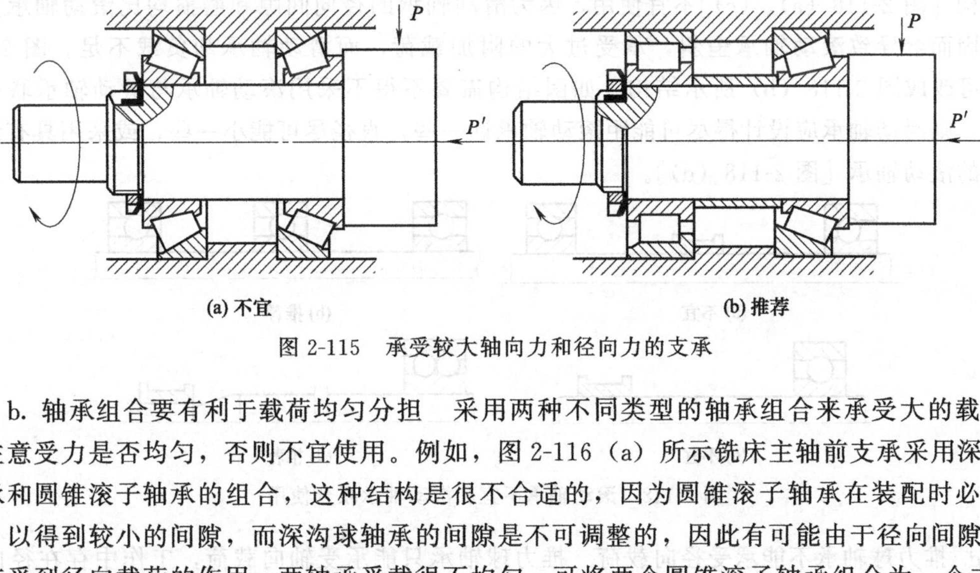


图 2-115　承受较大轴向力和径向力的支承

b. 轴承组合要有利于载荷均匀分担　采用两种不同类型的轴承组合来承受大的载荷时要注意受力是否均匀，否则不宜使用。例如，图 2-116（a）所示铣床主轴前支承采用深沟球轴承和圆锥滚子轴承的组合，这种结构是很不合适的，因为圆锥滚子轴承在装配时必须调整，以得到较小的间隙，而深沟球轴承的间隙是不可调整的，因此有可能由于径向间隙大而没有受到径向载荷的作用，两轴承受载很不均匀。可将两个圆锥滚子轴承组合为一个支承，而另一支承采用深沟球轴承或圆柱滚子轴承，如图 2-116（b）所示。

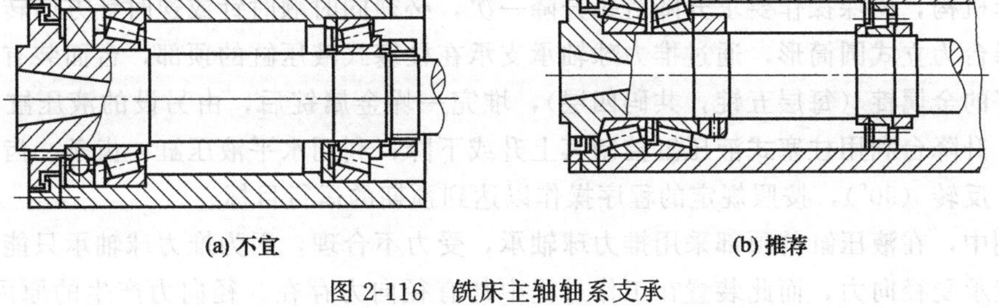


图 2-116　铣床主轴轴系支承

c. 避免轴承承受附加载荷

ⅰ. 角接触轴承不宜与非调整间隙轴承成对组合　如果角接触球轴承或圆锥滚子轴承与深沟球轴承等非调整间隙轴承成对使用［图 2-117（a）、(c)］，则在调整轴向间隙时会迫使球轴承也形成角接触状态，使球轴承增加较大的附加轴向载荷而降低轴承寿命。成对使用的角接触球轴承或圆锥滚子轴承［图 2-117（b）、(d)］的应用是为了通过调整轴承内部的轴向和径向间隙，以获得最好的支承刚性和旋转精度。

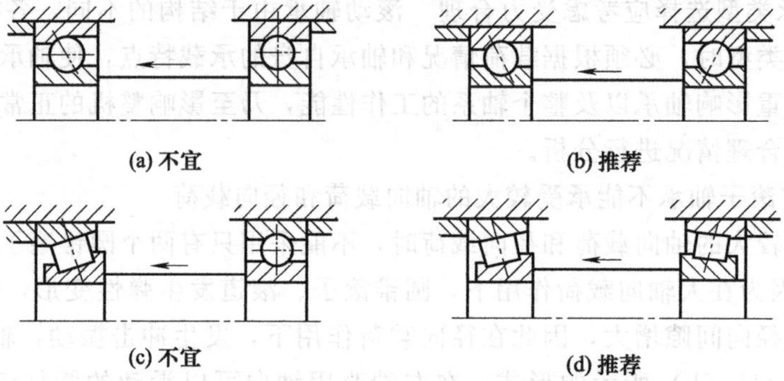

图 2-117　角接触轴承不宜与非间隙调整轴承组合

ⅱ. 滚动轴承不宜和滑动轴承联合使用　一根轴上既采用滚动轴承又采用滑动轴承的联合结构［图 2-118（a）、(c)］不宜使用，因为滑动轴承的径向间隙和磨损均比滚动轴承大许多，因而会导致滚动轴承歪斜，承受过大的附加载荷，而滑动轴承却负载不足。图 2-118（a）可改成图 2-118（b）所示结构。如因结构需要不得不采用滚动轴承与滑动轴承联合的结构，则滑动轴承应设计得尽可能距滚动轴承远一些，直径尽可能小一些，或采用具有调心性能的滚动轴承［图 2-118（d）］。

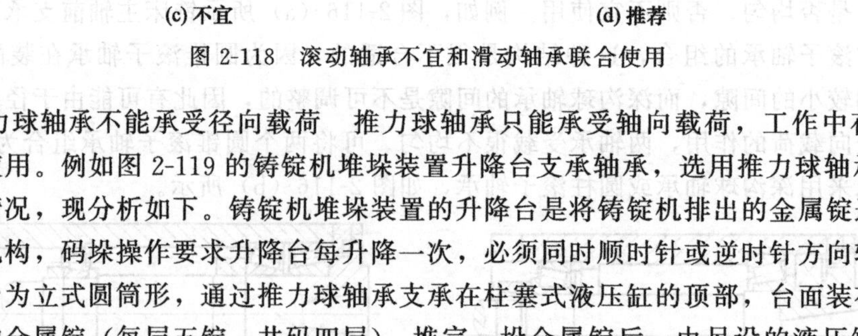

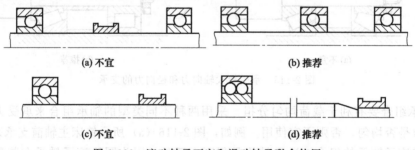

图 2-118　滚动轴承不宜和滑动轴承联合使用

d. 推力球轴承不能承受径向载荷　推力球轴承只能承受轴向载荷，工作中存在径向载荷时不宜使用。例如图 2-119 的铸锭机堆垛装置升降台支承轴承，选用推力球轴承就属于这种不合理情况，现分析如下。铸锭机堆垛装置的升降台是将铸锭机排出的金属锭进行自动码垛的配套机构，码垛操作要求升降台每升降一次，必须同时顺时针或逆时针方向转过 90°。

升降台为立式圆筒形，通过推力球轴承支承在柱塞式液压缸的顶部，台面装有辊道以承接排列好的金属锭（每层五锭，共码四层），堆完一垛金属锭后，由另设的液压缸推入辊道输送机。升降台利用柱塞式液压缸控制其上升或下降；利用水平液压缸、齿条、齿圈传动来控制正、反转（90°），按照规定的程序操作以达到预期的运行目标。

本例中，在液压缸的顶部采用推力球轴承，受力不合理，因为推力球轴承只能承受轴向力，不能承受径向力，而此装置在工作过程中却有径向力存在。径向力产生的原因有两个：

一是渐开线齿形工作时存在径向力；二是当沿辊道滚动方向推出升降台上的锭垛时，也有水平方向力作用于升降台上。另外，轴承座孔尺寸过大，与轴承之间有 1mm 的间隙，在径向力作用下，升降台工作时产生水平偏移，影响齿条同齿轮的正常啮合，严重时有可能将轴承从轴承座中推出。若将推力球轴承改为推力角接触球轴承，并在它下面加一个深沟球轴承（为更可靠），同时将轴承座与轴承外圈的配合改为过渡配合，这样推力角接触球轴承可以承受以轴向载荷为主的径向、轴向联合载荷，从而解决了升降台工作时的水平移动问题，也改善了齿条、齿轮的啮合状态。

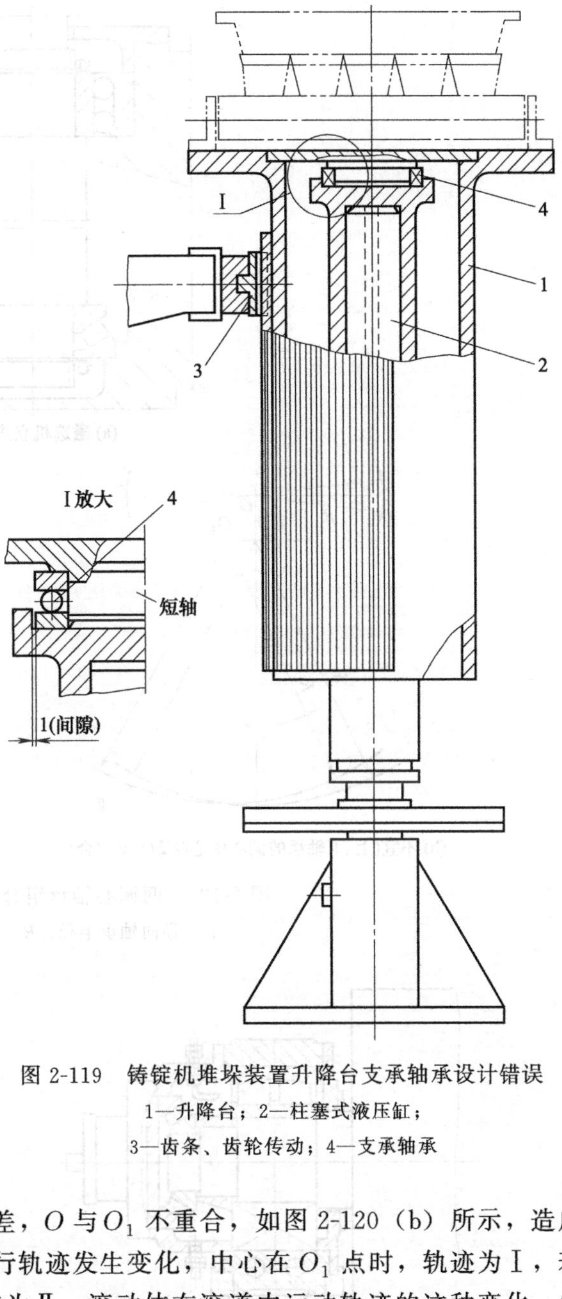


图 2-119　铸锭机堆垛装置升降台支承轴承设计错误

1—升降台；2—柱塞式液压缸；3—齿条、齿轮传动；4—支承轴承

e. 两调心轴承组合时调心中心应重合　调心球轴承与推力调心滚子轴承组合时，两轴承调心中心要重合。图 2-120（a）所示为某磁选机转环体通过主轴支承在上、下两个轴承箱的轴承上，上轴承为调心球轴承，下轴承为推力调心滚子轴承。这种组合支承两轴承的调心中心必须重合，如若不然将使两轴承的滚动体和滚道受力情况恶化，致使轴承过早损坏。其原因分析如下。

调心球轴承调心中心为 $O$，推力调心滚子轴承调心中心为 $O_1$，设计时两者应同心，即 $O$ 与 $O_1$ 在一点。若由于设计不周或轴承底座不平以及安装调试等误差，$O$ 与 $O_1$ 不重合，如图 2-120（b）所示，造成偏心，这种偏心将迫使滚动体在滚道内运行轨迹发生变化，中心在 $O_1$ 点时，轨迹为Ⅰ，若因上述偏心等原因使中心移至 $O_2$，则轨迹为Ⅱ，滚动体在滚道内运动轨迹的这种变化，使滚动体与滚道受到附加载荷，当轴受力变形后，两调心轴承的运动互相干涉，这种结构原则上很难达到自动调心的目的。所以对此类轴承组合设计时，应特别注意较全面地计算负荷，选用合适的尺寸系列轴承，一般可考虑选用直径系列和宽度系列大些的轴承类型，应注意使 $O$ 与 $O_1$ 重合，如图 2-120（c），同时还要注意安装精度和轴承座底面的加工精度等。也可考虑改用其他类型的支承。

在图 2-121（a）重载托轮支承中，若采用调心滚子轴承与推力调心滚子轴承，则也属于调心中心不重合，受力不合理情况，可考虑采用圆锥滚子轴承，如图 2-121（b）所示。

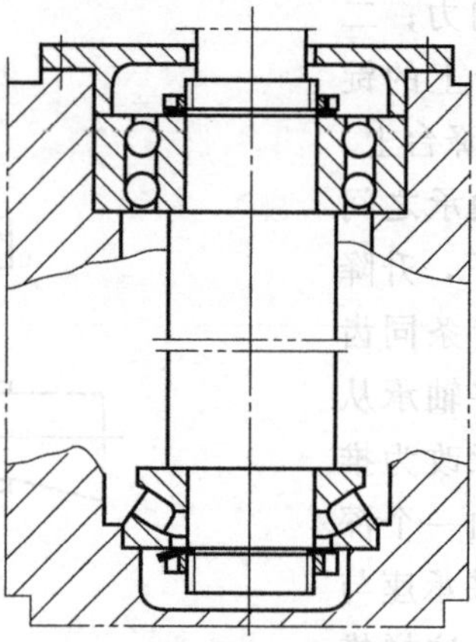

(a) 磁选机立式传动轴支承

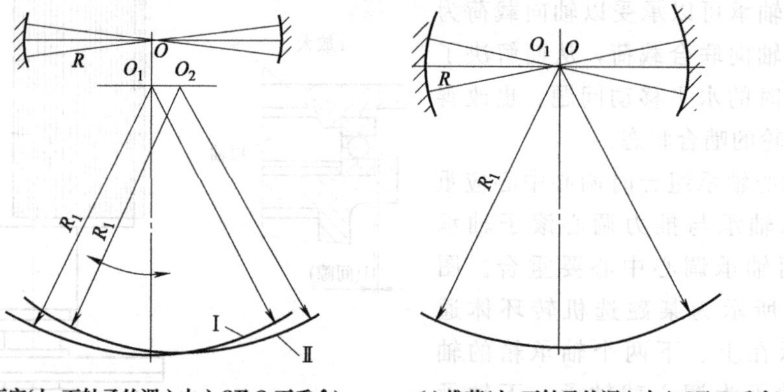


(b) 不宜(上、下轴承的调心中心$O$及$O_1$不重合)　　(c) 推荐(上、下轴承的调心中心$O$及$O_1$重合)

图 2-120　两调心轴承组合时调心中心应重合

$R$—径向轴承半径；$R_1$—推力轴承半径

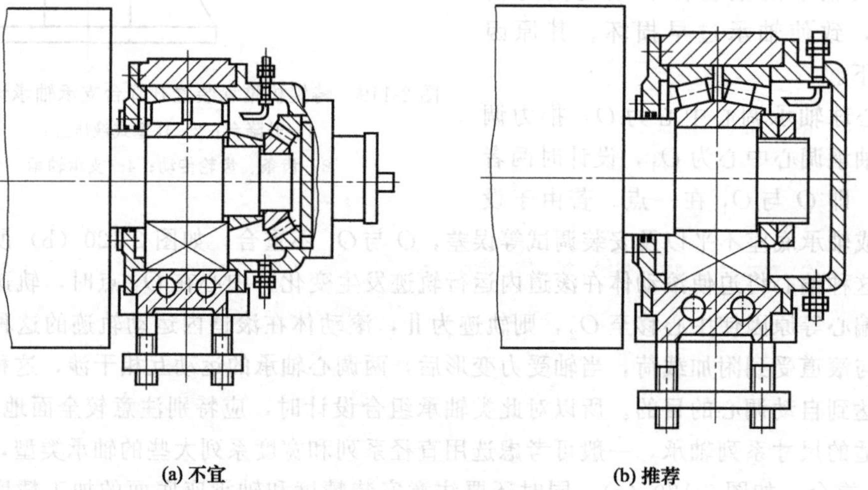

(a) 不宜　　(b) 推荐

图 2-121　托轮支承轴承

f. 调心轴承不宜用于减速器和齿轮传动机构的支承　在减速器和其他齿轮传动机构中，不宜采用自动定心轴承［图 2-122 (a)］，因调心作用会影响齿轮的正确啮合，使齿轮磨损严重，可采用图 2-122 (b) 所示形式，用短圆柱滚子轴承（或其他类型轴承）代替自动调心轴承。

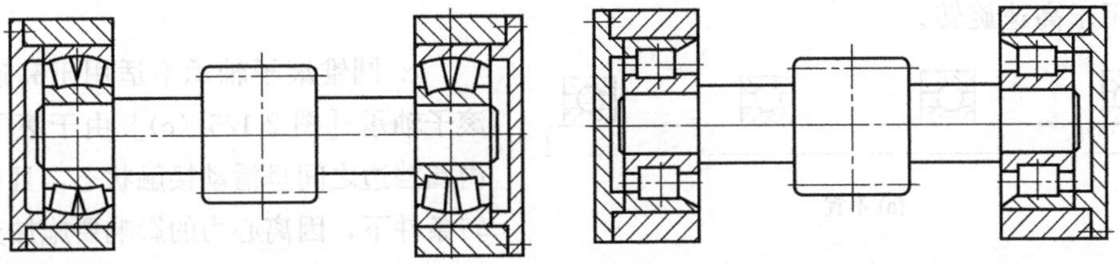

(a) 不宜　　(b) 推荐

图 2-122　减速器、轴系支承

② 轴系刚性与轴承类型选择

a. 两座孔对中性差或轴挠曲大应选用调心轴承　当两轴承座孔轴线不对中或由于加工、安装误差和轴挠曲变形大等原因，使轴承内、外圈倾斜角较大时，若采用不具有调心性能的滚动轴承，由于其不具调心性，在内、外圈轴线发生相对偏斜状态下工作时，滚动体将楔住而产生附加载荷，从而使轴承寿命降低［图 2-123（a）、（b）、（c）］，这种情况下应选用调心轴承［图 2-123（d）、（e）］。

b. 多支点刚性差的光轴应选用有紧定套的调心轴承　多支点的光轴（等径轴），在一般情况下轴比较长，刚性不好，易发生挠曲。如果采用普通深沟球轴承［图 2-124（a）］，不但安装拆卸困难，而且不能自动调心，使轴承受力不均而过早损坏，应采用装在紧定套上的调心轴承［图 2-124（b）］，不但可自动调心，且装卸方便。

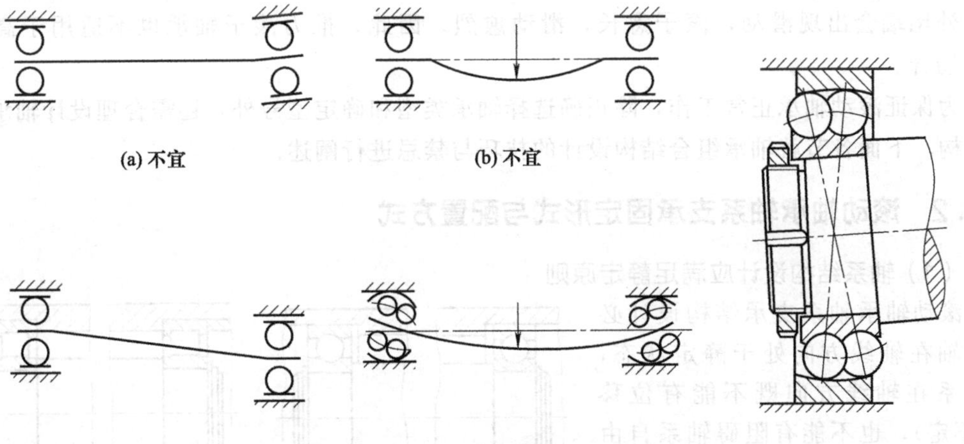

(a) 不宜　　(b) 不宜　　(c) 不宜　　(d) 推荐　　(e) 推荐

图 2-123　座孔不同心或轴挠曲大应选用调心轴承

③ 高转速条件下滚动轴承类型选择　下列轴承类型（图 2-125）不适用于高速旋转场合。

a. 滚针轴承不适用于高速　滚针轴承［图 2-125（a）］的滚动体是直径小的长圆柱滚子，相对于轴的转速滚子本身的转速高，这就限制了它的速度能力。无保持架的轴承滚子相互接触，摩擦大，且长而不受约束的滚子具有歪斜的倾向，因而也限制了它的极限转速。一般这类轴承只适用于低速、径向力大而且要求径向结构紧凑的场合。

b. 调心滚子轴承不适用于高速　调心滚子轴承［图 2-125（b）］由于结构复杂，精度不高，滚子和滚道的接触带有角接触性质，使接触区的滑动比圆柱滚子轴承大，所以这类轴承也不适用于高速旋转。

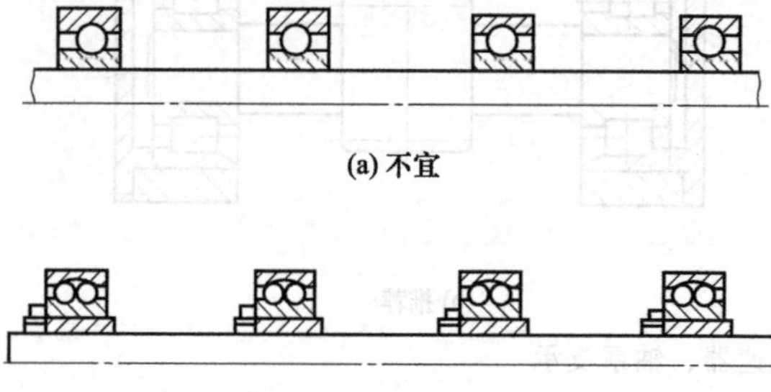


图 2-124　多支点光轴宜采用紧定套调心轴承

c. 圆锥滚子轴承不适用于高速　圆锥滚子轴承［图 2-125（c）］由于滚子端面和内圈挡边之间呈滑动接触状态，且在高速运转条件下，因离心力的影响要施加充足的润滑油变得困难，因此这类轴承的极限转速较低，一般只能达到中等水平。

d. 推力球轴承不适用于高速　推力球轴承［图 2-125（d）］在高速下工作时，因离心力大，钢球与滚道、保持架之间有滑动，摩擦和发热比较严重，因此推力球轴承不适用于高速。

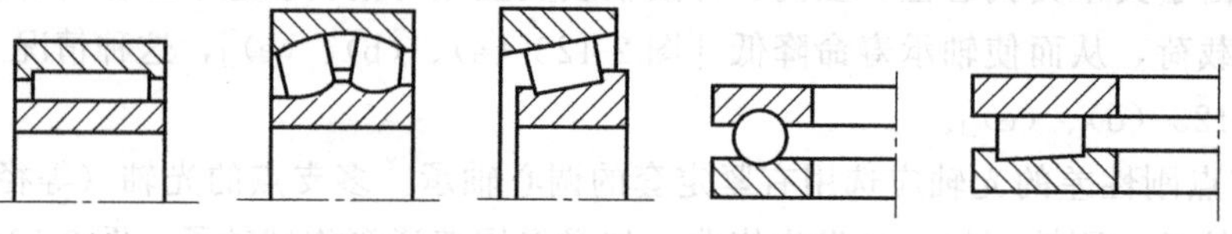


图 2-125　不适用于高速旋转的滚动轴承

e. 推力滚子轴承不适用于高速　推力滚子轴承［图 2-125（e）］在滚动过程中，滚子内、外尾端会出现滑动，滚子愈长，滑动愈烈。因此，推力滚子轴承也不适用于高速旋转的场合。

为保证滚动轴承正常工作，除正确选择轴承类型和确定型号外，还需合理设计轴承的组合结构。下面各节就轴承组合结构设计的技巧与禁忌进行阐述。

## 2.3.2　滚动轴承轴系支承固定形式与配置方式

（1）轴系结构设计应满足静定原则

滚动轴承轴系支承结构设计必须使轴在轴线方向处于静定状态，即轴系在轴线方向既不能有位移（静不定），也不能有阻碍轴系自由伸缩的多余约束（超静定），轴向静定准则是滚动轴承支承结构设计最基本的重要原则。

若轴在轴向约束不够（静不定），则表示轴系定位不确定，这种情况必须避免。如图 2-126（a）、(b) 所示轴系，两个轴承在轴线方向均没有固定，轴系相对机座没有固定位置，在轴向力作用下，就会发生窜动而不能正常工作。所以必须将轴承加以轴向固定以避免静不定问题，但每个轴系上也

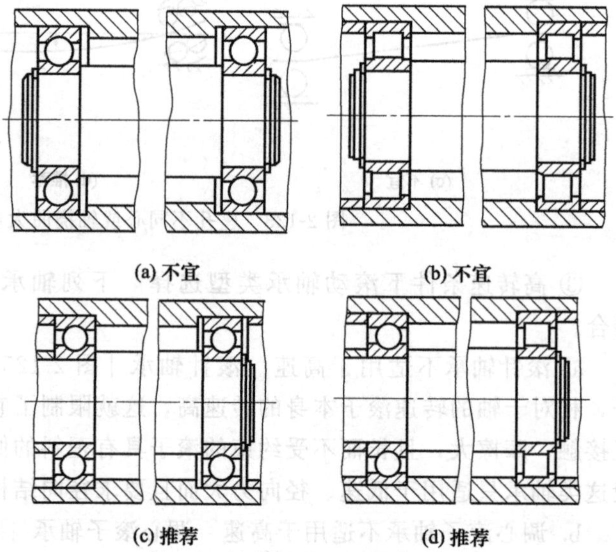


图 2-126　轴系支承和静定问题

不能有多余的约束，否则轴系在轴向将无法自由伸缩（超静定），一般由于制造、装配等误差，特别是热变形等因素，将引起附加轴向力，如果轴系不能自由伸缩，将使轴承超载而损坏，严重时甚至卡死，所以轴系支承结构设计也应特别注意防止超静定问题出现。在轴系支承结构中，理想的静定状态不是总能实现的，一定范围内的轴向移动（准静定）或少量的附加轴向力（拟静定）是不可避免的，也是允许的，在工程实际中准静定和拟静定支承方式是常见的，它们基本上可看作是静定状态，重要的是这些少量的轴系轴向移动和附加轴向力的值必须在工程设计允许的范围内。如图 2-126（c）、（d）所示即属这种情况。

按照上述静定设计准则，常见的轴系支承固定方式有三种：两端单向固定；一端双向固定、一端游动；两端游动。前两种应用较多，下面分别进行阐述。

（2）两端单向固定

普通工作温度下的短轴（跨距 $l<350$mm），支承常采用两端单向固定形式，每个轴承分别承受一个方向的轴向力，为允许轴工作时有少量热膨胀，轴承安装时，应留有 0.25～0.4mm 的轴向间隙（间隙很小，通常不必画出），间隙量常用垫片或调整螺钉调节。轴向力不太大时可采用一对深沟球轴承，如图 2-127 所示；若轴向力较大时，可选用一对角接触球轴承（图 2-128 上半部）或一对圆锥滚子轴承（图 2-128 下半部）。

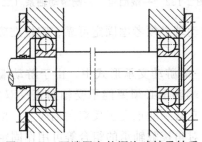

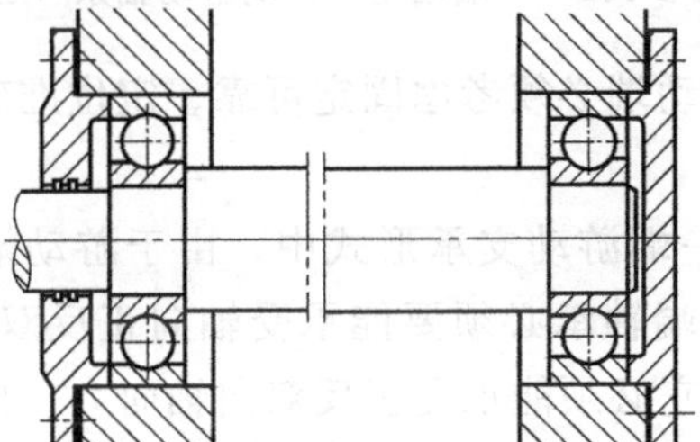
图 2-127　两端固定的深沟球轴承轴系

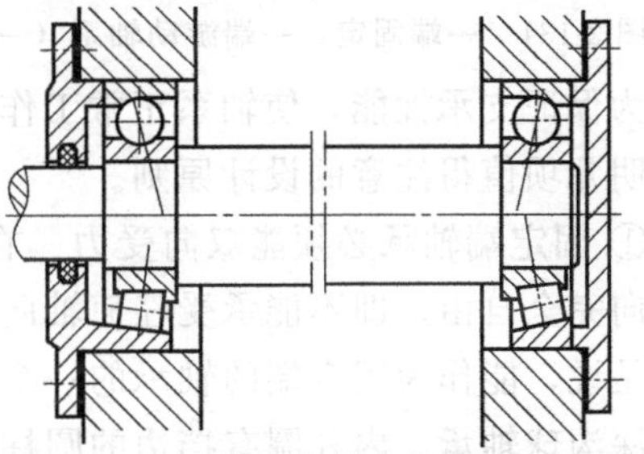
图 2-128　两端固定的角接触轴承轴系

在使用圆锥滚子轴承两端固定的场合，一定要保证轴承适当的游隙，才能使轴系有正确的轴向定位。如果仅仅采用轴承盖压紧定位，如图 2-129 所示，轴承盖无调整垫片，则不能调整轴承间隙，压得太紧，造成游隙消失，润滑不良，运转中轴承发热，烧毁轴承，严重时甚至卡死；间隙过大，轴系轴向窜动大，轴向定位不良，产生噪声，影响传动质量。所以使用圆锥滚子轴承两端固定时，一定要设置间隙调整垫片，如图 2-130（a）所示，也可以采用调整螺钉，如图 2-130（b）所示。

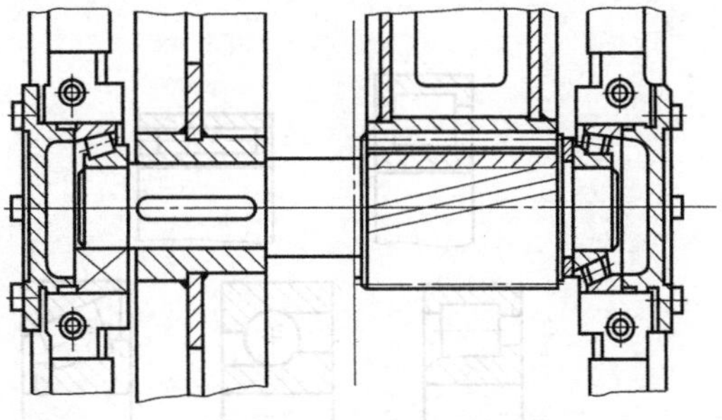
图 2-129　圆锥滚子轴承间隙无法调整（不宜）

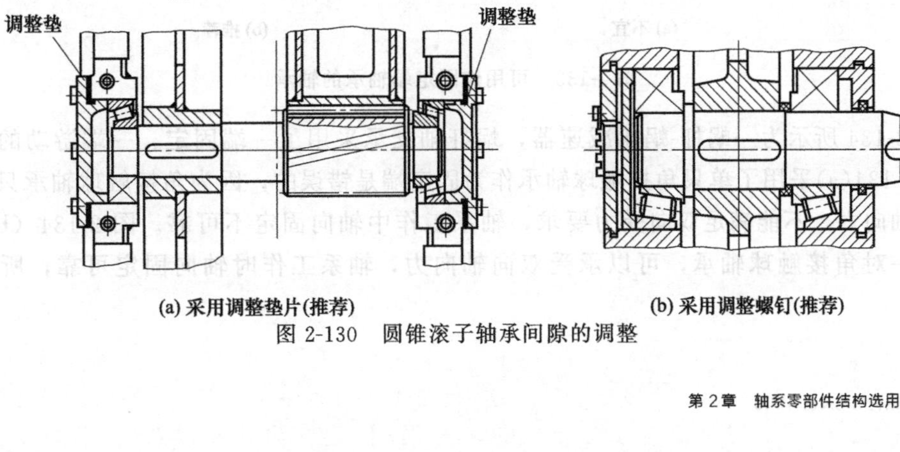

(a) 采用调整垫片(推荐)　　(b) 采用调整螺钉(推荐)

图 2-130　圆锥滚子轴承间隙的调整

## (3) 一端双向固定，一端游动

对于跨距较大且工作温度较高的轴系，轴的热膨胀伸缩量大，宜采用一端双向固定，一端游动的支承结构，这种支承是较理想的静定状态，既能保证轴系无轴向移动，又可避免因制造安装等误差和热变形等因素引起的附加轴向力。常见的一端固定、一端游动的支承结构如图 2-131、图 2-132 所示。当轴向载荷不大时，固定端可采用深沟球轴承（图 2-131），轴向载荷较大时，可采用两个角接触轴承“面对面”或“背对背”组合在一起的结构，如图 2-132 所示（右端两轴承“面对面”安装）。

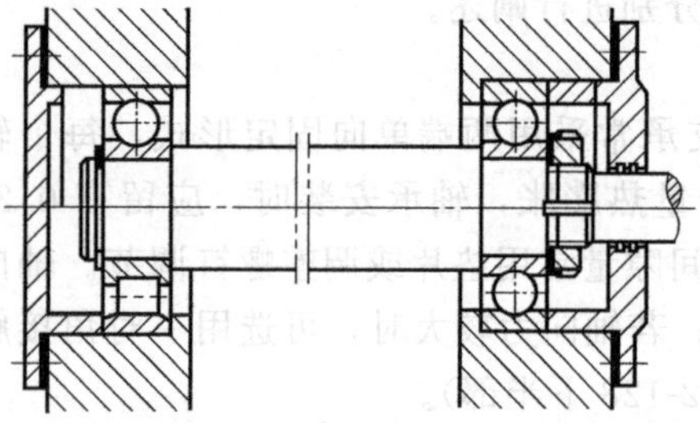

图 2-131　一端固定，一端游动轴系（一）

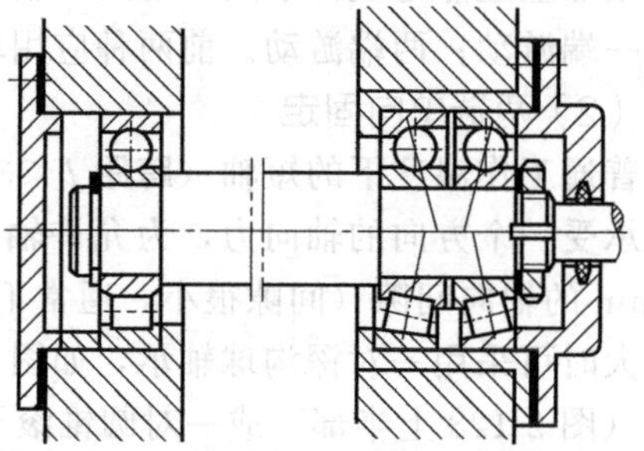

图 2-132　一端固定，一端游动轴系（二）

为保证支承性能，使轴系正常工作，固定端与游动端必须考虑固定可靠、定位准确，这里说明几项值得注意的设计原则。

① 固定端轴承必须能双向受力　在一端固定、一端游动支承形式中，由于游动端轴承在轴向完全自由，即不能承受任何轴向力，所以固定端轴承必须要能承受轴向正反双向力，也就是说，能作为固定端的轴承的一个先决条件是：它必须能承受正反双向轴向力，按此原则，深沟球轴承、内外圈有挡边的圆柱滚子轴承和一对角接触轴承的组合等可用作固定端轴承［图 2-133（b）］，而滚针轴承、内外圈无挡边的圆柱滚子轴承、单只角接触球轴承和单只圆锥滚子轴承等不可用作固定端轴承［图 2-133（a）］。

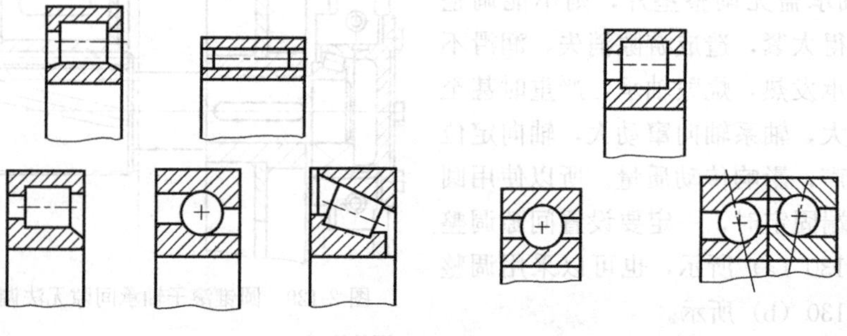

(a) 不宜　　(b) 推荐

图 2-133　可用作固定端轴承的轴承

图 2-134 所示为一蜗杆-蜗轮减速器，蜗杆轴支承采用了一端固定、一端游动的支承方式，图2-134(a)采用了单只角接触球轴承作为固定端是错误的，因为角接触球轴承只能承受单方向轴向力，不能满足双向受力要求，轴系工作中轴向固定不可靠。图 2-134（b）所示采用了一对角接触球轴承，可以承受双向轴向力，轴系工作时轴向固定可靠，所以是正确的。

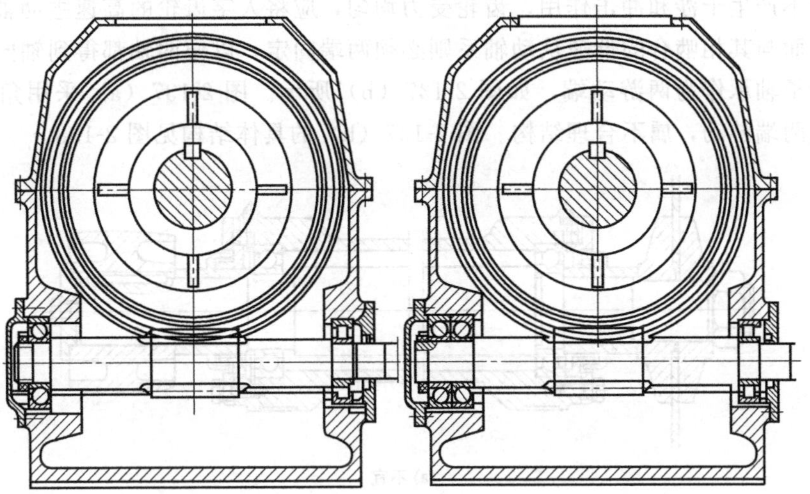

(a) 不宜　　　　　　　　　　　　　(b) 推荐

图 2-134　蜗杆-蜗轮减速器支承形式

② 游动端轴承的定位　在一端固定、一端游动支承形式中，游动端轴承的功能是保证轴在轴向能安全自由伸缩，不允许承担任何轴向力。为此，游动端轴承的轴向定位必须准确，其设计原则是：在满足轴承不承担轴向力的前提下，尽量多加轴向定位。如采用有一圈无挡边的圆柱滚子轴承作游动端，则轴承内外圈 4 个面都需要轴向定位，图 2-135（a）所示是错误的，图 2-135（b）所示是正确的。

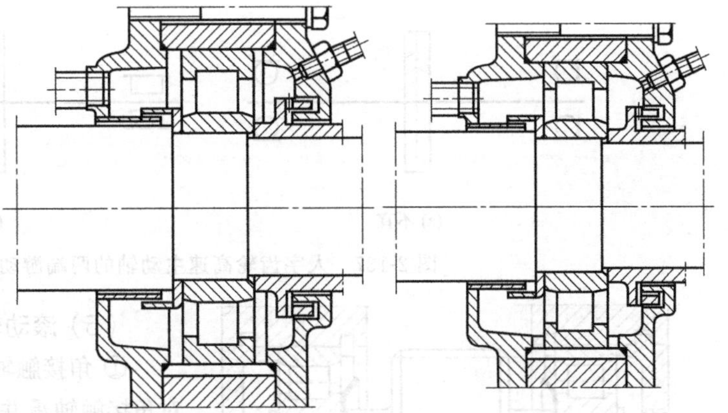

(a) 不宜　　　　　　　　　　　　　(b) 推荐

图 2-135　游动端轴承的轴向定位

③ 游动端轴承轴承圈的固定　游动端轴承的轴向“游动”（移动），可由内圈与轴或外圈与壳体间的相对移动来实现，究竟让内圈与轴还是外圈与壳体之间有轴向相对运动，这应取决于内圈或外圈的受力情况，原则上是受变载荷轴承圈周向与轴向全部固定，而仅在一点受静载作用的轴承圈可与其外围有轴向的相对运动。一般情况下，内圈和轴颈同时旋转，受力点在整个圆周上不停地变化，而外圈与壳体一样静止不动，只在一处受静载，比如齿轮轴系、带轮轴系，此时，游动端的轴承应将外圈用于轴向移动，而不应使内圈与轴之间移动，如图 2-136 所示为圆盘锯轴系支承结构，图 2-136（a）中使轴与内圈间相对移动是不合理的，图 2-136（b）所示使外圈与壳体间轴向移动是合理的。

（4）两端游动

要求能左右双向游动的轴，可采用两端游动的轴系结构。例如，人字齿轮由于在加工中很难做到齿轮的左右螺旋角绝对相等，为了自动补偿两侧螺旋角的这一制造误差，使人字齿轮在工作中不产生干涉和冲击作用，齿轮受力均匀，应将人字齿轮的高速主动轴的支承做成两端游动，而与其相啮合的低速从动轴系则必须两端固定，以便两轴都得到轴向定位。通常采用圆柱滚子轴承作为两游动端，如图 2-137（b）所示。图 2-137（a）采用角接触球轴承则无法实现两端游动，属不合理结构。图 2-137（b）的具体结构见图 2-138。

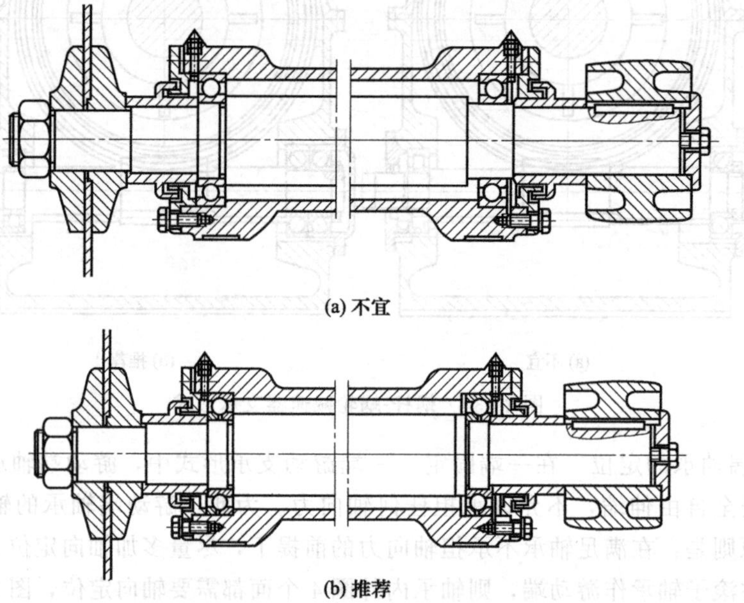


图 2-136　圆盘锯轴系游动端轴承圈的固定

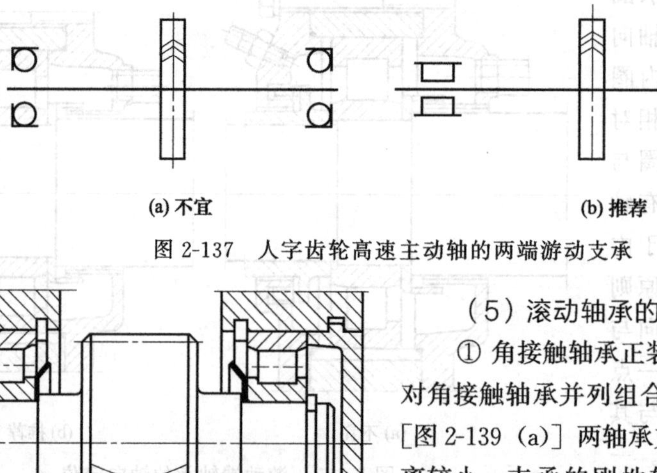


图 2-137　人字齿轮高速主动轴的两端游动支承

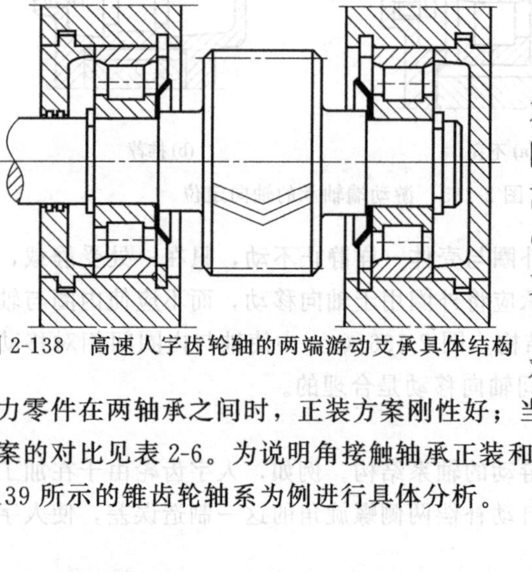

图 2-138　高速人字齿轮轴的两端游动支承具体结构

（5）滚动轴承的配置

① 角接触轴承正装与反装的基本原则　一对角接触轴承并列组合为一个支点时，正装时［图 2-139（a）］两轴承支反力在轴上的作用点距离较小，支承的刚性较小；反装时［图 2-139（b）］两轴承支反力在轴上的作用点距离较大，支承的刚性较大。

一对角接触轴承分别处于两个支点时，对轴的刚度影响与外载荷作用位置有关。当受力零件在两轴承之间时，正装方案刚性好；当受力零件在悬伸端时，反装方案刚性好。两方案的对比见表 2-6。为说明角接触轴承正装和反装对轴承受力和轴系刚度的影响，现以图 2-139 所示的锥齿轮轴系为例进行具体分析。

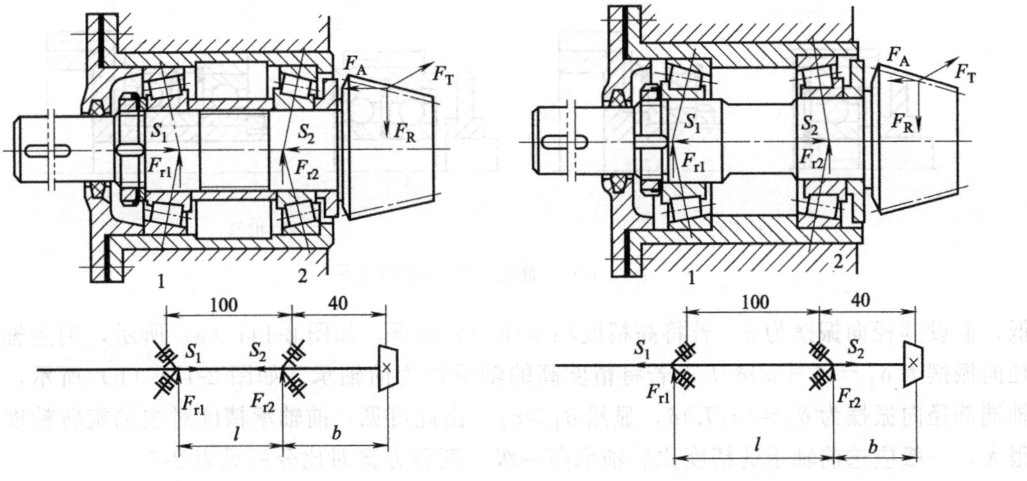


(a) 轴承正装轴系　　　　(b) 轴承反装轴系

图 2-139　角接触轴承的正装与反装

图 2-139 中的轴系采用一对 30207 型轴承，分别正装和反装，锥齿轮受圆周力 $F_T=2087N$，径向力 $F_R=537N$，轴向力 $F_A=537N$，两轴承中点距离 100mm，锥齿轮距较近轴承中点距离 40mm，轴转速 1450r/min，载荷有中等冲击，取载荷系数 $f_d=1.6$。由设计手册查得轴承的基本额定动载荷 $C_r=51500N$，尺寸 $a=16mm$（支点距外圈外端面距离），$c=15mm$(外圈宽)。现按两种安装方案进行计算，其结果列于表 2-6。可知：正装由于跨距 $l$ 小，悬臂 $b$ 较大，因而轴承受力大，轴承 1 所受径向力正装时约为反安装时的 2.2 倍，锥齿轮处的挠度，正装时约为反装时的 2.1 倍，所以正安装时轴承寿命低，轴系刚性差。但正安装时轴承间隙可由端盖垫片直接调整，比较方便，而反装时轴承间隙由轴上圆螺母进行调整，操作不便。

**表 2-6　锥齿轮轴系支承方式的刚度、轴承受力与寿命计算对比**

| 项　目 | | 正装［图 2-139(a)］ | | 反装［图 2-139(b)］ | |
|---|---|---|---|---|---|
| 轴承跨距 $l$/mm | | $100+c-2a=83$ | | $100+2a-c=117$ | |
| 齿轮悬臂 $b$/mm | | $40+a-c/2=48.5$ | | $40-a+c/2=31.5$ | |
| 锥齿轮处挠度 $y$ 之比 | | $y_{正装}/y_{反装}\approx 2.1$ | | | |
| | | 轴承 1 | 轴承 2 | 轴承 1 | 轴承 2 |
| 轴承受力/N | 径向力 $F_r$ | 1223 | 3364 | 562 | 2699 |
| | 轴向力 $F_a$ | 1588 | 1051 | 306 | 843 |
| | 当量动载荷 $P$ | 4848 | 5383(最大) | 1143 | 4319 |
| 轴承寿命 $L_{10h}$/h | | 30290 | 21368(最短) | $3.7\times10^6$ | 44521 |
| 结　论 | | 较　差 | | 较　好 | |

② 游轮、中间轮不宜用一个滚动轴承支承　游轮、中间轮等承载零件，尤其当其为悬臂装置时，如果采用一个滚动轴承支承［图 2-140 (a)］，则球轴承内圈和外圈的倾斜会引起零件的歪斜，在弯曲力矩的作用下，会使形成角接触的球体产生很大的附加载荷，使轴承工作条件恶化，并导致过早失效。需改变这种不良工作状况，应采用两个滚动轴承的支承，如图 2-140 (b) 所示。

③ 合理配置轴承可提高轴系旋转精度

a. 前轴承精度对主轴旋转精度影响较大　图 2-141 所示为主轴轴承精度的配置与主轴端部径向振摆的关系。轴系有两个轴承，一个精度较高，假设其径向振摆为零，另一个精度较

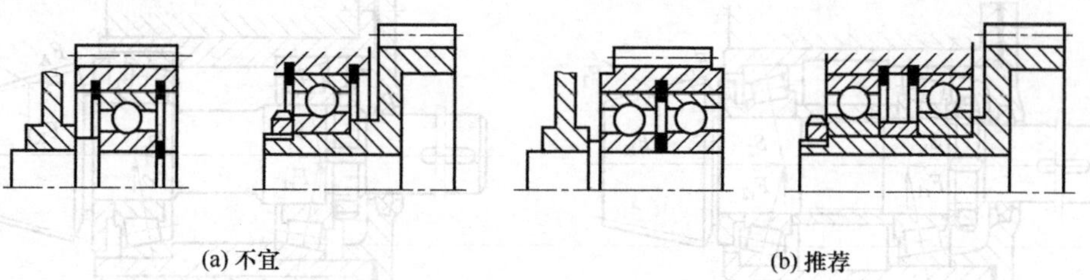


图 2-140　游轮、中间轮的支承

低，假设其径向振摆为 $\delta$，若将高精度轴承作为后轴承，如图 2-141（a）所示，则主轴端部径向振摆为 $\delta_1=(L+a)\delta/L$；若将精度高的轴承作为前轴承，如图 2-141（b）所示，则主轴端部径向振摆为 $\delta_2=(a/L)\delta$，显然 $\delta_1>\delta_2$，由此可见，前轴承精度对主轴旋转精度影响很大，一般应选前轴承的精度比后轴承高一级。两种方案对比分析见表 2-7。

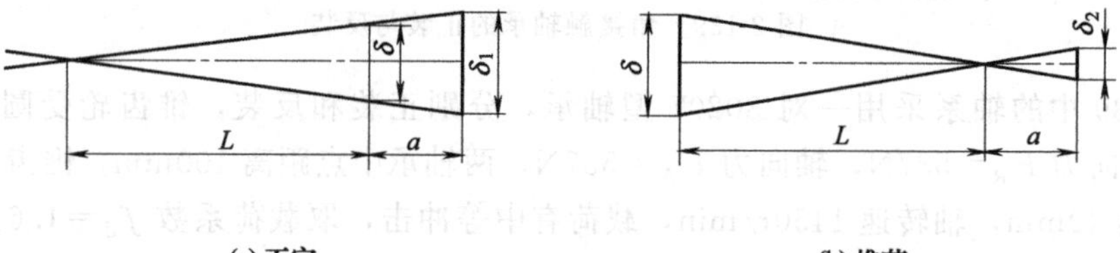


图 2-141　轴承精度配置对主轴精度影响

**表 2-7　轴承精度配置对主轴精度影响对比**

| 轴承精度 | 轴承 A—精度高<br>径向振摆：0 | 轴承 B—精度低<br>径向振摆：$\delta$ |
|---|---|---|
| 配置方式 | B 在前 A 在后<br>［图 2-141(a)］ | A 在前 B 在后<br>［图 2-141(b)］ |
| 主轴径向振摆 | $\delta_1=(L+a)\delta/L$ | $\delta_2=(a/L)\delta$ |
| 主轴旋转精度 | 较　低 | 较　高 |
| 结　　论 | 不　宜 | 推　荐 |

b. 两个轴承的最大径向振摆应在同一方向　图 2-142 中前后轴承的最大径向振摆为 $\delta_A$ 和 $\delta_B$，按图 2-142（a）所示，将两者的最大振摆装在互为 180°的位置，主轴端部的径向振摆为 $\delta_1$，按图 2-142（b）所示将两者的最大振摆装在同一方向，主轴端部的径向振摆为 $\delta_2$，则 $\delta_1>\delta_2$，可见，图 2-142（b）结构较为合理。因此，同样的两轴承，如能合理配置，可以取得比较好的结果。

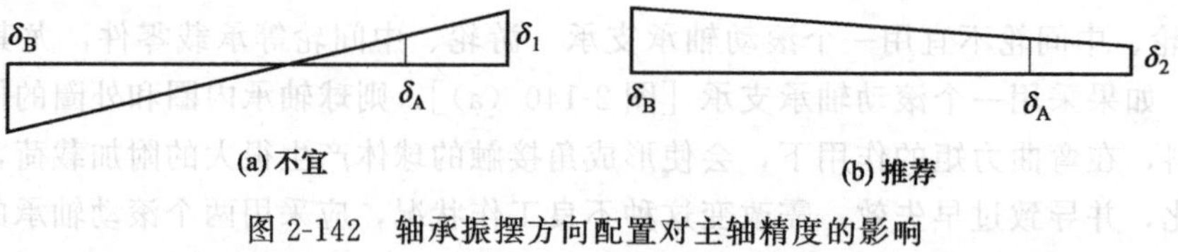


图 2-142　轴承振摆方向配置对主轴精度的影响

c. 传动端滚动轴承的配置　为了保证传动齿轮的正确啮合，在滚动轴承结构为一端固定、一端游动时，不宜将游动支承靠近齿轮［图 2-143（a）］，而应将游动支承远离传动齿轮，如图 2-143（b）所示。

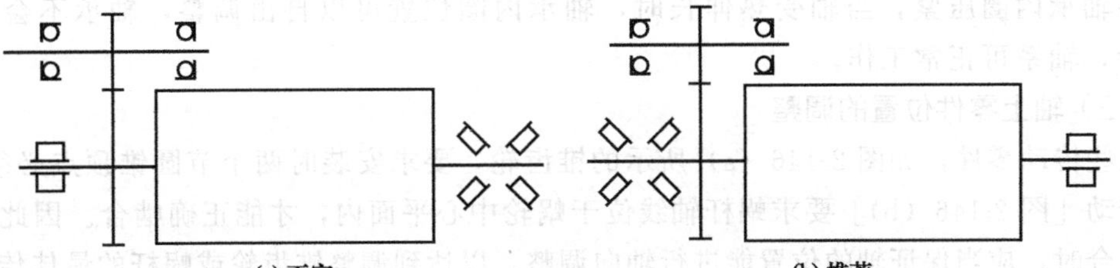


图 2-143　传动端滚动轴承的配置

又例如，滚动轴承支承为一端固定、一端游动时，若如图 2-144（a）所示主轴前端靠近游动端，则对轴向定位精度影响很大。所以，固定端轴承应装在靠近主轴前端图［2-144（b）］，另一端为游动端，热膨胀后轴伸长，对轴向定位精度影响小，较为合理。

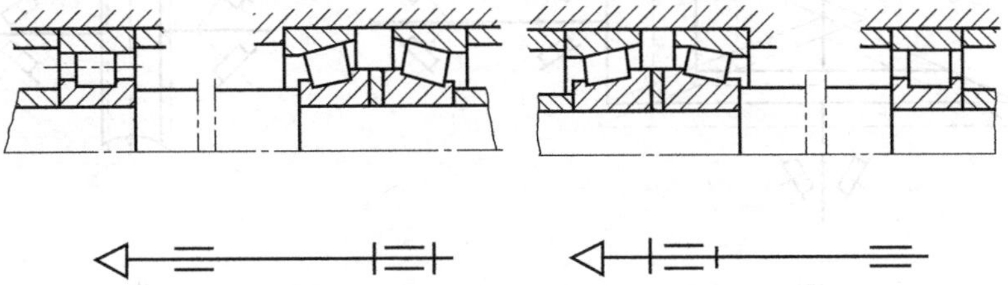


图 2-144　固定端应靠近主轴前端

## 2.3.3　滚动轴承游隙及轴上零件位置的调整

（1）角接触轴承游隙的调整

角接触轴承，如圆锥滚子轴承、角接触球轴承，间隙不确定，必须在安装或工作时通过调整确定合适的间隙，否则轴承不能正常运行，因此使用这类轴承时，支承结构设计必须保证调隙的可能。例如，一齿轮传动轴系，两端采用一对圆锥滚子轴承的支承结构，其结构示意如图 2-145（a）所示，这是一种常用的以轴承内圈定位的结构。这种结构工作时，轴系温升后发热伸长，由于圆锥滚子轴承的间隙不能调整，所以轴承压盖将与轴承外圈压紧，使轴承产生附加轴向力，阻力增大，轴系无法正常工作，严重时甚至卡死。图2-145(b)所示结构将轴承内圈定位改为轴承外圈定位，在轴端用圆

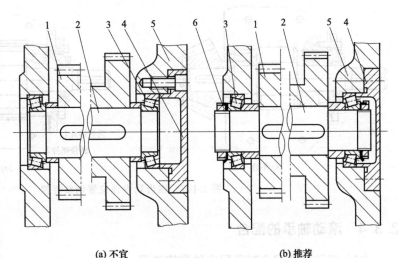

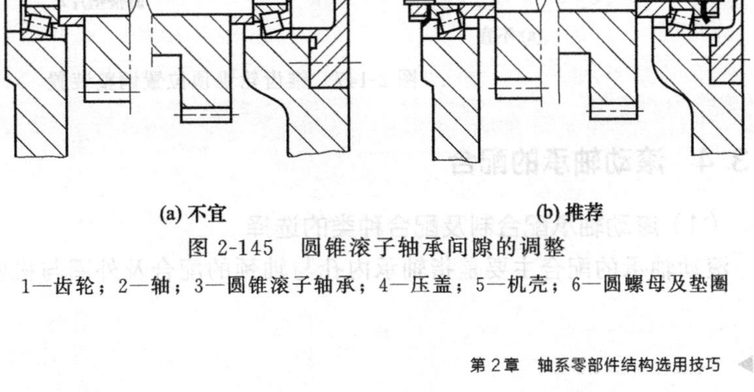


图 2-145　圆锥滚子轴承间隙的调整

1—齿轮；2—轴；3—圆锥滚子轴承；4—压盖；5—机壳；6—圆螺母及垫圈

螺母将轴承内圈压紧，当轴受热伸长时，轴承内圈位置可以自由调整，轴承不会产生附加载荷，轴系可正常工作。

（2）轴上零件位置的调整

某些传动零件，如图 2-146（a）所示的锥齿轮，要求安装时两个节圆锥顶点必须重合；蜗杆传动［图 2-146（b）］要求蜗杆轴线位于蜗轮中心平面内，才能正确啮合。因此，设计轴承组合时，应当保证轴的位置能进行轴向调整，以达到调整锥齿轮或蜗杆的最佳传动位置的目的。

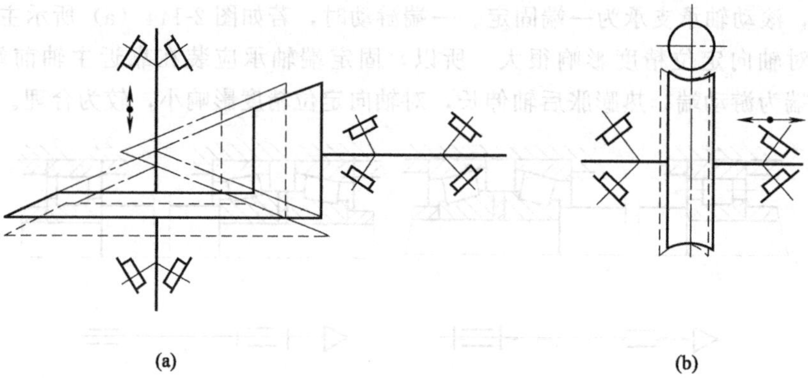


图 2-146　轴上零件位置的调整

图 2-147（a）结构没有轴向调整装置，该设计中有两个原则错误：一是使用圆锥滚子轴承而无轴承游隙调整装置，游隙过小，轴承易产生附加载荷，损坏轴承，游隙过大，轴向定位差，两种情况均影响轴承使用寿命；二是没有独立的锥齿轮锥顶位置调整装置，在有适当轴承游隙的情况下，应能调整锥齿轮锥顶位置，以确保锥齿轮的正确啮合。为此，可将确定其轴向位置的轴承装在一个套杯中［图 2-147（b）］，套杯则装在外壳孔中，通过增减套杯端面与外壳间垫片厚度，即可调整锥齿轮或蜗杆的轴向位置。图 2-147（b）中调整垫片 1 用来调整轴承游隙，调整垫片 2 用来调整锥顶位置。

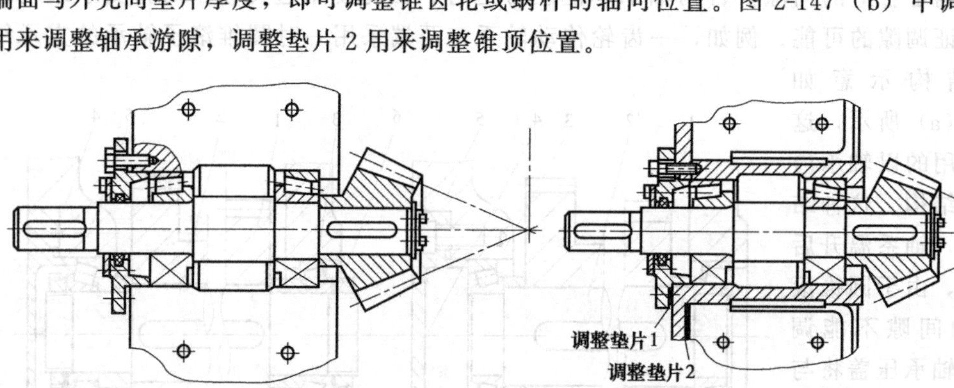


图 2-147　锥齿轮锥顶位置调整装置

## 2.3.4　滚动轴承的配合

（1）滚动轴承配合制及配合种类的选择

滚动轴承的配合主要是指轴承内孔与轴颈的配合及外圈与机座孔的配合。滚动轴承是标准件，为使轴承便于互换和大量生产，轴承内孔与轴的配合采用基孔制，即以轴承内孔的尺寸为基准孔；轴承外径与外壳孔的配合采用基轴制，即以轴承的外径尺寸为基准轴，在配合中均不必标注。与内圈相配合的轴的公差带，以及与外圈相配合的外壳孔的公差带，均按圆柱公差与配合的国家标准选取，这里值得一提的是滚动轴承内孔的公差带在零线之下，而圆柱公差标准中基准孔的公差带在零线之上，所以轴承内圈与轴的配合比圆柱公差标准中规定的基孔制同类配合要紧得多。图 2-148 表示了与滚动轴承配合的回转轴和机座孔常用公差及其配合情况，从图中可以看出，对于轴承内孔与轴的配合而言，圆柱公差标准中的许多过渡配合在这里实际成为过盈配合，而有的间隙配合，在这里实际变为过渡配合。轴承外圈与外壳孔的配合与圆柱公差标准中规定的基轴制同类配合相比较，配合性质类别基本一致，但由于轴承外径公差值较小，因而配合也较紧。

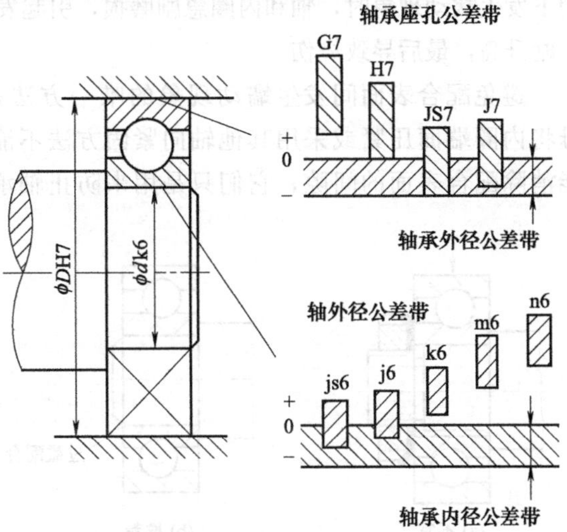

图 2-148　滚动轴承的配合

滚动轴承配合种类的选取，应根据轴承的类型和尺寸、载荷的大小和方向以及载荷的性质等来决定。滚动轴承的回转套圈受旋转载荷（径向载荷由套圈滚道各部分承受），应选紧一些的配合；不回转套圈受局部载荷（径向载荷由套圈滚道的局部承受），选间隙配合，可使承载部位在工作中略有变化，对提高寿命有利。常见的配合可参考表 2-8。一般来说，尺寸大、载荷大、振动大、转速高或温度高等情况下应选紧一些的配合，而经常拆卸或游动套圈则采用较松的配合。

**表 2-8　滚动轴承的配合**

| 轴　承　类　型 | | 回转轴 | 机座孔 |
|---|---|---|---|
| 向心轴承 | 球（$d=18\sim100$mm）<br>滚子（$d\leqslant40$mm） | k5，k6 | H7，G7 |
| 推　力　轴　承 | | j6，js6 | H7 |

依据上述原则，滚动轴承内圈与轴颈的配合选用间隙配合显然是不合适的，应选用圆柱公差标准中的过渡配合而实质上是过盈配合的 k6（见图 2-148 公差带关系）。如果只是从表面上选取圆柱公差标准中的过盈配合，如 p6、r6 等也是不合适的，因为这样会造成轴承内孔与轴颈过紧，过紧的配合是不利的，会因内圈的弹性膨胀使轴承内部的游隙减小，甚至完全消失，从而影响轴承的正常工作。以上几种配合方案对比见表 2-9。

**表 2-9　回转轴径与轴承内圈配合选择对比**

| 轴 径 公 差 | k6 | p6 | d6 |
|---|---|---|---|
| 圆柱公差标准中配合性质 | 过渡 | 过盈 | 间隙 |
| 轴颈与轴承内圈实际配合性质 | 过盈 | 过盈（增大） | 间隙（减小） |
| 结　论 | 推荐 | 不宜 | 不宜 |

(2) 采用过盈配合避免轴承配合表面蠕动

承受旋转载荷的轴承套圈应选过盈配合，如果承受旋转载荷的内圈与轴选用间隙配合［图 2-149（a）］，那么载荷将迫使内圈绕轴蠕动，原因如下：因为配合处有间隙存在，内圈的周长略比轴颈的周长大一些，因此，内圈的转速将比轴的转速略低一些，这就造成了内圈相对轴缓慢转动，这种现象称为蠕动。由于配合表面间缺乏润滑剂，呈干摩擦或边界摩擦状态，当在重载荷作用下发生蠕动现象时，轴和内圈急剧磨损，引起发热，配合表面间还可能引起相对滑动，使温度急剧升高，最后导致烧伤。

避免配合表面间发生蠕动现象的唯一方法是采用过盈配合［图 2-149（b）］。采用圆螺母将内圈端面压紧或采用其他轴向紧固方法不能防止蠕动现象，这是因为这些紧固方法并不能消除配合表面的间隙，它们只是用来防止轴承脱落的。

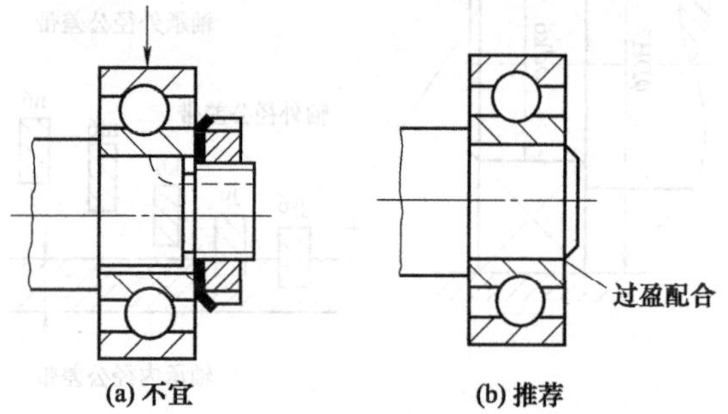


图 2-149　采用过盈配合避免轴承表面蠕动

## 2.3.5　滚动轴承的装拆

(1) 滚动轴承的装配

① 滚动轴承安装要定位可靠　滚动轴承的内圈与轴的配合，除根据轴承的工作条件选择正确的尺寸和公差外，还需注意轴承的圆角半径 $r$ 和轴的圆角半径 $R$ 的选取，如果轴承圆角半径 $r$ 小于轴的圆角半径 $R$［图 2-150（a）］，则轴承无法安装到位，定位不可靠。所以，必须使轴承的圆角半径 $r$ 大于轴的圆角半径 $R$［图 2-150（b）］，以保证轴承的安装精度和工作质量。如果考虑到轴的圆角太小应力集中较大因素的影响和热处理的需要，需加大 $R$，从而难于满足 $r>R$ 时，可考虑轴上安装间隔环，如图 2-150（c）所示。另外轴肩的高度也不可太小［图 2-150（d）］，否则轴承定位不好，影响轴系正常工作。

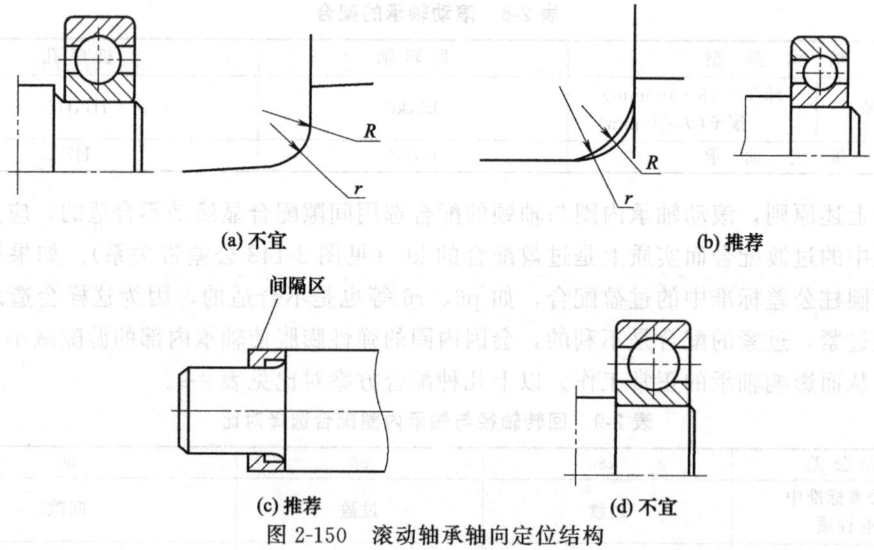


图 2-150　滚动轴承轴向定位结构

② 避免外小内大的轴承座孔　如图 2-151（a）所示的轴承座，由于外侧孔小于内侧孔，需采用剖分式轴承座，结构复杂。若采用图 2-151（b）所示形式，可不用剖分式，对于低

速、轻载的小型轴承较为适宜。

③ 轴承部件装配时要考虑便于分组装配　在设计轴承装配部件时，要考虑到它们分组装配的可能性。图 2-152（a）所示结构，由于轴承座孔直径 $D$ 选得比齿轮外径 $d$ 小，所以必须在箱体内装配齿轮，然后再装右轴承。又因为带轮轮辐是整体无孔的，需要先装左边端盖然后才能安装带轮。而图 2-152（b）的结构则比较便于装配，因为轴承座孔 $D$ 比齿顶外径 $d$ 大，可以把预先装在一起的轴和轴承作为整体安装上去。并且为了扭紧左边轴承盖的螺钉，在带轮轮辐上开了一些孔，更便于操作。

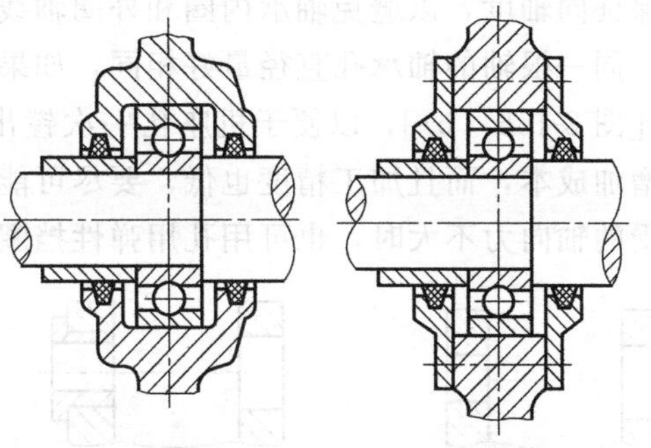

(a) 不宜　　(b) 推荐

图 2-151　避免外小内大轴承座孔

④ 在轻合金或非金属箱体上装配滚动轴承禁忌　不宜在轻合金或非金属箱体的轴承孔上直接安装滚动轴承［图 2-153（a）］，因为箱体材料强度低，轴承在工作过程中容易产生松动，所以应如图 2-153（b）所示，加钢制衬套与轴承配合，不但增强了轴承处的强度，也增加了轴承处的刚性。

⑤ 避免两轴承同时装入机座孔　一根轴上如果都使用两个内圈和外圈不可分离的轴承，并且采用整体式机座时，应注意装拆简易、方便。图 2-154（a）所示因为在安装时两个轴承要同时装入机座孔中，所以很不方便，如果依次装入机座孔［图 2-154（b）］则比较合理。

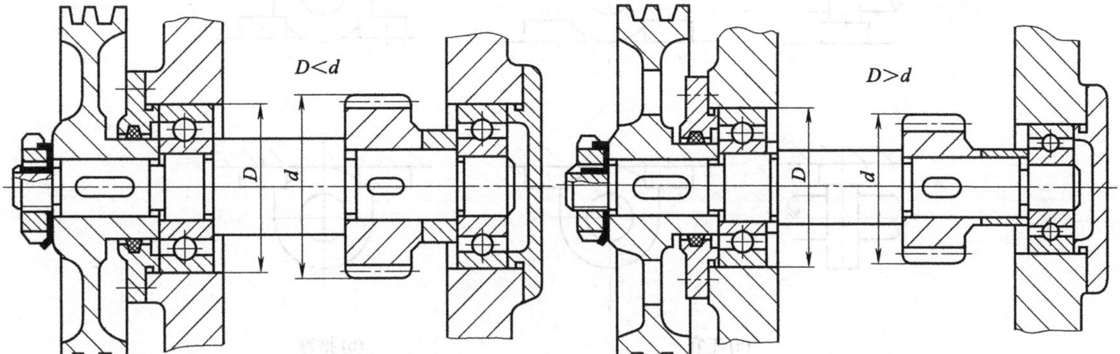


(a) 不宜　　(b) 推荐

图 2-152　轴承部件应便于分组装配

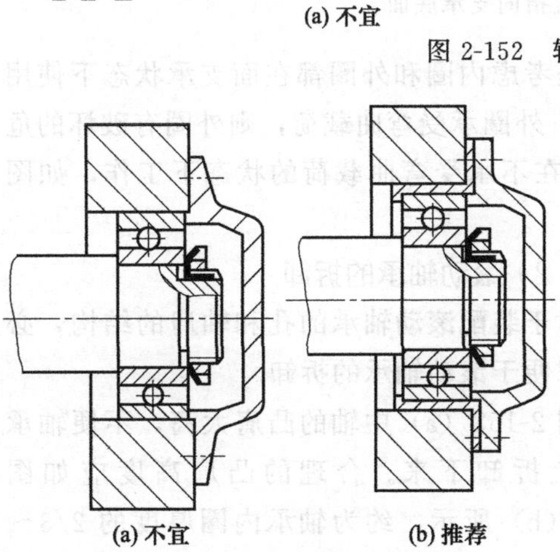

(a) 不宜　　(b) 推荐

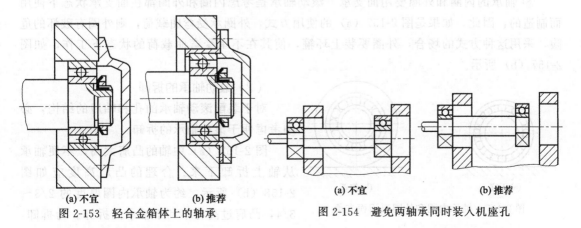

图 2-153　轻合金箱体上的轴承

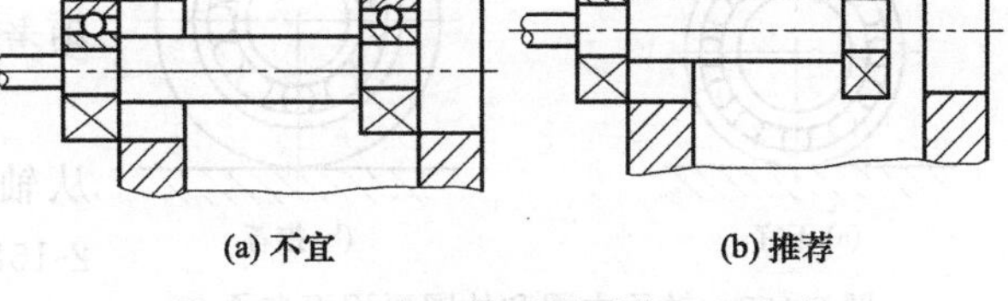

(a) 不宜　　(b) 推荐

图 2-154　避免两轴承同时装入机座孔

⑥ 机座上安装轴承的各孔应力求简化镗孔　对于一根轴上的轴承机座孔必须精确加工，并保证同轴度，以避免轴承内圈和外圈轴线的倾斜角过大而影响轴承寿命。

同一根轴的轴承孔直径最好相同，如果直径不同时［图 2-155（a）］，可采用带衬套的结构［图 2-155（b）］，以便于机座孔一次镗出。机座孔中有止推凸肩时［图 2-155（c）］，不仅增加成本，而且加工精度也低，要尽可能用其他结构代替，如用带有止推凸肩的套筒。当承受的轴向力不大时，也可用孔用弹性挡圈代替止推凸肩［图 2-155（d）］。

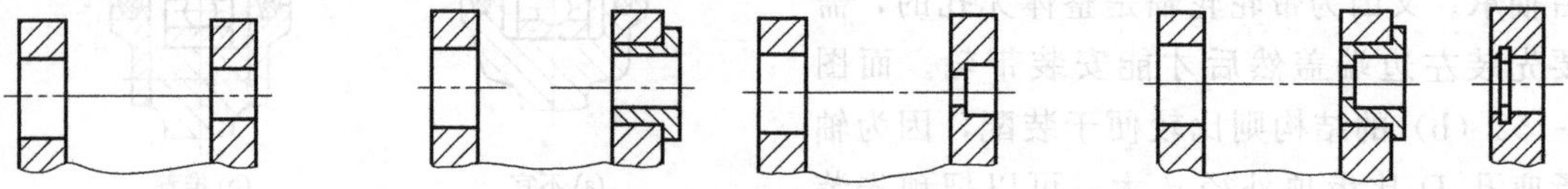

图 2-155　机座上安装轴承各孔应简化镗孔

⑦ 轴承座受力方向宜指向支承底面　安装于机座上的轴承座，轴承受力方向应指向与机座连接的接合面，使支承牢固可靠，如果受力方向相反，如图 2-156（a）所示，则轴承座支承的强度和刚度会大大减弱。合理结构如图 2-156（b）所示。在不得已用于受力方向相反的场合，要考虑即使轴损坏也不会飞出的保护措施。

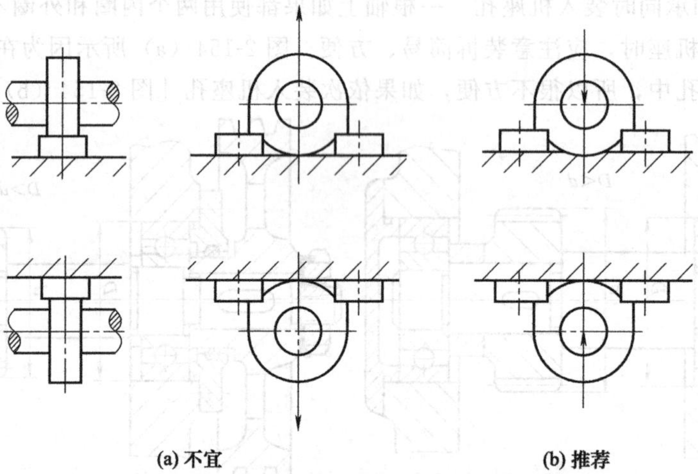

图 2-156　轴承座受力方向宜指向支承底面

⑧ 轴承的内圈和外圈要用面支承　滚动轴承是考虑内圈和外圈都在面支承状态下使用而制造的，因此，如果是图 2-157（a）的使用方式，外圈承受弯曲载荷，则外圈有破坏的危险，采用这种方式的场合，外圈要装上环箍，使其在不承受弯曲载荷的状态下工作，如图 2-157（b）所示。

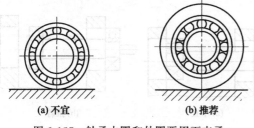

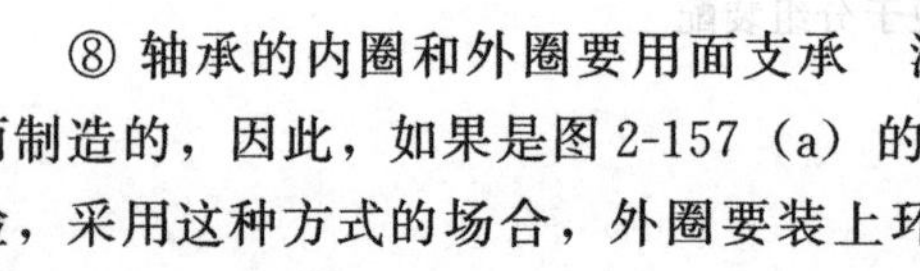

图 2-157　轴承内圈和外圈要用面支承

（2）滚动轴承的拆卸

对于装配滚动轴承的孔和轴肩的结构，必须考虑便于滚动轴承的拆卸。

图 2-158（a）中轴的凸肩太高，不便轴承从轴上拆卸下来。合理的凸肩高度应如图 2-158（b）所示，约为轴承内圈厚度的 2/3～3/4，凸肩过高将不利于轴承的拆卸。为拆卸，

也可在轴上铣槽［图 2-158（c）］。

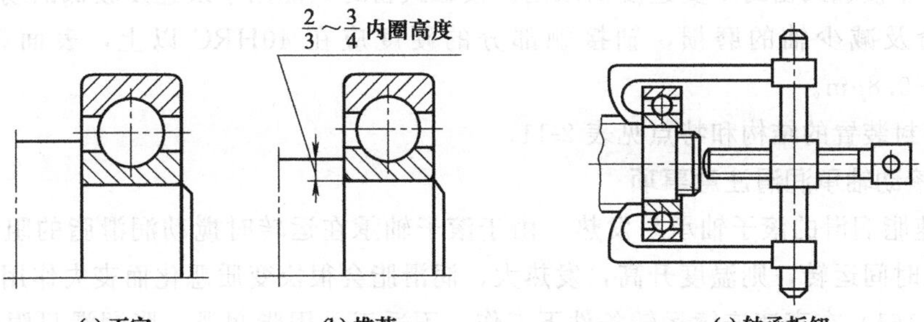


图 2-158　轴承凸肩高度应便于轴承拆卸

图 2-159（a）中 $\phi A<\phi B$，不便于用工具敲击轴承外圈，将整个轴承拆出。而图 2-159（b）中，因 $\phi A>\phi B$，所以便于拆卸。

又如图 2-160（a）所示，圆锥滚子轴承可分离的外圈较难拆卸，而图 2-160（b）所示结构，外圈则很容易拆卸。

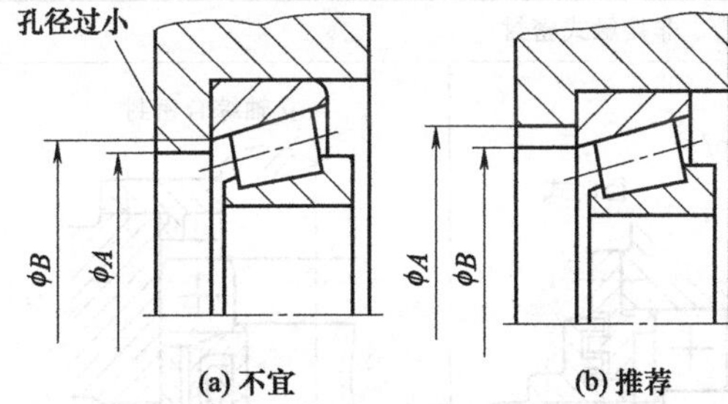


图 2-159　轴承外圈的拆卸

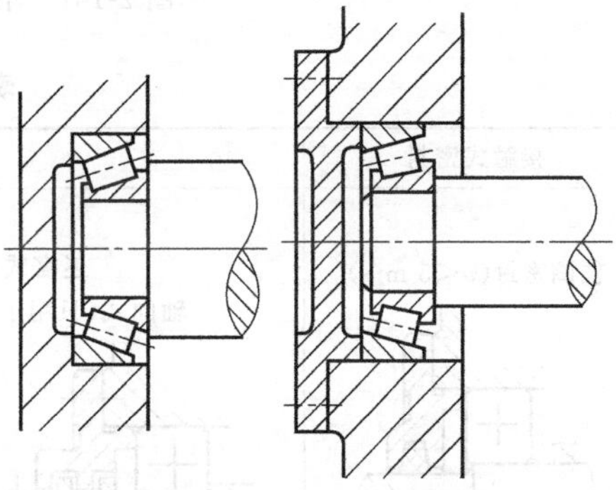


图 2-160　可分离外圈的拆卸

## 2.3.6　滚动轴承的润滑与密封

（1）滚动轴承的润滑和密封

① 滚动轴承的润滑　滚动轴承一般高速时采用油润滑，低速时采用脂润滑，某些特殊环境如高温和真空条件下采用固体润滑。滚动轴承的润滑方式可根据速度因数 $dn$ 值选择（表2-10）。$d$ 为滚动轴承的内径，mm；$n$ 为轴承转速，r/min。$dn$ 值间接地反映了轴颈的圆周速度。

表 2-10　滚动轴承润滑方式的选择

| 轴承类型 | $dn$/(mm·r/min) | | | | |
|---|---|---|---|---|---|
| | 脂润滑 | 浸油、飞溅润滑 | 滴油润滑 | 喷油润滑 | 油雾润滑 |
| 深沟球轴承<br>角接触球轴承<br>圆柱滚子轴承 | $\leqslant(2\sim3)\times10^5$ | $\leqslant2.5\times10^5$ | $\leqslant4\times10^5$ | $\leqslant6\times10^5$ | $>6\times10^5$ |
| 圆锥滚子轴承 | | $\leqslant1.6\times10^5$ | $\leqslant2.3\times10^5$ | $\leqslant3\times10^5$ | — |
| 推力球轴承 | | $\leqslant0.6\times10^5$ | $\leqslant1.2\times10^5$ | $\leqslant1.5\times10^5$ | — |

② 滚动轴承的密封　滚动轴承的密封按照其原理不同可分为接触式密封和非接触式密封两大类。非接触式密封不受速度的限制。接触式密封只能用于线速度较低的场合，为保证密封的寿命及减少轴的磨损，轴接触部分的硬度应在 40HRC 以上，表面粗糙度宜小于$Ra$1.60～0.8μm。

各种密封装置的结构和特点见表 2-11。

（2）滚动轴承润滑注意事项

① 高速脂润滑的滚子轴承易发热　由于滚子轴承在运转时搅动润滑脂的阻力大，如果高速连续长时间运转，则温度升高，发热大，润滑脂会很快变质恶化而丧失作用。因此滚子轴承（图 2-161）在高速连续运转条件下工作，不适于采用脂润滑，脂润滑只限于低速或不连续运转场合。滚子轴承在高速运转时宜选用油润滑。

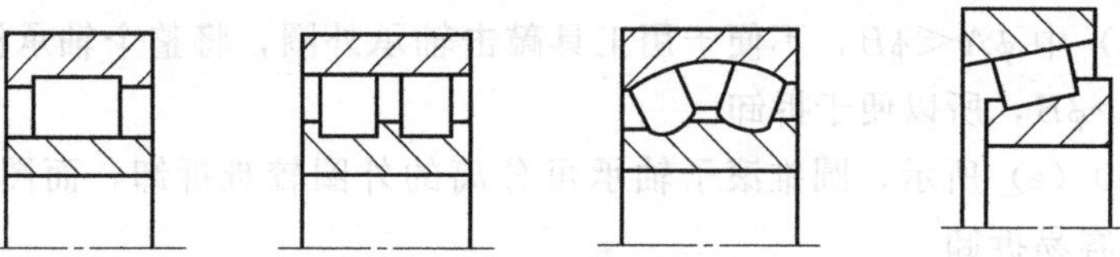

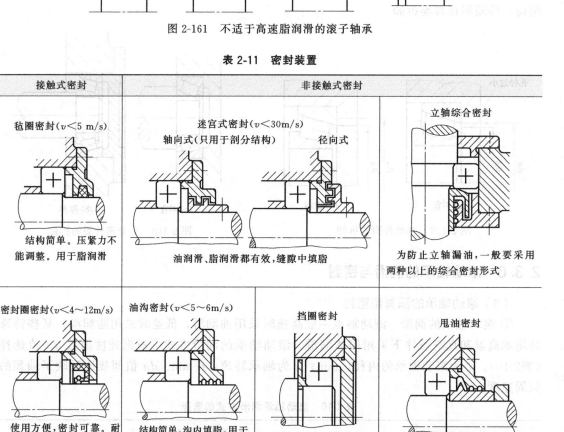

图 2-161　不适于高速脂润滑的滚子轴承

**表 2-11　密封装置**

| 接触式密封 | 非接触式密封 | | |
|---|---|---|---|
| 毡圈密封（$v$＜5 m/s）<br>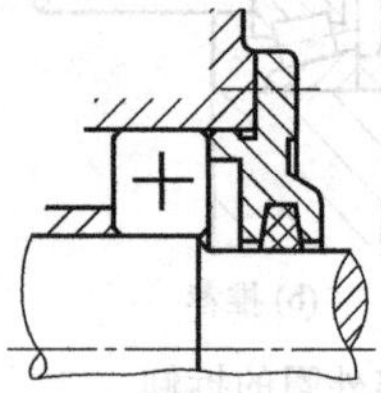<br>结构简单。压紧力不能调整。用于脂润滑 | 迷宫式密封（$v$＜30m/s）<br>轴向式（只用于剖分结构）<br>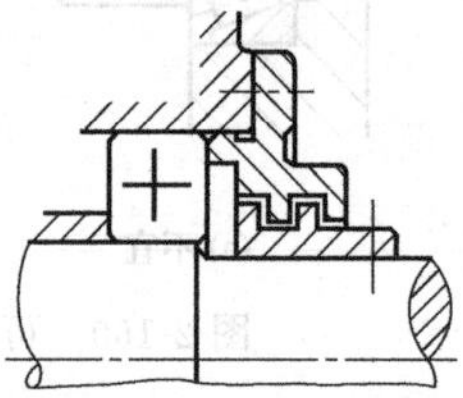<br>油润滑、脂润滑都有效，缝隙中填脂 | 径向式<br>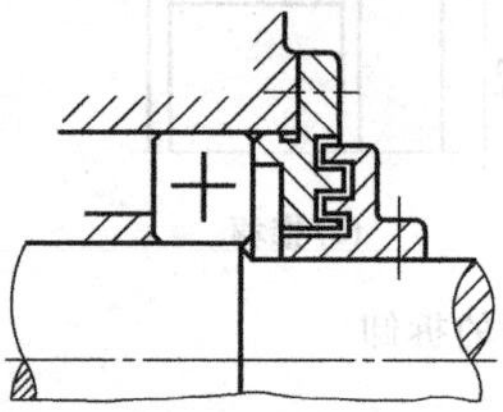 | 立轴综合密封<br>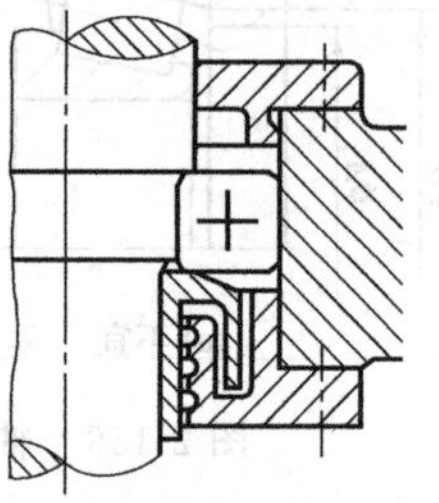<br>为防止立轴漏油，一般要采用两种以上的综合密封形式 |
| 密封圈密封（$v$＜4～12m/s）<br>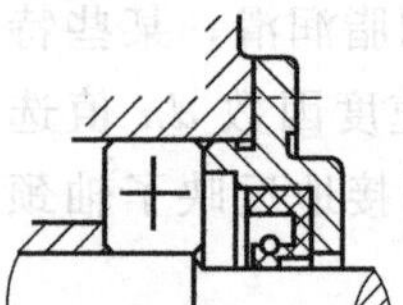<br>使用方便，密封可靠。耐油橡胶和塑料密封圈有 O、J、U 等形式，有弹簧箍的密封性能更好 | 油沟密封（$v$＜5～6m/s）<br>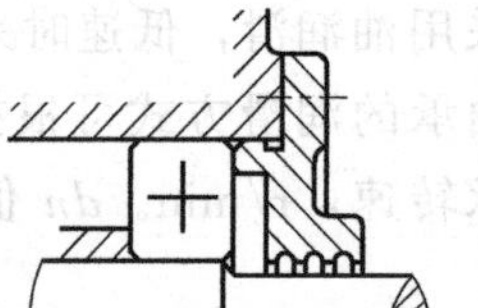<br>结构简单，沟内填脂，用于脂润滑或低速油润滑。盖与轴的间隙约为 0.1～0.3mm，沟槽宽 3～4mm，深 4～5mm | 挡圈密封<br>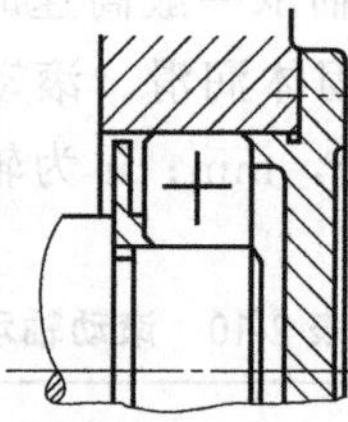<br>挡圈随轴旋转，可利用离心力甩去油和杂物，最好与其他密封联合使用 | 甩油密封<br>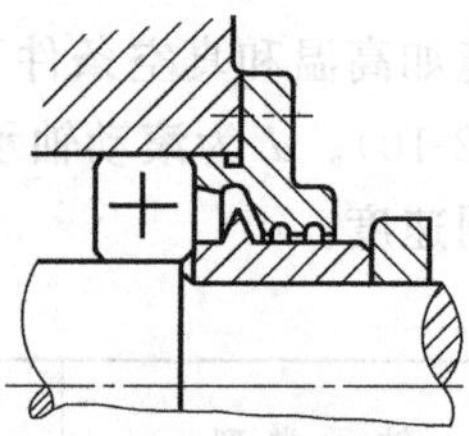<br>甩油环靠离心力将油甩掉，再通过导油槽将油导回油箱 |

② 避免填入过量的润滑脂　在低速、轻载或间歇工作的场合，在轴承箱和轴承空腔中一次性加入润滑脂后就可以连续工作很长时间，而无需补充或更换新脂。若装脂过多［图

2-162（a）]，易引起搅拌摩擦发热，使脂变质恶化而丧失润滑作用，影响轴承正常工作。润滑脂填入量一般不超过轴承空间的1/3～1/2［图2-162（b）]。

③ 不要形成润滑脂流动尽头　在较高速度和载荷的情况下使用脂润滑，需要有脂的输入和排出通道，以便能定期补充新的润滑脂，并排出旧脂。若轴承箱盖是密封的，则进入这一部分的润滑脂就没有出口，新补充的脂就不能流到这一头，持续滞留的旧脂恶化变质而丧失润滑性质［图2-163（a)]，所以一定要设置润滑脂的出口。在定期补充润滑脂时，应先打开下部的放油塞，然后从上部打进新的润滑脂［图2-163（b)]。

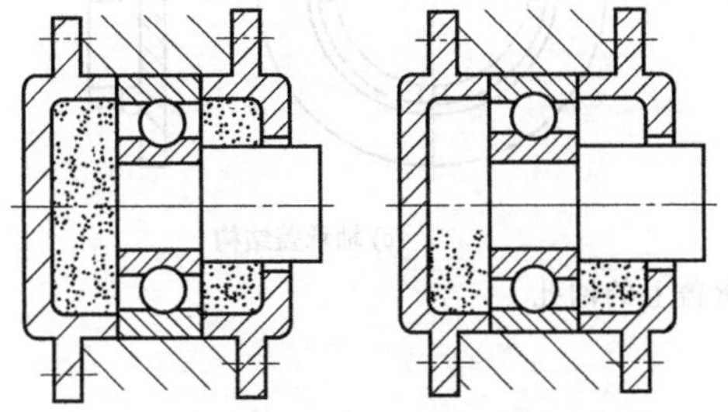

(a) 不宜　　(b) 推荐

图2-162　避免填入过量的润滑脂

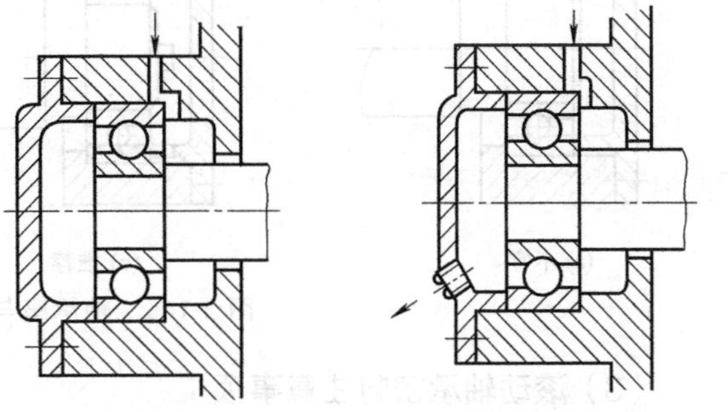

(a) 不宜　　(b) 推荐

图2-163　不要形成润滑脂流动尽头

④ 立轴上脂润滑的角接触轴承要防止脂从下部脱离轴承　安装在立轴上的角接触轴承，由于离心力和重力的作用，会发生脂从下部脱离轴承的危险［图2-164（a)]，对于这种情况，可安装一个与轴承的配合件构成一道窄隙的滞流圈来避免［图2-164（b)]。

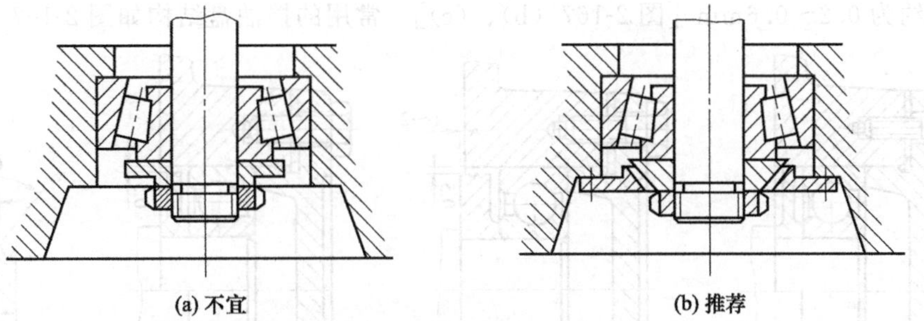

(a) 不宜　　(b) 推荐

图2-164　要防止脂从下部脱离轴承

⑤ 浸油润滑油面不应高于最下方滚动体的中心　浸油润滑和飞溅润滑一般适用于低、中速的场合。油面过高［图2-165（a)］搅油能量损失较大，温度上升，使轴承过热，是不合理的。一般要求浸油润滑时油面不应高于最下方滚动体中心［图2-165（b)]。

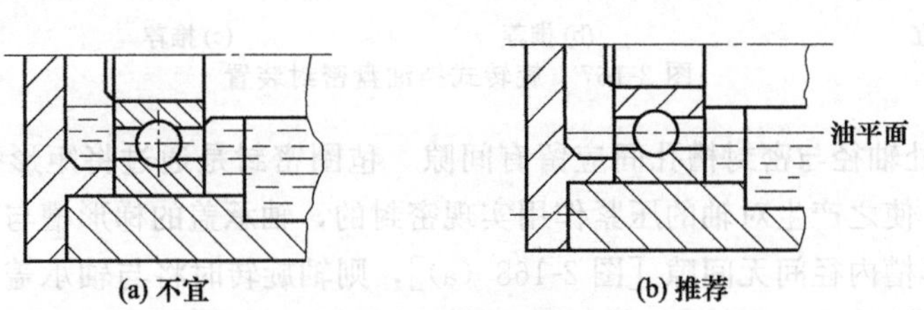


(a) 不宜　　(b) 推荐

图2-165　浸油润滑油面高度

⑥ 轴承座与轴承盖上的油孔应畅通　如图 2-166（a）所示，轴承座与轴承盖上的油孔直径比较小，油孔很难对正，因此不能保证油孔的畅通，应采用图 2-166（b）所示的结构，其轴承盖如图 2-166（c）所示，这样油便可畅通无阻。轴承盖上一般应开四个油孔，如果轴承盖上没有开油孔，则润滑油无法流入轴承进行润滑。

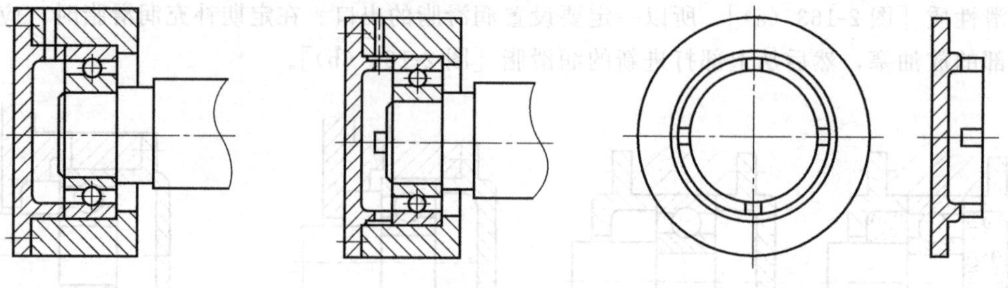

(a) 不宜　(b) 推荐　(c) 轴承盖结构

图 2-166　轴承座与轴承盖上的油孔

（3）滚动轴承密封注意事项

① 脂润滑轴承要防止稀油飞溅到轴承腔内使润滑脂流失　当轴承需要采用脂润滑，而轴上传动件又采用油润滑时，如果油池中的热油进入轴承中，会造成油脂的稀释而流走，或油脂熔化变质，导致轴承润滑失效。

为防止油进入轴承及润滑脂流出，可在轴承靠油池一侧加挡油盘，挡油盘随轴一起旋转，可将流入的油甩掉，挡油盘外径与轴承孔之间应留有间隙，若不留间隙［图 2-167 (a)］，挡油盘旋转时与机座轴承孔将产生摩擦，轴系将不能正常工作。一般挡油盘外径与轴承孔间隙约为 0.2～0.6mm［图 2-167（b）、(c)］。常用的挡油盘结构如图 2-167（d）所示。

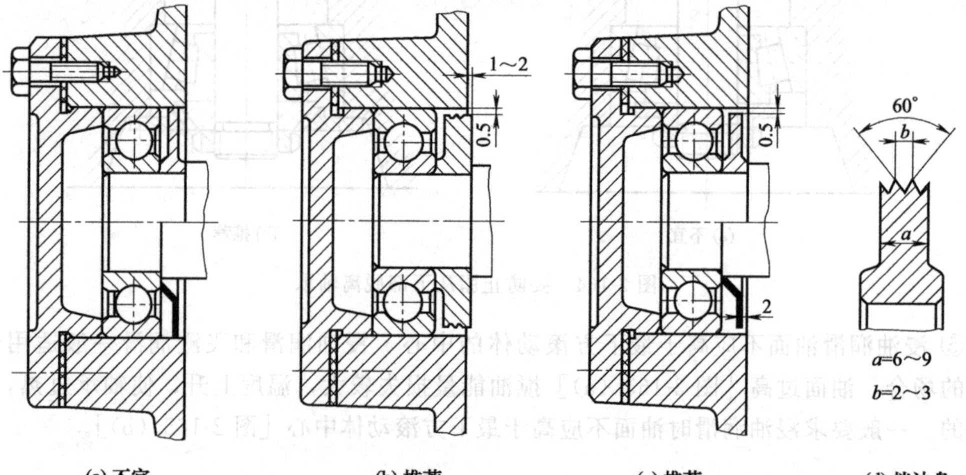


(a) 不宜　(b) 推荐　(c) 推荐　(d) 挡油盘

图 2-167　旋转式挡油盘密封装置

② 毡圈密封处轴径与密封槽孔间应留有间隙　毡圈密封是通过将矩形截面的毡圈压入轴承盖的梯形槽中，使之产生对轴的压紧作用实现密封的，轴承盖的梯形槽与轴之间应留有一定间隙，若轴与梯形槽内径间无间隙［图 2-168（a)］，则轴旋转时将与轴承盖孔产生摩擦，轴系无法正常工作。正确结构如图 2-168（b）所示。毡圈油封形式和尺寸如图 2-168（c）所示。

③ 正确使用密封圈密封　橡胶密封圈用耐油橡胶或皮革制成，起密封作用的是与轴

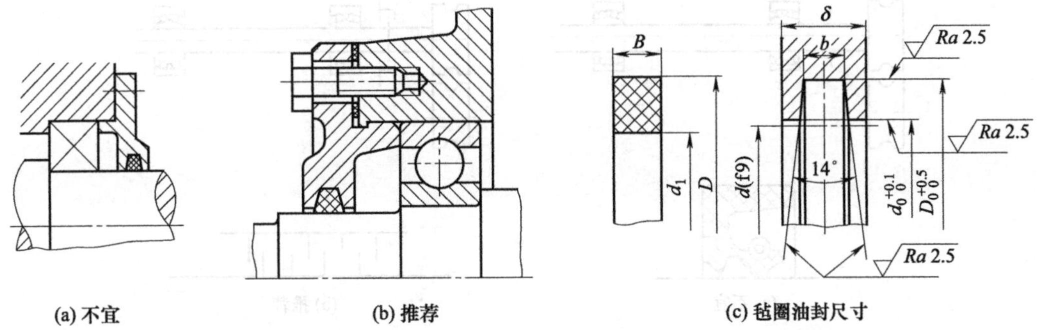


图 2-168　毡圈油封

接触的唇部，有一圈螺旋弹簧把唇部压在轴上，以增加密封效果。使用时要注意密封唇的方向，密封唇应朝向要密封的方向。密封唇朝向箱外是为了防止尘土进入［图 2-169 (a)］，密封唇朝向箱内是为了避免箱内的油漏出［图 2-169 (b)］。如防尘采用图 2-169 (b) 或防箱内油漏出采用图 2-169 (a) 则是错误的。如果既要防止尘土进入，又要防止润滑油漏出，则可采用两个密封圈，但要注意密封圈的安装方向，使唇口相对的结构是错误的［图 2-169 (c)］，正确结构应使两密封圈唇口方向相反，如图 2-169 (d) 所示。

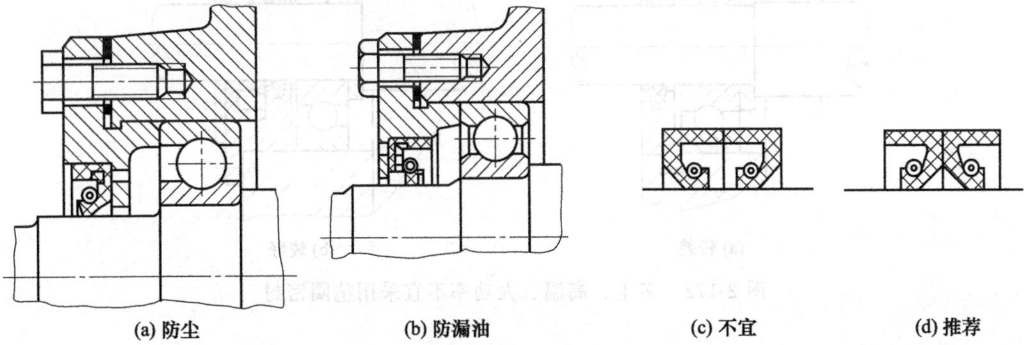


图 2-169　密封圈密封唇的方向

④ 避免油封与孔槽相碰　安装油封的孔，尽可能不设径向孔或槽，如图 2-170 (a) 所示的结构是不合理的。壁上必须开设径向孔或槽时，应使内壁直径大于油封外径，在装配过程中可避免接触油封外圆面，如图 2-170 (b) 所示。

⑤ 呈弯曲状态旋转的轴不宜采用接触式密封　如果轴系刚性较差，而且外伸端作用着变动的载荷，不宜在弯曲状态下旋转的轴上采用接触式密封［图 2-171 (a)］，因为由于载荷的变化，接触部分的单边接触程度也发生变化，密封效果较差，同时由于这种单边接触促进接触部分的损坏，起不到密封的作用，所以这种情况宜采用非接触式密封［图 2-171 (b)］。

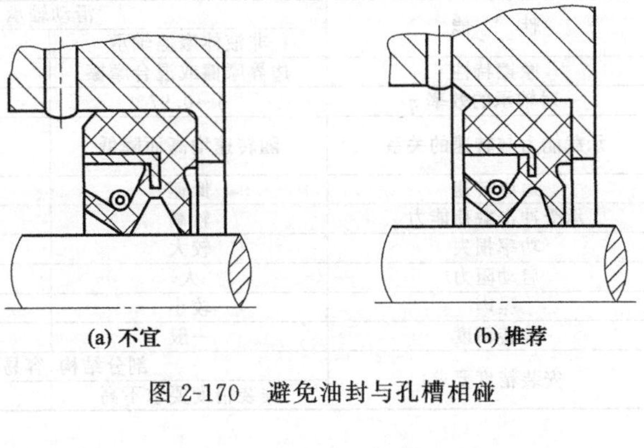


图 2-170　避免油封与孔槽相碰

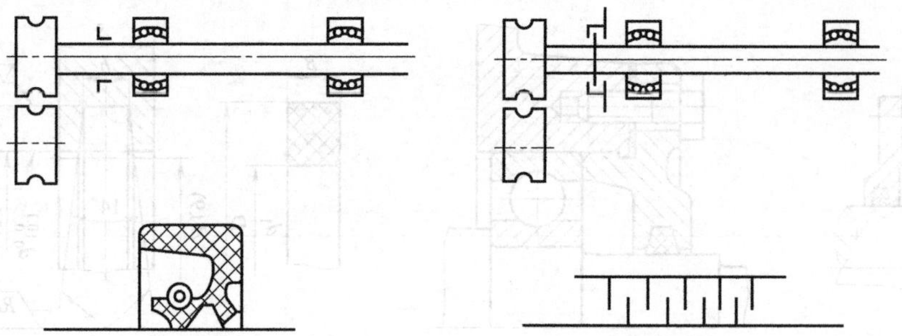


图 2-171　弯曲的旋转轴不宜采用接触式密封

⑥ 多尘、高温、大功率输出（入）端密封不宜采用毡圈密封　毡圈密封结构简单、价廉、安装方便，但摩擦较大，尤其不适于在多尘、温度高的条件下使用［图 2-172（a）］，容易泄漏，这种条件下可采用图 2-172（b）所示的结构，增加一有弹簧圈的密封圈，或采用非接触式密封结构形式。

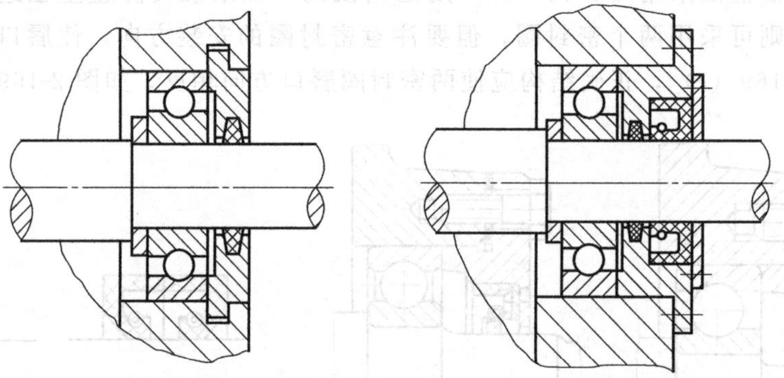


图 2-172　多尘、高温、大功率不宜采用毡圈密封

## 2.3.7 滚动轴承与滑动轴承的性能比较

轴承被广泛应用于现代机械中，轴承的类型很多且各有特点。设计机器时应根据具体的工作情况，结合各类轴承的特点和性能进行对比分析，选择一种既满足工作要求又经济实用的轴承。

表 2-12 列出了滚动轴承和滑动轴承的性能及特点，可供选用轴承时参考。

表 2-12　滚动轴承与滑动轴承性能的比较

| 性能 | 滑动轴承 | | 滚动轴承 |
|---|---|---|---|
| | 非液体摩擦轴承 | 液体摩擦轴承 | |
| 摩擦特性 | 边界摩擦或混合摩擦 | 液体摩擦 | 滚动摩擦 |
| 一对轴承的效率 $\eta$ | $\eta \approx 0.97$ | $\eta \approx 0.995$ | $\eta \approx 0.99$ |
| 承载能力与转速的关系 | 随转速增高而降低 | 在一定转速下，随转速增高而增大 | 一般无关，但极高转速时承载能力降低 |
| 适应转速 | 低速 | 中、高速 | 低、中速 |
| 承受冲击载荷能力 | 较高 | 高 | 不高 |
| 功率损失 | 较大 | 较小 | 较小 |
| 启动阻力 | 大 | 大 | 小 |
| 噪声 | 较小 | 极小 | 高速时较大 |
| 旋转精度 | 一般 | 较高 | 较高，预紧后更高 |
| 安装精度要求 | 剖分结构，容易装拆 | | 安装精度要求高 |
| | 安装精度要求不高 | 安装精度要求高 | |

续表

| 性　能 | | 滑动轴承 | | 滚动轴承 |
|---|---|---|---|---|
| | | 非液体摩擦轴承 | 液体摩擦轴承 | |
| 外廓尺寸 | 径向 | 小 | 小 | 大 |
| | 轴向 | 较大 | 较大 | 中等 |
| 润滑剂 | | 油、脂或固体 | 润滑油 | 润滑油或润滑脂 |
| 润滑剂用量 | | 较少 | 较多 | 中等 |
| 维护 | | 较简单 | 较复杂，油质要洁净 | 维护方便、润滑较简单 |
| 经济性 | | 批量生产价格低 | 造价高 | 中等 |

## 2.4 联轴器与离合器结构选用技巧

一些比较常用的联轴器或离合器已经标准化、系列化，有的已由专业工厂生产。因此，一般是根据使用条件、使用目的、使用环境进行选用。若现有的联轴器或离合器的工作性能不能满足要求，则需设计专用的。选择或设计比较恰当的联轴器或离合器，一般不仅要考虑整个机械的工作性能、载荷特性、使用寿命和经济性问题，同时也应考虑维修、保养等问题。

### 2.4.1 联轴器结构选用技巧

（1）常用联轴器结构特点及应用

机械式联轴器一般可分为刚性联轴器与挠性联轴器两大类。刚性联轴器适用于两轴能严格对中，并在工作中不发生相对位移的地方；挠性联轴器适用于两轴有偏斜（可分为同轴线、平行轴线、相交轴线）或在工作中有相对位移（可分为轴向位移、径向位移、角位移、综合位移）的地方。挠性联轴器又有无弹性元件的、金属弹性元件的和非金属弹性元件的之分，后两种统称为弹性联轴器。

① 刚性联轴器　不具有补偿被连两轴线相对位移的能力，也不具有缓冲减振能力，但结构简单，价格便宜。适用于载荷平稳、转速稳定、被连接两轴轴线相对位移极小的情况。应用较多的有以下几种。

a. 凸缘联轴器　是刚性联轴器中应用最多的一种，如图 2-173 所示。图 2-173（a）中由具有凸肩的半联轴器和具有凹槽的半联轴器相嵌合而对中；图 2-173（b）中用铰制孔和受剪螺栓对中，当要求两轴分离时，后者只要卸下螺栓即可，不用移动轴，因此装卸比前者简便。

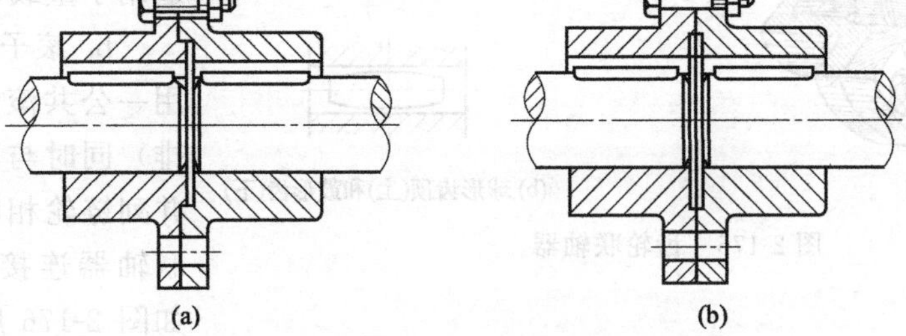
(a)　(b)

图 2-173　凸缘联轴器

b. 套筒联轴器　图 2-174 所示为套筒联轴器。它是一个用钢或铸铁制造的套筒，用键［图 2-174 (a)］或销［图 2-174 (b)］与两轴相连。图 2-174 (a) 中的紧定螺钉起轴向固定作用。图 2-174 (b) 中的销既起传递转矩的作用，又起轴向固定的作用，选择适当的直径后，可起过载保护作用。这种联轴器结构简单，制造容易，径向尺寸小。它适用于两轴同轴度好、工作平稳、无冲击的场合。

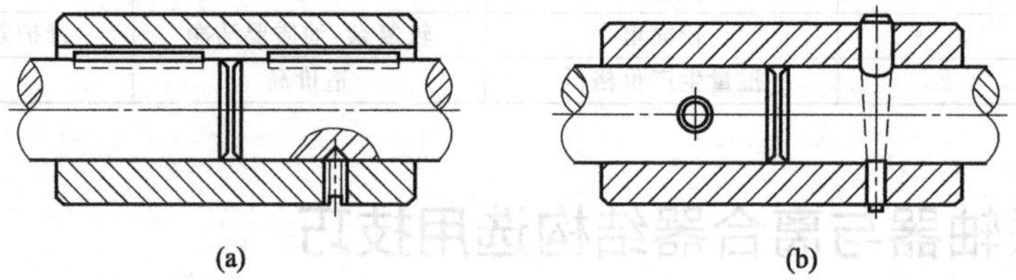

图 2-174　套筒联轴器

② 挠性联轴器　具有一定的补偿被连两轴轴线相对位移的能力，最大补偿量随型号不同而异。被连两轴同轴度不易保证的场合，可选用挠性联轴器。

无弹性元件挠性联轴器承载能力大，但不具备缓冲减振性能，在高速或转速不稳定或正、反转时，有冲击和噪声。适于低速、重载、转速平稳的场合。

非金属弹性元件挠性联轴器，有很好的缓冲减振性能，但由于非金属（橡胶、尼龙等）弹性元件强度低、寿命短、承载能力小，故适用于高速、轻载和常温的场合。

金属弹性元件挠性联轴器，除了具有较好的缓冲减振性能外，且承载能力大，适用于速度和载荷变化较大及高温或低温场合。

a. 齿轮联轴器　图 2-175 (a) 所示为齿轮联轴器，它是一种无弹性元件的挠性联轴器，在允许综合位移的联轴器中，齿轮联轴器是最有代表性的一种。它是由两个具有外齿环的半联轴器和两个具有内齿环的外壳及连接螺栓所组成。两个带外齿环的半联轴器分别与两轴相连，内、外齿环上的轮齿相互啮合，齿廓为渐开线，其啮合角通常为 20°，在外壳内储有润滑油，以便润滑啮合轮齿。齿轮联轴器之所以具有良好的补偿两轴作任何方向位移的能力，是由于啮合齿间留有较大的齿侧间隙和将齿顶制成球面（球面中心位于轴线上）。鼓形齿更有利于增大联轴器补偿综合位移的能力，如图 2-175 (b) 所示。

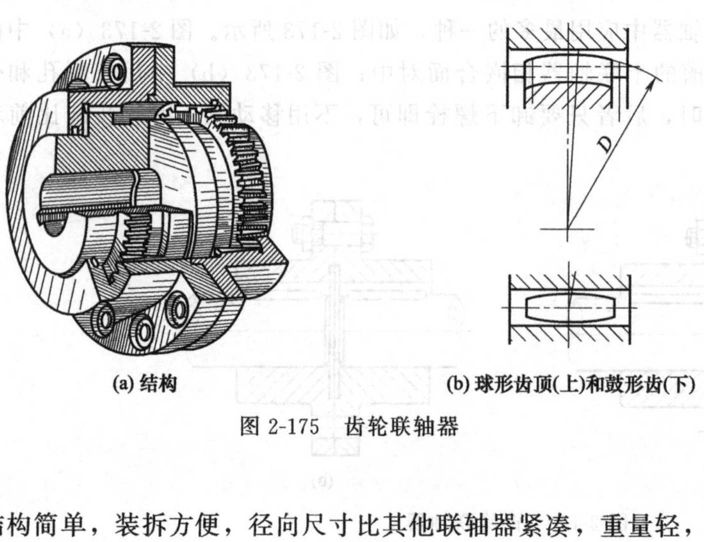

图 2-175　齿轮联轴器

齿轮联轴器与尺寸相近的其他联轴器相比，承载能力较大，但不具备缓冲减振能力；齿轮啮合处需要润滑，结构较复杂，造价高，适用于重载、低速场合。

b. 滚子链联轴器　是利用一公共滚子链（单排或双排）同时与两个齿数相同的并列链轮相啮合以实现两半联轴器连接的一种联轴器，如图 2-176 所示。其优点是结构简单，装拆方便，径向尺寸比其他联轴器紧凑，重量轻，转动惯量小，效率高，具有一定的位移补偿能力，工作可靠，使用寿命长，可在高温、多尘、油污、潮湿等恶劣环境下工作，成本低。其缺点是离心力过大会加速各元件间的磨损和发热，不宜于高速传动；缓冲、减振能力不大，不宜在频繁启动、强烈冲击下工作，不能传递轴向力。

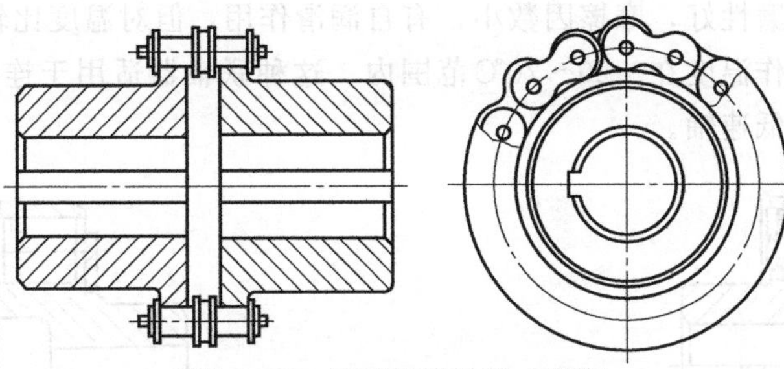

图 2-176　滚子链联轴器（双排）

c. 滑块联轴器　十字滑块联轴器是这类联轴器的基本形式，如图 2-177 所示，它由两个端面开有凹槽的半联轴器 1、3 和一个两面都有榫的圆盘 2 组成。凹槽的中心线分别通过两轴的中心，两榫中线相互垂直并通过圆盘中心。圆盘两榫分别嵌在固装于主动轴和从动轴上的两半联轴器凹槽中而构成一动连接。当两轴有径向位移时，榫可在凹槽中来回滑行进行补偿。十字滑块联轴器结构简单、径向尺寸小，主要用于两轴径向位移较大、无冲击及低速的场合。

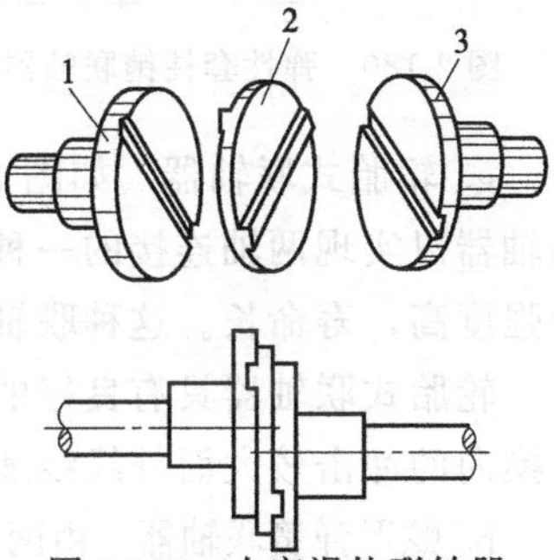


图 2-177　十字滑块联轴器

1,3—半联轴器；2—圆盘

d. 万向联轴器　结构如图 2-178 所示，图中十字形零件的四端用铰链分别与轴 1、轴 2 上的叉形接头相连。因此，当一轴的位置固定后，另一轴可以在任意方向偏斜 $\alpha$ 角，角位移 $\alpha$ 可达 40°～45°。为了增加其灵活性，可在铰链处配置滚针轴承（图中未画出）。

小型十字轴式万向联轴器的实际结构如图 2-179 所示，通常用合金钢制造。

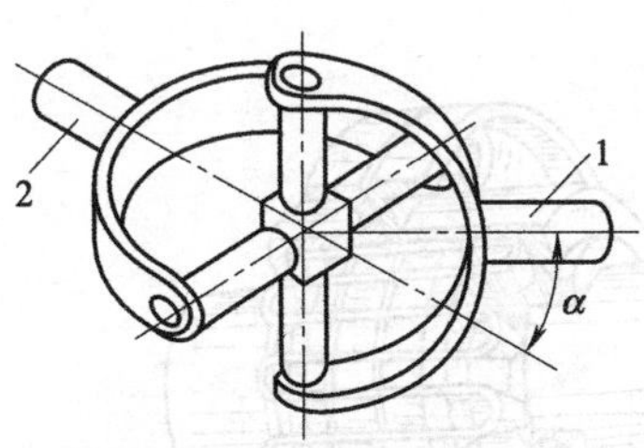


图 2-178　万向联轴器示意

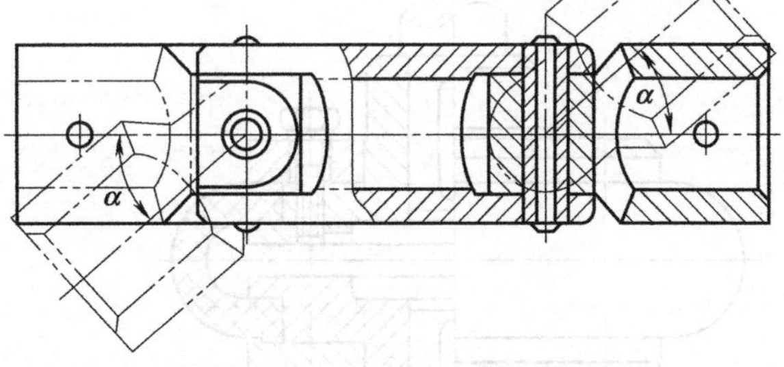


图 2-179　十字轴式万向联轴器

e. 弹性套柱销联轴器　结构与凸缘联轴器相似，只是用带有非金属（如橡胶等）弹性套的柱销代替连接螺栓，如图 2-180 所示，它靠弹性套的弹性变形来缓冲吸振和补偿被连两轴相对位移。安装这种联轴器时，应在两个半联轴器之间留出一定间隙，以便给两个半联轴器留出足够的相对位移量。按标准选用，必要时要校核柱销弯曲强度和弹性套挤压强度。

弹性套柱销联轴器是弹性可移式联轴器中应用最广泛的一种，它常用来连接频繁启动及换向的传递中、小转矩的高、中速轴。

f. 弹性柱销联轴器　是用若干非金属柱销置于两半联轴器凸缘孔中以实现两半联轴器连接的一种联轴器，如图 2-181 所示，它具有结构简单、制造容易、维修方便、允许轴向位移大等特点。柱销材料为 MC 尼龙（聚酰胺 6）。尼龙有一定弹性，弹性模量比金属低得多，可缓和冲击。尼龙耐磨性好，摩擦因数小，有自润滑作用，但对温度比较敏感，不宜用于温度较高场合，一般工作温度在－20～70℃范围内。这种联轴器适用于连接启动及换向频繁、传递转矩较大的中、低速轴。

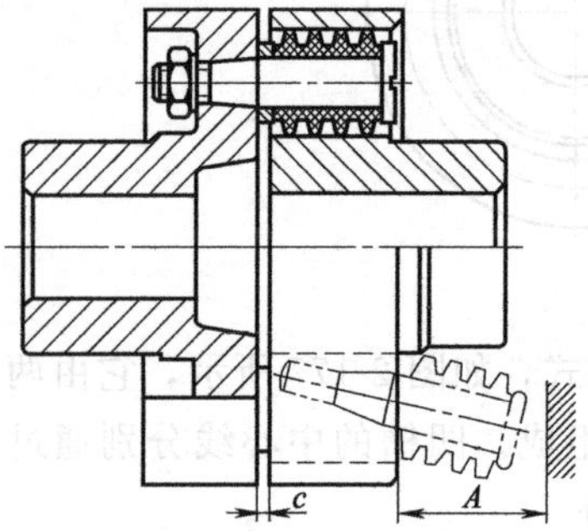


图 2-180　弹性套柱销联轴器

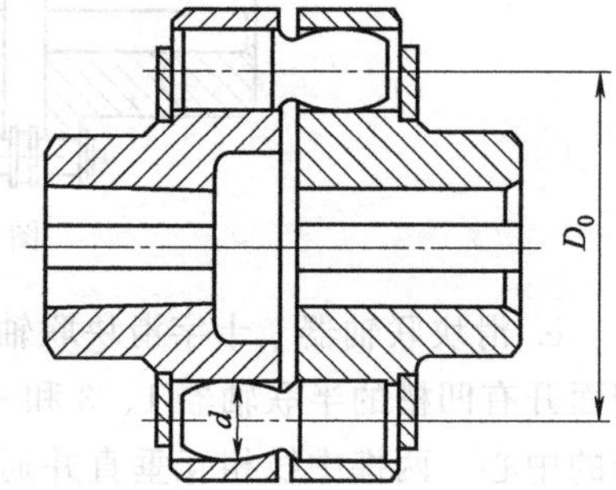


图 2-181　弹性柱销联轴器

g. 轮胎式联轴器　如图 2-182 所示，这种联轴器是利用环形轮胎状弹性元件连接两半联轴器以实现两轴连接的一种联轴器。轮胎环材料为橡胶或增强织物橡胶。前者弹性好，后者强度高，寿命长。这种联轴器的工作温度为－20～80℃。

轮胎式联轴器具有良好的补偿综合位移的能力，工作可靠，可用于潮湿多尘、频繁启动及换向的冲击较大而外缘线速度不超过 30 m/s 的场合。尤其在起重机械中应用较广。

h. 蛇形弹簧联轴器　由两个带外齿的半联轴器，及在齿间安装的 6～8 组蛇形弹簧所组成，如图 2-183 所示。为防止蛇形弹簧在联轴器运转时因惯性离心力而脱出，在半联轴器上装有外壳，外壳用螺栓连接。外壳内储有润滑脂，以减轻齿与弹簧的摩擦。转矩通过半联轴器上的齿和蛇形弹簧传递。这种联轴器对被连两轴相对位移的补偿量较大，适用于重载和工作状况较恶劣的场合。在冶金、矿山机械中应用较多。其缺点是结构和制造工艺较复杂，成本高。

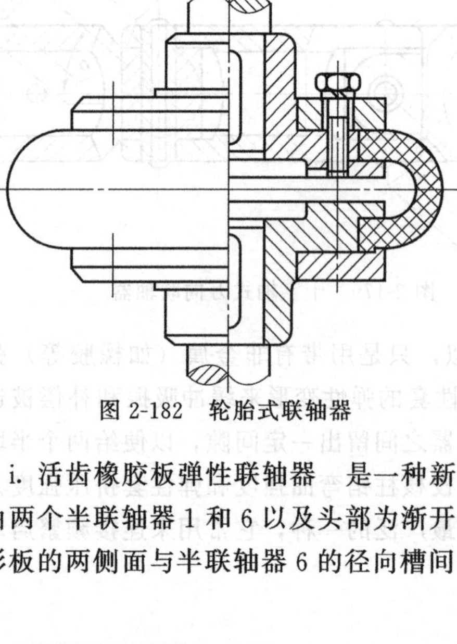

图 2-182　轮胎式联轴器

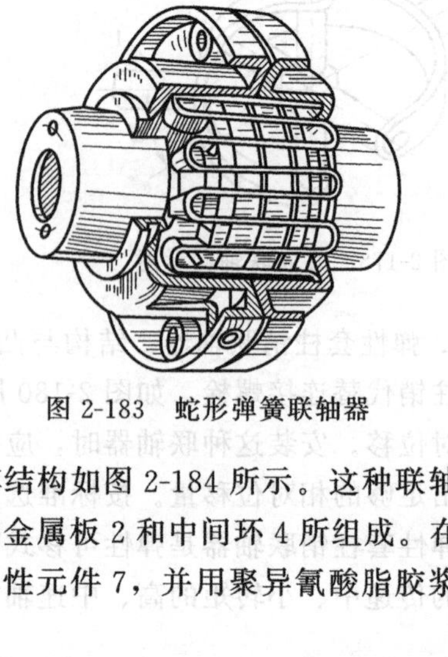

图 2-183　蛇形弹簧联轴器

i. 活齿橡胶板弹性联轴器　是一种新型联轴器，其结构如图 2-184 所示。这种联轴器主要由两个半联轴器 1 和 6 以及头部为渐开线齿廓的楔形金属板 2 和中间环 4 所组成。在每个楔形板的两侧面与半联轴器 6 的径向槽间装有橡胶板弹性元件 7，并用聚异氰酸脂胶浆黏接剂将橡胶板与楔形金属板及半联轴器 6 的径向槽侧面粘牢。再用螺栓 3 和螺母 9 将半联轴器 1 和中间环 4 以及挡板 5 连接起来，便构成活齿橡胶板弹性联轴器。

楔形板的大端为具有渐开线齿廓的轮齿，并与中间环上具有倾斜角为 20°的梯形槽相接触，相当于齿轮与齿条的啮合，楔形板的小端为圆弧形，半联轴器 6 支承楔形板小端的表面也为圆弧形，这样楔形板与中间环、楔形板与半联轴器 6 形成可动连接。因为楔形板头部如同齿轮的轮齿，整个楔形板又是可动的，故称为活齿。

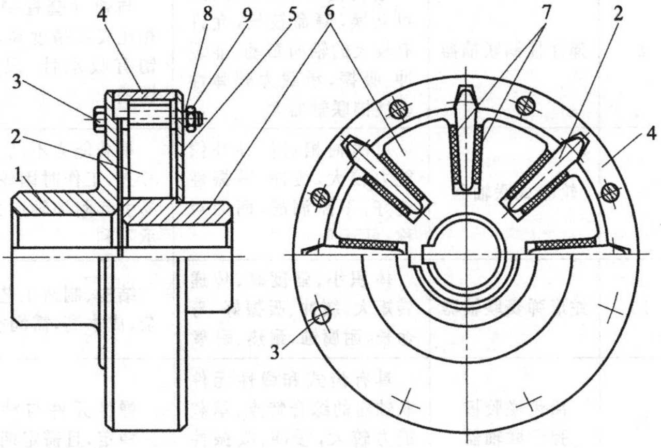

图 2-184　活齿橡胶板弹性联轴器

1—左半联轴器；2—楔形金属板；3—螺栓；4—中间环；5—挡板；6—右半联轴器；7—橡胶板弹性元件；8—垫圈；9—螺母

楔形板与中间环由 45 钢制成，可承受较大的工作载荷，而橡胶板的弹性阻尼及牙齿与梯形槽侧面间的摩擦，可明显地起到缓冲、吸振作用。这种联轴器结构较简单，橡胶板的更换较容易，可用于载荷周期性变化较大的机械传动中。

为便于阅读、对比，有关上述联轴器的特点及应用列于表 2-13。

**表 2-13　各种联轴器的特点及应用**

| 序号 | 名称 | 优点 | 缺点 | 应用场合 |
|---|---|---|---|---|
| 1 | 凸缘联轴器 | 构造简单，成本低，工作可靠，能传递较大转矩 | 不能消除冲击及有两轴倾斜或不同心而引起的不良后果 | 通常用于振动不大的条件下连接低速和刚性不大的两轴 |
| 2 | 套筒联轴器 | 结构简单，径向尺寸小，容易制造，成本低 | 传递转矩小，对两轴同轴度要求高，装拆时不方便 | 适用于两轴对中性好、工作平稳、传递转矩不大、径向尺寸受限、低速的场合 |
| 3 | 齿轮联轴器 | 两面对称可互换，承载能力大，适用转速范围广，能良好地补偿两轴间综合相对位移 | 结构复杂，制造困难，成本高，不适用垂直轴连接及频繁启动，传递运动精度差 | 两轴平行度误差大，主要用于传力较大的重型机械及长轴；正反转变化多，要求传递运动非常准确不宜采用 |
| 4 | 滚子链联轴器 | 结构较简单，尺寸紧凑，重量轻，维护方便，寿命长，工作环境适应性强 | 频繁启动经常反转易掉链，高速时冲击振动大，垂直布置工作效果不好 | 适用于潮湿、多尘、高温、载荷平稳、速度不高的场合，不适宜频繁反向的场合 |
| 5 | 十字滑块联轴器 | 结构紧凑，尺寸小，使用寿命长 | 制造较为复杂，高速时磨损严重，需润滑 | 用于两轴径向位移较大、无冲击、低速的场合 |
| 6 | 万向联轴器 | 允许两轴间有较大的偏角位移，并允许轴间夹角发生变化 | 单万向联轴器不能保证主、从动轴同步转动，易引起动载荷 | 用于两轴有较大偏斜角或在工作中有较大角位移的地方，要求两轴同步转动的场合需采用双万向联轴器，多用于汽车、拖拉机等 |
| 7 | 弹性套柱销联轴器 | 容易制造，能缓冲、吸振，成本低，装拆方便 | 寿命较低，弹性套易磨损，需经常更换 | 用于启动频繁、需正反转的中小功率传动，工作环境温度 −20～70℃ |

续表

| 序号 | 名称 | 优 点 | 缺 点 | 应用场合 |
|---|---|---|---|---|
| 8 | 弹性柱销联轴器 | 结构简单，两面对称，可互换，寿命较长，允许有较大的轴向窜动，能缓冲、吸振，承载力较弹性套柱销联轴器大 | 与弹性套柱销联轴器相比安装精度高，尼龙柱销有吸水性，尺寸稳定性差 | 适用于冲击载荷不大、轴向窜动较大、启动频繁、正反转多变的场合，工作环境温度－20～70℃ |
| 9 | 轮胎式联轴器 | 对两轴相对位移补偿能力较大，缓冲、减振性能好，不需润滑，两面对称，可互换 | 承载能力不高，径向尺寸大，工作时因轮胎变形易引起附加轴向力，对轴承不利 | 主要用于有较大冲击、需频繁启动或换向及潮湿、多尘的场合 |
| 10 | 蛇形弹簧联轴器 | 体积小、强度高、传递转矩大，缓冲、吸振好，寿命长，耐腐蚀，耐热、耐寒 | 结构、制造工艺均较复杂，成本高，需润滑 | 适用于载荷较大、冲击、工作状况恶劣的重型机械中 |
| 11 | 活齿橡胶板弹性联轴器 | 具有齿式和弹性元件联轴器的综合特点，承载能力较大，缓冲、吸振性能较好，维护方便 | 弹性元件与粘接技术欠稳定，且需定期更换 | 适用于载荷周期性变化较大、有冲击振动的中小功率传动中 |

### （2）联轴器类型选用技巧

联轴器大多已标准化，一般不需自行设计，使用时通常是首先选择合适的类型，再根据轴的直径、传递转矩和工作转速等参数，由有关标准确定其型号和结构尺寸。

联轴器的类型应根据使用要求和工作条件来确定，具体选择时可考虑以下几个方面：载荷的大小及性质；轴转速的高低；两轴相对位移的大小及性质；工作环境，如温度、湿度、周围介质及允许的空间尺寸等；装拆、调整、维护等要求；价格等。

对载荷平稳的低速轴，如刚度大而对中严格的轴，可选用刚性联轴器；如载荷有冲击振动及相对位移的高速轴，可采用弹性挠性联轴器；对动载荷较大、转速很高的轴，宜选用重量轻、转动惯量小的联轴器；对有相对位移而工作环境恶劣的场合，可选用滚子链联轴器。

选定合适的类型后，再根据轴径、转速和所需传递的计算转矩从标准中确定联轴器的具体型号和尺寸。应使计算转矩不超过所选联轴器的许用转矩；联轴器的工作转速不超过其许用最高转速。必要时应对联轴器中的易损件进行强度验算。有关各类联轴器的性能及特点详见有关设计手册。选择联轴器类型时还应注意如下实际问题。

① 单万向联轴器不能实现两轴间同步转动　应用于连接轴线相交的两轴的单万向联轴器（图 2-178），能可靠地传递转矩和两轴间的连续回转，但它不能保证主、从动轴之间的同步转动，即当主动轴以等角速度回转时，从动轴做变角速度转动，从而引起动载荷，对使用不利。上述有关结论的理论分析见有关资料。

由于单个万向联轴器存在着上述缺点，所以在要求两轴同步转动的场合，不可采用单万向联轴器，而应采用双万向联轴器，即由两个单万向联轴器串接而成，如图 2-185（b）、（c）所示。当主动轴 1 等角速度旋转时，带动十字轴式的中间件 3 作变角速度旋转，利用对应关系，再由中间件 3 带动从动轴 2 以与轴 1 相等的角速度旋转。因此安装十字轴式万向联轴器时，如要使主、从动轴的角速度相等，必须满足两个条件：主动轴、从动轴与中间件的夹角必须相等，即 $\alpha_1=\alpha_2$；中间件两端的叉面必须位于同一平面内［图 2-185（a）、（b）］。如果 $\alpha_1\alpha_2$［图 2-185（c）］或中间两端面叉面不位于同一平面内，均不能使两轴同步转动。

② 要求同步转动时不宜用有弹性元件联轴器　在轴的两端被驱动的是车轮等一类的传动件，要求两端同步转动，否则会产生动作不协调或发生卡住现象的场合，如果采用联轴器

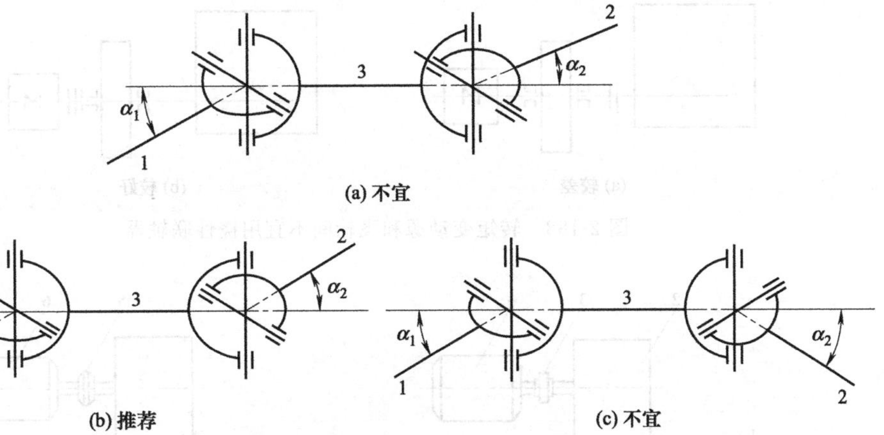


图 2-185　双万向联轴器使两轴同步转动条件示意

1—主动轴；2—从动轴；3—中间件

和中间轴传动，则联轴器一定要采用无弹性元件的挠性联轴器［图 2-186（b)］。若采用有弹性元件的联轴器［图 2-186（a)］，会由于弹性元件的变形关系而使两端扭转变形不同，达不到两端同步转动的目的。

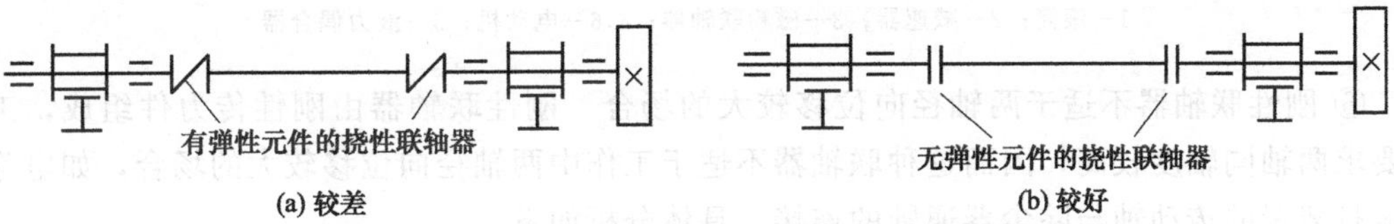


图 2-186　同步运转时不宜用有弹性元件联轴器

③ 中间轴无支承时两端不宜采用十字滑块联轴器　通过中间轴驱动传动件时，如果中间轴没有轴承支承［图 2-187（a)］，则在中间轴的两端不能采用十字滑块联轴器与其相邻的轴连接。因为十字滑块联轴器的十字盘是浮动的，容易造成中间轴运转不稳，甚至掉落，在这种情况下，应改用别的类型联轴器，如采用具有中间轴的齿轮联轴器［图 2-187（b)］。

④ 在转矩变动源和飞轮之间不宜采用挠性联轴器　为了均衡机械的转矩变动而使用飞轮，在此转矩变动源和飞轮之间不宜采用挠性联轴器［图 2-188（a)］，因为这会产生附加冲击、噪声，甚至损坏联轴器，在这种情况下，可在飞轮与电动机之间使用联轴器，转矩变动源与飞轮直接连接才有效果［图 2-188（b)］。

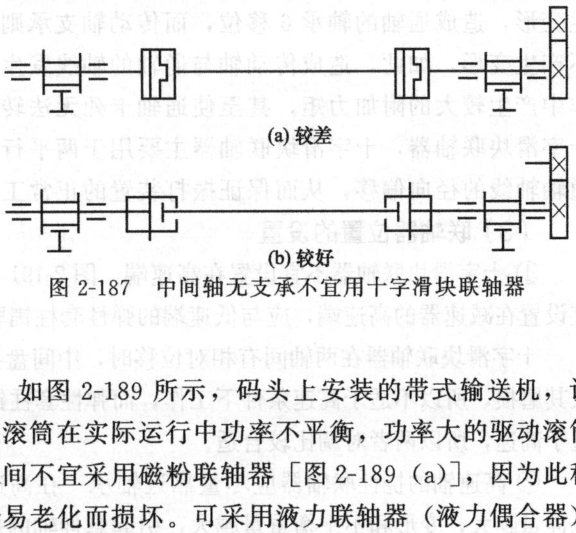


图 2-187　中间轴无支承不宜用十字滑块联轴器

⑤ 载荷不稳定不宜选用磁粉联轴器　如图 2-189 所示，码头上安装的带式输送机，设计时采用头尾同时驱动方式，由于头、尾滚筒在实际运行中功率不平衡，功率大的驱动滚筒受力比较大，这种场合电动机与减速器之间不宜采用磁粉联轴器［图 2-189（a)］，因为此种场合易使联轴器受力过大，长期使用磁粉易老化而损坏。可采用液力联轴器（液力偶合器)，如图 2-189（b）所示，头尾间载荷可自动平衡，工作可靠。

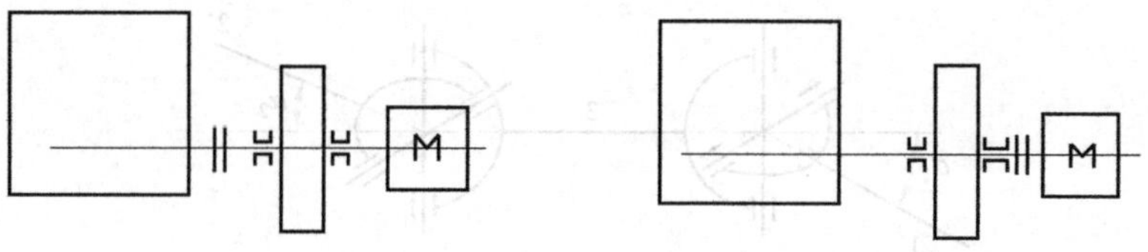


图 2-188　转矩变动源和飞轮间不宜用挠性联轴器

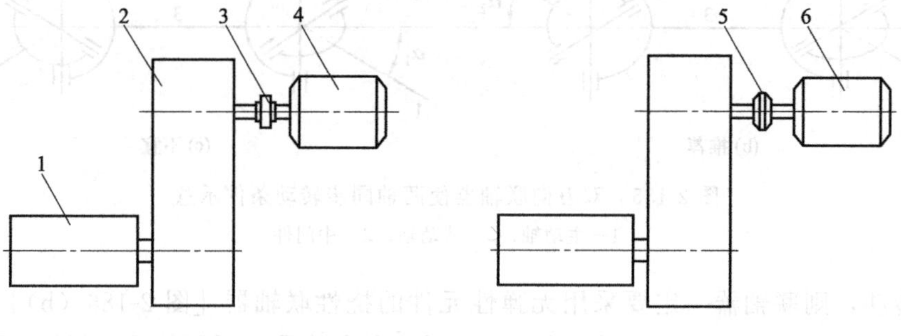


图 2-189　载荷不稳定不宜选用磁粉联轴器

1—滚筒；2—减速器；3—磁粉联轴器；4,6—电动机；5—液力偶合器

⑥ 刚性联轴器不适于两轴径向位移较大的场合　刚性联轴器由刚性传力件组成，工作中要求两轴同轴度较高，因而这种联轴器不适于工作中两轴径向位移较大的场合，如电除尘器振打装置的传动轴与除尘器通轴的连接，具体分析如下。

图 2-190 所示为电除尘器的结构简图，采用机械锤击振打沉尘极框架 4 的方法进行清理积尘。设计采用电动机通过减速装置和一级链传动（图中均为画出），带动一根贯通除尘器电场的通轴 3 上拨叉 8 回转，拨叉每回转一圈则拨动固定在每一块框架侧端的振打锤举起，然后靠自重落下达到锤击框架的目的。传动轴 1 与通轴 3 的连接不宜采用刚性联轴器，因为由于电除尘器工作时通过的烟气温度一般在 250℃左右，在这种温度下工作的沉尘极框架产生变形，造成通轴的轴承 6 移位，而传动轴支承则固定在除尘器的箱体上或外面的操作台上不产生变形，如此，造成传动轴与通轴的轴线发生偏斜，刚性联轴器不能补偿这一位移，工作中产生较大的附加力矩，甚至使通轴卡死无法转动。对这种径向位移较大的场合，可选用十字滑块联轴器，十字滑块联轴器主要用于两平行轴间的连接，工作时可自行补偿传动轴与通轴轴线的径向偏移，从而保证振打装置的正常工作。

（3）联轴器位置的设置

① 十字滑块联轴器不宜设置在高速端　图 2-191（a）所示传动装置中，十字滑块联轴器 1 不宜设置在减速器的高速端，应与低速端的弹性套柱销联轴器对调，如图 2-191（b）所示。

十字滑块联轴器在两轴间有相对位移时，中间盘会产生离心力，速度较大时，将增大动载荷及其磨损，所以不适于高速条件下工作，而弹性套柱销联轴器由于有弹性元件可缓冲吸振，比较适于高速，所以两者对调比较合适。

② 高速轴的挠性联轴器应尽量靠近轴承　在高速旋转轴悬伸的轴端上安装挠性联轴器时，悬伸量越大，变形和不平衡重量越大，引起悬伸轴的振动也越大［图 2-192（a）］，因此，在这种场合下，应使联轴器的位置尽量靠近轴承［图 2-192（b）］，并且最好选择重量轻的联轴器。

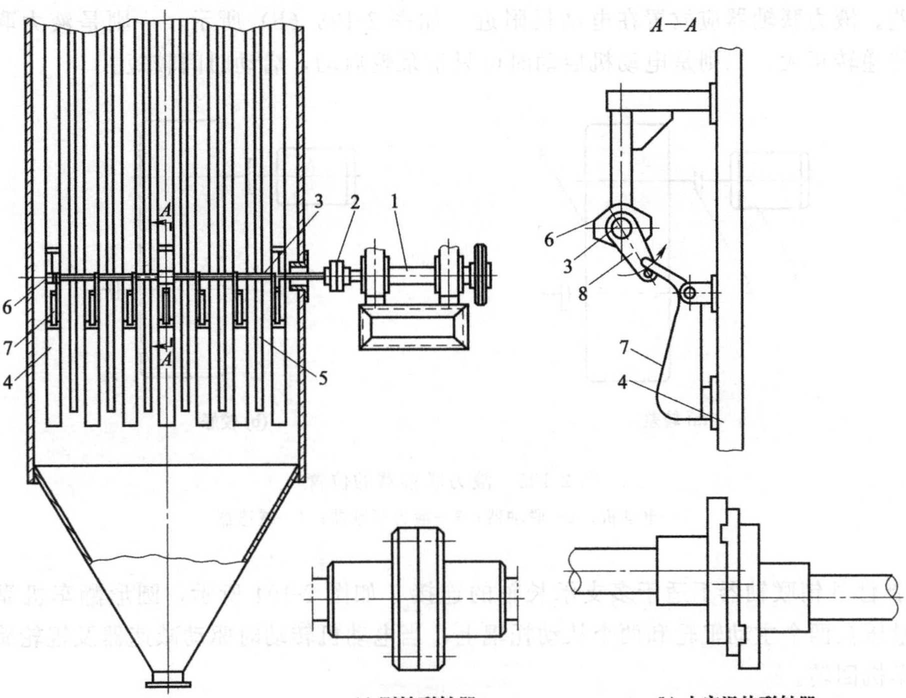


图 2-190　电除尘器传动轴与通轴的连接

1—传动轴；2—联轴器；3—通轴；4—沉尘极框架；5—电晕极框架；6—轴承；7—振打锤；　8—拨叉

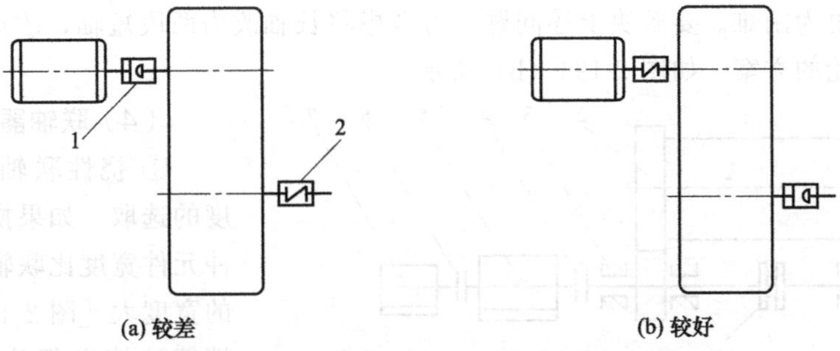


图 2-191　十字滑块联轴器不宜设置在高速端

1—十字滑块联轴器；2—弹性套柱销联轴器

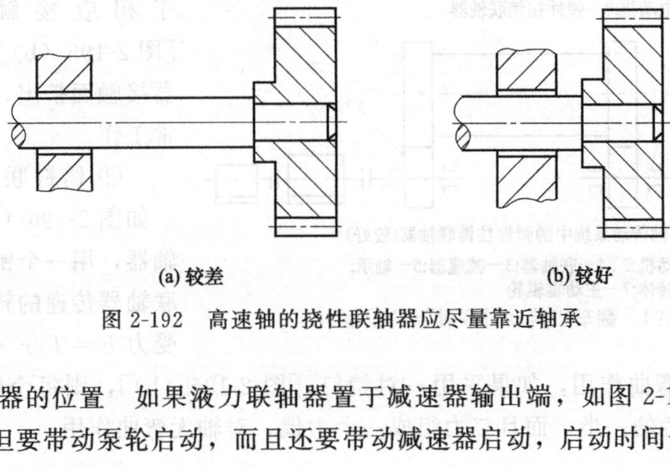


图 2-192　高速轴的挠性联轴器应尽量靠近轴承

③ 液力联轴器的位置　如果液力联轴器置于减速器输出端，如图 2-193（a）所示，电动机启动时，不但要带动泵轮启动，而且还要带动减速器启动，启动时间长，且会出现力矩

特性变差。液力联轴器应放置在电动机附近，如图 2-193（b）所示，一则是液力联轴器转速高其传递转矩大，二则是电动机启动时可只带泵轮启动，启动时间较短。

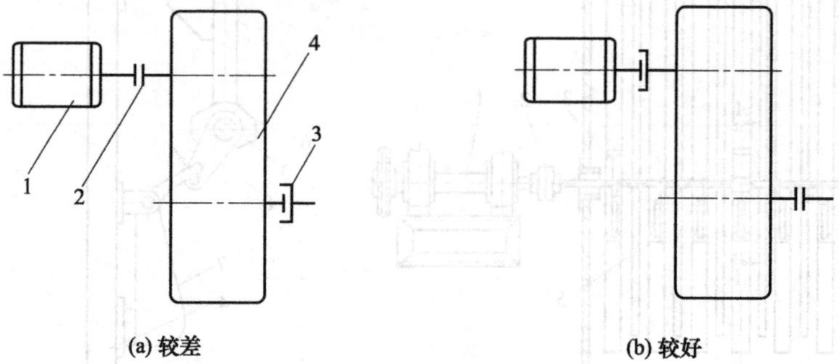


图 2-193　液力联轴器的位置

1—电动机；2—联轴器；3—液力联轴器；4—减速器

④ 弹性柱销联轴器不适于多支承长轴的连接　如图 2-194 所示，圆形翻车机靠自重及货载重量压在两个主动辊轮和两个从动托辊上，当电动机转动时驱动减速器及辊轮旋转，从而使翻车机回转。

如采用图 2-194（a）的结构，两主动辊轮由一根长轴驱动，长轴分为两段由弹性柱销联轴器连接，则由于长轴支承较多（4 个），同轴度难以保证，且在长轴上易产生较大的挠度和偏心振动，因而产生附加弯矩，对翻车机工作极为不利，特别是当翻车机上货载不均衡时，系统启动更为困难。要解决上述问题，可考虑将长轴改为两段短轴，改成双电动机分别驱动两主动辊轮的方案，如图 2-194（b）所示。

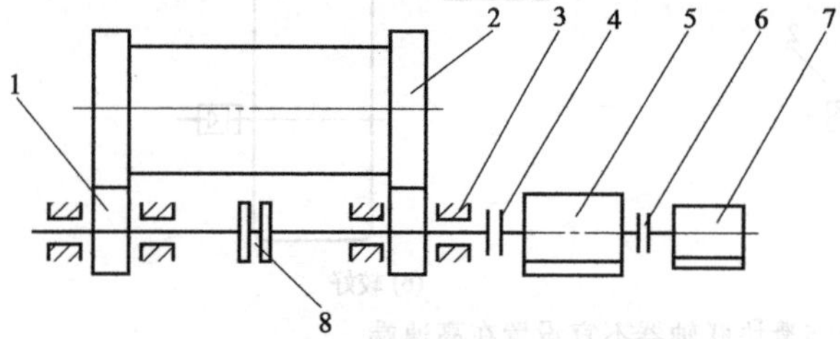

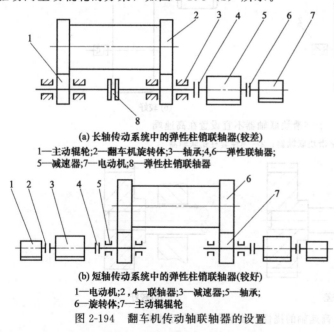

(a) 长轴传动系统中的弹性柱销联轴器(较差)

1—主动辊轮;2—翻车机旋转体;3—轴承;4,6—弹性联轴器;5—减速器;7—电动机;8—弹性柱销联轴器

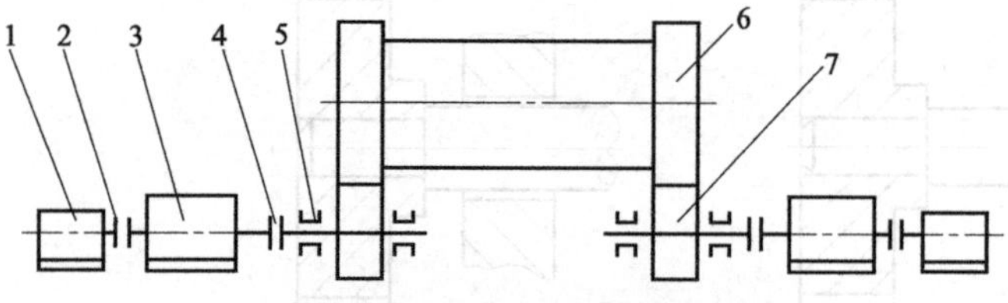


(b) 短轴传动系统中的弹性柱销联轴器(较好)

1—电动机;2，4—联轴器;3—减速器;5—轴承;6—旋转体;7—主动辊辊轮

图 2-194　翻车机传动轴联轴器的设置

（4）联轴器结构的选用

① 挠性联轴器缓冲元件宽度的选取　如果挠性联轴器的缓冲元件宽度比联轴器相应接触面的宽度大［图 2-195（a）］，则其端部被挤出部分将使轴产生移动，所以一般缓冲元件应取稍小于相应接触宽度的尺寸［图 2-195（b）］，以防被从联轴器接触面挤出，妨碍联轴器的正常工作。

② 销钉联轴器销钉的配置　如图 2-196（a）所示的销钉联轴器，用一个销钉传力时，如果联轴器传递的转矩为 $T$，则销钉受力 $F=T/r$（$r$ 为销钉回转半径），此力对轴有弯曲作用，如果采用一对销钉［图 2-196（b）］，则每个销钉受力为 $F'=T/(2r)$，仅为前者的一半，而且二力组成一个力偶，对轴无弯曲作用。

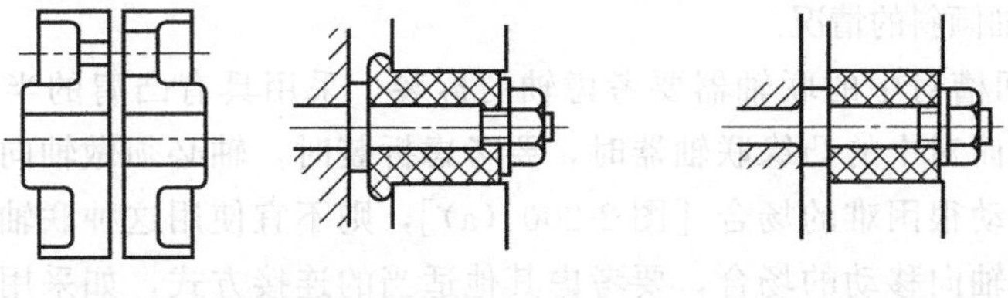

(a) 不宜　　(b) 推荐

图 2-195　缓冲元件宽度的选取

③ 联轴器的平衡　联轴器本体一般为铸件或锻件，并不是所有的表面都经过切削加工，因此要考虑其不平衡。若本体表面未经切削加工［图 2-197（a）］，则不利于联轴器的平衡。一般可根据速度的高低采用静平衡或动平衡。在高速条件下工作的联轴器本体应该是全部经过切削加工的表面［图 2-197（b）］。

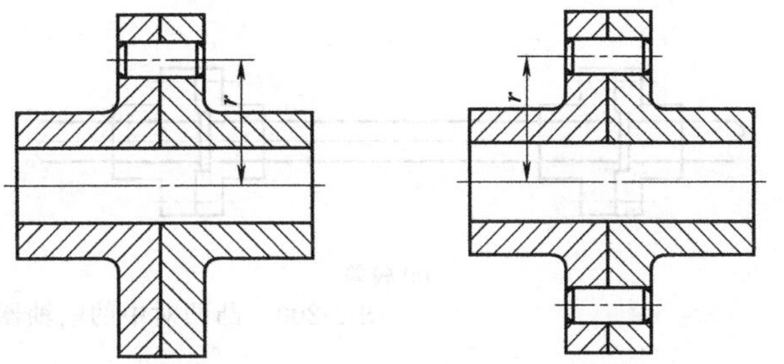


(a) 较差　　(b) 较好

图 2-196　销钉联轴器销钉的配置

④ 高速旋转的联轴器不能有凸出在外的凸起物　在高速旋转的条件下，如果联轴器连接螺栓的头、螺母或其他凸出物等从凸缘部分凸出［图 2-198（a）］，则由于高速旋转而搅动空气，增加损耗，或成为其他不良影响的根源，而且还容易危及人身安全。所以，在高速旋转条件下的联轴器应考虑使凸出物埋入联轴器的防护边中，如图 2-198（b）所示。

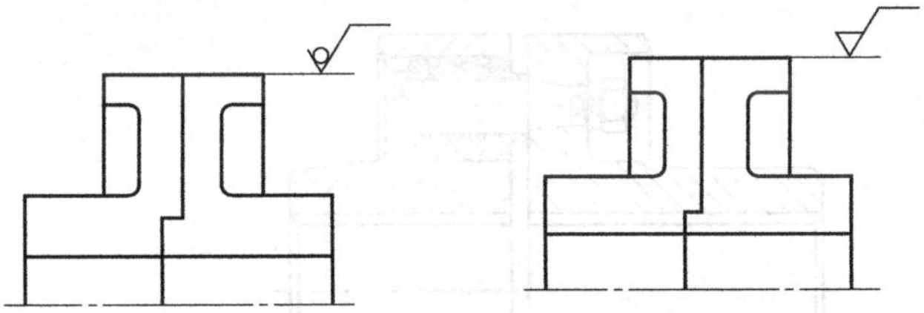

(a) 较差　　(b) 较好

图 2-197　联轴器表面加工有利于平衡

⑤ 不要利用齿轮联轴器的外套作制动轮　在需要采用制动装置的机器中，在一定条件下，可利用联轴器中的半联轴器改为钢制后作为制动轮使用。但对于齿轮联轴器，由于它的外套是浮动的，当被连接的两轴有偏移时，外套会倾斜，因此，不宜将齿轮联轴器的浮动外套当作制动轮使用［图 2-199（a）］，否则容易造成制动失灵。

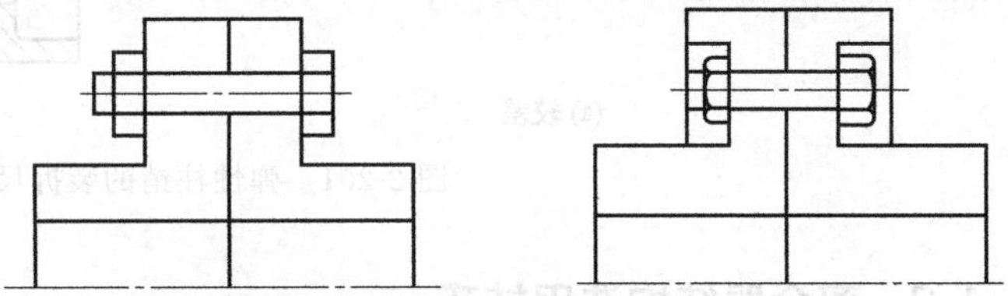

(a) 较差　　(b) 较好

图 2-198　高速旋转联轴器不应有在外凸起物

只有在使用具有中间轴的齿轮联轴器的场合［图 2-199（b）］，可以在其外套上改制或连接制动轮使用，因为此时外壳不是浮

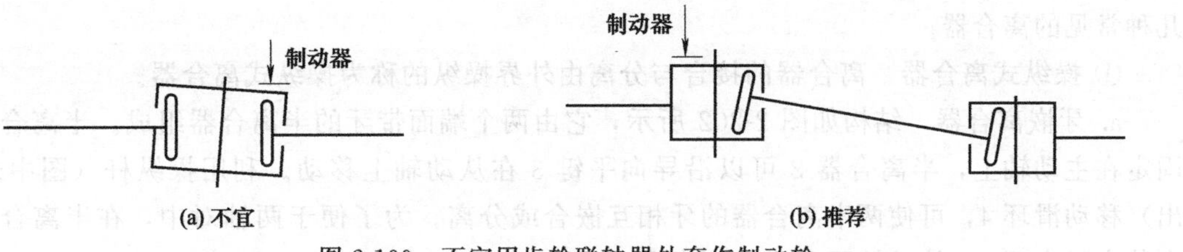


(a) 不宜　　(b) 推荐

图 2-199　不宜用齿轮联轴器外套作制动轮

动的，不会出现与轴倾斜的情况。

⑥ 有凸肩和凹槽对中的联轴器要考虑轴的拆装　采用具有凸肩的半联轴器和具有凹槽的半联轴器相嵌合而对中的凸缘联轴器时，要考虑拆装时，轴必须做轴向移动。如果在轴不能做轴向移动或移动很困难的场合［图 2-200（a）］，则不宜使用这种联轴器。因此，为了能对中而轴又不能做轴向移动的场合，要考虑其他适当的连接方式，如采用铰制孔装配螺栓对中［图 2-200（b）］，或采用剖分环相配合对中［图 2-200（c）］。

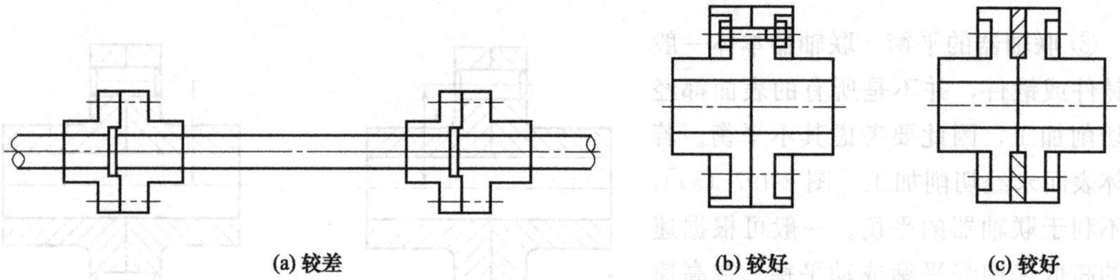

图 2-200　凸凹对中的联轴器要考虑轴的拆装

⑦ 联轴器的弹性柱销要有足够的装拆尺寸　弹性套柱销联轴器的弹性柱销，应在不移动其他零件的条件下自由装拆，如图 2-201（b）所示，设计时尺寸 $A$ 有一定要求，就是为拆装弹性柱销而定。如果装拆时尺寸 $A$ 小于设计规定，如图 2-201（a）所示，右侧空间狭窄，手不能放入，拆装弹性柱销时，必须卸下电动机才能进行处理，非常麻烦，应尽量避免。

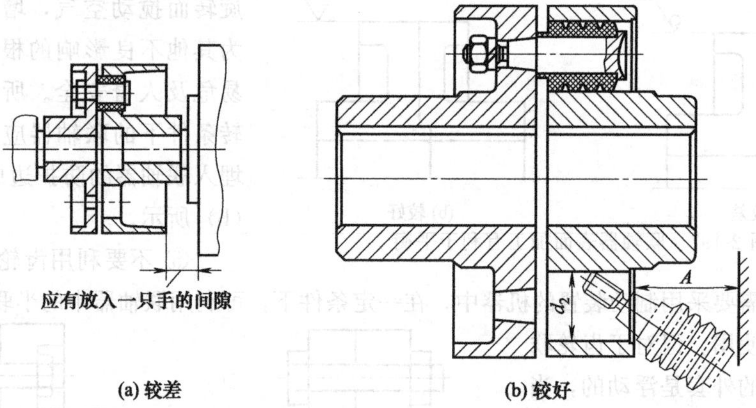

图 2-201　弹性柱销的装拆尺寸

## 2.4.2　离合器结构选用技巧

### （1）常用离合器结构特点及应用

离合器一般可分为操纵式离合器与自动离合器。

离合器的形式很多，部分已经标准化，可从有关样本或机械设计手册中选取。下面介绍几种常见的离合器。

① 操纵式离合器　离合器的接合与分离由外界操纵的称为操纵式离合器。

a. 牙嵌离合器　结构如图 2-202 所示，它由两个端面带牙的半离合器组成。半离合器 1 固定在主动轴上，半离合器 2 可以沿导向平键 3 在从动轴上移动。利用操纵杆（图中未画出）移动滑环 4，可使两半离合器的牙相互嵌合或分离。为了便于两轴对中，在半离合器 1 中装有对中环 5，从动轴可在对中环中滑动。

离合器牙的形状有三角形、梯形、锯齿形（图 2-203）。三角形牙传递中、小转矩，牙数 15～60。梯形、锯齿形牙可传递较大的转矩，牙数 3～15。梯形牙可以补偿磨损后的牙侧间隙。锯齿形牙只能单向工作，反转时由于有较大的轴向分力，会迫使离合器自行分离。各牙应精确等分，以使载荷均布。

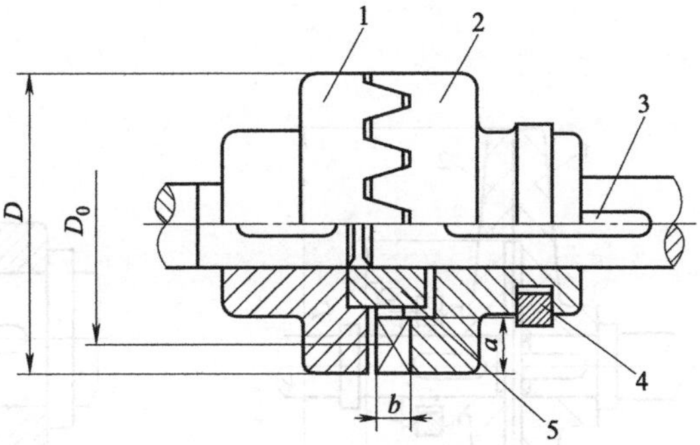

图 2-202　牙嵌离合器

1,2—半离合器；3—导向平键；4—滑环；5—对中环

牙嵌离合器结构简单，外廓尺寸小，能传递较大的转矩，故应用较多。但牙嵌离合器只宜在两轴不回转或转速差很小时才进行接合，否则牙齿可能会因此受到撞击而折断。

牙嵌离合器的常用材料为低碳合金钢（如 20Cr、20MnB），经渗碳淬火等处理后使牙面硬度达到 56～62HRC。有时也采用中碳合金钢（如 40Cr、45MnB），经表面淬火等处理后硬度达到 48～58HRC。

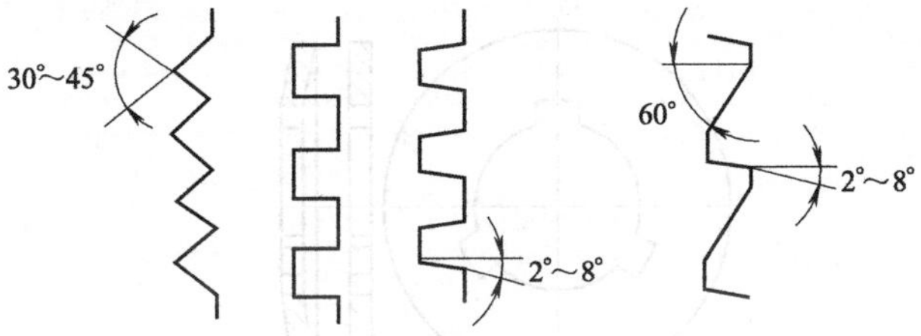

图 2-203　牙嵌离合器的牙形

牙嵌离合器可以借助电磁线圈的吸力来操纵，称为电磁牙嵌离合器。电磁牙嵌离合器通常采用嵌入方便的三角形细牙。它依据信息而动作，所以便于遥控和程序控制。

b. 摩擦离合器　靠两半离合器接合面间的摩擦力传递转矩。常用的有圆盘式摩擦离合器，按摩擦盘数多少可分为单圆盘式和多圆盘式。

图 2-204 所示为单圆盘式摩擦离合器，它由两个摩擦盘组成，摩擦盘 1 固装在主动轴上，摩擦盘 2 用导向平键与从动轴连接。工作时利用操纵杆使滑环左移，则两摩擦盘压紧，实现接合；若使滑环右移，则两摩擦盘松开，离合器分离。

单圆盘式摩擦离合器当传递转矩很大时，需要很大的轴向力，或很大的摩擦盘直径，所以多用于传递转矩不大（＜2000N·m）的轻型机械，如包装机械、纺织机械等。

当传递转矩较大时，可采用多圆盘式摩擦离合器，如图 2-205 所示。它有两组摩擦片：一组为外摩擦片 3，以其外缘齿插入主动轴上鼓轮 2 内缘的纵向槽内，随鼓轮 2 一起转动，并可在轴向力 $Q$ 作用下沿轴向移动；另一组为内摩擦片 4，用花键与从动轴上的另一半离合器 1 相连并与从动轴一起转动，也可在轴向力 $Q$ 作用下沿轴向移动。移动滑环 6 使压块 5 压紧或松开摩擦片，实现接合或分离。

外摩擦片结构如图 2-206（a）所示。内摩擦片结构有平板形和碟形两种，如图 2-206（b）所示。后者接合时被压平，分离时借其弹力作用可以更加迅速。尽管摩擦片的数目越多，传递的转矩越大，但片数过多会降低分离动作的灵活性，所以一般限制内、外摩擦片总数不超过 25～30。

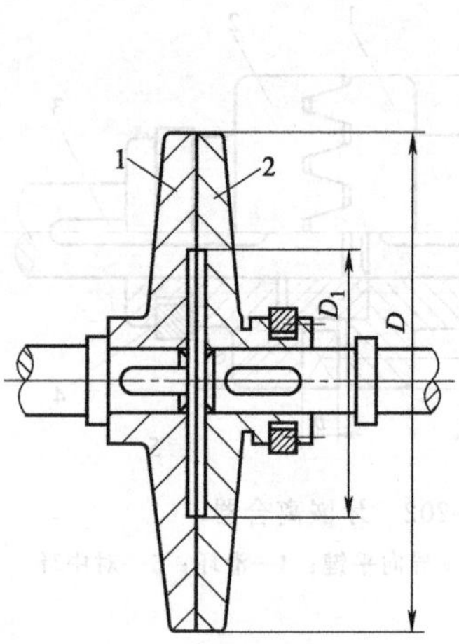


图 2-204　单圆盘式摩擦离合器

1,2—摩擦盘

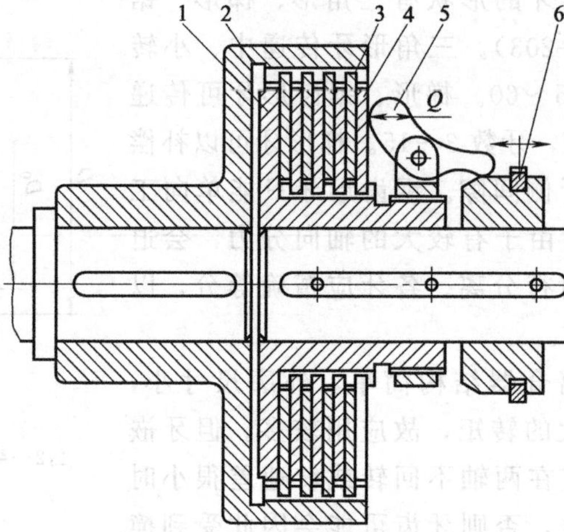


图 2-205　多圆盘式摩擦离合器

1—半离合器；2—鼓轮；3—外摩擦片；4—内摩擦片；5—压块；6—滑块

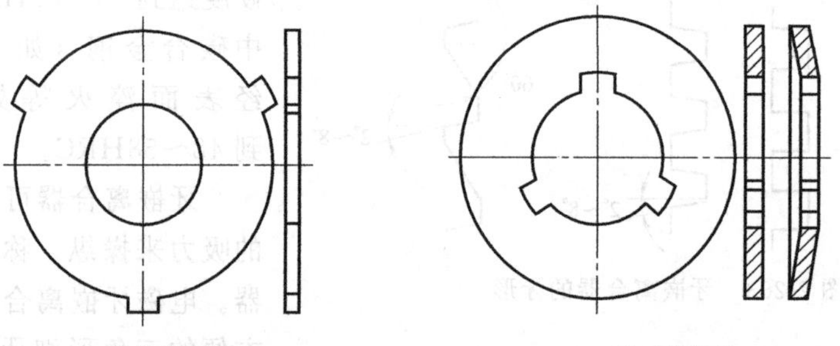

(a) 外摩擦片　　(b) 内摩擦片

图 2-206　摩擦片的结构

根据内、外摩擦片是否浸油工作，离合器又有干式离合器和湿式离合器两种。前者反应灵敏，后者磨损小、散热快。

摩擦面材料应满足如下要求：有大而稳定的摩擦因数；耐磨性与抗胶合性良好；耐高温、高压且价格低廉等。常用材料为淬火钢、铸铁、粉末冶金及压制石棉等。

多圆盘式摩擦离合器常用于传递转矩较大、经常在运转中离合或频繁启动、重载的场合。广泛应用于汽车、拖拉机和各种机床中。

摩擦离合器与牙嵌离合器相比，主要具有如下特点：对任何不同转速的两轴都可以在运转时接合或分离；接合时冲击和振动较小；过载时摩擦面间自动打滑，可防止其他零件损坏；调节摩擦面间压力，可改变从动轴加速时间和传递的转矩；接合与分离时，摩擦面间产生相对滑动，消耗一定能量，造成磨损和发热；结构较复杂，体积较大。

c. 磁粉离合器　工作原理如图 2-207 所示，金属外筒 1 为从动件，嵌有环形励磁线圈 3 的电磁铁 4 与主动轴相连接，金属外筒 1 与电磁铁 4 之间留有 1.5～2 mm 的间隙，内装适量的导磁铁粉混合物 2（磁粉），磁粉有湿式（铁粉与油混合）和干式（铁粉与石墨混合）两种。当励磁线圈中无电流时，散沙状的粉末不阻碍主、从动件之间的相对运动，离合器处于分离状态；当通入电流后，产生磁场，磁粉在磁场作用下被吸引而集聚，将主、从动件连接起来，离合器即接合。当切断电流后，磁粉又恢复自由状态，离合器即分离。

这种离合器的优点是接合平稳，动作迅速，运行可靠，使用寿命较长，可远距离操纵，结构简单，缺点是重量大，工作一定时间后需更换磁粉。

② 自动离合器 在工作时能自动完成接合和分离的离合器称为自动离合器。当传递的转矩达到某一限定值能自动分离的离合器，由于有防止系统过载的安全作用，称为安全离合器；当轴的转速达到某一转速时靠离心力能自动接合或超过某一转速时靠离心力能自动分离的离合器，称为离心离合器；根据主、从动轴间的相对速度差的不同以实现接合或分离的离合器，称为超越离合器。离合器的形式有很多种，可查阅《机械设计手册》。

a. 弹簧-滚珠安全离合器 图 2-208 所示为弹簧-滚珠安全离合器。套筒 1 与主动轴相连，套筒 3 通过键 2 与从动轴（或从动件）相连。利用弹簧 5 和滚珠 4 将件 6 连接，而件 6 是用导键与件 1 相连的，用螺母 7 来调节弹簧的压力，即调节滚珠与件 3 之间的摩擦力。当传递的转矩超过滚珠与件 3 之间形成的摩擦力矩时，离合器即分离。由于分离后滚珠与件 3 均会磨损，故这种离合器只用于传递转矩较小的场合。

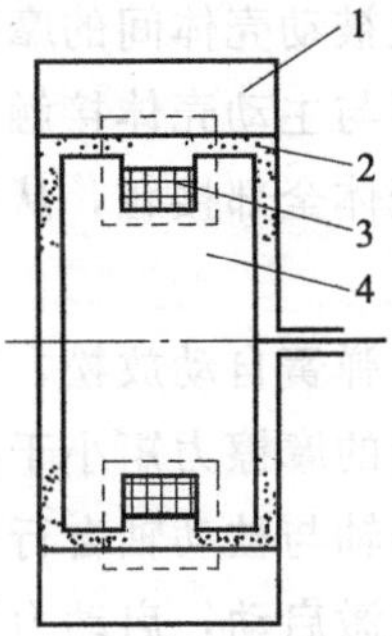


图 2-207 磁粉离合器工作原理

1—金属外筒；2—磁粉；3—励磁线圈；4—电磁铁

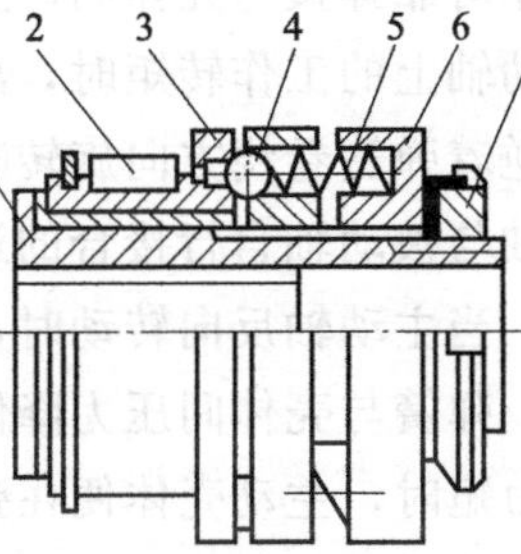


图 2-208 弹簧-滚珠安全离合器

1,3—套筒；2—键；4—滚珠；5—弹簧；6—连接件；7—螺母

b. 滚柱式超越离合器 图 2-209 所示为滚柱式超越离合器，由星轮 1、套筒 2、滚柱 3、弹簧顶杆 4 等组成，如果星轮 1 为主动轮并作顺时针回转时，滚柱将被摩擦力转动而滚向空隙的收缩部分，并楔紧在星轮和套筒之间，使套筒随星轮一同回转，离合器即进入接合状态。当星轮反向回转时，滚柱即被滚到空隙的宽敞部分，这时离合器即处于分离状态。该离合器只能传递单向的转矩，可在机械中用来防止逆转及完成单向传动。如果在套筒 2 随星轮 1 旋转的同时，套筒又从另一运动系统获得旋向相同但转速较大的运动时，离合器也将处于分离状态，即从动件的角速度超过主动件时，不能带动主动件回转。这种从动件可以超越主动件的特性称为超越。

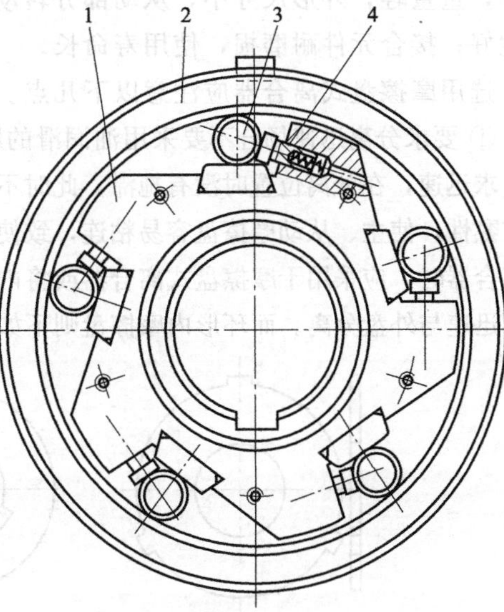


图 2-209 滚柱式超越离合器

1—星轮；2—套筒；3—滚柱；4—弹簧顶杆

滚柱式超越离合器径向尺寸较大，对制造精度和表面粗糙度都要求很高，常用于高

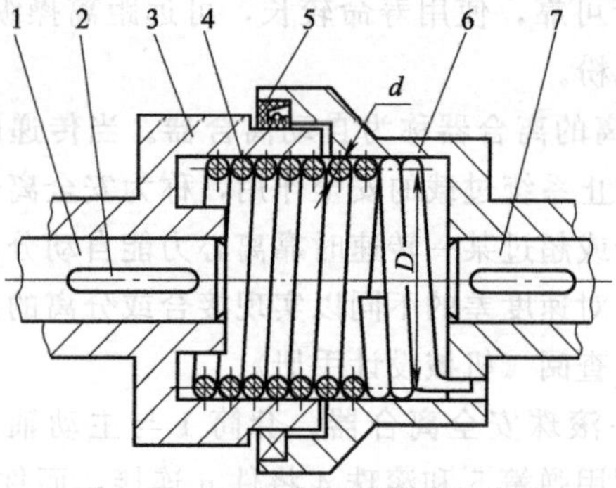

图 2-210　自激式超越弹簧离合器
1—主动轴；2—键；3—主动壳体；4—弹簧；5—密封圈；6—被动壳体；7—被动轴

速单向传递较大转矩的场合。

c. 自激式超越弹簧离合器　结构如图 2-210 所示，主要由两个壳体及一个扭转弹簧组成。主动壳体 3 和被动壳体 6 间用扭转弹簧 4 桥接，弹簧右端的外伸臂插入被动壳体的孔中，以便启动时阻止弹簧转动。弹簧最左端的两圈弹簧以过盈配合胀紧在主动壳体上，其余弹簧圈与两壳体间以间隙配合安装。当主动轴传递工作转矩时，主动轴通过键带动主动壳体逆着弹簧的卷绕方向旋转，此时主动壳体与胀紧的两圈弹簧圈间产生摩擦力矩，在此摩擦力矩作用下，其余弹簧圈扩张扭开，并分别与主动壳体和被动壳体胀紧接触，弹簧与壳体间产生压力，工作时靠弹簧与壳体间产生的摩擦力传递载荷，当弹簧与主动及被动壳体间的摩擦力矩大于被动轴上的工作转矩时，离合器自动接合。这种利用较少弹簧圈与主动壳体接触，在主动壳体逆着弹簧卷绕方向旋转时，进一步引起其余弹簧圈扩张并与壳体全部接触，从而达到使主动轴与被动轴自行接合的过程称为自激。

当主动轴反向转动时，主动壳体顺着弹簧的卷绕方向旋转，弹簧自动放松，弹簧外径减小，弹簧与壳体间压力降低，摩擦力减小，当主动壳体与弹簧间的摩擦力矩小于被动轴上的阻力矩时，主动壳体便在弹簧表面上滑过，形成超越，随之主动轴与被动轴自行分离。

自激式超越弹簧离合器结构简单、体积小、易维护，通过自激启动，启动力矩小，传动平稳，可缓冲吸振，反向超越灵活，过载时弹簧与轴间打滑，从而对传动装置中的其他零件起保护作用，适用于频繁换向、具有自动接合、自动分离、反向超越灵活的机械传动。

（2）离合器类型选用技巧

对离合器类型的选用基本要求有以下几点：接合平稳，分离彻底，动作准确可靠；结构简单，重量轻，外形尺寸小，从动部分转动惯量小；操作省力、方便，容易调节和维护，散热性好；接合元件耐磨损，使用寿命长。

选用摩擦盘式离合器应注意以下几点。

① 要求分离迅速场合不要采用油润滑的摩擦盘式离合器　在某些场合下，主、从动轴的分离要求迅速，在分离位置时没有拖滞，此时不宜采用油润滑的摩擦盘式离合器，因为由于油润滑具有黏性，使主、从动摩擦盘容易粘连，致使不易迅速分离，造成拖滞现象。若必须采用摩擦盘式离合器时，应采用干摩擦盘式离合器或将内摩擦盘做成碟形，松脱时，由于内盘的弹力作用可使其迅速与外盘分离。而环形内摩擦盘则不如碟形，分离时容易拖滞（图 2-211）。

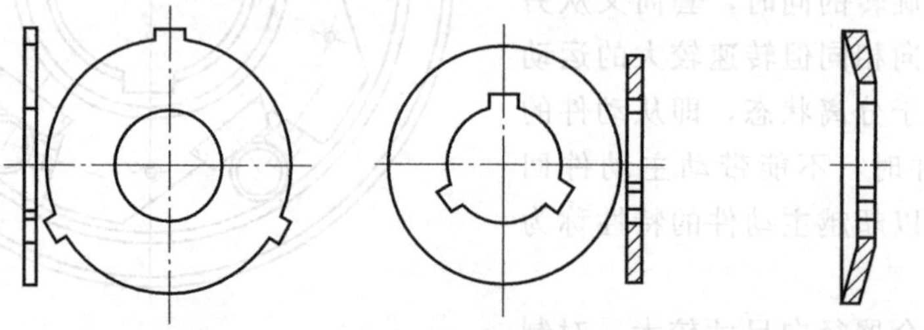
(a) 外摩擦盘　(b) 环形内摩擦盘(较差)　(c) 碟形内摩擦盘(较好)
图 2-211　要求分离迅速宜选用碟形内摩擦盘

② 高温条件下不宜选用多圆盘式摩擦离合器　多圆盘式摩擦离合器［图 2-212 (a)］能够在结构空间很小的情况下传递较大的转矩，但是在高温条件下工作时间较长时，会产生大量的热，极易损坏离合器，此种场合，若必须使用摩擦盘式离合器，可考虑使用单圆盘式摩擦离合器［图 2-212 (b)］，散热情况较好。

③ 载荷变化大启动频繁的场合不宜选用摩擦式离合器载荷变化较大且频繁启动的场合，如挖掘机一类的传动系统，由于挖掘物料的物理性质变化大，阻力变化也大，使驱动机负荷变化范围大，且承受交变载荷，故要求驱动机有大的启动力矩和超载能力，碰到特殊情况还出现很大的堵转力矩，此时就要限制其继续转动，以免破坏设备，此种场合离合器既要适应变化的载荷，又要适应频繁离合，而摩擦式离合器［图 2-213 (a)］虽能使设备不随主传动轴旋转，但发热很大，不适于这种工程机械。液力偶合器［图 2-213 (b)］具备载重启动、过载保护、减缓冲击、隔离振动等特点，可满足上述工况的要求，而且能提高工作效率并降低油耗。

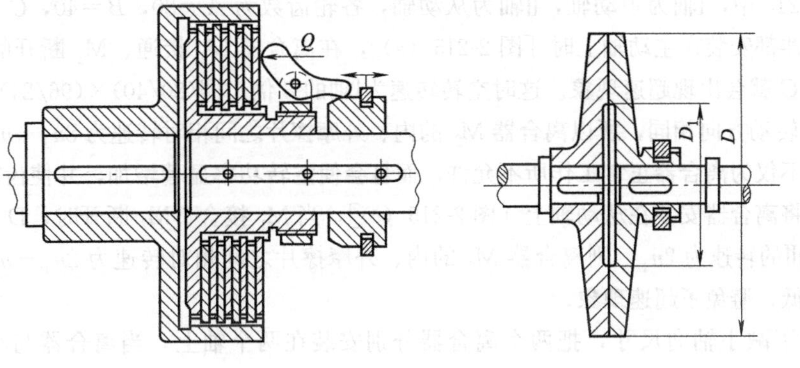


(a) 多圆盘式摩擦离合器(易发热)　(b) 单圆盘式摩擦离合器(散热好)

图 2-212　高温工作条件下的盘式摩擦离合器

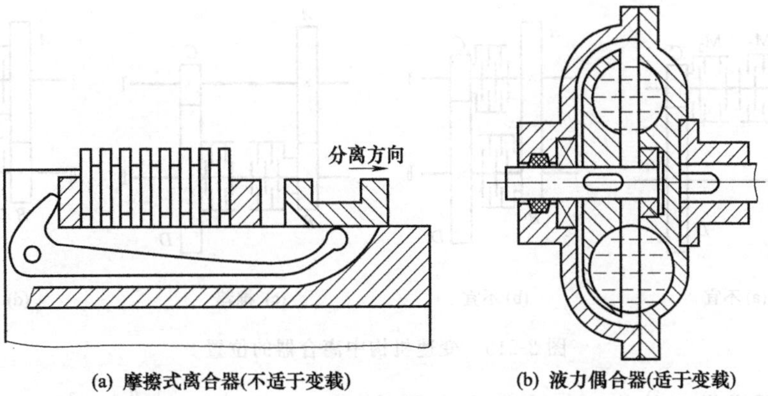


(a) 摩擦式离合器(不适于变载)　(b) 液力偶合器(适于变载)

图 2-213　载荷变化大启动频繁不宜用摩擦离合器

(3) 离合器位置的设置

① 机床中离合器的位置　在图 2-214 (a) 中，机床的离合器装在主轴箱的输出轴上，当离合器在零位时，虽然机床并不工作，但主轴箱中的轴和齿轮都在转动，功率被无用地消耗，并使箱中机件磨损加快，机床寿命降低，所以不应将离合器装在主轴箱的输出轴上，而应将离合器装在电动机输出轴上，如图 2-214 (b) 所示，这样在电动机开动时，可避免箱中机件在机床启动前的不必要磨损，而且还能避免主轴箱中的机件由于骤然转动而遭受有害

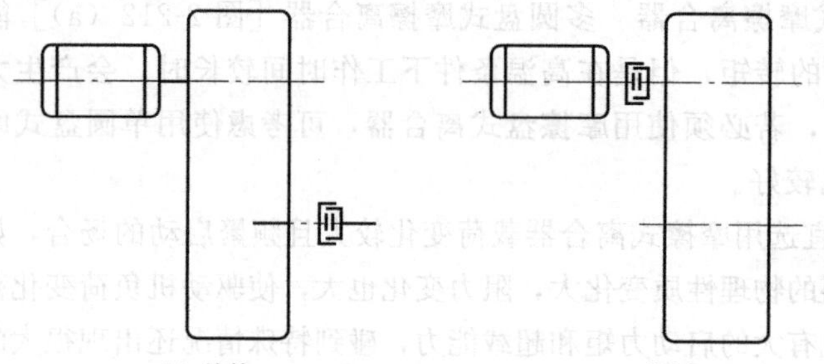

图 2-214　机床中离合器的位置

的冲击力。

② 变速机构中离合器的位置　在自动或半自动机床等传动系统中，往往需要在运行过程中变换主轴转速，而机床主轴转速又较高，所以常采用摩擦离合器变速机构。设计传动系统时，对于摩擦离合器在传动系统中的安放位置，应注意避免出现超速现象。超速现象是指当一条传动路线工作时，在另一条不工作的传动路线上，传动构件（如齿轮）出现高速空转现象。

在图 2-215 中，Ⅰ轴为主动轴，Ⅱ轴为从动轴，各轮齿数为 $A=80$，$B=40$，$C=24$，$D=96$。当两个离合器都安装在主动轴上时［图 2-215（a)］，在离合器 $M_1$ 接通、$M_2$ 断开的情况下，Ⅰ轴上的小齿轮 $C$ 就会出现超速现象。这时空转转速为Ⅰ轴的 8 倍，即 $(80/40)\times(96/24)=8$，由于Ⅰ轴与齿轮 $C$ 的转动方向相同，所以离合器 $M_2$ 的内、外摩擦片之间相对转速为 $8n_1-n_1=7n_1$。相对转速很高，不仅为离合器正常工作所不允许，而且会使空转功率显著增加，并使齿轮的噪声和磨损加剧。若将离合器安装在从动轴上［图 2-215（c)］，当 $M_1$ 接合、$M_2$ 断开时，$D$ 轮的空转转速为 $n_1/4$，轴Ⅱ的转速为 $2n_1$，则离合器 $M_2$ 的内、外摩擦片之间相对转速为 $2n_1-n_1/4=1.75n_1$，相对转速较低，避免了超速现象。

有时为了减小轴向尺寸，把两个离合器分别安装在两个轴上，当离合器与小齿轮安装在一起［图 2-215（b)］，则同样也会出现超速现象；若将离合器与大齿轮安装在一起［图 2-215（d)］，就不会出现超速现象。

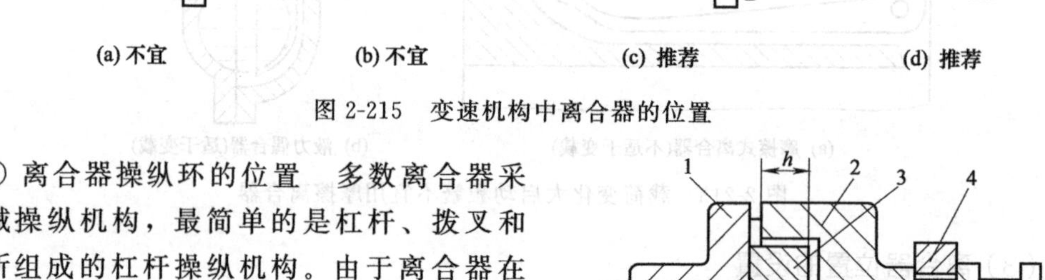

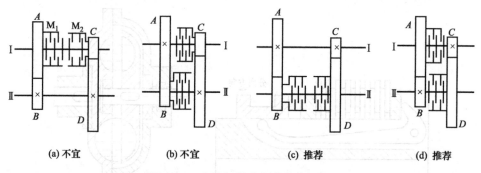

图 2-215　变速机构中离合器的位置

③ 离合器操纵环的位置　多数离合器采用机械操纵机构，最简单的是杠杆、拨叉和滑环所组成的杠杆操纵机构。由于离合器在分离前和分离后，主动半离合器是转动的，而从动半离合器是不转动的，为了减少操纵环与半离合器之间的磨损，应尽可能将离合器操纵环安装在与从动轴相连的半离合器上（图 2-216）。

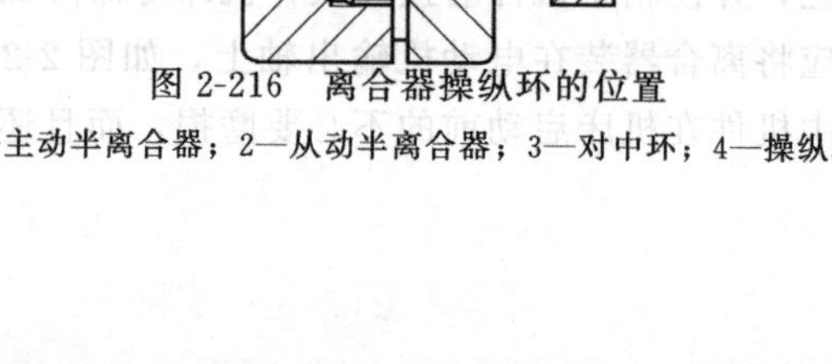

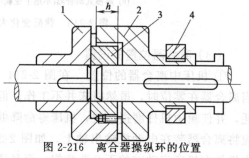

图 2-216　离合器操纵环的位置
1—主动半离合器；2—从动半离合器；3—对中环；4—操纵环

# 第 3 章 连接结构选用技巧

## 3.1 螺纹连接结构选用技巧

### 3.1.1 螺纹主要类型、特点及应用

（1）螺纹的主要类型

螺纹的常用牙型有三角形、矩形、梯形和锯齿形，其类型、特点及应用见表 3-1。

**表 3-1 常用螺纹的类型、特点及应用**

| 类型 | 牙型图 | 特点及应用 |
|---|---|---|
| 三角形螺纹 | 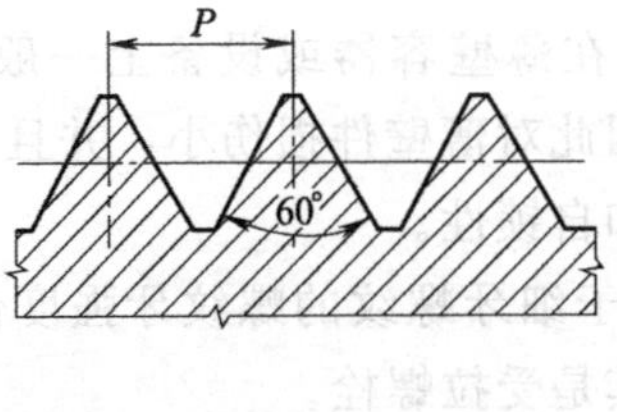 | 牙型为等边三角形，牙型角 $\alpha=60°$。内、外螺纹旋合后留有径向间隙。外螺纹牙根允许有较大的圆角，以减小应力集中。同一公称直径按螺距大小分为粗牙和细牙。细牙螺纹的牙形与粗牙相似，但螺距小，升角小，自锁性较好，强度高，因牙细不耐磨，容易滑扣。一般连接多用粗牙螺纹。细牙螺纹常用于细小零件、薄壁管件或受冲击、振动和变载荷的连接中，也可作为微调机构的调整螺旋 |
| 矩形螺纹 | 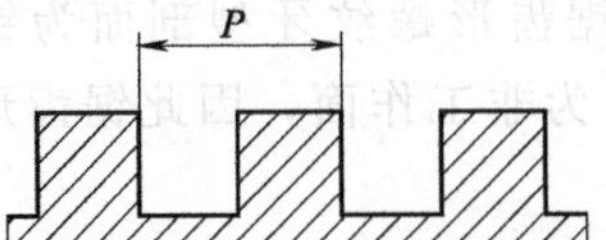 | 牙型为正方形，牙型角 $\alpha=0°$。其传动效率较其他螺纹高，但牙根强度弱。螺旋副磨损后，间隙难以修复和补偿，传动精度降低。为了便于铣、磨削加工，可制成 10°的牙型角。矩形螺纹尚未标准化，目前已逐渐被梯形螺纹所代替 |
| 梯形螺纹 | 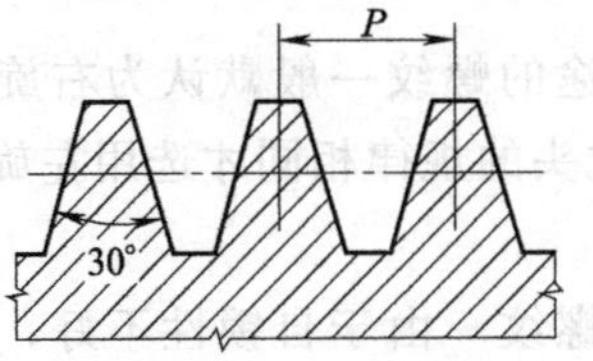 | 牙型为等腰梯形，牙型角 $\alpha=30°$。内、外螺纹以锥面贴紧，不易松动。与矩形螺纹相比，传动效率较低，但工艺性好，牙根强度高，对中性好。如用剖分螺母，还可以调整间隙。梯形螺纹是最常用的传动螺纹 |
| 锯齿形螺纹 | 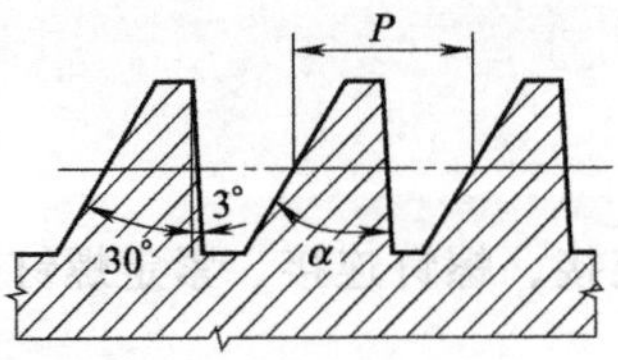 | 牙型为不等腰梯形，工作面的牙侧角为 $\alpha=3°$，非工作面的牙侧角为 $\alpha=30°$。外螺纹牙根有较大的圆角，以减小应力集中。内、外螺纹旋合后，大径处无间隙，便于对中。这种螺纹兼有矩形螺纹传动效率高、梯形螺纹牙根强度高的特点，但只能用于单向受力的螺纹连接或螺旋传动中，如螺旋压力机 |

以上四种螺纹的性能对比见表 3-2。

**表 3-2 常用螺纹性能对比**

| 项目 \ 牙型 | 三角形 | 梯形 | 锯齿形 | 矩形 |
| --- | --- | --- | --- | --- |
| 牙型角 $\alpha$ | 60° | 30° | 33° | 0° |
| 牙侧角 $\beta$ | 30° | 15° | 工作面 $\beta=3°$<br>非工作面 $\beta=30°$ | 0° |
| 当量摩擦因数 $f_v$ | $1.155f$ | $1.035f$ | $1.001f$ | $f$ |
| 自锁条件 | 螺纹升角 $\psi<\varphi_v$，$\varphi_v$ 为当量摩擦角，$\varphi_v=\arctan f_v$，$f_v=f/\cos\beta$。$\beta$ 大则 $f_v$ 大，自锁性好 | | | |
| 自锁性 | 最好(细牙优于粗牙) | 较差 | 差 | 最差 |
| 效率 | 较低 | 较高 | 较高 | 最高 |
| 牙根强度 | 一般 | 较高 | 较高 | 低 |
| 工艺性 | 较好 | 较好 | 较好 | 差 |
| 应用 | 主要用于连接，也可用于调整机构等，应用广泛 | 用于传力或传导螺旋 | 用于单向受力的螺纹连接或螺旋传动中 | 传力或传导螺旋，应用较少 |

（2）螺纹类型选择不宜事项

① 矩形螺纹不能用于连接　矩形螺纹因自锁性差，不能用于连接，且相同尺寸的矩形螺纹比三角形螺纹根部面积小，其强度也比三角形螺纹低。三角形螺纹由于自锁性好，主要用于连接中。

② 梯形螺纹不能用于连接　梯形螺纹自锁性不如三角形螺纹，其效率 $\eta$ 比三角形螺纹高，但比矩形螺纹低。由于梯形螺纹比矩形螺纹根部面积大，因此其强度比矩形螺纹高，综合考虑，是工程上用得最多的一种传力螺纹。

③ 在薄壁容器或设备上不宜采用粗牙螺纹　在薄壁容器或设备上一般不用粗牙螺纹，避免对薄壁件损伤太大。因为细牙螺纹牙高小，因此对薄壁件损伤小，并且可以提高连接强度（细牙螺纹比粗牙螺纹根径大，根部面积大）和自锁性。

④ 在一般机械设备上不宜采用细牙螺纹　由于细牙螺纹的螺纹牙强度低，所以一般机械设备上用于连接的螺纹不宜采用细牙螺纹，尤其是受拉螺栓。

⑤ 承受双向轴向力时不能用锯齿形螺纹　锯齿形螺纹牙型剖面为锯齿形，一侧牙型角 $\alpha=3°$，为工作面，另一侧牙型角 $\alpha=30°$，为非工作面，因此锯齿形螺纹只能承受单向轴向力，不能用于双向轴向力的场合。

⑥ 锯齿形螺纹不能用于连接　因为自锁性不好，所以锯齿形螺纹不能用于连接。

⑦ 普通用途的螺纹一般不选用左旋　普通用途的螺纹一般默认为右旋，只有在特殊情况下如设计螺旋起重器时，为了和一般拧自来水龙头的规律相同才选用左旋螺纹，煤气罐的减压阀也选用了左旋螺纹。

⑧ 用于连接的螺纹不能选用双头螺纹和多头螺纹　由于自锁性不好，连接性能差，所以双头螺纹和多头螺纹不能用于连接。

### 3.1.2 螺纹连接主要类型、特点及应用

螺纹连接的主要类型有螺栓连接、双头螺柱连接、螺钉连接、紧定螺钉连接。它们的结构、主要尺寸关系、特点及应用见表 3-3。

表 3-3　螺纹连接的主要类型、特点及应用

| 类型 | 结构 | 主要尺寸关系 | 特点及应用 |
|---|---|---|---|
| 螺栓连接 | 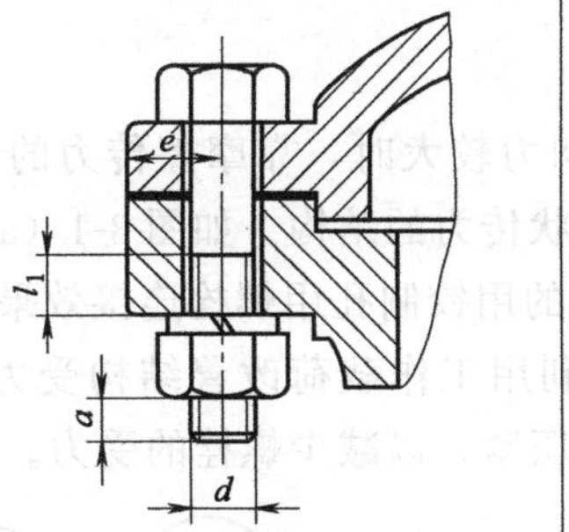 受拉螺栓连接 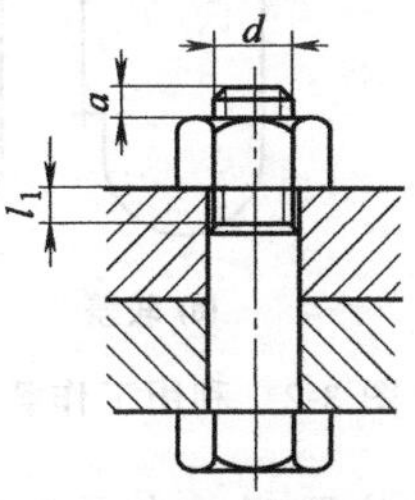 受剪螺栓连接 | 螺纹余留长度：<br>受拉螺栓连接<br>静载荷 $l_1 \geqslant (0.3 \sim 0.5)d$<br>变载荷 $l_1 \geqslant 0.75d$<br>冲击、弯曲载荷 $l_1 \geqslant d$<br>受剪螺栓连接 $l_1$ 尽可能小<br>螺纹伸出长度：<br>$a \approx (0.2 \sim 0.3)d$<br>螺栓轴线到边缘的距离：<br>$e = d + (3 \sim 6)\text{mm}$ | 螺栓连接不需要在被连接件上切制螺纹，故不受被连接件材料的限制，构造简单，装拆方便，应用广泛<br>用于紧固不太厚的零件、板、凸缘和梁等，用于通孔并能从连接的两边进行装配的场合，或连接必须经常旋松和旋紧时<br>受拉螺栓连接靠摩擦传力，受剪螺栓连接靠剪切和挤压传力，前者用普通螺栓，后者用铰制孔用螺栓。相同载荷时，后者结构紧凑 |
| 双头螺柱连接 | 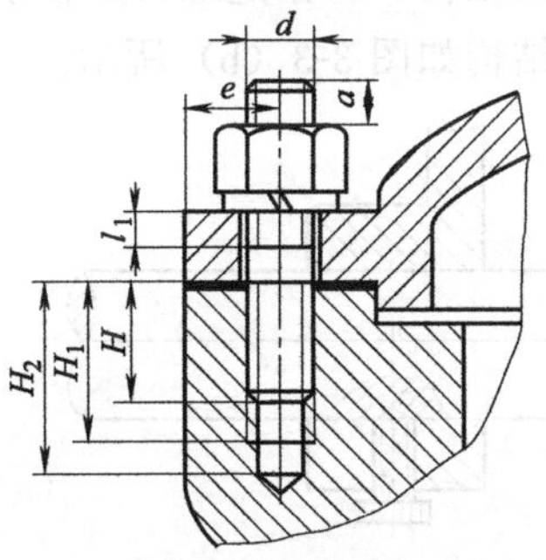 | 座端旋入深度 $H$，因螺纹孔零件材料不同而不同：<br>钢或青铜 $H \approx d$<br>铸铁 $H \approx (1.25 \sim 1.5)d$<br>铝合金 $H \approx (1.5 \sim 2.5)d$<br>螺纹孔深度：<br>$H_1 \approx H + (2 \sim 2.5)P$（$P$ 为螺距）<br>钻孔深度：<br>$H_2 \approx H_1 + (0.5 \sim 1)d$<br>$l_1$、$a$、$e$ 同螺栓连接 | 双头螺柱两端均有螺纹，连接时，座端旋入并紧定在被连接件之一的螺纹孔中，用于因结构限制不能用螺栓连接的地方（如被连接件之一太厚）或希望结构较紧凑的场合，以及当连接需要经常装拆而被连接件材料不能保证螺纹有足够耐久性的场合 |
| 螺钉连接 | 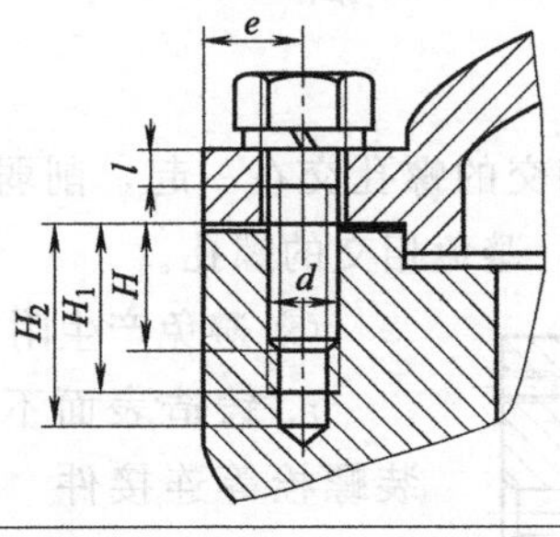 | | 不用螺母，重量较轻，在钉尾一端的被连接件外部能有光整的外露表面，应用与双头螺柱相似，但不宜用于经常拆卸的连接，以免损坏被连接件螺纹孔 |
| 紧定螺钉连接 | 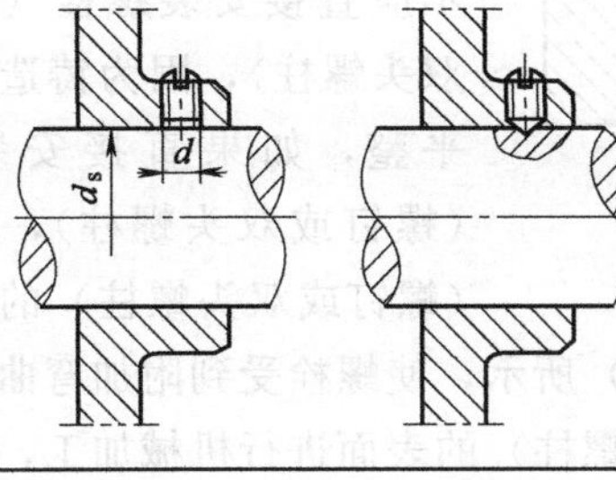 | $d \approx (0.2 \sim 0.3)d_s$（$d_s$ 为轴径）<br>转矩大时取大值 | 紧定螺钉旋入一零件的螺纹孔中，并用其末端顶住另一零件的表面或顶入相应的凹坑中，以固定两零件的相对位置，并可传递不大的力和转矩。平端螺钉比锥端螺钉传递的横向力小 |

## 3.1.3 螺纹连接结构选用技巧

（1）螺纹连接结构应符合力学要求

① 受剪切力较大的连接不宜采用摩擦传力　剪切力较大时，靠摩擦传力的连接结构零件受力大，尺寸大，且传力不可靠，宜采用靠零件形状传力的结构。如图 3-1（a）所示用普通螺栓连接两板，靠摩擦传力，不如图 3-1（b）所示的用铰制孔用螺栓连接效果更好。

② 利用工作载荷改善螺栓受力　有些场合可以利用工作载荷改善结构受力。如图 3-2 所示压力容器的盖，可以利用容器中介质的压力帮助压紧，以减少螺栓的受力。

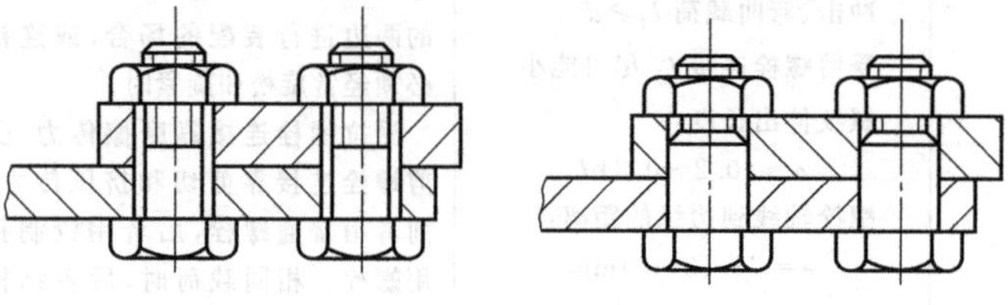

(a) 较差　　(b) 较好

图 3-1　受剪切力较大的连接不宜采用摩擦传力

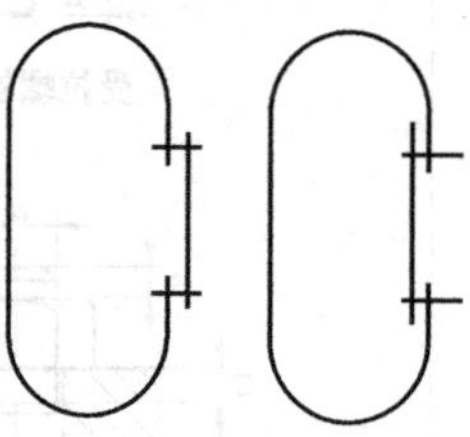

(a) 较差　(b) 较好

图 3-2　利用工作载荷改善螺栓受力

③ 紧定螺钉不宜放在承受载荷方向上　设计紧定螺钉的位置时，在承受载荷的方向上放置紧定螺钉是不合适的，不能采取如图 3-3（a）所示的结构，将紧定螺钉放在承受载荷的方向上，这样螺钉会被压坏，不起紧定作用，改进后的结构如图 3-3（b）所示。

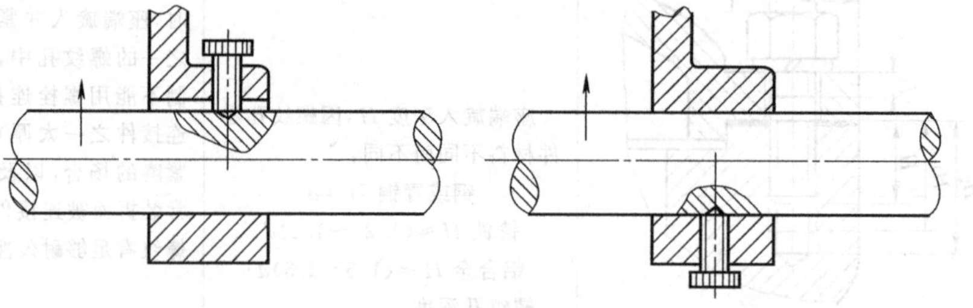

(a) 不宜　　(b) 推荐

图 3-3　紧定螺钉的位置

④ 避免螺孔轴线相交　如图 3-4（a）所示，轴线相交的螺孔交在一起，削弱了机体的强度和螺钉的连接强度。正确的结构如图 3-4（b）所示，避免相交的螺孔。

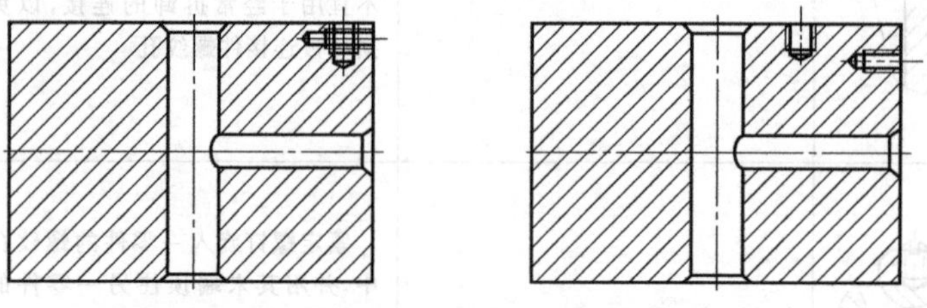

(a) 不宜　　(b) 推荐

图 3-4　避免相交的螺孔

⑤ 避免产生附加弯矩

a. 铸造表面不宜直接安装螺栓等连接件　铸造表面不应直接安装螺栓（螺钉或双头螺柱），因为铸造表面不平整，如果直接安装螺栓（螺钉或双头螺柱），则螺栓（螺钉或双头螺柱）的轴线就会与连接表面不垂直，从而产生附加弯矩，如图 3-5（a）所示，使螺栓受到附加弯曲应力而降低寿命。正确的设计应该是在安装螺栓（螺钉或双头螺柱）的表面进行机械加工，如铸造表面采用图 3-5（b）所示的凸台，或采用图 3-5（c）所示的沉头座等方式，避免附加弯矩的产生。

b. 避免使用钩头螺栓产生附加弯矩　采用钩头螺栓时，如图 3-6（a）所示，会使螺栓产生偏心载荷，这时螺栓除受拉力外还受由偏载引起的附加弯曲应力，从而使螺栓的工作应力大大增加，所以应尽量避免使用。

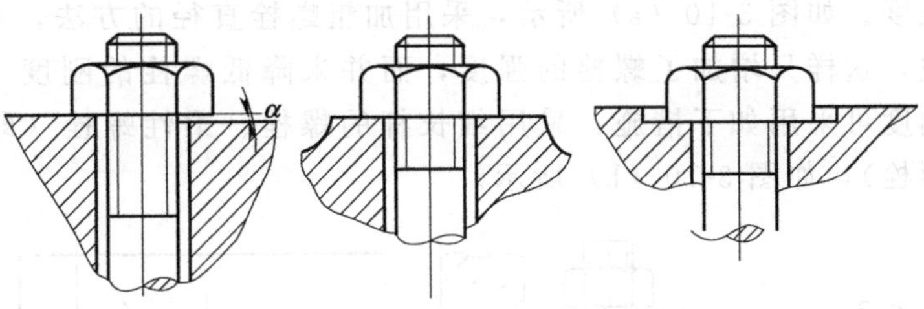

图 3-5　铸造表面的螺纹连接

c. 避免连接件表面倾斜使螺栓产生附加弯矩　图 3-6（b）所示的结构因被连接件表面倾斜，与螺栓轴心线不垂直，从而使螺栓产生附加弯矩。这种情况下可以采用斜垫圈，如图 3-6（c）所示。

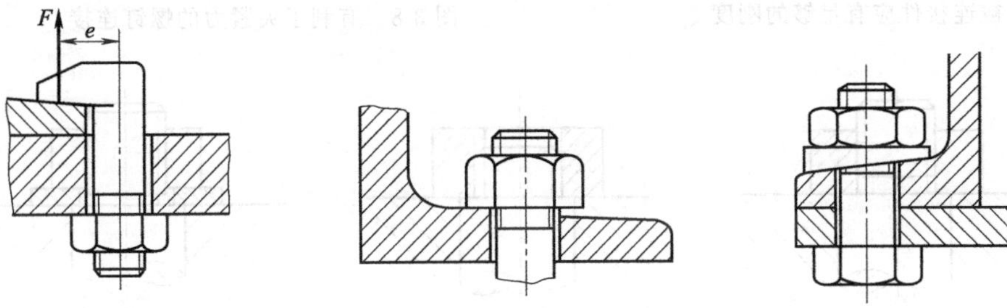

图 3-6　避免产生附加弯矩

d. 避免被连接件刚度不足产生附加弯矩　图 3-7（a）所示为被连接件刚度太小造成的螺栓附加弯矩，应当避免。使被连接件有足够的刚度，如图 3-7（b）所示，加厚被连接件可增大被连接件刚度，结构合理。

⑥ 有利于夹紧力的螺钉连接　图 3-8 所示为经常遇到的把某一机件牢固地安装在轴、杆或管子上，要求能调整位置并便于装卸，此种情况可采用螺钉连接。如图 3-8（a）所示的结构，无论怎样夹紧，总是固定不住，常易发生滑移和转动，原因是螺钉固定时，对轴的夹紧力仅限于有切槽的一侧，另一侧未开槽，刚性大，所以无论怎样锁紧螺钉，也不能紧固，使用时就产生转动和滑移。例如，用于工业机器人的工件夹持时，造成工件夹持不住而滑落。改进后的结构如图 3-8（b）所示，将切槽延伸至孔的另一侧，拧紧螺钉时，夹紧力使之发生弹性变形，并传递到轴的四周，将轴牢固地夹住。

⑦ 螺母螺纹旋合高度应满足保证载荷要求　螺母的保证载荷是以螺母高度内的螺纹全部旋合而设计的，因此在使用螺母时必须让螺母的螺纹全部旋合。图 3-9（a）、（b）所示结构不合理，它们减少了旋合的螺纹扣数，不能保证足够的螺纹连接强度，在重要的地方尤其应注意，否则容易引发事故。正确结构如图 3-9（c）所示。

⑧ 提高螺栓疲劳强度的结构

a. 采用柔性螺栓可以提高螺栓的疲劳强度　理论分析表明，降低应力幅 $\sigma_a$ 可提高螺栓连接的疲劳强度。在一定的工作载荷 $F$ 作用下，螺栓总拉力 $F_0$ 一定时，减小螺栓刚度 $C_1$ 或增大被连接件刚度 $C_2$，都能使应力幅 $\sigma_a$ 减小。从而提高螺栓的疲劳强度。如图 3-10（a）所示，采用加粗螺栓直径的方法，对提高螺栓疲劳强度并无补益，这样只增加了螺栓的强度，而并未降低螺栓的刚度。一般情况下，减小螺栓的刚度可采用如下措施：采用细长杆的螺栓、柔性螺栓（即部分减小螺杆直径或中空螺栓），如图 3-10（b）所示。

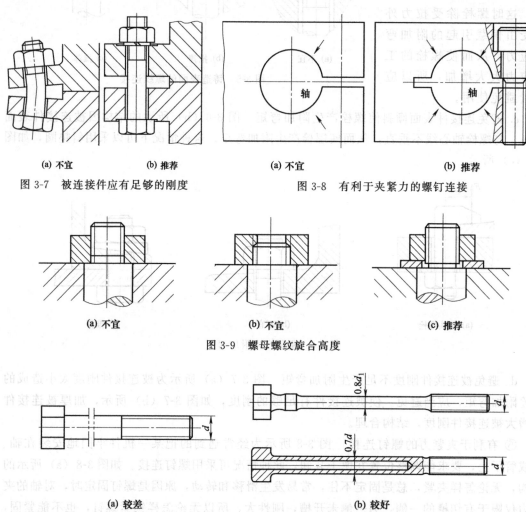

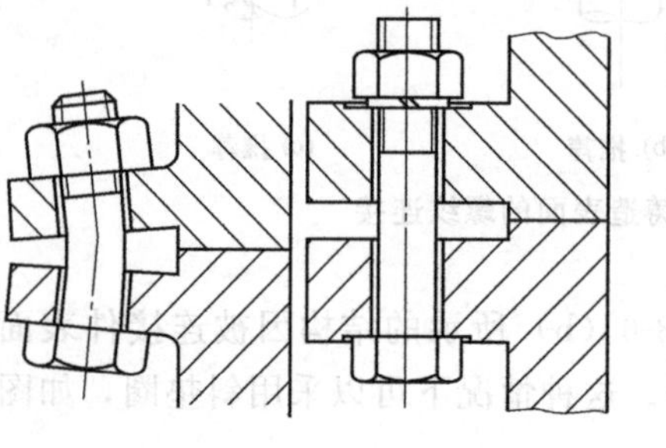

(a) 不宜　　(b) 推荐

图 3-7　被连接件应有足够的刚度

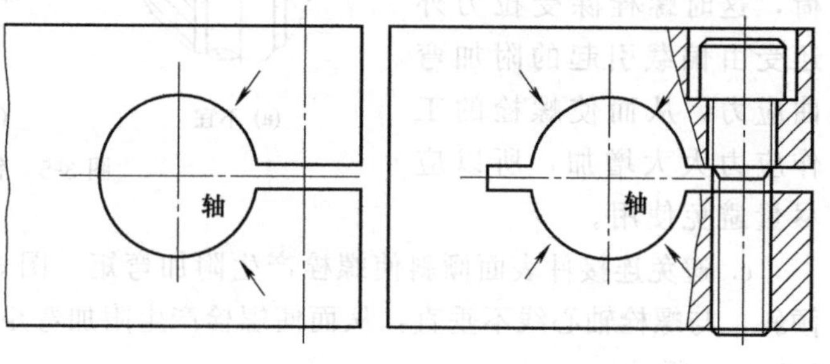


(a) 不宜　　(b) 推荐

图 3-8　有利于夹紧力的螺钉连接

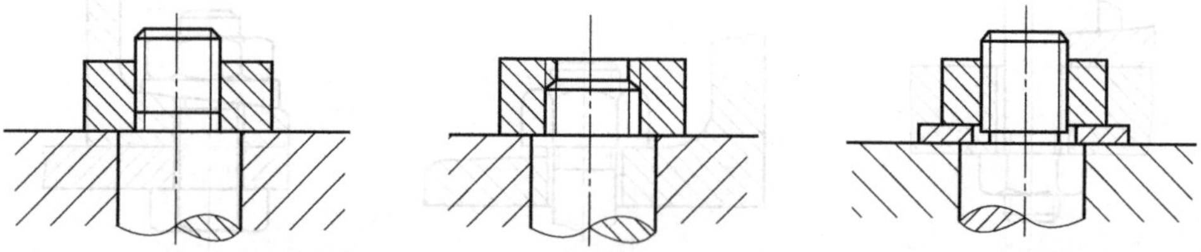

(a) 不宜　　(b) 不宜　　(c) 推荐

图 3-9　螺母螺纹旋合高度

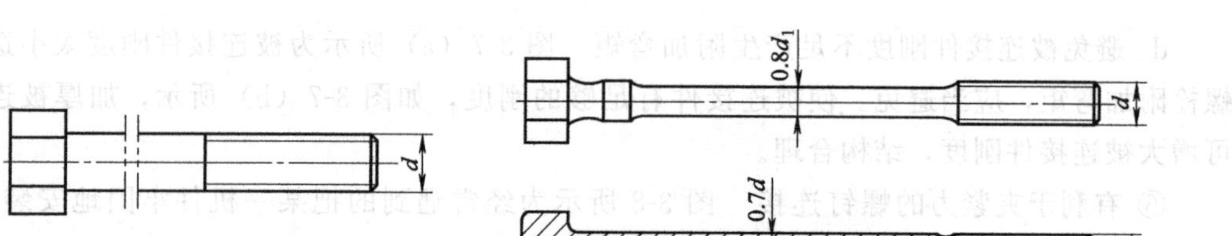


(a) 较差　　(b) 较好

图 3-10　采用柔性螺栓可以提高螺栓的疲劳强度

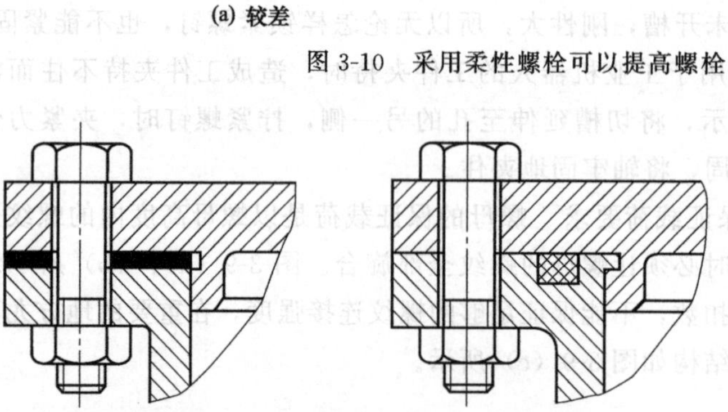

(a) 不宜　　(b) 推荐

图 3-11　压力容器两种密封方式比较

b. 压力容器密封设计与螺栓的疲劳强度　如上所述，减小连接件刚度或增大被连接件刚度，均可提高螺栓连接疲劳强度。如图 3-11（a）所示压力容器用刚度小的普通密封垫，就相当于减小了被连接件的刚度，因此降低了螺栓的疲劳强度。如果改为图 3-11（b）所示的结构，即被连接件之间无垫片，开密封槽并放入橡胶密封环进行密封，就增大了被连接件的刚度，因此比前一种方式大大提高了螺栓的疲劳强度。

c. 特殊结构螺母可提高螺栓疲劳强度　悬置螺母［图 3-12（a）］的旋合部分全部受拉，其变形性质与螺栓相同，栓杆与螺母的变形一致，减小螺距变化差，螺纹牙受力较均匀，可提高螺栓疲劳强度达 40%。

内斜螺母［图 3-12（b）］可减小原受力大的螺纹牙的刚度，而把力分移到原受力小的牙上，可提高螺栓疲劳强度达 20%。

环槽螺母［图 3-12（c）］利用螺母下部受拉且富于弹性可提高螺栓疲劳强度达 30%。

这些结构特殊的螺母制造费工，只在重要的或大型的连接中使用。

d. 增大螺栓头根部圆角可提高螺栓疲劳强度　图 3-13（a）所示的螺栓头根部圆角太小，因此应力集中太大。图 3-13（b）所示的结构螺栓头根部圆角增大，因此减小了应力集中，提高了螺栓的疲劳强度。图 3-13（c）所示的结构螺栓头根部圆角更大，因此更加显著地减小了应力集中，提高螺栓疲劳强度效果好。

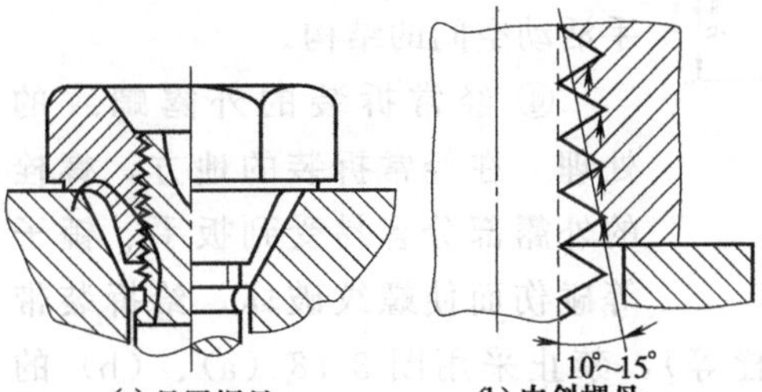

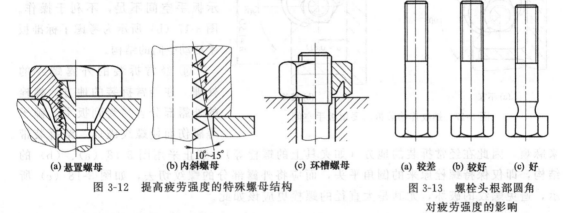

图 3-12　提高疲劳强度的特殊螺母结构

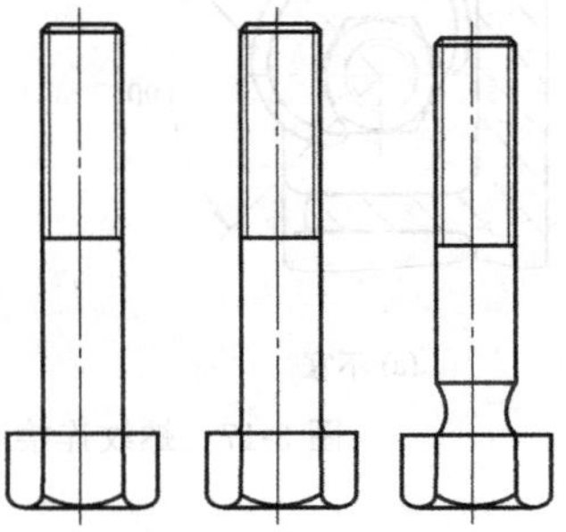

图 3-13　螺栓头根部圆角对疲劳强度的影响

e. 变载荷条件下容器不宜用短螺栓连接　如图 3-14 上半部分所示容器，缸体与缸盖的连接，在常温、动载荷条件下采用了短螺栓连接，不如图 3-14 下半部分所示采用等截面长螺栓连接，因为后者较前者的螺栓刚度小，可提高螺栓疲劳强度，且前者还增加了螺栓的数量和装卸的工作量，结构设计不如后者合理。

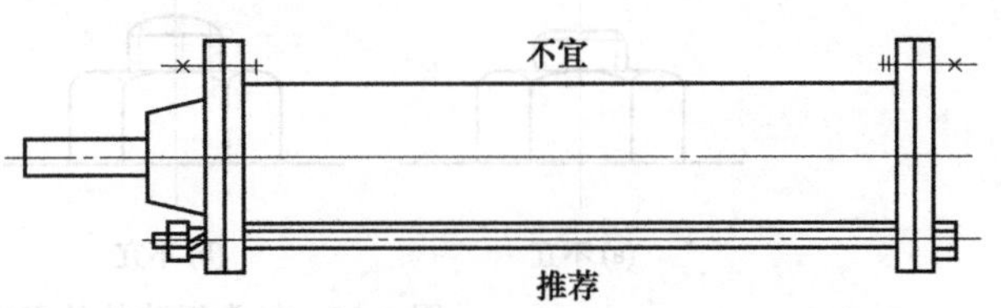

图 3-14　变载荷条件下容器不宜用短螺栓连接

（2）螺纹连接结构应满足工艺性要求

① 螺纹孔边结构应易于装拆　如图 3-15（a）所示，螺纹孔边没有倒角，拧入螺纹时容易损伤孔边的螺纹。如图 3-15（b）所示的螺纹孔边加工成倒角，较为合理。

② 螺纹连接装拆时要有足够的操作空间　螺栓、螺钉和双头螺柱连接必须考虑安装及拆卸要有足够的操作空间。如图 3-16（a）所示的结构，安放螺钉的空间太小，无法装入和拆卸螺钉。如图 3-16（b）所示，$L$ 应大于螺钉的长度，才能装拆螺钉。

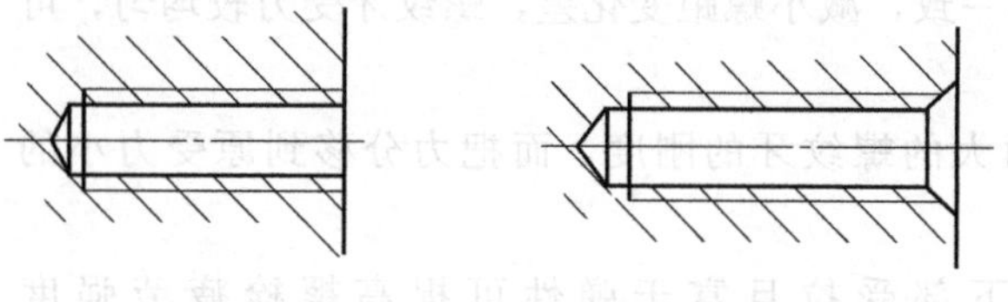

(a) 不宜　　(b) 推荐

图 3-15　螺纹孔边结构应易于装拆

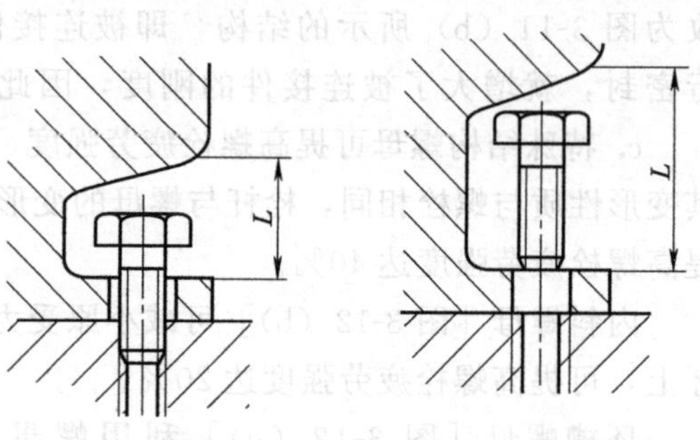


(a) 不宜　　(b) 推荐

图 3-16　螺纹连接装拆时要有足够的操作空间

③ 螺纹连接装拆时要留扳手空间　设计螺栓、螺钉和双头螺柱连接的位置时还必须考虑留有足够的扳手空间。图 3-17（a）所示扳手空间不足，不利于操作。图 3-17（b）所示为考虑了标准扳手活动空间的结构。

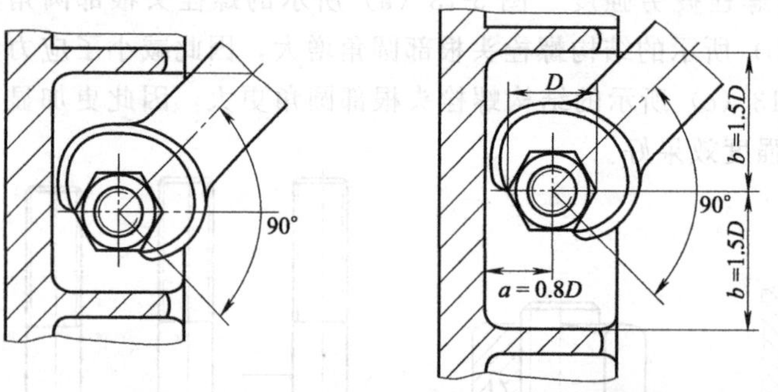


(a) 不宜　　(b) 推荐

图 3-17　螺纹连接装拆时要留扳手空间

④ 经常拆装的外露螺纹的处理　在经常拆装的地方，螺栓的外露部分容易受到扳手、锤子等碰伤而使螺纹破坏，给拆装带来麻烦，因此在经常拆装的地方（如夹具上的螺栓等），禁止采用图 3-18（a）、（b）的结构，即仅保持螺栓原来的倒角平头，而应将外露部分的螺纹切去，如图 3-18（c）所示，避免螺纹的破坏，尤其是大直径的螺栓更应该如此。

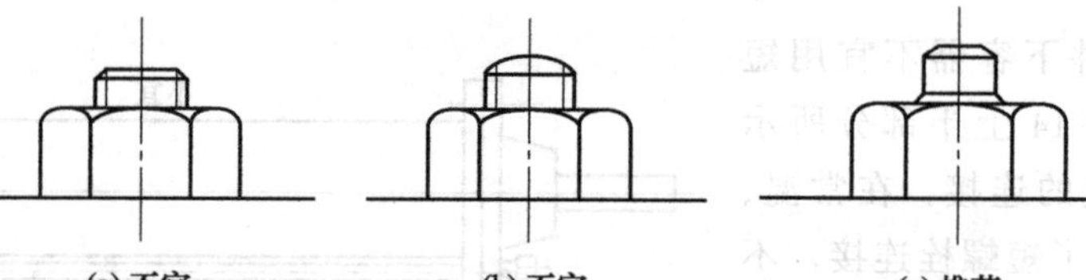

(a) 不宜　　(b) 不宜　　(c) 推荐

图 3-18　经常拆装的外露螺纹的处理

⑤ 避免螺栓在机架下方装入　零件的结构要考虑到安装和拆卸的要求，保证零件能够正确安装，还要便于拆卸。如图 3-19（a）所示，要想拆卸螺栓必须先拆卸地脚螺栓，卸下底座，是不合理结构。合理结构如图 3-19（b）所示，改用双头螺柱连接较好。

⑥ 避免错误安装　有些螺栓零件仅有细微的差别，安装时很容易弄错，应在结构上突显其差异，以便于安装。如图 3-20 所示双头螺柱，两端螺纹都是 M16，但长度不同，安装时容易弄错，如将其中一端改用细牙螺纹 M16×1.5（另一端仍用标准螺纹 M16，螺距为 2mm），则不容易弄错。若将另一端改为 M18 则更不容易弄错，但加工困难些。

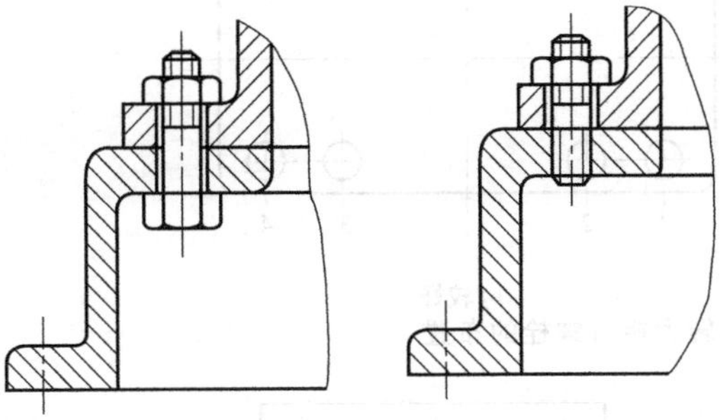

(a) 不宜　　(b) 推荐

图 3-19　避免螺栓在机架下方装入

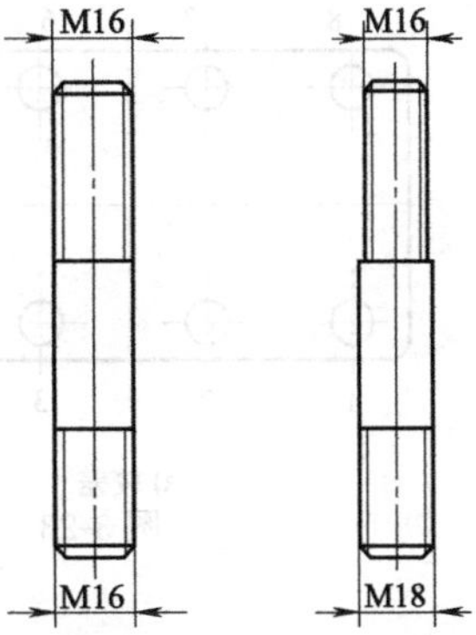


(a) 较差　　(b) 较好

图 3-20　避免错误安装

（3）螺纹连接的结构变异

零件结构形状的选择应有利于材料性能的发挥，如塑料、尼龙、橡胶等由于其具有弹性好、易加工、耐磨、耐腐蚀等优点，在一些载荷不大、不太重要的连接场合，采用塑料零件进行结构变异替代螺纹连接（图 3-21），效果很好。

若充分利用塑料零件弹性变形量大的特点进行结构变异，使搭构与凹槽实现连接，替代螺纹连接，则装配过程简单、准确，操作方便。

图 3-22 所示为将螺钉定位结构改为卡扣定位结构。这种结构尤其适用于自动生产线上机械手安装的零件。

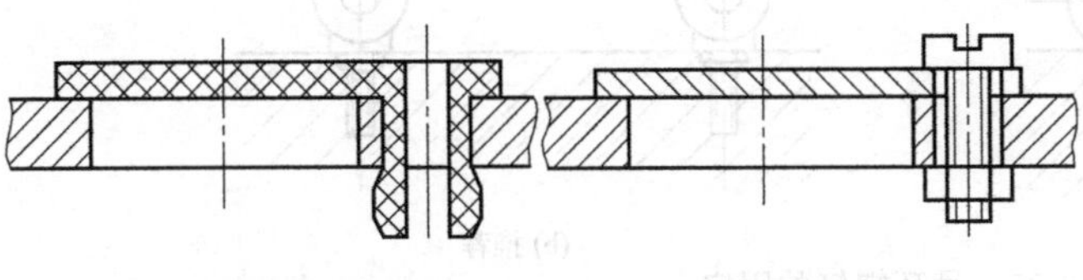

(a) 塑料零件连接　　(b) 螺纹连接

图 3-21　塑料零件连接替代螺纹连接

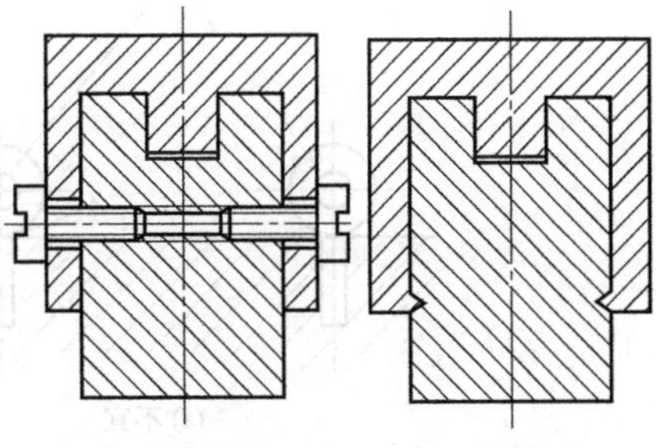

(a) 螺纹连接　　(b) 卡扣连接

图 3-22　螺纹连接变异为卡扣连接

## 3.1.4　螺栓组连接结构选用技巧

（1）螺栓组连接结构应符合力学要求

① 螺栓的布置应使各螺栓受力合理　对承受旋转力矩或翻转力矩的螺栓组连接，应使螺栓的位置适当靠近结合面的边缘，以减小螺栓的受力。图 3-23（a）所示螺栓受力较大，不合理。图 3-23（b）所示螺栓受力合理。

② 在平行力的方向螺栓的排列　如图 3-24（a）所示，如果在平行外力 $F$ 的方向并排地布置 9 个螺栓，此时各螺栓受力不均，且间距太小。建议改为图 3-24（b）所示的布置方式，使螺栓受力均匀，设计时还要注意螺栓排列应有合理的间距、边距和留有扳手空间。

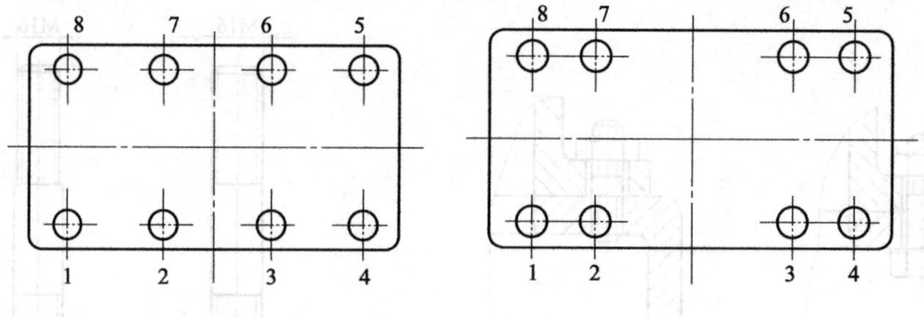


(a) 较差　　　　(b) 较好

图 3-23　受旋转力矩或翻转力矩时螺栓的布置

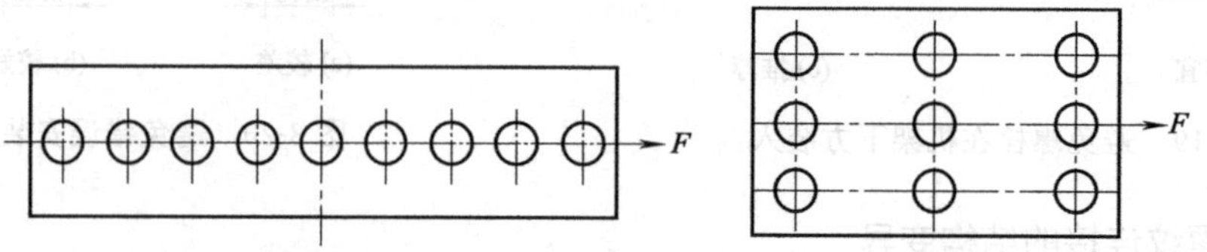


(a) 较差　　　　(b) 较好

图 3-24　在平行力的方向螺栓的排列

③ 受斜向拉力的吊环螺钉固定结构　如图 3-25（a）所示的吊环螺钉是不合理的结构，因为吊环螺钉没有紧固座面，受斜向拉力，极易在 $A$ 处发生断裂而造成事故。合理的结构如图 3-25（b）所示，应采用带座的吊环螺钉。

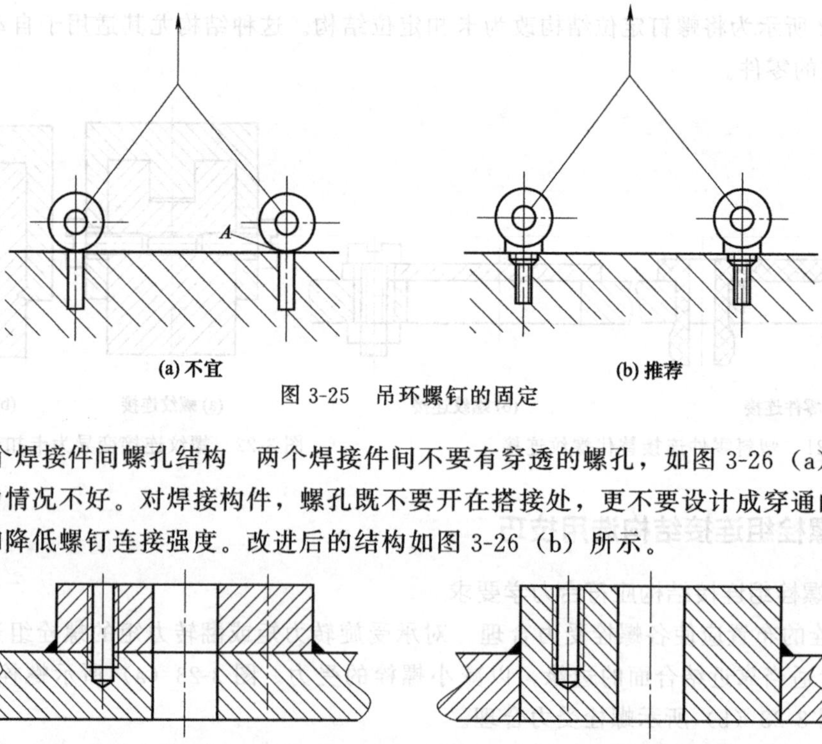


(a) 不宜　　　　(b) 推荐

图 3-25　吊环螺钉的固定

④ 两个焊接件间螺孔结构　两个焊接件间不要有穿透的螺孔，如图 3-26（a）所示，螺纹连接受力情况不好。对焊接构件，螺孔既不要开在搭接处，更不要设计成穿通的结构，以防止泄漏和降低螺钉连接强度。改进后的结构如图 3-26（b）所示。

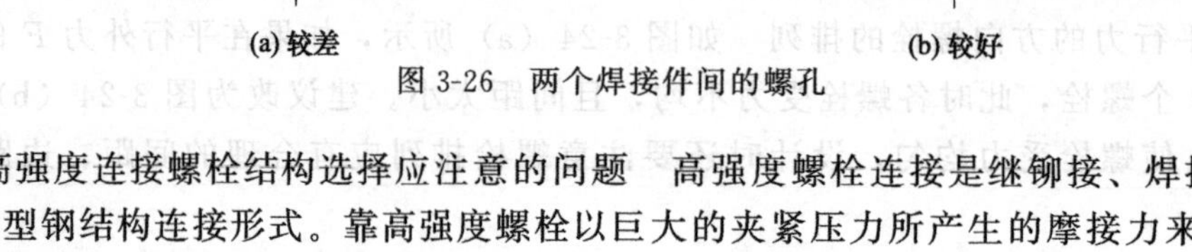

(a) 较差　　　　(b) 较好

图 3-26　两个焊接件间的螺孔

⑤ 高强度连接螺栓结构选择应注意的问题　高强度螺栓连接是继铆接、焊接之后采用的一种新型钢结构连接形式。靠高强度螺栓以巨大的夹紧压力所产生的摩接力来传递载荷，

强度又取决于高强度螺栓的预紧力、钢板表面摩擦因数、摩擦面数及高强度螺栓的数量。它具有施工安装迅速、连接安全可靠等优点，特别适用于承受动力载荷的重型机械上。目前国外已广泛用于桥梁、起重机、飞机等的主要受力构件的连接。

对于高强度连接螺栓结构，在装配图样中应注意以下问题。

a. 标明预紧力要求。为使连接性能达到预期效果，应在图纸中标明预紧力及需用力矩扳手（或专用扳手）拧紧等。

b. 注明特殊要求。为防止连接面滑移，应在图样中注明喷丸（砂）等处理，以及不得有灰尘、油漆、油迹和锈蚀等要求。

图 3-27（a）所示的高强度连接螺栓只有一个垫圈，易造成连接体表面挤压损坏，应有两个高强垫圈，如图 3-27（b）所示。

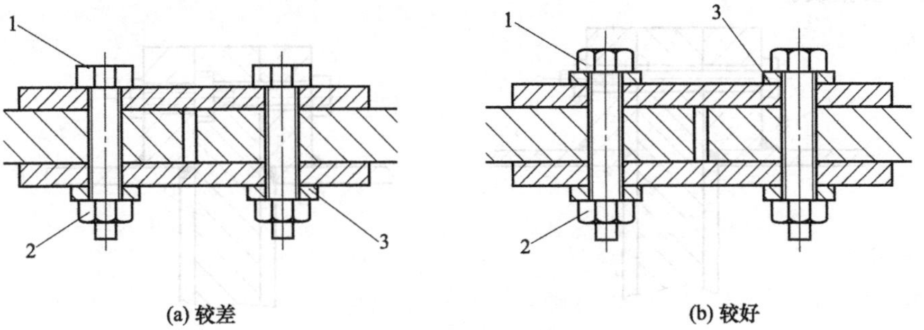


图 3-27　高强度连接螺栓

1—螺栓；2—螺母；3—垫圈

⑥ 往复载荷作用下要防止被连接件窜动　滑动件的螺钉固定，如滑动导轨，最好不用如图 3-28（a）所示的结构，即只用沉头螺钉固定，因为这样固定只有一个螺钉能保证头部紧密结合，另外几个螺钉则由于必然存在加工误差而不能紧密结合，在往复载荷作用下，必然造成导轨的窜动。正确的结构如图 3-28（b）所示，采用在端部能防止导轨窜动的结构。

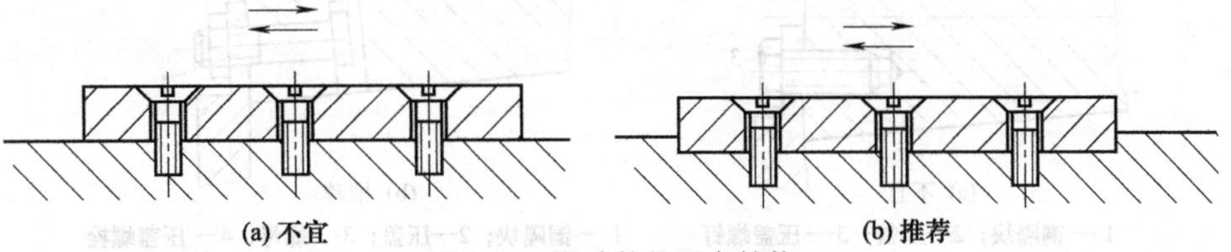


图 3-28　滑动件的固定结构

⑦ 螺钉位置应使被连接件刚度最大　螺钉在被连接件上的位置不要随意布置，而应布置在被连接件刚度最大的部位，这样能够提高连接的紧密性，如图 3-29（a）所示的结构比较差。如因为结构等原因不能实现或不容易实现，可以采取在被连接件上加十字或对角线的加强肋等办法解决，如图 3-29（b）所示的结构就比较好。

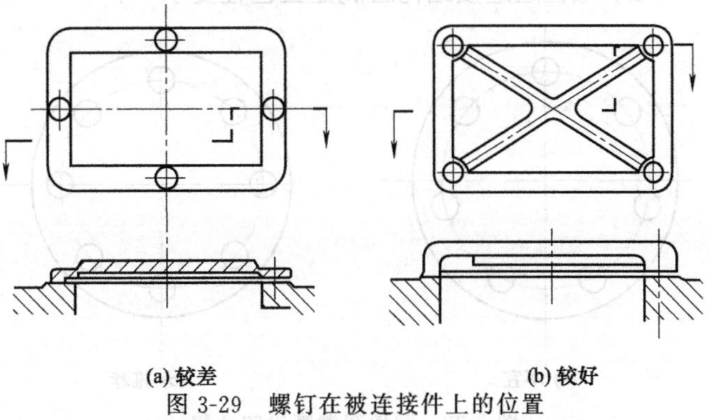


图 3-29　螺钉在被连接件上的位置

⑧ 换热器的螺栓连接　换热器的螺栓用于换热器的壳体、

管板和管箱之间，由于结构的需要，将它们三者连接起来时。连接时禁止简单地采用图 3-30（a）所示的普通螺栓连接的方法。因为换热器管程和壳程的压力一般差别较大，采用同一个穿通的螺栓不便兼顾两边压力的需要，另外也给维修带来不便，即要拆一起拆、要装一起装，不能或不便于分别维修。应该采用图 3-30（b）所示的结构，螺栓为带凸肩的螺栓，这样，可以根据两边不同的压力要求，选择不同尺寸的螺栓，也可以分别进行维修。

⑨ 磁选机盖板与隔块的螺栓连接　图 3-31 所示为磁选机盖板与铜隔块的连接，螺栓是用碳钢制作的。禁止采用图 3-31（a）所示的连接结构，因为螺栓在运行中受到磁拉力脉动循环外载荷作用，易早期疲劳，出现螺栓卡磁头，造成螺栓折断，且折断的螺栓不便于取出。应采用图 3-31（b）所示的结构，成倒挂式连接，一旦出现螺栓折断，更换方便，昂贵的隔块也不会报废。

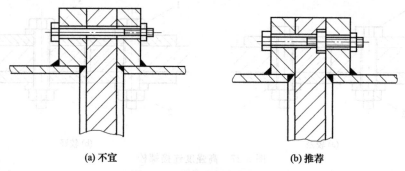

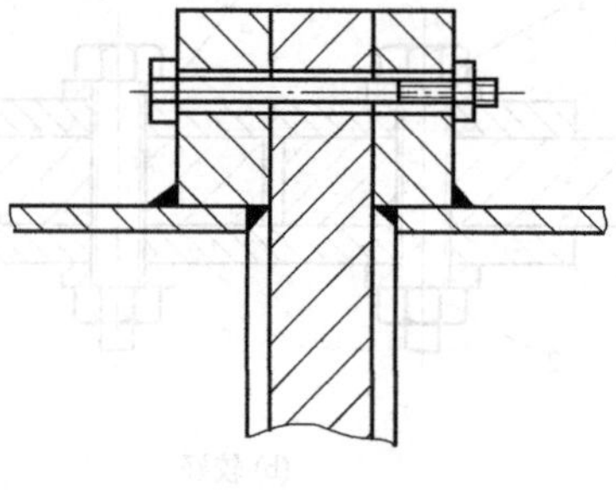


图 3-30　换热器的螺栓连接

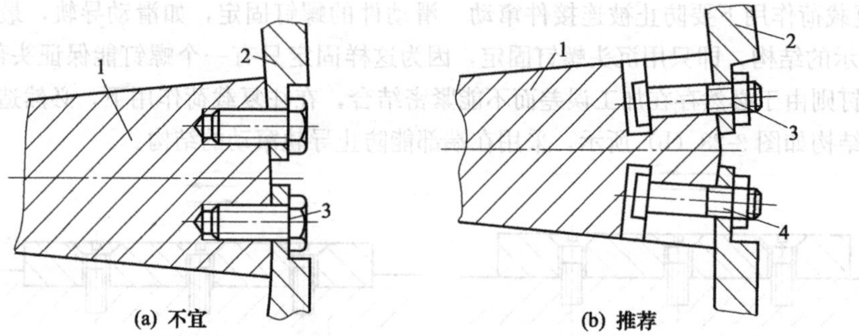


1—铜隔块；2—压盖；3—压盖螺钉　　1—铜隔块；2—压盖；3—螺母；4—压盖螺栓

图 3-31　磁选机盖板与铜隔块的螺栓连接

## （2）螺栓组连接结构应满足工艺性要求

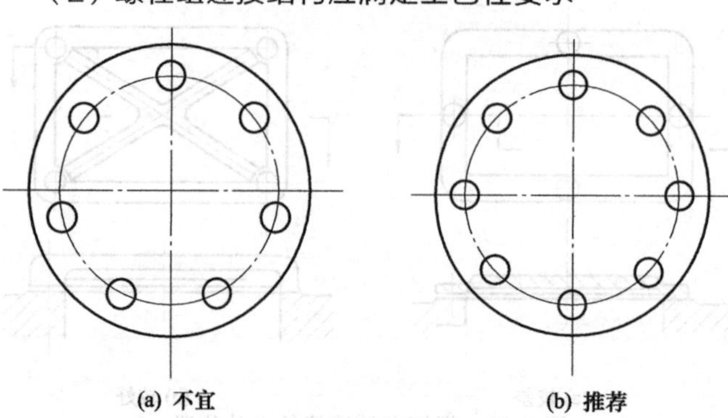


图 3-32　圆形布置螺栓的个数

① 圆形布置螺栓组连接螺栓个数的选取　如图 3-32（a）所示，一组螺栓圆形布置时设计成 7 个，即设计成了奇数，不便于加工时分度。应设计成图 3-32（b）所示的 8 个螺栓，才便于分度及加工。所以得出结论：分布在同一圆周上的螺栓数目应取 4、6、8、12 等易

于分度的偶数，以利于划线钻孔。

② 螺孔钻孔时要留有加工余量　如图 3-33（a)、(c）所示的箱体螺孔是不合理的结构，因为此结构没有留出足够的凸台厚度，尤其在要求密封的箱体、缸体上开螺孔时，无法保证在加工足够深度的螺孔时，不会将螺孔钻透而造成泄漏。在设计铸造件时，应考虑预留足够厚度的凸台，更应考虑到铸造工艺的非常大的误差，必须留出相当大的加工余量。应采用图 3-33（b)、(d）所示的结构。

③ 高速旋转部件注意安全防护　高速旋转部件上的螺栓头部不允许外露，如图 3-34（a）所示的结构是错误的，在高速旋转的旋转体（如工业上广泛使用的联轴器）上的螺栓，禁止头部外露，应将其埋入罩内，如图 3-34（b）所示。如果能采用如图 3-34（c）所示的结构，即用安全罩保护起来就更好了。

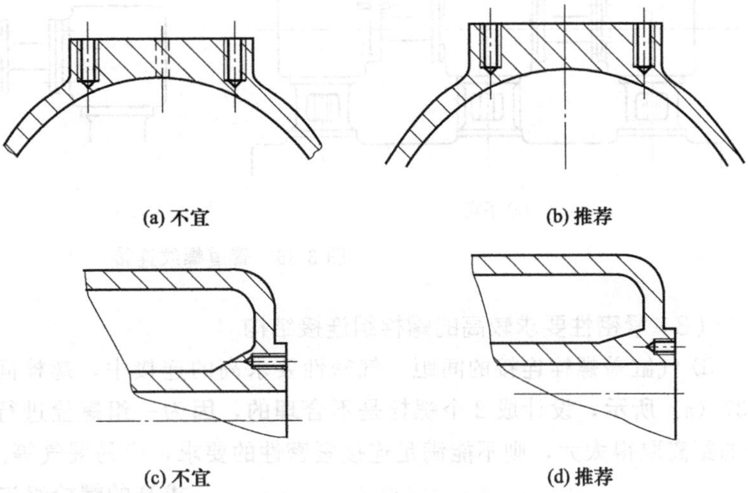


图 3-33　箱体的螺孔结构

④ 用多个沉头螺钉固定零件的结构　如图 3-35（a）所示，用多个锥端沉头螺钉固定一个零件时，如有一个钉头的圆锥部分与钉头锥面贴紧，则由于加工孔间距误差，其他钉头不能正好贴紧。如改用圆柱头沉头螺钉固定，如图 3-35（b）所示，则可以使每个螺钉都压紧，从而使固定比较可靠。

⑤ 管道螺纹连接应便于拆卸　如图 3-36（a）所示，用双头螺柱连接安装的管道，或插入配合的管道，如不使连接的一个或两个机座在轴向移动就不能拆卸，连接结构不合理。应改为如图 3-36（b）所示结构，管道不是插入式的，采用螺钉连接。

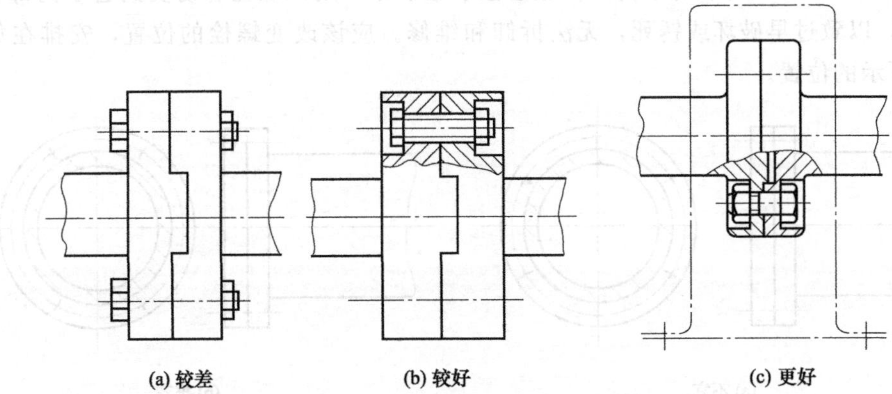


图 3-34　高速旋转部件的螺栓连接结构

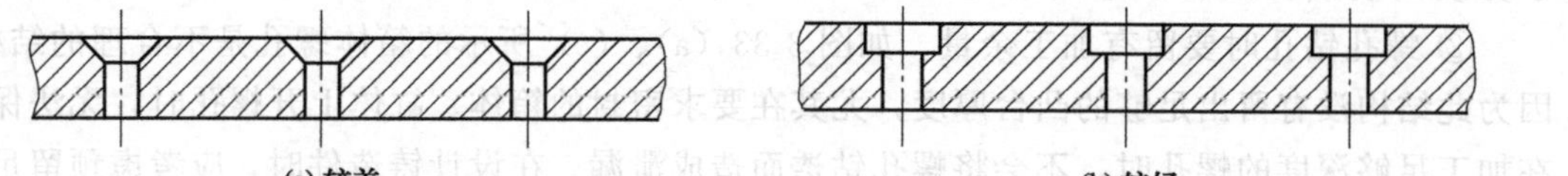

(a) 较差　　　　(b) 较好

图 3-35　用多个沉头螺钉固定零件的结构

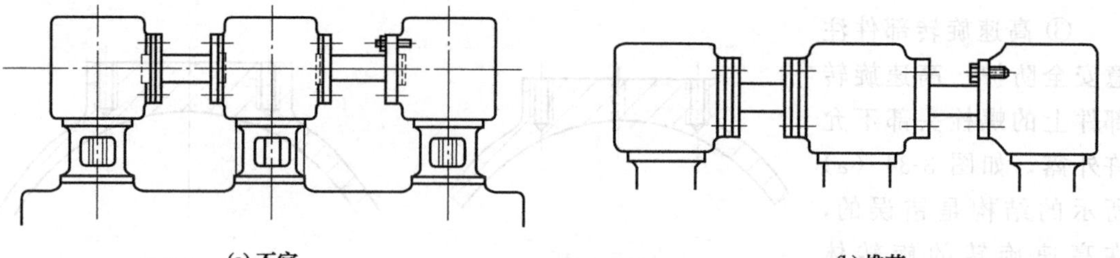

(a) 不宜　　　　(b) 推荐

图 3-36　管道螺纹连接

(3) 紧密性要求较高的螺栓组连接结构

① 气缸盖螺栓连接的间距　气密性要求高的连接中，螺栓间距 $t$ 不宜取得过大，如图 3-37 (a) 所示，设计成 2 个螺栓是不合理的，因为一组螺栓进行结构设计时，如相邻两螺栓的距离取得太大，则不能满足连接紧密性的要求，容易漏气等。因此，气缸盖等气密性要求高的螺栓组连接，应采用如图 3-37 (b) 所示的形式，允许的螺栓最大间距 $t$：当 $p \leqslant 1.6\text{MPa}$ 时，$t \leqslant 7d$；当 $p = 1.6 \sim 10\text{MPa}$ 时，$t \leqslant 4.5d$；当 $p = 10 \sim 30\text{MPa}$ 时，$t \leqslant (4 \sim 3)d$。$d$ 为螺栓公称直径，$D_0$ 为螺栓分布圆直径，$t = \pi D_0 / z$，$z$ 为螺栓个数。确定螺栓个数 $z$ 时，应使其满足上述条件。

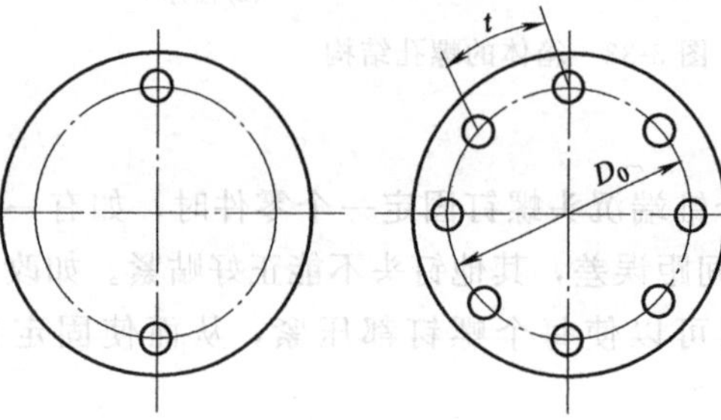


(a) 不宜　　　　(b) 推荐

图 3-37　气缸盖螺栓连接的间距

② 法兰螺栓连接的位置　法兰螺栓连接的设计必须考虑螺栓的位置问题，因为如果采用图 3-38 (a) 所示的结构，将螺栓置于正下方，则该螺栓容易受到管子内部泄漏流体的腐蚀，以致过早破坏或锈死，无法拆卸和维修。应该改变螺栓的位置，安排在如图 3-38 (b) 所示的位置。

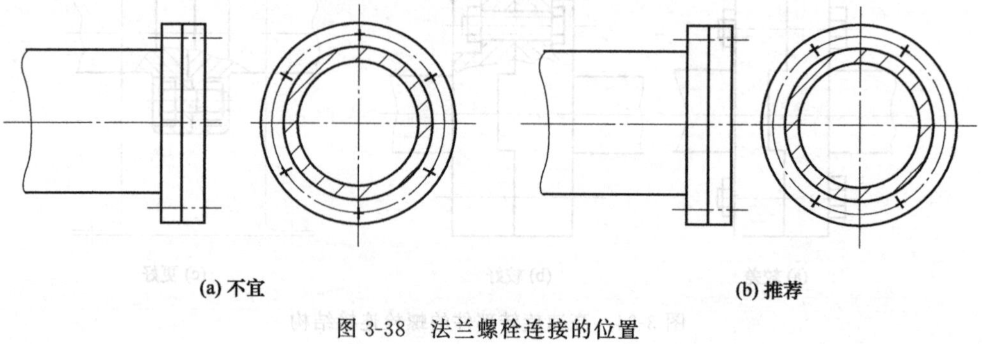

(a) 不宜　　　　(b) 推荐

图 3-38　法兰螺栓连接的位置

③ 高温环境气、液缸及容器的螺栓连接方式　高温环境下气、液缸及容器的螺栓连接时，缸体与缸盖的连接不宜采用图 3-39 上半部分所示结构，因为由于螺栓长，热膨胀伸长量大，会使端盖与缸体的连接松弛，气密性降低。高温条件下，如冶金炉前的液压缸（工作温度有时达 200～300℃），应改用图 3-39 下半部分的结构，使用效果良好。

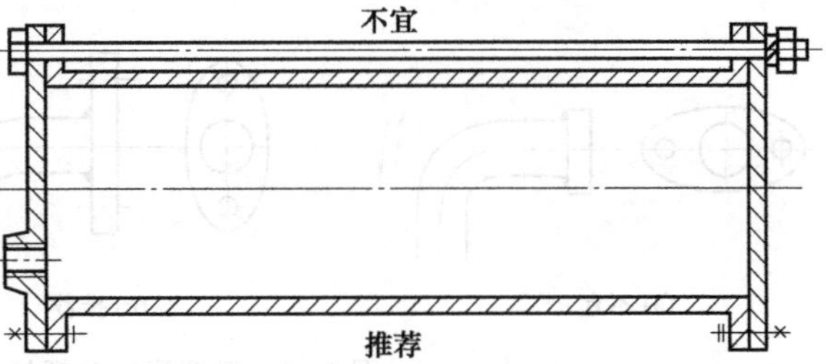


图 3-39　高温环境气、液缸及容器的螺栓连接方式

④ 侧盖的螺栓间距要考虑密封性能　侧面的观察窗等的盖子，即使内部没有压力，也会有油的飞溅等情况，从而产生泄漏，特别是在下半部分容易产生泄漏，图 3-40（a）所示上、下部分的螺栓等距，不合理。为了避免泄漏，要把下半部分的螺栓间距缩小，一般上半部分的螺栓间距是下半部分螺栓间距的 2 倍，图 3-40（b）所示较为合理。

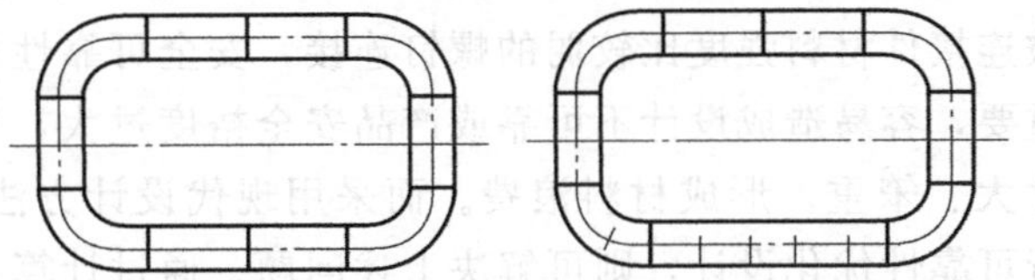


图 3-40　侧盖的螺栓间距要考虑密封性能

⑤ 高压容器上盖与容器的螺栓连接

a. 高压容器密封的接触面宽度宜小　有些容器中有高压的介质，为了密封，要用螺栓扭紧上盖和容器。为了有效地密封，不应增加接触面的宽度 $b$，如图 3-41（a）所示。因为接触面越大，接触面上的压强越小，越容易泄漏。有效的方法见图 3-41（b），在盖上制出一圈凸起的窄边，压紧时可以产生很高的压强。但是应注意这一圈凸起必须连续不断，凸起的最高点处（刃口）不得有缺口，而且必须有足够的强度和硬度，避免在安装时碰伤或产生过大的塑性变形。

b. 用刃口密封时应加垫片　采用凸起的刃口作为高压容器的密封时，若不加垫片［图 3-42（a)］，则由于接触点压力很大，必然使下面的容器口部产生一圈凹槽。经过几次拆装，就会因为永久变形而使密封失效。因此在接触处应加用铜或软钢制造的垫片［图 3-42（b)］，一方面可以使盖上的一圈凸起（刃口）不致损伤，又可以在装拆时便于更换，以保证密封的可靠性。

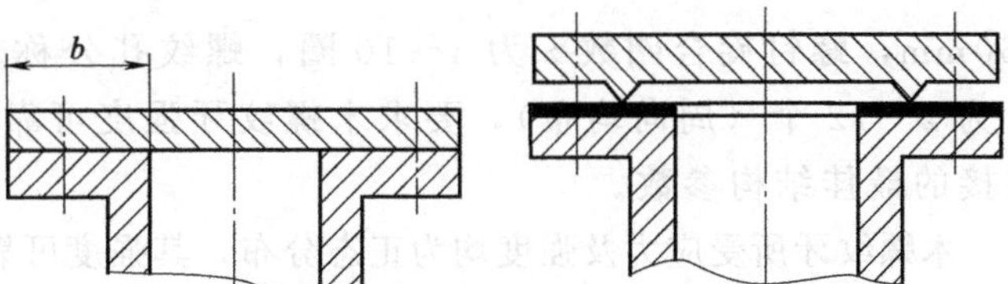


图 3-41　高压容器密封的接触面宽度宜小

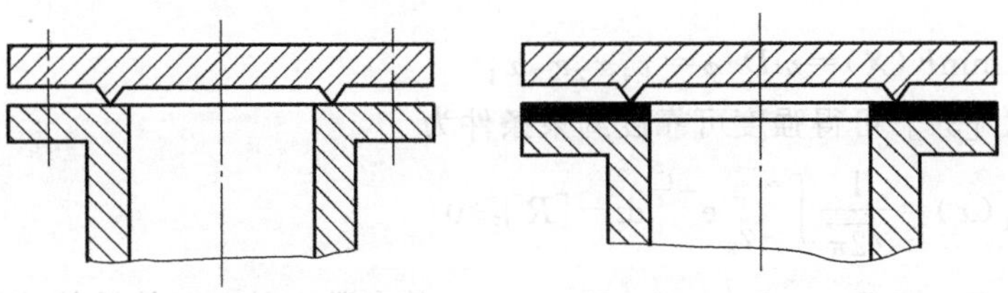


图 3-42　用刃口密封时应加垫片

⑥ 椭圆形法兰螺栓连接与受力方向　在用两个螺栓的法兰安装的管道上，如果在箭头方向施加弯曲载荷，如图 3-43（a）所示，则非常容易泄漏。在设计这种形式的法兰时，要考虑不在上

述方向加力。改成图 3-43（b）或图 3-43（c）所示的结构，较为合理。

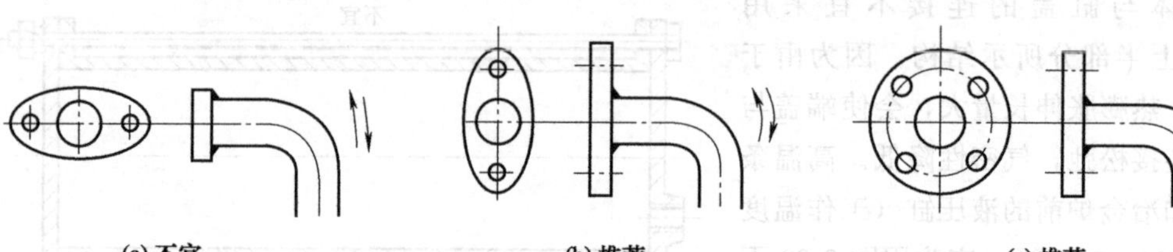


图 3-43　椭圆形法兰螺栓连接与受力方向

（4）螺钉组连接可靠性优化设计

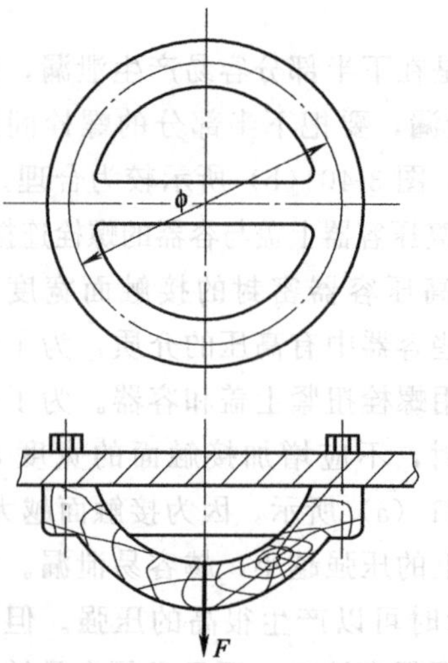


图 3-44　木制品螺钉连接

螺钉组连接除满足强度要求外，还必须满足结构要求、可靠性要求及其他有关工作性能要求等，这使设计时约束条件比较多，常规设计方法很难同时满足多方面条件的要求，即使满足，设计结果也很难达到最优，常常是顾此失彼，尤其是对被连接件材料强度比较弱的螺钉连接，安全可靠性显得尤为重要，容易造成设计不可靠或产品安全裕度过大，使产品尺寸大、笨重，形成材料浪费。而采用现代设计方法，对其进行可靠性优化设计，则可解决上述问题。通过计算机编程运算，可大大提高设计速度与设计质量。现以木制品螺钉组连接可靠性优化设计为例说明如下。

如图 3-44 所示，一环形木制把手用螺钉组与钢板连接，设把手的拉力为 $F=1000\text{N}$，木把手的螺纹牙材料的静曲强度为 $\mu_s=39\text{MPa}$，强度储备系数 $n=1.25$，根据结构要求，取安装螺钉中心分布圆直径 $\phi$ 为 100～160mm，螺钉旋合圈数 $z$ 为 5～10 圈，螺纹孔公称直径 $D$ 为 10～20mm，螺钉个数 $m$ 为 2～12 个（周向均布），要求木螺纹牙强度可靠度不小于 95%，设计确定螺钉组连接的最佳结构参数。

木螺纹牙所受应力及强度均为正态分布，其强度可靠度的确定按正态分布进行计算。为了求得最佳结构参数，采用强度可靠性优化设计。

显然，螺纹孔直径 $D$ 越细且螺钉旋合圈数 $z$ 越少，相应的螺钉尺寸越小，价格越低；螺纹孔个数 $m$ 越少且螺钉中心圆直径 $\phi$ 越小，木把手越小，加工成本越低。为使体积最小且成本最低，取设计变量

$$\boldsymbol{X}=[x_1,\ x_2,\ x_3,\ x_4]^{\mathrm{T}}=[m,\ D,\ z,\ \phi]^{\mathrm{T}}$$

① 建立目标函数

$$\min F(\boldsymbol{X})=mDz\phi=x_1x_2x_3x_4$$

② 建立约束条件　由文献［34］可得强度可靠度约束条件为

$$g_1(x)=\frac{1}{\sqrt{2\pi}}\int_{-Z_R}^{\infty}\mathrm{e}^{-\frac{t^2}{2}}\mathrm{d}t-[R]\geqslant 0$$

式中，$Z_R$ 为可靠度系数，$Z_R$ 与 $F$、$\mu_s$、$n$、$\phi$、$D$、$z$、$m$ 等参数有关，具体计算式详见文献［34］、［35］。$[R]$ 为要求的可靠度，由已知条件，$[R]=0.95$。

由参考文献［34］可得扳手空间约束条件为

$$g_2(x)=\frac{3.14x_4}{x_1}-5.5x_2\geqslant 0$$

紧密性约束条件为

$$g_3(x)=11x_2-\frac{3.14x_4}{x_1}\geqslant 0$$

结构参数边界条件由已知条件确定如下：

螺钉个数 $m_{\min}=2$，$m_{\max}=12$；

螺纹孔直径 $D_{\min}=10\text{mm}$，$D_{\max}=20\text{mm}$；

螺钉旋合圈数 $z_{\min}=5$，$z_{\max}=10$；

螺钉中心分布圆直径 $\phi_{\min}=100\text{mm}$，$\phi_{\max}=160\text{mm}$。

由以上得结构参数约束条件为

$$g_4(x)=x_1-2\geqslant 0 \qquad g_5(x)=12-x_1\geqslant 0$$

$$g_6(x)=x_2-10\geqslant 0 \qquad g_7(x)=20-x_2\geqslant 0$$

$$g_8(x)=x_3-5\geqslant 0 \qquad g_9(x)=10-x_3\geqslant 0$$

$$g_{10}(x)=x_4-100\geqslant 0 \qquad g_{11}(x)=160-x_4\geqslant 0$$

③ 计算结果　将已知数据代入相关计算式，并将数值积分程序一并装入随机法优化程序，在计算机上编程运算，计算结果圆整后为

$$\boldsymbol{X}^*=\begin{bmatrix}x_1\\x_2\\x_3\\x_4\end{bmatrix}=\begin{bmatrix}m\\D\\z\\\phi\end{bmatrix}=\begin{bmatrix}4\\12\\5\\150\end{bmatrix}$$

即螺钉个数 $m=4$，螺钉规格为 $M12$，旋合圈数 $z=5$ 圈，螺钉分布圆直径 $\phi=150\text{mm}$，连接强度可靠度为 99.99%。

本例将强度可靠度作为约束条件进行了结构参数的优化设计，既可满足任一规定可靠度的要求，又可实现结构参数最佳，运算速度快、精度高。

以上设计结果可实现体积最小、成本最低、可靠度高达 99.99%的最佳结构，为产品的开发与设计提供了较为先进的设计手段。

## 3.1.5 螺纹连接防松结构选用技巧

（1）螺纹连接防松结构类型、特点及应用

螺纹连接的防松按防松原理可分为摩擦防松、机械防松及破坏螺纹副关系三种方法。摩擦防松工程上常用的有对顶螺母、弹簧垫圈、锁紧螺母等，简单方便，但不可靠。机械防松工程上常用的有开口销与槽形螺母、止动垫片、串联金属丝等，比摩擦防松可靠。以上两种方法用于可拆连接的防松，在工程上广泛应用。用于不可拆连接的防松，工程上可用焊、粘、铆的方法，破坏了螺纹副之间的运动关系。螺纹连接常用的防松方法、结构、特点及应用见表 3-4。

表 3-4　螺纹连接常用防松方法、结构、特点及应用

| 防松方法 | | 结构形式 | 特点和应用 |
|---|---|---|---|
| 摩擦防松 | 对顶螺母 | 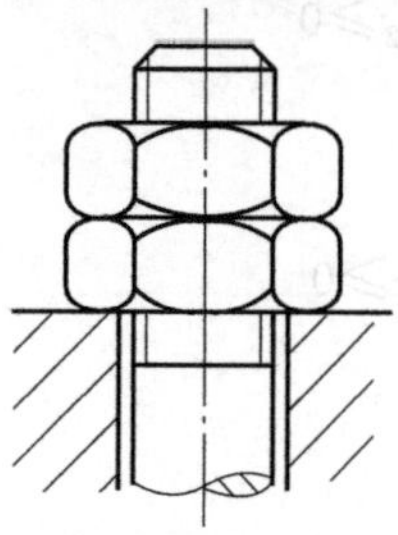 | 上面螺母拧紧后两螺母对顶面上产生对顶力，使旋合部分的螺杆受拉而螺母受压从而使螺纹副纵向压紧。下螺母螺纹牙受力较小，其高度可小些，但为了防止装错，两螺母的高度取相等为宜<br>结构简单，适用于平稳、低速和重载的固定装置上的连接 |
| 摩擦防松 | 弹簧垫圈 | 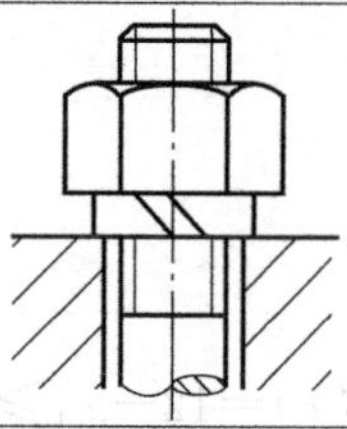 | 利用拧紧螺母时，垫圈被压平后的弹性力使螺纹副纵向压紧<br>结构简单，使用方便。但由于垫圈的弹力不均，在冲击、振动的条件下防松效果较差，一般用于不重要的连接 |
| 摩擦防松 | 锁紧螺母 | 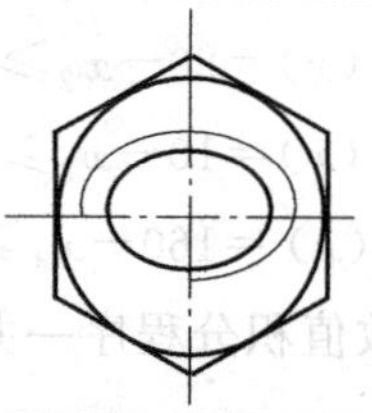 | 利用螺母末端椭圆口的弹性变形箍紧螺栓，横向压紧螺纹<br>结构简单，防松可靠，可多次装拆而不降低防松性能 |
| 机械防松 | 开口销与槽形螺母 | 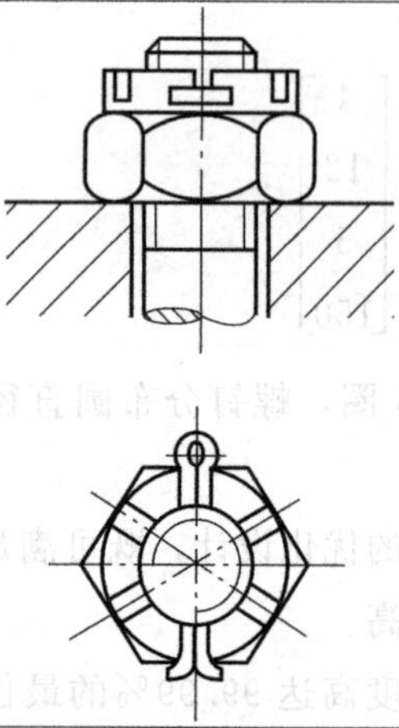 | 槽形螺母拧紧后用开口销插入螺母槽与螺栓尾部的小孔中，并将销尾部掰开，阻止螺母与螺杆的相对运动。也可用普通螺母代替六角开槽螺母，但需拧紧螺母后再配钻销孔<br>适用于较大冲击、振动的高速机械中运动部件的连接 |
| 机械防松 | 止动垫片 | 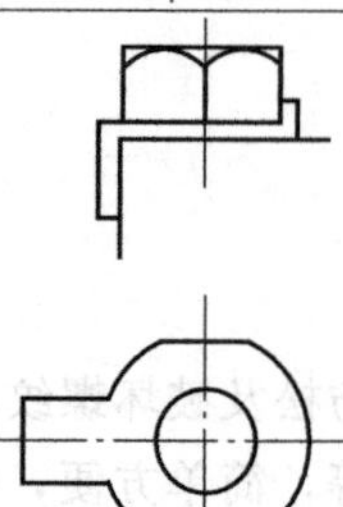 | 将垫片折边约束螺母，而自身又折边被约束在被连接件上，使螺母不能转动。若两个螺栓需要双联锁紧时，可采用双联止动垫片，使两个螺母相互制动<br>结构简单，使用方便，防松可靠 |
| 机械防松 | 串联金属丝 | 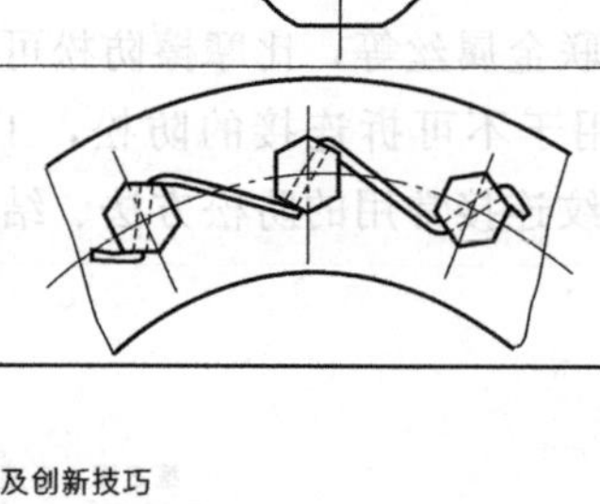 | 利用金属丝使一组螺钉头部相互约束，当有松动趋势时，金属丝更加拉紧<br>适用于螺钉组连接，防松可靠，但装拆不便 |

续表

| 防松方法 | | 结构形式 | 特点和应用 |
| --- | --- | --- | --- |
| 破坏螺纹副关系 | 焊住 | 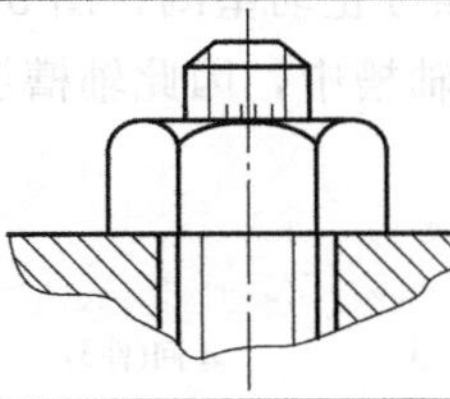 | 如果连接在使用期间完全不需要拆开，可采用焊住的方法来防松。如果连接很少被拆开，可用硬或软铅焊防松<br>防松可靠，但拆卸后连接件不能再使用 |
| | 冲点 | 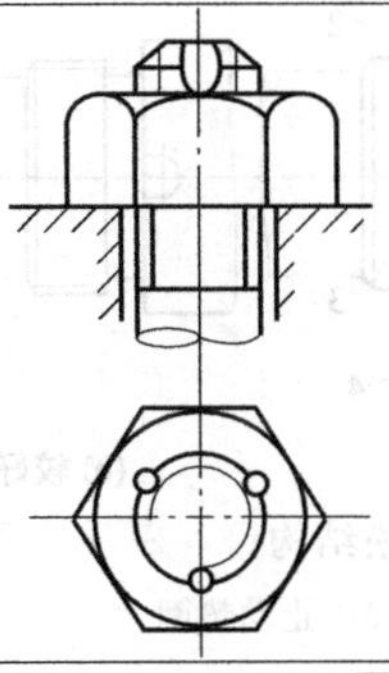 | 如果连接在使用期间完全不需要拆开，可采用冲点的方法来防松，用冲头在螺栓杆末端与螺母的旋合缝处打冲<br>防松可靠，但拆卸后连接件不能再使用 |
| | 胶接 | 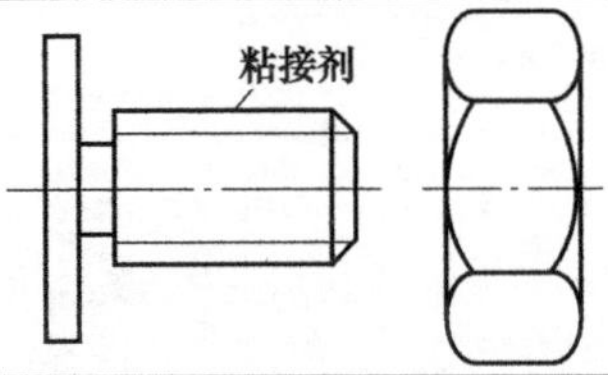 | 在螺纹副间涂黏接剂，拧紧螺母后黏接剂能自动固化，防松效果好 |

（2）螺纹连接防松结构选用注意事项

① 对顶螺母防松结构的选用　图 3-45（a）所示的对顶螺母的设置不对，下面螺母应薄一些，因为其受力较小，起到一个弹簧防松垫圈的作用。但是在实际安装过程中这样安装不易实现，因为扳手的厚度比螺母厚，不容易拧紧，并且为了避免装错，设计时采用两个螺母厚度相同的办法解决，如图 3-45（b）所示的结构。

② 串联钢丝结构的选用　采用串联钢丝防松时必须注意钢丝的穿绕方向，要促使螺钉旋紧。如果串联钢丝的穿绕方向采用如图 3-46（a）所示的方法，则串联钢丝不仅不会起到防松作用，还将把已拧紧的螺钉拉松，因为连接螺钉一般都是右旋，正确的安装方法为如图 3-46（b）所示的穿绕方向，才可以拉紧。

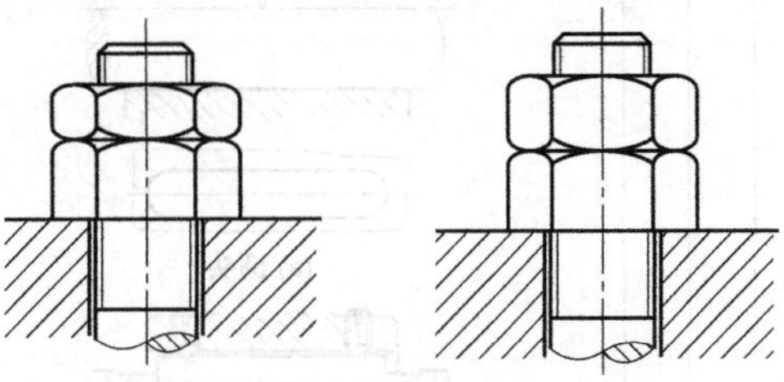

(a) 不宜　　(b) 推荐

图 3-45　对顶螺母的设置

③ 圆螺母止动垫圈防松结构的选用　采用圆螺母止动垫圈时要注意，如果垫圈的舌头没有完全插入轴的槽中则不能止动，因为止动垫

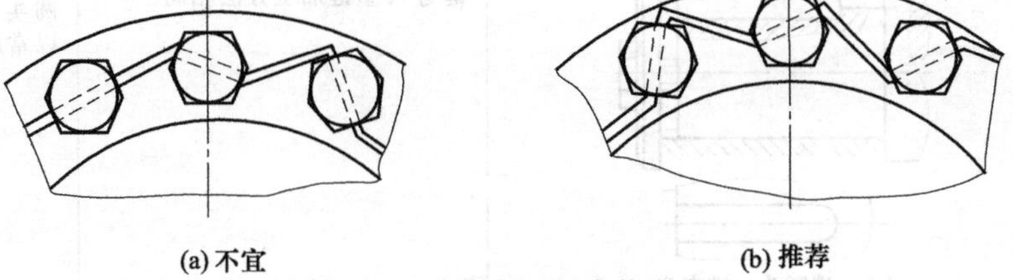

(a) 不宜　　(b) 推荐

图 3-46　串联钢丝的穿绕方向

圈可以与圆螺母同时转动而不能防松。图 3-47 的结构中，件 1 为被紧固件，件 2 为圆螺母，件 3 为轴。图 3-47（a）中的件 5 采用的是我国标准圆螺母止动垫圈；图 3-47（b）中的件 4 为近来国外采用的新型圆螺母止动垫圈，不需内舌插入轴槽中，因此轴槽加工量较小，对轴强度削弱较小。

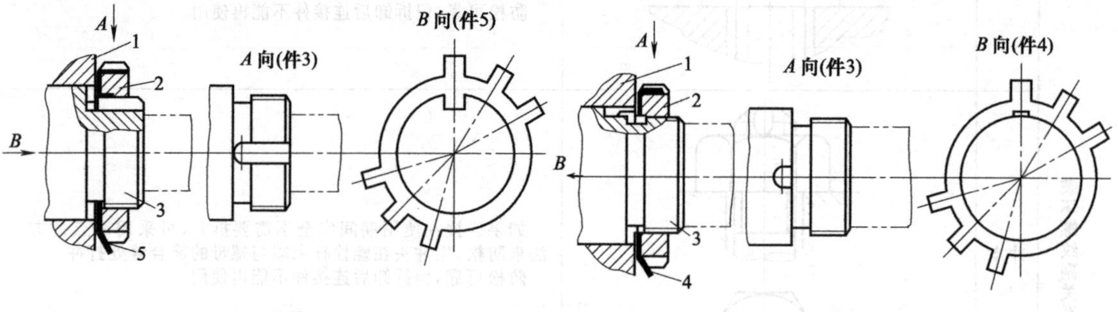


(a) 较差　　(b) 较好

图 3-47　圆螺母止动垫圈防松结构

1—被紧固件；2—圆螺母；3—轴；4，5—止动垫圈

# 3.2　键连接结构选用技巧

## 3.2.1　键连接的类型、特点及应用

常用键连接的类型、特点及应用见表 3-5。

**表 3-5　常用键连接的类型、特点及应用**

| 类型 | | | 结构简图 | 特点 | 应用 |
|---|---|---|---|---|---|
| 松键连接 | 平键 | 普通平键 | 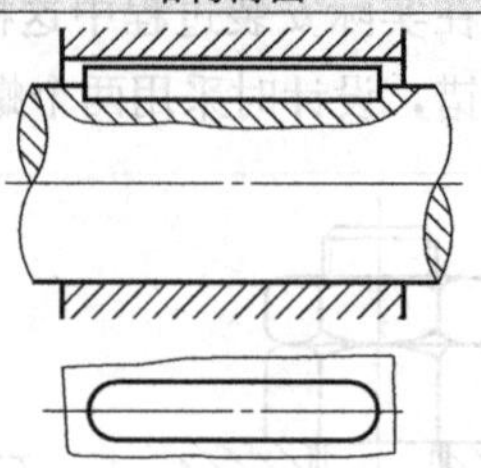<br>(a) 圆头<br>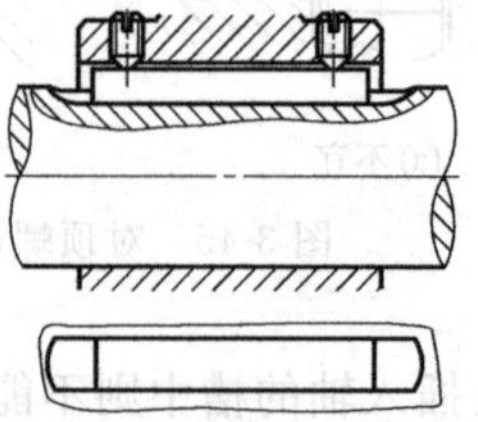<br>(b) 方头<br>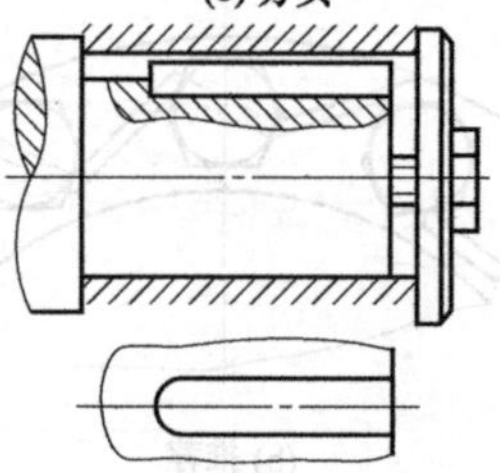<br>(c) 一端圆头一端方头 | 键的上表面与毂不接触，有间隙，侧面与轴槽及轮毂槽间为配合尺寸，两侧面为工作面，靠键与槽的挤压和键的剪切传递转矩<br>A 型的圆头平键连接，轴上的槽用指状铣刀加工，由于指状铣刀圆角半径小，因此轴键槽的应力集中较大，降低了轴的疲劳强度；B 型键轴上键槽用盘铣刀加工，盘铣刀圆角半径大，所以对轴键槽产生的应力集中小；C 型键与 A 型键加工方法相同 | 应用最广，适用于精度、速度较高或承受变载、冲击的场合。如在轴上固定齿轮、带轮、链轮、凸轮等回转零件<br>A 型键与槽同形，定位好，工程上最常用<br>B 型键因键与槽不同形，所以轴向定位效果不好，常用紧定螺钉紧固<br>C 型键由于一侧是圆头一侧是方头，所以常用在轴端 |

续表

| 类型 | | | 结构简图 | 特点 | 应用 |
|---|---|---|---|---|---|
| 松键连接 | 平键 | 导向平键 | 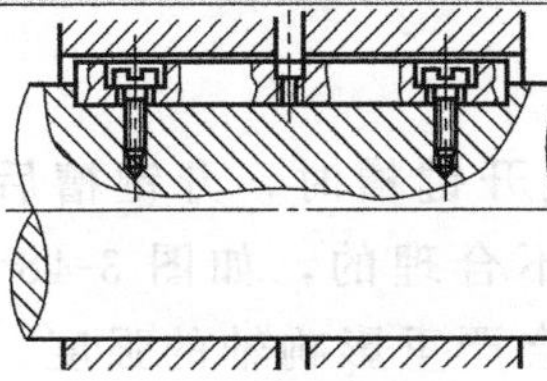<br>(a) 导向平键结构<br>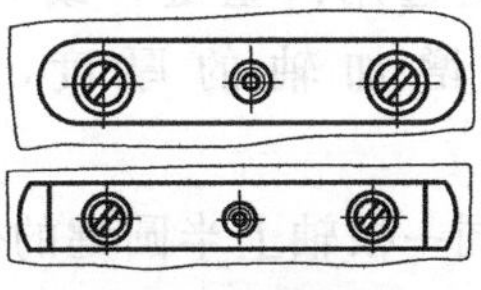<br>(b) 导向平键形式 | 键用螺钉固定在轴槽中，键与轮毂键槽为间隙配合，键不动，轮毂轴向移动。为了装拆方便，设有起键螺孔。导向键结构有圆头和方头两种 | 用于轴上零件能作短距离轴向移动的场合，如变速滑移齿轮 |
| | | 滑键 | 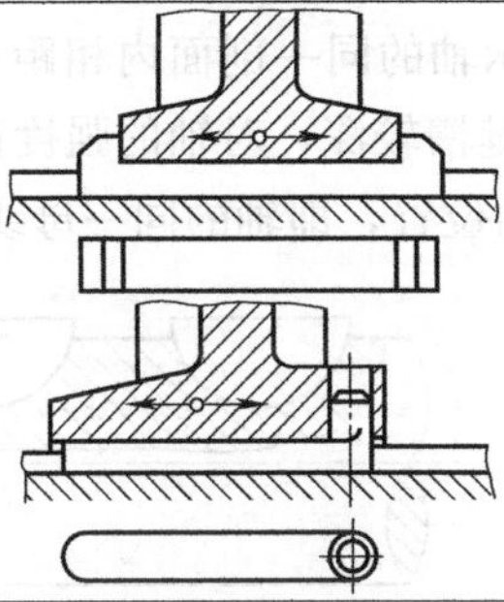 | 键固定在毂上，随毂一同沿着轴上键槽移动，键与轴槽之间的配合为间隙配合 | 滑键用于轴向移动距离较大时，因如用导向键，键将很长，增加制造的困难 |
| | 半圆键 | | 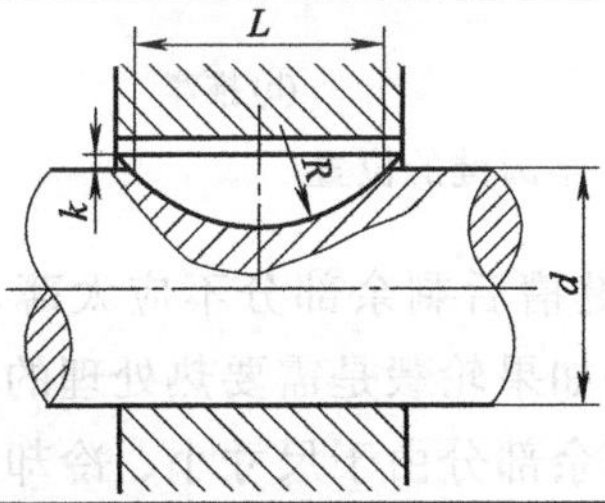 | 轴槽用与半圆键形状相同的铣刀加工，键能在槽中绕几何中心摆动，键的侧面为工作面，工作时靠其侧面的挤压来传递转矩。工艺性好，装配方便 | 适用于轴系刚度较差的场合，尤其适用于锥形轴与轮毂的连接。缺点是轴槽对轴的强度削弱较大。只适宜轻载连接 |
| 紧键连接 | 楔键 | | 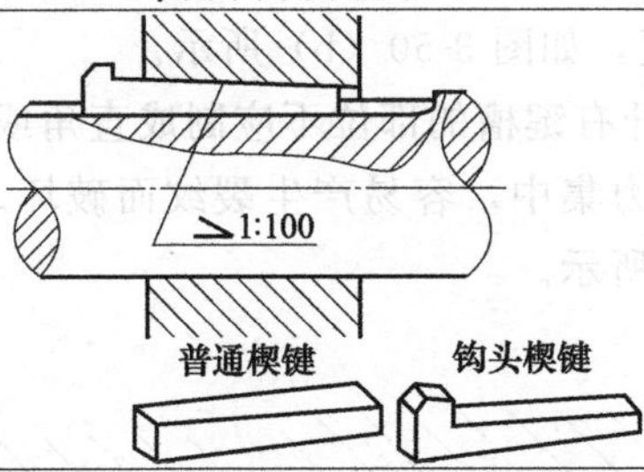 | 楔键连接靠键的上下表面与毂孔及轴槽之间楔紧产生的摩擦力传递转矩，并可传递小部分单向轴向力。分为普通楔键和钩头楔键两种，普通楔键也有圆头、方头及单圆头三种。上、下面为工作表面，有 1∶100 斜度，侧面有间隙 | 适用于低速轻载、精度要求不高的场合。这种连接对中性较差，有偏心，不宜用于高速和精度要求高的场合，变载下易松动。钩头只用于轴端连接，且为安全要罩上。如在中间使用，则键槽应比键长 2 倍才能装入 |
| | 切向键 | | 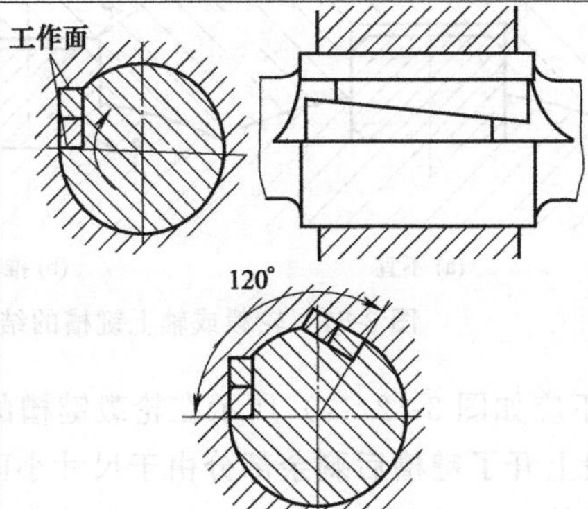 | 切向键连接是由两个斜度为 1∶100 的楔键组成，靠工作面与轴及轮毂相挤压来传递转矩。切向键的上、下两面为工作面，布置在圆周的切向。一个切向键连接只能单向传动。如果要求双向传动时，必须用两个切向键且成 120°布置，以便不致严重削弱轴与轮毂的强度 | 能传递较大的转矩。因为键槽对轴强度削弱较大，因此适于重型机械中直径 $d>100$mm 的轴，且对中要求不高时采用。不宜用于要求准确定心、高速和承受冲击、振动或变载的连接。近年来它的应用范围已经缩小 |

## 3.2.2 键连接的结构选用技巧

（1）提高键连接强度的结构

① 空心轴上开键槽深度要合理　在空心轴上开键槽时，开键槽后轴的剩余壁厚太小是不合理的，如图 3-48（a）所示，因为这样会严重影响轴的强度。在空心轴上开键槽时应选用薄型键，或对需要开槽的空心轴适当增加轴的厚度，如图 3-48（b）所示。

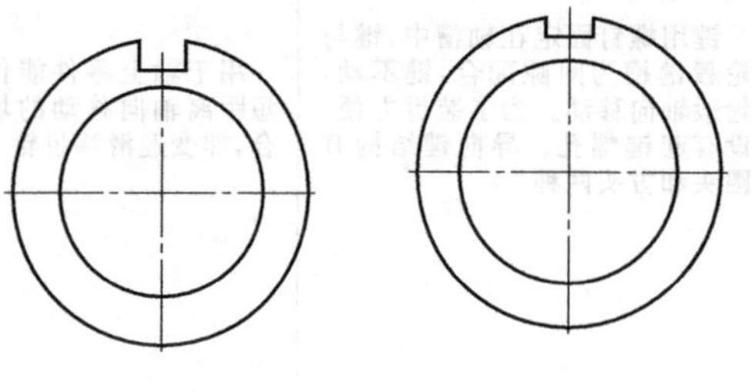

(a) 不宜　(b) 推荐

图 3-48　空心轴上键槽的结构

② 同一根轴上半圆键的位置　如果在同一根轴上采用两个半圆键时，不应布置在如图 3-49（a）所示轴的同一剖面内相距 180°的位置，因为半圆键键槽较深，对轴的强度削弱较大；因为半圆键的长度较小，所以应布置在如图 3-49（b）所示的位置，即轴的同一母线上。

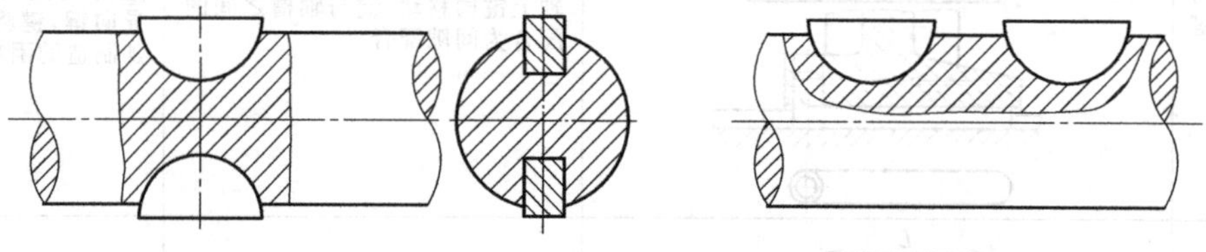

(a) 不宜　(b) 推荐

图 3-49　同一根轴上两个半圆键的位置

③ 轮毂键槽剩余部分不应太薄　轮毂上开了键槽后剩余部分不应太薄，如图 3-50（a）所示的结构，其结果一是会削弱轮毂的强度，二是如果轮毂是需要热处理的零件（如齿轮），开了键槽后再进行热处理时，轮毂上开了键槽后剩余部分由于尺寸小、冷却速度快会产生断裂，所以设计时应适当增加这一部分轮毂的厚度，如图 3-50（b）所示。

④ 键槽底部应有过渡圆角　在轮毂或轴上开有键槽的部位不应制成直角或太小的圆角，如图 3-51（a）所示，因为这样会产生很大的应力集中，容易产生裂纹而破坏。应在键槽部分制出适合于键宽的过渡圆角，如图 3-51（b）所示。

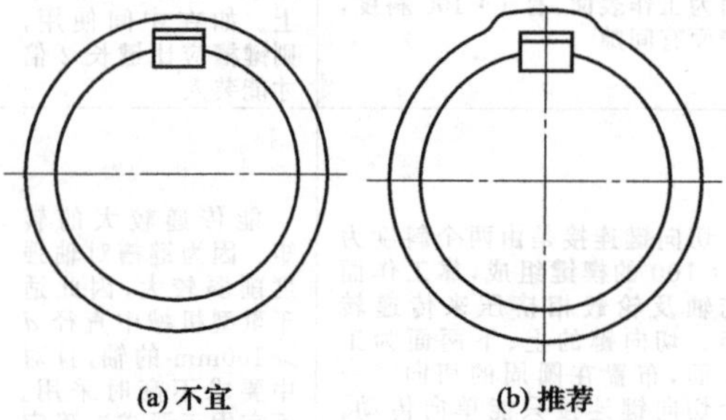

(a) 不宜　(b) 推荐

图 3-50　轮毂键槽剩余部分的厚度

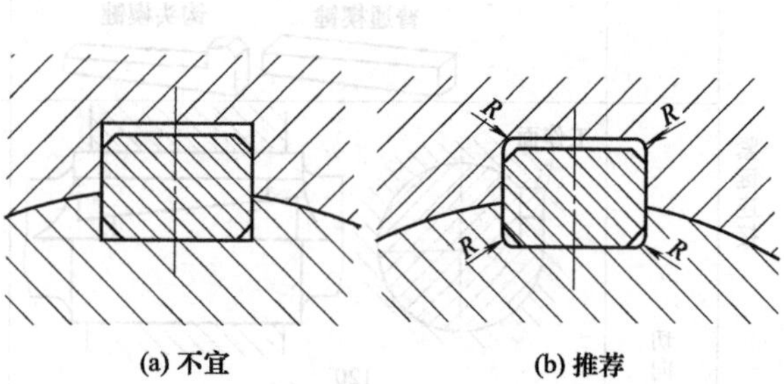


(a) 不宜　(b) 推荐

图 3-51　轮毂或轴上键槽的结构

⑤ 轮毂键槽周向位置　设计键连接时，不应如图 3-52（a）所示在轮毂键槽的上方开工艺孔，这样会造成局部应力过大，或造成轮毂上开了键槽后剩余部分由于尺寸小而削弱了轮毂的强度；同时，如果轮毂是需要热处理的零件，在进行热处理时，由于尺寸小、冷却速度

快容易产生断裂，改进后的设计如图 3-52（b）所示。同理，设计特殊零件（如凸轮）的键连接时，轮毂槽不应开在如图 3-52（c）所示的薄弱位置上，应将轮毂槽开在强度较高的位置，如图 3-52（d）所示。

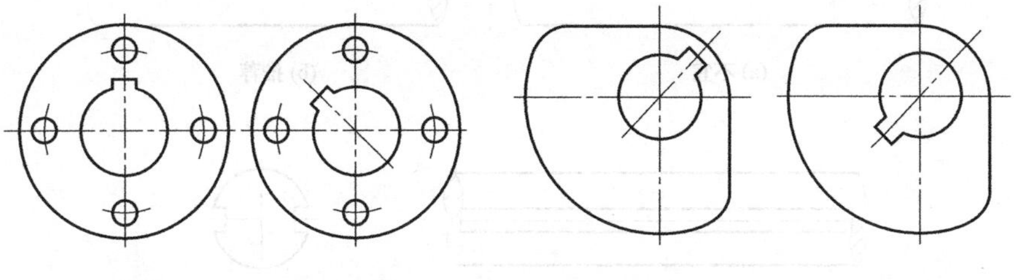

(a) 不宜　(b) 推荐　(c) 不宜　(d) 推荐

图 3-52　轮毂槽位置设计

⑥ 轴上键槽位置应避免应力集中　设计键槽位置时，不应如图 3-53（a）所示在轴的阶梯处开键槽，因为轴的阶梯处截面是应力集中的主要地方，有圆角和直径过渡两个应力集中源，如果键槽也开在此平面上，则由键槽引起的应力集中也会叠加在此平面上，这个危险截面很快会疲劳断裂。应将键槽设计到距离轴的阶梯处约 3～5mm 处，如图 3-53（b）所示。

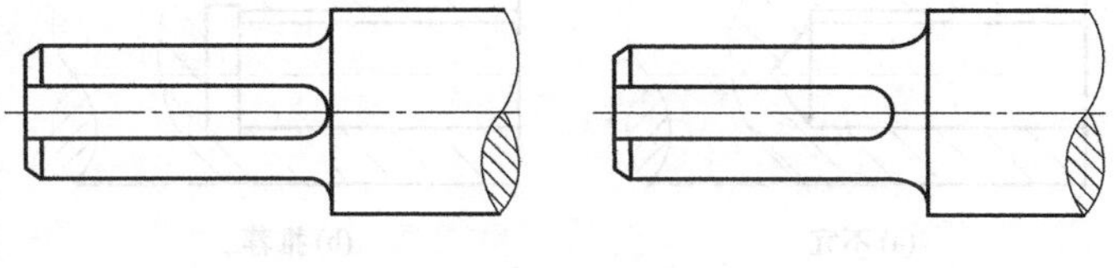

(a) 不宜　(b) 推荐

图 3-53　轴上键槽位置

（2）提高键连接刚度的结构

① 键长不只取决于强度　如图 3-54（a）所示，把由键的强度计算确定出键的最小长度作为键长是不对的，因为这样键的长度太短，轮毂容易受力不均，产生轴向歪斜。设计时，键长应由键所在的轴段长（或轮毂宽）决定，即由该轴段长减掉 5～10mm（或轴段两边各留 2～5mm），使键槽离开阶梯轴的直径变化处，以避免该截面产生过大的应力集中，并且按国家标准选出接近的标准长度作为键长，再进行强度校核。正确结构如图 3-54（b）所示。

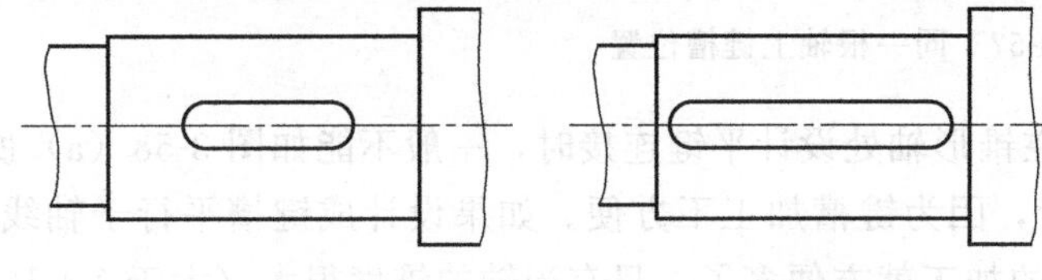

(a) 不宜　(b) 推荐

图 3-54　键的长度

另外，键的位置应靠近装入端，否则装配轮毂时不容易对正。

② 长轴开多个连续键槽的布置　如果长轴上有多个连续的键槽，不应如图 3-55（a）所示开在轴的同一侧，这样会使轴所受的应力不平衡，容易发生弯曲变形。改正后的结构如图 3-55（b）所示，即键槽交错开在轴的两面。同理，特别长的轴也不应如图 3-55（c）所示开一个很长的键槽，应将长的键槽设计成双键槽，开在轴的对称面（成 180°布置），以使轴的受力平衡，如图 3-55（d）所示。

（3）键连接结构设计应有利于加工

① 盲孔内加工键槽要留出退刀槽　在盲孔内加工键槽时，不应设计成如图 3-56（a）所

示的结构，因为这种设计没有留出退刀槽，无法加工键槽。正确的设计应如图 3-56（b）所示，留出退刀槽。

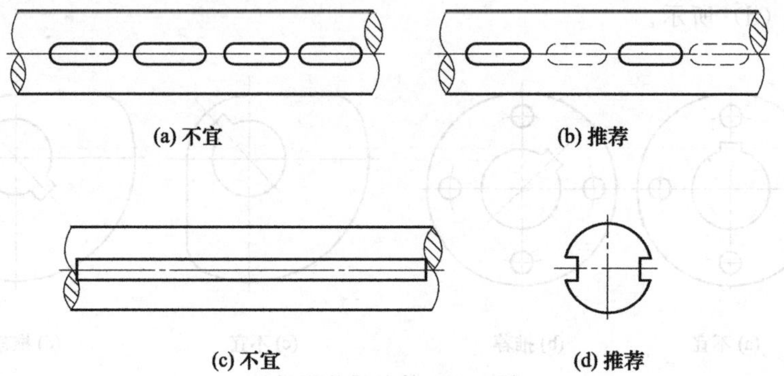

图 3-55　长轴键槽的结构

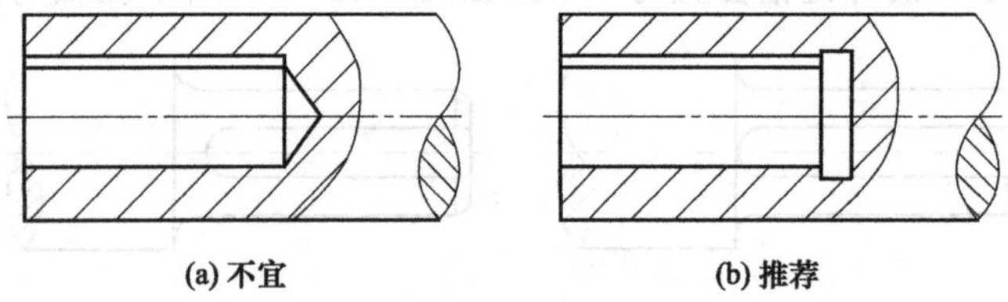

图 3-56　盲孔内的键槽

② 同一根轴上键槽位置应在同一母线上　在同一根轴上开有两个或两个以上键槽时（不是很长的轴），不要开在如图 3-57（a）所示的不同的母线上，应将键槽设计在如图 3-57（b）所示的同一母线上，是为了铣制键槽时一次装夹工件，方便加工，减少装夹和调整次数。

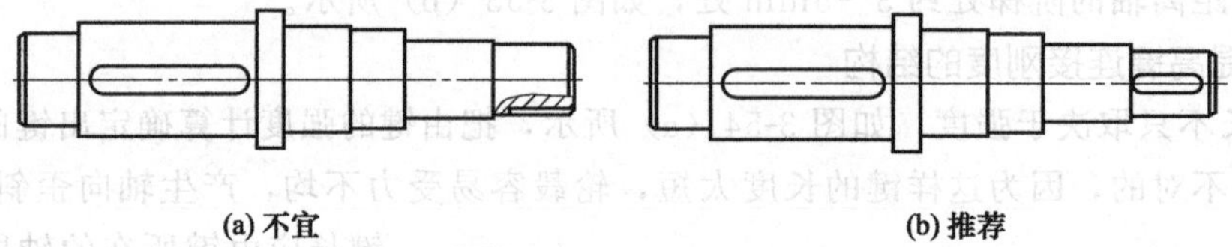

图 3-57　同一根轴上键槽位置

③ 锥形轴处平键连接的结构　在锥形轴处设计平键连接时，一般不能如图 3-58（a）所示，将平键设计成与轴的母线相平行，因为键槽加工不方便。如果设计成键槽平行于轴线，如图 3-58（b）所示的结构，则键槽的加工就方便多了，只有当轴的锥度很大（大于 1∶10）或键很长时才采用键与轴的母线相平行的结构。

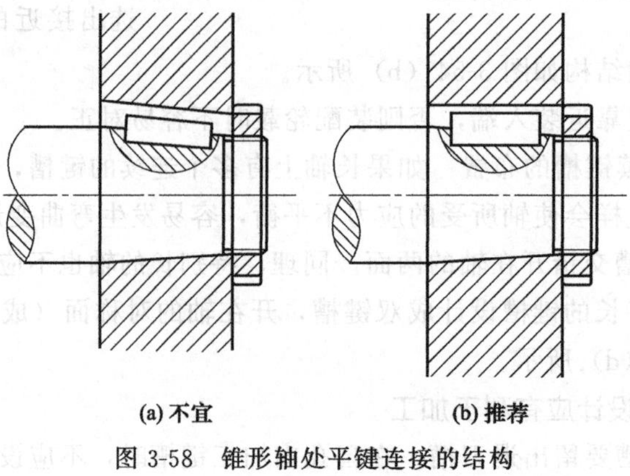

图 3-58　锥形轴处平键连接的结构

（4）键连接工作面的选择

① 键宽与轮毂槽宽配合要适当　平键是以侧面进行工作来传递转矩的，所以设计时，不应使键宽与轮毂槽宽有间隙或形成间隙配合［图 3-59（a）］，因间隙将造成轮毂与轴的相对转动，尤其在交变载荷作用下情况更加严重，使键和键槽的侧面受反复冲击而破坏。因此，设计时应使键宽与轮毂槽宽形成过渡配合。因为键是标准件，所以选择轮毂槽宽为 JS9 的公差比较合适，如图 3-59（b）所示。

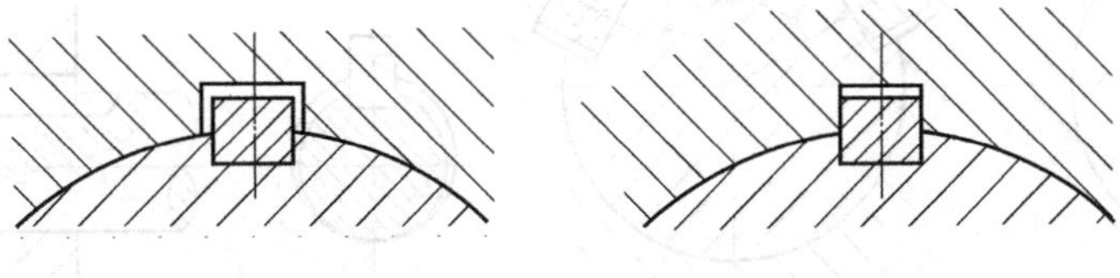

(a) 不宜　(b) 推荐

图 3-59　键宽与轮毂槽宽配合要适当

② 平键顶面与轮毂槽顶面必须留有一定间隙　平键的顶面不是工作面，所以进行平键设计时，将轮毂槽顶面与键的顶面设计成没有间隙或配合尺寸都是不对的，如图 3-60（a）所示。为了保证键的侧面与轮毂槽宽的配合，平键的顶面与轮毂槽顶面不能再配合，必须留有一定间隙，如图 3-60（b）所示。

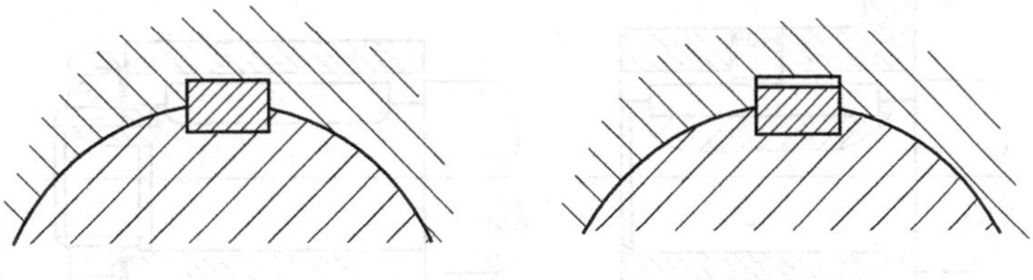

(a) 不宜　(b) 推荐

图 3-60　平键顶面与轮毂槽顶面必须留有一定间隙

③ 楔键连接工作面设置　楔键连接是以上、下面为工作面，两侧面为非工作面，靠上、下面与毂槽及轴槽之间楔紧产生的摩擦力传递转矩，所以楔键的上、下面与毂槽及轴槽间无间隙，而两侧面与毂槽及轴槽间有间隙（图 3-61）。

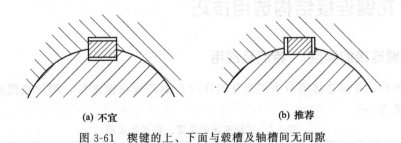

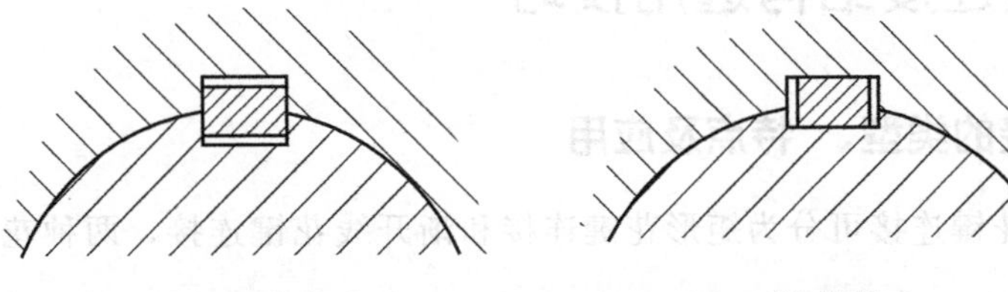

(a) 不宜　(b) 推荐

图 3-61　楔键的上、下面与毂槽及轴槽间无间隙

（5）键连接的配置问题

① 同一根轴上两个楔键的周向位置　在同一根轴上采用两个楔键时，不要设计成如图 3-62（a）所示的结构，即键布置在轴上相距 180°的位置上，因为这样布置键能传递的转矩与一个键相同，应该布置在如图 3-62（b）所示的位置，即相距 90°～120°效果最好，相距越近传递的转矩越大，但是如果相距太近，会使轴的强度降低太多。

② 楔键或切向键不宜用于高速、运转平稳性要求高的场合　设计键连接时，应用楔键

或切向键要慎重，对于高速、运转平稳性要求很高的场合不宜采用楔键或切向键。从图 3-63 可以看出：因为楔键或切向键是靠楔紧后键的上、下面与毂槽之间产生的摩擦力进行工作的，因此造成轴与轮毂的不同心，在冲击、振动或变载下容易松动，所以这两种键一般只适用于低速、重载且对运转平稳性要求不高的场合。

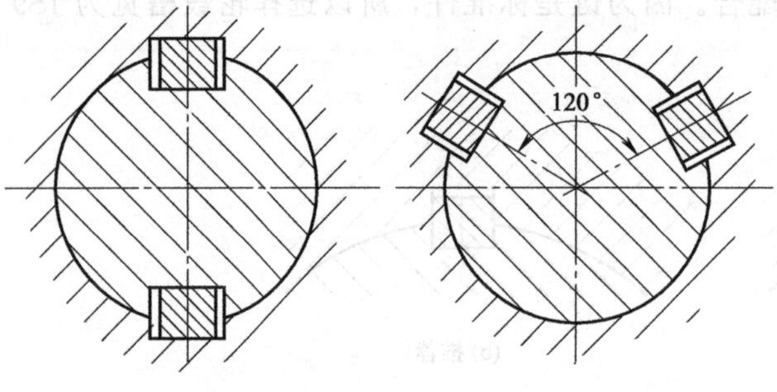


(a) 不宜　　(b) 推荐

图 3-62　同一根轴上两个楔键的周向位置

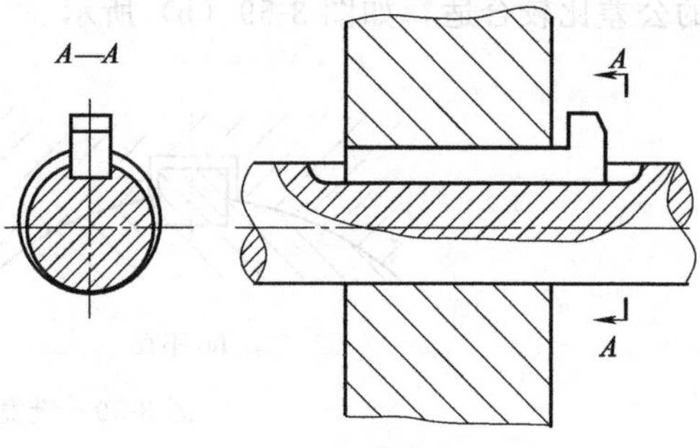


图 3-63　楔键结构

③ 平键连接不宜用紧定螺钉进行轴向固定　设计平键连接时，如果用如图 3-64（a）所示的结构，即平键连接的零件用紧定螺钉顶在平键上面进行轴向固定，虽然也能固定零件的轴向位置，但是会使轴上零件产生偏心。正确的设计应该是再加一个轴向固定的装置，例如图 3-64（b）所示的圆螺母。

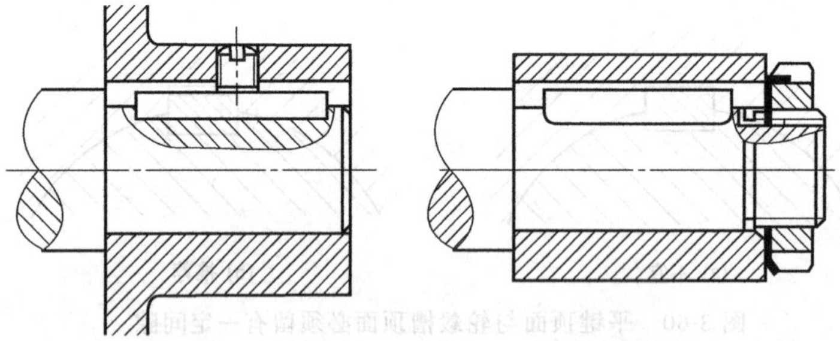

(a) 不宜　　(b) 推荐

图 3-64　平键连接轴向固定的结构

# 3.3　花键连接结构选用技巧

## 3.3.1　花键连接的类型、特点及应用

按齿形不同，花键连接可分为矩形花键连接和渐开线花键连接，两种花键连接的结构、特点及应用见表 3-6。

表 3-6　花键连接的类型、特点及应用

| 类型 | 结构简图 | 特点 | 应用 |
|---|---|---|---|
| 矩形花键连接 | 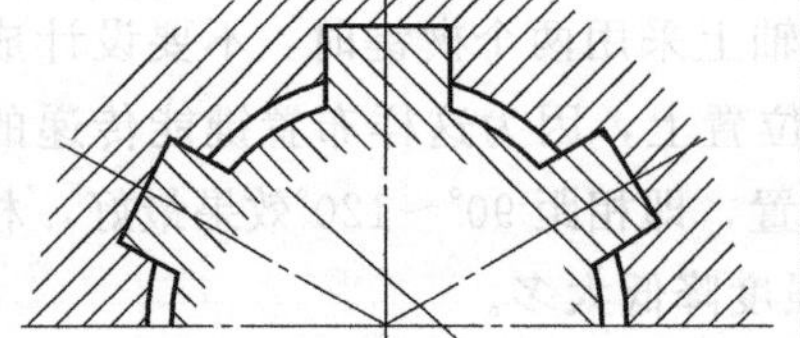 | 形状较为简单，加工方便，可用磨削方法获得较高精度，定心精度高，应力集中较小，承载能力较大。新标准规定矩形花键以内径定心，有轻、中两个系列 | 轻系列承载能力较小，一般用于轻载连接或静连接；中系列用于中等载荷的连接。应用广泛 |

续表

| 类型 | 结构简图 | 特点 | 应用 |
| --- | --- | --- | --- |
| 渐开线花键连接 | 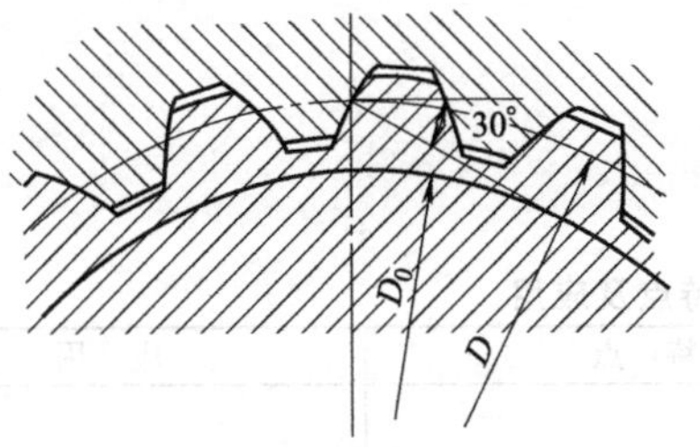 | 齿廓为渐开线，分度圆压力角有30°和45°两种。工艺性好，制造精度较高；齿根强度高，齿根圆角大，应力集中小，承载能力大，使用寿命长；易于定心，定心精度高。加工需专用设备，成本高 | 常用于载荷较大、尺寸孔较大、定心精度要求较高的场合<br>细齿渐开线花键（有时也做成三角形）适用于载荷很轻或薄壁零件的轴毂连接，也可用作锥形轴上的辅助连接 |

## 3.3.2 花键连接结构选用技巧

（1）提高花键连接的强度

设计花键连接时，不应设计成如图 3-65（a）所示的结构，因为花键连接的轴上由 $B$ 轴至 $A$ 轴所受的转矩逐渐增大，因此在 $A—A$ 截面不仅受很大转矩，还受花键根部的弯曲应力，所以该截面强度必须加强。正确的设计应把花键小径加大，一般取轴径的 1.15～1.2 倍，如图 3-65（b）所示。

（2）花键轮毂刚度分布应合理

当轮毂刚度分布不同时，花键各部分受力也不同。如图 3-66（a）所示，因为轮毂右部的刚度比较小，所以转矩主要由左部的花键进行传递，即转矩只由部分花键传递，因此沿整个长度受力不均，此结构不合理。如果改为图 3-66（b）所示的结构，轮辐向右移，即增大了轮毂右部的刚度，则使花键齿面沿整个长度均匀受力，结构比较合理。

（3）薄壁容器花键选择

薄壁容器选择矩形花键、普通渐开线花键连接是不对的，因为矩形花键和普通渐开线花键的齿比较深，对薄壁容器将有较大的削弱，因此应选用三角形花键（细齿渐开线花键）连接，三角形花键的齿比较浅，从而对薄壁容器的削弱比较小。

（4）高速轴毂花键选择

高速高精度的轴毂连接不应选择矩形花键，因为矩形花键虽然制造容易，但是定心精度不高，尤其是侧面定心精度更不容易保证。应选择渐开线花键，渐开线花键为齿形定心，当齿受力时，齿上的径向力能起到自动定心的作用。

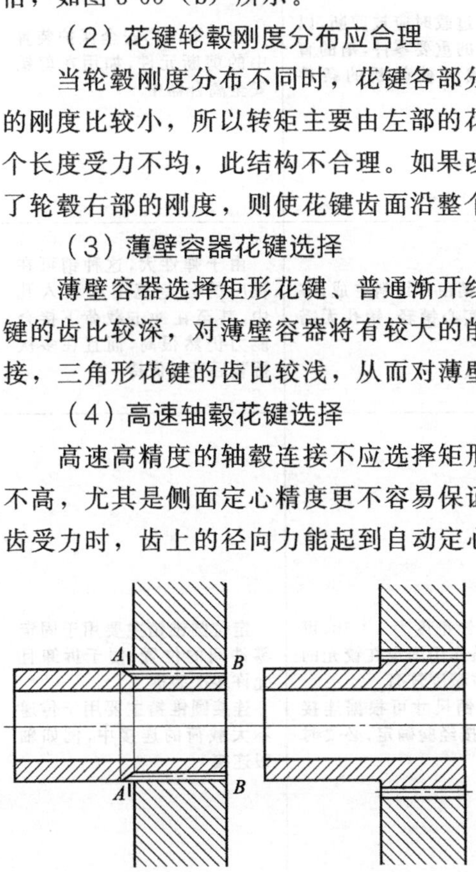


(a) 不宜　　(b) 推荐

图 3-65　花键轴的结构

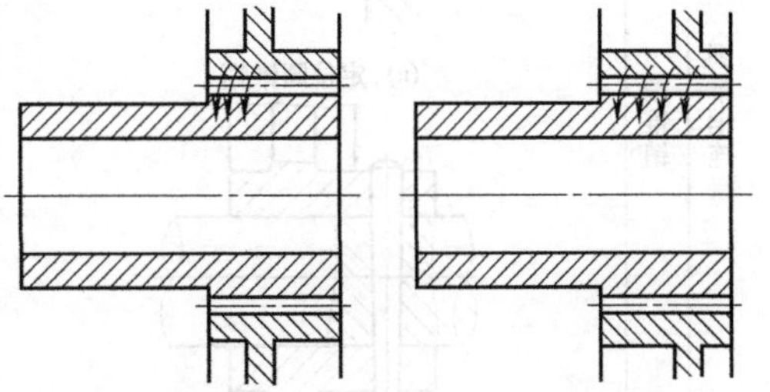

(a) 不宜　　(b) 推荐

图 3-66　花键轮毂刚度分布

# 3.4 销连接结构选用技巧

## 3.4.1 销连接的类型、特点及应用

销连接的类型、特点及应用见表 3-7。

表 3-7 销连接的类型、特点及应用

| 类型 | | 结构简图 | 特点 | 应用 |
|---|---|---|---|---|
| 圆柱销连接 | 圆柱销 | 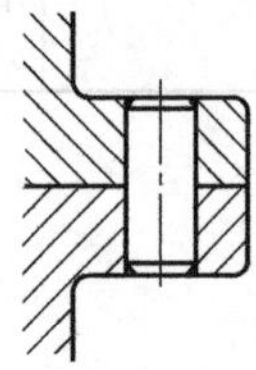 (a) 定位圆柱销 | 定位圆柱销利用微量过盈固定在铰光的销孔中，不能多次装拆，否则定位精度下降 | 定位圆柱销主要用于固定零件间的位置，不受载荷或受很小载荷，其直径可按结构确定，数目不得少于两个 |
| | | 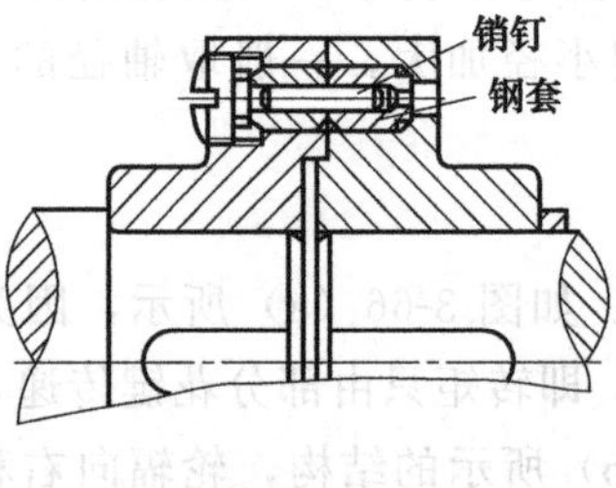  (b) 安全销 | 安全销在过载时应被剪断，以保护机器中的重要零件，销的直径应按过载时被剪断的条件确定 | 安全销可作安全保护装置中的剪断元件，如用在剪销安全离合器中 |
| | 弹性圆柱销 | 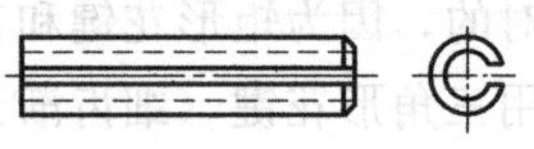 | 弹性圆柱销由带钢料卷成，并经淬火，比实心销轻，销孔无需铰光 | 由于弹性大，这种销可在很广的公差范围内装入孔中，甚至在冲击载荷下接合能力仍然很高，而且在多次拆装后还可保持 |
| 圆锥销连接 | 圆锥销 | 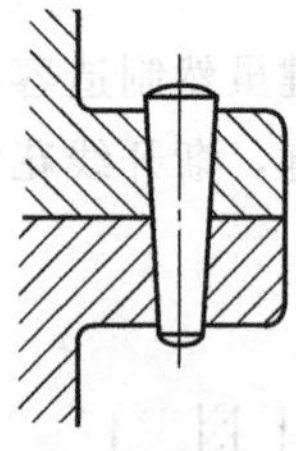 (a) 定位圆锥销 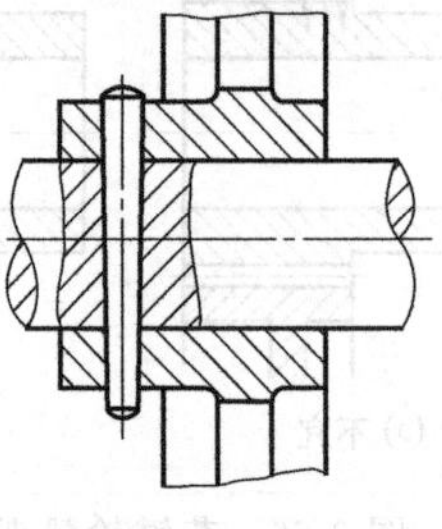 (b) 连接圆锥销 | 定位圆锥销锥度为 1∶50，可自锁，靠锥挤作用固定在铰光的销孔中，定位精度较高<br>连接圆锥销尺寸可根据连接的结构特点按经验确定，必要时再验算强度 | 定位圆锥销主要用于固定零件间的位置，便于拆卸且允许多次装拆<br>连接圆锥销主要用于传递不大载荷的连接中，例如轴毂连接 |

续表

| 类型 | | 结构简图 | 特点 | 应用 |
|---|---|---|---|---|
| 圆锥销连接 | 带螺纹圆锥销 | 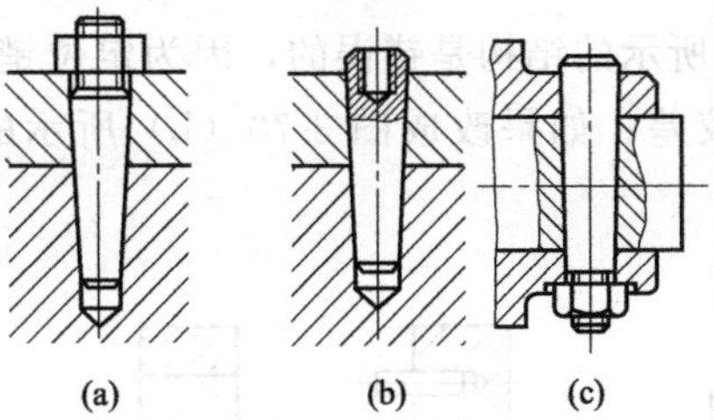 | 图(a)所示圆锥销大端带外螺纹<br>图(b)所示圆锥销大端带内螺纹<br>图(c)所示圆锥销小端带外螺纹 | 图(a)、图(b)所示圆锥销用于没有开通或拆卸困难的场合，图(c)所示圆锥销用于冲击、振动或变载的场合，防止销松脱 |
| | 开尾圆锥销 | 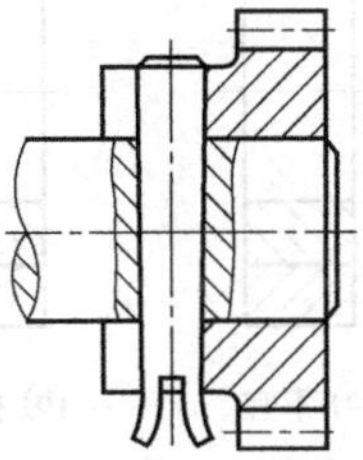 | 连接后将销尾部向两侧掰开 | 适用于冲击、振动或变载的场合，防止销松脱 |
| 槽销连接 | | 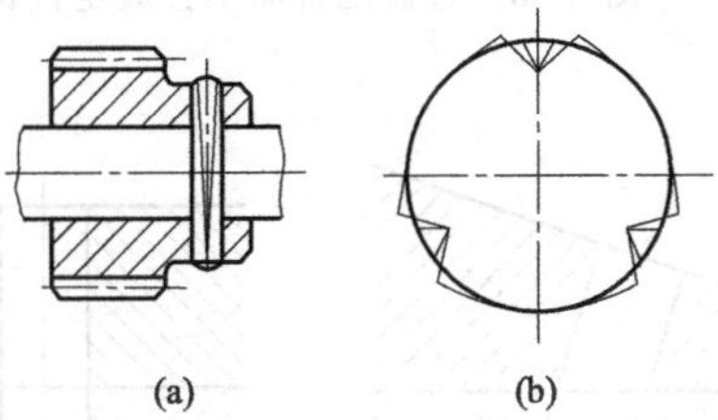 | 槽销上有碾压或模锻出的三条纵向沟槽，不需要铰孔，当销钉被打入时，在制造销钉时从槽中压出的材料做相反方向的变形，这样就产生高的局部压力，使销钉稳固地固定在孔中，见图(a)。图(b)中，细线为打入前，粗线为打入后 | 适用于振动和变载的场合，可重复拆装 |
| 开口销连接 | | 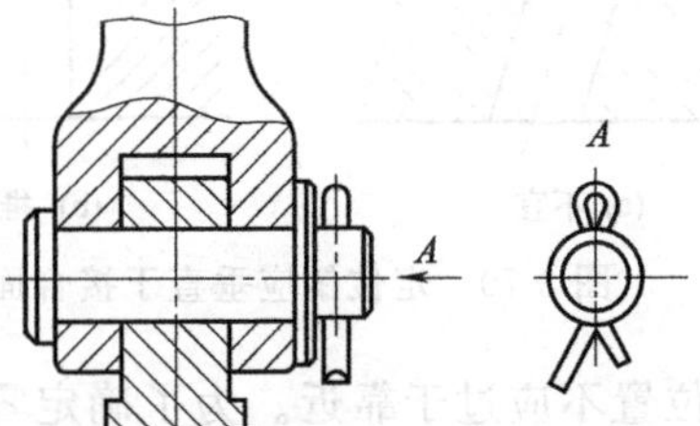 | 装配时将开口销末端分开并弯折，以防脱落 | 除与销轴配用外，还常用于螺纹连接的防松装置中 |

## 3.4.2 销连接结构选用技巧

（1）销连接应符合力学要求

① 避免销钉传力不平衡　图 3-67（a）所示的结构为销钉联轴器，用一个销钉传力时，销钉受力为 $F=T/r$，$T$ 为所传递的转矩，此力对轴有弯曲作用。如果改成如图 3-67（b）所示的结构，用一对销钉，每个销钉受力为 $F'=T/T/(2r)$，二力组成一个力偶，对轴无弯曲作用。

② 过盈配合面不宜放定位销　在过盈配合面上放定位销是错误的，因为如果在过盈配合面上设置了销钉孔，如图 3-68（a）所示，由于钻销孔而使配合面张力减小，削弱了配合面的固定效果。正确的结构如图 3-68（b）所示，过盈配合面上不宜放定位销。

（2）定位销配置的选择

① 避免在两个物体上配置定位销　图 3-69（a）所示的箱体由上下两半合成，用螺栓连接（图中未示出）。侧盖固定在箱体侧面，两定位销分别置于两个物体上，此结构不好，不

容易准确定位。如果改成图 3-69（b）所示的结构，两定位销置于同一物体上，一般以固定在下箱上比较好，则结构比较合理。

② 定位销避免与接合面不垂直　图 3-70（a）所示的结构是错误的，因为定位销与接合面不垂直，销钉的位置不易保持精确，定位效果较差。如果改成图 3-70（b）所示的结构，定位销垂直于接合面则比较合理。

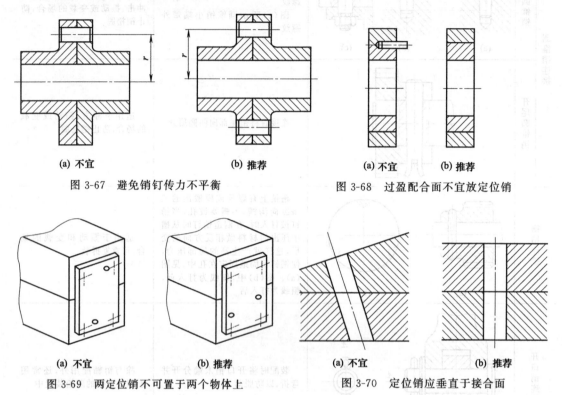

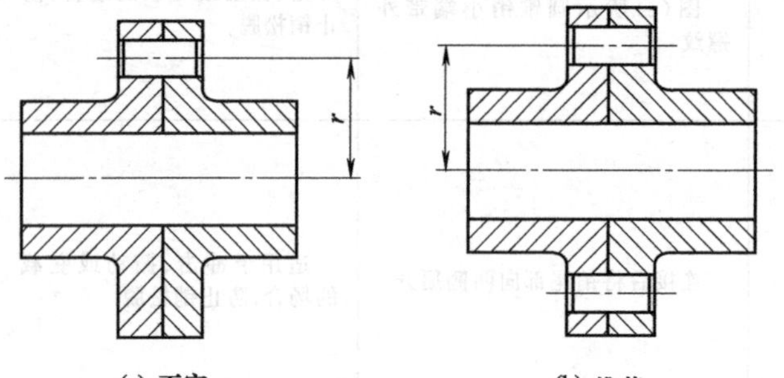

(a) 不宜　　(b) 推荐

图 3-67　避免销钉传力不平衡

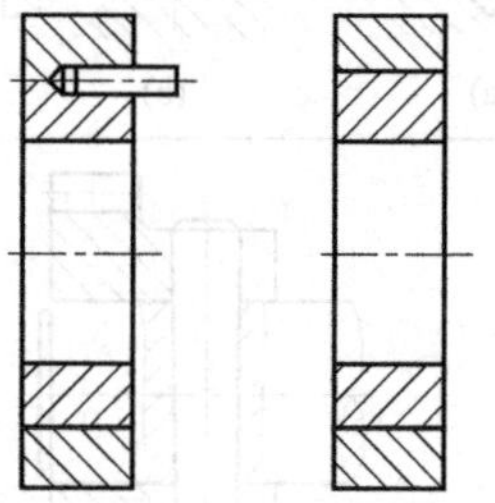

(a) 不宜　　(b) 推荐

图 3-68　过盈配合面不宜放定位销

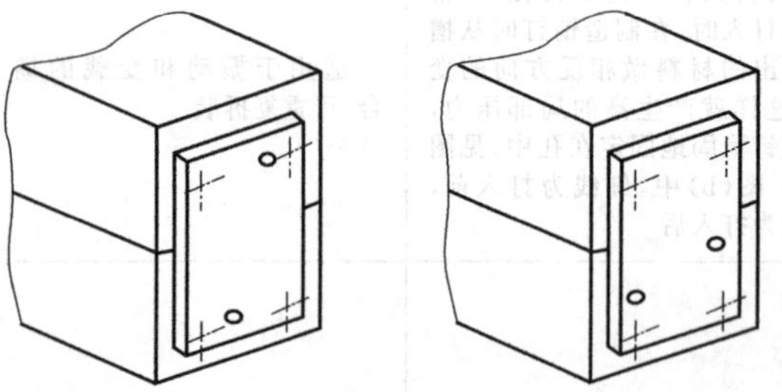

(a) 不宜　　(b) 推荐

图 3-69　两定位销不可置于两个物体上

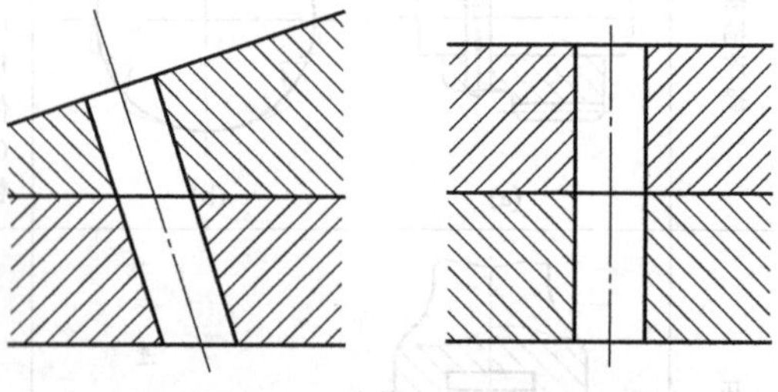

(a) 不宜　　(b) 推荐

图 3-70　定位销应垂直于接合面

③ 两定位销位置不应太近　定位销在零件上的位置不应过于靠近。为了确定零件位置，经常用两个定位销，如图 3-71（a）所示，两个定位销在零件上的位置太近，即距离太小，定位效果不好，应尽可能采取距离较大的布置方案，如图 3-71（b）所示，这样可以获得较高的定位精度。

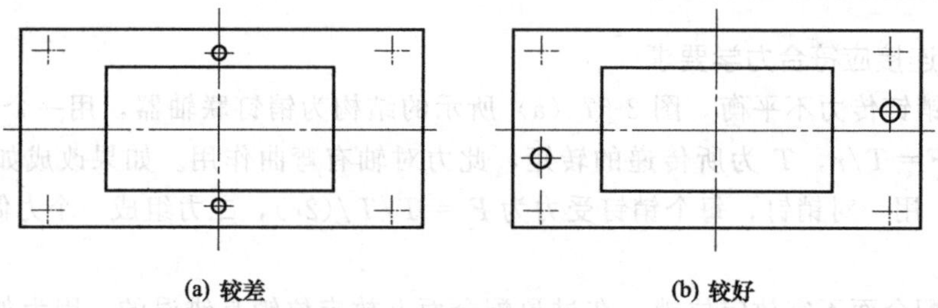

(a) 较差　　(b) 较好

图 3-71　两定位销的距离

④ 定位销不可对称布置　定位销在零件上不可对称布置，如果将定位销如图 3-72（a）所示，置于零件的对称位置，安装时有可能会反转安装，即反转 180°安装，这样不能满足定位精度。应按图 3-72（b）所示，定位销布置在零件的非对称位置，以准确定位，避免反转安装。

(3) 销连接结构设计应有利于加工

① 销钉孔不宜分开加工　如图 3-73（a）所示的销钉孔加工方法是错误的结构，因为用划线定位、分别加工的方法不能满足要求，精度不高。如果改成如图 3-73（b）所示的结构，即对相配零件的销钉孔采用配钻、铰的加工方法，能保证孔的精度和可靠的对中性。

② 淬火零件销钉孔必须配作　如图 3-74（a）所示的结构是错误的，因为零件淬火后硬度太高，销钉孔不能配钻、铰，无法与铸铁件配作。如果改成如图 3-74（b）所示的结构，即淬火件上先制出一个较大的孔（大于销钉直径），淬火后，在孔中装入由软钢制造的环形件 $A$，此环与淬火钢件为过盈配合，再在件 $A$ 孔中进行配钻、铰（装配时，件 $A$ 的孔小于销钉直径），就比较合理了。

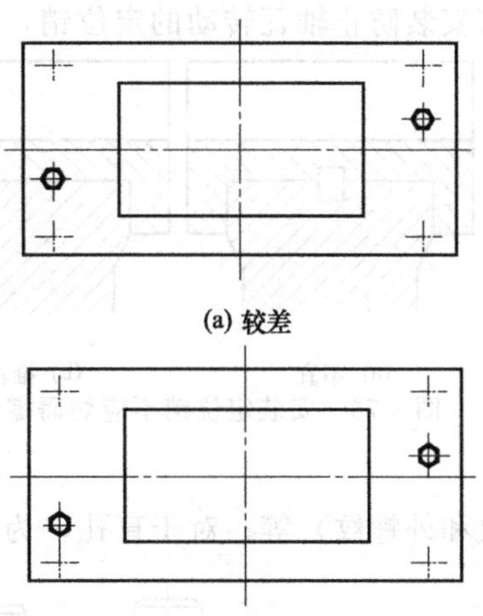
(a) 较差

(b) 较好

图 3-72　两定位销不可对称布置

(4) 销连接结构应有利于装拆

① 不易观察的销钉避免装配困难　如图 3-75（a）所示的结构，在底座上有两个销钉，上盖上面有两个销孔，装配时难以观察销孔的对中情况，装配困难。如果改成如图 3-75（b）所示的结构，把两个销钉设计成不同长度，装配时依次装入，就比较容易；或将销钉加长，端部有锥度以便对准，如图 3-75（c）所示。

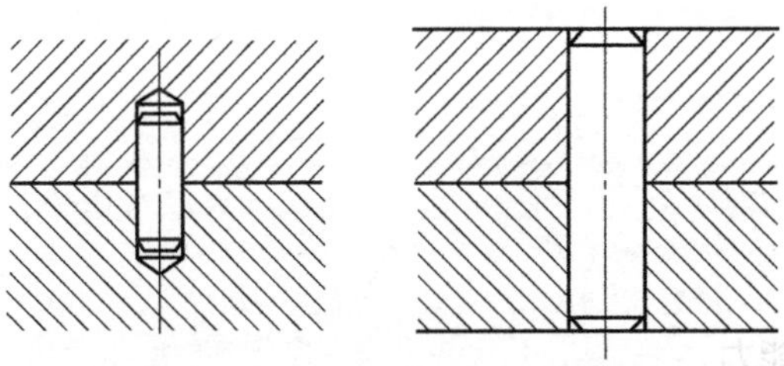
(a) 不宜　(b) 推荐

图 3-73　销钉孔的加工方法

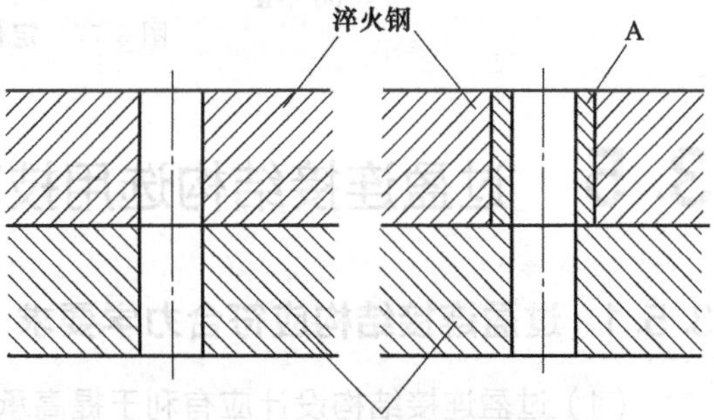

(a) 不宜　(b) 推荐

图 3-74　淬火零件的销钉孔必须配作

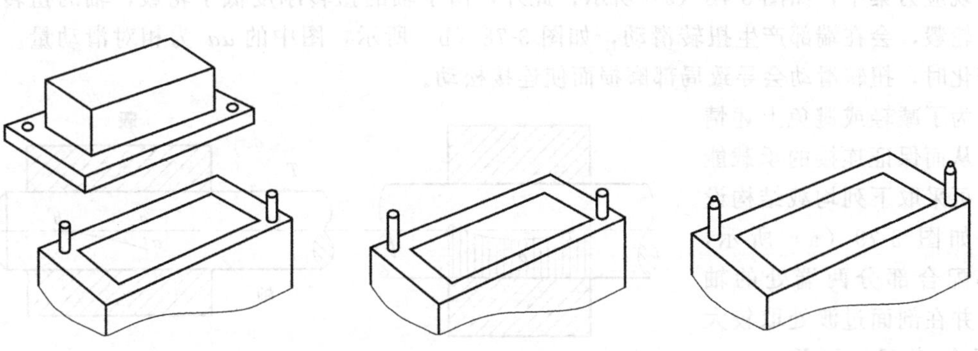
(a) 较差　(b) 较好　(c) 较好

图 3-75　对不易观察的销钉避免装配困难

② 安装定位销不应妨碍零件拆卸　如图 3-76（a）所示的结构，安装定位销会妨碍零件拆卸。支持转子的滑动轴承轴瓦，只要把转子稍微吊起，转动轴瓦即可拆下，如果在轴瓦下

部安装防止轴瓦转动的定位销，则上述装拆方法不能使用，必须把轴完全吊起，才能拆卸轴瓦。应采用图 3-76（b）所示的结构，不必安装定位销。

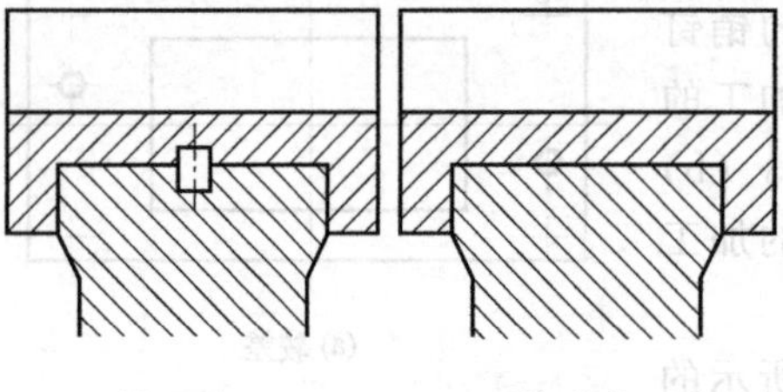

图 3-76　安装定位销不应妨碍零件拆卸

③ 定位销应方便装拆　设计定位销一定要考虑如何能方便地装拆，尤其是如何方便地从销钉孔中取出。图 3-77（a）所示的结构不容易取出销钉，并且对没有通气孔的盲孔，销很难装入和拔出。改进方法如图 3-77（b）所示，为便于拆卸，把销钉孔制成通孔；采用带螺尾的销钉（有内螺纹和外螺纹）等；对于盲孔，为避免孔中封入气体引起装拆困难，应有通气孔。

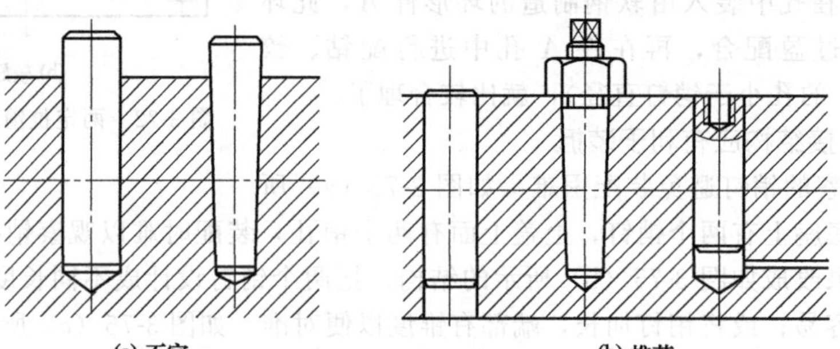

图 3-77　定位销应方便装拆

# 3.5　过盈连接结构选用技巧

## 3.5.1　过盈连接结构应符合力学要求

（1）过盈连接结构设计应有利于提高承载能力

① 过盈连接均载结构设计　过盈连接结合压力沿结合面长度的分布是不均匀的，两端会出现应力集中，如图 3-78（a）所示；此外，由于轴的扭转刚度低于轮毂，轴的扭转变形大于轮毂，会在端部产生扭转滑动，如图 3-78（b）所示，图中的 $aa'$ 为相对滑动量。当转矩变化时，扭转滑动会导致局部磨损而使连接松动。

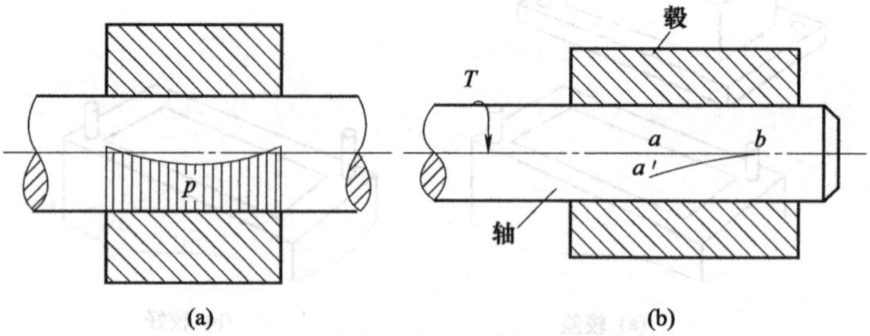

图 3-78　过盈连接压力分布和端部滑动

为了减轻或避免上述情况，从而保证连接的承载能力，可采取下列均载结构设计：如图 3-79（a）所示，减小配合部分两端处的轴径，并在剖面过渡处取较大的圆角半径，可取 $d_1 \leqslant 0.95d$，$r \geqslant (0.1 \sim 0.2)d$；在轴的配合部分两端切制卸载槽，如图 3-79（b）所示；在轮毂端面切制卸载环形槽，如图 3-79（c）所示；减小轮毂端部的厚度，如图 3-79（d）所示。

② 热压配合面上不宜装销、键　如图 3-80 所示的结构是齿轮的齿环热装在轮芯上的情况，如果在热压配合面上如图 3-80（a）、（b）所示，装键或销是不合理结构，因为热装齿环的紧固力是由齿环和轮芯的环箍张紧而得以保持，所以如果在热压配合面上开孔则环箍张紧被切断，而使紧固力异常降低，丧失了热压配合的效果。图 3-80（c）所示是合理结构。

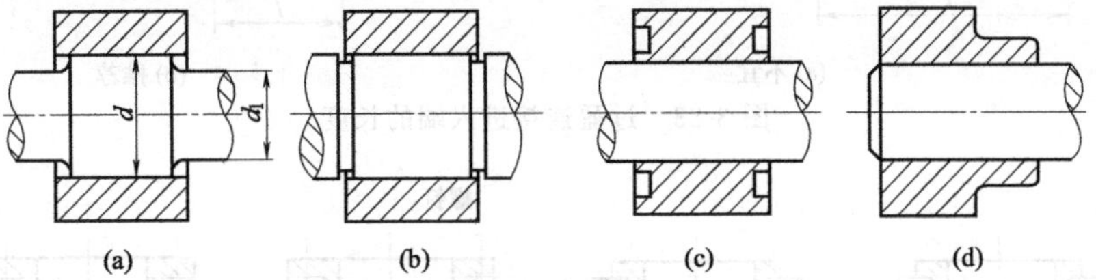

图 3-79　过盈连接的均载结构设计

③ 在铸铁件中嵌装的小轴容易松动　如图 3-81（a）所示，在铸铁圆盘上用过盈配合安装的曲柄销，由于铸铁没有明显的屈服强度，所以在外载荷的作用下，配合孔边反复承受压力而产生松动。若铸铁圆盘改为钢制则较为合理，如图 3-81（b）所示。

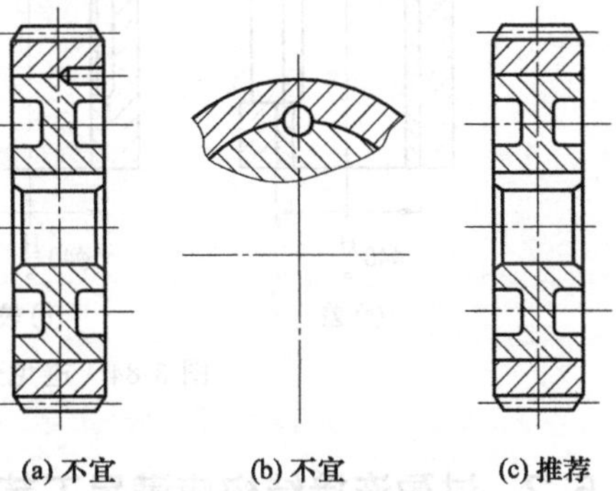

图 3-80　热压配合面上不宜装销、键

（2）避免装配时被连接件变形

① 热压配合的轴环要有一定厚度　如图 3-82（a）所示，很薄的轴环热压配合到阶梯轴上，由于轴环左边的直径比右边的直径大很多，对于相同的过盈量，轴的反抗力不同，因此轴环会形成虚线所示的翻伞状。为防止出现这种情况，可将轴环加厚，如图 3-82（b）所示。如果因为结构受限实在不能加厚轴环，也可以从轴粗的一侧到细的一侧调整其过盈量。

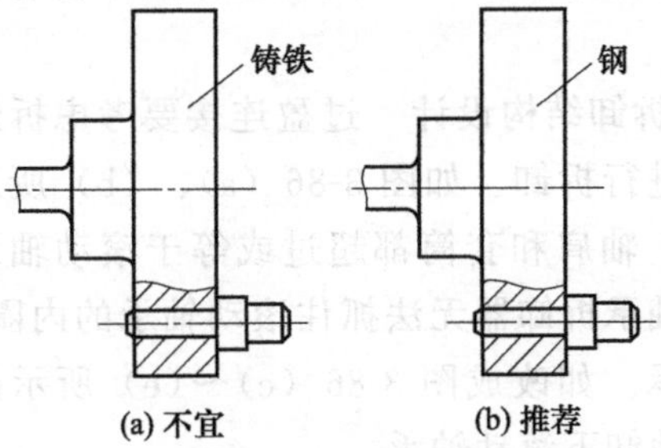

图 3-81　铸铁件中嵌装小轴容易松动

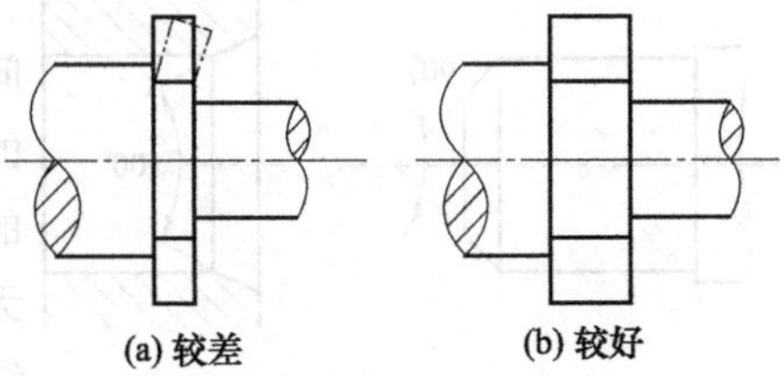

图 3-82　热压配合的轴环厚度设计

② 过盈连接进入端的结合长度不宜过长　如图 3-83（a）所示的过盈连接进入端的结合长度 $l$ 过长，这样使过盈装配时容易产生挠曲，以致使零件产生歪斜。正确的结构如图 3-83（b）所示，以 $l<1.6d$ 为宜，这样有利于加工时减小挠曲，压装时减小歪斜，热装时均匀散热。

③ 避免过盈配合的套上有不对称的切口　由于套形零件一侧有切口时［图 3-84（a）］，其外形将有改变，不开口的一侧将外凸。在切口处将包围件的尺寸加大［图 3-84（b）］，可以避免装配时产生的干涉。最好的方案是用 H/h 的配合［图 3-84（c）］，端部做成凸缘，用螺钉固定。或用 H/h 配合，在套上制出开通的缺口［图 3-84（d）］，用螺钉固定。

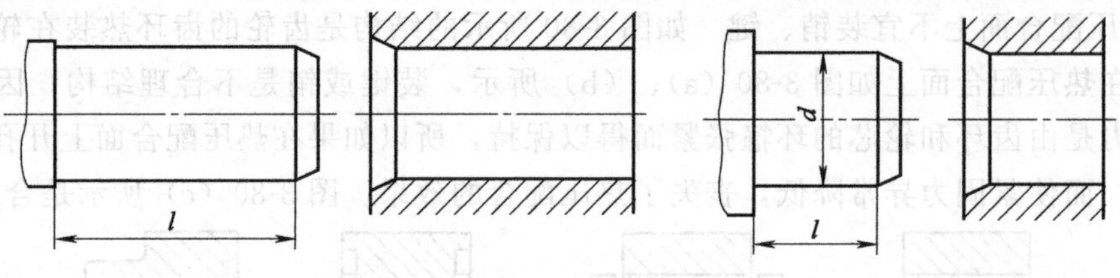

图 3-83　过盈连接进入端的长度

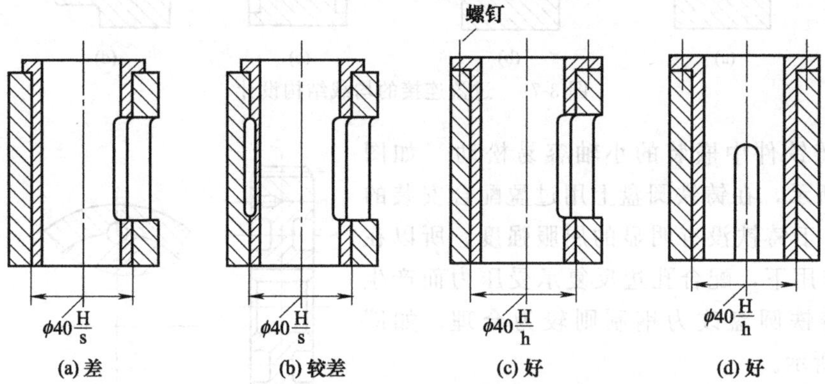

图 3-84　避免过盈配合的套上有不对称的切口

## 3.5.2　过盈连接结构应满足工艺性要求

（1）考虑装拆方便的过盈配合结构

① 过盈连接进入端角度设计　过盈连接的被连接件配合面的进入端应制成倒角，使装配方便、对中良好和接触均匀，提高紧固性。但是倒角的大小会影响装配性能，如图 3-85（a）所示的过盈连接，进入端的倒角为 90°，被进入端的倒角为 100°，对装配性能不会有太大提高。正确的倒角大小应如图 3-85（b）所示。

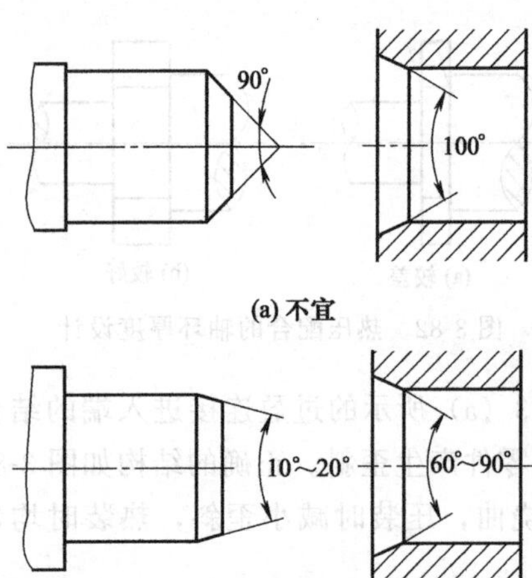

图 3-85　过盈连接进入端的角度

② 过盈连接拆卸结构设计　过盈连接要考虑拆卸问题，否则很难进行拆卸。如图 3-86（a）、（b）所示的两个滚动轴承，轴肩和套筒都超过或等于滚动轴承的内圈高，因此轴承拆卸器无法抓住滚动轴承的内圈，无法拆卸滚动轴承。如改成图 3-86（c）～（e）所示的结构，就会顺利地卸下滚动轴承。

如图 3-86（f）所示的轴与套的过盈连接也是无法拆卸的，如改成图 3-86（g）、（h）所示的结构，就会顺利地卸下轴上的套。图 3-86（g）所示的结构是在套上加工成内螺纹，拆卸时利用螺纹连接力矩产生的轴向力使套卸下。图 3-86（h）所示的结构给套留出一个拆卸的空间，原理同图 3-86（c）～（e），因此可以拆下。

图 3-86（i）所示的结构为热压配合，拆卸是非常困难的，可采用施加油压的拔出方式，如图 3-86（j）所示，或采用圆锥配合，如图 3-86（k）所示。

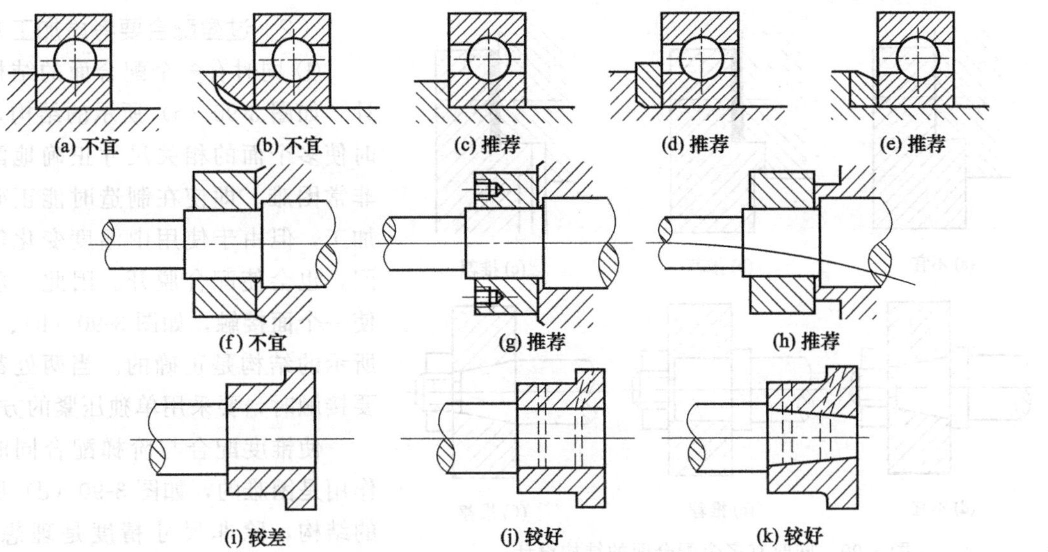

图 3-86　过盈连接的拆卸结构

③ 过盈深度设计　过盈连接的深度不宜太深，如图 3-87（a）所示的结构，过盈量的嵌入深度太深，很难嵌装和拔出，如改成图 3-87（b）、(c）所示的结构，使过盈量的嵌入深度尽量小，则装拆都方便。

④ 避免同一配合尺寸装入多个过盈配合件　如图 3-88（a）所示的结构，同一轴上同一配合尺寸有两处过盈配合，或如图 3-88（b）所示的结构，具有三处过盈配合，设计成等直径，则不好安装、拆卸，同时也难以保证精度。应设计成如图 3-88（c）所示的结构，将具有相同直径过盈量的安装部位给予少许的阶梯差，安装部位以外最好不要给过盈量。

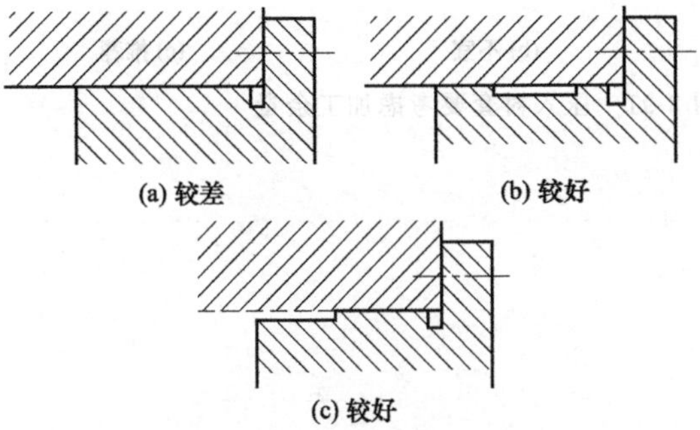

图 3-87　过盈深度的设计

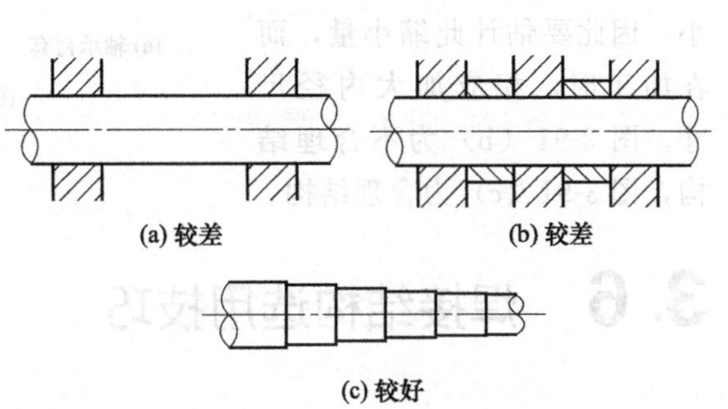

图 3-88　同一配合尺寸多处过盈配合的设计

⑤ 同一根轴安装多个滚动轴承　图 3-89（a）所示的结构，同一轴上安装四个滚动轴承，因为滚动轴承是标准件，内孔的尺寸是固定的，因此不能把轴设计成多个阶梯。可以改成图 3-89（b）所示的结构，即用斜紧固套进行安装。

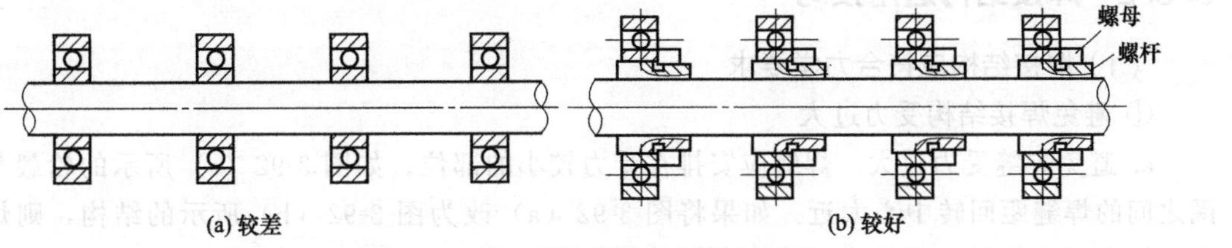

图 3-89　同一根轴安装多个滚动轴承

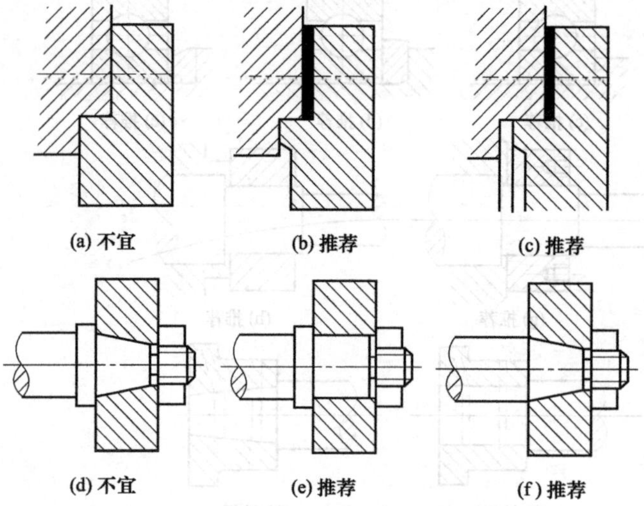


图 3-90　同时有多个配合面的结构设计

（2）过盈配合要考虑加工方便

① 同时有多个配合面的结构设计　如图 3-90（a）所示的结构，同时使多个面的相关尺寸正确地配合非常困难。即使在制造时能正确地加工，但由于使用中温度变化等原因，也会使配合脱开。因此一般只使一个面接触，如图 3-90（b）、（c）所示的结构是正确的。当两处都需要接触时，要采用单独压紧的方式。

使锥度配合与阶梯配合同时起作用是困难的，如图 3-90（d）所示的结构，除非尺寸精度是理想的，否则不能判断在阶梯配合的位置上锥度部分是否达到预计的过盈量。改为图 3-90（e）、（f）的结构是正确的，因为圆柱轴端的阶梯配合是确实可靠的。

② 压入衬套要考虑加工余量　为了不使轴承衬套［图 3-91（a）］在安装以后松弛，在安装时要给以足够的过盈量。由于过盈配合，安装后的衬套内径比安装前的尺寸缩小，因此要估计此缩小量，而在加工时，相应加大内径尺寸。图 3-91（b）为不合理结构，图 3-91（c）为合理结构。

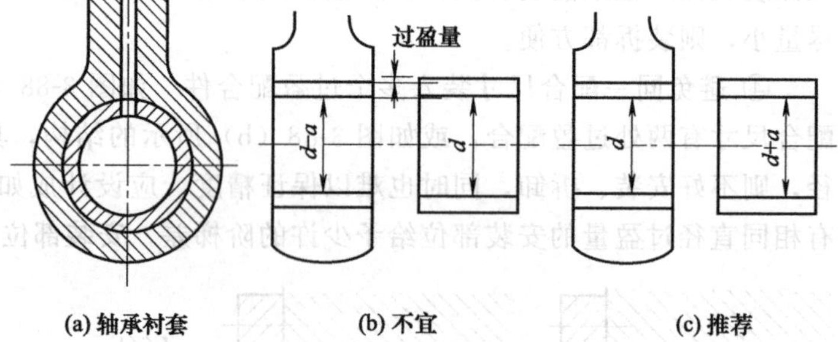


图 3-91　压入衬套要考虑加工余量

# 3.6　焊接结构选用技巧

## 3.6.1　焊缝的基本形式、特点及应用

焊缝的基本形式有对接焊缝、填角焊缝、切口焊缝和塞形焊缝等。各种焊缝的特点及应用见表 3-8。

## 3.6.2　焊接结构选用技巧

（1）焊接结构应符合力学要求

① 避免焊接结构受力过大

a. 避免焊缝受力过大　焊缝应安排在受力较小的部位。如图 3-92（a）所示的轮毂与轮圈之间的焊缝距回转中心太近。如果将图 3-92（a）改为图 3-92（b）所示的结构，则焊缝距回转中心比较远，可以减小焊缝受力。

图 3-92（c）所示的套管与板的连接结构，也使焊缝的受力太大。将图 3-92（c）改为图 3-92（d）所示的结构，先将套管插入板孔，再进行焊接，这种结构可以减小焊缝的受力。

**表 3-8　焊缝的基本形式、特点及应用**

| 类型 | 焊缝式样 | 特　点 | 应　用 |
|---|---|---|---|
| 对接焊缝 | 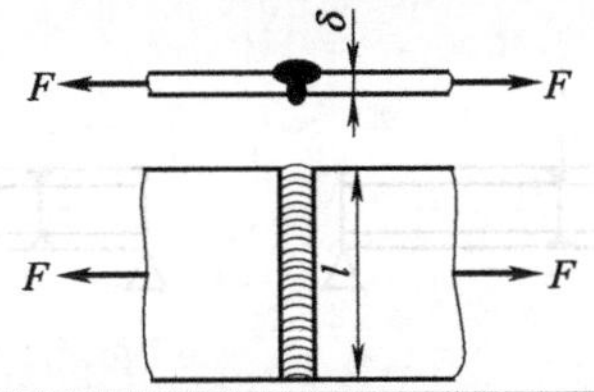 | 结合平稳，受力均匀，是最合理、最基本的焊缝。被焊件较厚时，必须开坡口或带搭板 | 用于连接位于同一平面内的两个被焊接件，是常采用的焊缝 |
| 填角焊缝 | 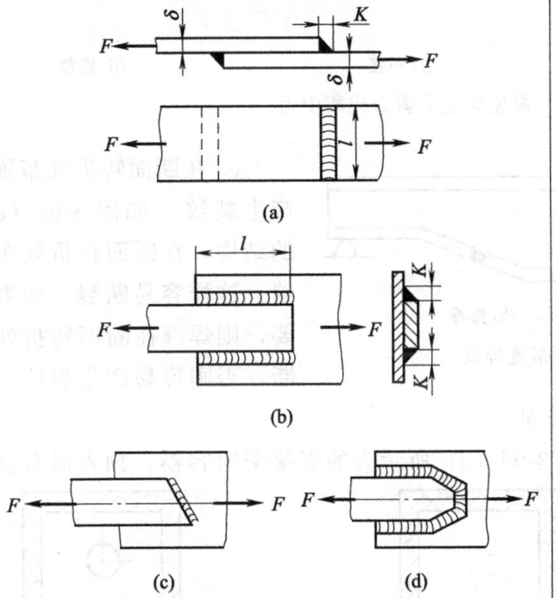 | 图(a)为端焊缝，焊缝与载荷方向垂直；图(b)为侧焊缝，焊缝与载荷方向平行；图(c)为斜焊缝，焊缝与载荷方向既不平行也不垂直；图(d)为组合焊缝，兼有以上三种情况 | 用于连接位于不同平面的两个被焊接件，是常采用的焊缝 |
| 切口焊缝 | 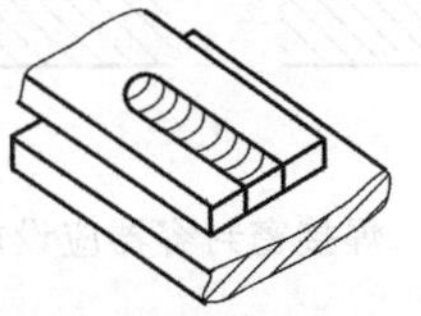 | 局部焊，弥补主焊缝强度的不足，不是承受载荷的主要焊缝 | 一般只用作辅助焊缝或用来使被连接件贴紧 |
| 塞形焊缝 | 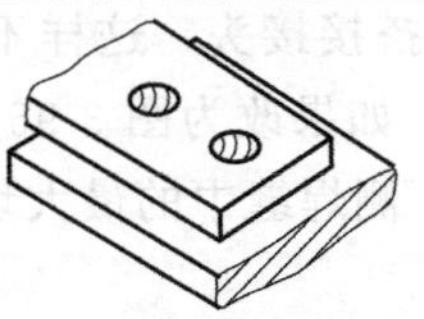 | | |

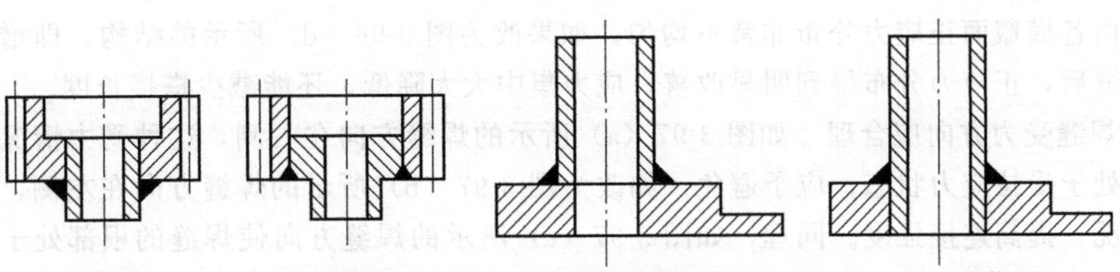

(a) 不宜　(b) 推荐　(c) 不宜　(d) 推荐

图 3-92　焊缝应安排在受力较小的位置

b. 避免焊缝受剪力或集中力　如图 3-93（a）所示的法兰直接焊在管子上的结构，焊缝受剪力和弯矩。如果改为如图 3-93（b）所示的结构，可以避免焊缝受剪力。图 3-93（c）所示的结构，焊缝直接受集中力作用，同时受最大弯曲应力。如果改为如图 3-93（d）所示的结构，焊缝就避开了受弯曲应力最大的部位，结构合理。

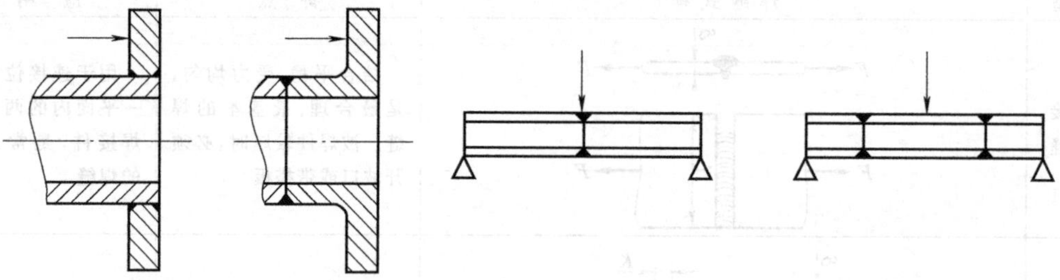

(a) 不宜　(b) 推荐　(c) 不宜　(d) 推荐

图 3-93　避免焊缝受剪力或集中力

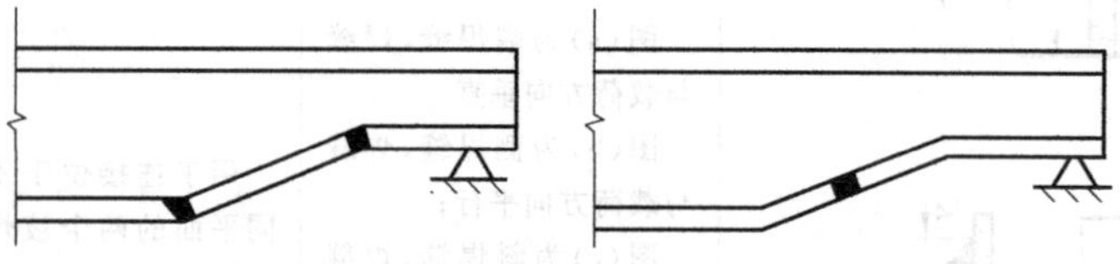

(a) 不宜　(b) 推荐

图 3-94　不宜在断面转折处布置焊缝

c. 在断面转折处布置焊缝易产生裂纹　如图 3-94（a）所示的结构，在断面转折处布置了焊缝，这样容易断裂。如果确实需要，则焊缝在断面转折处不应中断，否则容易产生裂纹。如果改为如图 3-94（b）所示的结构，比较合理。

d. 焊接密封容器应设放气孔　图 3-95（a）所示为的焊接密闭容器，预先没有设计放气孔，因此气体可能释放出来而导致不易焊牢。如果改为如图 3-95（b）所示的结构，即预先设计放气孔，使气体能够释放则有利于焊接，结构合理。

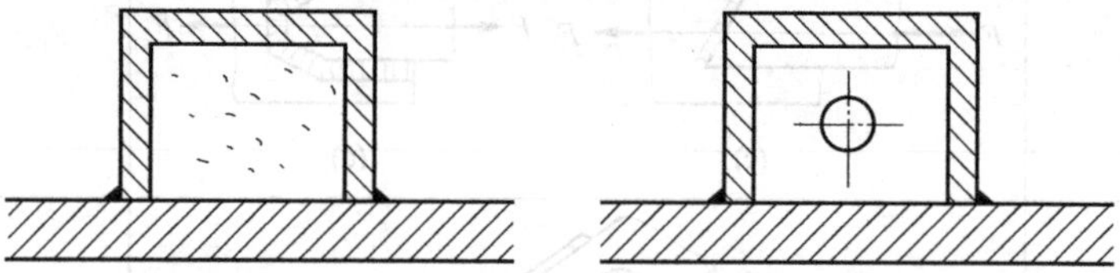

(a) 不宜　(b) 推荐

图 3-95　焊接密封容器应设放气孔

e. 避免纯侧面角焊　如图 3-96（a）所示的结构，采用了只用侧面角焊缝的搭接接头，这样不但侧焊缝中切应力分布极不均匀，而且搭接板中的正应力分布也不均匀。如果改为图 3-96（b）所示的结构，即增加了正面角焊缝，则搭接板中正应力分布较均匀，侧焊缝中的最大切应力也降低了，还可减少搭接长度，结构合理。

再如图 3-96（c）所示的结构，在加盖板的搭接接头中，仅用侧面角焊缝的接头，在盖板范围内各横截面正应力分布非常不均匀。如果改为图 3-96（d）所示的结构，即增加了正面角焊缝后，正应力分布得到明显改善，应力集中大大降低，还能减少搭接长度。

f. 焊缝受力方向应合理　如图 3-97（a）所示的焊缝方向在右侧，这种受力情况使焊缝的根部处于受拉应力状态，应予避免。如改为图 3-97（b）所示的焊缝方向在左侧，可改善受力状况，提高连接强度。同理，如图 3-97（c）所示的焊缝方向使焊缝的根部处于受拉应力状态，应改为图 3-97（d）所示的焊缝方向。

② 减小焊缝应力集中的结构

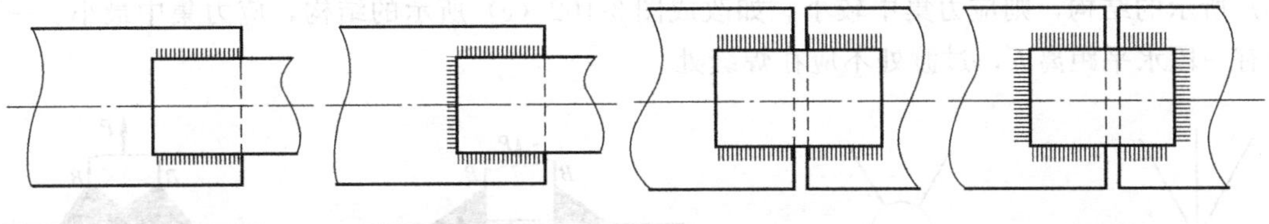

(a) 不宜　(b) 推荐　(c) 不宜　(d) 推荐

图 3-96　避免纯侧面角焊

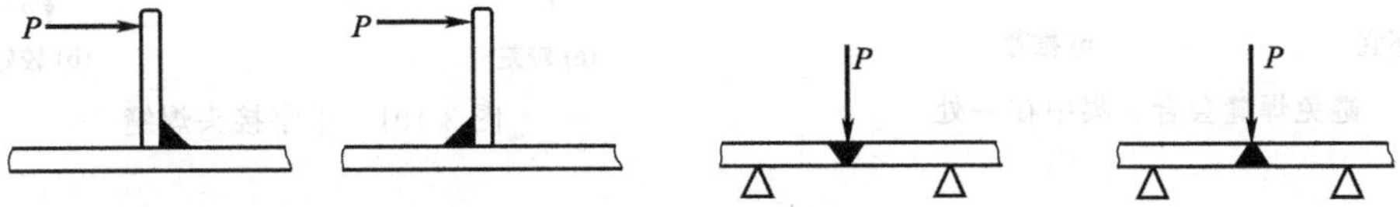


(a) 不宜　(b) 推荐　(c) 不宜　(d) 推荐

图 3-97　焊缝受力方向

a. 焊缝与母材交界处不宜为尖角　如图 3-98（a）所示的焊缝与母材交界处为尖角，因此应力集中比较大。如果改为如图 3-98（b）所示的结构，即焊缝与母材交界处用砂轮打磨，能够增大过渡区半径，从而可减小应力集中。对承受冲击载荷的结构，应采用图 3-98（c）所示的结构，将焊缝高出的部分打磨光。

b. 避免端面角焊缝应力集中　端面角焊缝的焊缝截面形状对应力分布有较大影响，如图 3-99（a）所示，$A$、$B$ 两处应力集中最大，$A$ 点的应力集中随 $\theta$ 角增大而增加，因此，图 3-99（a）、（b）所示的端面角焊缝应力集中最大。图 3-99（c）、（d）的焊缝应力集中较小；图 3-99（e）中 $A$ 点的应力集中最小，但需要加工，焊条消耗较大，经济性差。

c. 避免焊缝会合、集中在一处　几条焊缝会合的地方容易出现不完全焊接，所以焊缝要尽量成 T 形，应避免十字焊缝或多条焊缝聚集在一起，如图 3-100（a）所示。应尽量使焊缝部位互相错开，不要汇集在一处，如图 3-100（b）所示。

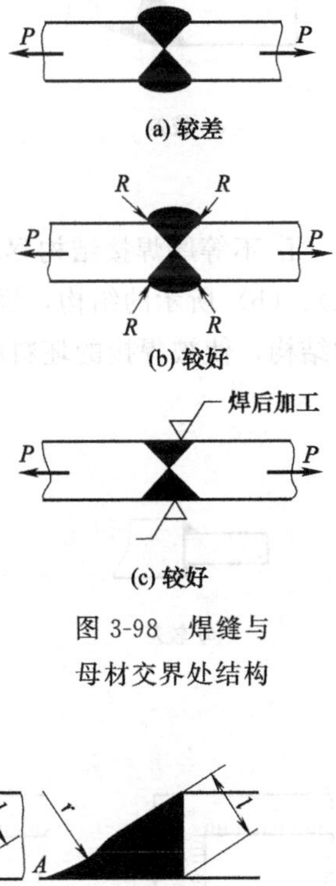


图 3-98　焊缝与母材交界处结构

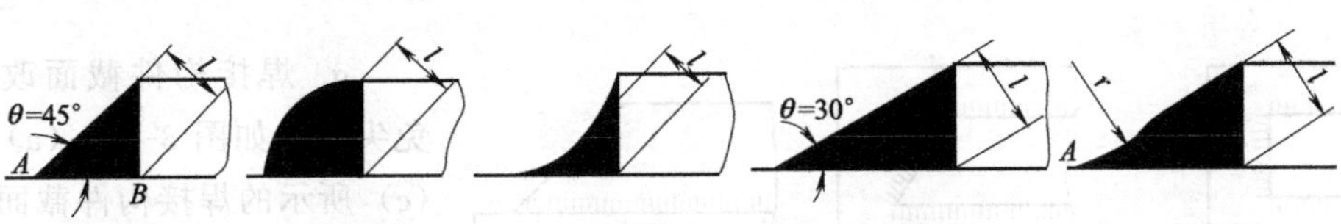


(a) 较差　(b) 较差　(c) 较好　(d) 较好　(e) 较好

图 3-99　避免端面角焊缝应力集中

d. 十字接头焊缝应开坡口　如图 3-101（a）所示受力的十字接头，因未开坡口，焊缝根部 $A$ 和趾部 $B$ 两处都有较大的应力集中。图 3-101（b）所示开了坡口，因此能焊透，应力集中较小，焊接变形小，结构合理。

e. 尽量减小不同厚度对接焊缝的应力集中　对不同厚度的构件的对接接头，应尽可能采用圆弧过渡，并使两板对称焊接，以减少应力集中，并使两板中心线偏差 $e$ 尽量减小。如图 3-102（a）所示的不同厚度对接焊缝结构，应力集中最大，结构不合理。如改成图 3-102

(b) 所示的结构，则应力集中较小。如改成图 3-102 (c) 所示的结构，应力集中最小。一般应有一段水平距离 $h$，过渡处不应在焊缝处。

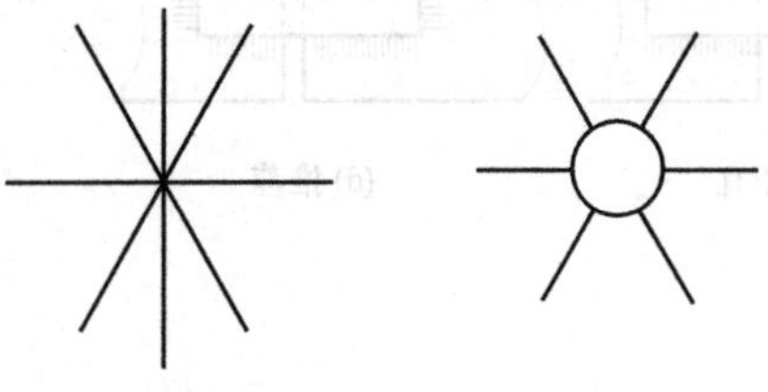

(a) 不宜　(b) 推荐

图 3-100　避免焊缝会合、集中在一处

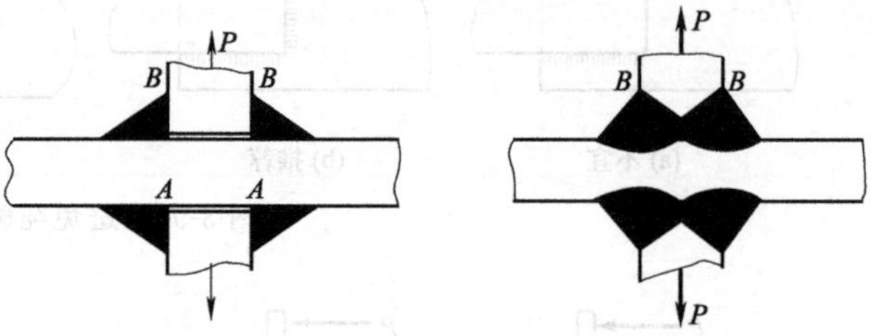


(a) 较差　(b) 较好

图 3-101　十字接头焊缝

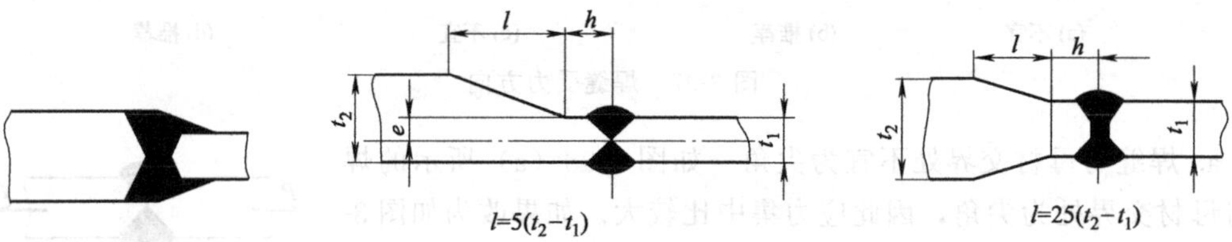


(a) 较差　(b) 较好　(c) 好

图 3-102　不同厚度对接焊缝

f. 不等厚焊接结构尽量平缓过渡　不等厚度的坯料进行焊接时，不宜采用如图 3-103 (a)、(b) 所示的结构，因为这样会有很大的应力集中。应该采用如图 3-103 (c)、(d) 所示的结构，使被焊接的坯料厚度缓和过渡后再进行焊接，以减少应力集中。

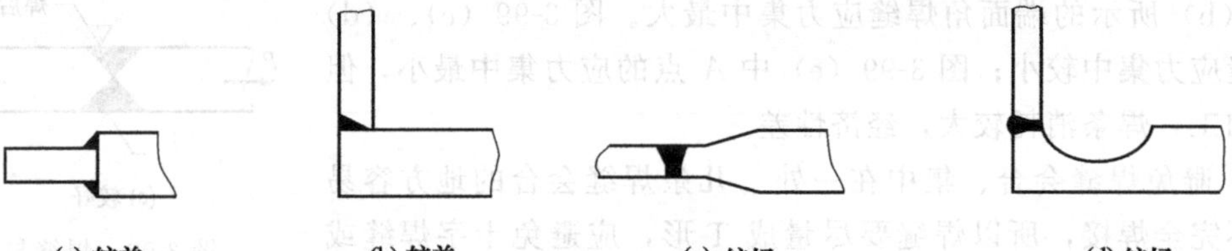

(a) 较差　(b) 较差　(c) 较好　(d) 较好

图 3-103　不等厚焊接结构尽量平缓过渡

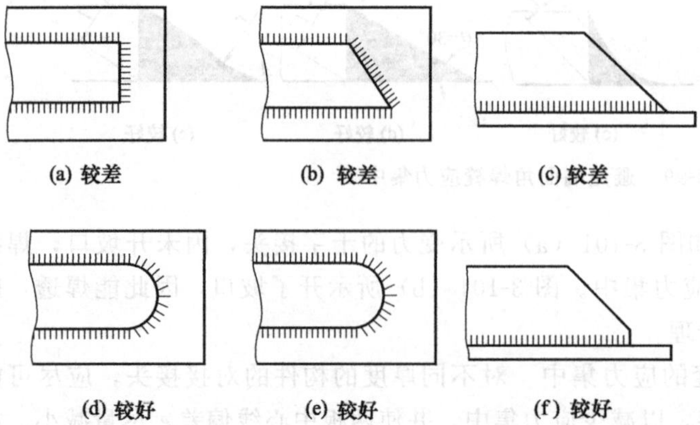

(a) 较差　(b) 较差　(c) 较差

(d) 较好　(e) 较好　(f) 较好

图 3-104　焊接构件截面改变处避免尖角

g. 焊接构件截面改变处避免尖角　如图 3-104 (a)、(b)、(c) 所示的焊接构件截面改变处有尖角，因此有应力集中，应设计成平缓过渡以减小应力集中，如图 3-104 (d)～(f) 所示。

h. 搭接接头应力集中大　如图 3-105 (a)、(d)、(f)、(h) 所示的焊缝结构，因为是搭接接头，所以存在很大的应力集中，容易产生断裂现象，因此要避免搭接接头的结构，改为如图 3-105（b）、（c）、（e）、（g）、（i）所示的焊缝结构。

i. 避免在截面突变处焊接　如图 3-106（a）所示，是几种在截面突变处进行焊接的结构形式，这些结构在焊接处存在很大的应力集中现象，降低了构件的疲劳强度，是不合理的焊接结构。

如果改为如图 3-106（b）所示的结构，即避免在截面突变处进行焊接的结构，不仅可以减少应力集中，还可以提高结构的疲劳强度，是比较合理的设计。

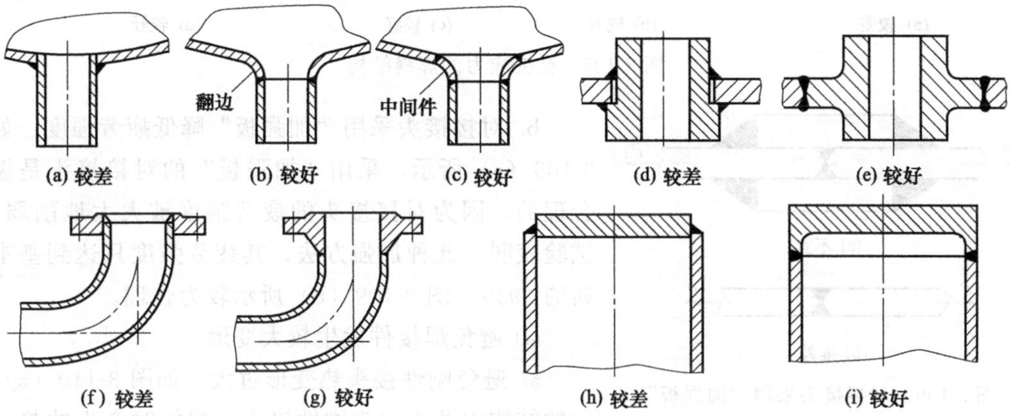


图 3-105　避免搭接接头

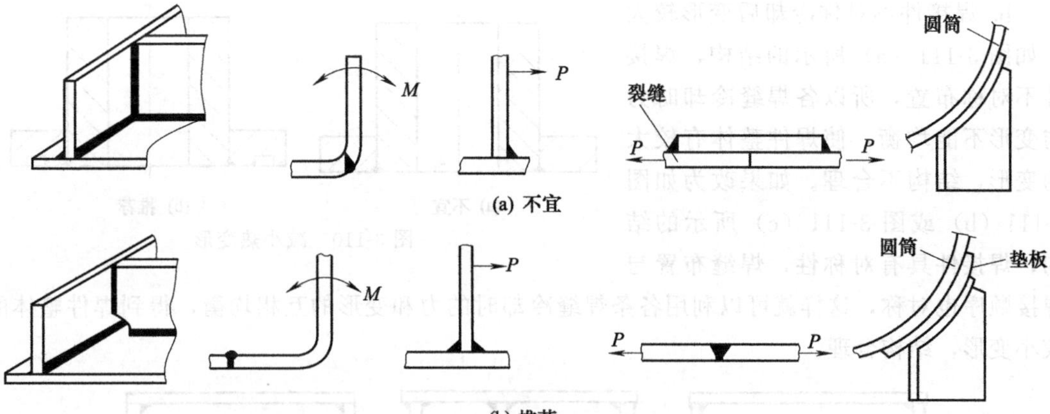


图 3-106　避免在截面突变处焊接

j. 补强板焊接不宜有尖角　如图 3-107（a）所示，化工容器（如塔体）上虽然在开人孔处进行了补强，但是其四角为尖角的焊缝是不合理的，因为有应力集中，在交变载荷作用下仍然易产生疲劳裂纹；如图 3-107（b）所示，将尖角改为圆角，可大大减小应力集中，避免产生裂纹。

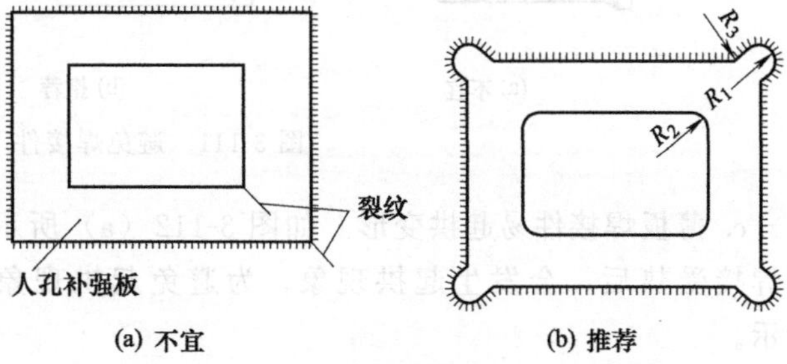


图 3-107　补强板焊接不宜有尖角

③ 提高焊缝疲劳强度的结构

a. 受变应力的焊缝结构　受变

应力的焊缝不宜如图 3-108（a）、（b）所示的那样凸出，可采用如图 3-108（c）、（d）所示的结构，即焊缝宜平缓，并且应在背面补焊，最好将焊缝表面切平，避免用搭接。如果必须使用时，可用长底边的填角焊缝，以减小应力集中。

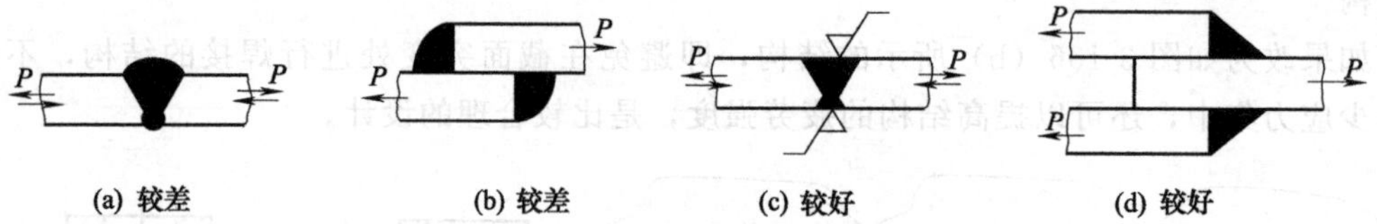


图 3-108　受变应力的焊缝结构

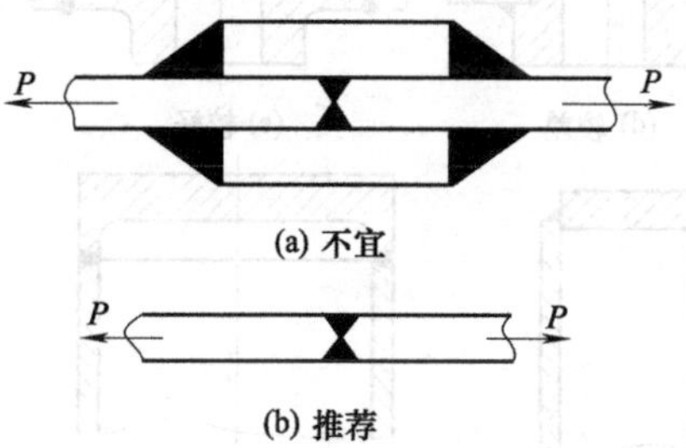


图 3-109　对接接头采用“加强板”降低疲劳强度

b. 对接接头采用“加强板”降低疲劳强度　如图 3-109（a）所示，采用“加强板”的对接接头是极不合理的，因为对接接头的疲劳强度被大大地削弱了。试验表明，此种加强方法，其疲劳强度只达到基本金属的 49%。图 3-109（b）所示较为合理。

④ 避免焊接件发生较大变形

a. 避免刚性接头热变形过大　如图 3-110（a）所示的结构中两零件为刚性接头，焊接时产生的热应力较大，零件的热变形也较大。应如图 3-110（b）所示，在环上开一个槽，使其成为弹性接头，则可以减小热应力，或使热变形显著减小。

b. 焊接件不对称冷却后变形较大　如图 3-111（a）所示的结构，焊接件不对称布置，所以各焊缝冷却时力与变形不能均衡，使焊件整体有较大的变形，结构不合理。如果改为如图 3-111（b）或图 3-111（c）所示的结构，焊接件具有对称性，焊缝布置与焊接顺序也对称，这样就可以利用各条焊缝冷却时的力和变形的互相均衡，得到焊件整体的较小变形，结构合理。

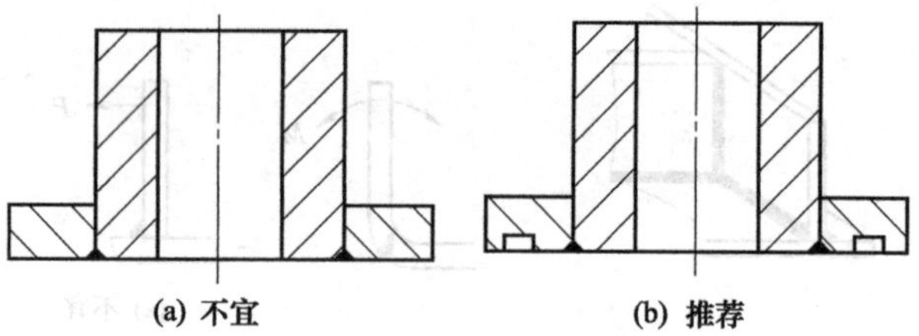


图 3-110　减小热变形

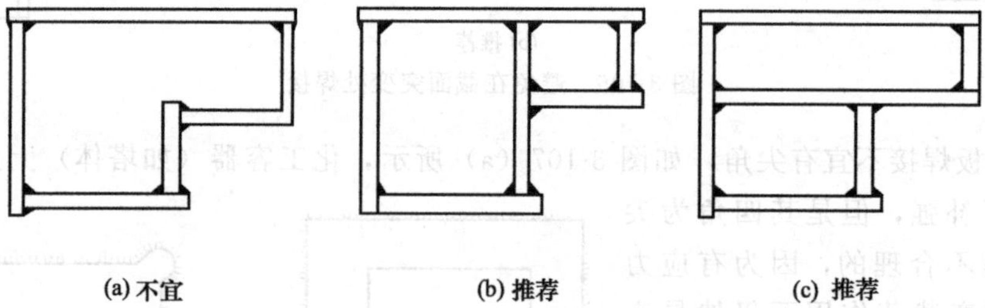


图 3-111　避免焊接件不对称

c. 薄板焊接件易起拱变形　如图 3-112（a）所示，薄板焊接时的结构是不合理的，因为焊接受热后，会发生起拱现象，为避免起拱现象，应考虑开孔焊接，如图 3-112（b）所示。

d. 焊缝位置应选择刚度较大的一侧　如图 3-113（a）所示的焊接零件中，底座顶板的内侧刚度大，如果在刚度小的外侧开坡口进行焊接，则顶板的变形角度为 $\alpha$，如图 3-113（b）所示。如果在刚度大的内侧开坡口进行焊接，则顶板的变形角度为 $\beta$，如图 3-113（c）所示。可以明显地看出 $\alpha>\beta$，因此在刚度小的外侧进行焊接顶板变形量大，结构不合理。结论是：焊缝的位置应选择在刚度大的位置以减小变形量。图 3-113（c）的结构合理。

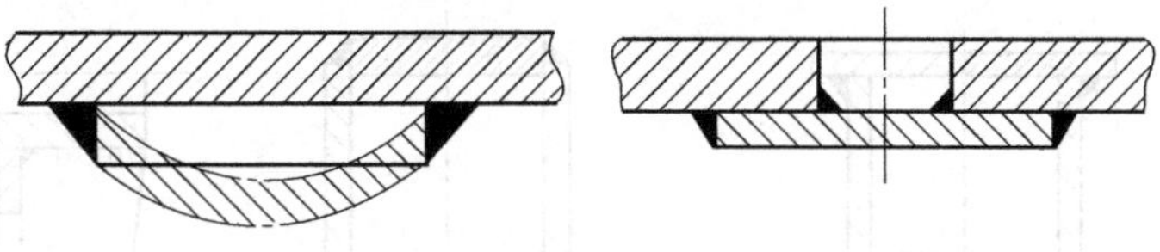
(a) 不宜　(b) 推荐

图 3-112　薄板焊接结构

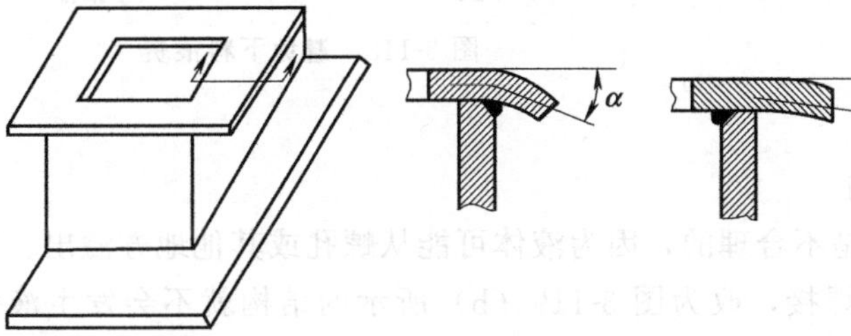

(a) 焊接零件　(b) 不宜　(c) 推荐

图 3-113　焊缝的位置选择

e. 避免焊缝热变形对加工面的影响　如图 3-114（a）所示的结构，焊缝距离加工表面太近，因此焊缝的热影响区或热变形会对加工表面有影响，结构不合理。正确的设计应该是采用焊接后加工，或采用如图 3-114（b）所示的结构，使焊缝避开加工表面更合理。

f. 焊缝太近使热变形大　如图 3-115（a）所示的结构，两条焊缝距离太近，热影响很大，使管子变形较大，强度降低。如果改为如图 3-115（b）所示的结构，使各条焊缝错开，热影响较小，管子变形小，强度提高。

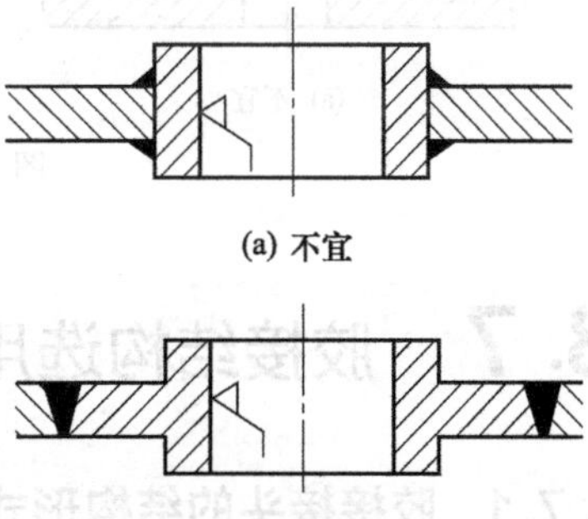
(a) 不宜　(b) 推荐

图 3-114　焊缝应避开加工表面

（2）焊接结构选用应考虑易加工、成本低

① 尽量减少焊缝力求工时少、成本低　如图 3-116（a）所示，用钢板焊接的零件，具有四条焊缝，且外形不美观。如果改为图 3-116（b）所示的结构，先将钢板弯曲成一定形状后再进行焊接，不但可以减少焊缝，工时少，降低成本，还可使焊缝对称和外形美观。

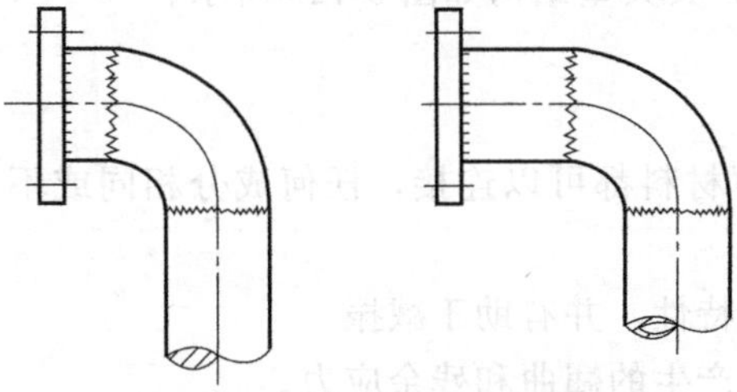
(a) 不宜　(b) 推荐

图 3-115　避免焊缝太近

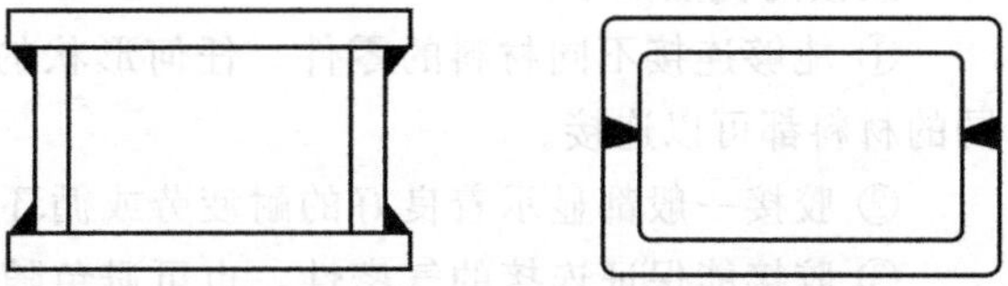
(a) 不宜　(b) 推荐

图 3-116　采用板料弯曲以减少焊缝

② 避免浪费板料　如图 3-117（a）所示的结构，底板冲下的圆板为废料，比较浪费。如果改为如图 3-117（b）所示的结构比较合理，因为可以利用这块圆板制成零件顶部的圆板，废料大为减少。

③ 避免下料浪费　如图 3-118（a）所示的结构，下料不合理，因为钢板为斜料，容易造成边角废料较多。改为如图 3-118（b）所示的结构比较合理，因为下料比较规范，因此边

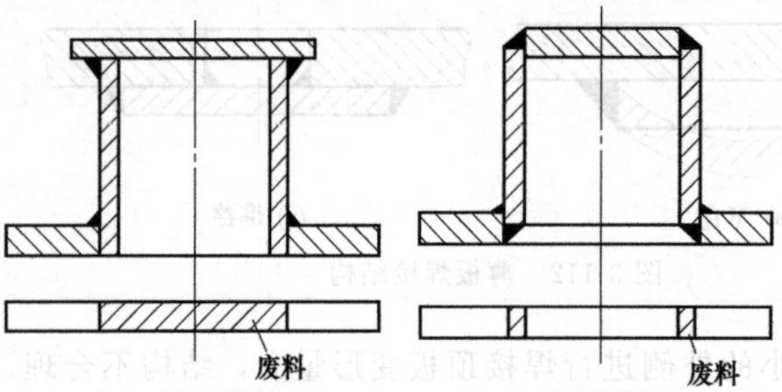


(a) 不宜　(b) 推荐

图 3-117　避免浪费板料

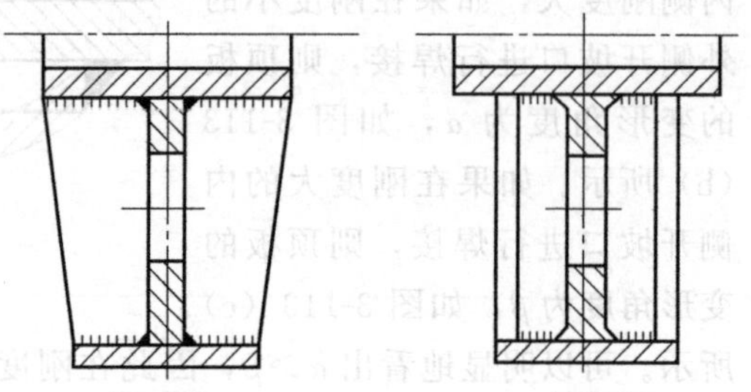

(a) 不宜　(b) 推荐

图 3-118　避免下料浪费

角废料较少。

（3）不允许液体溢出的焊缝结构

如图 3-119（a）所示的焊缝结构是不合理的，因为液体可能从螺孔或其他地方溢出。如在强度允许的情况下，加强内部密封焊接，改为图 3-119（b）所示的结构就不会发生液体溢出。也可以设计成图 3-119（c）所示的结构以防止液体溢出。

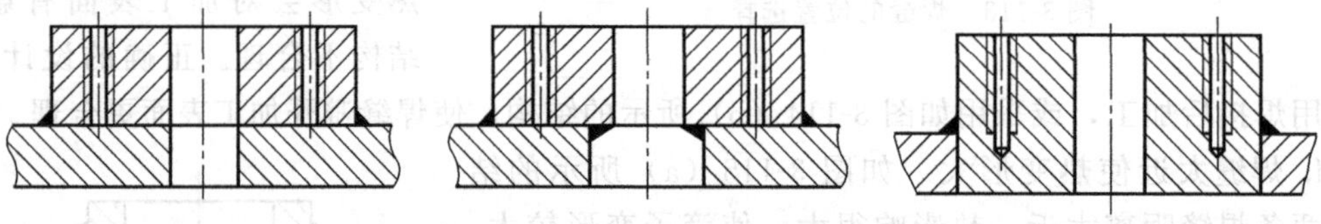

(a) 不宜　(b) 推荐　(c) 推荐

图 3-119　不允许液体溢出的焊缝设计

# 3.7　胶接结构选用技巧

## 3.7.1　胶接接头的结构形式、特点与应用

（1）胶接接头结构形式

胶接接头可分为对接接头、正交接头和搭接接头。其典型结构如图 3-120 所示。

（2）胶接的特点

胶接的优点如下。

① 能够连接不同材料的零件。任何形状的厚、薄材料都可以连接，任何成分相同或不同的材料都可以连接。

② 胶接一般都显示着良好的耐疲劳或循环载荷的特性，并有助于减振。

③ 胶接能保证连接的气密性，也可避免随焊接而产生的翘曲和残余应力。

④ 胶接层可以减少或避免不同金属之间的电化学腐蚀。

⑤ 胶接结构工艺简单，生产效率高，投资少，经济效益高。

胶接的缺点如下。

① 对不均匀扯离的抵抗力较差。

② 可靠度和稳定性受环境影响较大。

（3）胶接的应用

胶接的应用历史很久，早期用于各种非金属材料元件间的连接，而用于金属材料、金属与非金属材料元件间的连接历史并不长。目前胶接在机床、汽车、造船、化工、仪表、航空以及航天等工业部门中的应用日渐广泛，这主要归功于胶接机理研究的不断进展和新型胶接剂的不断出现。几种常用胶接剂性能对比列于表 3-9 中，供选用时参考。

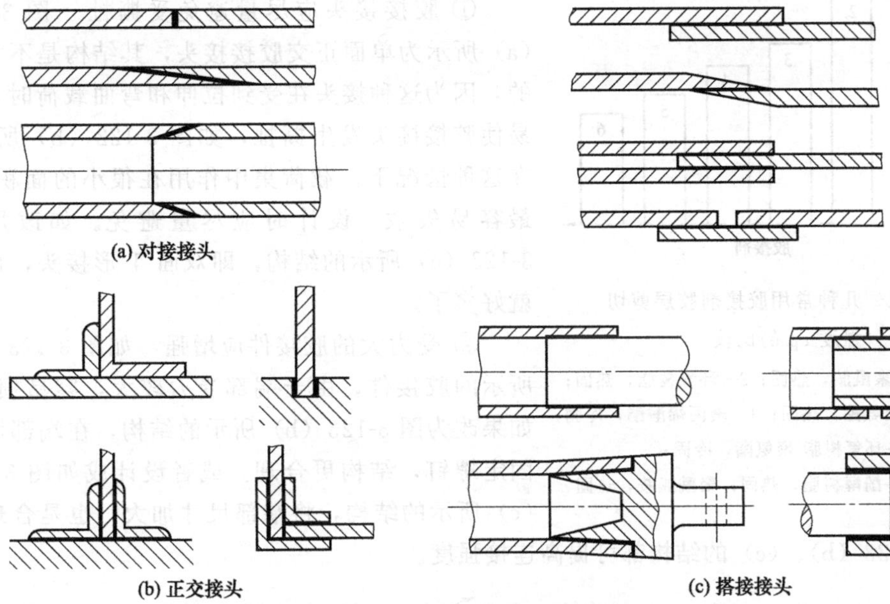


图 3-120　胶接接头结构形式

**表 3-9　几种常用胶接剂性能对比**

| 胶接剂 | 物理性能 | | | | 适用被胶接材料 | | | | | | 胶接强度 | |
|---|---|---|---|---|---|---|---|---|---|---|---|---|
| | 耐水性 | 耐高温 | 耐低温 | 耐溶剂性 | 金属 | 塑料 | 橡胶 | 皮革 | 木材 | 陶瓷 | 抗张/抗剪 | 剥离/冲击 |
| 环氧树脂 | 优～良 | 优 | 良 | 优 | 优 | 优 | 良 | 良 | 优 | 优 | 优 | 良 |
| 酚醛树脂 | 优 | 优 | 优 | 优 | 良 | 一般 | 一般 | 良 | 优 | 良 | 优 | 优 |
| 聚氨酯 | 优～良 | 良 | 优 | 良 | 优 | 优 | 优 | 优 | 优 | 优 | 优 | 优 |
| 丙烯酸酯树脂 | 良 | 良 | 良 | 良 | 良 | 优～良 | 良 | 优 | 良 | 良 | 优 | 良 |
| 氰基丙烯酸酯 | 一般 | 良～一般 | 良 | 良 | 优 | 优 | 优 | 优 | 优 | 优 | 优 | 良～一般 |
| 聚醋酸乙烯酸酯 | 良 | 一般 | 一般 | 一般 | 良 | 良 | 良 | 良 | 优 | 良 | 良 | — |
| 聚酰胺 | 良 | 一般 | 良 | 良 | 一般 | 一般 | 一般 | 一般 | 良 | 良 | — | — |
| 氯丁橡胶 | 良 | 良 | 良 | 良 | 优 | 良 | 良 | 优 | 良 | 一般 | 良 | 优 |

注：表中所列的胶接剂，抗霉菌性均优。

在室温情况下几种常用胶接剂胶层剪切强度的比较如图 3-121 所示。

由于胶接对不均匀扯离的抵抗能力较差，所以应尽量采用受剪切、拉和压的搭接胶接接头，或增大连接处的接触面积。为了保证足够的强度，对接接头端要做成坡口（榫槽）或带搭板的结构。如果要求接头特别坚固，使其能够承受包括不均匀扯离及振动在内的任何载荷作用，则应设计成胶接与螺纹连接、铆接或焊接联合使用的混合接头。

要胶接的表面必须仔细擦拭干净，有时还要进行特殊处理。有些胶接剂只能在没有空气的条件下进行固化；有些胶接剂可能受到细菌、潮气或其他溶剂的侵袭；随着温度的升高，有些胶接剂丧失胶接能力比较快。另外，胶接可靠度和稳定性受环境影响较大。

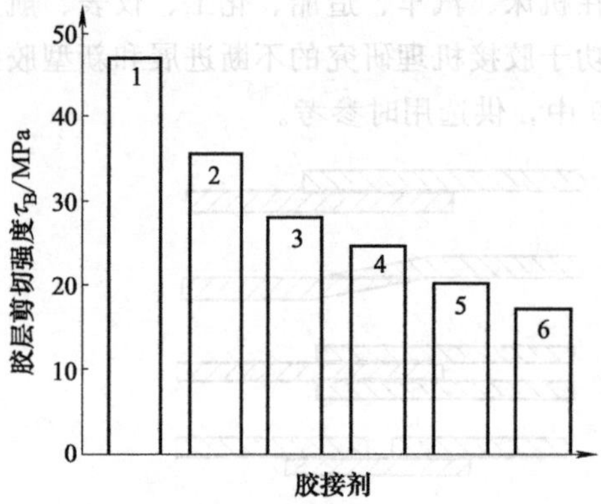


图 3-121　几种常用胶接剂胶层剪切强度 $\tau_B$ 的比较

1—环氧树脂-聚酰胺，热固；2—环氧树脂，热固；3—环氧树脂-聚氨酯，热固；4—聚丙烯酸酯，冷固；5—环氧树脂-聚氨酯，冷固；6—环氧树脂-酚醛树脂，热固；聚酰亚胺，热固

## 3.7.2 胶接结构选用技巧

(1) 胶接结构应符合力学要求

① 胶接接头应尽量避免受撕扯　图 3-122 (a) 所示为单面正交胶接接头，其结构是不太好的，因为这种接头在受到拉伸和弯曲载荷时，容易使胶接接头发生撕扯，如图 3-122 (b) 所示。在这种情况下，载荷集中作用在很小的面积上，最容易失效，设计时应尽量避免。如改用图 3-122 (c) 所示的结构，即双面 T 形接头，情况就好多了。

② 受力大的胶接件应增强　如图 3-123 (a) 所示的胶接件，由于端部受力较大，容易损坏。如果改为图 3-123 (b) 所示的结构，在端部增加固定螺钉，结构更合理。或者设计成如图 3-123 (c) 所示的结构，将端部尺寸加大，也是合理的结构。图 3-123 (b)、(c) 的结构都可提高连接强度。

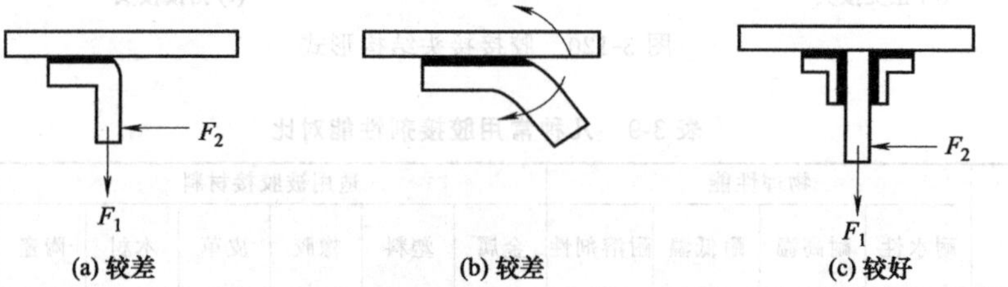


图 3-122　胶接接头应尽量避免受撕扯

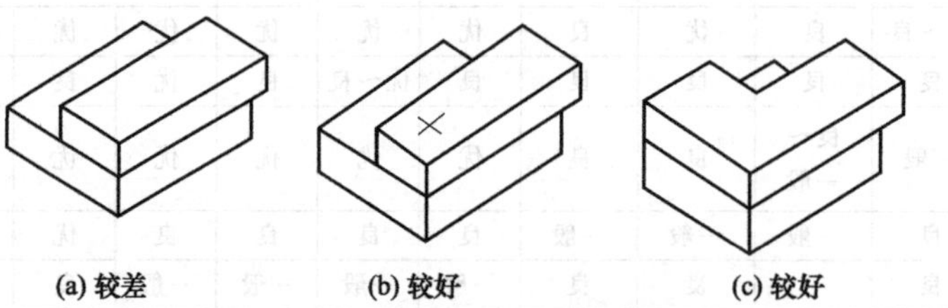

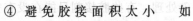

图 3-123　受力大的胶接件应增强

③ 尽量避免胶接面受纯剪　如图 3-124 (a) 所示的两个物体进行胶接，胶接面受剪力，容易松开。如果改成如图 3-124 (b) 所示的结构，使载荷由钢板承受，则可以减小胶接接头的受力，结构合理。

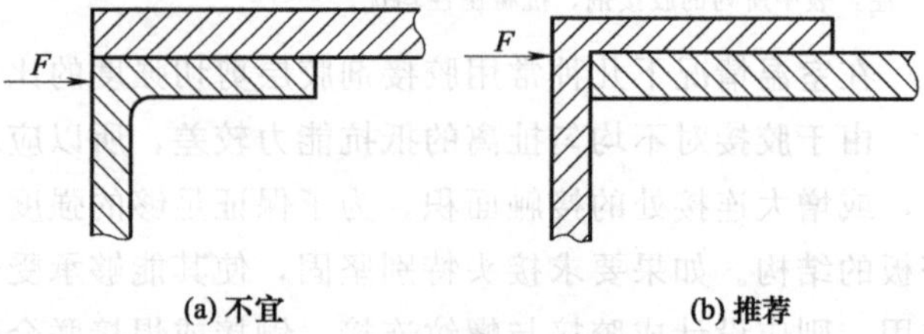


图 3-124　尽量避免胶接面受纯剪

④ 避免胶接面积太小　如图 3-125 (a) 所示的胶接面积太小，因此连接强度不高。如果改成如图 3-125 (b) 所示的结构，即在连接处的两圆柱体外面附加增强的胶接套管；或如图 3-125 (c) 所示的结构，在

圆柱体内部钻孔，置入附加连接柱与圆柱体胶接，能够起到增大接触面积的作用，从而增大了连接强度。

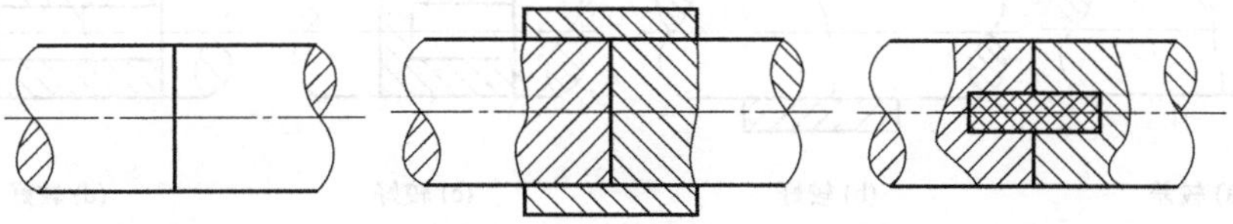


图 3-125　避免胶接面积太小

⑤ 有斜度的对接胶接接头可提高强度　图 3-126（a）所示的对接胶接接头结构形式是不合理的，因为胶接接头的面积太小，满足不了强度的要求。如改用图 3-126（b）所示的结构形式，即将胶接接头部分加工成一定的斜度（该对接胶接接头是常用的对接胶接形式，称为嵌接），在拉力载荷作用下，接合面同时承受拉伸和剪切作用。这种结构的应力集中影响也很小。

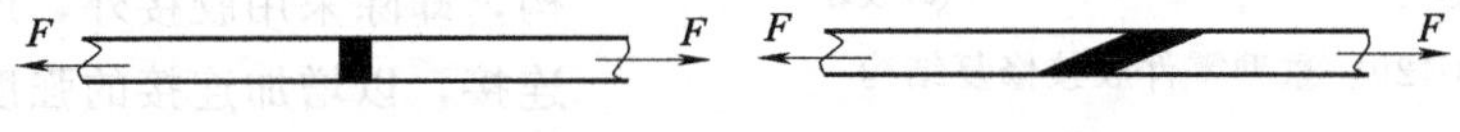


图 3-126　对接胶接接头结构

⑥ 避免搭接胶接接头末端应力集中　图 3-127（a）所示的搭接胶接接头结构形式是不合理的，因为胶接接头的末端应力集中比较严重，满足不了强度的要求。如改用图 3-127（b）、（c）所示的结构形式，即将端部加工成一定的斜度，使其刚性减小，试验证明能够缓和应力集中现象。为了避免搭接接头中载荷的偏心作用，也可采用图 3-127（d）所示的双搭接形式的胶接接头。

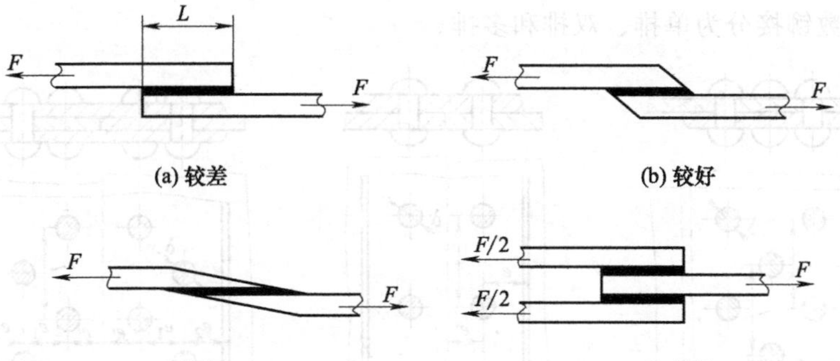


图 3-127　搭接胶接接头结构

（2）胶接修复的结构

① 胶接修复应加大胶接面积　对于产生裂纹甚至断裂的零件，可以采用胶接工艺修复。如图 3-128（a）所示的断裂的零件，采用简单胶接的方法不能达到强度要求，因为胶接面积太小。如果采用图 3-128（b）所示的结构，即在轴外加一个补充的套筒，再胶接起来，就增加了胶接面积，从而达到了强度要求。或者设计成如图 3-128（c）所示的结构，将断口处加工成相配的轴与孔，再胶接起来，也是较好的方法。如果设计成如图 3-128（d）所示的结构，即把轴的断口加工得细一些，外面加一层套连接，是更好的方法。

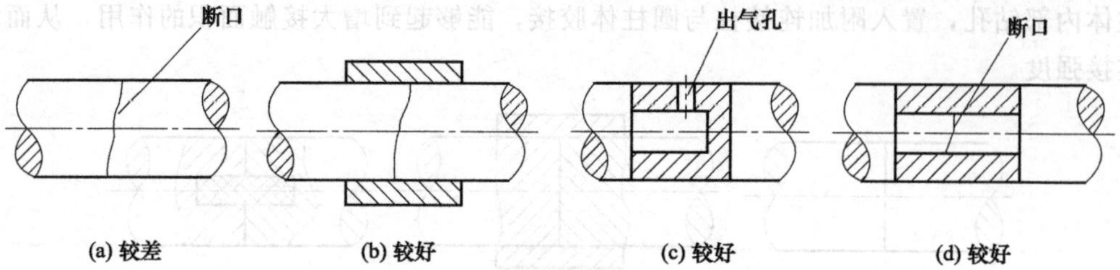


图 3-128　胶接修复应加大胶接面积

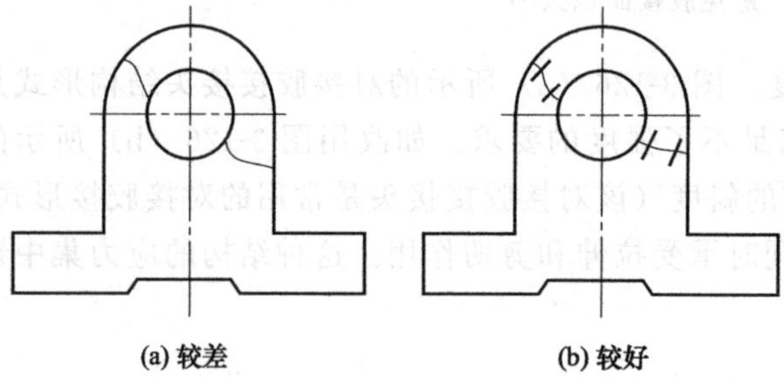


图 3-129　重型零件胶接修复结构

② 重型零件修复不可只采用胶接　如图 3-129（a）所示的重型零件（大型轴承座）断裂后，只采用胶接的方法进行断口的修复连接是不可以的，因为胶接后的强度不能满足重型零件的要求，应采用如图 3-129（b）所示的结构，即除采用胶接外，还应采用波形链连接，以增加连接的强度。

# 3.8　铆接结构选用技巧

## 3.8.1　铆接的结构形式与应用

（1）铆接的结构形式

在结构上铆接分为搭接和对接。图 3-130（a）所示为搭接；图 3-130（b）所示为单搭板对接；图 3-130（c）所示为双搭板对接。

按铆钉排数铆接分为单排、双排和多排。

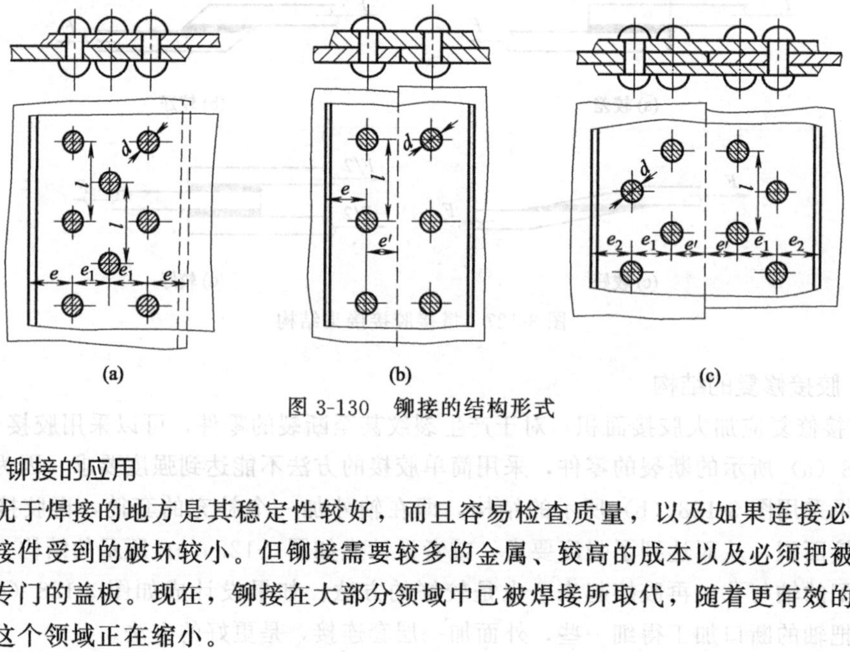


图 3-130　铆接的结构形式

（2）铆接的应用

铆接优于焊接的地方是其稳定性较好，而且容易检查质量，以及如果连接必须被拆开时，被连接件受到的破坏较小。但铆接需要较多的金属、较高的成本以及必须把被连接板交叠或采用专门的盖板。现在，铆接在大部分领域中已被焊接所取代，随着更有效的焊接技术的发展，这个领域正在缩小。

目前，铆接的实际应用领域只限于下列场合。

① 连接中因焊接所需要的加热，有可能使构件受到回火处理，或使已经过精加工的构件发生挠曲。

② 不可焊材料的连接。

③ 直接承受强烈的重复性冲击和振动的连接。

根据工作要求，铆接分为：强固铆接，主要用于机器、建筑物和桥梁的钢结构；强密铆接，用于工作中承受压力的锅炉、罐体和管道；紧密铆接，用于船舶、液体箱、排液管、低压气体管道等。

## 3.8.2 铆接结构选用技巧

（1）铆接结构应符合力学要求

① 作用力方向上铆钉个数不宜过多　如果如图 3-131（a）所示在力的作用方向设置 8 个铆钉，则因为钉孔制作不可避免地存在着误差，许多铆钉不可能同时受力，因此受力不均。在进行铆钉连接设计时，排在力的作用方向的铆钉个数不能太多，一般以不超过 6 个为宜，如图 3-131（b）所示。但也不能太少，以免铆钉打转，如果确实需要 6 个以上的铆钉，可以设计成双排或多排铆钉连接。

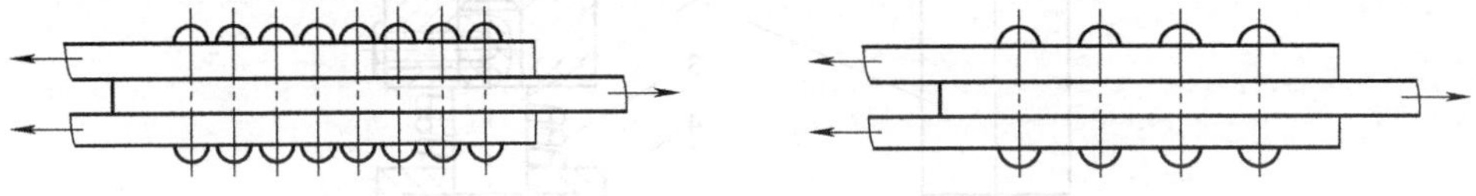

(a) 不宜　　(b) 推荐

图 3-131　作用力方向上铆钉个数不宜过多

② 避免铆钉布置不合理　当一组铆钉用于连接，共同承受载荷，要根据载荷大小和方向合理布置铆钉。不一定是铆钉越多连接强度就一定越好。图 3-132 所示为承受横向力的两种铆钉布置方案。设铆钉材料的许用应力 $[\tau]=115\text{MPa}$，铆钉直径 $d=20\text{mm}$，计算表明(计算过程略)：图 3-132（a）所示方案能承受的最大载荷为 90275N，而图 3-132（b）所示方案能承受的最大载荷为 108330N。可见，虽然图 3-132（a）的铆接件有较多的铆钉，且制造费用也较多，但承载能力却低于图 3-132（b）中的对称铆接件。

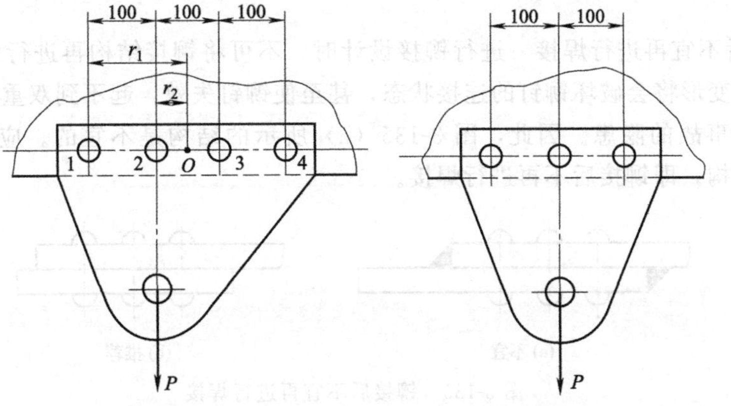


(a) 不宜　　(b) 推荐

图 3-132　避免铆钉布置不合理

③ 多层板铆接结构　多层板进行铆接时，图 3-133（a）所示的结构将各层板的接头放在了一个断面内，使结构整体产生一个薄弱截面，是不合理的。应改成如图 3-133（b）所示的结构，将各层板的接头相互错开。

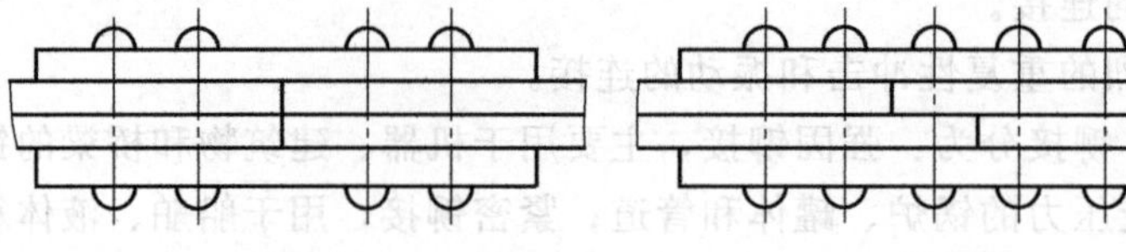

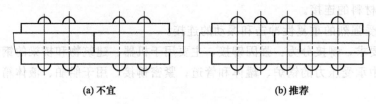

图 3-133　多层板铆接结构

（2）避免铆接件产生变形

① 薄板铆接避免翘曲　图 3-134 所示为薄板铆接结构，对上板 6、下板 7 进行铆接时，如果只有锤体 2，在锤体下行程时，将会使较薄的上板 6 产生翘曲，如图 3-134（a）所示。改进方法是在锤体落至下限前，先由矫正环 4 将上板 6 的四周压牢后再进行铆接，就防止了薄板 6 的翘曲，详细结构如图 3-134（b）所示。

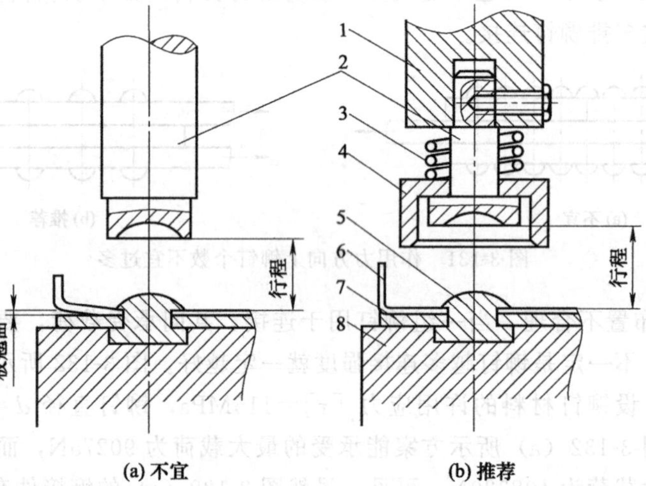

图 3-134　薄板铆接避免翘曲

1—夹具；2—锤体；3—螺旋弹簧；4—矫正环；5—铆钉；6—上板；7—下板；8—工作台

② 铆接后不宜再进行焊接　进行铆接设计时，不可将铆接结构再进行焊接。因为焊接产生的应力和变形将会破坏铆钉的连接状态，甚至使铆钉失效，起不到双重保险的作用，反而增加了发生事故的隐患。因此，图 3-135（a）所示的结构是不宜的。应采用如图 3-135（b）所示的结构，即铆接后不再进行焊接。

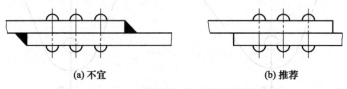

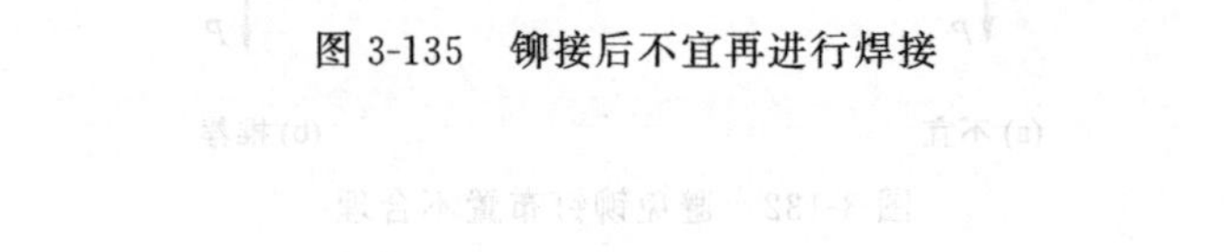

图 3-135　铆接后不宜再进行焊接

# 第4章 杆类构件结构选用技巧

杆类构件根据工作要求有多种类型和结构，本章只对较常见的连杆、推拉杆和摆杆的结构选用技巧加以说明。

## 4.1 连杆结构选用技巧

### 4.1.1 提高连杆强度、刚度和抗振性的结构

（1）提高铰链接触处厚度以提高强度

一般在杆长尺寸 $R$ 较大时采用图 4-1 所示的结构。图 4-1（a）所示结构强度不如图 4-1（b）所示结构强度好。因为传动时铰链接触处受力较大，所以提高铰链接触处的厚度对提高连杆强度是有利的。

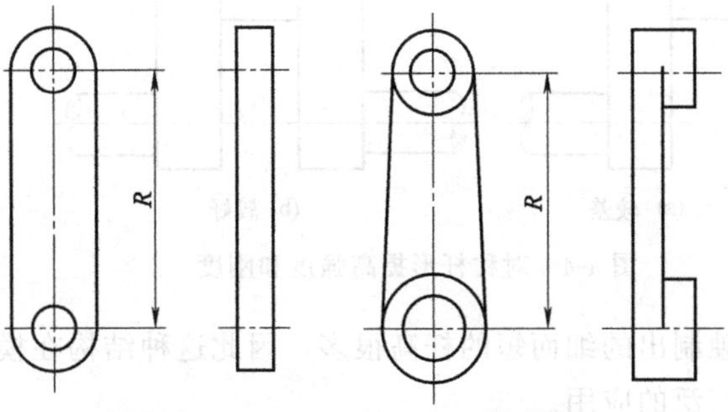


(a) 较差　　(b) 较好

图 4-1　提高铰链接触处厚度以提高强度

（2）避免弯杆结构以提高强度

当三个转动副同在一个杆件上且构成钝角三角形时，应尽量避免制成弯杆结构。图 4-2（a）、（b）所示结构强度较差，图 4-2（c）所示结构强度一般，图 4-2（d）、（e）所示结构强度较好。

（3）杆件截面形状应利于提高抗弯刚度

杆件可采用圆形、矩形等截面形状，如图 4-3（a）和图 4-1 所示，结构较简单。若需要提高构件的抗弯刚度，可将截面设计成工字形［图 4-3（b）］、T 形［图 4-3（c）］或 L 形［图 4-3（d）］。

（4）对称杆形提高强度和刚度

图 4-4（a）所示的杆件结构简单，但强度和刚度较差，容易出现偏载。当工作载荷较大时，可采用图 4-4（b）所示的结构，利用对称杆形提高强度和刚度。

（5）偏心轴结构提高强度和刚度

将偏心轮［图 4-5（a）］与轴制成一体称为偏心轴［图 4-5（b）］。由于偏心轴机构中偏心距即相当于杆机构中一些传动杆的长度（如曲柄滑块机构中的曲柄长），其强度和刚度比

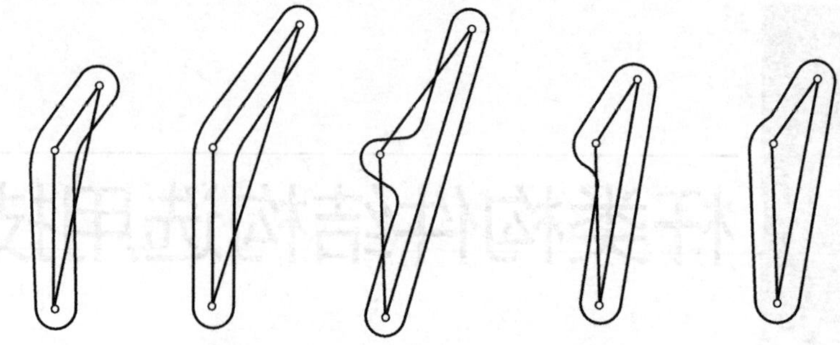


图 4-2　避免弯杆结构以提高强度

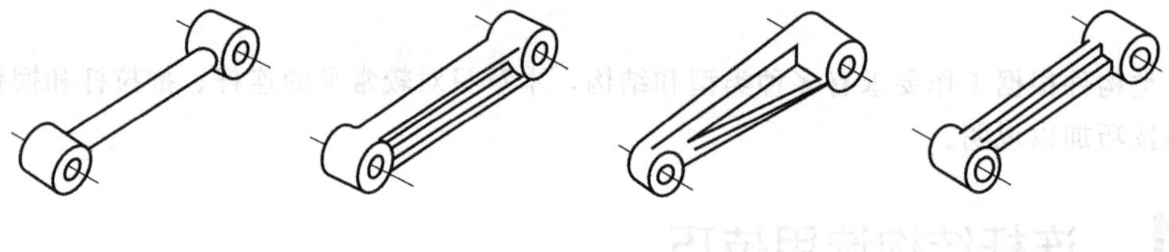


图 4-3　杆件截面形状应利于提高刚度

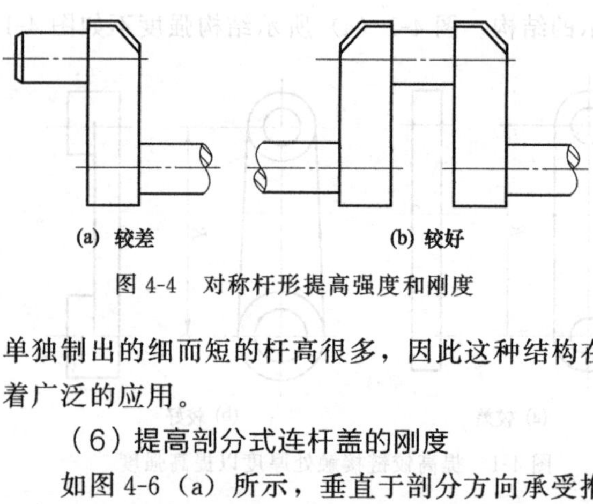


图 4-4　对称杆形提高强度和刚度

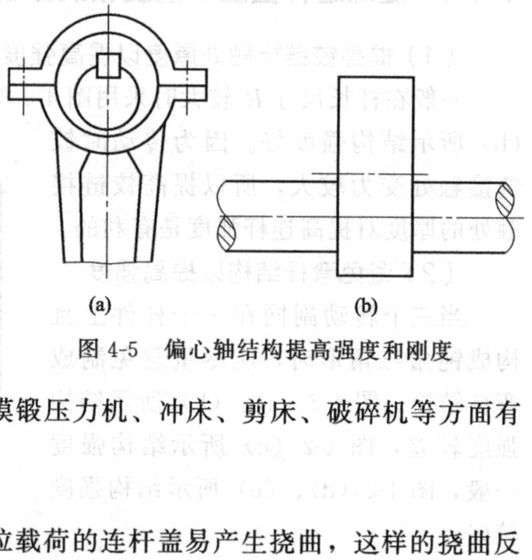


图 4-5　偏心轴结构提高强度和刚度

单独制出的细而短的杆高很多，因此这种结构在模锻压力机、冲床、剪床、破碎机等方面有着广泛的应用。

（6）提高剖分式连杆盖的刚度

如图 4-6（a）所示，垂直于剖分方向承受推拉载荷的连杆盖易产生挠曲，这样的挠曲反复进行就会使紧固螺栓反复弯曲，引起松弛，螺栓损坏。图 4-6（b）中加厚了连杆盖，使其具有不致产生挠曲的刚性，可使连杆正常工作。

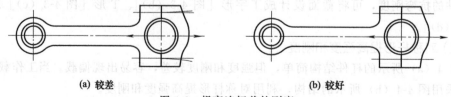

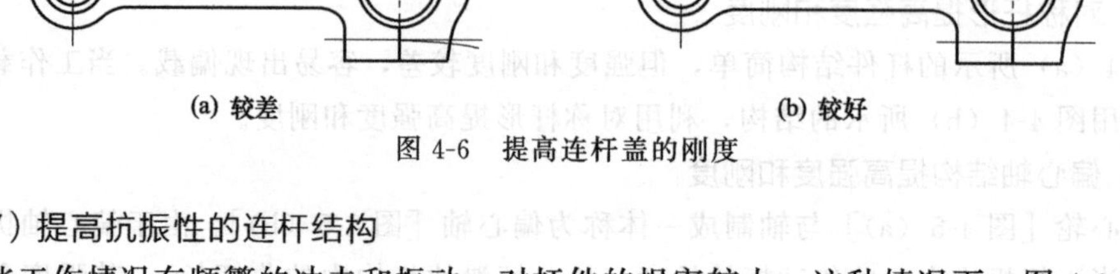


图 4-6　提高连杆盖的刚度

（7）提高抗振性的连杆结构

有些工作情况有频繁的冲击和振动，对杆件的损害较大，这种情况下，图 4-3 所示的连杆结构抗振性不好。在满足强度要求的前提下，采用图 4-7 所示结构，杆细些且有一定弹性，能起到缓冲吸振的作用，可提高连杆的抗振性。

（8）采用相同结构对称布置提高强度和抗振性

图 4-8（a）所示在曲柄上加配重只能使力部分平衡。采用相同结构对称布置的方法，如图 4-8（b）所示，可使机构总惯性力和惯性力矩达到完全平衡，从而提高连杆的强度和抗振性。

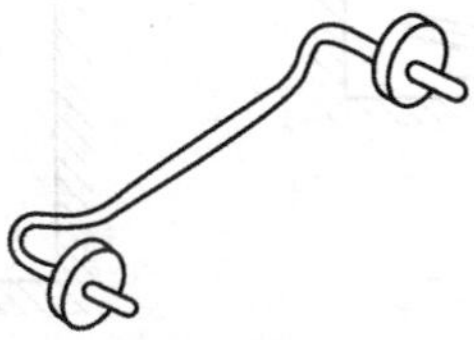

图 4-7　提高抗振性的连杆结构

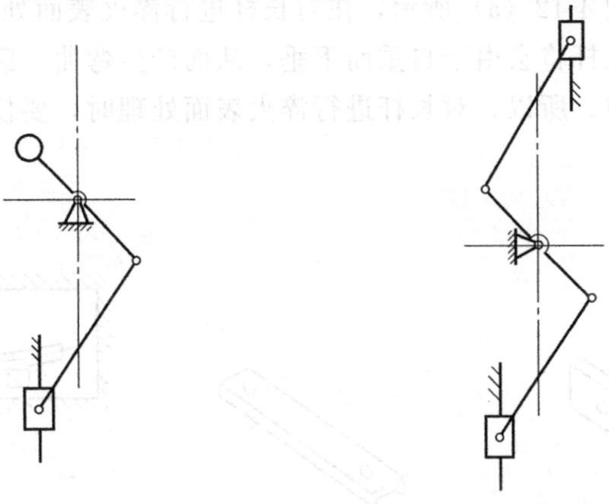

(a) 较差　　(b) 较好

图 4-8　采用相同结构对称布置提高强度和抗振性

## 4.1.2　连杆结构应有良好的工艺性

（1）采用剖分式连杆便于装配

与曲轴中间轴颈连接的连杆必须采用剖分式结构，因为如果采用整体式连杆将无法装配。这种结构形式在内燃机、压缩机中经常被采用。剖分式连杆的结构如图 4-9 所示，连杆体 1、连杆盖 4、螺栓 2 和螺母 3 等几个零件共同组成一个连杆。

（2）桁架式结构提高经济性和制造性

当构件较长或受力较大，采用整体式杆件不经济或制造困难时，可采用桁架式结构，如

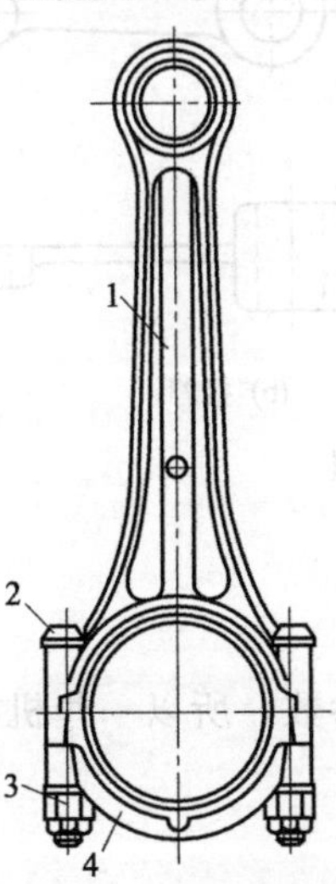


图 4-9　剖分式连杆结构

1—连杆体；2—螺栓；3—螺母；4—连杆盖

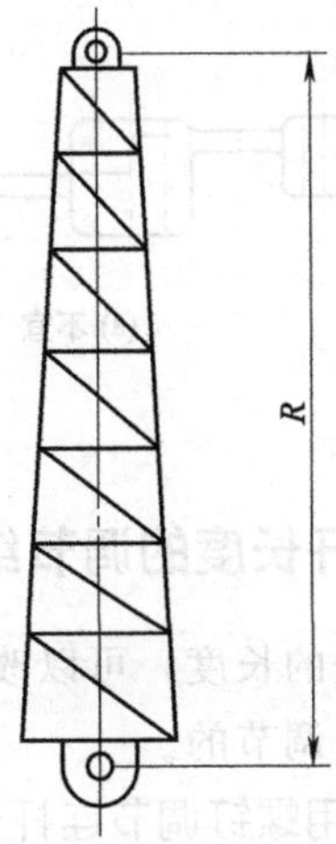


图 4-10　杆件的桁架式结构

图 4-10 所示。不但提高了经济性和制造性，还节省了材料、减轻了重量。

（3）应用型材使加工简便

杆件用型材冲压而成，既省料又省工。图 4-11（a）为直接用板材制成的连杆，带有两个转动副。图 4-11（b）所示的折边结构为板材冲压而成，可提高构件的抗弯刚度。

（4）长杆淬火表面处理时要竖直

如图 4-12（a）所示，在对长杆进行淬火表面处理时，如果在横置的状态下进行高温处理，则长杆将会由于自重而下垂，从而产生弯曲。磨削后，由于表面层厚度不均，还将再次发生弯曲。所以，对长杆进行淬火表面处理时，要使其竖直，如图 4-12（b）所示。

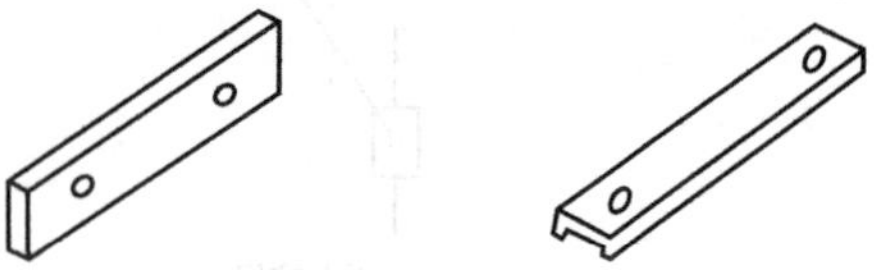

(a)　(b)

图 4-11　应用型材使加工简便

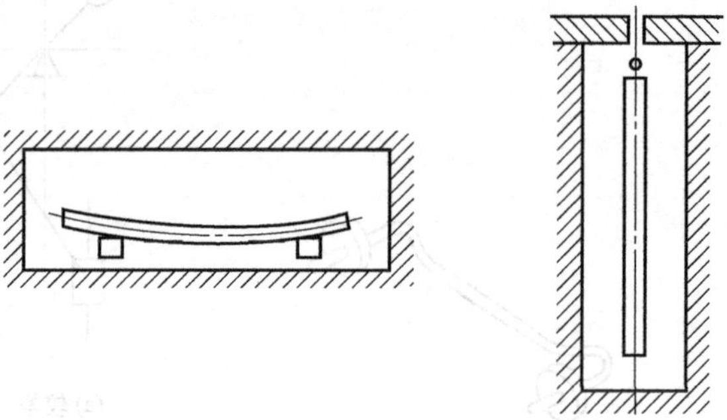

(a) 不宜　(b) 推荐

图 4-12　长杆淬火表面处理时要竖直

（5）铸造连杆应考虑分型面合理

当连杆由铸造方法制成，设计时应考虑分型面合理。图 4-13（a）所示要采用弯折的分型面，难于保证尺寸准确。如改成图 4-13（b）所示结构，分型面简单、合理，只用一个平面。

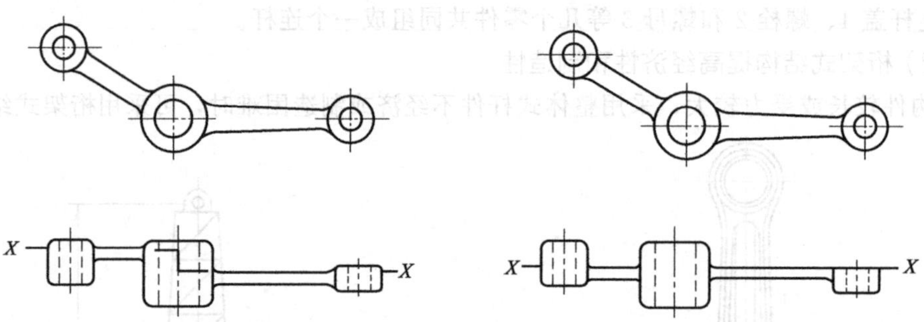


(a) 不宜　(b) 推荐

图 4-13　铸造连杆应考虑分型面合理

### 4.1.3　连杆长度的调节结构

调节连杆的长度，可以改变从动件的行程、摆角等运动参数，所以一些机构中要求连杆的长度是可以调节的。

（1）利用螺钉调节连杆长度

图 4-14 为利用螺钉调节连杆长度。图 4-14（a）为利用固定螺钉来调节连杆的长度，调整好连杆长度后拧紧螺钉进行固定。图 4-14（b）调节杆长 $R$ 时，松开螺母，在连杆的长槽

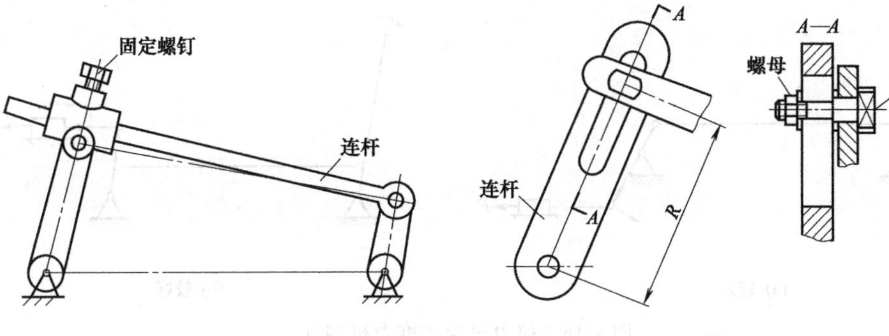


(a) (b)

图 4-14　利用螺钉调节连杆长度

内移动销钉，得到适当长度后拧紧螺母进行固定。

（2）利用螺旋传动调节连杆长度

图 4-15 为利用螺旋传动调节连杆长度。图 4-15（a）中的连杆制成左右两半节，每节的一端带有螺纹，但旋向相反，并与连接套构成螺旋副，转动连接套即可调节连杆的长度。图 4-15（b）调节连杆长度时，转动螺杆，滑块连同与它相固接的连杆销即在连杆的滑槽内上下移动，从而改变了连杆长度 $R$。

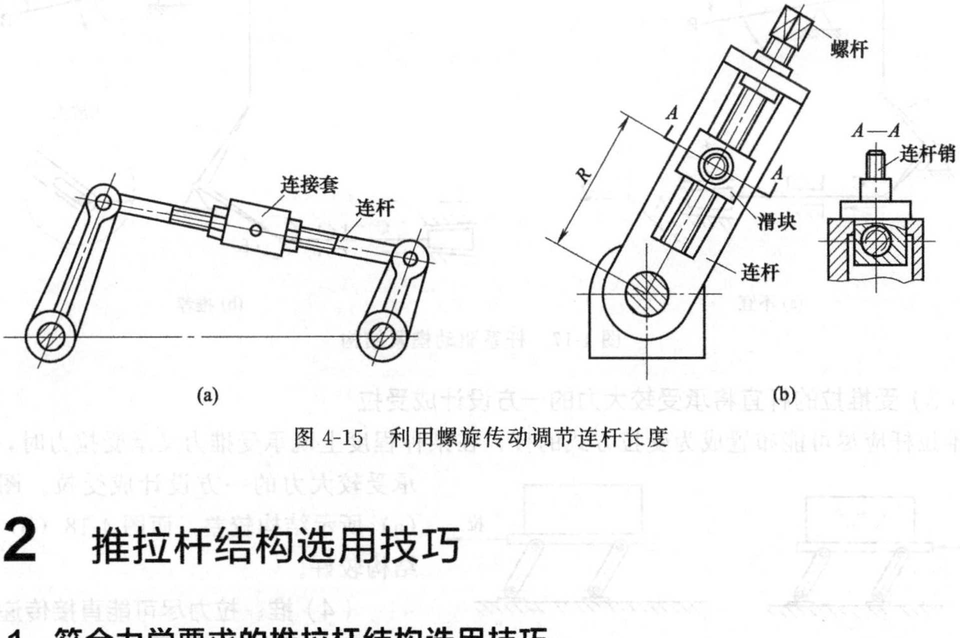


(a) (b)

图 4-15　利用螺旋传动调节连杆长度

# 4.2　推拉杆结构选用技巧

## 4.2.1　符合力学要求的推拉杆结构选用技巧

（1）拉力机构比推力机构好

在进行推拉杆机构设计时，在可能的条件下，应尽可能设计为拉力机构，因为在同样载荷的情况下，拉力机构的重量可以减轻许多，尤其是在一些行程较长的情况下，推力机构几乎无法实现。两种情况的比较见图 4-16。

（2）避免长杆用于推力场合

对于长杆用于推力载荷的场合，由于长杆受压，当压力较大时，会出现侧向弯曲的失稳现象，虽然可以加大截面，满足使用要求，但很不经济，为此，可考虑将压杆变为拉杆，则

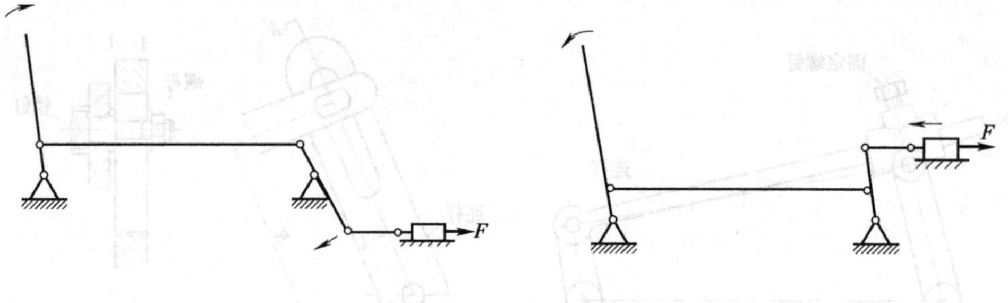


(a) 较差　　(b) 较好

图 4-16　拉力机构比推力机构好

无需考虑上述情况。如图 4-17（a）所示，远距离传递往复运动采用的杆系驱动方案，转动手柄 B 通过杆 C 使 A 处一楔子楔入槽中，使用中发现，虽然施加力已足够大，但仍楔不紧，原因正如上面所述杆 C 工作时受压，压力较大时，在 $x$ 轴和 $y$ 轴方向都会出现失稳现象。为此可采用图 4-17（b）所示结构，则楔入时杆 C 由压杆变成拉杆，且在杆 C 上与曲柄铰接处开槽形孔，其余处不需改变杆件截面形状及尺寸，抬起操作杆 B 便能保证楔子可靠地楔紧，由于楔子做成有自锁性能，因此楔入力往往大于拔出力，所以用拉杆较合理。

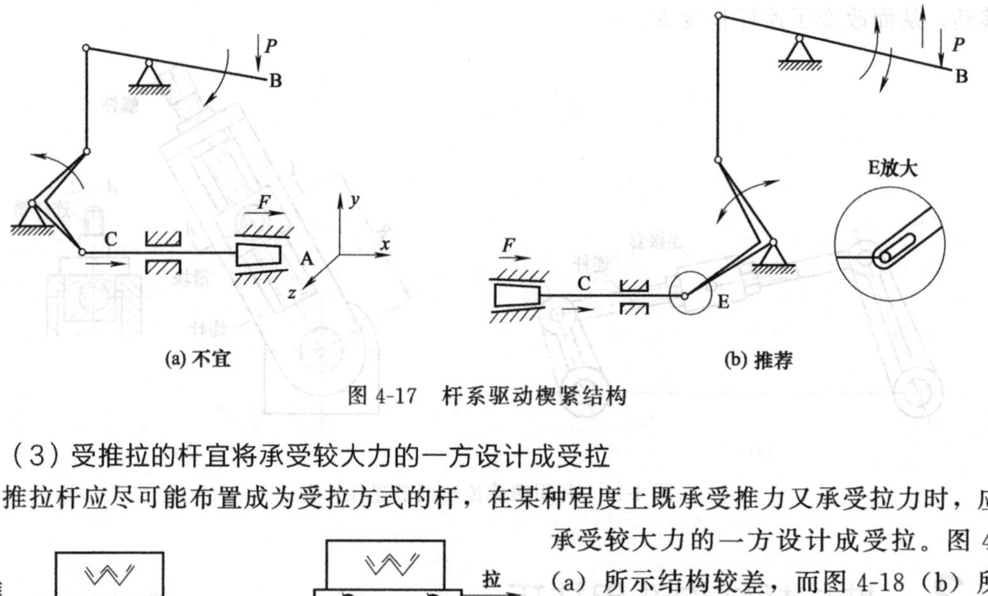


(a) 不宜　　(b) 推荐

图 4-17　杆系驱动楔紧结构

（3）受推拉的杆宜将承受较大力的一方设计成受拉

推拉杆应尽可能布置成为受拉方式的杆，在某种程度上既承受推力又承受拉力时，应把承受较大力的一方设计成受拉。图 4-18（a）所示结构较差，而图 4-18（b）所示结构较好。

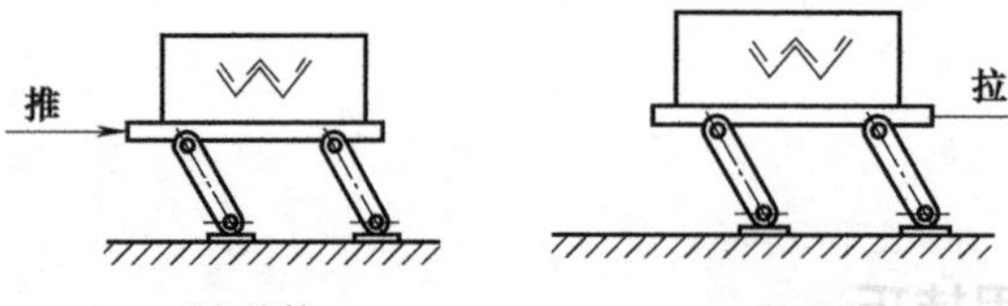


(a) 较差　　(b) 较好

图 4-18　受推拉的杆宜将承受较大力的一方设计成受拉

（4）推、拉力尽可能直接传递

推拉杆的力最好是直接传递，尽量避免图 4-19（a）的结构，动力曲柄 1 通过转轴，再由曲柄 2 传递过来，由于支承转销等部分存在间隙，加上转轴的扭曲变形，所以传递的运动和动力都不是很精确的。因此，在条件许可时，应尽量采用图 4-19（b）所示的直接传递力的结构。

（5）推拉杆不能设计成弯曲的

设计推拉杆时，当两个曲柄位置不在一个平面内时，禁止将推拉杆设计成弯曲的，如图 4-20（a）所示，因弯曲的推拉杆无法准确传递运动的行程和动力。因此，一般应尽量将两

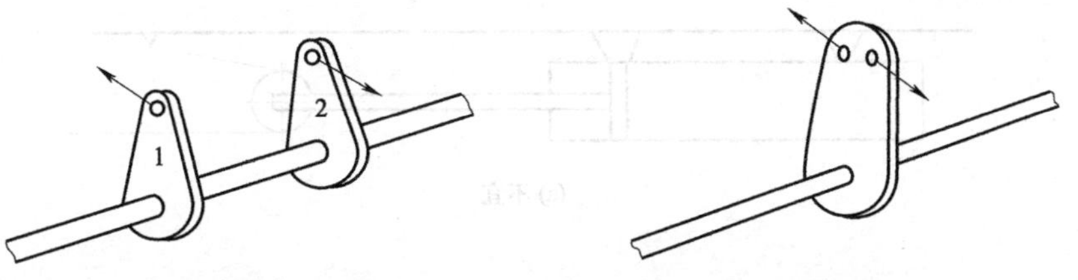


图 4-19　推、拉力应直接传递

1—动力曲柄；2—曲柄

曲柄置于同一平面内，并采用直的推拉杆，如图 4-20（b）所示。万不得已时，宁可增加一只曲柄来达到运动要求，也不能用弯曲的推拉杆，而且尽可能设计成拉杆。

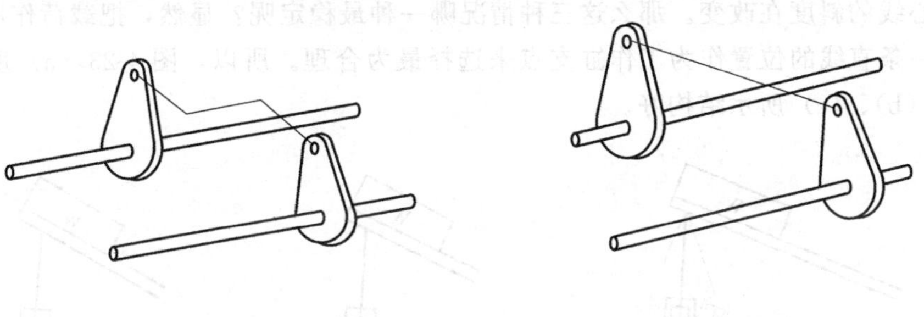


图 4-20　推拉杆不能设计成弯曲的

（6）在移动方向负载时要尽量承受垂直的力

在拉近式输送装置等单道有负载单道无负载的输送曲柄机构中，在相关位置的选择上，图 4-21（a）所示的受力情况不合理。最好使移动方向和曲柄、曲柄和其受力方向，在负载时尽量承受接近垂直的力，如图 4-21（b）所示。

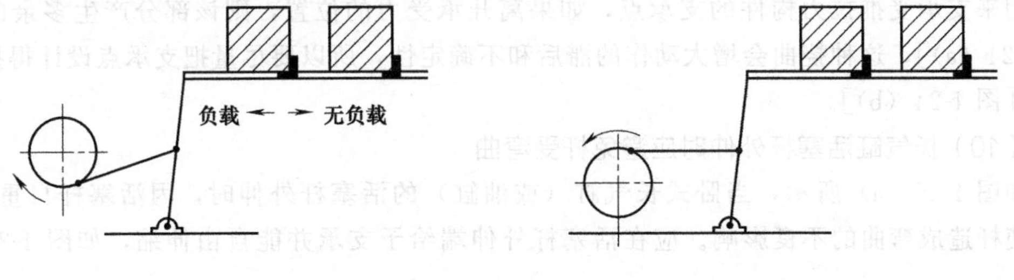


图 4-21　在移动方向负载时要尽量承受垂直的力

（7）活塞杆受力最好通过其中心

图 4-22（a）所示为用气缸拉动闸门使其开启，闸门的关闭由重锤自重落下，采用气缸带动滑轮的方法开启闸门，但因钢绳合力有很小的偏角，使活塞杆受到垂直于轴向的分力，故活塞在气缸内别劲，容易卡住。为解决这一问题，可将气缸采用中心铰形式，如图 4-22（b）所示，在活塞工作时可有微量的摆动，使钢绳作用在滑轮的合力通过活塞杆的中心。

（8）推上工作缸支点位置的选择

图 4-23 为利用油压、水压、气压使工作台倾斜的场合。这种场合，随着工作台的倾斜，

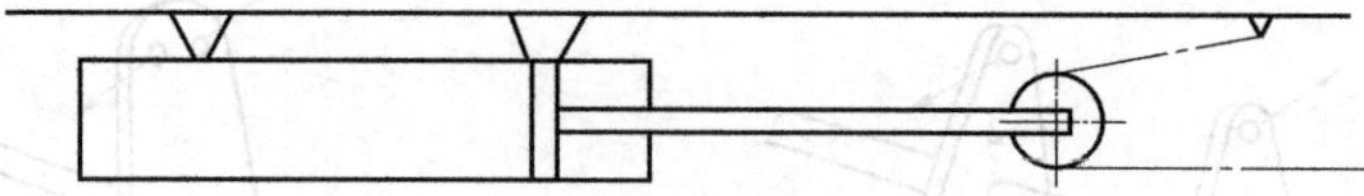


(a) 不宜

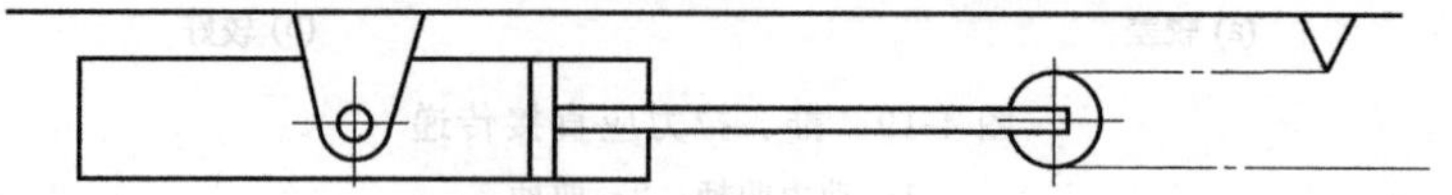

(b) 推荐

图 4-22　活塞杆受力最好通过其中心

工作缸中心线的斜度在改变。那么这三种情况哪一种最稳定呢？显然，把载荷作用中心线自然地成为一条直线的位置作为工作缸支点来选择最为合理。所以，图 4-23（a）所示结构不如图 4-23（b）、（c）所示结构好。

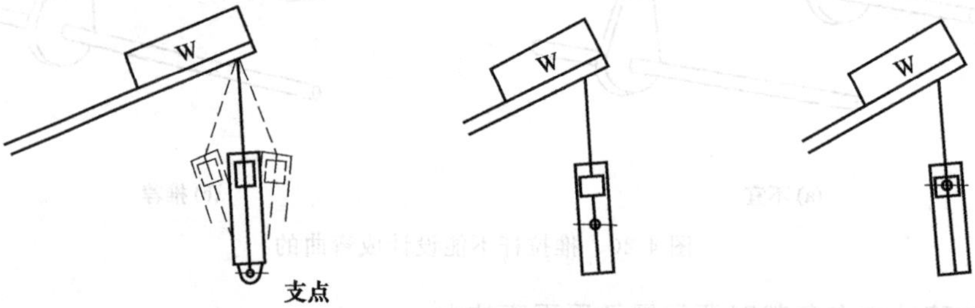


(a) 较差　(b) 较好　(c) 好

图 4-23　推上工作缸支点位置

（9）要使推拉杆的受力支点尽量接近支承点

用来支承受推拉力构件的支承点，如果离开承受力的位置，则该部分产生多余的挠曲[图 4-24（a）]，这种挠曲会增大动作的滞后和不确定性，所以要尽量把支承点设计得接近受力点[图 4-24（b）]。

（10）长气缸活塞杆外伸时应避免杆受弯曲

如图 4-25（a）所示，当卧式长气缸（或油缸）的活塞杆外伸时，因活塞杆自重下垂，将会使杆造成弯曲的不良影响。应在活塞杆外伸端给予支承并能自由伸缩，如图 4-25（b）所示。

## 4.2.2　推拉杆连接结构选用技巧

（1）尽量避免偏心载荷的铰链连接

推拉杆传递力的铰链部分，如果做成图 4-26（a）所示的结构，将使推拉杆承受偏心载荷，从而产生弯曲变形，使之增加一个附加弯曲载荷，不能精确完成推拉动作，严重者则由于变形过大而无法进行工作。因此，推拉杆的传力铰链应设计为图 4-26（b）所示的同心结构。

（2）避免连接的螺口销钉受弯曲应力

如图 4-27（a）所示承受悬臂载荷的支点的螺口销钉，由于载荷的作用而弯曲。设计时

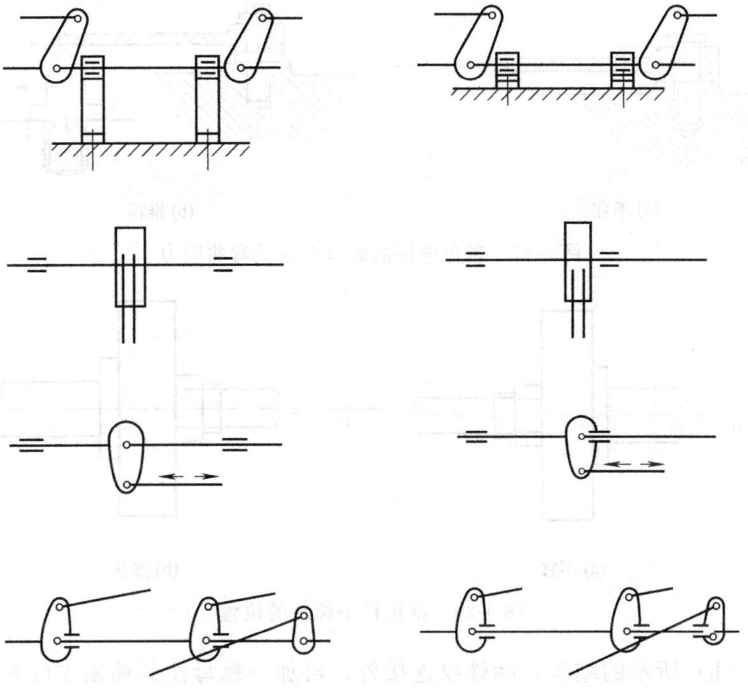


图 4-24　推拉杆受力支点与支承点位置

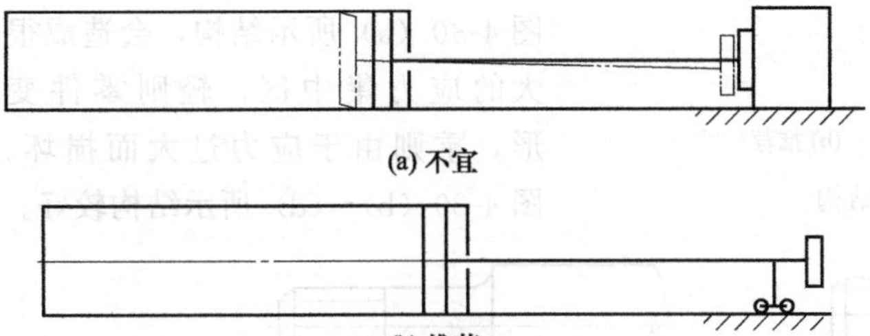


图 4-25　长气缸活塞杆外伸端结构

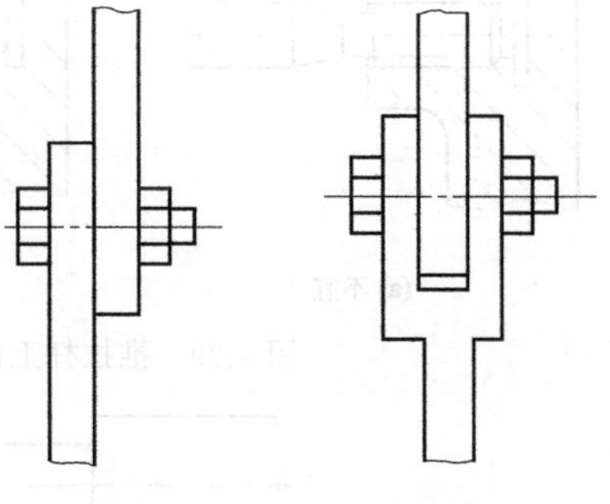


图 4-26　推拉杆的铰链连接

要设法使承受这种载荷处的螺口销钉螺纹所承受的载荷不是弯曲的，而是拉伸的，如图 4-27（b）所示。

（3）推拉杆中螺母的位置

在推拉杆上采用轴肩配合螺母来紧固活塞等嵌装件时，应避免采用图 4-28（a）所示结构，因它使主载荷 $P$ 直接作用于螺母上，由于螺纹总是有间隙的，螺母容易松动，而且螺母端面与中心的垂直度也不高，容易造成偏载。应采用图 4-28（b）所示结构，使主载荷 $P$ 作用于轴肩上。

（4）推拉杆上的螺纹结构

在推拉杆上直接用螺纹连接的零件，由于受往复的推拉载荷，螺纹部分很容易产生晃动，严重影响推拉杆的正常工作。因此，禁止采用图 4-29（a）所示的仅有螺纹连接的结构，

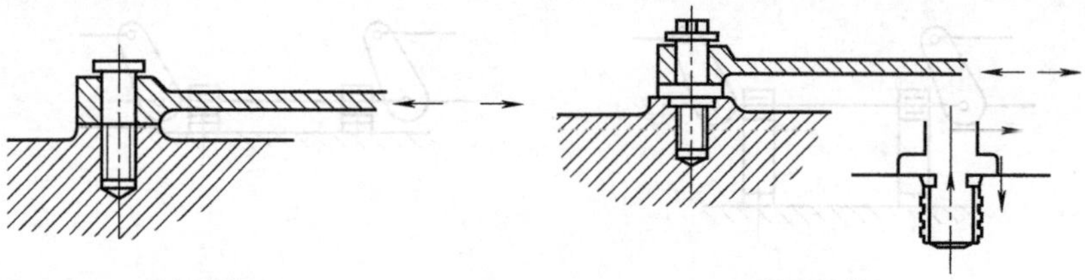

(a) 不宜　　　　(b) 推荐

图 4-27　避免连接的螺口销钉受弯曲应力

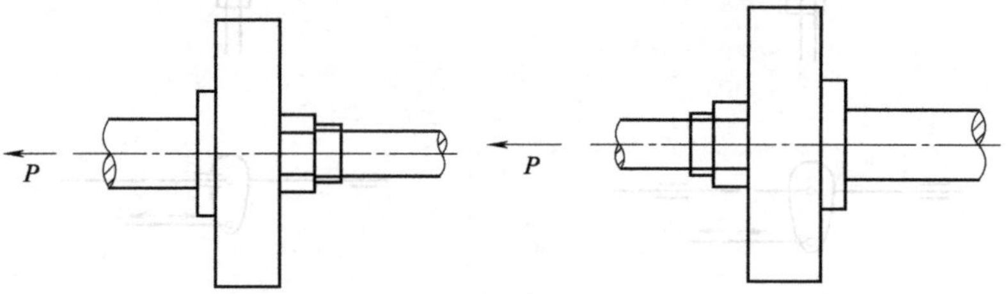


(a) 不宜　　　　(b) 推荐

图 4-28　推拉杆中螺母的位置

应采用图 4-29（b）所示的结构，除螺纹连接外，再加一螺母使其锁紧才可靠。

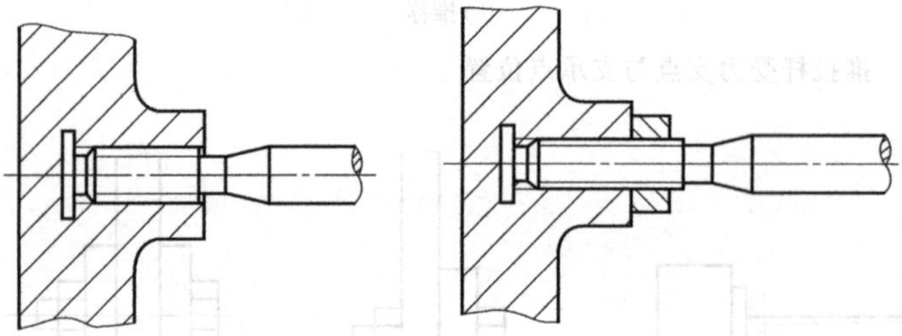

(a) 不宜　　　　(b) 推荐

图 4-29　推拉杆上的螺纹结构

（5）推拉杆的端部结构

设计推拉杆的端部结构时，与一般旋转轴一样，应避免应力集中，凡截面有急剧变化处，一定要圆滑过渡，不要形成尖角。图 4-30（a）所示结构，会造成很大的应力集中区，轻则零件变形，重则由于应力过大而损坏。图 4-30（b）～(d) 所示结构较好。

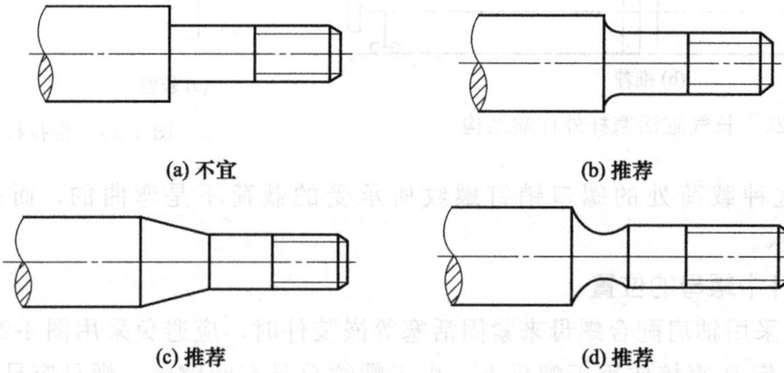

(a) 不宜　　　　(b) 推荐

(c) 推荐　　　　(d) 推荐

图 4-30　推拉杆的端部结构

（6）推拉杆的行程终端位置不要形成台阶磨损

推拉杆的行程终端位置的确定，要注意不要形成台阶磨损。如图 4-31（a）所示的行程终端位置，由于杆的往复运动，轴承内的部分被磨损，轴承以外的部分无磨损，久之则形成台阶，将影响推拉杆的使用性能。图 4-31（b）所示结构，推拉杆的行程终端使全部长度都

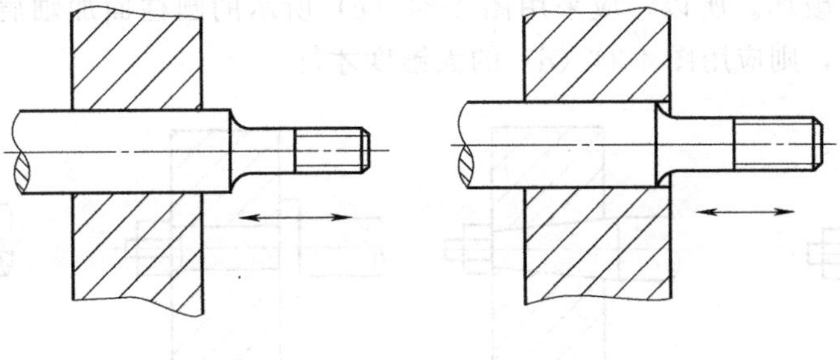

(a) 不宜　　(b) 推荐

图 4-31　不要形成台阶磨损

进到轴承内，则不会形成台阶。

## 4.2.3　推拉杆装配结构选用技巧

（1）细长推拉杆中部不宜用螺母紧固

在较细长的推拉杆中部，不宜采用图 4-32（a）所示的用轴肩配合螺母紧固嵌装件。这是由于螺纹的间隙和螺母端面与轴线的垂直度误差的存在，如强力紧固，易造成推拉杆的弯曲变形，影响推拉杆的运动。再者，也不只是螺母本身的问题，当被紧固的安装件的平行度不正确，也会出现同样的情况。因此，应采用其他紧固方式，如图 4-32（b）所示，用凸肩上螺钉紧固，就是一种可行的结构。

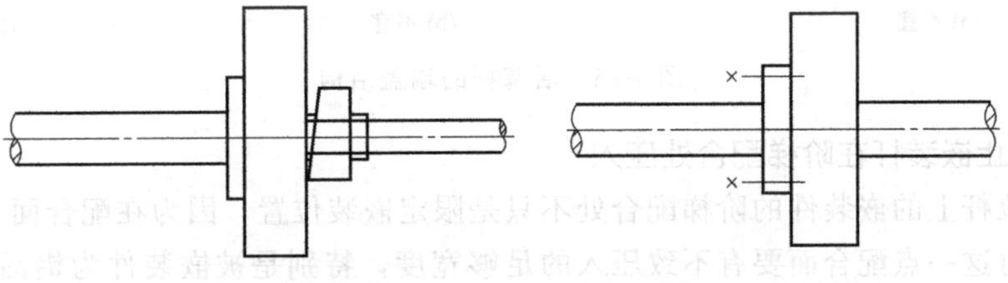

(a) 不宜　　(b) 推荐

图 4-32 细长推拉杆中部不宜用螺母紧固

（2）不宜在推拉杆上设计两段以上等长度的紧接的嵌装结构

不宜在推拉杆上设计两段以上等长度的紧接的嵌装结构，如图 4-33（a）所示，这样不但装配困难，而且这种连续两个台阶的配合造成重复定位，既增大了加工精度的要求，也增大了配合区的误差。应如图 4-33（b）所示，让开头一段长一些，作为导向先装入，后面一段短一些，在前一段导向下，装入就很方便了。

（3）推拉杆上装活塞的形式

在推拉杆上嵌装活塞等零件时，不宜采用图 4-34（a）、（b）所示的结构。因图 4-34（a）用锥面与轴肩同时固定，无法准确保证位置精度和过盈量；图 4-34（b）中锥度太小，在很大的轴向力作用下，杆很容易楔入孔内，

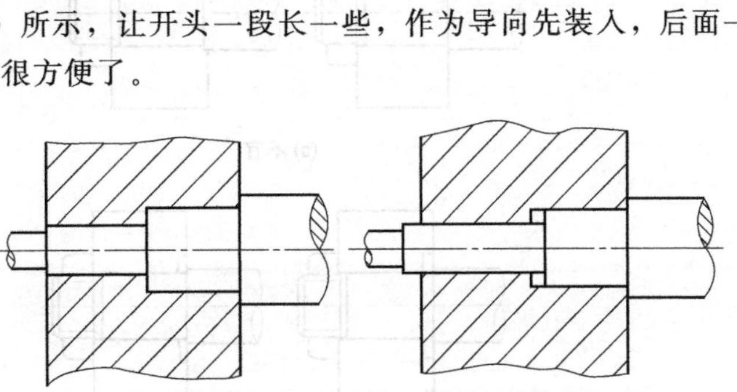

(a) 不宜　　(b) 推荐

图 4-33　推拉杆的装配问题

甚至造成活塞等的破坏。所以，应采用图 4-34（c）所示的圆柱面加轴肩的定位形式较好。要采用锥面定位时，则应用图 4-34（d）的大锥度才行。

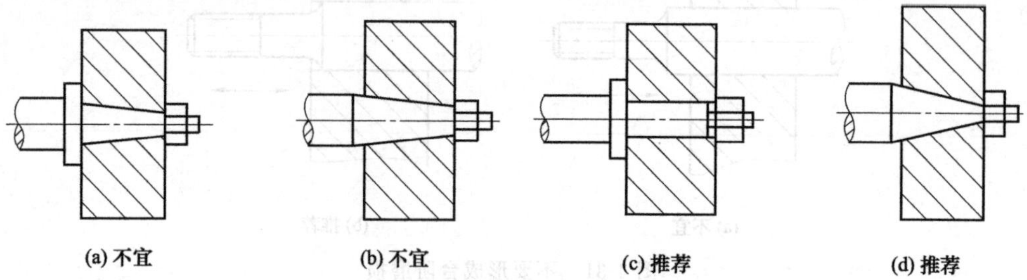


图 4-34　推拉杆上装活塞的形式

（4）活塞杆的端盖不要封闭

活塞的尾杆等凸出于机械外部的场合，由于运转时尾杆进出，为了防止发生事故和被弄脏，需要加盖［图 4-35（a）所示未加盖，不合理］，但不能使盖子封死，否则就形成了压缩机，如果有来自密封压盖的泄漏就会形成异常的高压，发生危险，图 4-35（b）的结构是不允许的。正确结构如图 4-35（c）所示。

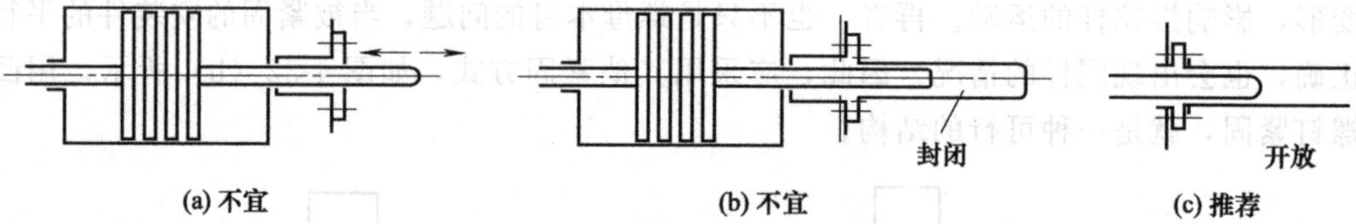


图 4-35　活塞杆的端盖结构

（5）防止嵌装杆在阶梯配合处压入

由于推拉杆上的嵌装件的阶梯配合处不只是限定嵌装位置，因为在配合面上承受反复载荷，所以针对这一点配合面要有不致压入的足够宽度，特别是被嵌装件为铝活塞等软件时，更要有足够的凸肩，图 4-36（a）所示凸肩宽度不够，应改为图 4-36（b）所示结构。如果没有凸肩则需要套入相当于它的轴环，但是这种场合的轴环要有不致成为倒伞状［图 4-36（c）］的足够的厚度，如图 4-36（d）所示。

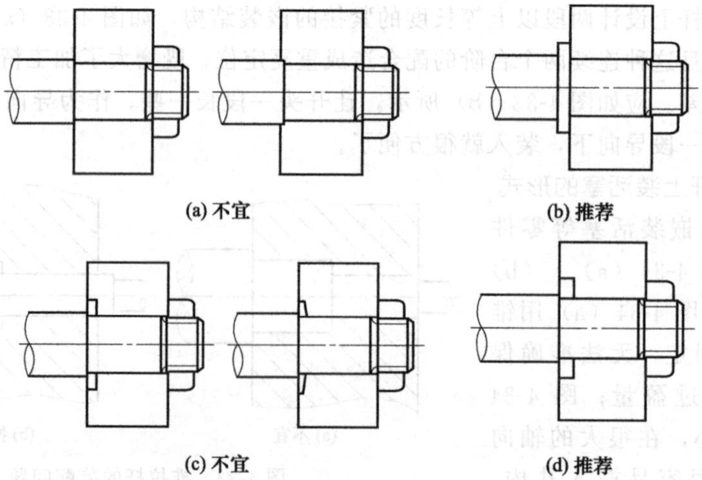


图 4-36　嵌装杆在阶梯配合处的结构

（6）嵌装杆的嵌入起点不要有尖角

为使嵌装杆容易嵌入，应将嵌装起点做成有斜度形状，以便推入。图 4-37（a）所示为不合理结构，图 4-37（b）所示为合理结构。

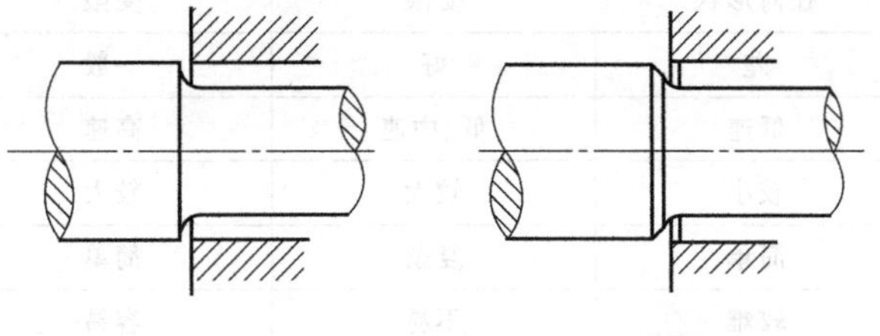


图 4-37　嵌装杆的嵌入起点不要有尖角

# 4.3 摆杆结构选用技巧

## 4.3.1 摆杆顶端结构形式的选取

摆杆顶端的结构形式按其与主动件接触处的形状分为：尖端、滚子、平底和曲面四种。

（1）顶端为尖端的摆杆

顶端为尖端的摆杆［图 4-38（a）］结构简单，不论何种主动件的轮廓曲线形状，都能与尖端很好地接触，保证摆杆按设定的运动规律运动。但尖端极容易磨损，磨损后会使杆件运动失真，因此常用于低速及轻载的场合。

（2）顶端为滚子的摆杆

顶端为滚子的摆杆［图 4-38（b）］具有耐磨损、传力大的特点，但存在结构复杂、尺寸大、不易润滑等缺点。广泛应用于低速和中速传递较大动力的场合。

（3）顶端为平面的摆杆

顶端为平面的摆杆［图 4-38（c）］端部只能和轮廓外凸的主动件接触，无法和内凹轮廓接触。这种结构具有结构简单、易形成接触油膜等特点，常用于高速传动的机构中。

（4）顶端为曲面的摆杆

顶端为曲面的摆杆［图 4-38（d）］端部结构可改变滚子或平底因安装偏斜而造成的载荷集中、应力增高的缺陷。

以上四种摆杆顶端结构形式的特点与应用列于表 4-1。

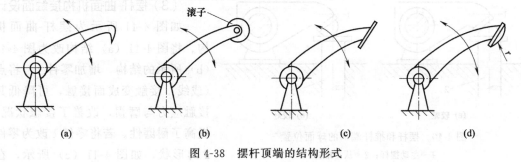

图 4-38　摆杆顶端的结构形式

表 4-1　摆杆顶端结构形式的特点与应用

| 项目＼类型 | 尖端 | 滚子 | 平面 | 曲面 |
|---|---|---|---|---|
| 适用接触轮廓 | 任何形状 | 受限 | 受限 | 受限 |
| 耐磨性 | 差 | 好 | 一般 | 一般 |
| 适于速度 | 低速 | 低、中速 | 高速 | 中、高速 |
| 载荷 | 较小 | 较大 | 较大 | 较大 |
| 结构 | 简单 | 复杂 | 简单 | 较简单 |
| 润滑 | 较难 | 不易 | 容易 | 较容易 |

## 4.3.2　符合力学要求的摆杆结构选用技巧

（1）摆杆与滚子的连接尽量避免偏心载荷

摆杆与滚子的连接应尽量避免偏心载荷，如果做成如图 4-39（a）所示的结构，将使摆杆受偏心载荷，从而产生弯曲变形，不能精确完成预定动作。因此，如图 4-39（b）、（c）所示的结构较好。

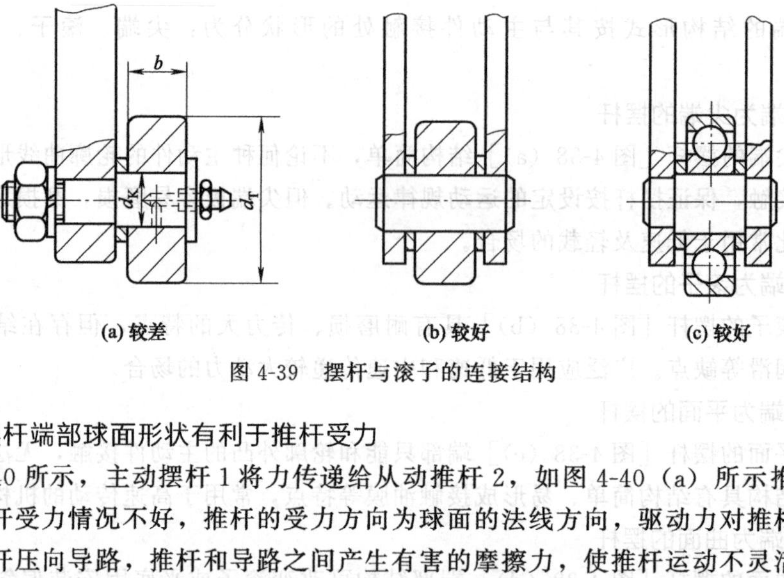


(a) 较差　　(b) 较好　　(c) 较好

图 4-39　摆杆与滚子的连接结构

（2）摆杆端部球面形状有利于推杆受力

如图 4-40 所示，主动摆杆 1 将力传递给从动推杆 2，如图 4-40（a）所示推杆末端为球面，此时推杆受力情况不好，推杆的受力方向为球面的法线方向，驱动力对推杆会产生横向分力，将推杆压向导路，推杆和导路之间产生有害的摩擦力，使推杆运动不灵活。若将球面的结构形状放在摆杆上，如图 4-40（b）所示，则得到较好的传力效果，推杆的受力方向总垂直于平底，即与推杆运动方向相同，推杆运动灵活、轻便。

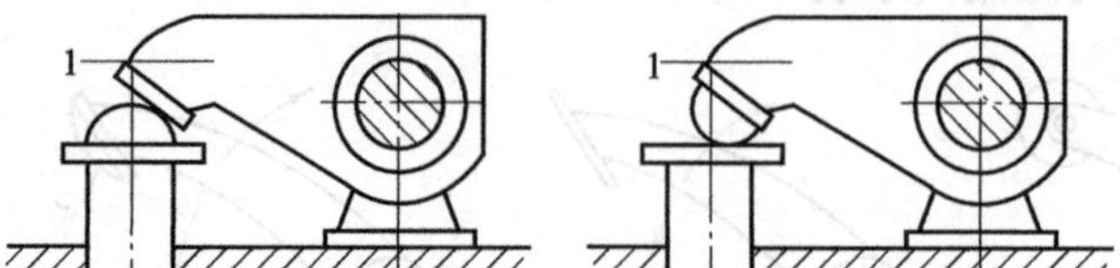


(a) 较差　　(b) 较好

图 4-40　摆杆和推杆端部的球面位置

1—主动摆杆；2—从动推杆

（3）摆杆-曲面机构接触面设计

如图 4-41 所示为摆杆-曲面机构。将图 4-41（a）结构改为图 4-41（b）所示的结构，增加零件 1，将点（或线）接触变成面接触，可降低其接触应力与磨损，改善了接触状况，提高了耐磨性。若将零件 1 改为零件 2 的形状，如图 4-41（c）所示，在零件 2 与 3 之间则可产生流体动压效应，从而更好地改善润滑，减少磨损。

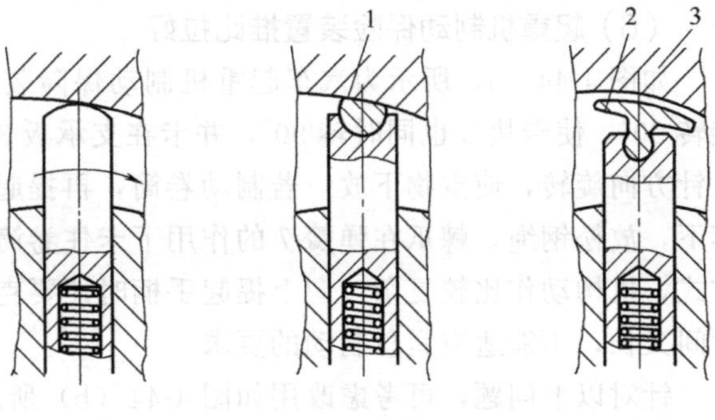

(a) 较差 (b) 较好 (c) 好

图 4-41 摆杆-曲面机构接触面结构

1～3—零件

（4）提高摆动液压缸支承处的刚度和强度

如图 4-42（a）所示，用液压缸实现臂的摆动，在箱形梁上焊接两块钢板，作为液压缸上销轴的支承点。该梁整体刚度和强度虽满足设计要求，但忽略了因臂摆动而需要的推力较大，支点处强度、刚度不足，因而产生变形。改进措施如图 4-42（b）所示，在箱形梁下表面焊一块钢板，在梁内再加两块立筋，以此加强刚度和强度，箱形梁支承不会发生变形。

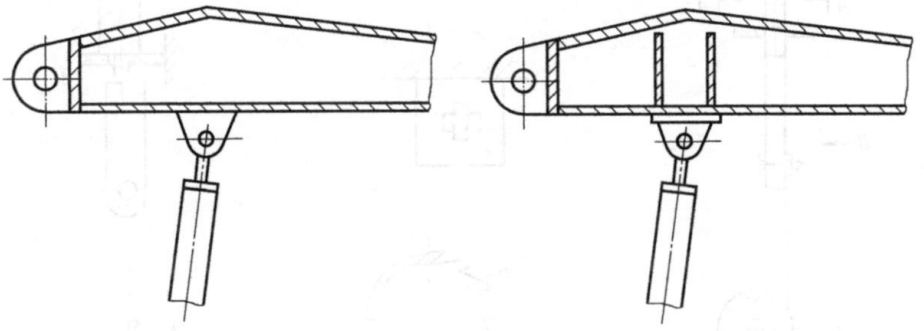
(a) 较差 (b) 较好

图 4-42 提高摆动液压缸支承处的刚度和强度

（5）扇形闸门气缸回转支点的设置

某铜矿主漏井放矿闸门采用多排重锤链条作为主闸，副闸用反扇形闸门，均用气动操作，反扇闸门的气缸安装在闸门前的平台上。如图 4-43（a）所示，气缸的支点在气缸中心线的下方，关闭闸门时，高压气除作用于活塞上推动活塞杆往前移动，同时对气缸后盖作用的力 $F$ 相对于支承（铰支点 $O$）形成一个力矩 $M$，会使气缸连同活塞朝上回转，因而在关闭反扇形闸门时容易使活塞杆被别弯、卡死，闸门无法关闭。

为解决上述问题，可考虑改用如图 4-43（b）所示尾部铰支的结构形式，使支承点恰好在气缸中心线上，因而无回转力矩作用，避免了活塞杆的弯曲变形和卡死。如采用中间铰支（支点在气缸中心线上，并对称支承于气缸的两旁），同样也可避免活塞杆弯曲变形和卡死。

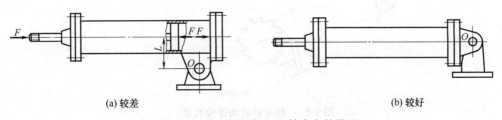

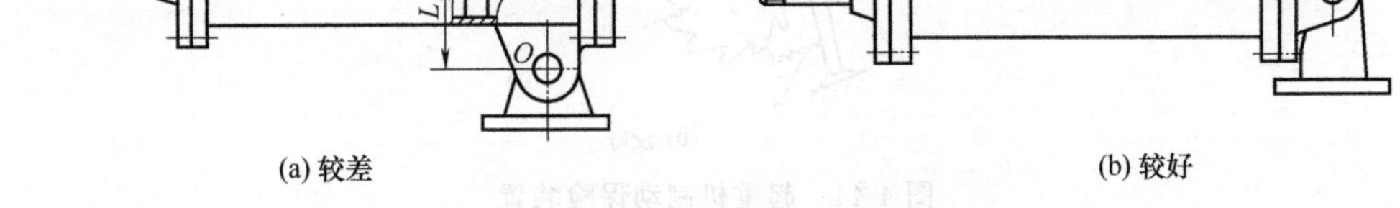

(a) 较差 (b) 较好

图 4-43 扇形闸门气缸回转支点的设置

(6) 起重机制动保险装置推比拉好

如图 4-44 (a) 所示为汽车起重机制动保险装置，其操作方式是不需制动时提起手柄 1 旋转 90°，使卡块 2 也同时转 90°，并卡在支承板 3 上，钢绳 4 拉开棘爪 5，此时卷筒 6 按逆时针方向旋转，使重物下放。若制动卷筒，再提起手柄转 90°，使卡块 2 从支承板上的孔口落下，放松钢绳，棘爪在弹簧 7 的作用下卡住卷筒棘轮，起到制动保险作用。但按上述操作方式，机构动作比较复杂，向上提起手柄时还要克服较大的弹簧力。当需紧急制动时，操作时间又长，不能适应紧急制动的要求。

针对以上问题，可考虑改用如图 4-44 (b) 所示结构，将手柄的操作由拉改为推，制动时只需将手柄推至图 4-44 (b) 中双点画线的位置，钢缆变松，无拉力作用，棘爪在弹簧力的作用下卡住卷筒的棘轮。不需制动时，只需将手柄推至图 4-44 (b) 中实线位置即可。显然，改后结构操作方便、省力，能更为有效地防止重物的坠落。

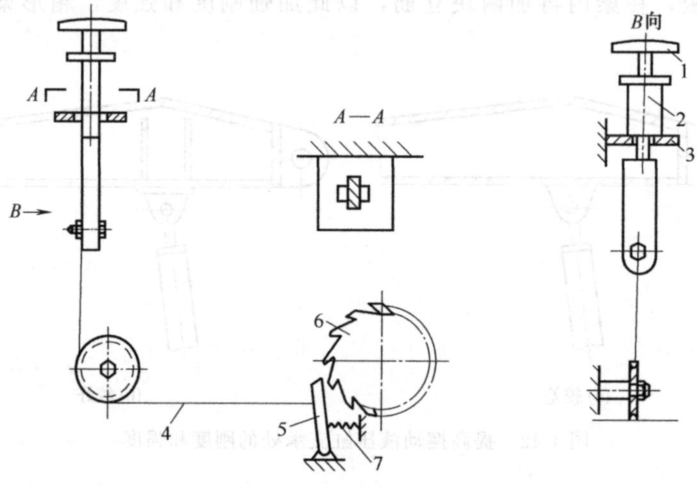


(a) 较差

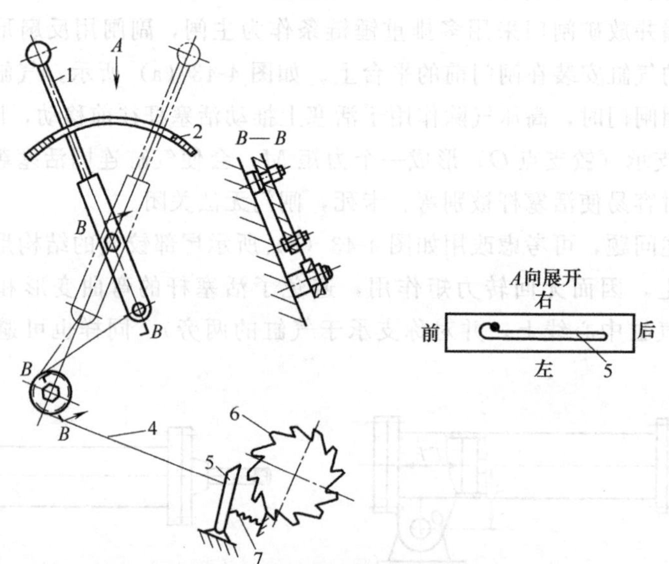


(b) 较好

图 4-44　起重机制动保险装置

1—手柄；2—卡块；3—支承板；4—钢绳；5—棘爪；6—带棘轮的卷筒；7—弹簧

（7）合理应用加强筋

如图 4-45（a）所示结构有急突的转角，易出现裂纹，不合理。如图 4-45（b）所示结构设置了加强筋（图中 a 处），可避免裂纹，为合理结构。

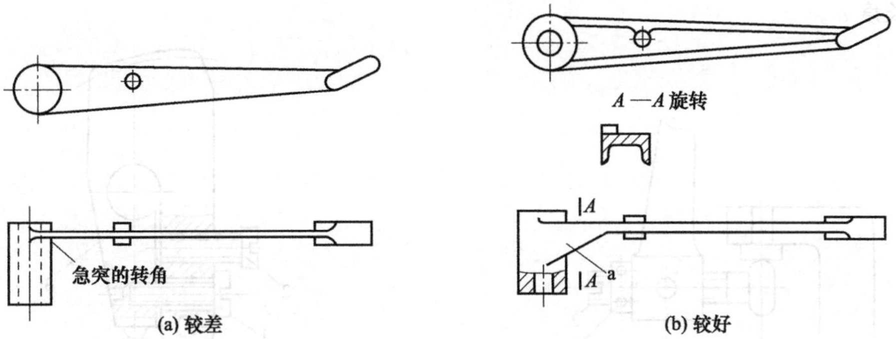


图 4-45　合理应用加强筋

（8）减轻摆杆重量并改善受力

需减轻摆杆重量时可在摆杆的适当部位开孔。如图 4-46 所示的摆杆，中间做成空的可以减轻重量，改善受力，使运动更轻便、灵活。

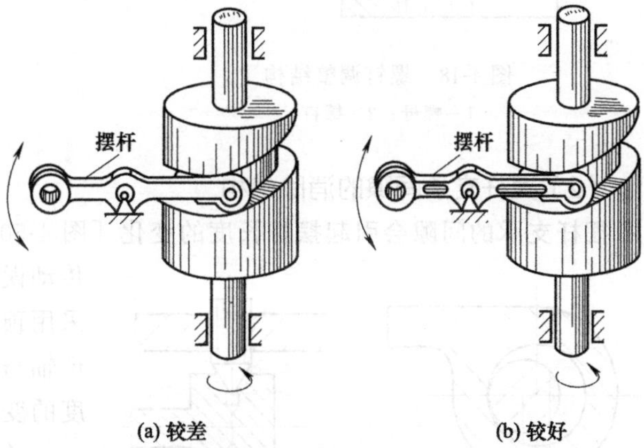


图 4-46　杆上开孔可减轻重量

## 4.3.3　摆杆结构调整与相关构件位置选用技巧

（1）摆杆长度的调整结构

调整摆杆的长度，可以调节摆杆的摆角，从而影响后续传动的运动。下面是精密机械中几种常见的调整摆杆长度的结构。

① 偏心调整结构　如图 4-47 所示为偏心调整结构，松开螺母 1，转动偏心轴［图 4-47（a)］或偏心套筒 2［图 4-47（b）］，即可调整摆杆长度 $a$。

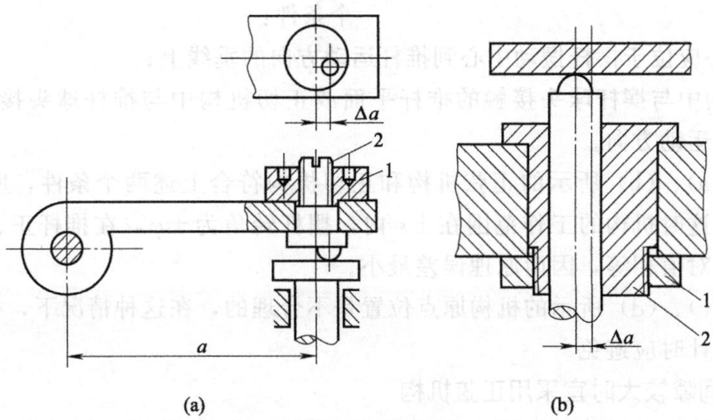


图 4-47　偏心调整结构

1—螺母；2—偏心套筒

② 螺钉调整结构　如图 4-48 所示，松开锁紧螺母 1，转动螺钉 2，即可调整摆杆长度 $a$。

③ 弹性摆杆结构　如图 4-49 所示，调节螺钉 1 和 2，使摆杆 3 产生弹性变形，即可调整摆杆长度 $a$。

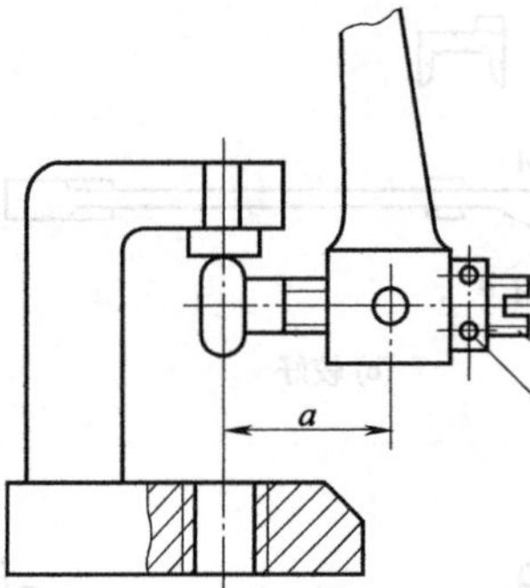


图 4-48　螺钉调整结构

1—螺母；2—螺钉

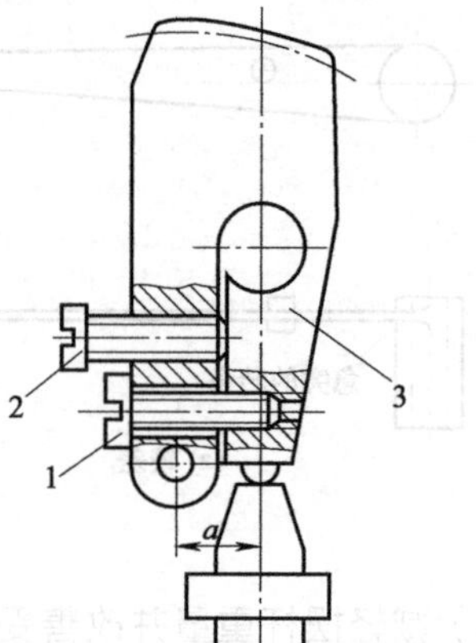


图 4-49　弹性摆杆结构

1,2—螺钉；3—摆杆

（2）摆杆支承间隙的消除结构

摆杆支承的间隙会引起摆杆长度的变化［图 4-50（a）］，从而使仪表示值不稳定并增加传动误差。为了消除支承间隙的影响，可以采用顶尖支承［图 4-50（b）］或利用弹力保证轴与轴承孔保持单边接触，以减小摆杆长度的变化。

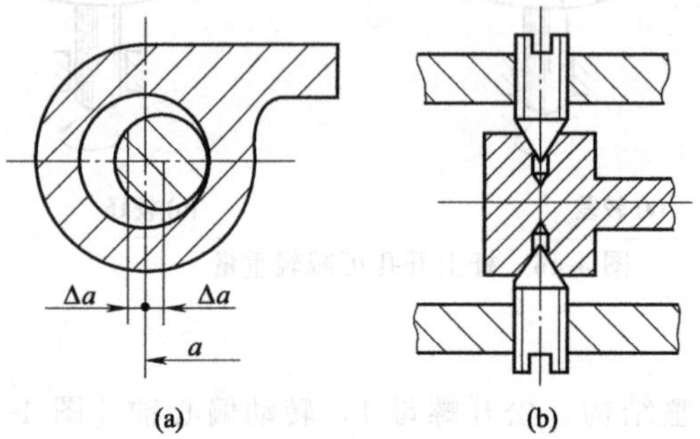


图 4-50　摆杆支承间隙的影响及消除结构

（3）原点位置的确定

机构原点位置的确定直接影响到机构的原理误差。正弦机构［图 4-51（a）］和正切机构［图 4-51（b）］正确的原点位置是，当机构处于原点（$\varphi=0$）时，必须满足下列两个条件：

① 球头中心应位于摆杆摆动中心到推杆运动方向的垂线上；

② 正弦机构中与摆杆球头接触的推杆平面或正切机构中与推杆球头接触的摆杆平面，应垂直于推杆的运动方向。

如图 4-51（a）、（b）所示的正弦机构和正切机构符合上述两个条件，所以它们的原点位置是正确的。这时机构的工作范围在 $\pm s$ 内，摆杆转角为 $\pm\varphi$，在推杆正、负行程中，机构原理误差的绝对值相等，因而原理误差最小。

如图 4-51（c）、（d）所示的机构原点位置是不合理的，在这种情况下，机构的原理误差会显著增大，设计时应避免。

（4）导路间隙较大时宜采用正弦机构

当推杆与导路之间间隙较大时，宜采用正弦机构，不宜采用正切机构。如图 4-52（a）所示，正切机构摆杆转角 $\theta_2$ 与推杆升程 $H_2$ 之间的关系式为 $\tan\theta_2=H_2/L_2$。推杆与导路之

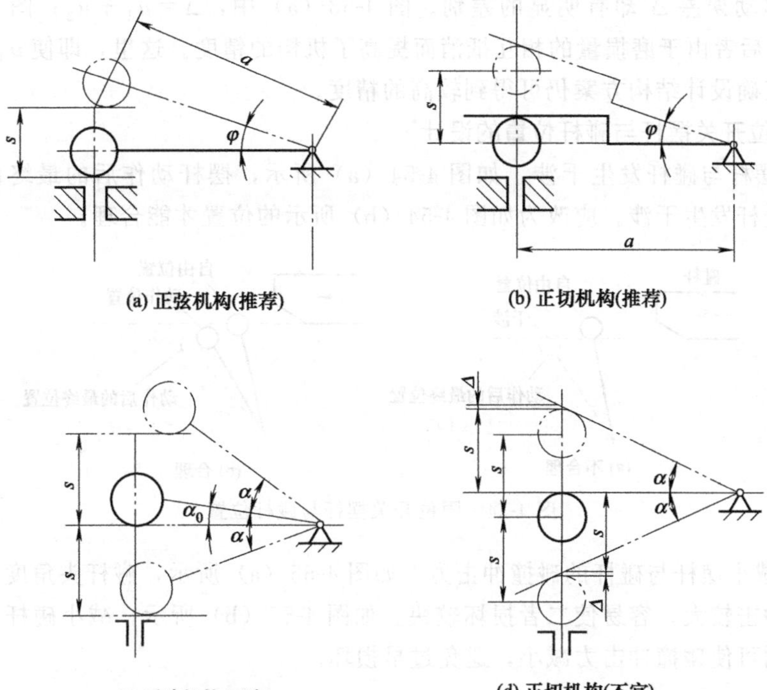


(a) 正弦机构(推荐)　　(b) 正切机构(推荐)

(c) 正弦机构(不宜)　　(d) 正切机构(不宜)

图 4-51　机构原点位置的确定

间的间隙使推杆晃动，导致尺寸 $L_2$ 改变，因此对正切机构引起误差。而导路间隙对正弦机构精度影响很小，如图 4-52（b）所示，因为正弦机构摆杆转角 $\theta_1$ 与推杆升程 $H_1$ 之间的关系式为 $\sin\theta_1 = H_1/L_1$，而导路间隙不影响尺寸 $L_1$。

（5）凸轮-杠杆机构磨损量互补

相同的磨损量对不同机械精度的影响可能是不同的，因为磨损引起的后果不同。例如，如图 4-53 所示的两种类似的凸轮-杠杆机构，假设凸轮与杠杆下端接触面的磨损量 $u_1$ 和从动件与杠杆上端接触面的磨损量 $u_2$，对于两个方案分别相等，由图 4-53 可知，$u_1$、$u_2$ 所引

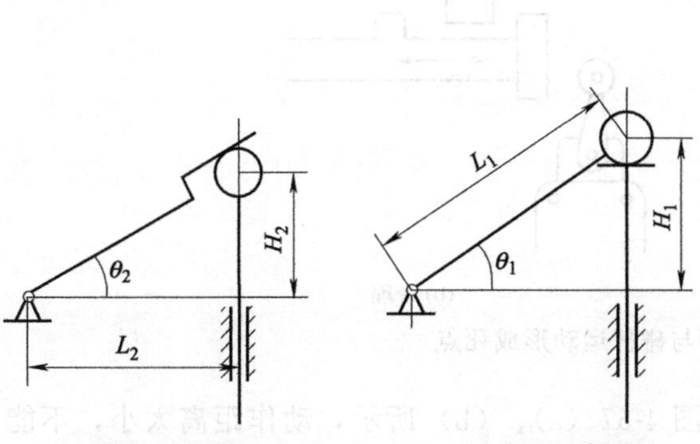


(a) 较差(正切机构)　　(b) 较好(正弦机构)

图 4-52　导路间隙对正弦、正切机构的影响

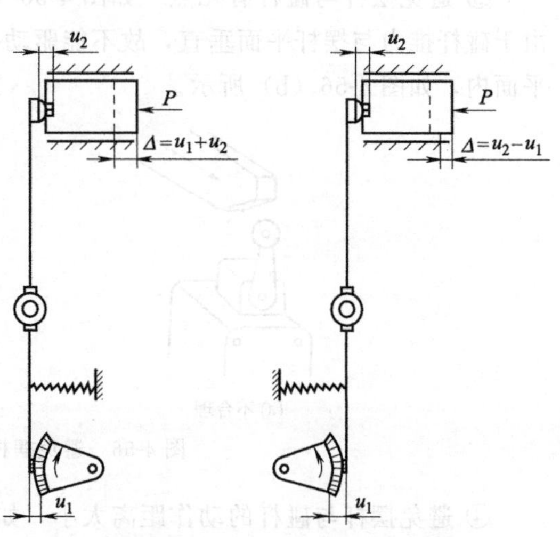


(a) 较差　　(b) 较好

图 4-53　凸轮-杠杆机构磨损量互补

起的从动件移动误差 Δ 却有明显的差别。图 4-53（a）中，$\Delta = u_1 + u_2$；图 4-53（b）中，$\Delta = u_2 - u_1$。后者由于磨损量的相互抵消而提高了机构的精度。这里，即使 $u_1$ 与 $u_2$ 是偶然误差，通过正确设计结构方案仍可得到较高的精度。

（6）限位开关摆杆与碰杆位置的设计

① 避免摆杆与碰杆发生干涉　如图 4-54（a）所示，摆杆动作后的最终位置超过水平线，摆杆与碰杆发生干涉。应改为如图 4-54（b）所示的位置才能合理。

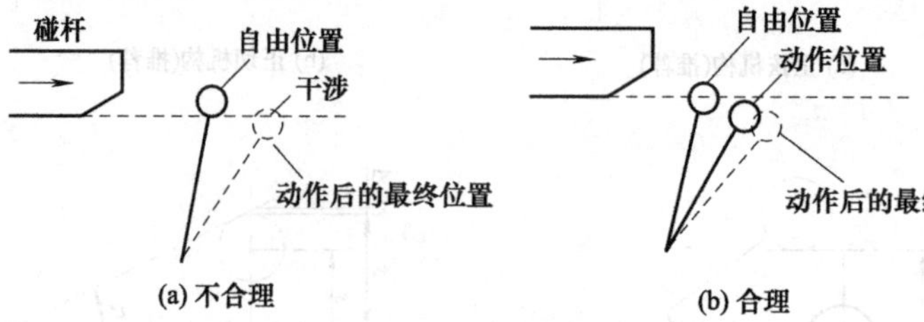


图 4-54　限位开关摆杆与碰杆位置

② 尽量减小摆杆与碰杆的碰撞冲击力　如图 4-55（a）所示，碰杆头角度太大，与摆杆接触时碰撞冲击较大，容易使二者损坏较快。如图 4-55（b）所示，减小碰杆头角度，改变碰撞方向，则可使碰撞冲击力减小，避免过早损坏。

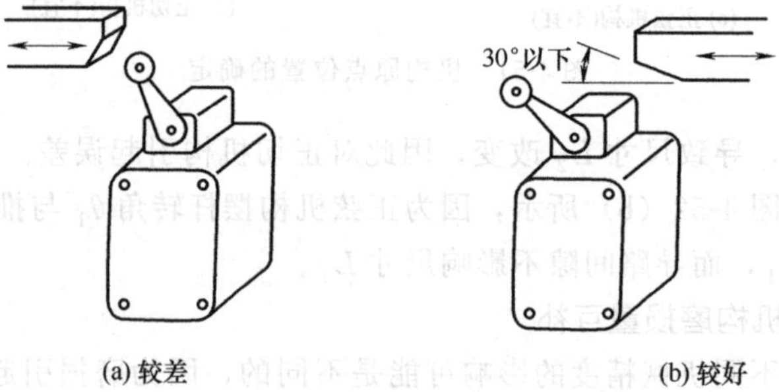


图 4-55　减小摆杆与碰杆的碰撞冲击力

③ 避免摆杆与碰杆有死点　如图 4-56（a）所示，碰杆布置在摆杆轴线方向上，碰撞时由于碰杆推力与摆杆平面垂直，故不能驱动摆杆摆动，形成死点。应将碰杆布置在摆杆摆动平面内，如图 4-56（b）所示。

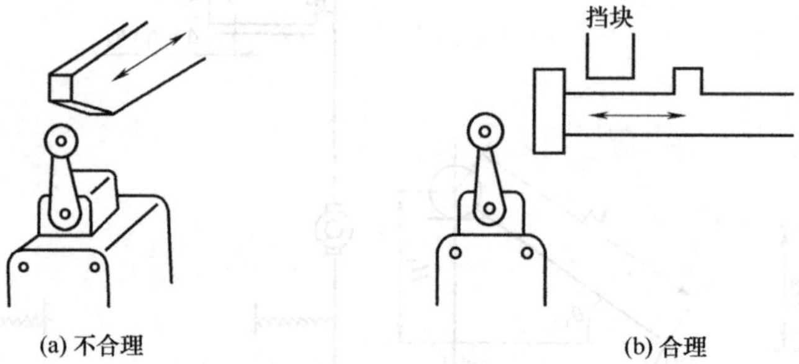


图 4-56　避免摆杆与碰杆运动形成死点

④ 避免摆杆与碰杆的动作距离太小　如图 4-57（a）、（b）所示，动作距离太小，不能使限位开关有足够的移动距离，达不到预期的指定工作位置，无法正常工作。如图 4-57（c）、（d）所示移动距离比较大，更为合理。

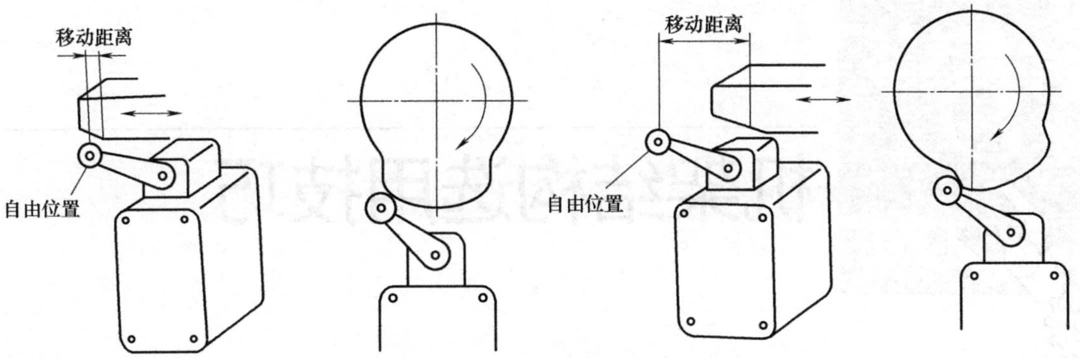


(a) 较差　(b) 较差　(c) 较好　(d) 较好

图 4-57　摆杆与碰杆的动作距离

# 第5章 机架结构选用技巧

## 5.1 机架结构选用原则及要点

### 5.1.1 机架结构选用原则

机架多数处于复杂受载状态，外形结构复杂，这里只能概括地谈几点一般的选用原则，详细要求需参见相关的专业书籍。

（1）确保足够的强度和刚度

例如锻压机床、冲剪机床等机器的机架，以满足强度条件为主。金属切削机床及其他要求精确运转的机器的机架，以满足刚度条件为主。机架零件往往是最费工、最贵的零件，损坏后又常会引起整部机器报废，因此，设计计算机架零件时应以可能出现的最大载荷作为计算载荷，以便它能在过载情况下仍具有足够的强度。

（2）形状简单便于制造

在便于其他零部件装拆和操作的前提下，机架的结构应力求简单，并有良好的工艺性，便于制造、安装和运输。

（3）合理选择截面形状

应合理选择截面形状和恰当布置肋板，使同样重量下其强度和刚度尽可能提高。

（4）合理选择设计方法

就设计方法而言，目前大多是采用类比设计法，即按照经验公式、经验数据或比照现有同类机架进行设计。由于是经验设计，许用应力一般取得较低，例如铸铁的许用弯曲应力一般取20～30MPa，铸钢的许用弯曲应力一般取40～60MPa。经验设计对那些不太重要的机架虽然是可行的，但终究带有一定的盲目性，使设计的机架过于笨重。例如，许多传统机床机座的设计就是如此。因而对重要的机架，在经验设计的基础上，还需要用模型或实物进行测试，以便根据测试的数据进一步修改结构与尺寸。也有用有限元法进行计算的。

（5）合理选择材料

注意材料的选择，注意不同加工制造方法对设计的影响。多数机架零件由于形状复杂，故多采用铸件。铸铁的铸造性能好、价廉、吸振能力较强，所以在机架零件中应用最广。受载情况严重的机架常用铸钢，如轧钢机机架。要求重量轻时可以采用轻合金，如飞机发动机的汽缸体多用铝合金铸成。

在载荷比较大、形状不很复杂、生产批量又较小时，最好采用钢材焊接机架。焊接零件虽然有很多优点，但必须一提的是，由于铸铁的抗压强度较高，所以受压的机架如采用焊接机架在减轻重量方面未必有利。

（6）满足特定机器的特殊要求

设计时应注意满足特定机器的特殊要求。例如，兼作导轨、缸体的机架，其导轨、缸体部分应具有足够的耐磨性；对承受动载荷的机架，应有较好的吸振与抗振性能；对于高精度机械的机架，应有较小的热变形等。

## 5.1.2 机架结构选用要点

（1）合理选择截面形状

截面形状的合理选择是机架设计中的一个重要问题。

由材料力学可知，当其他条件相同，受弯曲和扭转的零件通过合理改变截面形状，可以提高零件的强度和刚度。多数机架处于复杂受载状态，合理选择截面形状可以充分发挥材料的作用。

几种截面面积相等而形状不同的机架零件在弯曲强度、弯曲刚度、扭转强度、扭转刚度等方面的相对比较值见表 5-1。从表中可以看出，主要受弯曲的零件以选用工字形截面为最好，弯曲强度和刚度都以它为最大。主要受扭转的零件，从强度方面考虑，以圆管形截面为最好，空心矩形次之，其他两种的强度则比前两种小许多倍；从刚度方面考虑，则以选用空心矩形截面的最为合理。由于机架受载情况一般都比较复杂（拉压、弯曲、扭转可能同时存在），对刚度要求又较高，因而综合各方面的情况考虑，以选用空心矩形截面比较有利，这种截面的机架也便于附装其他零件，所以多数机架的截面都以空心矩形为基础。

**表 5-1 几种截面形状梁的相对强度和相对刚度对比**（截面面积≈$2900mm^2$）

| 相对比较内容 | | Ⅰ(基型) 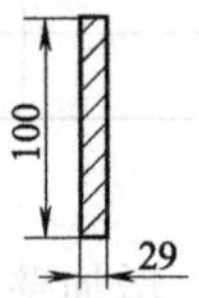 | Ⅱ 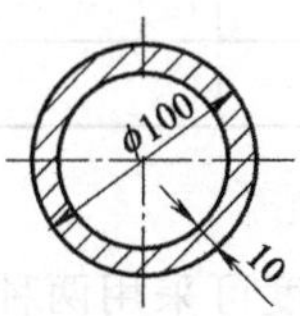 | Ⅲ 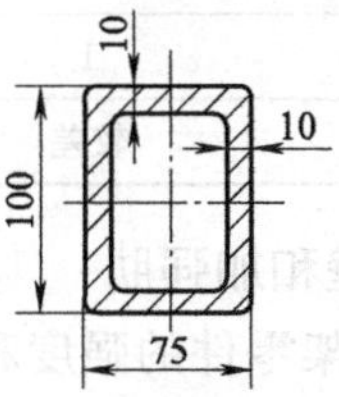 | Ⅳ 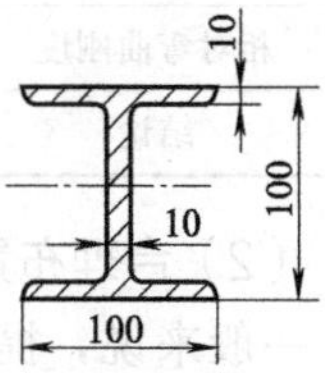 |
|---|---|---|---|---|---|
| 相对强度 | 弯曲 | 1 | 1.2 | 1.4(较好) | 1.8(好) |
| | 扭转 | 1 | 43(好) | 38.5(较好) | 4.5 |
| 相对刚度 | 弯曲 | 1 | 1.15 | 1.6(较好) | 1.8(好) |
| | 扭转 | 1 | 8.8(较好) | 31.4(好) | 1.9 |
| 综合结论 | | 较差 | 较好 | 最好 | 较好 |

受动载荷的机架零件，为了提高它的吸振能力，也应采用合理的截面形状。几种工字形截面在受弯曲作用时所能吸收的最大变形能的相对比较值见表 5-2，从表中可知，方案Ⅱ的动载性能比方案Ⅰ大 13%，而重量降低 18%，但静载强度同时降低约 10%（比较抗弯截面系数）。将受压翼缘缩短 40mm、受拉翼缘放宽 10mm 的方案Ⅲ则较好，重量减少约 11%，静载强度不变，而动载性能约增加 21%。由此可见，只要合理设计截面形状，即使截面面

积并不增加，也可以提高机架承受动载的能力。

为了得到最大的弯曲刚度和扭转刚度，还应在设计机架时尽量使材料沿截面周边分布。截面面积相等而材料分布不同的几种梁在相对弯曲刚度方面的比较见表5-3。

**表5-2　不同尺寸的工字形截面梁在受弯曲作用时的相对性能比较**

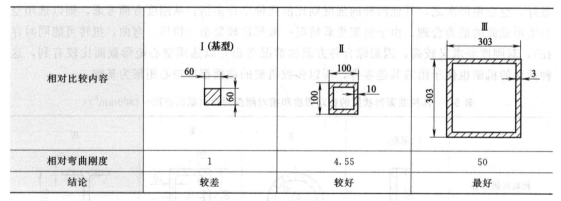

| 相对比较内容 | Ⅰ(基型)<br>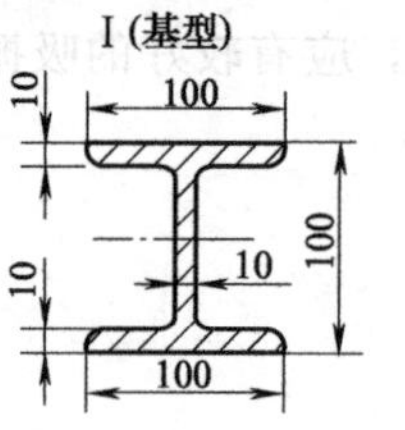 | Ⅱ<br>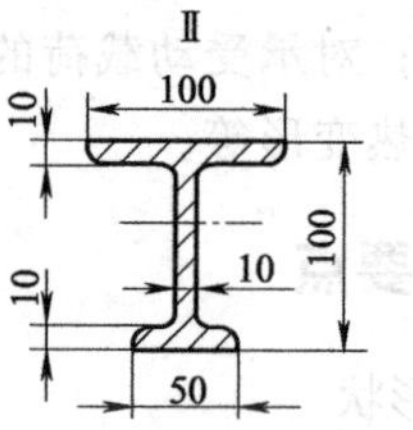 | Ⅲ<br>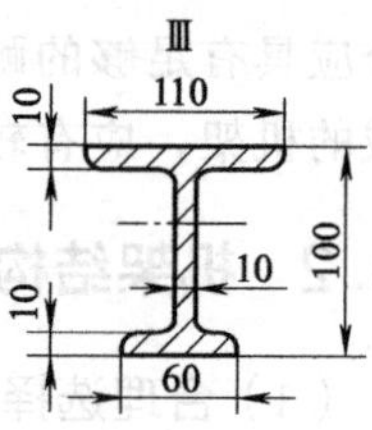 |
|---|---|---|---|
| 相对惯性矩 | 1(4.5) | 0.72(3.26) | 0.82(3.68) |
| 相对截面系数 | 1(90) | 0.91(81.5) | 1(90) |
| 相对重量 | 1 | 0.82 | 0.89 |
| 相对最大变形能 | 1 | 1.13 | 1.21 |
| 综合结论 | 较差 | 较好 | 较好 |

注：括号内的数字第一行为惯性矩 $I$，$10^{-6}mm^4$；第二行为抗弯截面系数 $W$，$10^{-3}mm^3$。

**表5-3　材料分布不同的矩形截面梁的相对弯曲刚度比较（截面面积=3600mm²）**

| 相对比较内容 | Ⅰ(基型)<br>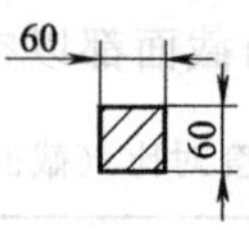 | Ⅱ<br>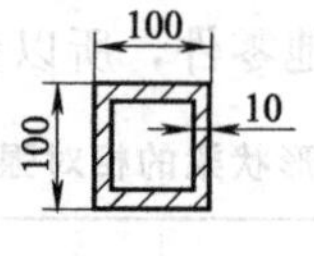 | Ⅲ<br>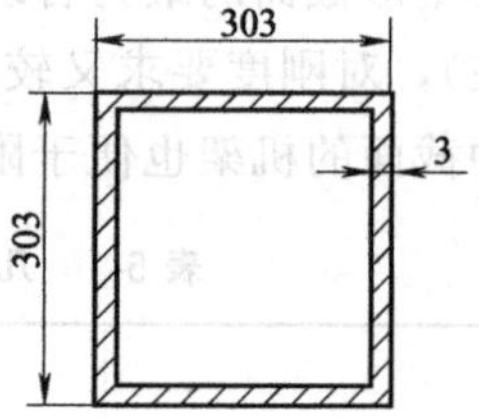 |
|---|---|---|---|
| 相对弯曲刚度 | 1 | 4.55 | 50 |
| 结论 | 较差 | 较好 | 最好 |

（2）合理布置间壁和加强肋

一般来说，提高机架零件的强度和刚度可采用两种方法：增加壁厚和在壁与壁之间设置间壁和肋。增加壁厚的方法并非在任何情况下都能见效，即使见效，也多半不符合经济原则。设置间壁和肋在提高强度和刚度方面常常是最有效的，因此经常采用。设置间壁和肋的效果在很大程度上取决于布置是否正确，不适当的布置效果不显著，甚至会增加铸造困难和浪费材料。

① 间壁　也称隔板，实际上是一种内壁，它可连接两个或两个以上的外壁。几种设置间壁方法不同的空心矩形梁在弯曲刚度、扭转刚度方面的比较见表5-4，从表中可知，方案Ⅴ的斜间壁具有显著效果，弯曲刚度比方案Ⅰ约大50%，扭转刚度比方案Ⅰ约大两倍，而重量仅约增26%；方案Ⅳ的交叉间壁虽然弯曲刚度和扭转刚度都有所增加，但材料却要多耗费49%，若以相对刚度和相对重量之比作为评定间壁设置的经济指标，则显然可见，方案Ⅴ比方案Ⅳ好；方案Ⅱ、Ⅲ的弯曲刚度相对增加值反不如重量的相对增加值，其比值小于1，说明这种间壁设置是不可取的。

表 5-4　不同形式间壁的梁在刚度方面的相对比较

| 相对比较内容 | | Ⅰ(基型) 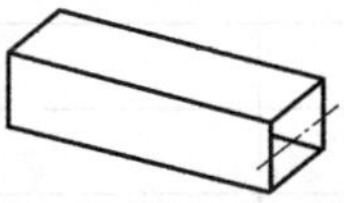 | Ⅱ 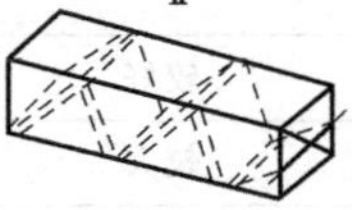 | Ⅲ 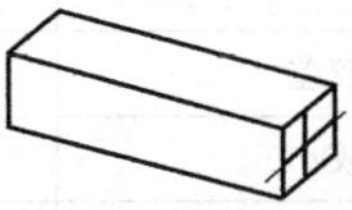 | Ⅳ 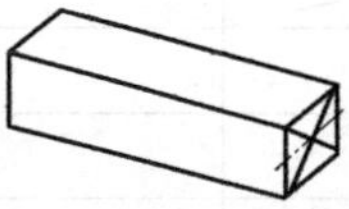 | Ⅴ 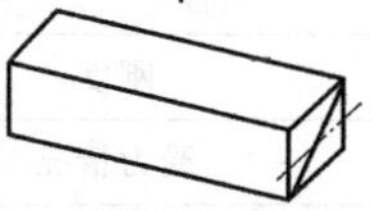 |
|---|---|---|---|---|---|---|
| 相对重量 | | 1 | 1.14 | 1.38(较大) | 1.49(最大) | 1.26(较大) |
| 相对刚度 | 弯曲 | 1 | 1.08 | 1.17(较好) | 1.78(好) | 1.55(好) |
| | 扭转 | 1 | 2.04 | 2.16(较好) | 3.68(好) | 2.94(好) |
| 相对刚度/相对质量 | 弯曲 | 1 | 0.95(较差) | 0.85(差) | 1.20(好) | 1.23(好) |
| | 扭转 | 1 | 1.79 | 1.56(较差) | 2.47(好) | 2.34(好) |
| 综合结论 | | 不宜 | 不宜 | 不宜 | 较好 | 最好 |

② 加强肋　其作用主要在于提高机架壁的局部刚度，如图 5-1（a）所示，减速器箱体轴承座下部没有加强肋，则支承刚度较差。如图 5-1（b）所示，在下箱外壁加肋，则提高了支承刚度。

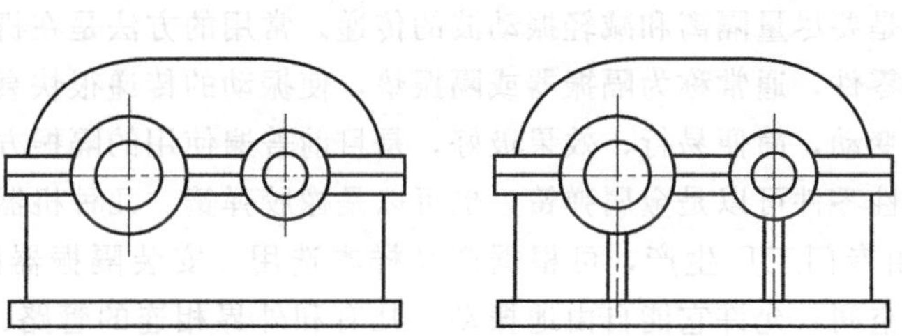

(a) 较差　　(b) 较好

图 5-1　减速器箱体加强肋结构

加强肋有时布置在壁的内侧，有时布置在壳体外侧。图 5-2 所示为加强肋用于壁板面积大于 400mm×400mm 的构件，以防止产生薄壁振动和局部变形。其中，图 5-2（a）的结构最简单、工艺性最好，但刚度也最低，可用于较窄或受力较小的板形机架上；图 5-2（c）的结构刚度最高，但铸造工艺性差，需要几种不同泥芯，成本较高；图 5-2（b）结构居于上述两者之间。常见的还有米字形肋和蜂窝形肋，刚度更高，工艺性也更差，仅用于非常重要的机架上。肋的高度一般可取为壁厚的 4～5 倍，肋的厚度可取为壁厚的 80%左右。三种结构形式的对比见表 5-5。

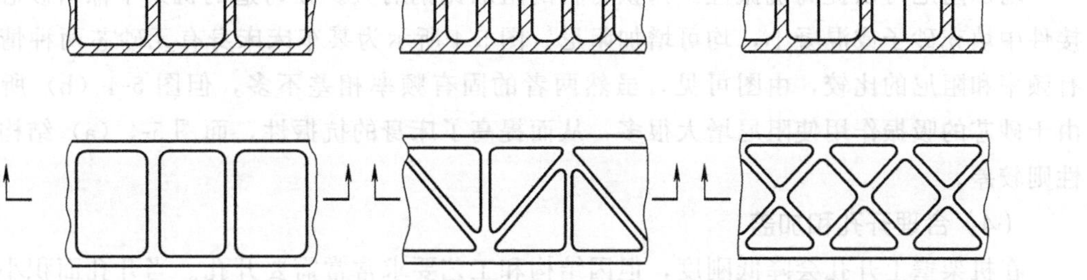

(a)　(b)　(c)

图 5-2　加强肋的几种常见形式

表 5-5 图 5-2 三种方案性能对比

| 方案 / 项目 | 图 5-2(a) | 图 5-2(b) | 图 5-2(c) |
|---|---|---|---|
| 刚度 | 较差 | 较好 | 好 |
| 受力情况 | 较小 | 较大 | 大 |
| 工艺性 | 好 | 较差 | 差 |
| 应用场合 | 轻载 | 中载 | 重载 |

（3）采用隔振措施

任何机械都会发生不同程度的振动。动力、锻压一类机械尤为严重。即使是旋转机械，也常因轴系的质量不平衡等多种原因而引起振动。若不采取隔振措施，振波将通过机器底座传给基础和建筑结构，从而影响周围环境，干扰相邻机械，使产品质量有所降低。振动频率若与建筑物的固有频率相近，则又有发生共振的危险。对精密加工机床和精密测量设备来说，如不采取隔振措施，要得到很高的加工精度或测量精度是不可能的。除影响产品的精度之外，还有可能造成连接的松动、零件的疲劳，从而降低机器的使用寿命，甚至造成严重破坏。振动及其传输所引发的噪声也会使操作人员思想不集中、困乏，影响健康。

隔振的目的就是要尽量隔离和减轻振动波的传递。常用的方法是在机器或仪器的底座与基础之间设置弹性零件，通常称为隔振器或隔振垫，使振动的传递很快衰减。使用隔振器无需对机器进行任何变动，简便易行，效果极好，是目前普遍使用的隔振方法。

隔振器中的弹性零件可以是金属弹簧，也可以是橡胶弹簧。几种机器安放隔振器的实例见图 5-3。隔振器由专门工厂生产，可根据产品样本选用。安装隔振器的机器或设备应注意：要留有一定的空间，允许它能自由地振动；凡有和外界相连的管路、电路、联轴器等，在连接处都应设有挠性零件，以免降低或破坏隔振效果。

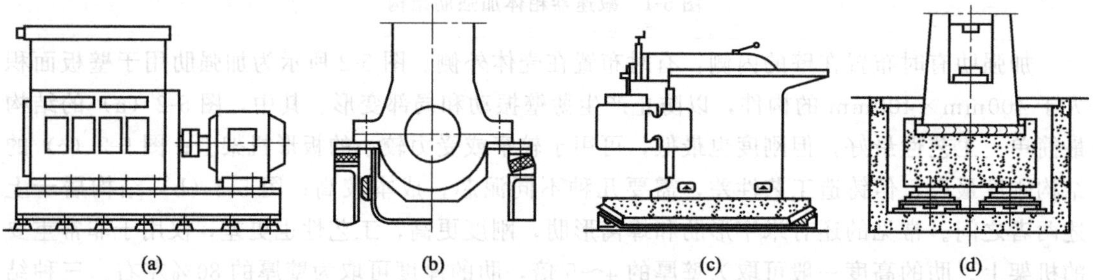

图 5-3 机器隔振举例

增加阻尼可以提高抗振性。铸铁材料的阻尼比钢的大。在铸造的机架中保留砂芯，在焊接件中填充砂子或混凝土，均可增加阻尼。图 5-4 所示为某车床床身有无砂芯两种情况下固有频率和阻尼的比较，由图可见，虽然两者的固有频率相差不多，但图 5-4（b）所示结构由于砂芯的吸振作用使阻尼增大很多，从而提高了床身的抗振性，而图 5-4（a）结构的抗振性则较差。

（4）合理开孔和加盖

在机架壁上开孔会降低刚度，但因结构和工艺要求常常需要开孔。当开孔面积小于所在壁面积的 20%时，对刚度影响较小；当大于 20%时，抗扭刚度降低很多。故孔宽或孔径以不大于壁宽的 1/4 为宜，且应开在支承件壁的几何中心附近或中心线附近。

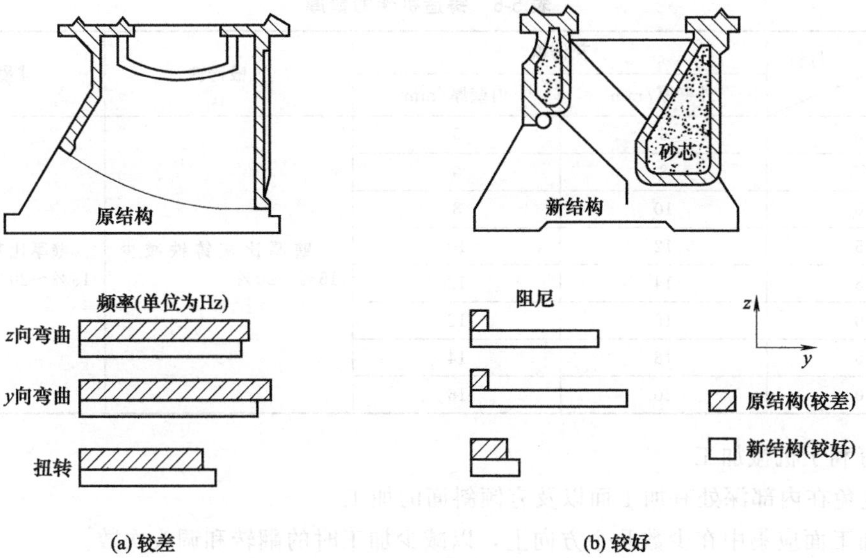


图 5-4　床身结构的抗振性

开口对抗弯刚度影响较小，若加盖且拧紧螺栓，抗弯刚度可接近未开孔的水平，且嵌入盖壁覆盖盖效果更好。抗扭刚度在加盖后可恢复到原来的35%～41%左右。

# 5.2 机架结构选用技巧

## 5.2.1 铸造机架结构选用基本原则

大多数机壳型构件都是铸铁的，这是因为铸铁具有可获得复杂的几何形状以及在成批生产时价格较低的优点。铸造机架在实际应用中占有相当大的比例，下面对铸造机架选用的基本原则进行说明。

（1）考虑铸造工艺性

铸造工艺性涉及的问题很多，一般主要考虑以下几点。

① 壁厚的选取　铸铁机架壁厚、砂模铸造铸铁件的壁厚可由当量尺寸 $N$ 按表 5-6 选取，表中推荐的是铸件最薄部分的壁厚。支承面、凸台等应根据强度、刚度及结构的需要适当加厚。

当量尺寸
$$N=\frac{2L+B+H}{3}$$

式中　$L$——铸件的长度；

$B$——铸件的宽度；

$H$——铸件的高度。

② 内腔尽量简单　铸造箱体内腔形状应尽量简单，便于造芯，如有可能最好做成开式的，不需要型芯。

③ 分型力求简单　铸件外形应使分型简单方便，而且要尽量减少分型面，以便保证尺寸的准确性。

④ 应有利于排渣排气　铸件应力求使金属中的夹杂物、气体容易上浮而排出，以避免出现气孔、渣眼和夹砂。

表 5-6　铸造机架的壁厚

| 材料<br>当量尺寸 | 灰铸铁 | | 可锻铸铁 | 球墨铸铁 |
|---|---|---|---|---|
| | 外壁厚/mm | 内壁厚/mm | | |
| 0.3 | 6 | 5 | 壁厚比灰铸铁减少15%～20% | 壁厚比灰铸铁增加15%～20% |
| 0.75 | 8 | 6 | | |
| 1.0 | 10 | 8 | | |
| 1.5 | 12 | 10 | | |
| 1.8 | 14 | 12 | | |
| 2.0 | 16 | 12 | | |
| 2.5 | 18 | 14 | | |
| 3.0 | 20 | 16 | | |

⑤ 有利于机械加工

a. 避免在内部深处有加工面以及有倾斜面的加工。

b. 加工面应集中在少数几个方向上，以减少加工时的翻转和调头次数。

c. 所有加工面都应有较大的基准支承面，以便于加工时的定位、测量和夹紧。

d. 箱体加工时，避免设计工艺性差的盲孔、阶梯孔和交叉孔。

e. 箱体上的紧固孔和螺纹孔的尺寸规格尽量一致，以减少刀具数量和换刀次数。

f. 同轴线上的孔径应尽量避免中间间壁上的孔径大于外壁上的孔径。

g. 慎防冷却速度不同造成内应力。

（2）加强肋尺寸的确定

设置肋与间壁可以提高机架的强度与刚度。间壁与肋的重要作用在前面已经述及，除了注意正确选择肋及间壁的形式外，还应注意正确选择有关尺寸。铸造机架的加强肋的尺寸按表 5-7 选取，为防止铸铁平板变形而设的加强肋高度按表 5-8 选取。

表 5-7　铸造机架加强肋的尺寸

| 铸件外表面上肋的厚度 | 铸件内腔肋厚度 | 肋的高度 |
|---|---|---|
| $0.8s$ | $(0.6\sim0.7)s$ | $\leqslant 5s$ |

注：$s$ 为肋所在的壁厚。

表 5-8　铸铁平板加强肋的尺寸　　mm

| 简　图 | 最大轮廓尺寸 $L$ | 当宽度为下列尺寸时，平板加强肋的高度 $H$ | |
|---|---|---|---|
| | | $B<0.5L$ | $B>0.6L$ |
| 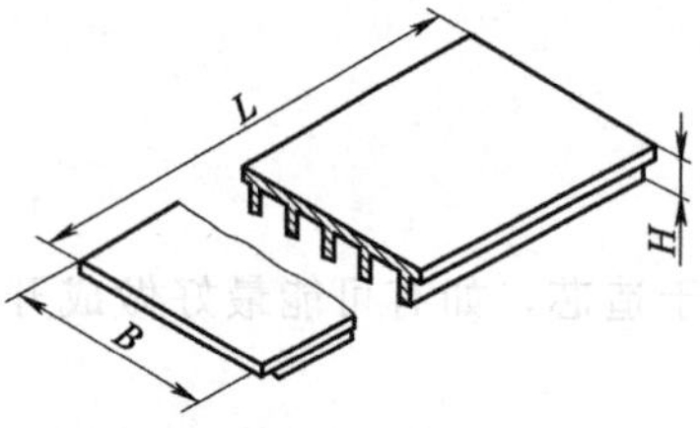 | 501～800 | 75 | 100 |
| | 801～1200 | 100 | 150 |
| | 1201～2000 | 150 | 200 |
| | 2001～3000 | 200 | 300 |
| | 3001～4000 | 300 | 400 |
| | 4001～5000 | 400 | 450 |

（3）连接结构的设计

为保证机架与地基及机架各段之间的连接刚度，应注意以下问题。

① 重要接合面的粗糙度一般应不低于 $Ra\,3.2\mu m$，最好能经过粗刮工序，每 25mm×

25mm 面积内的接触点数不少于 4～8 点。

② 连接螺栓应有足够的总截面积，以期有足够的抗拉刚度；数量必须充足，一般为 8～12 个，布置在接合部位四周（比两边或三边固紧的刚度大得多）。

③ 设计合适的凸缘结构，凸缘结构形式可参考机械设计手册。

## 5.2.2 铸造机架结构选用技巧

（1）机架受力应合理

① 根据受力方向确定间壁布置方式　对梁形支承件来说，间壁有纵向（图 5-5）、横向（图 5-6）和斜向（图 5-7）之分。纵向间壁的抗弯效果好，而横向间壁的抗扭作用大，此外，增加横向间壁还会减小壁的翘曲和截面畸变。斜向间壁则介于上述两者之间。所以，应根据支承件的受力特点来选择间壁的类型和布置方式。

应该注意，纵向间壁布置在弯曲平面内才能有效地提高抗弯刚度，因为此时间壁的抗弯惯性矩最大。图 5-5（a）是不合理的纵向间壁布置，图 5-5（b）是合理的纵向间壁布置。

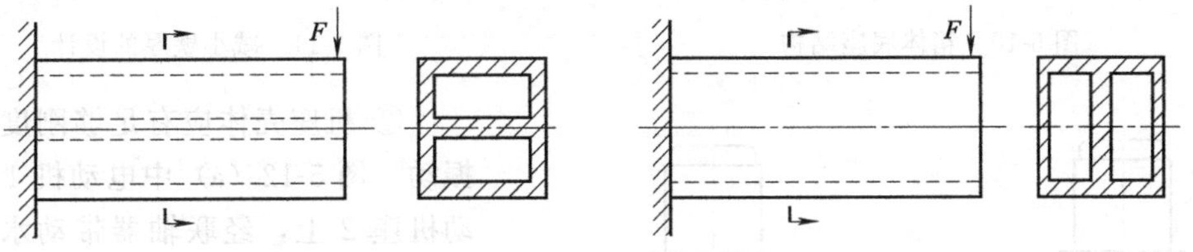

(a) 不宜　　(b) 推荐

图 5-5　纵向间壁的布置

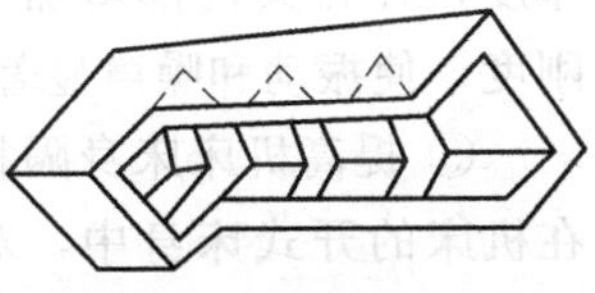
图 5-6　横向间壁的布置

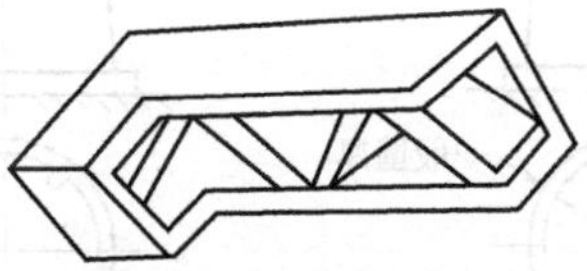
图 5-7　斜向间壁的布置

② 铸铁件加强肋应承受压力为宜　铸铁的抗压强度比抗拉强度高很多，所以如果设计成肋板受拉力［图 5-8（a）］则结构不合理。应改为使肋板受压力，如图 5-8（b）所示。

③ 避免肋的设置结构不稳定　构件内部肋的安置要考虑几何原理与受力。如图 5-9（a）所示，加强肋按矩形分布，对铸件强度和刚度只有较小的影响，因为矩形是不稳定的形状。若按三角形安置，形状稳定，造型较好，结构比较合理，如图 5-9（b）所示。

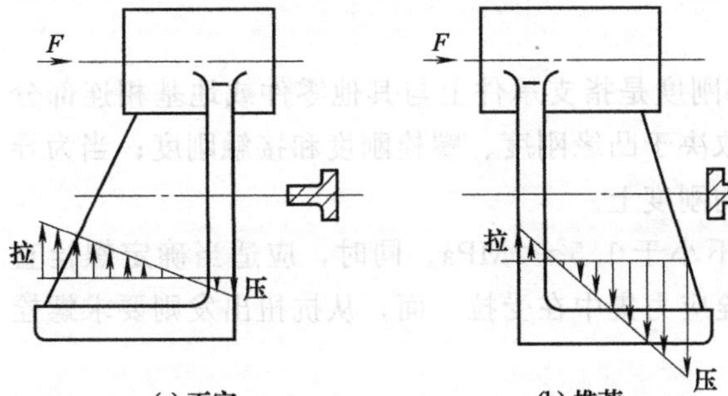

(a) 不宜　　(b) 推荐

图 5-8　铸铁支座的受力

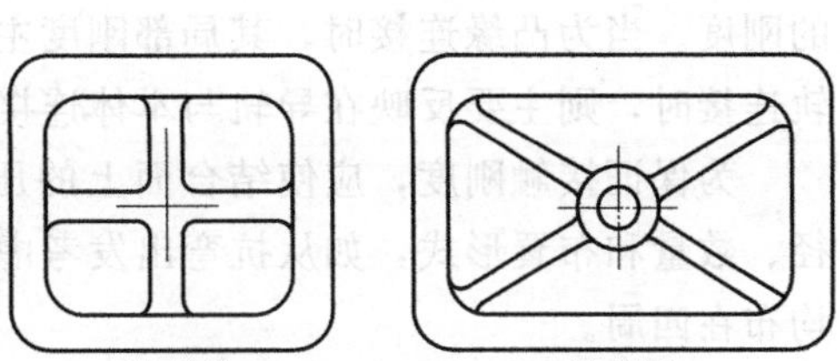
(a) 较差　　(b) 较好

图 5-9　肋的设置与稳定性

④ 箱体应合理传力和支持　铸造箱体的箱壁应能可靠地支持在地面上，以保持它的强度和刚度。如图 5-10（a）所示，因底座与地面支承面积太小，且位于箱壁之外，故传力不如图 5-10（b）合理。

（2）提高机架刚度

① 尽量减小壁厚　如图 5-11（a）所示，机架壁太厚，材料多、重量大。可设置加强肋，减小壁厚，改为图 5-11（b）所示的结构形式。减小壁厚可以减轻机架重量，节约材料，在保证强度和刚度的条件下，采用加强肋以减小壁厚较为合理。

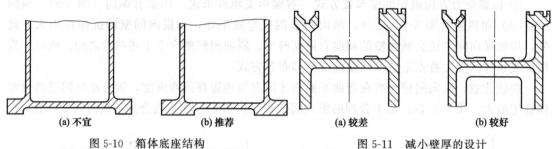

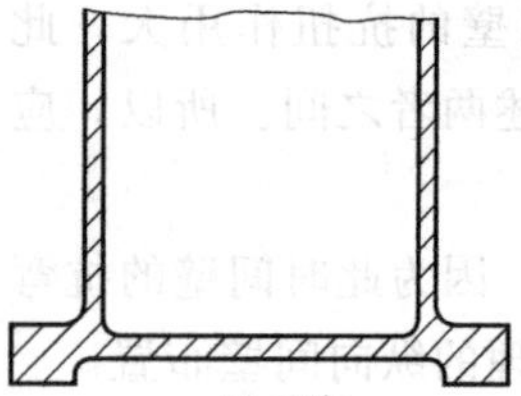


图 5-10　箱体底座结构

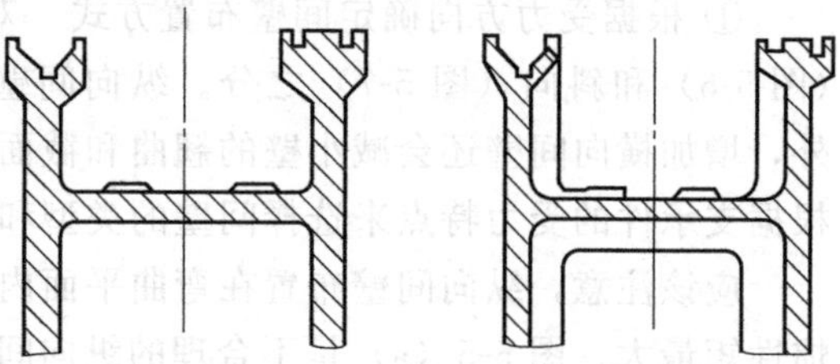


图 5-11　减小壁厚的设计

② 机座壳体应有足够刚度以避免振动　图 5-12（a）中电动机 1 装在电动机座 2 上，经联轴器带动水泵。由于电动机座刚度不足，振动和噪声很大。图 5-12（b）中增加了电动机座的厚度，并在其内部增加了肋，提高了刚度，使振动和噪声显著降低。

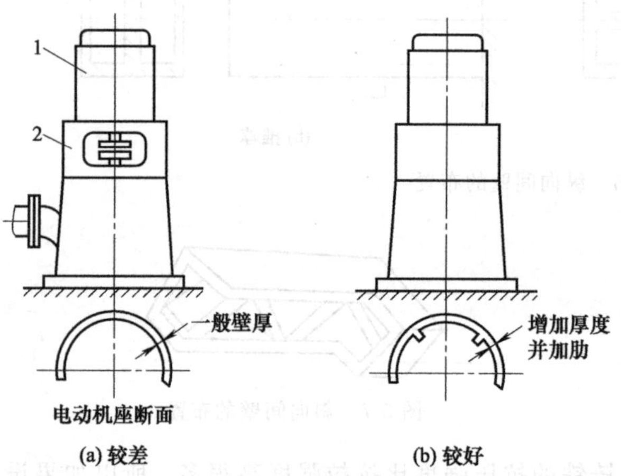


图 5-12　机座应有足够刚度防振

1—电动机；2—电动机座

③ 提高机床床身隔板刚度　隔板在机床的开式床身中，对加强刚度作用很大。这种床身因排屑要求床身不能制成封闭形断面。图 5-13 所示为四种隔板结构形式。图 5-13（a）为 T 形隔板，抗弯、抗扭刚度均较低。图 5-13（b）抗弯刚度较图 5-13（a）有明显提高。图 5-13（c）的对角隔板与床身壁板组成三角形刚性结构，明显提高了抗扭刚度。图 5-13（d）的床身部分为封闭断面再加隔板，所以刚度最高，仅用于刚度要求较高的车床。

④ 提高机架局部刚度和接触刚度　局部刚度是指支承件上与其他零件或地基相连部分的刚度。当为凸缘连接时，其局部刚度主要取决于凸缘刚度、螺栓刚度和接触刚度；当为导轨连接时，则主要反映在导轨与本体连接处的刚度上。

为保证接触刚度，应使结合面上的压强不小于 1.5～2MPa。同时，应适当确定螺栓直径、数量和布置形式，如从抗弯出发考虑螺栓应力集中在受拉一面，从抗扭出发则要求螺栓均布在四周。

a. 提高螺栓连接处局部刚度　用螺栓连接时，连接部分可有不同的形式，如图 5-14 所示。其中图 5-14（a）所示的结构简单，但局部刚度差，为提高局部刚度，可采用图 5-14

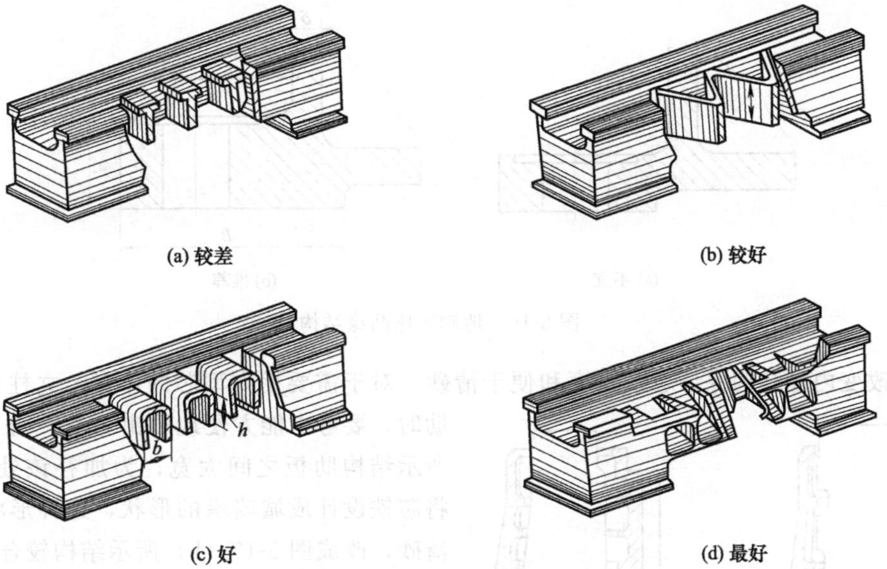

(a) 较差　(b) 较好　(c) 好　(d) 最好

图 5-13　机床床身隔板形式

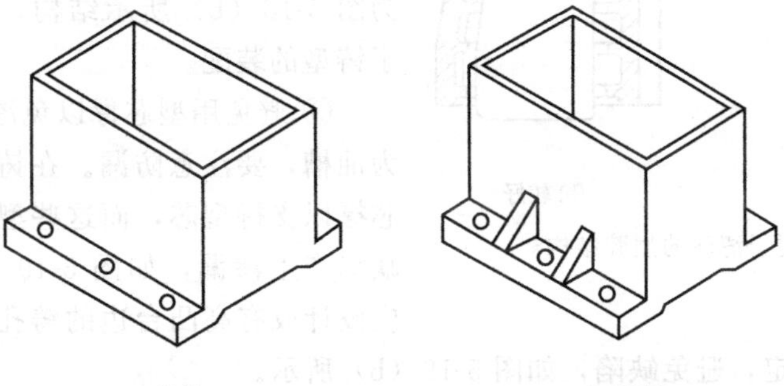

(a) 较差　(b) 较好

图 5-14　提高螺栓连接处局部刚度

（b）所示的结构形式。

b. 提高导轨连接处局部刚度　图 5-15（a）所示为龙门刨床床身，其中 V 形导轨处的局部刚度低，若改为图 5-15（b）所示的结构，即加一纵向肋板，则刚度得到提高。

c. 提高地脚底座局部刚度　图 5-16 所示为减速器地脚底座，用螺栓将底座固定在基础上。图 5-16（a）所示地脚底座局部刚度不足。设计时应保证底座凸缘有足够的刚度，为此，图 5-16（b）中相关尺寸 $C_1$、$C_2$、$B$、$H$ 等应按标准选取，不可随意确定。

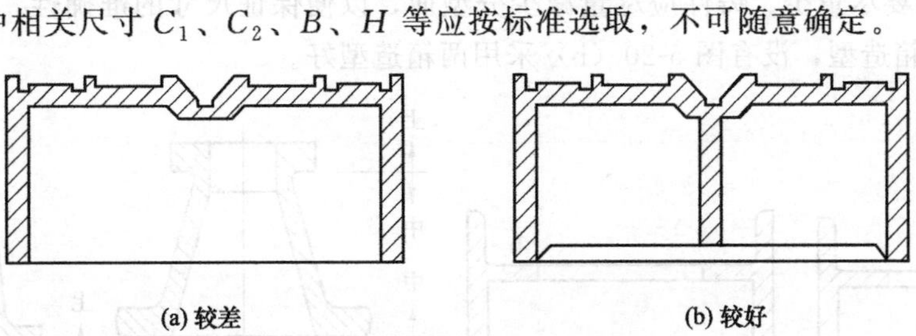

(a) 较差　(b) 较好

图 5-15　提高导轨连接处局部刚度

（3）考虑机架铸造工艺性

为了便于制造和降低成本，机座和箱体应具有良好的铸造工艺性。

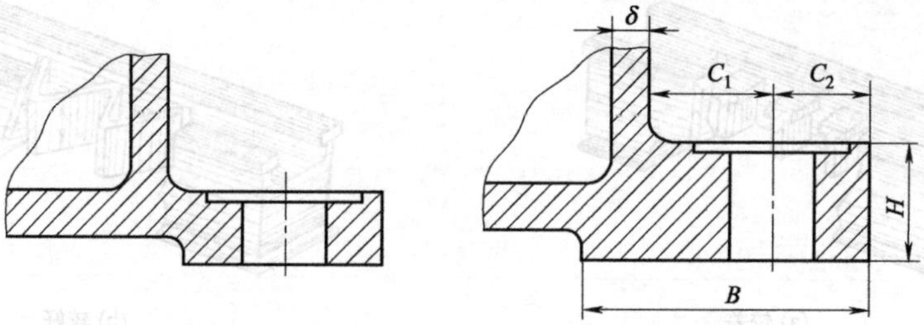


(a) 不宜　　(b) 推荐

图 5-16　地脚底座凸缘结构

① 改变内腔结构保证芯铁强度和便于清砂　对于需要用大型芯的床身、立柱等，在布肋时，要考虑能方便地取出芯铁。图 5-17（a）所示结构肋板之间太宽，为加补该处的强度，将芯铁设计成城墙垛的形状，这种形状不便于清砂，改成图 5-17（b）所示结构较合理。

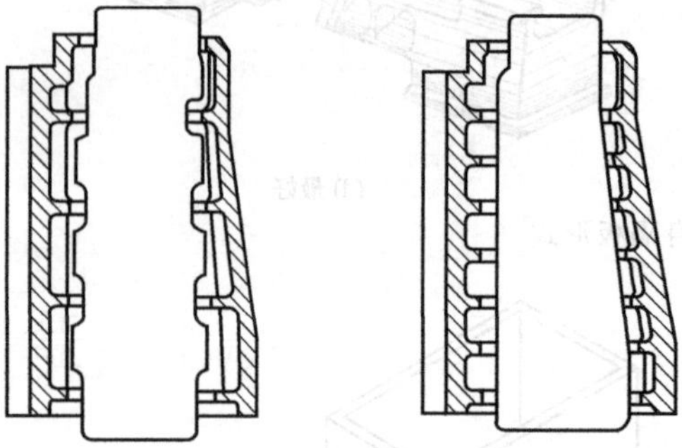

(a) 较差　　(b) 较好

图 5-17　便于清砂的型腔结构

② 改进结构省去型芯　将图 5-18（a）改为图 5-18（b）所示结构，省去了型芯，简化了铸型的装配。

③ 避免用型芯撑以免渗漏　有些铸件底部为油槽，要注意防漏。在铸造油槽时，安装型芯撑以支持型芯，而这些型芯撑的部位会引起缺陷产生渗漏，如图 5-19（a）所示。槽底面应设计成有高凸台边的铸孔，而油槽部分的型芯可通过型芯头固定，避免缺陷，如图 5-19（b）所示。

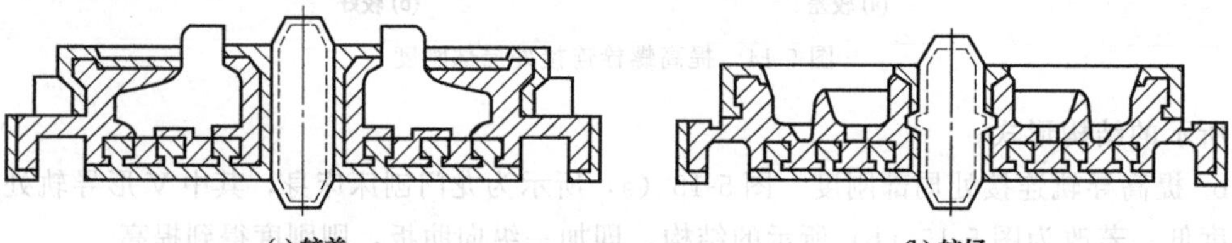

(a) 较差　　(b) 较好

图 5-18　省去型芯结构的设计

④ 分型面要尽量少　铸件应尽量减少分型面，以便保证尺寸的准确性，如图 5-20（a）所示，采用三箱造型，没有图 5-20（b）采用两箱造型好。

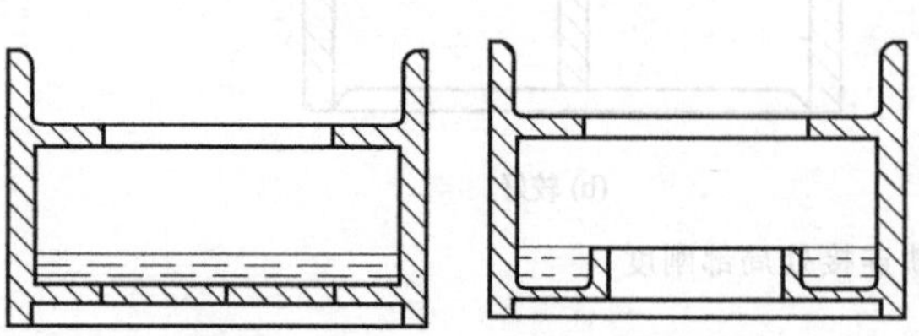

(a) 较差　　(b) 较好

图 5-19　防止渗漏的结构

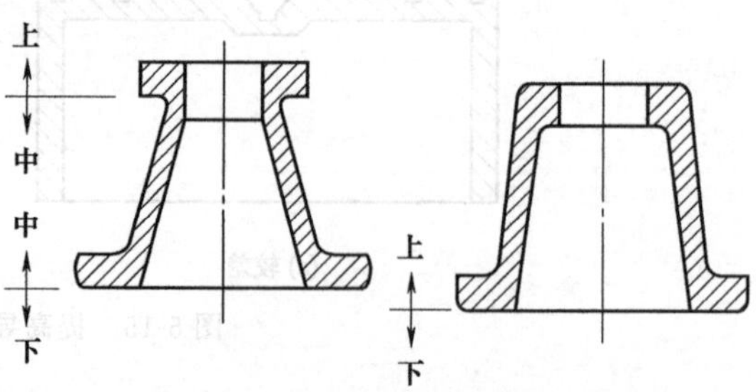


(a) 较差　　(b) 较好

图 5-20　分型面尽量少

⑤ 加强肋位于造型面利于出模　加强肋的结构设计应合理，图 5-21（a）中加强肋的位置不利于出模，而图 5-21（b）中加强肋位于造型面上，利用出模。

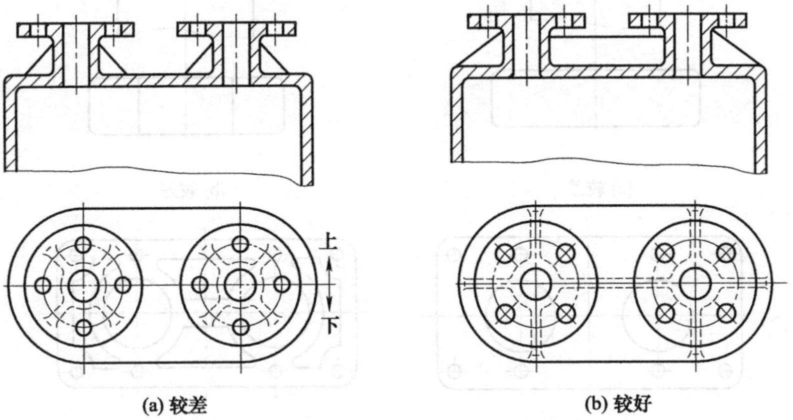


图 5-21　加强肋位于造型面利于出模

⑥ 防止铸件冷却变形　为消除金属冷却时的变形和提高加工机架时的刚度，可在门形机架的两腿之间加横向连接肋，加工后将该肋去除，如图 5-22 所示。

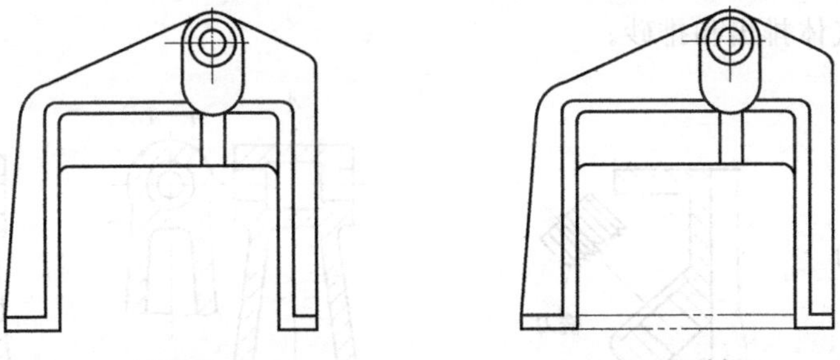


图 5-22　门形机架防冷却变形结构

（4）考虑机架机械加工工艺性

① 避免在斜面上钻孔　如图 5-23（a）所示，在斜面上钻孔，不但位置不准确，而且容易损伤刀具，应尽量避免，可用改变孔的位置或改变零件表面形状使零件表面与孔中心线垂直来解决，如图 5-23（b）、（c）所示。

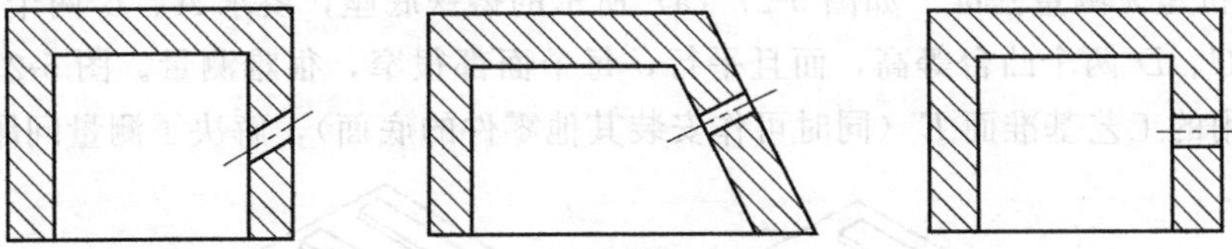


图 5-23　避免在斜面上钻孔

② 减少机械加工的面积　如图 5-24 所示的机座底面，图 5-24（a）、（c）加工面积大，图 5-24（b）、（d）较好。

③ 应保证加工面能够方便加工　如图 5-25（a）所示，刀具与机座凸缘干涉，无法加工沉头孔，图 5-25（b）设计是正确的。

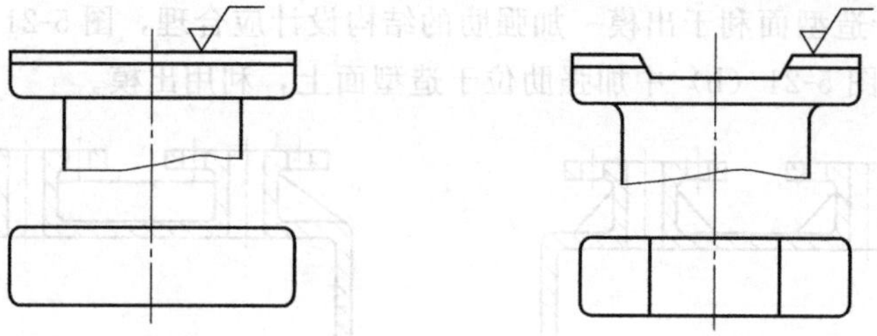

(a) 较差　(b) 较好

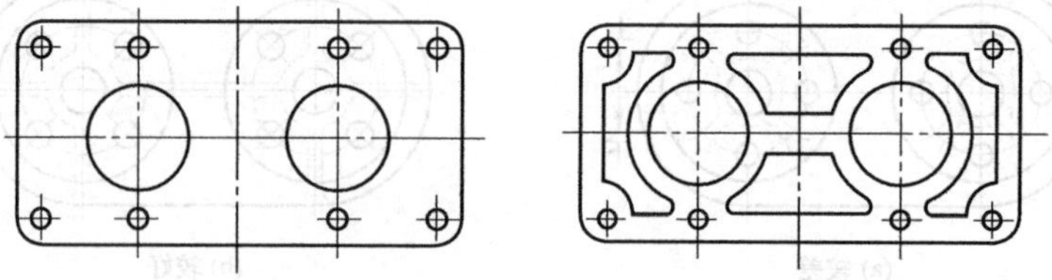

(c) 较差　(d) 较好

图 5-24　机座底面结构形式

④ 开设工艺孔利于排气与排砂　图 5-26（a）所示结构不利于型芯中的气体排出和排砂。图 5-26（b）中在铸件上开设一工艺孔，不影响使用性能，改善了型芯的固定情况，更有利于型芯中的气体排出和排砂。

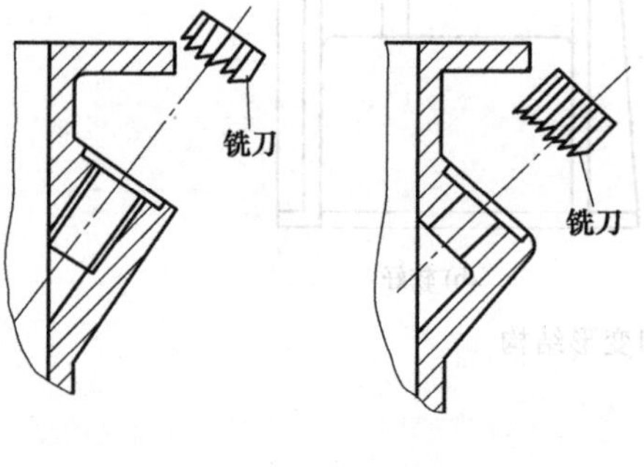


(a) 不宜　(b) 推荐

图 5-25　应保证加工面能够方便加工

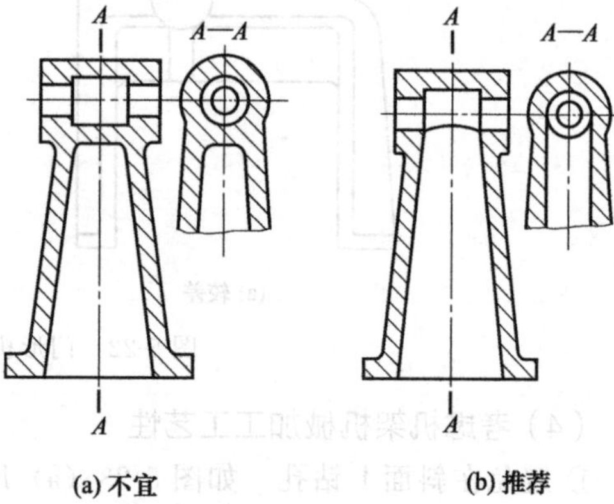


(a) 不宜　(b) 推荐

图 5-26　开设工艺孔利于排气与排砂

⑤ 避免机座无测量基准　如图 5-27（a）所示的铸铁底座，要求 *A*、*B* 两个凸台表面平行，并要求 *C*、*D* 两个凸台等高，而且平行，每个面都很窄，很难测量。图 5-27（b）增加了一个测量用的工艺基准面 *E*（同时可作安装其他零件的底面），解决了测量问题。

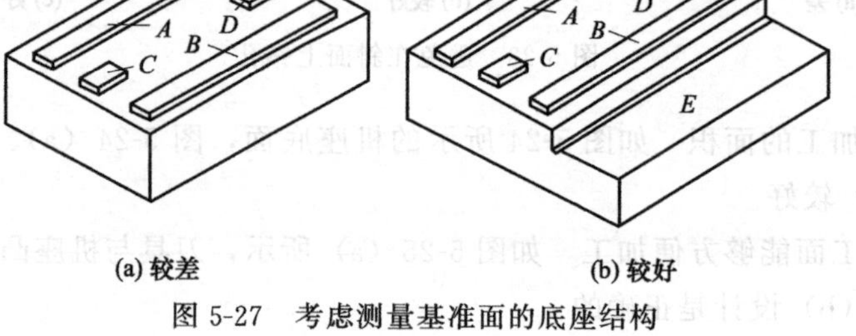


(a) 较差　(b) 较好

图 5-27　考虑测量基准面的底座结构

⑥ 避免加工中多次固定　在加工机械零件的不同表面时，应避免多次装夹，希望能在一次固定中加工尽可能多的零件表面。这样，不但可以节约加工时间，而且可以提高加工精度。如图 5-28（a）所示的机座，在加工孔的端面后，要将零件转过 90°才能加工地脚螺栓凸台面。可改成如图 5-28（b）所示结构，在一次加工中完成。

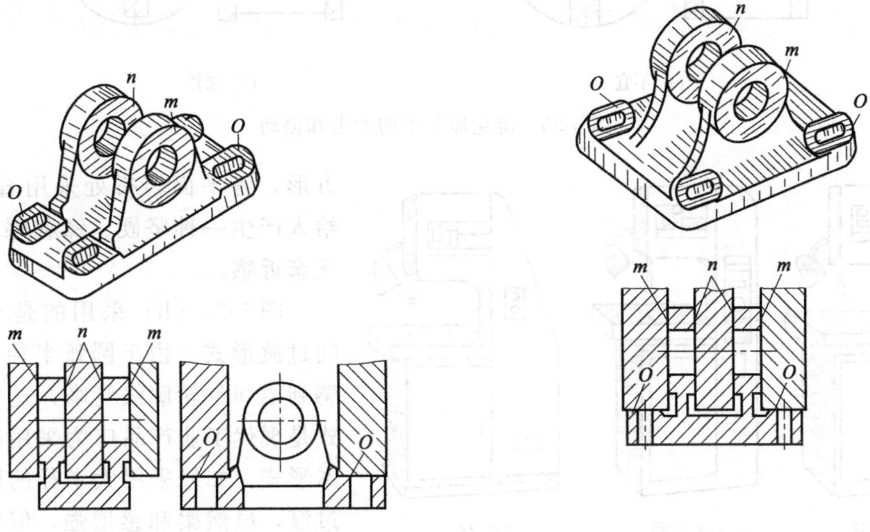


(a) 较差　　(b) 较好

图 5-28　避免加工中多次固定

⑦ 考虑加工时的刚度与刀具的寿命

a. 导轨的机架加工应有足够的刚度　如图 5-29（a）所示，导轨刚度不足，加工时会变形，既影响加工精度，又影响刀具寿命。图 5-29（b）所示为合理的结构。

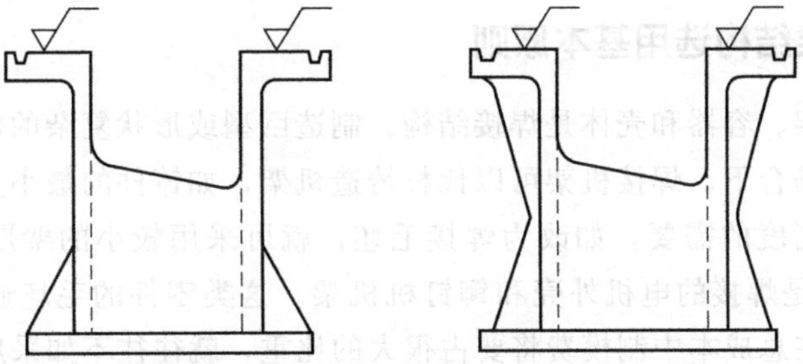

(a) 较差　　(b) 较好

图 5-29　导轨的机架加工应有足够的刚度

b. 避免加工中的冲击和振动　车、磨等工艺是连续切削，工作中没有振动，易得到光洁表面。但如设计结构不当，会产生不连续的切削，因而产生振动，不但影响加工质量，而且降低刀具寿命。如图 5-30（a）所示的肋在车削外圆时即产生冲击、振动。如图 5-30（b）所示，降低肋的高度，可避免加工时的冲击和振动。

（5）采用经济、美观、实用的机体造型

现代工业产品对造型的要求是：在满足性能的前提下，把技术与艺术有机结合起来，创造实用、美观、经济的外形。图 5-31 所示为机床的三种几何造型，图 5-31（a）机体采用长

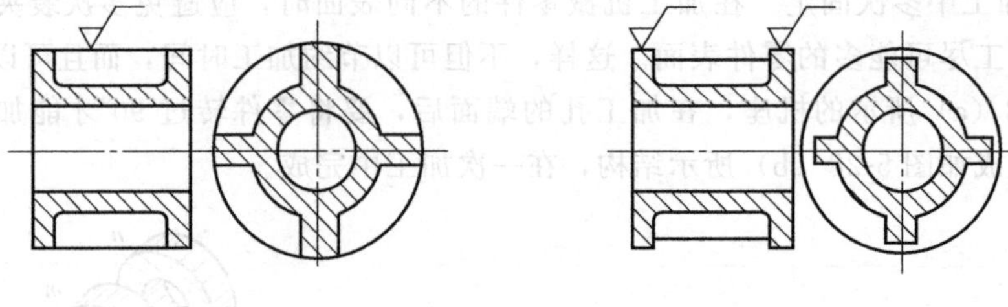

(a) 不宜　　(b) 推荐

图 5-30　避免加工中的冲击和振动

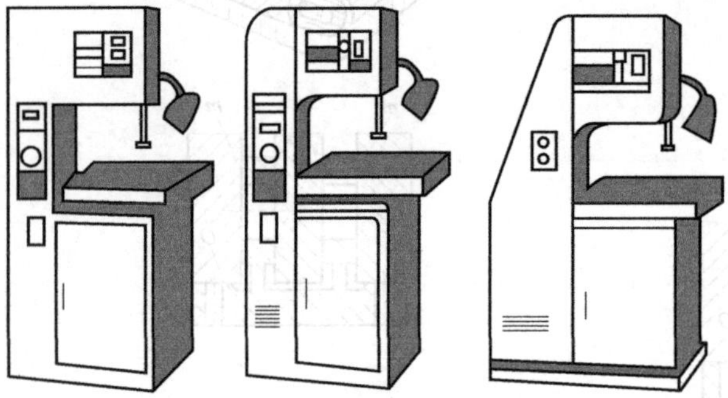

(a) 较差　　(b) 较好　　(c) 好

图 5-31　机床造型

方形，各平面转折处采用直线过渡，给人产生一种坚硬、锋利感，但却缺乏亲近感。

图 5-31（b）采用的是小圆弧面间过渡形式，由于圆弧半径小，使人感到柔和且轮廓线清晰，这种过渡形式是现代工业产品广为采用的一种基本形式。如果采用大半径的圆弧面来过渡，虽然柔和感增强，但轮廓线易模糊、不肯定，会使人产生臃肿和绵软乏力的感觉。

图 5-31（c）采用的是斜面过渡形式，过渡斜面的大小可视具体产品而定，产品的立体修棱和倒角都属斜面过渡的范畴，简单而明快，给人以轻松、舒适、亲近的感觉，它既能满足工艺要求，也能达到审美的目的。

## 5.2.3　焊接机架结构选用基本原则

有很多金属构架、容器和壳体是焊接结构。制造巨型或形状复杂的机架用分开制造再焊接的方法。在很多场合下，焊接机架可以代替铸造机架，如铸件的最小壁厚受铸造工艺的限制，常大于强度和刚度的需要，如改为焊接毛坯，就可采用较小的壁厚，重量可平均降低30%。图 5-32 所示是焊接的电机外壳和铆钉机机架。这类零件的毛坯通常是铸造的，但如果生产批量很小，在总成本中制模费将要占很大的比重，就往往不如采用焊接毛坯经济。下面对焊接机架设计中的基本问题进行说明。

（1）选用原则

① 材料可焊性　焊接机架要考虑材料的可焊性，可焊性差的材料会造成焊接困难，使焊缝可焊性降低。

② 合理布置焊缝　焊缝应置于低应力区，以获得大的承载能力；还要减小焊缝应力集中和变形，焊缝尽量对称布置，最好至中性轴距离相等；尽量减少焊缝数量和尺寸，并使焊缝尽量短；焊缝不要布置在加工面和要处理的部位。

③ 提高抗振能力　由于普通钢材的吸振能力低于铸铁，所以对于抗振能力高的焊接件要采取抗振措施，可以利用板间的摩擦力来吸振或利用填充物吸振。

④ 合理选择截面、合理布置肋　以提高焊接件的刚度和固有频率，防止出现翘曲和

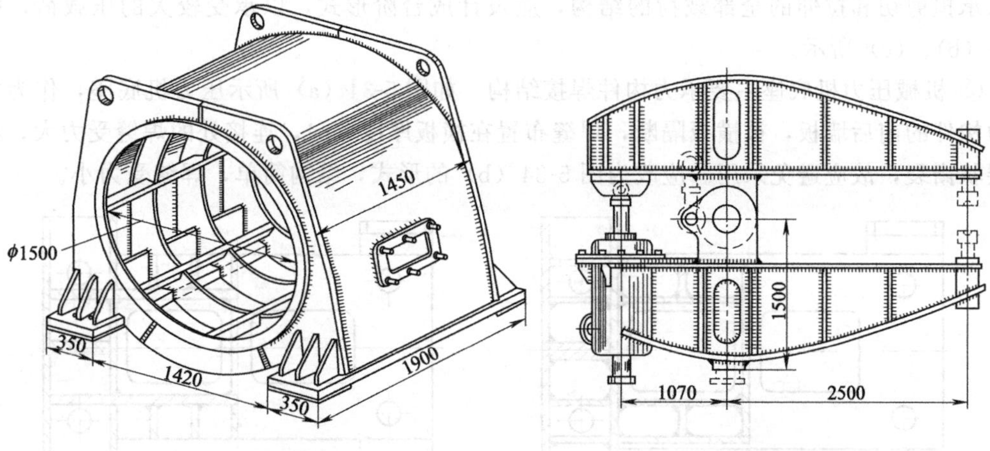


(a) 电机外壳　　(b) 铆钉机机架

图 5-32　焊接的电机外壳和铆钉机机架

共振。

⑤ 合理选取壁厚　钢板焊接机架的壁厚，应主要按刚度（尤其是振动刚度）要求确定，焊接壁厚应为相应铸件壁厚的 2/3～4/5。

⑥ 提高焊缝抗疲劳能力及抗脆断能力　减少应力集中，尽量采用对接接头；减少或消除焊接残余应力；减小结构刚度，以降低应力集中和附加应力的影响；调整残余应力场。

⑦ 坯料选择的经济性　尽可能选标准型材、板材、棒料，减少加工用量。

⑧ 操作方便　避免仰焊缝，减少立焊缝，尽量采用自动焊接，减少手工焊接。

（2）焊缝尺寸的确定

焊缝尺寸一般按以下原则确定：按焊缝的工作应力；按等强度原则；按刚度条件。

由于焊接机床的床身、立柱、横梁和箱体等一般按刚度设计，故焊缝尺寸宜采用后一种方法。

按刚度条件选择角焊缝尺寸的经验做法是：根据被焊钢板中较薄的钢板强度的 33%、50%和 100%作为焊缝强度来确定焊缝尺寸。其焊角尺寸 $K$ 为：100%强度焊缝，$K=3/4\delta$；50%强度焊缝，$K=3/8\delta$；33%强度焊缝，$K=1/4\delta$（$\delta$ 为较薄钢板的厚度）。

## 5.2.4　焊接机架结构选用技巧

（1）机架受力应合理

① 丝杠座宜受压力　如图 5-33（a）所示为承受大的压载荷的丝杠座，不宜采用仅由焊

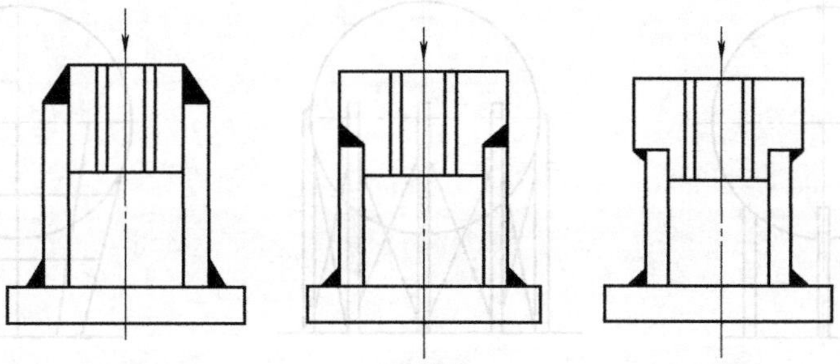

(a) 较差　　(b) 较好　　(c) 较好

图 5-33　丝杠座焊接结构宜受压力

缝来承担剪切和拉伸的全部载荷的结构，应设计成台阶形式，以承受较大的压载荷，如图5-33（b）、（c）所示。

② 机械压力机底座主要承力构件焊接结构　如图5-34（a）所示压力机底座，作为主要承力构件的前后墙板，被横板隔断，焊缝布置在横板厚度方向，连接处的焊缝受力大，易产生层状撕裂，故应避免采用。应改为图5-34（b）的形式，结构简单，焊缝受力小。

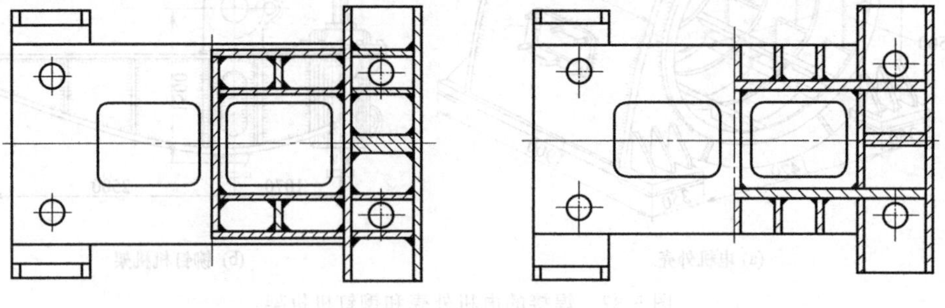

(a) 较差　　(b) 较好

图5-34　机械压力机底座

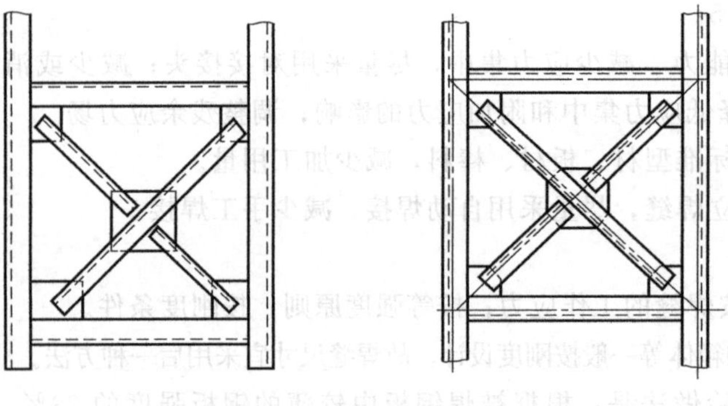

(a) 较差　　(b) 较好

图5-35　桁架结构设计

③ 桁架结构设计要注意构件惯性中心　桁架结构均按节点受力计算，构件只受拉力或压力，并以强度和压杆稳定性选取杆件断面。理论计算均是以杆件的惯性中心线为基础的。图5-35（a）的设计没有考虑这一设计原则，中心杆受偏心载荷，当压力过大时容易失去稳定，而且所有的连接板在连接处均有尖角，焊接时产生较大的应力集中，易使焊缝开裂，应改为图5-35（b）所示结构，注意到构件的惯性中心线，杆件不受偏心载荷，而且连接板无尖角，避免了焊接应力集中。

④ 球形罐的支承　球形罐的体积和重量都很大，在底部支承将使壳体受到很大的局部压力，而失去稳定性，如图5-36（a）所示。应改成如图5-36（b）、（c）所示，支承在中部。

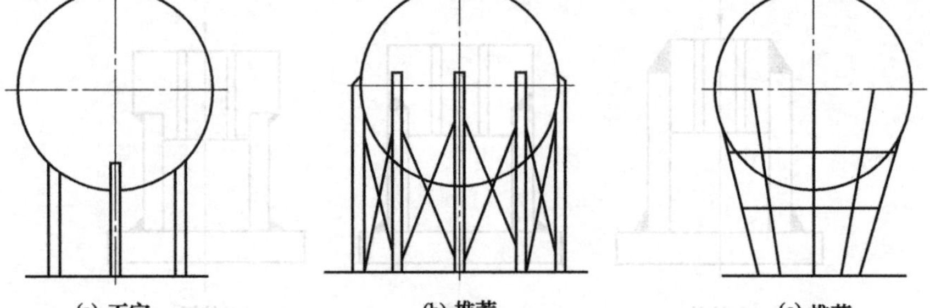

(a) 不宜　　(b) 推荐　　(c) 推荐

图5-36　球形罐的支承

⑤ 圆锥形容器的支承　当圆锥形容器上部有旋转机器时，支架如果采用如图 5-37（a）所示形式，材料消耗较大，特别是对于较高的支架，承受机器产生的扭矩能力差，图 5-37（b）、（c）两种形式材料较为节省，能承受较大扭矩。

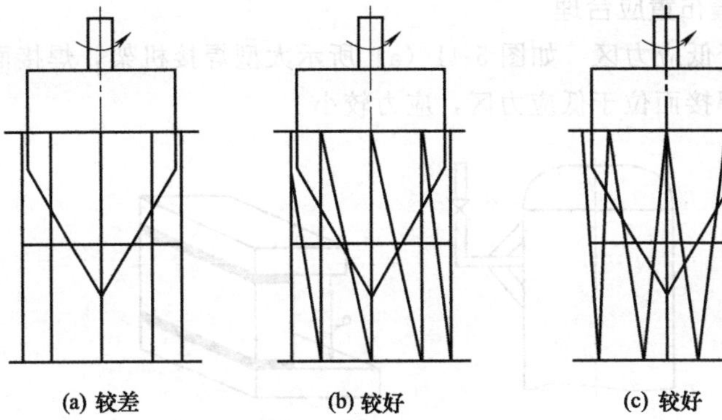


图 5-37　圆锥形容器的支承

⑥ 容器支脚、流体进出管结构设计

a. 压力容器上焊接机架慎防壳体龟裂　如图 5-38（a）所示在压力容器上焊接机架并安装机械，由于机械产生振动，在压力容器壳体焊接部位容易产生龟裂。图 5-38（b）所示结构在机架的安装及支脚处使用了垫板，为合理的结构。

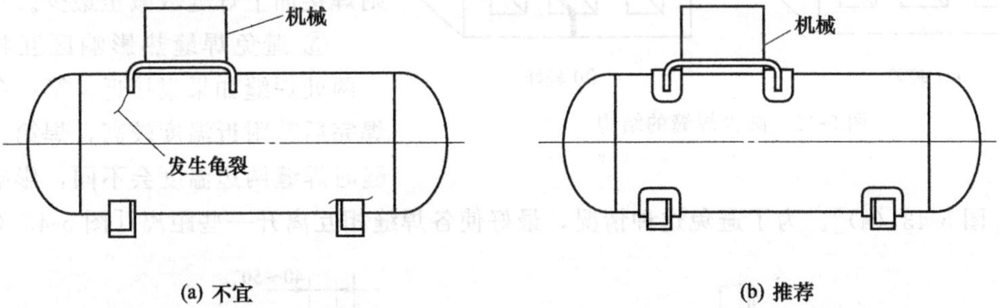


图 5-38　容器上安装机械应加垫板

b. 容器支脚等处的垫板应设圆角　如图 5-39（a）所示的立式压力容器，因其支脚处的垫板没有圆角，焊接时四角产生的应力集中过大，产生龟裂。如图 5-39（b）所示，垫板设有圆角，是正确的结构。

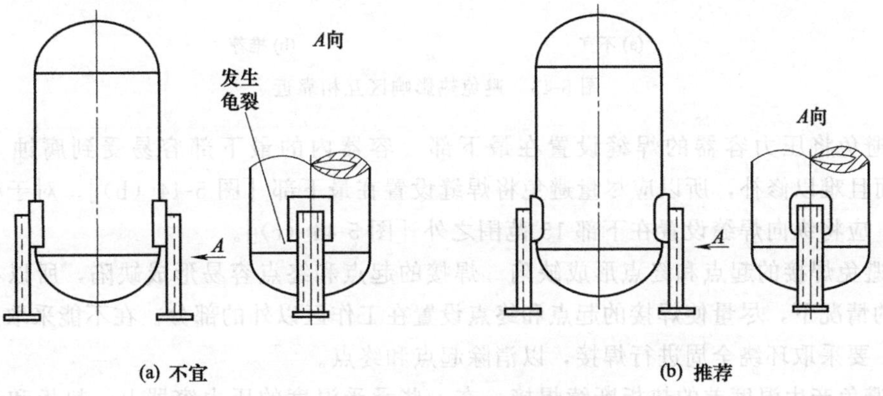


图 5-39　容器支脚垫板应设圆角

c. 避免在容器上有振动的部位焊接细管　在受振动的容器上或在容器之间直接焊接细管，如图 5-40（a）所示，其连接根部容易受到过量载荷。如果必须采用这种结构，则必须要加强连接根部，避免载荷过分集中，如图 5-40（b）所示。

（2）机架的焊缝布置应合理

① 焊接面应置于低应力区　如图 5-41（a）所示大型焊接机架，焊接面应力较大。而图 5-41（b）所示结构焊接面位于低应力区，应力较小。

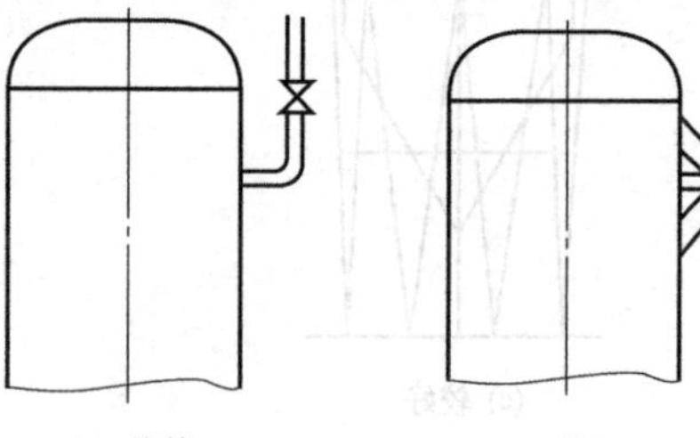

(a) 较差　(b) 较好

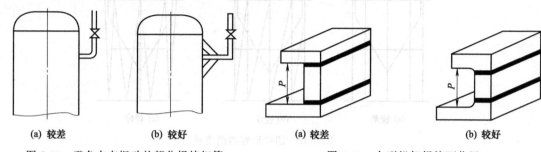

图 5-40　避免在有振动的部分焊接细管

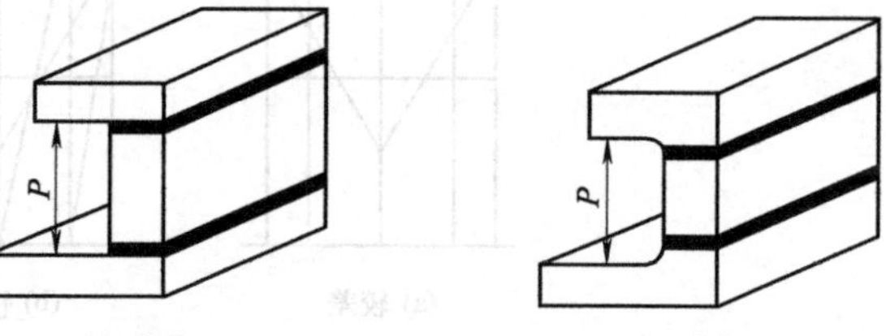


(a) 较差　(b) 较好

图 5-41　大型机架焊接面位置

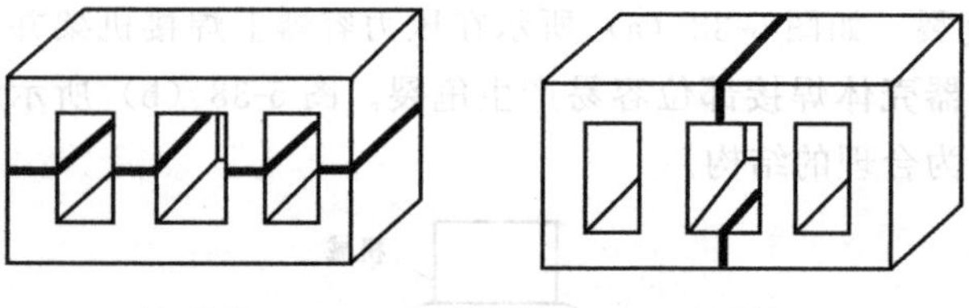

(a) 较差　(b) 较好

图 5-42　减少焊缝的结构

② 力求减少焊缝　如图 5-42（a）所示的结构，焊接面上的焊缝较多，可改为图 5-42（b）所示形式，则焊接面上焊缝数减至最少。

③ 避免焊缝热影响区互相靠近　两处焊缝如果很接近，第一条焊缝焊完后其附近温度较高，焊第二条焊缝时焊缝两边温度会不同，影响焊接质量［图 5-43（a）］。为了避免这种情况，最好使各焊缝相互离开一些距离［图 5-43（b）］。

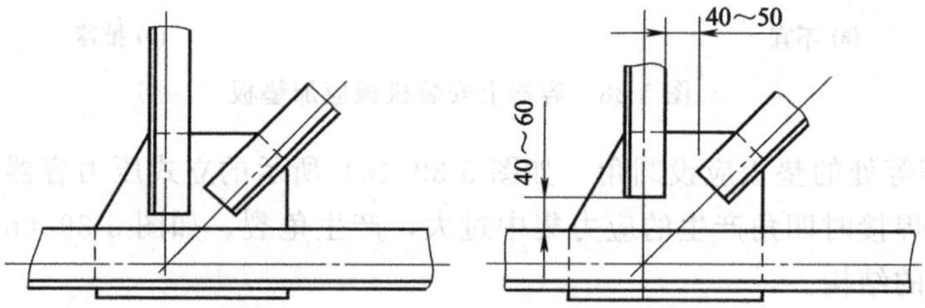


(a) 不宜　(b) 推荐

图 5-43　避免热影响区互相靠近

④ 避免将压力容器的焊缝设置在最下部　容器内的最下部容易受到腐蚀［图 5-44（a）］，而且难以修补，所以应尽量避免将焊缝设置在最下部［图 5-44（b）］。对于横置的圆筒容器，应将纵向焊缝设置在下部 15°范围之外［图 5-44（c）］。

⑤ 避免焊接的起点和终点形成缺陷　焊接的起点和终点容易形成缺陷，所以在不允许有缺陷的情况下，尽量使焊接的起点和终点设置在工作区以外的部分。在不能采取这种方法的场合，要采取环绕全周进行焊接，以消除起点和终点。

⑥ 避免产生温度差的垫板断续焊接　在一些承受温度的压力容器上，垫板和壳体之间

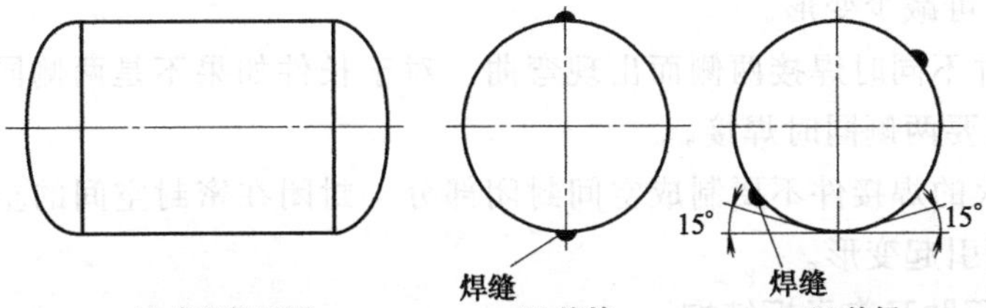

(a) 容器轴面图　(b) 较差　(c) 较好

图 5-44　避免将压力容器的焊缝设置在最下部

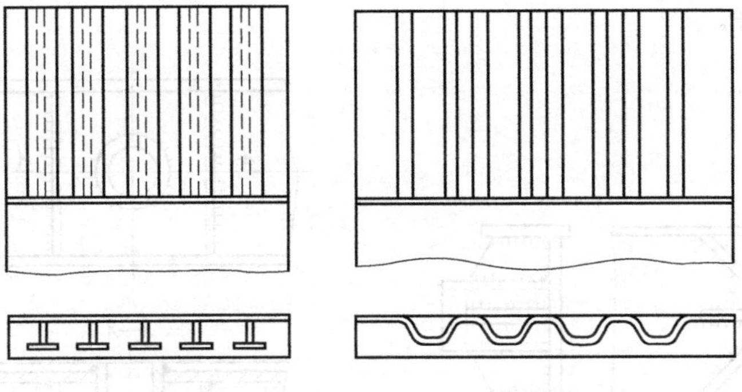
(a) 较差　(b) 较好

图 5-45　防止薄板结构变形

有温度差，如果用断续焊接将垫板焊接在壳体上，则在焊接条件最差的起点和终点处产生拉伸应力而容易产生裂纹。对于这种情况，垫板要采用全周连续焊接。

（3）避免焊接机架发生较大变形

① 防止薄板结构变形　图 5-45（a）所示的薄板结构采用肋板焊接，不如图 5-45（b）所示压型结构焊接。压型结构焊接对防止薄板结构的变形更有效。

② 焊缝应对称于构件截面中性轴以减少焊接变形　如图 5-46（a）所示，焊缝集中在截面中性轴下方，焊接变形较大，图 5-46（b）所示结构焊缝在中性轴上、下均有，可以减少变形，结构比较合理。

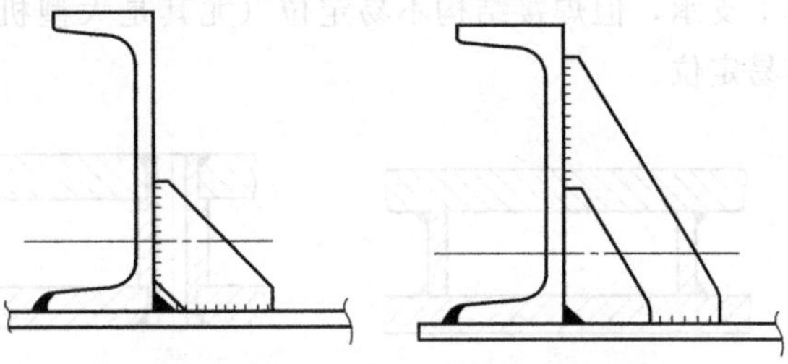
(a) 较差　(b) 较好

图 5-46　焊缝应对称于构件截面中性轴

③ 焊缝聚集在一起焊接件变形大　如图 5-47（a）所示，焊缝聚集在一起焊接件容易产生变形。改成图 5-47（b）的形式，将

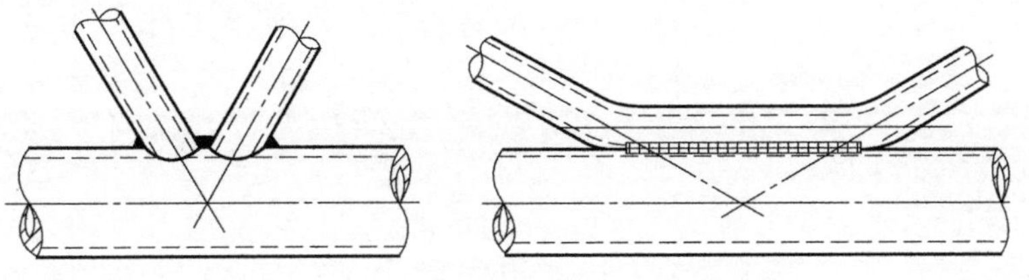
(a) 较差　(b) 较好

图 5-47　避免焊缝聚集在一起

焊缝连成一条线，可减少变形。

④ 避免对长件不同时焊接两侧而出现弯曲　对于长件如果不是两侧同时进行焊接，就会出现弯曲，所以要两侧同时焊接。

⑤ 要进行退火的焊接件不要制成空间封闭部分　封闭在密封空间的空气，会由于退火时受热膨胀，从而引起变形。

（4）合理选用肋及支承板结构

① 合理选择加强肋的形状和位置　合理选择加强肋的形状，适当安排肋板的位置，可以减少焊缝，提高肋板加固的效果。图 5-48（a）所示的肋板结构虽密集，但效果并没有图 5-48（b）所示的好。

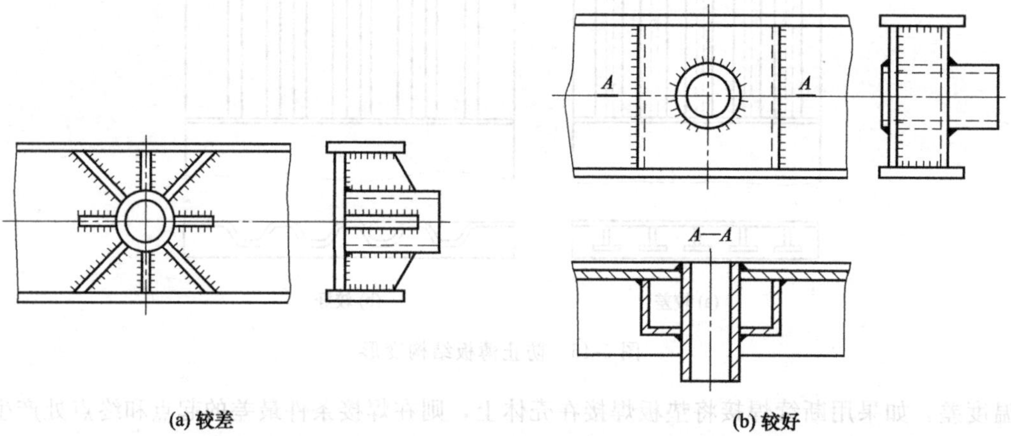


图 5-48　合理选择加强肋的形状和位置

② 双板式结构中板间支承应容易定位　如图 5-49（a）所示的双板式结构中，两板间需焊上支承，但焊接结构不易定位（尤其是大型机架），可改为图 5-49（b）、（c）结构形式，容易定位。

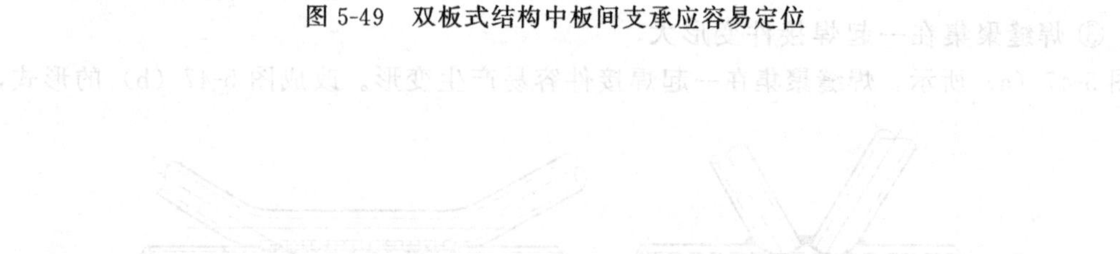

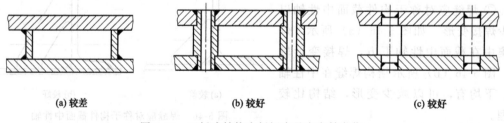


图 5-49　双板式结构中板间支承应容易定位

# 第6章 其他常用机构选用技巧

## 6.1 棘轮机构选用技巧

### 6.1.1 棘轮机构形式、特点与应用

按照结构特点，常用棘轮机构可分为齿式与摩擦式两大类，图 6-1 所示为齿式，图 6-2 为摩擦式。

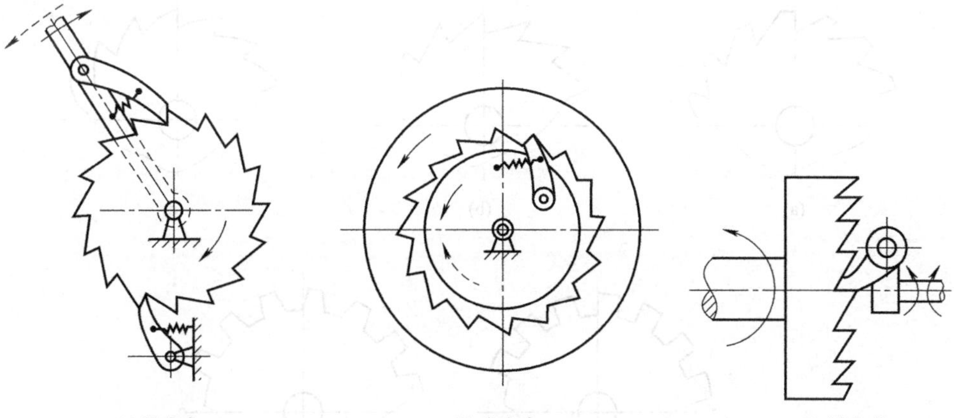

(a) 外齿式　　(b) 内齿式　　(c) 端齿式

图 6-1　齿式棘轮机构

齿式棘轮机构结构简单，易于制造，运动可靠，棘轮转角容易实现有级调整，但棘爪在齿面滑过引起噪声与冲击，在高速时就更为严重，所以齿式棘轮机构经常在低速、轻载的场合用作间歇运动控制。

摩擦式棘轮机构传递运动较平稳，无噪声，从动件的转角可做无级调整。其缺点是难以避免打滑现象，因此运动的准确性较差，不适合用于精确传递运动的场合。

两种形式棘轮机构的特点及应用对比列于表 6-1 中。

### 6.1.2 棘轮齿形的选择

（1）棘轮齿形类型

棘轮的齿形如图 6-3 所示，图 6-3（a）为最常见的不对称梯形齿形，齿面是沿径向线方

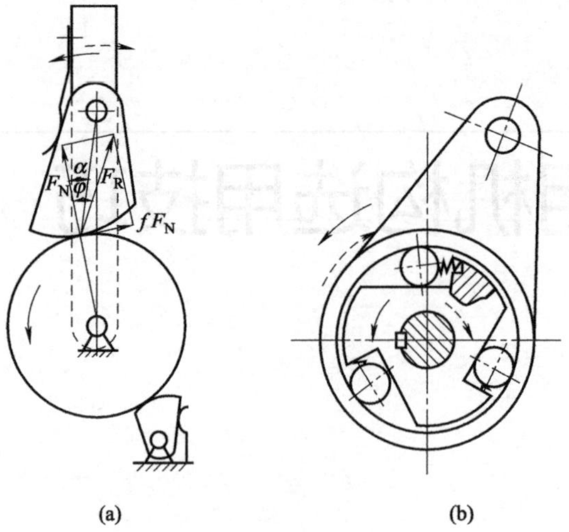


图 6-2 摩擦式棘轮机构

表 6-1 齿式与摩擦式棘轮机构特点及应用对比

| 特点及应用＼类型 | 齿式 | 摩擦式 |
|---|---|---|
| 结构、制造 | 较简单 | 较复杂 |
| 转角调整 | 有级调整 | 无级调整 |
| 平稳性 | 较差 | 较好 |
| 噪声 | 较大 | 较小 |
| 工作可靠性 | 可靠 | 不可靠 |
| 传递运动准确性 | 较准确 | 有误差(打滑) |
| 适用场合 | 低速、轻载 | 速度较高、载荷较大 |
| 不适用场合 | 高速、有冲击场合 | 要求精确运动场合 |

向，其轮齿的非工作齿面可制成直线形或圆弧形，因此齿厚加大，使轮齿强度提高。

图 6-3 (b) 为棘轮常用的三角形齿，齿面沿径向线方向，其工作面的齿背无倾角。另外还有三角形齿形的齿面具有倾角 $\theta$ 的齿形（见图 6-4），一般 $\theta=15^\circ\sim20^\circ$。三角形齿形非工作面可制成直线形［图 6-3 (b)］和圆弧形［图 6-3 (c)］。

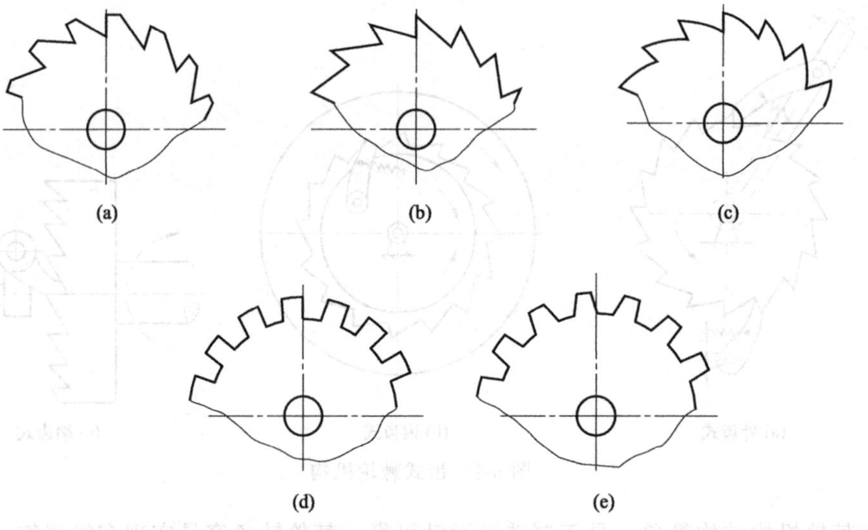


图 6-3 棘轮的齿形

图 6-3 (d) 为矩形齿齿形。矩形齿齿形双向对称，同样对称的还有梯形齿齿形［图 6-3 (e)］。

(2) 棘轮齿形的选取

设计棘轮机构在选择齿形时，要根据各种齿形的特点。单向驱动的棘轮机构一般采用不对称齿形，而不能选用对称齿形。

当棘轮机构承受载荷不大时，可采用三角形齿形。具有倾角的三角形齿形工作时能使棘爪顺利进入棘齿齿槽且不容易脱出，机构工作更为可靠。

双向式棘轮机构由于需双向驱动，因此常采用矩形齿齿形或对称梯形齿齿形作为棘轮的齿形，而不能选用不对称齿形。

有关齿形选取对比见表 6-2。

**表 6-2　棘轮齿形选取对比**

| 项目＼齿形 | 不对称梯形 | 对称梯形 | 直线三角形 | 圆弧三角形 | 矩形 |
|---|---|---|---|---|---|
| 受力情况 | 较好 | 较好 | 较差 | 较差 | 差 |
| 单向驱动 | 推荐 | 不宜 | 推荐 | 推荐 | 不宜 |
| 双向驱动 | 不宜 | 推荐 | 不宜 | 不宜 | 推荐 |

## 6.1.3　棘轮参数的选取

(1) 棘轮模数和齿数的选取

棘轮的模数和齿数与齿轮类似，棘齿的大小以模数来表示。模数 $m=p/\pi$，其中 $p$ 是棘轮顶圆上两齿之间的弧长。模数用来衡量齿根部的厚度，与抗弯剪强度有关。因此必须由强度计算或类比法确定，必要设计时要进行强度校核，并按标准值选用。

(2) 棘轮的步进角应小于或等于棘爪所在构件的摆角

对于齿式棘轮机构为了使棘爪能顺利啮入棘轮的轮齿，棘爪的位移必须大于棘轮运动角的相应位移。因为当棘爪所在构件推动棘爪从齿顶落入下一个齿槽推爪至齿槽底顶住时，摆杆摆过一个空程角度。当止推棘爪落入棘轮下一个齿槽后，让棘轮后退至槽底被止动爪顶住时，摆杆又摆过一个空程角度。所以在设计摇杆摆角时应考虑棘爪所在构件的摆角应大于棘轮的运动角。棘轮每次转动的运动角称为步进角，即棘轮的步进角应小于或等于棘爪所在构件的摆角。

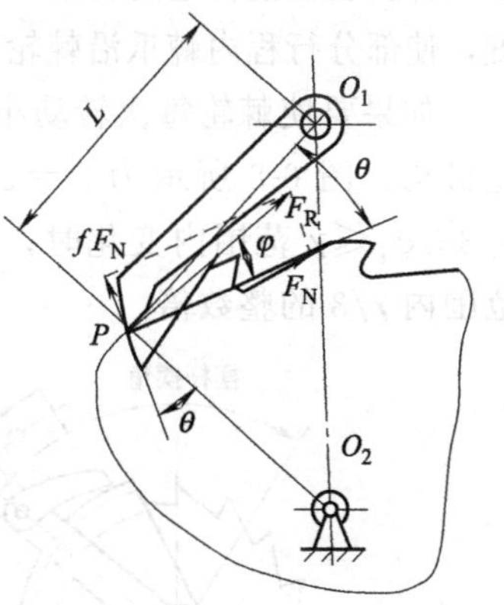

图 6-4　棘轮齿面角 $\theta$ 与摩擦角 $\varphi$

(3) 棘轮齿面角 $\theta$ 应大于摩擦角 $\varphi$

如图 6-4 所示，$\theta$ 为棘轮齿工作齿面与径向线之间的倾角，称为齿面角。当棘爪与棘轮开始在齿顶 $P$ 啮合时，棘轮工作齿面对棘爪的总反力 $F_R$ 相对法向反力 $F_N$ 偏转一个角度 $\varphi$，称为摩擦角。理论分析表明，为使棘爪顺利滑入棘轮齿根并啮紧齿根，则必须使棘轮齿面角 $\theta$ 大于摩擦角 $\varphi$，即 $\theta>\varphi$。

(4) 滚子楔紧式棘轮机构楔紧角 $\beta$ 必须小于 2 倍摩擦角 $\varphi$

理论分析表明，为使滚子楔紧式棘轮机构可靠工作，必须使楔紧角 $\beta$（图 6-5）小于 2 倍摩擦角 $\varphi$。但若 $\beta$ 选择过小，反向运动时滚子将不易退出楔紧状态。

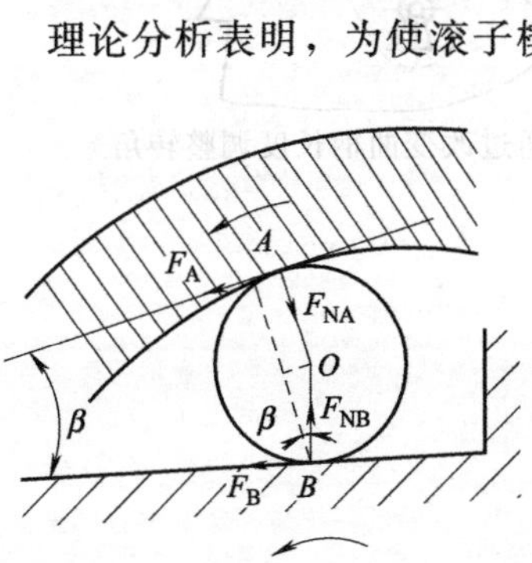

图 6-5　滚子楔紧角 $\beta$

## 6.1.4　棘轮转角的调节方法

棘爪往复一次推动棘轮的齿数和转角 $\theta$ 的关系为 $\theta=360°k/z$，式中 $k$ 为棘爪往复一次推过的齿数，$z$ 为棘轮齿数。

机械传动中，通常需要根据不同要求在一定范围内调节棘轮转角，其调节方法有以下两种。

（1）改变摆杆摆角

如图 6-6 所示，是通过改变滑块 $B$ 的位置来改变摇杆摆角的大小，从而实现棘轮机构转角大小的调节。

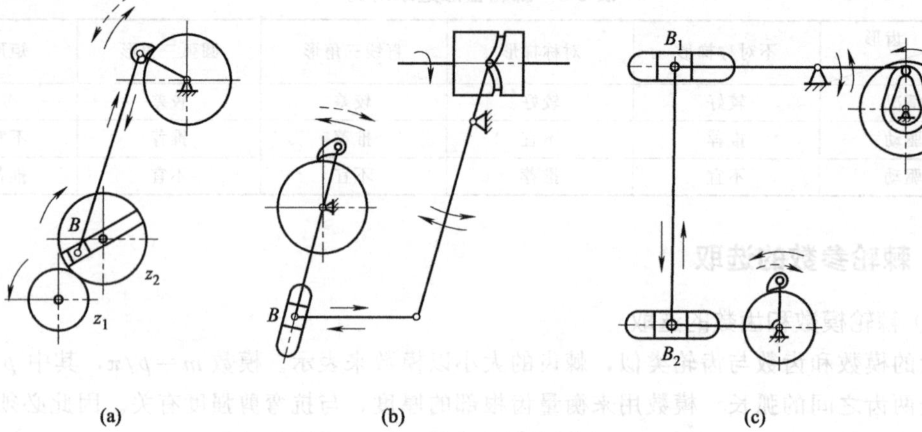


图 6-6　用改变摆杆摆角的方法调节棘轮转角

（2）改变棘爪每次拨过的齿数

棘轮的转角如果需要调整，受到空间的限制，不能盲目加大棘轮的尺寸。对于由连杆机构驱动并安装在摇杆上的棘爪，常采用棘轮罩来调节棘轮的转角。如图 6-7 所示，改变棘轮罩位置，使部分行程内棘爪沿棘轮罩表面滑过，不与棘轮轮齿接触，从而改变棘轮转角大小。

如果要使棘轮每次转动小于一个轮齿所对的中心角 $\gamma$ 时，可采用棘爪数为 $n$ 的多爪棘轮机构。图 6-8 所示为 $n=3$ 的棘轮机构，三棘爪位置依次错开 $\gamma/3$，当摆杆转角 $\varphi_1$ 在 $\gamma/3\leqslant\varphi_1\leqslant\gamma$ 范围内变化时，三棘爪依次落入齿槽，推动棘轮转动相应角度为 $\gamma/3\leqslant\varphi_2\leqslant\gamma$ 范围内 $\gamma/3$ 的整数倍。

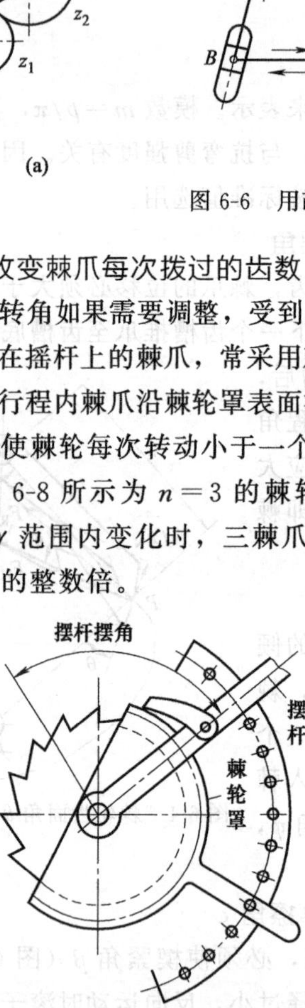


图 6-7　改变棘轮罩位置调整转角

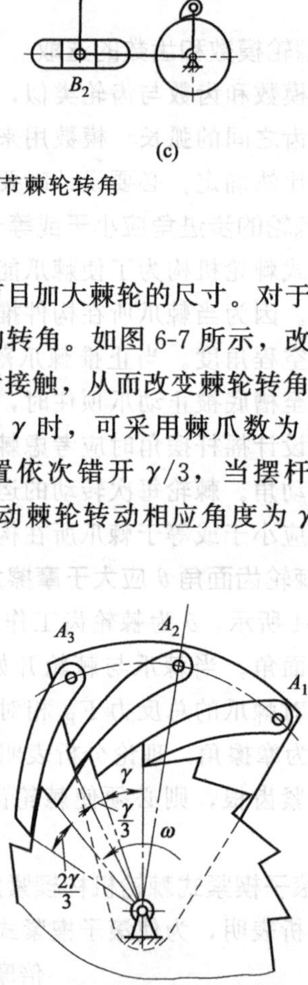


图 6-8　通过改变曲柄长度调整转角

# 6.2　槽轮机构选用技巧

## 6.2.1　槽轮机构形式、特点与应用

（1）常见槽轮机构的类型

常见的槽轮机构有两种类型：一种是如图 6-9 所示的外啮合槽轮机构，其主动拨盘与从

动槽轮转向相反；另一种是如图 6-10 所示的内啮合槽轮机构，其主动拨盘与从动槽轮转向相同。

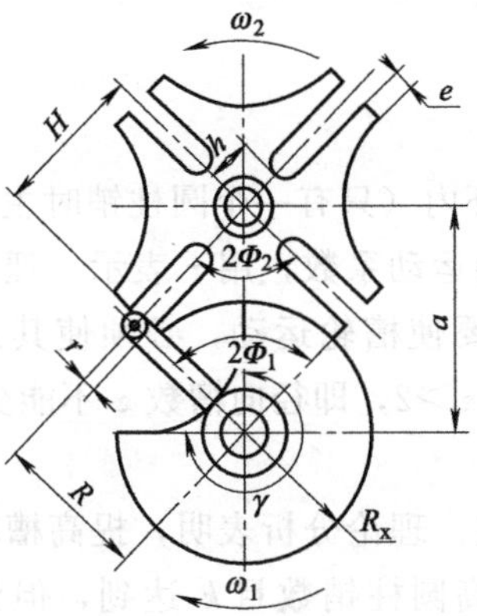


图 6-9　外啮合槽轮机构

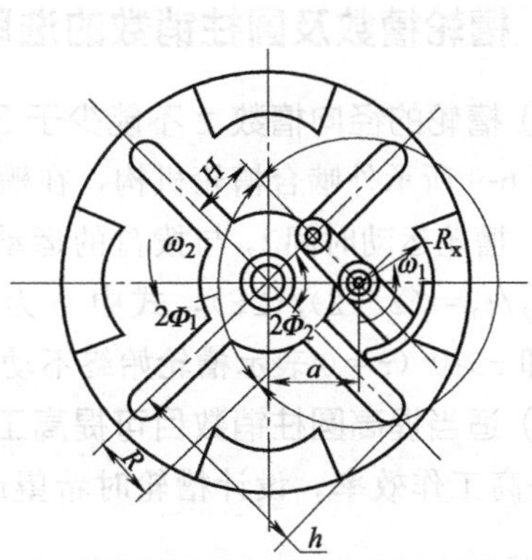


图 6-10　内啮合槽轮机构

外啮合槽轮机构的结构比内啮合槽轮机构简单，所以在实际应用中较为普遍，而当需要主、从动件转向相同、槽轮停歇时间短、机构占用空间小和传动较平稳时，可采用内啮合槽轮。

外啮合与内啮合槽轮机构特点与应用对比见表 6-3。

（2）按尺寸大小选择槽轮结构

尺寸较小的槽轮一般可选用整体式结构，尺寸较大时可选用拼装式。整体式槽轮又有槽盘式和圆盘式两种。

表 6-3　外啮合与内啮合槽轮机构特点与应用对比

| 类型 | 外啮合槽轮机构 | 内啮合槽轮机构 | 类型 | 外啮合槽轮机构 | 内啮合槽轮机构 |
|---|---|---|---|---|---|
| 结构 | 简单 | 较复杂 | 槽轮停歇时间 | 较长 | 较短 |
| 制造费用 | 较低 | 较高 | 传动平稳性 | 较差 | 较好 |
| 占用空间 | 较大 | 较小 | 推荐 | 首选 | 次选 |
| 主动拨盘与从动槽轮转向 | 相反 | 相同 | | | |

槽盘式如图 6-11（a）所示，槽及锁紧圆弧面高度等于盘的厚度，重量小，惯性冲击小，但刚性差，适于轻载场合。

圆盘式如图 6-11（b）所示，盘的厚度大于槽及锁紧圆弧面的高度，重量较前者大，惯性冲击也大，但刚性和承载力有所提高。

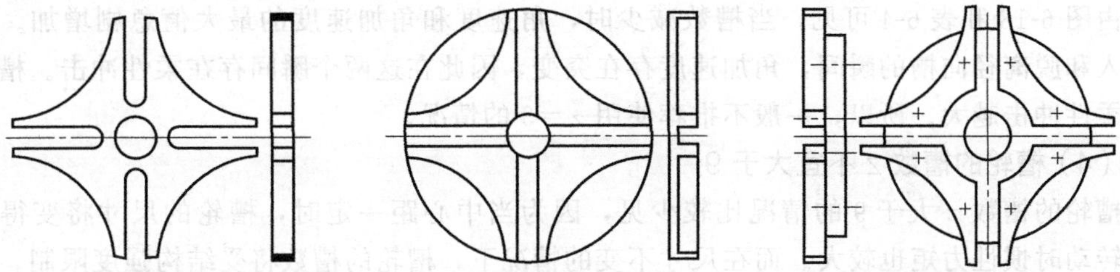

(a) 整体槽盘式　　(b) 整体圆盘式　　(c) 拼装式

图 6-11　槽轮结构

拼装式如图 6-11（c）所示，在圆盘上用螺钉固定着有定位圆弧的扇形板，各板间的位置形成轮槽，较前两种强度与刚度均有所提高，但拼装式定位复杂。

## 6.2.2 槽轮槽数及圆柱销数的选取

（1）槽轮的径向槽数 z 不能少于 3

如图 6-9 所示外啮合槽轮机构，在槽轮的一个运动循环内（只有一个圆柱销时主动拨盘回转一周），槽轮运动时间 $t_2$ 与拨盘的运动时间 $t_1$ 之比称为运动系数，用 $\tau$ 表示。理论分析可得，$\tau=t_2/t_1=(z-2)/(2z)$，式中 $z$ 为槽轮径向槽数。要使槽轮运动，必须使其运动时间 $t_2>0$，即 $\tau>0$（$\tau=0$ 表示槽轮始终不动），故由上式可得 $z>2$，即径向槽数 $z$ 不能少于 3。

（2）适当提高圆柱销数目可提高工作效率

为提高工作效率，设计槽轮时希望运动系数 $\tau$ 大一些。理论分析表明，提高槽轮运动系数 $\tau$ 可通过提高圆柱销数目 $k$ 达到，但注意：此时槽轮的槽数相应减少。$\tau$、$z$、$k$ 的关系线图如图 6-12 所示，供设计时参考。

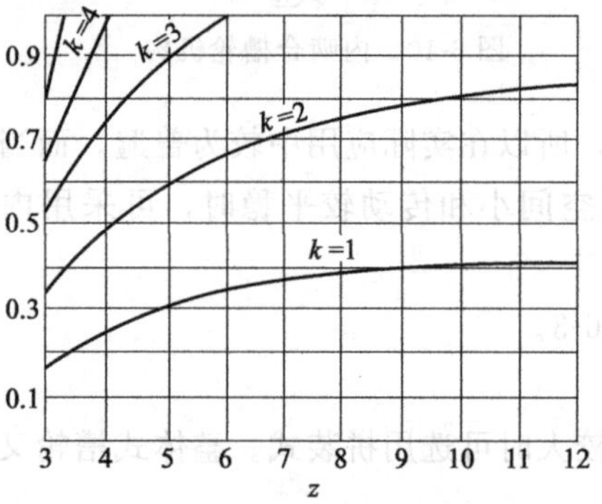

图 6-12 $\tau$、$z$、$k$ 的关系线图

（3）尽量不取槽轮的槽数 z 等于 3

当拨盘角速度 $\omega_1$ 为常数，槽轮槽数越少，槽轮的角加速度变化越大。图 6-13 为 3～18 个槽的外啮合槽轮机构槽轮的角加速度线图（线上的数字为槽数），图中 $\varphi_1$ 为主动拨盘的转角。表 6-4 列出了槽数从 3 至 8 的内、外槽轮机构槽轮最大角速度 $\omega_{2max}$ 和最大角加速度 $\varepsilon_{2max}$ 与拨盘角速度 $\omega_1$ 的比值。

**表 6-4 内、外槽轮机构的最大角速度和最大角加速度比值**

| z | $\omega_{2max}/\omega_1$ | | $\varepsilon_{2max}/\omega_1^2$ | | 结论 |
|---|---|---|---|---|---|
| | 外槽轮机构 | 内槽轮机构 | 外槽轮机构 | 内槽轮机构 | |
| 3 | 6.46 | 0.46 | 31.44 | 1.73 | 不宜 |
| 4 | 2.41 | 0.41 | 5.41 | 1.00 | 推荐 |
| 5 | 1.43 | 0.37 | 2.30 | 0.73 | 推荐 |
| 6 | 1.00 | 0.33 | 1.35 | 0.58 | 推荐 |
| 8 | 0.62 | 0.28 | 0.70 | 0.41 | 推荐 |
| ≥9 | — | — | — | — | 不宜 |

由图 6-13 和表 6-4 可见，当槽数减少时，角速度和角加速度的最大值急剧增加。在圆销进入和脱离径向槽的瞬间，角加速度存在突变，因此在这两个瞬间存在柔性冲击。槽数越少，柔性冲击越大。所以，一般不推荐使用 $z=3$ 的情况。

（4）槽轮的槽数 z 不宜大于 9

槽轮的槽数 $z$ 大于 9 的情况比较少见，因为当中心距一定时，槽轮的尺寸将变得比较大，转动时惯性力矩也较大。而在尺寸不变的情况下，槽轮的槽数将受结构强度限制。

另外，由理论分析可知 $\tau=0.5-1/z$，可见，当 $z\geqslant9$ 时，$z$ 值对 $\tau$ 的影响不大，表明槽数再增加时，槽轮运动时间和静止时间变化不大，对工作已没有明显作用（图 6-12），所

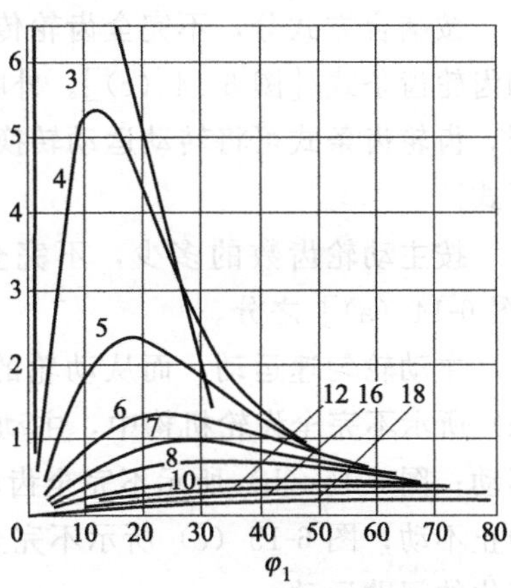

图 6-13　槽轮角加速度线图

以，槽轮的槽数不宜大于 9（表 6-4）。一般设计中选取槽数 $z=4\sim8$ 的较多。

（5）内槽轮机构圆柱销数量不能大于 1

理论分析表明，内槽轮机构径向槽数目也应为 $z\geqslant3$。如均布 $k$ 个圆柱销，槽轮运动仍应满足 $k<2z/(z+2)$，当 $z\geqslant3$ 时永远有 $k<2$，说明内槽轮机构圆柱销数量只能有 1 个，设计内槽轮时，必须注意这一点。

### 6.2.3　槽轮机构应有利于受力

（1）槽与销的间隙不宜过大以减小冲击

当圆柱销运动到位于槽轮槽的最底处时，槽轮角速度 $\omega_2$ 达到最大，此时由于槽轮的惯性，圆柱销将与槽轮的非工作面产生冲击，故设计与制造时应尽量减小槽与圆柱销间的间隙。

（2）中心距不宜过小以防止槽与销受力太大

决定槽轮机构所占空间大小的关键尺寸是中心距。中心距偏大结构上会受到空间布局的制约。若中心距太小，拨盘的拨动臂长度也小，因而圆销直径和各部分的其他尺寸都受到限制，而且拨动臂长度小，圆销和槽的受力就更大，所以中心距不能设计得太小，它受到材料强度的制约。

## 6.3　不完全齿轮机构选用技巧

### 6.3.1　不完全齿轮机构的形式、特点及应用

不完全齿轮机构是由普通渐开线齿轮机构演变而成的一种间歇运动机构。它与普通齿轮机构主要不同之处在于轮齿没有布满整个节圆圆周，在无轮齿处有锁止弧 $S_1$、$S_2$，如图 6-14（a）所示。主动轮 1 上外凸的锁止弧 $S_1$ 与从动轮 2 上内凹的锁止弧 $S_2$ 相配合时，可使主动轮保持连续转动而从动轮静止不动；两轮轮齿相啮合时，相当于渐开线齿轮传动。

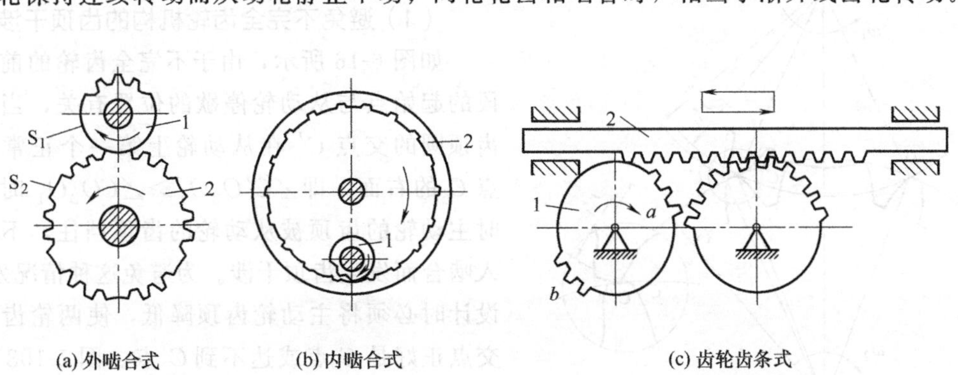

图 6-14　不完全齿轮机构的啮合类型

1—主动轮；2—从动轮

按啮合方式分，不完全齿轮传动有外啮合式［图 6-14（a）］、内啮合式［图 6-14（b）］和齿轮齿条式［图 6-14（c）］。外啮合式主、从动轮转向相反，内啮合式主、从动轮转向相同，齿轮齿条式可将转动运动转换为往复移动。不完全齿轮则有外齿式、内齿式和齿条三种形式。

按主动轮齿数的多少，不完全齿轮有单齿式［图 6-14（b）、图 6-15（a）］和多齿式［图 6-14（a）］之分。

主动轮匀速运动，而从动轮的运动规律根据工作需要可以设计成多种多样的。图 6-15（a）所示不完全齿轮机构中，主动轮 1 每转过一圈，从动轮 2 转过一个齿，之后从动轮静止不动；图 6-15（b）所示不完全齿轮机构中，主动轮 1 连续回转时，从动轮 2 每转一周后，静止不动；图 6-15（c）所示不完全齿轮机构中，主动轮 1 连续回转时，从动轮 2 做周期性变化的间歇运动。

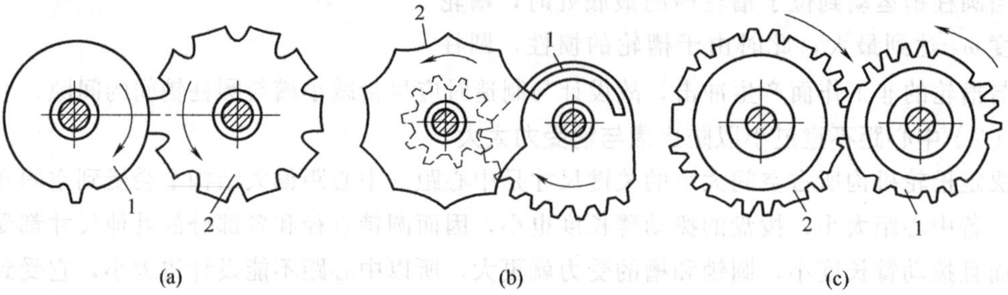


图 6-15　从动轮有不同转动规律的轮形

1—主动轮；2—从动轮

不完全齿轮机构与槽轮机构相比，其从动轮每转一周的停歇时间、运动时间及每次转动的角度变化范围都较大，设计也较灵活。但不完全齿轮的加工工艺较复杂，而且从动轮在运动的开始与终止时冲击较大，所以一般适合于低速、轻载或机构冲击不影响正常工作的场合。不完全齿轮机构常用在自动机械或半自动机械中的工作台转位，以及要求具有间歇的进给运动、计数等工作中。

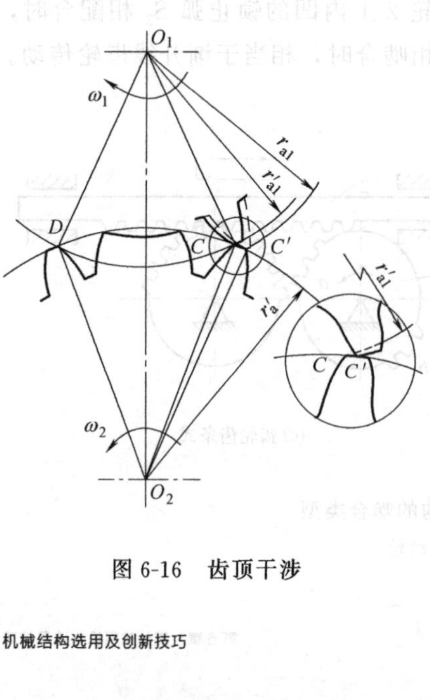


图 6-16　齿顶干涉

### 6.3.2 不完全齿轮机构选用技巧

（1）避免不完全齿轮机构的齿顶干涉

如图 6-16 所示，由于不完全齿轮的前接触段的起始点与从动轮停歇的位置有关，当两轮齿顶圆的交点 $C'$ 在从动轮上第一个正常齿顶点 $C$ 的右面，即 $\angle C'O_2O_1 > \angle CO_2O_1$ 时，这时主动轮的齿顶被从动轮的齿顶挡住，不能进入啮合而发生齿顶干涉。为避免这种情况发生，设计时必须将主动轮齿顶降低，使两轮齿顶圆交点正好是 $C$ 点或达不到 $C'$ 点。图 5-108 中 $C$ 点为主动轮首齿修顶后的齿顶圆与从动轮齿顶圆交点。

不完全齿轮的主动轮除首齿齿顶修正外，

末齿也应修正，而其他各齿均保持标准齿高，不作修正。修正末齿的齿顶，除了便于机构做正反向转动外，还由于从动轮停歇位置由末齿齿顶圆与从动轮齿顶圆交点 $D$ 确定，末齿与首齿同高可以保证 $C$、$D$ 点对称于两轮中心线 $O_1O_2$，便于设计并保证锁止弧停歇时的正确位置。图 6-16 中 $C$、$D$ 为主动轮首、末齿相同修顶后的齿顶圆，实际使用中为确保不发生齿顶干涉，首、末的修顶量应略大于图 6-16 的情况。

（2）避免锁止弧产生尖角

不完全齿轮机构中的主、从动轮上的锁止弧是为了保证机构的正常运转，并且使从动轮每次运动停止时能停留在预定的对称位置，起到定位的作用。

如图 6-17 所示，从动轮上的锁止弧宜占 $K$ 个齿的位置，而且 $K$ 个轮齿做成实体，不留齿间。为了有一定的强度，齿顶不产生尖角，锁止弧不通过 $K$ 个齿两侧的齿顶尖角，使留有适当的顶圆齿厚，通常两侧各留有 0.5m 的齿厚，如图 6-17 所示，$EE'=0.5m$（$m$ 为模数）。锁止弧半径可按公式计算。

（3）避免主、从动轮锁止弧半径不一致

当主动轮末齿到达啮合终止点 $B$ 时，主动轮锁止弧起点 $F$ 应处于连心线 $O_1O_2$ 上。如图 6-18 所示，主动轮末齿与锁止弧起点 $F$ 的相对位置，可以末齿中心线与通过 $F$ 点的半径 $O_1F$ 之间的夹角 $\phi_1'$ 表示。

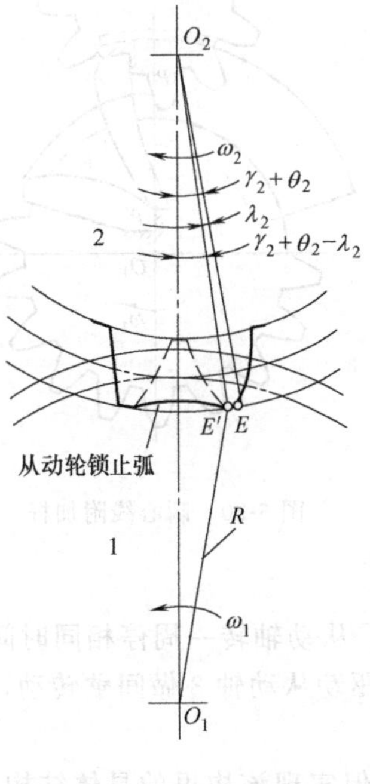

图 6-17　从动轮锁止弧

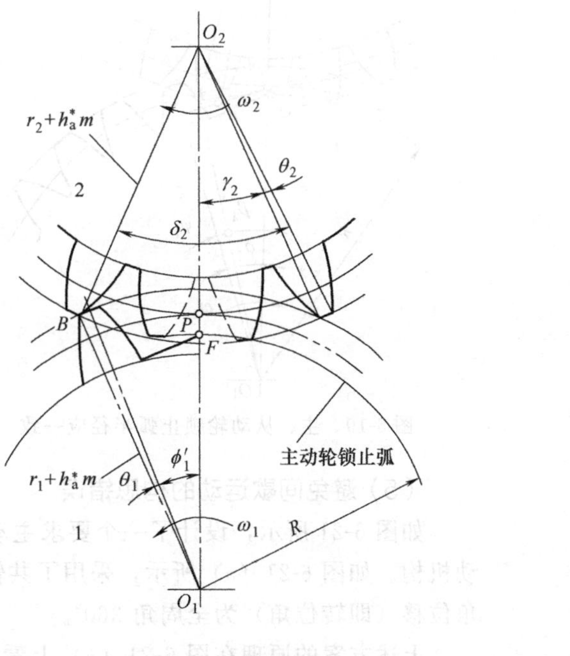

图 6-18　主动轮锁止弧

为使从动轮静止时稳定锁止，主动轮锁止弧半径必须与从动轮锁止弧半径 $R$ 相等。主动轮锁止弧起点 $F$ 的位置由角 $\phi_1'$ 及半径 $R$ 确定。

如图 6-19 所示，当主动轮首齿到达啮合点 $A$ 时，主动轮锁止弧终点 $G$ 应处于连心线 $O_1O_2$ 上。$G$ 与首齿的相对位置都可由首齿中心线与通过 $G$ 点的半径 $O_1G$ 之间的夹角 $\phi_1$ 确定。由角 $\phi_1$ 与锁止弧半径 $R$ 可确定主动轮锁止弧终点 $G$ 的位置。

（4）防止不完全齿轮传动中运动产生冲击

在不完全齿轮传动中，从动轮在开始运动和终止运动时速度有突变，因而产生冲击。为减小冲击，可在两轮上安装瞬心线附加杆。图 6-20 中 K、L 为首齿进入啮合前的瞬心线附加杆，接触点 $P'$为两轮相对瞬心。此时

$$\omega_2=\frac{\overline{O_1P'}}{\overline{O_2P'}}\omega_1$$

传动中 $P'$点渐渐沿中心线 $O_1O_2$ 向二齿轮啮合节点 $P$ 移动，如果开始运动时 $P'$与 $O_1$ 重合，$\omega_2$ 可由零逐渐增大，不发生冲击，瞬心线的形状可根据 $\omega_2$ 的变化要求设计。同样，末齿脱离啮合时也可以借助另一对瞬心线附加杆使 $\omega_2$ 平稳地减小至零。加瞬心线附加杆后，$\omega_2$ 的变化情况如图 6-20 中虚线所示。从图中看出，由于从动轮在开始运动时冲击比终止运动时的冲击大，所以经常只在从动轮开始运动的前接触段设置瞬心线附加杆。

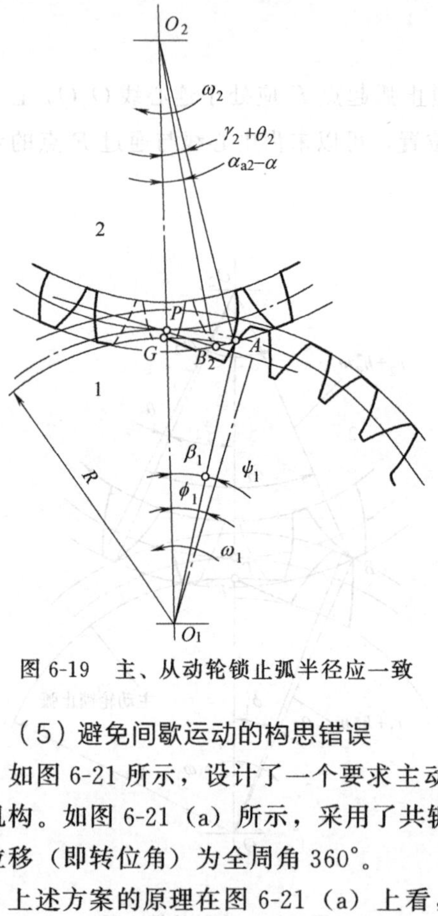


图 6-19　主、从动轮锁止弧半径应一致

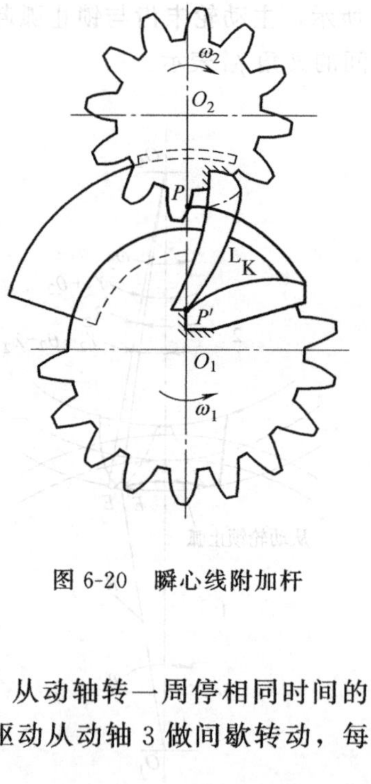


图 6-20　瞬心线附加杆

（5）避免间歇运动的构思错误

如图 6-21 所示，设计了一个要求主动轴连续旋转、从动轴转一周停相同时间的间歇运动机构。如图 6-21（a）所示，采用了共轭凸轮 1 及 1′驱动从动轴 3 做间歇转动，每次转动角位移（即转位角）为全周角 360°。

上述方案的原理在图 6-21（a）上看，似乎简单，但实现该构思的具体结构比较复杂，图 6-21（a）左视图所示各轮的轴向布置是具体结构示意之一例，由于共轭凸轮轮廓运动占用空间［图 6-21（a）圆周 2］扩展到轴 3 中心线上，使轴 3 上两轮和轴 3 与机架间的支承结构在空间布置方面不易有简单的设计（容易干涉），所以这个原理构思不适用。

为了缩小凸轮轮廓的最大半径［图 6-21（a）中圆周 2 的半径］，可以增加从动轮上销柱 4 及 4′的数量，结果共轭凸轮的驱动部分的轮廓接近于摆线齿廓的不完全齿轮。因此用渐开线齿廓的不完全齿轮［图 6-21（b）的 1 与 2］构成全周角转位的机构，并用圆弧 3 与 4 锁止，如图 6-21（b）所示，则其结构比凸轮易于制造，成本较低，是较为合理的结构。

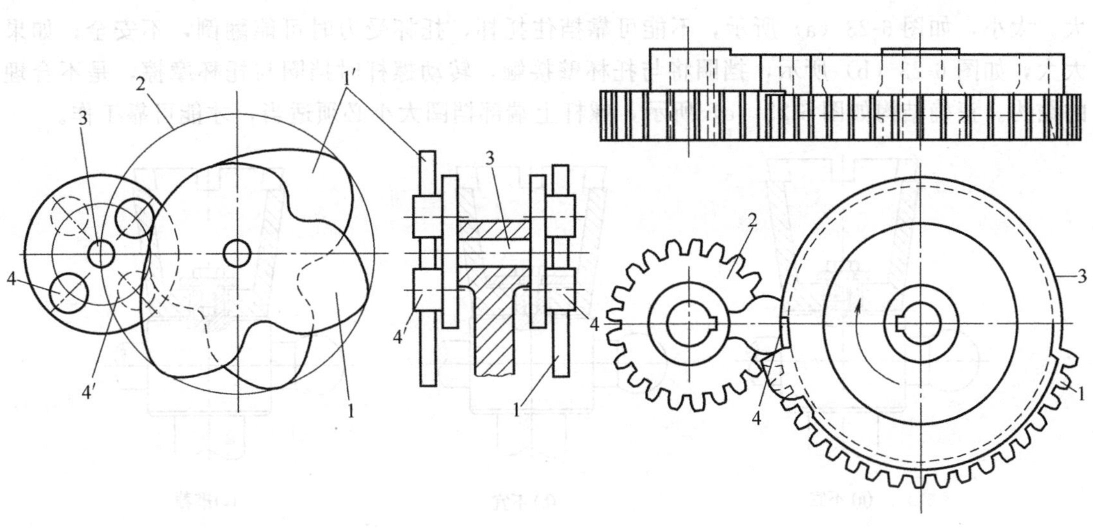


(a) 不合理

1,1′—共轭凸轮；2—圆周；3—轴；4,4′—销柱

(b) 合理

1,2—齿轮；3,4—圆弧

图 6-21　避免间歇运动的构思错误

# 6.4　螺旋传动结构选用技巧

螺旋传动按用途可分为传力螺旋传动、传导螺旋传动和调整螺旋传动三种。以下就这三种螺旋传动结构的选用技巧加以说明。

## 6.4.1　传力螺旋传动结构选用技巧

（1）螺旋千斤顶结构选用技巧

① 螺杆行程限位结构必须可靠　如果螺杆端部的挡圈是为了限制螺杆行程的，其直径必须足够大，否则起不到限位作用。如图 6-22（a）所示千斤顶螺杆下端部挡圈太小，当螺杆被旋到最高处时挡圈起不到阻挡作用，螺杆不能被限位，甚至有可能被旋出螺母，发生危险。正确结构如图 6-22（b）所示，螺杆端部挡圈必须足够大，才能可靠地将螺杆限位。

② 托杯挡圈大小应适宜　如图 6-23 所示的千斤顶螺杆上端的挡圈不可太小，也不可太

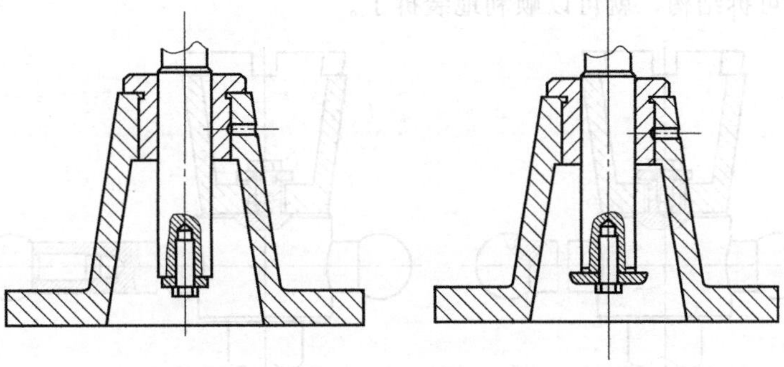

(a) 不宜　　(b) 推荐

图 6-22　螺杆下端部挡圈必须足够大

大。太小，如图 6-23（a）所示，不能可靠挡住托杯，托杯受力时可能翻倒，不安全；如果太大，如图 6-23（b）所示，挡圈将与托杯壁接触，转动螺杆时挡圈与托杯摩擦，是不合理的结构。止确结构如图 6-23（c）所示，螺杆上端部挡圈大小必须适当，才能可靠工作。

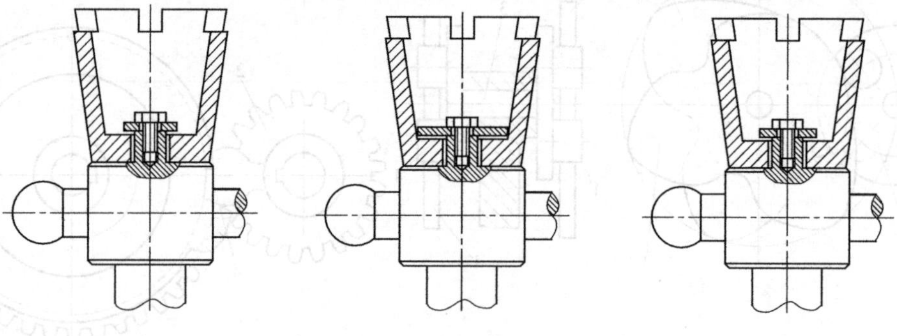

(a) 不宜　　(b) 不宜　　(c)推荐

图 6-23　托杯挡圈大小应适宜

③ 挡圈不能压住托杯　如图 6-24（a）所示，螺杆上部的挡圈压住了托杯，当转动螺杆时，因挡圈压住了托杯而使托杯也跟着旋转，不能正常工作。改进后的结构如图 6-24（b）所示，使螺杆的顶部比托杯高一些，让挡圈压住螺杆而不与托杯接触，托杯就不会转动了。

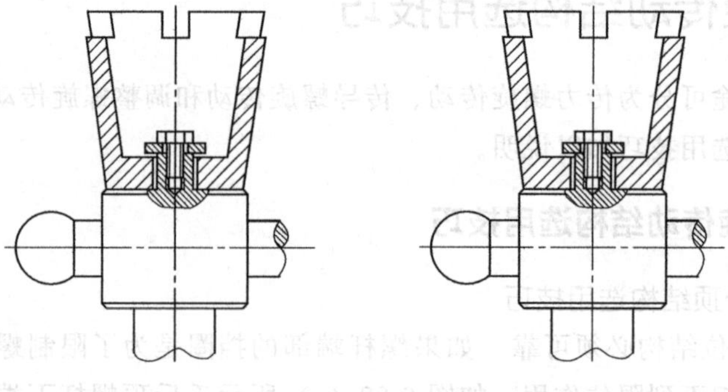

(a) 不宜　　(b) 推荐

图 6-24　挡圈不能压住托杯

④ 避免手柄装不进去　如图 6-25（a）所示，手柄两边的手柄球与手柄杆为一体，手柄球直径比手柄杆大，因此装不进螺杆的手柄孔。改正后的结构如图 6-25（b）所示，手柄球制造成带螺钉的可拆结构，就可以顺利地装拆了。

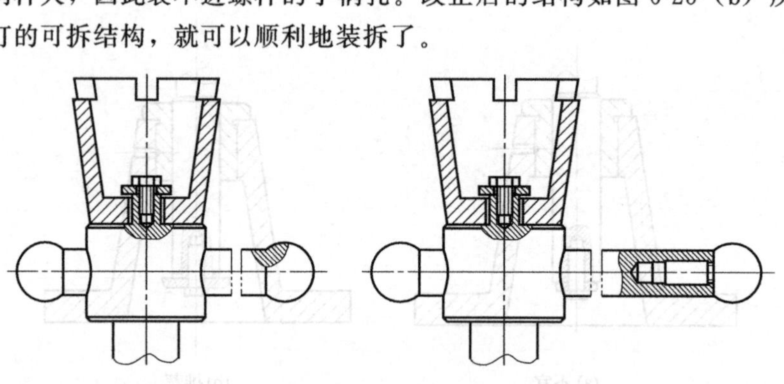

(a) 不宜　　(b) 推荐

图 6-25　避免手柄装不进去

⑤ 底座高度的选择　如图 6-26（a）所示，螺杆与底座的底面距离 $L$ 太大，因此使底座高度加大、结构庞大、重量增加，且稳定性较差。如图 6-26（b）所示，$L=0$，螺杆底部螺钉与地面或机架相碰，由于制造、安装误差以及底面条件变化，此结构不能正常工作。设计时 $L$ 应适当，正确结构如图 6-26（c）所示。

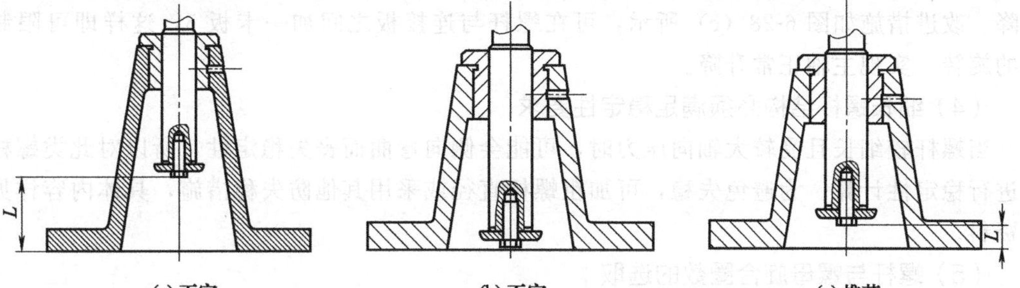

图 6-26　底座高度的选择

（2）螺旋传动自锁条件与结构的选择

有自锁要求的螺旋传动设计时一定要满足自锁条件，按一般自锁条件，螺旋升角 $\psi$ 只要不大于当量摩擦角 $\rho$ 即可，即 $\psi \leqslant \rho$。但滑动螺旋传动设计时不能按一般自锁条件来计算，为了安全起见，必须将当量摩擦角减小 1°，即应满足 $\psi \leqslant \rho - 1°$，取 $\psi \approx \rho$ 是极不可靠的。如图 6-27 所示的支承转椅底架上装有五个行走轮，可任意移动位置，座椅用矩形螺纹钢质螺杆支承在钢质螺母上，能任意回转和升降。其螺杆的螺旋升角 $\psi = 5.64°$，而一般螺旋副的当量摩擦角 $\rho \approx 5.7°$，可见 $\psi$ 略小于 $\rho$，转椅处于自锁的临界状态，人坐上去受力后，稍有摇晃，静摩擦因数变为动摩擦因数，摩擦因数降低很多，导致 $\psi > \rho$，座椅就会自行下降。改正措施可将中央螺杆的螺旋升角减小到 $\psi < \rho - 1°$，例如 $\psi = 4°$，则自锁可靠性较大，人坐上去转椅就不会下降了。转椅螺杆螺旋升角 $\psi$ 的取值与自锁性的对比见表 3-5。

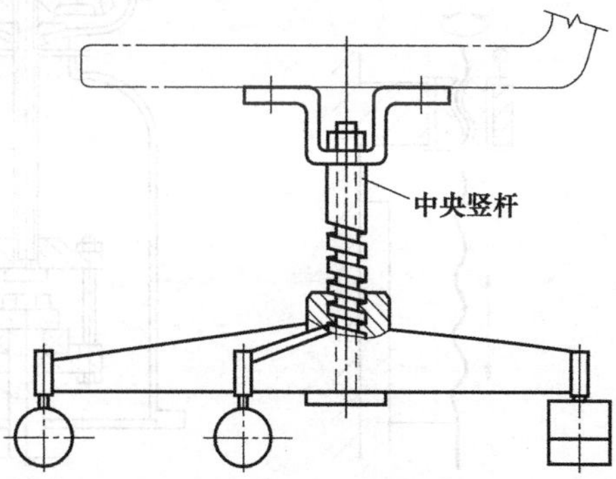

图 6-27　转椅中的螺旋传动

**表 3-5　转椅螺杆螺旋升角与自锁性对比**

| 项目<br>方案 | 螺旋升角 $\psi$ | 当量摩擦角 $\rho$ | 自锁条件 | 结论 |
| --- | --- | --- | --- | --- |
| 1 | 6° | 5.7° | 不满足 | 不可取 |
| 2 | 5.6° | 5.7° | 临界状态 | 不可取 |
| 3 | 5° | 5.7° | 基本满足 | 较差(不可靠) |
| 4 | 4° | 5.7° | 满足 | 较好(可靠) |

（3）螺杆与螺母相对运动关系的选择

如前所述，螺旋传动的主要作用是将旋转运动变为直线运动。图 6-28（a）所示为螺母转动螺杆移动的设计。可见，要实现螺杆的上、下移动，必须使螺杆下端的结构与旁边的承导件相连，否则，在螺母转动时螺杆也将随之一起转动，而不能实现上、下移动。图 6-28 (b) 所示提升装置就属于此类错误的设计。该提升装置采用了蜗杆传动，蜗轮 1 内装螺母（不能上、下运动），螺杆 2 下端与连接板 3 间采用了螺纹连接，而缺少与连接板及主轴 4 等部件的固定结构，因而当螺母转动时，螺杆也随螺母一起转动，而主轴（耙子）却不能实现升降。改进措施如图 6-28 (c) 所示，可在螺杆与连接板之间加一卡板 5，这样即可限制螺杆的旋转，实现主轴正常升降。

（4）细长螺杆结构必须满足稳定性要求

当螺杆较细长且受较大轴向压力时，可能会侧向弯曲而丧失稳定性，所以对此类螺杆必须进行稳定性计算。为避免失稳，可加粗螺杆直径或采用其他防失稳措施，具体内容详见有关资料。

（5）螺杆与螺母旋合圈数的选取

由于螺杆与螺母旋合各圈螺纹牙受力不均，而且圈数越多，各圈中的受力越不均匀，因此，设计时应使旋合圈数 $z \leqslant 10$，避免 $z > 10$。

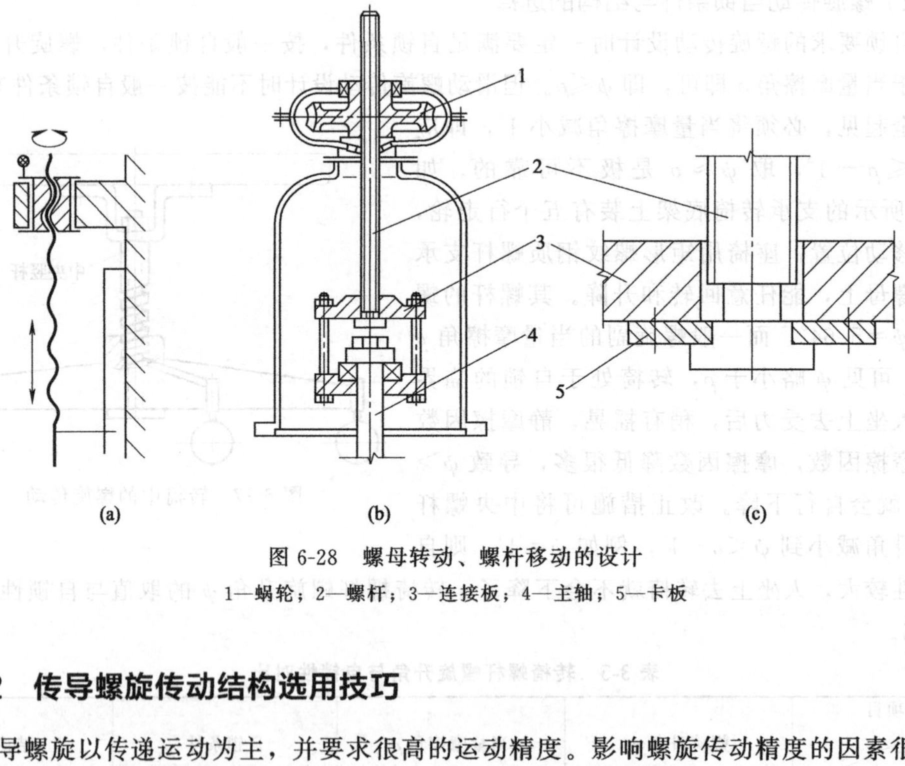


图 6-28　螺母转动、螺杆移动的设计

1—蜗轮；2—螺杆；3—连接板；4—主轴；5—卡板

## 6.4.2　传导螺旋传动结构选用技巧

传导螺旋以传递运动为主，并要求很高的运动精度。影响螺旋传动精度的因素很多，主要有以下几点：螺纹参数误差；螺杆轴向窜动误差；偏斜误差等。

（1）提高传动精度的结构

为提高传动精度，以上各种因素引起的误差应尽可能减小或消除。为此，可以通过提高螺旋副零件的制造精度来实现，但提高零件的精度会使成本提高。因此，可采取某些结构措施来提高其传动精度。

① 螺距误差校正装置　由于螺杆的螺距误差是造成螺旋传动误差的最主要因素，因此采用螺距误差校正装置是提高螺旋传动精度的有效措施之一。图 6-29 所示为螺距误差校正

原理，当螺杆 1 带动螺母 2 移动时，螺母导杆 3 沿校正尺 4 的工作面移动。工作面的凹凸外廓使螺母转动一个附加角度，由此产生的附加位移，恰能补偿螺距误差所引起的传动误差。图 6-30 所示为坐标镗床螺距误差校正装置简图。

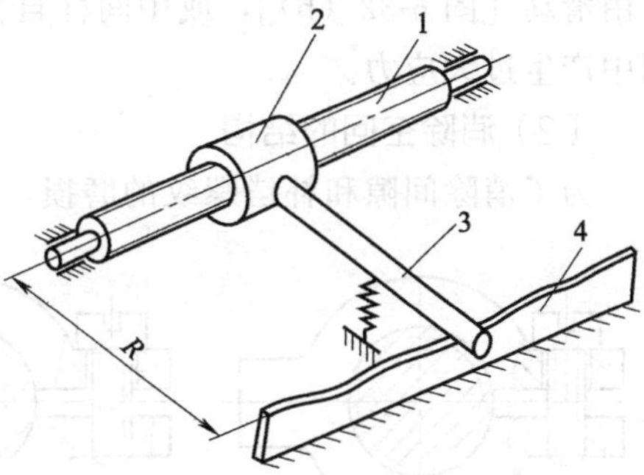

图 6-29　螺距误差校正原理

1—螺杆；2—螺母；3—导杆；4—校正尺

利用上述的校正原理，也可以校正温度误差。只要把校正尺制成直尺，并使其与螺杆轴线倾斜某一角度 $\theta$ 即可。

② 限制螺杆轴向窜动的结构　如图 6-31 所示，螺旋传动的轴承的轴向窜动直接影响到螺旋的轴向窜动，从而使螺旋机构产生运动误差。因此，对螺旋传动的轴承应有较高的结构要求。对于受力较小的螺旋，可以用一个钢球支持在螺旋中心，轴向窜动极小。

③ 减小偏斜误差的结构　图 6-32 (a) 所示螺旋副的移动件与导轨滑板的连接采用了普通平面接触方式，显然其运动的灵活性不如图 6-32 (b)、(c) 中的活动连接，其偏斜误差及螺旋副中的受力均比图 6-32 (b)、(c) 所示结构的大。通过螺杆端部的球面与滑板在接触处

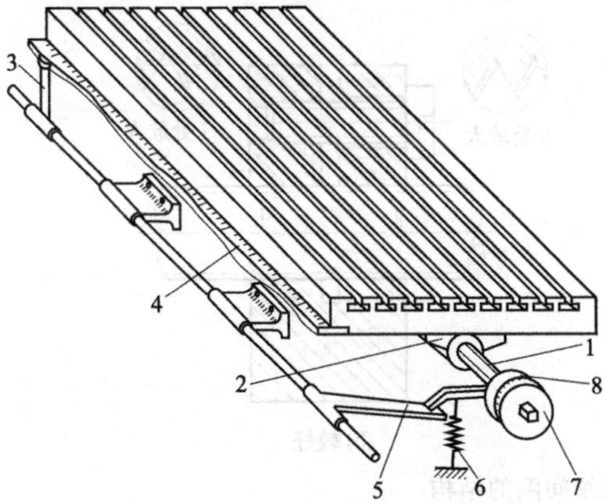

图 6-30　坐标镗床螺距误差校正装置简图

1—螺杆；2—螺母；3—传动杆；4—校正尺；5—杠杆；6—弹簧；7—刻度盘；8—游标度盘

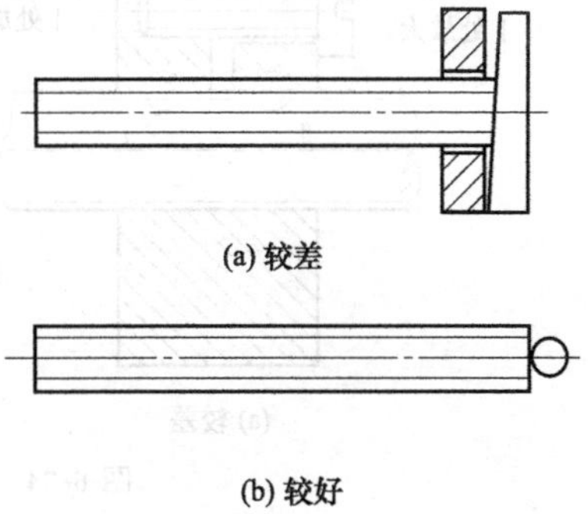

图 6-31　限制螺杆轴向窜动的结构

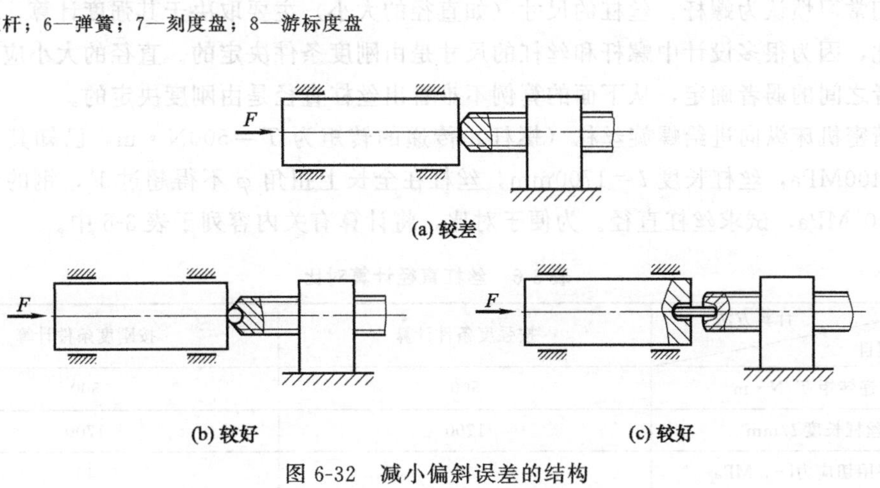

图 6-32　减小偏斜误差的结构

自由滑动［图 6-32（b）］，或中间杆自由偏斜［图 6-32（c）］，可减小偏斜误差，避免螺旋副中产生过大应力。

（2）消除空回的结构

为了消除间隙和补偿螺纹的磨损，避免反向转动时的空回行程，可采用一些特殊结构。如图 6-33 所示的开槽螺母结构，拧动螺钉可以调整螺纹的径向间隙。但图 6-33（a）所示的结构不够好，原因是螺钉固定时，对轴的夹紧力仅限于有切槽的一侧，另一侧未开槽，刚性大，不易夹紧。改进结构如图 6-33（b）所示，将切槽延伸至孔的另一侧，拧紧螺钉时，夹紧力使开槽螺母发生弹性变形，并传递到四周，将螺杆牢固地夹紧，从而消除了径向间隙。

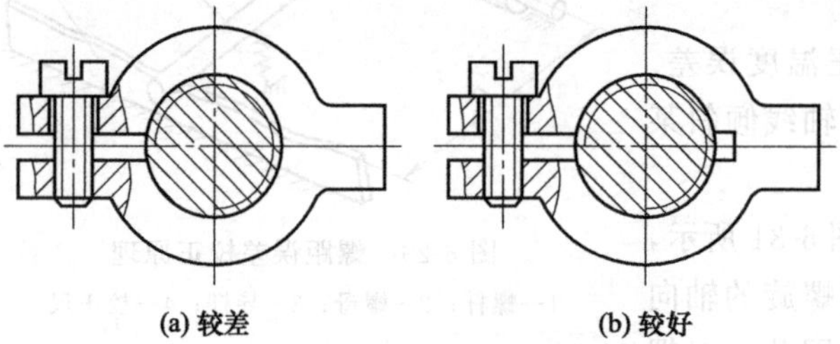

图 6-33　调整径向螺纹间隙的结构

又如图 6-34（a）、（b）所示的对开螺母结构。拧紧螺钉使螺母变形，左、右两部分的螺纹分别压紧在螺杆螺纹相反的侧面上，从而消除了螺杆相对螺母轴向窜动的间隙。与图 6-33（a）、（b）的改进原理相同，图 6-34（b）比图 6-34（a）更合理。

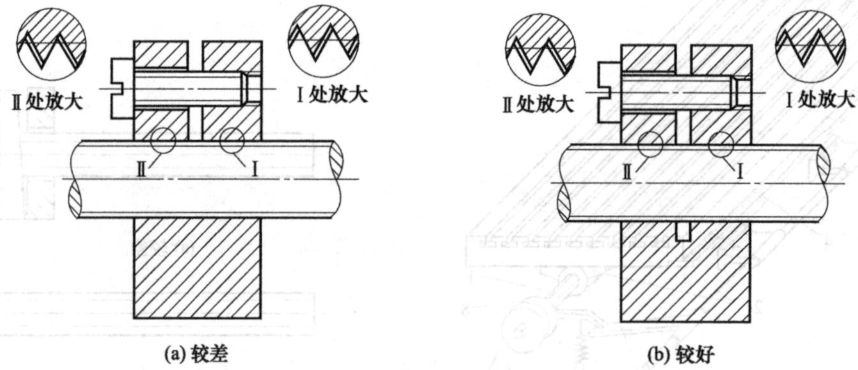

图 6-34　调整轴向螺纹间隙的结构

（3）精密丝杠的直径取决于强度与刚度的弱者

人们常习惯认为螺杆、丝杠的尺寸（如直径的大小）主要取决于其强度计算，其实并非全部如此，因为很多设计中螺杆和丝杠的尺寸是由刚度条件决定的。直径的大小应由强度和刚度两者之间的弱者确定，从下面的算例不难看出丝杠直径是由刚度决定的。

某精密机床纵向进给螺旋丝杠（螺杆）传递的转矩为 $T=500\text{N}\cdot\text{m}$，已知其许用切应力$[\tau]=400\text{MPa}$，丝杠长度 $l=1700\text{mm}$，丝杠在全长上扭角 $\varphi$ 不得超过 1°，钢的切变模量 $G=8\times10^4\text{MPa}$，试求丝杠直径。为便于对比，将计算有关内容列于表 3-6 中。

表 3-6　丝杠直径计算对比

| 计算方法 / 计算项目 | 按强度条件计算 | 按刚度条件计算 |
|---|---|---|
| 传递转矩 $T$/N·m | 500 | 500 |
| 丝杠长度 $l$/mm | 1700 | 1700 |
| 轴许用切应力$[\tau]$/MPa | 40 | 40 |

续表

| 计算方法<br>计算项目 | 按强度条件计算 | 按刚度条件计算 |
|---|---|---|
| 切变模量 $G$/MPa | $8\times10^4$ | $8\times10^4$ |
| 许用扭角 $\varphi$/(°) | | $\varphi\leqslant1°$ |
| 计算公式 | $\tau=\frac{T}{0.2d^3}\leqslant[\tau]\Rightarrow d\geqslant\sqrt[3]{\frac{T}{0.2[\tau]}}$ | $\varphi=\frac{32Tl}{G\pi d^4}\leqslant[\varphi]\Rightarrow d\geqslant\sqrt[4]{\frac{32Tl}{\pi G[\varphi]}}$ |
| 计算直径 $d$/mm | $d\geqslant39.69$ | $d\geqslant49.90$ |
| 圆整取标准值/mm | T44×3，$d_1=40.5$ | T55×3，$d_1=51.5$ |
| 分析 | 满足强度，不满足刚度 | 既满足强度，也满足刚度 |
| 结论 | 不可取 | 推荐 |

理论分析和经验均表明，对传动精度要求较高的机床中，丝杠轴刚度不足产生过大的变形，会严重影响机床的加工精度。所以，对这类丝杠轴必须进行精确的刚度计算。

## 6.4.3 调整螺旋传动结构选用技巧

（1）提高微调螺杆寿命的结构

图 6-35（a）所示为光学精密机械中经常用的微调结构，采用三角形细牙螺纹，螺距 $t$ 为 0.5mm 或 0.25mm。由于细牙螺纹螺距小、牙细，虽自锁性好，但不耐磨，容易滑扣，寿命低，改换高级材料或提高精度都不适宜，而加大螺距虽提高了耐磨性，但又降低了微调性能。为此，在微调可动部 B 与固定部 A 之间加一弹簧，以便在弹力作用下能严格地按照螺杆螺距进给。当然，弹簧不能过硬，否则 0.5mm 或 0.25mm 螺距的螺纹牙容易受损。考虑到一般工厂的加工条件，改用较粗的螺杆，但要起到相当于 0.5mm、0.25mm 螺距的作用，如图 6-35（b）所示，选用两段螺距的螺杆，相应于原可动部 B 的螺距是 1.0mm，而相应于原固定部 A 的螺距是 1.5mm，适当组合（调整行程）后，可以得到 1.5mm－1.0mm＝0.5mm 的进给螺距。同理使用 M8×1.25 和 M6×1.0 的螺杆组合，可以得到 1.25mm－1.0mm＝0.25mm 的进给螺距。

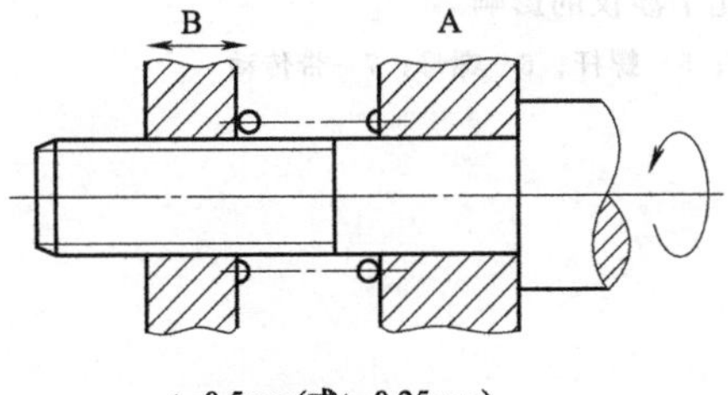

(a) 较差

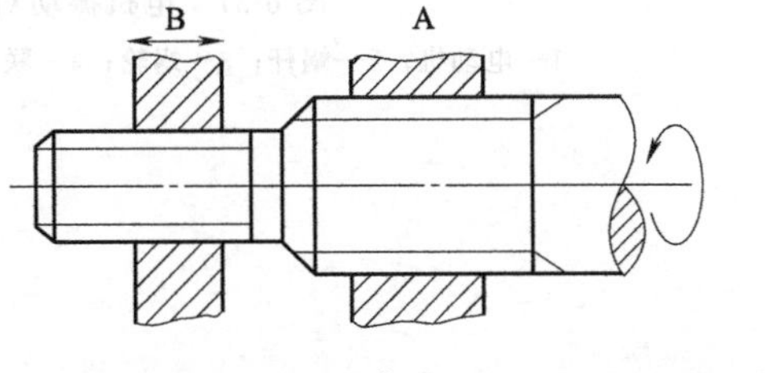

(b) 较好

图 6-35　微调结构的改进

（2）测量用螺旋的螺母扣数不宜太少

因为螺母各扣与螺旋接触情况不同，对螺旋的螺距误差引起的运动误差有均匀化作用。测量螺杆得到的螺杆累积误差，大于螺杆与螺母装配后螺杆运动的累积误差，就是螺母产生的均匀化作用。但螺母扣数少时，均匀化效果差，如图 6-36（a）所示。图 6-36（b）所示的结构较好。

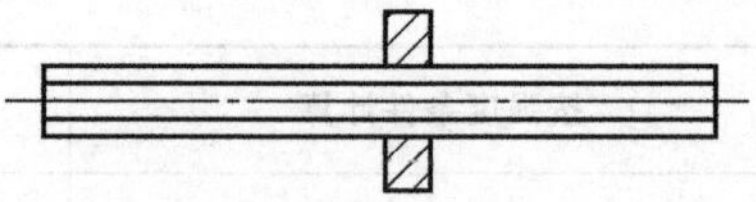

(a) 较差

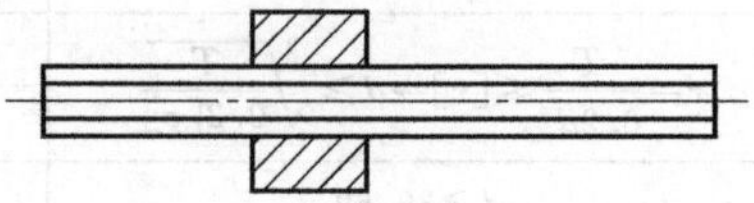

(b) 较好

图 6-36　测量用螺旋的螺母扣数不宜太少

### （3）高精度定位螺旋传动避免连带设备的振动

图 6-37（a）所示为一台用激光干涉定位的精密机械，用电动机、蜗杆传动、联轴器、螺杆、螺母带动工作台移动。要求定位精度达到微米级。用光电管采集信号，由计算机闭环控制工作台移动。电动机放在机座上面，电动机的振动影响了激光干涉系统的正常工作，不能得到有效的信号，使该机械一直不能达到要求。改进后的结构如图 6-37（b）所示，把电动机移至机座以外，用带传动连接电动机和蜗杆，即可正常工作。

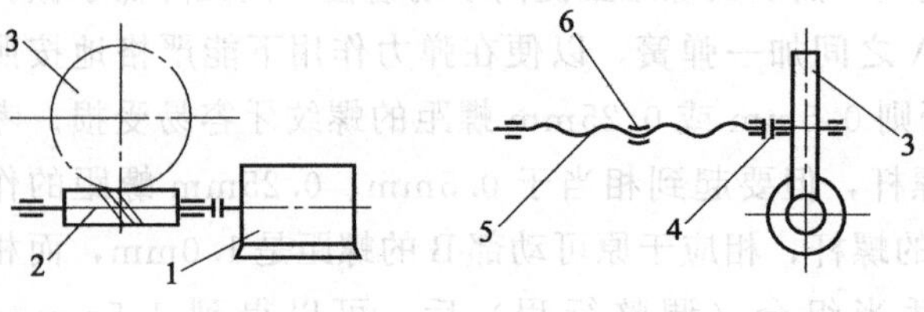


(a) 较差

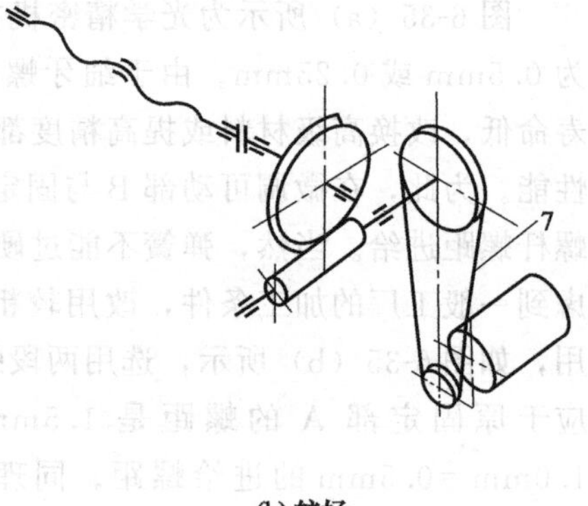


(b) 较好

图 6-37　电机振动对激光干涉仪的影响

1—电动机；2—蜗杆；3—蜗轮；4—联轴器；5—螺杆；6—螺母；7—带传动

# 第7章 组合机构选用技巧

## 7.1 组合机构的分类、功能及应用

常用的基本机构如齿轮机构、凸轮机构、连杆机构和间歇机构等，可以胜任一般性的设计要求。随着生产技术的发展，以及现代机械化、自动化程度的提高，对其运动规律和动力特性都提出了更高的要求。而单一的基本机构具有一定的局限性（见表 7-1），在某些性能上不能满足要求。例如，连杆机构不能完全精确地实现任意给定的运动规律；凸轮机构虽然可以实现任意的运动规律，但行程小且行程不可调；齿轮机构只能实现一定规律的连续单向转动，但不适合远距离传动；棘轮机构、槽轮机构等具有不可避免的冲击、振动，以及速度和加速度的波动。为解决这些问题，可以将各种基本机构以一定形式组合起来，充分利用各自的良好性能，改善其不良特性，创造出能够满足生产实践要求的、具有良好运动和动力特性的新型机构。这种将几种机构相融合，成为性能更完善、运动形式更多样化的新机构即称为组合机构。

表 7-1 基本机构的局限性

| 基本机构名称 | 局限性 |
|---|---|
| 平面连杆机构 | 无法实现输出运动有较长时间的停歇<br>无法精确实现较复杂的运动轨迹和运动规律<br>满足某些给定的运动和动力等条件的设计较困难<br>高速运转时构件的不平衡惯性力将带来不利的影响 |
| 凸轮机构 | 无法满足给定运动轨迹要求<br>不能使从动件做整周回转<br>由于凸轮与从动件的高副接触,故不宜用于高速重载荷的场合 |
| 齿轮机构 | 无法实现在某段时间内的变传动比要求,而始终以定传动比传动<br>在输入运动确定后,输出运动只能单方向地转动或移动 |
| 棘轮、槽轮机构 | 不能连续运动,不适于较大冲击振动和速度波动大的场合 |
| 带传动 | 摩擦型带传动不能保持准确的传动比,传动效率较低<br>传递同样大的圆周力时,轮廓尺寸和轴上的压力较大<br>带的寿命较短 |

### 7.1.1 组合机构的分类

组成组合机构的基本机构不同或组成组合机构的结构形式不同，可以形成各种各样的组

合机构，因此，组合机构的分类也可以有各种不同的方式。常用的组合机构的分类大致如图7-1所示。

- 组合机构的分类
  - 按组合的基本机构分
    - 同类组合
      - 连杆-连杆机构
      - 齿轮-齿轮机构
      - 凸轮-凸轮机构
      - 槽轮-槽轮机构
    - 异类组合
      - 齿轮-连杆机构
      - 蜗杆-连杆机构
      - 齿轮-蜗杆机构
      - 蜗杆-齿轮机构
  - 按组合机构结构分
    - 串联组合
    - 并联组合
    - 反馈式组合
    - 运载式组合
    - 复合式组合
    - 混合组合

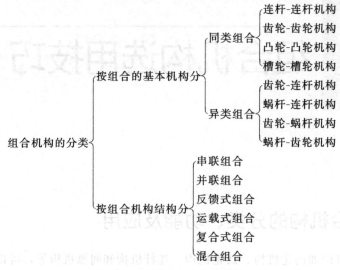

图 7-1　常用组合机构的分类

（1）按照组合的基本机构的类型分类

从机构学的角度，按照组成的基本机构的类型对组合机构进行分类，组合机构可以由相同类型机构组合而成，如连杆机构与连杆机构、凸轮机构与凸轮机构、齿轮机构与齿轮机构、槽轮机构与槽轮机构等的组合；也可以由不同类型的机构组合而成，如齿轮机构与连杆机构、凸轮机构与连杆机构、凸轮机构与齿轮机构、蜗杆机构与连杆机构等组合成的机构。图 7-2～图 7-6 分别为连杆机构与连杆机构、齿轮机构与连杆机构、蜗杆机构与连杆机构、凸轮机构与连杆机构组合成的几种不同类型的组合机构简图。

（2）按组成组合机构的结构形式分类

按照组成组合的结构形式分类，组合机构可以分为串联式组合、并联式组合、反馈式组合、运载式组合、复合式组合、混合式组合（其他组合方法的联合应用）等几种，其机构组合形式的结构框图如图 7-2～图 7-6 所示。

在机构组合系统中，若前一级机构的输出构件即为后一级机构的输入构件，则这种组合方式称为串联式组合（图 7-2）；若几个机构的输出运动同时输入给一个机构，则这种组合方式称为并联式组合（图 7-3）；若一个机构的输入运动是通过该机构输出构件回授的，则

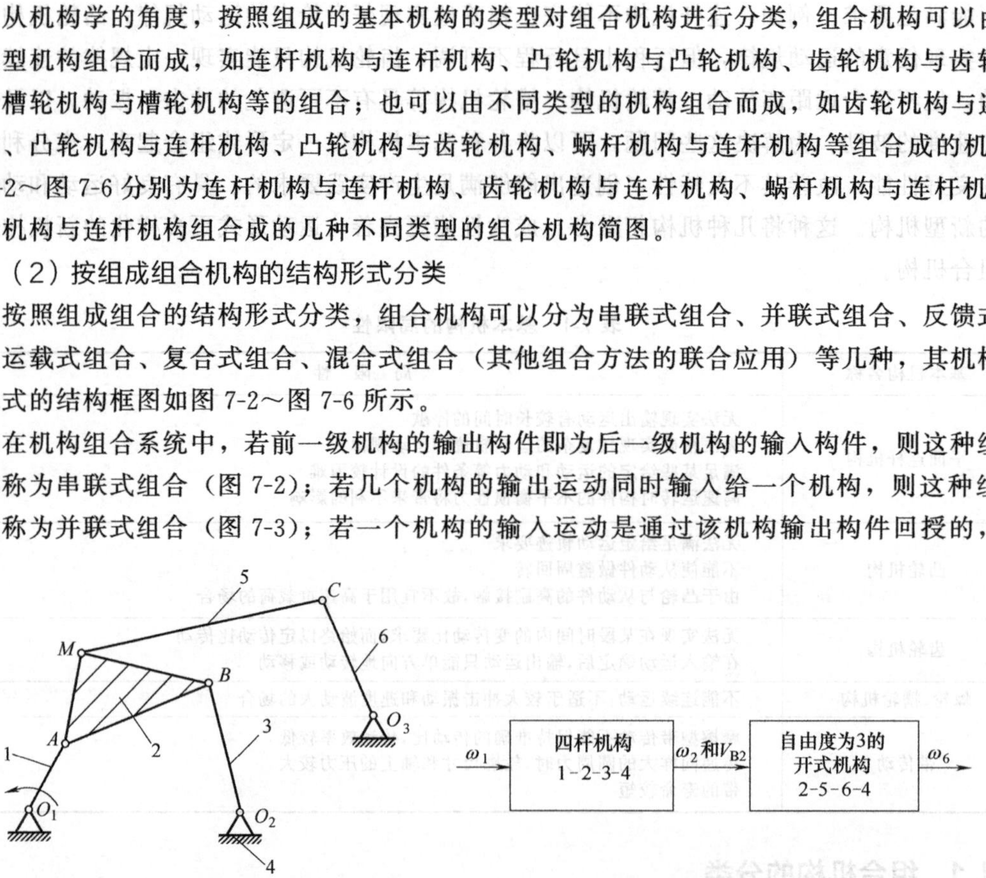


(a) 组合机构　　(b) 组合机构形式框图

图 7-2　连杆-连杆机构（串联式）

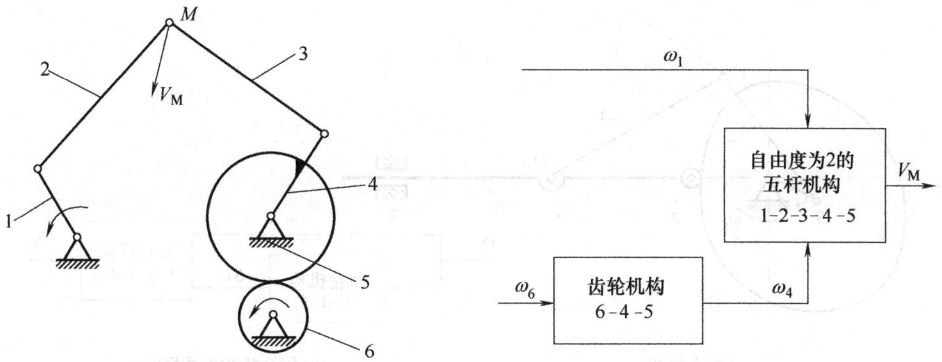


(a) 组合机构　　　　　　　　(b) 组合机构形式框图

图 7-3　齿轮-五杆机构（并联式）

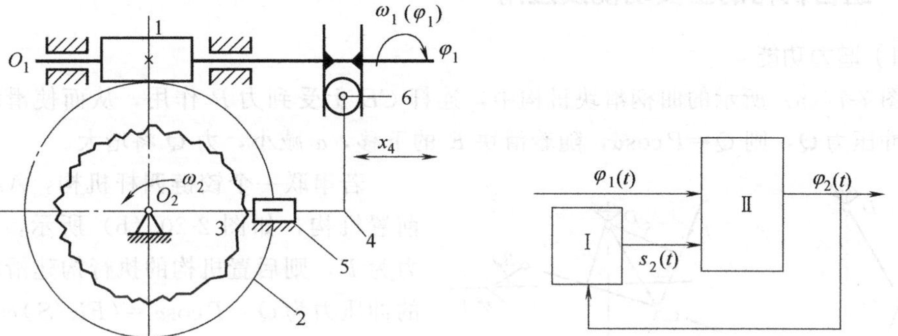


(a) 组合机构　　　　　　　　(b) 组合机构形式框图

图 7-4　蜗杆-连杆机构（反馈式）

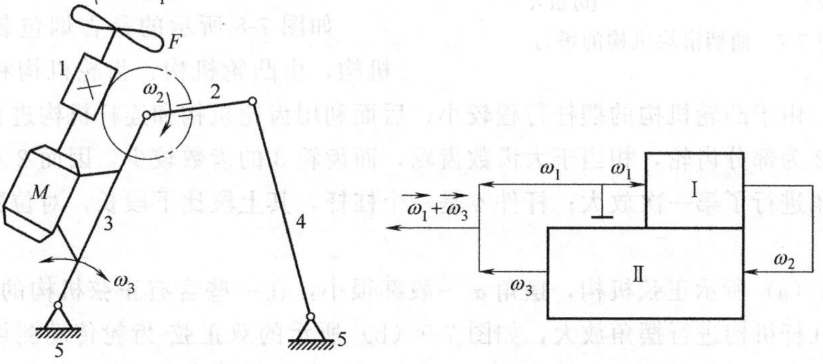


(a) 组合机构　　　　　　　　(b) 组合机构形式框图

图 7-5　蜗杆-连杆机构（运载式）

这种组合方式称为反馈式组合（图 7-4）；将一个机构安装在另一个机构的某个运动构件上，即可组成运载式组合机构，其输出运动是各机构输出运动的合成（图 7-5）；若由一个或几个串联的基本机构去封闭一个具有两个或多个自由度的基本机构，则这种组合方式称为复合式组合（图 7-6）。

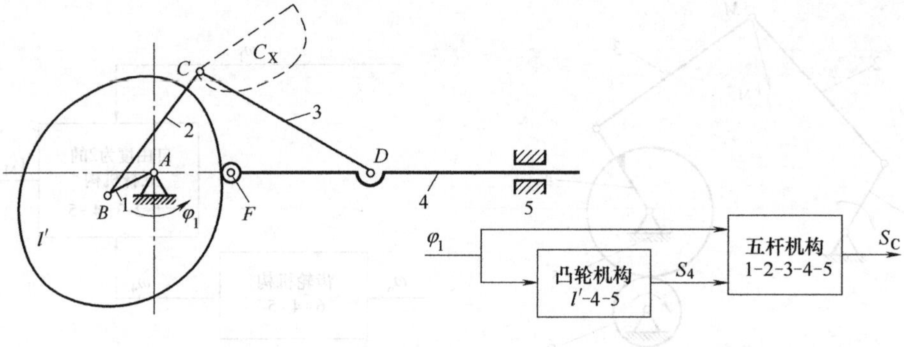


(a) 组合机构　　(b) 组合机构形式框图

图 7-6　凸轮-五杆机构（复合式）

## 7.1.2　组合机构的主要功能及应用

（1）增力功能

在图 7-7（a）所示的曲柄滑块机构中，连杆 $CE$ 上受到力 $P$ 作用，从而使滑块 $E$ 产生向下的冲压力 $Q$，则 $Q=P\cos\alpha$，随着滑块 $E$ 的下移，$\alpha$ 减小，力 $Q$ 将增大。

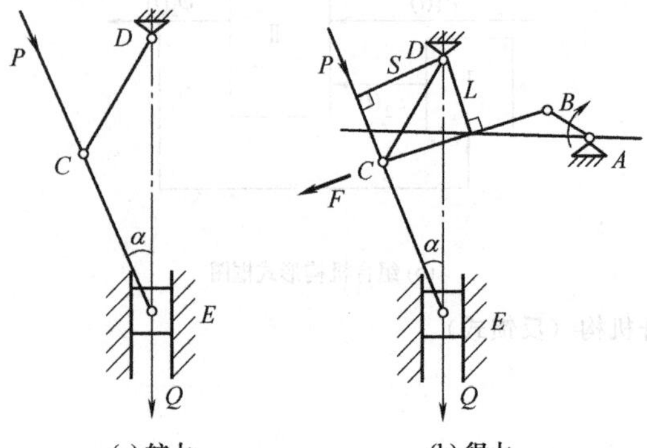


(a) 较大　　(b) 很大

图 7-7　曲柄滑块机构的增力

若串联一个铰链四杆机构，$ABCD$ 作为前置机构，如图 2-20（b）所示，设连杆受力为 $F$，则后置机构的执行构建滑块 $E$ 所受的冲压力为 $Q=P\cos\alpha=(FL/S)\cos\alpha$，此时随着滑块 $E$ 的下移，在 $\alpha$ 减小的同时，$L$ 增大，$S$ 减小，在 $F$ 不增大的条件下，冲压力 $Q$ 增大了 $L/S$ 倍。设计时可根据要求确定 $\alpha$、$L$ 和 $S$。

（2）增程功能

如图 7-8 所示的是香烟包装机中的推烟机构，由凸轮机构、齿轮机构和连杆机构串联组合而成。由于凸轮机构的摆杆行程较小，后面利用齿轮机构和连杆机构进行了两次运动放大。构件 2 为部分齿轮，相当于大齿数齿轮，而齿轮 3 的齿数较少，因而 2 和 3 组成的齿轮机构将转角进行了第一次放大；杆件 4 是一个杠杆，其上段比下段长，对位移实现了第二次放大。

如图 7-9（a）所示正弦机构，摆角 $\alpha$ 一般都很小，在一些含有正弦机构的测微仪器中，往往采用双杠杆机构进行摆角放大，如图 7-9（b）所示的双正弦-齿轮传动测微仪，即为典型的一例，图中正弦机构的微小位移 $s$ 通过两级杠杆与齿轮传动，可使度盘上的指针获得很大的转角。

（3）实现复杂运动轨迹

图 7-10 所示为振摆式轧钢机轧辊驱动装置中所使用的齿轮-连杆组合机构。当主动轮 1 转动时，同时带动齿轮 2 和 3 转动，通过五杆机构 $ABCDE$ 使连杆上 $M$ 点描绘出如图所示的复杂轨迹，从而使轧辊的运动轨迹符合轧制工艺的要求。调整两曲柄 $AB$ 和 $DE$ 的相位角，可方便地改变 $M$ 点的轨迹，以满足轧制生产中不同的工艺要求。

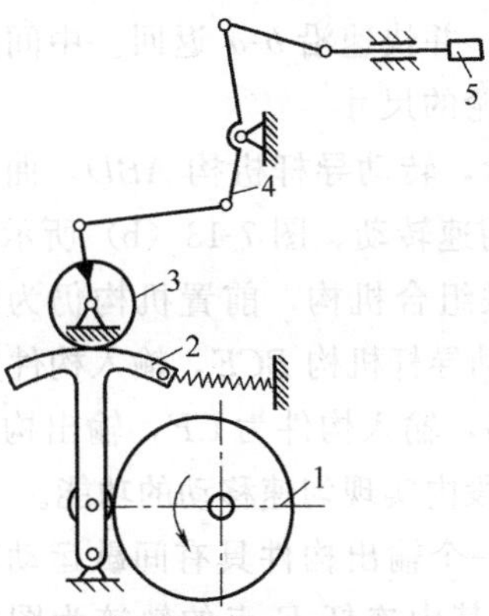


图 7-8　齿轮-连杆增程机构

1—凸轮；2—部分齿轮；3—齿轮；4—杠杆；5—推杆

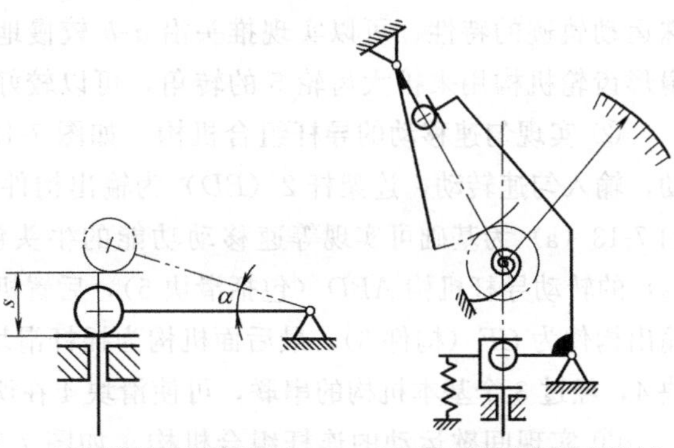


(a) 正弦机构(摆角较小)　(b) 双杠杆测微仪(摆角较大)

图 7-9　杠杆机构摆角的增大

（4）实现输出构件特定的运动规律

① 实现特定的急回运动　图 7-11 所示的齿轮-连杆机构中，摆动导杆机构 $ABC$ 为前置机构，与导杆 1 固结的扇形齿轮 $a$—$a$ 与齿轮 2 啮合，作为后置机构。曲柄 3 输入等速回转运动，齿轮 2 输出大摆角的往复摆动，而且正反转所占时间不同，可实现特定的急回运动，其行程速比系数

$$K=\frac{\pi-\arccos\dfrac{AC}{AB}}{\arccos\dfrac{AC}{AB}}$$

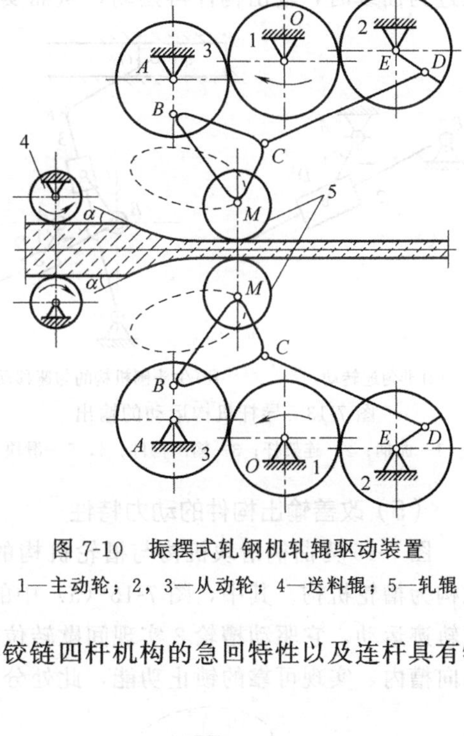


图 7-10　振摆式轧钢机轧辊驱动装置

1—主动轮；2，3—从动轮；4—送料辊；5—轧辊

如图 7-12 所示的洗瓶机推瓶机构，由凸轮机构、齿轮机构以及连杆机构串联组合而成。凸轮机构 1-2 为前置机构，主动凸轮 1 匀速转动，输出构件 2 往复摆动；与构件 2 固连的大半径扇形齿轮与齿轮 5 构成齿轮机构；齿轮 5 与杆 7 固连，是铰链四杆机构 3-4-5-6 的输入构件，连杆 4 上的推头 8 是推瓶机的工作部件，该机构很好地利用了铰链四杆机构的急回特性以及连杆具有特

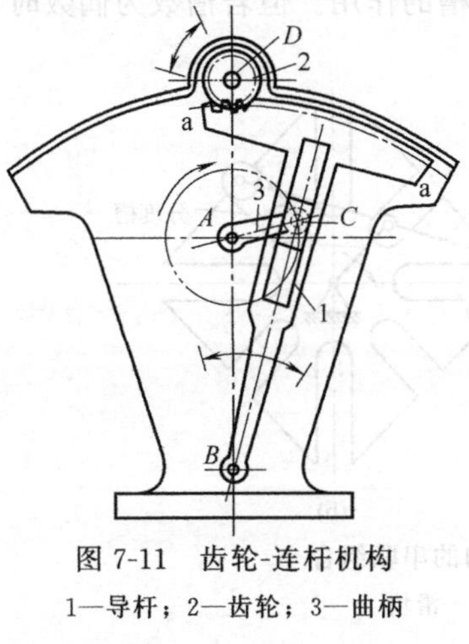


图 7-11　齿轮-连杆机构

1—导杆；2—齿轮；3—曲柄

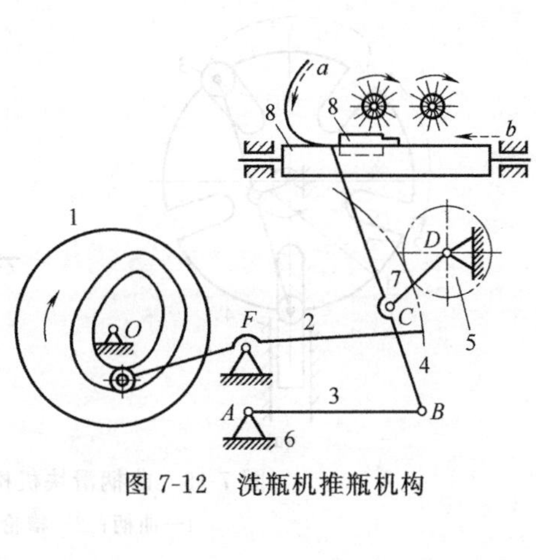


图 7-12　洗瓶机推瓶机构

殊运动轨迹的特性，可以实现推头沿 $a$-$b$ 较慢地匀速推瓶，并快速沿 $b$-$a$ 返回。中间串联的扇形齿轮机构用来扩大齿轮 5 的转角，可以较好地减小凸轮的尺寸。

② 实现匀速移动的导杆组合机构　如图 7-13（a）所示，转动导杆机构 $ABD$，曲柄 1 主动，输入匀速转动，连架杆 2（$BD$）为输出构件，输出非匀速转动。图 7-13（b）所示为一以图 7-13（a）为基础可实现等速移动功能的牛头刨床的串联组合机构，前置机构仍为图 7-13（a）的转动导杆机构 $ABD$（包括滑块 5），后置机构则为摆动导杆机构 $BCE$，输入构件为 $BE$，输出构件为 $CF$（构件 3），最后面机构为摇杆滑块机构 $CFG$，输入构件为 $CF$，输出构件为滑块 4，经过 3 个基本机构的串联，可使滑块 4 在所需要的区段内实现匀速移动的功能。

③ 实现间歇运动的连杆组合机构　如图 7-14 所示为一个输出构件具有间歇运动特性的连杆机构串联组合。其前置机构为曲柄摇杆机构 $ABCD$，其中连杆 $E$ 点的轨迹为图中虚线所示，轨迹上有一段近似直线，后置机构是以 $F$ 点为转动中心的导杆机构 $CDEF$。因连接点设在连杆的 $E$ 点上，所以当 $E$ 点运动轨迹为直线时，输出构件将实现停歇；当 $E$ 点运动轨迹为曲线时，输出构件再摆动，从而实现了工作要求的特殊运动规律。

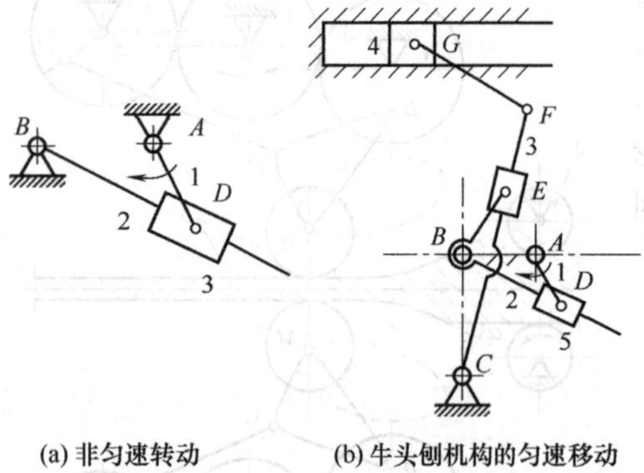

(a) 非匀速转动　(b) 牛头刨机构的匀速移动

图 7-13　导杆机构运动的输出

1—曲柄；2—连架杆；3—输出构件；4，5—滑块

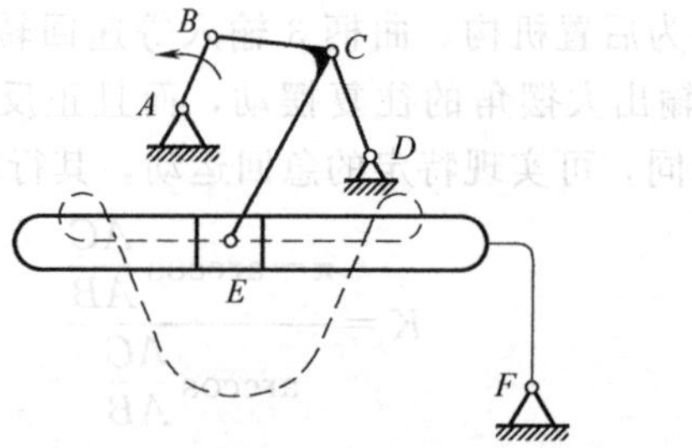

图 7-14　间歇运动特性的连杆组合机构

（5）改善输出构件的动力特性

图 7-15 为曲柄滑块机构与槽轮机构的串联组合机构。采用曲柄滑块为前置机构，后置机构为槽轮机构。其中，图 7-15（a）中的曲柄 1 为主动件，连杆上圆销 3 做图上虚线所示的轨迹运动，它驱动槽轮 2 实现间歇转位运动。滑块 4 在槽轮转动停止时及时地进入槽轮的径向槽内，实现可靠的锁止功能，此处分度槽又起定位槽的作用。但若槽数为偶数时，需要

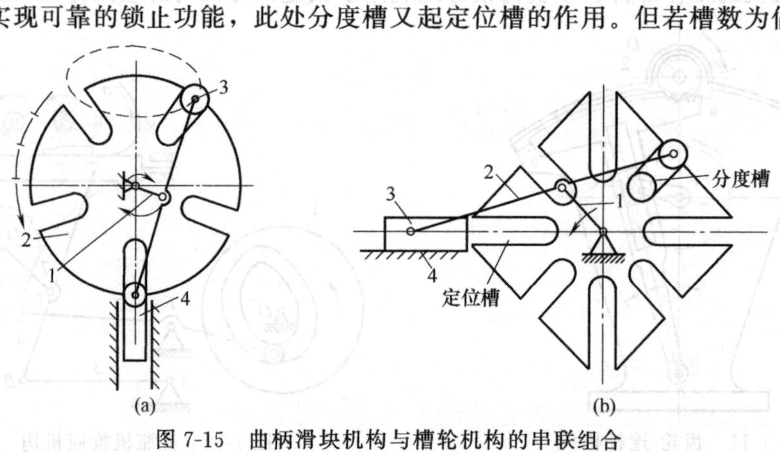

图 7-15　曲柄滑块机构与槽轮机构的串联组合

1—曲柄；2—槽轮；3—圆销；4—滑块

专设定位槽供滑块进入实现定位，如图 7-15（b）所示。

这种串联的转位机构可在较高速度条件下工作，并且转位平稳、锁止可靠、结构简单，远胜普通的槽轮机构。

图 7-16 所示为多缸发动机运动简图，它由 6 个曲柄滑块机构组成，6 个活塞的往复运动同时通过连杆传递给曲柄。与单缸发动机相比，它的输出扭矩波动小，还可部分或全部消除惯性力，大大提高了动力学特性。

图 7-17 所示的压床由两个曲柄驱动两套相同的六连杆机构并联组合而成，使机构的受力状况大大改善。

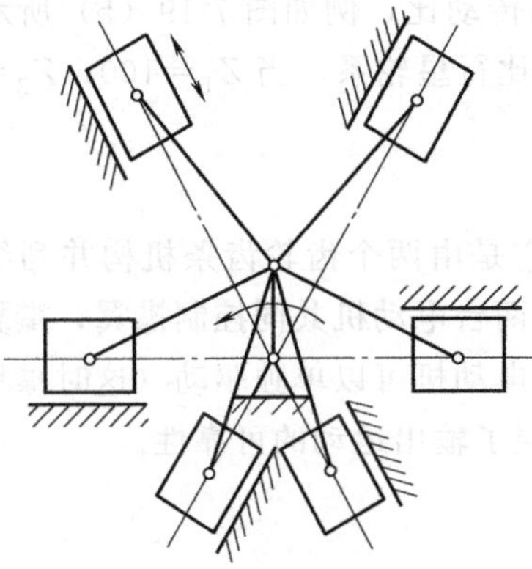

图 7-16 多缸发动机运动简图

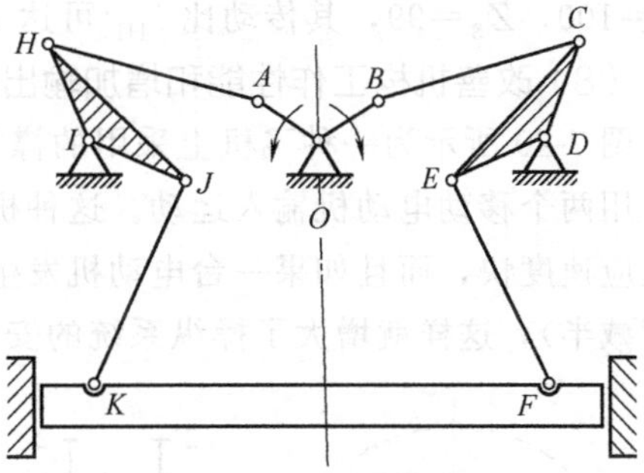


图 7-17 压床机构

（6）实现运动的合成

在图 7-18 所示的机构中，蜗杆 1、蜗轮 2 及机架 3 组成具有两个自由度的差动蜗轮蜗杆机构；以该蜗轮蜗杆机构为基础机构，凸轮机构为附加机构，组合后得到复合式组合机构。

在图 7-18（a）中，圆柱凸轮与蜗杆固连，如果以圆柱凸轮为主动构件，以蜗轮 2 为输出构件，输出的角位移由两部分组成，一部分是由蜗杆转动而产生的，另一部分是由凸轮的变化廓线所导致的蜗杆轴移动而产生的，因此，蜗轮的输出角位移 $\varphi_2$ 可以看成是蜗杆的转角 $\varphi_1$ 与凸轮的直线移动 $s_1$ 合成的，即

$$\varphi_2=\frac{z_1}{z_2}\varphi_1\pm\frac{s_1}{r_2}$$

式中，$z_1$ 为蜗杆头数，$z_2$ 为蜗轮齿数，$r_2$ 为蜗轮分度圆半径。

图 7-18（b）所示为一种机床用误差补偿机构，其基础机构是具有两个自由度的蜗杆机

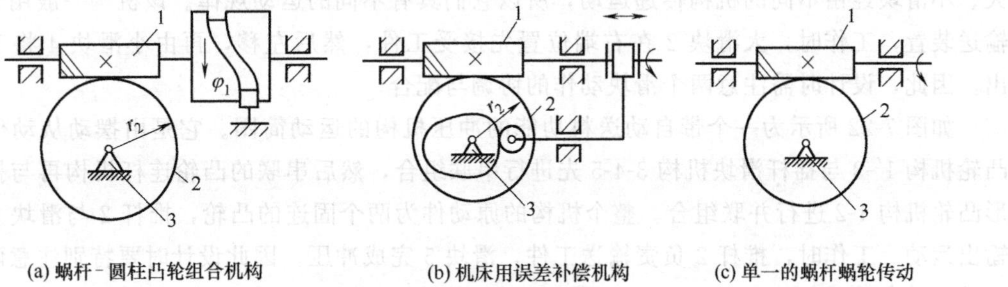


图 7-18 蜗杆-凸轮组合机构

1—蜗杆；2—蜗轮；3—机架

构（蜗杆 1 可转动也可移动），盘形凸轮机构是附加机构。由于凸轮机构的从动件与蜗杆相连，主动蜗杆 1 带动从动蜗轮 2 转动的同时，还在凸轮推杆的作用下沿自身轴线移动，从而使蜗轮 2 的转速根据蜗杆 1 的移动方向而增加或降低，使误差得到校正。

而如图 7-18（c）所示，采用单一的蜗杆蜗轮传动，则误差不能得到校正。

（7）实现较大传动比的功能

当两轴之间需要较大的传动比时，若仅用一对齿轮传动，必将使两轮的尺寸相差悬殊，外廓尺寸庞大，如图 7-19（a）中虚线所示，所以一对齿轮的传动比一般不大于 8。当需要较大的传动比时，就应采用齿轮组合机构来实现，如图 7-19（a）中实线所示。特别是采用周转轮系，可用很少的齿轮、紧凑的结构，得到很大的传动比，例如图 7-19（b）所示的曲齿轮 1、双联齿轮 2-2′、齿轮 3 和系杆 H 组成的大传动比行星轮系，当 $Z_1=100$，$Z_2=101$，$Z_2'=100$，$Z_3=99$，其传动比 $i_{H1}$ 可达 10000。

（8）改善机构工作性能和增加输出运动可靠性

图 7-20 所示为一种飞机上采用的襟翼操纵机构。它是由两个齿轮齿条机构并列组合而成，用两个移动电动机输入运动。这种机构的特点是：两台电动机共同控制襟翼，襟翼的运动反应速度快，而且如果一台电动机发生故障，另一台电动机可以单独驱动（这时襟翼摆动速度减半），这样就增大了操纵系统的安全程度，即增强了输出运动的可靠性。

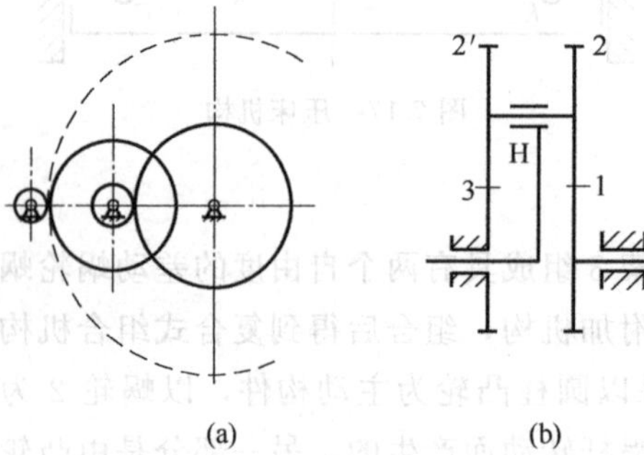

图 7-19　实现大传动比的齿轮组合机构

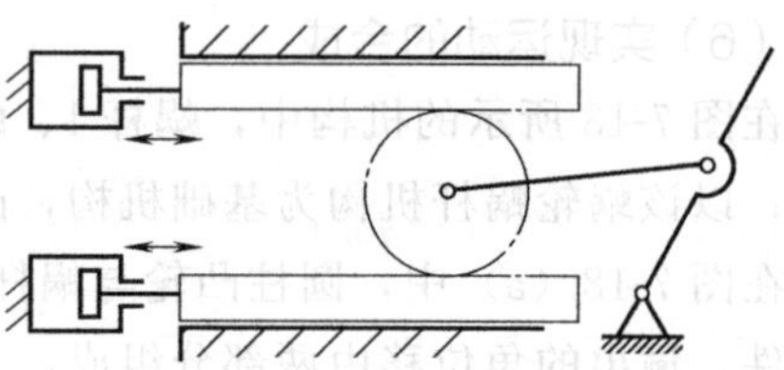
图 7-20　飞机襟翼操纵机构

（9）实现复杂动作的配合

如图 7-21 所示的双滑块驱动机构由摇杆滑块机构 1-3-4-5 与反凸轮机构 1-2-5 并联组合而成，将共同主动构件 1 的往复摆动分解为两个滑块的往复直线运动。机构运动时，摇杆 1 的滚子在大滑块 2 的沟槽内运动，致使大滑块 2 在固定件 5 上左右移动，即构件 1、2、5 构成一个移动凸轮机构；同时，摇杆 1 经连杆 3 的传递作用，使小滑块 4 也实现左右移动。因大、小滑块经由不同的机构传递运动，所以它们具有不同的运动规律。该机构一般用于工件输送装置，工作时，大滑块 2 在右端位置先接受工件，然后左移，再由小滑块 4 将工件推出。因此，设计时需注意两个滑块动作的协调与配合。

如图 7-22 所示为一个带自动送料功能的冲压机构的运动简图。它是由摆动从动件盘形凸轮机构 1′-3 与摇杆滑块机构 3-4-5 先进行串联组合，然后串联的凸轮连杆机构再与推杆盘形凸轮机构 1-2 进行并联组合。整个机构的原动件为两个固连的凸轮，推杆 2 与滑块 5 分别输出运动。工作时，推杆 2 负责输送工件，滑块 5 完成冲压，因此设计时要特别注意两输出运动的时序关系。

上面两例均采用了时序并联组合形式，机构具有一个自由度，参与并联的两个基础机构

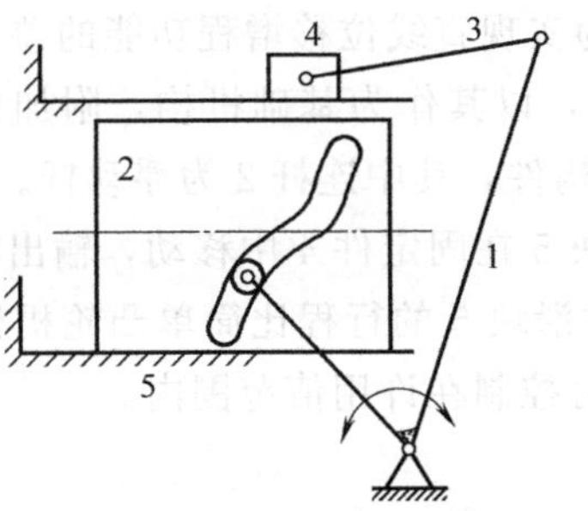


图 7-21　双滑块驱动机构

1—摇杆；2—大滑块；3—连杆；4—小滑块；5—固定件

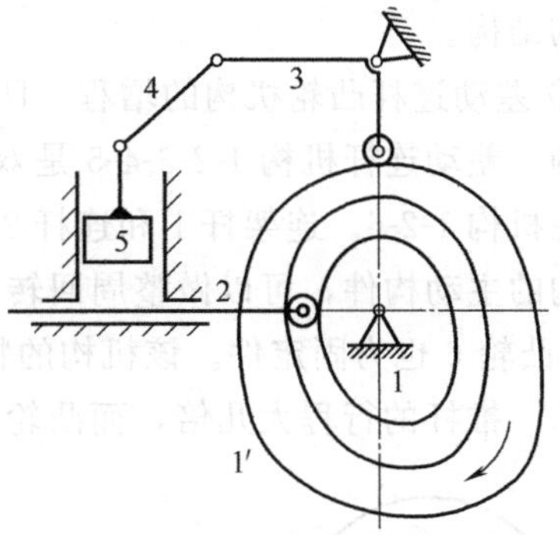


图 7-22　带自动送料功能的冲压机构

共用同一个原动件，分别输出两种运动，因此，从运动形式上讲，相当于运动的分解。一般来讲，机构分解出来的两种输出运动在时序上，或者运动规律上具有特殊要求，两基础机构需要进行复杂的运动或动作的配合。通常是先绘制输出构件的运动循环图，然后根据循环图进行机构的尺寸分析和综合分析。

# 7.2　常用组合机构选用技巧

## 7.2.1　凸轮-连杆组合机构选用技巧

凸轮-连杆组合机构是由连杆机构和凸轮机构按一定要求组合而成的，它综合了这两种机构各自的优点。这种组合机构中，多数是以连杆机构为基础，而凸轮机构起调节和补偿作用，以执行单纯连杆机构无法实现或难以设计的运动要求。但有时也以凸轮机构为主体，通过连杆机构的运动变换使输出的从动件能满足各种工作要求。

（1）增大位移的凸轮-连杆机构

① 利用杠杆原理增大位移的凸轮-连杆机构　盘形凸轮机构尺寸比较紧凑，但不宜用于从动件行程太大的场合，这是由于从动件行程较大时盘形凸轮的外形尺寸会很大，为使盘形凸轮尺寸比较紧凑，可借助杠杆原理使之相应缩小。图 7-23（a）所示的凸轮-连杆机构，利用一个输出端半径 $r_2$ 大于输入端半径 $r_1$ 的摇杆 $BAC$，可使 $C$ 点的位移大于 $B$ 点的位移，从而可在凸轮尺寸较小的情况下，使滑块获得较大行程。设计时需要注意的是，必须使 $r_2>r_1$，才能达到增程的效果；若 $r_2<r_1$，滑块行程反而减小，则不能获得增程的效果，是不

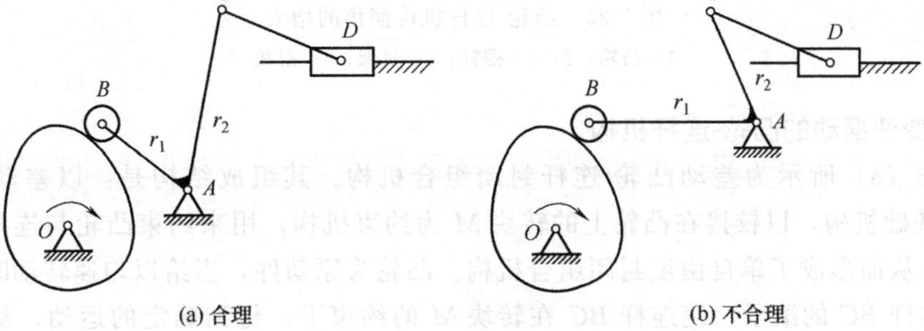


图 7-23　利用杠杆原理增大位移的凸轮-连杆机构

合理的结构。

② 差动连杆凸轮机构的增程　图 7-24（a）所示为实现直线位移增程功能的差动连杆凸轮机构。差动连杆机构 1-2-3-4-5 是双自由度五杆机构，以其作为基础机构，附加机构是固定凸轮机构 1-2-6。连架杆 1 和连杆 2 是两机构的共同构件，其中连杆 2 为浮动杆。连架杆 1 为机构的主动构件，可以做整周回转，连杆 3 带动滑块 5 在固定件 4 中移动，输出构件是滑块 5，凸轮 6 也为固定件。该机构的特点是，输出构件滑块 5 的行程比简单凸轮机构［图 7-24（b）］推杆的行程大几倍，而凸轮机构的压力角仍可控制在许用值范围内。

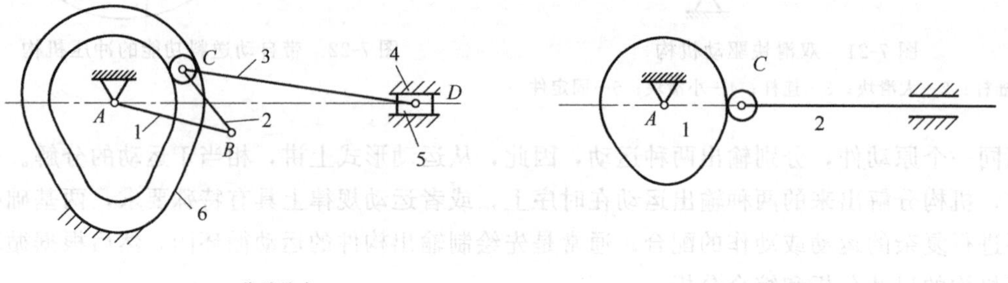


(a) 位移较大　　(b) 位移较小

图 7-24　凸轮-连杆机构的位移

1—连架杆；2，3—连杆；4—固定件；5—滑块；6—凸轮

（2）增大摆角的凸轮-连杆机构

在凸轮机构中，摆杆的摆动角受机构传力要求的限制，应小于 2 倍的压力角，一般最大只能达到 50°。为了实现运动规律的要求，又要实现大摆角的输出，可采用凸轮机构与连杆机构串联组合形式。在图 7-25（a）所示的凸轮连杆机构中，摆动从动件盘形凸轮机构为前置机构，摆动导杆机构为后置机构。图 7-25（a）中，增大摆杆 2 的尺寸，减小摆杆 5 的尺寸，即可使摆杆 5 输出较大的摆角。设计时需要注意的是，若增大摆杆 5 的尺寸及减小摆杆 2 的尺寸，如图 7-25（b）所示，将适得其反，是不合理的结构。

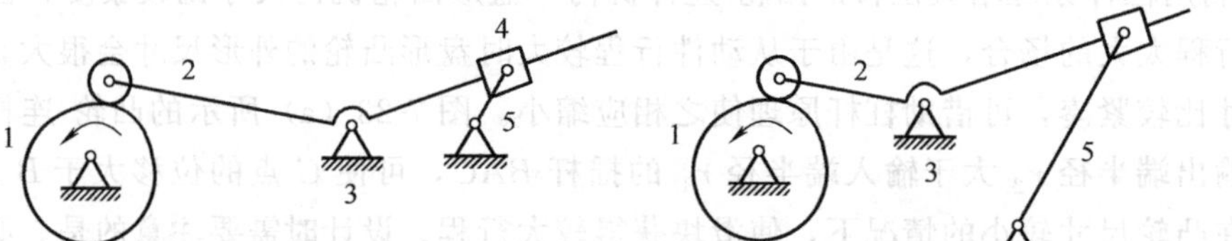


(a) 合理　　(b) 不合理

图 7-25　凸轮-连杆机构摆角的增大

1—凸轮；2，5—摆杆；3—机架；4—滑块

（3）变速摆动的凸轮-连杆机构

图 7-26（a）所示为差动凸轮-连杆封闭组合机构。其组成结构是：以差动凸轮机构 *ABCD* 为基础机构，以铰接在凸轮上的转块 *M* 为约束机构，用来约束凸轮与连杆 *BC* 间的运动关系，从而形成了单自由度封闭组合机构。凸轮为原动件，当给以匀速转动时，凸轮推动铰接在连杆 *BC* 的滚子，使连杆 *BC* 在转块 *M* 的约束下，得到确定的运动，从而使从动件摆杆 *AB* 获得变速摆动的运动规律。

在图 7-26（a）所示差动凸轮-连杆封闭组合机构中，由于凸轮廓线的作用，它相当于在机构中提供了一个始终在变化的参数，从而使这种机构在理论上能精确地满足轨迹或函数再现的设计要求。该差动凸轮-连杆封闭组合机构综合了凸轮机构和连杆机构各自的优点，具有单一基本机构［图 7-26（b）、(c)］所无法比拟的适应性。

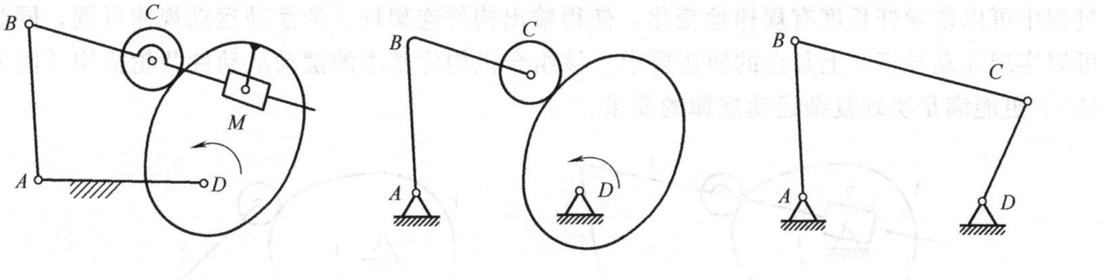

(a) 较好　　(b) 较差　　(c) 较差

图 7-26　实现变速摆动功能的机构

（4）增力的连杆-凸轮机构

前面介绍过连杆凸轮机构可以实现增程功能，实际上，连杆凸轮机构也可以实现增力功能，如图 7-27（a）所示。该机构中的基础机构是由构件 1、2、3、4 以及机架 5 组成的五杆差动连杆机构，附加机构为构件 3、4 及机架组成的固定凸轮机构，其中构件 3 是浮动杆。当主动构件 1 转动时，通过连杆 2 和浮动杆 3 带动输出构件 4 实现上下运动。通过设计凸轮廓线的形状可以较好地控制构件 3 与构件 4 铰接点的运动轨迹与速度规律，从而增大构件 4 的输出力，因此，该机构常用在冲压设备中。

如果在构件 4 与 2 之间再串联一个Ⅱ级杆组 6-7（6 为连杆，7 为滑块），则可以构造出一个双向冲压机构，如图 7-27（b）所示。构件 7 和 4 上分别固定上、下压盘，中间是毛坯，当主动构件 1 转动时，在滑块 7 向下压的同时，拉杆 4 向上顶，毛坯 8 被压制成形。

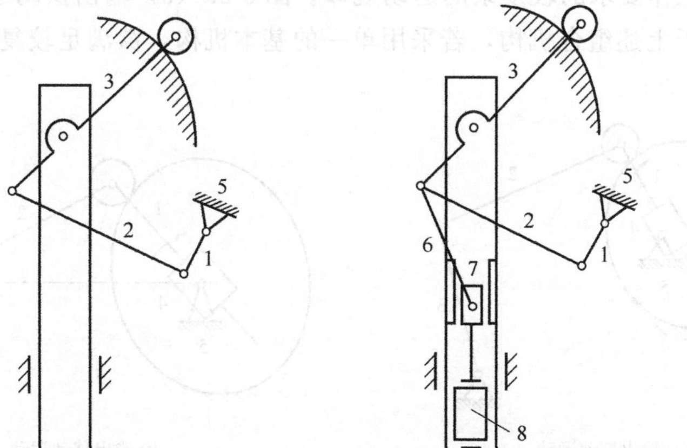

(a) 单向冲压　　(b) 双向冲压

图 7-27　增力的连杆-凸轮机构

1—主动构件；2，6—连杆；3—浮动杆；4—拉杆；5—机架；7—滑块；8—毛坯

(5) 变连杆长度实现复杂运动规律的凸轮-连杆机构

图 7-28 (a) 所示为一变连杆长度的凸轮-连杆机构。构件 1-3-4-5 组成了差动凸轮机构，附加机构为导杆机构 2-3-4-5。其中，构件 3 既为导杆机构中的导杆，又是差动凸轮机构中的浮动杆；构件 4 则为两个机构中共同的连架杆。机构工作时，凸轮 1 为主动件，输入转动；连架杆 4 是从动件，输出绕机架 5 的摆动。由于凸轮轮廓曲线的变化，导致机构在运动过程中可以使导杆长度有规律地变化，使得输出构件连架杆 4 的摆动运动规律可调，同时还可以实现浮动导杆 3 上某点的轨迹要求。该组合机构比基本的摆动从动件凸轮机构 [图 7-28 (b)] 更能满足实现复杂运动规律的要求。

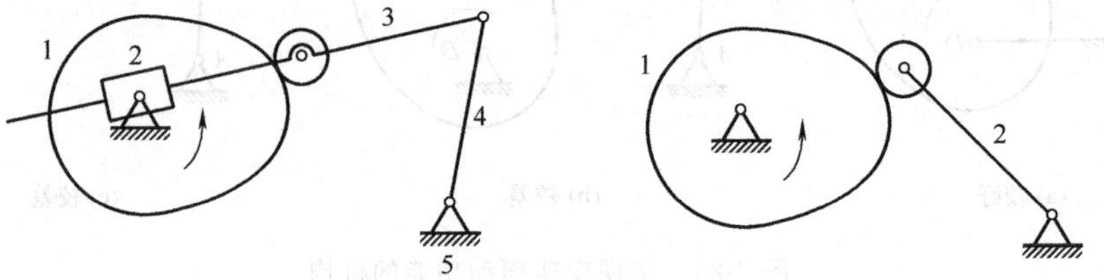

(a) 较好　　(b) 较差

图 7-28　实现复杂运动规律的变连杆长度的凸轮连杆机构

1—凸轮；2—摇块；3—导杆（浮动杆）；4—连架杆；5—机架

(6) 变曲柄长度实现复杂运动规律的连杆-凸轮机构

图 7-29 (a) 所示是变曲柄长度的连杆-凸轮机构。组合机构中，五连杆机构为具有两个自由度的基础机构，固定凸轮机构为附加机构。差动连杆机构中的浮动杆 2 与连架杆 3 也是固定凸轮机构中的浮动杆与连架杆。其中，图 7-29 (a) 的基础机构是具有一个移动副的差动连杆机构，图 7-29 (b) 的基础机构是具有两个移动副的差动连杆机构。工作时，主动构件是曲柄 1，输出构件是连架杆 3。改变凸轮轮廓曲线的形状，可以有规律地调节曲柄 1 的长度，同时，连杆 2 与曲柄 1 的铰接点的运动规律及运动轨迹也受凸轮廓线的影响，最终使输出构件 3 实现工作要求的较复杂的运动规律。图 8-29 (a) 输出摆动运动，图 8-29 (b) 输出移动运动。对于上述组合机构，若采用单一的基本机构，欲满足较复杂的运动规律是很难实现的。

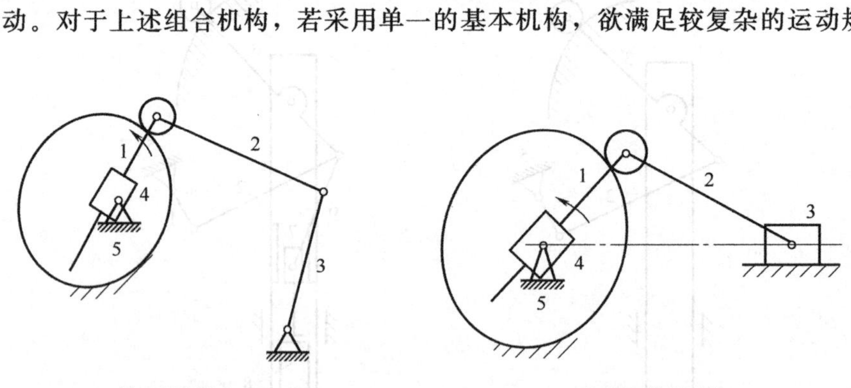

(a) 输出摆动运动　　(b) 输出移动运动

图 7-29　变曲柄长度的连杆-凸轮机构

1—曲柄；2—浮动杆；3—连架杆；4—摇块；5—机架

(7) 实现复杂运动轨迹的凸轮-连杆机构

图 7-30 (a) 所示为由连杆机构 1-2-3-4-5 和固定凸轮 6 组成的组合机构，主动件 1 转动

时，连杆 2 上 $D$ 点执行给定轨迹 $m$-$m$ 的运动，导杆 3 在滑块 4 中滑动。这种组合机构的运动相当于杆长 $BC$ 可变的铰链四杆机构 $OABC$，因而克服了一般铰链四杆机构［图 7-30 (b)］的连杆曲线无法精确实现给定轨迹的要求。

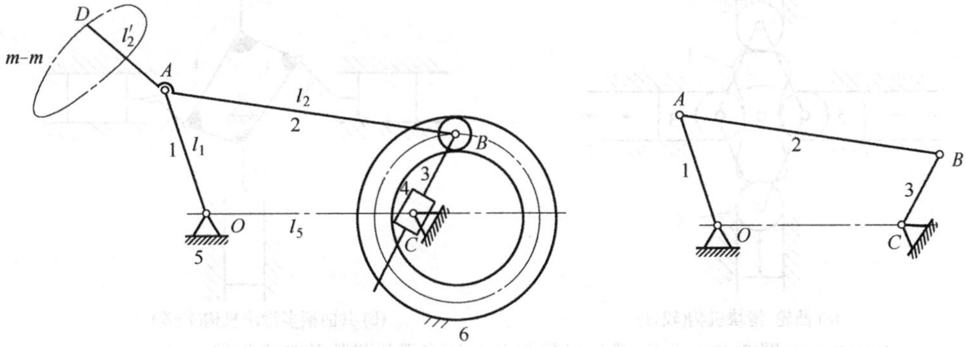


(a) 凸轮-连杆组合机构(较好)　　(b) 铰链四杆机构(较差)

图 7-30　实现复杂运动轨迹的机构

1—主动件；2—连杆；3—导杆；4—滑块；5—机架；6—固定凸轮

（8）实现停歇特征的凸轮-连杆机构

图 7-31 (a) 所示是以倒置后的凸轮机构取代曲柄的情形。因为凸轮 5 的沟槽有一段凹圆弧 $ab$（滚子 2 在其中运动），其半径 $R$ 等于连杆 3 的长度 $L$，故原动件 1 在转过 $\alpha$ 角的过程中，滑块 4 处于停歇状态。

值得指出的是只有圆弧 $ab$ 半径 $R$ 与连杆 3 的长度 $L$ 相等时，组合机构才有停歇特征；而当 $R<L$ 或 $R>L$ 时，如图 7-31 (b) 所示，都将无停歇特征。

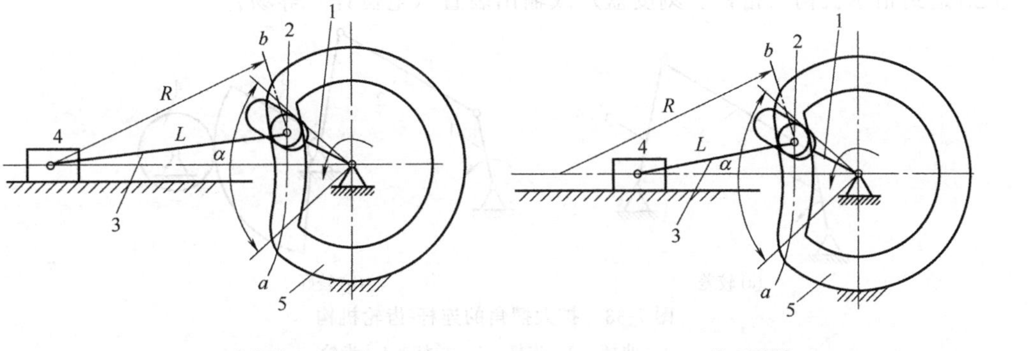


(a) 有停歇　　(b) 无停歇

图 7-31　实现停歇特征的凸轮-连杆机构

1—原动件；2—滚子；3—连杆；4—滑块；5—凸轮

（9）改善机构动力性能的凸轮-滑块机构

图 7-32 (a) 所示为凸轮-滑块机构，它是模仿了凸轮与曲柄滑块两种机构的结构特点设计而成的。该机构用在泵上，其蚕状凸轮 1 推动四个滚子（2、3、4、5），从而推动四个活塞做往复移动。若选取适当的凸轮廓线，则该机构的动力性能会比图 7-32 (b) 所示的共曲柄多滑块机构（1 为主动件，2、3、4、5 为连杆）优越。

## 7.2.2　齿轮-连杆组合机构选用技巧

齿轮-连杆组合机构是由定传动比的齿轮机构和变传动比的连杆机构组合而成。由于其

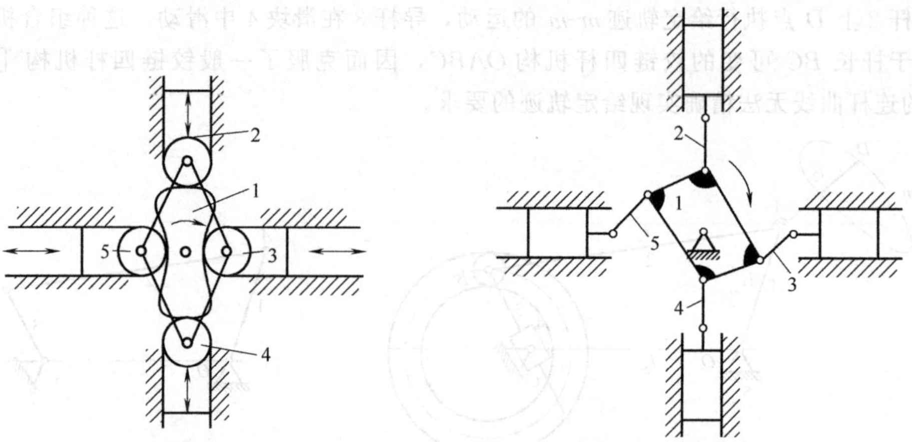


图 7-32　凸轮-滑块机构与共曲柄多滑块机构的动力性能

1—蚕状凸轮；2～5—滚子

运动特性多种多样，以及组成该机构的齿轮和连杆便于加工、精度易保证和运动可靠等特点，因此这类组合机构在工程实际中应用日渐广泛。应用齿轮-连杆组合机构可以实现多种运动规律和不同运动轨迹的要求。

（1）增大摆角的连杆-齿轮机构

设计曲柄摇杆机构时，因许用传动角的关系，摆杆的摆角常受到限制［图 7-33（a）］。如果采用图 7-33（b）所示的曲柄摇杆机构和齿轮机构构成的组合机构（齿扇与摇杆 3 固连，4 为齿轮），则可增大从动件的输出摆角。该机构常用于仪表中将敏感元件的微小位移放大后送到指示机构（指针、刻度盘）或输出装置（电位计）等场合。

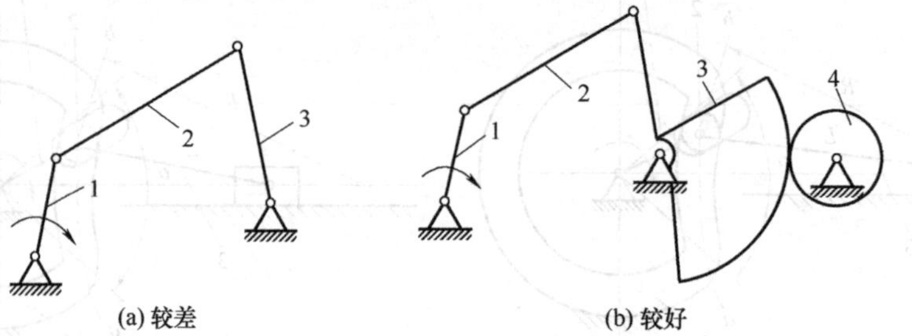


图 7-33　扩大摆角的连杆-齿轮机构

1—曲柄；2—连杆；3—摇杆；4—齿轮

图 7-34（a）所示为飞机上使用的膜盒式高度表结构简图，飞机飞行高度 $H$ 不同时，大气压 $P$ 将会发生变化，使真空膜盒（灵敏元件）产生位移，通过曲柄滑块机构将位移转换为摆杆 3 的转角 $\alpha$（$\alpha$ 一般很小），再经过齿轮机构放大转换为指针的转角 $\varphi$，从而在度盘上指出相应的高度，其机构运动简图如图 7-34（b）所示。

（2）增大位移的连杆-齿轮机构

常用的单一的基本机构，往往有一定的局限性。例如，曲柄滑块机构由于曲柄长度的局限性，使得输出构件滑块的位移受到一定限制，而将其与齿轮机构相组合，则可改善其性能，增大位移。

图 7-35 所示为用于增大行程的连杆-齿轮组合机构。图 7-35（a）中曲柄滑块机构 $OAB$ 为前置机构，后置机构为齿轮齿条机构。其中，齿轮 3（滑块）空套在 $B$ 点的销轴上，它与

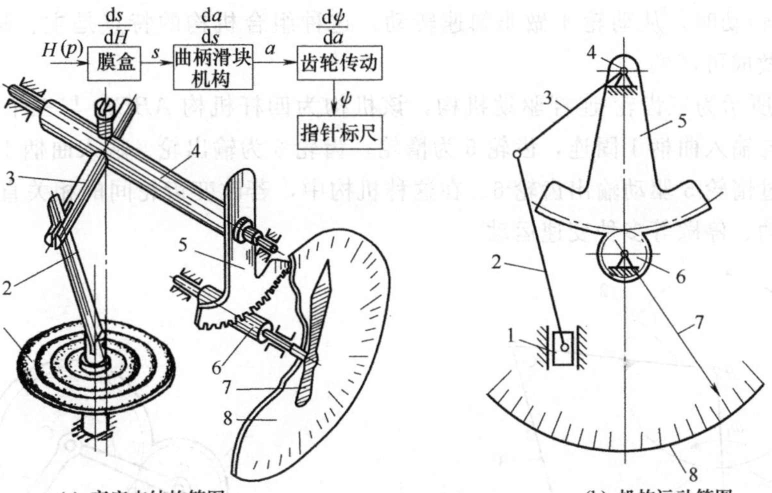


(a) 高度表结构简图　　(b) 机构运动简图

图 7-34　膜盒式高度表摆角放大机构

1—膜盒；2—连杆；3—曲柄；4—轴；5—扇形齿轮；6—小齿轮；7—指针；8—度盘

两个齿条同时啮合，在上面的齿条 4 固定，在下面的齿条 5 能做水平方向的移动。当半径为 $R$ 的曲柄 1 回转一周，滑块（齿轮 3）的行程为 2 倍的曲柄长，而齿条 5 的行程又是滑块的 2 倍，即 $H=4R$。

若采用双联齿轮 3-3′，如图 7-35（b）所示，齿轮 3 与固定齿条 4 啮合，3′与移动齿条 5 啮合，则曲柄 1 转动一周，齿条 5 的行程 $H$ 为

$$H=2\left(1+\frac{r_3'}{r_3}\right)R$$

式中，$r_3$ 为齿轮 3 的节圆半径；$r_3'$为齿轮 3′的节圆半径。显然，当 $r_3'>r_3$ 时，$H\geqslant 4R$。可见，图 7-35（b）较图 7-35（a）可使输出构件增加更大的位移。

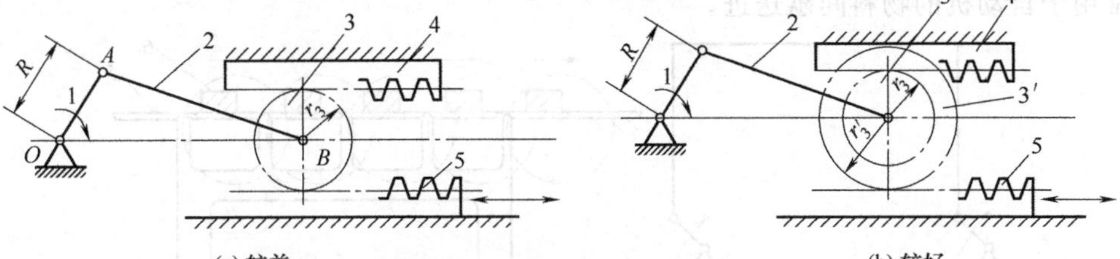


(a) 较差　　(b) 较好

图 7-35　增大位移的连杆-齿轮机构

1—曲柄；2—连杆；3，3′—齿轮；4—固定齿条；5—移动齿条

（3）实现齿轮变速传动的齿轮-连杆机构

图 7-36 所示为两齿轮-连杆组合机构，该机构在四杆机构 $ABCD$ 上安装了一对齿轮，行星齿轮 2 与连杆 $BC$ 固连，中心轮 4 绕 $A$ 轴转动，当主动曲柄 1 以 $\omega_1$ 匀速转动时，从动轮 4 做非匀速转动，其角速度为

$$\omega_4=\omega_1\left(1+\frac{Z_2}{Z_4}\right)-\omega_2\frac{Z_2}{Z_4}$$

式中，$\omega_2$ 为连杆 $BC$ 的角速度；$Z_2$、$Z_4$ 为齿轮 2 和 4 的齿数。由上式可知，轮 4 的速度是由等速部分（第一项）和周期性变化的变速部分（第二项）合成的。可见，当主动曲柄

1以 $\omega_1$ 匀速转动时，从动轮4做非匀速转动。这种组合机构的特点是主、从轴共线，$AD$ 间距离便于做成可调的。

图7-37所示为三齿轮-连杆驱动机构，该机构为四杆机构 $ABCD$ 与三个齿轮的组合机构。齿轮4与输入曲柄1固连，齿轮5为惰轮，齿轮6为输出轮。输入曲柄1旋转时，带动齿轮4并通过惰轮5驱动输出齿轮6。在这种机构中，若改变齿轮间的相关直径，输出齿轮可以实现摆动、停歇等多种变速运动。

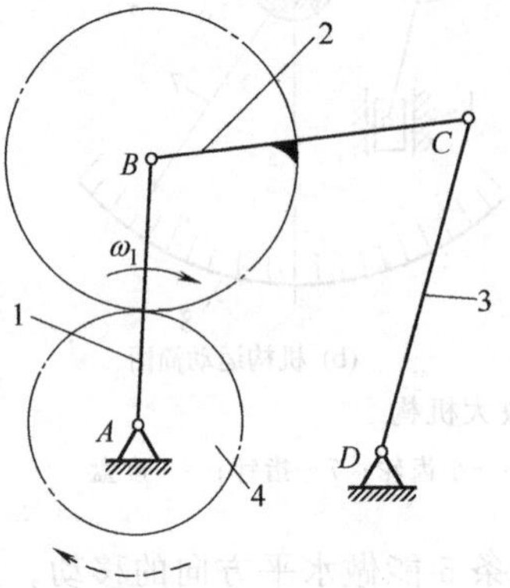


图7-36 实现齿轮变速传动的齿轮-连杆机构

1—曲柄；2—行星齿轮；3—连杆；4—从动轮

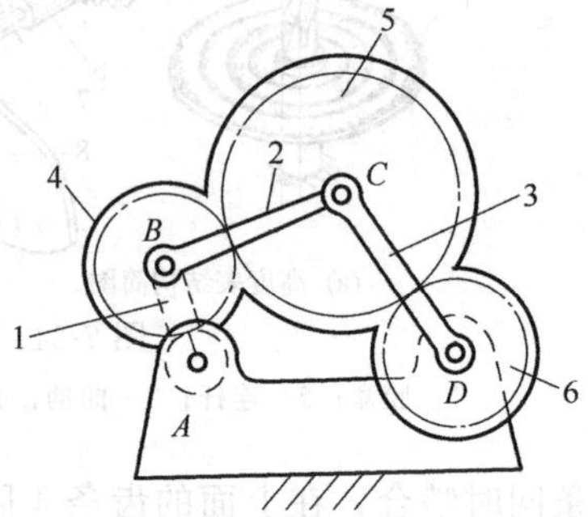


图7-37 变速三齿轮-连杆驱动机构

1—曲柄；2，3—连杆；4—齿轮；5—惰轮；6—输出齿轮

（4）实现间歇移动的齿轮-连杆机构

齿轮机构与连杆机构一般均为常见的连续转动［图7-38（a）、（b）］，但二者若组合成齿轮-连杆机构，则可实现间歇运动，如图7-38（c）所示。该机构由两个齿轮机构和两个连杆机构组成。齿轮1经两个齿轮2与2′带动一对曲柄3与3′同步转动，曲柄使连杆4（送料动梁）平动，5为工作滑轨，6为被推送的工件。由于动梁上任一点的运动轨迹如图中双点画线所示，故可间歇地推送工件。该机构将齿轮机构的连续转动转化为间歇运动，运动可靠，常用于自动机的物料间歇送进。

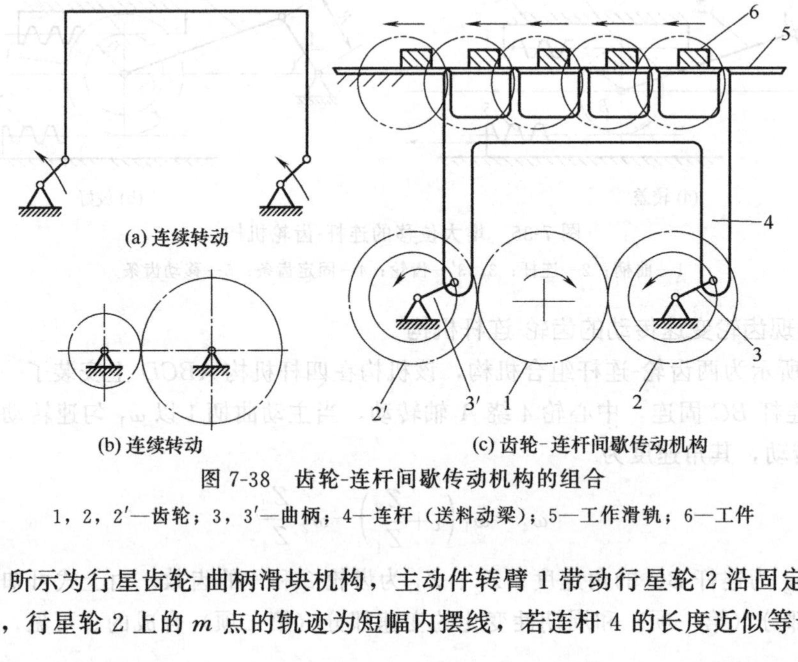


图7-38 齿轮-连杆间歇传动机构的组合

1，2，2′—齿轮；3，3′—曲柄；4—连杆（送料动梁）；5—工作滑轨；6—工件

图7-39所示为行星齿轮-曲柄滑块机构，主动件转臂1带动行星轮2沿固定内齿轮3做行星运动时，行星轮2上的 $m$ 点的轨迹为短幅内摆线，若连杆4的长度近似等于摆线 $ab$ 曲

率半径，则滑块 5 可有近似间歇移动。

（5）实现导杆近似等速移动的齿轮-导杆机构

如图 7-40 所示的齿轮-导杆机构，当主动齿轮 1 做匀速转动时，从动导杆 5 可实现近似等速移动。该机构中，当偏心轮 1 绕 $F$ 转动（$A$ 点是其几何中心）时，与其相啮合的齿轮 2 随之转动，在齿轮 2 的几何中心 $B$ 点上固接滚子 7，滚子 7 可沿机架 6 上的导槽 $c$-$c$ 做往复运动；连杆 3 两端在 $A$ 点与 $B$ 点和两个齿轮铰接，以保证两齿轮的中心距不变；齿轮 2 上又固接一个滚子 4，该滚子可在移动导杆 5 的直槽中移动。当齿轮 2 转动时，滚子 4 拨动导杆 5 沿固定的导路 $s$-$s$ 做近似的等速往复移动。齿轮 1 转两周，导杆 5 往复移动一次。该机构尺寸满足下列条件

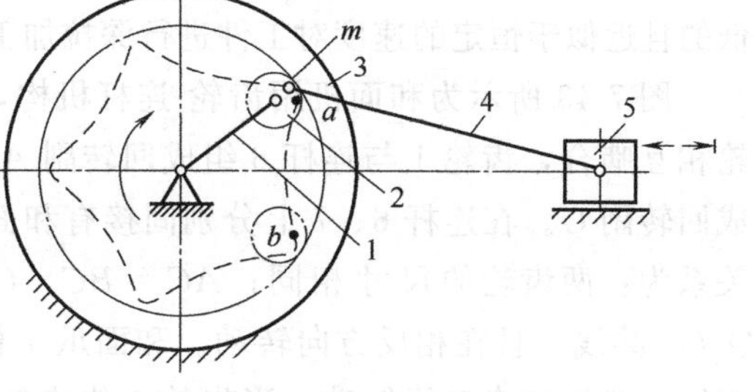


图 7-39　实现间歇移动的齿轮-连杆机构

1—主动件转臂；2—行星轮；3—固定内齿轮；4—连杆；5—滑块

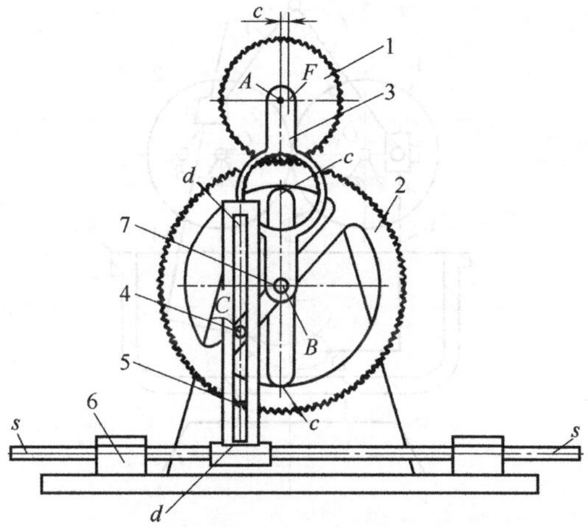


图 7-40　实现导杆近似等速移动的齿轮-导杆机构

1—主动齿轮；2—齿轮；3—连杆；4,7—滚子；5—导杆；6—机架

$$r_2=2r_1,\ AF=0.125r_1,\ AB=3r_1,\ CB=r_1$$

式中，$r_1$、$r_2$ 分别为齿轮 1 和齿轮 2 的节圆半径。

（6）实现减速的齿轮-连杆机构

在齿轮-连杆组合机构中，齿轮机构是应用最广泛的实现速度变换的前置机构。图 7-41（a）所示的齿轮-连杆组合机构中，齿轮机构为前置机构，后置机构为连杆机构，该组合机构的速度比单一的连杆机构［图 7-41（b）］的速度可减小。

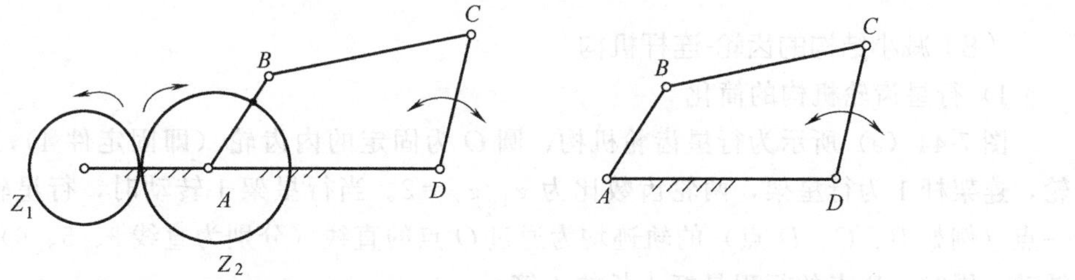


(a) 较好　　(b) 较差

图 7-41　实现减速的齿轮-连杆机构

（7）实现给定轨迹满足工艺要求的齿轮-连杆机构

如图 7-42 所示为深拉压力机齿轮-连杆机构，图中所示主体机构为具有两个自由度的七杆机构。两长度不等的曲柄 1 和 2 分别与连杆 3 和 4 铰接于 $A$ 和 $B$，两连杆又铰接于点 $C$；主动齿轮 8 同时分别与曲柄 1 和 2 固连的齿轮相啮合，因而使两曲柄能同步转动。连杆 5 和连杆 3、4 铰接于点 $C$；连杆 5 又和滑块 6 铰接于点 $D$；滑块 6 和固定导路 7 组成移动副。则当主动齿轮 8 转动时，从动滑块 6 在导路中往复移动，且由于铰接点 $C$ 的轨迹 $K_C$ 的形状而

使滑块 6 的运动速度能满足工艺要求，即滑块由其上折反位置以中等速度接近工件，然后以较低的且近似于恒定的速度对工件进行深拉加工，最后由下折反位置快速返回至其上折反位置。

图 7-43 所示为和面机用齿轮-连杆机构，齿轮 1 和 2 分别绕固定轴 $O_1$、$O_2$ 转动，两齿轮相互啮合，齿轮 1 与连杆 6 组成回转副 $A$，齿轮 2 与连杆 7 组成回转副 $B$，连杆 6、7 组成回转副 $C$。在连杆 6、7 上分别固接有和面爪 3、4，其伸出长度可以调节。各构件间尺寸关系为：两齿轮的尺寸相同；$AC=BC$，$O_1A=O_2B$。在机构初始位置，$O_1A$、$O_2B$ 和 $O_1O_2$ 共线，且在相反方向转动。和面爪 4 相对于连杆 7 可以固定在不同位置，构件 5 为盛面缸，可绕自身轴线转动。当齿轮 1 绕定轴 $O_1$ 转动时，和面爪 3、4 上的 $D$、$E$ 点分别描绘出轨迹曲线 $d$ 和 $e$，可满足和面工艺要求。

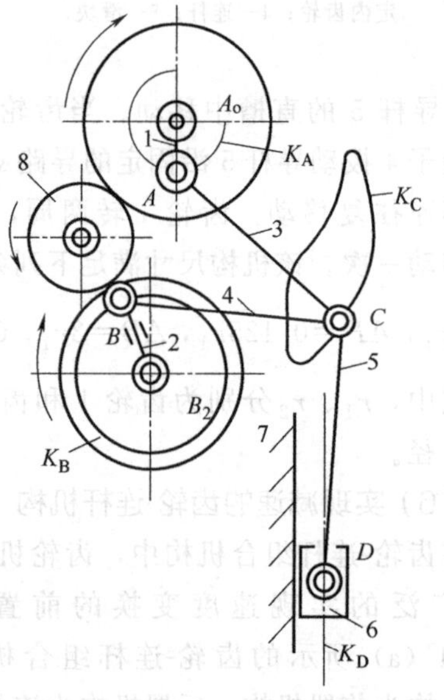

图 7-42　深拉压力机齿轮-连杆机构

1，2—曲柄；3～5—连杆；6—滑块；

7—固定导路；8—主动齿轮

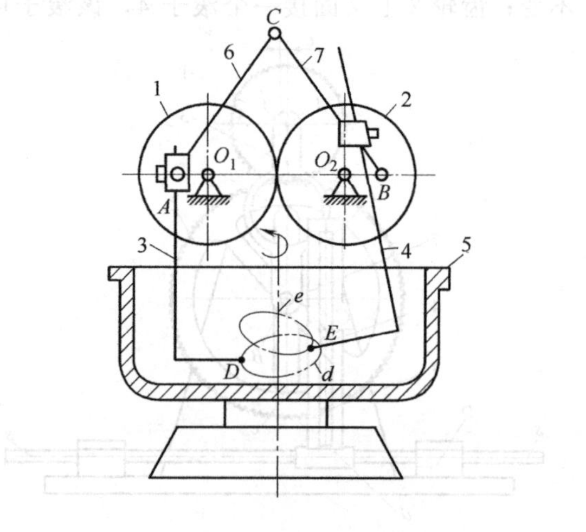

图 7-43　和面机用齿轮-连杆机构

1，2—齿轮；3，4—和面爪；

5—盛面缸；6，7—连杆

（8）减小结构的齿轮-连杆机构

1）行星齿轮机构的简化

图 7-44（a）所示为行星齿轮机构，圆 $O$ 为固定的内齿轮（即固定件 4），圆 $A$ 为行星轮，连架杆 1 为行星架，两轮齿数比为 $z_4/z_2=2$。当行星架 1 转动时，行星轮节圆上任意一点（例如 $B$、$C$、$D$ 点）的轨迹均为通过 $O$ 点的直线（分别为直线 3、5、6），并且当杆 1 转动一周时，$B$ 点的行程是杆 1 长的 4 倍。

图 7-44（a）所示的行星齿轮机构结构尺寸大，并且内齿轮加工成本高，给使用者带来诸多不便。为解决这一问题，可以利用具有不同结构但具有相同输入、输出的周转轮系进行等效代换。若将原来的内啮合变为外啮合，并保持传动比不变，即 $z_4/z_2=2$，同时增加一个介轮保持原来的转动方向不改变，就构造了一个与图 7-44（a）完全等效的机构，见图 7-44（b）所示。若在行星轮 2 上固连一杆，并使 $AB=OA$，如图 7-44（c）所示，当行星架转动时，$B$ 点输出移动的行程是杆 1 长的 4 倍。

将机构进一步简化，用同步带或链传动代替外啮合的齿轮传动，可以去掉介轮，构造一个带有挠性件的周转轮系。若也在行星轮 2 上固结一杆，并使 $AB=OA$，如图 7-44（d）所示。

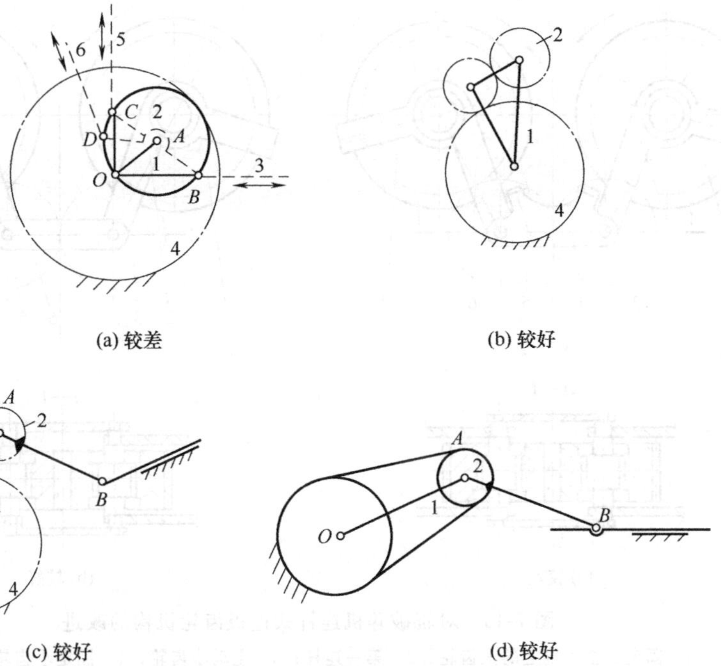

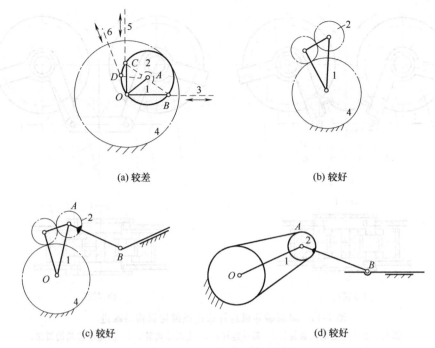

图 7-44 行星齿轮机构的简化

1—行星架；2—行星轮；3，5，6—直线轨迹；4—固定件

当行星架转动时，$B$ 点输出移动的行程是杆 1 长的 4 倍。该机构常用于有大行程要求的场合。

2）对辊破碎机连杆式连板齿轮机构的改进

图 7-45（a）所示为波纹面对辊破碎机，生产过程对破碎机工作辊有两个基本要求：一是当返料带有异物（如铁块）落入破碎机的破碎腔时，两个工作辊之一能移动一个距离，让异物顺利通过以保护破碎机结构的安全；二是两个工作辊辊面的波峰、波谷彼此相互对应，工作时两个工作辊必须保证同步运转，以避免两辊的波峰相碰撞和达到排出返料的粒度比较均匀。

波纹面对辊破碎机采用单电动机-齿轮减速器驱动，主动辊（通过联轴器与齿轮减速器连接）和从动辊（可在机架上做水平方向移动）之间采用四连杆式过桥连板齿轮副传动，保证了从动辊做水平移动时能正常传动，且两个工作辊同步回转。过桥连板齿轮副结构如图 7-45（a）所示。这个连板齿轮副结构的特点是在固定小齿轮的板架上设有两个限位螺钉，安装时主动辊与从动辊保持一个设定的距离（排料口尺寸），此时将限位螺钉调整到适当位置，使其分别同第一、第二连杆接触，维持两个连杆在主、从动辊无相对移动时的位置稳定，从而保证破碎辊运转的稳定性。

破碎机在工作过程中，由于被破碎物料的硬度等物理性质不断变化，当破碎力略大于弹簧安全保护装置的预紧力时（特别是试车过程预紧力调得过小），从动辊（活动辊）在水平方向发生频繁的往复位移，造成连杆对限位螺钉的连续冲击，从而发生限位螺钉被镦粗或螺纹脱扣等现象，使限位螺钉很快损坏。

为解决上述问题，可考虑简化连板机构，减少运动副，如图 7-45（b）所示，将四连杆式连板齿轮副改为三连杆式连板齿轮副，即将固定小齿轮的板架与第二连杆的铰接改为刚性连接，取消两个限位螺钉，如图 7-45（b）中 $A$—$A$ 剖视图所示。实践证明，简化了的三连杆式连板齿轮副结构对波纹面辊式破碎机的传动没有不良影响，完全满足工艺上的要求。

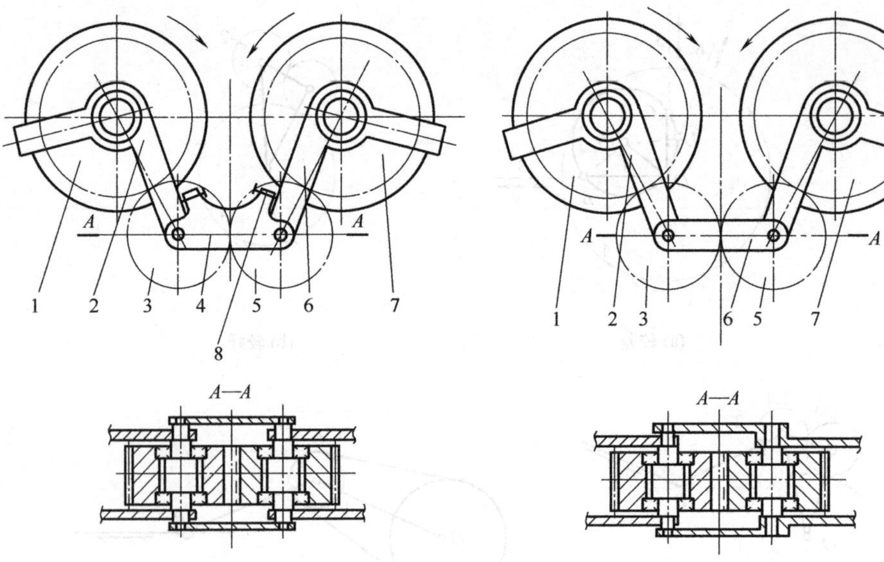


(a) 较差　　　　(b) 较好

图 7-45　对辊破碎机连杆式连板齿轮机构的改进

1—固定在主动辊上的大齿轮；2—第一连杆；3—主动小齿轮；4—固定小齿轮的板架；5—从动小齿轮；6—第二连杆；7—固定在从动辊上的大齿轮；8—板架限位螺钉

（9）平动齿轮机构的改进

图 7-46（a）所示是一个平行四边形机构，图 7-46（b）所示是一个齿轮机构，将这两种基本机构进行叠加组合，$BC$ 杆与齿轮 $Z_2$ 固连，得到图 7-46（c）所示的机构。该机构有如下特点：在运动过程中，齿轮 $Z_2$ 由于和 $BC$ 固连，所以始终做平功，同时继续与齿轮 $Z_1$ 保持啮合，是一种全新的齿轮机构，称为平动齿轮机构［图 7-46（c）］。

经分析研究发现，该机构运动起来后外形尺寸过大，实用性较小。为此，以减小尺寸为出发点，进行合理的演化，可获得一系列新的平动齿轮机构。

将图 7-46（c）所示的外啮合齿轮机构换成内啮合齿轮机构，然后进行组合，则可得到图 7-46（d）所示的内啮合平动齿轮机构，其尺寸要小于图 7-46（c）所示的外啮合平动齿轮机构。该机构具有传动功率大、效率高等优点，若取两齿轮的齿数差很少，那么该机构又有传动比很大的优点，从而可实现大传动比、大功率、高效率传动。

内啮合平动齿轮机构在应用于实际时，构件在运动过程中的惯性力不易平衡，所以运动稳定性较低。为此，利用增加辅助机构的方法，采用了两组和 3 组相同的机构，这样就解决了运动过程中构件惯性力的平衡问题，如图 7-46（e）～（g）所示。

## 7.2.3　凸轮-齿轮组合机构选用技巧

凸轮-齿轮组合机构是由各种类型的齿轮机构（包括定轴轮系、周转轮系、蜗杆蜗轮等）和凸轮机构组成的。这种组合机构一般均以齿轮机构为主体，凸轮机构起控制、调节与补偿作用，以实现单纯齿轮机构无法实现的特殊运动要求，例如具有任意停歇时间或任意运动规律的间歇运动，以及机械传动校正装置中所要求的一些特殊规律的补偿运动等。

（1）实现间歇回转的凸轮-齿轮机构

图 7-47 所示为采用凸轮-齿轮组合的间歇回转机构。借助燕尾槽 6 和支承轴的作用，齿

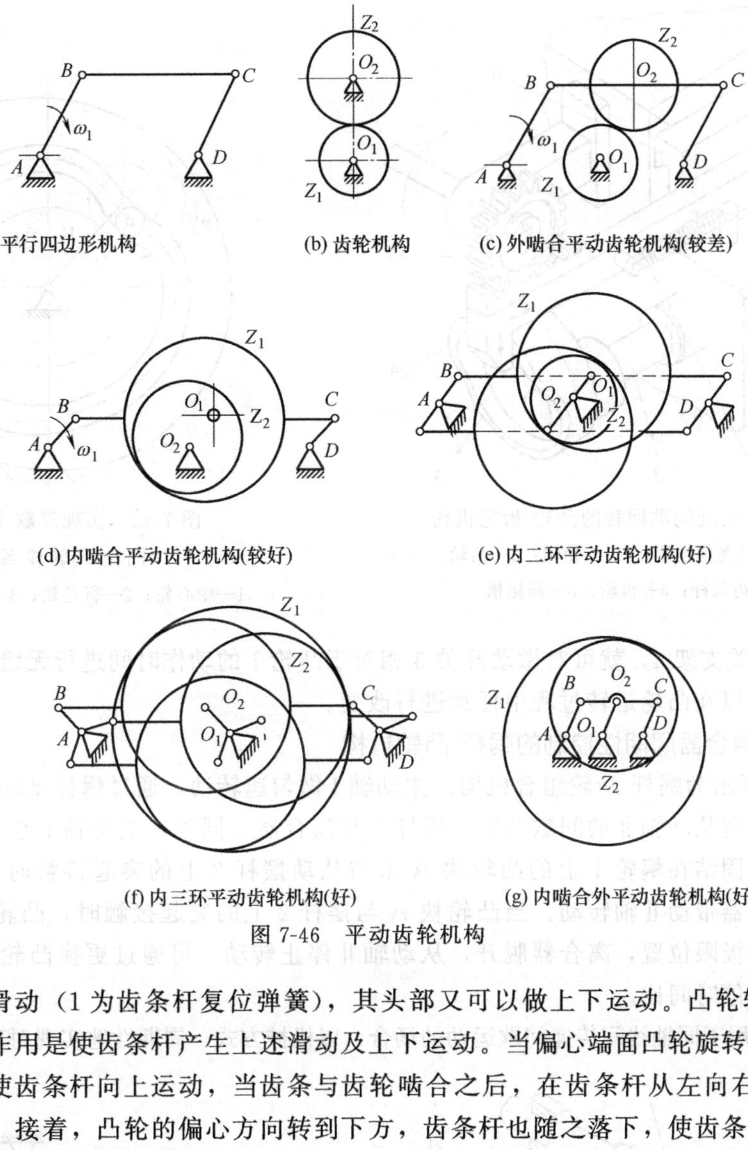


图 7-46　平动齿轮机构

条杆 4 既可以滑动（1 为齿条杆复位弹簧），其头部又可以做上下运动。凸轮轴 2 上的偏心端面凸轮 3 的作用是使齿条杆产生上述滑动及上下运动。当偏心端面凸轮旋转时，由于凸轮偏心的作用，使齿条杆向上运动，当齿条与齿轮啮合之后，在齿条杆从左向右移动过程中，使齿轮 5 转动。接着，凸轮的偏心方向转到下方，齿条杆也随之落下，使齿条与齿轮脱开啮合，实现齿轮 5 的间歇回转运动。

（2）实现周期性长区间停歇步进运动的凸轮-周转轮系机构

图 7-48 为一由周转轮系和一沟槽式固定凸轮组成的组合机构。周转轮系中的转臂 H 为主动件，输出齿轮为中心轮 1，与转臂 H 共轴线，在行星轮 2 上固定有滚子 4，它在固定凸轮 3 的曲线沟槽中运动。当主动件转臂 H 等速回转时，凸轮槽迫使行星轮 2 与转臂 H 之间产生一定的相对运动，如图中所示的 $\phi_2^H$ 角，从而使从动件中心轮 1 实现所需的周期性长区间停歇步进运动。

（3）调节运转动作时间的凸轮-蜗杆蜗轮机构

图 7-49 为可在运转过程中调节动作时间的凸轮-蜗杆蜗轮组合机构。该机构常用于凸轮程序控制装置。在凸轮轴 2 上空套蜗轮 5，蜗轮上装有固定着微动开关 3 的支架 4。当凸轮 1 转动时，其凸起部分使微动开关接通或断开，如果微动开关相对于凸轮凸起部分的位置改变，则微动开关的动作时间也可改变。如果使与蜗轮 5 相啮合的蜗杆 6 转动，那么，通过蜗

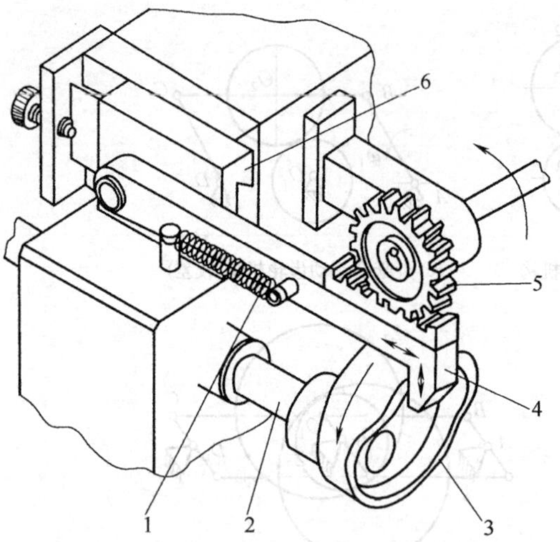


图 7-47　实现间歇回转的凸轮-齿轮机构

1—齿条杆复位弹簧；2—凸轮轴；3—凸轮；4—齿条杆；5—齿轮；6—燕尾槽

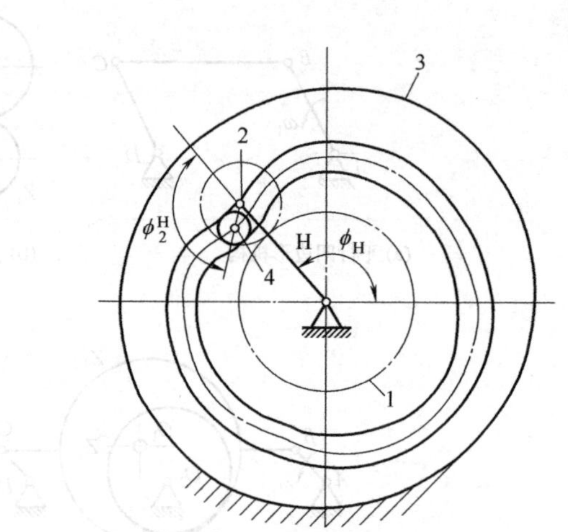


图 7-48　实现停歇步进运动的凸轮-周转轮系机构

1—中心轮；2—行星轮；3—凸轮；4—滚子

杆 6、微动开关支架 4，就可对微动开关 3 相对于凸轮 1 的动作时间进行无级调整予以改变。这种调节，可以在凸轮运转过程中任意进行改变。

（4）对离合器周期性控制的蜗杆-凸轮机构

图 7-50 所示为蜗杆-凸轮组合机构。主动轴Ⅰ做匀速转动，通过蜗杆-凸轮机构控制离合器的离合以实现从动轴Ⅱ的间歇转动。蜗杆 3 与离合器 4 同轴，主动轴Ⅰ通过蜗杆使蜗轮 1 匀速转动，当固结在蜗轮 1 上的凸轮块 A 未与从动摆杆 2 上的突起接触时，离合器闭合，Ⅰ轴通过离合器带动Ⅱ轴转动。当凸轮块 A 与摆杆 2 上的突起接触时，凸轮块远休止廓线使摆杆摆至右极限位置，离合器脱开，从动轴Ⅱ停止转动。可通过更换凸轮块 A 来改变从动轴Ⅱ的动、停时间比。

该机构常用于同轴线间传递间歇运动的场合，以机械方式、周期性地实现对离合器的控制。

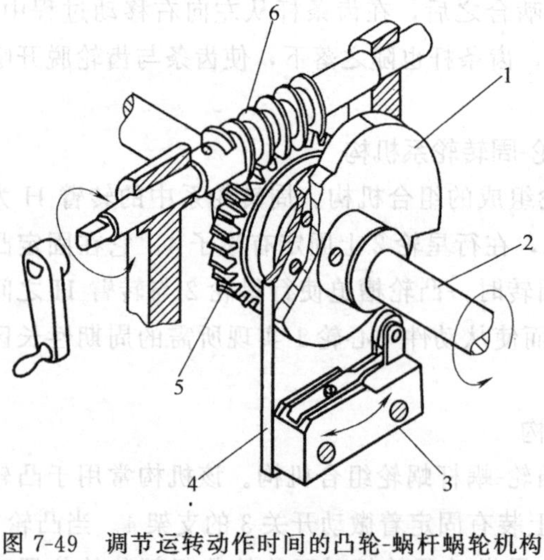


图 7-49　调节运转动作时间的凸轮-蜗杆蜗轮机构

1—凸轮；2—凸轮轴；3—微动开关；4—微动开关支架；5—蜗轮；6—蜗杆

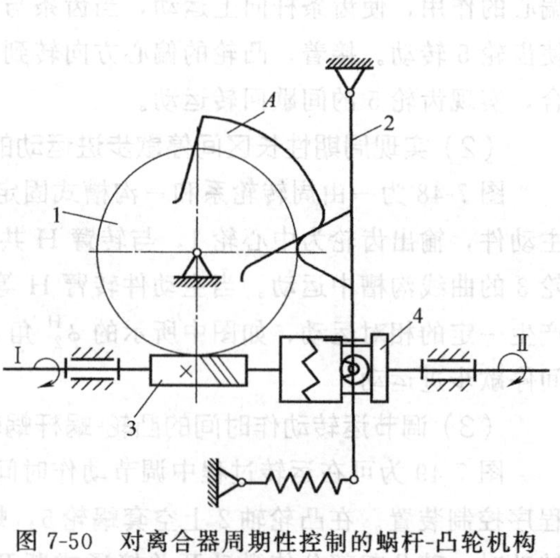


图 7-50　对离合器周期性控制的蜗杆-凸轮机构

1—蜗轮；2—摆杆；3—蜗杆；4—离合器

（5）传动误差补偿的凸轮-蜗杆蜗轮机构

图 7-51（a）所示为精密滚齿机中的分度校正传动误差补偿机构。图中蜗杆除了可绕自身的轴线转动外，还可以轴向移动，它和蜗轮 2 及机架组成一个自由度为 2 的蜗杆蜗轮机构；槽凸轮 2′和推杆 3 及机架 4 组成自由度为 1 的移动滚子从动件盘形凸轮。凸轮 2′与蜗轮 2 为一个构件，蜗杆 1 为主动件，当蜗杆驱动蜗轮转动时，同时带动槽凸轮 2′一起转动，凸轮机构的从动杆随着凸轮槽形状的变化做往复直线运动，反过来又驱动蜗杆沿其轴向左右窜动，蜗杆的转动和移动使蜗轮产生附加转动，从而使转动误差得到校正。

由于蜗杆 1 沿轴线方向的移动是通过凸轮机构从蜗轮 2 反馈回授的，所以凸轮轮廓线的设计应与蜗杆传动中的传动误差紧密关联，即需要通过传动误差设计凸轮轮廓形状。若图线与图 7-51（a）所示的不同，则设计不合理。无论问题是出现在传动误差设计上还是凸轮轮廓的设计方法上，图 7-51（b）中凸轮轮廓的设计都是不合理的。

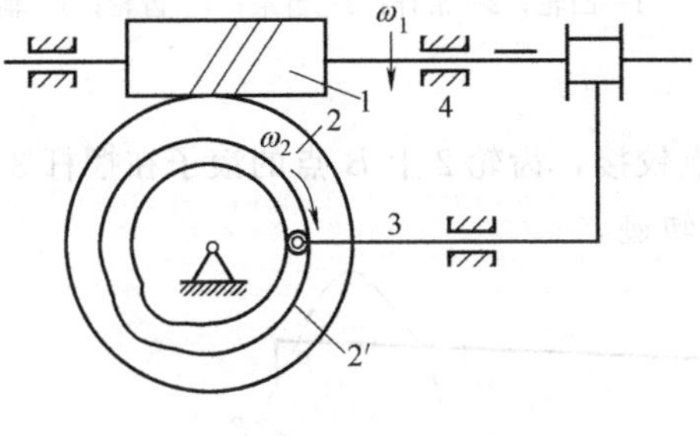

(a) 合理

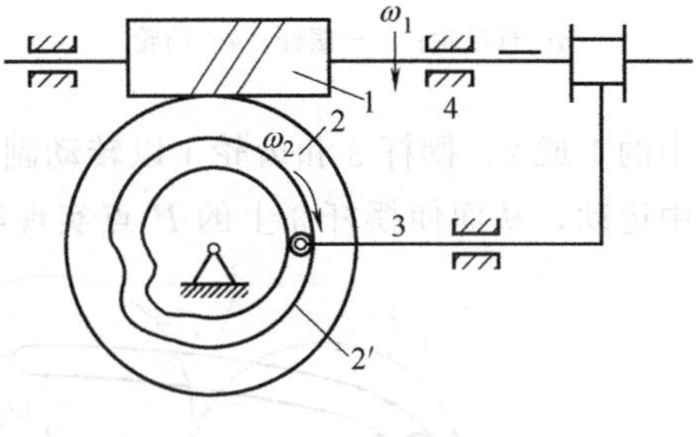

(b) 不合理

图 7-51　某精密滚齿机中的分度校正机构

1—蜗杆；2—蜗轮；2′—凸轮；3—推杆；4—机架

（6）用于分度补偿的凸轮-行星齿轮机构

图 7-52 所示为某滚齿机工作台校正机构的简图，它是利用凸轮-齿轮组合机构实现运动补偿的一个实例。图中，齿轮 2 为分度挂轮的末轮，运动由它输入；蜗杆 1 为分度蜗杆，运动由它输出；通过与蜗杆相啮合的分度蜗轮（图中未画出）控制工作台转动。采用该组合机构，可以消除分度蜗轮副的传动误差，使工作台获得精确的角位移，从而提高被加工齿轮的精度。其工作原理如下：中心轮 2′、行星轮 3 和系杆 H 组成一简单的差动轮系。凸轮 4 和摆杆 3′组成一摆动从动件凸轮机构。运动由齿轮 2 输入后，一方面带动中心轮 2′转动，另一方面又通过杆件 2″，齿轮 2‴、5′、5、4′带动凸轮 4 转动，从而通过摆杆 3′使行星轮 3 获得附加转动，系杆 H 和与之固连的分度蜗杆 1 的输出运动，就是上述这两种运动的合成。只要事先测定出机床分度蜗轮副的传动误差，并据此设计凸轮 4 的廓线，就能消除分度误差，使工作台获得精确的角位移。

（7）实现行程放大的凸轮-齿轮机构

图 7-53 所示为凸轮和齿轮组成的行程放大机构。与平板凸轮 1 相关的轴销 5 带动滑杆 2 左右移动，移动距离为凸轮升程 $x$，滑杆上装有可摆动的扇形齿轮 4，扇形齿轮与齿条 3 相啮合，由于滑杆的移动将使扇形齿轮摆动，因此，凸轮引起的移动将使扇形齿轮另一侧的臂杆摆动，摆动距离将依臂杆长与齿轮半径之比而放大。

（8）实现给定运动轨迹的齿轮-凸轮机构

图 7-54 所示的齿轮-凸轮机构可用来实现给定的运动轨迹。原动件是传动比为 1 的一对

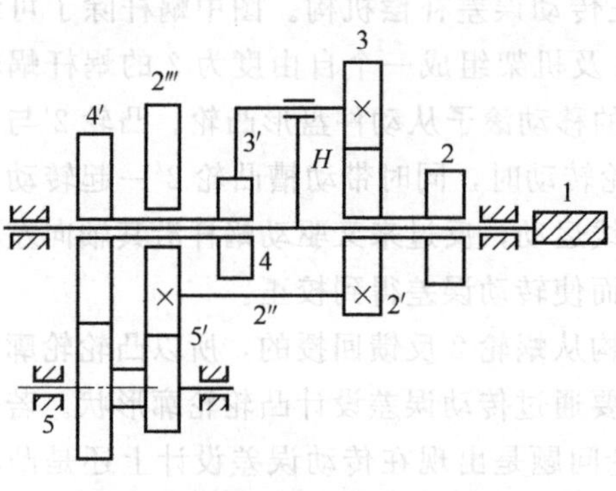


图 7-52　滚齿机工作台校正机构

1—蜗杆；2，2‴，4′，5，5′—齿轮；

3—行星轮；3′—摆杆；4—凸轮

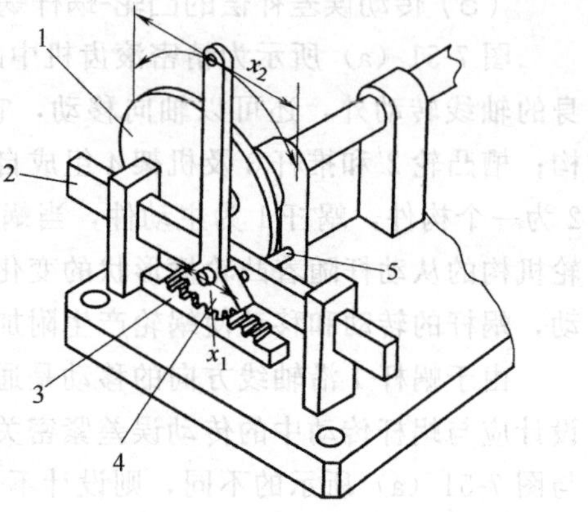


图 7-53　实现行程放大的凸轮-齿轮机构

1—凸轮；2—滑杆；3—齿条；4—齿轮；5—轴销

齿轮中的1或2，摆杆3和齿轮1以转动副在$A$点铰接，齿轮2上$B$点的滚子在摆杆3的曲线槽中运动，从而使摆杆3上的$P$点实现给定的轨迹。

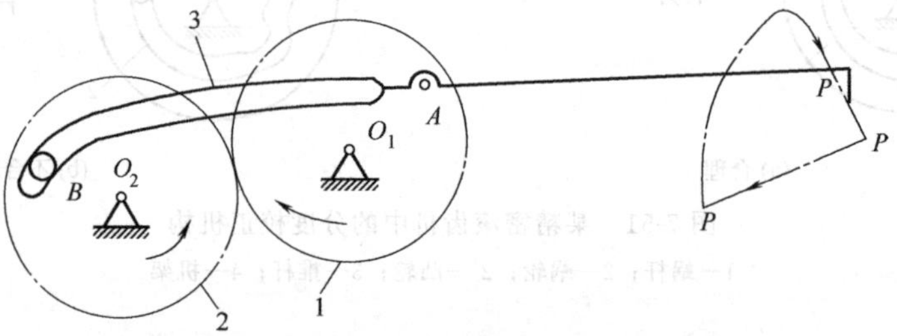


图 7-54　实现给定运动轨迹的齿轮-凸轮机构

1，2—齿轮；3—摆杆

（9）凸轮调节锥齿轮周转轮系输出轴转速机构

图7-55所示机构是利用转动的凸轮使行星锥齿轮产生附加转动，从而使输出轴由匀速转动变为非匀速转动，凸轮机构使原来的定轴轮系变为周转轮系。

图7-55中，主动锥齿轮10通过行星齿轮3将运动传递给从动锥齿轮2；从动锥齿轮2与大直齿轮4固接在输出轴1上；行星齿轮3铰接在转臂8的一端，转臂8的另一端铰接滚子9；小直齿轮5与凸轮7固接在轴6上，并与大直齿轮相啮合。

主动锥齿轮10转动时，轴1上的大直齿轮4带动小直齿轮5与凸轮7转动，凸轮通过滚子9使转臂8摆动，其结果使转动的锥齿轮3绕轴线$a—a$转动（公转）成为行星齿轮；行星齿轮3的自转与公转使大直齿轮4做变速转动，输出轴1也做变速转动；输出轴速度的改变又影响凸轮的转速，从而使输出轴得到复杂的运动。通过改变凸轮的轮廓尺寸就可改变输出轴的转速。

## 7.2.4　综合型组合机构选用技巧

（1）蜂窝煤成形机机构组合方案设计

蜂窝煤成形机设计要求主要有以下几个方面：

① 冲压机构完成冲压蜂窝煤的动作并可进行短暂保压。

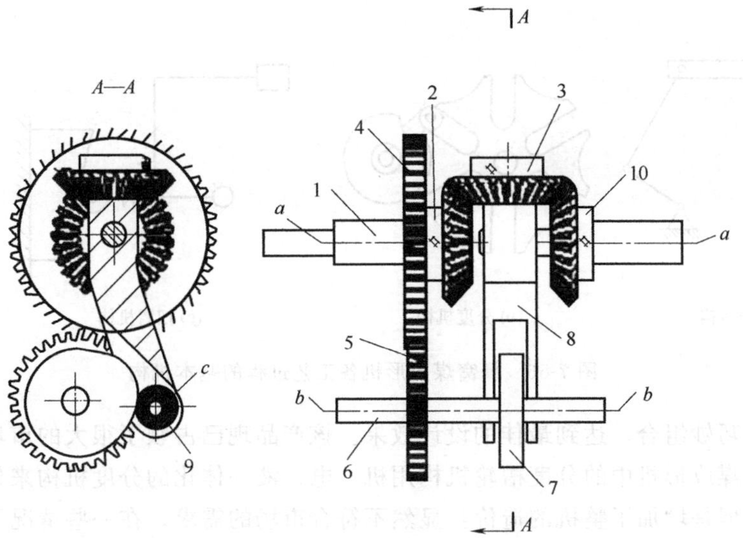


图 7-55　凸轮调节锥齿轮周转轮系输出轴转速机构

1—输出轴；2—从动锥齿轮；3—行星齿轮；4—大直齿轮；5—小直齿轮；6—轴；7—凸轮；8—转臂；9—滚子；10—主动锥齿轮

② 间歇性运动机构完成带有周向圆孔的出煤盘的间歇性转动。

③ 扫屑机构完成清扫冲头及出煤盘。

④ 脱模机构完成把蜂窝煤从模具中脱出的动作。

⑤ 减速传动机构调节适当的冲压速度。

表 7-2 列出了完成各工艺动作所对应的简单机构。可见，把各机构进行组合，供选方案可以有很多种，经全面综合分析对比，特别是根据蜂窝煤成形机要求性能良好、结构简单、操作容易、经久耐用、维修方便、成本低廉的特点，选用表 7-2 中有“√”的机构进行组合，则为最优设计方案。即：冲压机构为曲柄滑块机构；分度机构为槽轮机构；扫屑机构为移动凸轮机构；减速机构为带传动和齿轮传动机构，如图 7-56 所示。为增加冲头的刚度，可采用对称的两套冲压机构［图 7-56（a)］。

表 7-2　蜂窝煤成形机的机构组合

| | | | |
|---|---|---|---|
| 冲压机构 | 曲柄滑块机构√ | 六杆增压机构 | 凸轮机构 |
| 分度机构 | 槽轮机构√ | 不完全齿轮机构 | 凸轮式间歇机构 |
| 扫屑机构 | 连杆机构 | 移动凸轮机构√ | 齿轮机构 |
| 脱模机构 | 单独脱模机构 | 与冲压机构同体√ | — |
| 传动机构 | 齿轮机构 | 带传动机构 | 带传动＋齿轮传动机构√ |

图 7-57（a）所示为蜂窝煤成形机结构简图。冲头 5 和脱模盘 4 都与上下移动的滑梁 3 连成一体。曲柄 1、连杆 2、滑梁 3（脱模盘 4、冲头 5）和机架 7 构成偏置曲柄滑块机构［图 7-57（b)］。如图 7-57（c）所示，动力经由带传动输送给齿轮机构，齿轮 1 整周转动，通过连杆 2 使滑梁 3 上下移动，在滑梁下冲时，冲头 5 将煤粉压成蜂窝煤，脱模盘 4 将已压成的蜂窝煤脱模。

上述蜂窝煤成形机组合机构的设计中，总的出发点是力求简单、经济、实用，尽可能利

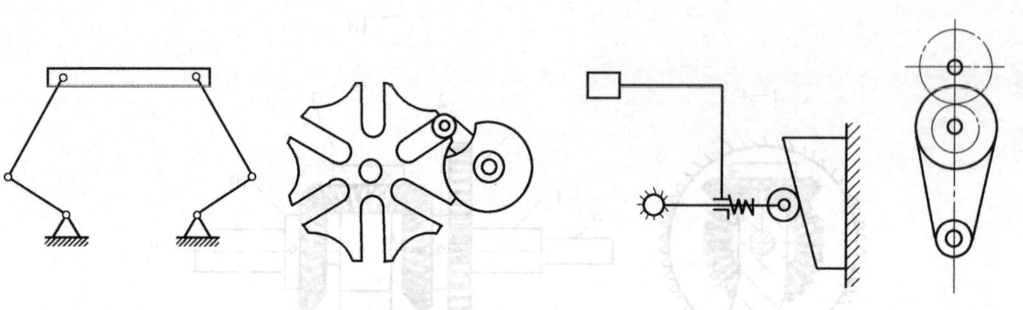

(a) 冲压机构　(b) 分度机构　(c) 扫屑机构　(d) 传动机构

图 7-56　蜂窝煤成形机各工艺过程的基本机构

用简单机构的巧妙组合，达到最佳的设计效果。该产品现已占领了很大的市场份额。

若把蜂窝煤成形机中的分度槽轮机构用机、电、液一体化的分度机构来代替，虽然提高了分度精度，但是增加了整机的造价，显然不符合市场的需求。在一些情况下，不考虑实际情况，盲目采用高新技术，造成机器系统复杂并使成本上升，在设计中是不可取的。

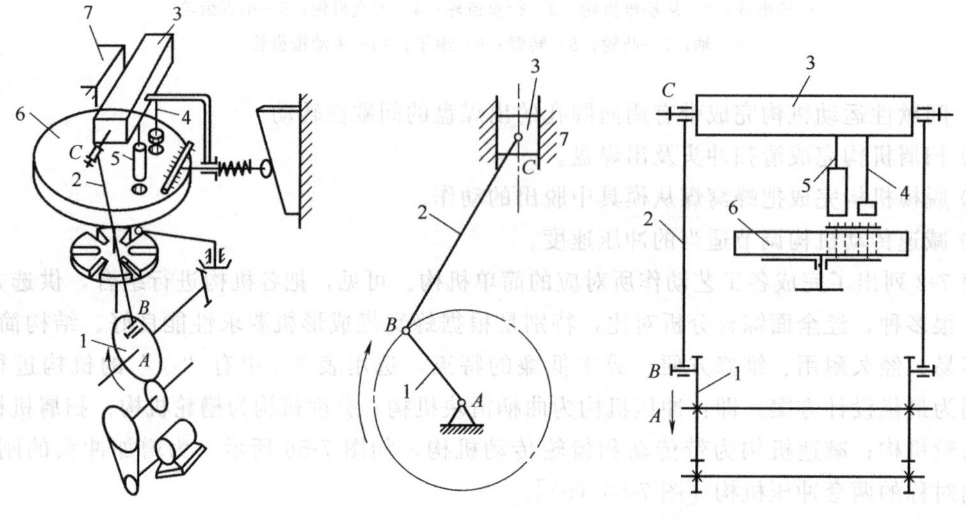


(a)　(b)　(c)

图 7-57　蜂窝煤成形机结构与方案原理图

1—曲柄；2—连杆；3—滑梁；4—脱模盘；5—冲头；6—模筒转盘；7—机架

### （2）剪板机组合机构整体方案与布局的选取

综合型的组合机构形式多样，例如，齿轮机构、连杆机构、凸轮机构与带、链、蜗杆传动等组成较为复杂的机械传动系统时，往往有不同的顺序布局和多种传动方案，这就需要将各种传动方案加以分析比较，针对具体情况择优选定。一般合理的传动方案除应满足机器预定的功能外，还要考虑结构简单、尺寸紧凑、工作可靠、制造方便、成本低廉、传动效率高和使用安全、维护方便等要求。为此，方案选择时，如前所述，常将带传动置于高速级，链传动置于低速级，而将改变运动形式的连杆机构、凸轮机构等作为执行机构，布置在传动系统的末端，以实现预定的运动。

传动方案的选定是一项比较复杂的工作，需要综合运用多方面的技术知识和实践经验，从多个角度分析比较，才能获得较为合理的传动方案。

例如图 7-58 所示的由功率 $P_m=7.5\text{kW}$，满载转速 $n_m=720\text{r/min}$ 的电动机驱动的剪板机的各种传动方案，其活动刀剪每分钟往复摆动剪板 23 次。现对图中七种方案进行分析。

图 7-58（a）和图 7-58（b）从电动机到工作轴 A 的传动系统完全相同，由 $i_{带}=6.5$ 的 V 带传动和 $i_{齿}=4.8$ 的齿轮传动组成，其总传动比 $i=i_{带}\ i_{齿}=6.5\times4.8\approx31.2$，使工作轴 A 获得 $n_w=n_m/i=720/31.2=23\text{r/min}$ 的连续回转运动。考虑到剪板机工作速度低，载荷重且有冲击，对活动刀剪除要求适当的摆角、急回速比及增力性能外，对其运动规律并无特殊要求。图 7-58（b）采用连杆机构变换运动形式，较图 7-58（a）所示的采用凸轮机构为佳，结构也简单得多。

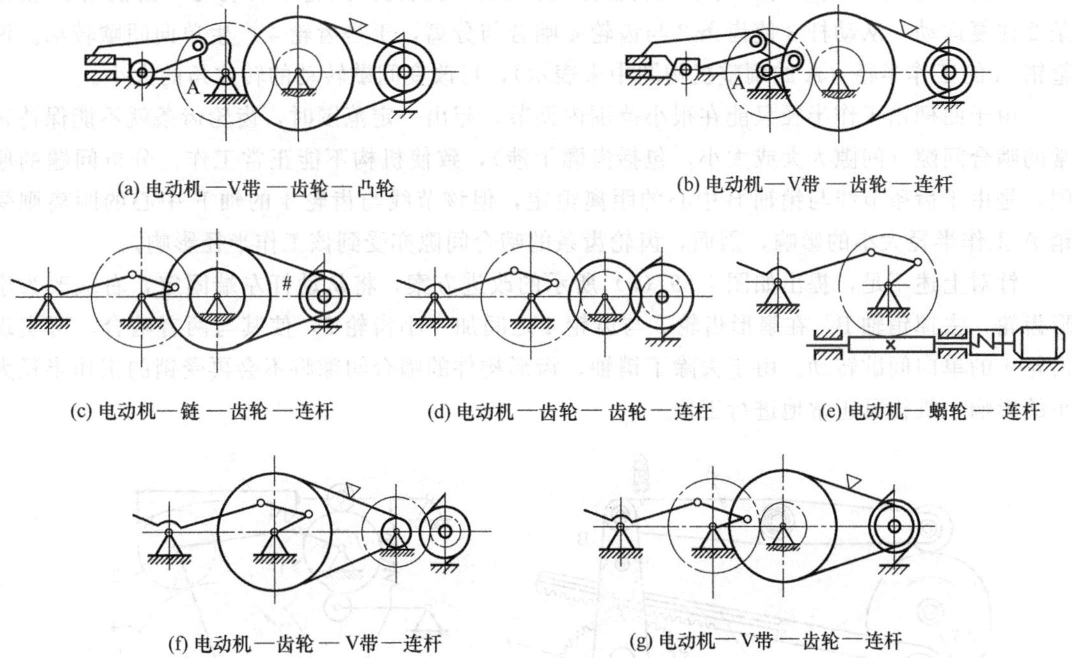


图 7-58　剪板机组合机构选取与布局

方案（a）～（d）、（f）、（g）中：$i_{链}=6.5$　$i_{齿}=4.8$；方案（e）：$i_{蜗}=31.2$

图 7-58（b）～图 7-58（e）在电动机到工作轴 A 之间采用了不同的传动机构，它们都能满足工作轴转速 23r/min 的要求，但图 7-58（b）采用 V 带传动，可发挥其缓冲吸振的特点，使剪板时的冲击振动不致传给电动机，且过载时 V 带在带轮上打滑对机器的其他机件起安全保护作用。虽然图 7-58（b）所示机构的外廓尺寸大些，但结构和维护都较图 7-58（c）～（e）方便。图 7-58（e）采用单级蜗杆传动，虽具有外廓尺寸紧凑和传动平稳的优点，但这对剪板机而言，显然并非主要矛盾；而传动效率低，能量损失大，使电动机功率增大且蜗杆传动制造费用高，成为突出缺点；另外，蜗轮尺寸小虽属优点，但转动惯量也因而减小，可能反而还要安装较大的飞轮，才能符合剪切要求，这样就更不合理了，故此方案在剪板机中很少采用。

图 7-58（f）与图 7-58（b）所示方案相比，仅排列顺序不同，其齿轮传动在高速级，尺

寸虽小些，但速度高，冲击、振动和噪声均较大，制造和安装精度以及润滑要求也较高，而带传动放在低速级，则不能发挥带传动能缓冲、吸振及工作平稳的优点，且带布置在低速级，转矩大，带的根数多，带轮尺寸和质量显著增大，显然是不合理的。

图 7-58（b）、图 7-58（g）所示两方案所选机械类型、排列顺序、总传动比均相同，但传动比分配不同，图 7-58（b）中 $i_{带} > i_{齿}$，而图 7-58（g）则相反，两者相比，图 7-58（b）所示方案较好。这是因为图 7-58（b）所示方案中大带轮直径和质量虽较大，但大齿轮尺寸可以较小，使大齿轮制造会方便一些；另外，带轮相对大齿轮处于高速位置，其质量增大，转动惯量增大，在剪板机短时最大负载作用下，可获得增加飞轮惯性的效果。权衡之下，还是利多于弊。综上所述，图 7-58（b）所示方案应为首选方案。

（3）变转位角的间歇转动机构的改进

如图 7-59（a）所示为一可改变转位角的间歇转动机构。凸轮 1 转动时，由柄销 A 使齿条 2 往复运动，从动杆 3 使齿条 2 与齿轮 4 啮合与分离，于是齿轮 4 产生单向间歇转动。调整销 A 的工作半径（A 的调整机构图中未表示），可改变间歇转动的转位角的大小。

由于曲柄销工作半径只能在很小范围内调节，超出一定范围时，齿轮齿条就不能保持正常的啮合间隙（间隙太大或太小，包括齿廓干涉），致使机构不能正常工作。分析问题的原因，是由于齿条节线与销轴 B 中心的距离恒定，但该节线与齿轮 4 的轴 F 中心的距离则受销 A 工作半径大小的影响，因而，齿轮齿条的啮合间隙亦受到该工作半径影响。

针对上述不足，提出如图 7-59（b）所示的改进方案，将从动杆左端固定，右端改为扇形齿轮，去掉销轴 B，在扇形齿轮 3 与齿轮 4 之间加一小齿轮 2，使其与两者啮合，可实现齿轮 4 的单向间歇转动。由于去除了销轴，齿形构件的啮合间隙将不会再受销的工作半径大小的影响，机构可正常地进行工作。

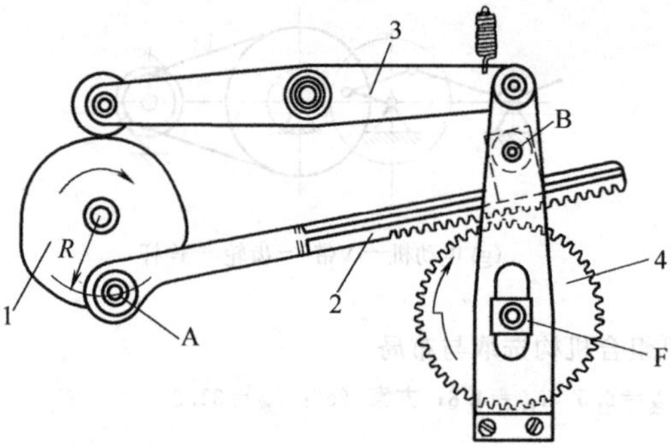

(a) 改进前

1—凸轮；2—齿条；3—从动杆；4—齿轮

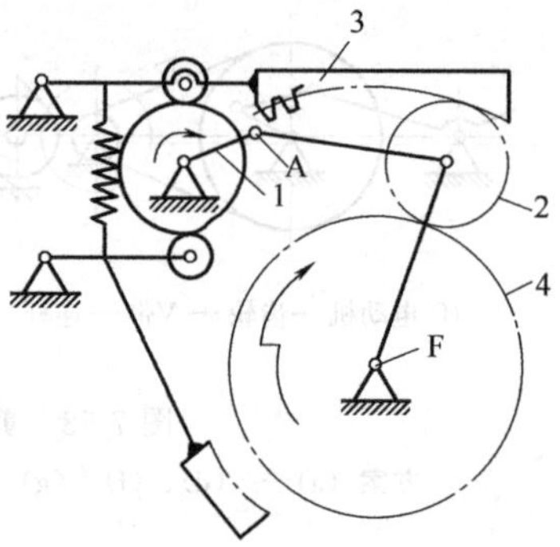

(b) 改进后

1—连杆；2—小齿轮；3—扇形齿轮；4—齿轮

图 7-59 变转位角的间歇转动机构的改进

# 第8章 机械结构创新设计方法与技巧

近年来，随着新产品和新技术等的竞争日趋激烈，机械创新设计越来越受到人们的重视，其中必然包括机械结构创新设计。结构创新设计非常重要，新结构直接生成新产品，产生新功能，尤其可能通过巧妙的结构解决原有产品中存在的问题，获得超乎常规的特性和意想不到的效果。因此，设计人员有必要了解一些机械结构创新设计方法与技巧。

## 8.1 机构创新设计方法与技巧

### 8.1.1 常见机构的运动特性与选用技巧

（1）常见机构的运动特性

一个机械装置的功能，通常通过传动装置和机构来实现。机构设计具有多样性和复杂性，一般在满足工作要求的条件下，可采用不同的机构类型。在进行机构设计时，除了要考虑满足基本的运动形式、运动规律或运动轨迹等工作要求外，还应注意以下几个方面的要求。

① 机构尽可能简单。可通过选用构件数和运动副较少的机构、适当选择运动副类型、适当选用原动机等方法来实现。

② 尽量缩小机构尺寸，以减少重量和提高机动、灵活性能。

③ 应使机构具有较好的动力学性能，提高效率。

在实际设计时，要求所选用的机构能实现某种所需的运动和功能，表 8-1 和表 8-2 归纳介绍了常见机构可实现的运动形式和性能特点，可为设计提供参考。

（2）常见机构运动形式选用技巧

人们在进行机构运动形式选择时，容易受到惯性思维的影响，选用一些常规的机构，而忽视了某些实际问题，从而不能达到理想设计效果。常见情况如下。

① 实现间歇运动不宜仅限于常用间歇机构　在设计具有间歇运动形式的机械时，人们往往选择常用间歇机构，如棘轮机构、槽轮机构、不完全齿轮机构等，但连杆机构也具有非常好的间歇运动特性，经常被人忽视。连杆机构由于是由低副组成，通常能传递较大的载荷，并且经济性、耐用性、易加工性和易维护性都比较好；缺点是尺寸较大。因此，在尺寸没有严格限制的情况下，选择间歇型运动时不宜将连杆机构排除在外。

**表 8-1 常见机构可实现的运动形式**

| | 运动类型 | 连杆机构 | 凸轮机构 | 齿轮机构 | 其他机构 |
|---|---|---|---|---|---|
| 执行构件能实现的运动或功能 | 匀速转动 | 平行四边形机构 | — | 可以实现 | 摩擦轮机构<br>有级、无级变速机构 |
| | 非匀速转动 | 铰链四杆机构<br>转动导杆机构 | — | 非圆齿轮机构 | 组合机构 |
| | 往复移动 | 曲柄滑块机构 | 移动从动件凸轮机构 | 齿轮齿条机构 | 组合机构<br>气、液动机构 |
| | 往复摆动 | 曲柄摇杆机构<br>双摇杆机构 | 摆动从动件凸轮机构 | 齿轮式往复运动机构 | 组合机构<br>气、液动机构 |
| | 间歇运动 | 可以实现 | 间歇凸轮机构 | 不完全齿轮机构 | 棘轮机构<br>槽轮机构<br>组合机构等 |
| | 增力及夹持 | 杠杆机构<br>肘杆机构 | 可以实现 | 可以实现 | 组合机构 |

**表 8-2 常见机构的性能特点**

| 指标 | 具体项目 | 特点 | | | |
|---|---|---|---|---|---|
| | | 连杆机构 | 凸轮机构 | 齿轮机构 | 组合机构 |
| 运动性能 | 运动规律、轨迹 | 任意性较差，只能实现有限个精确位置 | 基本上任意 | 一般为定比转动或移动 | 基本上任意 |
| | 运动精度 | 较低 | 较高 | 高 | 较高 |
| | 运转速度 | 较低 | 较高 | 很高 | 较高 |
| 工作性能 | 效率 | 一般 | 一般 | 高 | 一般 |
| | 使用范围 | 较广 | 较广 | 广 | 较广 |
| 动力性能 | 承载能力 | 较大 | 较小 | 大 | 较大 |
| | 传力特性 | 一般 | 一般 | 较好 | 一般 |
| | 振动、噪声 | 较大 | 较小 | 小 | 较小 |
| | 耐磨性 | 好 | 差 | 较好 | 较好 |
| 经济性能 | 加工难易 | 易 | 难 | 较难 | 较难 |
| | 维护方便 | 方便 | 较麻烦 | 较方便 | 较方便 |
| | 能耗 | 一般 | 一般 | 一般 | 一般 |
| 结构紧凑性能 | 尺寸 | 较大 | 较小 | 较小 | 较小 |
| | 重量 | 较轻 | 较重 | 较重 | 较重 |
| | 结构复杂性 | 复杂 | 一般 | 简单 | 复杂 |

例如，钢材步进输送机的驱动机构实现了横向移动间歇运动，如图 8-1 所示，当曲柄 1 整周转动时，$E$（$E'$）的运动轨迹为图中点画线所示连杆曲线，$E$（$E'$）行经该曲线上部水平线时，推杆 5 推动钢材 6 前进，$E$（$E'$）行经该曲线的其他位置时，钢材 6 都停止不动。

又如，图 8-2（a）所示的摆动导杆机构，曲柄 1 连续转动时，导杆 2 做连续摆动而无停歇。若把组成移动副元素之一的滑块结构形状改变成滚子，导杆 2 的导槽一部分做成圆弧

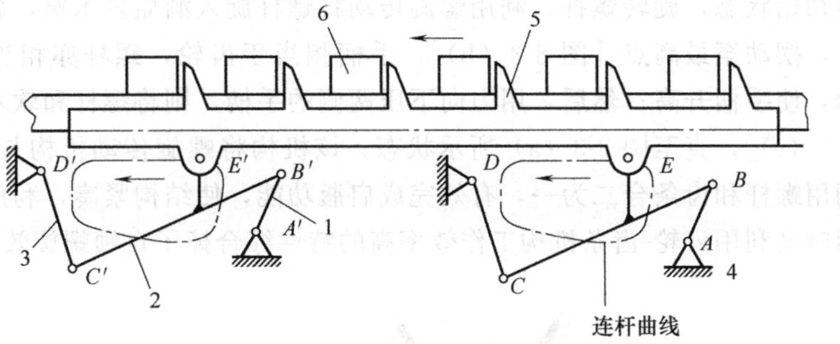


图 8-1 钢材步进输送机的驱动机构

1—曲柄；2—连杆；3—摇杆；4—机架；5—推杆；6—钢材

状，并且其槽中心线的圆弧半径等于曲柄 1 的长度，如图 8-2（b）所示，则当曲柄 1 端部的滚子转入圆弧导槽时，导杆停歇，不仅实现了单侧间歇摆动的功能，而且结构简单，易于实现。

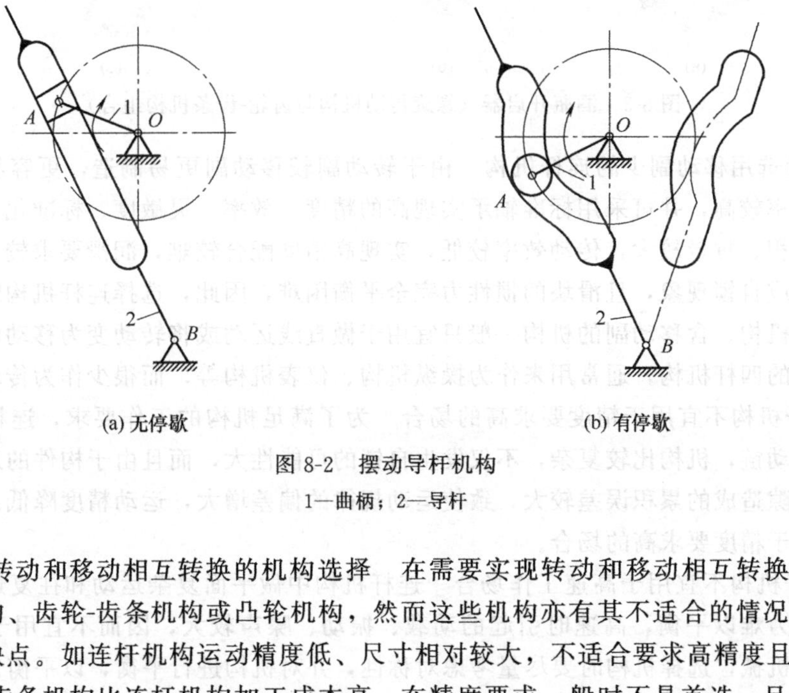


图 8-2 摆动导杆机构

1—曲柄；2—导杆

② 实现转动和移动相互转换的机构选择 在需要实现转动和移动相互转换时，通常可采用连杆机构、齿轮-齿条机构或凸轮机构，然而这些机构亦有其不适合的情况，选择时要注意避开其缺点。如连杆机构运动精度低、尺寸相对较大，不适合要求高精度且结构紧凑的场合；齿轮-齿条机构比连杆机构加工成本高，在精度要求一般时不是首选，且不适合在较大尺寸时应用；凸轮机构不适合传递大的载荷，它主要是用作控制机构，精度较高，一般不用于传力，另外凸轮机构也不适合从动件移动距离较大的场合，否则容易导致凸轮过大，且凸轮加工成本相对较高，维护也比较麻烦。

除上述三种机构外，螺旋传动机构在将转动转换为移动方面也是不错的选择。螺旋传动机构经济性较好，结构紧凑，并在传递大载荷方面有比较好的优越性，且能自锁，防止反向运动，对机构有安全保护作用，但注意自锁时传动效率较低，在要求效率较高时不宜采用螺旋传动。

利用上述机构的组合机构还可以在机构创新设计中获得更加灵活方便的功能，综合掉单一机构的缺点。如图 8-3 所示的酒瓶开启器，即螺旋传动机构与齿轮-齿条机构的组合机构。

图 8-3（a）为初始状态，旋转螺杆，利用螺旋传动将螺杆旋入酒瓶软木塞，旋转过程中两侧手柄逐渐升高，摆动至最高点［图 8-3（b）］，手柄相当于齿轮，螺杆亦相当于齿条，齿条带动齿轮转动，使手柄升高；然后，用力向下压两侧的手柄，则将螺杆和软木塞一起从酒瓶中拔出［图 8-3（c）］，直至图 8-3（a）所示状态。该机构将螺旋传动机构与齿轮-齿条机构进行组合，利用螺杆和齿条合二为一，有效完成启瓶功能，使结构紧凑，利用了螺旋传动的自锁特性，同时又利用齿轮-齿条机构工作效率高的特性综合掉了自锁螺旋效率低的缺点。

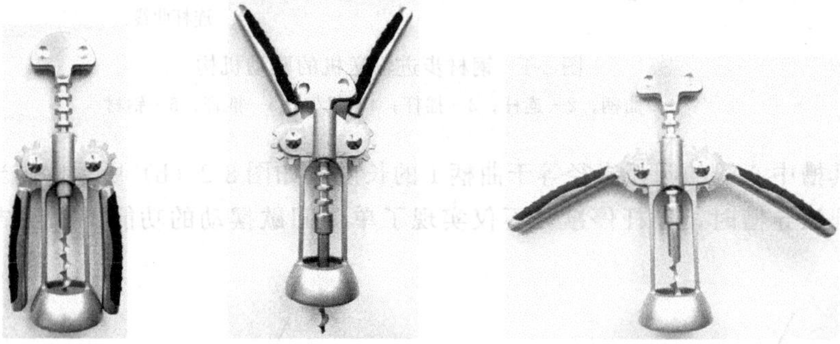

(a) (b) (c)

图 8-3 酒瓶开启器（螺旋传动机构与齿轮-齿条机构组合）

③ 尽量选用移动副少的连杆机构　由于转动副较移动副更易制造，更容易保证运动精度，传动效率较高，并可采用标准轴承实现高的精度、效率、灵敏度、标准化和系列化，而移动副的体积、重量较大，传动效率较低，实现高精度配合较难，润滑要求较高，又易发生楔紧、爬行或自锁现象，且滑块的惯性力完全平衡困难，因此，选择连杆机构时，最好选用移动副少的机构。含移动副的机构一般只宜用于做直线运动或将转动变为移动的场合。含有两个移动副的四杆机构，通常用来作为操纵机构、仪表机构等，而很少作为传动机构使用。

④ 连杆机构不宜用于精度要求高的场合　为了满足机构的工作要求，连杆机构通常具有较长的运动链，机构比较复杂，不仅发生自锁的可能性大，而且由于构件的尺寸误差和运动副中的间隙造成的累积误差较大，致使运动规律的偏差增大，运动精度降低。因此，连杆机构不宜用于精度要求高的场合。

⑤ 连杆机构不宜用于高速工作场合　连杆机构中做平面复杂运动和往复运动的构件所产生的惯性力难以平衡，高速时引起的动载、振动、噪声较大，因而不宜用于高速工作场合。对高速机械，选择机构时要尽量考虑对称性，并对机构进行平衡，以平衡惯性力和减小动载荷。

⑥ 凸轮机构不宜传递较大载荷　凸轮机构属于高副机构，凸轮与从动件为点或线接触，接触应力高，容易磨损，磨损后运动失真，使运动精度下降，导致机构失效。同时，为获得较好的传力性能，使机构运动轻便灵活，要求凸轮机构的最大压力角 $\alpha$ 要尽量小，不能超过许用压力角 $[\alpha]$，否则将产生较大有害分力，使机构运动不灵活，甚至卡死，若采用增大凸轮基圆的办法，虽然能减小压力角 $\alpha$，但凸轮尺寸过大将使机构变得笨重。所以，凸轮机构一般不宜传递较大载荷。

⑦ 大传动比不宜采用定轴齿轮系统　当需要传递大传动比时，定轴齿轮系统采用多个齿轮、多个轴、多对轴承，使结构复杂，并且占地空间大，因此不宜采用。可采用蜗轮-蜗杆传动或周转轮系。除一般行星轮系之外，工程上还常使用渐开线少齿差行星传动、摆线针

轮行星传动和谐波齿轮传动，这些传动的共同特点是结构紧凑、传动比大、重量轻及效率高，因而应用较广，效果很好。

⑧ 不宜忽视机构的力学性能　选择机构时，不宜忽视机构的力学性能，应注意选用具有最大传动角、最大机械增益和较高效率的机构，以便减小原动机的功率和损耗，减小主动轴上的力矩和机构的重量及尺寸。

### 8.1.2 机构的变异、演化方法与技巧

（1）运动副的变异与演化

运动副用来连接各种构件，转换运动形式，同时传递运动和动力。运动副特性会对机构的功能和性能产生根本上的影响。因此，研究运动副的变异与演化及相关设计技巧对机构创新设计具有重要意义。

1）运动副尺寸变异

① 转动副扩大　转动副扩大是指将组成转动副的销轴和轴孔在直径上增大，而运动副性质不变，仍是转动副，形成该转动副的两构件之间的相对运动关系没有变。由于尺寸增大，提高了构件在该运动副处的强度与刚度，常用于冲床、泵、压缩机等。

如图 8-4 所示的颚式破碎机，转动副 $B$ 扩大，其销轴直径增大到包括了转动副 $A$，此时，曲柄就变成了偏心盘，该机构实为一曲柄摇杆机构。类似的机构还有图 8-5 所示的冲压机构，也采用了偏心盘，该机构实为一曲柄滑块机构。

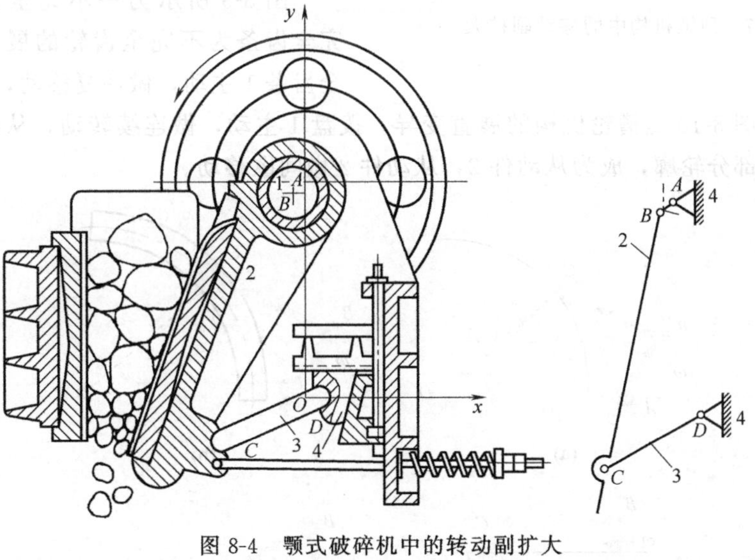


图 8-4　颚式破碎机中的转动副扩大

图 8-6 所示为另一种转动副扩大的形式，转动副 $C$ 扩大，销轴直径增大至与摇块 3 合为一体，该机构实为一种曲柄摇块机构，实现旋转泵的功能。

② 移动副扩大　移动副扩大是指组成移动副的滑块与导路尺寸增大，并且尺寸增大到将机构中其他运动副包含在其中。因滑块尺寸大，则质量较大，将产生较大的冲压力。常用在冲压、锻压机械中。

图 8-5 所示的冲压机构中，移动副扩大，并将转动副 $O$、$A$、$B$ 均包含在其中。大质量的滑块将产生较大的惯性力，有利于冲压。

图 8-7 所示为一曲柄导杆机构，通过扩大水平移动副 $C$ 演化为顶锻机构，大质量的滑块

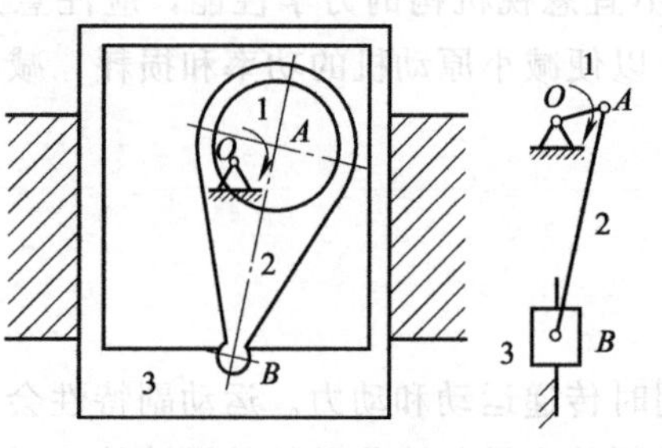


图 8-5　冲压机构中的转动副扩大和移动副扩大

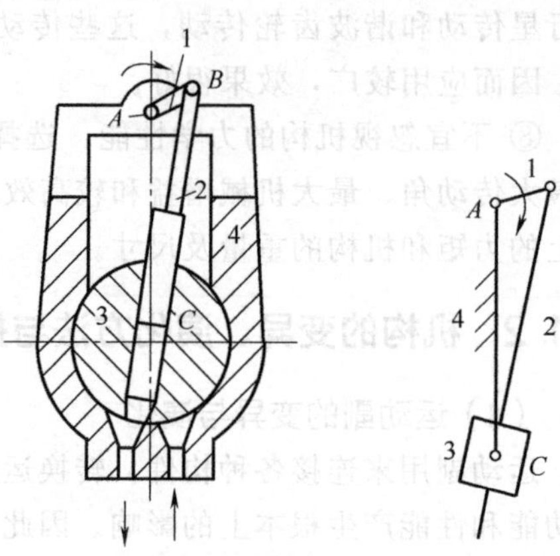


图 8-6　旋转泵中的转动副扩大

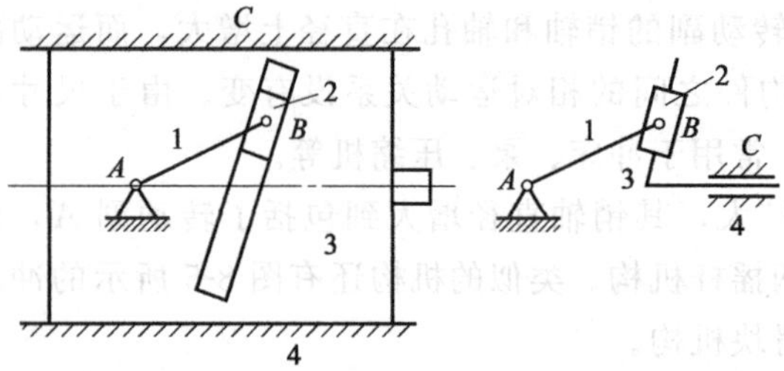


图 8-7　顶锻机构中的移动副扩大

将会产生很大的顶锻压力。

2）运动副形状变异

① 运动副形状展直　运动副形状通过展直将变异、演化出新的机构。图 8-8 所示为曲柄摇杆机构通过展直摇杆上 $C$ 点的运动轨迹演化为曲柄滑块机构。

图 8-9 所示为一不完全齿条机构，不完全齿条为不完全齿轮的展直变异。不完全齿条 1 主动，做往复移动，不完全齿扇 2 做往复摆动。图 8-10 是槽轮机构的展直变异。拨盘 1 主动，做连续转动，从动槽轮 2 被展直并只采用一部分轮廓，成为从动件 2，从动件 2 做间歇移动。

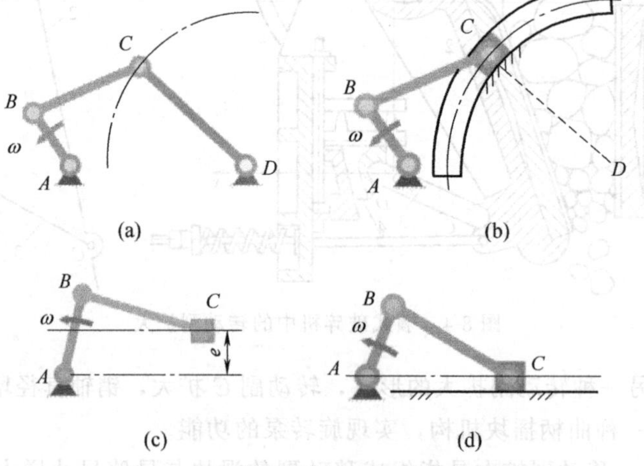


图 8-8　转动副通过展直演化为移动副

② 运动副形状绕曲　运动副通过绕曲将变异、演化出新的机构。楔块机构的接触斜面［图 8-11（a）］若在其移动平面内进行绕曲，则演化成盘形凸轮机构的平面高副［图 8-11（b）］；若在空间上绕曲，就演化成螺旋机构的螺旋副［图 8-11（c）］。

3）运动副性质变异

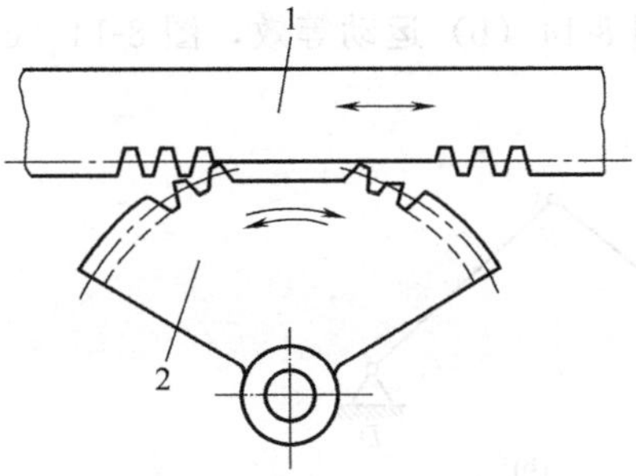

图 8-9　不完全齿轮的展直

1—不完全齿条；2—不完全齿扇

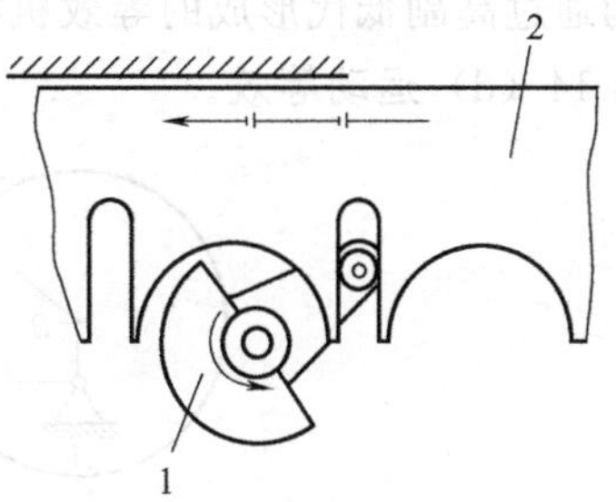

图 8-10　槽轮的展直

1—拨盘；2—从动槽轮

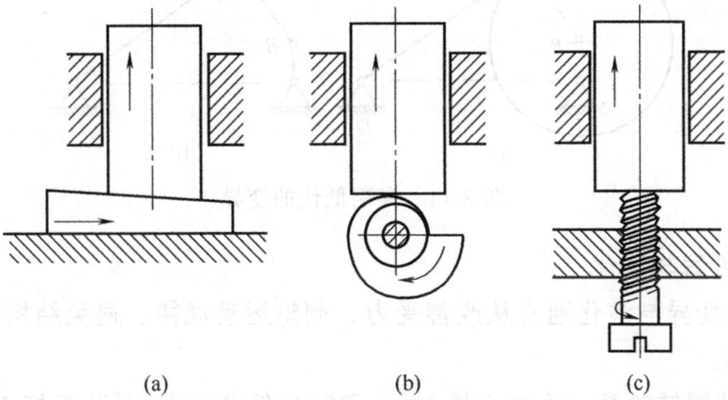

图 8-11　运动副的绕曲

① 摩擦性质改变　组成运动副的各构件之间的摩擦、磨损是不可避免的。对于面接触的运动副，采用滚动摩擦代替滑动摩擦可以减小摩擦系数，减轻摩擦、磨损，同时也使运动更轻便、灵活。运动副性质由移动副变异为滚滑副，如图 8-12 所示。滚滑副结构常见于凸轮机构的滚子从动件、滚动轴承、滚动导轨、滚珠丝杠、套筒滚子链等。实际应用中这种变异是可逆的，由移动副替代滚滑副可以增加连接的刚性。

② 空间副变异为平面副　空间副变异为平面副更容易加工制造。图 8-13 所示的由构件 1 和构件 2 组成的球面副具有三个转动的自由度，它可用汇交于球心的三个转动副替代，更容易加工和制造，同时也提高了连接的刚度，常用于万向联轴器。

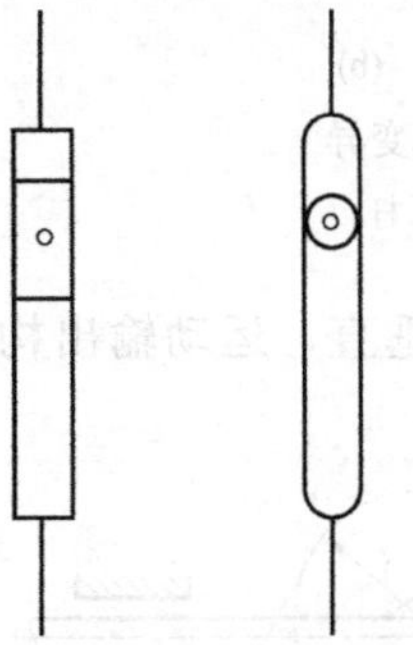
图 8-12　移动副变异为滚滑副

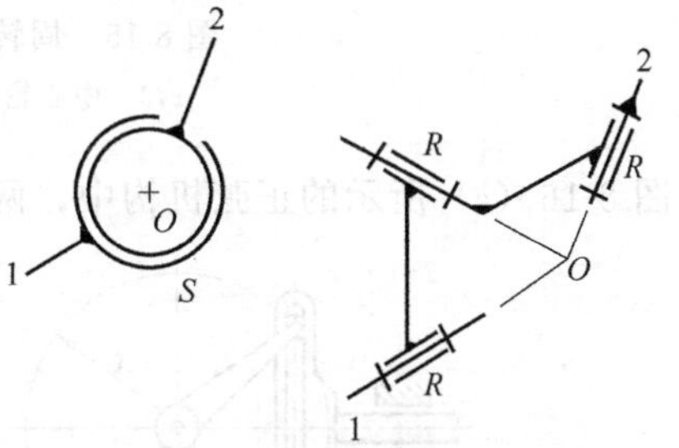

图 8-13　球面副变异为转动副

1，2—构件

③ 高副变异为低副　高副变异为低副可以改善受力情况。高副为点接触，单位面积上受力大，容易产生构件接触处的磨损，磨损后运动失真，影响机构运动精度。低副为面接触，单位面积上受力小，在受力较大时亦不会产生过大的磨损。图 8-14 所示为偏心盘凸轮

机构通过高副低代形成的等效机构。图 8-14（a）和图 8-14（b）运动等效，图 8-14（c）和图 8-14（d）运动等效。

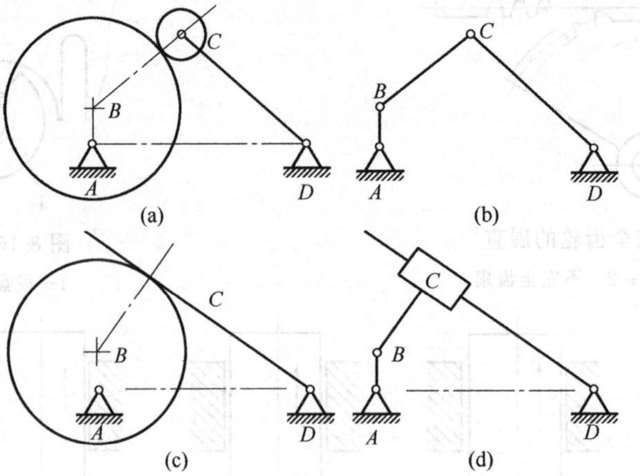


图 8-14　高副低代的变异

（2）构件的变异与演化

机构中构件的变异与演化通常从改善受力、调整运动规律、避免结构干涉和满足特定工作特性等方面考虑。

图 8-15 所示的周转轮系（由中心轮 1、3 和行星轮 2、2′、2″及系杆 H 组成）中系杆形状和行星轮个数产生了变异，图 8-15（a）的构件形式比图 8-15（b）的构件形式受力均衡，旋转精度高。

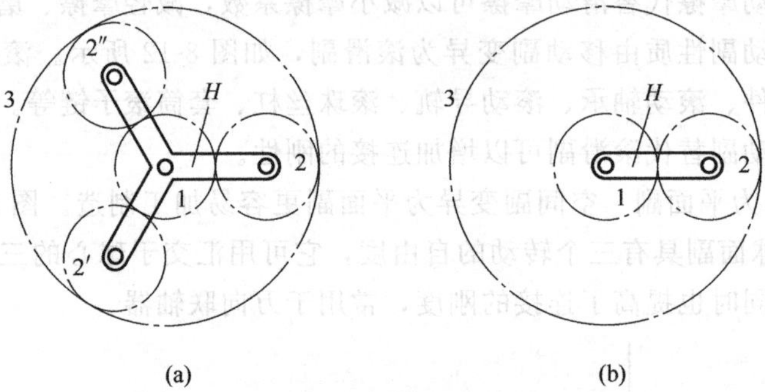


图 8-15　周转轮系中系杆和行星轮的变异

1，3—中心轮；2，2′，2″—行星轮；H—系杆

图 8-16（a）所示的正弦机构中，两移动副的导轨互相垂直，运动输出构件的行程等于

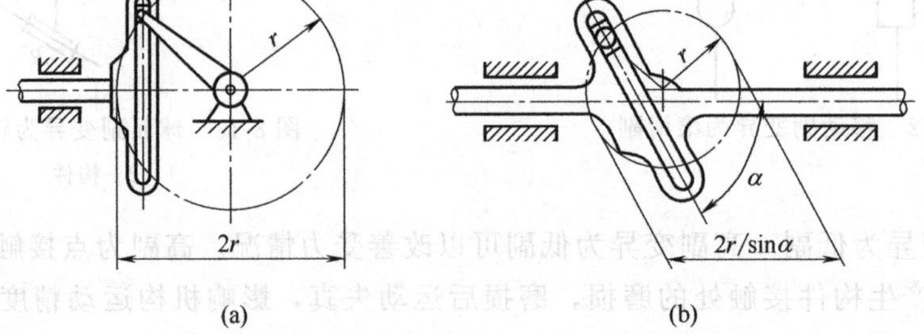


图 8-16　正弦机构中输出构件形状的变异

两倍的曲柄长（$2r$）。如果改变运动输出构件的形状，使两移动导轨间的夹角为 $\alpha(\alpha\neq90°)$，如图 8-16（b）所示，则运动输出构件的行程将增大为 $2r/\sin\alpha$。

如图 8-17 所示，为避免摆杆与凸轮轮廓线发生运动干涉，经常把摆杆做成曲线状或弯臂状。图 8-17（a）为原机构，图 8-17（b）、（c）为摆杆变异后的机构。

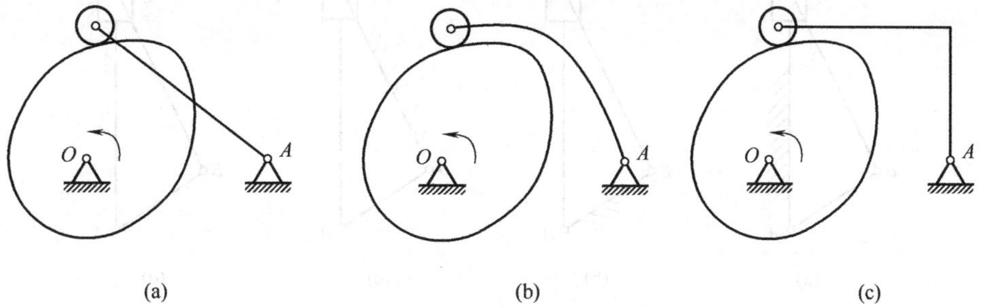

图 8-17　凸轮机构中摆杆形状的变异

图 8-18 所示为凸轮机构从动件末端形状的变异，常用的末端形状有尖顶［图 8-18（a）］、滚子［图 8-18（b）］、平面［图 8-18（c）］和球面［图 8-18（d）］等，不同的末端形状使机构的运动特性各不相同。

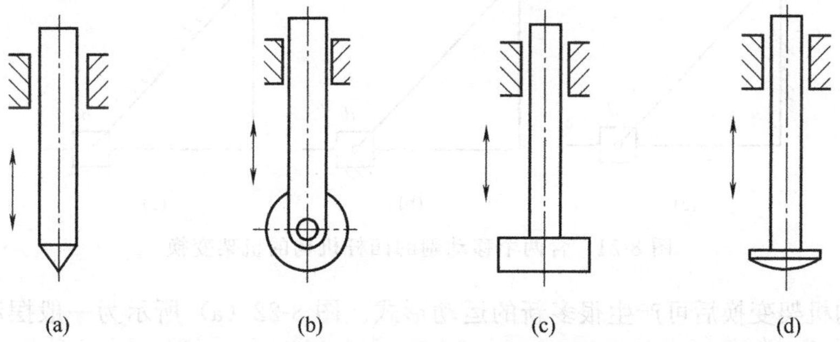

图 8-18　凸轮机构中从动件末端形状的变异

构件形状变异的形式还有很多，如齿轮有圆柱形、圆锥形、非圆形、扇形等；凸轮有盘形、圆柱形、圆锥形、曲面体等。

总体来讲，构件形状的变异规律，一般由直线形向圆形、曲线形以及空间曲线形变异，以获得新的功能。

（3）机架变换与演化

图 8-19 所示的铰链四杆机构取不同的构件为机架时可得：曲柄摇杆机构［图 8-19（a）、（b）］、双曲柄机构［图 8-19（c）］、双摇杆机构［图 8-19（d）］。

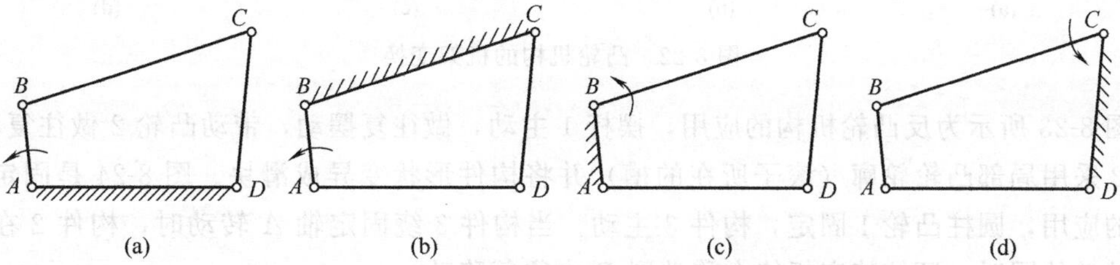

图 8-19　铰链四杆机构的机架变换

图 8-20 为含一个移动副的四杆机构取不同构件为机架时可得：曲柄滑块机构［图 8-20（a）］、转（摆）动导杆机构［图 8-20（b）］、曲柄摇块机构［图 8-20（c）］、定块机构［图 8-20（d）］。

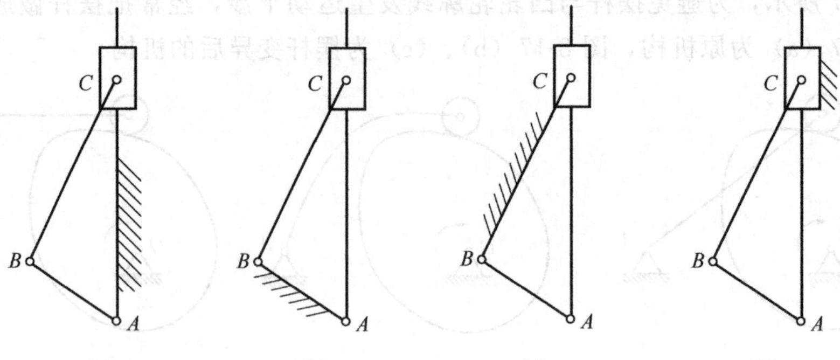


图 8-20　含一个移动副的四杆机构的机架变换

图 8-21 为含两个移动副的四杆机构取不同构件为机架时可得：双滑块机构［图 8-21（a）］、正弦机构［图 8-21（b）］、双转块机构［图 8-21（c）］。

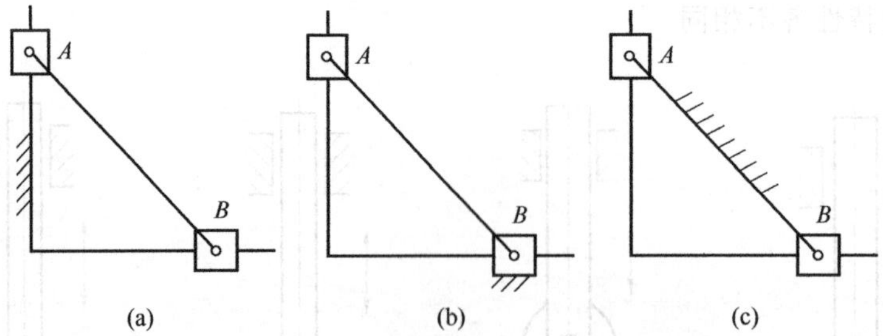


图 8-21　含两个移动副的四杆机构的机架变换

凸轮机构机架变换后可产生很多新的运动形式。图 8-22（a）所示为一般摆动从动件盘形凸轮机构，凸轮 1 主动，摆杆 2 从动；若变换主动件，以摆杆 2 为主动件，则机构变为反凸轮机构［图 8-22（b）］；若变换机架，以构件 2 为机架，构件 3 主动，则机构成为浮动凸轮机构［图 8-22（c）］；若将凸轮 1 固定，构件 3 主动，则机构成为固定凸轮机构［图 8-22（d）］。

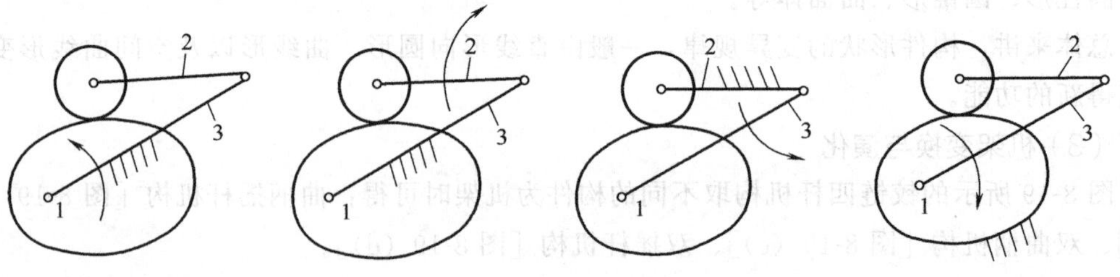


图 8-22　凸轮机构的机架变换

图 8-23 所示为反凸轮机构的应用，摆杆 1 主动，做往复摆动，带动凸轮 2 做往复移动，凸轮 2 采用局部凸轮轮廓（滚子所在的槽）并将构件形状变异成滑块。图 8-24 是固定凸轮机构的应用，圆柱凸轮 1 固定，构件 3 主动，当构件 3 绕固定轴 $A$ 转动时，构件 2 在随构件 3 转动的同时，还按特定规律在移动副 $B$ 中往复移动。

图 8-23 反凸轮机构的应用

1—摆杆；2—凸轮

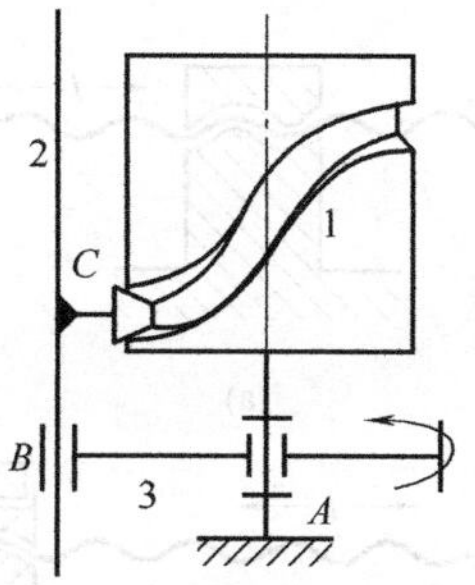


图 8-24 固定凸轮机构的应用

1—圆柱凸轮；2,3—构件

一般齿轮机构［图 8-25（a)］机架变换后就生成了行星齿轮机构［图 8-25（b)］。齿型带或链传动等挠性传动机构［图 8-26（a)］机架变换后也生成了各类行星传动机构［图 8-26（b)］。

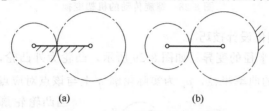

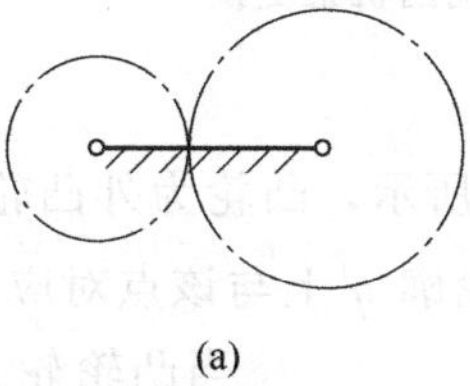


图 8-25 齿轮传动的机架变换

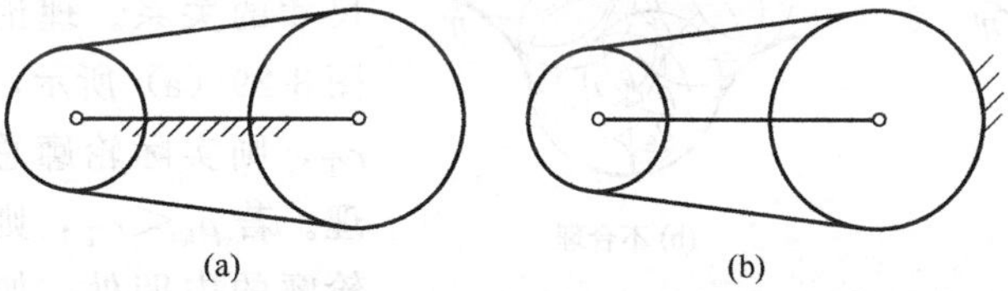


图 8-26 挠性传动的机架变换

图 8-27 所示为挠性件行星传动机构的应用，用于汽车风窗玻璃的清洗。其中挠性件 1 连接固定带轮 4 和行星带轮 3，转臂 2 的运动由连杆 5 传入。当转臂 2 摆动时，与行星带轮 3 固结的杆 a 及其上的刷子做复杂平面运动，实现清洗工作。

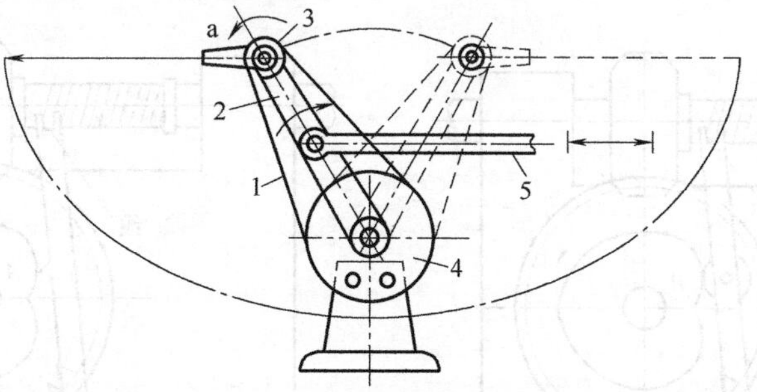


图 8-27 挠性件行星传动机构的应用

1—挠性件；2—转臂；3—行星带轮；4—固定带轮；5—连杆

图 8-28 所示为螺旋传动中固定不同零件得到的不同运动形式：螺母固定、螺杆转动并移动［图 8-28（a)］；螺杆转动、螺母移动［图 8-28（b)］；螺母转动、螺杆移动［图 8-28（c)］；螺杆固定、螺母转动并移动［图 8-28（d)］。

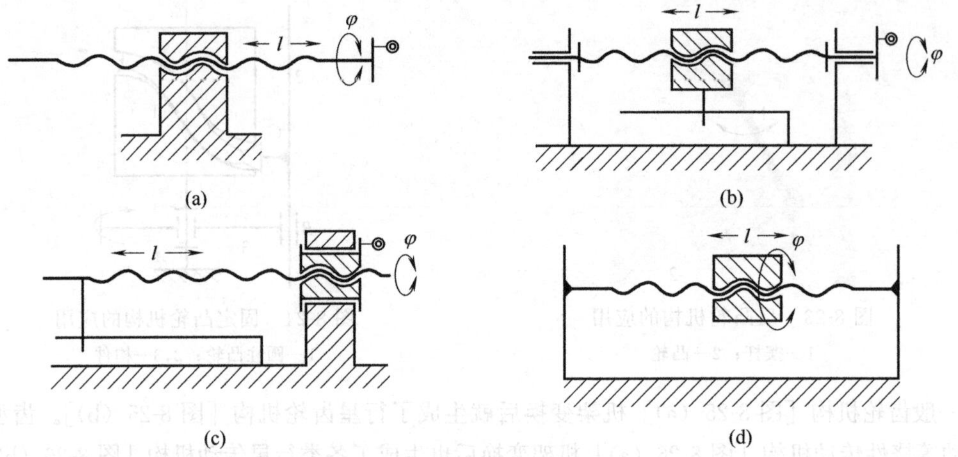

图 8-28　螺旋传动的机架变换

（4）机构变异与演化设计技巧

① 凸轮廓线与滚子半径的变异　如图 8-29 所示，凸轮为外凸轮，$r_T$ 为滚子半径，$\rho$ 为凸轮理论轮廓 $\eta$ 上某点的曲率半径，$\rho_a$ 为实际轮廓 $\eta'$ 上与该点对应点的曲率半径。

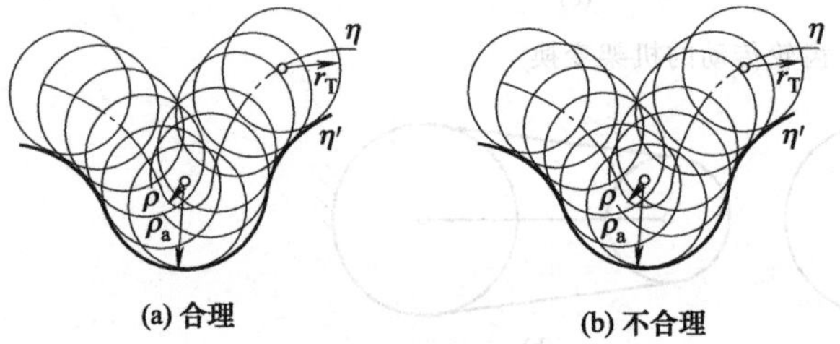

图 8-29　内凹凸轮廓线与滚子半径的关系

当凸轮轮廓存在局部内凹时，必须注意实际轮廓与理论轮廓的形状和尺寸的关系。理论轮廓为内凹时，如图 8-29（a）所示，$\rho_a=\rho+r_T$。若 $\rho_a \geqslant r_T$，则实际轮廓总可以作出，设计合理。若 $\rho_a<r_T$，则滚子无法进入实际轮廓的内凹处，如图 8-29（b）所示，这种设计是不合理的，即便滚子能在凸轮表面滚过，这样的设计也是不能被允许的。如图 8-30 所示的绕线机中凸轮轮廓就属于这种情况，心形凸轮内凹轮廓的尖点附近是不能与滚子接触到的［图 8-30（a）］，是不合理的设计，因此应采用尖顶从动件［图 8-30（b）］。

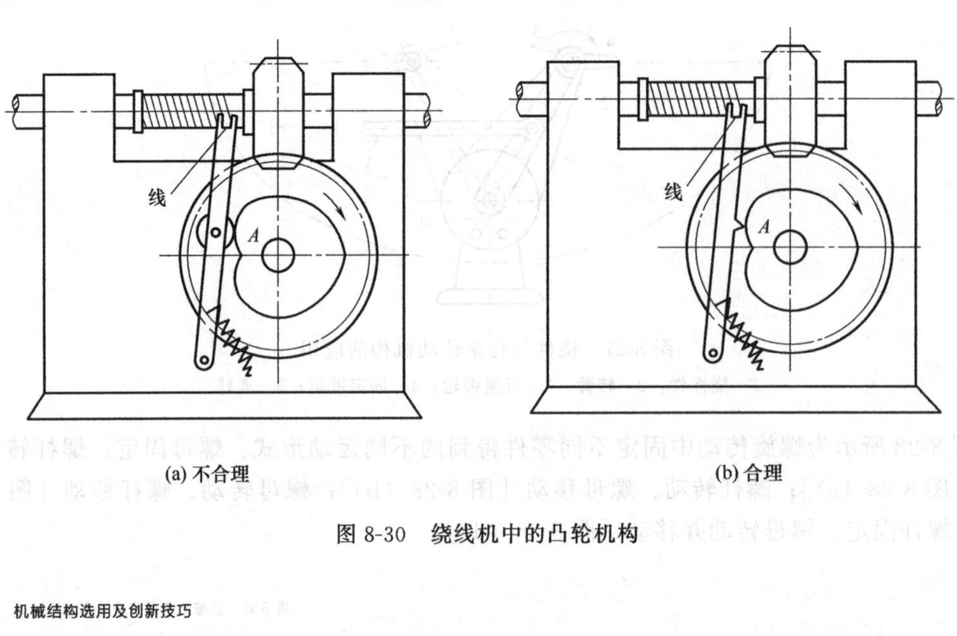

图 8-30　绕线机中的凸轮机构

② 斜面起升机构升角设计　如图 8-31 所示某起升机构，受力不大，行程也较小，设计采用斜面机构，在固定支座中设计导套，顶杆在其中运动，顶杆下设滚轮与斜面接触，平移斜面时顶杆顶升或靠自重下降。图 8-31（a）斜面升角 $\alpha$ 较大，摩擦阻力较大，若设计不当很可能发生自锁，致使无论滑块推力多大，都无法使顶杆上升，甚至会使顶杆在过大的水平推力下弯曲变形。为避免上述现象发生，需减小斜面升角 $\alpha$［图 8-31（b）］，根据结构尺寸、摩擦因数等进行计算，使正行程时机构效率 $\eta$ 大于零。

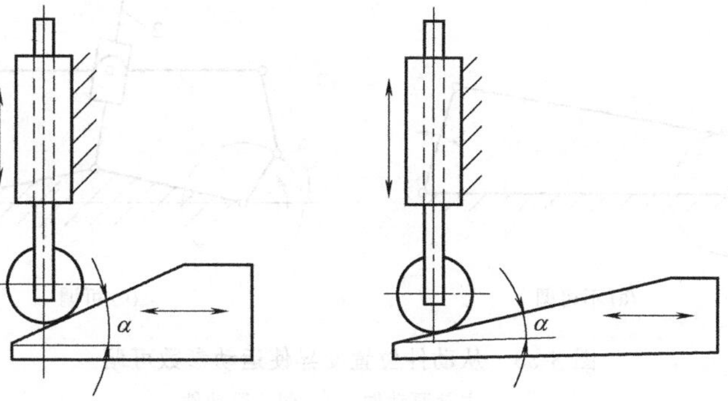


(a) 较差　　(b) 较好

图 8-31　斜面起升机构

③ 回转圆筒设备传动装置位置与转向设计　如图 8-32（a）所示回转圆筒传动装置，采用开式齿轮作末级传动。为了简化设计，将传动小齿轮配置在筒体正下方，或在偏置位置［图 8-32（b）］，筒体的旋转方向为：站在传动侧，面对筒体，筒体向下方旋转。这种配置方式将会引起轴承座的振动及润滑不良，齿轮啮合状况不佳，因为当小齿轮偏位角 $\alpha$ 大于一般齿轮压力角 20°时，小齿轮受力方向向上倾斜，有一向上垂直分力作用于小齿轮轴承座上，当轴承座水平布置时，轴承盖螺栓及轴承座螺栓均受拉力，螺栓伸长会引起振动。

这种用开式齿轮作为末级传动的回转筒设备，为了安装、调整方便，一般不应将主动齿轮配置在筒体中心线的正下方，而是偏离筒体中心线一侧。常用的偏角 $\alpha=30°\sim45°$。回转圆筒设备回转方向与将来传动质量的关系很大，其确定原则为不使主动小齿轮的受力向上。因为当小齿轮受力向下时，小齿轮轴承受压，避免因螺栓受拉伸长引起的振动及润滑不良等弊端。其判别方法为：站在传动侧看筒体，筒体由下向上旋转为正确，如图 8-32（c）所示。

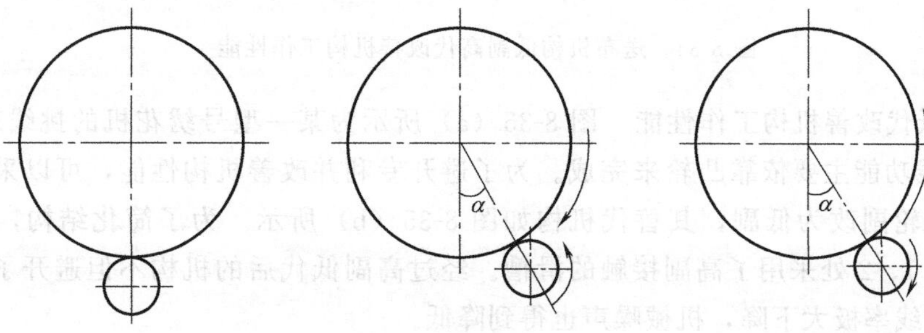


(a) 较差　　(b) 较差　　(c) 较好

图 8-32　回转圆筒设备传动装置的位置与转向

④ 构件变异使运动参数可调　有些机构在工作中运动参数（如行程、摆角等）需要调节，或为了保证满足某些使用要求及安装调试等方便，在设计时，常考虑有这种调节的可能。

图 8-33（a）所示为一普通曲柄摇杆机构，摇杆的极限位置和摆角都不能调节。如果设计成如图 8-33（b）所示的两个自由度的机构，其中 1 是主动原动件，2 为调节原动件，改变构件 2 的位置，摇杆的极限位置和摆角都会相应变化，调节适当之后使构件 2 固定，就变成一个自由度的机构了。

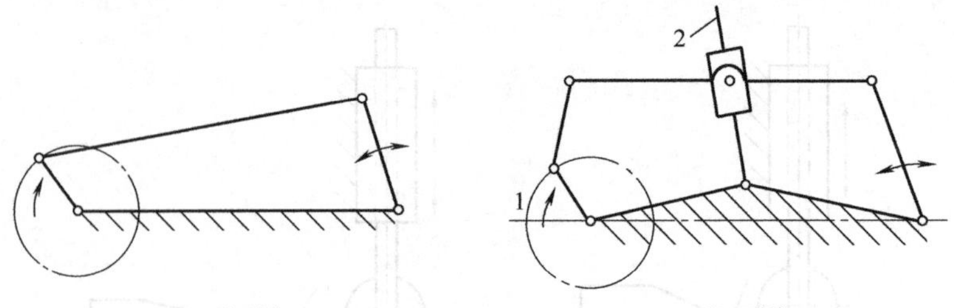


(a) 不可调　　(b) 可调

图 8-33　从动件位置变异使运动参数可调

1—主动原动件；2—调节原动件

⑤ 高副与低副转换改善机构性能

a. 低副高代改善机构工作性能　图 8-34（a）所示为两自由度五杆低副送布机构，它的送布轨迹形状无法达到水平布置的近似长方形的理想水平。为了使送布轨迹能达到水平布置的长方形，通过低副高代方法得到如图 8-34（b）所示的两自由度四杆高副送布机构。由于凸轮轮廓线形状可按理想送布轨迹要求来设计，它的送布轨迹大为改善。

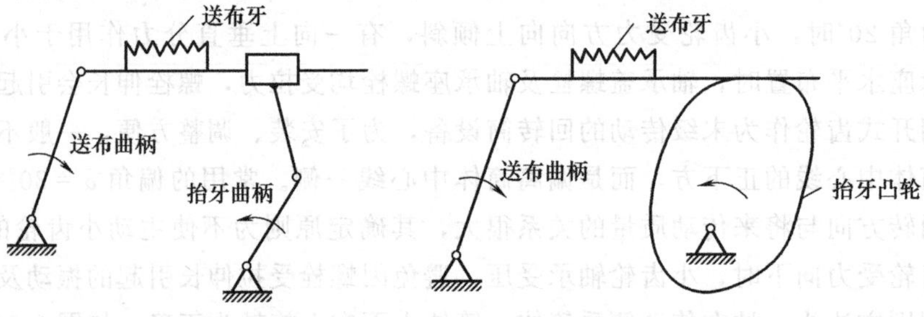


(a) 较差　　(b) 较好

图 8-34　送布机构低副高代改善机构工作性能

b. 高副低代改善机构工作性能　图 8-35（a）所示为某一型号绣花机的挑线刺布机构，它的供线-收线功能主要依靠凸轮来完成。为了避开专利并改善机构性能，可以采用高副低代方法，将凸轮副改为低副，其替代机构如图 8-35（b）所示。为了简化结构，在图 8-35（c）中，构件 1、2 处采用了高副接触的滑槽。经过高副低代后的机构不但避开了专利，还使挑线机构断线率极大下降，机械噪声也得到降低。

## 8.1.3 几种常用技巧型机构

在进行机械创新设计过程中，有一些技巧型机构对实际工程设计很有帮助，本节就其中

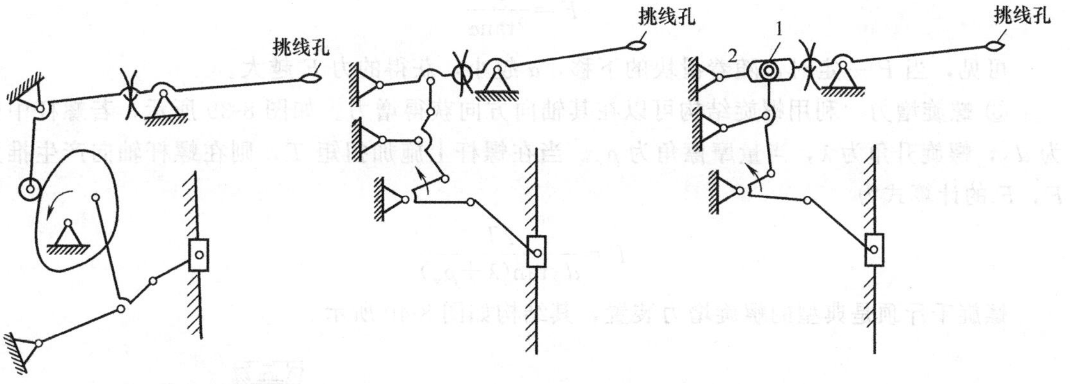


图 8-35　挑线刺布凸轮-连杆机构的改进

常用的几种予以简单介绍，如增力、增程、快速夹紧、自锁及抓取等机构。

（1）增力机构

① 杠杆增力　利用杠杆获得增力是最常见的办法。如图 8-36 所示，当 $l_1 < l_2$ 时，用较小的 $P$ 可得到较大的力 $F$。力的计算公式为

$$F=\frac{l_2}{l_1}P$$

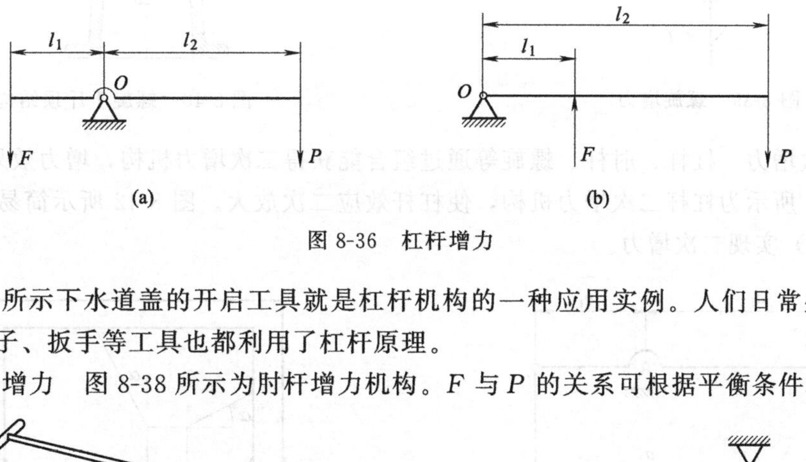


图 8-36　杠杆增力

图 8-37 所示下水道盖的开启工具就是杠杆机构的一种应用实例。人们日常生活中使用的剪子、钳子、扳手等工具也都利用了杠杆原理。

② 肘杆增力　图 8-38 所示为肘杆增力机构。$F$ 与 $P$ 的关系可根据平衡条件求出

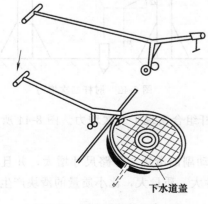

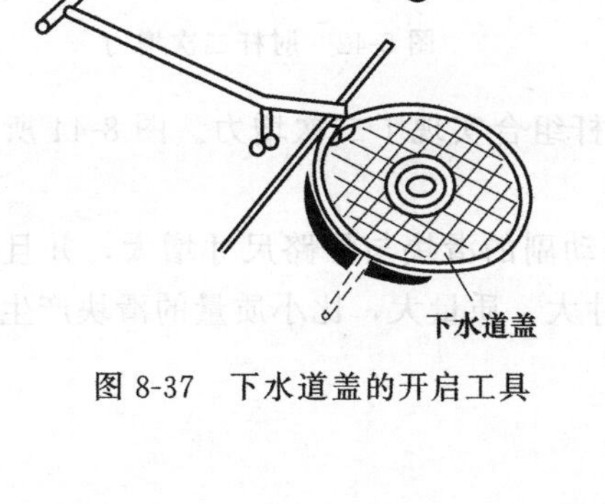


图 8-37　下水道盖的开启工具

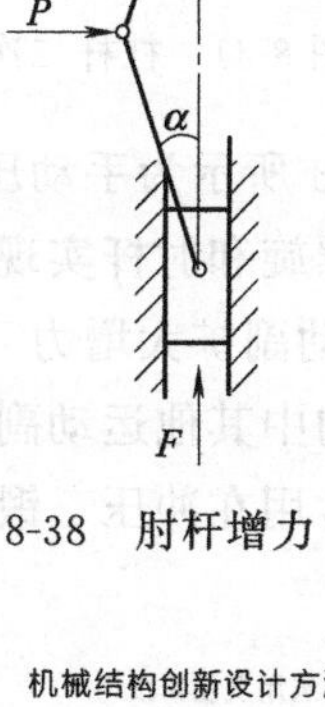

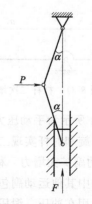


图 8-38　肘杆增力

$$F=\frac{P}{2\tan\alpha}$$

可见，当 $P$ 一定时，随着滑块的下移，$\alpha$ 越小，获得的力 $F$ 越大。

③ 螺旋增力　利用螺旋结构可以在其轴向方向获得增力。如图 8-39 所示，若螺杆中径为 $d_2$，螺旋升角为 $\lambda$，当量摩擦角为 $\rho_v$。当在螺杆上施加扭矩 $T$，则在螺杆轴向产生推力 $F$，$F$ 的计算式为

$$F=\frac{2T}{d_2\tan(\lambda+\rho_v)}$$

螺旋千斤顶是典型的螺旋增力装置，其结构如图 8-40 所示。

图 8-39　螺旋增力

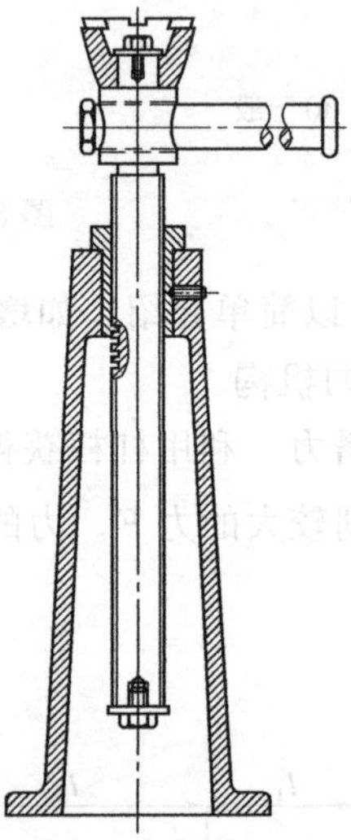

图 8-40　螺旋千斤顶结构

④ 二次增力　杠杆、肘杆、螺旋等通过组合能获得二次增力机构，增力效果更为显著。图 8-41 所示为杠杆二次增力机构，使杠杆效应二次放大。图 8-42 所示简易拔桩机利用肘杆（绳索）实现二次增力。

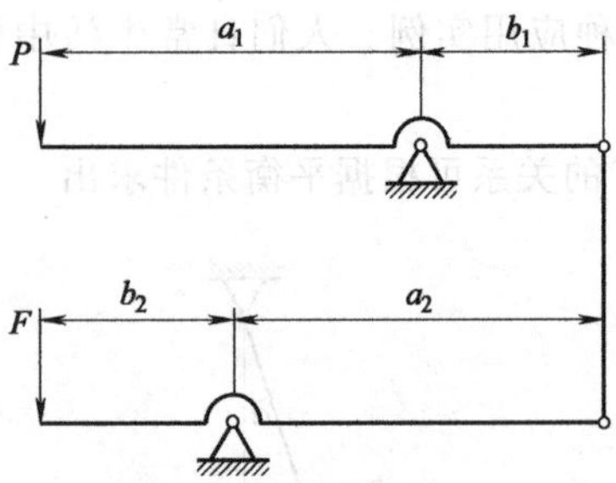


图 8-41　杠杆二次增力

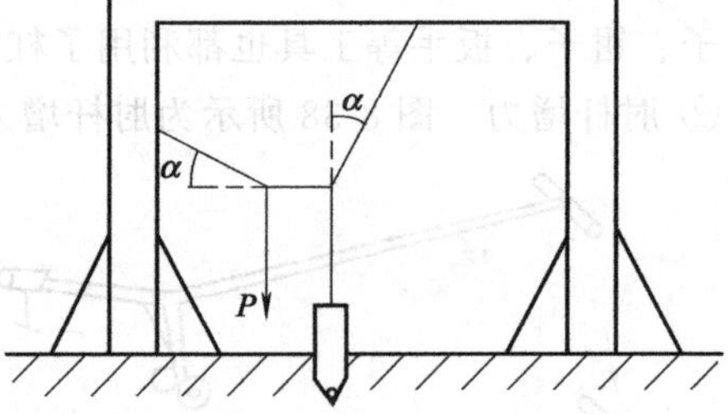


图 8-42　肘杆二次增力

图 8-43 所示为手动压力机，利用了杠杆和肘杆组合实现了二次增力。图 8-44 所示千斤顶则利用螺旋和肘杆实现二次增力。

⑤ 移动副扩大增力　移动副扩大是指组成移动副的滑块与导路尺寸增大，并且尺寸增大到将机构中其他运动副包含在其中。因滑块尺寸大、质量大，比小质量的滑块产生的冲压力增大。常用在冲压、锻压机械中。

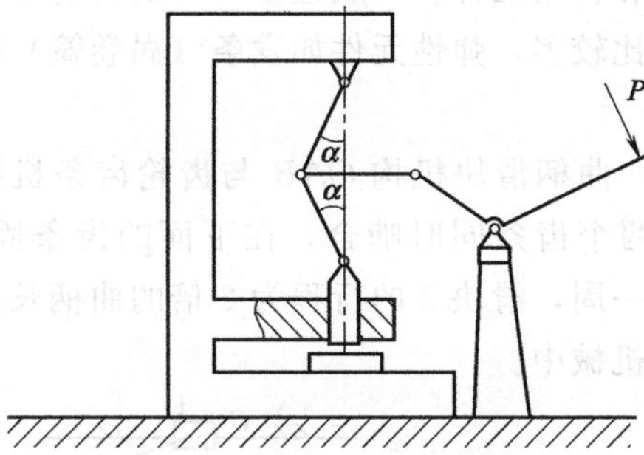


图 8-43 杠杆-肘杆二次增力

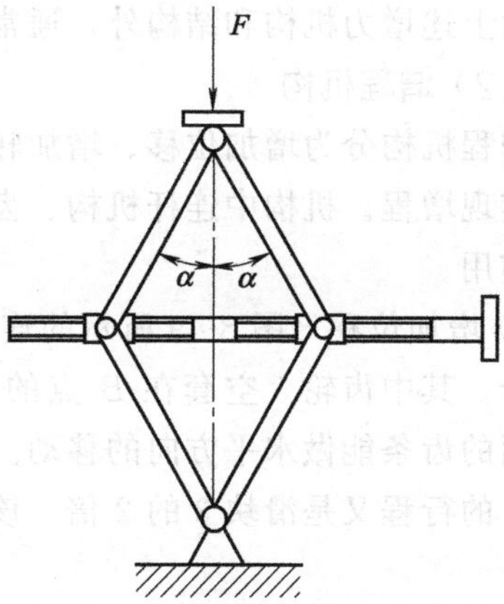


图 8-44 螺旋-肘杆二次增力

图 8-45（a）所示的冲压机构，其运动简图如图 8-45（b）所示，通过将滑块 1 与固定件间的移动副扩大，并将转动副 $O$、$A$、$B$ 均包含在其中，形成大质量的滑块，将产生较大的惯性力，有利于冲压。

图 8-46 所示为一曲柄导杆机构，其运动简图如图 8-46（b）所示，通过扩大水平移动副 $C$ 演化为顶锻机构，大质量的滑块将会产生很大的顶锻压力。

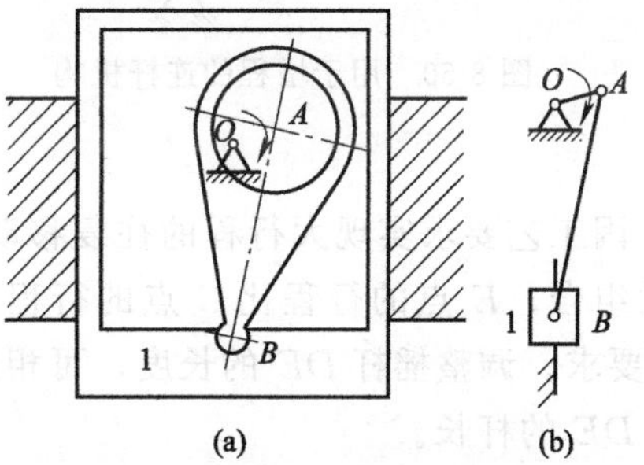


图 8-45 冲压机构中的移动副扩大

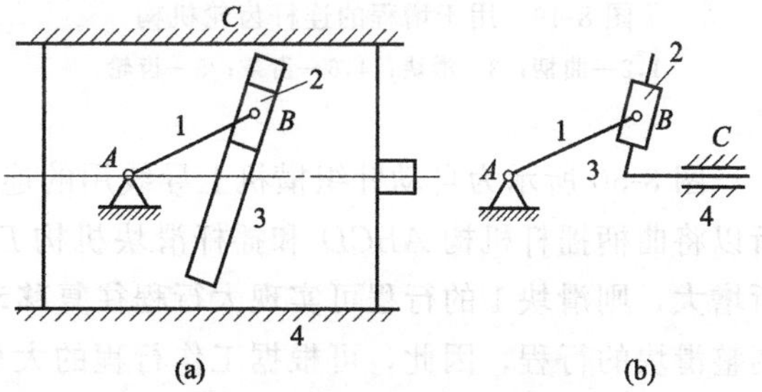


图 8-46 顶锻机构中的移动副扩大

⑥ 液压增力 如图 8-47 所示为利用液压增力，若液压缸左、右活塞面积分别为 $A_1$、$A_2$，且 $A_2 > A_1$，则 $F$ 与 $P$ 的关系为

$$F = \frac{A_2}{A_1}P$$

⑦ 滑轮增力 如图 8-48 所示为利用滑轮增力，$F$ 与 $P$ 的关系为

$$F = 2P$$

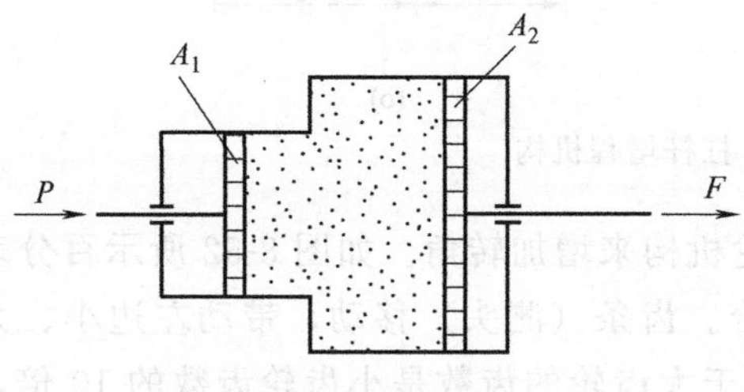


图 8-47 液压增力

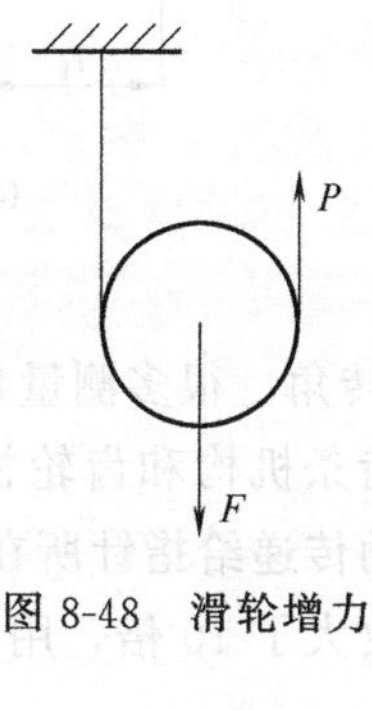


图 8-48 滑轮增力

除上述增力机构和结构外，通常还可以利用斜面、楔面等实现增力。

（2）增程机构

增程机构分为增加位移、增加转角、增加位移和转角三种。一般经常采用机构的串联组合来实现增程。机构中连杆机构、齿轮机构的参与比较多，弹性元件如发条（涡卷簧）等也经常使用。

① 增加位移　图 8-49 所示的连杆齿轮机构中，曲柄滑块机构 *OAB* 与齿轮齿条机构串联组合。其中齿轮 5 空套在 *B* 点的销轴上，它与两个齿条同时啮合，在下面的齿条固定，在上面的齿条能做水平方向的移动。当曲柄 1 回转一周，滑块 3 的行程为 2 倍的曲柄长，而齿条 6 的行程又是滑块 3 的 2 倍。该机构用于印刷机械中。

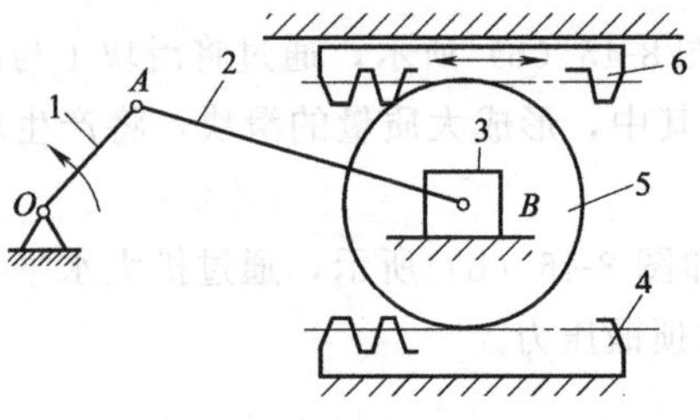

图 8-49　用于增程的连杆齿轮机构

1,2—曲柄；3—滑块；4,6—齿条；5—齿轮

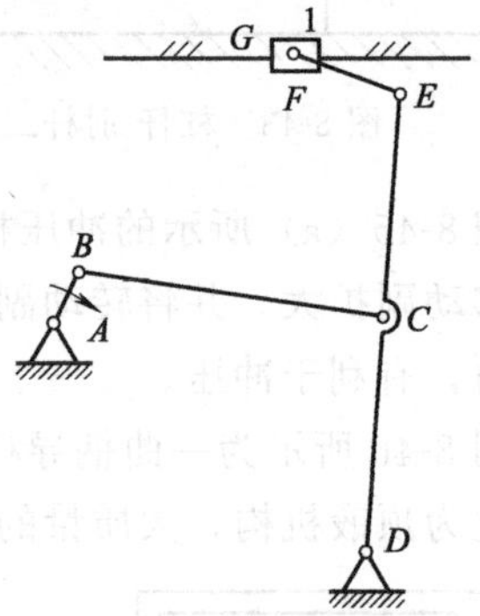

图 8-50　用于增程的连杆机构

图 8-50 所示为自动针织横机上导线用的连杆机构，因工艺要求实现大行程的往复移动，所以将曲柄摇杆机构 *ABCD* 和摇杆滑块机构 *DEG* 串联组合，*E* 点的行程比 *C* 点的行程有所增大，则滑块 1 的行程可实现大行程往复移动的工作要求。调整摇杆 *DE* 的长度，可相应调整滑块的行程，因此，可根据工作行程的大小来确定 *DE* 的杆长。

图 8-51 所示的杠杆机构对于位移放大也是一种可行的简单机构，力臂长的一端垂直位移也大，常用于测量仪器。图 8-51（a）为正弦型（$y=l_1\sin\alpha$）；图 8-51（b）为正切型（$y=l_1\tan\alpha$）。

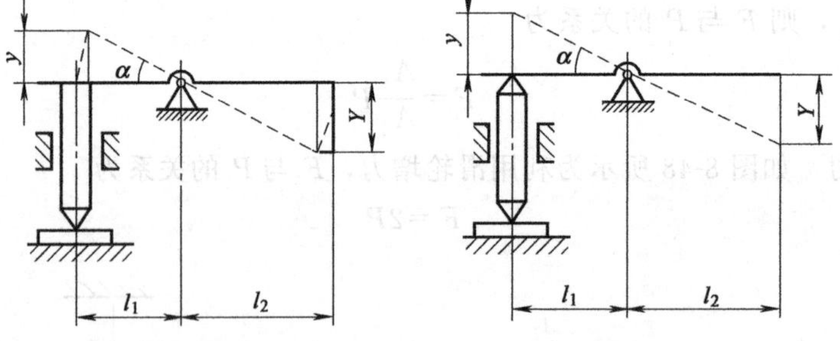

图 8-51　杠杆增程机构

② 增加转角　很多测量仪器中常用齿轮机构来增加转角。如图 8-52 所示百分表的增程机构为齿轮齿条机构和齿轮机构的串联组合。齿条（测头）移动，带动左边小、大齿轮转动，再把运动传递给指针所在的小齿轮。由于大齿轮的齿数是小齿轮齿数的 10 倍，因而指针的转角被放大了 10 倍，用于测量微小位移。

如图 8-53 所示是香烟包装机中的推烟机构，为凸轮机构、齿轮机构和连杆机构串联组合而成。由于凸轮机构的摆杆行程较小，后面利用齿轮机构和连杆机构进行了两次运动放大。构件 1 为部分齿轮，相当于大齿数齿轮，而齿轮 2 的齿数较少，因而 1 和 2 组成的齿轮机构将转角进行了第一次放大；杆件 3 是一个杠杆，其上段比下段长，对位移实现了第二次放大。

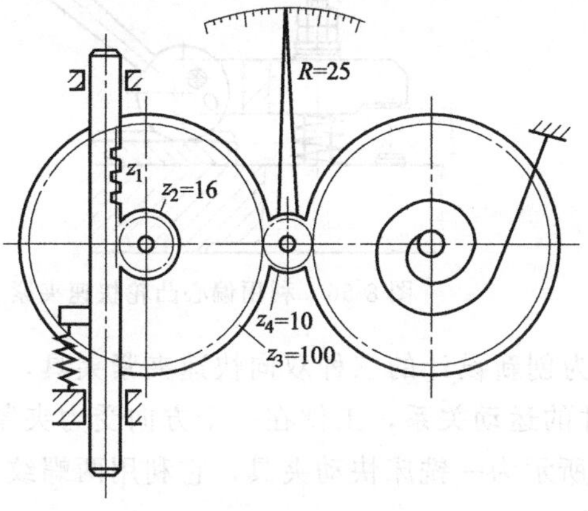


图 8-52　百分表增程机构

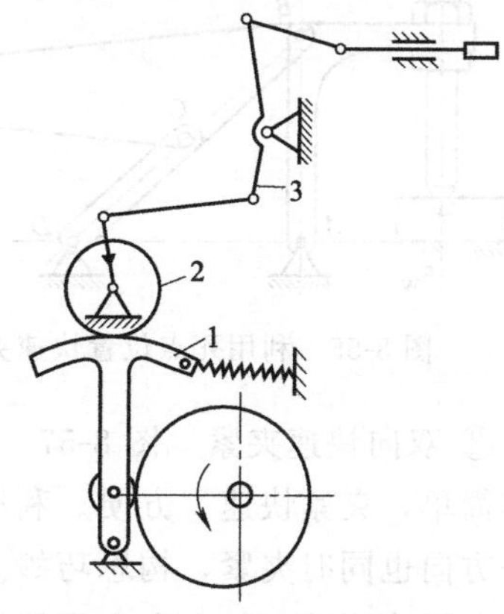


图 8-53　齿轮连杆增程机构

1，2—齿轮；3—杠杆

③ 增加位移和转角　如图 8-54（a）所示为人力四轮运输车（手推把手部分未画出），改进后的自返式运输车如图 8-54（b）所示，驱动轮轴 1 上安装了小齿轮 2，增加一中间轴 3，其上安装了大齿轮 4 和发条（涡卷簧）5，车向下滑过程中发条卷紧，车返回时发条释放，带动大齿轮转动，大齿轮驱动小齿轮转动，小齿轮带动车轮转动。本改进利用发条和齿轮机构增加了转角，同时也增加了运输车返回的位移。自返式运输车适用于在坡地上往返运送货物，既不需人力也不需其他形式的能源，在运动起始点将重物放上车，使车在重力作用下沿斜面下滑，运动到终止点卸下重物后车自动返回，操作人员仅需停留在运输的起始点和终止点，将货物搬上车和卸下即可，省去了人员来回往返的劳累。

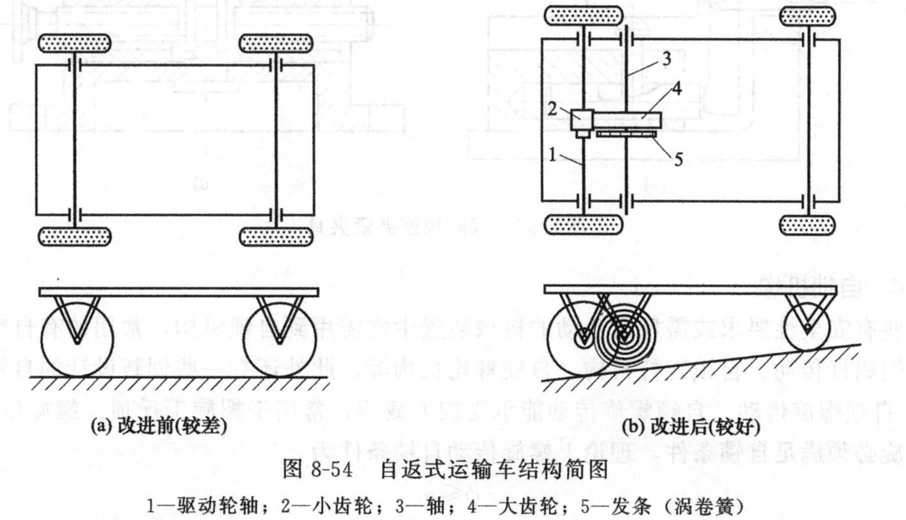


图 8-54　自返式运输车结构简图

1—驱动轮轴；2—小齿轮；3—轴；4—大齿轮；5—发条（涡卷簧）

（3）快速夹紧机构

夹紧机构一般在机床装卡工件时用，通常要求快速夹紧，分为单向夹紧和双向夹紧。

① 单向快速夹紧　图 8-55 利用连杆机构的死点位置快速夹紧。图 8-56 所示为偏心凸轮快速夹紧机构。以上两种结构都属于单向夹紧。

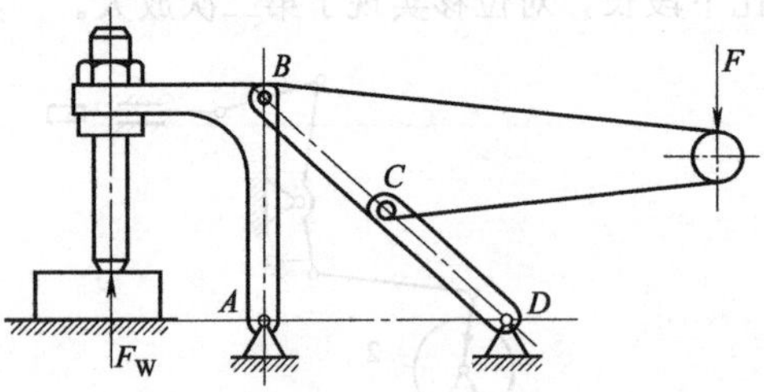


图 8-55　利用死点位置快速夹紧

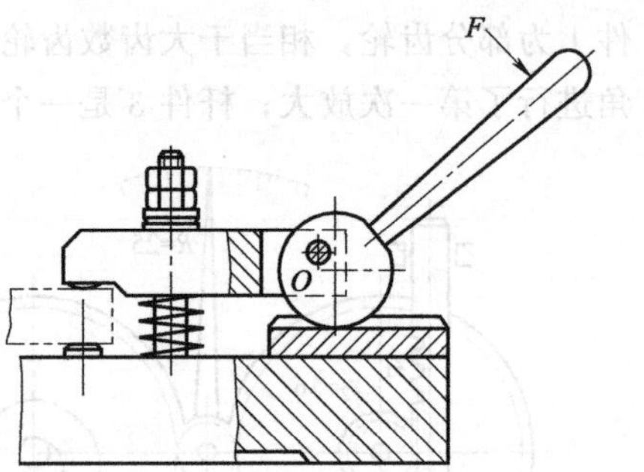


图 8-56　利用偏心凸轮快速夹紧

② 双向快速夹紧　图 8-57（a）～（c）所示为创新设计的三种双向快速夹紧夹具，它们操作简单，夹紧快速、方便。利用夹具体各构件的运动关系，工件在一个方向受力夹紧时，另一方向也同时夹紧，构思巧妙。图 8-57（d）所示为一铣床快动夹具，它利用两螺纹旋向相反的螺旋副使工件在左右两侧被快速双向夹紧。

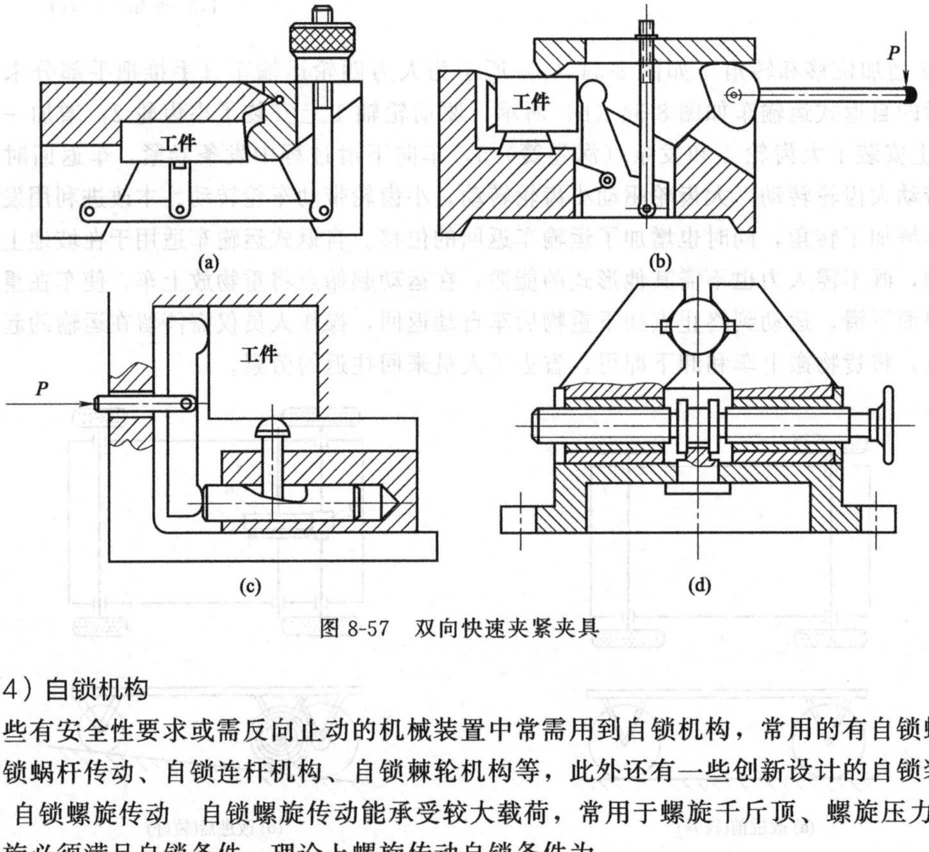


图 8-57　双向快速夹紧夹具

（4）自锁机构

一些有安全性要求或需反向止动的机械装置中常需用到自锁机构，常用的有自锁螺旋传动、自锁蜗杆传动、自锁连杆机构、自锁棘轮机构等，此外还有一些创新设计的自锁装置。

① 自锁螺旋传动　自锁螺旋传动能承受较大载荷，常用于螺旋千斤顶、螺旋压力机等。自锁螺旋必须满足自锁条件，理论上螺旋传动自锁条件为

$$\psi \leqslant \rho_v$$

式中，$\psi$ 为螺旋升角；$\rho_v$ 为当量摩擦角。

需要指出的是，滑动螺旋传动设计时不能按理论自锁条件来计算，如螺旋千斤顶、螺旋转椅等。因为当稍有转动时，静摩擦因数变为动摩擦因数，摩擦因数降低很多，导致 $\psi$ 大于

$\rho_v$，螺杆就会自行下降。为了安全起见，必须将当量摩擦角减小一度，即应满足：$\psi \leqslant \rho_v - 1°$。而取 $\psi \approx \rho_v$ 是极不可靠的，也是不允许的。

② 自锁蜗杆传动　蜗杆蜗轮传动工作原理与螺旋传动相同，自锁特性和螺旋传动也类似。由于自锁蜗杆在蜗轮反向转动时能实现止动，所以常用于提升重物的机械装置中，起到安全保护作用。

应该注意，自锁螺旋传动和自锁蜗杆传动的效率均较低，理论证明，这两种机构自锁时传动效率低于50%，因而，只有当设计中有自锁要求时，才设计成自锁机构；反之，则不必。

③ 自锁连杆机构　连杆机构在设计适当时也可以自锁。图 8-58 所示的简易夹砖装置，为保持砖在装夹搬运过程中不掉下，在设计时应具有自锁特性，其自锁条件为

$$a \leqslant f(l-b)$$

式中，$f$ 为砖夹与砖之间在接触处的摩擦因数。

图 8-59 所示为摆杆齿轮式自锁性抓取机构，该机构以汽缸为动力带送齿轮，从而带动手爪做开闭动作。当手爪闭合抓住工件，在图示位置时，工件对手爪的作用力 $G$ 的方向线在手爪回转中心的外侧，故可实现自锁性夹紧。

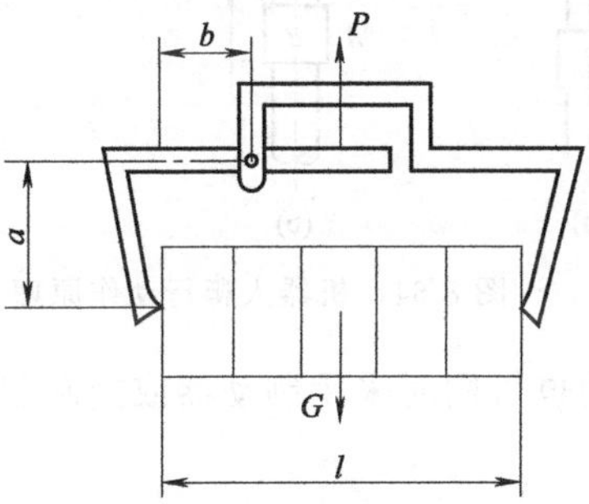


图 8-58　简易夹砖装置

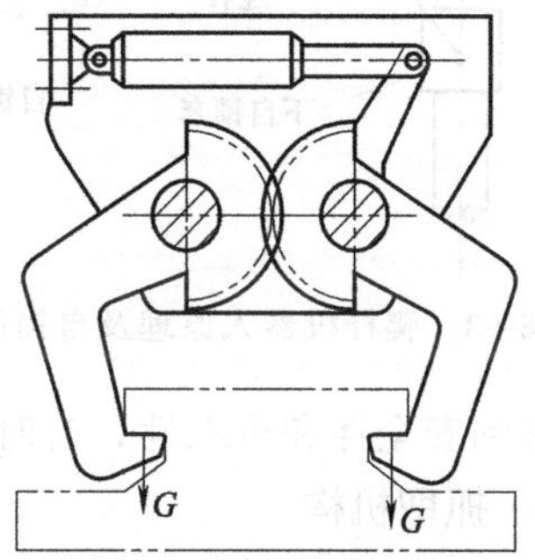


图 8-59　摆杆齿轮式自锁性抓取机构

④ 自锁棘轮机构　棘轮机构常用作防止机构逆转的停止器，起反向自锁的作用。棘轮反向自锁机构广泛用于卷扬机、提升机以及运输机中。图 8-60 所示为提升机中的棘轮反向自锁机构。

还可以利用摆动的楔形块获得反向自锁。如图 8-61 所示摩擦式棘轮反向自锁机构，1 为主动棘爪，2 为从动棘轮，机构的反向自锁通过制动棘爪 3 来完成。这种反向自锁机构具有能实现任意位置自锁的优点，结构简单，使用方便，工作平稳，噪声小，但其接触表面间容易发生滑动，运动准确性差。图 8-62 所示为家用缝纫机中带轮上的反向自锁机构。

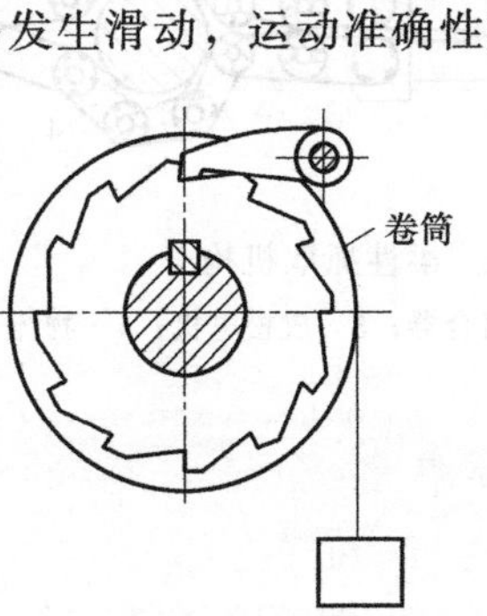


图 8-60　棘轮反向自锁机构

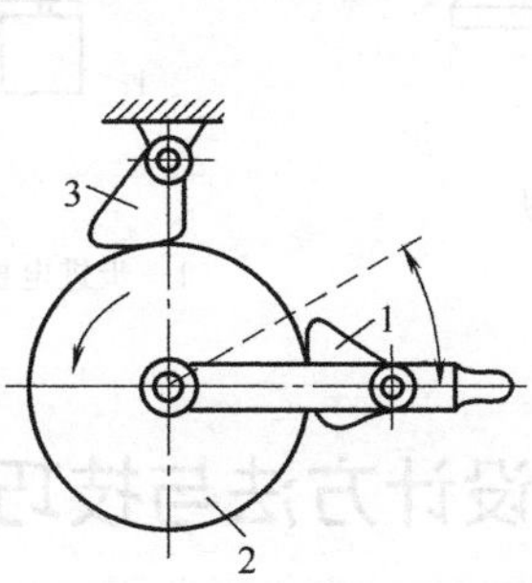


图 8-61　摩擦式棘轮反向自锁机构

1—主动棘爪；2—从动棘轮；3—制动棘爪

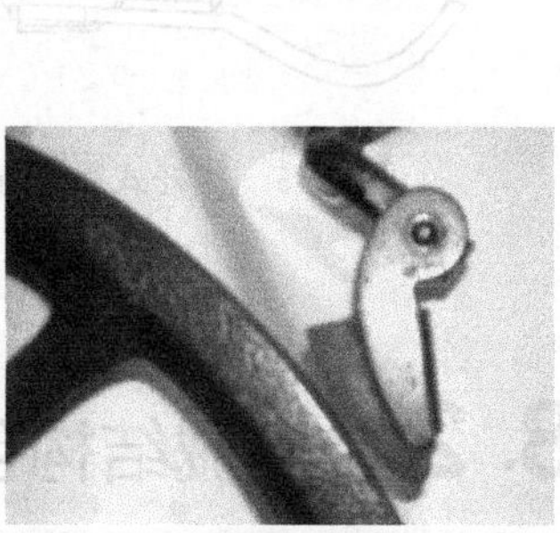

图 8-62　缝纫机带轮反向自锁机构

⑤ 创新设计的自锁装置　图 8-63 为一种创新设计的爬竿机器人原理及自锁锥套简图。这种机器人模仿尺蠖的动作向上爬行，其爬行机构只是简单的曲柄滑块机构。其中电机与曲柄固接，驱动装置运动。上下两个自锁套是实现向上爬的关键结构。当自锁套有向下运动的趋势时，锥套钢球与圆杆之间会形成可靠的自锁，使装置不下滑，而上行时自锁解除。

爬行机器人的爬行过程如图 8-64 所示。图 8-64（a）为初始状态，上下自锁套位于最远极限位置，同时锁紧；图 8-64（b）中，状态曲柄逆时针方向转动，上自锁套锁紧，下自锁套松开，被曲柄连杆带动上爬；图 8-64（c）中，状态曲柄已越过最高点，下自锁套锁紧，上自锁套松开，被曲柄带动上爬。如此周而复始实现向上爬行。

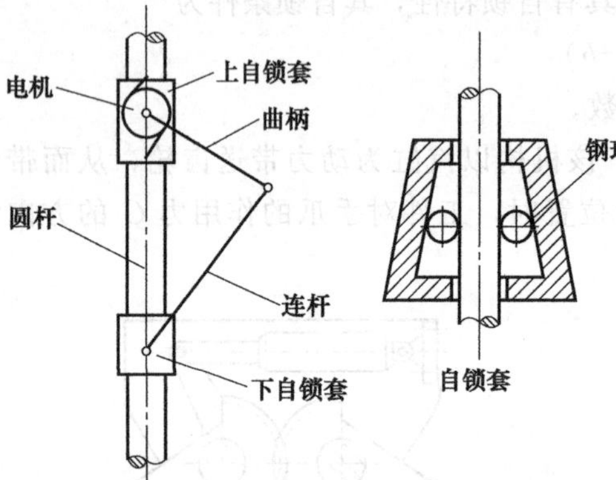


图 8-63　爬杆机器人原理及自锁锥套简图

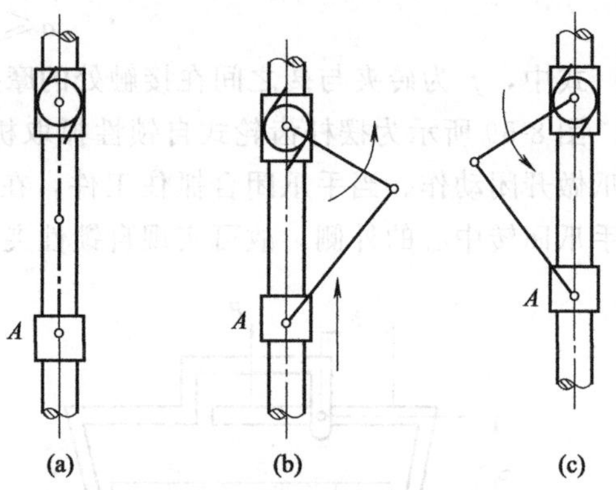


图 8-64　机器人爬行动作原理

考虑到安全性和可靠性，有时即便是自锁的机构也可同时采用制动器或抱闸装置。

（5）抓取机构

图 8-65 所示杠杆式手爪抓取机构，当活塞杆向右移动时，手爪抓紧，反之放开。图 8-66 所示的柔性抓取机构，抓取物体时可以仿物体轮廓进行变形，使抓紧更可靠。当步进电机 1 运转时，接通离合器 2，将缆绳收紧，使其各链节包络物体 4；当放松电机 3 运转时，接通离合器 2，将缆绳放松，手爪松开工件。如在手爪外包覆海绵手套，就能模仿人手的动作，对所抓取的物体还能起到更好的保护作用。

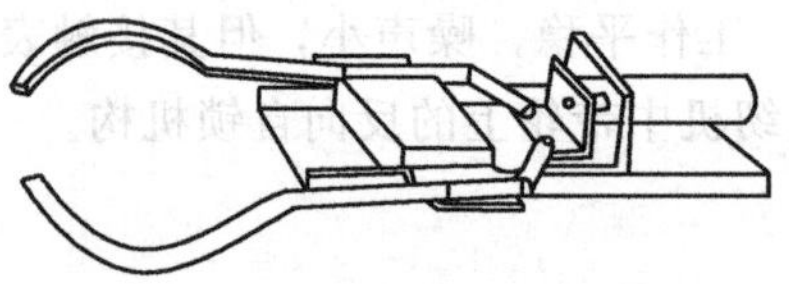

图 8-65　杠杆式手爪抓取机构

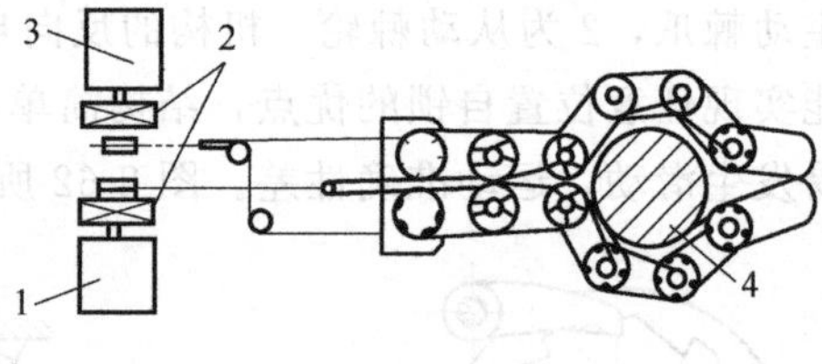


图 8-66　柔性抓取机构

1—步进电机；2—离合器；3—放松电机；4—物体

# 8.2 机械结构创新设计方法与技巧

机械结构设计就是将原理方案设计结构化，即把机构系统转化为机械实体系统，这一过程中需要确定结构中零件的形状、尺寸、材料、加工方法、装配方法等。

一方面，原理方案设计需要通过机械结构设计得以具体实现；另一方面，机械结构设计不但要使零部件的形状和尺寸满足原理方案的功能要求，还必须解决与零部件结构有关的力学、工艺、材料、装配、使用、美观、成本、安全和环保等一系列问题。机械结构设计时，需要根据各种零部件的具体结构功能构造它们的形状，确定它们的位置、数量、连接方式等结构要素。

在机械结构创新设计的过程中，设计者不但应该掌握各种机械零部件实现其功能的工作原理，提高其工作性能的方法与措施，以及常规的设计方法，还应该根据实际情况善于运用组合、分解、移植、变异、类比、联想等创新设计方法，追求结构创新，获得更好的功能和工作特性，才能更好地设计出具有市场竞争力的产品。

### 8.2.1 结构元素的变异、演化方法与技巧

（1）结构元素的变异与演化

结构元素在形状、数量、位置等方面的变异可以适应不同的工作要求，或比原结构具有更好和更完善的功能。下面简述几种有代表性的结构元素变异与演化。

① 杆状构件结构元素变异与演化　图 8-67 所示为一般连杆结构的几种形式，因运动副空间位置和数量不同，连杆的结构形状也随之产生变异。图 8-67（a）为二轴连杆，图 8-67（b）与图 8-67（c）为二轴连杆变异，图 8-67（d）为三轴连杆，图 8-67（e）与图 8-67（f）为三轴连杆变异。

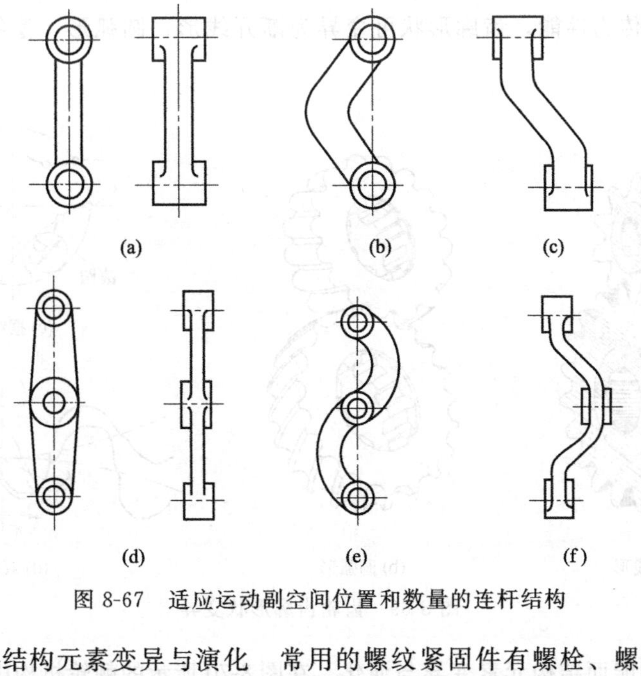


图 8-67　适应运动副空间位置和数量的连杆结构

② 螺纹紧固件结构元素变异与演化　常用的螺纹紧固件有螺栓、螺钉、双头螺柱、螺母、垫圈等，如图 8-68 所示。在不同的应用场合，由于工作要求不同，这些零件的结构就必须变异出所需的结构形状。

六角头螺栓拧紧力矩比较大，紧固性好，但需和螺母配用，且需一定的扳手操作空间，因而相关结构所占空间较大；内六角头螺钉比外六角头螺钉头部所占空间小，拧紧时所需操作空间也小，因而适合要求结构紧凑的场合；圆头螺钉拧紧后露在外面的钉头比较美观；盘

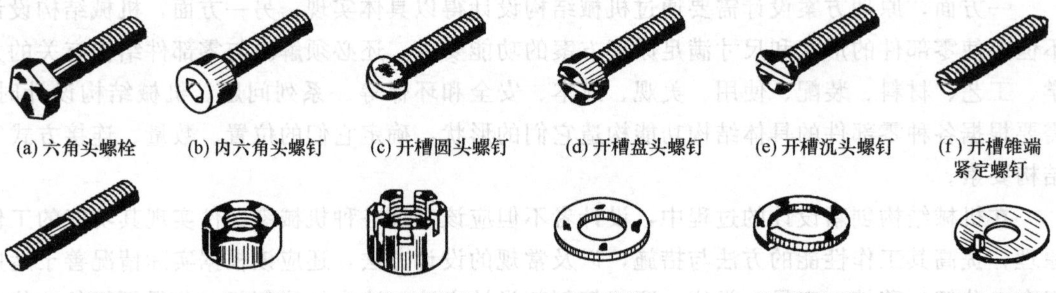

(a) 六角头螺栓　(b) 内六角头螺钉　(c) 开槽圆头螺钉　(d) 开槽盘头螺钉　(e) 开槽沉头螺钉　(f) 开槽锥端紧定螺钉

(g) 双头螺柱　(h) 六角螺母　(i) 六角开槽螺母　(j) 平垫圈　(k) 弹簧垫圈　(l) 止动垫圈

图 8-68　螺纹紧固件结构元素变异

头螺钉可以用手拧，可作调整螺钉；沉头螺钉的头部能拧进被连接件表面，使被连接件表面平整；紧定螺钉用来确定零件相互位置和传力不大的场合；双头螺柱适合经常拆卸的场合；六角螺母是最常见的用于紧固性连接的；开槽螺母是用来防松的；平垫圈用来保护承压面；弹簧垫圈和止动垫圈都是用来防松的。

③ 齿轮结构元素变异与演化　齿轮的结构元素变异包括：齿轮的整体形状变异、轮齿的方向变异和齿廓形状变异。

为传递不同空间位置的运动，齿轮整体形状可变异为圆柱形、圆锥形、齿条、蜗轮等。

为实现两轴的变转速，齿轮整体形状可变异为非圆齿轮和不完全齿轮。

为提高承载能力和平稳性，轮齿的方向可变异为直齿、斜齿、人字齿和曲齿等。

为适应不同的传力性能，齿廓形状可变异为渐开线形、圆弧形、摆线形、双圆弧形等。如图 8-69 所示。

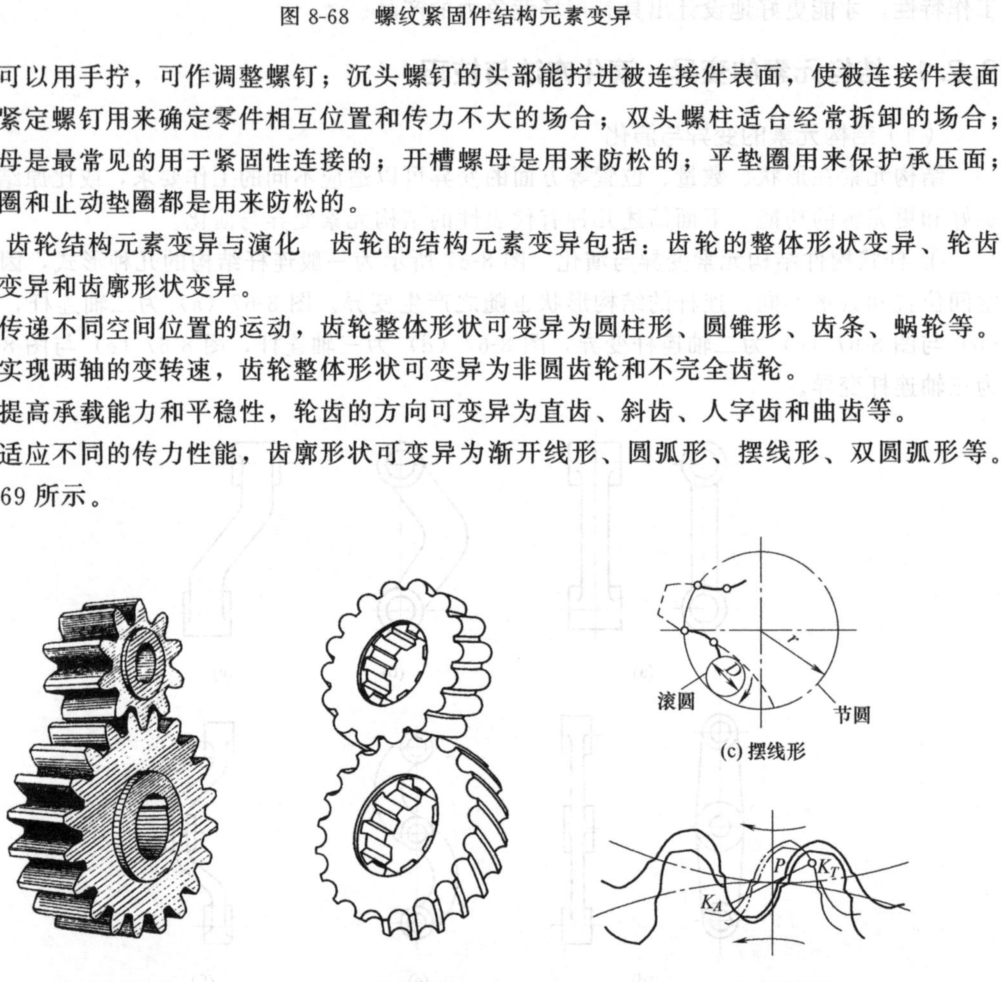


(a) 渐开线形　(b) 圆弧形　(c) 摆线形　(d) 双圆弧形

图 8-69　齿轮齿廓形状变异

④ 棘轮机构功能面结构元素变异与演化　在图 8-70 所示的棘轮机构中，棘爪头部的表面与棘轮齿形表面互相接触，是棘轮机构的功能面。通过变换功能面的形状可以得到图 8-70 所示的多种结构方案，分别有滚子、尖底、平底等结构。其中，图 8-70（a）、（c）所示方案用于单向传动，图 8-70（b）所示的棘轮可用于双向传动。图 8-70（c）所示的功能面能承担较大的载荷，应用较普遍，但制造误差对承载能力影响较大。三种不同结构功能面的特点对比列于表 8-3。

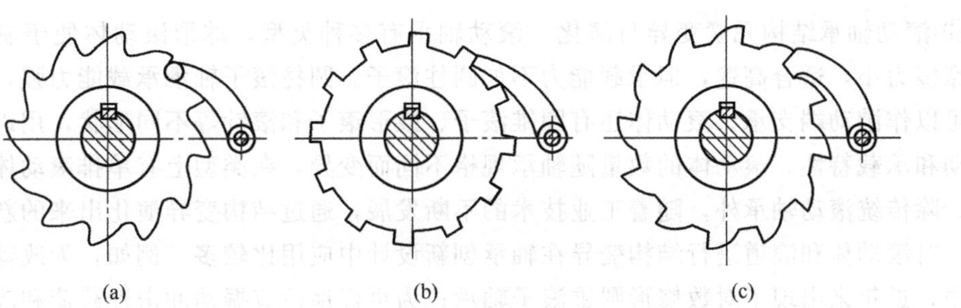

图 8-70　棘轮结构元素变异

表 8-3　三种不同形式功能面特点对比

| 类型<br>特点 | 图 8-70(a)方案 | 图 8-70(b)方案 | 图 8-70(c)方案 |
|---|---|---|---|
| 棘爪头部形式 | 滚子 | 尖底 | 平底 |
| 棘轮齿的形式 | 三角形齿(双向不对称) | 矩形齿(双向对称) | 不对称梯形齿(双向不对称) |
| 传动方向 | 单向 | 双向 | 单向 |
| 承载能力 | 一般 | 较小 | 较大 |
| 制造误差影响 | 一般 | 较小 | 较大 |
| 应用 | 常用,单向传动 | 较少,多用于双向传动 | 广泛,单向传动 |

⑤ 轴毂连接结构元素变异与演化　轴毂连接的主要结构形式是键连接。单键的结构形状有平键和半圆键等，平键又分为普通平键、导键和滑键，普通平键又分为 A 型、B 型、C 型。平键通常是单键连接，但当传递的转矩不能满足载荷要求时需要增加键的数量，就变为双键连接。若进一步增加其工作能力，就出现了花键。花键的形状又有矩形、梯形、三角形，以及滚珠花键。将花键的形状继续变换，由明显的凸凹形状变换为不明显的，则就产生了无键连接，即成形连接。轴毂连接结构元素变异与演化如图 8-71 所示。

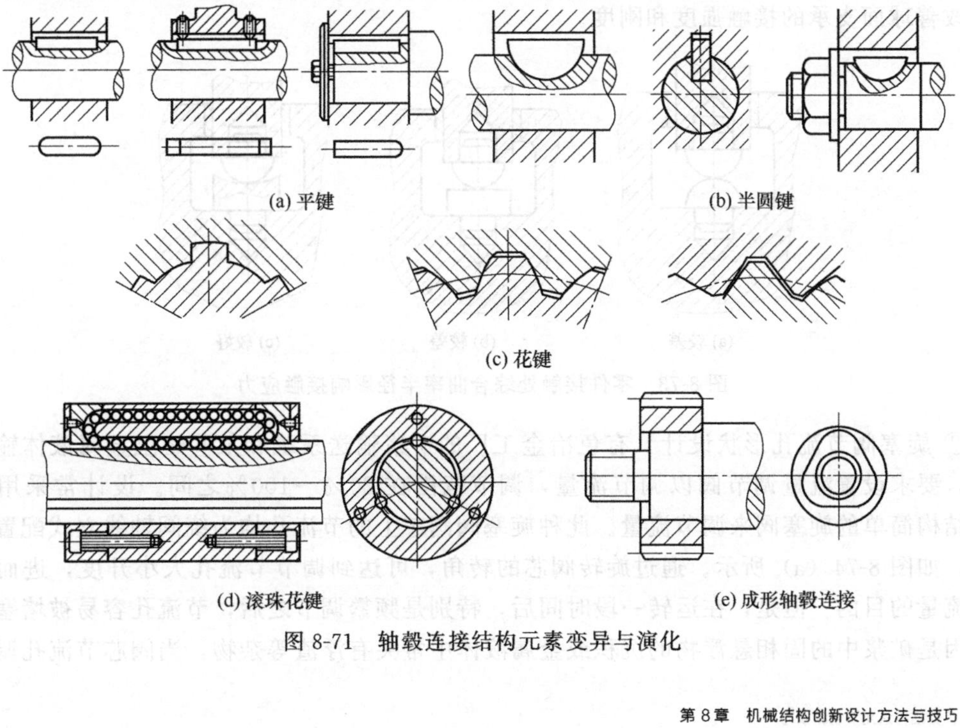

图 8-71　轴毂连接结构元素变异与演化

⑥ 滚动轴承结构元素变异与演化　滚动轴承有多种类型，球形滚动体便于制造，成本低，摩擦力小，适合高速，但承载能力不如圆柱滚子。圆柱滚子轴承承载能力强，旋转精度高，可以作游动端支承。滚动体还有圆锥滚子、鼓形滚子和滚针等不同形状，用以获得不同的运动和承载特性。滚动体的数量随轴承规格不同而变异，在类型上有单排滚动体和双排滚动体。除传统滚动轴承外，随着工业技术的不断发展，通过结构变异演化出来的新型轴承非常多。对滚动体和滚道进行结构变异在轴承创新设计中应用比较多。例如，为改善润滑和应力集中，近年来出现了对数修形圆锥滚子轴承；为更好地适应振动冲击性载荷和改善轴承系统的润滑冷却条件，出现了空心圆柱滚子轴承；为承受双向轴向载荷，出现了四点接触球轴承。

⑦ 基于材料的结构元素变异与演化　图 8-72 是美国通用汽车公司设计的双稳态闭合门（美国专利 354870 号），通过结构元素的材料变异演化出新结构，从工作原理上进行了结构创新。这种双稳态闭合门用挤压丙烯替代机械装置制成弹簧压紧装置，比一般金属零件组成的结构更为简单、方便，易于维护。

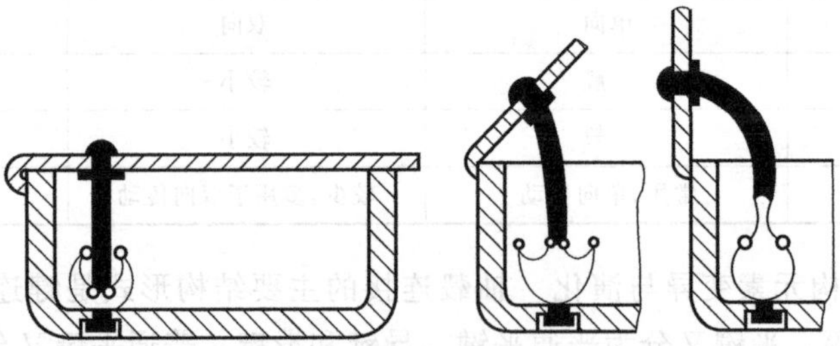

图 8-72　利用塑料件制成的双稳态闭合门

（2）结构元素变异与演化设计技巧

① 零件接触处综合曲率半径设计　图 8-73 所示的结构中，从图 8-73（a）到图 8-73（c）的高副接触中综合曲率半径依次增大，接触应力依次减小，因此，图 8-73（c）所示结构有利于改善球面支承的接触强度和刚度。

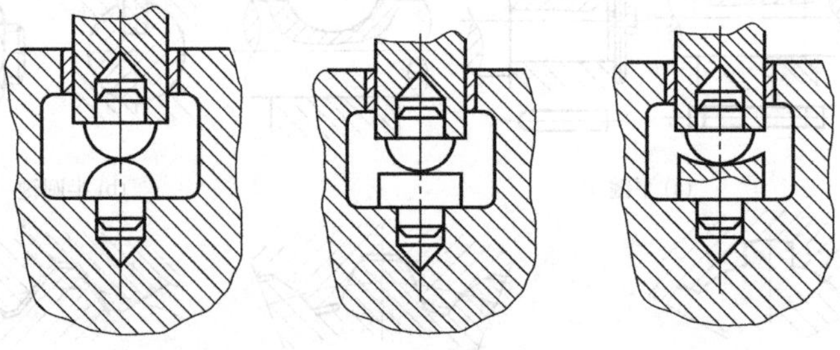

(a) 较差　　(b) 较差　　(c) 较好

图 8-73　零件接触处综合曲率半径影响接触应力

② 旋塞阀节流孔形状设计　有色冶金工厂的矿浆输送系统和某些熔融金属液体输送系统中，要求设置流量调节阀以调节流量，调节范围在 20%～100%之间。设计常采用通用型、结构简单的旋塞阀来调节流量。此种旋塞阀阀芯上的节流孔均为绕阀轴线立式配置的矩形孔，如图 8-74（a）所示。通过旋转阀芯的转角，可达到调节节流孔大小开度，进而达到调节流量的目的。但是，在运转一段时间后，特别是频繁调节之后，节流孔容易被堵塞。主要原因是矿浆中的固相悬浮物的沉积或金属液体中常夹有浮渣等杂物，当阀芯节流孔调小后

便很易被堵塞。矩形节流孔调节过程的变化如图 8-74（a）所示，节流孔的高度不变，只改变其宽度。如宽为 20mm 的方形节流孔当其开口面积缩小到 20%时，则节流孔的宽度只有 4mm，显然易于堵塞。

将节流孔改成菱形，如图 8-74（b）所示，当调节节流口的面积时，其变化是外形相似地按比例缩小。如以边长为 20mm 菱形节流口为例，当面积缩小到 20%时，孔宽仍有 9mm，这样节流过程的堵塞故障便可消除。

方形和菱形节流口的节流效果对比如图 8-74（c）所示。图中，a 为方形孔，b 为菱形孔，间隙即孔宽。

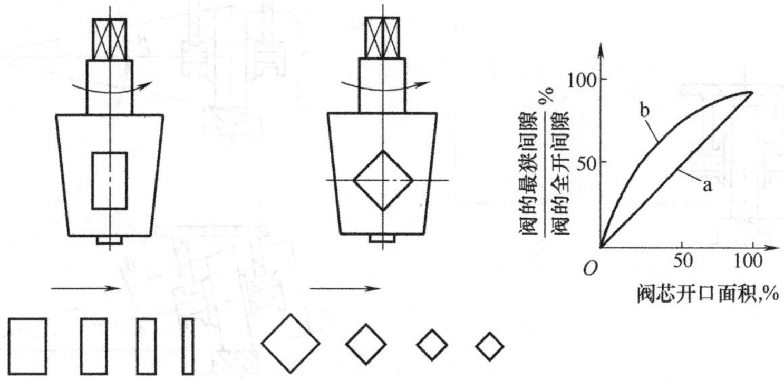

(a) 矩形节流口(较差)　(b) 菱形节流口(较好)　(c) 节流效果对比

图 8-74　旋塞阀节流孔形状设计

③ 液压缸排气孔位置设计　当油缸内残存空气时，工作时会产生爬行、颤抖、振动和噪声，破坏油缸正常运行，故要求速度稳定、水平安装的大型液压缸，设计排气装置。图 8-75（a）的排气孔位置设置不当，不能将缸内空气完全排除干净，所以工作仍然不稳定，产生爬行、振动及噪声。图 8-75（b）改变了排气孔位置及相关结构，可消除上述缺点。

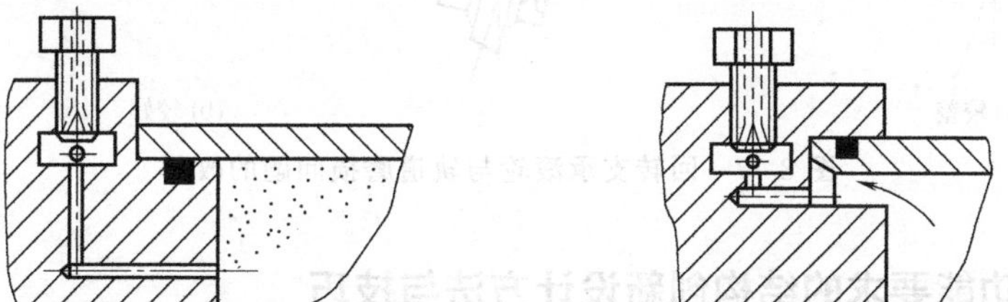
(a) 较差　(b) 较好

图 8-75　液压缸排气孔位置设计

④ V 形滑动导轨上下位置变换改善润滑　在图 8-76（a）所示的 V 形导轨结构中，上方零件为凹形，下方零件为凸形，这类导轨表面不易积尘，但在重力的作用下，摩擦表面上的润滑剂会自然流失。如果变换凸、凹零件的位置，使上方零件为凸形，下方零件为凹形，如图 8-76（b）所示，则可以有效地改善导轨的润滑状况。

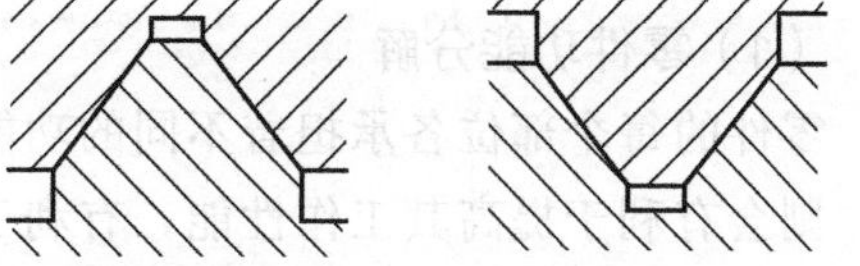
(a) 较差　(b) 较好

图 8-76　V 形滑动导轨上下位置变换改善润滑

⑤ 回转支承滚轮与轨道磨损问题的改善　在各类回转设备上经常采用滚轮式回转支承结构，滚轮采用单轮或带平衡梁的双滚轮结构，如图 8-77（a）所示。为使结构简单，经常采用平踏面车轮和平面轨道。因中心距尺寸较小，双滚轮也直线排列。这种滚轮式回转支承中，在某一圆周角速度下运转的滚轮，由于轮宽的存在，轮子内侧与外侧存在速度差，滚轮产生滑动，车轮和轨道很快磨损。可通过滚轮形状变异进行改善，如图 8-77（b）所示，遵守纯滚动原则，采用圆锥形滚轮，使滚轮与轨道间只有滚动而不产生附加滑动，则可减轻磨损，延长滚轮及轨道寿命，降低运行阻力及噪声。

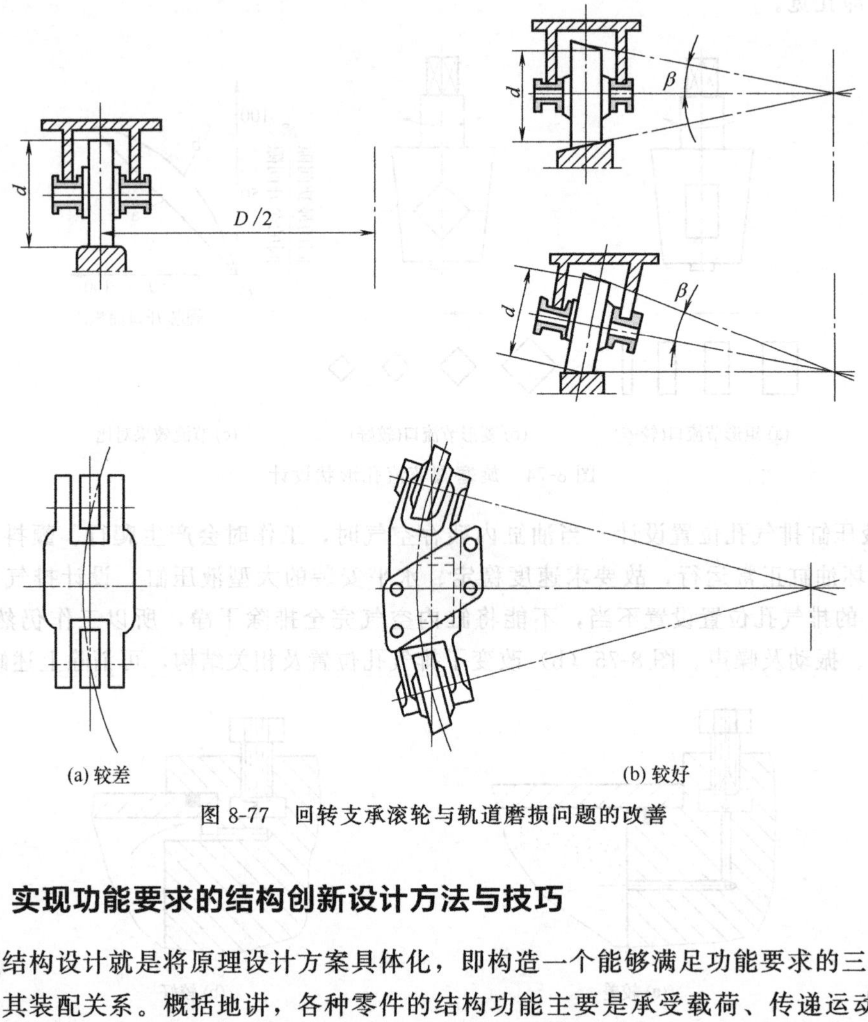

(a) 较差　　(b) 较好

图 8-77　回转支承滚轮与轨道磨损问题的改善

## 8.2.2　实现功能要求的结构创新设计方法与技巧

机械结构设计就是将原理设计方案具体化，即构造一个能够满足功能要求的三维实体的零部件及其装配关系。概括地讲，各种零件的结构功能主要是承受载荷、传递运动和动力，以及保证或保持有关零部件之间相对位置或运动轨迹关系等。功能要求是结构设计的主要依据和必须满足的要求。设计时，除根据零件的一般功能进行设计外，通常可以通过零件的功能分解、功能组合、功能移植等技巧来完成机械零件的结构功能设计。

（1）零件功能分解

零件的每个部位各承担着不同的功能，具有不同的工作原理。若将零件的功能分解、细化，则会有利于提高其工作性能，有利于开发新功能，也使零件整体功能更趋于完善。

例如，螺钉按功能可分解为螺钉头、螺钉体、螺钉尾三个部分。螺钉头的不同结构类型分别适用于不同的拧紧工具和连接件表面结构要求（图 8-68）。螺钉体有不同的螺纹牙形，如三角形螺纹（粗牙、细牙）、倒刺环纹螺纹等，分别适用于不同的连接紧固性。螺钉体除螺纹部分外，还有无螺纹部分。无螺纹部分也有制成细杆的，被称为柔性螺杆［图 8-78 (a)］。柔性螺杆常用于冲击载荷，因为冲击载荷作用下这种螺杆将提高疲劳强度，如发动机连杆的连接螺栓。为提高其疲劳寿命，可采用降低螺杆刚度的方法进行构型，例如，采用大柔度螺杆和空心螺杆［图 8-78 (b)］。螺钉尾部带有倒角起导向作用，方便安装；带有锥端、短圆柱端或球面等形状的尾部是为了紧定可靠、保护螺纹尾端不被压坏及碰伤。螺钉尾部还可设计成有自钻自攻功能的尾部结构，如图 8-79 所示。

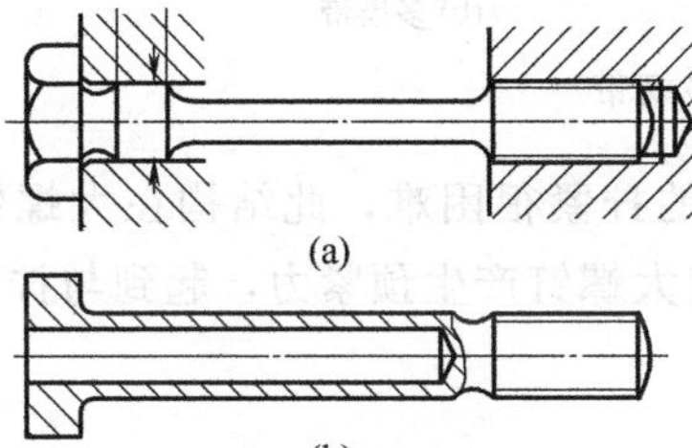

图 8-78　柔性螺栓

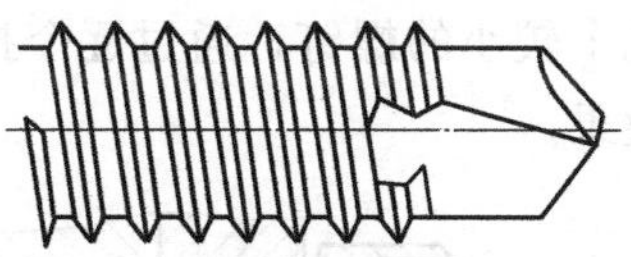
图 8-79　自钻自攻螺钉尾部结构

轴的功能可分解为轴环与轴肩用于定位；轴身用于支承轴上零件；轴颈用于安装轴承；轴头用于安装联轴器。

滚动轴承的功能可分解为内圈与轴颈连接；外圈与座孔连接；滚动体实现滚动功能；保持架实现分离滚动体的功能。

齿轮的功能可分解为轮齿部分的传动功能、轮体部分的支承功能和轮毂部分的连接功能。

零件结构功能的分解内容是很丰富的，为获得更完善的零件功能，在结构设计时可尝试进行功能分解的方法，再通过联想、类比与移植等进行功能扩展或新功能的开发。

（2）零件功能组合

零件功能组合是指一个零件可以实现多种功能，这样可以使整个机械系统更趋于简单化，简化制造过程，减少材料消耗，提高工作效率，是结构设计的一个重要途径。

零件功能组合一般是在零件原有功能的基础上增加新的功能，如前文提到的具有自钻自攻功能的螺纹尾（图 8-79），将螺纹与钻头的结构组合在一起，使螺纹连接结构的加工和安装更为方便。图 8-80 所示为三合一功能的组合螺钉，它是外六角头、法兰和锯齿的组合，不仅实现了支承功能，还可以提高连接强度，防止松动。

图 8-81 所示是用组合法设计的一种内六角花形、外六角与十字槽组合式的螺钉头，适用于三种扳拧工具，方便操作，提高了装配效率。

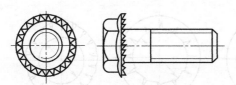

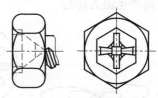

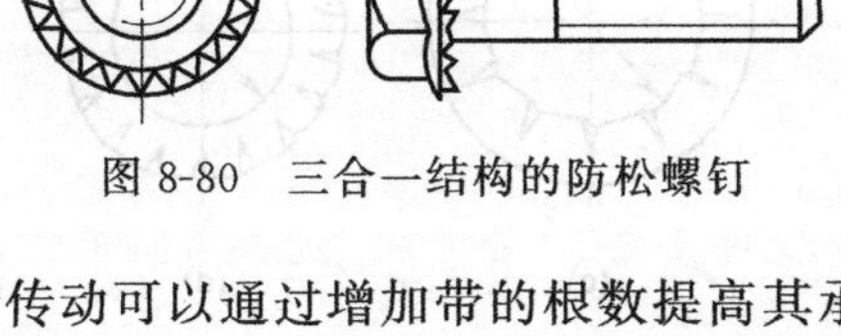
图 8-80　三合一结构的防松螺钉

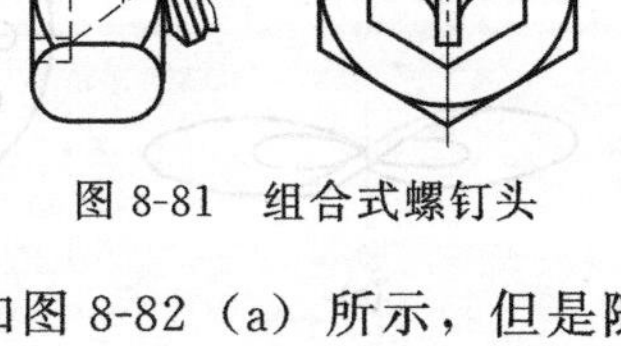
图 8-81　组合式螺钉头

V 带传动可以通过增加带的根数提高其承载能力，如图 8-82 (a) 所示，但是随着带的根数增加，由于多根带的带长不一致，带与带之间的载荷分布不均加剧，使多根带不能充分发挥作用。图 18-82（b）所示的多楔带将多根带集成在一起，保证了带长的一致，提高了承载能力。

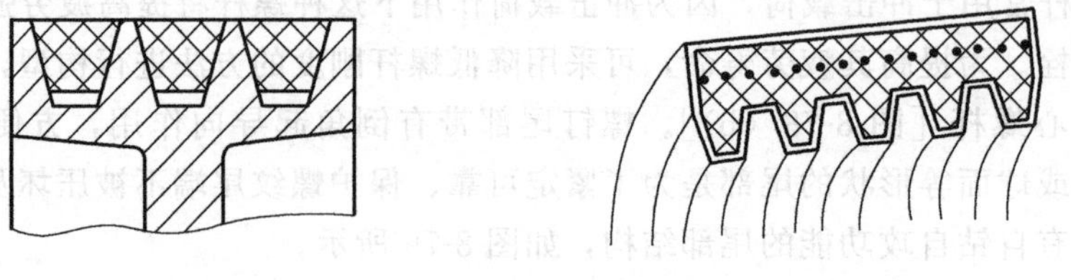

(a) 多根带　　(b) 多楔带

图 8-82　多根带与多楔带

图 8-83 所示为组合螺钉结构，由于大尺寸螺钉的拧紧很困难，此结构在大螺钉的头部设置了几个较小的螺钉，通过逐个拧紧小螺钉可以使大螺钉产生预紧力，起到与拧紧大螺钉同样的效果。

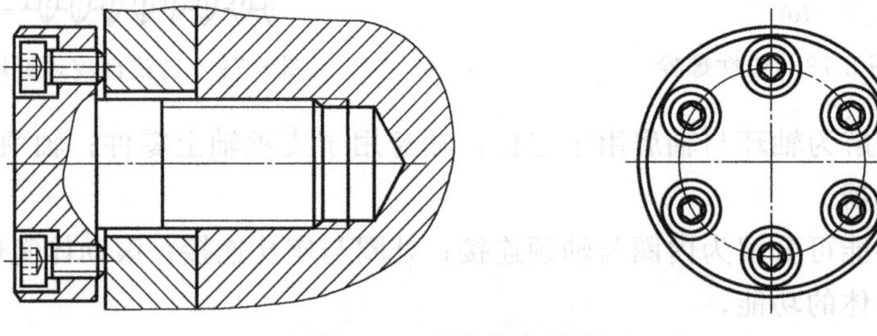

图 8-83　组合螺钉结构

还有许多零件，本身就有多种功能，例如花键既具有静连接又具有动连接的功能；向心推力轴承既具有承受径向力又具有承受轴向力的功能；安全销既能传递转矩又能在转矩超过规定值时自动剪断，起到安全保护作用；同样的还有摩擦带传动，传递摩擦力的同时还能避免过载打滑，起到对后续传动装置的保护作用。

（3）零件功能移植

零件功能移植是指相同的或相似的结构可实现完全不同的功能。例如，齿轮啮合常用于传动，如果将啮合功能移植到联轴器，则产生齿式联轴器。同样的还有滚子链联轴器。

齿的形状和功能还可以移植到螺纹连接的防松装置上，螺纹连接除借助于增加螺旋副预紧力而防松外，还常采用各种弹性垫圈。诸如波形弹性垫圈［图 8-84（a）］、齿形锁紧垫圈［图 8-84（b）］、锯齿锁紧垫圈［图 8-84（c、d）］等，它们的工作原理一方面是依靠垫圈被压平产生弹力，弹力的增大又使结合面的摩擦力增大而起到防松作用；另一方面也靠齿嵌入被连接件而产生阻力防松。

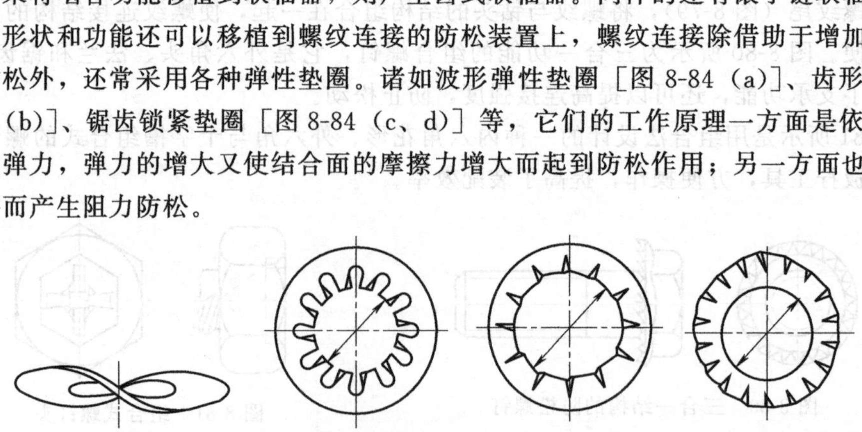

(a)　(b)　(c)　(d)

图 8-84　波形弹性垫圈与带齿的弹性垫圈

图 8-85 所示为一种巧妙的蜗杆自锁功能移植的连接软管用的卡子，这是一种利用蜗杆蜗轮传动自锁原理制成的软管卡子。卡圈（相当于蜗轮）顶部有齿，与蜗杆啮合，用螺丝刀拧动蜗杆头部的一字形槽，蜗杆转动，转动的蜗杆使得与其啮合的环状蜗轮卡圈走齿（收紧），致使软管被箍紧在与其连接的刚性管子上。这种功能移植的创新结构锁紧功能十分有效，已广泛应用在管道的连接与维修上。

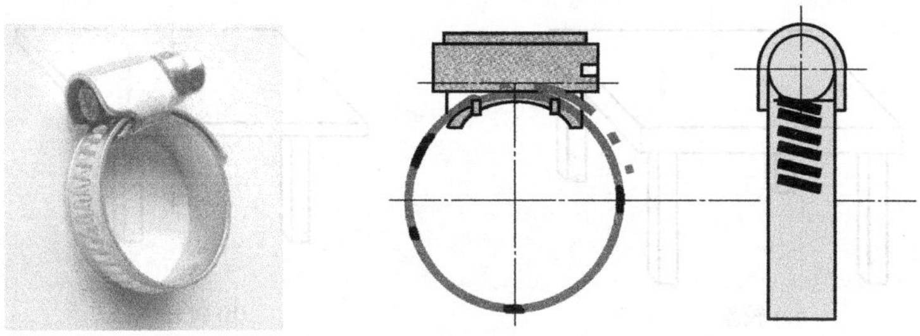

(a) 实物 (b) 结构

图 8-85 蜗杆自锁功能移植的卡子

## 8.2.3 满足使用要求的结构创新设计方法与技巧

对于承受载荷的零件，为保证零件在规定的使用期限内正常地实现其功能，在结构设计中应使零部件的结构受力合理，降低应力，减小变形，减轻磨损，节省材料，安全可靠，以利于提高零件的强度、刚度和延长使用寿命。

（1）受力合理

① 悬臂支架结构应尽量等强度 图 8-86 所示铸铁悬臂支架，其弯曲应力自受力点向左逐渐增大。图 8-96（a）所示结构强度差。图 8-86（b）所示结构虽然强度高，但不是等强度，浪费材料，增加重量，也较差。图 8-86（c）所示为等强度结构，且符合铸铁材料的特点，铸铁抗压性能优于抗拉性能，故肋板应设置在承受压力一侧。

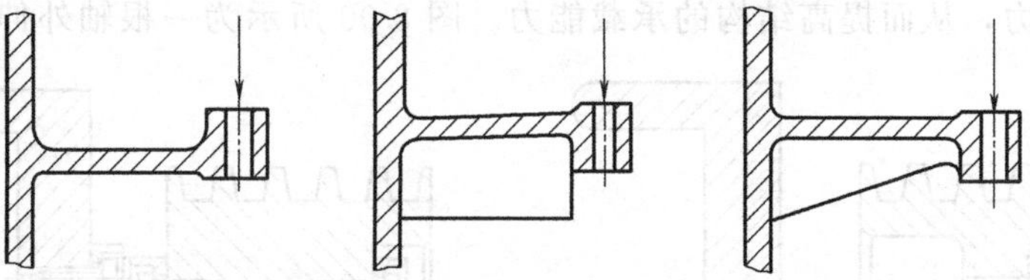

(a) 较差 (b) 较差 (c) 较好

图 8-86 悬臂支架结构应尽量等强度

② 局部相邻槽不宜太近 如图 8-87 所示，圆管外壁上有螺纹退刀槽，内壁有镗孔退刀槽，如果两者相距太近［图 8-87（a）］，则对管道强度削弱较大，所以应分散安排［图 8-87（b）］，对强度影响比较小。

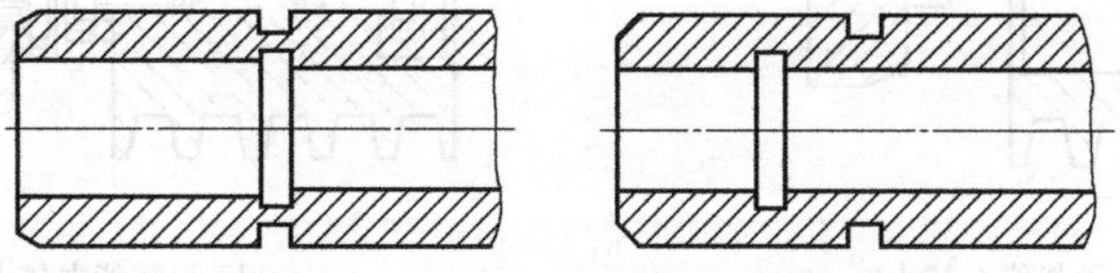

(a) 较差 (b) 较好

图 8-87 局部相邻槽不宜太近

③ 支承点不宜距离受力点太远　如图 8-88 所示，某设备由 3 足支承，足所在的位置即受力箭头所指处，若采用 4 腿工作台［图 8-88（a）］，虽然台面很厚，仍变形很大，这是由于工作台腿支承点距离受力点太远，产生较大弯矩造成的。支承点与受力点之间距离越大，弯矩越大，台面变形越大。若采用如图 8-88（b）所示的 3 腿工作台，每个腿都正对着设备的足，且可采用较薄的台面，仍不易产生变形，比较合理。

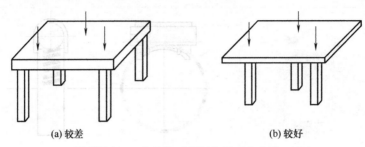

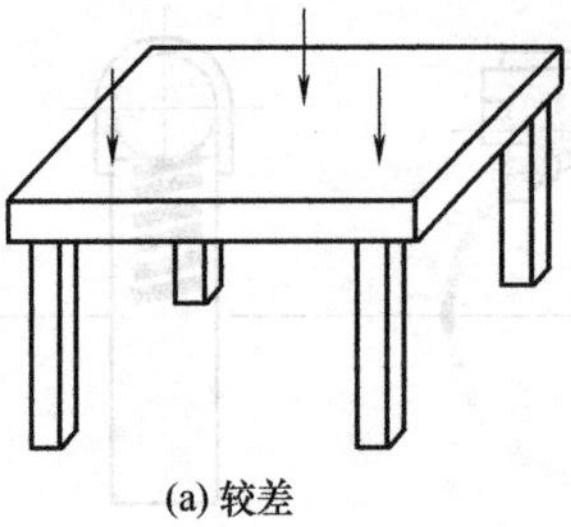
(a) 较差　　(b) 较好

图 8-88　支承点不宜距离受力点太远

（2）降低应力

① 避免直角转弯引起应力集中　如图 8-89 所示，若零件两部分交接处有直角转弯则会在该处产生较大的应力集中。设计时可将直角转弯改为斜面和圆弧过渡，这样可以减少应力集中，防止热裂等。图 8-89（a）结构较差，图 8-89（b）结构合理。

(a) 较差　　(b) 较好

图 8-89　避免直角转弯引起应力集中

② 带轮与轴的连接　在结构设计中，应将载荷由多个结构分别承担，这样有利于降低危险结构处的应力，从而提高结构的承载能力。图 8-90 所示为一根轴外伸端的带轮与轴的

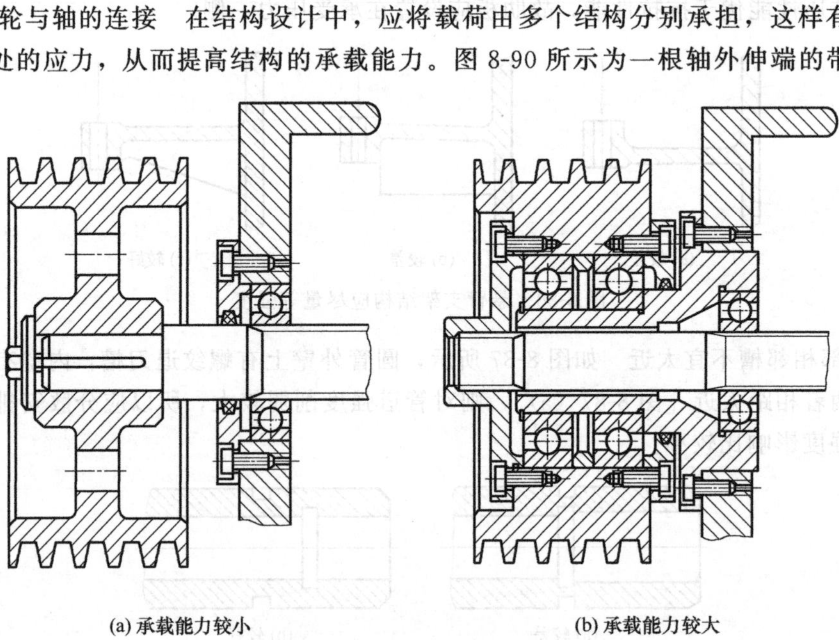
(a) 承载能力较小　　(b) 承载能力较大

图 8-90　带轮与轴的连接

连接结构。图 8-90（a）所示的结构在将带轮的转矩传递给轴的同时也将压轴力传递给轴，会在支点处引起很大的弯矩，并且弯矩所引起的应力为交变应力，弯矩和扭矩同时作用会在轴上引起较大应力。图 8-90（b）所示的结构增加了一个支承套，带轮通过端盖将转矩传递给轴，通过轴承将压力传给支承套，支承套的直径较大，而且所承受的弯曲应力是静应力，通过这种结构使弯矩和扭矩分别由不同零件承担，提高了结构整体的承载能力。

③ 陶瓷连接　陶瓷材料承受局部集中载荷的能力差，在与金属件的连接中，应避免其弱点。图 8-91（a）所示的结构采用了直插销，载荷引起的应力集中较大。若改为图 8-91（b）所示的结构，在销轴连接中改用环形插销，则可增大承载面积，降低应力，是比较合理的结构。

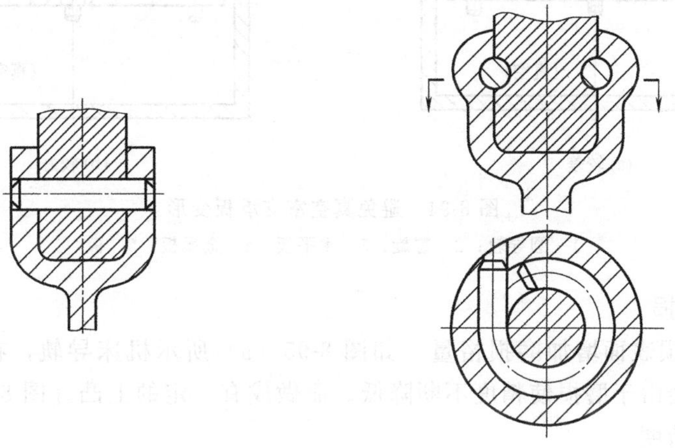

(a) 较差　　(b) 较好

图 8-91　陶瓷连接

（3）减小变形

① 增设加强肋提高刚度　如果零件刚度很差，工作中将会产生较大变形，影响相关零件的工作性能，而且由于刚度差在加工时会引起变形，从而影响加工精度。如图 8-92（a）所示支架，可考虑增设加强肋，如图 8-92（b）所示，以增加其刚度，解决上述问题。

② 避免拧紧螺钉引起导轨变形　图 8-93 所示为导轨紧定螺钉的两种固定形式。图 8-93（a）所示结构在拧紧紧定螺钉时引起导轨变形，使导轨工作表面精度降低。为此，应把固定部分与导轨支承面部分做成柔性较好的连接，使紧定螺钉产生的变形不影响导轨的精度，如图 8-93（b）所示。

③ 避免真空室支承板变形　图 8-94（a）所示为一真空室，其中有一水平板 3，靠螺旋

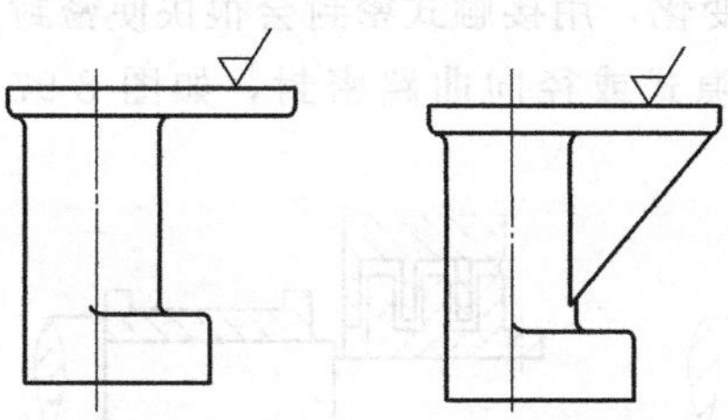

(a) 较差　　(b) 较好

图 8-92　增设加强肋提高工件刚度

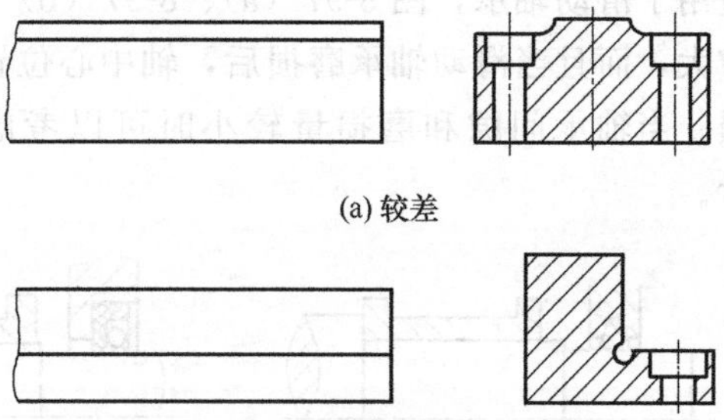

(a) 较差

(b) 较好

图 8-93　避免拧紧螺钉引起导轨变形

2旋转推动它上下移动，移动时由四个圆导轨1导向。在真空室未抽气时，水平板上下移动灵活，但是在真空室中的空气被抽掉以后，其上面的板5凹陷变形，使安装在其上的圆导轨偏斜，使水平板上下移动时受到很大的摩擦阻力。图 8-94（b）所示结构增加金属板4，使圆导轨不受板5变形的影响，水平板移动灵活，为较好的结构。

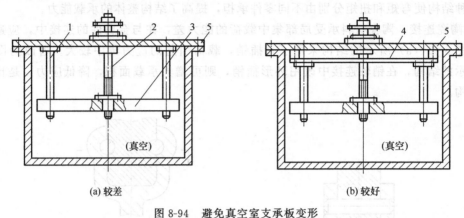

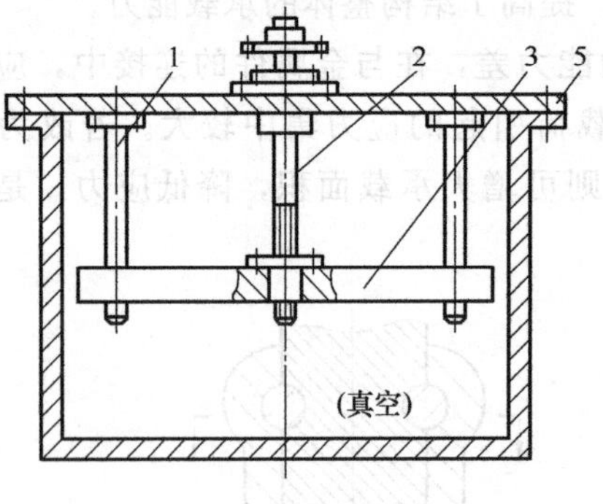

(a) 较差　　(b) 较好

图 8-94　避免真空室支承板变形

1—圆导轨；2—螺旋；3—水平板；4—金属板；5—板

（4）减轻磨损

① 零件易磨损表面增加磨损裕量　如图 8-95（a）所示机床导轨，在未使用时正好平直，则在使用时会由于磨损使精度不断降低。而做成有一定的上凸［图 8-95（b）］，则可在较长时间内保持精度。

② 避免形成阶梯磨损　当一对互相接触的滑动表面因尺寸不同而有一部分表面不接触时，则可能由于有的部分不磨损而与有磨损的部分之间形成台阶，称为阶梯磨损。如图 8-96（a）所示，移动件的行程比支承件短，则有一部分支承件无磨损，而发生阶梯磨损。改为图 8-96（b）所示形式较好。

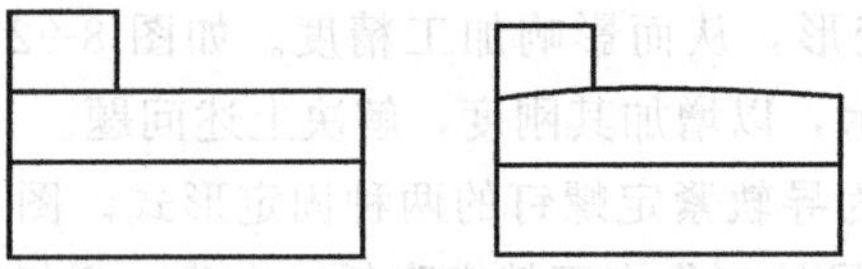
(a) 较差　　(b) 较好

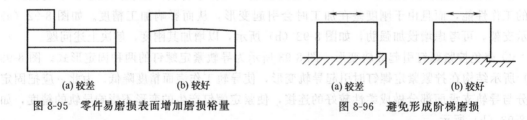

图 8-95　零件易磨损表面增加磨损裕量

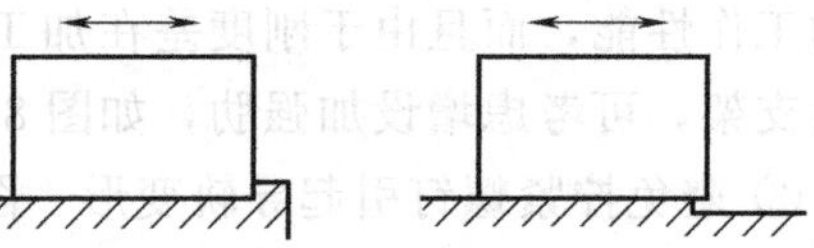
(a) 较差　　(b) 较好

图 8-96　避免形成阶梯磨损

③ 滑动轴承不能用接触式密封　毡圈密封、皮圈密封等接触式密封适用于滚动轴承但不适用于滑动轴承，图 8-97（a）、8-97（b）所示为不合理结构，因为滑动轴承比滚动轴承间隙大，而且当滑动轴承磨损后，轴中心位置有较大变化，用接触式密封会很快使密封元件磨损。当轴承间隙和磨损量较小时可以考虑采用间隙式或径向曲路密封，如图 8-97（c）所示。

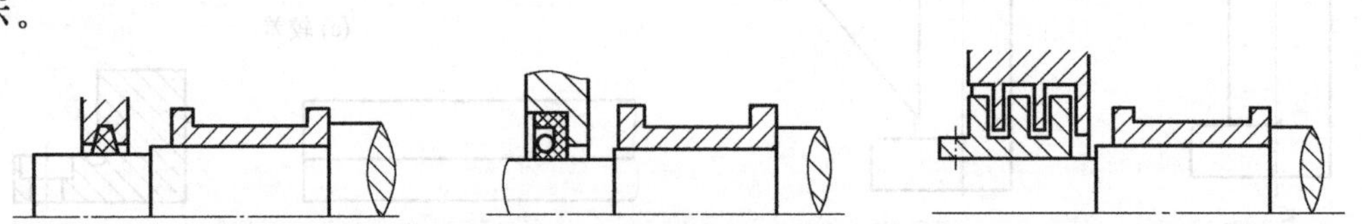
(a) 不合理　　(b) 不合理　　(c) 合理

图 8-97　滑动轴承不能用接触式密封

（5）节省材料

考虑节约材料的冲压件结构，可以将零件设计成能相互嵌入的形状，这样既能不降低零件的性能，又可以节省很多材料。如图 8-98 所示，图 8-98（a）的结构较差，图 8-98（b）的结构较好。

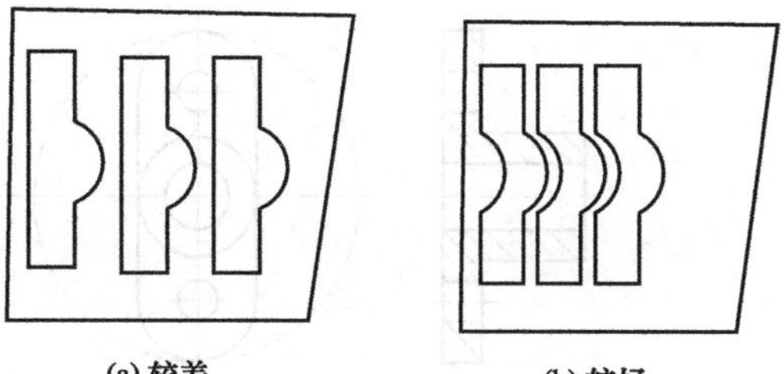

(a) 较差　　(b) 较好

图 8-98　冲压件结构应考虑节约材料

（6）自锁结构必须安全可靠

图 8-99 所示为摆杆齿轮式自锁性抓取装置，通过汽缸带动齿轮及手爪做开闭动作。在图 8-99（a）所示位置时，工件对手爪的作用力 $G$ 的方向线在手爪回转中心的外侧，对两侧手爪形成向内的对称力矩，故可实现自锁性夹紧。若工件局部不平或手爪长期工作磨损，使手爪与工件的接触处形成斜面，则会出现如图 8-99（b）所示的情况，工件对手爪的压力 $N$ 的方向线在手爪回转中心的内侧，对两侧手爪形成向外的对称力矩，不但不能实现自锁性夹紧，还很有可能由于摩擦力 $F_f$ 不足而使所抓取的工件落下，工作非常不可靠。所以，设计这种自锁装置时，必须考虑工作时是否安全可靠，即使是相似的结构，也要仔细设计结构细节。为安全、可靠，有时即便是自锁的机构或结构，也可同时采用制动器或抱闸装置。

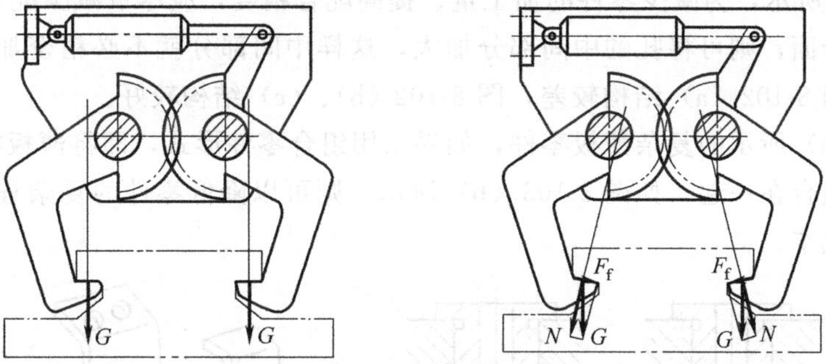


(a) 正确　　(b) 错误

图 8-99　自锁结构必须安全可靠

## 8.2.4　满足工艺性要求的结构创新设计方法与技巧

组成机器的零件要能最经济地制造和装配，应具有良好的结构工艺性。机器的成本主要取决于材料和制造费用，因此工艺性与经济性是密切相关的。通常应考虑：①采用方便制造的结构；②便于装配和拆卸；③合理选择毛坯；④结构简化；⑤易于输送，等等。

（1）采用方便制造的结构

结构设计中，应力求使设计的零部件制造加工方便，材料损耗少、效率高、生产成本低、符合质量要求。

在零件的形状变化并不影响其使用性能的条件下，在设计时应采用最容易加工的形状。图 8-100（a）所示的凸缘不便于加工，图 8-100（b）采用的是先加工成整圆、切去两边再加工两端圆弧的方法，便于加工。

图 8-101（a）所示陡峭弯曲结构的加工需特殊工具，成本高。另外，曲率半径过小易产生裂纹，在内侧面上还会出现皱折。改为图 8-101（b）所示的平缓弯曲结构就要好一些。

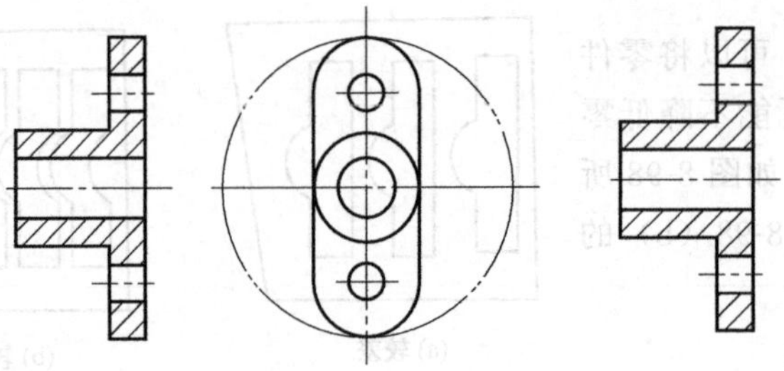

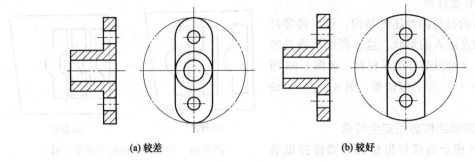

图 8-100　凸缘结构应方便制造

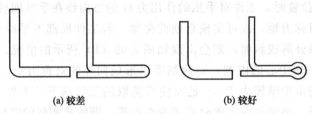

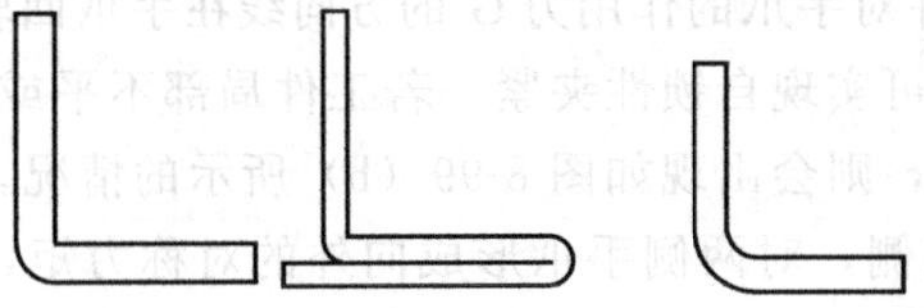

图 8-101　弯曲结构应利于加工

如图 8-102 所示，为减少零件的加工量、提高配合精度，应尽量减少配合长度。如果必须有很长的配合面，则可将孔的中间部分加大，这样中间部分就不必精密加工，加工方便，配合效果好。图 8-102（a）结构较差，图 8-102（b）、（c）结构较好。

图 8-103（a）所示的复杂薄板零件，如果采用组合零件形式，即将薄板零件用焊接或螺栓连接等方式组合在一起，如图 8-103（b）所示，则可以降低零件的复杂程度，方便制造，从而降低生产成本。

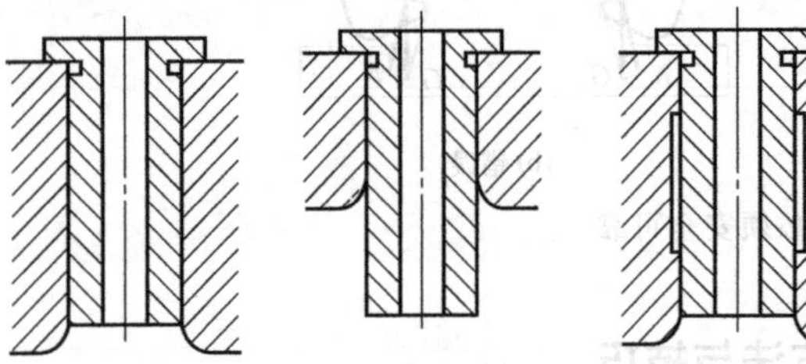

图 8-102　注意减小加工面

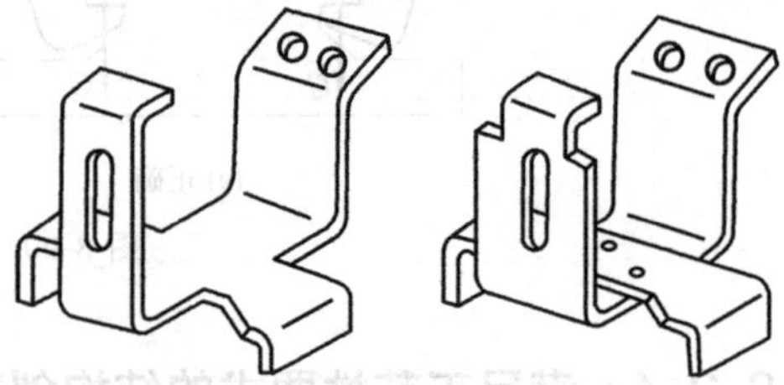

图 8-103　复杂薄板零件结构

（2）便于装配和拆卸

加工好的零部件要经过装配才能成为完整的机器，装配质量对机器设备的运行有直接的影响。同时，考虑到机器的维修和保养，零部件结构通常设计成方便拆卸的。

在结构设计时，应合理考虑装配单元，使零件得到正确安装。图 8-104（a）所示的两法兰盘用普通螺栓连接，无径向定位基准，装配时不能保证两孔的同轴度。图 8-104（b）中结构以相配合的圆柱面为定位基准，结构合理。

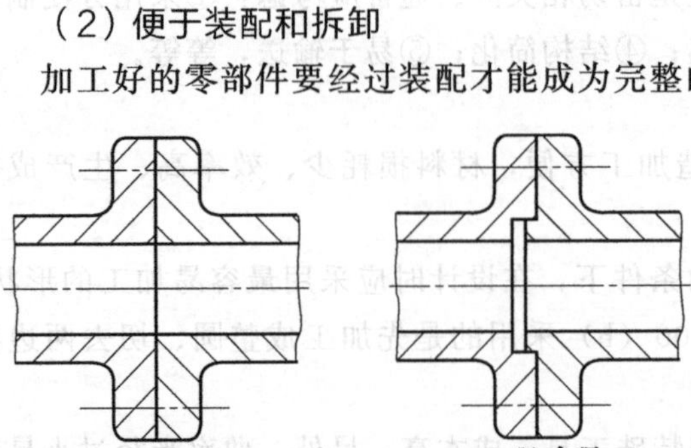

图 8-104　法兰盘的定位基准

对配合零件应注意避免双重配合。图 8-105（a）中零件 A 与零件 B 有两个端面配合，由于制造误差，不能保证零件 A 的正确位置，应采用图 8-116（b）的合理结构。

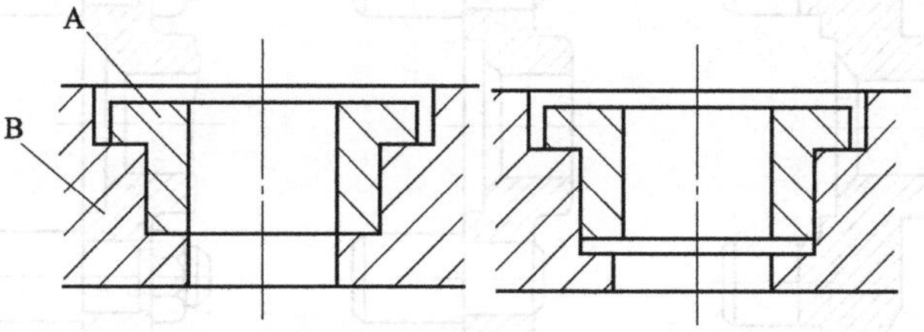


图 8-105　避免双重配合

图 8-106 所示为一种弹性活销联轴器的结构。该联轴器的优点之一是只需要一次对中性安装。当更换弹性元件时，只需拆卸弹性销左边的压板即可，不需要移动半联轴器，减少了工时，提高了效率。该联轴器尤其适合于轴线对中安装困难又要求节省工时的场合。该设计获国家专利。

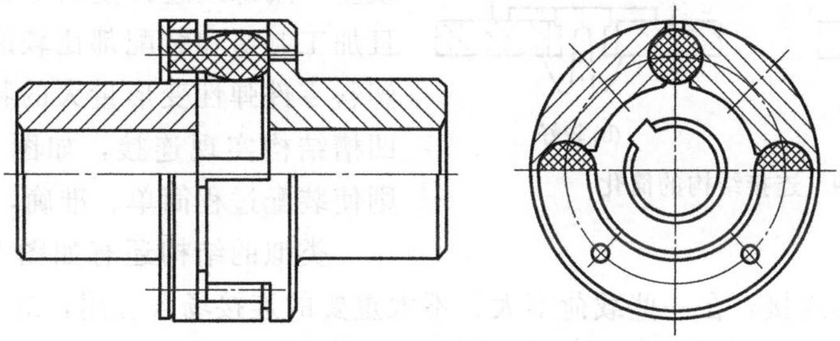

图 8-106　方便装拆的弹性活销联轴器

（3）合理选择毛坯

对于复杂的零件，加工工序增加，材料浪费，成本将会增高。为了改变这样的结构，可采用组合件来实现同样的功能。

图 8-107（a）所示的零件采用整体锻造，加工余量大。修改设计后采用铸锻焊复合结构，将整体分为两部分，如图 8-107（b）所示，下半部分为锻成的腔体，上半部分为铸钢制成的头部，将两者焊接成一个整体，可以将毛坯质量减轻一半，机加工量也减少了 40%。

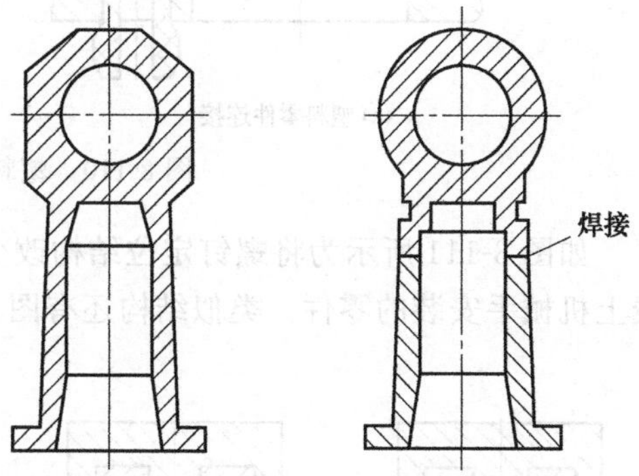


图 8-107　整体锻件改为铸锻焊结构更好

如图 8-108（a）所示为带有两个偏心小轴的凸缘，加工难度较大。但若将小轴改为用组合方式装配上去，如图 8-108（b）或图 8-108（c）所示，则既改善了工艺性，又不失去原有功能。

（4）结构简化

结构设计往往经历着一个从简单到复杂，再由复杂到高级简单的过程。结合实际情况，化繁为简，体现精炼，降低成本，方便使用，一直是设计者所追求的。因而，在很多场合，

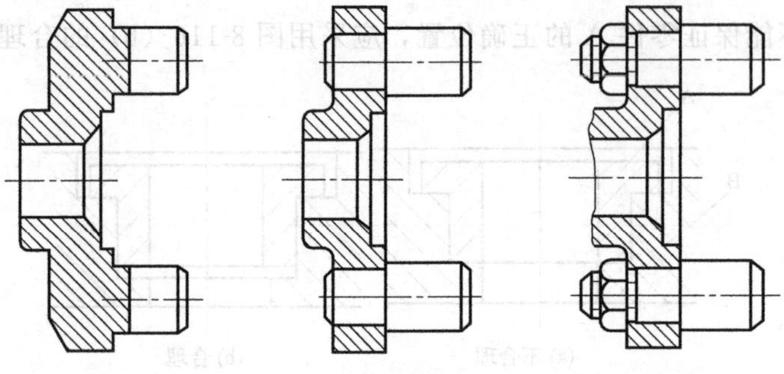


图 8-108　凸缘组合结构

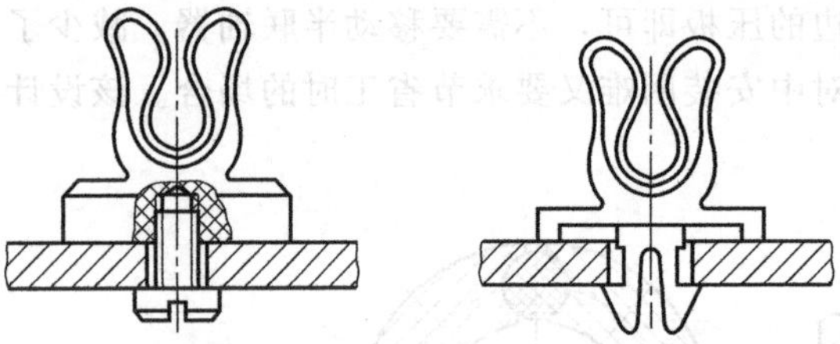


图 8-109　连接结构的简化

采用简化结构，既不影响功能，又可获得优良的性能。

如图 8-109（a）所示，塑料结构的强度较差，用螺纹连接塑料零件很容易损坏，并且加工制造和装配都比较麻烦。若充分利用塑料零件弹性变形量大的特点，采用搭钩与凹槽结构实现连接，如图 8-109（b）所示，则使装配过程简单、准确，操作方便。

类似的结构还有如图 8-110 所示的采用塑料零件替代螺纹连接，在一些载荷不大、不太重要的连接场合应用，效果很好。

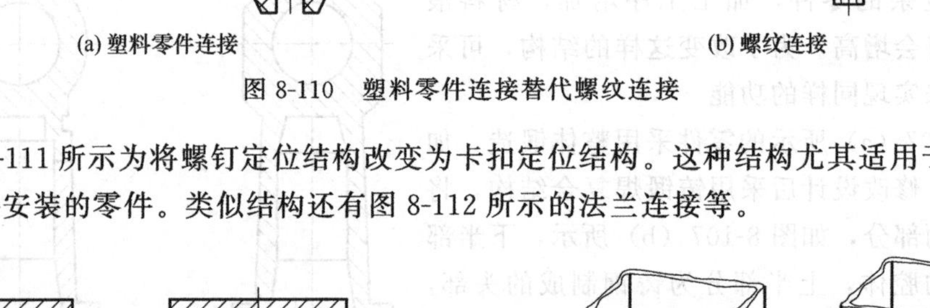

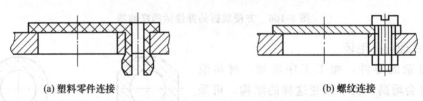


图 8-110　塑料零件连接替代螺纹连接

如图 8-111 所示为将螺钉定位结构改变为卡扣定位结构。这种结构尤其适用于自动生产线上机械手安装的零件。类似结构还有图 8-112 所示的法兰连接等。

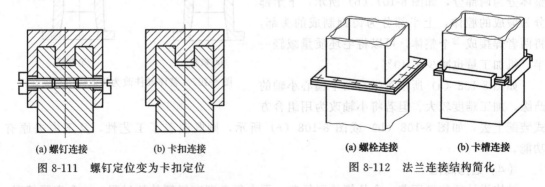

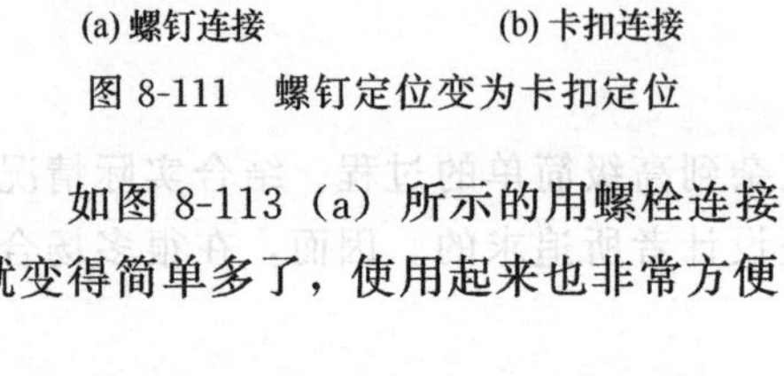


图 8-111　螺钉定位变为卡扣定位

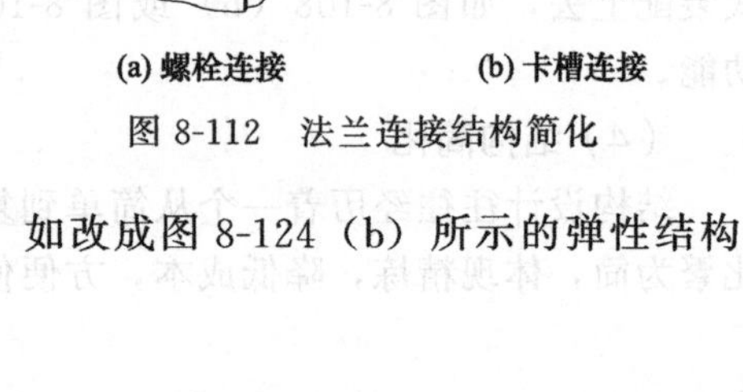


图 8-112　法兰连接结构简化

如图 8-113（a）所示的用螺栓连接的软管卡子，如改成图 8-124（b）所示的弹性结构，就变得简单多了，使用起来也非常方便。

图 8-114（a）所示的金属铰链结构，在载荷和变形不大时，改成用塑料制作可大大简化结构，如图 8-114（b）所示。

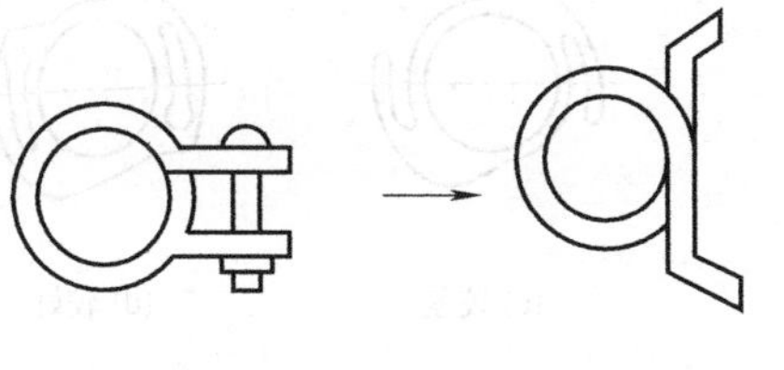

图 8-113　软管卡子的简化

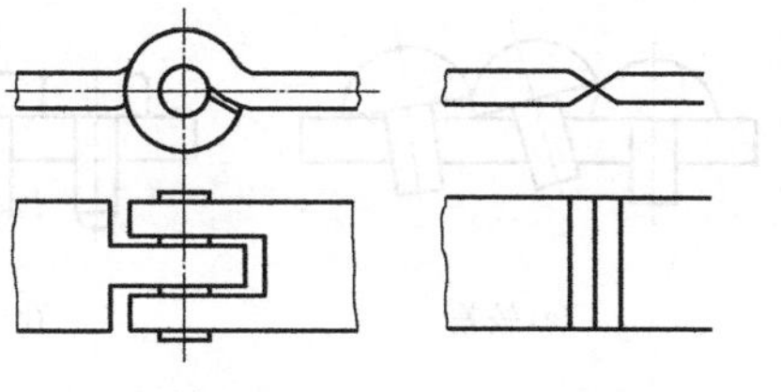

图 8-114　铰链结构的简化

图 8-115 所示为小轿车离合器踏板上固定和调节限位弹簧用的环孔螺钉。其工作要求是连接、传递拉力，并能实现调节与固定。图 8-115（a）是通过车、铣、钻等加工过程形成的零件；图 8-115（b）是用外购螺栓再进一步加工而成；图 8-115（c）是外购地脚螺栓直接使用，其成本由 100％降到 10％。

图 8-116 中用弹性板压入孔来代替原有老式设计的螺钉固定端盖，节省加工装配时间。

图 8-117 所示为简单、容易拆装的吊钩结构。

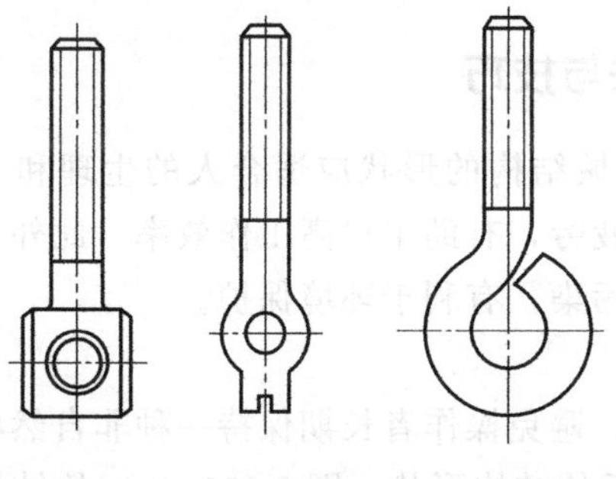

图 8-115　环孔螺钉的简化

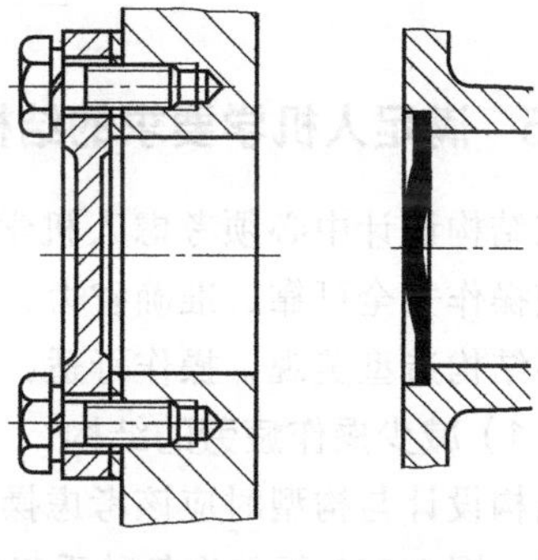

图 8-116　端盖的简化

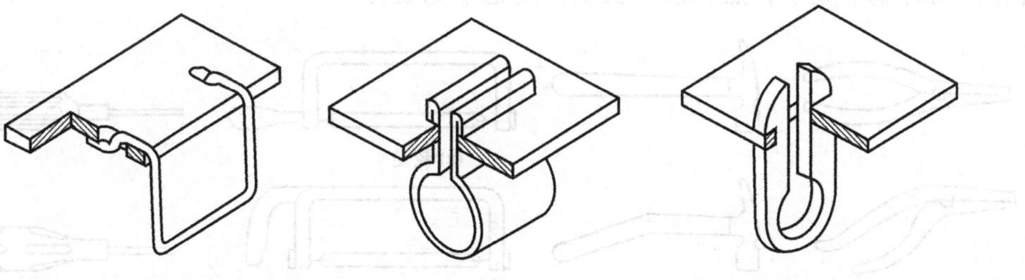

图 8-117　简单吊钩

（5）采用易于输送的结构

对于需要在加工生产线上输送的零件，需要形状简单、稳定，不易互相干扰或倾倒，如图 8-118 所示。其中，图 8-118（a）所示的结构不利于输送，铆钉间距太小，互相磕碰，容易损坏，而图 8-118（b）间距足够，比较合理。图 8-118（c）所示的结构在输送过程中容易互相勾连，可改成图 8-129（d）所示的结构。图 8-118（e）所示的结构在输送过程中容易碰坏零件前端的尖部，可改成图 8-118（f）所示的平头结构。图 8-118（g）所示的结构在输送过程中不易保证周向所处方向一致，可改成图 8-118（h）所示周向无差别的结构。

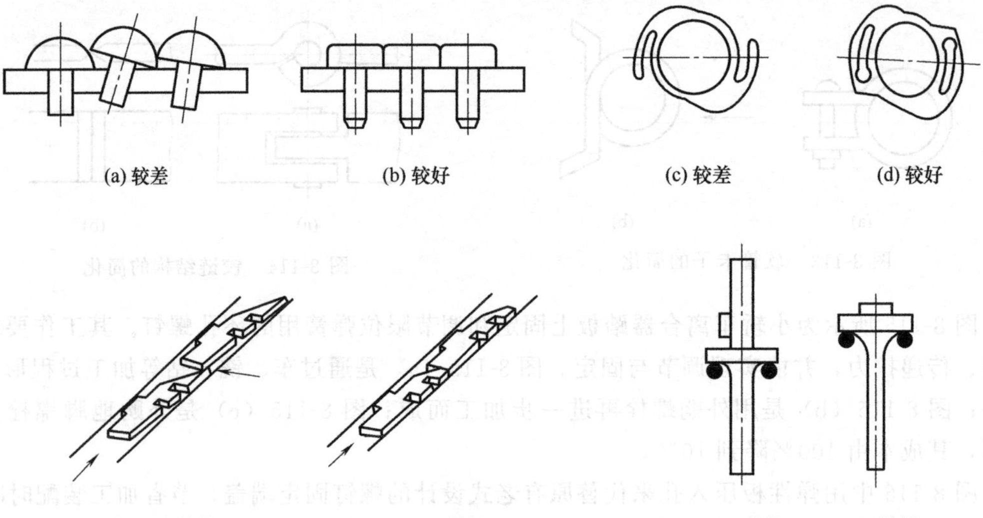

图 8-118　易于输送的结构形状比较

## 8.2.5　满足人机学要求的结构创新设计方法与技巧

在结构设计中必须考虑人机学方面的问题。机械结构的形状应适合人的生理和心理特点，使操作安全可靠、准确省力、简单方便，不易疲劳，有助于提高工作效率。此外，还应使产品结构造型美观，操作舒适，降低噪声，避免污染，有利于环境保护。

（1）减少操作疲劳的结构

结构设计与构型时应该考虑操作者的施力情况，避免操作者长期保持一种非自然状态下的姿势。图 8-119 所示为各种手工操作工具改进前后的结构形状。图 8-119（a）的结构形状呆板，操作者长期使用时处于非自然状态，容易疲劳；图 8-119（b）的结构形状柔和，操作者在使用时基本处于自然状态，长期使用也不觉疲劳。

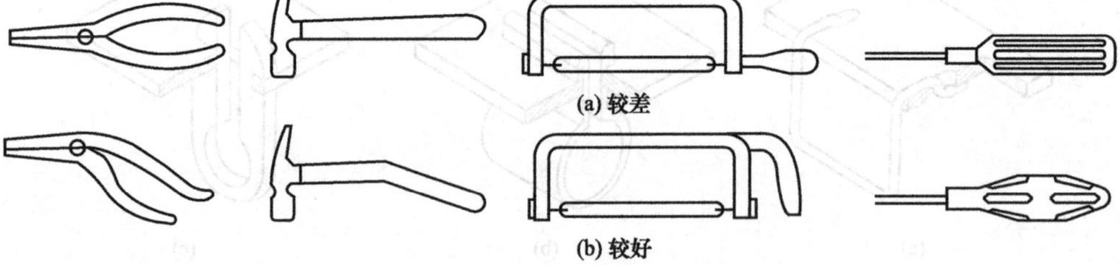

图 8-119　操作工具的结构改进

（2）易于操作施力的结构

操作者在操作机械设备或装置时需要施力，人处于不同姿势、不同方向以及采用不同手段施力时，发力能力差别很大，设计时应选用施力容易、准确、不容易疲劳的结构。主要考虑如下问题。

① 一般人的右手握力大于左手，握力与手的姿势与持续时间有关，当持续一段时间后

握力明显下降。

② 推拉力与姿势有关，站姿前后推拉时，拉力要比推力大，站姿左右推拉时，推力大于拉力。

③ 人站立姿势操作时，手臂所能施加的操纵力大于坐姿所能施加的操纵力，但不适合长时间站立工作。

④ 人坐姿操作的动作精度比站立操作的动作精度高。

⑤ 脚力的大小与姿势有关，一般坐姿时脚的推力大，当操作力超过 50～150N 时宜选脚力控制。用脚操作最好采用坐姿，座椅要有靠背，脚踏板应设在座椅前易于踩踏的位置。图 8-120 所示为人坐姿时脚在不同方向上施力的分布。

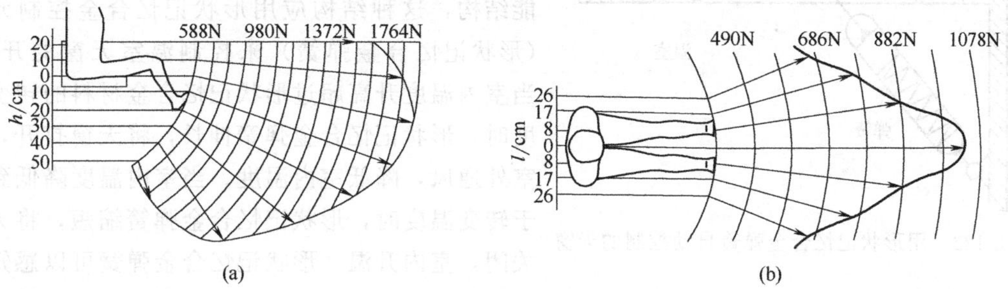


图 8-120 脚的力量分布

（3）减少操作错误的结构

用手操作的手轮、手柄或杠杆外形应设计得使手握舒服，不滑动，且操作可靠，不容易出现操作错误。图 8-121 所示为旋钮的结构形状与尺寸的建议。

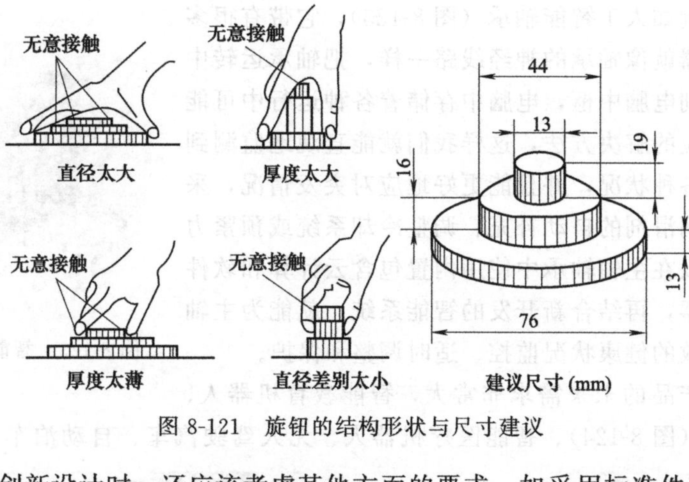


图 8-121 旋钮的结构形状与尺寸建议

在进行结构创新设计时，还应该考虑其他方面的要求。如采用标准件和标准尺寸系列，有利于标准化；考虑零件材料性能特点，设计适合材料功能要求的零件结构；考虑防腐措施，可实现零件自我加强、自我保护和零件之间相互支持的结构设计；为节约材料和资源，使报废产品能够回收利用的结构设计等。

## 8.2.6 满足智能化要求的结构创新设计简介

随着制造技术、计算机技术和信息技术等的发展，以及人们生活水平的提高，智能化机械产品越来越多，而机械结构的设计也必须满足智能化的需求。智能化机械产品通常涉及自感知、自识别、自适应、自反馈、自控制、自发电、自修复等方面的功能，并与新材料、新能源以及各种跨行业的新技术相结合，未来发展前景十分广阔。

（1）基于新材料的智能化结构创新设计

在结构设计中使用的材料称为结构材料，其主要目的是承受载荷和传递运动。与之不同的另一类材料称为功能材料，主要用来制造各种功能元器件。在功能材料中，当外界环境变化时可以产生机械动作的材料，称为智能材料。应用智能材料构造的结构称为智能结构，它们可以在外界环境条件变化时，自动产生控制动作，使得机械装置的控制功能更加简单、可靠。

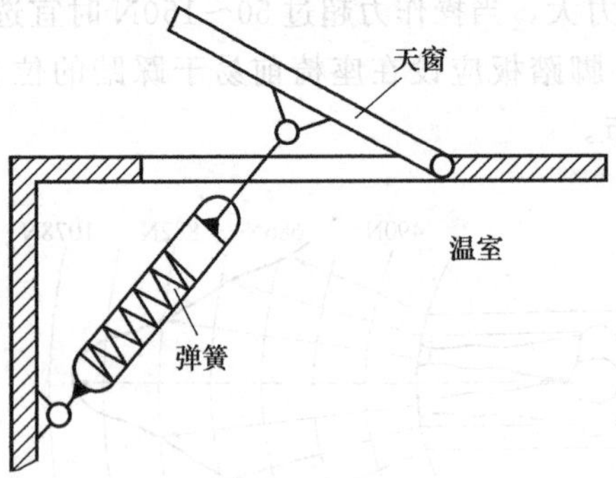

图 8-122 用形状记忆合金弹簧自动控制的天窗

图 8-122 所示的天窗自动控制装置是一种智能结构，这种结构应用形状记忆合金控制元件（形状记忆合金弹簧）来控制温室天窗的开闭。当室内温度升高超过形状记忆合金材料的转变温度时，形状记忆合金弹簧伸长，将天窗打开，与室外通风，降低室内温度。当室内温度降低到低于转变温度时，形状记忆合金弹簧缩短，将天窗关闭，室内升温。形状记忆合金弹簧可以感知环境温度的变化、并产生机械动作，通过弹簧长度的变化控制天窗的开闭，使温室温度控制方式既简单又可靠。

（2）基于信息技术和自动化技术的智能结构创新设计

智能化是当前的热门技术，智能化亦是未来科技的发展趋势。对于机械行业，出现了对各种智能机械的研究，如智能机器人、智能加工中心、智能运输等，都综合利用了信息技术和自动化技术。例如人工智能轴承（图 8-123），它带有很多传感器，而传感器就像轴承的神经线路一样，把轴承运转中的信息随时传送到电脑中枢，电脑中存储着各种运行中可能出现的毛病和相应的解决方法，这样我们就能直观地监测到它运行过程中的各种状况，并且能更好地应对突发情况，采取措施，如控制润滑剂的自动补充、调整冷却系统或预紧力等。此外，还可以在主轴轴承中使用内置包含云计算和软件计算的集成传感器，再结合新开发的智能系统，就能为主轴轴承提供长期有效的健康状况监控、适时调整和保护。

图 8-123 智能轴承结构模型

智能化机械产品的未来需求非常大，智能教育机器人、智能服务机器人（图 8-124）、智能医疗机器人、无人驾驶汽车、自动泊车（图 8-125）、智

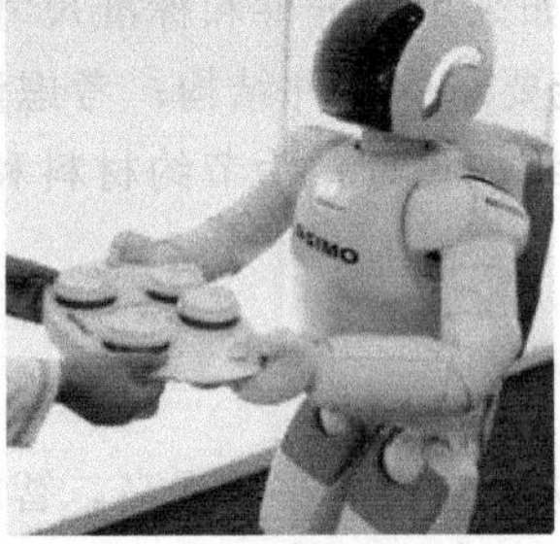
图 8-124 智能服务机器人

图 8-125 自动泊车

能家居等已经走进人们的生活，其他如航天、发电、高铁、军事等领域的发展也都离不开智能化机械。涉及到智能化机械的结构伴随着很多高端技术而出现，对性能、精度、材料、适应性和可靠性等方方面面都提出了更高的要求，需要机械设计人员不断地深入研究和勇于探索。

# 8.3 反求创新设计方法与技巧

## 8.3.1 反求创新设计的类型

（1）反求创新设计的概念

新产品的问世通常有两种途径，一是依靠自己的科研力量独立开发，即自力更生；二是引进别国的先进技术或参考其他单位及个人的发明等，经过消化吸收，加以改进和提高，也就是进行反求创新设计。

反求创新设计的过程首先是明确设计任务，然后进行反求分析，在此基础上进行反求设计，最后进行施工设计及试制、试验。反求创新设计与一般正向设计的区别如图 8-126 所示。

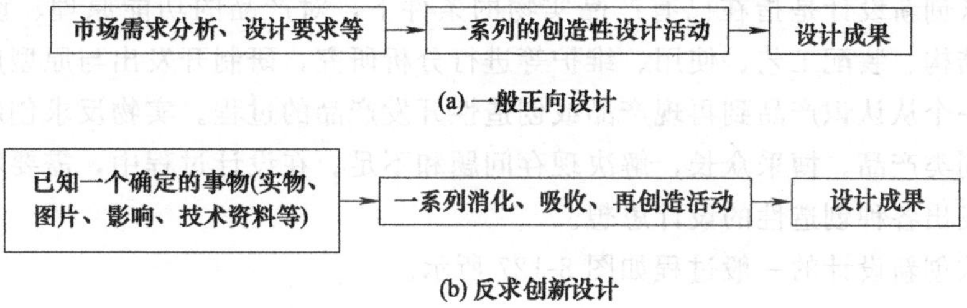


图 8-126　反求创新设计与传统设计的区别

反求分析是指对反求对象从功能、原理方案、零部件结构尺寸、材料性能、加工装配工艺等进行全面深入的了解，明确其关键功能和关键技术，对设计中的特点和不足之处做出必要的评估。针对反求对象的不同形式——实物、软件或影像，可采用不同的手段和方法。对于实物反求，可利用实测手段获取所需的参数和性能，尤其是掌握各种性能、材料、尺寸的测定及试验方法，这是关键；对于根据已有的图样、技术资料文件、产品样本等的软件反求，可直接分析了解有关产品的外形、零部件材料、尺寸参数和结构，但对工艺、实用性能则必须进行适当的计算和模拟试验；对应根据已有的照片、图片、影视画面等影像资料的反求，需仔细观察，分析和推力，了解其功能原理和结构特点，可用透视法与解析法求出主要尺寸间的相对关系，再用类比法求出几个绝对尺寸，进而推算出其他部分的绝对尺寸。此外，材料的分析必须联系到零件的功能和加工工艺，应通过试验和试制才能解决。

反求创新设计是在反求分析的基础上进行设计，也称为“二次设计”或“再设计”。首先要进行多方案分析，尽量利用先进的设计理论和方法，探索新原理、新机构、新结构、新材料，力争在原有设计的基础上有所突破，有所进步，开发出更具竞争力的创新产品。

（2）反求创新设计的类型

反求创新设计包括仿造设计、变异设计和开发设计三种类型。

① 仿造设计基本上是模仿原设计，无太大的变动，有时在材料国产化和标准件国际化方面做些改变，属最低水平。一些技术力量和经济力量比较薄弱的厂家在引进的产品相对比较先进时，常采用仿形设计的方法。

② 变异设计是在现有产品基础上对参数、机构、结构、材料进行改进设计，或进行产品的系统化设计。我国大部分厂家都采取了这种反求设计。

③ 开发设计是在分析原有产品的基础上，抓住其功能本质，从原理方案开始进行创新设计，充分运用创新的设计思维与创新技法，设计、制造出优于原产品的新产品。

以上三种类型的反求创新设计在创新程度和难度上是逐渐提高的，在应用上可以灵活掌握。仿形设计比较快，成本相对较低；变异设计既保留了原有设计的可取之处，又有所改进，有所变化，除了性能提高以外还能避免专利侵权，是研究能力允许条件下的首选；开发设计对设计人员和研究条件要求较高，耗费的人力、财力、时间等都比较大，适合大型工程技术开发。

## 8.3.2 反求创新设计方法

反求创新设计的方法主要有：实物反求创新设计、软件反求创新设计、影像反求创新设计、计算机辅助反求创新设计、快速成型反求创新设计等。

（1）实物反求创新设计

实物反求创新设计是指在已有产品实物的条件下，对产品的功能原理、设计参数、尺寸、材料、结构、装配工艺、使用、维护等进行分析研究，研制开发出与原型产品相似的新产品。这是一个从认识产品到再现产品或创造性开发产品的过程。实物反求创新设计需要尽量多地分析同类产品，博采众长，解决现存问题和不足。在设计过程中，需要触类旁通、举一反三，迸发出各种创造性的设计思想。

实物反求创新设计的一般过程如图 8-127 所示。

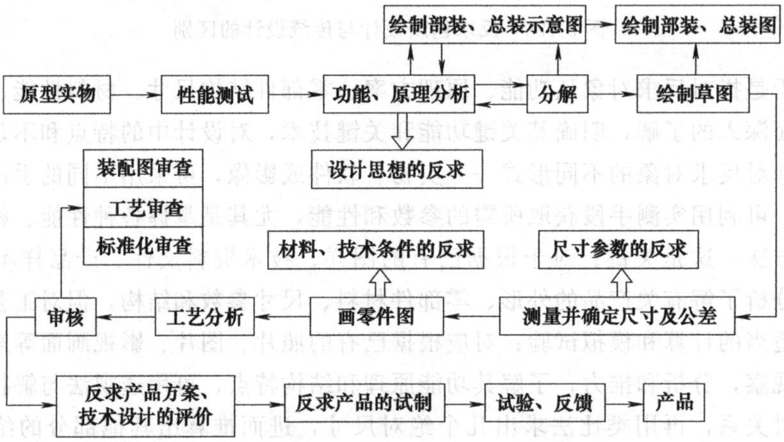


图 8-127　实物反求创新设计的一般流程图

（2）软件反求创新设计

在技术引进过程中，常把产品实物、成套设备或成套设备生产线等的引进称为硬件引进，而把产品设计、研制、生产及使用有关的技术图样、产品样本、产品标准、产品规范、设计说明书、制造验收技术条件、使用说明书、维修手册等技术文件的引进称为软件引进。硬件引进是以应用或扩大生产能力为主要目的，并在此基础上进行仿造、改造或创新设计新产品。软件引进则是以增强本国的设计、制造、研制能力为主要目的，它能促进技术进步和生产力发展。软件引进模式比硬件引进模式更经济，但需具备现代化的技术条件和高水平的科技人员。

(3) 影像反求创新设计

既无实物又无技术软件，仅有产品照片、图片、广告介绍、参观印象和影视画面等，设计信息量甚少，基于这些信息来构思、想象开发新产品，称为影像反求。这是反求设计中难度最大且最具创新性的设计。

(4) 计算机辅助反求创新设计

随着计算机技术及测量技术的发展，利用 CAD/CAM 技术、先进制造技术实现产品实物的反求设计成为反求创新设计重要的现代工具和手段。在反求设计中应用计算机辅助技术，可大大减少人工劳动，有效缩短设计制造周期，尤其对一些复杂曲线、曲面，很难靠人工绘图方法去拟合和拼接出原来的曲面，如涡轮增压器的三维曲面、汽车车身外形曲面等。如果利用计算机技术可以精确测出其特征点，从而实现精确反求。

计算机辅助实物反求设计框图如图 8-128 所示。

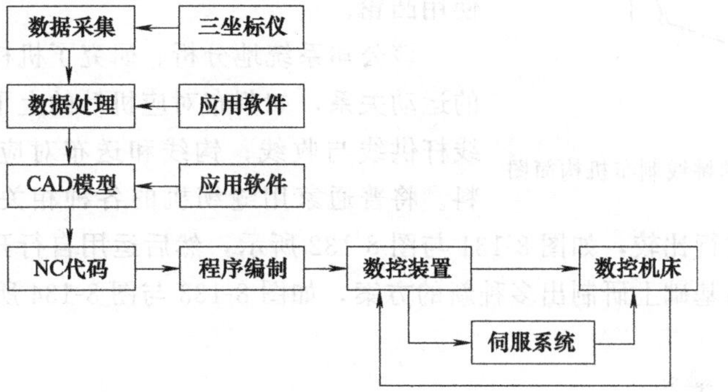


图 8-128　计算机辅助实物反求设计框图

(5) 快速成型反求创新设计

快速成型技术不受模型几何形状的限制，可以快速地将测量数据复原成实体模型，所以反求工程与快速成型技术的结合，实现了零件的快速三维复制。若经过 CAD 重新建模或快速成型工艺参数的调整，还可以实现零件或模型的变异复原。

目前，人们习惯把快速成型技术叫作“3D 打印”或者“三维打印”，显得比较生动形象，但是实际上，“3D 打印”或者“三维打印”只是快速成型的一个分支，只能代表部分快速成型工艺。近几年，3D 打印技术在反求设计中得到广泛的应用，由于它使用简单、方便、便于维护，且 3D 打印机比快速成型机价格低很多，所以，在反求设计中越来越受到青睐。虽然 3D 打印机比专业的快速成型机便宜，使用和维护都比较方便，但目前的缺点是不如快速成型机那么准确，材料选择也受到限制。快速成型可以自动、直接、快速、精确地将设计思想转变为具有一定功能的原型或直接制造零件，从而为新设计思想的校验等方面提供了一种高效低成本的实现手段。

反求设计与快速成型技术相结合的过程如图 8-129 所示。

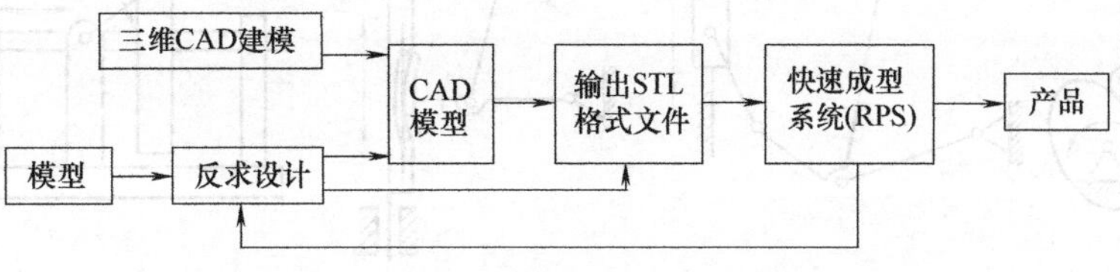


图 8-129　反求设计与快速成型技术的结合过程

## 8.3.3 反求创新设计实例

(1) 机构反求创新设计

[实例 1] 挑线刺布机构反求设计实例

电脑刺绣技术的典型产品有日本田岛的 TMEF 系列，其挑线刺布机构简图如图 8-130 所示，1988 年上海某公司引进了该技术。由于 TMEF 的产品在一些国家申请了专利，所以上海这家公司的产品很难进入国际市场。针对这种情况，上海这家公司提出了机构的改进设计，以生产新型的电脑多头绣花机系列产品。因为 TMEF 的产品专利申请建立在使用凸轮机构实现挑线的基础上，所以设计新产品时应尽量避免使用凸轮。

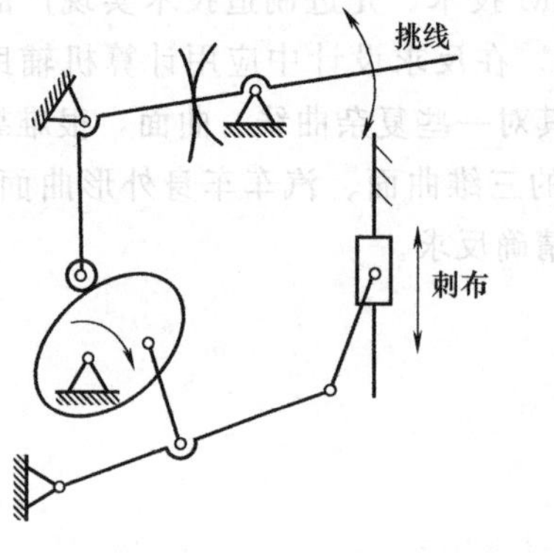

图 8-130 TMEF 的挑线刺布机构简图

该公司系统地分析、研究了机构中各部分功能对应的运动关系，如刺布对应机针的上下运动；挑线对应挑线杆供线与收线；钩线和送布对应梭子钩线和推动缝料。将普通家用缝纫机的各种相关运动机构与 TMEF 产品的相应机构进行比较，如图 8-131 与图 8-132 所示，然后运用自行开发的概念设计平台在各类原始方案的基础上研制出多种新的方案，如图 8-133 与图 8-134 所示。

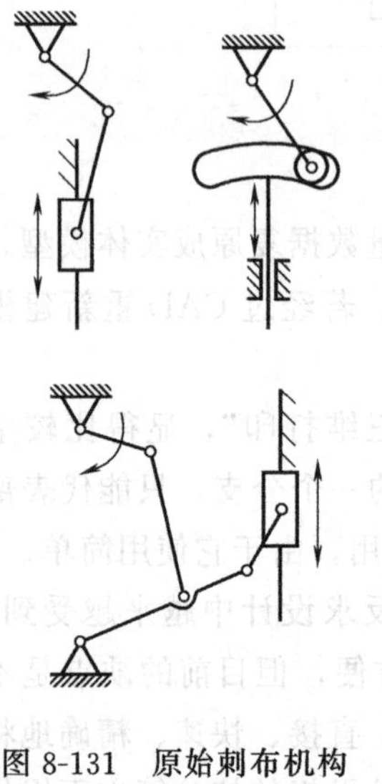
图 8-131 原始刺布机构

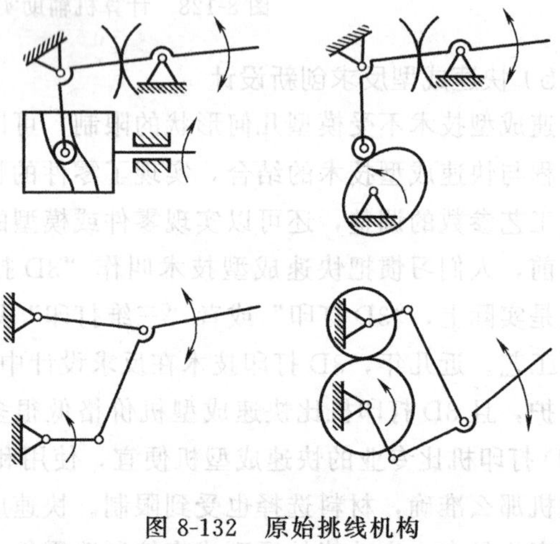
图 8-132 原始挑线机构

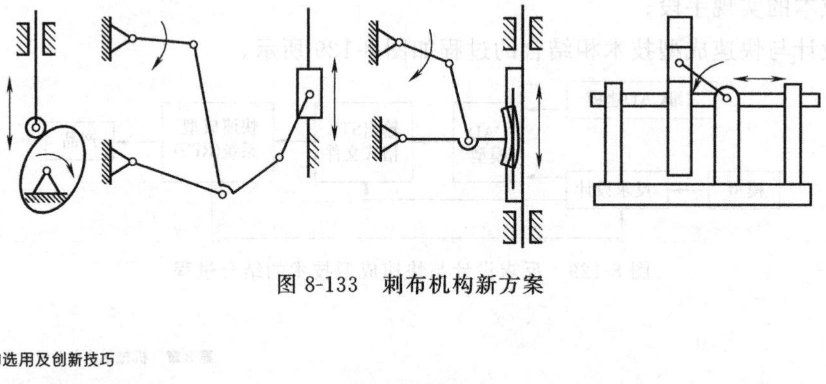
图 8-133 刺布机构新方案

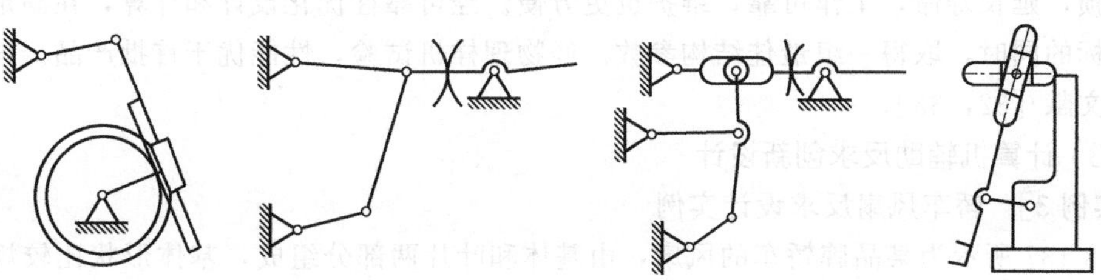

图 8-134　新挑线机构新方案

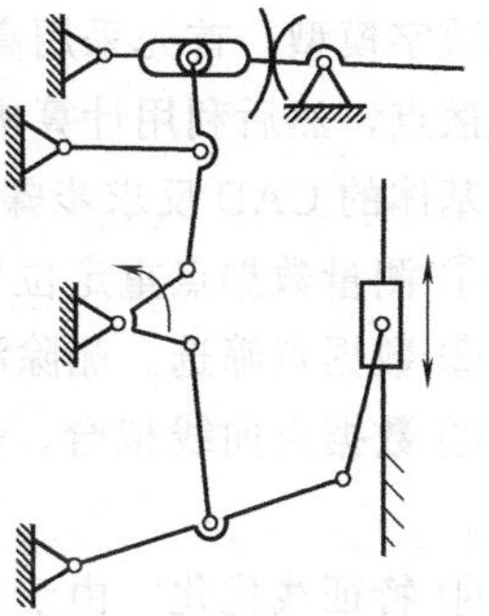

图 8-135　上海公司设计的新型挑线刺布机构

最后，运用评价系统对各种方案进行评价、排序，上海这家创新设计的挑线刺布机构如图 8-135 所示，经样机试制发现改进的机构具有较好的运动平稳性。

（2）结构反求创新设计

**［实例 2］**　自激式超越弹簧离合器反求设计实例

潘承怡等人研制的首批自激式超越弹簧离合器结构如图 8-136（a）所示。结构紧凑、重量轻、操纵方便、接合平稳，适于正向转动时两轴自动接合、反向转动时自动超越的机械传动。该种离合器结构的工作原理为：主动轴正向转动时，当在满足自激接合条件（自激接合方程）时，弹簧卷紧在主、从动轴上，主、从动轴接合，主动轴驱动从动轴运动，带动负载；反向转动时，弹簧松弛，主、从动轴自动分离。该结构为收缩式结构，称为收缩式自激超越弹簧离合器。

收缩式自激超越弹簧离合器是一种开式离合器，存在一定不足，如外界灰尘易落入弹簧丝与轴之间的摩擦表面，极易磨损，润滑条件差，维护不便。针对上述不足，通过进一步研究，在原结构上进行原理方案的反求创新设计，将其改为扩张式，如图 8-136（b）所示。

如图 8-136（b）所示的扩张式自激式超越弹簧离合器。其工作原理为：当轴正向回转时弹簧在转矩作用下自动径向扩张，弹簧压紧在主、从动壳体上，从而带动从动轴转动，反向转动则主、从动轴自动分离。改进后的离合器，增加了一个外壳体，其优点是：既可以避免外界灰尘落入，又可贮存适量的润滑油，且增加了离合器的散热面积，改善了工作条件，

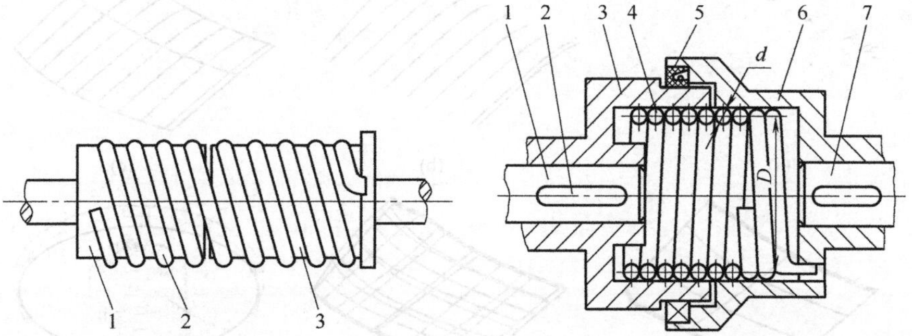


(a) 收缩式
1— 主动轴；2— 弹簧；3 — 从动轴；

(b) 扩张式
1—主动轴；2 — 键；3—主动壳体；4—弹簧；5—密封圈；6—被动壳体；7—被动轴

图 8-136　自激式超越弹簧离合器结构

降低磨损，延长寿命，工作可靠，维护也更方便。经可靠性优化设计和计算，在满足强度可靠性指标的同时，取得一组最佳结构参数。经物理样机试验，性能优于首批产品。详细设计见参考文献［32，33］。

（3）计算机辅助反求创新设计

**［实例 3］** 轿车风扇反求设计实例

图 8-137 所示为某品牌轿车的风扇，由基体和叶片两部分组成，基体形状比较规则，其表面为旋转曲面，叶片形状比较复杂，其表面为自由曲面。

由于无法获得轿车风扇的准确工程图纸，所以只能从实物产品通过计算机辅助反求来获得其数字模型。首先采用高精度接触式三坐标测量机进行测量，采集能够反映风扇结构特性的离散点，然后利用计算机根据测量数据重构出实物的三维模型。

基体的 CAD 反求步骤为：

① 测量数据点重定位变换。

② 数据点筛选。删除测量数据点中的杂点。

③ 数据点曲线拟合。用直线或圆弧拟合，检验拟合精度是否达到 0.1mm，否则重新拟合。

④ 特征线优化，由于基体是轴对称，实物变形会导致数据点不对称，所以对特征线进行优化，消除实物变形的影响。

⑤ 基体曲面创建。利用特征线以中心轴为旋转轴旋转 360°即可创建基体三维曲面，如图 8-138 所示。

图 8-137 轿车风扇实物图

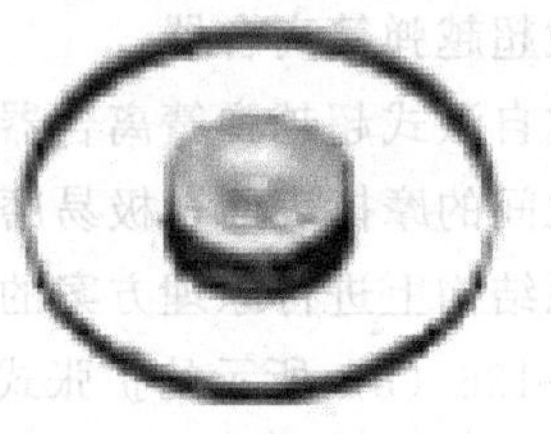

图 8-138 基体曲面创建

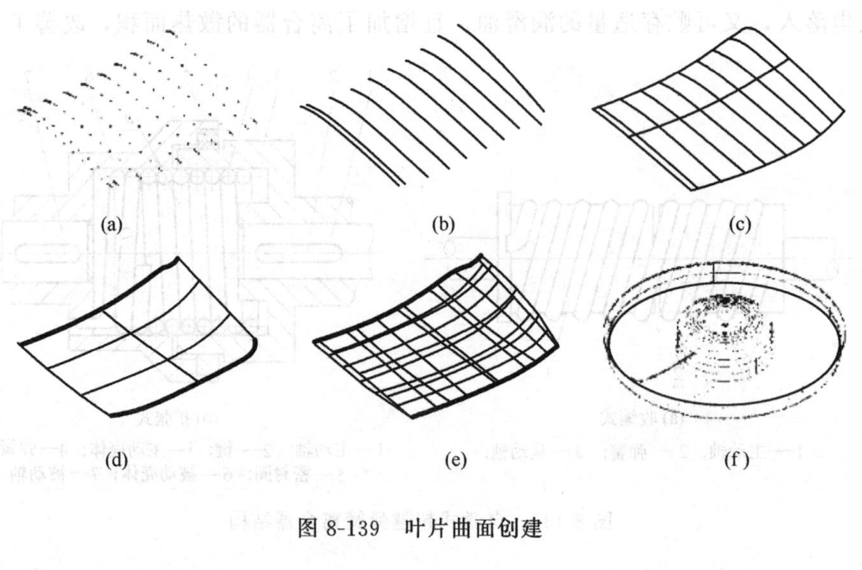


图 8-139 叶片曲面创建

叶片的 CAD 反求步骤为：

① 数据点定位、筛选［图 8-139（a）］和曲线拟合［图 8-139（b）］。

② 利用已优化的 3D 数据点拟合曲线构造拟合曲面，叶片正面［图 8-139（c）］和反面［图 8-139（d）］分别拟合，将正反面曲面四周进行延伸使二者相交，再进行曲面修剪［图 8-139（e）］。

③将叶片曲面与基体曲面组合，检验叶片曲面与基体曲面是否沿上、下界面全线相交，如果不相交，则延长叶片曲面的上、下界面直到完全相交，利用相交曲线将曲面修剪整齐，即可创建基体和叶片的完整曲面造型［图 8-139（f）］。

在 CAD 系统中，以风扇中心轴为轴心，以 360°/7 为旋转角度，以阵列方式复制其他 6 个叶片，即可创建轿车风扇的三维模型，如图 8-140 所示。

图 8-140　轿车风扇三维模型

# 第9章 基于TRIZ主要工具的机械结构创新技巧

TRIZ（发明问题解决理论）是一门科学的创造方法学。它是苏联发明家根里奇·阿奇舒勒（G. S. Altshuller）带领一批学者从1946年开始，经过50多年，对世界上250多万件专利文献加以搜集、研究、整理、归纳、提炼，建立的一整套系统化、实用性的解决发明问题的理论、方法和体系。它提供了一系列的创新工具，可以定向地引导人们去创新，使创新设计更加高效，少走弯路。机械创新设计中对TRIZ的应用近年来有很大的发展，TRIZ已成为机械创新设计中不可或缺的重要组成部分，机械设计人员有必要了解TRIZ的思维方式和创新方法。本章着重介绍基于TRIZ主要工具的机械结构创新设计方法与技巧。

## 9.1 TRIZ主要创新工具概述

### 9.1.1 TRIZ的核心思想和思维方式

TRIZ的核心思想是技术系统进化法则，即把我们的研究对象看作一个系统，而任何系统都是在不断产生矛盾和解决矛盾中不断进化的。TRIZ的思维方式主要有打破惯性思维和最终理想解。TRIZ的核心思想和思维方式是应用TRIZ工具进行创新设计的基础。

（1）技术系统进化法则

阿奇舒勒的技术系统进化论可以与自然科学中的达尔文生物进化论和斯宾塞的社会达尔文主义齐肩，被称为“三大进化论”。技术系统进化理论主要研究产品在不同阶段的特点和可能进化的方向，以便于确定对策，给出产品的可能改进方式和手段。TRIZ的技术系统八大进化法则分别是提高理想度法则、完备性法则、能量传递法则、协调性法则、子系统的不均衡进化法则、向超系统进化法则、向微观级进化法则、动态性和可控性进化法则。它们可以用来预测技术系统进化的方向和路径，也可以作为创造性问题的解决工具。

（2）打破思维惯性

物体有保持原有运动状态的性质，这在物理学上称为惯性。人的思维也是如此，总是沿着前人已经开辟的思维道路去思考问题，这种沿着固定观念去思考问题的现象，我们称之为思维惯性。所谓思维惯性，是指当人的思想在一种环境下进入精力集中的状态时，环境突然变化，却不会使思想意识一下子进入新的环境状态。思维惯性是人们在长期的生活环境中形成的，机械设计人员长期积累的设计经验和习惯在某种程度上也会成为思维惯性。例如，如果某一个机器或设备需要技术革新，人们往往会从改进现有结构和性能去设计，而对跨行业和跨领域技术考虑甚少，而只有行业领域跨度越大才越容易产生高水平的创新。

（3）最终理想解

TRIZ 认为系统的进化过程就是创新的过程，即系统总是向着更理想化的方向发展，最终理想解是进化的顶峰。TRIZ 理论在解决问题之初，首先抛开各种客观限制条件，通过理想化来定义问题的最终理想解（ideal final result，IFR），以明确理想解所在的方向和位置，保证在问题解决过程中沿着此目标前进并获得最终理想解，从而避免了传统创新设计方法中缺乏目标的弊端，提升了创新设计的效率。最终理想解有 4 个特点：①保持了原系统的优点；②消除了原系统的不足；③没有使系统变得更复杂；④没有引入新的缺陷。

## 9.1.2 TRIZ 的主要创新工具

TRIZ 包含着许多系统、科学且富有可操作性的创造性分析工具，概述如下。

（1）40个发明原理

阿奇舒勒对大量的专利进行了研究、分析和总结，浓缩 250 万份专利背后所隐藏的共性发明原理，提炼出了 TRIZ 中最重要的、具有普遍用途的 40 个发明原理。它们主要应用于解决系统中存在的技术矛盾，为一般发明问题的解决提供了强有力的工具。

（2）技术矛盾、39个工程参数和矛盾矩阵

在对专利分析和研究的过程中，阿奇舒勒发现，有 39 项工程参数在彼此相对改善和恶化，而这些专利都是在不同的领域上解决这些工程参数的冲突与矛盾。这些矛盾不断地出现，又不断地被解决。系统中总可以找出两个对立的技术因素，将它们抽象为 39 项工程参数中的某个对应参数，则形成技术矛盾。由 39 个改善参数与 39 个恶化参数构成矩阵，矩阵的横轴表示希望得到改善的参数，纵轴表示某技术特性改善引起恶化的参数，横纵轴各参数交叉处的数字表示用来解决系统矛盾时所使用创新原理的编号，这就是技术矛盾矩阵。问题解决者只要明确定义问题的工程参数，就可以从矛盾矩阵表中找到对应的、可用于解决问题的发明原理。

（3）物理矛盾的分离原理

当一个技术系统的工程参数具有相反的需求，就出现了物理矛盾。比如说，要求系统的某个参数既要出现又不存在，或既要高又要低，或既要大又要小等。相对于技术矛盾，物理矛盾是一种更尖锐的矛盾，创新中需要加以解决。物理矛盾所存在的子系统就是系统的关键子系统，系统或关键子系统应该具有为满足某个需求的参数特性，但另一个需求要求系统或关键子系统又不能具有这样的参数特性。分离原理是阿奇舒勒针对物理矛盾的解决而提出的，分离方法共有 11 种，归纳概括为四大分离原理，分别是空间分离、时间分离、条件分离和整体与部分的分离。

（4）物-场模型

物-场模型是用于建立与已存在系统或新技术系统问题相联系的功能模型。

阿奇舒勒认为每一个技术系统都可由许多功能不同的子系统组成，所有的功能都可分解为两种物质和一种场。物质是指某种物体或系统，场是指完成某种功能所需的方法或手段，通常是一些能量形式，如磁场、重力场、电能、热能、化学能、机械能、声能、光能等。物-场分析是 TRIZ 理论中的一种重要分析工具，用于建立与已存在的系统或新技术系统的问题相关联的功能模型，它通过研究系统构成的完整性，构成系统各要素之间作用的有效性，以帮助问题解决者更好地了解系统并获得解决问题的方向。

（5）科学效应和知识库

科学效应和知识库对发明问题的解决具有超乎想象的、强有力的帮助。应用科学效应和知识库可以很好地选择并构建对象作用所需要的场，同时确定相互作用的对象。

所有待研究问题在应用 TRIZ 进行解决和分析时，需首先转化为 TRIZ 的标准问题模型，建立在转化基础上的解决方案都可以归结为四类：①解决技术矛盾的直接模型；②解决物理矛盾的直接模型；③物-场模型；④科学效应和知识库。

# 9.2 发明原理与机械结构创新技巧

## 9.2.1 40个发明原理及其选用技巧

阿奇舒勒通过对大量发明专利进行研究发现，很多发明用到的技术是重复的，即发明问题的规律是可以在不同产业领域通用的，如果人们掌握这些规律就可以使发明问题更具有可预见性，并能提高发明的效率、缩短发明的周期。为此，阿奇舒勒对大量的专利进行了研究、分析、总结，将发明中存在的共同规律归纳成 40 个发明原理。应用这 40 个发明原理，可以有意识地引导创新思维，使创新有规律可循，彻底改变创新靠灵感、靠顿悟、一般人难以做到的状况。

（1） 40个发明原理名称

40 个发明原理（inventive principle，IP）是 TRIZ 理论中最重要的、具有普遍用途的发明工具，是解决技术问题的关键，与技术矛盾的解决和矛盾矩阵的应用更有着密切联系。每个发明原理对应一个序号，该序号与下一节将要介绍的矛盾矩阵中的号码是相对应的。40 个发明原理序号和对应的原理名称如表 9-1 所示。

表 9-1 40 个发明原理

| 序号 | 原理名称 | 序号 | 原理名称 | 序号 | 原理名称 | 序号 | 原理名称 |
|---|---|---|---|---|---|---|---|
| 1 | 分离原理 | 11 | 预先防范原理 | 21 | 急速动作原理 | 31 | 多孔材料原理 |
| 2 | 抽取原理 | 12 | 等势原理 | 22 | 变害为利原理 | 32 | 颜色改变原理 |
| 3 | 局部质量原理 | 13 | 反向作用原理 | 23 | 反馈原理 | 33 | 同质性原理 |
| 4 | 不对称原理 | 14 | 曲面化原理 | 24 | 借助中介物原理 | 34 | 抛弃与再生原理 |
| 5 | 组合原理 | 15 | 动态化原理 | 25 | 自服务原理 | 35 | 物理或化学参数改变原理 |
| 6 | 多用性原理 | 16 | 未达到或过度作用原理 | 26 | 复制原理 | 36 | 相变原理 |
| 7 | 嵌套原理 | 17 | 维数变化原理 | 27 | 廉价替代品原理 | 37 | 热膨胀原理 |
| 8 | 重量补偿原理 | 18 | 机械振动原理 | 28 | 机械系统替代原理 | 38 | 强氧化剂原理 |
| 9 | 预先反作用原理 | 19 | 周期性作用原理 | 29 | 气压和液压结构原理 | 39 | 惰性环境原理 |
| 10 | 预先作用原理 | 20 | 有效作用的连续性原理 | 30 | 柔性壳体或薄膜原理 | 40 | 复合材料原理 |

（2）40个发明原理选用技巧

虽然 40 个发明原理为发明者指出了的指导性思维方向，但如果发明时将 40 个发明原理逐个试用也是比较浪费时间和精力的，因此为提高 40 个发明原理的有效利用率，研究者们总结了一些选用技巧。

经统计，40 个发明原理被使用的频率并不一样，有的经常在已有的专利中得到应用，可有的却极少用到，表 9-2 列出它们被使用频率的次序（由高到低）。发明人在解决技术系统中的问题和矛盾时，可以直接使用频率次序靠前的发明原理来尝试创新构思，可能会获得“走捷径”的效果。

**表 9-2 40 个发明原理使用频率次序**

| 频率次序 | 原理序号和原理名称 | 频率次序 | 原理序号和原理名称 |
|---|---|---|---|
| (1) | 35 物理或化学参数改变原理 | (21) | 14 曲面化原理 |
| (2) | 10 预先作用原理 | (22) | 22 变害为利原理 |
| (3) | 1 分离原理 | (23) | 39 惰性环境原理 |
| (4) | 28 机械系统替代原理 | (24) | 4 不对称原理 |
| (5) | 2 抽取原理 | (25) | 30 柔性壳体或薄膜原理 |
| (6) | 15 动态化原理 | (26) | 37 热膨胀原理 |
| (7) | 19 周期性作用原理 | (27) | 36 相变原理 |
| (8) | 18 机械振动原理 | (28) | 25 自服务原理 |
| (9) | 32 颜色改变原理 | (29) | 11 预先防范原理 |
| (10) | 13 反向作用原理 | (30) | 31 多孔材料原理 |
| (11) | 26 复制原理 | (31) | 38 强氧化剂原理 |
| (12) | 3 局部质量原理 | (32) | 8 重量补偿原理 |
| (13) | 27 廉价替代品原理 | (33) | 5 组合原理 |
| (14) | 29 气压和液压结构原理 | (34) | 7 嵌套原理 |
| (15) | 34 抛弃与再生原理 | (35) | 21 急速动作原理 |
| (16) | 16 未达到或过度作用原理 | (36) | 23 反馈原理 |
| (17) | 40 复合材料原理 | (37) | 12 等势原理 |
| (18) | 24 借助中介物原理 | (38) | 33 同质性原理 |
| (19) | 17 维数变化原理 | (39) | 9 预先反作用原理 |
| (20) | 6 多用性原理 | (40) | 20 有效作用的连续性原理 |

为了方便发明人有针对性地利用 40 个发明原理，德国 TRIZ 专家统计出 40 个发明原理中特别适合用于三类情况的发明原理，如表 9-3 所示，三类情况包括：①走捷径即可求解（同表 9-4 中的前 10 个）；②有利于设计结构（13 个）；③有利于大幅降低成本（10 个）。

**表 9-3 40 个发明原理适用情况分类**

| 走捷径即可求解(10 个) | 有利于设计结构(13 个) | 有利于大幅降低成本(10 个) |
|---|---|---|
| 35 物理或化学参数改变原理 | 1 分离原理 | 1 分离原理 |
| 10 预先作用原理 | 2 抽取原理 | 2 抽取原理 |
| 1 分离原理 | 3 局部质量原理 | 3 局部质量原理 |
| 28 机械系统替代原理 | 4 不对称原理 | 6 多用性原理 |
| 2 抽取原理 | 26 复制原理 | 10 预先作用原理 |
| 15 动态化原理 | 6 多用性原理 | 16 未达到或过度作用原理 |
| 19 周期性作用原理 | 7 嵌套原理 | 20 有效作用的连续性原理 |
| 18 机械振动原理 | 8 重量补偿原理 | 25 自服务原理 |
| 32 颜色改变原理 | 13 反向作用原理 | 26 复制原理 |
| 13 反向作用原理 | 15 动态化原理 | 27 廉价替代品原理 |
| | 17 维数变化原理 | |
| | 24 借助中介物原理 | |
| | 31 多孔材料原理 | |

为便于使用，还有 TRIZ 学者按 40 个发明原理的主要内容和作用将其分为四大类：①提高系统效率；②消除或强调局部作用；③易于操作和控制；④提高系统协调性。如表 9-4 所示。

表 9-4　40 个发明原理按主要内容和作用分类

| 序号 | 原理作用 | 原理序号 |
|---|---|---|
| 1 | 提高系统效率 | 10,14,15,7,18,19,20,28,29,35,36,37,40 |
| 2 | 消除或强调局部作用 | 2,9,11,21,22,32,33,34,38,39 |
| 3 | 易于操作和控制 | 12,13,16,23,24,25,26,27 |
| 4 | 提高系统协调性 | 1,3,4,5,6,7,8,30,31 |

以上几个表格的分类只是简单概括，具体创新时，还应该根据实际情况灵活运用这 40 个发明原理，以取得更好的结果。

有人可能会问，仅仅 40 个发明原理能够解决多少问题？事实上，每种新发明的产品所用到的常常不仅仅是 1 个发明原理，而很可能是应用了若干个发明原理，也就是说，一个发明可能是集几个发明原理于一身才出现的创新成果。40 个原理可以组成 780 种不同的“二法合一”、9880 种不同的“三法合一”、超过 90000 种不同的“四法合一”……这体现了组合的复杂性和设计的综合性。

## 9.2.2　40 个发明原理及其在机械产品创新设计中的应用

### 原理 1：分离原理

分离原理也称分割原理，即将整体切分。有三方面的含义。

① 将物体分成相互独立的部分。

② 将物体分成容易组装和拆卸的部分。

③ 增加物体的分割程度。

**[案例]**　自行车、摩托车等的链条是一个个链节相接的，每个链节都可以取下来，可以随时调节链的长度；电风扇的三片叶片是三个独立的个体，可方便拆卸和冬天存放；机械产品中尽量选用标准件，如滚动轴承、联轴器、离合器等，这些标准部件作为装配的单元被分离出来，易于组装、拆卸，并有利于提高互换性，如图 9-1 所示。

图 9-2 所示为精密机械中用于消除齿轮啮合侧隙的齿轮结构。这种结构将原有齿轮沿尺宽方向分割成两个齿轮，两半齿轮通过弹簧连接并可以相对转动，径向通过销钉定位，由于弹簧产生的扭矩，两半齿轮分别与相啮合的齿轮的不同齿侧相啮合，消除了轮齿的啮合侧

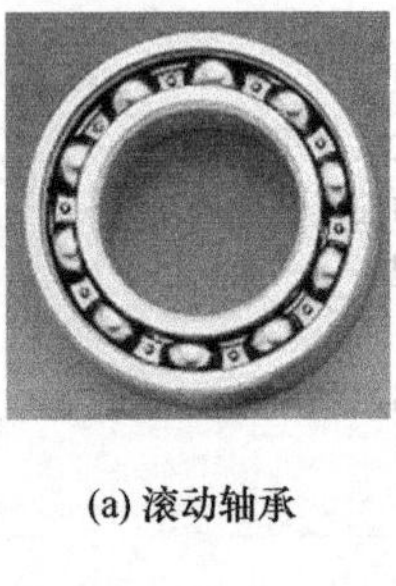

(a) 滚动轴承

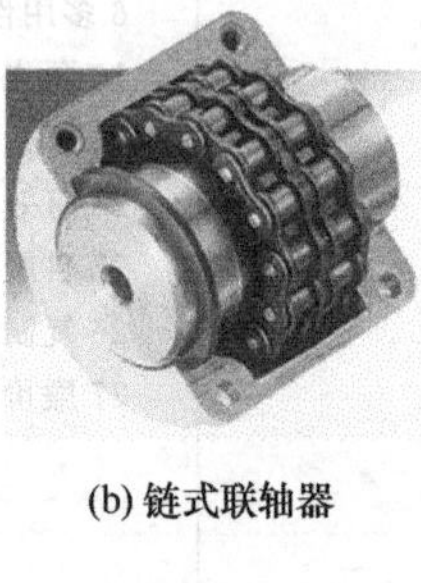

(b) 链式联轴器

图 9-1　标准件的分离结构

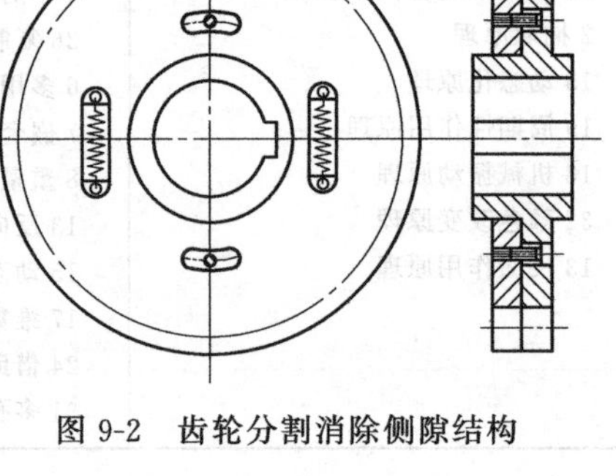

图 9-2　齿轮分割消除侧隙结构

隙，并可以及时补偿由于磨损造成的齿厚变化，始终保持无侧隙啮合，消除传动系统的空回。这种齿轮传动由于实际作用齿宽较小，承载能力较小，通常用于以传递运动为主的较精密的传动系统中。

## 原理 2：抽取原理

抽取原理也称提取原理，即将物体中有用或有害的部分抽取出来，进行相应的处理。有两方面的含义。

① 从物体中抽出产生负面影响的部分或属性。

［案例］ 用在建筑中的隔音材料将噪声吸收或隔离，从而使噪声被分离出我们所处的环境。避雷针将雷电引入地下，减少其危害。空调的压缩机分离出来放在室外，减少噪声对工作和生活环境的干扰。

② 从物体中抽出必要的部分或属性。

［案例］ 把彩喷打印机中的墨盒分离出来以便更换；用光纤或光波导分离主光源，以增加照明点；用滤波器提取出有效的波形。

## 原理 3：局部质量原理

在物体的特定区域改变其特征，从而获得必要的特性。有三方面的含义。

① 从物体或外部介质（外部作用）的一致结构过渡到不一致结构。

② 物体的不同部分应当具有不同的功能。

③ 物体的每一部分均应处于最有利于其工作的条件。

［案例］ 微型蜗轮喷气发动机的增压器叶轮安装好后要做动平衡调试，通过计算机测试，把需要调整局部质量的叶片磨去很少一点材料，如图 9-3 所示，以达到动平衡，避免高速回转时产生振动；采用温度、密度或压力的梯度，而不用恒定的温度、密度或压力，如按摩浴缸不同位置的喷水孔能调节出不同的喷水压力，正反面不同硬度的床垫采用了变密度的海绵；对零件的不同部位采用不同的热处理方式或表面处理方式，使其具有特殊功能特征，以适应设计功能对这个局部的特殊要求，如刀具刃口的局部淬火、金刚石涂层刀具（图 9-4）。

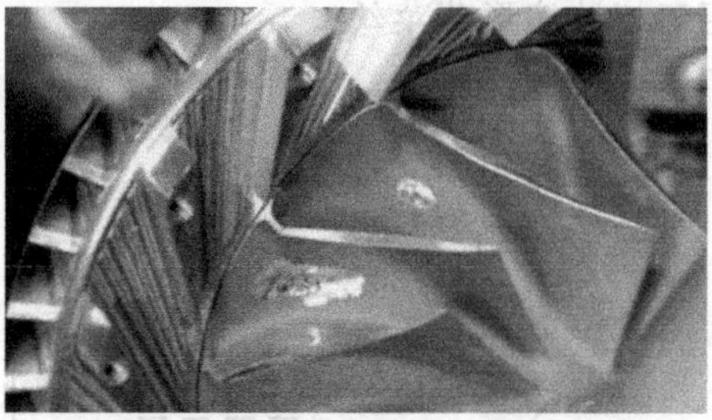

图 9-3　叶轮动平衡调试的局部处理

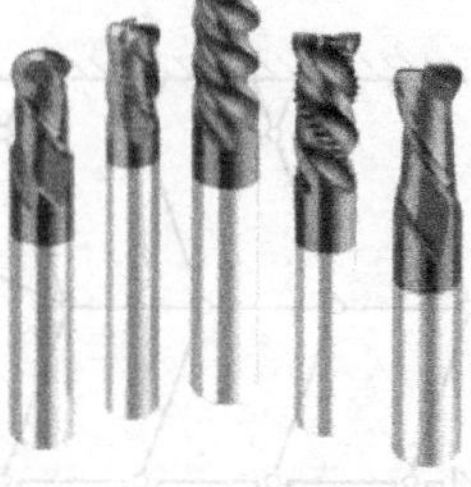

图 9-4　金刚石涂层刀具

## 原理 4：不对称原理

利用不对称性进行创新设计。有两方面的含义。

① 将物体的对称形式转为不对称形式。

② 如果物体已经是不对称的，则加强它的不对称程度。

**[案例]** 铁道转弯处内外铁轨间有高度差以提供向心力，减少对轨道挤压造成的危害；为增强密封性，将圆形密封圈做成椭圆的。

又如，输送松散物料的漏斗［图 9-5（a）］在工作过程中经常容易发生堵塞，经分析发现，物料的堵塞原因在于轴对称方向上的物料水平分力大小相等、方向相反，因此在水平方向上不能运动，在垂直方向上力和速度分量分别相同，导致物料颗粒之间没有相对运动，易结块，产生堵塞现象。为此，将原来的对称形状改成不对称形状［图 9-5（b）］，使堵塞现象得到缓解。图 9-6 所示的带轮也是用不对称原理解决了轮毂与轴的定位问题。

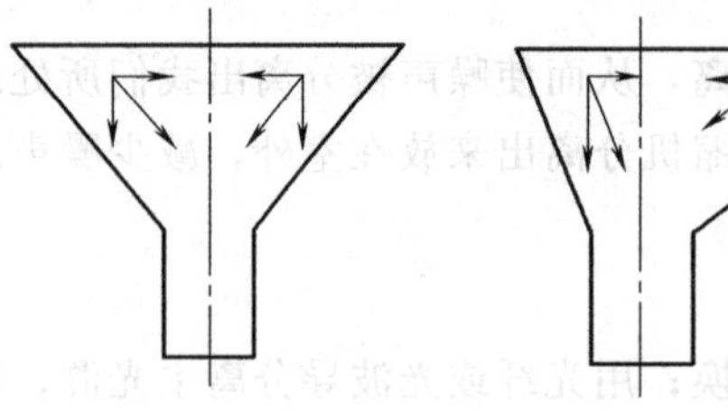

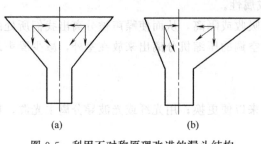

图 9-5　利用不对称原理改进的漏斗结构

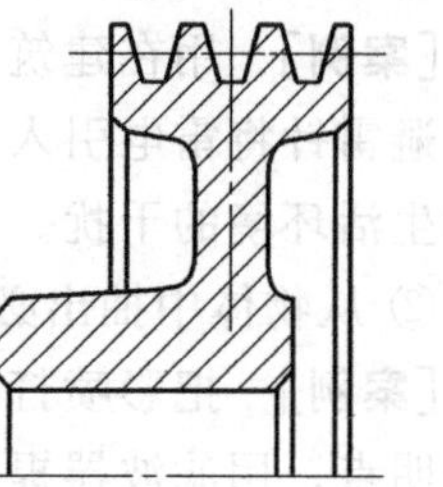

图 9-6　不对称带轮结构

## 原理 5：组合原理

在不同的物体或同一物体内部的各部分之间建立一种联系，使其有共同的唯一的结果。有两方面的含义。

① 在空间上把相同或相近的物体或操作加以组合。

② 把时间上相同或类似的操作联合起来。

**[案例]** 集成电路板上的电子芯片；并行计算的多个 CPU；联合收割机；组合工具；冷热水混水的水龙头；组合插排；计算机反病毒软件在扫描病毒的同时完成隔离、杀毒、移动或复制文件等操作。图 9-7 所示的利用组合原理设计的冲压机构，将多套相同结构的连杆组组合使用，实现冲压板受力均衡，机构工作平稳。图 9-8 所示是用组合原理设计的一种集四种功能为一体的厨用工具，最左边的尖角用于挖土豆等的坑窝，左边的刃口用于削皮，中间突起的半圆孔用于插丝，右边的波浪形刃口用于切波浪形蔬菜丝。

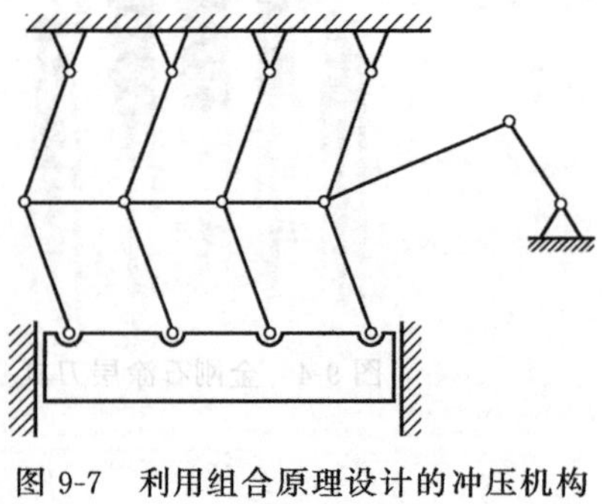

图 9-7　利用组合原理设计的冲压机构

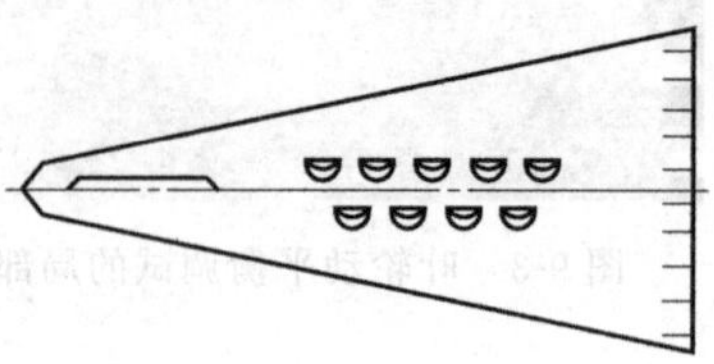

图 9-8　利用组合原理设计的厨用工具

## 原理 6：多用性原理

使一个物体能够执行多种不同功能，以取代其他物体的介入。

**[案例]** 办公一体机可实现复印、扫描、打印多种功能；牙刷的柄内装上牙膏；手机集

成了照相、摄像、上网等功能；凳子折叠成拐杖方便老年人的出行和休息；椅子变形成梯子具有双重功能（图 9-9）；著名的瑞士军刀是一物多用的最典型例子，功能多的有 30 多种用途，如图 9-10 所示。

图 9-9　多功能椅子

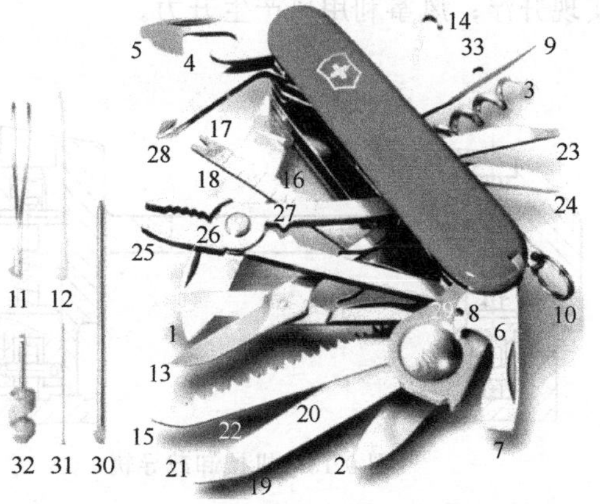


图 9-10　多功能瑞士军刀

## 原理 7：嵌套原理

嵌套原理也称套叠原理，是设法使两个物体内部相契合或置入。有两方面的含义。

① 一个物体位于另一物体之内，而后者又位于第三个物体之内，等等。

② 一个物体通过另一个物体的空腔。

［案例］ 液压起重机；收音机天线；教鞭笔（图 9-11）；手机伸缩式摄像头（图 9-12）；雨伞的伞柄；多层伸缩式梯子；可升降的工作台；汽车安全带在闲置状态下将带卷入卷收器中；地铁车厢的车门开启时，门体滑入车厢壁中，不占有多余空间。

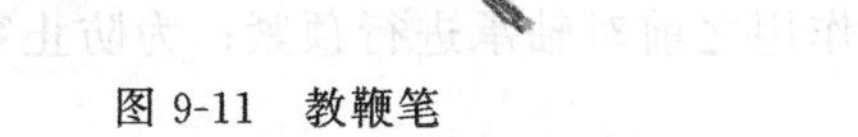

图 9-11　教鞭笔

图 9-12　手机伸缩式摄像头

## 原理 8：重量补偿原理

重量补偿原理也称为巧提重物原理，是对物体重量进行等效补偿，以实现预期目标。有两方面的含义。

① 将物体与具有上升力的另一物体结合以抵消其重量。

［案例］ 为电梯配置起重配重和滑轮可以降低对动力及传动装置的工作能力要求；带有螺旋桨的直升飞机；利用氢气球悬挂广告条幅。对于精密导轨，为了减小导轨的载荷，提高精度，降低摩擦阻力，可采用图 9-13 所示的机械卸载导轨，通过弹性支承的滚子承担大部分载荷，通过精密滑动导轨为零件的直线运动提供精密的引导。

② 将物体与介质（空气动力、流体动力或其他力等）相互作用以抵消其重量。

**[案例]** 液压千斤顶用液压油顶起重物；流体动压滑动轴承（图 9-14）利用油膜内部压力将轴托起，用于高速重载场合；磁悬浮列车利用磁场磁力托起车身；潜水艇利用排放水实现升浮；风筝利用风产生升力。

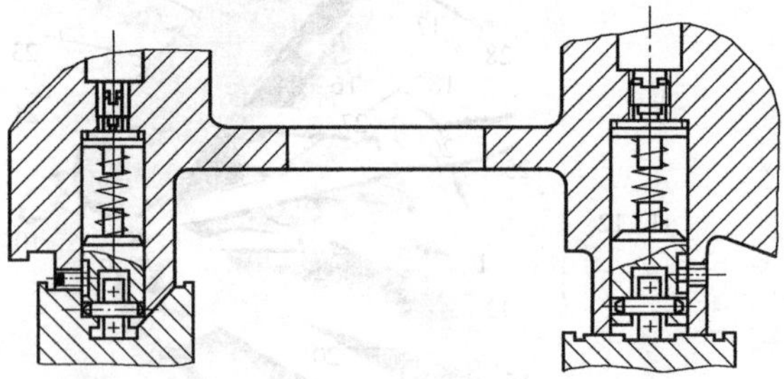

图 9-13　机械卸载导轨

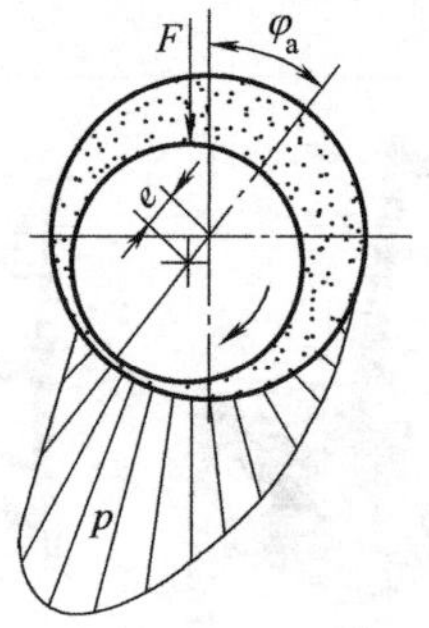


图 9-14　流体动压滑动轴承

## 原理 9：预先反作用原理

预先了解可能出现的故障，并设法消除、控制故障的发生。有两方面的含义。

① 实现施加反作用，用来消除不利影响。

② 如果一个物体处于或即将处于受拉伸状态，预先施加压力。

**[案例]** 梁受弯矩作用时，受拉伸的一侧容易被破坏，如果在梁受弯曲应力作用之前对其施加与工作载荷相反的预加载荷，使得梁在受到预加载荷和工作载荷的共同作用时应力较小，则有利于避免梁的失效。

机床导轨磨损后中部会下凹，为延长导轨使用寿命，通常将导轨做成中部凸起形状。

## 原理 10：预先作用原理

在事件发生前执行某种作用，以方便其进行。有两方面的含义：

① 预先完成要求的作用（整体的或部分的）。

**[案例]** 为防止被连接件在载荷作用下发生松动，在施加载荷之前对螺纹连接进行预紧，对于受振动载荷的情况，在预紧的同时还采取防松措施，如用弹性垫圈、止动垫片等。为提高滚动轴承的支承刚度，可以在工作载荷作用之前对轴承进行预紧；为防止零件受腐蚀，在装配前对零件表面进行防腐处理。

② 预先将物体安放妥当，使它们能在现场和最方便的地点立即完成所需要的作业。

**[案例]** 停车场的咪表；公路上的指示牌；电话的预存话费；正姿笔握笔处利用人体工学设计的形态。

## 原理 11　预先防范原理

事先做好准备，做好应急措施，以提高系统的可靠性。

**[案例]** 降落伞备用伞包，汽车的安全气囊和备用轮胎，电闸上的保险丝；建筑物中的消防栓和灭火器；各种预防疾病的疫苗；企业中的安全教育；枕木上涂沥青来防止腐烂等。

组合式蜗轮的轮缘为青铜、轮芯为铸铁或钢，在接合缝处加装 4～6 个紧定螺钉（骑缝螺钉)，但为使螺钉安装到正好骑缝的位置，钻孔时不能钻在接合缝上，如图 9-15（a）所示，因为轮缘与轮芯硬度相差较大，加工时刀具易偏向材料较软的轮缘一侧，很难实现螺纹孔正好在接合缝处，为此，应将螺纹孔中心由接合缝向材料较硬的轮芯部分偏移 $x=1\sim2$mm，如图 9-15（b）所示。

减速器箱体在放油塞的螺孔加工前要预先用扁铲铲出一个小凹坑，目的是在钻孔时避免偏钻或打刀，如图 9-16 所示。

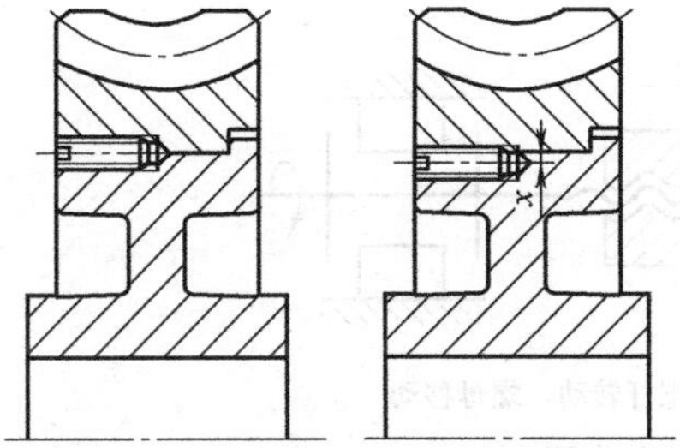


(a) 不宜　　(b) 推荐

图 9-15　紧定螺钉位置的预先防范

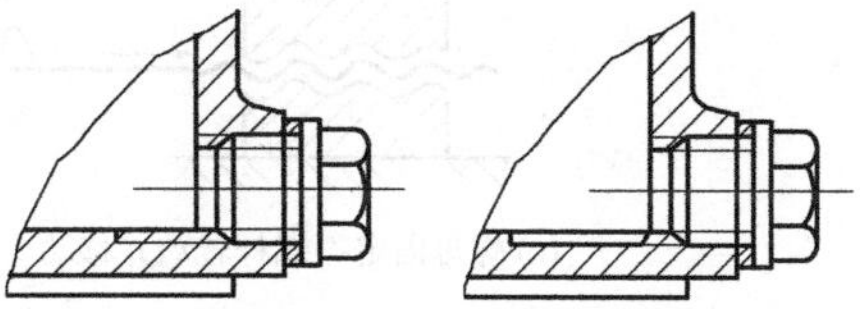

(a) 不宜　　(b) 推荐

图 9-16　放油塞螺孔加工的预先防范

## 原理 12：等势原理

在势场内应避免位置的改变，如在重力场中通过改变工作状态以减少物体提升或下降，可以减少不必要的能量损耗。

**[案例]**　工厂中的生产线将传送带设计成与操作台等高，避免了将工件搬上搬下；汽车修理厂的升降架可以减少工人多次爬到车底下去维修，如图 9-17 所示。图 9-18 所示为鹤式起重机的机构运动简图，*ABCD* 为双摇杆机构，主动杆 *AB* 摆动时从动杆 *CD* 随之摆动，位于连杆 *BC* 延长线上的重物悬吊点 *E* 沿近似水平线移动，不改变重物的势能，避免了重物提升再下降的能量损耗。

图 9-17　汽车修理厂的升降架

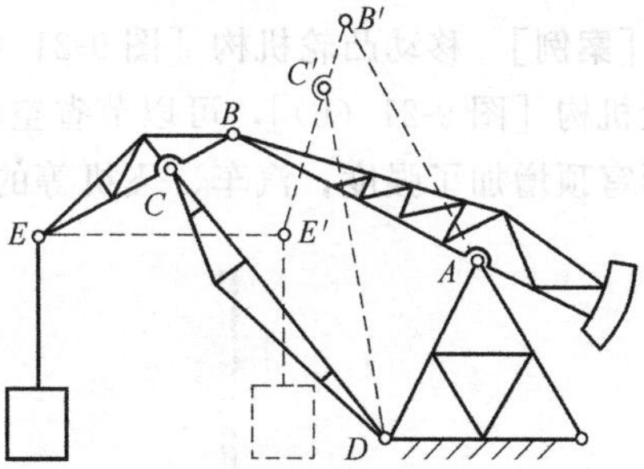


图 9-18　利用等势法的鹤式起重机

## 原理 13：反向作用原理

施加相反的作用，或使其在位置、方向上具有相反性。有三方面的含义。

① 用与原来相反的动作代替常规动作，达到相同的目的。

**[案例]**　冲压模具的制造中，通常采用提高模硬度的方法减少磨损和提高使用寿命，但是随着材料硬度的提高，使得模具加工困难。为了解决这一矛盾，人们发明了一种新的模具制造方法，即用硬材料制造凸模，用软材料制造凹模，虽然在使用的过程中不可避免地会发

生磨损，但软材料的塑性变形会自动补偿由于磨损造成的模具间隙变化，可以在很长的使用时间内保持适当的间隙，延长模具的使用寿命。

② 使物体或外部介质的活动部分成为不动的，而使不动的成为可动的。

**[案例]** 跑步机人相对不动，而是机器动；加工中心旋转工件而不是旋转刀具。螺杆和螺母的相对运动关系通常是螺母固定、螺杆转动并移动，如图 9-19（a）所示，多用于螺旋千斤顶或螺旋压力机。而如果反过来，将螺杆的轴向移动限制住，改变为螺杆转动、螺母移动，如图 9-19（b）所示，则可用于机床的进给机构。

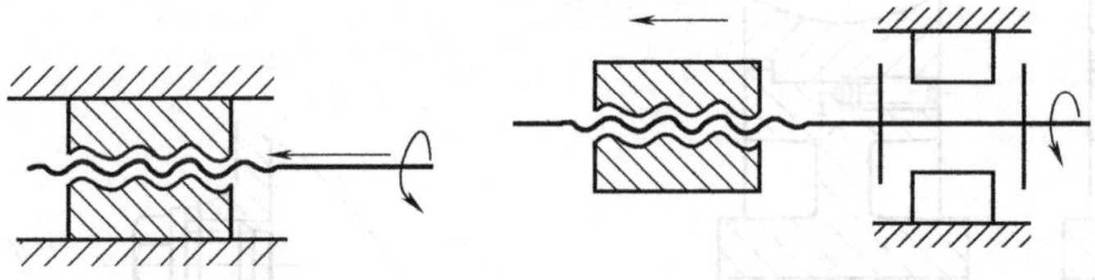

(a) 螺母固定、螺杆转动并移动　　(b) 螺杆转动、螺母移动

图 9-19　螺旋传动方式的反向作用

③ 将物体或过程进行颠倒。

**[案例]** 洗瓶机将瓶子倒置，从下面冲入水来冲洗；切割机器人与工作台全部倒置，防止碎屑落到机器里边产生故障。采用沉头座和凸台结构同样可以起到减少螺栓附加弯矩的作用，可在适当的时候分别选用，如图 9-20 所示。

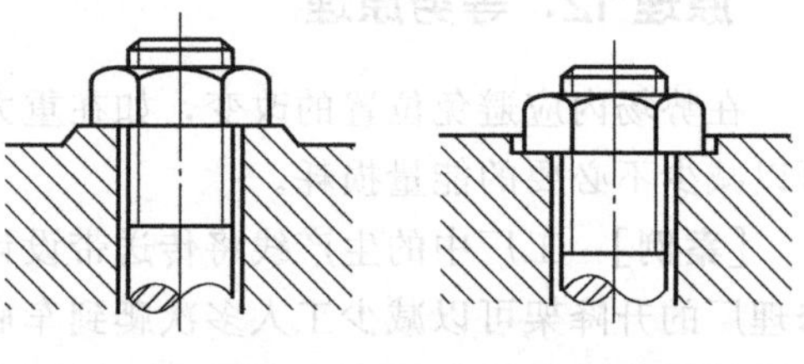

(a) 采用凸台　　(b) 采用沉头座

图 9-20　凸台与沉头座的反向结构

## 原理 14：曲面化原理

利用曲线、曲面或球形等获得特殊特性，改善原有系统。有三方面的含义。

① 将直线部分用曲线替代，将平面用曲面替代，立方体结构改成球形结构。

**[案例]** 移动凸轮机构［图 9-21（a）］通过将直线移动轨迹绕在圆柱体上，演化为圆柱凸轮机构［图 9-21（b）］，可以节省空间，并使原动件做回转运动，更利于驱动。建筑中的拱形穹顶增加了强度；汽车、飞机等的流线型造型用以降低空气阻力。

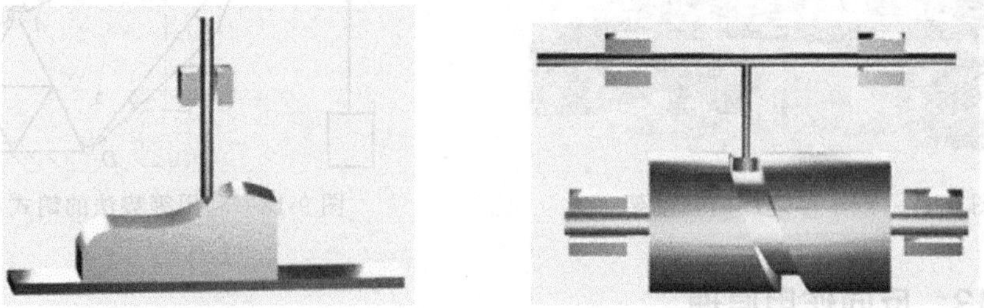

(a) 移动凸轮机构　　(b) 圆柱凸轮机构

图 9-21　利用曲面化原理的凸轮机构演化

② 利用滚筒、球体、螺旋等结构。

**[案例]** 滚动轴承利用球形滚动体形成滚动摩擦，运动时比滑动轴承更灵活；椅子和白板等的底座安装滚轮使移动更方便；丝杠将直线运动变为回转运动等。

③ 从直线运动过渡到旋转运动，利用离心力。

［案例］ 机械设计中实现连续的回转运动比实现往复直线运动更容易，一般原动机均采用电动机。电动机可以带动轴旋转，齿轮传动、带传动、链传动等都传递回转运动，而往复的直线运动就需要利用曲柄滑块机构、齿轮齿条机构或螺旋传动等去转换了，结构和设计都更复杂。旋转运动的离心力可以实现一些特殊的功能，如洗衣机中的甩干筒、离心铸造等。

## 原理 15：动态化原理

通过运动或柔性等处理，以提高系统的适应性。有三方面的含义。

① 调整物体或外部环境的特性，使其在各个工作阶段都呈现最佳的特征。

［案例］ 医院的可调节病床；汽车的可调节座椅；可变换角度的后视镜；飞机中的自动导航系统；变后掠翼战斗轰炸机的机翼后掠角在起飞-加速-降落过程的动态调节（图 9-22）。图 9-23 所示为设计师 Alessandro De Dominicis 设计的模块化创意书架，采用了铝结构作为书架的骨架，然后用橡胶带（布带也可以）作为书架的搁板，想变换成什么样子的书架完全由个人喜好而定，应用了动态化原理，非常有创意。

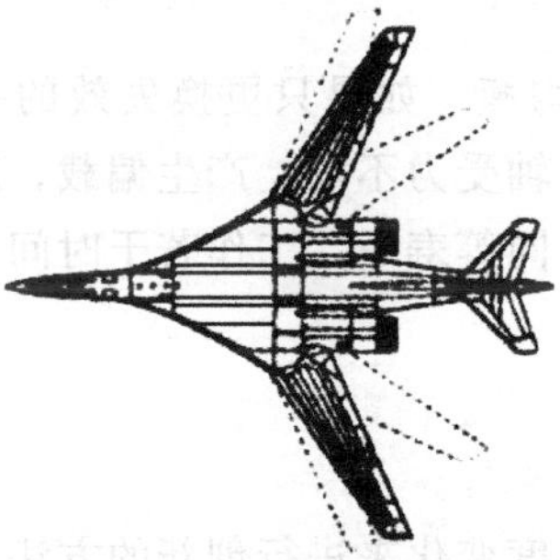

图 9-22 机翼后掠角动态化

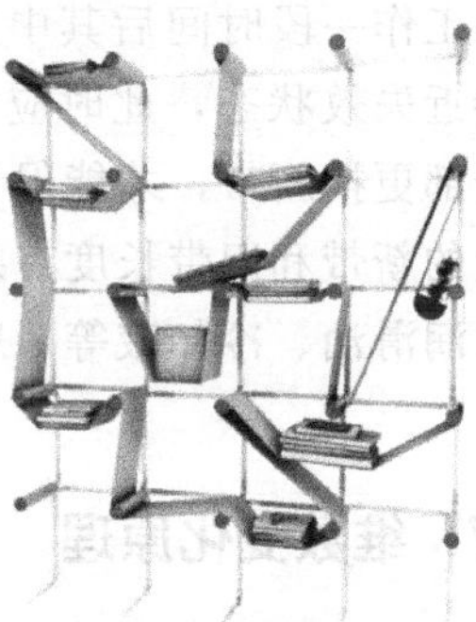

图 9-23 动态化书架

② 将物体分成彼此相对移动的几个部分。

［案例］ 可折叠的桌子或椅子；笔记本电脑；折叠伞；折叠尺；折叠晾衣架等。

③ 将物体不动的部分变为动的，增加其运动性。

［案例］ 洗衣机的排水管；用来检查发动机的柔性内孔窥视仪；医疗检查中的肠镜、胃镜；图 9-24 所示为轴系固定的两种形式，图 9-24（a）所示为轴跨距较短且工作温度不高时采用的两端固定形式，如果轴跨距较长且工作温度较高时则需将一端设计成游动的，方能适

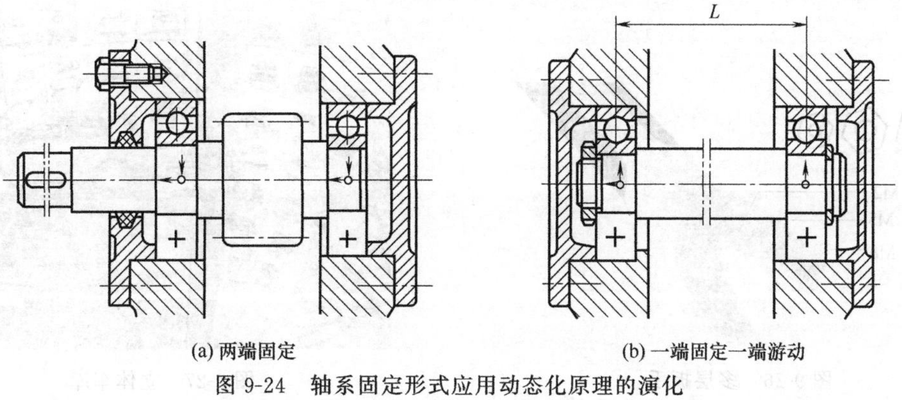


(a) 两端固定 (b) 一端固定一端游动

图 9-24 轴系固定形式应用动态化原理的演化

应轴热胀冷缩的要求，即采用两端固定形式，如图 9-24（b）所示。

## 原理 16：未达到或过度作用原理

如果期望的效果难以百分之百实现，则应当略小于或略大于理想效果，借此来使问题简单化。

［**案例**］ 为使滚动轴承内圈与轴的连接更可靠，国家标准规定滚动轴承内孔的公差带在零线之下，而圆柱公差标准中基准孔的公差带在零线之上，所以轴承内圈与轴的配合比圆柱公差标准中规定的基孔制同类配合要紧得多，如图 9-25 所示。对于轴承内孔与轴的配合而言，圆柱公差标准中的许多过渡配合在这里实际成为过盈配合，而有的间隙配合，在这里实际变为过渡配合。

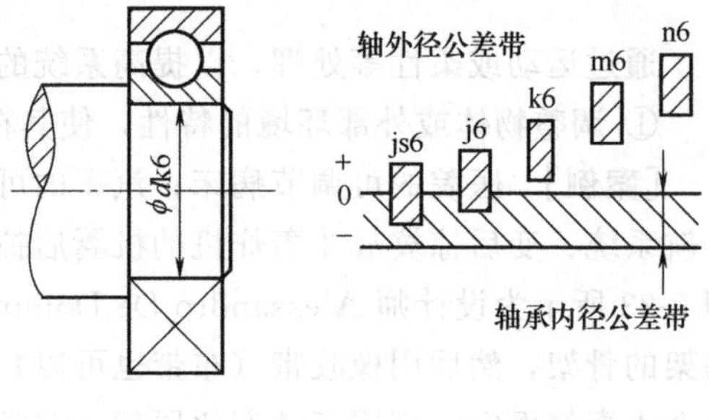

(a) 轴承与轴的配合　　(b) 轴与轴承的公差带

图 9-25　齿轮宽度的过度作用

又如，普通 V 带传动中带是易损件，需经常更换。如果工作一段时间后其中某一根带达到疲劳寿命接近失效状态，此时应将同一带轮上的几根带全部更换新带，才能保证各个 V 带受力均衡。如果只更换失效的一根带，由于安装在带轮上的新带和旧带长度有差异，易使带轮及轴受力不均，产生偏载，对工作不利。

机器中的润滑油、冷却液等一般不能达到与机器同等寿命，工作若干时间后，通常需要更换或补充。

## 原理 17：维数变化原理

维数变化原理也称多维原理，通过改变系统的维度变化来进行创新的方法。有四方面的含义。

① 如果物体做线性运动或分布有问题，则使物体在二维平面上移动。相应地，在一个平面上的运动或分布有问题，可以过渡到三维空间。

［**案例**］ 多轴联动加工中心可以准确完成三维复杂曲面的工件的加工，等等。

② 利用多层结构替代单层结构。

［**案例**］ 北方多采用双层或三层的玻璃窗来增加保暖性；多层扳手（图 9-26）；立体车库（图 9-27）等。

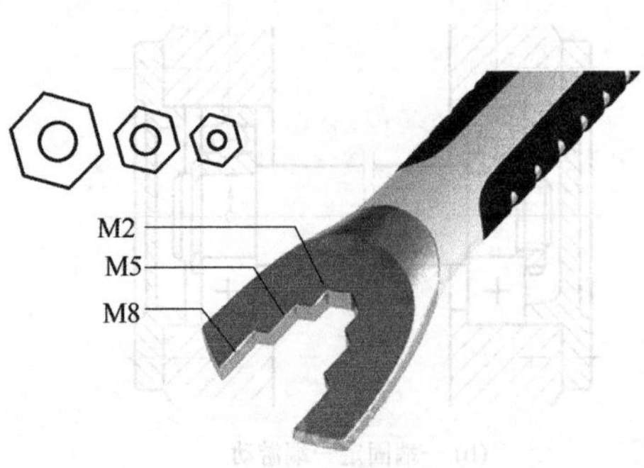

图 9-26　多层扳手

图 9-27　立体车库

③ 将物体倾斜或侧置。

［案例］ 自动卸料车等，如图 9-28 所示。

④ 利用指定面的反面，或另一面。

［案例］ 可以两面穿的衣服；印制电路板经常采用两面都焊接电子元器件的结构，比单面焊接节省面积。

## 原理 18：机械振动原理

利用振动或振荡，以便将一种规律的周期性的变化包含在一个平均值附近。有五方面的含义。

① 使物体处于振动状态。

［案例］ 手机用振动替代铃声；电动剃须刀；电动按摩椅；甩脂机；振动筛；电动牙刷（图 9-29）。

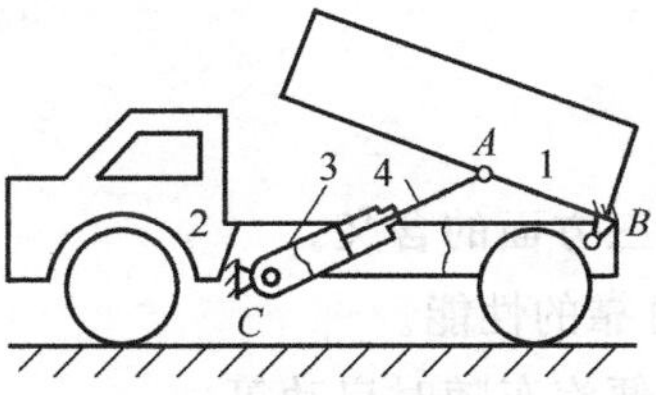


图 9-28 自动卸料车

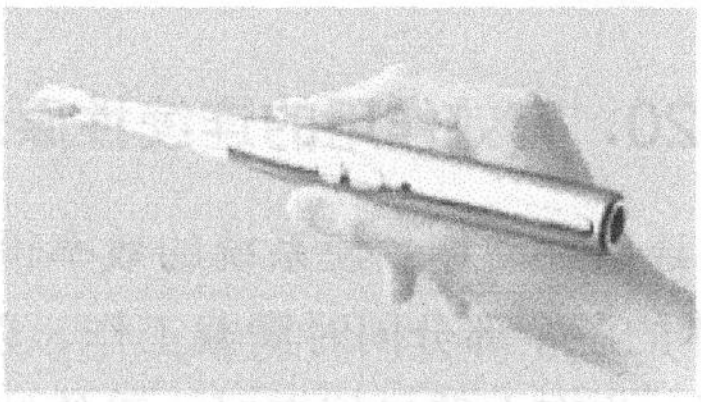

图 9-29 电动牙刷

② 如果已在振动，则提高它的振动频率（可以达到超声波频率）。

［案例］ 超声振动清洗器；运用低频振动减少烹饪时间。

③ 利用共振频率。

［案例］ 吉他等乐器的共鸣箱；核磁共振检查病症；击碎胆结石的超声波碎石机；微波加热食品；火车过桥时要放慢速度等。

④ 用压电振动器替代机械振动器。

［案例］ 石英晶体振荡驱动高精度钟表等。

⑤ 利用超声波振动同电磁场耦合。

［案例］ 超声焊接；超声波洗牙；超声波振动和电磁场共用，在电熔炉中混合金属，使其混合均匀，等等。

## 原理 19：周期性作用原理

可以用周期性动作代替连续动作；对已有的周期性动作改变动作频率。有三方面的含义。

① 从连续作用过渡到周期性作用或脉冲作用。

［案例］ 自动灌溉喷头做周期性的回旋动作；自动浇花系统间歇性动作；一些报警铃声或鸣笛声呈现周期性变化，比连续的声音更具有提醒性和容易引起人的警觉。

② 如果作用已经是周期的，则改变其频率。

［案例］ 用频率调音代替摩尔电码；使用 AM、FM、PWM 来传输信息，等等。

③ 利用脉冲的间歇完成其他作用。

［案例］ 下大雪后要及时清除飞机跑道上的积雪，传统的融雪剂法产生的雪融化的水对

飞机跑道安全构成威胁，而用装在汽车上的强力鼓风机除雪在积雪量大时效果并不明显。利用周期性作用原理，在鼓风机上加装脉冲装置，使空气按脉冲方式喷出，就能有效地把积雪吹离跑道，还可以优化选择最佳的脉冲频率、空气压力和流量。工程实际表明，脉冲气流除雪效率是连续气流除雪的 2 倍。改进前后的状态如图 9-30 所示。

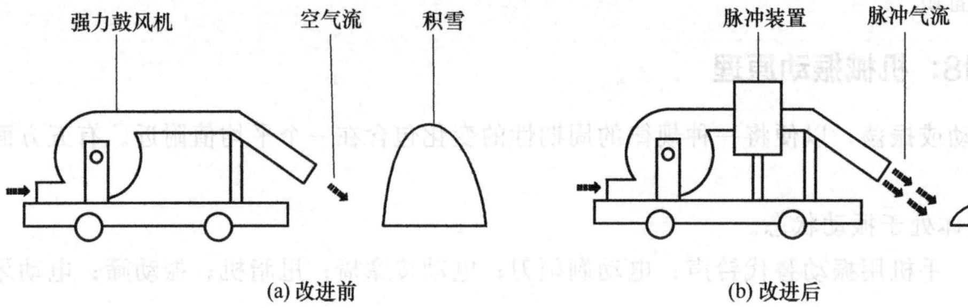


图 9-30　使用脉冲装置更有效地除雪

## 原理 20：有效作用的连续性原理

因发生连续性动作，使系统的效率得到提高。有三方面的含义。

① 物体的各个部分同时满载工作，以提供持续可靠的性能。

**［案例］** 汽车在路口停车时，飞轮储存能量，以便汽车随时启动等。

② 消除空转和间歇运转。

**［案例］** 双向打印机，打印头在回程也执行打印；给墙壁刷漆的滚刷。

③ 将往复运动改为转动。

**［案例］** 卷笔刀以连续旋转代替重复削铅笔；苹果削皮器用旋转运动代替重复切削。

## 原理 21：急速动作原理

高速越过某过程或其个别（如有害的或危险的）阶段的操作。

**［案例］** 焊接过程中对材料的局部加热会造成焊接结构变形，减少高温影响区域、缩短加温时间是减小焊接变形的有效方法，可以采用具有高能量密度的激光束作为热源的激光焊接法。又如，闪光灯只在使用瞬间获得强光；锻造使工件变形但是支承工件的砧板不变形；牙医使用高速钻头来减少患者的痛苦等。

## 原理 22：变害为利原理

有害因素已经存在，设法用其来为系统增加有益的价值。有三方面的含义。

① 利用有害因素（特别对外界的有害作用）获得有益的效果。

② 通过有害因素与另外几个有害因素的组合来消除有害因素。

③ 将有害因素加强到不再是有害的程度。

**［案例］** 机械设计时应考虑各种零件可以方便地拆卸，以使机器报废时可以作为回收再利用的材料，变废物为资源。垃圾中包含的各种可以被重复利用的物质，采用适当方法将它们分离出来，变害为利，并减少垃圾总量，保护环境。图 9-31（a）所示高压容器罐口的密封结构使罐内压力对密封有害，削弱密封效果；而图 9-31（b）的结构则使罐内压力变为加强密封效果，是有益的，因此更合理。

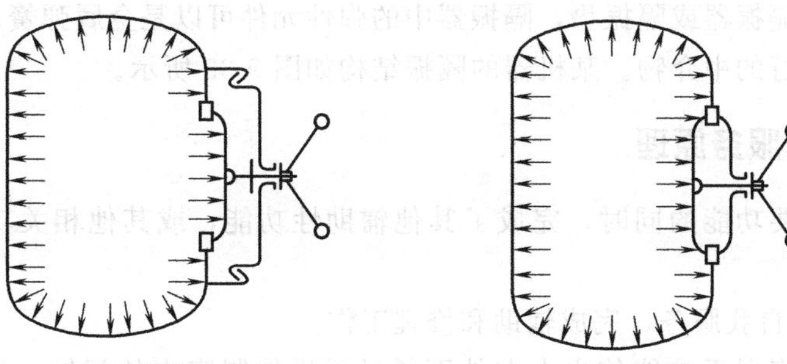


图 9-31　高压容器罐口密封变害为利

## 原理 23：反馈原理

利用反馈进行创新。有两方面的含义。

① 建立反馈，进行反向联系。

② 如果已有反馈，则改变它。

［案例］　很多能自动识别、自动检测、自动控制的电子仪器和设备以及机器人等机电一体化产品都具有自动反馈功能；汽车驾驶室仪表盘对速度、温度、里程、油量、发动机转速等的显示和提醒也都时刻进行着信息和系统状态的反馈；还有自动开关的感应门、声控灯；随节拍变化的音乐喷泉；人行道盲道上的特殊纹理；利用声呐来发现鱼群、暗礁、潜艇；钓鱼时的鱼标；根据环境变化亮度的路灯等。

## 原理 24：借助中介物原理

也称中介原理，是利用中间载体进行发明创新的方法。有两方面的含义。

① 利用可以迁移或有传送作用的中间物体。

［案例］　自动上料机；自拍杆；弹琴用的拨片；门把手；中介公司等。

机械传动中多通过轮与轮之间的接触实现传动功能，如果要在较远的距离之间传递运动就需要直径较大的轮（见图 9-32 中的虚线），使结构尺寸大，机器笨重，但如果采用带或者链作为中介物（见图 9-32 中的实线），则可以不用大尺寸的齿轮或多个轮，带传动和链传动都特别适合传递远距离两轴之间的运动，这是挠性传动的一个优点。

② 把另一个（易分开的）物体暂时附加给某一物体。

［案例］　化学反应中的催化剂能加强、加速两种化学物质的反应，是典型的中介物；在机器的机架与地面之间加装具有弹性的中介物，可以缓解机器工作中的振动和冲击，吸收振

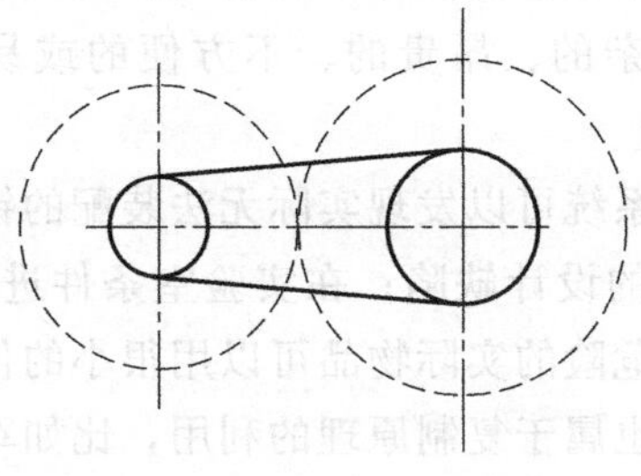

图 9-32　采用带作为中介物

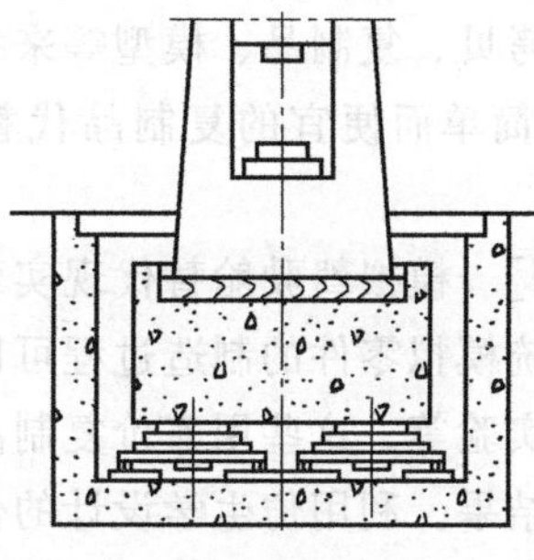

图 9-33　采用隔振器作为中介物

动能量，通常称为隔振器或隔振垫，隔振器中的弹性元件可以是金属弹簧，也可以是橡胶弹簧，是一种简便易行的中介物。某机器的隔振结构如图 9-33 所示。

## 原理 25：自服务原理

系统在执行主要功能的同时，完成了其他辅助性功能，或其他相关功能。有两方面的含义。

① 物体应当为自我服务，完成辅助和修理工作。

**[案例]** 智能家居系统能使主人在外面通过手机控制家中的门锁、灯、窗、窗帘、空调、电视、摄像头等的开关；全自动洗衣机有能自动进水、放水、筒自洁等功能；全自动电饭煲按预定好的时间做好饭等。

带传动通常要有张紧轮，有定期张紧和自动张紧两种。自动张紧使用方便，并且减少了人的重复性劳动。如图 9-34 所示为一种自动张紧形式，张紧轮宜装于松边外侧靠近小带轮，以增大包角，提高承载能力，并使结构紧凑，但对带寿命影响较大，且不能逆转。

采用自润滑轴承材料就能使轴承在不需要维护的条件下长时间工作，而不需要润滑和辅助供油装置，如自润滑铜石墨轴承（图 9-35），这种自润滑轴承的润滑原理是在轴与轴承的滑动摩擦过程中，石墨颗粒的一部分转移到轴与轴承的摩擦表面上，形成了一层较稳定的固体润滑隔膜，防止轴与轴承的直接黏着磨损。

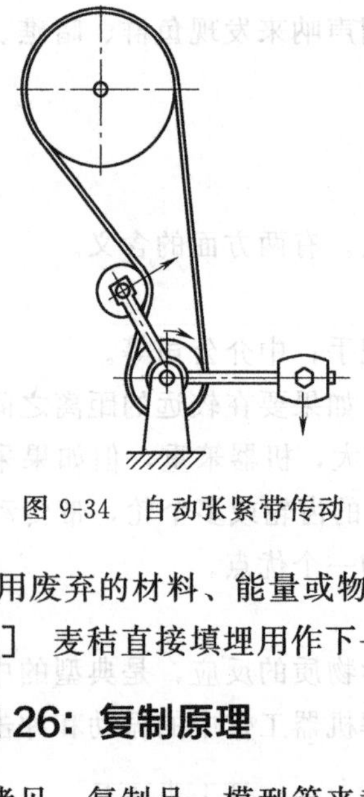

图 9-34 自动张紧带传动

图 9-35 自润滑铜石墨轴承

② 利用废弃的材料、能量或物质。

**[案例]** 麦秸直接填埋用作下一季的肥料；利用电厂余热供暖等。

## 原理 26：复制原理

利用拷贝、复制品、模型等来替代原有的高成本物品。有三方面的含义。

① 用简单而便宜的复制品代替难以得到的、复杂的、昂贵的、不方便的或易损坏的物体。

**[案例]** 模拟驾驶舱替代现实驾驶舱；虚拟装配系统可以发现实际无法装配的错误；虚拟制造系统模拟零件的制造过程可以发现不利于制造的设计缺陷；在实验室条件进行地震、水坝垮塌实验等。这些用廉价复制品代替昂贵的或有危险的实际物品可以用很小的代价获得有意义的结果。利用仿生学设计的仿动物的机械产品也属于复制原理的利用，比如军用的蛇形侦察机器人、蜘蛛探雷机器人、隐形飞机等。

② 用光学拷贝（图像）代替物体或物体系统。此时要改变比例（放大或缩小复制品）。

［案例］ 医生采用X光片进行论断；卫星图片代替实地考察；3D虚拟城市地图；做科学试验时所拍摄的各种照片、录像等。

③ 如果利用可见光的复制有困难，则转为红外线的或紫外线的复制。

［案例］ 紫外线灭蚊灯。

### 原理27：廉价替代品原理

也称替代原理。用若干廉价物品代替昂贵物品，同时放弃或降低某些品质或性能方面的要求，如持久性。

［案例］ 一次性的纸杯；一次性的纸尿布等；纸制的购物袋；假牙；假发；用人造密度板、刨花板代替实木制作家具；用塑料模具代替金属模具；用模型试验代替实物试验。洗衣机中采用带传动的比采用齿轮传动的价格低，但是可能出现带的打滑现象，传动能力和寿命不如齿轮式的；另一方面，带打滑能在过载时对电机和其他零部件起到保护作用，所以更廉价一些的带式洗衣机市场份额还是不小的。

### 原理28：机械系统替代原理

利用物理场或其他的形式、作用、状态来替代机械系统的作用，可以理解为是一种操作上的改变。有四方面的含义。

① 用光学、声学、“味学”等设计原理代替力学设计原理。

［案例］ 安装了光电传感器的感应式水龙头代替传统机械式手动水龙头，更加方便，还节约用水；用激光切割代替水切割使环境更清洁；光电点钞机代替人工点钞既准确又轻松。

② 用电场、磁场和电磁场同物体相互作用。

［案例］ 用电动机调速取代复杂的机械传动变速系统；用电磁制动取代机械制动；用磁力搅拌代替机械搅拌；静电除尘；电磁场代替机械振动使粉末混合均匀。

③ 由恒定场转向不定场，由时间固定的场转向时间变化的场，由无结构的场转向有一定结构的场。

［案例］ 早期的通信系统用全方位检测，现在用特定发射方式的天线。

④ 利用铁磁颗粒组成的场。

［案例］ 用不同的磁场加热含磁粒子的物质，当温度达到一定程度时，物质变成顺磁，不再吸收热量，来达到恒温的目的。

### 原理29：气压和液压结构原理

也称压力原理。用气体或液体代替物体的固体部分，如充气或充液的结构、气垫、液体静力和流体动力的结构等。

［案例］ 流体静压轴承；液压缸；液压千斤顶；消防高压水枪；气垫船；喷气飞机；气垫运动鞋；射钉枪；气浮轴承；气动机械手等。液压和气压技术的应用随着现代机械的不断发展，所涉及的领域越来越广，已成为工业发展的重要支柱。

### 原理30：柔性壳体或薄膜原理

也称柔化原理。将传统构造改成薄膜或柔性壳体构造，或充分利用薄膜或柔性材料使对象产生变化。有两方面的含义。

① 利用软壳和薄膜代替一般的结构。

［案例］ 农业上的塑料大棚种菜；儿童的充气玩具；柔性计算机键盘；塑料瓶代替玻璃或金属瓶；机械设备中常配有塑料或有机玻璃的观察窗，以便观察润滑油的油面高度或润滑剂状态等。

② 用软壳和薄膜使物体同外部介质隔离。

［案例］ 食品的保鲜膜；在蓄水池表面漂浮一层双极材料（一面为亲水性，另一面为疏水性）的薄膜，减少水的蒸发；真空铸造时在模型和砂型间加一层柔性薄膜以保持铸型有足够的强度；铝合金型材或塑钢门窗型材表面贴塑料薄膜进行保护；手机和电脑的屏幕保护膜。

## 原理 31：多孔材料原理

也称孔化原理。通过多孔的性质改变气体、液体或固体的存在形式。有两个方面的含义。

① 把物体做成多孔的或利用附加多孔元件（镶嵌、覆盖等）。

② 如果物体是多孔的，则利用多孔的性质产生有用的物质或功能。

［案例］ 空心砖利用多孔减轻重量；海绵床垫利用多孔增加其弹性；泡沫金属减轻了金属重量，但保持了其强度；活性炭吸收有害气体等。

图 9-35 所示的石墨铜套轴承综合了金属合金与非金属减磨材料的各自性能优点，进行互补，既有了金属的高承载能力，又得到了减磨材料的润滑性能。所以特别适用于不加油、少加油、高温、高负载或水中等环境中。类似的自润滑轴承还有用粉末冶金材料制造的含油轴承，材料中含有很多微孔，轴承在工作时由于温度升高，金属热胀，使含在微孔中的润滑剂被挤出，不工作时由于温度降低，润滑剂被吸回到微孔中，防止流失。

在零件结构中载荷较小的地方打孔，可以减轻重量，如孔板式结构的齿轮、带轮、链轮以及带有孔的杆件等。

## 原理 32：颜色改变原理

也称色彩原理。通过改变系统的色彩，借以提升系统价值或解决问题。有四方面的含义。

① 改变物体或外部环境的颜色。

② 改变物体或外部环境的透明度或可视性。

③ 为了观察难以看到的物体或过程，利用染色添加剂。

④ 如果已采用了这种添加剂，则借助发光物质。

［案例］ 机器的紧急停车按钮通常采用比较鲜艳的红色，以引起警觉；需要操作者关注的重要部位可以做成透明结构，使操作者方便地观察到机器的运行情况；环卫工人身上的荧光色彩；军用品的迷彩；随着光线改变颜色的眼镜片；防紫外线的眼镜片；测试酸碱度的 pH 试纸；透明医用绷带；紫外光笔可辨别真伪钞；发光的斑马线让夜间通行具有安全性。

## 原理 33：同质性原理

也称同化原理。与指定物体相互作用的物体应当用同一（或性质相近的）材料制作而成。

［案例］ 相同材料相接触不会发生化学或电化学反应；相同材料制造的零件具有相同的热胀系数，在温度变化时不容易发生错动；同一产品中大量零件采用相同材料，有利于生产准备，在产品报废后还有利于材料回收，减少分离不同材料的附加成本。

## 原理 34：抛弃与再生原理

也称自生自弃原理，是指抛弃与再生的过程合二为一，在系统中除去的同时对其进行恢复。有两方面含义。

① 已完成自己的使命或已无用的物体部分应当剔除（溶解、蒸发等）或在工作过程中直接变化。

② 消除的部分应当在工作过程中直接利用。

［案例］ 火箭发动机采用分级方式，燃料用完直接抛弃分离；冰灯自动溶化；用冰做射击用的飞碟，不用回收打碎的飞碟；自动铅笔的替换铅芯；药品的糖衣，在消化过程中直接消除。

## 原理 35：物理或化学参数改变原理

也称性能转换原理。改变系统的属性，以提供一种有用的创新。有四方面的含义。

① 改变系统的物理状态。

② 改变浓度或密度。

③ 改变系统的灵活度。

④ 改变系统的温度或体积。

［案例］ 用液态运输气体，以减少体积和成本；固体胶比胶水更方便使用；用液态的肥皂水代替固体肥皂，可以定量控制使用，并且减少交叉污染；硫化橡胶改变了橡胶的柔性和耐用性；为提高锯木的生产率，建议用超高压频率电流对锯口进行加热；低温保鲜水果和蔬菜；金属材料进行热处理，淬火、调质、回火等利用不同温度获得不同的力学性能；机床根据被加工零件的要求确定主轴转速、刀具进给量等。

## 原理 36：相变原理

利用相变时发生的现象，例如体积改变，放热或吸热。

［案例］ 水在固态时体积膨胀，可利用这一特性进行定向无声爆破；日光灯在灯管中的电极上利用液态汞的蒸汽；加湿器产生水蒸气的同时使室内降温。

## 原理 37：热膨胀原理

将热能转换为机械能或机械作用，有两方面的含义。

① 利用材料的热胀冷缩性质。

② 利用一些热膨胀系数不同的材料。

［案例］ 通过材料的热膨胀，实现对过盈连接的转配；热双金属弹簧（图 9-36）将热膨胀系数不同的两片材料贴合在一起，当温度变化时材料发生弯曲变形，常用来作电路开关或驱动机械运动；内燃机（图 9-37）的作用是将燃气的热能转换为机械能，雾化的汽油在气缸里燃烧爆炸产生的推力带动活塞，再通过连杆带动曲轴转动，输出机械能；热气球利用热气上升；铁轨中的预留缝隙适应天气温度变化。

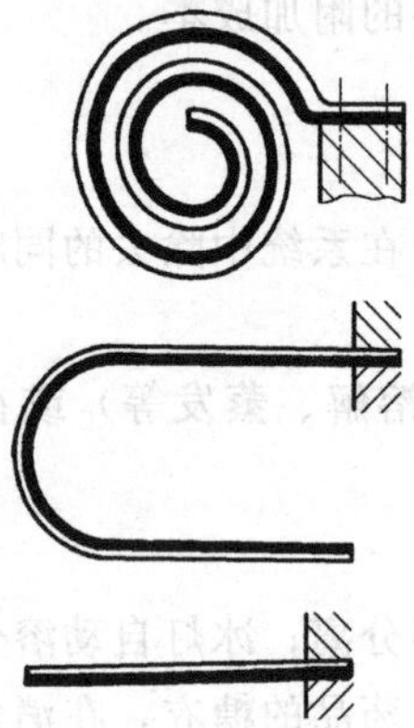

图 9-36　热双金属弹簧

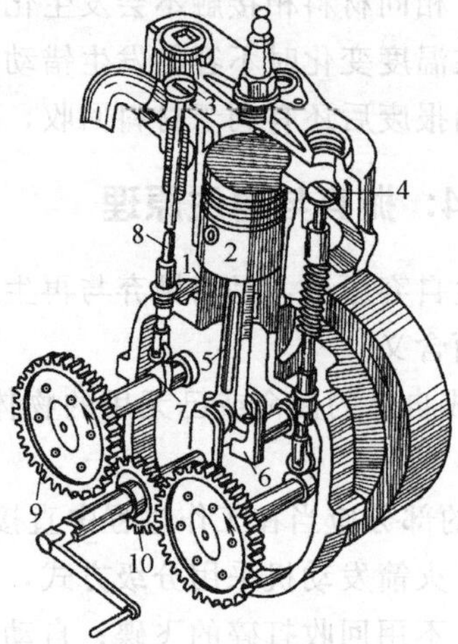


图 9-37　内燃机

## 原理 38：强氧化剂原理

也称加速氧化原理。加速氧化过程，以期得到应有的创新。有四方面的含义。

① 用富氧空气代替普通空气。

② 用纯氧替换富氧空气。

③ 用电离辐射作用于空气或氧气，使用离子化的氧。

④ 用臭氧替换臭氧化的（或电离的）氧气。

**[案例]** 为持久在水下呼吸，水中呼吸器中储存浓缩空气；用乙炔-氧代替乙炔-空气切割金属；用高压纯氧杀灭伤口厌氧细菌；空气过滤器通过电离空气来捕获污染物；使用离子化气体加速化学反应；臭氧消毒；臭氧溶于水中可去除船体上的有机污染物；潜水艇压缩舱的发动机用臭氧作氧化剂，可使燃料得到充分燃烧。

## 原理 39：惰性环境原理

制造惰性的环境，以支持所需要的效应。有三方面的含义。

① 用惰性介质代替普通介质。

② 添加惰性或中性添加剂到物体中。

③ 在真空中进行某一过程。

**[案例]** 用惰性气体处理棉花，用以预防棉花在仓库中燃烧；霓虹灯内充满了惰性气体，可发出不同颜色的光；用惰性气体填充灯泡，防止灯丝氧化；真空吸尘器；真空包装；真空镀膜机。

## 原理 40：复合材料原理

用复合材料代替均质材料。

**[案例]** 复合地板；焊接剂中加入高熔点的金属纤维；用玻璃纤维制成的冲浪板；超导陶瓷；碳素纤维；铝塑管；防弹玻璃等。

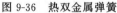

同一零件的不同部分有不同的功能要求，使用同一种材料很难同时满足这些要求。通过不同材料的复合，可以使零件的不同部分具有不同的特性，以满足设计要求。带传动中的带

需要承受很大的拉力，因此其材料应具有较高的强度；带在轮槽内要弯曲，因此应具有较好的弹性，使弯曲应力较小；带与轮之间存在弹性滑动，为防止带的磨损失效，带材料应耐磨损。很难找到一种材料同时满足以上要求。V带通过多种材料的复合可以满足以上这些要求，即芯部采用抗拉力强的线绳或帘布结构，有棉、化纤、钢丝等材质；主体采用橡胶材料；表层采用耐磨性好的帆布材料，如图9-38所示。

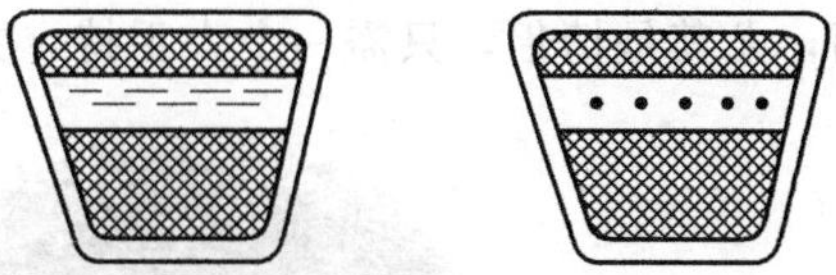
(a) 帘布结构　(b) 线绳结构

图9-38　V带的复合材料结构

以上40个发明原理属于经典TRIZ理论，现代TRIZ研究人员通过进一步研究将发明原理增加到了77个，新增加的37个发明原理如表9-5所示。

**表9-5　新增加的37个发明原理**

| 序号 | 原理名称 | 序号 | 原理名称 |
|---|---|---|---|
| 41 | 减少单个零件重量、尺寸 | 60 | 导入第二个场 |
| 42 | 零部件分成重(大)与轻(小) | 61 | 使工具适应于人 |
| 43 | 运用支撑 | 62 | 为增加强度变换形状 |
| 44 | 运输可变形状豹物体 | 63 | 转换物体的微观结构 |
| 45 | 改变运输与存储工况 | 64 | 隔绝/绝缘 |
| 46 | 利用对抗平衡 | 65 | 对抗一种不希望的作用 |
| 47 | 导入一种储藏能量因素 | 66 | 改变一个不希望的作用 |
| 48 | 局部/部分预先作用 | 67 | 去除或修改有害源 |
| 49 | 集中能量 | 68 | 修改或替代系统 |
| 50 | 场的取代 | 69 | 增强或替代系统 |
| 51 | 建立比较的标准 | 70 | 并行恢复 |
| 52 | 保留某些信息供以后利用 | 71 | 部分/局部弱化有害影响 |
| 53 | 集成进化为多系统 | 72 | 掩盖缺陷 |
| 54 | 专门化 | 73 | 实施探测 |
| 55 | 减少分散 | 74 | 降低污染 |
| 56 | 补偿或利用损失 | 75 | 创造一种适合于预期磨损的形状 |
| 57 | 减少能量转移的阶段 | 76 | 减少人为误差 |
| 58 | 推迟作用 | 77 | 避开危险的作用 |
| 59 | 场的变换 | | |

## 9.2.3　应用发明原理的机械结构创新实例

当我们有创新发明的打算时，借助40个发明原理，将极大促进创新思维的形成和提高创新发明的成功率。通常的做法是，设计者从40个发明原理中选出与所要发明的产品有可能产生联系的某一个或几个，再结合产品功能或技术进行分析和设计，最终获得发明方案。其实，我们身边很多新产品中都包含着一些发明原理。举例如下。

(1) 应用40个发明原理发明新型雨伞

① 双人雨伞　应用5组合原理、4不对称原理、17维数变化原理。适合两个人共同使

用，尤其是情侣，只需一个人手持，并且比用两个单人雨伞节省空间，如图 9-39 所示。

图 9-39　双人雨伞

② 反向雨伞　应用 17 维数变化原理、13 反向作用原理。采用双层伞布和伞骨，伞收起时有雨水的一面朝里，干的一面朝外，避免了带水的雨伞不好收起的问题，如图 9-40 所示。

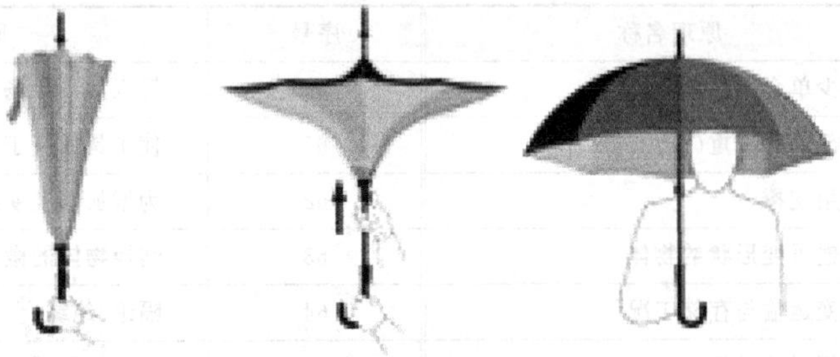

图 9-40　反向雨伞

③ 空气雨伞　应用 29 气压和液压结构原理、15 动态化原理、7 嵌套原理。这种雨伞没有传统意义上的伞布，而只有“伞把”，打开电源开关，“伞把”向上喷出空气，在雨滴和人之间形成一道空气屏障，从而起到挡雨的作用。气流的大小可以调节，伞杆长度也可以调节，关闭电源时就是一根杆子，携带非常方便。这种伞颠覆了传统雨伞的概念，是一种“隐形雨伞”，虽然对旁边的人来说有点影响，但不失其娱乐性，如图 9-41 所示。

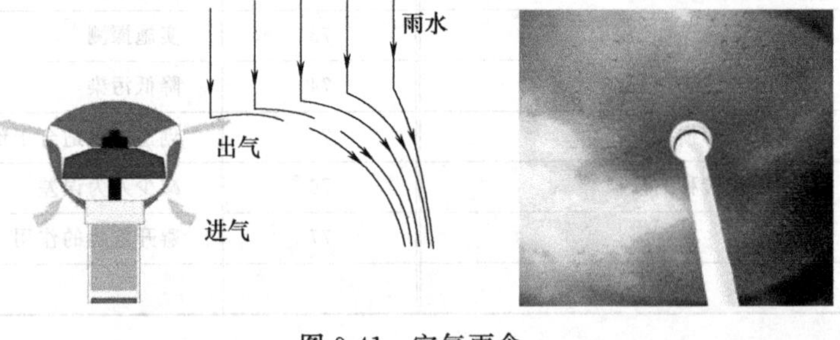


图 9-41　空气雨伞

④ 自行车雨伞　应用 30 柔性壳体或薄膜原理、4 不对称原理、14 曲面化原理。如图 9-42 所示，骑车人像背包一样将伞背在身上，解放了双手，不影响骑车，挡雨面积还大。走路时也不用手持，一样很方便。

⑤ 解放双手雨伞　应用 24 借助中介物原理、25 自服务原理、3 局部质量原理。伞把上附加手持器或肩夹，可以解放人的双手，便于操作手机或提重物等，见图 9-43。

⑥ 照明和聚水雨伞　应用 3 局部质量原理、6 多用性原理，5 组合原理。伞把有照明电筒，便于夜间视物，伞布边缘有立起的小挡边，只有一块伞布没有这种挡边，雨水被汇聚后

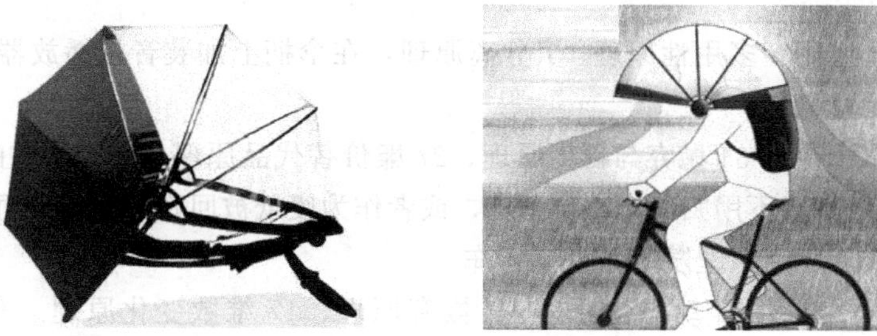

图 9-42　自行车雨伞

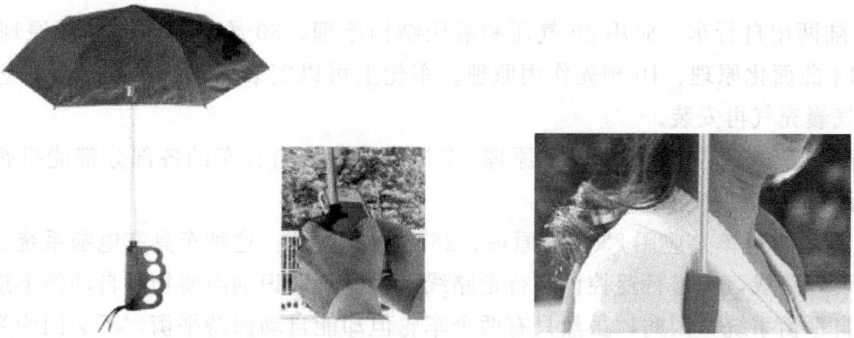

图 9-43　解放双手雨伞

从没有挡边的伞部处流出，避免打湿衣服，如图 9-44 所示。

⑦ 头盔雨伞　应用 4 不对称原理。形状像摩托车头盔，能使人身体受到更大面积的保护，还不影响人的视线，见图 9-45。

⑧ 自立雨伞　应用 3 局部质量原理、25 自服务原理。伞顶部有一个三叉形支座，被雨淋湿的雨伞能自己立于地面，而不用靠在墙上，如图 9-46 所示。

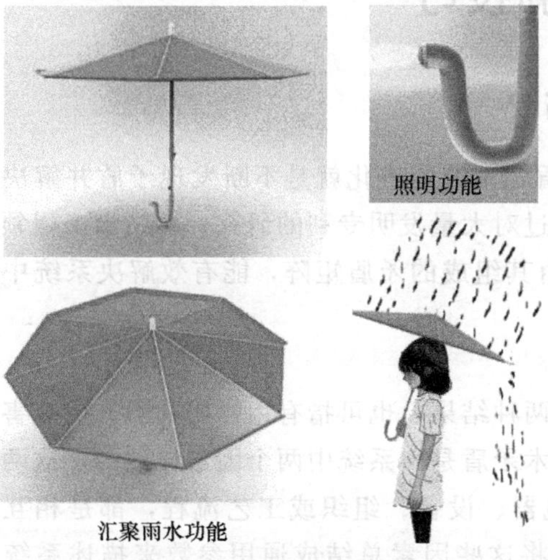


图 9-44　照明和聚水雨伞

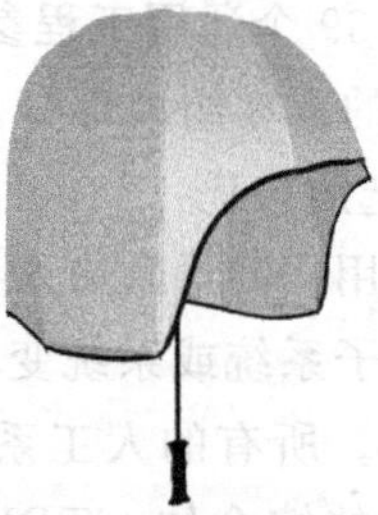

图 9-45　头盔雨伞

图 9-46　自立雨伞

⑨ 盲人雨伞　应用 23 反馈原理、6 多用性原理。在伞柄上加装红外线探测器，前方有障碍时可以发出声音提醒，并能警示其他行人。

⑩ 夜光雨伞　应用 32 颜色改变原理，在伞面的荧光材料涂层在夜里能发出荧光，起安

全作用。

⑪ 音乐雨伞　应用 6 多用性原理、1 分离原理，在伞柄上加装音乐播放器，可以在撑伞的同时播放音乐。

⑫ 一次性雨伞　应用 34 抛弃与再生原理、27 廉价替代品原理。多为纸质的，成本低廉，用于公共场合，用后可以不用归还，直接抛弃，或者作为废纸被回收，比共享雨伞更方便。

（2）应用 40 个发明原理发明新型自行车

① 折叠自行车　应用 15 动态化原理、7 嵌套原理、17 维数变化原理。车把手、车座、车架等都可以弯折和伸缩，用时打开，不用时折叠，节省空间，便于存放和携带，有的还能折成手推车。

② 水陆两用自行车　应用 29 气压和液压结构原理、30 柔性壳体或薄膜原理、15 动态化原理、14 曲面化原理、10 预先作用原理。车轮上可以安装附加气囊和叶轮，想在水上行驶时先将气囊充气再安装。

③ 箱式自行车　应用 15 动态化原理、7 嵌套原理。自行车的各部分都能折叠进一个箱子里，外面只留车把作拉手。

④ 自行走自行车　应用 23 反馈原理、25 自服务原理。这种车具有电脑系统，能够通过电脑系统设好路线，或进行遥控设定行走路线，并能自动识别障碍物，自动停下或绕过，车上安装有自平衡系统，因此，虽然只有两个车轮但却能自动保持平衡，不会因为受到来自侧面的推力而倒下。

⑤ 无链自行车　应用 28 机械系统替代原理。通过电磁系统让车轮旋转，去掉了传统的机械式驱动力链。

⑥ 双、三人自行车　应用 17 维数变化原理、5 组合原理。两人或三人同骑的自行车，通常在公园等娱乐场所使用。

# 9.3 技术矛盾与机械结构创新技巧

## 9.3.1 技术矛盾、矛盾矩阵及其选用技巧

TRIZ 理论认为，发明问题的核心是解决矛盾，系统的进化就是不断发现矛盾并解决矛盾，从而向理想化不断靠近的过程。阿奇舒勒通过对大量发明专利的研究，总结出工程领域内常用的表述系统性能的 39 个通用工程参数和由其组成的矛盾矩阵，能有效解决系统中的技术矛盾，是 TRIZ 理论的重要组成部分。

（1）技术矛盾及其选用技巧

技术矛盾是指一个作用同时导致有用及有害两种结果，也可指有用作用的引入或有害效应的消除导致一个或几个子系统或系统变坏。技术矛盾是由系统中两个因素导致的，这两个因素相互促进、相互制约。所有的人工系统、机器、设备、组织或工艺流程，都是相互联系、相互作用的各种因素的综合体。TRIZ 理论将这些因素总结成通用参数来描述系统性能，如速度、强度、温度、可靠性等。如果改善系统中某一个参数，而引起了系统中另一个参数的恶化，就产生了技术矛盾。技术矛盾是同一系统的两个不同参数之间的矛盾。

技术矛盾出现的几种情况为：

① 在一个子系统中引入一种有用功能，导致另一个子系统产生一种有害功能，或加强

了已存在的一种有害功能；

② 消除一种有害功能导致另一个子系统有用功能变坏；

③ 有用功能的加强或有害功能的减少使另一个子系统或系统变得太复杂。

人们在分析问题时如果不能正确找出技术矛盾，或者对技术矛盾的确定不能准确反映问题，都不利于创新的实现。

技术矛盾的选用技巧可以从以下几方面考虑：

① 技术矛盾的确切本质是确定一对相矛盾的因素进行描述，必须抓住本质，可以不只确定一对矛盾因素，在问题不明朗时可以确定两对甚至多对矛盾因素，扩大发明创造的可能范围，但是也要注意这会导致创新目标发散，工作量加大，因此一般设定 2～3 对矛盾参数较好，不建议太多。

② 对于一个技术系统，通常先对系统的内部构成和主要功能进行分析，并用语言进行描述，再确定应该改善或去除的特性以及由此带来的不良反应，最后确定技术矛盾，再用 TRIZ 理论解决技术矛盾的专门方法进行解决。

③ 如果发现解决方法难以实现或者不理想，要及时更换技术矛盾，即重新考虑选择的矛盾因素，当然也就是重新描述技术矛盾，不可只限于一、两种技术矛盾的设定。

④ 还要注意改善和恶化的参数与问题描述是否对应得适当，因为最初的矛盾因素往往不是标准工程参数中的，需要人为地去对应，如果对应关系找得不准确，也很影响将来的求解结果。所以工程参数与技术矛盾的对应也是可以调整的，多试几个有可能带来意想不到的收获。

（2）39 个通用工程参数及其选用技巧

为使技术矛盾的参数标准化、通用化，TRIZ 理论提出用 39 个通用工程参数描述矛盾，实际应用中，首先要把一组或多组矛盾均用 39 个通用工程参数来表示，利用该方法把实际工程设计中的矛盾转化为一般的或标准的技术矛盾。

不同领域中，虽然人们所面临的矛盾问题不同，但如果用 39 个通用工程参数来描述矛盾，就可以把一个具体问题转化为一个 TRIZ 问题，然后用 TRIZ 的工具方法去解决矛盾。通用工程参数是连接具体问题与 TRIZ 理论的桥梁，是开启问题之门的第一把“金钥匙”。

为方便选用和便于掌握选用规律，按各参数自身定义的特点，将 39 个通用工程参数分为以下三大类：

① 物理及几何参数：描述物体的物理及几何特性的参数，共 15 个。

② 技术负向参数：这些参数变大时，使系统或子系统的性能变差，共 11 个。

③ 技术正向参数：这些参数变大时，使系统或子系统的性能变好，共 13 个。

39 个通用工程参数的名称及编号见表 9-6。

**表 9-6 通用工程参数的分类**

| 物理及几何参数 | | 技术负向参数 | | 技术正向参数 | |
|---|---|---|---|---|---|
| 编号 | 通用工程参数名称 | 编号 | 通用工程参数名称 | 编号 | 通用工程参数名称 |
| No. 1 | 运动物体的重量 | No. 15 | 运动物体的作用时间 | No. 13 | 稳定性 |
| No. 2 | 静止物体的重量 | No. 16 | 静止物体的作用时间 | No. 14 | 强度 |
| No. 3 | 运动物体的长度 | No. 19 | 运动物体的能量消耗 | No. 27 | 可靠性 |
| No. 4 | 静止物体的长度 | No. 20 | 静止物体的能量消耗 | No. 28 | 测量精度 |

续表

| 物理及几何参数 | | 技术负向参数 | | 技术正向参数 | |
|---|---|---|---|---|---|
| 编号 | 通用工程参数名称 | 编号 | 通用工程参数名称 | 编号 | 通用工程参数名称 |
| No. 5 | 运动物体的面积 | No. 22 | 能量损失 | No. 29 | 制造精度 |
| No. 6 | 静止物体的面积 | No. 23 | 物质损失 | No. 32 | 可制造性 |
| No. 7 | 运动物体的体积 | No. 24 | 信息损失 | No. 33 | 操作流程的方便性 |
| No. 8 | 静止物体的体积 | No. 25 | 时间损失 | No. 34 | 可维修性 |
| No. 9 | 速度 | No. 26 | 物质的量 | No. 35 | 适应性,通用性 |
| No. 10 | 力 | No. 30 | 作用于物体的有害因素 | No. 36 | 系统的复杂性 |
| No. 11 | 应力,压强 | No. 31 | 物体产生的有害因素 | No. 37 | 控制和测量的复杂性 |
| No. 12 | 形状 | | | No. 38 | 自动化程度 |
| No. 17 | 温度 | | | No. 39 | 生产率 |
| No. 18 | 照度 | | | | |
| No. 21 | 功率 | | | | |

39 个工程参数在人为选取时还是有一定的难度的，如果选择不当对后续求解影响很大，初学者会感觉有较大的盲目性。

39 个通用工程参数选用技巧如下：

① 首先考虑表 9-6 中第 3 列的 13 个技术正向参数。在机械系统中，技术的提高大多数更直接体现为对技术正向参数的需求，而表 9-6 中第 3 列的 13 个技术正向参数与机械工程实际联系最为紧密，设计时可以作为改善参数的首选。

② 表 9-6 中第 2 列的 11 个技术负向参数是恶化参数的首选，当然也不排除第 1 列的参数作为恶化参数。

③ 39 个通用工程参数中前 29 编号的参数都比较具体化，与物理参数关系较大，而从第 30 号“作用于物体的有害因素”开始的参数就不那么具体了，更偏于宏观一些。在选择的时候，如果参数情况比较明确的可以首先考虑前 29 个，如果不是很明确的可以考虑选 30 号以后的。

④ 注意 No. 1～No. 8 和 No. 15、No. 16、No. 19、No. 20 的“运动”和“静止”的差别，要明确所分析的系统到底是“运动的”还是“静止的”，因为这是个相对因素，在系统的不同级别中，“运动”和“静止”可能就是不同的。

⑤ 使用 No. 30 和 No. 31 也同样要注意，一个是作用于物体的有害因素，一个是物体产生的有害因素，即主动和被动的差别，不要混淆。

（3）矛盾矩阵及其使用技巧

消除矛盾的重要途径之一就是使用 40 个发明原理，问题是消除矛盾时，需要用到哪些原理？其中哪些原理最有效？是不是每次都需要将 40 个发明原理从头到尾都分析一遍？有没有一种方法或工具，在我们确定了一个技术矛盾后，能引导我们快速地找到相应的发明原理呢？答案是有的，那就是应用阿奇舒勒矛盾矩阵（见表 9-7）。

阿奇舒勒通过对大量发明专利的研究，总结出工程领域内常用的表述系统性能的 39 个通用工程参数，并由 39×39 个通用工程参数和 40 个创新原理构成了矛盾矩阵表——阿奇舒勒矛盾矩阵。在阿奇舒勒的矛盾矩阵中，将 39 个通用工程参数横向、纵向顺次排列，横向代表

表 9-7　阿奇舒勒矛盾矩阵

| 改善的通用工程参数 | 恶化的通用工程参数 | 1 | 2 | 3 | 4 | 5 | 6 | 7 | 8 | 9 | 10 | 11 | 12 | 13 | 14 | 15 | 16 | 17 | 18 | 19 | 20 |
|---|---|---|---|---|---|---|---|---|---|---|---|---|---|---|---|---|---|---|---|---|---|
| | | 运动物体的重量 | 静止物体的重量 | 运动物体的长度 | 静止物体的长度 | 运动物体的面积 | 静止物体的面积 | 运动物体的体积 | 静止物体的体积 | 速度 | 力 | 应力,压强 | 形状 | 稳定性 | 强度 | 运动物体的作用时间 | 静止特体的作用时间 | 温度 | 照度 | 运动物体的能量消耗 | 静止物体的能量消耗 |
| 1 | 运动物体的重量 | + | — | 15,8,29,34 | — | 29,17,38,34 | — | 29,2,40,28 | — | 2,8,15,38 | 8,10,18,37 | 10,36,37,40 | 10,14,35,40 | 1,35,19,39 | 28,27,18,40 | 5,34,31,35 | — | 6,29,4,38 | 19,1,32 | 35,12,34,31 | — |
| 2 | 静止物体的重量 | — | + | — | 10,1,29,35 | — | 35,30,13,2 | — | 5,35,14,2 | — | 8,10,19,35 | 13,29,10,18 | 13,10,29,14 | 26,39,1,40 | 28,2,10,27 | — | 2,27,19,6 | 28,19,32,22 | 35,19,32 | — | 18,19,28,1 |
| 3 | 运动物体的长度 | 8,15,29,34 | — | + | — | 15,17,4 | — | 7,17,4,35 | — | 13,4,8 | 17,10,4 | 1,8,35 | 1,8,10,29 | 1,8,15,34 | 8,35,19,34 | 19 | — | 10,15,19 | 32 | 8,35,24 | — |
| 4 | 静止物体的长度 | — | 35,28,40,29 | — | + | — | 17,7,10,40 | — | 35,8,2,14 | — | 28,10 | 1,14,35 | 13,14,15,7 | 39,37,35 | 15,14,28,26 | — | 1,40,35 | 3,35,38,18 | 3,25 | — | — |
| 5 | 运动物体的面积 | 2,17,29,4 | — | 14,15,18,4 | — | + | — | 7,14,17,4 | — | 29,30,4,34 | 19,30,35,2 | 10,15,36,28 | 5,34,29,4 | 11,2,13,39 | 3,15,40,14 | 6,3 | — | 2,15,16 | 15,32,19,13 | 19,32 | — |
| 6 | 静止物体的面积 | — | 30,2,14,18 | — | 26,7,9,39 | — | + | — | — | — | 1,18,35,36 | 10,15,36,37 | — | 2,38 | 40 | — | 2,10,19,30 | 35,39,38 | — | — | — |
| 7 | 运动物体的体积 | 2,26,29,40 | — | 1,7,35,4 | — | 1,7,4,17 | — | + | — | 29,4,38,34 | 15,35,36,37 | 6,35,36,37 | 1,15,29,4 | 28,10,1,39 | 9,14,15,7 | 6,35,4 | — | 34,39,10,18 | 10,13,2 | 35 | — |
| 8 | 静止物体的体积 | — | 35,10,19,14 | 19,14 | 35,8,2,14 | — | — | — | + | — | 2,18,37 | 24,35 | 7,2,35 | 34,28,35,40 | 9,14,17,15 | — | 35,34,38 | 35,6,4 | — | — | — |
| 9 | 速度 | 2,28,13,38 | — | 13,14,8 | — | 29,30,34 | — | 7,29,34 | — | + | 13,28,15,19 | 6,18,38,40 | 35,15,18,34 | 28,33,1,18 | 8,3,26,14 | 3,19,35,5, | — | 28,30,36,2 | 10,13,19 | 8,15,35,38 | — |
| 10 | 力 | 8,1,37,18 | 18,13,1,28 | 17,19,9,36 | 28,10 | 19,10,15 | 1,18,36,37 | 15,9,12,37 | 2,36,18,37 | 13,28,15,12 | + | 18,21,11 | 10,35,40,34 | 35,10,21 | 35,10,14,27 | 19,2 | — | 35,10,21 | — | 19,17,10 | 1,16,36,37 |
| 11 | 应力,压强 | 10,36,37,40 | 13,29,10,18 | 35,10,36 | 35,1,14,16 | 10,15,36,28 | 10,15,36,37 | 6,35,10 | 35,24 | 6,35,36 | 36,35,21 | + | 35,4,15,10 | 35,33,2,40 | 9,18,3,40 | 19,3,27 | — | 35,39,19,2 | — | 14,24,10,37 | |
| 12 | 形状 | 8,10,29,40 | 15,10,26,3 | 29,34,5,4 | 13,14,10,7 | 5,34,4,10 | — | 14,4,15,22 | 7,2,35 | 35,15,34,18 | 35,10,37,40 | 34,15,10,14 | + | 33,1,18,4 | 30,14,10,40 | 14,26,9,25 | — | 22,14,19,32 | 13,15,32 | 2,6,34,14 | |
| 13 | 稳定性 | 21,35,2,39 | 26,39,1,40 | 13,15,1,28 | 37 | 2,11,13 | 39 | 28,10,19,39 | 34,28,35,40 | 33,15,28,18 | 10,35,21,16 | 2,35,40 | 22,1,18,4 | + | 17,9,15 | 13,27,10,35 | 39,3,35,23 | 35,1,32 | 32,3,27,15 | 13,19 | 27,4,29,18 |

续表

| 改善的通用工程参数 | 恶化的通用工程参数 | 1 运动物体的重量 | 2 静止物体的重量 | 3 运动物体的长度 | 4 静止物体的长度 | 5 运动物体的面积 | 6 静止物体的面积 | 7 运动物体的体积 | 8 静止物体的体积 | 9 速度 | 10 力 | 11 应力，压强 | 12 形状 | 13 稳定性 | 14 强度 | 15 运动物体的作用时间 | 16 静止特体的作用时间 | 17 温度 | 18 照度 | 19 运动物体的能量消耗 | 20 静止物体的能量消耗 |
|---|---|---|---|---|---|---|---|---|---|---|---|---|---|---|---|---|---|---|---|---|---|
| 14 | 强度 | 1,8,40,15 | 40,26,27,1 | 1,15,8,35 | 15,14,28,26 | 3,34,40,29 | 9,40,28 | 10,15,14,7 | 9,14,17,15 | 8,13,26,14 | 10,18,3,14 | 10,3,18,40 | 10,30,35,40 | 13,17,35 | + | 27,3,26 | — | 30,10,40 | 35,19 | 19,35,10 | 35 |
| 15 | 运动物体的作用时间 | 19,5,34,31 | — | 2,19,9 | — | 3,17,19 | — | 10,2,19,30 | — | 3,35,5 | 19,2,16 | 19,3,27 | 14,26,28,25 | 13,3,35 | 27,3,10 | + | — | 19,35,39 | 2,19,4,35 | 28,6,35,18 | — |
| 16 | 静止物体的作用时间 | — | 6,27,19,16 | — | 1,40,35 | — | — | — | 35,34,38 | — | — | — | — | 39,3,35,23 | — | — | + | 19,18,36,40 | — | — | — |
| 17 | 温度 | 36,22,6,38 | 22,35,32 | 15,19,9 | 15,19,9 | 3,35,39,18 | 35,38 | 34,39,40,18 | 35,6,4 | 2,28,36,30 | 35,10,3,21 | 35,39,19,2 | 14,22,19,32 | 1,35,32 | 10,30,22,40 | 19,13,39 | 19,18,36,40 | + | 32,30,21,16 | 19,15,3,17 | — |
| 18 | 照度 | 19,1,32 | 2,35,32 | 19,32,16 | | 19,32,26 | — | 2,13,10 | — | 10,13,19 | 26,19,6 | — | 32,30 | 32,3,27 | 35,19 | 2,19,6 | — | 32,35,19 | + | 32,1,19 | 32,35,1,15 |
| 19 | 运动物体的能量消耗 | 12,18,28,31 | — | 12,28 | — | 15,19,25 | — | 35,13,18 | — | 8,15,35 | 16,26,21,2 | 23,14,25 | 12,2,29 | 19,13,17,24 | 5,19,9,35 | 28,35,6,18 | — | 19,24,3,14 | 2,15,19 | + | — |
| 20 | 静止物体的能量消耗 | — | 19,9,6,27 | — | — | — | — | — | — | — | 36,37 | — | — | 27,4,29,18 | 35 | — | — | — | 19,2,35,32 | — | + |
| 21 | 功率 | 8,36,38,31 | 19,26,17,27 | 1,10,35,37 | — | 19,38 | 17,32,13,38 | 35,6,38 | 30,6,25 | 15,35,2 | 26,2,36,35 | 22,10,35 | 29,14,2,40 | 35,32,15,31 | 26,10,28 | 19,35,10,38 | 16 | 2,14,17,25 | 16,6,19 | 16,6,19,37 | — |
| 22 | 能量损失 | 15,6,19,28 | 19,6,18,9 | 7,2,6,13 | 6,38,7 | 15,26,17,30 | 17,7,30,18 | 7,18,23 | 7 | 16,35,38 | 36,38 | — | — | 14,2,39,6 | 26 | — | — | 19,38,7 | 1,13,32,15 | — | — |
| 23 | 物质损失 | 35,6,23,40 | 35,6,22,32 | 14,29,10,39 | 10,28,24 | 35,2,10,31 | 10,18,39,31 | 1,29,30,36 | 3,39,18,31 | 10,13,28,38 | 14,15,18,40 | 3,36,37,10 | 29,35,3,5 | 2,14,30,40 | 35,28,31,40 | 28,27,3,18 | 27,16,18,38 | 21,36,39,31 | 1,6,13 | 35,18,24,5 | 28,27,12,31 |
| 24 | 信息损失 | 10,24,35 | 10,35,5 | 1,26 | 26 | 30,26 | 30,16 | — | 2,22 | 26,32 | — | — | — | — | — | 10 | 10 | — | 19 | — | — |
| 25 | 时间损失 | 10,20,37,35 | 10,20,26,5 | 15,2,29 | 30,24,14,5 | 26,4,5,16 | 10,35,17,4 | 2,5,34,10 | 35,16,32,18 | — | 10,37,36,5 | 37,36,4 | 4,10,34,17 | 35,3,22,5 | 29,3,28,18 | 20,10,28,18 | 28,20,10,16 | 35,29,21,18 | 1,19,26,17 | 35,38,19,18 | 1 |
| 26 | 物质的量 | 35,6,18,31 | 27,26,18,35 | 29,14,35,18 | — | 15,14,29 | 2,18,40,4 | 15,20,29 | — | 35,29,34,28 | 35,14,3 | 10,36,14,3 | 35,14 | 15,2,17,40 | 14,35,34,10 | 3,35,10,40 | 3,35,31 | 3,17,39 | — | 34,29,16,18 | 3,35,31 |

续表

| 改善的通用工程参数 | 恶化的通用工程参数 | 1 运动物体的重量 | 2 静止物体的重量 | 3 运动物体的长度 | 4 静止物体的长度 | 5 运动物体的面积 | 6 静止物体的面积 | 7 运动物体的体积 | 8 静止物体的体积 | 9 速度 | 10 力 | 11 应力，压强 | 12 形状 | 13 稳定性 | 14 强度 | 15 运动物体的作用时间 | 16 静止特体的作用时间 | 17 温度 | 18 照度 | 19 运动物体的能量消耗 | 20 静止物体的能量消耗 |
|---|---|---|---|---|---|---|---|---|---|---|---|---|---|---|---|---|---|---|---|---|---|
| 27 | 可靠性 | 3,8,10,40 | 3,10,8,28 | 15,9,14,4 | 15,29,28,11 | 17,10,14,16 | 32,35,40,4 | 3,10,14,24 | 2,35,24 | 21,35,11,28 | 8,28,10,3 | 10,24,35,19 | 35,1,16,11 | — | 11,28 | 2,35,3,25 | 34,27,6,40 | 3,35,10 | 11,32,13 | 21,11,27,19 | 36,23 |
| 28 | 测量精度 | 32,35,26,28 | 28,35,25,26 | 38,26,5,16 | 32,28,16 | 26,28,32,3 | 26,28,32,3 | 32,13,6 | — | 28,13,32,24 | 32,2 | 6,28,32 | 6,28,32 | 32,35,13 | 28,6,32 | 28,6,32 | 10,26,24 | 6,19,28,24 | 6,1,32 | 3,6,32 | — |
| 29 | 制造精度 | 28,32,13,18 | 28,35,27,9 | 10,28,29,37 | 2,32,10 | 28,33,29,32 | 2,29,18,36 | 32,28,2 | 25,10,35 | 10,28,32 | 28,19,34,36 | 3,35 | 32,30,40 | 30,18 | 3,27 | 3,27,40 | — | 19,26 | 3,32 | 32,2 | — |
| 30 | 作用于物体的有害因素 | 22,21,27,39 | 2,22,13,24 | 17,1,39,4 | 1,18 | 22,1,33,28 | 27,2,39,35 | 22,23,37,35 | 34,39,19,27 | 21,22,35,28 | 13,35,39,18 | 22,2,37 | 22,1,3,35 | 35,24,30,18 | 18,35,37,1 | 22,15,33,28 | 17,1,40,33 | 22,33,35,2 | 1,19,32,13 | 1,24,6,27 | 10,2,22,37 |
| 31 | 物体产生的有害因素 | 19,22,15,39 | 35,22,1,39 | 17,15,16,22 | — | 17,2,18,39 | 22,1,40 | 17,2,40 | 30,18,35,4 | 35,28,3,23 | 35,28,1,40 | 2,33,27,18 | 35,1 | 35,40,27,39 | 15,35,22,2 | 15,22,33,31 | 21,39,16,22 | 22,35,2,24 | 19,24,39,32 | 2,35,6 | 19,22,18 |
| 32 | 可制造性 | 28,29,15,16 | 1,27,36,13 | 1,29,13,17 | 15,17,27 | 13,1,26,12 | 16,40 | 13,29,1,40 | 35 | 35,13,8,1 | 35,12 | 35,19,1,37 | 1,28,13,27 | 11,13,1 | 1,3,10,32 | 27,1,4 | 35,16 | 27,26,18 | 28,24,27,1 | 28,26,27,1 | 1,4 |
| 33 | 操作流程的方便性 | 25,2,13,15 | 6,13,1,25 | 1,17,13,12 | — | 1,17,13,16 | 18,16,15,39 | 1,16,35,15 | 4,18,39,31 | 18,13,34 | 28,13,35 | 2,32,12 | 15,34,29,28 | 32,35,30 | 32,40,3,28 | 29,3,8,25 | 1,16,25 | 26,27,13 | 13,17,1,24 | 1,13,24 | — |
| 34 | 可维修性 | 2,27,35,11 | 2,27,35,11 | 1,28,10,25 | 3,18,31 | 15,13,32 | 16,25 | 25,2,35,11 | 1 | 34,9 | 1,11,10 | 13 | 1,13,2,4 | 2,35 | 1,11,2,9 | 11,29,28,27 | 1 | 4,10 | 15,1,13 | 15,1,28,16 | — |
| 35 | 适应性，通用性 | 1,6,15,8 | 19,15,29,16 | 35,1,29,2 | 1,35,16 | 35,30,29,7 | 15,16 | 15,35,29 | — | 35,10,14 | 15,17,20 | 35,16 | 15,37,1,8 | 35,30,14 | 35,3,32,6 | 13,1,35 | 2,16 | 27,2,3,35 | 6,22,26,1 | 19,35,29,13 | — |
| 36 | 系统的复杂性 | 26,30,34,36 | 2,26,35,39 | 1,19,26,24 | 26 | 14,1,13,16 | 6,36 | 34,26,6 | 1,16 | 34,10,28 | 26,16 | 19,1,35 | 29,13,28,15 | 2,22,17,19 | 2,13,28 | 10,4,28,15 | — | 2,17,13 | 24,17,13 | 27,2,29,28 | — |
| 37 | 控制和测量的复杂性 | 27,26,28,13 | 6,13,28,1 | 16,17,26,24 | 26 | 2,13,18,17 | 2,39,30,16 | 29,1,4,16 | 2,18,26,31 | 3,4,16,35 | 36,28,40,19 | 35,36,37,32 | 27,13,1,39 | 11,22,39,30 | 27,3,15,28 | 19,29,25,39 | 25,34,6,35 | 3,27,35,16 | 2,24,26 | 35,38 | 19,35,16 |
| 38 | 自动化程度 | 28,26,18,35 | 28,26,35,10 | 14,13,28,17 | 23 | 17,14,13 | — | 35,13,16 | — | 28,10, | 2,35 | 13,35 | 15,32,1,13 | 18,1 | 25,13 | 6,9 | — | 26,2,19 | 8,32,19 | 2,32,13 | — |
| 39 | 生产率 | 35,26,24,37 | 28,27,15,3 | 18,4,28,38 | 30,7,14,26 | 10,26,34,31 | 10,35,17,7 | 2,6,34,10 | 35,37,10,2 | — | 28,15,10,36 | 10,37,14 | 14,10,34,40 | 35,3,22,39 | 29,28,10,18 | 35,10,2,18 | 20,10,16,38 | 35,21,28,10 | 26,17,19.1 | 35,10,38,19 | 1 |

续表

| 改善的通用工程参数 | 恶化的通用工程参数 | 21 功率 | 22 能量损失 | 23 物质损失 | 24 信息损失 | 25 时间损失 | 26 物质的量 | 27 可靠性 | 28 测量精度 | 29 制造精度 | 30 作用于物体的有害因素 | 31 物体产生的有害因素 | 32 可制造性 | 33 操作流程的方便性 | 34 可维修性 | 35 适应性,通用性 | 36 系统的复杂性 | 37 控制和测量的复杂性 | 38 自动化程度 | 39 生产率 |
|---|---|---|---|---|---|---|---|---|---|---|---|---|---|---|---|---|---|---|---|---|
| 1 | 运动物体的重量 | 12,36,18,31 | 6,2,34,19 | 5,35,3,31 | 10,24,35 | 10,35,20,28 | 3,26,18,31 | 3,11,1,27 | 28,27,35,26 | 28,35,26,18 | 22,21,18,27 | 22,35,31,39 | 27,28,1,36 | 35,3,2,24 | 2,27,28,11 | 29,5,15,8 | 26,30,36,34 | 28,29,26,32 | 26,35,18,19 | 35,3,24,37 |
| 2 | 静止物体的重量 | 15,19,18,22 | 18,19,28,15 | 5,8,13,30 | 10,15,35 | 10,20,35,26 | 19,6,18,26 | 10,28,8,3 | 18,26,28 | 10,1,35,17 | 2,19,22,37 | 35,22,1,39 | 28,1,9 | 6,13,1,32 | 2,27,28,11 | 19,15,29 | 1,10,26,39 | 25,28,17,15 | 2,26,35 | 1,28,15,35 |
| 3 | 运动物体的长度 | 1,35 | 7,2,35,39 | 4,29,23,10 | 1,24 | 15,2,29 | 29,35 | 10,14,29,40 | 28,32,4 | 10,28,29,37 | 1,15,17,24 | 17,15 | 1,29,17 | 15,29,35,4 | 1,28,10 | 14,15,1,16 | 1,19,26,24 | 35,1,26,24 | 17,24,26,16 | 14,4,28,29 |
| 4 | 静止物体的长度 | 12,8 | 6,28 | 10,28,24,35 | 24,26 | 30,29,14 | — | 15,29,28 | 32,28,3 | 2,32,10 | 1,18 | — | 15,17,27 | 2,25 | 3 | 1,35 | 1,26 | 26 | — | 30,14,7,26 |
| 5 | 运动物体的面积 | 19,10,32,18 | 15,17,30,26 | 10,35,2,39 | 30,26 | 26,4 | 29,30,6,13 | 29,9 | 26,28,32,3 | 2,32 | 22,33,28,1 | 17,2,18,39 | 13,1,26,24 | 15,17,13,16 | 15,13,10,1 | 15,30 | 14,1,13 | 2,36,26,18 | 14,30,28,23 | 10,26,34,2 |
| 6 | 静止物体的面积 | 17,32 | 17,7,30 | 10,14,18,39 | 30,16 | 10,35,4,18 | 2,18,40,4 | 32,35,40,4 | 26,28,32,3 | 2,29,18,36 | 27,2,39,35 | 22,1,40 | 40,16 | 16,4 | 16 | 15,16 | 1,18,36 | 2,35,30,18 | 23 | 10,15,17,7 |
| 7 | 运动物体的体积 | 35,6,13,18 | 7,15,13,16 | 36,39,34,10 | 2,22 | 2,6,34,10 | 29,30,7 | 14,1,40,11 | 25,26,28 | 25,28,2,16 | 22,21,27,35 | 17,2,40,1 | 29,1,40 | 15,13,30,12 | 10 | 15,29 | 26,1 | 29,26,4 | 35,34,16,14 | 10,6,2,34 |
| 8 | 静止物体的体积 | 30,6 | — | 10,39,35,34 | — | 35,16,32,18 | 35,3 | 2,35,16 | — | 35,10,25 | 34,39,19,27 | 30,18,35,4 | 35 | — | 1 | — | 1,31 | 2,17,26 | — | 35,37,10,2 |
| 9 | 速度 | 19,35,38,2 | 14,20,19,35 | 10,13,28,38 | 13,26 | | 10,19,29,38 | 11,35,27,28 | 28,32,1,24 | 10,28,32,25 | 1,28,35,23 | 2,24,35,21 | 35,13,8,1 | 32,28,13,12 | 34,2,28,27 | 15,10,26 | 10,28,4,34 | 3,34,27,16 | 10,18 | — |
| 10 | 力 | 19,35,18,37 | 14,15 | 8,35,40,5 | — | 10,37,36 | 14,29,18,36 | 3,35,13,21 | 35,10,23,24 | 28,29,37,36 | 1,35,40,18 | 13,3,36,24 | 15,37,18,1 | 1,28,3,25 | 15,1,11 | 15,17,18,20 | 26,35,10,18 | 36,37,10,19 | 2,35 | 3,28,35,37 |
| 11 | 应力,压强 | 10,35,14 | 2,36,25 | 10,36,3,37 | — | 37,36,4 | 10,14,36 | 10,13,19,35 | 6,28,25 | 3,35 | 22,2,37 | 2,33,27,18 | 1,35,16 | 11 | 2 | 35 | 19,1,35 | 2,36,37 | 35,24 | 10,14,35,37 |
| 12 | 形状 | 4,6,2 | 14 | 35,29,3,5 | — | 14,10,34,17 | 36,22 | 10,40,16 | 28,32,1 | 32,30,40 | 22,1,2,35 | 35,1 | 1,32,17,28 | 32,15,26 | 2,13,1 | 1,15,29 | 16,29,1,28 | 15,13,39 | 15,1,32 | 17,26,34,10 |
| 13 | 稳定性 | 32,35,27,31 | 14,2,39,6 | 2,14,30,40 | — | 35,27 | 15,32,35 | — | 13 | 18 | 35,24,18,30 | 35,40,27,39 | 35,19 | 32,35,30 | 2,35,10,16 | 35,30,34,2 | 2,35,22,26 | 35,22,39,23 | 1,8,35 | 23,35,40,3 |

续表

| | 恶化的通用工程参数 | 21 | 22 | 23 | 24 | 25 | 26 | 27 | 28 | 29 | 30 | 31 | 32 | 33 | 34 | 35 | 36 | 37 | 38 | 39 |
|---|---|---|---|---|---|---|---|---|---|---|---|---|---|---|---|---|---|---|---|---|
| 改善的通用工程参数 | | 功率 | 能量损失 | 物质损失 | 信息损失 | 时间损失 | 物质的量 | 可靠性 | 测量精度 | 制造精度 | 作用于物体的有害因素 | 物体产生的有害因素 | 可制造性 | 操作流程的方便性 | 可维修性 | 适应性,通用性 | 系统的复杂性 | 控制和测量的复杂性 | 自动化程度 | 生产率 |
| 14 | 强度 | 10,26,35,28 | 35 | 35,28,31,40 | — | 29,3,28,10 | 29,10,27 | 11,3 | 3,27,16 | 3,27 | 18,35,37,1 | 15,35,22,2 | 11,3,10,32 | 32,40,28,2 | 27,11,3 | 15,3,32 | 2,13,25,28 | 27,3,15,40 | 15 | 29,35,10,14 |
| 15 | 运动物体的作用时间 | 19,10,35,38 | — | 28,27,3,18 | 10 | 20,10,28,18 | 3,35,10,40 | 11,2,13 | 3 | 3,27,16,40 | 22,15,33,28 | 21,39,16,22 | 27,1,4 | 12,27 | 29,10,27 | 1,35,13 | 10,4,29,15 | 19,29,39,35 | 6,10 | 35,17,14,19 |
| 16 | 静止物体的作用时间 | 16 | — | 27,16,18,38 | 10 | 28,20,10,16 | 3,35,31 | 34,27,6,40 | 10,26,24 | — | 17,1,40,33 | 22 | 35,10 | 1 | 1 | 2 | — | 25,34,6,35 | 1 | 20,10,16,38 |
| 17 | 温度 | 2,14,17,25 | 21,17,35,38 | 21,36,29,31 | — | 35,28,21,18 | 3,17,30,39 | 19,35,3,10 | 32,19,24 | 24 | 22,33,35,2 | 22,35,2,24 | 26,27 | 26,27 | 4,10,16 | 2,18,27 | 2,17,16 | 3,27,35,31 | 26,2,19,16 | 15,28,35 |
| 18 | 照度 | 32 | 13,16,1,6 | 13,1 | 1,6 | 19,1,26,17 | 1,19 | — | 11,15,32 | 3,32 | 15,19 | 35,19,32,39 | 19,35,28,26 | 28,26,19 | 15,17,13,16 | 15,1,19 | 6,32,13 | 32,15 | 2,26,10 | 2,25,16 |
| 19 | 运动物体的能量消耗 | 6,19,37,18 | 12,22,15,24 | 35,24,18,5 | — | 35,38,19,18 | 34,23,16,18 | 19,21,11,27 | 3,1,32 | — | 1,35,6,27 | 2,35,6 | 28,26,30 | 19,35 | 1,15,17,28 | 15,17,13,16 | 2,29,27,28 | 35,38 | 32,2 | 12,28,35 |
| 20 | 静止物体的能量消耗 | — | — | 28,27,18,31 | — | — | 3,35,31 | 10,36,23 | — | — | 10,2,22,37 | 19,22,18 | 1,4 | — | — | — | — | 19,35,16,25 | — | 1,6 |
| 21 | 功率 | + | 10,35,38 | 28,27,18,38 | 10,19 | 35,20,10,6 | 4,34,19 | 19,24,26,31 | 32,15,2 | 32,2 | 19,22,31,2 | 2,35,18 | 26,10,34 | 26,35,10 | 35,2,10,34 | 19,17,34 | 20,19,30,34 | 19,35,16 | 28,2,17 | 28,35,34 |
| 22 | 能量损失 | 3,38 | + | 35,27,2,37 | 19,10 | 10,18,32,7 | 7,18,25 | 11,10,35 | 32 | — | 21,22,35,2 | 21,35,2,22 | — | 35,32,1 | 2,19 | — | 7,23 | 35,3,15,23 | 2 | 28,10,29,35 |
| 23 | 物质损失 | 28,27,18,38 | 35,27,2,31 | + | — | 15,18,35,10 | 6,3,10,24 | 10,29,39,35 | 16,34,31,28 | 35,10,24,31 | 33,22,30,40 | 10,1,34,29 | 15,34,33 | 32,28,2,24 | 2,35,34,27 | 15,10,2 | 35,10,28,24 | 35,18,10,13 | 35,10,18 | 28,35,10,23 |
| 24 | 信息损失 | 10,19 | 19,10 | — | + | 24,26,28,32 | 24,28,35 | 10,28,23 | — | — | 22,10,1 | 10,21,22 | 32 | 27,32 | — | — | — | 35,33 | 35 | 13,23,15 |
| 25 | 时间损失 | 35,20,10,6 | 10,5,18,32 | 35,18,10,39 | 24,26,28,32 | + | 35,38,18,16 | 10,30,4 | 24,34,28,32 | 24,26,28,18 | 35,18,34 | 35,22,18,39 | 35,28,34,4 | 4,28,10,34 | 32,1,10 | 35,28 | 6,29 | 18,28,32,10 | 24,28,35,30 | — |
| 26 | 物质的量 | 35 | 7,18,25 | 6,3,10,24 | 24,28,35 | 35,38,18,16 | + | 18,3,28,40 | 13,2,28 | 33,30 | 35,33,29,31 | 3,35,40,39 | 29,1,35,27 | 35,29,10,25 | 2,32,10,25 | 15,3,29 | 3,13,27,10 | 3,27,29,18 | 8,35 | 13,29,3,27 |

续表

| 改善的通用工程参数 | 恶化的通用工程参数 | 21 功率 | 22 能量损失 | 23 物质损失 | 24 信息损失 | 25 时间损失 | 26 物质的量 | 27 可靠性 | 28 测量精度 | 29 制造精度 | 30 作用于物体的有害因素 | 31 物体产生的有害因素 | 32 可制造性 | 33 操作流程的方便性 | 34 可维修性 | 35 适应性,通用性 | 36 系统的复杂性 | 37 控制和测量的复杂性 | 38 自动化程度 | 39 生产率 |
|---|---|---|---|---|---|---|---|---|---|---|---|---|---|---|---|---|---|---|---|---|
| 27 | 可靠性 | 21,11,26,31 | 10,11,35 | 10,35,29,39 | 10,28 | 10,30,4 | 21,28,40,3 | + | 32,3,11,23 | 11,32,1 | 27,35,2,40 | 35,2,40,26 | — | 27,17,40 | 1,11 | 13,35,8,24 | 13,35,1 | 27,40,28 | 11,13,27 | 1,35,29,38 |
| 28 | 测量精度 | 3,6,32 | 26,32,27 | 10,16,31,28 | — | 24,34,28,32 | 2,6,32 | 5,11,1,23 | + | — | 28,24,22,26 | 3,33,39,10 | 6,35,25,18 | 1,13,17,34 | 1,32,13,11 | 13,35,2 | 27,35,10,34 | 26,24,32,28 | 28,2,10,34 | 10,34,28,32 |
| 29 | 制造精度 | 32,2 | 13,32,2 | 35,31,10,24 | — | 32,26,28,18 | 32,30 | 11,32,1 | — | + | 26,28,10,36 | 4,17,34,26 | — | 1,32,35,23 | 25,10 | — | 26,2,18 | — | 26,28,18,23 | 10,18,32,39 |
| 30 | 作用于物体的有害因素 | 19,22,31,2 | 21,22,35,2 | 33,22,19,40 | 22,10,2 | 35,18,34 | 35,33,29,31 | 27,24,2,40 | 28,33,23,26 | 26,28,10,18 | + | — | 24,35,2 | 2,25,28,39 | 35,10,2 | 35,11,22,31 | 22,19,29,40 | 22,19,29,40 | 33,3,34 | 22,35,13,24 |
| 31 | 物体产生的有害因素 | 2,35,18 | 21,35,2,22 | 10,1,34 | 10,21,29 | 1,22 | 3,24,39,1 | 24,2,40,39 | 3,33,26 | 4,17,34,26 | — | + | — | — | — | — | 19,1,31 | 2,21,27,1 | 2 | 22,35,18,39 |
| 32 | 可制造性 | 27,1,12,24 | 19,35 | 15,34,33 | 32,24,18,16 | 35,28,34,4 | 35,23,1,24 | — | 1,35,12,18 | — | 24,2 | — | + | 2,5,13,16 | 35,1,11,9 | 2,13,15 | 27,26,1 | 6,28,11,1 | 8,28,1 | 35,1,10,28 |
| 33 | 操作流程的方便性 | 35,34,2,10 | 2,19,13 | 28,32,2,24 | 4,10,27,22 | 4,28,10,34 | 12,35 | 17,27,8,40 | 25,13,2,34 | 1,32,35,23 | 2,25,28,39 | — | 2,5,12 | + | 12,26,1,32 | 15,34,1,16 | 32,26,12,17 | — | 1,34,12,3 | 15,1,28 |
| 34 | 可维修性 | 15,10,32,2 | 15,1,32,19 | 2,35,34,27 | — | 32,1,10,25 | 2,28,10,25 | 11,10,1,16 | 10,2,13 | 25,10 | 35,10,2,16 | — | 1,35,11,10 | 1,12,26,15 | + | 7,1,4,16 | 35,1,13,11 | — | 34,35,7,13 | 1,32,10 |
| 35 | 适应性,通用性 | 19,1,29 | 18,15,1 | 15,10,2,13 | — | 35,28 | 3,35,15 | 35,13,8,24 | 35,5,1,10 | — | 35,11,32,31 | — | 1,13,31 | 15,34,1,16 | 1,16,7,4 | + | 15,29,37,28 | 1 | 27,34,35 | 35,28,6,37 |
| 36 | 系统的复杂性 | 20,19,30,34 | 10,35,13,2 | 35,10,28,29 | — | 6,29 | 13,3,27,10 | 13,35,1 | 2,26,10,34 | 26,24,32 | 22,19,29,40 | 19,1 | 27,26,1,13 | 27,9,26,24 | 1,13 | 29,15,28,37 | + | 15,10,37,28 | 15,1,24 | 12,17,28 |
| 37 | 控制和测量的复杂性 | 19,1,16,10 | 35,3,15,19 | 1,18,10,24 | 35,33,27,22 | 18,28,32,9 | 3,27,29,18 | 27,40,28,8 | 26,24,32,28 | — | 22,19,29,28 | 2,21 | 5,28,11,29 | 2,5 | 12,26 | 1,15 | 15,10,37,28 | + | 34,21 | 35,18 |
| 38 | 自动化程度 | 28,2,27 | 23,28 | 35,10,18,5 | 35,33 | 24,28,35,30 | 35,13 | 11,27,32 | 28,26,10,34 | 28,26,18,23 | 2,33 | 2 | 1,26,13 | 1,12,34,3 | 1,35,13 | 27,4,1,35 | 15,24,10 | 34,27,25 | + | 5,12,35,26 |
| 39 | 生产率 | 35,20,10 | 28,10,29,35 | 28,10,35,23 | 13,15,23 | — | 35,38 | 1,35,10,38 | 1,10,34,28 | 32,1,18,10 | 22,35,13,24 | 35,22,18,39 | 35,28,2,24 | 1,28,7,19 | 1,32,10,25 | 1,35,28,37 | 12,17,28,24 | 35,18,27,2 | 5,12,35,26 | + |

恶化的参数，纵向代表改善的参数。在工程参数纵横交叉的方格内的数字，表示建议使用的40个发明原理的序号，这些原理是最有可能解决问题的原理与方法，是解决技术矛盾的关键所在。在工程参数纵横交叉的方格内存在三种情况，第一种是方格内有1～4组数，表示建议使用的40个发明原理的序号；第二种情况是在没有数的方格中，“+”方格处于相同参数的交叉点，系统矛盾由一个因素导致，这是物理矛盾，不在技术矛盾的应用范围之内；第三种情况是在没有数的方格中，“-”方格处于不同参数的交叉点，表示暂时没有找到合适的发明原理来解决这类技术矛盾。

在矛盾矩阵表中，只要我们清楚了待改善的参数和恶化的参数，就可以在矛盾矩阵中找到一组相对应的发明原理序号，这些原理就构成了矛盾的可能解的集合。矛盾矩阵表所体现的最基本的内容，就是创新的规律性。需要强调的是矛盾矩阵所提供的发明原理，往往并不能直接使技术问题得到解决，而只是提供了最有可能解决技术问题的探索方向。在解决实际技术问题时，还必须根据所提供的原理及所要解决问题的特定条件，探求解决技术问题的具体方案。

矛盾矩阵的使用技巧如下：

① 矛盾矩阵的方格内有1～4组数，其中有3个或4个的居多，因此大多数情况下每定义一对矛盾可能得到3个或4个发明原理，定义的技术矛盾越多，得到的发明原理越多。如果定义两对技术矛盾，可能得到6～8个发明原理；而如果定义3对技术矛盾，可能得到9～12个发明原理。所以，不建议定义3对以上技术矛盾，发明原理过多将失去指导性。

② 如果所查找到的发明原理都不适用于具体的问题，需要重新定义工程参数和矛盾，再次应用和查找矛盾矩阵。既不要怕不及时更换所定义的技术矛盾麻烦，也不要轻易放过每个查找出来的发明原理，要对从矛盾矩阵表中查找出来的发明原理仔细琢磨，转化为实际问题的解。

③ 有的初学者急于求成，可能会有倒用矛盾矩阵的情况，即先确定发明原理，然后再找到对应的矛盾参数，这是一种不好的习惯。如果已经找到了合适的发明原理，就没必要刻意去应用矛盾矩阵，直接应用发明原理是可以的，只有对直接从40个发明中选取某一个或几个进行的创新不满意或不能达到理想效果时，才采用矛盾矩阵获得更好的指导性发明原理。倒着用矛盾矩阵并不是这种方法的初衷，也不能充分发挥其效果。

④ 矛盾矩阵虽然有效，但不是万能的，很多矛盾无法解决，如物理矛盾或表中画“—”之处，这时要及时考虑采用其他TRIZ工具去解决问题。

⑤ 表9-7是经典TRIZ的矛盾矩阵表，仅有39个工程参数。随着科技的进步，现代TRIZ对工程参数进行了增补。由美国科技人员在经典TRIZ的基础之上，对1500万件专利加以分析、研究、总结、提炼和定义，给出了2003年的矛盾矩阵表（见参考文献［18］）。与经典TRIZ相比，增加了9个通用工程参数，而且2003年的矛盾矩阵表上不再出现空格，每个空格中的发明原理个数也更多（5～10个），物理矛盾与技术矛盾的求解同时在矛盾矩阵表中显现，不仅为设计者解决技术矛盾也为解决物理矛盾提供了快速、高效、有序的方法。2003年矛盾矩阵表上提供的通用工程参数矩阵关系由原来的1263个提高到2304个，在每一个矩阵关系中提供的发明原理个数也有所增加，为人们提供了更多的解决发明问题的方法，可更加高速、有效、大幅度提高创新的成功率。但使用时需注意：2003年矛盾矩阵表与经典TRIZ理论的矛盾矩阵表的通用工程参数编号是不同的，使用时不要混淆。通用工程参数新旧对照关系如表9-8所示。

**表 9-8 通用工程参数新旧对照表**

| 编号 | 名称 | 编号 | 名称 | 编号 | 名称 |
|---|---|---|---|---|---|
| 1(1) | *运动物体的重量* | 17(20) | 静止物体的消耗能量 | **33** | **兼容性/连通性** |
| 2(2) | *静止物体的重量* | 18(21) | 功率 | 34(33) | 使用方便性(操作性) |
| 3(3) | *运动物体的长度* | 19(11) | 张力/压力(应力或压强) | 35(27) | 可靠性 |
| 4(4) | *静止物体的长度* | 20(14) | 强度 | 36(34) | 易维护性(维修性) |
| 5(5) | *运动物体的面积* | 21(13) | 结构的稳定性 | **37** | **安全性** |
| 6(6) | *静止物体的面积* | 22(17) | 温度 | **38** | **易受伤性** |
| 7(7) | *运动物体的体积* | 23(18) | 明亮度(照度) | **39** | **美观** |
| 8(8) | *静止物体的体积* | **24** | **运行效率** | 40(30) | 外来有害因素<br>(作用于物体的有害因素) |
| 9(12) | 形状 | 25(23) | 物质的浪费(损失) | 41(32) | 可制造性(制造性) |
| 10(26) | 物质的数量 | 26(25) | 时间的浪费 | 42(29) | 制造的准确度(精度) |
| **11** | **信息的数量** | 27(22) | 能量的浪费 | 43(38) | 自动化程度 |
| 12(15) | 运动物体的耐久性(耐久时间) | 28(24) | 信息的遗漏 | 44(39) | 生产率 |
| 13(16) | 静止物体的耐久性(耐久时间) | **29** | **噪声** | 45(36) | 装置的复杂性 |
| 14(9) | 速度 | **30** | **有害的散发** | 46(37) | 控制的复杂性 |
| 15(10) | 力 | 31(31) | 有害的副作用<br>(物体产生的有害因素) | **47** | **测量难度** |
| 16(19) | 运动物体消耗的能量 | 32(35) | 适应性 | 48(28) | 测量的准确度(精度) |

注：参数名称中，斜体为编号相同的；粗体为新增的；其余为编号有变动的，括号内为原编号。

## 9.3.2 应用技术矛盾的机械结构创新实例

为了更好地说明技术矛盾的解决和阿奇舒勒矛盾矩阵的应用方法，举例说明如下。

[案例 1] 法兰螺栓连接问题

很多铸件或管状结构是通过法兰连接的，如图 9-47（a）、（b）所示。为了机器或设备维护，法兰连接处常常被拆开，有些连接处还要承受高温、高压，且要求密封良好。有的重要法兰需要很多个螺栓连接，如一些汽轮透平机械的法兰需要 100 多个螺栓。为了满足密封良好的要求，设计过程中要采用较多的螺栓。但为了减少重量，或减少安装时间，或维修时减少拆卸的时间，螺栓越少越好。传统的设计方法是在螺栓数目与密封性之间取得折中方案。

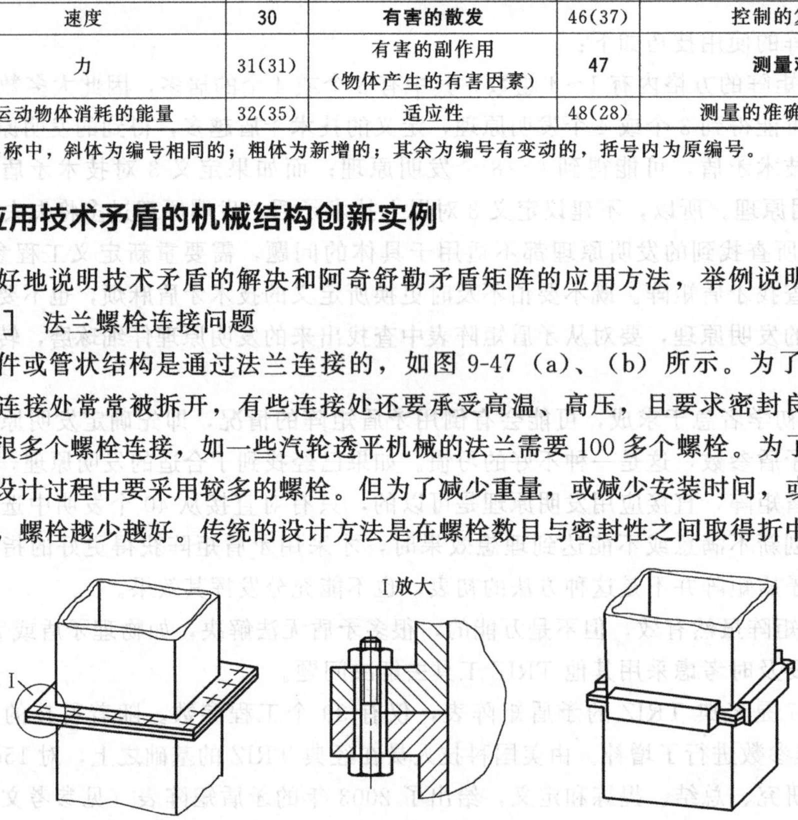


图 9-47 法兰的螺栓连接

本例的技术矛盾为：

① 如果密封性良好，则操作时间长且结构的重量增加；

② 如果重量轻，则密封性变差；

③ 如果操作时间短，则密封性变差。

系统中希望减少螺栓个数，即想要减轻重量、拆装方便性好、系统复杂性低。另一方面，螺栓连接常拆卸属于系统稳定性差，螺栓个数少使密封性变差意味着系统可靠性差。因此，以上矛盾用通用工程参数描述如下：

① 改善的参数为：No. 2 静止物体的重量；No. 33 操作流程的方便性；No. 36 系统的复杂性。

② 恶化的参数为：No. 13 稳定性；No. 27 可靠性。

查矛盾矩阵（表 9-7），结果列于表 9-9。在获得的发明原理中选择 1 分割原理、3 局部质量原理和 17 多维化原理，将原结构中的螺栓组改为卡条结构，安装方便、快捷、重量轻，如图 9-48（c）所示。另一方案是选用 28 机械系统替代原理，利用电磁系统将法兰吸住，连接结构更简单，但需要另外附加电磁系统。

**表 9-9 法兰螺栓连接问题矛盾矩阵表**

| 恶化的参数<br>改善的参数 | No. 13 稳定性 | No. 27 可靠性 |
|---|---|---|
| No. 2 静止物体的重量 | 26,39,1,40 | 10,**28**,8,3 |
| No. 33 操作流程的方便性 | 32,35,30 | **17**,27,8,40 |
| No. 36 系统的复杂性 | 2,22,**17**,19 | 13,35,**1** |

**［案例 2］** 波音 737 飞机发动机整流罩改进

波音 737 飞机为加大航程而需要加大发动机功率，但出现的问题是飞机的发动机整流罩也必须做相应的改进，因为在加大功率的情况下发动机需要进更多的空气，从而使发动机整流罩的面积加大，整流罩尺寸加大，整流罩与地面的距离将会缩小，飞机起降的安全性就会降低，而起落架的高度是无法调整的。现在的问题是如何改进发动机的整流罩，而不致降低飞机的安全性。如图 9-48（a）所示。

通过分析，设定改善的通用工程参数是增大 No. 7 运动物体的面积，随之被恶化的通用工程参数是 No. 3 运动物体的长度，根据纵坐标上的改善参数“运动物体的面积”与横坐标上的恶化参数“运动物体的长度”查找矛盾矩阵（表 9-7），得到的可能的创新原理序号是［14，15，18，4］。对照提供的这 4 组数查找 40 个创新原理，可以得到推荐的创新原理，分别是创新原理 14：曲面化原理——此方案对解决问题无效；创新原理 15：动态特性原理——此方案对解决问题无效；创新原理 18：机械振动原理——此方案对解决问题无效；创新原理 4：增加不对称性原理——此方案可作选择。具体方案是将飞机发动机整流罩的纵向尺寸保持不变，而横向尺寸加大，即让整流罩变成上下不对称的“鱼嘴”形状，这样飞机发动机整流罩的进风面积加大了，而其底部与地面的距离仍然可以保持一个安全的距离，因此飞机的安全性并不会受到影响。如图 9-48（b）所示，最终飞机发动机整流罩设计的解决方案就是采用了“鱼嘴”形状，既解决了发动机面积的增大，又解决了整流罩与地面距离太近的问题。

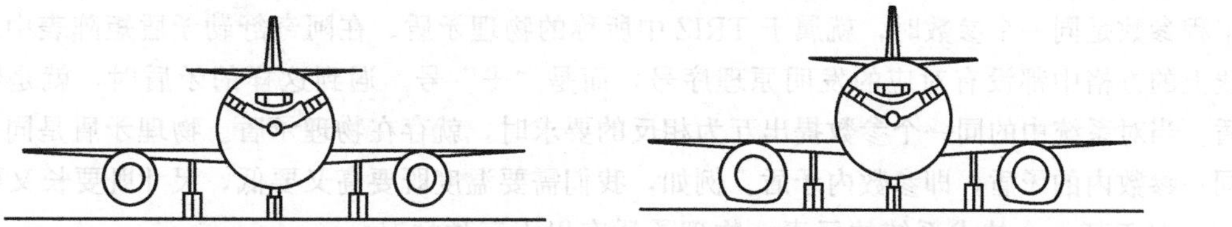

(a) 改进前　　(b) 改进后

图 9-48 波音 737 整流罩示意图

**［案例 3］** 新型开口扳手的设计

扳手在外力的作用下可以拧紧或松开一个六角螺钉或螺母。由于螺钉或螺母的受力集中到两条棱边，容易使它们产生变形，从而在后续使用中，使螺钉或螺母的拧紧或松开困难。

开口扳手在使用过程也中容易损坏螺钉或螺母的棱边，如图 9-49（a）所示。如何克服传统设计中的这一缺陷呢？下面应用技术矛盾可以解决这一问题。

通过分析，设定改善的通用工程参数是改善 No. 31 物体产生的有害因素，随之被恶化的通用工程参数是 No. 29 制造精度，根据纵坐标上的改善参数“物体产生的有害因素”与横坐标上的恶化参数“制造精度”查找矛盾矩阵（表 9-7），得到的可能的创新原理序号是[4，17，34，26]。可以得到推荐的创新原理，分别是创新原理 4：不对称性原理；创新原理 17：维数变化原理；创新原理 34：抛弃或再生原理；创新原理 26：复制原理。

对 17 号维数变化原理和 4 号不对称原理两条发明原理进行深入分析，可以得到如下启示：如果扳手工作面的一些点能与螺母或螺钉的侧面接触，而不只是与其棱边接触，问题就可以解决。美国的一项发明专利正是基于上述原理设计出来的，如图 9-49（b）所示。

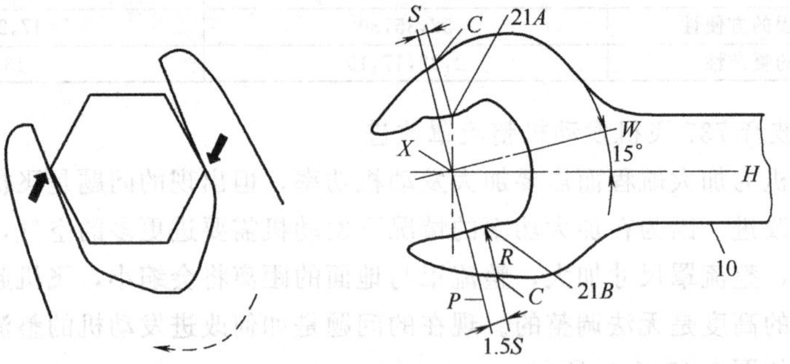

(a) 改进前　　(a) 改进后

图 9-49　扳手拧紧螺母或螺钉示意图

需要指出的是要应用矛盾矩阵解决技术问题，一方面，要熟练掌握矛盾矩阵的使用方法，尤其是恰当选用 39 个通用工程参数准确定义技术矛盾；另一方面，也需要在技术实践中反复使用，积累经验，才能提高矛盾矩阵的使用效果和效率。

# 9.4 物理矛盾与机械结构创新技巧

## 9.4.1 物理矛盾及其选用技巧

（1）物理矛盾

一般的技术系统中经常存在的是技术矛盾。当矛盾中欲改善的参数与被恶化的正、反两个工程参数是同一个参数时，就属于 TRIZ 中所称的物理矛盾。在阿奇舒勒矛盾矩阵表中，对角线上的方格中都没有对应的发明原理序号，而是“+”号。遇到这样的矛盾时，就是物理矛盾。当对系统中的同一个参数提出互为相反的要求时，就存在物理矛盾。物理矛盾是同一系统同一参数内的矛盾，即参数内矛盾。例如，我们需要温度既要高又要低，尺寸既要长又要短。

对于某一个技术系统的元素，物理矛盾有以下三种情况。

第一种情况：这个元素是通用工程参数，不同的设计条件对它提出了完全相反的要求，例如：刮板输送机的减速器既要体积大以实现传递大的功率和较大的传动比，又要体积小使机器结构紧凑；带输送机的带既要厚度大、强度高，又要厚度小，从而弯曲应力小。

第二种情况：这个元素是通用工程参数，不同的情况条件对它有着不同（并非完全相反）的要求，例如：要实现压力达到 50Pa，又要实现压力达到 100Pa；玻璃既要透明，又不能完全透明等。

第三种情况：这个元素是非工程参数，不同的情况条件对它有着不同的要求，例如：门既要经常打开，又要经常保持关闭；矿山机械的配件既要多又要少等。

物理学中的常用参数主要有 3 大类：几何类、材料及能量类、功能类，每大类中的具体参数和矛盾如表 9-10 所示。

**表 9-10 常见的物理矛盾**

| 类别 | 物理矛盾 | | | |
|---|---|---|---|---|
| 几何类 | 长与短<br>圆与非圆 | 对称与非对称<br>锋利与钝 | 平行与交叉<br>窄与宽 | 厚与薄<br>水平与垂直 |
| 材料及能量类 | 多与少<br>时间长与短 | 密度大与小<br>黏度高与低 | 热导率高与低<br>功率大与小 | 温度高与低<br>摩擦因数大与小 |
| 功能类 | 喷射与堵塞<br>运动与静止 | 推与拉<br>强与弱 | 冷与热<br>软与硬 | 快与慢<br>成本高与低 |

（2）物理矛盾选用技巧

① 物理矛盾的选择要准确，才能利用后面对该物理矛盾的求解。物理矛盾与技术矛盾是分不开看，对于一个技术系统，首先要定义技术矛盾，然后提取物理矛盾，即在这对技术矛盾中找到一个参数及其相反的两个要求，最后描述技术系统在每个参数状态的优点，提出技术系统的理想状态，以便于后续对物理矛盾的求解。

② 解决物理矛盾的核心思想是实现矛盾双方的分离。阿奇舒勒在 20 世纪 70 年代提出了 11 种分离方法；80 年代，Glazunov 提出了 30 种分离方法；90 年代，Savransky 提出了 14 种分离方法。现代 TRIZ 理论在总结各种方法的基础上，归纳概括为 4 大分离原理，使用起来比较快捷。

③ 物理矛盾的解决措施切忌选择折中行为，因为折中并不能从根本上解决问题，需要根据计算系统的理想状态的要求将矛盾分离开，如采用 TRIZ 的最终理想解法等。

④ 越尖锐的矛盾越容易产生高水平的创新，所以发现系统中的物理矛盾并将其解决对创新是非常有利的，设计人员应积极发掘问题中的物理矛盾，选用物理矛盾的解决工具进行创新设计。

⑤ 物理矛盾如果是通用工程参数的，可以利用 2003 年矛盾矩阵（见参考文献［18］）解决，直接在矛盾矩阵表的对角线的格子中查找出对应的格子，利用该格子中给出的发明原理进行问题的求解。

⑥ 物理矛盾如果是非通用工程参数的，最好转化为技术矛盾，再用矛盾矩阵去求解，因为技术矛盾比物理矛盾相对来讲更好解决。

## 9.4.2 分离原理及其选用技巧

（1）分离原理

现代 TRIZ 理论解决物理矛盾应用 4 个分离原理，即空间分离原理、时间分离原理、基于条件的分离原理、整体与部分的分离原理，每个分离原理都可以与 40 个发明原理中的若干个原理相对应。

① 空间分离原理　所谓空间分离，是将矛盾双方在不同的空间上分离开来，以获得问题的解决或降低解决问题的难度。使用空间分离前，先确定矛盾的需求在整个空间中是否都在沿着某个方向变化。如果在空间中的某一处，矛盾的一方可以不按一个方向变化，则可以使用空

间分离原理来解决问题，即当系统矛盾双方在某一空间出现一方时，空间分离是可能的。

**[案例 1]** 自行车采用链轮与链条传动是一个采用空间分离原理的典型例子。在链轮与链条发明之前，自行车的脚蹬子是与前轮连在一起的［图 9-50（a）］。这种早期的自行车存在的物理矛盾是骑车人既要快蹬（脚蹬子）提高车轮转速，又要慢蹬以感觉舒适。链条、链轮及飞轮的发明解决了这个物理矛盾。在空间上将链轮（脚蹬子）和飞轮（车轮）分离，再用链条连接链轮和飞轮，链轮直径大于飞轮，链轮只需以较慢的速度旋转就可以使飞轮以较快的速度旋转［图 9-50（b）］。因此，骑车人可以较慢的速度蹬踏脚蹬，同时，自行车后轮又将以较快的速度旋转。

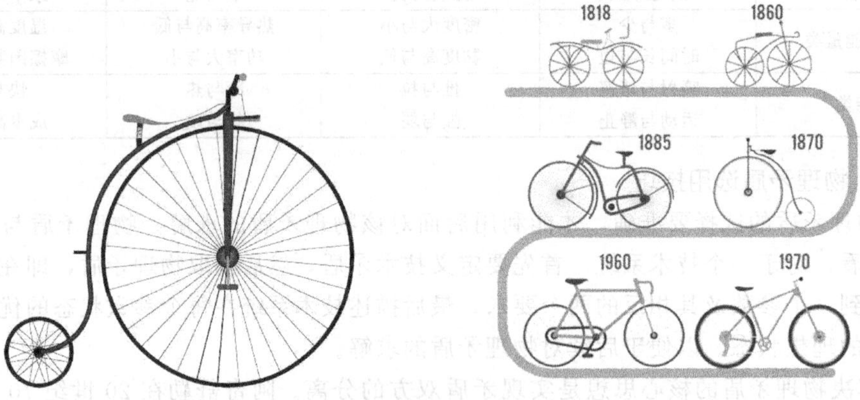


(a) 早期的无链自行车　　(b) 自行车的进化

图 9-50　自行车采用链轮与链条将链轮和飞轮分离

② 时间分离原理　所谓时间分离，是将矛盾双方在不同的时间段分离开来，以获得问题的解决或降低解决问题的难度。使用时间分离前，先确定矛盾的需求在整个时间段上是否都沿着某个方向变化。如果在时间段的某一段，矛盾的一方可以不按一个方向变化，则可以使用时间分离原理来解决问题，即当系统矛盾双方在某时间段中只出现一方时，时间分离是可能的。

**[案例 2]** 在喷砂处理工艺中，必须使用研磨剂，但是在完成喷砂工艺之后，产品内部或一些凹处会残留一些研磨剂。由于研磨剂的存在将影响后续的工艺。所以，喷砂工艺之后研磨剂的存在对于产品而言是不需要的，在喷砂处理工艺中的砂粒聚集的问题可以采用时间分离的方法。一个有效的解决方案是采用干冰块作为研磨剂。喷砂工艺结束后，干冰块将会由于升华而消失，从而解决了砂粒聚集问题。

③ 基于条件的分离原理　所谓条件分离，是将矛盾双方在不同的条件下分离，以获得问题的解决或降低解决问题的难度。

基于条件分离前，先确定矛盾的需求在各种条件下是否都沿着某个方向变化。如果在某一条件下，矛盾的一方可以不按一个方向变化，则可以使用基于条件分离原理来解决问题，即当系统矛盾双方在某一条件只出现一方时，基于条件分离是可能的。

**[案例 3]** 水射流可以用来淋浴，也可以用来进行金属切割（图 9-51）。水射流既可以是硬物质，又可以是软物质，取决于水射流的速度。

**[案例 4]** 加油机在高空中给受油机加油时（图 9-52），受油探头在高空中要进入到受油机的油箱中。由于加油机和受油机在高空中存在着相对位移，会使受油探头振动，轻微的振动不影响加油的正常进行。但是在突发情况下，剧烈的振动会使受油机的受油探头喷嘴断裂，使加油机的结构受损，甚至会造成整个加油机机毁人亡的事故。要求在剧烈振动下，受

油探头喷嘴可以折断，使加油机和受油机分离。这就产生了物理矛盾，要求受油机受油探头喷嘴既要强，以保证加油过程的顺利进行，又要弱，以便在突发剧烈振动情况下，使加油机和受油机分离。采用条件分离方法，使用一些螺栓紧固受油机探头喷嘴，螺栓具有一定的强度，可以保证轻微振动下受油探头喷嘴加油的正常进行。当振动超过一定的载荷值后，受油探头喷嘴的紧固螺栓的强度不足，受油探头喷嘴自动断裂，从而使得加油机和受油机分离。

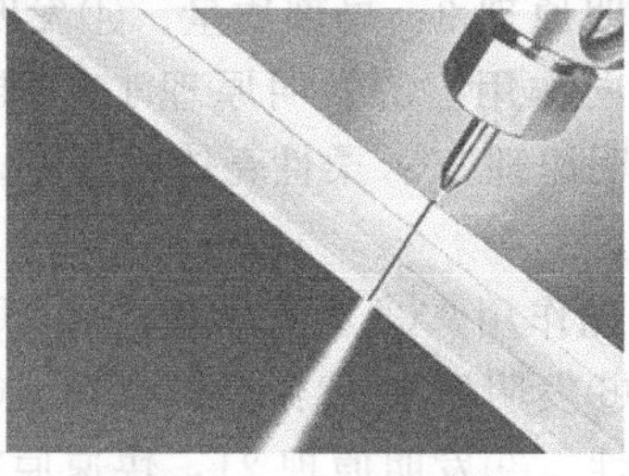

图 9-51 水射流切割

图 9-52 加油机空中加油

④ 整体与部分的分离原理 所谓整体与部分分离，是将矛盾双方在不同的系统级别分离开来，以获得问题的解决或降低解决问题的难度。当系统或关键子系统的矛盾双方在子系统、系统、超系统级别内只出现一方时，整体与部分分离是可能的。

**[案例5]** 自行车链条的每个链节是刚性的，即子系统中为刚性链节，而整根链条是挠性的，是可变形的、柔软的（图 9-53），即系统和超系统中它不是刚性的，机械特性完全不一样，刚性和非刚性的矛盾就被分离开了。

**[案例6]** 自动装配生产线与零部件供应的批量化之间存在矛盾，自动生产线要求零部件连续供应，但零部件从自身的加工车间或供应商运到装配车间时要求批量运输。专用转换装置（如上料机）接受批量零部件，但连续的零部件运输给自动生产线（图 9-54）。

图 9-53 刚性的链节与挠性的链

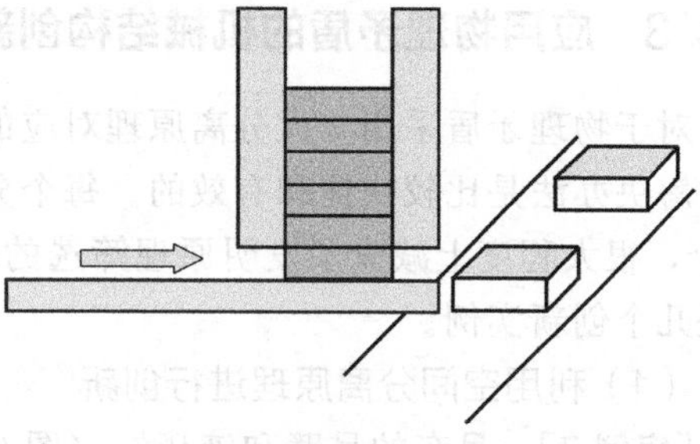

图 9-54 自动上料示意图

（2） 4大分离原理选用技巧

① 应用4大分离原理解决物理矛盾时，首选空间分离原理，一般是做结构上的改进，对系统的改变不大，比较容易实现。

② 时间分离原理因为是在时间上进行的分离，通常需要一定的作用时间，有可能产生对工作效率的影响，选择时需予以考虑。

③ 基于条件的分离原理在改变条件时，要考虑是否有能量的过多消耗或新资源的引入等，选择时需考虑是否带来负面的影响，如经济成本等。

④ 整体与部分的分离原理对宏观和微观同时进行分析，对问题的分析要注重把握超系统是否使系统更繁琐，是否使结构变得复杂，而分离出来的子系统与系统的连接的灵活性和方便性也是需要考虑的。

⑤ 最近几年的研究成果表明，4 个分离原理与 40 个发明原理之间是存在一定关系的。如果能正确理解和使用这些关系，我们就可以把 4 个分离原理与 40 个发明原理做一些综合应用，这样可以开阔思路，为解决物理矛盾提供更多的方法与手段。

（3）分离原理与发明原理的综合应用

1）空间分离原理可以利用的 10 个发明原理

①发明原理 1：分割。②发明原理 2：抽取。③发明原理 3：局部质量。④发明原理 4：非对称性。⑤发明原理 7：嵌套。⑥发明原理 13：反向作用。⑦发明原理 17：维数变化。⑧发明原理 24：中介物。⑨发明原理 26：复制。⑩发明原理 30：柔性壳体或薄膜。

2）时间分离原理可以利用的 12 个发明原理

①发明原理 9：预先反作用。②发明原理 10：预先作用。③发明原理 11：预先防范。④发明原理 15：动态化。⑤发明原理 16：部分超越。⑥发明原理 18：机械振动。⑦发明原理 19：周期性作用。⑧发明原理 20：有效作用的连续性。⑨发明原理 21：快速原理。⑩发明原理 29：气压和液压结构。⑪发明原理 34：抛弃或再生。⑫发明原理 37：热膨胀。

3）基于条件的分离原理可以利用的 13 个发明原理

①发明原理 1：分割。②发明原理 5：组合。③发明原理 6：多用性。④发明原理 7：嵌套。⑤发明原理 8：重量补偿。⑥发明原理 13：反向作用。⑦发明原理 14：曲面化。⑧发明原理 22：变害为利。⑨发明原理 24：中介物。⑩发明原理 25：自服务。⑪发明原理 27：廉价替代品。⑫发明原理 33：同质性。⑬发明原理 35：物理或化学参数改变。

4）整体与部分的分离原理可以利用的 9 个发明原理

①发明原理 12：等势。②发明原理 28：机械系统替代。③发明原理 31：多孔材料。④发明原理 32：颜色改变。⑤发明原理 35：物理或化学参数改变。⑥发明原理 36：相变。⑦发明原理 38：加速氧化。⑧发明原理 39：惰性环境。⑨发明原理 40：复合材料。

## 9.4.3 应用物理矛盾的机械结构创新实例

对于物理矛盾采用 4 大分离原理对应的发明原理，通过与实际问题相联系，找到物理矛盾的解决办法是比较快捷和有效的。每个分离原理对应的发明原理最少的有 9 个，最多的有 13 个，很大程度上减少了发明原理筛选的范围，对矛盾的解决给出了比较明确的方向。以下是几个创新实例。

（1）利用空间分离原理进行创新

**[案例 7]** 吊车的吊臂和液压缸（图 9-55），在工作时希望它长，而在不工作时又希望它短，形成物理矛盾。采用空间分离原理，在可利用的 10 个对应的发明原理中选择发明原理 7，即嵌套原理，解决了这个问题，让其呈嵌套状，自由伸缩。类似的还有钓鱼竿、自拍

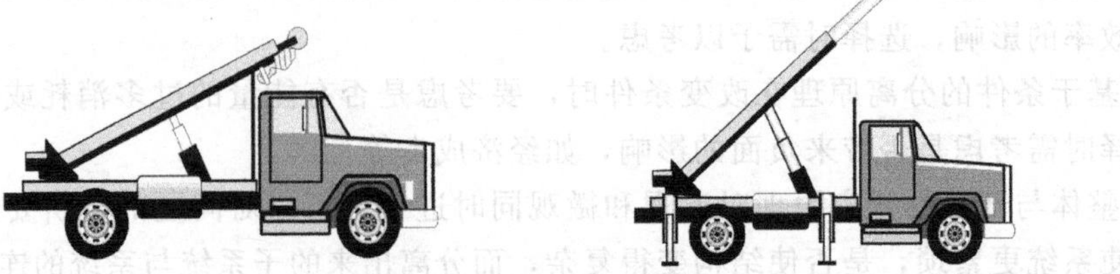

图 9-55 吊车的吊臂和液压缸利用空间分离原理

杆、照相机镜头、教鞭等。

**[案例 8]** 图 9-56 所示的手柄长度可调的扳手，工作时要求力矩大时希望手柄长，而力矩小、操作空间小及存放时希望手柄短，形成物理矛盾。采用空间分离原理，在可利用的 10 个对应的发明原理中选择发明原理 7 嵌套原理和发明原理 3 局部质量原理，利用局部卡口和锁紧卡扣调整扳手长度，按下卡扣，扳手的手柄伸长，松开卡扣，手柄长度锁定，长的手柄使人操作时比较省力。不用时缩短，节省空间。

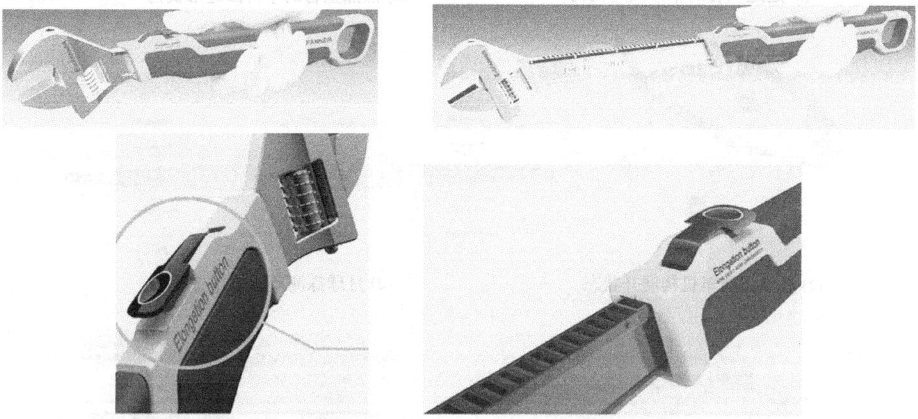


图 9-56　手柄长度可调的扳手利用空间分离原理

(2) 利用时间分离原理进行创新

**[案例 9]** 自行车在使用的时候体积要足够大，以便载人骑乘，在存放的时候体积要小，以便不占用空间，形成物理矛盾。采用时间分离原理，利用发明原理 15，即动态化原理，解决方案就是采用单铰接或者多铰接车身结构，让刚性的车身变得可以折叠，形成了当前比较流行的折叠自行车（图 9-57）。

图 9-57　折叠自行车利用时间分离原理

**[案例 10]** 对于高度可展开、折叠的变胞机构设计，引入了模块化思想。工作时要求面积大，形成一定的运动姿态；而不工作时要求面积小，便于运输或收起，不占空间。展开、折叠、叠加特性可应用在机器人、太空空间站、登月车等的设计中（图 9-58）。对于这类机构，希望满足尺寸既大又小的要求，形成了物理矛盾。采用时间分离原理，从时间分离原理对应的 12 个发明原理中选择 15 号动态化原理，解决了该物理矛盾。

(3) 利用基于条件的分离原理进行创新

**[案例 11]** 船在水中高速航行，水的阻力是很大的。作为水运工具的船，必须在水中行进，而为了降低水的阻力、提高船的速度，船又不应该在水中行进，形成物理矛盾。采用基于条件的分离原理，从对应的 13 个发明原理中选择发明原理 35，即物理或化学参数改变

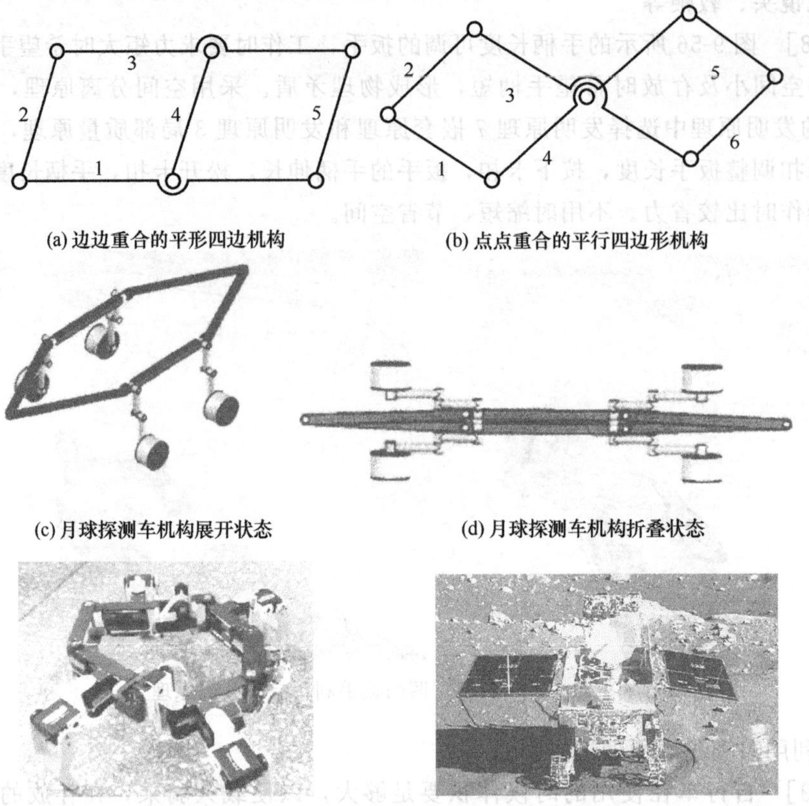


(a) 边边重合的平形四边机构　　(b) 点点重合的平行四边形机构

(c) 月球探测车机构展开状态　　(d) 月球探测车机构折叠状态

(e) 变胞机器人　　(f) 登月车

图 9-58　变胞机构利用时间分离原理

原理，可以在船头和船身两侧预留一些气孔，以一定的压力从气孔往水里打入气泡，这样可以降低水的密度和黏度，因此也就降低了船的阻力。

**[案例 12]**　滑动轴承的油膜用于润滑，摩擦使润滑油均匀分散，但是轴转速高时，如果润滑不充分，摩擦会引起轴承发热，甚至失效。所以既希望油膜内有摩擦又希望无摩擦，形成物理矛盾。采用基于条件的分离原理，在可利用的 13 个发明原理中选择 8 号重量补偿原理，利用电磁场的磁力设计磁悬浮轴承（图 9-59），使轴与轴承的间隙内无摩擦，且承载能力大，解决了该物理矛盾。

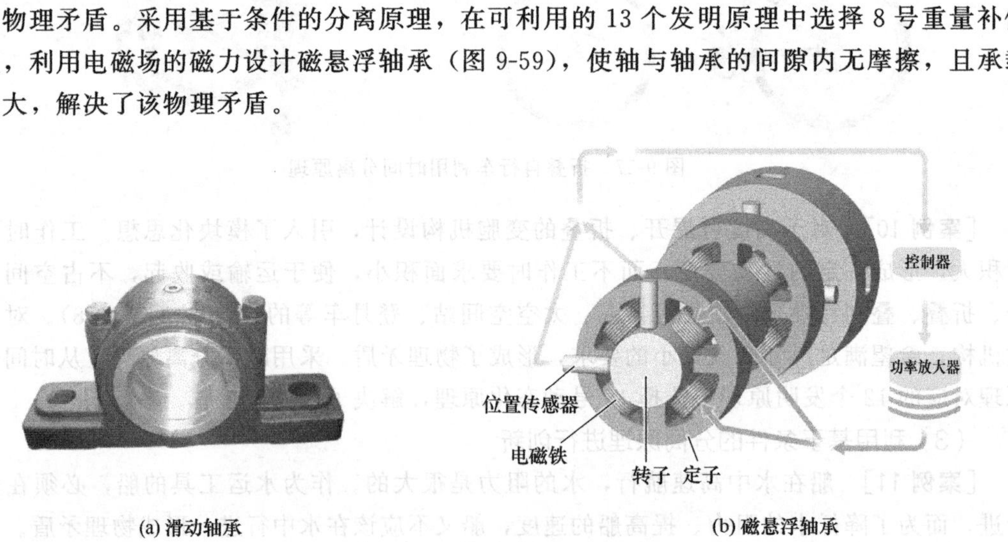


(a) 滑动轴承　　(b) 磁悬浮轴承

图 9-59　磁悬浮轴承利用时间分离原理

（4）利用整体与部分的分离原理进行创新

［案例 13］ 采煤机操作时，为了控制采煤效果，操作控制装置必须处于采煤机上，人随采煤机一起移动，但薄煤层空间小、工人行动不便，所以要求人不处于采煤机上，形成物理矛盾。采用整体与部分的分离原理，从整体与部分的分离原理可以利用的 9 个发明原理中选择发明原理 28，即机械系统替代原理，利用无线遥控实现薄煤层开采，改善了工人工作环境。

［案例 14］ 单万向联轴器的结构如图 9-60 所示，图中十字形零件的四端用铰链分别与轴 1、轴 2 上的叉形接头相连，当一轴的位置固定后，另一轴可以在任意方向偏斜 $\alpha$ 角。单个万向联轴器两轴的瞬时角速度并不是时时相等，从而引起动载荷，对工作不利。设计时要求主动轴角速度与从动轴角速度在任意瞬时都是相等的，则从动轴角速度的相等与不相等形成了物理矛盾。

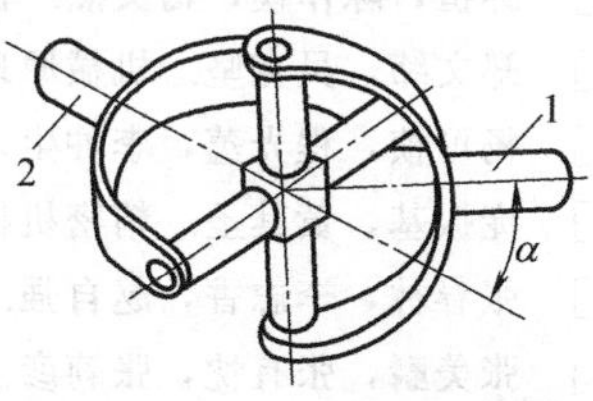

图 9-60 单万向联轴器结构图

由计算可知，当轴 1 以等角速度 $w_1$ 回转时，轴 2 的角速度 $w_2$ 在一定范围内做周期性的变化，$\alpha$ 越大，则 $w_2$ 变动越剧烈。即

$$\omega_1 \cos\alpha \leqslant \omega_2 \leqslant \frac{\omega_1}{\cos\alpha}$$

采用整体与部分的分离原理，从整体与部分的分离原理可以利用的 9 个发明原理中选择 12 号等势原理、35 号物理或化学参数改变原理。将系统扩大为超系统，即由两个单万向联轴器串接成双万向联轴器，如图 9-61 所示。当主动轴 1 等角速度旋转时，带动十字轴式的中间件 C 做变角速度旋转，再由中间件 C 带动从动轴 2 以与轴 1 相等的角速度旋转。如要使主、从动轴的角速度相等，必须满足两个条件：

① 主动轴、从动轴与中间件的夹角必须相等，即 $a_1 = a_2$；

② 中间件两端的叉面必须位于同一平面内。

虽然中间件 C 本身的转速是不均匀的，但因它的惯性小，由它产生的动载荷、振动等一般不致引起显著危害。所以，本例通过双万向联轴器的超系统解决了单万向联轴器的系统中存在的物理矛盾。小型单万向联轴器和双万向联轴器的实际结构如图 9-62 所示。

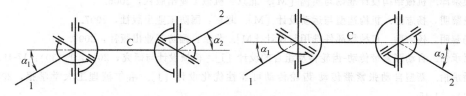

图 9-61 双万向联轴器示意图


(a) 单万向联轴器(系统)

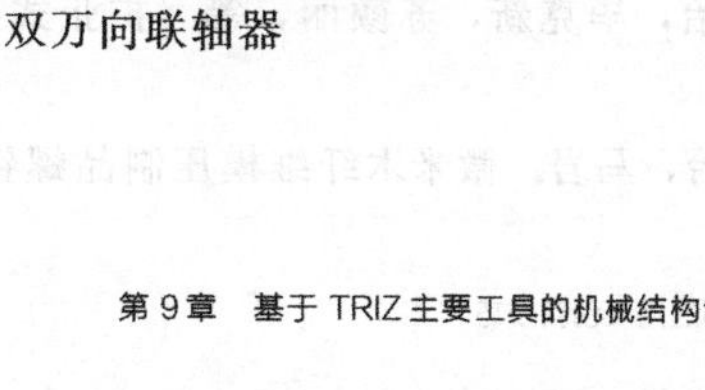
(b) 双万向联轴器(超系统)

图 9.62 单万向联轴器和双万向联轴器

# 参考文献

[1] 濮良贵，陈国定，吴立言．机械设计［M］．10版．北京：高等教育出版社，2019．
[2] 邱宣怀．机械设计［M］．4版．北京：高等教育出版社，2003．
[3] 孙桓，陈作模，葛文杰．机械原理［M］．7版．北京：高等教育出版社，2006．
[4] 郑文纬，吴克坚．机械原理［M］．7版．北京：高等教育出版社，1997．
[5] 杨可桢，程光蕴，李仲生，等．机械设计基础［M］．7版．北京：高等教育出版社，2020．
[6] 庞振基，黄其圣．精密机械设计［M］．北京：机械工业出版社，2000．
[7] 张春林，李志香，赵自强．机械创新设计［M］．3版．北京：机械工业出版社，2016．
[8] 张美麟，张有忱，张莉彦．机械创新设计［M］．2版．北京：化学工业出版社，2010．
[9] 王红梅．机械创新设计［M］．北京：科学出版社，2011．
[10] 李立斌．机械创新设计基础［M］．长沙：国防科技大学出版社，2002．
[11] 吴宗泽．机械设计禁忌1000例［M］．3版．北京：机械工业出版社，2011．
[12] 小栗富士雄，小栗達男．机械设计禁忌手册［M］．陈祝同，刘惠臣，译．北京：机械工业出版社，2002．
[13] 成大先．机械设计图册［M］．北京：化学工业出版社，2000．
[14] 潘承怡，向敬忠，宋欣．机械零件设计［M］．北京：清华大学出版社，2012．
[15] 潘承怡，向敬忠．机械结构设计技巧与禁忌［M］．2版．北京：化学工业出版社，2021．
[16] 潘承怡，姜金刚．TRIZ理论与创新设计方法［M］．北京：清华大学出版社，2015．
[17] 潘承怡，姜金刚．TRIZ实战：机械创新设计方法及实例［M］．北京：化学工业出版社，2019．
[18] 潘承怡，解宝成．机械结构设计禁忌［M］．2版．北京：机械工业出版社，2020．
[19] 潘承怡，鲍玉冬，刘红博．机械设计基础［M］．北京：清华大学出版社，2022．
[20] 于惠力，潘承怡，向敬忠．机械零部件设计禁忌［M］．2版．北京：机械工业出版社，2018．
[21] 于惠力，潘承怡，冯新敏，等．机械设计学习指导［M］．2版．北京：科学出版社，2013．
[22] 于惠力，张春宜，潘承怡．机械设计课程设计［M］．2版．北京：科学出版社，2013．
[23] 黄继昌，徐巧鱼，张海贵．实用机构图册［M］．北京：机械工业出版社，2008．
[24] 秦大同，谢里阳．现代机械设计手册［M］．2版．北京：化学工业出版社，2020．
[25] 吴宗泽．机械结构设计准则与实例［M］．北京：机械工业出版社，2006．
[26] 杨黎明，杨志勤．机构选型与运动设计［M］．北京：国防工业出版社，2007．
[27] 杨黎明，杨志勤．机械零部件选用与设计［M］．北京：国防工业出版社，2007．
[28] 潘承怡．自动张紧带传动-齿轮传动组合的设计［J］．机械设计与研究，2014，1（30）：17-19．
[29] 潘承怡．新型自动张紧带传动-齿轮传动可靠性优化设计［J］．哈尔滨理工大学学报，2015，20（4）：41-45．
[30] 潘承怡，潘作良，毕克新．活齿橡胶板弹性联轴器的结构与刚度计算［J］．机械科学与技术，1999，18（4）：570-572．
[31] 潘作良，潘承怡，毕克新．活齿橡胶板弹性联轴器粘接强度计算［J］．机械科学与技术，1999，18（5）：719-720．
[32] Chengyi Pan. Structural improvement and reliability optimum design of self-excitation overrunning spring clutch［C］. Proceedings of the Ninth International Conference on Engineering Structural Integrity Assessment，2007，10：1179-1182.
[33] 潘承怡，毕克新，苏颜丽，等．扩张式自激超越弹簧离合器实验研究［J］．煤矿机械，2001，3：21-22．
[34] 潘承怡，马岩．微米木纤维模压制品螺钉连接强度可靠性优化设计［J］．机械科学与技术，2008，

27 (2): 162-164.

[35] 潘承怡. 微米木纤维模压制品握钉结合部载荷分布及最佳分布条件 [J]. 机械科学与技术, 2010, 29 (6): 813-816.

[36] Pan Zuoliang and Pan Chengyi. The calculation of optimum speed ratio of bevel-helical reducing gear [C]. Proceedings of the Tenth World Congress on the Theory of Machines and Mechanisms. 1999, 6: 2245-2250.

[37] Pan Chengyi. The calculation of optimum speed ratio of three-stage bevel-helical gear reducer [C]. Proceedings of the First International Conference on Mechanical Engineering. 2000, 11: 438.

[38] Chengyi Pan. Calculation of speed ratio of two-stage helical gear reducer for minimum mass [C]. Applied Mechanics and Materials, 2013, Vol. 274: 149-152.

[39] 潘作良, 潘承怡. 蜗杆-齿轮减速器最小质量传动比计算 [J]. 机械科学与技术, 1999, 18 (3): 375-377.

[40] Pan Zuoliang, Bi Kexin, Pan Chengyi. The optimum design of the two-stage worm reducing gear [C]. Proceedings of International Conference on Mechanical Transmissions and Mechanisms, 1997, 7: 761-763.

[41] 潘承怡. 扩张式自激超越弹簧离合器强度可靠性优化设计 [J]. 煤矿机械, 2002, 1: 12-13.

[42] 潘承怡, 周阳, 孙岩, 等. 基于TRIZ理论的曲柄滑块机构演化与创新 [J]. 林业机械与木工设备 2014, 42 (5): 32-34.

[43] 潘承怡, 王健, 赵近川, 等. 基于TRIZ理论的自返式运输车创新设计 [J]. 林业机械与木工设备 2009, 37 (7): 40-42.